수매씽

MATHING

유형

중학 수학

1·2

[유형북]과 [워크북]의

Dual book 구성

수매씽 유형북 빠른 정답 1·2

QR코드로 편리하게 정답 확인해요.

01 기본 도형 8~24쪽

0001 ○ 0002 × 0003 ○ 0004 ○ 0005 점 A

0006 점 F 0007 모서리 CD 0008 8 0009 12 0010 6

0011 $\overleftrightarrow{PQ}$ (또는 $\overleftrightarrow{QP}$) 0012 $\overrightarrow{PQ}$ 0013 $\overrightarrow{QP}$

0014 $\overline{PQ}$ (또는 $\overline{QP}$) 0015 = 0016 ≠ 0017 =

0018 ≠ 0019 5 cm 0020 4 cm 0021 2, 6 0022 $\frac{1}{2}$, 4

0023 ∠BAD (또는 ∠DAB) 0024 ∠BCE (또는 ∠ECB) 0025 예각

0026 둔각 0027 평각 0028 예각 0029 둔각 0030 직각

0031 140 0032 55 0033 45 0034 $\angle e$, $\angle f$, $\angle g$, $\angle h$

0035 $\angle a$, $\angle b$, $\angle c$, $\angle d$ 0036 $\angle d$ 0037 $\angle x=135°$, $\angle y=45°$

0038 $\angle x=70°$, $\angle y=70°$ 0039 $\overline{AD}\perp\overline{CD}$, $\overline{BC}\perp\overline{CD}$ 0040 점 D

0041 6 cm 0042 4 cm

0043 13 0044 교점의 개수 : 6, 교선의 개수 : 9 0045 14

0046 ㄱ, ㄷ 0047 ③ 0048 ③, ⑤ 0049 주호, 풀이 참조

0050 ㄱ과 ㅁ, ㄴ과 ㅅ, ㄷ과 ㄹ, ㅂ과 ㅇ 0051 ③ 0052 ⑤

0053 ㄴ, ㄷ, ㄹ 0054 24 0055 ④ 0056 45 0057 13

0058 8 0059 14 0060 ② 0061 ①, ⑤ 0062 5

0063 15 cm 0064 16 cm 0065 18 cm 0066 10 cm 0067 4 cm

0068 4 cm 0069 6 cm 0070 16 cm 0071 19 0072 20

0073 ⑤ 0074 ④ 0075 20 0076 ③ 0077 18

0078 70° 0079 60° 0080 90° 0081 35° 0082 20°

0083 60° 0084 ⑤ 0085 ④ 0086 108° 0087 60°

0088 ① 0089 114 0090 34 0091 ④ 0092 ④

0093 18° 0094 195 0095 ③ 0096 ③

0097 ②, ④ 0098 $\overline{PC}$ 0099 (1) 점 A, 1 (2) 점 D, 4 0100 ②

0101 ⑤ 0102 10 0103 75° 0104 132.5° 0105 ④

0106 20 0107 28 0108 ④ 0109 18 0110 ③

0111 13 0112 ①, ③ 0113 16 cm 0114 35° 0115 ⑤

0116 14 0117 ③ 0118 60° 0119 ③ 0120 ⑤

0121 42° 0122 48 0123 36 0124 40 cm

0125 45 0126 6 cm, 54 cm 0127 4200 cm^2 0128 50°

02 위치 관계 26~45쪽

0129 점 A, 점 B 0130 점 B, 점 C, 점 F 0131 점 A

0132 $\overline{BC}$, $\overline{CD}$ 0133 $\overline{AD}$, $\overline{BC}$ 0134 $\overline{BC}$ 0135 $\overline{BC}$, $\overline{CD}$, $\overline{CG}$

0136 점 B, 점 F, 점 G, 점 C 0137 $\overline{CG}$, $\overline{DH}$, $\overline{FG}$, $\overline{EH}$

0138 $\overline{AB}$, $\overline{CD}$, $\overline{EF}$ 0139 $\overline{AD}$, $\overline{BC}$, $\overline{AE}$, $\overline{BF}$

0140 면 ABC, 면 ADFC 0141 면 ADFC, 면 BEFC

0142 $\overline{AB}$, $\overline{BC}$, $\overline{AC}$ 0143 면 ABC, 면 DEF 0144 점 B

0145 3 cm 0146 3 cm 0147 5 cm

0148 면 ABFE, 면 BFGC, 면 CGHD, 면 AEHD 0149 면 AEHD 0150 $\overline{DH}$

0151 $\angle c$ 0152 $\angle b$ 0153 $\angle g$ 0154 $\angle h$ 0155 $\angle f$

0156 $\angle c$ 0157 135° 0158 45° 0159 65° 0160 115°

0161 32° 0162 64° 0163 $\angle x=52°$, $\angle y=128°$

0164 $\angle x=80°$, $\angle y=60°$ 0165 ○ 0166 × 0167 ○

0168 ×

0169 ④ 0170 점 A, 점 D, 점 E 0171 3 0172 8

0173 ㄴ, ㄷ, ㄹ 0174 ①, ④ 0175 ② 0176 ㄴ, ㄹ 0177 ①

0178 6 0179 ④ 0180 (1) 2 (2) 8 0181 ⑤ 0182 1

0183 4 0184 ③ 0185 ③, ⑤ 0186 $\overline{CG}$ 0187 ②

0188 ②, ④ 0189 ④ 0190 ③, ⑤ 0191 7

0192 ㄴ, ㄷ 0193 ② 0194 11 0195 $\overline{GH}$

0196 $\overline{BC}$, $\overline{EF}$ 0197 5 cm 0198 7 0199 ④

0200 (1) 면 ABFE, 면 EFGH
(2) 면 ABCD, 면 BFGC, 면 EFGH, 면 AEHD
(3) 면 ABCD, 면 EFGH

0201 5 0202 ④ 0203 ㄱ, ㄷ 0204 9 0205 ④

0206 $\overline{DF}$ 0207 ③, ⑤ 0208 ④ 0209 ㄴ, ㄷ

0210 유경, (예) 한 평면에 수직인 서로 다른 두 평면은 평행하거나 한 직선에서 만난다.

0211 ① 0212 ㄱ, ㄷ 0213 (1) 265° (2) 240° 0214 10°

0215 ② 0216 145 0217 ⑤ 0218 $l /\!/ n$, $p /\!/ q$ 0219 ①

0220 ① 0221 75° 0222 9° 0223 ② 0224 ④

0225 85° 0226 ① 0227 42° 0228 78 0229 100°

0230 ② 0231 255° 0232 55° 0233 ⑤ 0234 135°

0235 ③ 0236 19° 0237 60° 0238 38° 0239 30°

0240 ④

0241 1 0242 ② 0243 ③ 0244 ④ 0245 $\overline{BF}$

0246 8 0247 ③ 0248 $\overline{MD}$, $\overline{NC}$, $\overline{EM}$, $\overline{FN}$

0249 15 cm 0250 3 0251 ④ 0252 34° 0253 ③

0254 ② 0255 26 0256 ③ 0257 67° 0258 10

0259 18

0260 (1) $\overline{BC}$ (2) $\overline{AC}$ 0261 우체국 0262 40° 0263 115°

03 작도와 합동 46~63쪽

0264 ㄴ, ㄷ 0265 ○ 0266 × 0267 ○ 0268 ×

0269 눈금 없는 자, 컴퍼스, $\overline{AB}$ 0270 ㉡ → ㉠ → ㉢ → ㉣

0271 $\overrightarrow{OY}$, $\overline{OM}$ (또는 $\overline{ON}$), $\overline{MN}$, $\overline{MN}$, ∠PAQ (또는 ∠PAB)

0272 ∠PAQ (또는 ∠PAB) 0273 $\overline{ON}$, $\overline{AQ}$ 0274 $\overline{PQ}$

0275 ㉠, ㉢, ㉥, ㉤ 0276 $\overline{BC}$ 0277 $\overline{AC}$ 0278 ∠B

0279 8 cm 0280 4 cm 0281 30° 0282 ○ 0283 ×

0284 × 0285 ○ 0286 ○ 0287 a, ∠B, A

0288 ○ 0289 ○ 0290 × 0291 ○

0292 점 D 0293 점 B 0294 $\overline{EF}$ 0295 $\overline{AC}$ 0296 ∠F

0297 ∠A 0298 110° 0299 60° 0300 6 0301 5

0302 $\overline{DE}$, $\overline{DF}$, $\overline{EF}$, △DEF, SSS

0843 2 0844 (1) 5 cm (2) 85π cm^2

0845 겉넓이 : 24π cm^2, 부피 : 12π cm^3 0846 ①

0847 38π cm^2 0848 ④ 0849 10 0850 ④ 0851 ⑤

0852 ④ 0853 ⑤ 0854 75π cm^3 0855 60π cm^2 0856 3 : 5

0857 64π cm^2 0858 $\frac{49}{2}\pi$ cm^2 0859 9통 0860 ②

0861 $\frac{63}{2}\pi$ cm^3 0862 ⑤ 0863 4 0864 27개 0865 3번

0866 108π cm^2 0867 ③ 0868 105π cm^2

0869 원뿔의 부피 : 144π cm^3, 원기둥의 부피 : 432π cm^3 0870 ④

0871 18π cm^3 0872 36 cm^3 0873 324π cm^2 0874 6 : 1 : 2

0875 ③ 0876 ① 0877 ③ 0878 ① 0879 ⑤

0880 600π cm^2 0881 ⑤ 0882 68π cm^3 0883 6 cm 0884 6번

0885 ⑤ 0886 ⑤ 0887 18분 0888 (1) 1560π cm^2 (2) 1 L

0889 14 cm 0890 240π cm^2 0891 22 cm^3 0892 $(80+2\pi)$ cm^2

0893 240π cm^3 0894 딸기 맛 아이스크림, 12π cm^3

0895 (1) 4 : 1 (2) 9 : 1 0896 1680π cm^2 0897 3

0898 5880π cm^3

08 자료의 정리와 해석

146~171쪽

0899 평균 : $\frac{15}{2}$, 중앙값 : 8, 최빈값 : 9

0900 평균 : 5, 중앙값 : 5, 최빈값 : 2, 6

0901 평균 : 6권, 중앙값 : 6권, 최빈값 : 5권

0902 (1|1은 11점)

줄기	잎
1	1 2 4 7 8
2	0 2 5 8 9 9
3	2 3 7
4	2 5

0903 0, 2, 5, 8, 9, 9 0904 5명

0905 가장 작은 변량 : 5분, 가장 큰 변량 : 35분

0906 계급의 개수 : 4, 계급의 크기 : 10분

0907

통학 시간(분)	학생 수(명)
0이상 ~ 10미만	3
10 ~ 20	8
20 ~ 30	6
30 ~ 40	3
합계	20

0908 10분 이상 20분 미만 0909 35 m 0910 10 0911 2명

0912 9명 0913 (명) 10, 8, 6, 4, 2, 0 / 140 145 150 155 160 165 (cm)

0914 계급의 개수 : 6, 계급의 크기 : 10회 0915 35 0916 80

0917 계급의 개수 : 5, 계급의 크기 : 10점 0918 30 0919 300

0920

책가방의 무게(kg)	학생 수(명)	상대도수
2이상 ~ 3미만	4	0.16
3 ~ 4	8	0.32
4 ~ 5	6	0.24
5 ~ 6	5	0.2
6 ~ 7	2	0.08
합계	25	1

0921 3 kg 이상 4 kg 미만 0922

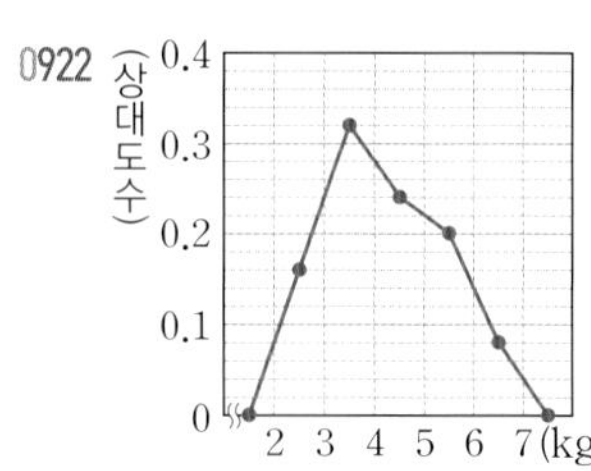

0923 12회 이상 15회 미만 0924 0.28 0925 54 % 0926 6명

0927 70점 0928 13 0929 24 0930 16시간 0931 38

0932 17 0933 ④ 0934 40 0935 ④ 0936 ③

0937 파 0938 평균 0939 최빈값 0940 ㄱ, ㄷ 0941 ③

0942 ③ 0943 21개 0944 최빈값, 95 0945 ④

0946 ②, ⑤ 0947 ⑤ 0948 10 0949 ④ 0950 60 %

0951 99회 0952 ⑤ 0953 20분 이상 25분 미만 0954 28

0955 50분 0956 ㄱ, ㄴ 0957 $A=4$, $B=8$ 0958 6명

0959 10 0960 10명 0961 30 % 0962 14명 0963 ③

0964 125 0965 ⑤ 0966 25 % 0967 5.5 kg 0968 5배

0969 140 0970 3 : 10 0971 5명 0972 $x=9$, $y=11$

0973 ② 0974 ② 0975 10명 0976 ③, ⑤ 0977 80점

0978 8명 0979 5명 0980 50 % 0981 3개 0982 180

0983 ② 0984 0.26 0985 0.3 0986 ④ 0987 0.25

0988 0.2 0989 30명 0990 16.36 0991 ④

0992 (1) 1.4 (2) 32 % 0993 14명 0994 8명 0995 0.48

0996 14명 0997 10명 0998 ② 0999 2학년 1000 ④

1001 210명 1002 ③ 1003 ⑤ 1004 5 : 3 1005 ④

1006 8명 1007 (1) 40 % (2) 40명 (3) 15시간 이상 18시간 미만

1008 ② 1009 54명 1010 ⑤ 1011 48명

1012 105명 1013 36명 1014 ②

1015 (1) 남학생 (2) 여학생, 6명 1016 ④ 1017 4만 원 이상 5만 원 미만

1018 ⑤ 1019 ⑤ 1020 평균 1021 ④ 1022 2배

1023 225명 1024 ② 1025 1 1026 20명 1027 ⑤

1028 50 % 1029 3명 1030 ③ 1031 0.36 1032 ④

1033 4 1034 90점 1035 12명 1036 13 1037 7명

1038 10명

1039 $a=22$, $b=25$ 또는 $a=24$, $b=22$

1040 적절하지 않다., 풀이 참조 1041 10회

1042 ㉠ 24, ㉡ 32, ㉢ 44, ㉣ 13, ㉤ 37

0599 32 cm^2 0600 50 cm^2 0601 2π 0602 ③
0603 $\frac{10}{3}\pi$ cm 0604 $(8\pi+48)$ cm 0605 ①
0606 $(12\pi+72)$ cm 0607 ② 0608 96π cm^2
0609 $(16\pi+128)$ cm^2 0610 6π cm 0611 12π cm
0612 9π cm
0613 ③ 0614 24 cm 0615 ⑤ 0616 150° 0617 ④
0618 ④ 0619 ① 0620 ⑤ 0621 12π cm^2
0622 $\frac{16}{3}\pi$ cm^2 0623 45° 0624 $(10\pi+12)$ cm 0625 ②
0626 10 cm^2 0627 32 cm^2 0628 $(25\pi+240)$ m^2
0629 83π m^2 0630 18π cm 0631 $(4\pi+8)$ cm^2
0632 (나), 12 cm
0633 ㄱ, ㄷ 0634 6.28 m
0635 (1) 5 cm (2) 45π cm^2 (3) $(20\pi+40)$ cm 0636 $\frac{9}{2}\pi$ cm

06 다면체와 회전체 106~123쪽

0637 ㄷ, ㄹ, ㅂ 0638 칠면체 0639 구면체 0640 육각뿔
0641 삼각뿔대
0642

다면체	삼각기둥	오각뿔	사각뿔대
면의 개수	5	6	6
모서리의 개수	9	10	12
꼭짓점의 개수	6	6	8
옆면의 모양	직사각형	삼각형	사다리꼴

0643 ○ 0644 × 0645 ○
0646 정사면체, 정팔면체, 정이십면체
0647 정사면체, 정육면체, 정십이면체 0648 정사면체
0649 6 0650 3 0651 $\overline{DE}$ 0652 ㄴ, ㄷ, ㅁ, ㅂ
0653 , 원기둥 0654 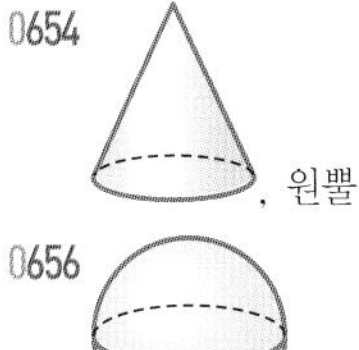 , 원뿔
0655 , 원뿔대 0656 , 구
0657 ㄴ 0658 ㄷ 0659 × 0660 ○ 0661 ×
0662 8cm, 2cm 0663 3cm, 9cm
0664 ③, ⑤ 0665 3개 0666 ㄱ, ㄷ, ㄹ, ㅂ 0667 ③
0668 ㄴ, ㄷ 0669 21
0670 각기둥 : 칠각형, 각뿔 : 팔각형, 각뿔대 : 칠각형 0671 ④ 0672 ⑤
0673 11 0674 6 0675 8 0676 6 0677 22
0678 12 0679 ④ 0680 ④ 0681 ㄷ, ㅂ, ㅇ
0682 ③, ④ 0683 ③, ⑤ 0684 ② 0685 육각뿔대
0686 칠각뿔 0687 17 0688 ①, ③ 0689 정사면체 0690 363

0691 10 0692 ㄹ, ㄱ 0693 16 0694 ③, ⑤ 0695 ③
0696 ① 0697 ② 0698 60° 0699 ③ 0700 3개
0701 (1) ㄴ, ㄷ, ㄹ, ㅂ (2) ㄱ, ㅁ 0702 ③, ⑤ 0703 ④ 0704 ③
0705 ① 0706 ③ 0707 ㄱ, ㄴ 0708 ① 0709 ④
0710 ④ 0711 64 cm^2 0712 72 cm^2 0713 8π cm^2
0714 4π cm 0715 32π 0716 8π cm 0717 4 cm
0718 24 cm 0719 ①, ③ 0720 ㄱ, ㄴ 0721 ④ 0722 2
0723 8 0724 2 0725 2 0726 ③ 0727 30
0728 ③
0729 ② 0730 ⑤ 0731 ② 0732 4
0733 육각기둥 0734 ⑤ 0735 ③ 0736 ⑤ 0737 $\frac{\pi}{5}$
0738 ⑤ 0739 2 0740 ④ 0741 20
0742 ㄴ, ㄷ, ㄹ 0743 (1) 288 cm^2 (2) 144π cm^2 0744 29
0745 A : 6, B : 3, C : 5 0746 3
0747 (가) : 정사면체, (나) : 면, (다) : 정십이면체, $a=20$, $b=12$
0748 오면체
0749 면 : 32, 모서리 : 90, 꼭짓점 : 60 0750 1 : 1

07 입체도형의 겉넓이와 부피 124~144쪽

0751 $a=10$, $b=5$ 0752 6 cm^2 0753 50 cm^2
0754 62 cm^2 0755 96 cm^2 0756 94 cm^2 0757 $a=6\pi$, $b=9$
0758 9π cm^2 0759 54π cm^2 0760 72π cm^2 0761 168π cm^2
0762 54π cm^2 0763 6 cm^2 0764 9 cm 0765 54 cm^3
0766 336 cm^3 0767 60 cm^3 0768 150 cm^3 0769 9π cm^2 0770 6 cm
0771 54 cm^3 0772 175π cm^3 0773 300π cm^3 0774 16 cm^2
0775 40 cm^2 0776 56 cm^2 0777 25π cm^2 0778 65π cm^2
0779 90π cm^2 0780 50 cm^3 0781 28 cm^3 0782 12π cm^3
0783 108π cm^3 0784 144π cm^2 0785 64π cm^2 0786 48π cm^2
0787 $\frac{500}{3}\pi$ cm^3 0788 288π cm^3 0789 18π cm^3
0790 ③ 0791 152 cm^2 0792 6 cm 0793 6 cm 0794 ⑤
0795 7 cm 0796 240π cm^2 0797 154 cm^3 0798 95 cm^3 0799 6 cm
0800 3 : 7 0801 ③ 0802 5 cm 0803 8번
0804 144π cm^3 0805 겉넓이 : 84 cm^2, 부피 : 36 cm^3 0806 ②
0807 겉넓이 : 112π cm^2, 부피 : 160π cm^3 0808 ③ 0809 ②
0810 ③ 0811 겉넓이 : 182π cm^2, 부피 : 210π cm^3
0812 224π cm^2 0813 88 0814 300 cm^2 0815 ① 0816 ⑤
0817 40 cm^3 0818 ④ 0819 ⑤ 0820 48π cm^2
0821 32π cm^3 0822 24π cm^3 0823 65 cm^2 0824 ④ 0825 6
0826 ⑤ 0827 8 cm 0828 ① 0829 108π cm^2
0830 ③ 0831 ③ 0832 84 cm^3 0833 9 cm
0834 9 cm^3 0835 ③ 0836 ③ 0837 B
0838 64 cm^3 0839 72 cm^3 0840 ④ 0841 4 cm^3 0842 4

0303 $\overline{JK}$, $\overline{KL}$, $\angle K$, $\triangle JKL$, SAS
0304 $\overline{QR}$, $\angle Q$, $\angle R$, $\triangle PQR$, ASA　0305 ○　0306 ×
0307 ○　0308 ×　0309 ○
0310 ③　0311 ③　0312 ④　0313 정삼각형
0314 ㉡ → ㉠ → ㉢　0315 ①, ③　0316 ①　0317 ④
0318 ㉢　0319 ㄱ, ㄴ, ㄷ　0320 ⑤　0321 ②, ③　0322 7
0323 3개　0324 ⑤　0325 ㉢ → ㉠ → ㉡
0326 $\angle XCY$, a, A　0327 ③, ④　0328 ㄴ, ㄷ　0329 ②
0330 ③　0331 ③　0332 3　0333 ②
0334 ②, ⑤　0335 88　0336 ③　0337 ③　0338 ③
0339 ㄱ, ㄴ, ㄹ　0340 $\overline{AC}=\overline{DF}$ 또는 $\overline{AB}=\overline{DE}$ 또는 $\overline{BC}=\overline{EF}$　0341 ⑤
0342 ㈎ $\overline{PD}$, ㈏ $\overline{AB}$, ㈐ SSS　0343 $\triangle ABD\equiv\triangle CBD$, SSS 합동
0344 ㄱ, ㄴ, ㄷ　0345 ②　0346 ㈎ $\overline{BM}$, ㈏ $\angle PMB$, ㈐ $\overline{PM}$, ㈑ SAS
0347 160 m, SAS 합동　0348 ④　0349 ②
0350 $\triangle ABC\equiv\triangle CDA$, ASA 합동　0351 ⑤
0352 $\triangle AED\equiv\triangle BFE\equiv\triangle CDF$　0353 ②　0354 ④
0355 $\triangle DCE$, SAS 합동　0356 ㄱ, ㄹ
0357 ①　0358 ③　0359 ④　0360 ②　0361 ③
0362 ④　0363 ㄴ, ㄷ, ㄹ　0364 6 cm　0365 ⑤
0366 ②, ④　0367 3개　0368 ③　0369 ④　0370 ②
0371 37　0372 $\triangle FAE\equiv\triangle CDE$, ASA 합동　0373 $60°$
0374 (1) ㉡ → ㉠ → ㉣ → ㉢　(2) ㉠, ㉢, ㉣　(3) 점 E
0375 5개　0376 풀이 참조, 75 m　0377 25 cm

04 다각형　66~86쪽

0378 정다각형　0379 외각　0380 ○　0381 ×　0382 ○
0383 ○　0384 $72°$　0385 $60°$　0386 1　0387 5
0388 9　0389 90
0390 $\angle ACE$, 엇각, $\angle ECD$, $\angle ACE$, $\angle ECD$, $180°$　0391 85
0392 28　0393 50　0394 40
0395 $\angle A$, $\angle C$, 동위각, $\angle A$, $\angle C$　0396 51　0397 45
0398 35　0399 35　0400 $1080°$, $360°$
0401 $1800°$, $360°$　0402 $3240°$, $360°$　0403 $130°$　0404 $80°$
0405 칠각형　0406 십사각형　0407 이십이각형　0408 $100°$　0409 $115°$
0410 $135°$, $45°$　0411 $144°$, $36°$　0412 $150°$, $30°$　0413 $160°$, $20°$
0414 정삼각형　0415 정오각형　0416 정구각형　0417 정십이각형
0418 정이십각형　0419 정십오각형　0420 정십각형　0421 정팔각형
0422 ②, ⑤　0423 ②　0424 ②　0425 $170°$　0426 $180°$
0427 55　0428 $x=60$, $y=55$　0429 ⑤
0430 ①, ④　0431 정팔각형　0432 ③　0433 ④　0434 4
0435 팔각형　0436 ④　0437 ③　0438 52　0439 ①
0440 27　0441 5번　0442 10개　0443 ④
0444 구각형　0445 ③　0446 $a=9$, $b=10$　0447 20
0448 ④　0449 $80°$　0450 $50°$　0451 20　0452 60
0453 $55°$　0454 $260°$　0455 ④　0456 ⑤　0457 $105°$
0458 $118°$　0459 $44°$　0460 $98°$　0461 $25°$　0462 $80°$
0463 $\frac{1}{2}$　0464 ③　0465 $12°$　0466 $21°$　0467 ③
0468 $65°$　0469 ②　0470 ④　0471 ②　0472 $110°$
0473 ②　0474 8　0475 $1260°$　0476 정십삼각형
0477 ④　0478 ①　0479 ㈎ 10, ㈏ $360°$, ㈐ $1440°$　0480 $112°$
0481 $145°$　0482 $360°$　0483 $100°$　0484 ③　0485 75
0486 ②　0487 $360°$　0488 ①　0489 190　0490 ⑤
0491 ④　0492 $1800°$　0493 정십이각형　0494 정팔각형　0495 $75°$
0496 $60°$　0497 ④　0498 ③　0499 $42°$　0500 $144°$
0501 ③　0502 $36°$　0503 $96°$　0504 $35°$　0505 $25°$
0506 $360°$　0507 $305°$　0508 ③　0509 $330°$
0510 ③　0511 ③　0512 ④　0513 $45°$　0514 $95°$
0515 $122°$　0516 $24°$　0517 $120°$　0518 $73°$
0519 십팔각형　0520 ④　0521 $36°$　0522 $35°$　0523 $80°$
0524 $9°$　0525 ②　0526 $166°$　0527 52
0528 한 내각의 크기 : $160°$, 한 외각의 크기 : $20°$
0529 (1) 11번　(2) 66번　0530 $360°$　0531 10
0532 반복 8(가자 5, 돌자 45)

05 원과 부채꼴　88~103쪽

0533 =　0534 =　0535 =　0536 ≠　0537 7
0538 12　0539 20　0540 10　0541 8π cm
0542 16π cm^2　0543 $l=10\pi$ cm, $S=25\pi$ cm^2
0544 $l=20\pi$ cm, $S=40\pi$ cm^2　0545 $l=4\pi$ cm, $S=16\pi$ cm^2
0546 $l=12\pi$ cm, $S=54\pi$ cm^2　0547 9π cm^2　0548 96π cm^2
0549 ⑤　0550 ① • — • $\overset{\frown}{AB}$, ② • — • 부채꼴 AOB, ③ • — • 중심각, ④ • — • 현 CD, ⑤ • — • 활꼴　0551 $180°$　0552 126
0553 1　0554 25　0555 6배　0556 ③　0557 $64°$
0558 $140°$　0559 $60°$　0560 12 cm　0561 11 cm　0562 2배
0563 2 cm　0564 20 cm　0565 $18°$　0566 2 cm　0567 3
0568 15 cm　0569 ⑤　0570 ④　0571 12π cm^2　0572 ②
0573 ⑤　0574 6 cm　0575 ②　0576 ④　0577 ②
0578 ⑤　0579 둘레의 길이 : 18π cm, 넓이 : 27π cm^2
0580 24π cm　0581 호의 길이 : 3π cm, 넓이 : 6π cm^2
0582 4π cm　0583 $135°$　0584 ③　0585 $(9\pi+8)$ cm
0586 둘레의 길이 : $(3\pi+6)$ cm, 넓이 : $\frac{9}{2}\pi$ cm^2　0587 ③　0588 ③
0589 9π cm　0590 $(4\pi+4)$ cm　0591 $(6\pi+12)$ cm
0592 $\frac{25}{2}\pi$ cm^2　0593 ④　0594 $(36-6\pi)$ cm^2
0595 24 cm^2　0596 ②　0597 $(9\pi+18)$ cm^2　0598 ⑤

수매씽 유형

MATHING

중학 수학

1·2

유형북

내신과 등업을 위한 강력한 한 권! **'수매씽 유형'**

유형북 구성과 특징

4단계 집중 학습 System

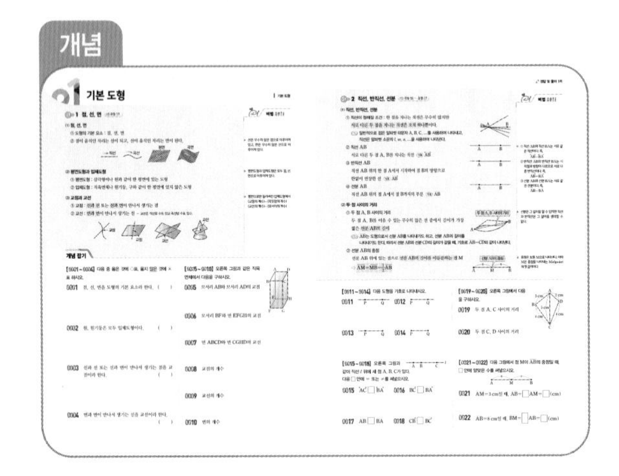

step 1 개념 잡기

반드시 알아야 할 모든 핵심 개념과 원리를 자세한 예시와 함께 수록하였습니다. 핵심을 짚어주는 [비법 노트] 등 차별화된 설명을 통해 정확하고 빠르게 개념을 이해할 수 있습니다. 또, 개념 확인 문제를 수록하여 기본기를 다질 수 있습니다.

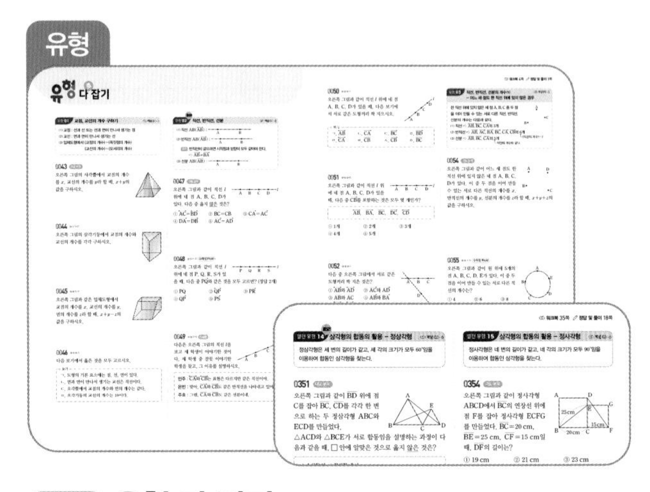

step 2 유형 다 잡기

전국의 중학교 기출문제를 유형으로 분류하고 각 유형의 전략과 대표 문제를 제시하였습니다. 또, 시험에 자주 등장하는 [중요] 유형과 [수매씽 Pick!], [발전 유형]을 통해 수학 실력을 집중적으로 향상할 수 있습니다.

반복 + 심화 학습 System

반복

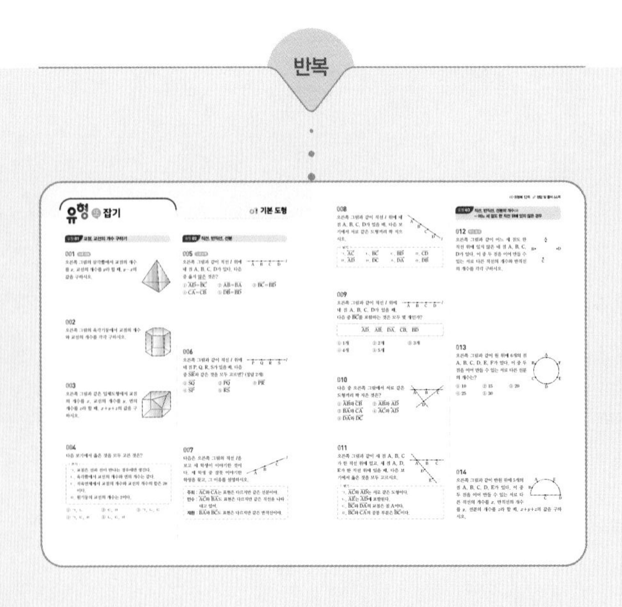

'수매씽 유형'은 전국 1000개 중학교 기출문제를 체계적으로 분석하여 새로운 수학 학습의 방향을 제시합니다.
꼭 필요한 유형만 모은 유형북과 반복+심화 학습으로 구성한 워크북으로 구성된 최고의 문제 기본서!
'수매씽 유형'을 통해 꼭 필요한 유형과 반복 학습으로 수학의 자신감을 키우세요.

학교 시험

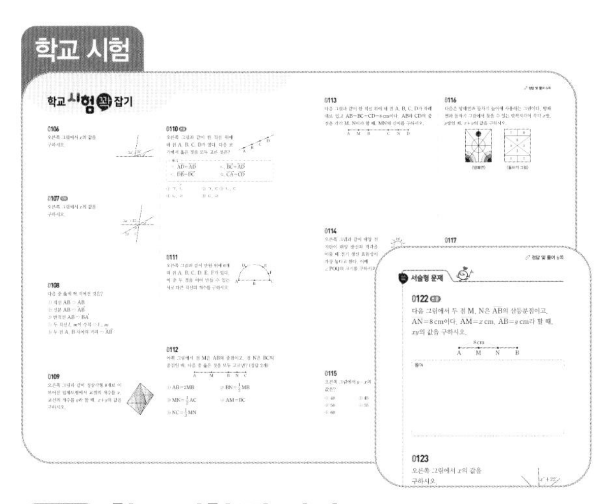

창의력+문해력

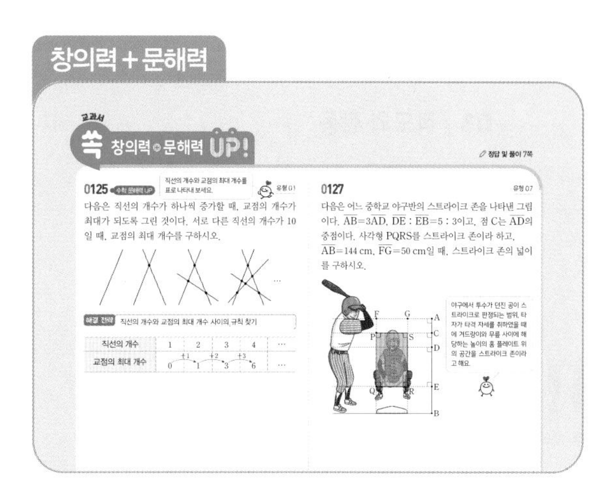

step 3 학교 시험 꽉 잡기

학교 시험에 나오는 문제만을 선별하여 구성하였습니다. 중단원별로 시험에 자주 출제되는 다양한 문제를 연습하고, 빈출 문제와 서술형 코너를 통해 보다 집중적으로 학교 시험에 대비할 수 있습니다.

step 4 교과서 쏙 창의력+문해력 UP!

교과서 속 창의력 문제를 재구성한 문제와 [수학 문해력 UP]을 통해 마지막 한 문제까지 해결할 수 있는 힘을 키울 수 있습니다.

심화

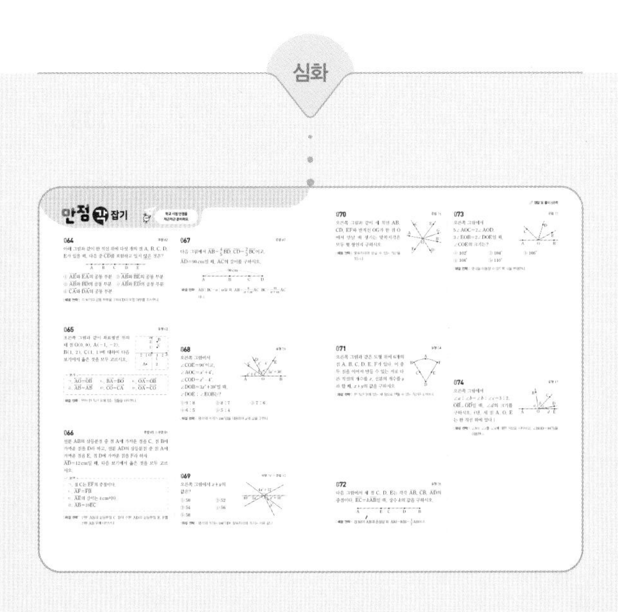

내신과 등업을 위한 강력한 한 권! **'수매씽 유형'**

유형북 차례

수매씽 STUDY PLANNER 학습 플래너

하루에 조금씩 매일매일,
계획을 세우고 기록해 보자.

단원명		유형북				워크북	
		개념 잡기	유형 다 잡기	학교 시험 꽉 잡기	창의력+문해력	유형 또 잡기	만점 각 잡기
01 기본 도형	계획	3/1~3/2					
	결과	/42	/63	/19	/4	/63	/11
02 위치 관계	계획						
	결과	/40	/72	/19	/4	/72	/12
03 작도와 합동	계획						
	결과	/46	/47	/17	/4	/47	/12
04 다각형	계획						
	결과	/44	/88	/19	/4	/88	/11
05 원과 부채꼴	계획						
	결과	/16	/64	/20	/4	/64	/12
06 다면체와 회전체	계획						
	결과	/27	/65	/18	/4	/65	/12
07 입체도형의 겉넓이와 부피	계획						
	결과	/39	/85	/20	/4	/85	/12
08 자료의 정리와 해석	계획						
	결과	/28	/91	/21	/4	/91	/15

수매씽

I 기본 도형

01 기본 도형

- □ 유형 01 교점, 교선의 개수 구하기
- 중요! □ 유형 02 직선, 반직선, 선분
- □ 유형 03 직선, 반직선, 선분의 개수(1) – 어느 세 점도 한 직선 위에 있지 않은 경우
- □ 유형 04 직선, 반직선, 선분의 개수(2) – 한 직선 위에 세 점 이상이 있는 경우
- 중요! □ 유형 05 선분의 중점, 삼등분점
- 중요! □ 유형 06 두 점 사이의 거리(1) – 중점, 삼등분점 이용
- 중요! □ 유형 07 두 점 사이의 거리(2) – 관계식, 비례식 이용
- □ 유형 08 평각을 이용한 각의 크기 구하기
- 중요! □ 유형 09 직각을 이용한 각의 크기 구하기
- 중요! □ 유형 10 각의 크기 사이의 조건이 주어진 경우 각의 크기 구하기
- □ 유형 11 각의 크기의 비가 주어진 경우 각의 크기 구하기
- 중요! □ 유형 12 맞꼭지각(1)
- □ 유형 13 맞꼭지각(2)
- □ 유형 14 맞꼭지각의 쌍의 개수
- □ 유형 15 수직과 수선
- □ 발전 유형 16 시침과 분침이 이루는 각의 크기

02 위치 관계

- □ 유형 01 점과 직선, 점과 평면의 위치 관계
- 중요! □ 유형 02 평면에서 두 직선의 위치 관계
- □ 유형 03 평면이 하나로 정해지는 조건
- □ 유형 04 꼬인 위치
- 중요! □ 유형 05 공간에서 두 직선의 위치 관계
- 중요! □ 유형 06 직선과 평면의 위치 관계
- □ 유형 07 점과 평면 사이의 거리
- □ 유형 08 두 평면의 위치 관계
- 중요! □ 유형 09 일부를 잘라 낸 입체도형에서의 위치 관계
- □ 유형 10 전개도가 주어진 입체도형에서의 위치 관계
- 중요! □ 유형 11 여러 가지 위치 관계
- □ 유형 12 동위각과 엇각
- 중요! □ 유형 13 평행선의 성질
- □ 유형 14 두 직선이 평행할 조건
- □ 유형 15 각의 크기 구하기 – 삼각형 이용
- 중요! □ 유형 16 각의 크기 구하기 – 보조선 1개 이용
- □ 유형 17 각의 크기 구하기 – 보조선 2개 이용(1)
- □ 유형 18 각의 크기 구하기 – 보조선 2개 이용(2)
- □ 유형 19 평행선의 활용(1)
- □ 유형 20 평행선의 활용(2)
- 중요! □ 발전 유형 21 직사각형 모양의 종이를 접는 경우

03 작도와 합동

- □ 유형 01 작도
- □ 유형 02 길이가 같은 선분의 작도
- 중요! □ 유형 03 크기가 같은 각의 작도
- □ 유형 04 평행선의 작도
- □ 유형 05 삼각형의 세 변의 길이 사이의 관계
- □ 유형 06 삼각형의 작도
- 중요! □ 유형 07 삼각형이 하나로 정해지는 조건
- □ 유형 08 합동인 도형의 성질
- □ 유형 09 합동인 삼각형 찾기
- 중요! □ 유형 10 두 삼각형이 합동이 되도록 추가할 조건
- □ 유형 11 삼각형의 합동 조건 – SSS 합동
- 중요! □ 유형 12 삼각형의 합동 조건 – SAS 합동
- 중요! □ 유형 13 삼각형의 합동 조건 – ASA 합동
- 중요! □ 발전 유형 14 삼각형의 합동의 활용 – 정삼각형
- □ 발전 유형 15 삼각형의 합동의 활용 – 정사각형

이전에 배운 내용

- 초3~4 도형의 기초
  - 각도
- 초5~6 합동과 대칭

이번에 배울 내용

- 01 기본 도형
- 02 위치 관계
- 03 작도와 합동

이후에 배울 내용

- 중2 삼각형과 사각형의 성질
  - 도형의 닮음
  - 피타고라스 정리
- 중3 삼각비

기본 도형

01 1 점, 선, 면 (유형 01)

비법 NOTE

(1) 점, 선, 면

① 도형의 기본 요소 : 점, 선, 면

② 점이 움직인 자리는 선이 되고, 선이 움직인 자리는 면이 된다.

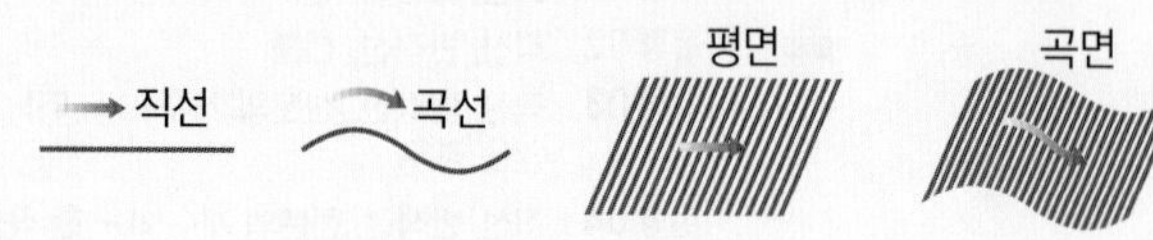

▶ 선은 무수히 많은 점으로 이루어져 있고, 면은 무수히 많은 선으로 이루어져 있다.

(2) 평면도형과 입체도형

① 평면도형 : 삼각형이나 원과 같이 한 평면에 있는 도형

② 입체도형 : 직육면체나 원기둥, 구와 같이 한 평면에 있지 않은 도형

▶ 평면도형과 입체도형은 모두 점, 선, 면으로 이루어져 있다.

(3) 교점과 교선

① 교점 : 선과 선 또는 선과 면이 만나서 생기는 점

② 교선 : 면과 면이 만나서 생기는 선 – 교선은 직선일 수도 있고 곡선일 수도 있다.

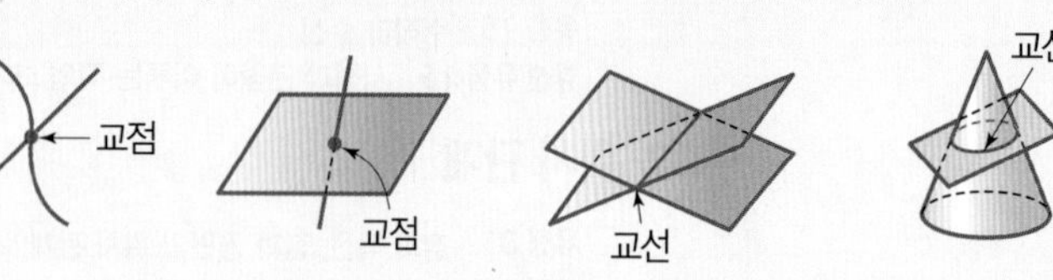

▶ 평면으로만 둘러싸인 입체도형에서
(교점의 개수)=(꼭짓점의 개수)
(교선의 개수)=(모서리의 개수)

개념 잡기

[0001 ~ 0004] 다음 중 옳은 것에 ○표, 옳지 않은 것에 ×표 하시오.

0001 점, 선, 면을 도형의 기본 요소라 한다. ( )

0002 원, 원기둥은 모두 입체도형이다. ( )

0003 선과 선 또는 선과 면이 만나서 생기는 점을 교점이라 한다. ( )

0004 면과 면이 만나서 생기는 선을 교선이라 한다. ( )

[0005 ~ 0010] 오른쪽 그림과 같은 직육면체에서 다음을 구하시오.

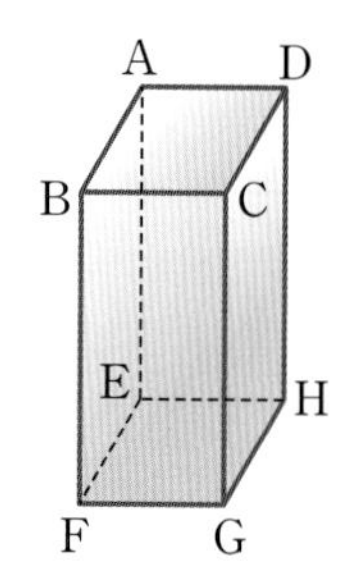

0005 모서리 AB와 모서리 AD의 교점

0006 모서리 BF와 면 EFGH의 교점

0007 면 ABCD와 면 CGHD의 교선

0008 교점의 개수

0009 교선의 개수

0010 면의 개수

01 2 직선, 반직선, 선분 (유형 02 ~ 유형 07)

비법 NOTE

(1) 직선, 반직선, 선분

① 직선이 정해질 조건 : 한 점을 지나는 직선은 무수히 많지만 서로 다른 두 점을 지나는 직선은 오직 하나뿐이다.

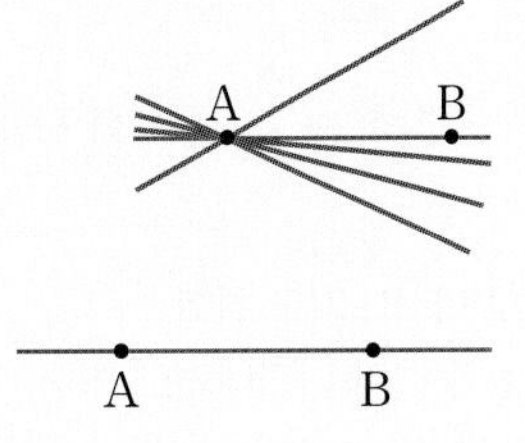

참고 일반적으로 점은 알파벳 대문자 A, B, C, ...를 사용하여 나타내고, 직선은 알파벳 소문자 l, m, n, ...을 사용하여 나타낸다.

② 직선 AB
서로 다른 두 점 A, B를 지나는 직선 기호 $\overleftrightarrow{AB}$

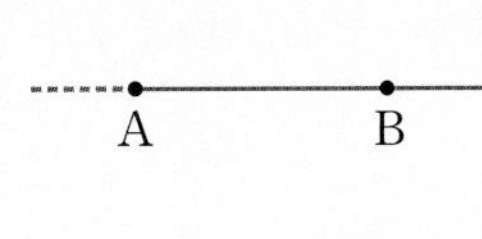

③ 반직선 AB
직선 AB 위의 한 점 A에서 시작하여 점 B의 방향으로 한없이 연장한 선 기호 $\overrightarrow{AB}$

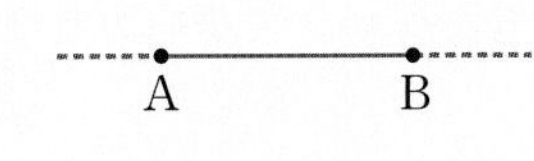

④ 선분 AB
직선 AB 위의 점 A에서 점 B까지의 부분 기호 $\overline{AB}$

- ① 직선 AB와 직선 BA는 서로 같은 직선이다. 즉, $\overleftrightarrow{AB}=\overleftrightarrow{BA}$
- ② 반직선 AB와 반직선 BA는 시작점과 방향이 다르므로 서로 다른 반직선이다. 즉, $\overrightarrow{AB}\neq\overrightarrow{BA}$
- ③ 선분 AB와 선분 BA는 서로 같은 선분이다. 즉, $\overline{AB}=\overline{BA}$

(2) 두 점 사이의 거리

① 두 점 A, B 사이의 거리
두 점 A, B를 이을 수 있는 무수히 많은 선 중에서 길이가 가장 짧은 선분 AB의 길이

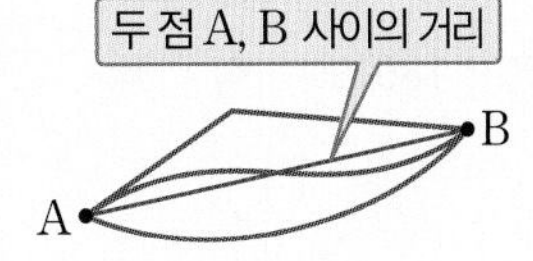

참고 $\overline{AB}$는 도형으로서 선분 AB를 나타내기도 하고, 선분 AB의 길이를 나타내기도 한다. 따라서 선분 AB와 선분 CD의 길이가 같을 때, 기호로 $\overline{AB}=\overline{CD}$와 같이 나타낸다.

- 선분은 그 길이를 알 수 있지만 직선과 반직선은 그 길이를 생각할 수 없다.

② 선분 AB의 중점
선분 AB 위에 있는 점으로 선분 AB의 길이를 이등분하는 점 M
⇨ $\overline{AM}=\overline{MB}=\frac{1}{2}\overline{AB}$

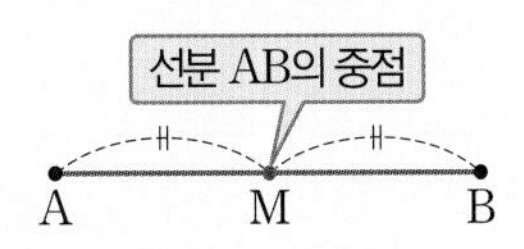

- 중점은 보통 M으로 나타낸다. 이때 M은 중점을 나타내는 Midpoint의 첫 글자이다.

[0011~0014] 다음 도형을 기호로 나타내시오.

0011 (P, Q)

0012 (P, Q)

0013 (P, Q)

0014 (P, Q)

[0015~0018] 오른쪽 그림과 같이 직선 l 위에 세 점 A, B, C가 있다. 다음 □ 안에 = 또는 ≠를 써넣으시오.

(A, B, C, l)

0015 $\overleftrightarrow{AC}$ □ $\overleftrightarrow{BA}$

0016 $\overrightarrow{BC}$ □ $\overrightarrow{BA}$

0017 $\overline{AB}$ □ $\overline{BA}$

0018 $\overrightarrow{CB}$ □ $\overrightarrow{BC}$

[0019~0020] 오른쪽 그림에서 다음을 구하시오.

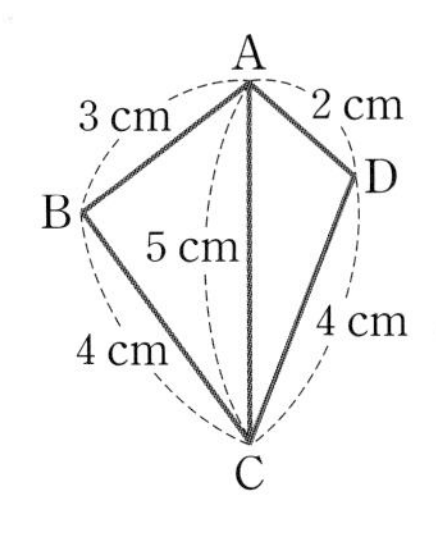

0019 두 점 A, C 사이의 거리

0020 두 점 C, D 사이의 거리

[0021~0022] 다음 그림에서 점 M이 $\overline{AB}$의 중점일 때, □ 안에 알맞은 수를 써넣으시오.

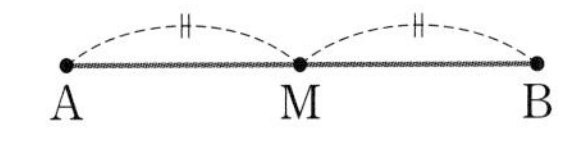

0021 $\overline{AM}=3$ cm일 때, $\overline{AB}=\square\,\overline{AM}=\square$(cm)

0022 $\overline{AB}=8$ cm일 때, $\overline{BM}=\square\,\overline{AB}=\square$(cm)

01 기본 도형

01 3 각의 분류 유형 08 ~ 유형 11, 유형 16

(1) 각

① 각 AOB : 한 점 O에서 시작하는 두 반직선 OA, OB로 이루어진 도형 (기호) ∠AOB

(참고) ∠AOB는 ∠BOA로 나타내기도 하고, 간단히 ∠O 또는 ∠a와 같이 나타내기도 한다.

② ∠AOB의 크기 : ∠AOB에서 꼭짓점 O를 중심으로 $\overrightarrow{OA}$가 $\overrightarrow{OB}$까지 회전한 양

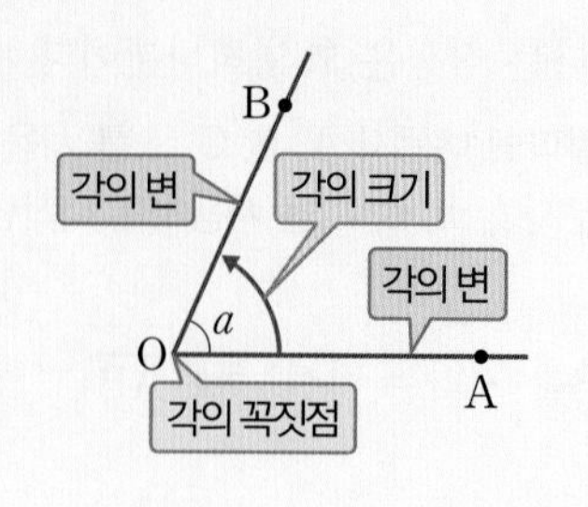

(2) 각의 분류

① 평각 : 각의 두 변이 꼭짓점을 중심으로 반대쪽에 있고 한 직선을 이루는 각 즉, 크기가 180°인 각

② 직각 : 평각의 크기의 $\frac{1}{2}$인 각, 즉 크기가 90°인 각

③ 예각 : 크기가 0°보다 크고 90°보다 작은 각

④ 둔각 : 크기가 90°보다 크고 180°보다 작은 각

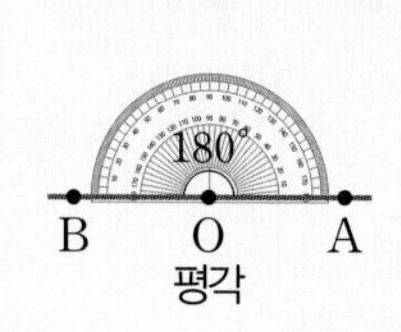

평각

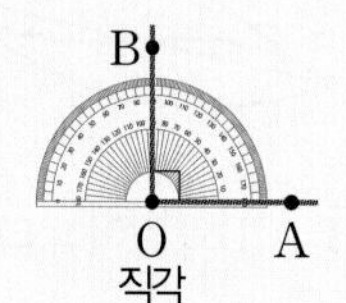

직각

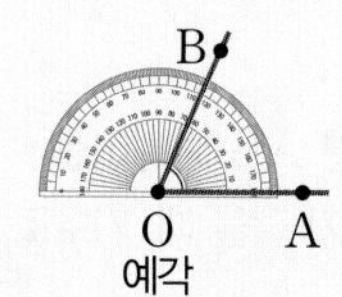

예각

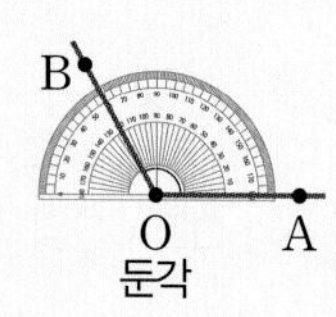

둔각

비법 NOTE

- ∠b를 ∠AOB로 생각할 수도 있지만, 보통 ∠AOB는 크기가 작은 쪽인 ∠a를 나타낸다.
- ∠AOB는 도형으로서 각을 나타내기도 하고, 각의 크기를 나타내기도 한다.
- 직각은 다음 그림과 같이 표시한다.

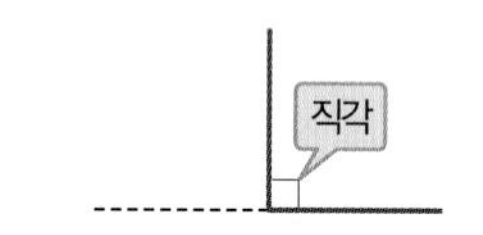

- 0°<(예각)<90°(직각)
- 90°(직각)<(둔각)<180°(평각)

개념 잡기

[0023~0024] 오른쪽 그림에서 다음 각을 5개의 점 A, B, C, D, E를 사용하여 나타내시오.

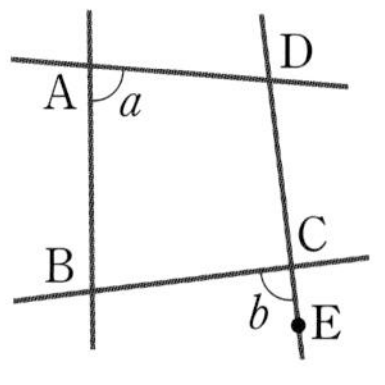

0023 ∠a

0024 ∠b

[0025~0030] 다음 각의 크기를 예각, 직각, 둔각, 평각으로 분류하시오.

0025 45°

0026 140°

0027 180°

0028 15°

0029 95°

0030 90°

[0031~0033] 다음 그림에서 x의 값을 구하시오.

0031

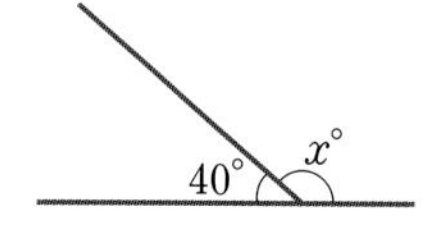

0032

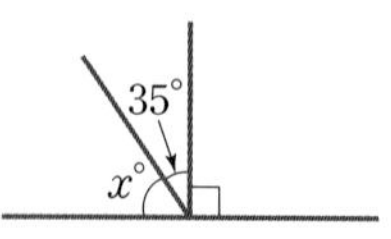

0033

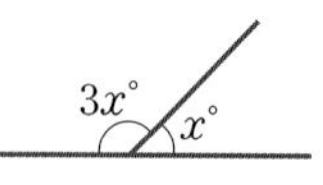

01 4 맞꼭지각, 수직과 수선 (유형 12 ~ 유형 15)

비법 NOTE

(1) 맞꼭지각

① 교각 : 서로 다른 두 직선이 한 점에서 만날 때 생기는 네 개의 각
⇨ $\angle a$, $\angle b$, $\angle c$, $\angle d$

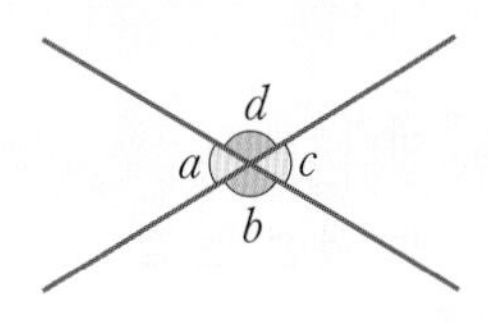

② 맞꼭지각 : 서로 다른 두 직선이 한 점에서 만날 때, 서로 마주 보는 두 각
⇨ $\angle a$와 $\angle c$, $\angle b$와 $\angle d$

③ 맞꼭지각의 성질 : 맞꼭지각의 크기는 서로 같다. ⇨ $\angle a=\angle c$, $\angle b=\angle d$

(2) 수직과 수선

① 직교 : 두 직선 AB와 CD의 교각이 직각일 때, 두 직선은 직교한다고 한다. (기호) $\overleftrightarrow{AB}\perp\overleftrightarrow{CD}$

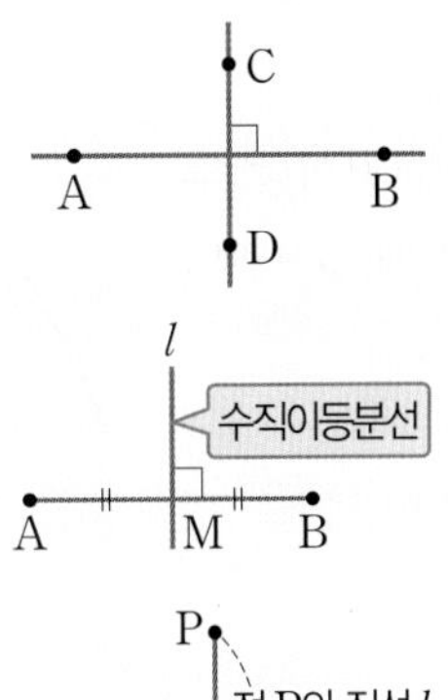

- $\overleftrightarrow{AB}$와 $\overleftrightarrow{CD}$가 만나고 $\overleftrightarrow{AB}\perp\overleftrightarrow{CD}$일 때, $\overline{AB}$와 $\overline{CD}$는 직교한다고 하고, 기호로 $\overline{AB}\perp\overline{CD}$와 같이 나타낸다.

② 수직과 수선 : 직교하는 두 직선은 서로 수직이고, 한 직선을 다른 직선의 수선이라 한다.

③ 수직이등분선 : 선분 AB의 중점 M을 지나고 선분 AB에 수직인 직선 l
⇨ $l\perp\overline{AB}$, $\overline{AM}=\overline{BM}$

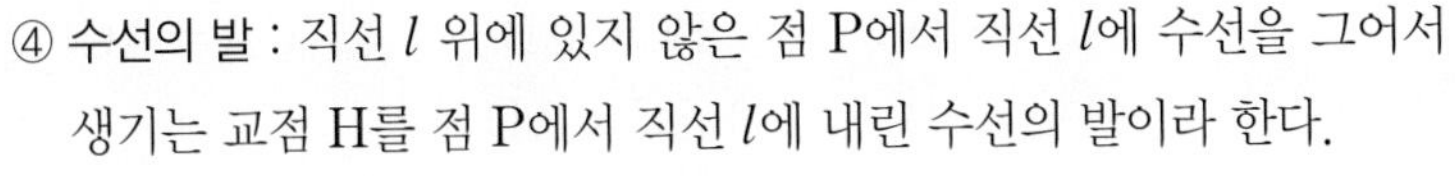

④ 수선의 발 : 직선 l 위에 있지 않은 점 P에서 직선 l에 수선을 그어서 생기는 교점 H를 점 P에서 직선 l에 내린 수선의 발이라 한다.

⑤ 점과 직선 사이의 거리 : 직선 l 위에 있지 않은 점 P에서 직선 l에 내린 수선의 발 H까지의 거리 ⇨ $\overline{PH}$

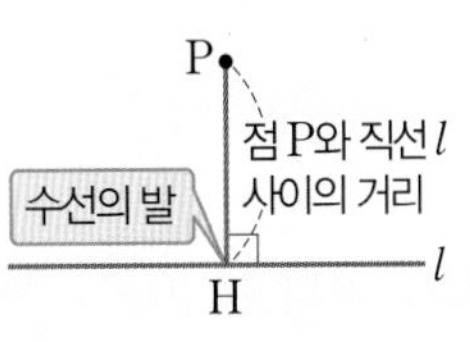

- 점 P와 직선 l 사이의 거리는 점 P와 직선 l 위에 있는 점을 잇는 선분 중에서 그 길이가 가장 짧은 선분 PH의 길이이다.

[0034 ~ 0036] 오른쪽 그림에서 다음을 구하시오.

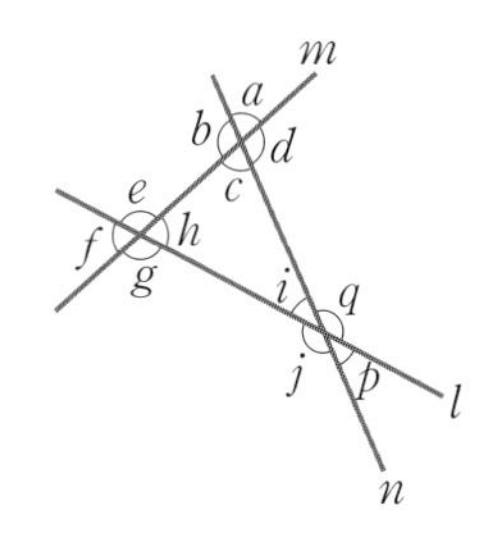

0034 직선 l과 직선 m의 교각

0035 직선 m과 직선 n의 교각

0036 $\angle b$의 맞꼭지각

[0037 ~ 0038] 다음 그림에서 $\angle x$, $\angle y$의 크기를 각각 구하시오.

0037

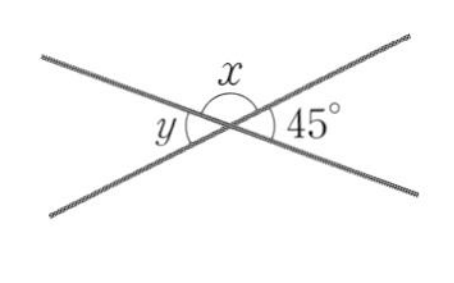

0038

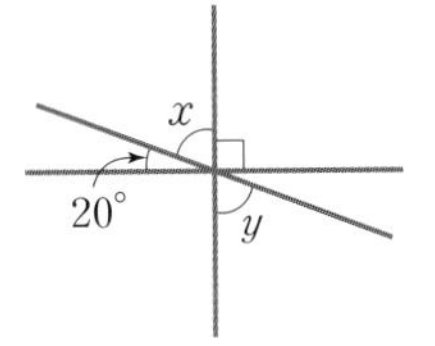

[0039 ~ 0042] 오른쪽 그림과 같은 사각형 ABCD에 대하여 다음 물음에 답하시오.

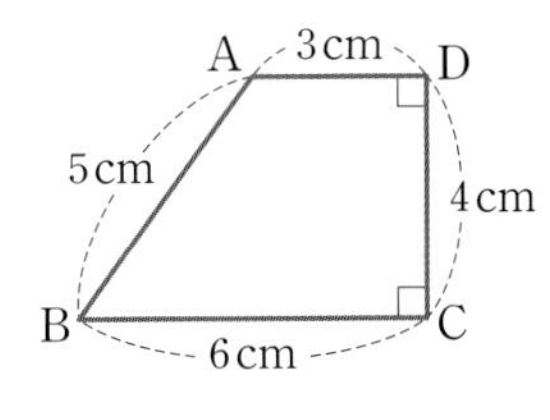

0039 직교하는 두 선분을 모두 찾아 기호 ⊥를 사용하여 나타내시오.

0040 점 A에서 $\overline{CD}$에 내린 수선의 발을 구하시오.

0041 점 B와 $\overline{CD}$ 사이의 거리를 구하시오.

0042 점 A와 $\overline{BC}$ 사이의 거리를 구하시오.

유형 다 잡기

유형 01 교점, 교선의 개수 구하기

개념 01-1

(1) 교점 : 선과 선 또는 선과 면이 만나서 생기는 점
(2) 교선 : 면과 면이 만나서 생기는 선
(3) 입체도형에서 (교점의 개수)=(꼭짓점의 개수)
(교선의 개수)=(모서리의 개수)

0043 대표 문제

오른쪽 그림의 사각뿔에서 교점의 개수를 x, 교선의 개수를 y라 할 때, $x+y$의 값을 구하시오.

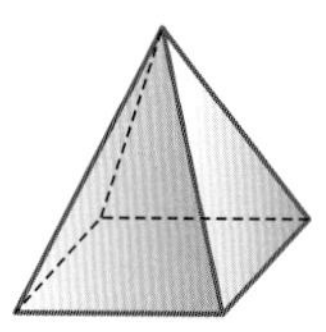

0044

오른쪽 그림의 삼각기둥에서 교점의 개수와 교선의 개수를 각각 구하시오.

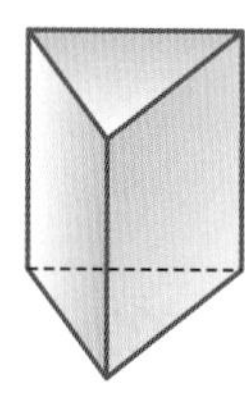

0045

오른쪽 그림과 같은 입체도형에서 교점의 개수를 x, 교선의 개수를 y, 면의 개수를 z라 할 때, $x+y-z$의 값을 구하시오.

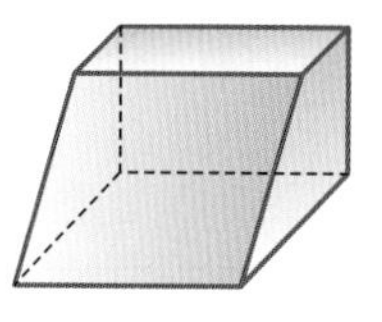

0046

다음 보기에서 옳은 것을 모두 고르시오.

보기
ㄱ. 도형의 기본 요소에는 점, 선, 면이 있다.
ㄴ. 면과 면이 만나서 생기는 교선은 직선이다.
ㄷ. 오각뿔에서 교점의 개수와 면의 개수는 같다.
ㄹ. 오각기둥의 교선의 개수는 10이다.

유형 02 직선, 반직선, 선분 (중요!)

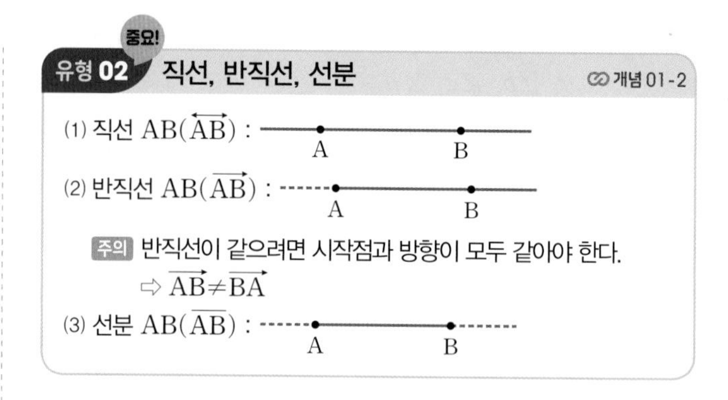
개념 01-2

(1) 직선 AB($\overleftrightarrow{AB}$) :

(2) 반직선 AB($\overrightarrow{AB}$) :

주의 반직선이 같으려면 시작점과 방향이 모두 같아야 한다.
⇨ $\overrightarrow{AB} \neq \overrightarrow{BA}$

(3) 선분 AB($\overline{AB}$) :

0047 대표 문제

오른쪽 그림과 같이 직선 l 위에 네 점 A, B, C, D가 있다. 다음 중 옳지 않은 것은?

① $\overleftrightarrow{AC}=\overleftrightarrow{BD}$ ② $\overline{BC}=\overline{CB}$ ③ $\overrightarrow{CA}=\overrightarrow{AC}$
④ $\overrightarrow{DA}=\overrightarrow{DB}$ ⑤ $\overrightarrow{AC}=\overrightarrow{AD}$

0048 수매씽 Pick!

오른쪽 그림과 같이 직선 l 위에 네 점 P, Q, R, S가 있을 때, 다음 중 $\overrightarrow{PQ}$와 같은 것을 모두 고르면? (정답 2개)

① $\overline{PQ}$ ② $\overleftrightarrow{QP}$ ③ $\overrightarrow{PR}$
④ $\overrightarrow{QP}$ ⑤ $\overrightarrow{PS}$

0049 서술형

다음은 오른쪽 그림의 직선 l을 보고 세 학생이 이야기한 것이다. 세 학생 중 잘못 이야기한 학생을 찾고, 그 이유를 설명하시오.

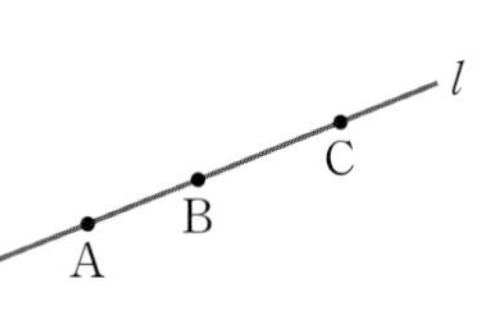

민주 : $\overleftrightarrow{CA}$와 $\overleftrightarrow{CB}$는 표현은 다르지만 같은 직선이야.
은빈 : 맞아, $\overrightarrow{CA}$와 $\overrightarrow{CB}$도 같은 반직선을 나타내고 있어.
주호 : 그럼, $\overline{CA}$와 $\overline{CB}$도 같은 선분이네.

0050

오른쪽 그림과 같이 직선 l 위에 네 점 A, B, C, D가 있을 때, 다음 보기에서 서로 같은 도형끼리 짝 지으시오.

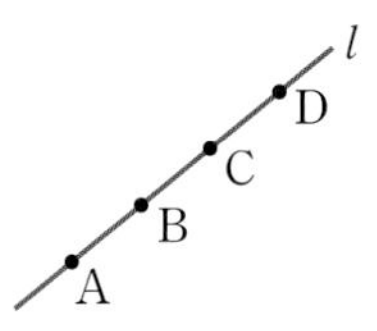

보기
ㄱ. $\overleftrightarrow{AB}$ ㄴ. $\overrightarrow{CA}$ ㄷ. $\overrightarrow{BC}$ ㄹ. $\overrightarrow{BD}$
ㅁ. $\overleftrightarrow{CA}$ ㅂ. $\overline{CB}$ ㅅ. $\overrightarrow{CB}$ ㅇ. $\overline{BC}$

0051

오른쪽 그림과 같이 직선 l 위에 네 점 A, B, C, D가 있을 때, 다음 중 $\overrightarrow{CB}$를 포함하는 것은 모두 몇 개인가?

$\overleftrightarrow{AB}$, $\overrightarrow{BA}$, $\overline{BC}$, $\overrightarrow{DC}$, $\overleftrightarrow{CD}$

① 1개 ② 2개 ③ 3개
④ 4개 ⑤ 5개

0052

다음 중 오른쪽 그림에서 서로 같은 도형끼리 짝 지은 것은?

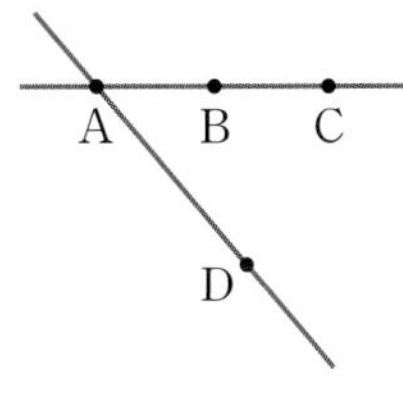

① $\overleftrightarrow{AB}$와 $\overleftrightarrow{AD}$ ② $\overrightarrow{AC}$와 $\overrightarrow{AD}$
③ $\overline{AB}$와 $\overline{AC}$ ④ $\overrightarrow{AB}$와 $\overrightarrow{BA}$
⑤ $\overleftrightarrow{AC}$와 $\overleftrightarrow{BC}$

0053

오른쪽 그림과 같이 세 점 A, B, C가 한 직선 위에 있을 때, 다음 보기에서 옳은 것을 모두 고르시오.

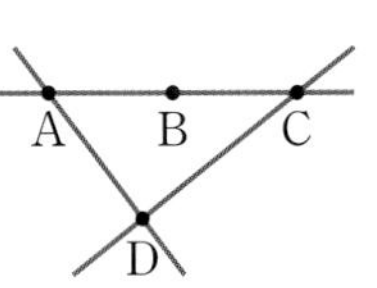

보기
ㄱ. $\overrightarrow{BA}$와 $\overrightarrow{BC}$는 서로 같은 도형이다.
ㄴ. $\overrightarrow{BC}$는 $\overleftrightarrow{AC}$에 포함된다.
ㄷ. $\overrightarrow{AB}$와 $\overline{DC}$의 교점은 점 C이다.
ㄹ. $\overrightarrow{AC}$와 $\overrightarrow{BA}$의 공통 부분은 $\overline{AB}$이다.

유형 03 직선, 반직선, 선분의 개수(1) – 어느 세 점도 한 직선 위에 있지 않은 경우

개념 01-2

한 직선 위에 있지 않은 세 점 A, B, C 중 두 점을 이어 만들 수 있는 서로 다른 직선, 반직선, 선분의 개수는 다음과 같다.

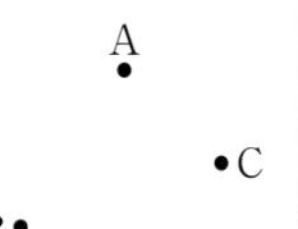

(1) 직선 ⇨ $\overleftrightarrow{AB}$, $\overleftrightarrow{BC}$, $\overleftrightarrow{CA}$의 3개
(2) 반직선 ⇨ $\overrightarrow{AB}$, $\overrightarrow{AC}$, $\overrightarrow{BA}$, $\overrightarrow{BC}$, $\overrightarrow{CA}$, $\overrightarrow{CB}$의 6개 └(직선의 개수)$\times 2$
(3) 선분 ⇨ $\overline{AB}$, $\overline{BC}$, $\overline{CA}$의 3개 └직선의 개수와 같다.

0054 대표 문제

오른쪽 그림과 같이 어느 세 점도 한 직선 위에 있지 않은 네 점 A, B, C, D가 있다. 이 중 두 점을 이어 만들 수 있는 서로 다른 직선의 개수를 x, 반직선의 개수를 y, 선분의 개수를 z라 할 때, $x+y+z$의 값을 구하시오.

0055 수매씽 Pick!

오른쪽 그림과 같이 원 위에 5개의 점 A, B, C, D, E가 있다. 이 중 두 점을 이어 만들 수 있는 서로 다른 직선의 개수는?

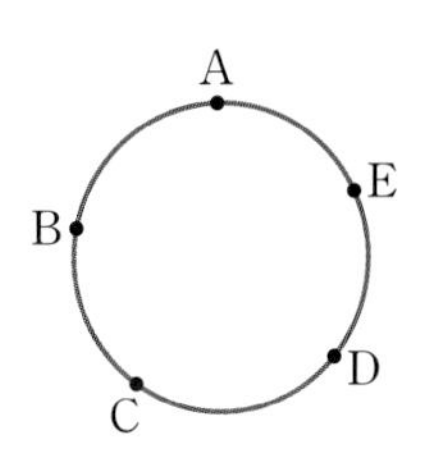

① 4 ② 6 ③ 8
④ 10 ⑤ 12

0056

오른쪽 그림과 같이 반원 위에 6개의 점 A, B, C, D, E, F가 있다. 이 중 두 점을 이어 만들 수 있는 서로 다른 직선의 개수를 x, 반직선의 개수를 y라 할 때, $x+y$의 값을 구하시오.

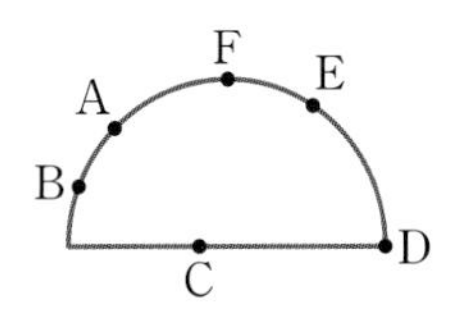

유형 04 직선, 반직선, 선분의 개수(2) – 한 직선 위에 세 점 이상이 있는 경우

개념 01-2

한 직선 위에 있는 세 점 A, B, C 중 두 점을 이어 만들 수 있는 서로 다른 직선, 반직선, 선분의 개수는 다음과 같다.

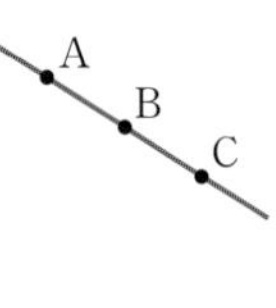

(1) 직선 ⇨ $\overleftrightarrow{AB}$의 1개

(2) 반직선 ⇨ $\overrightarrow{AC}$, $\overrightarrow{BC}$, $\overrightarrow{CA}$, $\overrightarrow{BA}$의 4개

(3) 선분 ⇨ $\overline{AB}$, $\overline{BC}$, $\overline{CA}$의 3개

0057 대표 문제

오른쪽 그림과 같이 직선 l 위에 네 점 A, B, C, D가 있다. 이 중 두 점을 이어 만들 수 있는 서로 다른 직선의 개수를 x, 반직선의 개수를 y, 선분의 개수를 z라 할 때, $x+y+z$의 값을 구하시오.

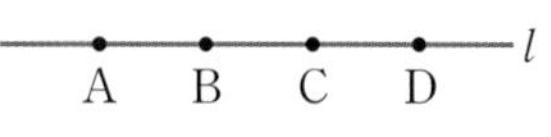

0058 ●●○○

오른쪽 그림과 같이 5개의 점 A, B, C, D, E가 있다. 이 중 두 점을 이어 만들 수 있는 서로 다른 직선의 개수를 구하시오.

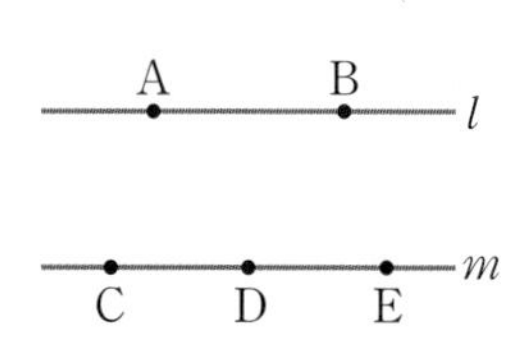

0059 ●●●○

오른쪽 그림과 같이 네 점 A, B, C, D가 있다. 이 중 두 점을 이어 만들 수 있는 서로 다른 직선의 개수를 x, 반직선의 개수를 y라 할 때, $x+y$의 값을 구하시오.

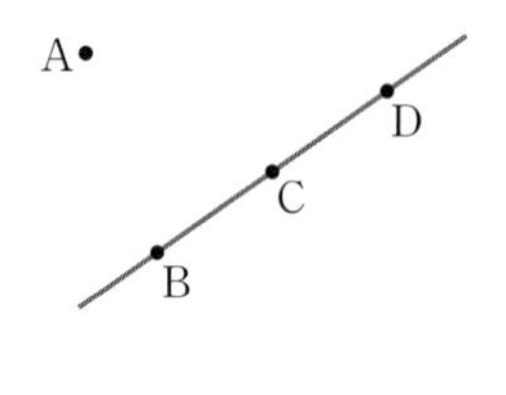

중요! 유형 05 선분의 중점, 삼등분점

개념 01-2

(1) 점 M이 $\overline{AB}$의 중점일 때

⇨ $\overline{AM}=\overline{MB}=\frac{1}{2}\overline{AB}$

(2) 두 점 M, N이 $\overline{AB}$의 삼등분점일 때

⇨ $\overline{AM}=\overline{MN}=\overline{NB}=\frac{1}{3}\overline{AB}$

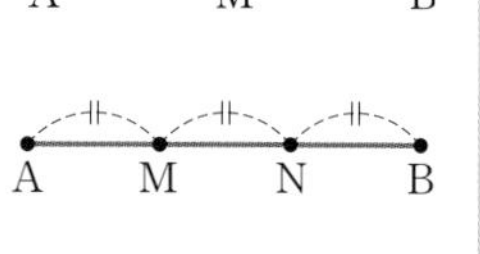

0060 대표 문제

아래 그림에서 점 M은 $\overline{AB}$의 중점이고, 점 N은 $\overline{MB}$의 중점일 때, 다음 보기에서 옳은 것을 모두 고른 것은?

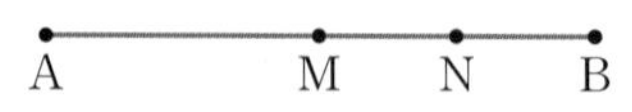

보기

ㄱ. $\overline{AM}=\frac{1}{2}\overline{AB}$　　ㄴ. $\overline{MN}=\frac{1}{4}\overline{AN}$

ㄷ. $\overline{NB}=\frac{1}{4}\overline{AB}$　　ㄹ. $\overline{AB}=3\overline{MN}$

① ㄱ, ㄴ　② ㄱ, ㄷ　③ ㄱ, ㄹ
④ ㄴ, ㄷ　⑤ ㄷ, ㄹ

0061 ●●○○ 수매씽 Pick!

아래 그림에서 두 점 M, N은 $\overline{AB}$의 삼등분점이고 점 O는 $\overline{AB}$의 중점일 때, 다음 중 옳은 것을 모두 고르면? (정답 2개)

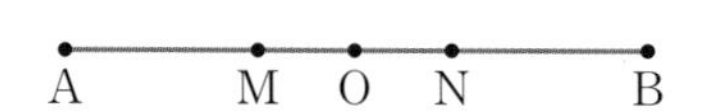

① $\overline{AB}=2\overline{OB}$　② $\overline{AM}=\frac{2}{3}\overline{BM}$　③ $\overline{AO}=\overline{MN}$
④ $\overline{MN}=\frac{3}{2}\overline{ON}$　⑤ $\overline{BN}=2\overline{MO}$

0062 ●●●○

다음 그림에서 두 점 M, N은 $\overline{AB}$의 삼등분점이고, 점 P는 $\overline{NB}$의 중점이다. $\overline{AM}=a\overline{PB}$, $\overline{MP}=b\overline{NP}$일 때, 상수 a, b에 대하여 $a+b$의 값을 구하시오.

중요!

유형 06 두 점 사이의 거리(1) – 중점, 삼등분점 이용

개념 01-2

두 점 M, N이 각각 $\overline{AB}$, $\overline{BC}$의 중점일 때

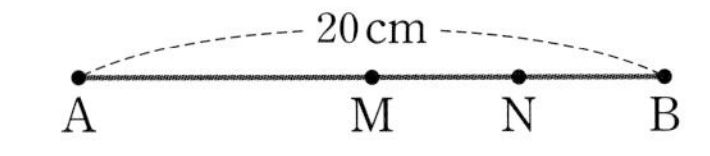

⇨ $\overline{AM}=\overline{MB}=\frac{1}{2}\overline{AB}$, $\overline{BN}=\overline{NC}=\frac{1}{2}\overline{BC}$

$\overline{AC}=\overline{AB}+\overline{BC}=2(\overline{MB}+\overline{BN})=2\overline{MN}$

0063 대표 문제

다음 그림에서 점 M은 $\overline{AB}$의 중점이고, 점 N은 $\overline{MB}$의 중점이다. $\overline{AB}=20\text{ cm}$일 때, $\overline{AN}$의 길이를 구하시오.

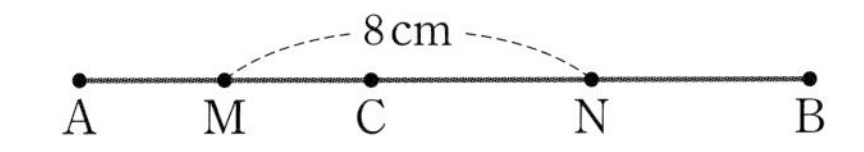

0064 수매씽 Pick!

다음 그림에서 점 M은 $\overline{AC}$의 중점이고, 점 N은 $\overline{CB}$의 중점이다. $\overline{MN}=8\text{ cm}$일 때, $\overline{AB}$의 길이를 구하시오.

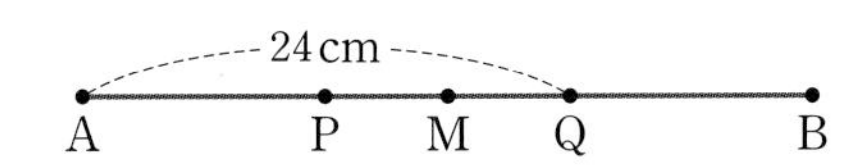

0065

다음 그림에서 두 점 P, Q는 $\overline{AB}$의 삼등분점이고, 점 M은 $\overline{PQ}$의 중점이다. $\overline{AQ}=24\text{ cm}$일 때, $\overline{MB}$의 길이를 구하시오.

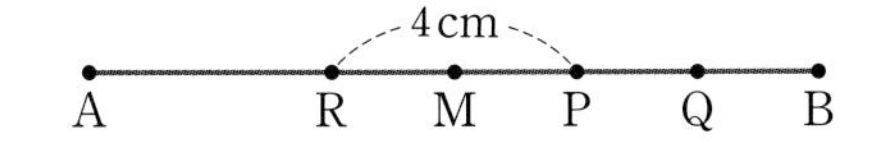

0066

다음 그림에서 점 M은 $\overline{AB}$의 중점, 두 점 P, Q는 $\overline{MB}$의 삼등분점이고, 점 R은 $\overline{AP}$의 중점이다. $\overline{RP}=4\text{ cm}$일 때, $\overline{AQ}$의 길이를 구하시오.

4 cm

A R M P Q B

중요!

유형 07 두 점 사이의 거리(2) – 관계식, 비례식 이용

개념 01-2

한 직선 위에 있는 세 점 A, B, C에 대하여

$\overline{AB}=\frac{n}{m}\overline{BC}$

⇨ $\overline{AB}:\overline{BC}=n:m$

⇨ $\overline{AB}=nk$, $\overline{BC}=mk$ $(k>0)$

0067 대표 문제

다음 그림에서 $\overline{AC}:\overline{CD}=2:1$, $\overline{AB}:\overline{BC}=2:1$이고, $\overline{AD}=18\text{ cm}$일 때, $\overline{BC}$의 길이를 구하시오.

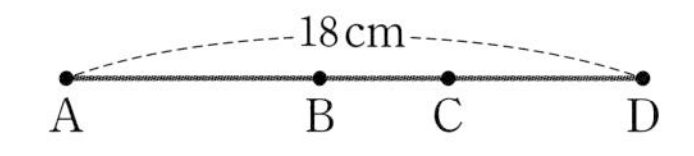

0068

다음 그림에서 $2\overline{AB}=3\overline{BC}$이고 두 점 M, N은 각각 $\overline{AB}$, $\overline{BC}$의 중점이다. $\overline{AM}=6\text{ cm}$일 때, $\overline{NC}$의 길이를 구하시오.

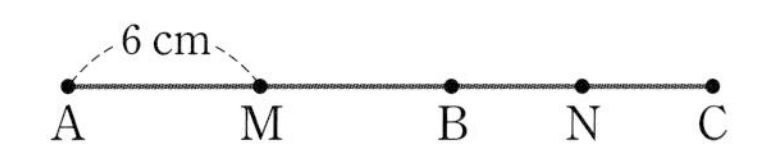

0069 수매씽 Pick!

다음 그림에서 $\overline{AC}=2\overline{CD}$, $\overline{AB}=2\overline{BC}$이고, $\overline{AD}=27\text{ cm}$일 때, $\overline{BC}$의 길이를 구하시오.

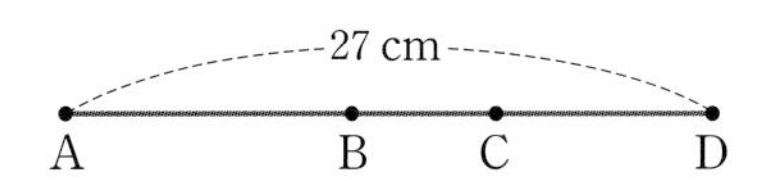

0070 서술형

다음 그림에서 $\overline{AP}:\overline{PB}=1:4$, $\overline{AQ}:\overline{QB}=5:3$이고, $\overline{PQ}=34\text{ cm}$일 때, $\overline{AP}$의 길이를 구하시오.

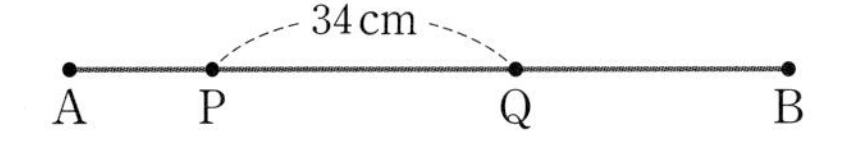

유형 08 평각을 이용한 각의 크기 구하기

개념 01-3

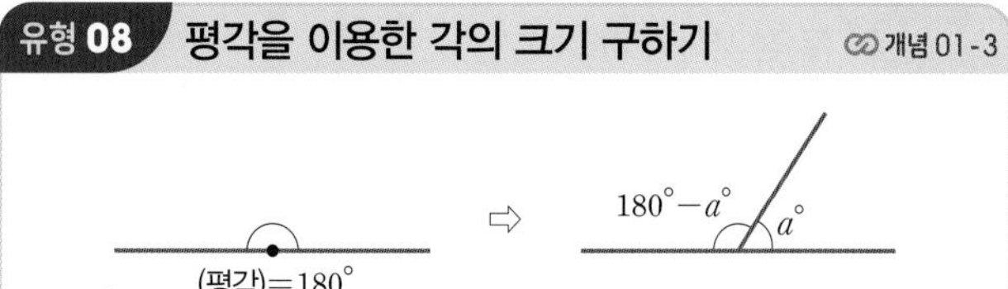
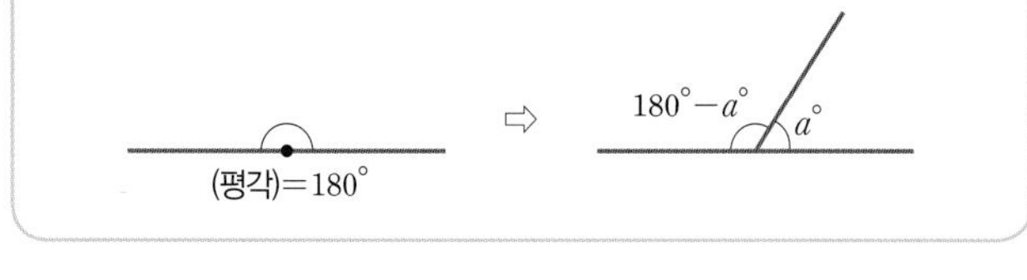
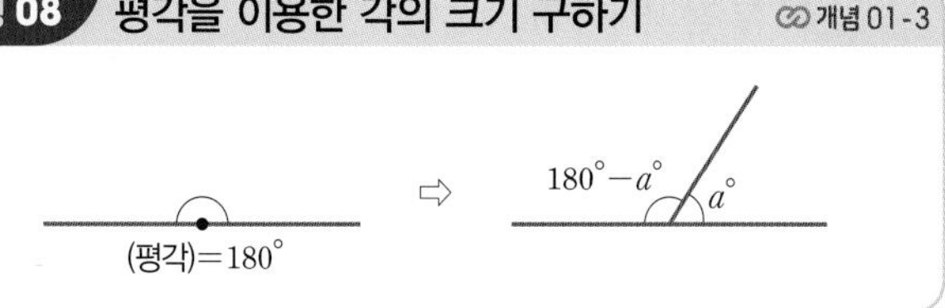

0071 대표 문제

오른쪽 그림에서 x의 값을 구하시오.

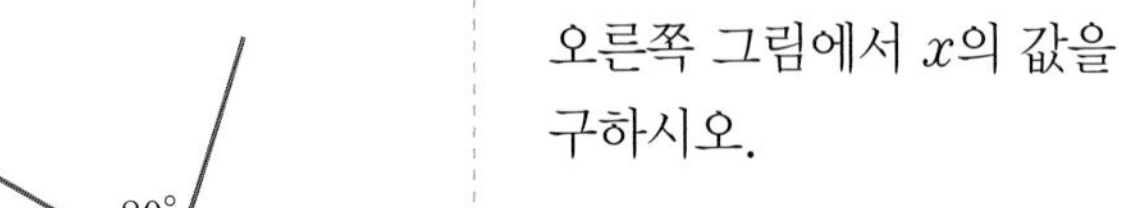

0072 ●●●●

오른쪽 그림에서 x의 값을 구하시오.

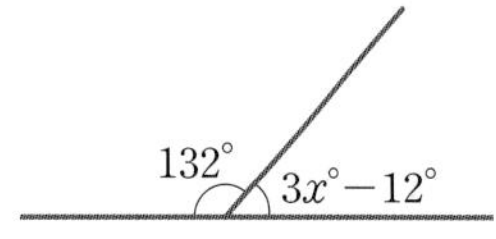

0073 ●●●●

오른쪽 그림에서 $\angle AOB$의 크기는?

① $32°$ ② $40°$ ③ $54°$ ④ $68°$ ⑤ $80°$

0074 ●●●●

오른쪽 그림에서 $x+y+z$의 값은?

① 60 ② 65 ③ 70 ④ 75 ⑤ 80

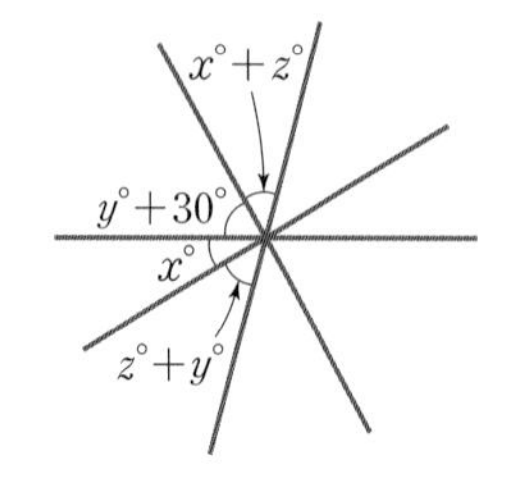

중요! 유형 09 직각을 이용한 각의 크기 구하기

개념 01-3

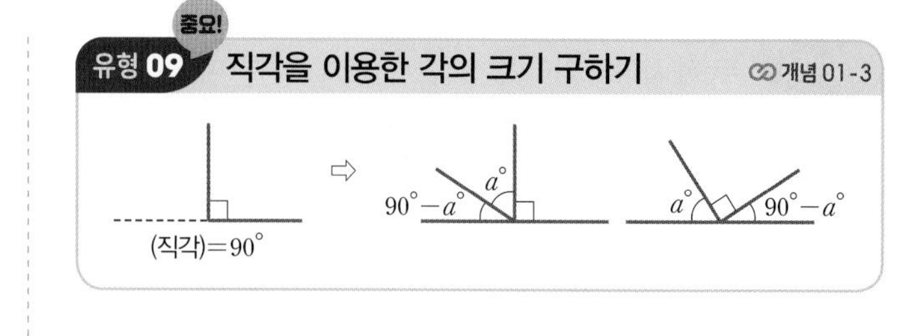

0075 대표 문제

오른쪽 그림에서 x의 값을 구하시오.

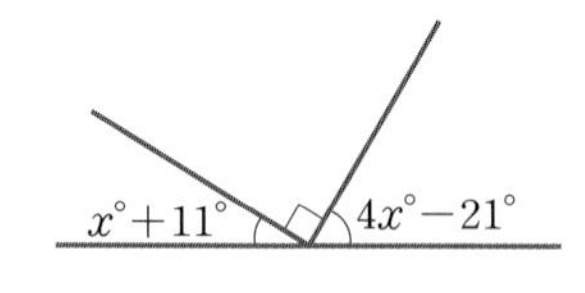

0076 ●●●● 수매씽 Pick!

오른쪽 그림에서 x의 값은?

① 31 ② 33 ③ 35 ④ 37 ⑤ 39

0077 ●●●● 서술형

오른쪽 그림에서 $\overleftrightarrow{AD}\perp\overleftrightarrow{BE}$일 때, x의 값을 구하시오.

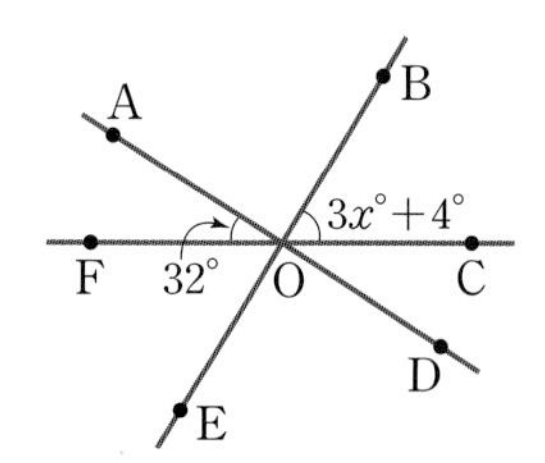

0078 ●●●●

오른쪽 그림에서 $\overline{AO}\perp\overline{CO}$, $\overline{BO}\perp\overline{DO}$이고, $\angle AOB+\angle COD=40°$일 때, $\angle BOC$의 크기를 구하시오.

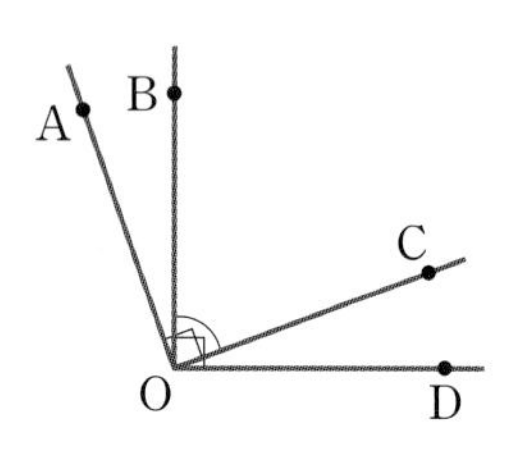

중요!

유형 10 각의 크기 사이의 조건이 주어진 경우 각의 크기 구하기

개념 01-3

직각의 크기는 $90°$, 평각의 크기는 $180°$임을 이용하여 식을 세운 후, 각의 크기를 구한다.

0079 대표 문제

오른쪽 그림에서

$\angle COD=\frac{1}{2}\angle AOC$,

$\angle DOB=3\angle DOE$일 때,

$\angle COE$의 크기를 구하시오.

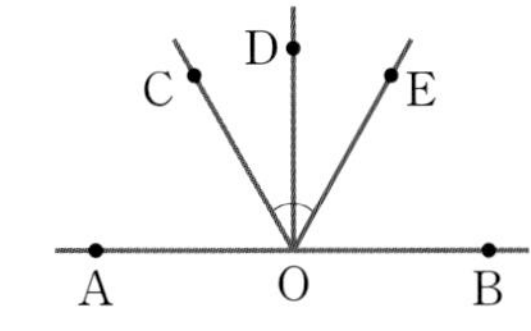

0080 ●●●●

오른쪽 그림에서

$\angle AOC=\angle COD$,

$\angle DOE=\angle EOB$일 때,

$\angle COE$의 크기를 구하시오.

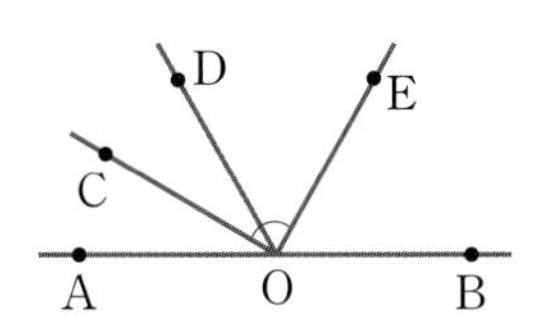

0081 ●●●●

오른쪽 그림에서

$\angle AOC=40°$,

$\angle COE=3\angle EOB$,

$\angle DOE=2\angle EOB$일 때,

$\angle COD$의 크기를 구하시오.

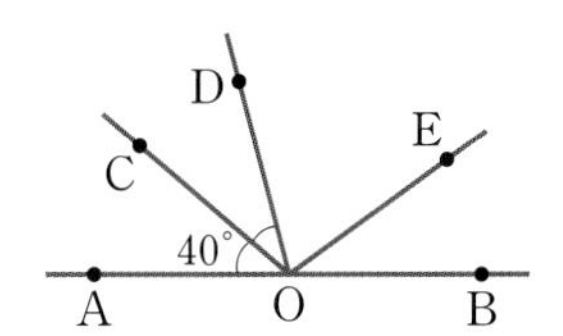

0082 ●●●● 수매씽 Pick!

오른쪽 그림에서 $\overline{AB}\perp\overline{PO}$이고,

$\angle POQ=\frac{1}{4}\angle AOQ$,

$\angle QOR=\frac{1}{3}\angle QOB$일 때,

$\angle QOR$의 크기를 구하시오.

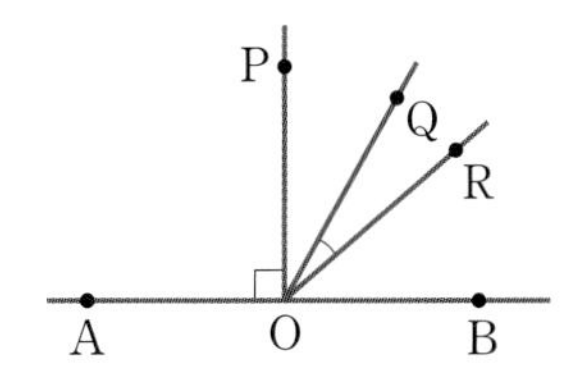

유형 11 각의 크기의 비가 주어진 경우 각의 크기 구하기

개념 01-3

$\angle a:\angle b:\angle c=x:y:z$일 때,

$\angle a=\frac{x}{x+y+z}\times180°$

$\angle b=\frac{y}{x+y+z}\times180°$

$\angle c=\frac{z}{x+y+z}\times180°$

0083 대표 문제

오른쪽 그림에서

$\angle a:\angle b:\angle c=2:3:4$일 때,

$\angle b$의 크기를 구하시오.

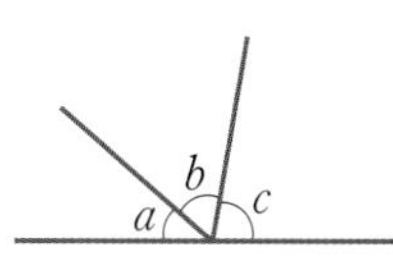

0084 ●●●●

오른쪽 그림에서 $\overline{AO}\perp\overline{CO}$이고,

$\angle AOB:\angle BOC=1:5$일 때,

$\angle BOC$의 크기는?

① $63°$ ② $66°$ ③ $69°$ ④ $72°$ ⑤ $75°$

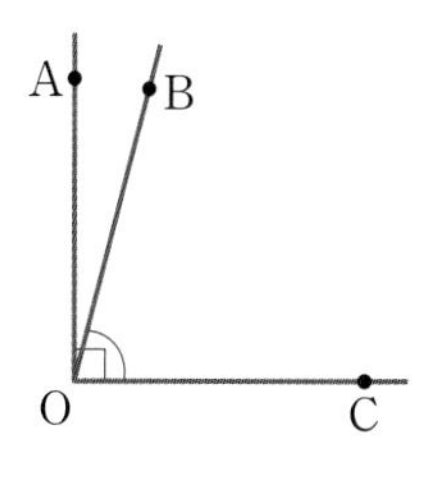

0085 ●●●●

오른쪽 그림에서

$\angle AOB:\angle COD=3:2$일 때,

$\angle AOB$의 크기는?

① $48°$ ② $49°$ ③ $50°$ ④ $51°$ ⑤ $52°$

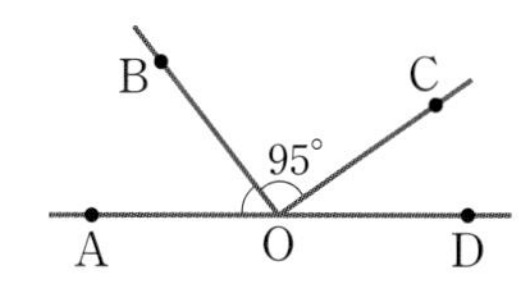

0086 ●●●●

오른쪽 그림에서 $\overline{AB}\perp\overline{QO}$이고,

$\angle AOP:\angle QOR=3:1$,

$\angle POQ:\angle ROB=1:2$일 때,

$\angle AOR$의 크기를 구하시오.

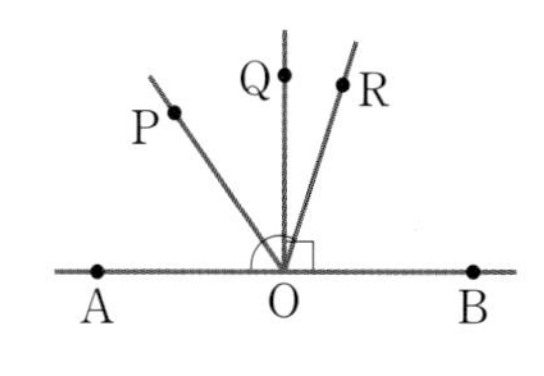

중요!

유형 12 맞꼭지각 (1)

개념 01-4

맞꼭지각의 크기는 서로 같다.

⇨ $\angle a=\angle c$, $\angle b=\angle d$

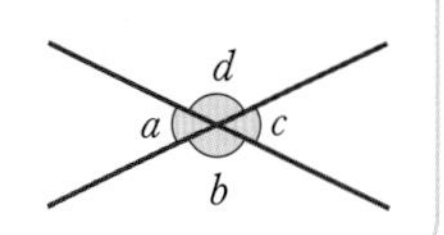

0087 대표 문제

오른쪽 그림에서 $\angle x-\angle y$의 크기를 구하시오.

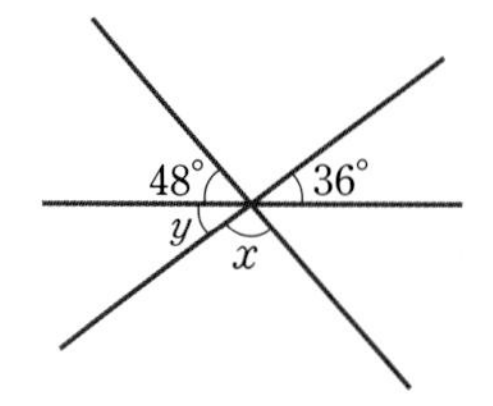

0088 ●●●●

오른쪽 그림에서 x의 값은?

① 30 ② 31
③ 32 ④ 33
⑤ 34

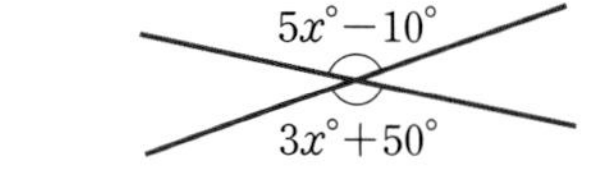

0089 ●●●● 수매씽 Pick!

오른쪽 그림에서 $x+y$의 값을 구하시오.

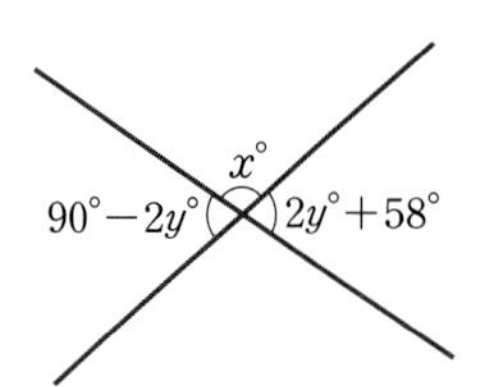

0090 ●●●●

오른쪽 그림에서 x의 값을 구하시오.

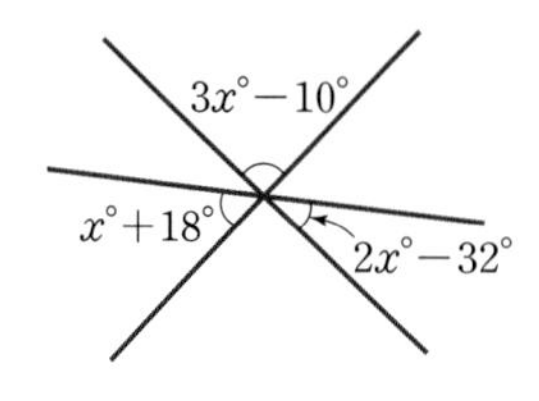

유형 13 맞꼭지각 (2)

개념 01-4

오른쪽 그림에서 맞꼭지각의 크기는 서로 같으므로

⇨ $\angle a+\angle b=\angle c$

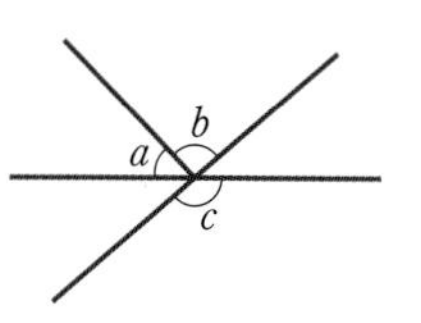

0091 대표 문제

오른쪽 그림에서 $\angle x-\angle y$의 크기는?

① 50° ② 60°
③ 70° ④ 80°
⑤ 90°

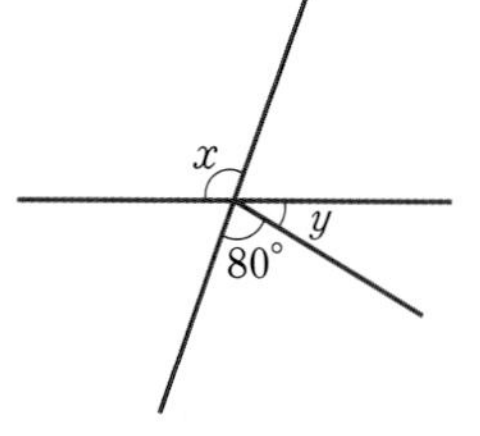

0092 ●●●●

오른쪽 그림에서 $\angle x+\angle y$의 크기는?

① 140° ② 144°
③ 148° ④ 152°
⑤ 156°

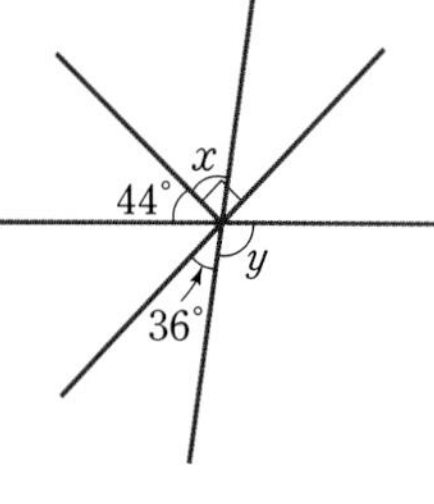

0093 ●●●●

오른쪽 그림에서 $\angle a$: $\angle b=3$: 2일 때, $\angle x$의 크기를 구하시오.

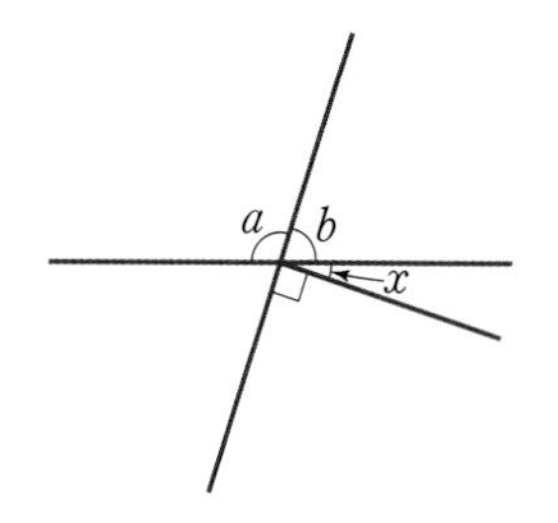

0094 ●●●● 서술형

오른쪽 그림에서 $x+y$의 값을 구하시오.

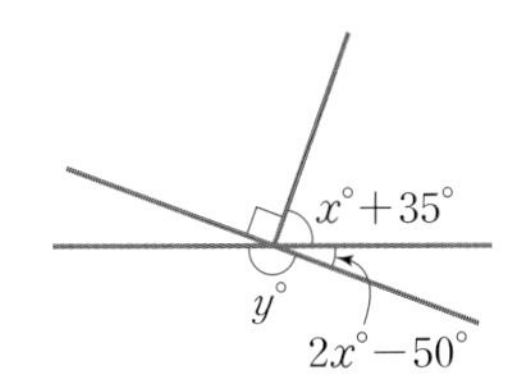

유형 14 맞꼭지각의 쌍의 개수

개념 01-4

두 직선이 한 점에서 만날 때 생기는 맞꼭지각의 쌍의 개수
⇨ $\angle a$와 $\angle c$, $\angle b$와 $\angle d$의 2쌍

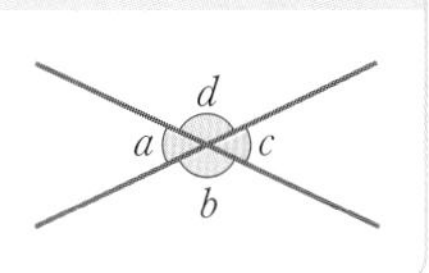

0095 대표 문제

오른쪽 그림과 같이 세 직선이 한 점에서 만날 때 생기는 맞꼭지각은 모두 몇 쌍인가?

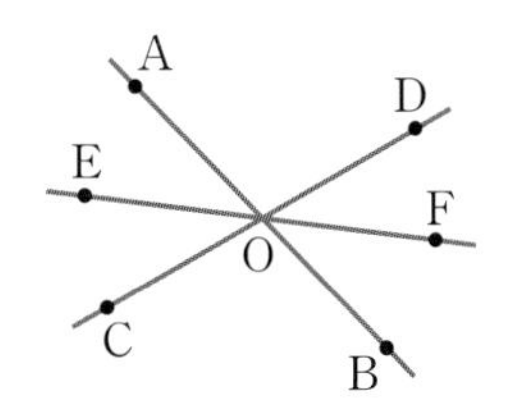

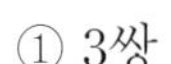

① 3쌍 ② 4쌍
③ 6쌍 ④ 8쌍
⑤ 9쌍

0096 ●●●● 수매씽 Pick!

서로 다른 4개의 직선이 한 점에서 만날 때 생기는 맞꼭지각은 모두 몇 쌍인가?

① 10쌍 ② 11쌍 ③ 12쌍
④ 13쌍 ⑤ 14쌍

유형 15 수직과 수선

개념 01-4

(1) 직교 : $\overleftrightarrow{AB}$와 $\overleftrightarrow{PQ}$의 교각이 직각일 때
⇨ $\overleftrightarrow{AB}\perp\overleftrightarrow{PQ}$
(2) 선분 AB의 수직이등분선 ⇨ $\overleftrightarrow{PQ}$
(3) 점 P에서 직선 l에 내린 수선의 발
⇨ 점 H
(4) 점 P와 직선 l 사이의 거리 ⇨ $\overline{PH}$의 길이

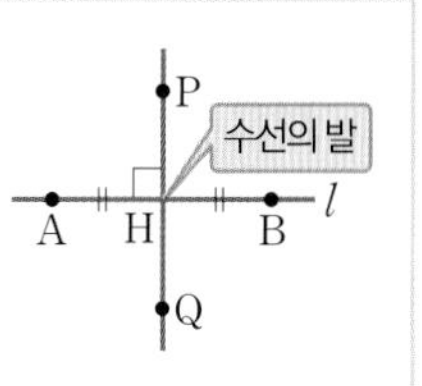

0097 대표 문제

다음 중 오른쪽 그림과 같은 사다리꼴 ABCD에 대한 설명으로 옳은 것을 모두 고르면? (정답 2개)

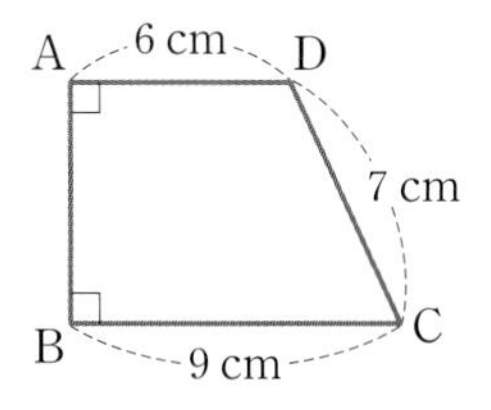

① $\overline{AD}$와 $\overline{CD}$는 서로 수직이다.
② 점 D와 $\overline{AB}$ 사이의 거리는 6 cm이다.
③ 점 C와 $\overleftrightarrow{AD}$ 사이의 거리는 7 cm이다.
④ $\overleftrightarrow{AB}$와 $\overleftrightarrow{BC}$는 직교한다.
⑤ 점 D에서 $\overline{BC}$에 내린 수선의 발은 점 C이다.

0098 ●●●●

오른쪽 그림에서 점 P와 직선 l 사이의 거리를 나타내는 선분을 구하시오.

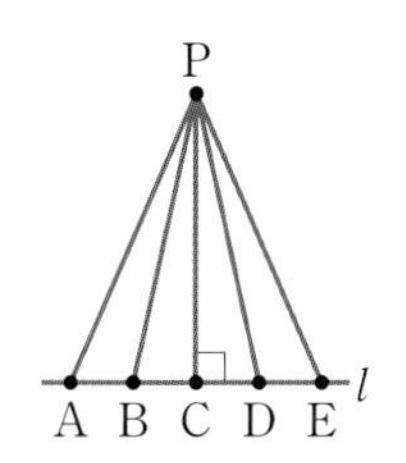

0099 ●●●●

오른쪽 그림과 같이 좌표평면 위에 있는 5개의 점 A, B, C, D, E에 대하여 다음을 구하시오.

(1) x축과의 거리가 가장 가까운 점과 그 거리
(2) y축과의 거리가 가장 먼 점과 그 거리

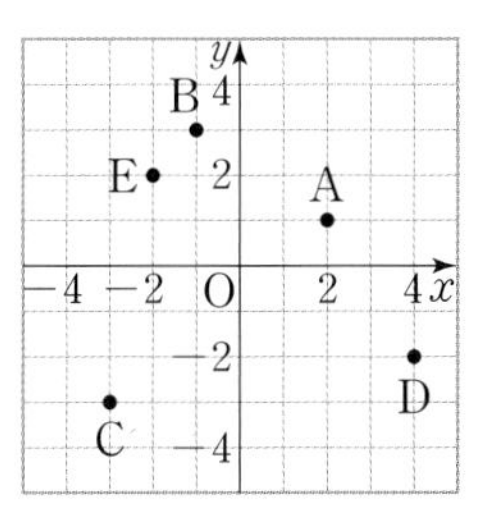

0100 ●●●● 수매씽 Pick!

오른쪽 그림에서 $\overline{AM}=\overline{MB}$, $\angle CMB=90°$, $\overline{AB}=8$, $\overline{CD}=6$일 때, 다음 보기에서 옳은 것을 모두 고른 것은?

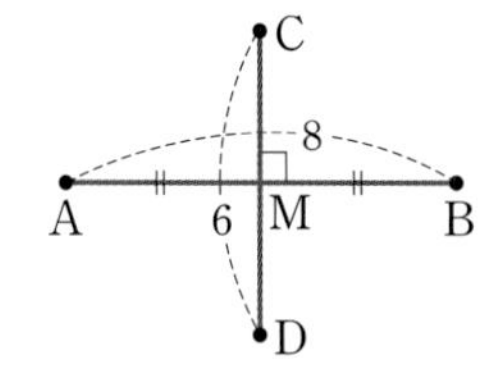

보기
ㄱ. $\overleftrightarrow{AB}$와 $\overleftrightarrow{CD}$는 직교한다.
ㄴ. $\overleftrightarrow{AB}$는 $\overline{CD}$의 수직이등분선이다.
ㄷ. 점 D와 $\overline{AB}$ 사이의 거리는 3이다.
ㄹ. 점 B에서 $\overline{CD}$에 내린 수선의 발은 점 M이다.

① ㄱ, ㄴ ② ㄱ, ㄹ ③ ㄴ, ㄷ
④ ㄴ, ㄹ ⑤ ㄷ, ㄹ

0101 ●●●●

다음 중 오른쪽 그림에 대한 설명으로 옳지 않은 것은?

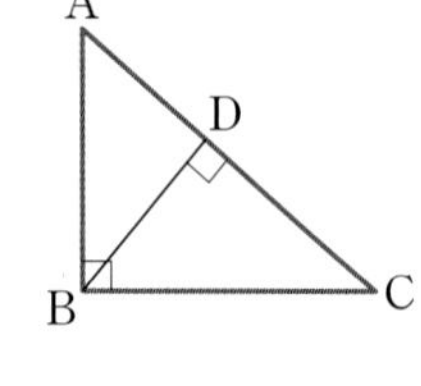

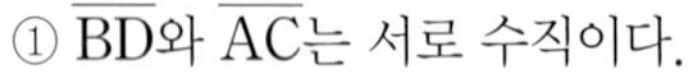
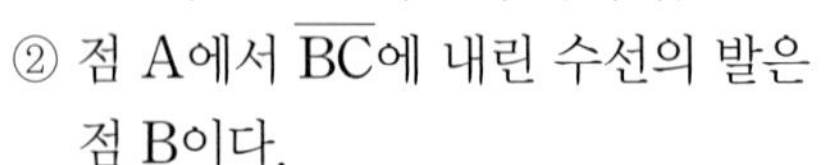

① $\overline{BD}$와 $\overline{AC}$는 서로 수직이다.
② 점 A에서 $\overline{BC}$에 내린 수선의 발은 점 B이다.
③ 점 C에서 $\overline{BD}$에 내린 수선의 발은 점 D이다.
④ 점 C와 $\overline{AB}$ 사이의 거리는 $\overline{BC}$의 길이와 같다.
⑤ 점 B와 $\overline{AD}$ 사이의 거리는 $\overline{AB}$의 길이와 같다.

0102 ●●●● 서술형

오른쪽 그림과 같은 평행사변형 ABCD에서 점 A와 $\overline{BC}$ 사이의 거리를 x cm, 점 A와 $\overline{CD}$ 사이의 거리를 y cm라 할 때, $x+y$의 값을 구하시오.

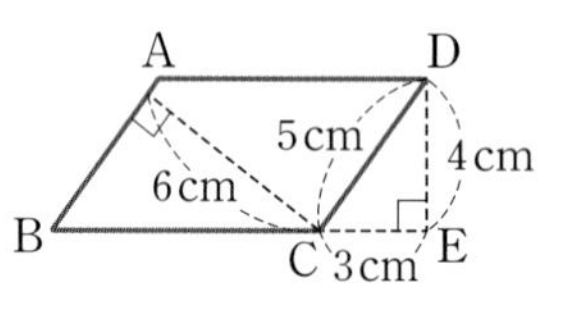

발전 유형 16 시침과 분침이 이루는 각의 크기 개념 01-3

(1) 시침 : 1시간에 30°만큼, 1분에 0.5°만큼 움직인다.
(2) 분침 : 1시간에 360°만큼, 1분에 6°만큼 움직인다.
(3) 시침과 분침이 x시 y분을 가리킬 때, 이루는 각의 크기는 시침과 분침이 모두 시계의 12를 가리킬 때부터 움직인 각도를 이용하여 구할 수 있다.
① 시침이 움직인 각도 ⇨ $30°\times x+0.5°\times y$
② 분침이 움직인 각도 ⇨ $6°\times y$

0103 대표 문제

오른쪽 그림과 같이 시계가 8시 30분을 가리킬 때, 시침과 분침이 이루는 각 중 작은 쪽 각의 크기를 구하시오. (단, 시침과 분침의 두께는 생각하지 않는다.)

0104 ●●●●

오른쪽 그림과 같이 시계가 2시 35분을 가리킬 때, 시침과 분침이 이루는 각 중 작은 쪽 각의 크기를 구하시오. (단, 시침과 분침의 두께는 생각하지 않는다.)

0105 ●●●●

오른쪽 그림과 같이 3시와 4시 사이에 시침과 분침이 서로 반대 방향을 가리키며 평각을 이루는 시각은? (단, 시침과 분침의 두께는 생각하지 않는다.)

① 3시 48분 ② 3시 $\frac{530}{11}$분 ③ 3시 49분
④ 3시 $\frac{540}{11}$분 ⑤ 3시 50분

정답 및 풀이 5쪽

학교 시험 꽉 잡기

0106

오른쪽 그림에서 x의 값을 구하시오.

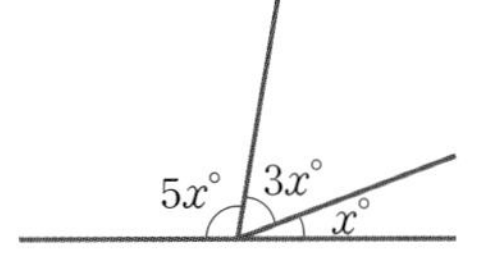

0107 빈출

오른쪽 그림에서 x의 값을 구하시오.

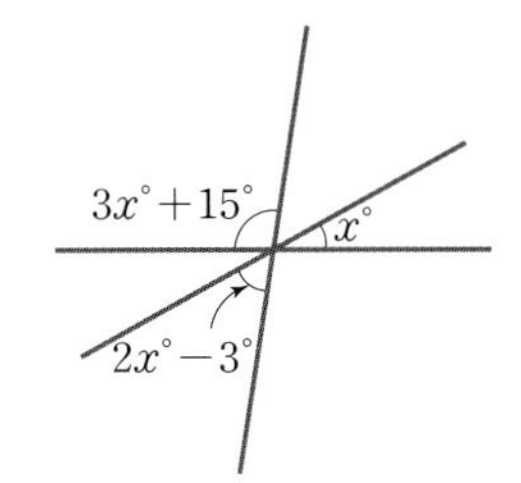

0108

다음 중 옳게 짝 지어진 것은?

① 직선 AB ⇨ $\overline{AB}$
② 선분 AB ⇨ $\overleftrightarrow{AB}$
③ 반직선 AB ⇨ $\overrightarrow{BA}$
④ 두 직선 l, m이 수직 ⇨ $l \perp m$
⑤ 두 점 A, B 사이의 거리 ⇨ $\overleftrightarrow{AB}$

0109

오른쪽 그림과 같이 정삼각형 8개로 이루어진 입체도형에서 교점의 개수를 x, 교선의 개수를 y라 할 때, $x+y$의 값을 구하시오.

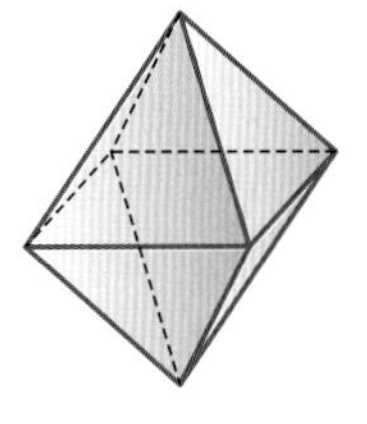

0110 빈출

오른쪽 그림과 같이 한 직선 위에 네 점 A, B, C, D가 있다. 다음 보기에서 옳은 것을 모두 고른 것은?

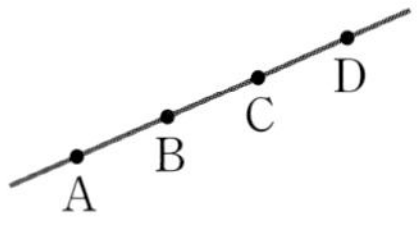

보기
ㄱ. $\overline{AD}=\overleftrightarrow{AD}$ ㄴ. $\overleftrightarrow{BC}=\overleftrightarrow{AD}$
ㄷ. $\overrightarrow{DB}=\overrightarrow{DC}$ ㄹ. $\overrightarrow{CA}=\overrightarrow{CD}$

① ㄱ, ㄴ ② ㄱ, ㄷ ③ ㄴ, ㄷ
④ ㄴ, ㄹ ⑤ ㄷ, ㄹ

0111

오른쪽 그림과 같이 반원 위에 6개의 점 A, B, C, D, E, F가 있다. 이 중 두 점을 이어 만들 수 있는 서로 다른 직선의 개수를 구하시오.

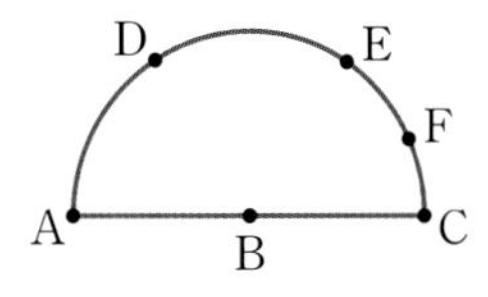

0112

아래 그림에서 점 M은 $\overline{AB}$의 중점이고, 점 N은 $\overline{BC}$의 중점일 때, 다음 중 옳은 것을 모두 고르면? (정답 2개)

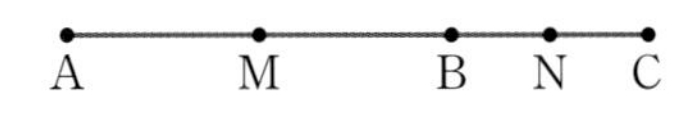

① $\overline{AB}=2\overline{MB}$ ② $\overline{BN}=\frac{1}{2}\overline{MB}$
③ $\overline{MN}=\frac{1}{2}\overline{AC}$ ④ $\overline{AM}=\overline{BC}$
⑤ $\overline{NC}=\frac{1}{3}\overline{MN}$

0113

다음 그림과 같이 한 직선 위에 네 점 A, B, C, D가 차례대로 있고 $\overline{AB}=\overline{BC}=\overline{CD}=8$ cm이다. $\overline{AB}$와 $\overline{CD}$의 중점을 각각 M, N이라 할 때, $\overline{MN}$의 길이를 구하시오.

0114

오른쪽 그림과 같이 태양 전지판이 태양 광선과 직각을 이룰 때 전기 생산 효율성이 가장 높다고 한다. 이때 $\angle$POQ의 크기를 구하시오.

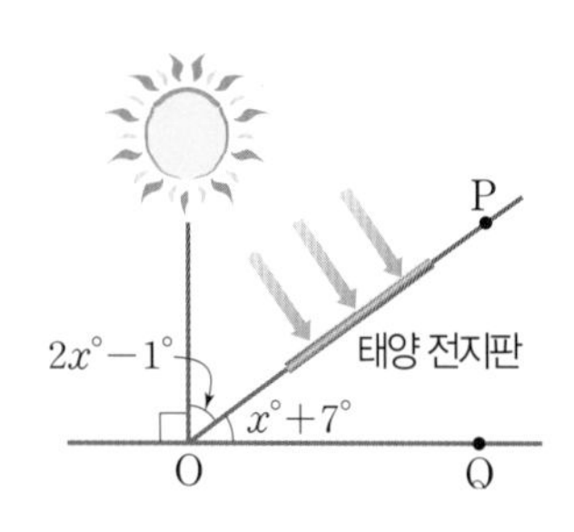

0115

오른쪽 그림에서 $y-x$의 값은?

① 40 ② 45
③ 50 ④ 55
⑤ 60

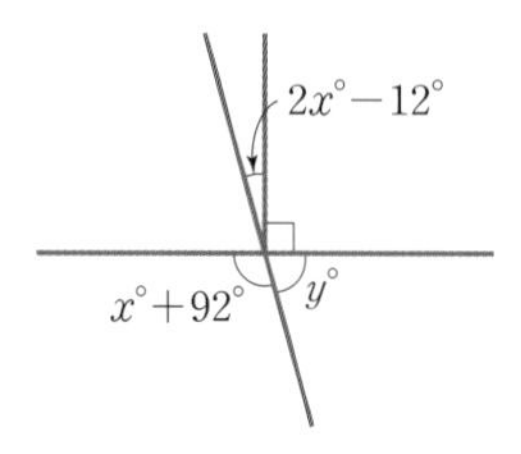

0116

다음은 방패연과 돌차기 놀이에 사용하는 그림이다. 방패연과 돌차기 그림에서 찾을 수 있는 맞꼭지각이 각각 x쌍, y쌍일 때, $x+y$의 값을 구하시오.

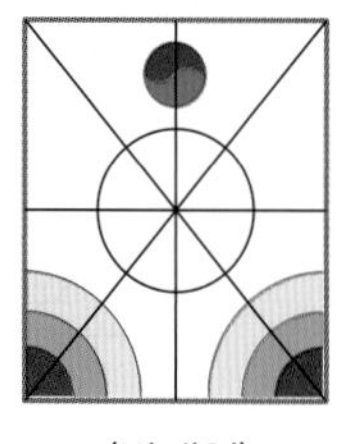

〈방패연〉 〈돌차기 그림〉

0117

다음 중 오른쪽 그림에 대한 설명으로 옳은 것은?

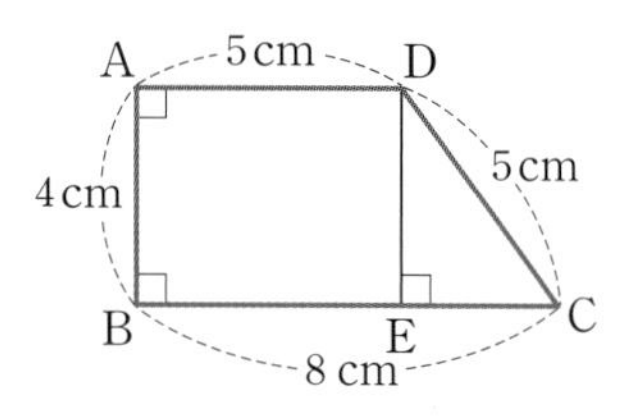

① 점 A와 $\overline{BC}$ 사이의 거리는 6 cm이다.
② 점 B와 $\overline{CD}$ 사이의 거리는 8 cm이다.
③ 점 C와 $\overleftrightarrow{AD}$ 사이의 거리는 4 cm이다.
④ 점 D에서 $\overline{BC}$에 내린 수선의 발은 점 C이다.
⑤ $\overline{DE}$와 수직으로 만나는 선분은 $\overline{AD}$, $\overline{BC}$, $\overline{CD}$이다.

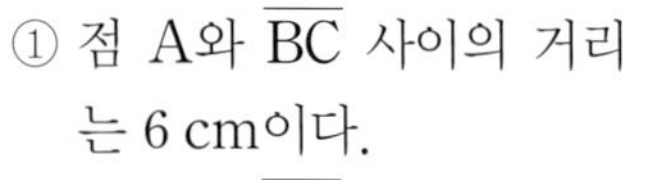

0118 빈출

오른쪽 그림에서 $\angle AOC=2\angle COD$, $\angle EOB=2\angle DOE$일 때, $\angle COE$의 크기를 구하시오.

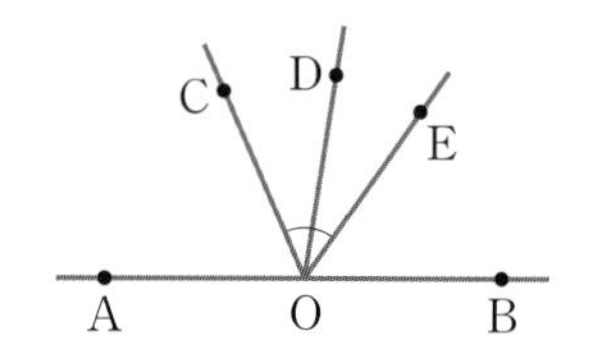

0119

오른쪽 그림에서
$\angle AOC : \angle COB = 2 : 7$일 때,
x의 값은?

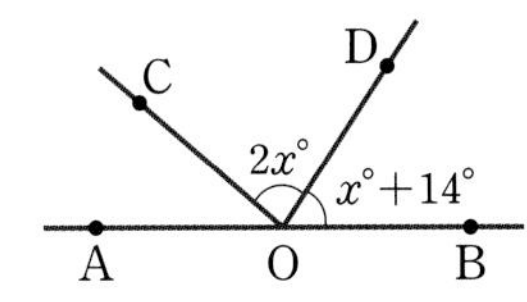

① 40 ② 41
③ 42 ④ 43
⑤ 44

0120

오른쪽 그림과 같이 시계가 1시 15분을 가리킬 때, 시침과 분침이 이루는 각 중 작은 쪽 각의 크기는? (단, 시침과 분침의 두께는 생각하지 않는다.)

① $46.5°$ ② $48°$ ③ $49.5°$
④ $51°$ ⑤ $52.5°$

0121

오른쪽 그림에서 $\overline{AB} \perp \overline{PO}$이고, $\angle AOQ : \angle POQ = 4 : 1$, $\angle BOR = 4\angle QOR$일 때, $\angle POR$의 크기를 구하시오.

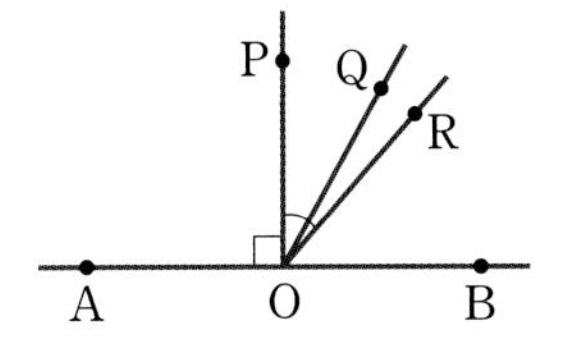

서술형 문제

0122 빈출

다음 그림에서 두 점 M, N은 $\overline{AB}$의 삼등분점이고, $\overline{AN} = 8$ cm이다. $\overline{AM} = x$ cm, $\overline{AB} = y$ cm라 할 때, xy의 값을 구하시오.

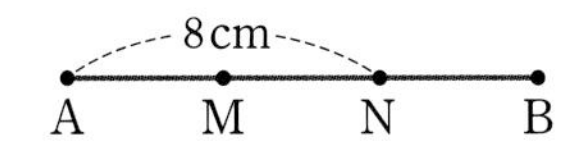

풀이

0123

오른쪽 그림에서 x의 값을 구하시오.

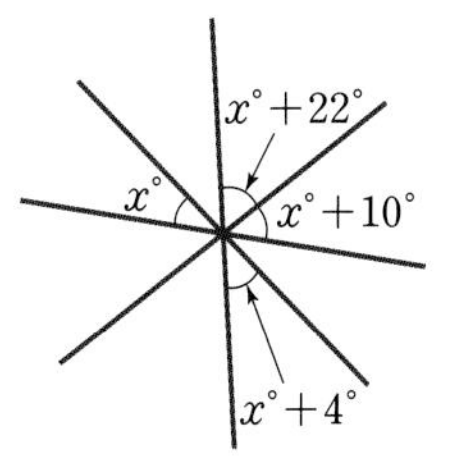

풀이

0124

네 점 A, B, C, D가 이 순서대로 한 직선 위에 있고, $\overline{AB} : \overline{BC} : \overline{CD} = 5 : 3 : 2$이다. 두 점 M, N은 각각 $\overline{BC}$, $\overline{CD}$의 중점이고 $\overline{MN} = 10$ cm일 때, $\overline{AD}$의 길이를 구하시오.

풀이

0125 수학 문해력 UP

직선의 개수와 교점의 최대 개수를 표로 나타내 보세요.

유형 01

다음은 직선의 개수가 하나씩 증가할 때, 교점의 개수가 최대가 되도록 그린 것이다. 서로 다른 직선의 개수가 10일 때, 교점의 최대 개수를 구하시오.

해결 전략 직선의 개수와 교점의 최대 개수 사이의 규칙 찾기

직선의 개수	1	2	3	4	…
교점의 최대 개수	0	$\overset{+1}{\curvearrowright}$ 1	$\overset{+2}{\curvearrowright}$ 3	$\overset{+3}{\curvearrowright}$ 6	…

0126

유형 06 · 유형 07

네 점 A, B, C, D가 다음 조건을 모두 만족시키도록 하는 $\overline{AB}$의 길이를 모두 구하시오.

> (가) 네 점 A, B, C, D는 한 직선 위에 있다.
> (나) $\overline{AB}=\frac{2}{5}\overline{AC}$
> (다) 점 D는 $\overline{BC}$의 삼등분점 중 점 B에 가까운 점이다.
> (라) $\overline{AD}=9$ cm

점 C가 점 A의 왼쪽에 있는 경우와 점 B의 오른쪽에 있는 경우로 나누어 생각해요.

0127

유형 07

다음은 어느 중학교 야구반의 스트라이크 존을 나타낸 그림이다. $\overline{AB}=3\overline{AD}$, $\overline{DE} : \overline{EB}=5 : 3$이고, 점 C는 $\overline{AD}$의 중점이다. 사각형 PQRS를 스트라이크 존이라 하고, $\overline{AB}=144$ cm, $\overline{FG}=50$ cm일 때, 스트라이크 존의 넓이를 구하시오.

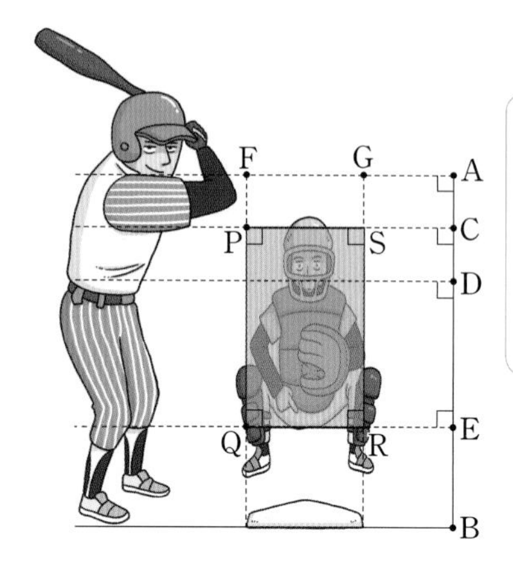

야구에서 투수가 던진 공이 스트라이크로 판정되는 범위, 타자가 타격 자세를 취하였을 때에 겨드랑이와 무릎 사이에 해당하는 높이의 홈 플레이트 위의 공간을 스트라이크 존이라고 해요.

0128

유형 10 · 유형 12

오른쪽 그림에서 다음 조건을 모두 만족시킬 때, ∠BOF의 크기를 구하시오.

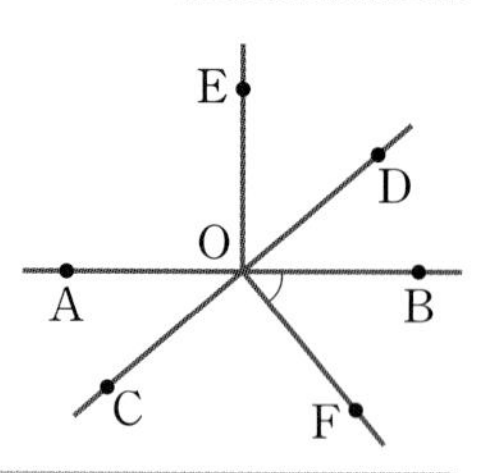

두 직선이 직교하면 만나는 각의 크기는 90°예요.

> (가) 점 O는 두 직선 AB와 CD의 교점이다.
> (나) $\overleftrightarrow{CD}\perp\overleftrightarrow{OF}$
> (다) $7\angle BOD=2\angle AOD$

너에게
소중한 것은
뭐야?

위치 관계

02 1 위치 관계(1) – 점과 직선, 점과 평면, 두 직선 (유형 01 ~ 유형 05)

(1) 점과 직선의 위치 관계

① 점 A는 직선 l 위에 있다. (직선 l이 점 A를 지난다.)

② 점 B는 직선 l 위에 있지 않다. (직선 l이 점 B를 지나지 않는다.)

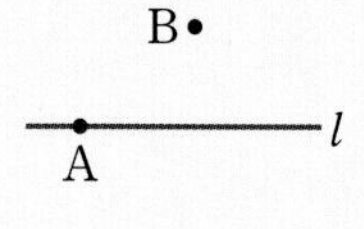

(2) 점과 평면의 위치 관계

① 점 A는 평면 P 위에 있다.

② 점 B는 평면 P 위에 있지 않다.

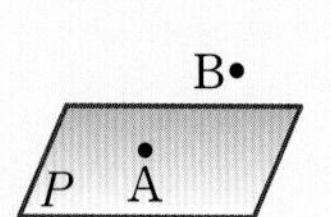

(3) 평면에서 두 직선의 위치 관계

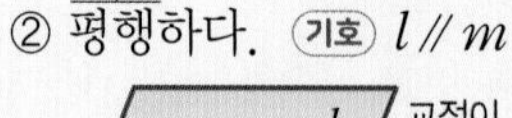

① 한 점에서 만난다. ② 평행하다.(만나지 않는다.) 기호 $l /\!/ m$ ③ 일치한다.

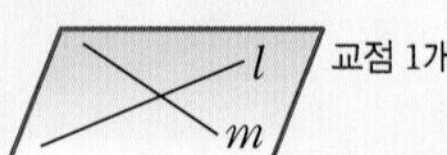

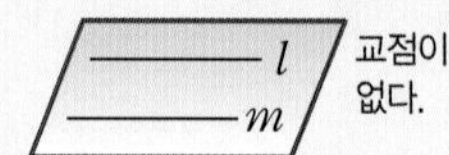

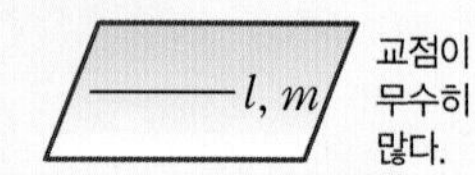

(4) 공간에서 두 직선의 위치 관계

① 한 점에서 만난다. ② 평행하다. $(l /\!/ m)$ ③ 일치한다. ④ 꼬인 위치에 있다.

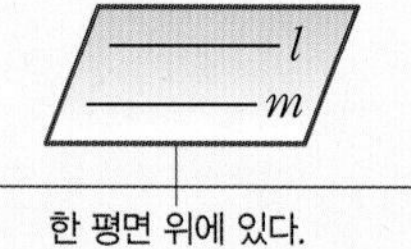

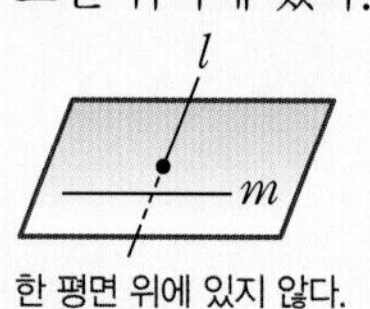

한 평면 위에 있다. / 한 평면 위에 있지 않다.

위의 ④와 같이 공간에서 두 직선이 서로 만나지도 않고 평행하지도 않을 때, 그 두 직선은 꼬인 위치에 있다고 한다.

비법 NOTE

- 평면이 하나로 정해질 조건
  ① 한 직선 위에 있지 않은 서로 다른 세 점이 주어질 때
  ② 한 직선과 그 직선 밖의 한 점이 주어질 때
  ③ 한 점에서 만나는 두 직선이 주어질 때
  ④ 평행한 두 직선이 주어질 때

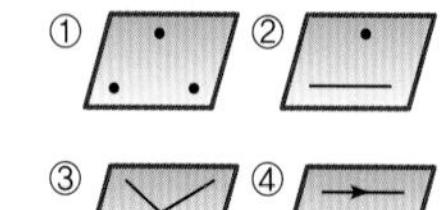

- ①, ③은 두 직선이 만나는 경우이고, ②, ④는 두 직선이 만나지 않는 경우이다.

개념 잡기

[0129~0131] 오른쪽 그림에서 다음을 구하시오.

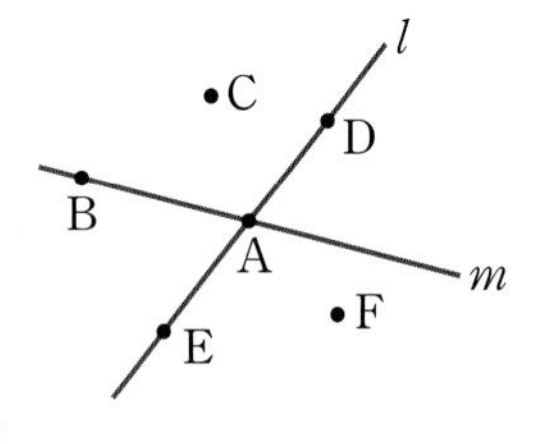

0129 직선 m 위에 있는 점

0130 직선 l 위에 있지 않은 점

0131 두 직선 l, m 위에 동시에 있는 점

[0132~0134] 오른쪽 그림의 직사각형에서 다음을 구하시오.

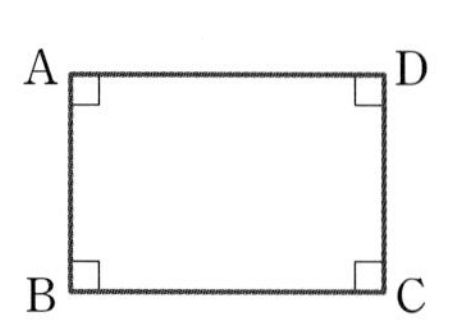

0132 꼭짓점 C를 지나는 변

0133 변 CD와 한 점에서 만나는 변

0134 변 AD와 평행한 변

[0135~0139] 오른쪽 그림의 직육면체에서 다음을 구하시오.

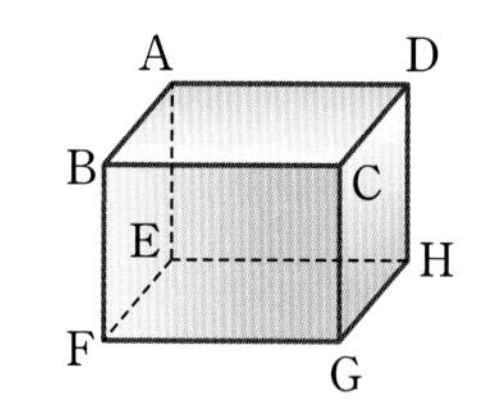

0135 꼭짓점 C를 지나는 모서리

0136 면 BFGC 위에 있는 꼭짓점

0137 모서리 GH와 한 점에서 만나는 모서리

0138 모서리 GH와 평행한 모서리

0139 모서리 GH와 꼬인 위치에 있는 모서리

02 2 위치 관계(2) – 직선과 평면, 두 평면 (유형 06 ~ 유형 11)

(1) 공간에서 직선과 평면의 위치 관계

① 직선이 평면에 포함된다. ② 한 점에서 만난다. ③ 평행하다. ($l /\!/ P$)

└ 직선 l은 평면 P 위에 있다.

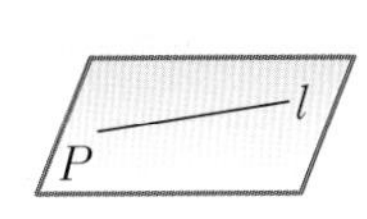

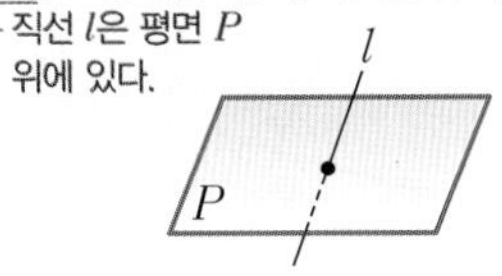

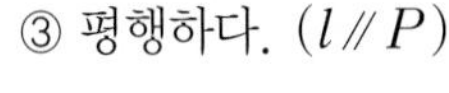

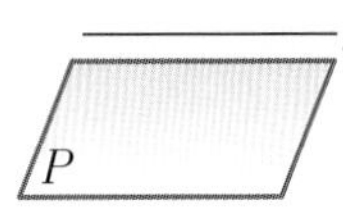

(2) 직선과 평면의 수직

직선 l이 평면 P와 한 점 H에서 만나고 점 H를 지나는 평면 P 위의 모든 직선과 수직일 때, 직선 l과 평면 P는 수직이다 또는 직교한다고 한다.

기호 $l \perp P$

이때 직선 l을 평면 P의 수선, 점 H를 수선의 발이라 한다.

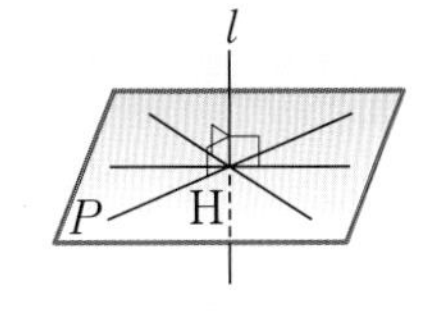

(3) 공간에서 두 평면의 위치 관계

① 한 직선에서 만난다. ② 평행하다. ($P /\!/ Q$) ③ 일치한다.

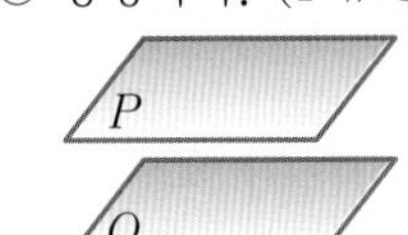

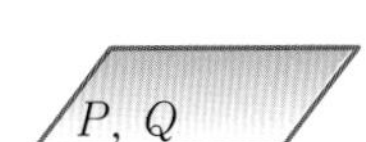

비법 NOTE

- (점 A와 평면 P 사이의 거리)
=(평면 P 위에 있지 않은 점 A에서 평면 P에 내린 수선의 발 H까지의 거리)
=($\overline{\text{AH}}$의 길이)

- 두 평면의 수직
평면 P가 평면 Q에 수직인 직선 l을 포함할 때, 두 평면 P, Q는 수직이라 한다.
기호 $P \perp Q$

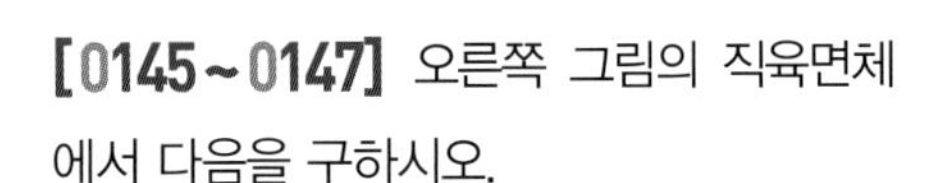

[0140~0144] 오른쪽 그림의 삼각기둥에서 다음을 구하시오.

0140 모서리 AC를 포함하는 면

0141 모서리 DE와 한 점에서 만나는 면

0142 면 DEF와 평행한 모서리

0143 모서리 BE와 수직인 면

0144 점 C에서 면 ADEB에 내린 수선의 발

[0145~0147] 오른쪽 그림의 직육면체에서 다음을 구하시오.

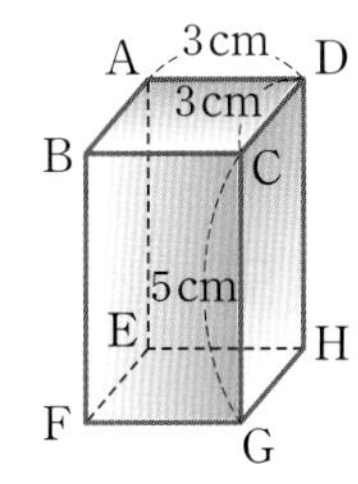

0145 점 A와 면 CGHD 사이의 거리

0146 점 B와 면 AEHD 사이의 거리

0147 점 C와 면 EFGH 사이의 거리

[0148~0150] 오른쪽 그림의 직육면체에서 다음을 구하시오.

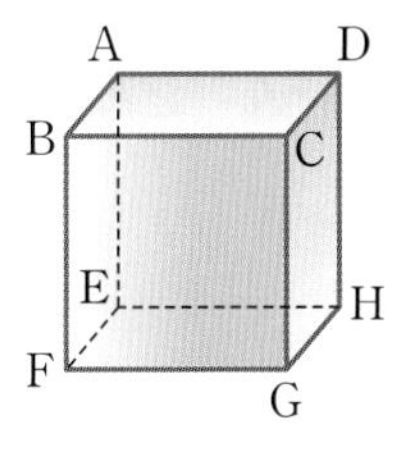

0148 면 ABCD와 만나는 면

0149 면 BFGC와 평행한 면

0150 면 AEHD와 면 CGHD의 교선

02 위치 관계

3 동위각과 엇각 (유형 12)

한 평면 위에서 두 직선 l, m이 다른 한 직선 n과 만날 때 생기는 8개의 교각 중

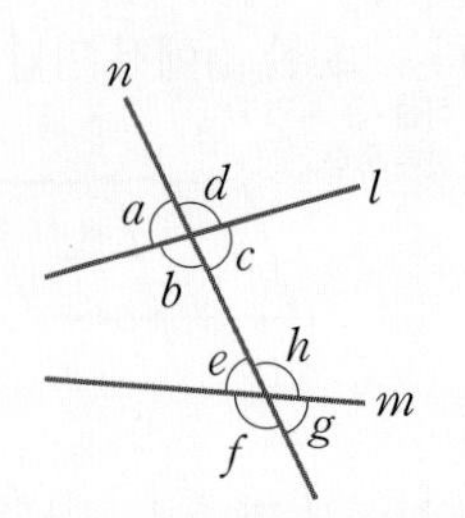

(1) **동위각**

서로 같은 위치에 있는 두 각

⇨ $\angle a$와 $\angle e$, $\angle b$와 $\angle f$, $\angle c$와 $\angle g$, $\angle d$와 $\angle h$

(2) **엇각**

서로 엇갈린 위치에 있는 두 각

⇨ $\angle b$와 $\angle h$, $\angle c$와 $\angle e$

참고 서로 다른 두 직선이 다른 한 직선과 만날 때 생기는 8개의 교각 중 동위각은 4쌍, 엇각은 2쌍이다.

비법 NOTE

엇각은 두 직선 l, m 사이에 있는 각이므로 $\angle a$와 $\angle g$, $\angle d$와 $\angle f$는 엇각이 아니다.

개념 잡기

[0151~0156] 오른쪽 그림과 같이 서로 다른 두 직선 l, m이 다른 한 직선 n과 만날 때, 다음을 구하시오.

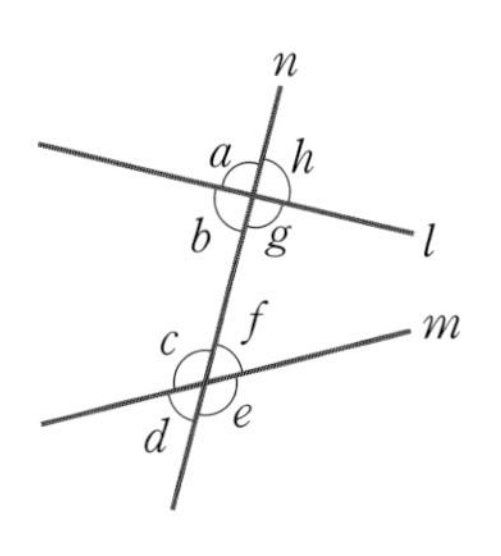

0151 $\angle a$의 동위각

0152 $\angle d$의 동위각

0153 $\angle e$의 동위각

0154 $\angle f$의 동위각

0155 $\angle b$의 엇각

0156 $\angle g$의 엇각

[0157~0160] 오른쪽 그림과 같이 서로 다른 두 직선 l, m이 다른 한 직선 n과 만날 때, 다음을 구하시오.

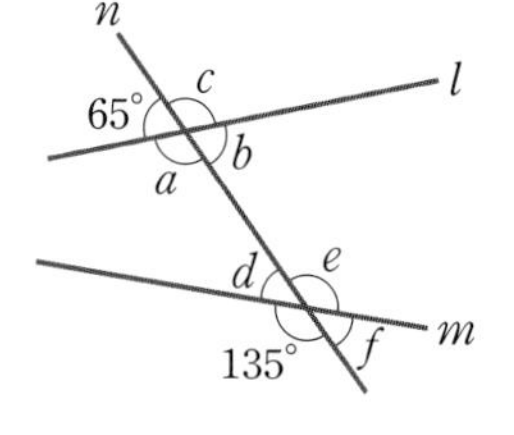

0157 $\angle a$의 동위각의 크기

0158 $\angle b$의 동위각의 크기

0159 $\angle d$의 엇각의 크기

0160 $\angle e$의 엇각의 크기

02 4 평행선의 성질 (유형 13 ~ 유형 21)

(1) 평행선의 성질

서로 다른 두 직선이 다른 한 직선과 만날 때

① 두 직선이 서로 평행하면 동위각의 크기는 같다.

⇨ $l /\!/ m$이면 $\angle a = \angle b$

② 두 직선이 서로 평행하면 엇각의 크기는 같다.

⇨ $l /\!/ m$이면 $\angle c = \angle d$

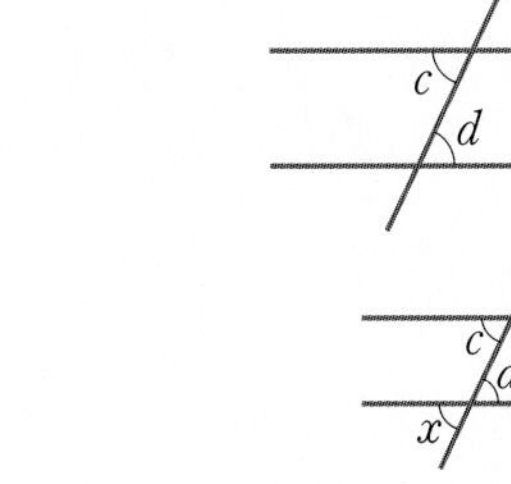

참고 $l /\!/ m$일 때,

동위각의 크기가 같으므로 $\angle c = \angle x$ …… ㉠

$\angle x$와 $\angle d$는 맞꼭지각이므로 $\angle x = \angle d$ …… ㉡

㉠, ㉡에서 $\angle c = \angle d$

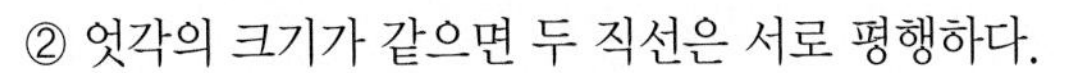

주의 맞꼭지각의 크기는 항상 같지만 동위각과 엇각의 크기는 두 직선이 서로 평행할 때에만 같다.

(2) 두 직선이 서로 평행할 조건

서로 다른 두 직선이 다른 한 직선과 만날 때

① 동위각의 크기가 같으면 두 직선은 서로 평행하다.

⇨ $\angle a = \angle b$이면 $l /\!/ m$

② 엇각의 크기가 같으면 두 직선은 서로 평행하다.

⇨ $\angle c = \angle d$이면 $l /\!/ m$

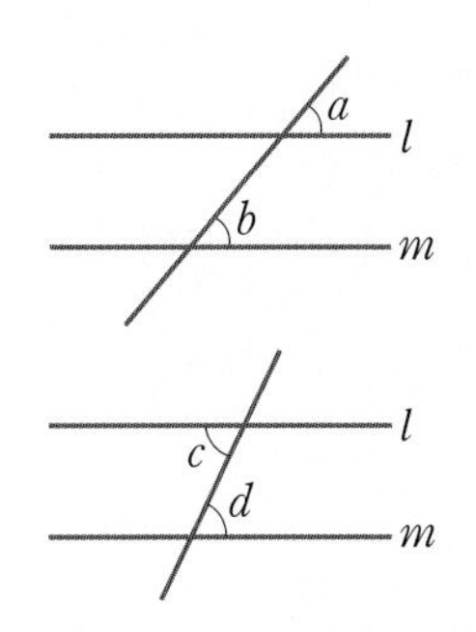

비법 NOTE

- 다음 그림에서 $l /\!/ m$이면 $\angle a + \angle b = 180°$

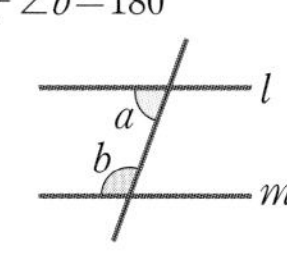

- 다음 중 하나를 만족시키면 두 직선은 서로 평행하다.
  ① 동위각의 크기가 같다.
  ② 엇각의 크기가 같다.

[0161~0162] 다음 그림에서 $l /\!/ m$일 때, $\angle x$의 크기를 구하시오.

0161 **0162**

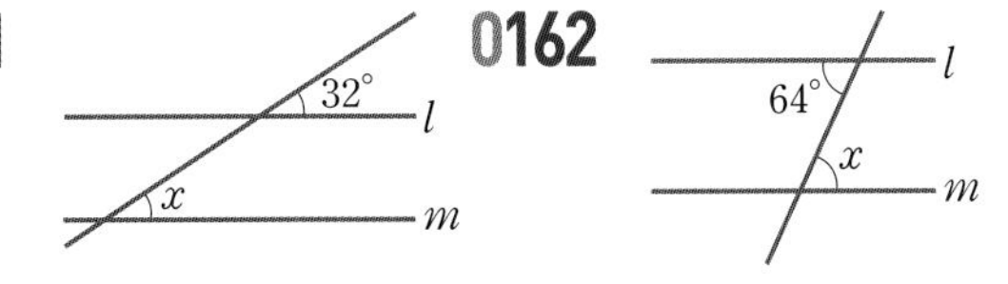

[0163~0164] 다음 그림에서 $l /\!/ m$일 때, $\angle x$, $\angle y$의 크기를 각각 구하시오.

0163

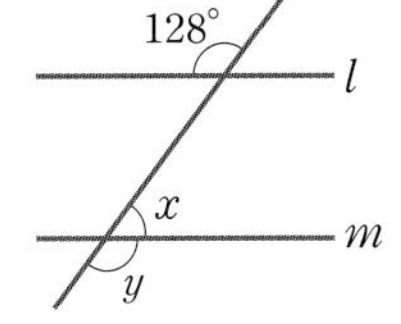

0164

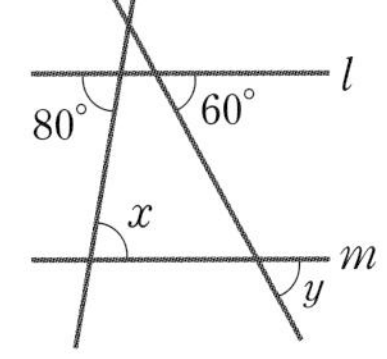

[0165~0168] 다음 그림에서 두 직선 l, m이 서로 평행한 것에 ○표, 평행하지 않은 것에 ×표 하시오.

0165

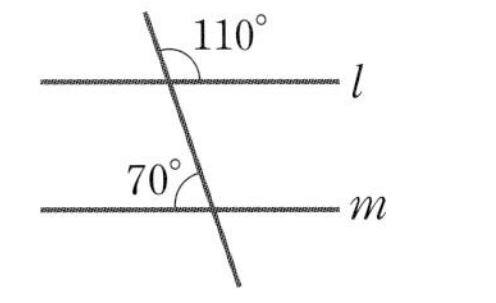

( )

0166

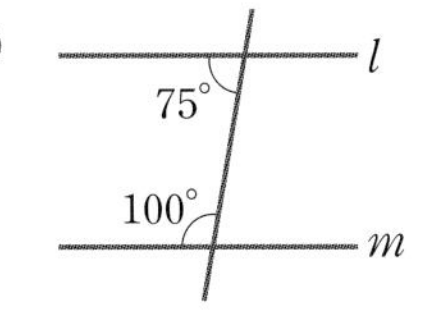

( )

0167

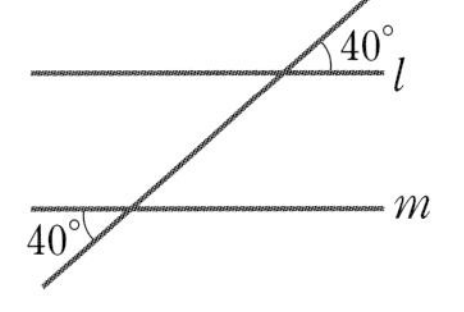

( )

0168

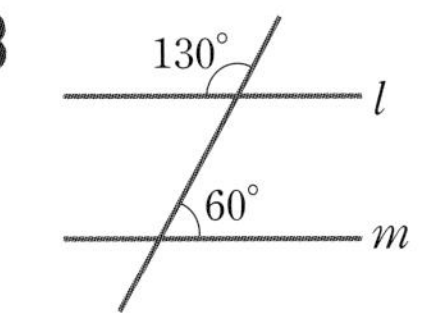

( )

유형 콕 다 잡기

유형 01 점과 직선, 점과 평면의 위치 관계

개념 02-1

(1) 점과 직선의 위치 관계
① 점 A는 직선 l 위에 있다.
② 점 B는 직선 l 위에 있지 않다.
(2) 점과 평면의 위치 관계
① 점 A는 평면 P 위에 있다.
② 점 B는 평면 P 위에 있지 않다.

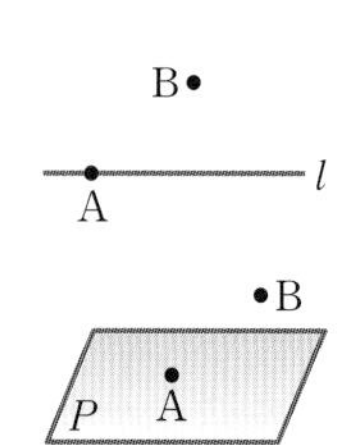

0169 대표 문제

다음 중 오른쪽 그림에 대한 설명으로 옳은 것은?

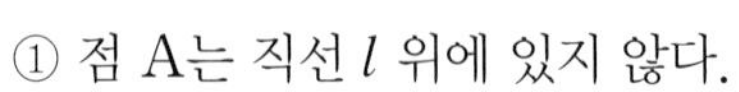

① 점 A는 직선 l 위에 있지 않다.
② 직선 l은 점 C를 지난다.
③ 두 점 C, D는 직선 l 위에 있다.
④ 직선 l은 두 점 A, B를 지난다.
⑤ 두 점 A, B는 같은 직선 위에 있지 않다.

0170

오른쪽 그림의 정오각형에서 변 BC 위에 있지 않은 꼭짓점을 모두 구하시오.

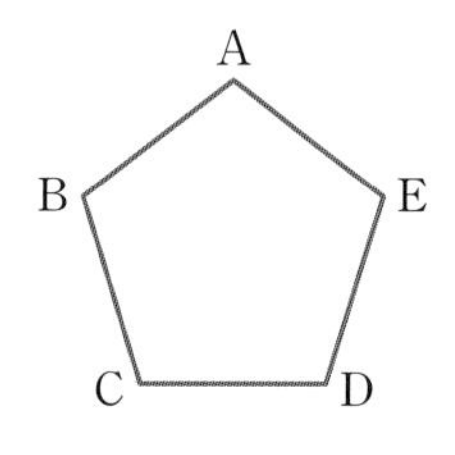

0171

오른쪽 그림의 삼각뿔에서 꼭짓점 B를 포함하는 면의 개수를 구하시오.

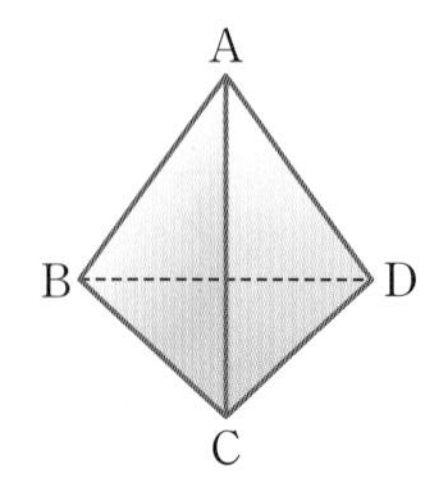

0172 서술형

오른쪽 그림의 삼각기둥에서 모서리 BE 위에 있지 않은 꼭짓점의 개수를 a, 면 BEFC 위에 있지 않은 꼭짓점의 개수를 b라 할 때, ab의 값을 구하시오.

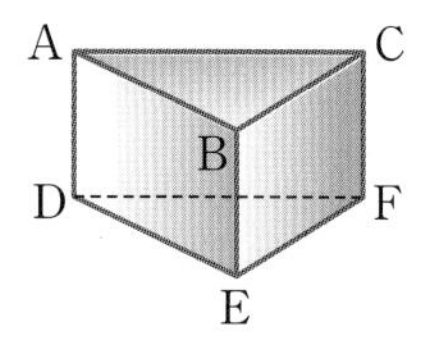

0173

다음 보기에서 오른쪽 그림에 대한 설명으로 옳은 것을 모두 고르시오.

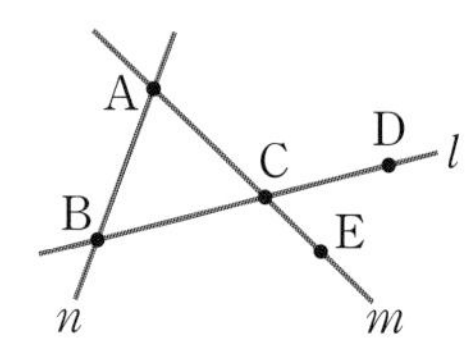

보기
ㄱ. 점 C는 직선 n 위에 있다.
ㄴ. 점 B는 두 직선 l과 n의 교점이다.
ㄷ. 세 점 A, C, E를 지나는 직선은 직선 m이다.
ㄹ. 점 D는 두 점 B, C를 지나는 직선 l 위에 있다.

0174

오른쪽 그림과 같이 평평한 땅 위에 있는 두 활주로를 평면 P와 두 직선 l, m으로 나타내고, 두 활주로에 서 있는 세 비행기의 위치를 세 점 A, B, C, 비행 중인 두 비행기의 위치를 두 점 D, E라 할 때, 다음 중 옳은 것을 모두 고르면? (정답 2개)

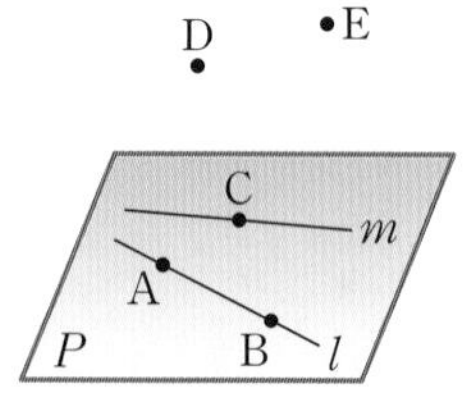

① 두 점 D, E는 평면 P 위에 있지 않다.
② 직선 l 위에 있지 않은 점은 1개이다.
③ 직선 m 위에 있지 않은 점은 2개이다.
④ 점 A와 점 C는 같은 평면 위에 있다.
⑤ 점 C는 직선 m 위에 있지만 평면 P 위에는 있지 않다.

중요! 유형 02 평면에서 두 직선의 위치 관계

개념 02-1

(1) 한 점에서 만난다. — 교점 1개
(2) 평행하다. — 교점이 없다.
(3) 일치한다. — 교점이 무수히 많다.

0175 대표 문제

다음 중 오른쪽 그림의 네 직선에 대한 설명으로 옳은 것은?

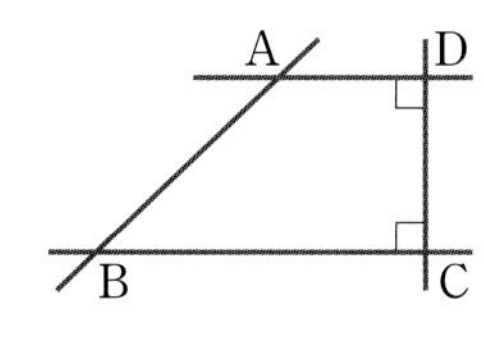

① $\overleftrightarrow{AB}\perp\overleftrightarrow{BC}$
② $\overleftrightarrow{AD}/\!/\overleftrightarrow{BC}$
③ $\overleftrightarrow{AB}$와 $\overleftrightarrow{CD}$는 만나지 않는다.
④ $\overleftrightarrow{AD}$와 $\overleftrightarrow{CD}$는 서로 평행하다.
⑤ $\overleftrightarrow{CD}$에 수직인 직선은 $\overleftrightarrow{AD}$뿐이다.

0176

다음 보기에서 오른쪽 그림과 같은 평행사변형에 대한 설명으로 옳은 것을 모두 고르시오.

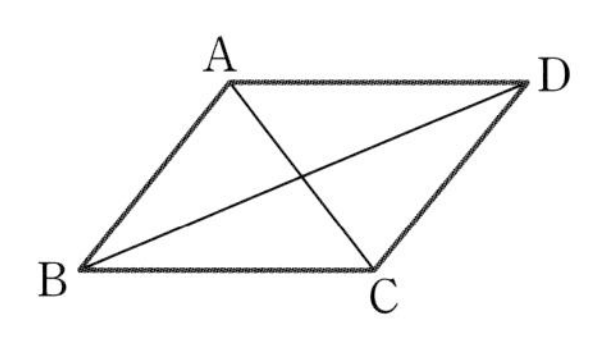

보기
ㄱ. $\overleftrightarrow{AB}$와 $\overleftrightarrow{AC}$는 서로 평행하다.
ㄴ. $\overleftrightarrow{AD}$와 $\overleftrightarrow{CD}$는 한 점에서 만난다.
ㄷ. $\overleftrightarrow{BC}$와 $\overleftrightarrow{BD}$는 만나지 않는다.
ㄹ. $\overleftrightarrow{BC}$와 $\overleftrightarrow{AD}$는 서로 평행하다.

0177

오른쪽 그림과 같은 정육각형 ABCDEF에서 다음 중 위치 관계가 나머지 넷과 다른 하나는?

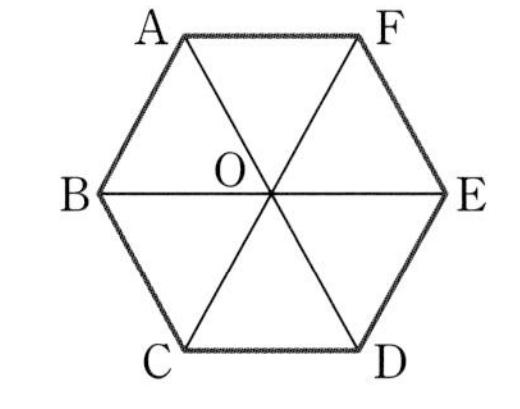

① $\overleftrightarrow{AB}$와 $\overleftrightarrow{DE}$
② $\overleftrightarrow{BO}$와 $\overleftrightarrow{DE}$
③ $\overleftrightarrow{CF}$와 $\overleftrightarrow{BE}$
④ $\overleftrightarrow{CD}$와 $\overleftrightarrow{EF}$
⑤ $\overleftrightarrow{DO}$와 $\overleftrightarrow{AF}$

0178 수매씽 Pick!

오른쪽 그림과 같은 정팔각형에서 각 변을 연장한 직선을 그을 때, $\overleftrightarrow{AB}$와 한 점에서 만나는 직선의 개수를 구하시오.

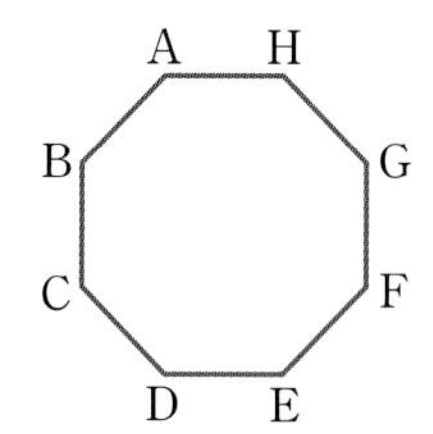

0179

다음 보기에서 한 평면 위에 있는 서로 다른 세 직선 l, m, n에 대하여 옳은 것을 모두 고른 것은?

보기
ㄱ. $l\perp m$, $m/\!/n$이면 $l/\!/n$이다.
ㄴ. $l/\!/m$, $m\perp n$이면 $l\perp n$이다.
ㄷ. $l\perp m$, $l\perp n$이면 $m\perp n$이다.
ㄹ. $l/\!/m$, $m/\!/n$이면 $l/\!/n$이다.

① ㄱ, ㄴ ② ㄱ, ㄹ ③ ㄴ, ㄷ
④ ㄴ, ㄹ ⑤ ㄷ, ㄹ

0180

오른쪽 모눈종이 위의 5개의 점 A, B, C, D, E 중 서로 다른 2개의 점을 지나는 직선을 그을 때, 다음 물음에 답하시오.

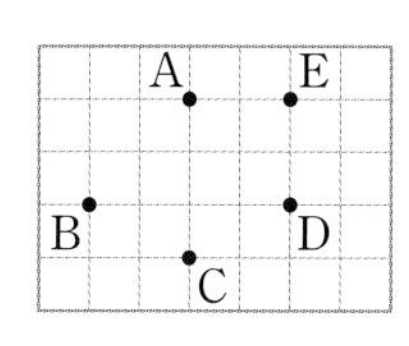

(1) $\overleftrightarrow{DE}$와 수직인 직선의 개수를 구하시오.
(2) $\overleftrightarrow{AC}$와 한 점에서 만나는 직선의 개수를 구하시오.

02 위치 관계

유형 03 평면이 하나로 정해지는 조건

개념 02-1

(1) 한 직선 위에 있지 않은 서로 다른 세 점
(2) 한 직선과 그 직선 위에 있지 않은 한 점
(3) 한 점에서 만나는 두 직선
(4) 평행한 두 직선

0181 대표 문제

다음 중 평면이 하나로 정해지는 조건이 아닌 것은?

① 평행한 두 직선
② 한 점에서 만나는 두 직선
③ 한 직선 위에 있지 않은 서로 다른 세 점
④ 한 직선과 그 직선 위에 있지 않은 한 점
⑤ 꼬인 위치에 있는 두 직선

0182

오른쪽 그림과 같이 세 점 A, B, C가 직선 l 위에 있고, 점 D는 직선 l 위에 있지 않을 때, 네 점 A, B, C, D로 정해지는 서로 다른 평면의 개수를 구하시오.

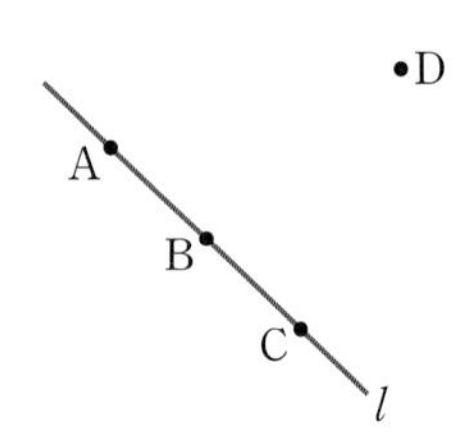

0183

오른쪽 그림과 같이 한 직선 위에 있지 않은 세 점 A, B, C는 평면 P 위에 있고, 점 D는 평면 P 위에 있지 않다. 네 점 A, B, C, D 중 세 점으로 정해지는 서로 다른 평면의 개수를 구하시오.

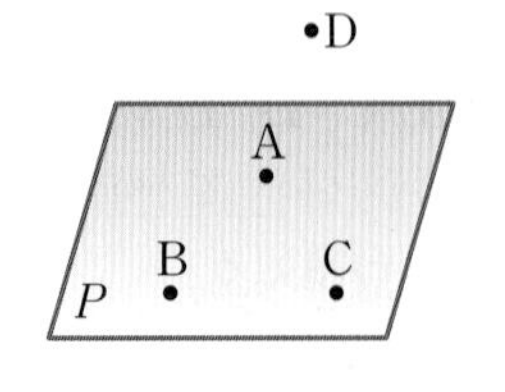

유형 04 꼬인 위치

개념 02-1

(1) 꼬인 위치 : 공간에서 두 직선이 서로 만나지도 않고 평행하지도 않을 때, 그 두 직선은 꼬인 위치에 있다고 한다.
(2) 입체도형에서 꼬인 위치에 있는 모서리 찾기
① 한 점에서 만나는 모서리 모두 제외하기
② 평행한 모서리 모두 제외하기

0184 대표 문제

다음 중 오른쪽 그림의 직육면체에서 모서리 BF와 만나지도 않고 평행하지도 않은 것은?

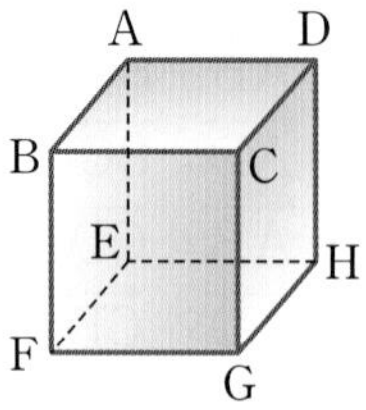

A D B C E H F G

① $\overline{AB}$ ② $\overline{BC}$
③ $\overline{CD}$ ④ $\overline{EF}$
⑤ $\overline{DH}$

0185 수매씽 Pick!

다음 중 오른쪽 그림과 같이 밑면이 정육각형인 육각기둥에서 $\overline{AG}$와 꼬인 위치에 있는 모서리를 모두 고르면? (정답 2개)

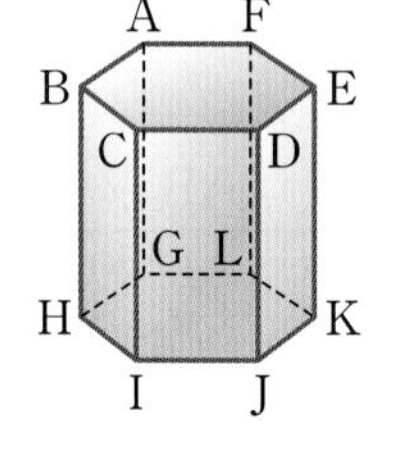

① $\overline{AB}$ ② $\overline{BH}$
③ $\overline{IJ}$ ④ $\overline{LG}$
⑤ $\overline{LK}$

0186

오른쪽 그림의 정육면체에서 $\overline{BD}$, $\overline{EF}$와 동시에 꼬인 위치에 있는 모서리를 구하시오.

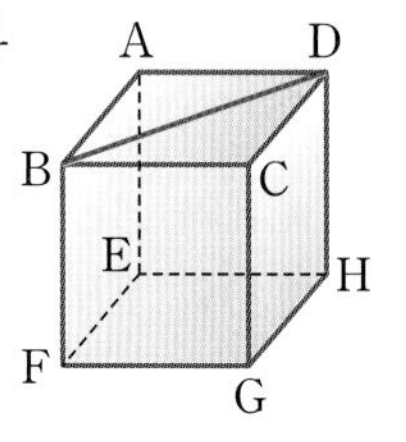

02 위치 관계

중요! 유형 05 공간에서 두 직선의 위치 관계

개념 02-1

(1) 한 점에서 만난다.
(2) 평행하다.　　　　— 한 평면 위에 있다.
(3) 일치한다.
(4) 꼬인 위치에 있다. — 한 평면 위에 있지 않다.

0187 대표 문제

다음 중 오른쪽 그림의 직육면체에 대한 설명으로 옳지 않은 것은?

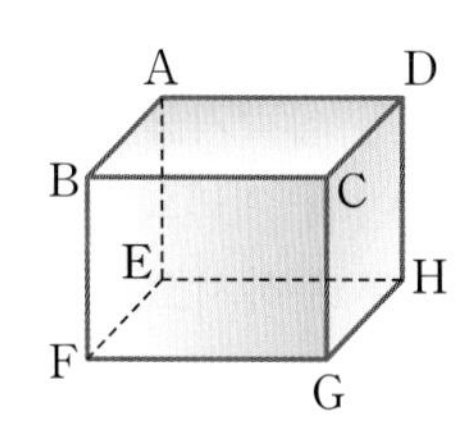

① $\overline{AB}$와 $\overline{CD}$는 서로 평행하다.
② $\overline{BC}$와 $\overline{DH}$는 한 점에서 만난다.
③ $\overline{EF}$와 $\overline{CG}$는 꼬인 위치에 있다.
④ $\overline{BC}$와 $\overline{EH}$는 만나지 않는다.
⑤ $\overline{AE}$와 $\overline{AD}$는 수직이다.

0188 ●●●●

다음 중 오른쪽 그림의 직육면체에서 $\overline{AG}$, $\overline{EF}$와 동시에 만나는 모서리를 모두 고르면? (정답 2개)

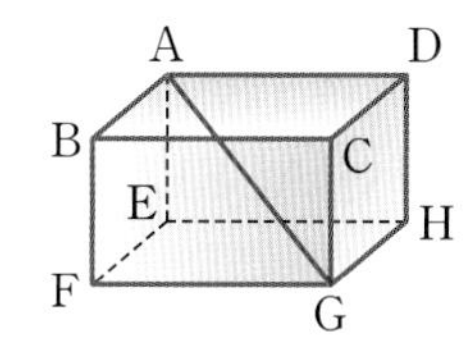

① $\overline{AD}$　② $\overline{AE}$
③ $\overline{CD}$　④ $\overline{FG}$
⑤ $\overline{GH}$

0189 ●●●●

오른쪽 그림과 같이 밑면이 정오각형인 오각기둥에서 각 모서리를 연장한 직선을 그을 때, 다음 중 $\overleftrightarrow{AB}$와의 위치 관계가 나머지 넷과 다른 하나는?

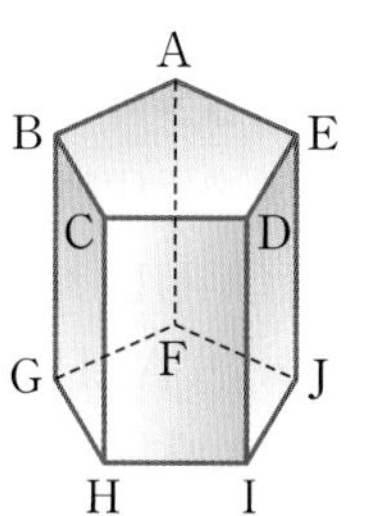

① $\overleftrightarrow{AF}$　② $\overleftrightarrow{BG}$
③ $\overleftrightarrow{CD}$　④ $\overleftrightarrow{CH}$
⑤ $\overleftrightarrow{DE}$

0190 ●●●● 수매씽 Pick!

다음 중 오른쪽 그림과 같이 밑면이 정사각형인 사각뿔에 대한 설명으로 옳은 것을 모두 고르면? (정답 2개)

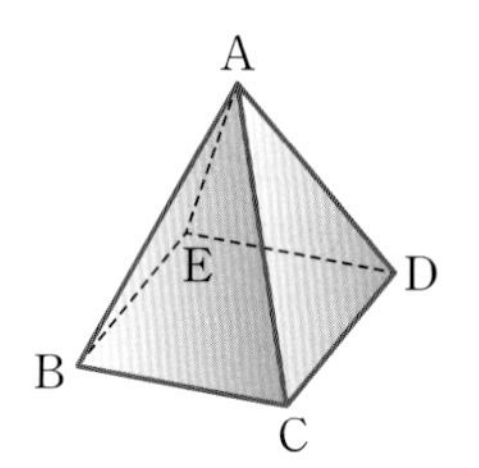

① $\overline{AB}$와 $\overline{CD}$는 한 점에서 만난다.
② $\overline{AC}$와 $\overline{AD}$는 꼬인 위치에 있다.
③ $\overline{AE}$와 $\overline{BC}$는 꼬인 위치에 있다.
④ $\overline{BC}$와 $\overline{DE}$는 꼬인 위치에 있다.
⑤ $\overline{BE}$와 $\overline{CD}$는 서로 평행하다.

0191 ●●●● 서술형

오른쪽 그림과 같이 밑면이 사다리꼴인 사각기둥에서 $\overline{AD}$와 평행한 모서리의 개수를 a, $\overline{CG}$와 수직으로 만나는 모서리의 개수를 b라 할 때, $a+b$의 값을 구하시오.

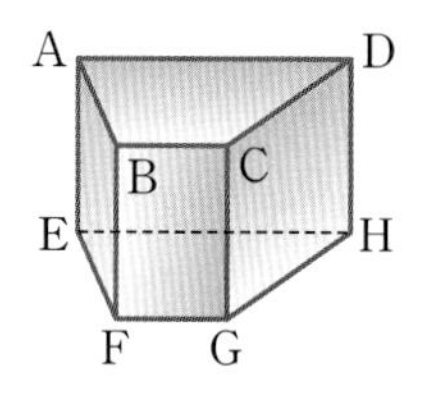

0192 ●●●●

다음 보기 중 공간에서 서로 다른 두 직선의 위치 관계에 대한 설명으로 옳은 것을 모두 고르시오.

보기
ㄱ. 서로 만나지 않는 두 직선은 꼬인 위치에 있다.
ㄴ. 한 점에서 만나는 두 직선은 한 평면 위에 있다.
ㄷ. 평행한 두 직선은 한 평면 위에 있다.
ㄹ. 한 평면 위에 있으면서 서로 만나지 않는 두 직선은 꼬인 위치에 있다.

유형 06 직선과 평면의 위치 관계 중요!

개념 02-2

(1) 직선이 평면에 포함된다.
(2) 한 점에서 만난다.
(3) 평행하다.

0193 대표 문제

다음 중 오른쪽 그림의 삼각기둥에 대한 설명으로 옳은 것은?

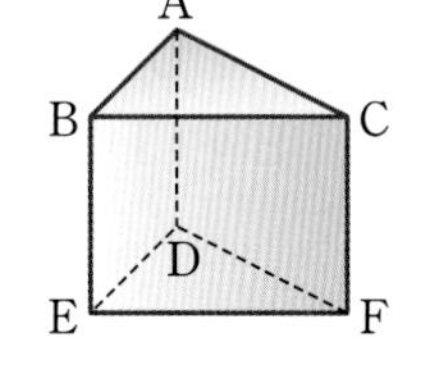

① 모서리 BE는 면 ABC에 포함된다.
② 모서리 AD는 면 DEF와 수직으로 만난다.
③ 모서리 DF는 면 ABED와 평행하다.
④ 면 BEFC에 포함되는 모서리는 3개이다.
⑤ 면 ADFC와 한 점에서 만나는 모서리는 3개이다.

0194 수매씽 Pick!

오른쪽 그림과 같이 밑면이 정오각형인 오각기둥에서 면 ABCDE와 평행한 모서리의 개수를 a, $\overline{AF}$와 꼬인 위치에 있는 모서리의 개수를 b라 할 때, $a+b$의 값을 구하시오.

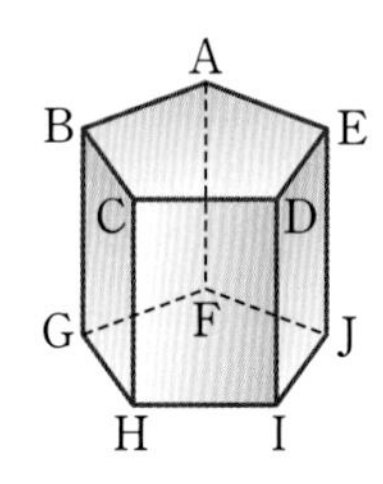

0195

오른쪽 그림의 직육면체에서 다음 조건을 모두 만족시키는 모서리를 구하시오.

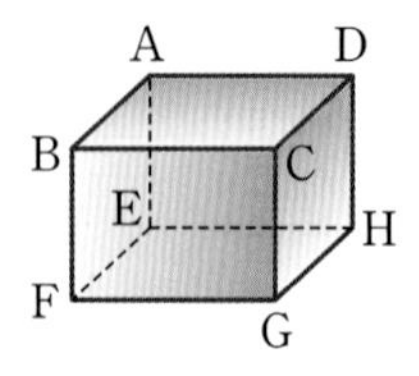

(가) $\overline{BC}$와 꼬인 위치에 있다.
(나) 면 ABCD와 평행하다.
(다) 면 CGHD에 포함된다.

유형 07 점과 평면 사이의 거리

개념 02-2

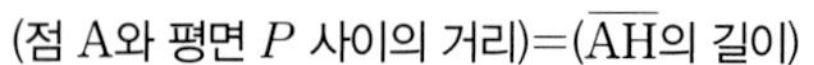

점 A에서 평면 P에 내린 수선의 발을 점 H라 할 때,
(점 A와 평면 P 사이의 거리)=($\overline{AH}$의 길이)

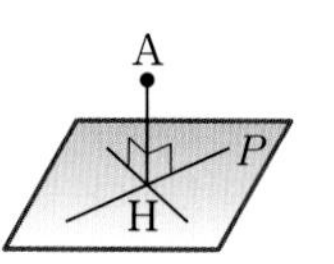

0196 대표 문제

오른쪽 그림과 같이 밑면이 직각삼각형인 삼각기둥에서 점 C와 면 ADEB 사이의 거리와 길이가 같은 모서리를 모두 구하시오.

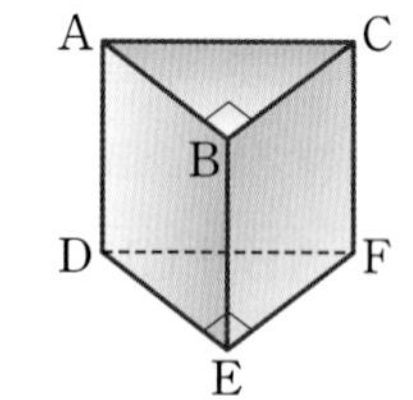

0197

오른쪽 그림의 직육면체에서 점 H와 면 ABFE 사이의 거리를 구하시오.

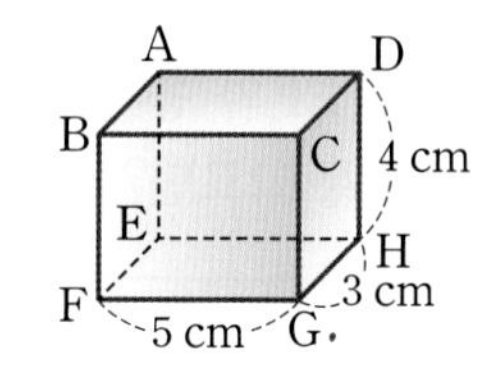

0198

오른쪽 그림의 직육면체에서 점 A와 면 CGHD 사이의 거리를 a cm, 점 F와 면 AEHD 사이의 거리를 b cm라 할 때, $a+b$의 값을 구하시오.

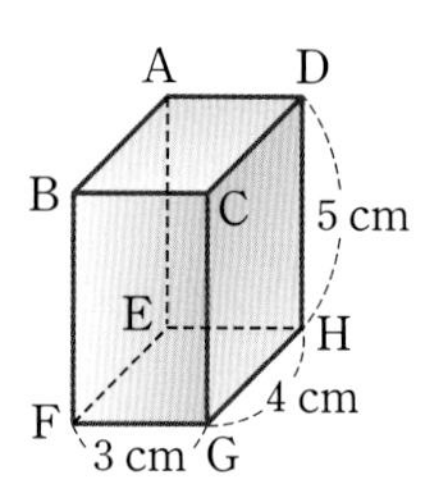

유형 08 두 평면의 위치 관계

개념 02-2

(1) 한 직선에서 만난다.
(2) 평행하다.
(3) 일치한다.

0199 대표 문제

오른쪽 그림의 육각기둥에서 면 ABCDEF와 만나는 면의 개수는?

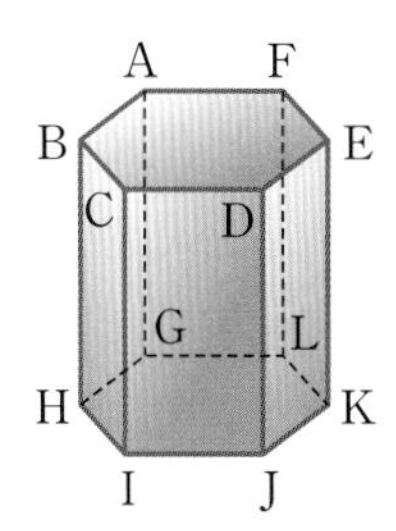

① 3 ② 4
③ 5 ④ 6
⑤ 7

0200 ●●●●

오른쪽 그림의 정육면체에서 다음을 구하시오.

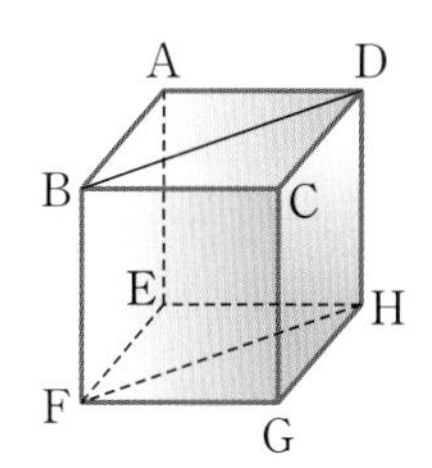

(1) 모서리 EF를 교선으로 하는 두 면
(2) 면 CGHD와 수직인 면
(3) 평면 BFHD와 수직인 면

0201 ●●●● 서술형

오른쪽 그림과 같이 밑면이 사다리꼴인 사각기둥에서 면 CGHD와 수직인 면의 개수를 a, 면 BFGC와 평행한 면의 개수를 b라 할 때, $a+b$의 값을 구하시오.

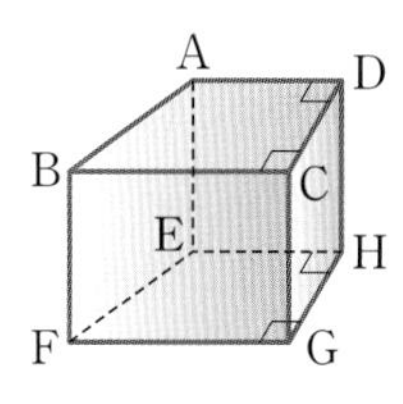

유형 09 일부를 잘라 낸 입체도형에서의 위치 관계 (중요!)

개념 02-2

잘라 내기 전 입체도형에서의 직선과 평면의 위치 관계를 이용하여 잘라 낸 후 입체도형에서의 직선과 평면의 위치 관계를 파악한다.

0202 대표 문제

오른쪽 그림은 직육면체를 잘라 만든 입체도형이다. $\overline{BC} /\!/ \overline{FG}$일 때, 다음 중 이 입체도형에 대한 설명으로 옳은 것은?

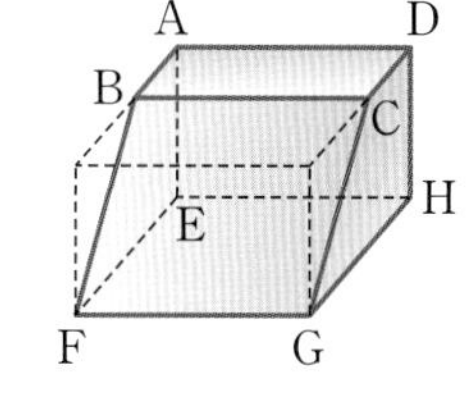

① 면 ABCD와 수직인 면은 4개이다.
② $\overline{BC}$와 평행한 모서리는 2개이다.
③ 면 BFGC와 만나는 면은 3개이다.
④ $\overline{CG}$와 꼬인 위치에 있는 모서리는 5개이다.
⑤ 면 BFGC와 면 AEHD는 평행하다.

0203 ●●●●

오른쪽 그림은 직육면체를 잘라 만든 입체도형이다. $\overline{CD}=\overline{GH}$일 때, 다음 보기에서 이 입체도형에 대한 설명으로 옳은 것을 모두 고르시오.

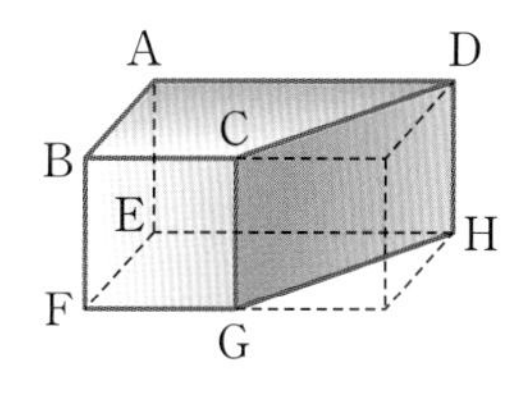

보기
ㄱ. 평행한 두 면은 2쌍이다.
ㄴ. 면 CGHD와 평행한 모서리는 3개이다.
ㄷ. $\overline{GH}$와 꼬인 위치에 있는 모서리는 5개이다.

0204 ●●●● 수매씽 Pick!

오른쪽 그림은 정육면체를 세 꼭짓점 A, B, E를 지나는 평면으로 잘라 만든 입체도형이다. $\overline{AE}$와 꼬인 위치에 있는 모서리의 개수를 a, 면 ADGC와 수직인 면의 개수를 b라 할 때, $a+b$의 값을 구하시오.

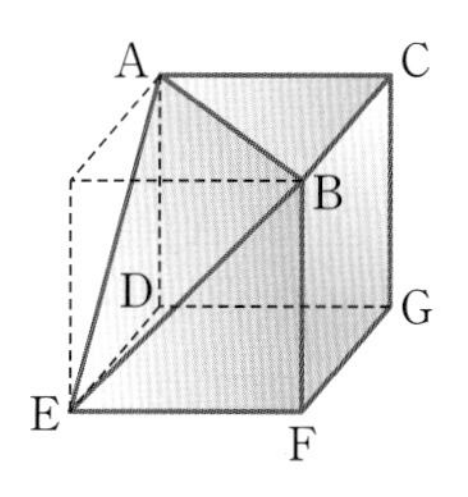

유형 10 전개도가 주어진 입체도형에서의 위치 관계

개념 02-2

주어진 전개도로 만든 입체도형에서 모서리와 면의 위치 관계를 파악한다. 이때 겹치는 꼭짓점을 모두 표시한다.

예
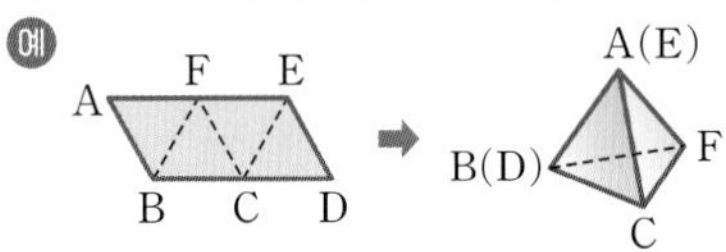

0205 대표 문제

오른쪽 그림의 전개도로 만든 정육면체에서 다음 중 모서리 AB와 꼬인 위치에 있는 모서리가 아닌 것은?

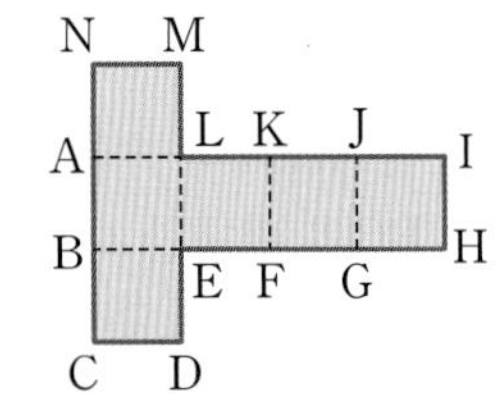

① $\overline{CD}$ ② $\overline{ED}$ ③ $\overline{FG}$ ④ $\overline{IJ}$ ⑤ $\overline{LK}$

0206

오른쪽 그림의 전개도로 만든 삼각뿔에서 모서리 AB와 꼬인 위치에 있는 모서리를 구하시오.

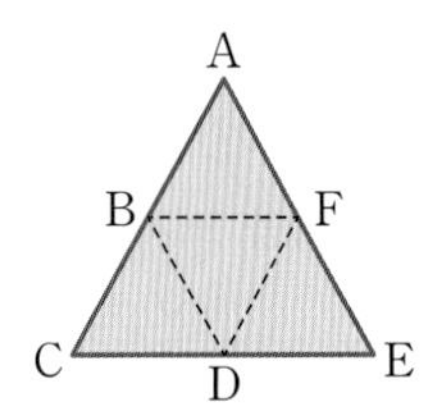

0207

다음 중 오른쪽 그림의 전개도로 만든 삼각기둥에 대한 설명으로 옳은 것을 모두 고르면? (정답 2개)

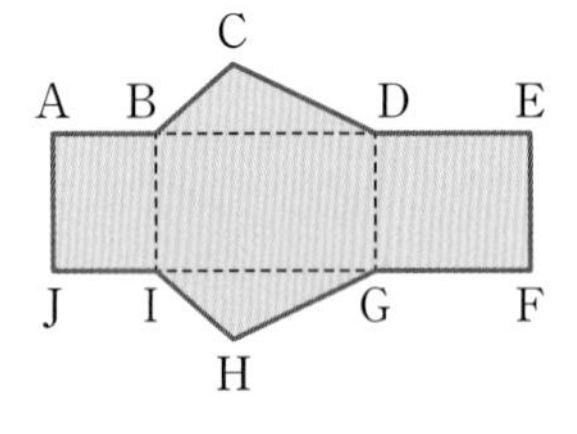

① $\overline{BC}$와 $\overline{IH}$는 꼬인 위치에 있다.
② $\overline{CD}$와 $\overline{BI}$는 서로 평행하다.
③ $\overline{DE}$와 $\overline{AJ}$는 한 점에서 만난다.
④ 면 IGH와 수직인 면은 2개이다.
⑤ 면 BCD와 수직인 모서리의 개수와 평행한 모서리의 개수는 같다.

중요! 유형 11 여러 가지 위치 관계

개념 02-2

공간에서 여러 가지 위치 관계를 조사할 때는 직육면체를 그려서 모서리를 직선으로, 면을 평면으로 생각하여 직선과 평면의 위치 관계를 파악할 수 있다.

0208 대표 문제

다음 중 공간에 있는 서로 다른 두 직선 l, m과 서로 다른 두 평면 P, Q의 위치 관계에 대한 설명으로 옳은 것은?

① $l /\!/ P$이고 $l /\!/ Q$이면 $P /\!/ Q$이다.
② $l \perp P$이고 $l \perp Q$이면 $P \perp Q$이다.
③ $l \perp P$이고 $m \perp P$이면 $l \perp m$이다.
④ $l \perp P$이고 $l /\!/ m$이면 $m \perp P$이다.
⑤ $l /\!/ P$이고 $m /\!/ P$이면 $l /\!/ m$이다.

0209 수매씽 Pick!

다음 보기에서 공간에 있는 서로 다른 세 직선 l, m, n에 대한 설명으로 옳은 것을 모두 고르시오.

보기
ㄱ. $l \perp m$, $l \perp n$이면 두 직선 m, n은 서로 평행하다.
ㄴ. $l \perp m$, $l /\!/ n$이면 두 직선 m, n은 수직으로 만나거나 꼬인 위치에 있다.
ㄷ. $l /\!/ m$, $l /\!/ n$이면 두 직선 m, n은 서로 평행하다.

0210

다음은 공간에서 위치 관계를 네 학생이 설명한 것이다. 설명이 옳지 않은 학생의 이름을 쓰고, 설명을 바르게 고치시오.

- **찬솔** : 한 직선에 평행한 서로 다른 두 직선은 평행하다.
- **지호** : 한 직선에 수직인 서로 다른 두 평면은 평행하다.
- **시후** : 한 평면에 평행한 서로 다른 두 평면은 평행하다.
- **유경** : 한 평면에 수직인 서로 다른 두 평면은 평행하다.

유형 12 동위각과 엇각

개념 02-3

서로 다른 두 직선이 다른 한 직선과 만날 때
(1) 동위각 : 서로 같은 위치에 있는 두 각
(2) 엇각 : 서로 엇갈린 위치에 있는 두 각

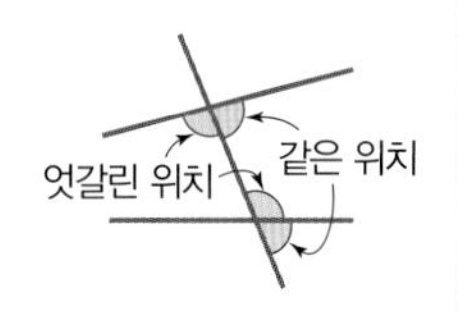

0211 대표 문제

다음 중 오른쪽 그림에 대한 설명으로 옳은 것은?

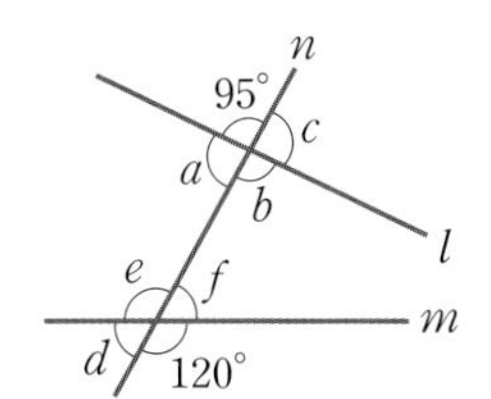

① $\angle a$의 엇각의 크기는 $60°$이다.
② $\angle b$의 엇각의 크기는 $60°$이다.
③ $\angle c$의 동위각의 크기는 $120°$이다.
④ $\angle d$의 동위각의 크기는 $95°$이다.
⑤ $\angle e$의 동위각의 크기는 $85°$이다.

0212

세 직선이 오른쪽 그림과 같이 만날 때, 다음 보기에서 옳은 것을 모두 고르시오.

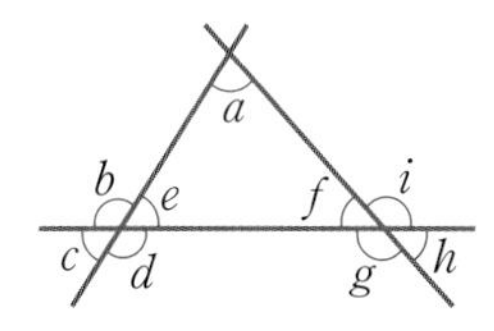

보기
ㄱ. $\angle a$의 동위각은 $\angle d$와 $\angle g$이다.
ㄴ. $\angle a$의 엇각은 $\angle b$와 $\angle h$이다.
ㄷ. $\angle d$는 $\angle h$의 동위각이다.

0213 서술형

오른쪽 그림에서 $\angle \mathrm{AHG}=120°$, $\angle \mathrm{IGF}=145°$, $\angle \mathrm{DIH}=95°$일 때, 다음 물음에 답하시오.

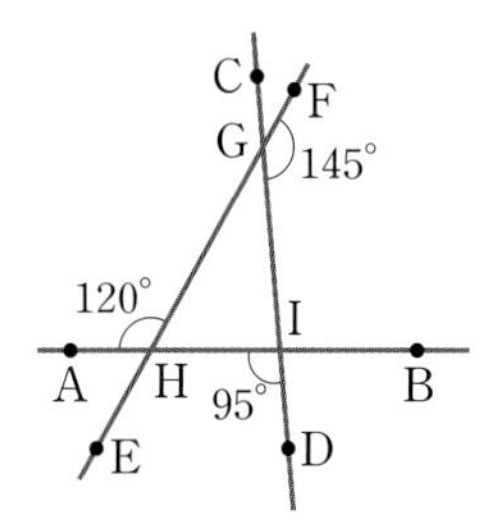

(1) $\angle \mathrm{HIG}$의 모든 동위각의 크기의 합을 구하시오.
(2) $\angle \mathrm{GHI}$의 모든 엇각의 크기의 합을 구하시오.

유형 13 평행선의 성질 (중요!)

개념 02-4

오른쪽 그림에서 $l /\!/ m$이면
(1) 동위각의 크기는 같다.
⇨ $\angle a=\angle c$
(2) 엇각의 크기는 같다.
⇨ $\angle a=\angle b$

0214 대표 문제

오른쪽 그림에서 $l /\!/ m$일 때, $\angle y-\angle x$의 크기를 구하시오.

0215

오른쪽 그림에서 $l /\!/ m$일 때, x의 값은?

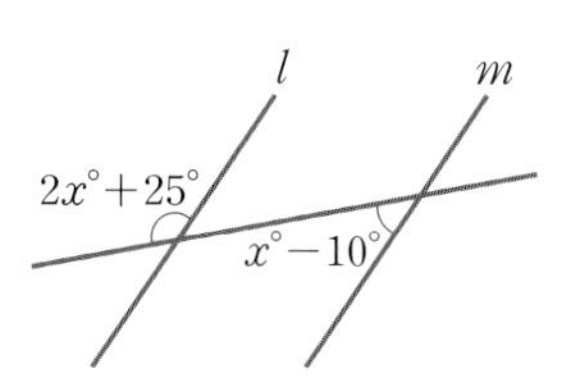

① 50 ② 55
③ 60 ④ 65
⑤ 70

0216 수매씽 Pick!

오른쪽 그림에서 $l /\!/ m$이고 $p /\!/ q$일 때, $x+y$의 값을 구하시오.

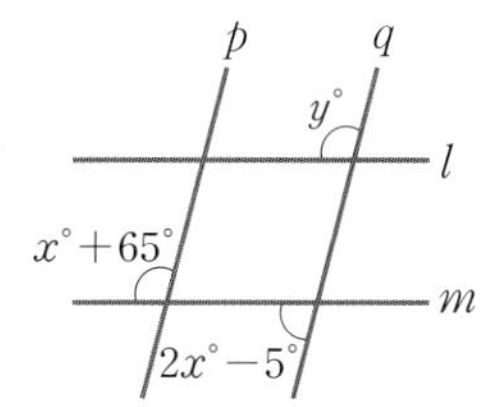

유형 14 두 직선이 평행할 조건

개념 02-4

서로 다른 두 직선이 다른 한 직선과 만날 때 생기는 동위각 또는 엇각의 크기가 같으면 두 직선은 서로 평행하다.
⇨ $\angle a=\angle b$(동위각) 또는 $\angle b=\angle c$(엇각)이면 $l /\!/ m$

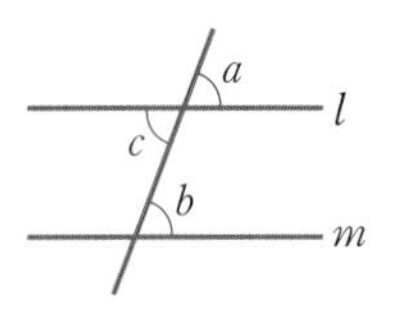

0217 대표 문제

다음 중 두 직선 l, m이 서로 평행하지 않은 것은?

①
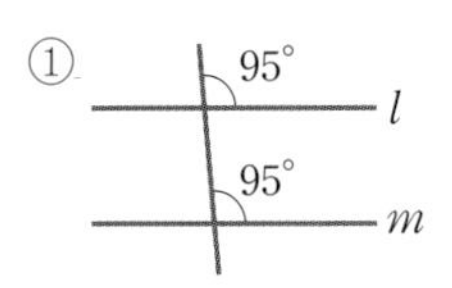

②
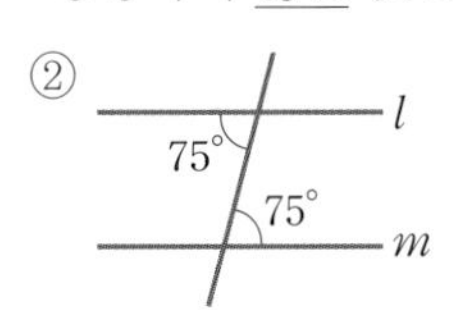

③
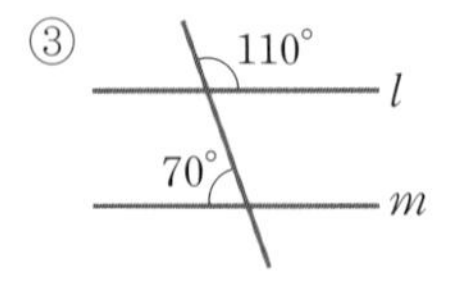

④
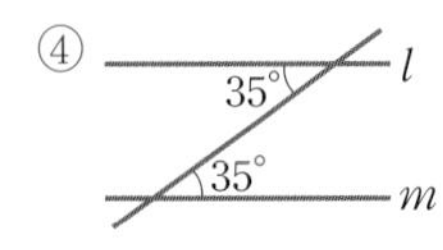

⑤
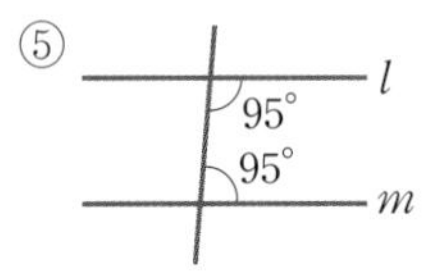

0218

오른쪽 그림에서 평행한 직선을 모두 찾아 기호로 나타내시오.

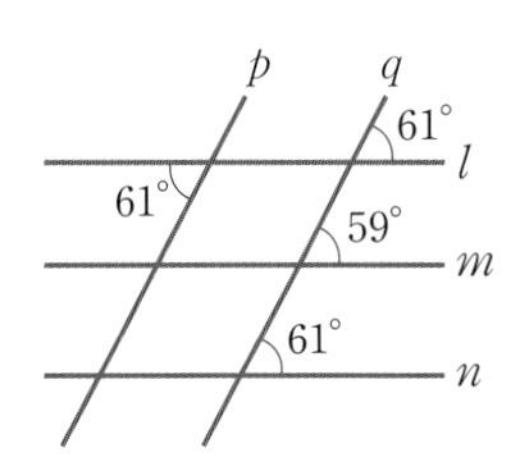

0219

다음 중 오른쪽 그림의 두 직선 l, m이 서로 평행하기 위한 조건으로 옳지 않은 것은?

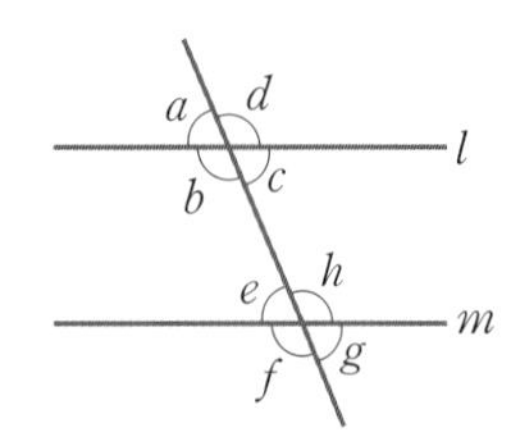

① $\angle a=58°$, $\angle f=132°$
② $\angle b=115°$, $\angle f=115°$
③ $\angle c=56°$, $\angle e=56°$
④ $\angle c=70°$, $\angle h=110°$
⑤ $\angle b=125°$, $\angle g=55°$

유형 15 각의 크기 구하기 – 삼각형 이용

개념 02-4

평행선의 성질과 삼각형의 세 각의 크기의 합이 180°임을 이용하여 각의 크기를 구한다.

0220 대표 문제

오른쪽 그림에서 $l /\!/ m$일 때, $\angle x-\angle y$의 크기는?

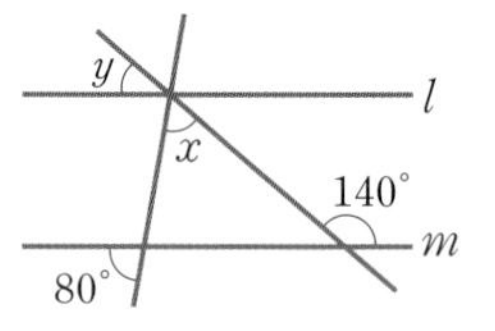

① 20°
② 22°
③ 24°
④ 26°
⑤ 28°

0221

오른쪽 그림에서 $l /\!/ m$일 때, $\angle x$의 크기를 구하시오.

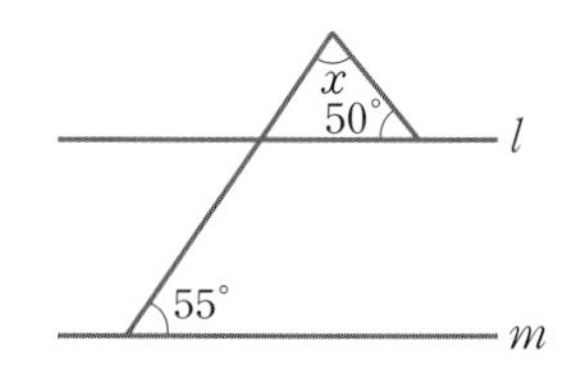

0222

무지개는 햇빛이 공기 중에 있는 물방울 속에서 반사되는 각도에 따라 다른 색으로 보이는 원리에 의해 생기는 현상이다. 다음 그림과 같이 공기 중에 있는 물방울이 햇빛을 41°로 반사하면 빨간색, 32°로 반사하면 보라색으로 보일 때, $\angle x$의 크기를 구하시오. (단, $l /\!/ m$)

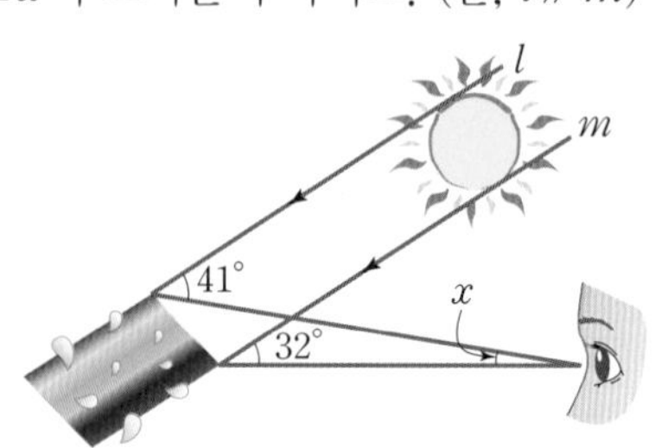

중요!

유형 16 각의 크기 구하기 – 보조선 1개 이용 개념 02-4

꺾인 점을 지나면서 주어진 평행선과 평행한 직선을 긋고, 평행선의 성질을 이용한다.

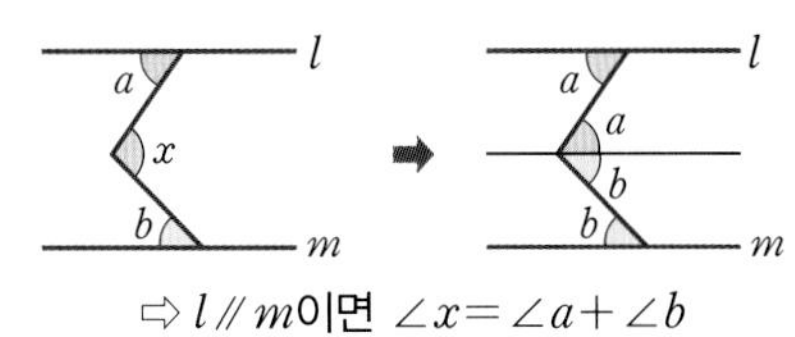

⇨ $l /\!/ m$이면 $\angle x = \angle a + \angle b$

0223 대표 문제

오른쪽 그림에서 $l /\!/ m$일 때, $\angle x$의 크기는?

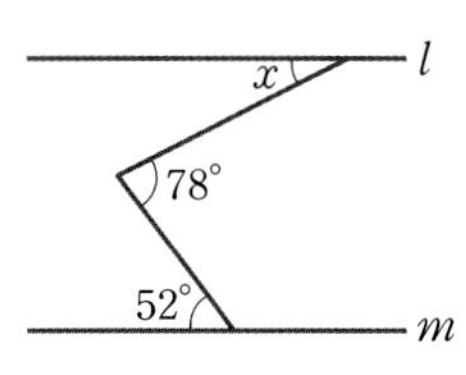

① 25° ② 26° ③ 27° ④ 28° ⑤ 29°

0224 수매씽 Pick!

오른쪽 그림에서 $l /\!/ m$일 때, x의 값은?

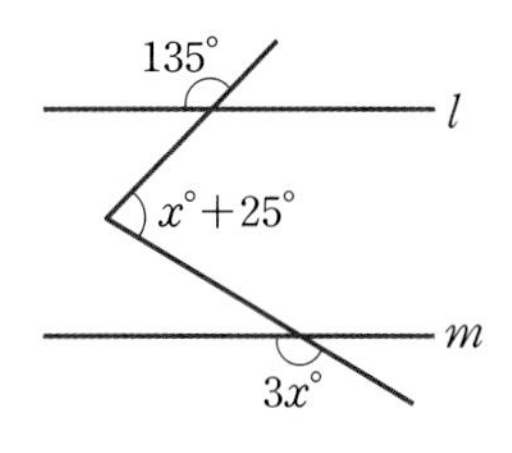

① 35 ② 40 ③ 45 ④ 50 ⑤ 55

0225 서술형

오른쪽 그림에서 $l /\!/ m$일 때, $\angle x$의 크기를 구하시오.

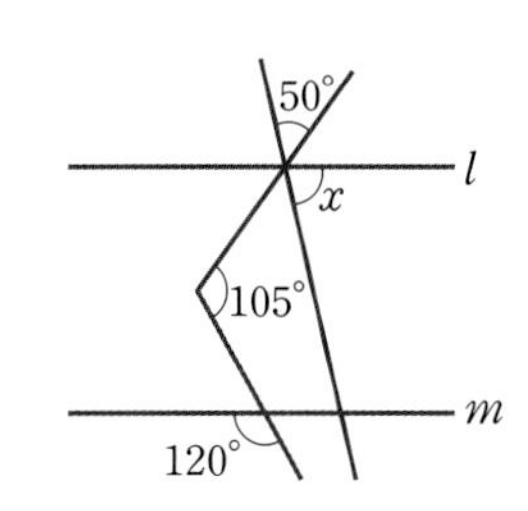

유형 17 각의 크기 구하기 – 보조선 2개 이용(1) 개념 02-4

꺾인 점을 지나면서 주어진 평행선과 평행한 직선을 긋고, 평행선의 성질을 이용한다.

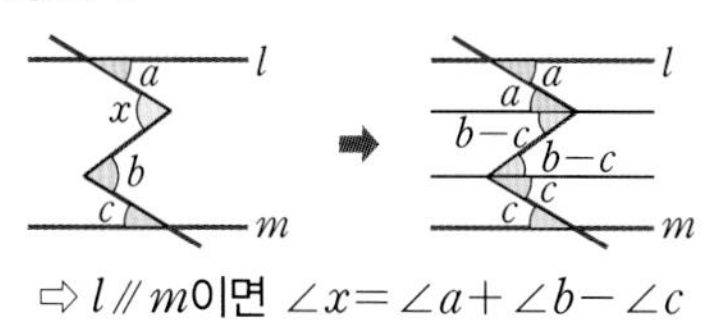

⇨ $l /\!/ m$이면 $\angle x = \angle a + \angle b - \angle c$

0226 대표 문제

오른쪽 그림에서 $l /\!/ m$일 때, $\angle x$의 크기는?

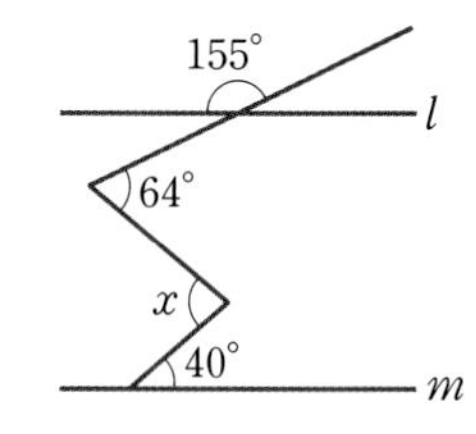

① 79° ② 80° ③ 81° ④ 82° ⑤ 83°

0227

오른쪽 그림에서 $l /\!/ m$일 때, $\angle x$의 크기를 구하시오.

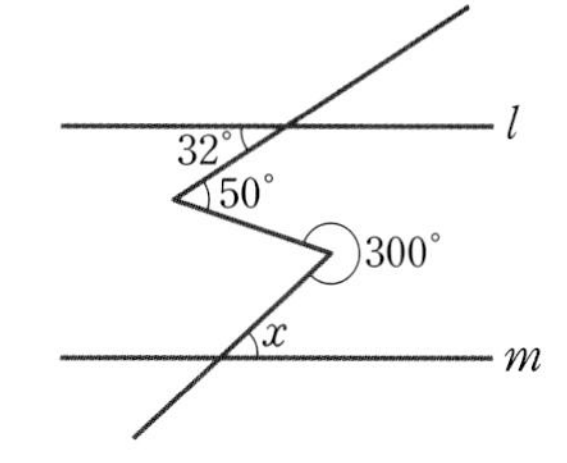

0228

오른쪽 그림에서 $l /\!/ m$일 때, x의 값을 구하시오.

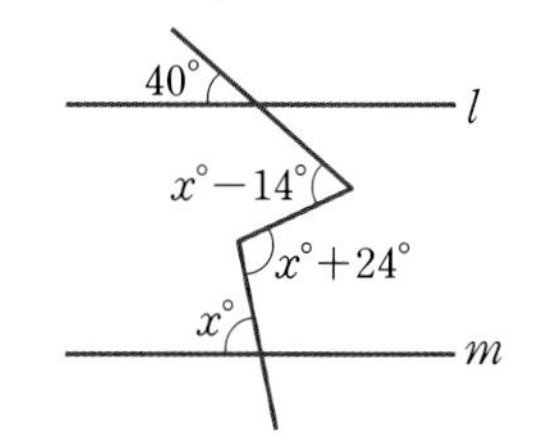

유형 18 각의 크기 구하기 – 보조선 2개 이용(2) 개념 02-4

꺾인 점을 지나면서 주어진 평행선과 평행한 직선을 긋고, 평행선의 성질을 이용한다.

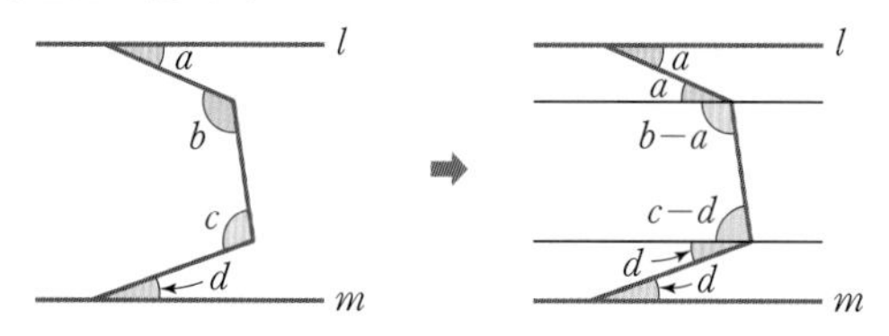

⇨ $l /\!/ m$이면 $(\angle b-\angle a)+(\angle c-\angle d)=180^\circ$

0229 대표 문제

오른쪽 그림에서 $l /\!/ m$일 때, $\angle x$의 크기를 구하시오.

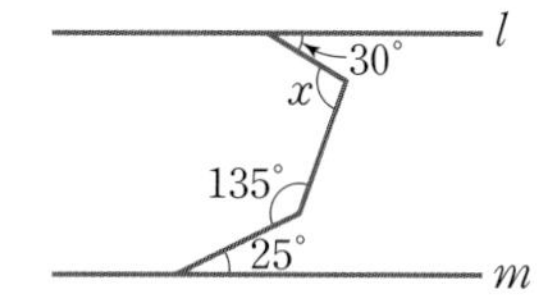

0230 ●●●● 수매씽 Pick!

오른쪽 그림에서 $l /\!/ m$일 때, $\angle x$의 크기는?

① 90° ② 95° ③ 100° ④ 105° ⑤ 110°

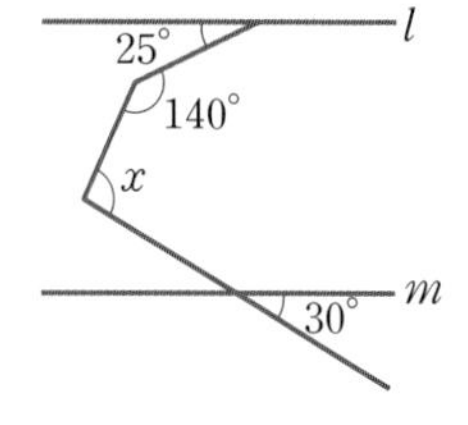

0231 ●●●●

오른쪽 그림에서 $l /\!/ m$일 때, $\angle x+\angle y$의 크기를 구하시오.

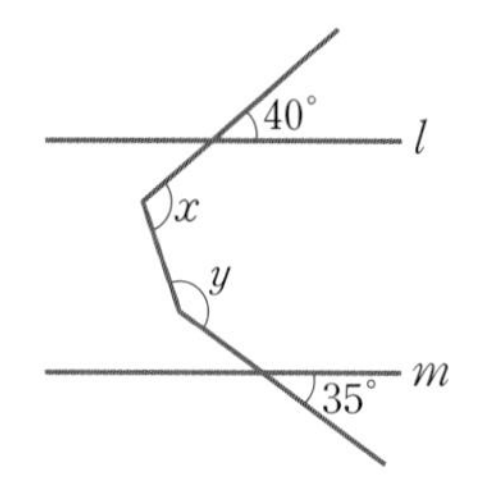

유형 19 평행선의 활용(1) 개념 02-4

$l /\!/ m$일 때, 두 직선 l, m과 평행한 직선을 그으면

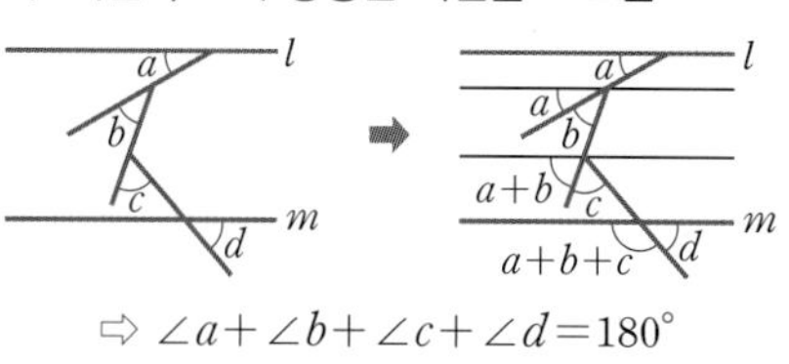

⇨ $\angle a+\angle b+\angle c+\angle d=180^\circ$

0232 대표 문제

오른쪽 그림에서 $l /\!/ m$일 때, $\angle x$의 크기를 구하시오.

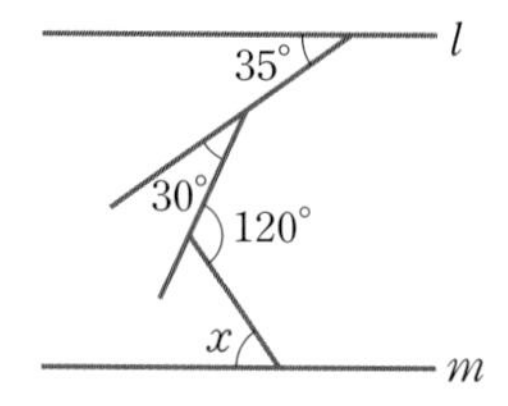

0233 ●●●●

오른쪽 그림에서 $l /\!/ m$일 때, $\angle a+\angle b+\angle c$의 크기는?

① 130° ② 135° ③ 140° ④ 145° ⑤ 150°

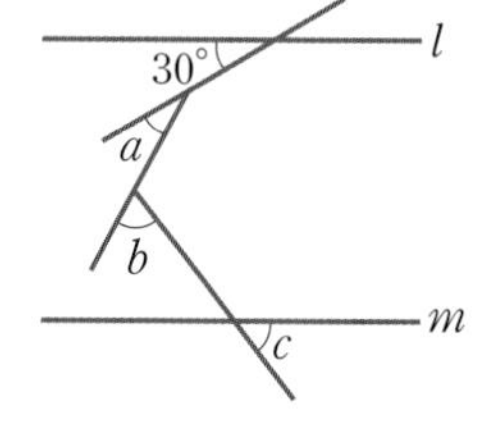

0234 ●●●●

오른쪽 그림에서 $l /\!/ m$일 때, $\angle a+\angle b+\angle c+\angle d$의 크기를 구하시오.

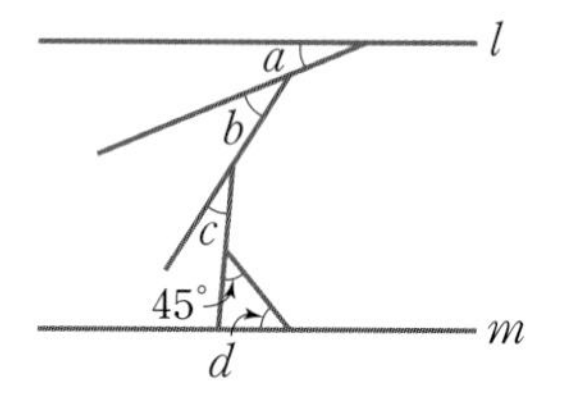

유형 20 평행선의 활용(2)

개념 02-4

$l /\!/ m$일 때, 두 직선 l, m과 평행한 직선을 그으면

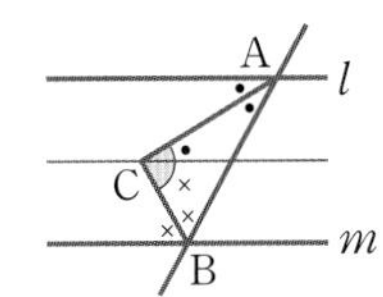

⇨ $\angle ACB = \bullet + \times$

삼각형 ACB에서

$\bullet + \bullet + \times + \times = 180°$

$\bullet + \times = 90°$

$\therefore \angle ACB = \bullet + \times = 90°$

0235 대표 문제

오른쪽 그림에서 $l /\!/ m$이고

$\angle DAC = \frac{1}{4}\angle CAB$,

$\angle CBE = \frac{1}{4}\angle ABC$일 때,

$\angle ACB$의 크기는?

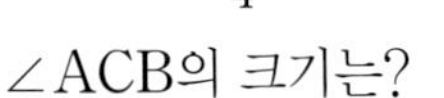

① 28° ② 31° ③ 36°
④ 40° ⑤ 44°

0236

오른쪽 그림에서 $l /\!/ m$이고,
$\angle ABD = 3\angle DBC$일 때,
$\angle DBC$의 크기를 구하시오.

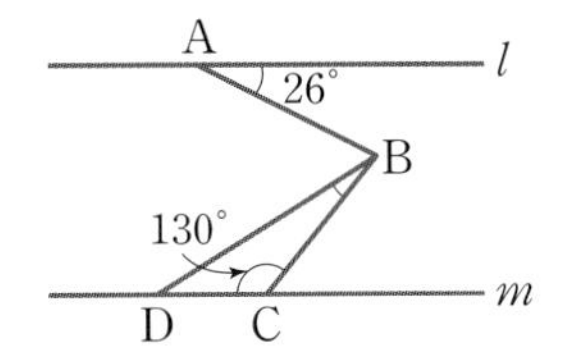

0237

오른쪽 그림에서 $l /\!/ m$이고,
$\angle PAC = 3\angle PAB$,
$\angle ACQ = 3\angle BCQ$일 때,
$\angle ABC$의 크기를 구하시오.

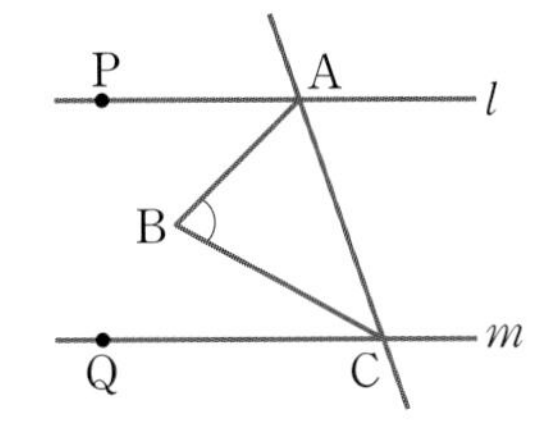

발전 유형 21 직사각형 모양의 종이를 접는 경우 (중요!)

개념 02-4

직사각형 모양의 종이를 접으면

(1) 접은 각의 크기가 같다.

⇨ $\angle a = \angle b$

(2) 엇각의 크기가 같다.

⇨ $\angle a = \angle c$

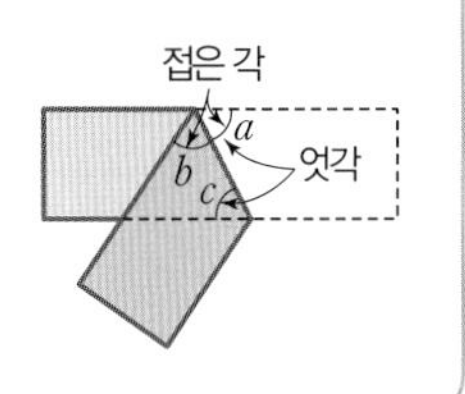

0238 대표 문제

오른쪽 그림과 같이 직사각형 모양의 종이 ABCD를 $\overline{EF}$를 접는 선으로 하여 접었을 때, $\angle GFE$의 크기를 구하시오.

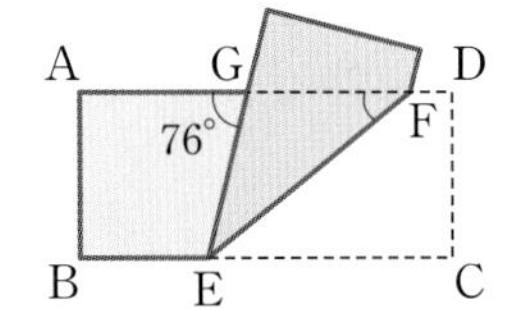

0239 서술형

오른쪽 그림은 직사각형 모양의 종이 ABCD를 $\overline{CE}$를 접는 선으로 하여 접은 것이다.
$\angle AEF = \angle FEC$일 때,
$\angle BCF$의 크기를 구하시오.

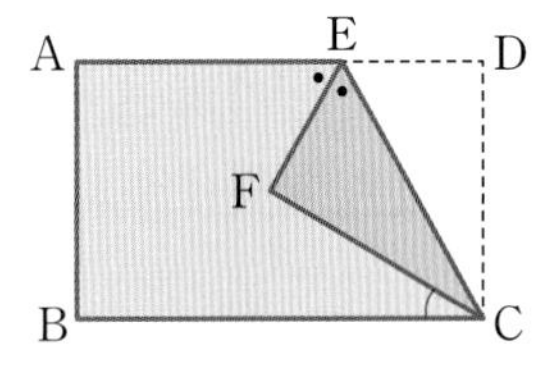

0240

오른쪽 그림과 같이 직사각형 모양의 종이 ABCD를 $\overline{EF}$를 접는 선으로 하여 접었을 때, 다음 중 옳지 않은 것은?

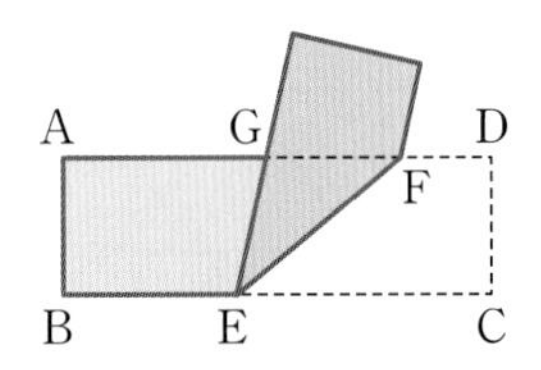

① $\angle GFE = \angle FEC$ ② $\angle AGE = 2\angle GEF$
③ $\overline{GE} = \overline{GF}$ ④ $180° - \angle FGE = \angle BEF$
⑤ $\angle EGF + 2\angle GFE = 180°$

학교 시험 꽉 잡기

0241

오른쪽 그림과 같은 정육각형에서 각 변을 연장한 직선을 그을 때, 평행한 직선의 개수를 a쌍, $\overleftrightarrow{AF}$와 한 점에서 만나는 직선의 개수를 b라 하자. 이때 $b-a$의 값을 구하시오.

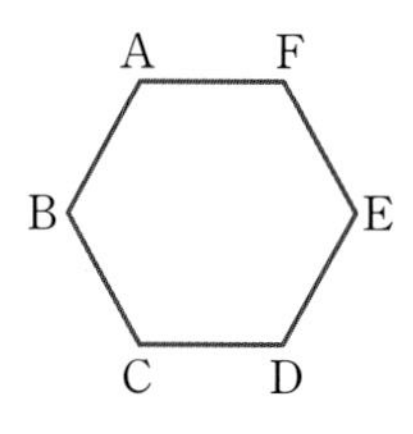

0242

다음 중 오른쪽 그림에 대한 설명으로 옳은 것은?

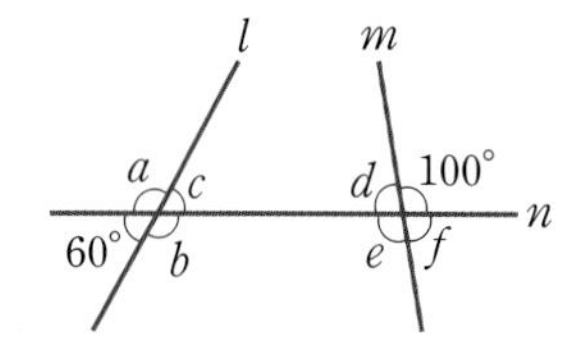

① $\angle a$의 동위각의 크기는 100°이다.
② $\angle b$의 엇각의 크기는 80°이다.
③ $\angle c$의 동위각의 크기는 80°이다.
④ $\angle e$의 엇각의 크기는 120°이다.
⑤ $\angle f$의 동위각의 크기는 60°이다.

0243

다음 중 두 직선 l, m이 서로 평행하지 않은 것은?

①
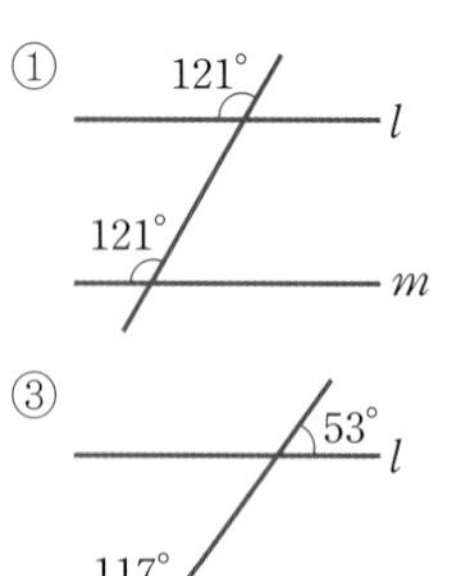

②
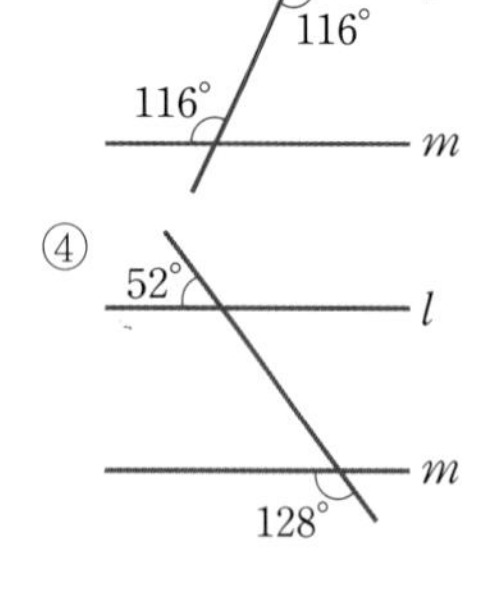

③

④

⑤
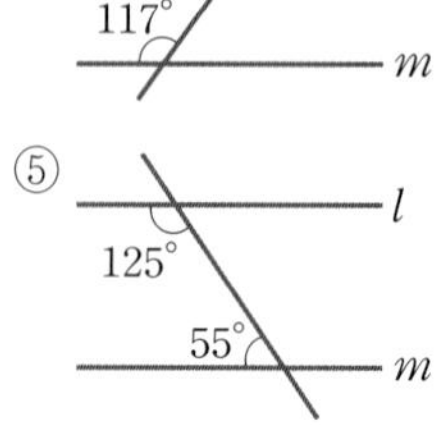

0244

오른쪽 그림과 같이 평면 P 위에 서로 다른 두 직선 l, m과 세 점 A, B, C가 있고, 점 D는 평면 P 위에 있지 않을 때, 다음 중 옳지 않은 것은?

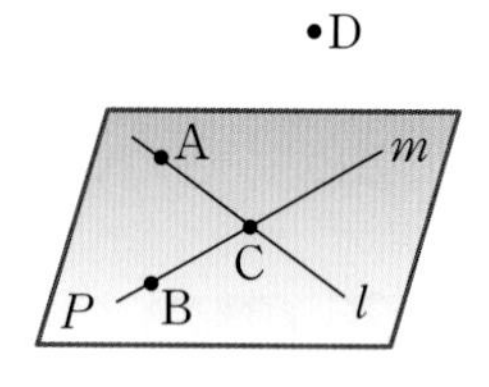

① 점 A는 직선 l 위에 있다.
② 점 C는 두 직선 l, m의 교점이다.
③ 직선 l은 점 B를 지나지 않는다.
④ 점 D는 두 직선 l, m을 포함하는 평면 위에 있다.
⑤ 점 A는 직선 m과 점 D를 포함하는 평면 위에 있지 않다.

0245 빈출

오른쪽 그림의 직육면체에서 $\overline{AE}$와 평행하면서 $\overline{CD}$와 꼬인 위치에 있는 모서리를 구하시오.

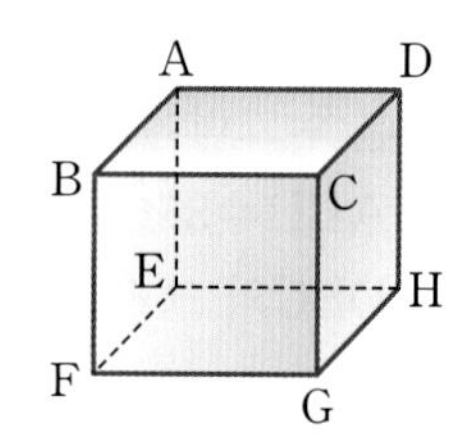

0246

오른쪽 그림과 같이 밑면이 정오각형인 오각기둥에서 면 ABGF와 평행한 모서리의 개수를 a, 면 FGHIJ와 수직인 면의 개수를 b라 할 때, $a+b$의 값을 구하시오.

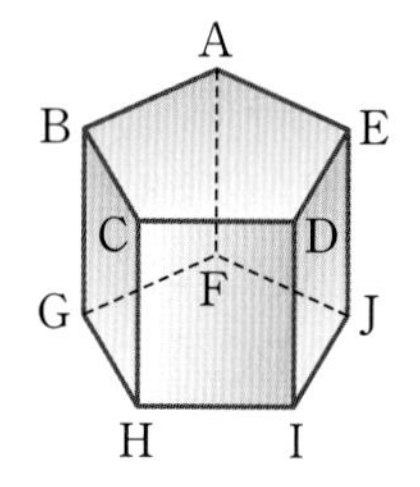

0247

다음 보기에서 서로 다른 두 평면이 항상 평행한 경우를 모두 고른 것은?

보기
ㄱ. 한 직선과 수직인 서로 다른 두 평면
ㄴ. 한 평면과 수직인 서로 다른 두 평면
ㄷ. 한 평면과 평행한 서로 다른 두 평면

① ㄱ ② ㄱ, ㄴ ③ ㄱ, ㄷ
④ ㄴ, ㄷ ⑤ ㄱ, ㄴ, ㄷ

0248 빈출

오른쪽 그림은 직육면체를 $\overline{AM}=\overline{BN}$이 되도록 자른 입체도형이다. 이때 $\overline{GH}$와 꼬인 위치에 있는 모서리를 모두 구하시오.

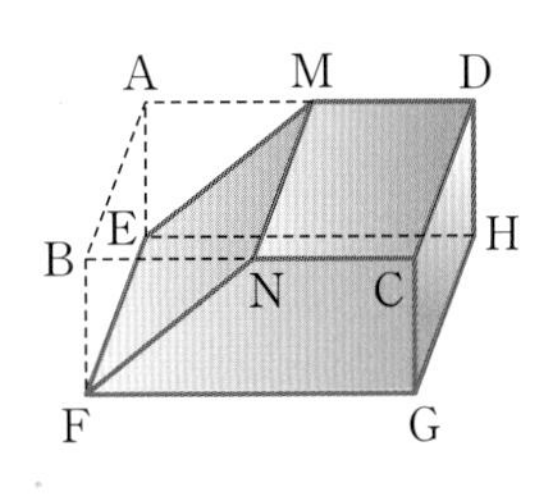

0249

다음 그림의 전개도로 만든 직육면체에서 점 L과 면 EFGH 사이의 거리를 구하시오.

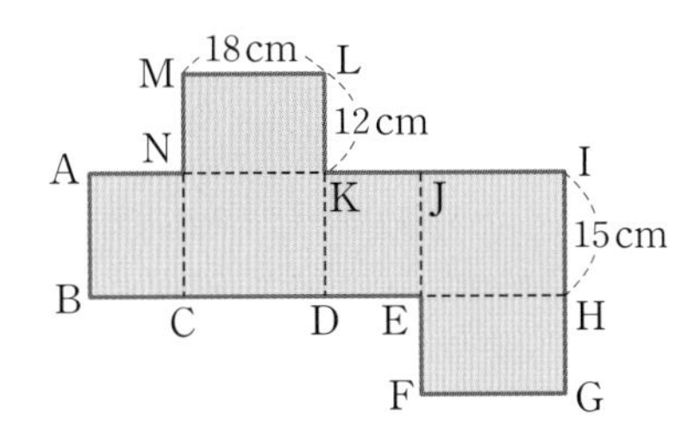

0250

오른쪽 그림의 전개도로 만든 삼각기둥에서 면 BCDJ와 수직인 면의 개수를 구하시오.

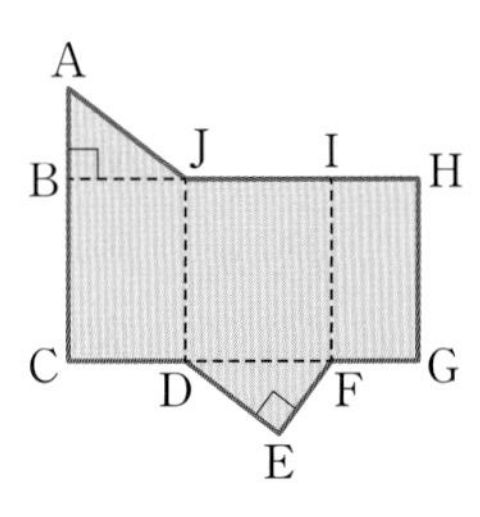

0251

오른쪽 그림과 같이 직선 l과 평면 P가 점 H에서 만나고, $l\perp P$이다. 직선 l 위의 한 점 A에 대하여 점 A와 평면 P 사이의 거리가 3 cm일 때, 다음 중 옳지 않은 것은? (단, 두 직선 m, n은 평면 P 위에 있다.)

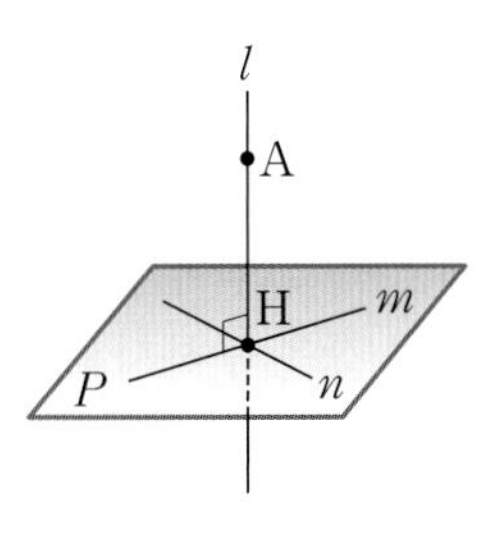

① $l\perp m$ ② $l\perp n$ ③ $\overline{AH}\perp P$
④ $m\perp n$ ⑤ $\overline{AH}=3$ cm

0252

오른쪽 그림에서 $l /\!/ m$일 때, $\angle x$의 크기를 구하시오.

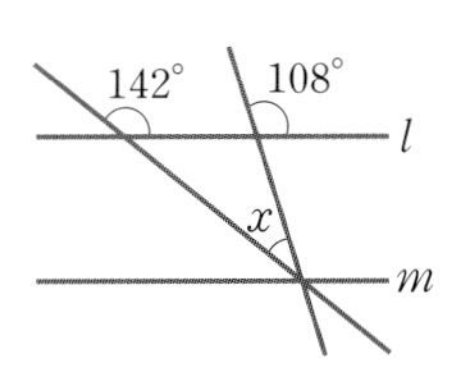

0253

오른쪽 그림에서 $l /\!/ m$일 때, x의 값은?

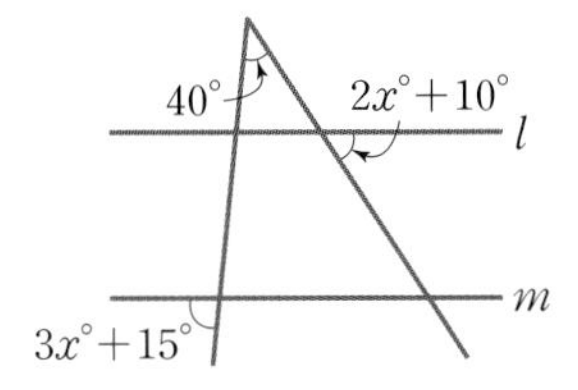

① 21 ② 22
③ 23 ④ 24
⑤ 25

0254 빈출

다음 중 공간에 있는 서로 다른 두 직선 l, m과 서로 다른 세 평면 P, Q, R의 위치 관계에 대한 설명으로 옳은 것은?

① $l /\!/ P$, $m /\!/ P$이면 $l /\!/ m$이다.
② $P /\!/ Q$, $Q \perp R$이면 $P \perp R$이다.
③ $l \perp P$, $l \perp Q$이면 $P \perp Q$이다.
④ $l \perp m$, $l \perp P$이면 $m \perp P$이다.
⑤ $l \perp P$, $m /\!/ P$이면 $l /\!/ m$이다.

0255

오른쪽 그림에서 $l /\!/ m$일 때, x의 값을 구하시오.

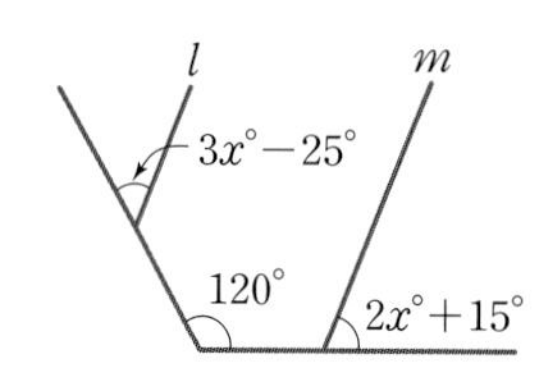

0256

오른쪽 그림에서 $l /\!/ m$일 때, x의 값은?

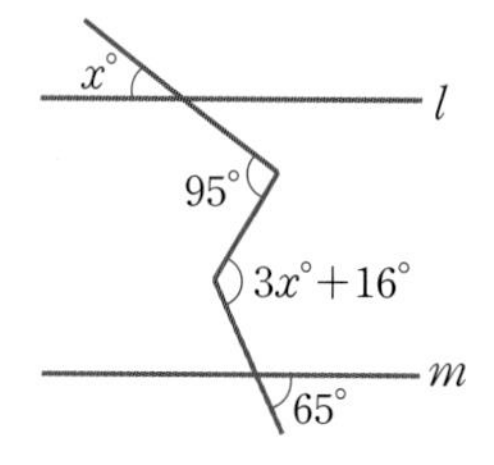

① 34 ② 35
③ 36 ④ 37
⑤ 38

0257

오른쪽 그림은 직사각형 모양의 종이 ABCD를 접은 것이다. $\angle B'QP=74°$, $\angle QD'R=60°$일 때, $\angle D'RS$의 크기를 구하시오.

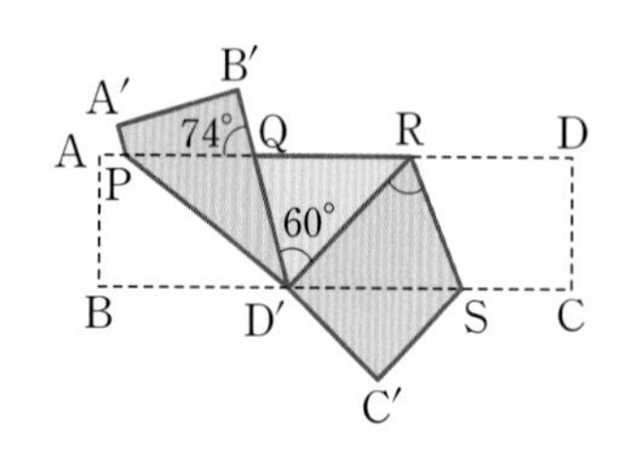

서술형 문제

0258 빈출

오른쪽 그림은 정삼각형과 정사각형인 면으로 이루어진 입체도형이다. $\overline{CD}$와 꼬인 위치에 있는 모서리의 개수를 a, 면 EFGH와 평행한 모서리의 개수를 b라 할 때, $a+b$의 값을 구하시오.

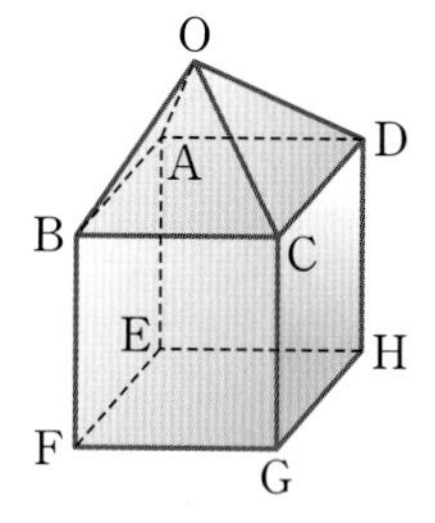

풀이

0259

오른쪽 그림에서 $l /\!/ m$이고 삼각형 ABC는 $\overline{AB}=\overline{AC}$인 이등변삼각형일 때, x의 값을 구하시오.

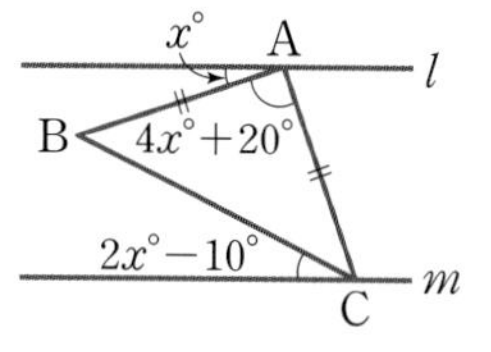

풀이

정답 및 풀이 14쪽

0260 수학 문해력 UP

유형 05 ⊕ 유형 06

다음은 오른쪽 집 모형에 대한 설명이다. 물음에 답하시오.

- 지붕의 윗면, 벽, 바닥은 모두 직사각형이다.
- 2개의 지붕의 윗면은 서로 수직이다.
- 4개의 벽은 바닥과 수직이다.

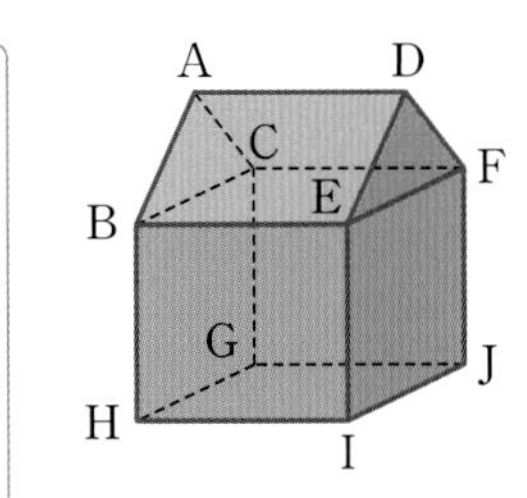

(1) $\overline{GJ}$와 꼬인 위치(공간에서 두 직선이 만나지도 않고 평행하지도 않을 때)에 있는 모서리 중 $\overline{BH}$와 수직으로 만나는 모서리를 구하시오.

(2) 면 ABED와 수직으로 만나는 모서리 중 $\overline{FJ}$와 꼬인 위치에 있는 모서리를 구하시오.

두 지붕의 윗면이 수직이면 $\angle BAC=\angle EDF=90°$예요.

해결 전략 그림을 직육면체와 삼각기둥을 붙인 입체도형으로 생각한다.

0261

유형 12

아래 지도에서 $\angle a$의 위치에 동규가 있다. 동규가 다음 규칙에 따라 이동할 때, 도착하는 곳을 구하시오.

(단, 모든 도로는 직선 도로이다.)

규칙

(가) ($\angle a$의 맞꼭지각) → (그 각의 동위각) → (그 각의 맞꼭지각) → (그 각의 엇각)에 해당하는 위치로 이동한다.

(나) 공사 중인 각의 위치로는 이동하지 않는다.

(다) 한 번 지나간 각의 위치로는 다시 이동하지 않는다.

그 각의 동위각이나 엇각을 찾는 경우 교점 1개는 지우고 찾으면 쉬울 거예요.

0262

유형 13

포켓볼은 큐(공을 치는 막대기)로 공을 쳐서 직사각형 모양의 테이블의 가장자리에 있는 6개의 포켓에 집어 넣으며 겨루는 경기이다. 오른쪽 그림과 같이 회전하지 않는 공이 벽에 부딪혀 튕겨 나올 때, $\angle x=\angle y$이다. 이러한 성질을 이용하여 다음 그림에서 $\angle a-\angle b$의 크기를 구하시오.

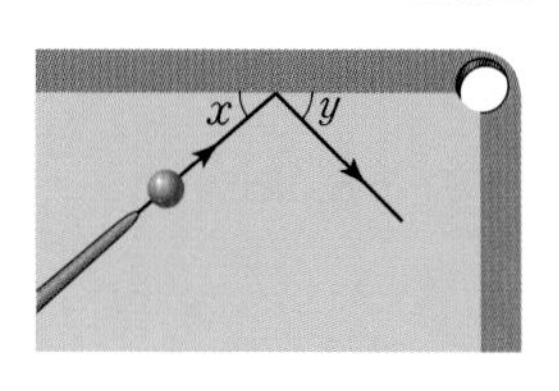

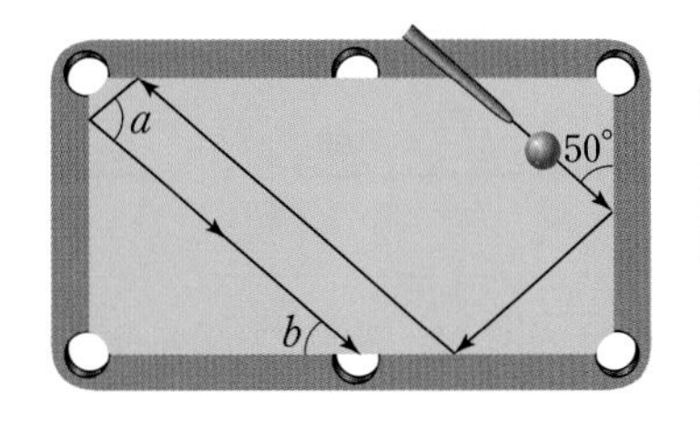

테이블은 직사각형 모양임을 이용하여 문제를 해결해 보세요.

0263

유형 19

롤러스케이트를 타던 병현이가 다음 그림과 같이 길을 따라 방향을 네 번 바꾸었더니 처음과 정반대 방향으로 가게 되었다. 이때 $\angle x$의 크기를 구하시오.

(단, 롤러스케이트를 타는 길은 직선 경로로만 되어 있다.)

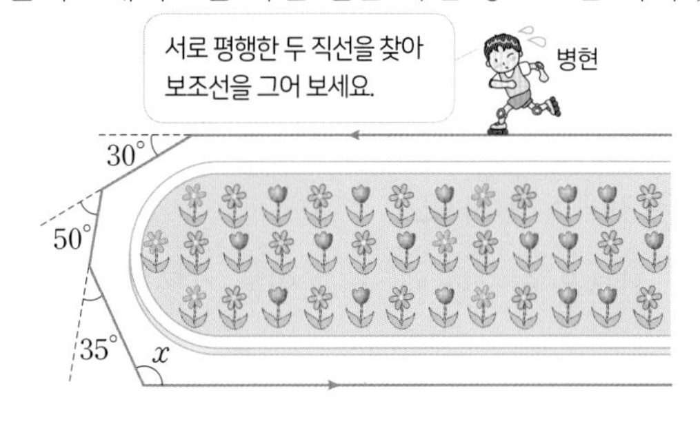

03 작도와 합동

03 1 길이가 같은 선분의 작도 (유형 01 ~ 유형 02)

(1) **작도** : 눈금 없는 자와 컴퍼스만을 사용하여 도형을 그리는 것

① 눈금 없는 자 ┌ 두 점을 연결하는 선분을 그릴 때 사용
　　　　　　　└ 선분을 연장할 때 사용

② 컴퍼스 ┌ 원을 그릴 때 사용
　　　　　└ 선분의 길이를 재어 다른 곳으로 옮길 때 사용

(2) **길이가 같은 선분의 작도**

선분 AB와 길이가 같은 선분 CD를 다음과 같이 작도한다.

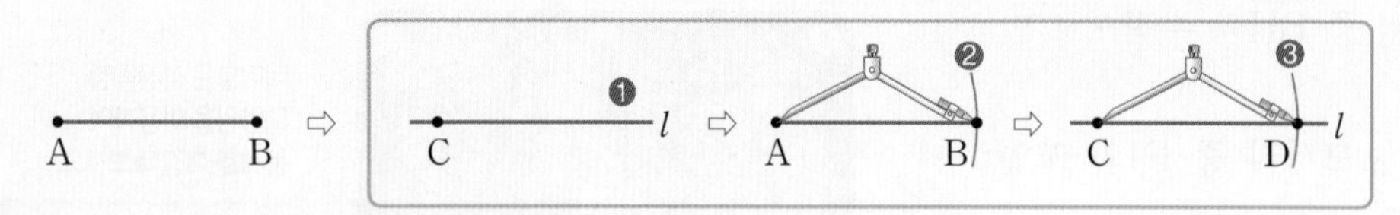

❶ 눈금 없는 자를 사용하여 직선 l을 긋고, 그 위에 한 점을 잡아 점 C라 한다.

❷ 컴퍼스를 사용하여 $\overline{AB}$의 길이를 잰다.

❸ 점 C를 중심으로 반지름의 길이가 $\overline{AB}$인 원을 그려 직선 l과의 교점을 D라 하면 선분 AB와 길이가 같은 선분 CD가 작도된다. ➡ $\overline{AB}=\overline{CD}$

비법 NOTE

- 작도에서 눈금 없는 자를 사용한다는 것은 자로 길이를 재지 않는다는 것을 의미한다.
- 길이가 같은 선분을 작도할 때 자의 눈금을 사용하지 않고 컴퍼스를 사용하여 길이를 잰다는 것에 주의한다.
- 길이가 같은 선분의 작도를 이용하면 정삼각형을 작도할 수 있다.

개념 잡기

0264 작도할 때 사용하는 도구를 다음 보기에서 모두 고르시오.

보기
ㄱ. 각도기　　ㄴ. 컴퍼스
ㄷ. 눈금 없는 자　　ㄹ. 눈금 있는 자

[0265~0268] 작도에 대한 다음 설명 중 옳은 것에 ○표, 옳지 않은 것에 ×표 하시오.

0265 선분을 연장할 때, 눈금 없는 자를 사용한다. (　　)

0266 주어진 선분의 길이를 다른 직선으로 옮길 때, 눈금 없는 자를 사용한다. (　　)

0267 원을 그릴 때, 컴퍼스를 사용한다. (　　)

0268 두 점을 지나는 직선을 그릴 때, 컴퍼스를 사용한다. (　　)

0269 다음은 선분 AB와 길이가 같은 선분 CD를 작도하는 과정이다. □ 안에 알맞은 것을 써넣으시오.

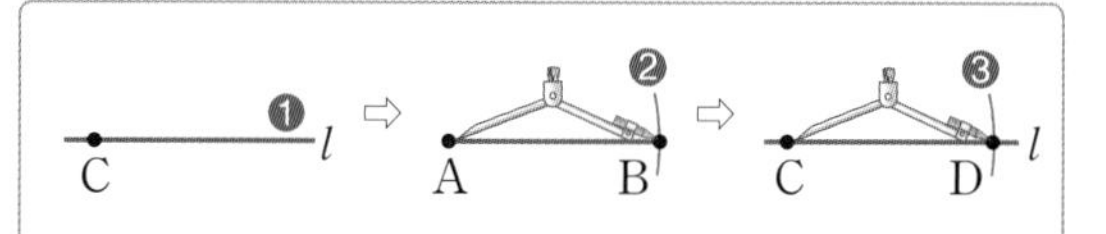

❶ □를 사용하여 직선 l을 긋고, 그 위에 한 점을 잡아 점 C라 한다.

❷ □를 사용하여 $\overline{AB}$의 길이를 잰다.

❸ 점 C를 중심으로 반지름의 길이가 □인 원을 그려 직선 l과의 교점을 D라 하면 선분 CD가 작도된다.

0270 다음 그림은 선분 AB를 점 B의 방향으로 연장하여 그 길이가 선분 AB의 2배인 선분 AC를 작도하는 과정이다. 작도 순서를 나열하시오.

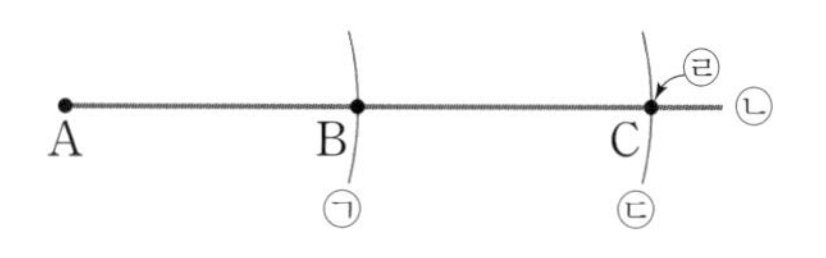

03 2 크기가 같은 각의 작도 (유형 03 ~ 유형 04)

$\angle XOY$와 크기가 같고 $\overrightarrow{AB}$를 한 변으로 하는 $\angle PAQ$를 다음과 같이 작도한다.

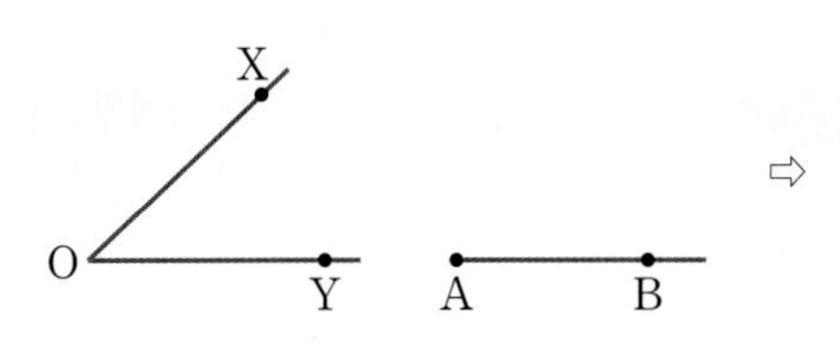

⇨

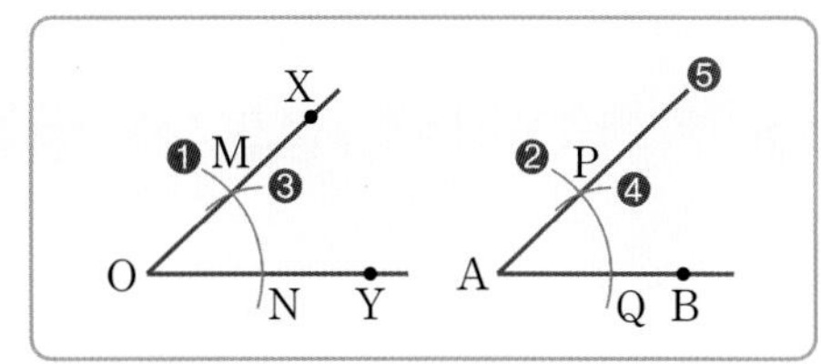

❶ 점 O를 중심으로 원을 그려 $\overrightarrow{OX}$, $\overrightarrow{OY}$와의 교점을 각각 M, N이라 한다.
❷ 점 A를 중심으로 반지름의 길이가 $\overline{OM}$인 원을 그려 $\overrightarrow{AB}$와의 교점을 Q라 한다.
❸ 컴퍼스를 사용하여 $\overline{MN}$의 길이를 잰다.
❹ 점 Q를 중심으로 반지름의 길이가 $\overline{MN}$인 원을 그려 ❷에서 그린 원과의 교점을 P라 한다.
❺ 점 A와 점 P를 잇는 $\overrightarrow{AP}$를 그으면 $\angle XOY$와 크기가 같은 $\angle PAQ$가 작도된다. ➡ $\angle XOY=\angle PAQ$

참고 크기가 같은 각의 작도에서의 성질

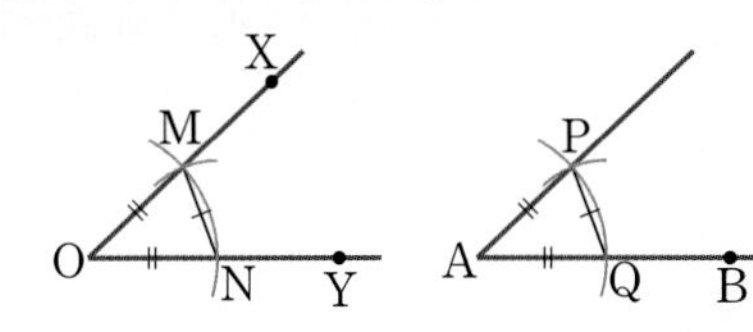

⇨ $\angle XOY=\angle PAQ$
$\overline{OM}=\overline{ON}=\overline{AP}=\overline{AQ}$
$\overline{MN}=\overline{PQ}$

비법 NOTE

크기가 같은 각의 작도와 평행선의 성질을 이용하면 다음과 같이 평행선을 작도할 수 있다.

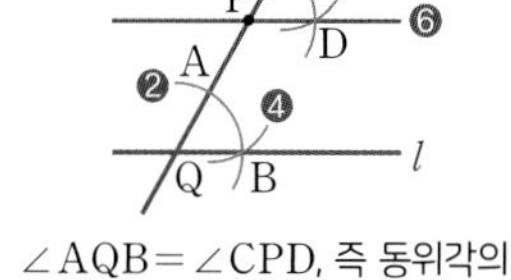

⇩

$\angle AQB=\angle CPD$, 즉 동위각의 크기가 같으므로 직선 l과 직선 PD는 서로 평행하다.

0271 다음은 $\angle XOY$와 크기가 같고 $\overrightarrow{AB}$를 한 변으로 하는 각을 작도하는 과정이다. □ 안에 알맞은 것을 써넣으시오.

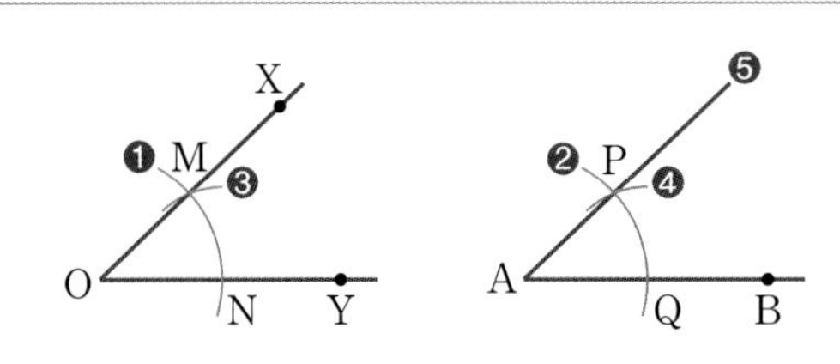

❶ 점 O를 중심으로 원을 그려 $\overrightarrow{OX}$, □와의 교점을 각각 M, N이라 한다.
❷ 점 A를 중심으로 반지름의 길이가 □인 원을 그려 $\overrightarrow{AB}$와의 교점을 Q라 한다.
❸ 컴퍼스를 사용하여 □의 길이를 잰다.
❹ 점 Q를 중심으로 반지름의 길이가 □인 원을 그려 ❷에서 그린 원과의 교점을 P라 한다.
❺ 점 A와 점 P를 잇는 $\overrightarrow{AP}$를 그으면 □가 작도된다.

[0272~0274] **0271**번의 그림을 보고, □ 안에 알맞은 것을 써넣으시오.

0272 $\angle XOY=$□

0273 $\overline{OM}=$□$=\overline{AP}=$□

0274 $\overline{MN}=$□

0275 오른쪽 그림은 직선 l 밖의 한 점 P를 지나고 직선 l과 평행한 직선을 작도하는 과정이다. □ 안에 알맞은 것을 써넣으시오.

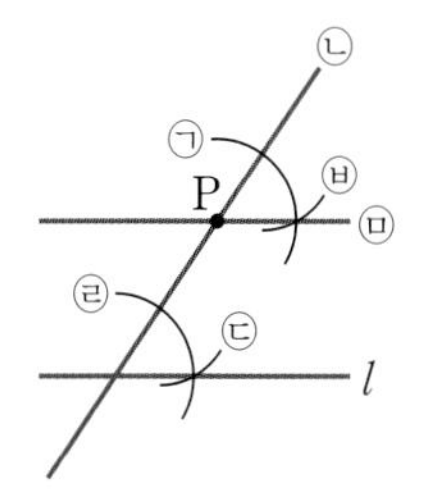

작도 순서는
ⓛ → ㉣ → □ → □ → □ → □이다.

03 작도와 합동

03 3 삼각형 (유형 05)

(1) 삼각형 ABC

세 점 A, B, C를 꼭짓점으로 하는 삼각형 ABC를 기호로 △ABC와 같이 나타낸다.

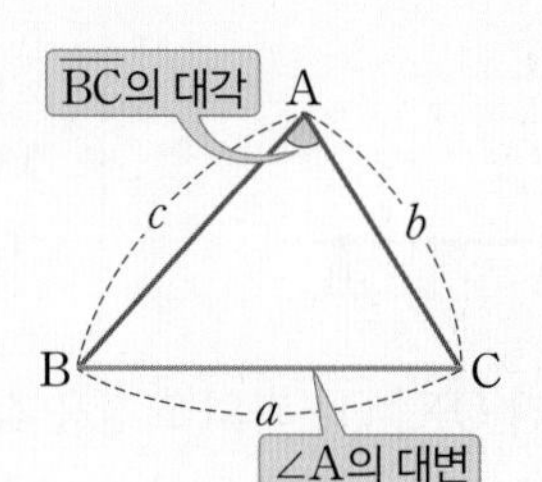

(2) 삼각형의 대각과 대변

① 대각 : 한 변과 마주 보는 각

② 대변 : 한 각과 마주 보는 변

참고 $\overline{BC}$의 대각은 ∠A, $\overline{AC}$의 대각은 ∠B, $\overline{AB}$의 대각은 ∠C이다.
∠A의 대변은 $\overline{BC}$, ∠B의 대변은 $\overline{AC}$, ∠C의 대변은 $\overline{AB}$이다.

(3) 삼각형의 세 변의 길이 사이의 관계

삼각형의 두 변의 길이의 합은 나머지 한 변의 길이보다 크다.

즉, 삼각형의 세 변의 길이가 a, b, c일 때

⇨ $a+b>c$, $b+c>a$, $c+a>b$

참고 세 변의 길이가 주어졌을 때, 삼각형이 될 수 있는 조건
⇨ (가장 긴 변의 길이)<(나머지 두 변의 길이의 합)

비법 NOTE

- 삼각형 ABC는 세 변 $\overline{AB}$, $\overline{BC}$, $\overline{CA}$와 세 각 ∠A, ∠B, ∠C로 이루어져 있다.
- △ABC에서 ∠A, ∠B, ∠C의 대변의 길이를 각각 a, b, c로 나타내기도 한다.
- 세 변의 길이가 주어졌을 때, 길이가 가장 긴 변의 길이가 나머지 두 변의 길이의 합보다 크거나 같은 경우에는 삼각형이 될 수 없다.

개념 잡기

[0276~0278] 오른쪽 그림의 △ABC에서 다음을 구하시오.

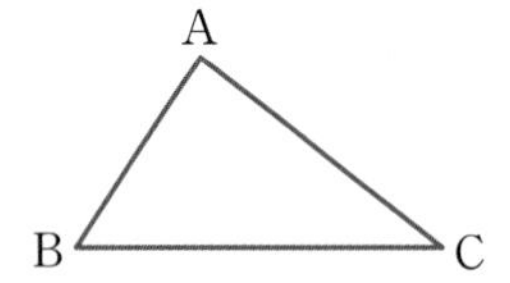

0276 ∠A의 대변

0277 ∠B의 대변

0278 $\overline{AC}$의 대각

[0279~0281] 오른쪽 그림의 △ABC에서 다음을 구하시오.

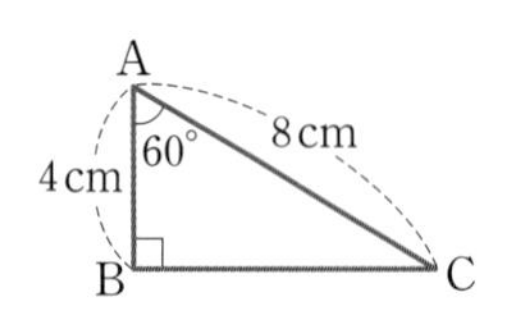

0279 ∠B의 대변의 길이

0280 ∠C의 대변의 길이

0281 $\overline{AB}$의 대각의 크기

[0282~0286] 세 변의 길이가 다음과 같을 때, 삼각형을 만들 수 있으면 ○표, 만들 수 없으면 ×표 하시오.

0282 2 cm, 3 cm, 4 cm ( )

0283 4 cm, 6 cm, 10 cm ( )

0284 5 cm, 7 cm, 13 cm ( )

0285 6 cm, 6 cm, 6 cm ( )

0286 8 cm, 9 cm, 16 cm ( )

03 4 삼각형의 작도 (유형 06 ~ 유형 07)

비법 NOTE

다음의 각 경우에 삼각형을 하나로 작도할 수 있다.

① 세 변의 길이가 주어질 때 ← (가장 긴 변의 길이)<(나머지 두 변의 길이의 합)

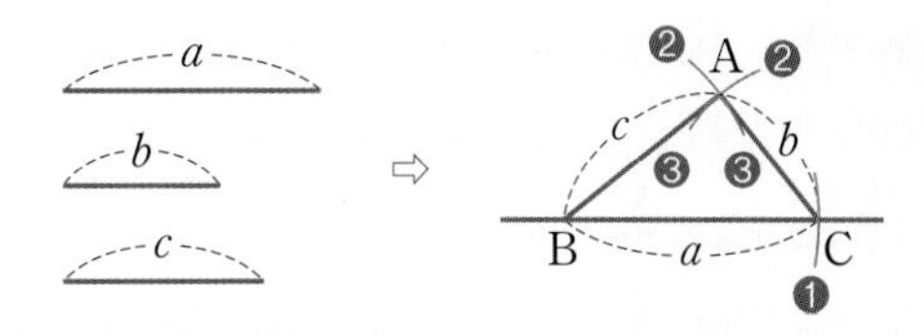

② 두 변의 길이와 그 끼인각의 크기가 주어질 때

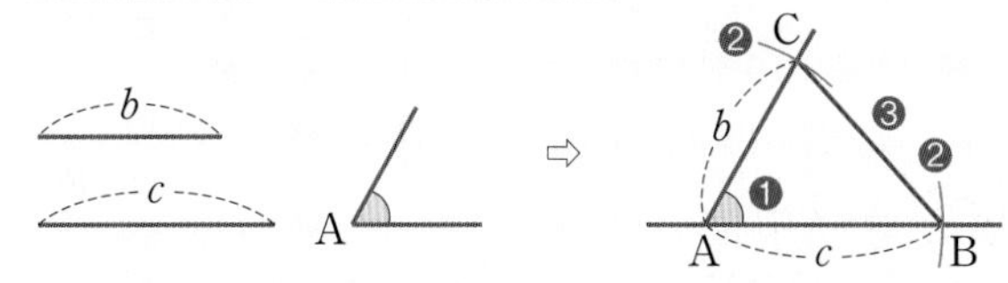

③ 한 변의 길이와 그 양 끝 각의 크기가 주어질 때

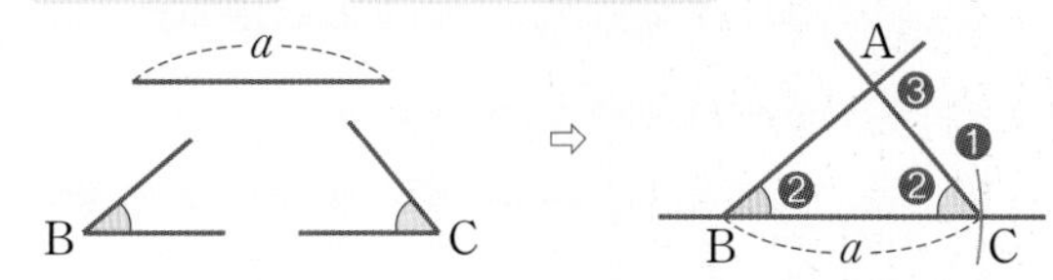

참고 $\overline{BC}$의 길이와 ∠A, ∠B의 크기가 주어져도 $\angle C=180°-(\angle A+\angle B)$이므로 한 변의 길이와 양 끝 각의 크기가 주어진 경우가 되어 삼각형을 하나로 작도할 수 있다.

- 삼각형을 작도할 수 없는 경우
  ① 가장 긴 변의 길이가 나머지 두 변의 길이의 합보다 크거나 같을 때

예

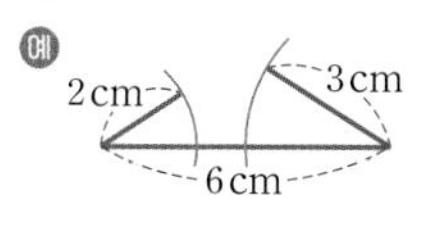

  ② 두 각의 크기의 합이 180° 이상일 때
- 삼각형이 하나로 정해지는 조건
  ① 세 변의 길이가 주어질 때
  ② 두 변의 길이와 그 끼인각의 크기가 주어질 때
  ③ 한 변의 길이와 그 양 끝 각의 크기가 주어질 때
- 삼각형이 하나로 정해지지 않는 경우
  ① 두 변의 길이와 그 끼인각이 아닌 다른 한 각의 크기가 주어질 때
  ② 세 각의 크기가 주어질 때

0287 다음은 한 변의 길이 a와 그 양 끝 각 ∠B, ∠C의 크기가 주어졌을 때, 삼각형 ABC를 작도하는 과정이다. □ 안에 알맞은 것을 써넣으시오.

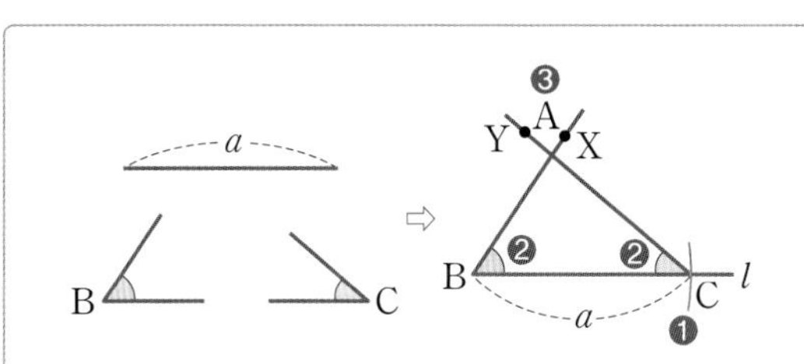

❶ 직선 l 위에 길이가 □인 선분 BC를 작도한다.

❷ □ = ∠XBC, ∠C = ∠YCB가 되도록 ∠XBC, ∠YCB를 작도한다.

❸ $\overrightarrow{BX}$와 $\overrightarrow{CY}$의 교점을 □라 하면 △ABC가 작도된다.

[0288~0291] 다음과 같이 변의 길이와 각의 크기가 주어졌을 때, 오른쪽 그림과 같은 △ABC를 하나로 작도할 수 있으면 ○표, 작도할 수 없으면 ×표 하시오.

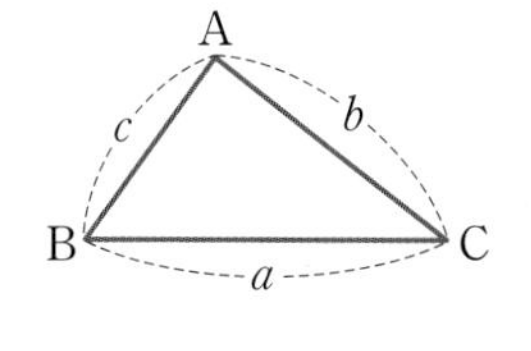

0288 a b c ( )

0289 b c A ( )

0290 a c C ( )

0291 a B C ( )

03 작도와 합동

03 5 도형의 합동 (유형 08 ~ 유형 09)

(1) 합동

① 합동 : 한 도형을 모양이나 크기를 바꾸지 않고 옮겨서 다른 도형에 완전히 포갤 수 있을 때, 이 두 도형을 서로 합동이라 하고 기호 '≡'로 나타낸다.

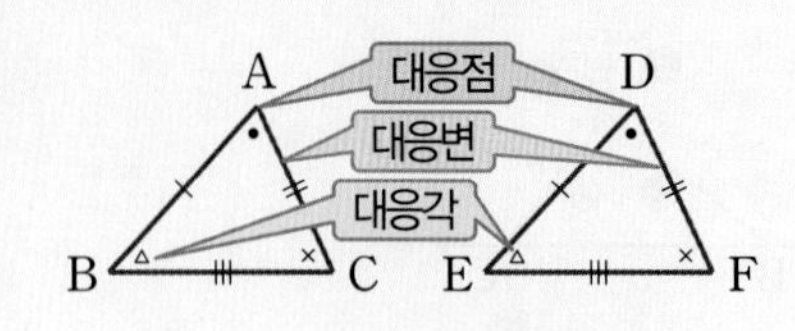

② 대응 : 합동인 두 도형에서 서로 포개어지는 꼭짓점과 꼭짓점, 변과 변, 각과 각은 서로 대응한다고 한다.

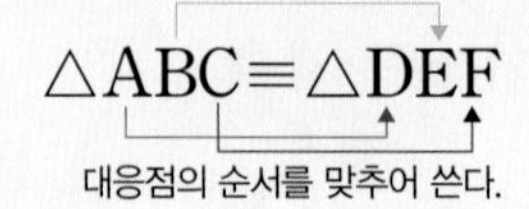

대응점의 순서를 맞추어 쓴다.

참고 삼각형에서의 대응

△ABC≡△DEF일 때

① 대응점 : 점 A와 점 D, 점 B와 점 E, 점 C와 점 F

② 대응변 : $\overline{AB}$와 $\overline{DE}$, $\overline{BC}$와 $\overline{EF}$, $\overline{CA}$와 $\overline{FD}$

③ 대응각 : ∠A와 ∠D, ∠B와 ∠E, ∠C와 ∠F

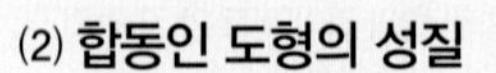

(2) 합동인 도형의 성질

두 도형이 서로 합동이면

① 대응변의 길이가 각각 같다.

② 대응각의 크기가 각각 같다.

예 △ABC≡△DEF일 때

① 대응변의 길이가 각각 같으므로
$\overline{AB}=\overline{DE}$, $\overline{BC}=\overline{EF}$, $\overline{CA}=\overline{FD}$

② 대응각의 크기가 각각 같으므로
∠A=∠D, ∠B=∠E, ∠C=∠F

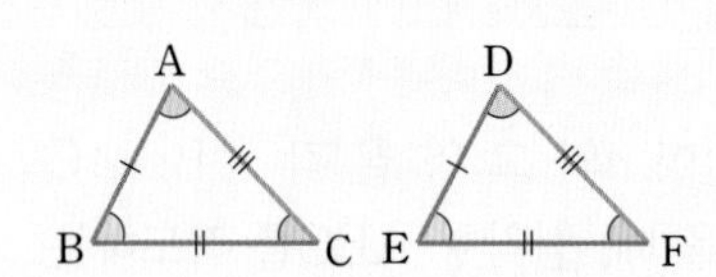

비법 NOTE

- 두 도형의 넓이가 같은 경우에는 기호 '='를 사용하여 나타내고, 두 도형이 합동인 경우에는 기호 '≡'를 사용하여 나타낸다.
  예 △ABC=△DEF
  ⇨ △ABC와 △DEF의 넓이가 서로 같다.
  △ABC≡△DEF
  ⇨ △ABC와 △DEF는 서로 합동이다.
- 합동인 두 도형의 넓이는 항상 같지만 두 도형의 넓이가 같다고 해서 합동인 것은 아니다.

개념 잡기

[0292~0297] 오른쪽 그림에서 △ABC≡△DEF일 때, 다음을 구하시오.

0292 점 A의 대응점

0293 점 E의 대응점

0294 $\overline{BC}$의 대응변

0295 $\overline{DF}$의 대응변

0296 ∠C의 대응각

0297 ∠D의 대응각

[0298~0301] 아래 그림의 두 사각형 ABCD, EFGH가 서로 합동일 때, 다음을 구하시오.

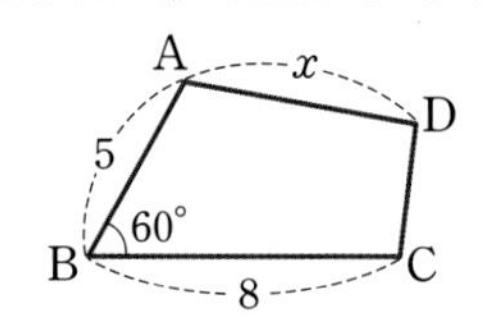

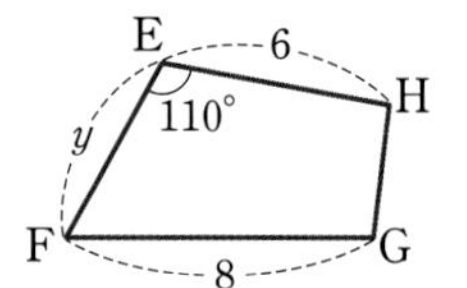

0298 ∠A의 크기

0299 ∠F의 크기

0300 x의 값

0301 y의 값

03 6 삼각형의 합동 조건 (유형 10 ~ 유형 15)

두 삼각형 ABC, DEF는 다음의 각 경우에 서로 합동이다.

① 세 쌍의 대응변의 길이가 각각 같을 때 (SSS 합동)

⇨ $\overline{AB}=\overline{DE}$, $\overline{BC}=\overline{EF}$, $\overline{CA}=\overline{FD}$

② 두 쌍의 대응변의 길이가 각각 같고, 그 끼인각의 크기가 같을 때 (SAS 합동)

⇨ $\overline{AB}=\overline{DE}$, $\overline{BC}=\overline{EF}$, $\angle B=\angle E$

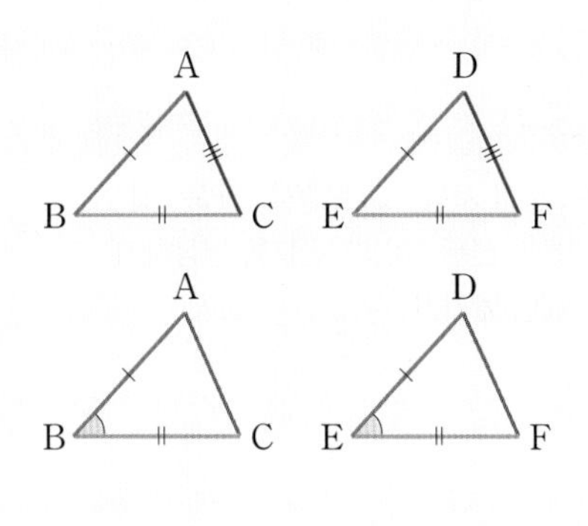

③ 한 쌍의 대응변의 길이가 같고, 그 양 끝 각의 크기가 각각 같을 때 (ASA 합동)

⇨ $\overline{BC}=\overline{EF}$, $\angle B=\angle E$, $\angle C=\angle F$

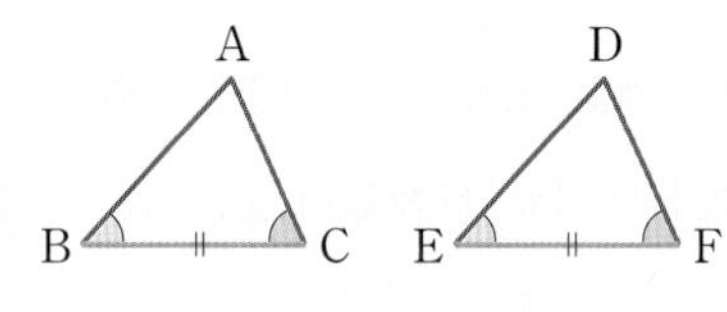

비법 NOTE

변(Side)과 각(Angle)을 나타내는 영어의 첫 글자를 써서 삼각형의 합동 조건을

① SSS 합동 (세 변)

② SAS 합동 (두 변, 끼인각)

③ ASA 합동 (한 변, 양 끝 각)

으로 나타낸다.

[0302 ~ 0304] 다음 그림의 두 삼각형이 서로 합동일 때, □ 안에 알맞은 것을 써넣으시오.

0302

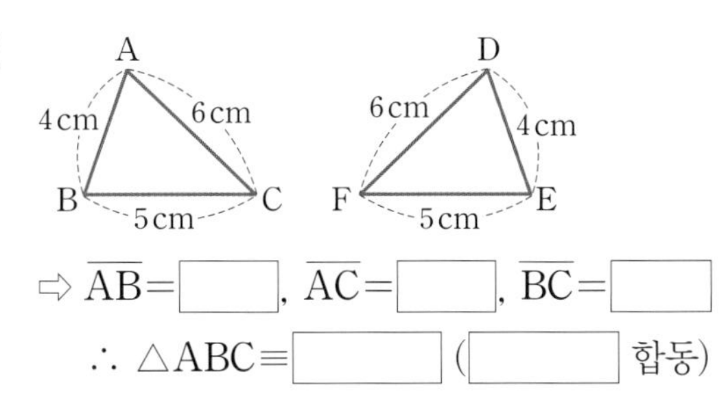

⇨ $\overline{AB}=$□, $\overline{AC}=$□, $\overline{BC}=$□

∴ △ABC≡□ (□ 합동)

0303

G, 6cm, H, 30°, I, 5cm, J, 6cm, L, 30°, K, 5cm

⇨ $\overline{GH}=$□, $\overline{HI}=$□, $\angle H=$□

∴ △GHI≡□ (□ 합동)

0304

M, N, 50°, 40°, O, 5cm, Q, 5cm, R, 50°, 40°, P

⇨ $\overline{NO}=$□, $\angle N=$□, $\angle O=$□

∴ △MNO≡□ (□ 합동)

[0305 ~ 0309] 다음 중 △ABC≡△DEF가 되는 조건에 ○표, 되지 않는 조건에 ×표 하시오.

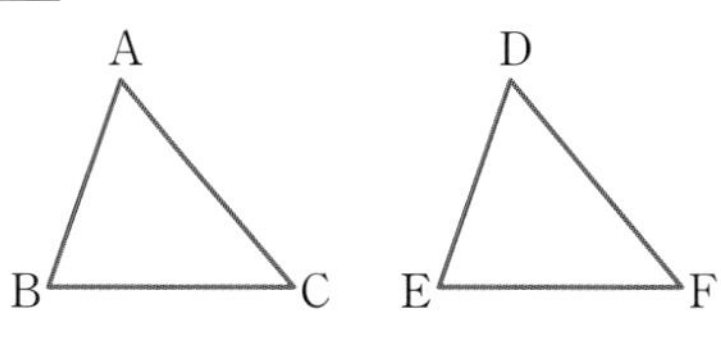

0305 $\overline{AB}=\overline{DE}$, $\overline{BC}=\overline{EF}$, $\overline{CA}=\overline{FD}$ ( )

0306 $\angle A=\angle D$, $\angle B=\angle E$, $\angle C=\angle F$ ( )

0307 $\overline{AB}=\overline{DE}$, $\overline{AC}=\overline{DF}$, $\angle A=\angle D$ ( )

0308 $\overline{BC}=\overline{EF}$, $\overline{AC}=\overline{DF}$, $\angle B=\angle E$ ( )

0309 $\overline{AB}=\overline{DE}$, $\angle A=\angle D$, $\angle B=\angle E$ ( )

유형 다 잡기

유형 01 작도

개념 03-1

(1) 작도 : 눈금 없는 자와 컴퍼스만을 사용하여 도형을 그리는 것
(2) 눈금 없는 자 : 두 점을 연결하는 선분 그리기, 선분을 연장하기
(3) 컴퍼스 : 원 그리기, 선분의 길이 옮기기

0310 대표 문제

다음 중 작도에 대한 설명으로 옳은 것은?

① 선분을 그릴 때는 컴퍼스를 사용한다.
② 두 선분의 길이를 비교할 때는 자를 사용한다.
③ 선분의 길이를 옮길 때는 컴퍼스를 사용한다.
④ 눈금 있는 자와 컴퍼스만을 사용하여 도형을 그리는 것을 작도라 한다.
⑤ 주어진 각과 크기가 같은 각을 작도할 때는 각도기를 사용한다.

0311

다음 보기 중 눈금 없는 자와 컴퍼스를 사용하는 경우를 바르게 짝 지은 것은?

보기
ㄱ. 원을 그린다.
ㄴ. 선분을 연장한다.
ㄷ. 두 점을 연결하여 선분을 그린다.
ㄹ. 선분의 길이를 재어 다른 곳에 옮긴다.

	눈금 없는 자	컴퍼스
①	ㄱ, ㄷ	ㄴ, ㄹ
②	ㄱ, ㄹ	ㄴ, ㄷ
③	ㄴ, ㄷ	ㄱ, ㄹ
④	ㄴ, ㄹ	ㄱ, ㄷ
⑤	ㄷ, ㄹ	ㄱ, ㄴ

유형 02 길이가 같은 선분의 작도

개념 03-1

(작도 순서 ❶ ❷ ❸: A, B, P, Q) ⇨ $\overline{AB}=\overline{PQ}$

0312 대표 문제

오른쪽 그림과 같이 $\overrightarrow{AB}$ 위에 $\overline{AB}=\overline{BC}$인 점 C를 작도할 때 필요한 도구는?

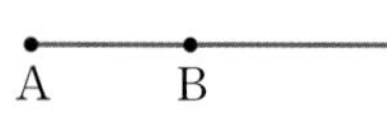

① 눈금 없는 자 ② 눈금 있는 자 ③ 각도기
④ 컴퍼스 ⑤ 삼각자

0313

$\overline{AB}$를 한 변으로 하는 어떤 도형을 오른쪽 그림과 같은 순서로 작도하였다. 이때 작도된 도형의 이름을 쓰시오.

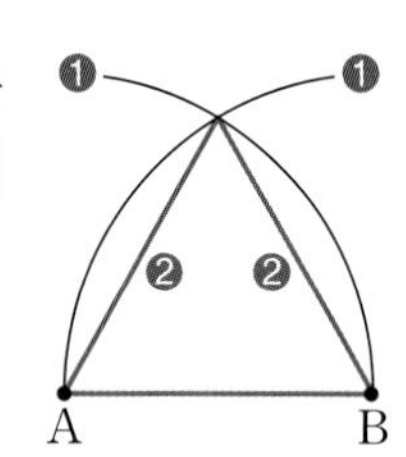

0314

수직선 위에 0에 대응하는 점 O와 2에 대응하는 점 A가 있다. 다음 그림은 컴퍼스를 사용하여 아래 수직선 위에 -4에 대응하는 점을 작도하는 과정이다. 작도 순서를 나열하시오.

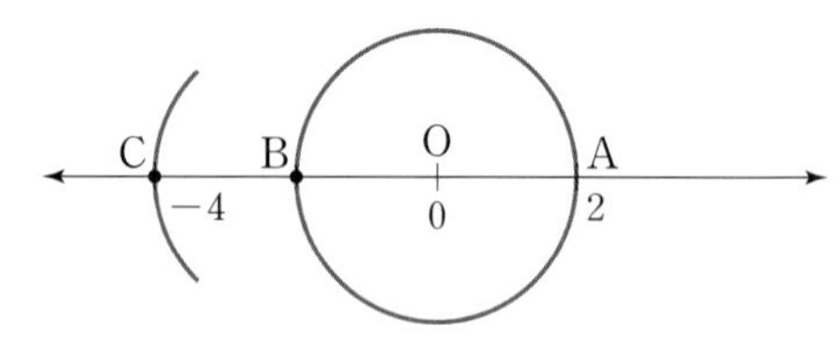

㉠ 수직선과 원이 만나는 교점 중 A가 아닌 점을 B라 한다.
㉡ 점 O를 중심으로 하고 $\overline{OA}$의 길이를 반지름으로 하는 원을 그린다.
㉢ 점 B를 중심으로 하고 $\overline{OA}$의 길이를 반지름으로 하는 원을 그린 후, $\overrightarrow{OB}$와 원과의 교점을 C라 한다.

중요!
유형 03 크기가 같은 각의 작도
개념 03-2

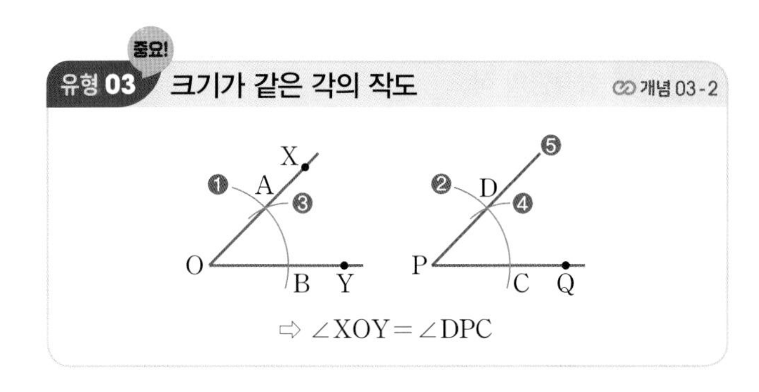

0315 대표 문제
아래 그림은 ∠XOY와 크기가 같은 각을 $\overrightarrow{PQ}$를 한 변으로 하여 작도하는 과정이다. 다음 중 옳은 것을 모두 고르면? (정답 2개)

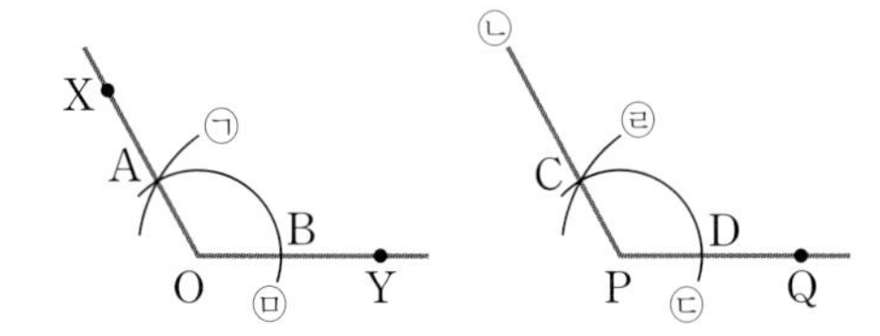

① $\overline{OA}=\overline{OB}$
② $\overline{OA}=\overline{AB}$
③ $\overline{AB}=\overline{CD}$
④ $\overline{PC}=\overline{DQ}$
⑤ 작도 순서는 ㉤ → ㉢ → ㉣ → ㉠ → ㉡이다.

0316
아래 그림은 ∠AOB와 크기가 같은 각을 $\overrightarrow{PQ}$를 한 변으로 하여 작도한 것이다. 다음 중 길이가 다른 하나는?

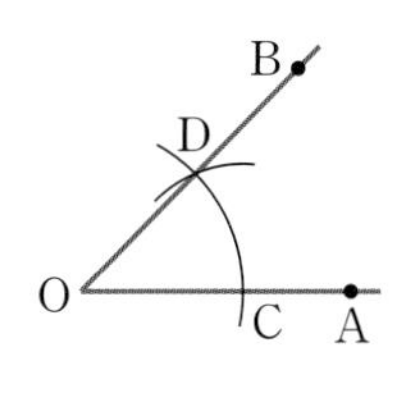

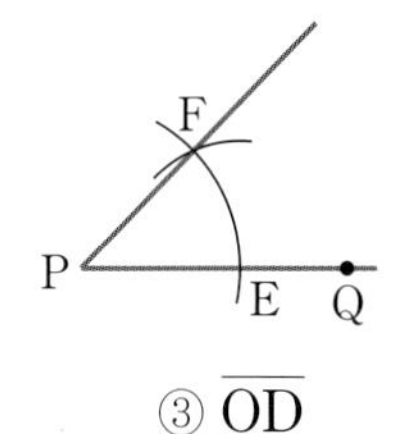

① $\overline{CD}$ ② $\overline{OC}$ ③ $\overline{OD}$
④ $\overline{PE}$ ⑤ $\overline{PF}$

유형 04 평행선의 작도
개념 03-2

동위각 또는 엇각의 크기가 같으면 두 직선은 서로 평행하다는 성질과 크기가 같은 각의 작도를 이용하여 평행선을 작도한다.

0317 대표 문제
오른쪽 그림은 직선 l 밖의 한 점 P를 지나고 직선 l과 평행한 직선 m을 작도한 것이다. 다음 중 옳지 않은 것은?

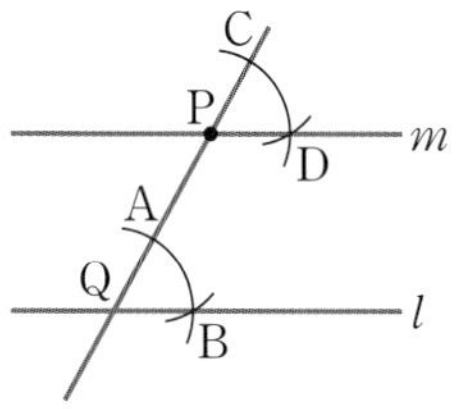

① $\overline{AB}=\overline{CD}$ ② $\overline{QA}=\overline{PC}$
③ $\overleftrightarrow{PD} /\!/ \overleftrightarrow{QB}$ ④ ∠AQB=∠CDP
⑤ 동위각의 크기가 같으면 두 직선은 서로 평행하다는 성질을 이용하였다.

0318
오른쪽 그림은 직선 l 밖의 한 점 P를 지나고 직선 l과 평행한 직선을 작도하는 과정이다. 작도 순서를 나열할 때, ㉠~㉥ 중 네 번째 과정을 구하시오.

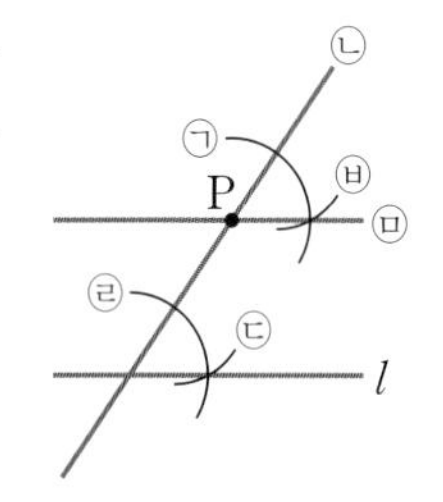

0319 수매씽 Pick!
오른쪽 그림은 직선 l 밖의 한 점 P를 지나고 직선 l과 평행한 직선을 작도하는 과정이다. 다음 보기에서 옳은 것을 모두 고르시오.

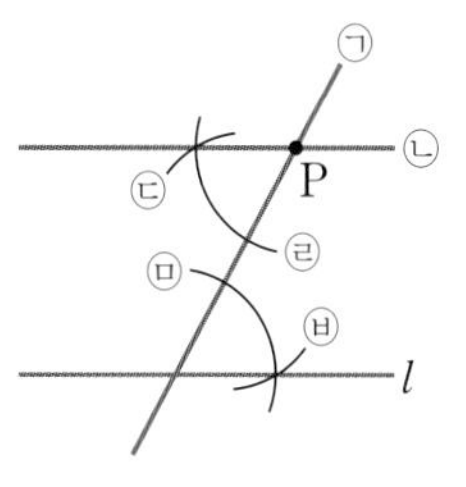

보기
ㄱ. 작도 순서는 ㉠ → ㉤ → ㉣ → ㉥ → ㉢ → ㉡이다.
ㄴ. 크기가 같은 각의 작도를 이용하였다.
ㄷ. 엇각의 크기가 같으면 두 직선은 서로 평행하다는 성질을 이용하였다.
ㄹ. 두 직선 사이의 거리가 일정하면 두 직선은 서로 평행하다는 성질을 이용하였다.

유형 05 삼각형의 세 변의 길이 사이의 관계

개념 03-3

(1) 삼각형의 두 변의 길이의 합은 나머지 한 변의 길이보다 크다.
(2) 세 변의 길이가 주어질 때, 삼각형이 될 수 있는 조건
⇨ (가장 긴 변의 길이)<(나머지 두 변의 길이의 합)

0320 대표 문제

다음 중 삼각형의 세 변의 길이가 될 수 없는 것은?

① 2 cm, 3 cm, 3 cm ② 3 cm, 4 cm, 5 cm
③ 7 cm, 7 cm, 7 cm ④ 12 cm, 12 cm, 10 cm
⑤ 10 cm, 20 cm, 30 cm

0321 ●●●● 수매씽 Pick!

삼각형의 세 변의 길이가 5 cm, 9 cm, x cm일 때, 다음 중 x의 값이 될 수 있는 것을 모두 고르면? (정답 2개)

① 3 ② 6 ③ 10
④ 14 ⑤ 17

0322 ●●●●

삼각형의 세 변의 길이가 a, 4, 6일 때, 자연수 a의 개수를 구하시오.

0323 ●●●● 서술형

길이가 각각 2, 3, 4, 5인 4개의 선분이 있다. 이 중 3개의 선분을 골라 삼각형을 만들려고 한다. 만들 수 있는 서로 다른 삼각형은 모두 몇 개인지 구하시오.

유형 06 삼각형의 작도

개념 03-4

다음의 각 경우에 삼각형을 하나로 작도할 수 있다.
① 세 변의 길이가 주어질 때
② 두 변의 길이와 그 끼인각의 크기가 주어질 때
③ 한 변의 길이와 그 양 끝 각의 크기가 주어질 때

0324 대표 문제

오른쪽 그림과 같이 $\overline{BC}$의 길이와 $\angle B$, $\angle C$의 크기가 주어졌을 때, 다음 중 $\triangle ABC$의 작도 순서로 옳지 않은 것은?

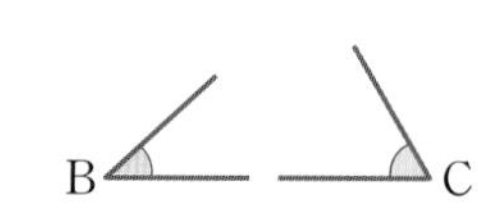

① $\overline{BC} \rightarrow \angle B \rightarrow \angle C$ ② $\overline{BC} \rightarrow \angle C \rightarrow \angle B$
③ $\angle B \rightarrow \overline{BC} \rightarrow \angle C$ ④ $\angle C \rightarrow \overline{BC} \rightarrow \angle B$
⑤ $\angle C \rightarrow \angle B \rightarrow \overline{BC}$

0325 ●●●●

세 변의 길이가 주어졌을 때, $\overline{BC}$가 직선 l 위에 있도록 $\triangle ABC$를 작도하는 과정이다. 작도 순서를 나열하시오.

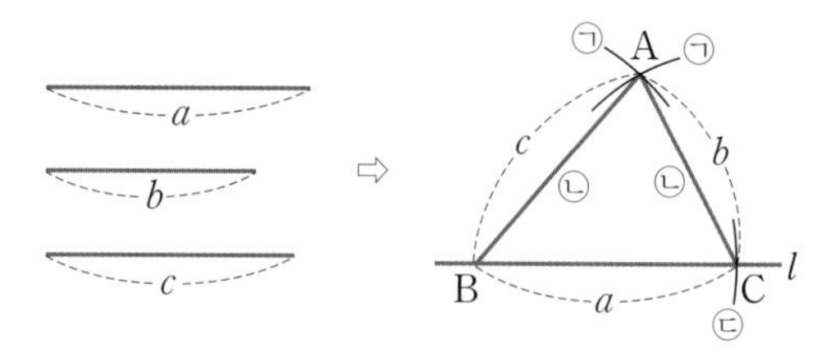

0326 ●●●●

다음은 두 변의 길이와 그 끼인각의 크기가 주어졌을 때, $\triangle ABC$를 작도하는 과정이다. □ 안에 알맞은 것을 써넣으시오.

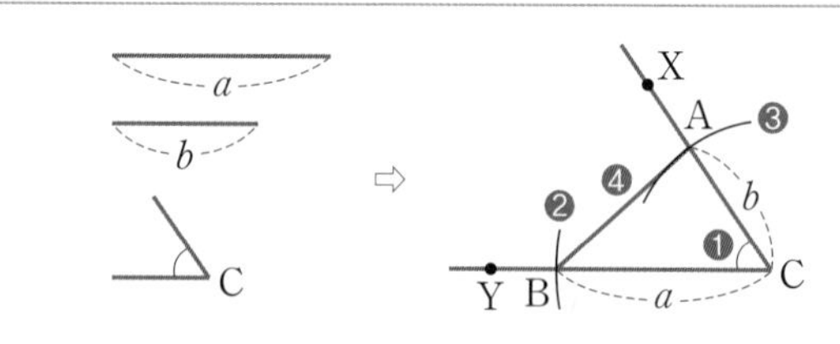

❶ $\angle C$와 크기가 같은 □를 작도한다.
❷ 점 C를 중심으로 하고 반지름의 길이가 □인 원을 그려 반직선 CY와의 교점을 B라 한다.
❸ 점 C를 중심으로 하고 반지름의 길이가 b인 원을 그려 반직선 CX와의 교점을 □라 한다.
❹ $\overline{AB}$를 그으면 $\triangle ABC$가 작도된다.

중요!
유형 07 삼각형이 하나로 정해지는 조건

개념 03-4

다음의 각 경우에 삼각형이 하나로 정해진다.
① 세 변의 길이가 주어질 때
② 두 변의 길이와 그 끼인각의 크기가 주어질 때
③ 한 변의 길이와 그 양 끝 각의 크기가 주어질 때

0327 대표 문제

다음 중 △ABC가 하나로 정해지지 않는 것을 모두 고르면? (정답 2개)

① $\overline{AB}=3$ cm, $\overline{BC}=4$ cm, $\overline{CA}=2$ cm
② $\overline{AB}=5$ cm, $\overline{BC}=3$ cm, $\angle B=45°$
③ $\overline{AB}=3$ cm, $\overline{BC}=4$ cm, $\angle C=30°$
④ $\angle A=30°$, $\angle B=60°$, $\angle C=90°$
⑤ $\angle B=70°$, $\angle C=50°$, $\overline{BC}=6$ cm

0328

△ABC가 하나로 정해지는 것을 다음 보기에서 모두 고르시오.

보기
ㄱ. A, B (직각), A, B, 7 cm
ㄴ. B 45°, 60° C, A, B, 5 cm
ㄷ. A, B, 4 cm, B, C, 6 cm, 40° B

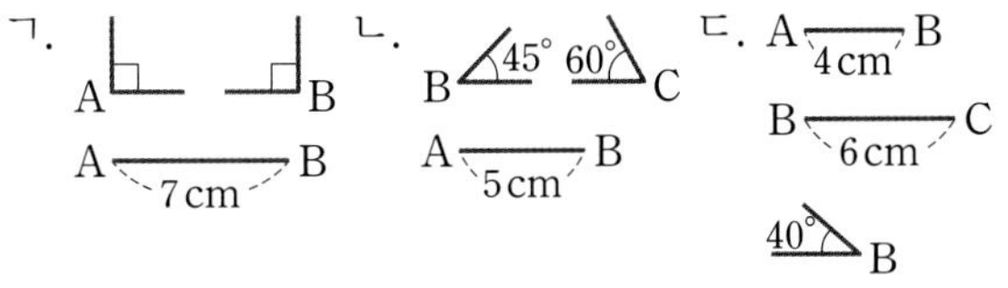

0329

다음 중 △ABC가 하나로 정해지는 것은?

① $\overline{AB}=5$ cm, $\overline{BC}=2$ cm, $\overline{CA}=8$ cm
② $\overline{AB}=6$ cm, $\angle A=50°$, $\angle C=80°$
③ $\overline{AB}=7$ cm, $\overline{BC}=9$ cm, $\angle C=45°$
④ $\overline{AB}=2$ cm, $\overline{BC}=5$ cm, $\angle B=180°$
⑤ $\angle A=50°$, $\angle B=60°$, $\angle C=70°$

0330 수매씽 Pick!

△ABC에서 $\overline{AB}=5$ cm, $\overline{BC}=7$ cm일 때, △ABC가 하나로 정해지기 위해 필요한 나머지 한 조건을 다음 보기에서 모두 고른 것은?

보기
ㄱ. $\overline{AC}=4$ cm　　ㄴ. $\angle B=80°$
ㄷ. $\angle C=40°$　　ㄹ. $\overline{AC}=2$ cm

① ㄱ　② ㄴ　③ ㄱ, ㄴ
④ ㄴ, ㄷ　⑤ ㄱ, ㄷ, ㄹ

0331

$\overline{BC}$의 길이가 주어졌을 때, 두 가지 조건을 추가하여 △ABC가 하나로 정해지도록 하려고 한다. 다음 중 이때 필요한 조건이 아닌 것은?

① $\overline{AB}$, $\overline{AC}$　② $\angle A$, $\angle C$　③ $\angle B$, $\overline{AC}$
④ $\angle B$, $\overline{AB}$　⑤ $\angle C$, $\overline{AC}$

0332

두 각의 크기가 70°, 80°이고 한 변의 길이가 8 cm인 삼각형의 개수를 구하시오.

03 작도와 합동

유형 08 합동인 도형의 성질

개념 03-5

(1) 두 삼각형 ABC, DEF가 서로 합동이다.
⇨ $\triangle ABC \equiv \triangle DEF$

(2) 합동인 두 도형에서는
① 대응변의 길이가 각각 같다.
② 대응각의 크기가 각각 같다.

0333 대표 문제

아래 그림에서 $\triangle ABC \equiv \triangle DEF$일 때, 다음 중 옳지 않은 것은?

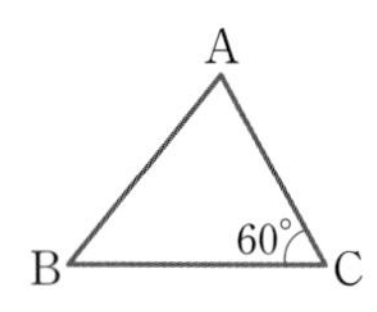

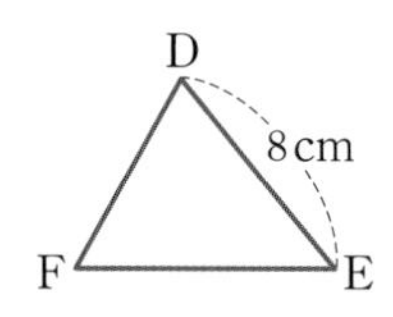

① $\overline{AC}$의 대응변은 $\overline{DF}$이다.
② $\angle B$의 대응각은 $\angle F$이다.
③ $\angle A = \angle D$
④ $\overline{AB} = 8\,\text{cm}$
⑤ $\angle F = 60°$

0334

다음 설명 중 옳지 않은 것을 모두 고르면? (정답 2개)

① 한 변의 길이가 같은 두 정삼각형은 서로 합동이다.
② 둘레의 길이가 같은 두 직사각형은 서로 합동이다.
③ 반지름의 길이가 같은 두 원은 서로 합동이다.
④ 합동인 두 도형의 넓이는 서로 같다.
⑤ 넓이가 같은 두 도형은 서로 합동이다.

0335 서술형

다음 그림에서 두 사각형 ABCD와 EFGH가 서로 합동일 때, $x+y$의 값을 구하시오.

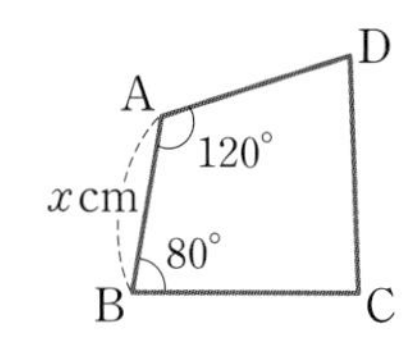

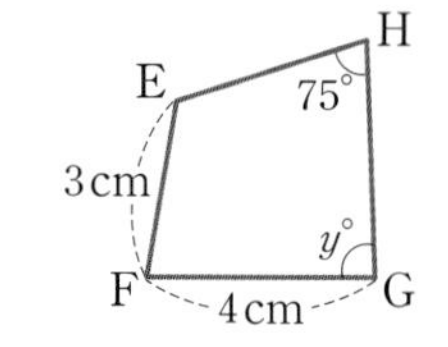

유형 09 합동인 삼각형 찾기

개념 03-5

다음의 각 경우에 두 삼각형은 서로 합동이다.
① 세 쌍의 대응변의 길이가 각각 같을 때 (SSS 합동)
② 두 쌍의 대응변의 길이가 각각 같고, 그 끼인각의 크기가 같을 때 (SAS 합동)
③ 한 쌍의 대응변의 길이가 같고, 그 양 끝 각의 크기가 각각 같을 때 (ASA 합동)

0336 대표 문제

다음 삼각형 중 오른쪽 삼각형과 서로 합동인 것은?

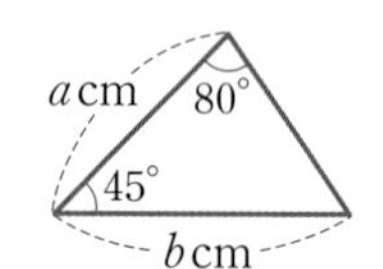

①
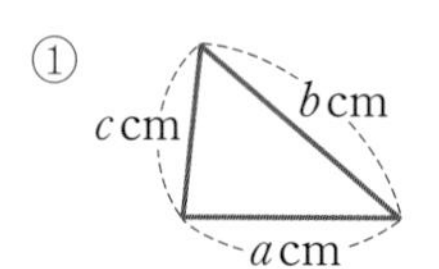

②
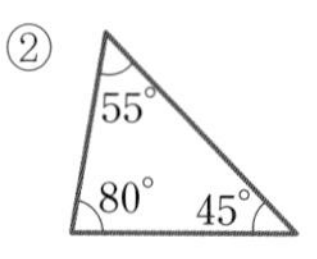

③
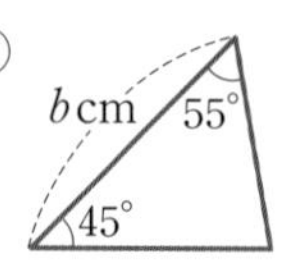

④
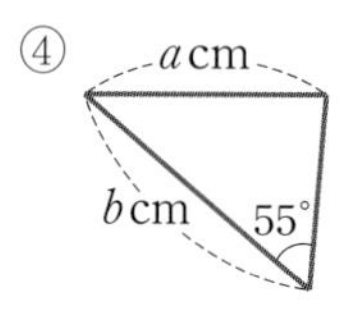

⑤
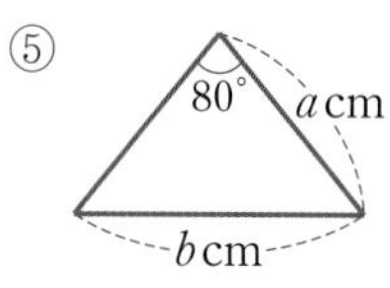

0337

다음 중 $\triangle ABC$와 $\triangle DEF$가 합동이라 할 수 없는 것은?

① $\overline{AB}=\overline{DE}$, $\overline{BC}=\overline{EF}$, $\overline{AC}=\overline{DF}$
② $\overline{AB}=\overline{DE}$, $\overline{BC}=\overline{EF}$, $\angle B=\angle E$
③ $\overline{AC}=\overline{DF}$, $\overline{BC}=\overline{EF}$, $\angle A=\angle D$
④ $\overline{AB}=\overline{DE}$, $\angle A=\angle D$, $\angle B=\angle E$
⑤ $\overline{BC}=\overline{EF}$, $\angle A=\angle D$, $\angle C=\angle F$

0338 수매씽 Pick!

다음 삼각형 중 나머지 넷과 합동이 아닌 것은?

①
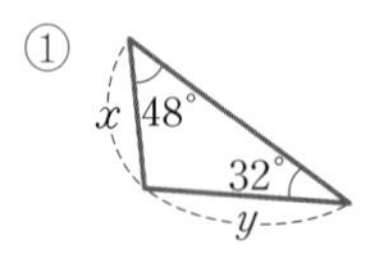

②
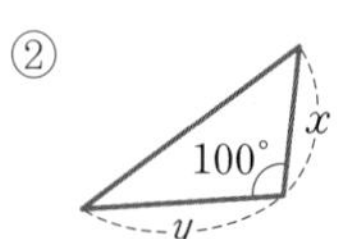

③
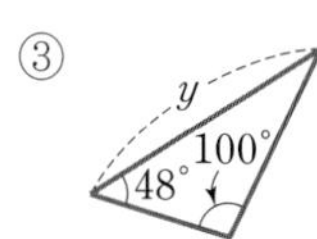

④
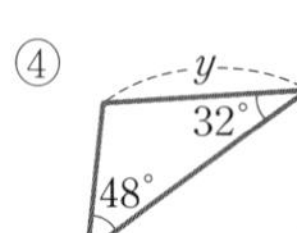

⑤
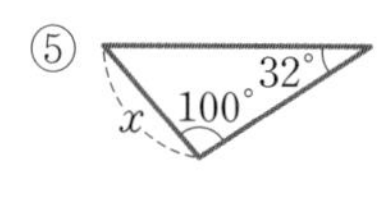

중요! 유형 10 두 삼각형이 합동이 되도록 추가할 조건 개념 03-6

① 두 변의 길이가 각각 같을 때
⇨ 나머지 한 변의 길이 또는 그 끼인각의 크기가 같아야 한다.
② 한 변의 길이와 양 끝 각 중 한 각의 크기가 같을 때
⇨ 그 각을 끼고 있는 다른 한 변의 길이 또는 다른 한 각의 크기가 같아야 한다.
③ 두 각의 크기가 각각 같을 때 ⇨ 한 변의 길이가 같아야 한다.

0339 대표 문제

오른쪽 그림에서 $\angle C=\angle F$, $\overline{BC}=\overline{EF}$일 때, $\triangle ABC\equiv\triangle DEF$가 되기 위해 필요한 나머지 한 조건을 다음 보기에서 모두 고르시오.

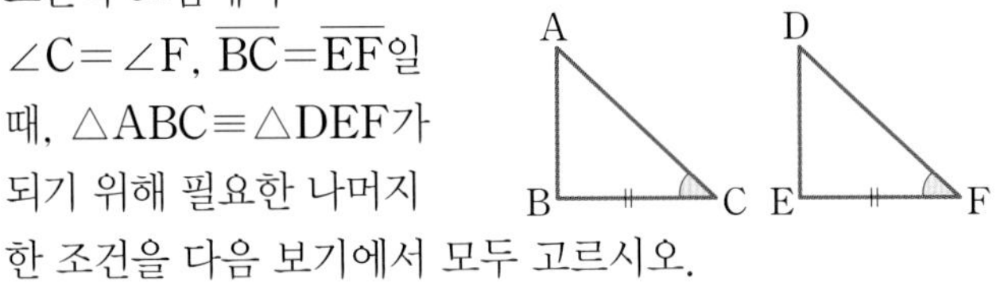

보기
ㄱ. $\overline{AC}=\overline{DF}$ ㄴ. $\angle B=\angle E$
ㄷ. $\overline{AB}=\overline{DE}$ ㄹ. $\angle A=\angle D$

0340 ●●●●

오른쪽 그림에서 $\angle A=\angle D$, $\angle C=\angle F$일 때, 한 가지 조건을 추가하여 $\triangle ABC\equiv\triangle DEF$가 되도록 하려고 한다. 이때 필요한 나머지 한 조건을 모두 구하시오.

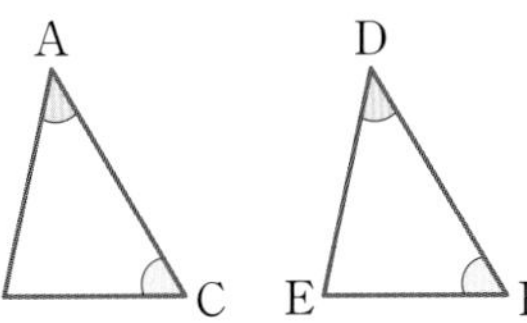

0341 ●●●● 수매씽 Pick!

오른쪽 그림에서 $\overline{AB}=\overline{DE}$, $\overline{BC}=\overline{EF}$일 때, 다음 중 $\triangle ABC\equiv\triangle DEF$가 되기 위해 필요한 나머지 한 조건과 이때의 합동 조건으로 알맞은 것은?

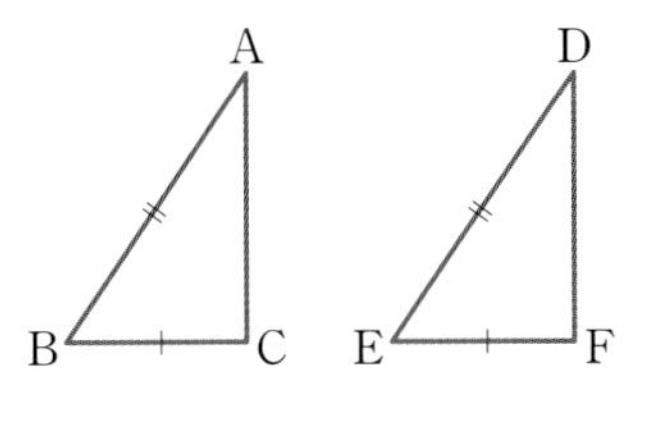

① $\angle A=\angle D$, SAS 합동 ② $\angle B=\angle E$, ASA 합동
③ $\angle C=\angle F$, SAS 합동 ④ $\overline{AC}=\overline{DF}$, SAS 합동
⑤ $\overline{AC}=\overline{DF}$, SSS 합동

유형 11 삼각형의 합동 조건 – SSS 합동 개념 03-6

$\overline{AB}=\overline{DE}$, $\overline{BC}=\overline{EF}$, $\overline{AC}=\overline{DF}$
⇨ $\triangle ABC\equiv\triangle DEF$ (SSS 합동)

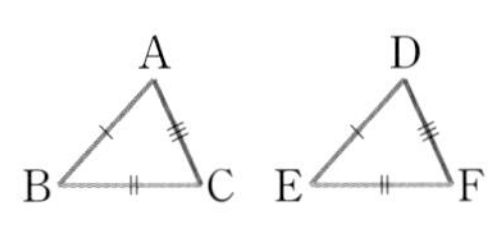

0342 대표 문제

다음은 $\angle XOY$와 크기가 같고 $\overrightarrow{PQ}$를 한 변으로 하는 각을 작도하였을 때, $\triangle AOB\equiv\triangle CPD$임을 설명하는 과정이다. (가), (나), (다)에 알맞은 것을 구하시오.

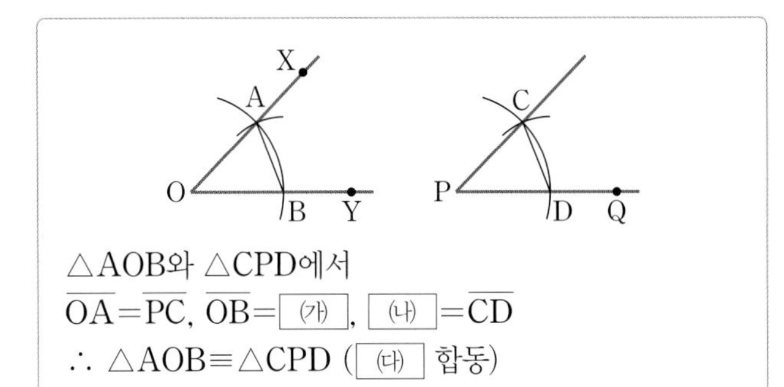

$\triangle AOB$와 $\triangle CPD$에서
$\overline{OA}=\overline{PC}$, $\overline{OB}=$ (가) , (나) $=\overline{CD}$
$\therefore$ $\triangle AOB\equiv\triangle CPD$ ((다) 합동)

0343 ●●●● 서술형

오른쪽 그림과 같은 사각형 ABCD에서 $\overline{AB}=\overline{CB}$, $\overline{AD}=\overline{CD}$일 때, 합동인 삼각형을 찾아 기호 ≡를 사용하여 나타내고, 이때의 합동 조건을 구하시오.

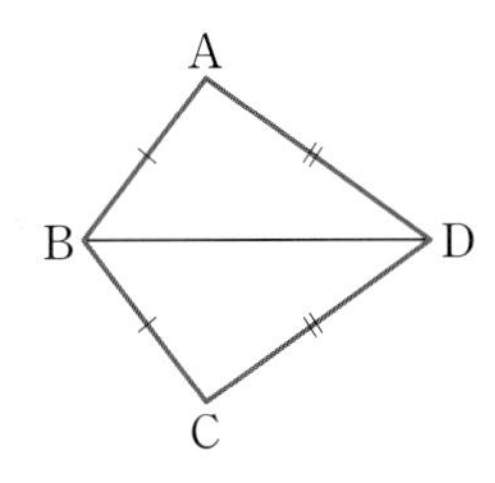

0344 ●●●●

오른쪽 그림과 같은 사각형 ABCD에 대하여 다음 보기에서 옳은 것을 모두 고르시오.

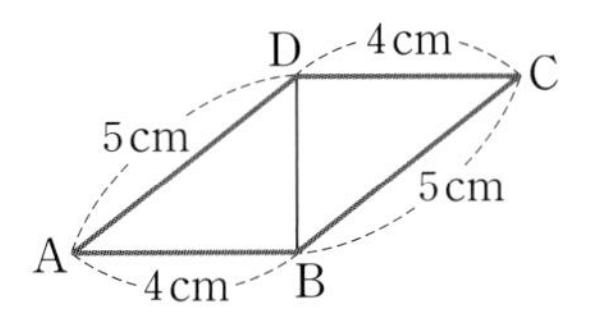

보기
ㄱ. $\angle ABD=\angle CDB$ ㄴ. $\angle ADB=\angle CBD$
ㄷ. $\angle BAD=\angle DCB$ ㄹ. $\overline{AD}=\overline{BD}$

중요! 유형 12 삼각형의 합동 조건 – SAS 합동 (개념 03-6)

$\overline{AB}=\overline{DE}$, $\overline{BC}=\overline{EF}$, $\angle B=\angle E$
⇨ $\triangle ABC \equiv \triangle DEF$ (SAS 합동)

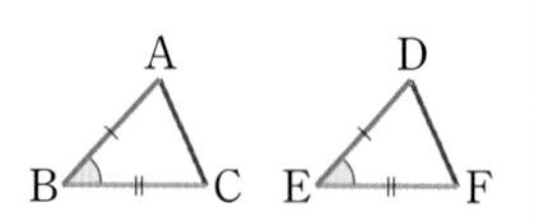

0345 대표 문제

오른쪽 그림과 같이 $\overline{AB}=\overline{AC}$인 이등변삼각형 ABC에서 $\overline{AD}=\overline{AE}$일 때, $\triangle ABE \equiv \triangle ACD$임을 설명하기 위해 사용되는 조건을 바르게 나열한 것은?

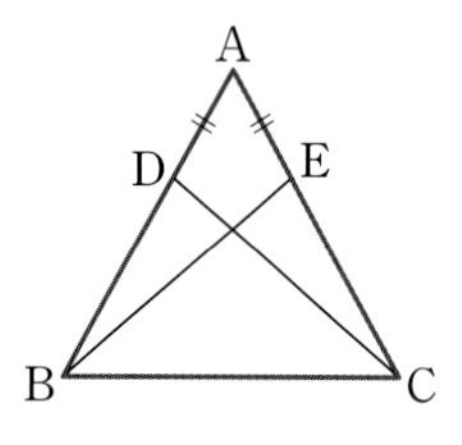

① $\overline{AB}=\overline{AC}$, $\overline{AE}=\overline{AD}$, $\overline{BE}=\overline{CD}$
② $\overline{AB}=\overline{AC}$, $\overline{AE}=\overline{AD}$, $\angle A$는 공통
③ $\overline{AB}=\overline{AC}$, $\overline{BD}=\overline{EC}$, $\angle A$는 공통
④ $\overline{AE}=\overline{AD}$, $\angle ABE=\angle ACD$, $\angle A$는 공통
⑤ $\overline{AE}=\overline{AD}$, $\angle ABE=\angle ACD$, $\angle AEB=\angle ADC$

0346

다음은 오른쪽 그림과 같이 점 P가 $\overline{AB}$의 수직이등분선 l 위의 한 점일 때, $\overline{PA}=\overline{PB}$임을 설명하는 과정이다. (가)~(라)에 알맞은 것을 구하시오.

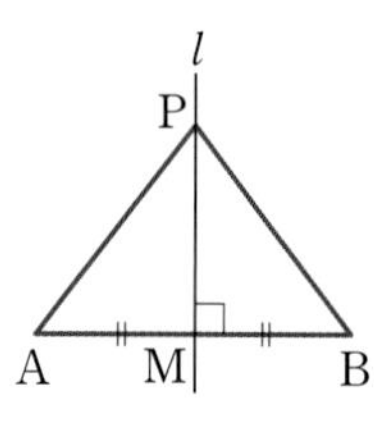

> $\triangle PAM$과 $\triangle PBM$에서
> 점 M은 $\overline{AB}$의 중점이므로 $\overline{AM}=$ (가)
> $\overline{AB}\perp l$이므로 $\angle PMA=$ (나)
> (다) 은 공통
> 따라서 $\triangle PAM \equiv \triangle PBM$ ((라) 합동)이므로
> $\overline{PA}=\overline{PB}$

0347 서술형

오른쪽 그림과 같이 연못의 양 끝 지점을 각각 A, B라 할 때, $\overline{AB}$의 길이를 구하고, 이때 사용한 삼각형의 합동 조건을 구하시오. (단, 점 E는 $\overline{AC}$와 $\overline{BD}$의 교점이다.)

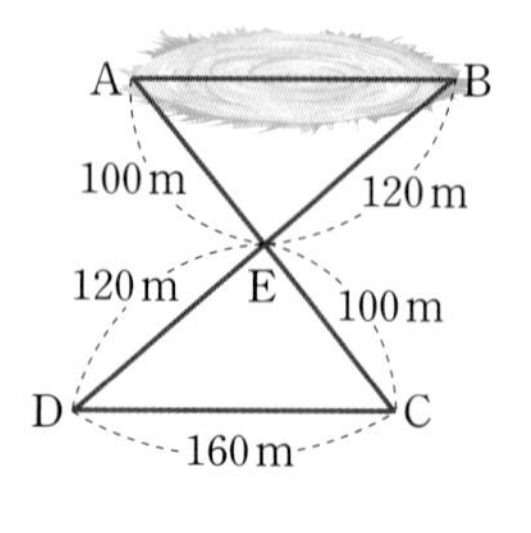

중요! 유형 13 삼각형의 합동 조건 – ASA 합동 (개념 03-6)

$\overline{BC}=\overline{EF}$, $\angle B=\angle E$, $\angle C=\angle F$
⇨ $\triangle ABC \equiv \triangle DEF$ (ASA 합동)

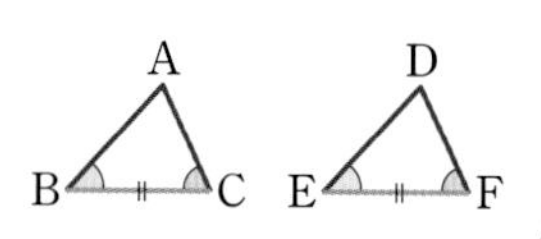

0348 대표 문제

다음은 오른쪽 그림에서 점 M은 $\overline{AD}$와 $\overline{BC}$의 교점이고 $\overline{AB}/\!/\overline{CD}$, $\overline{MA}=\overline{MD}$일 때, $\triangle ABM \equiv \triangle DCM$임을 설명하는 과정이다. □ 안에 알맞은 것으로 옳지 않은 것은?

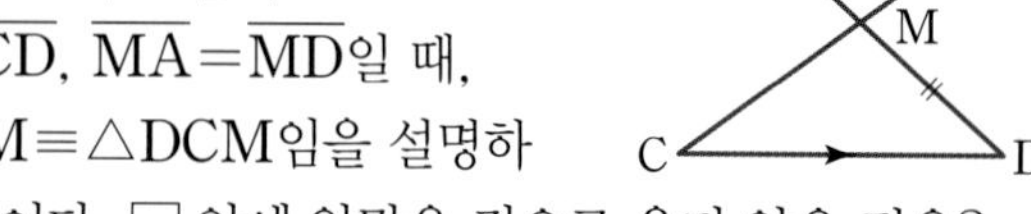

> $\triangle ABM$과 $\triangle DCM$에서
> $\overline{MA}=\overline{MD}$, $\angle AMB=$ ① (②)이고,
> $\overline{AB}/\!/\overline{CD}$이므로 $\angle BAM=$ ③ (④)
> $\therefore \triangle ABM \equiv \triangle DCM$ (⑤ 합동)

① $\angle DMC$　② 맞꼭지각　③ $\angle CDM$
④ 동위각　⑤ ASA

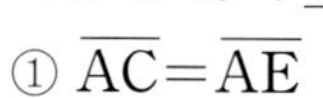

0349

오른쪽 그림에서 $\overline{AB}=\overline{AD}$, $\angle ABC=\angle ADE$일 때, 다음 중 옳지 않은 것은?

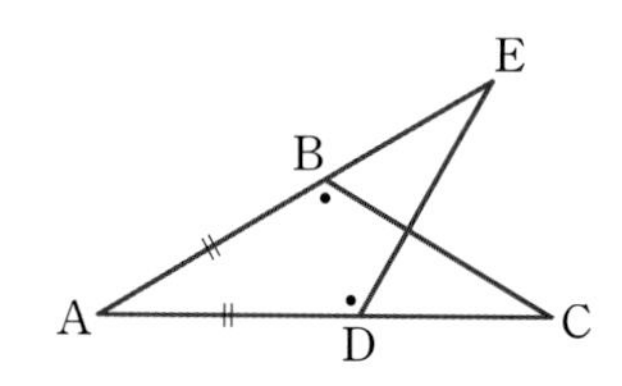

① $\overline{AC}=\overline{AE}$
② $\overline{AB}=\overline{BC}$
③ $\overline{BC}=\overline{DE}$
④ $\angle ACB=\angle AED$
⑤ $\triangle ABC \equiv \triangle ADE$

0350 수매씽 Pick!

오른쪽 그림에서 $\overline{AD}/\!/\overline{BC}$, $\overline{AB}/\!/\overline{DC}$일 때, 합동인 삼각형을 찾아 기호 ≡를 사용하여 나타내고, 이때의 합동 조건을 구하시오.

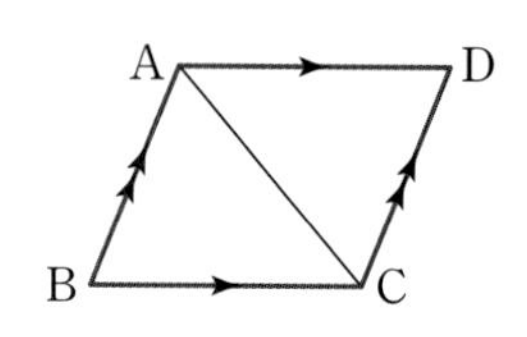

발전 유형 14 삼각형의 합동의 활용 – 정삼각형

중요! 개념 03-6

정삼각형은 세 변의 길이가 같고, 세 각의 크기가 모두 60°임을 이용하여 합동인 삼각형을 찾는다.

0351 대표 문제

오른쪽 그림과 같이 $\overline{BD}$ 위에 점 C를 잡아 $\overline{BC}$, $\overline{CD}$를 각각 한 변으로 하는 두 정삼각형 ABC와 ECD를 만들었다.

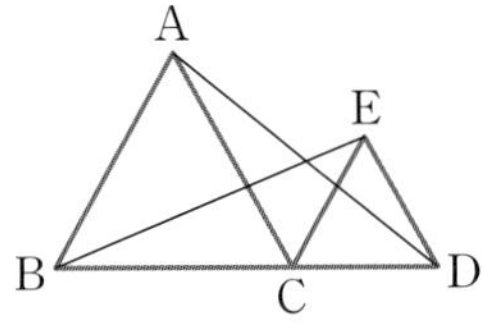

△ACD와 △BCE가 서로 합동임을 설명하는 과정이 다음과 같을 때, □ 안에 알맞은 것으로 옳지 않은 것은?

△ACD와 △BCE에서
△ABC가 정삼각형이므로 $\overline{AC}$=[①] ······ ㉠
△ECD가 정삼각형이므로 $\overline{CD}$=[②] ······ ㉡
또, ∠ACD=60°+∠ACE=[③] ······ ㉢
㉠, ㉡, ㉢에 의해 △ACD≡[④] ([⑤] 합동)

① $\overline{BC}$　② $\overline{CE}$　③ ∠BCE
④ △BCE　⑤ ASA

0352 ●●●● 수매씽 Pick!

오른쪽 그림의 정삼각형 ABC에서 $\overline{AE}=\overline{BF}=\overline{CD}$이다. △AED와 서로 합동인 삼각형을 모두 찾아 기호 ≡를 사용하여 나타내시오.

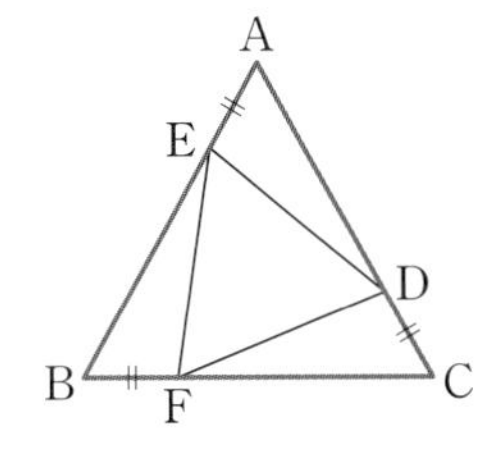

0353 ●●●●

오른쪽 그림에서 △ABC와 △ADE가 정삼각형일 때, 다음 중 옳지 않은 것은?

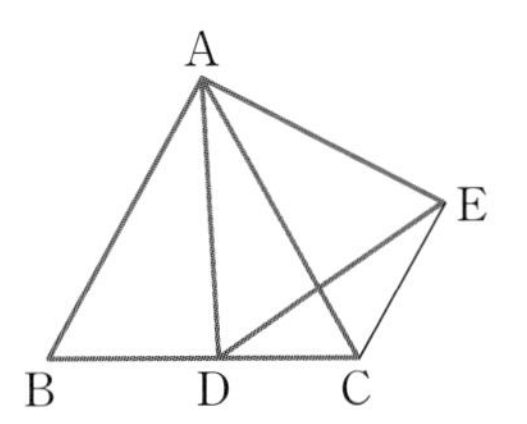

① $\overline{AB}=\overline{AC}$
② $\overline{DC}=\overline{CE}$
③ ∠BAD=∠CAE
④ ∠ADB=∠AEC
⑤ △ABD≡△ACE

발전 유형 15 삼각형의 합동의 활용 – 정사각형

개념 03-6

정사각형은 네 변의 길이가 같고, 네 각의 크기가 모두 90°임을 이용하여 합동인 삼각형을 찾는다.

0354 대표 문제

오른쪽 그림과 같이 정사각형 ABCD에서 $\overline{BC}$의 연장선 위에 점 F를 잡아 정사각형 ECFG를 만들었다. $\overline{BC}$=20 cm, $\overline{BE}$=25 cm, $\overline{CF}$=15 cm일 때, $\overline{DF}$의 길이는?

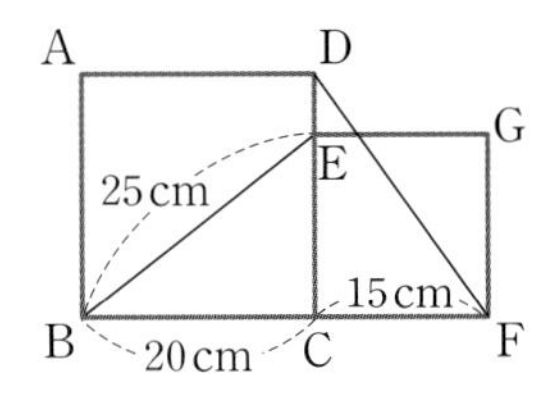

① 19 cm　② 21 cm　③ 23 cm
④ 25 cm　⑤ 27 cm

0355 ●●●●

오른쪽 그림에서 사각형 ABCD는 정사각형이고 삼각형 EBC는 정삼각형일 때, △ABE와 합동인 삼각형을 찾고, 이때의 합동 조건을 구하시오.

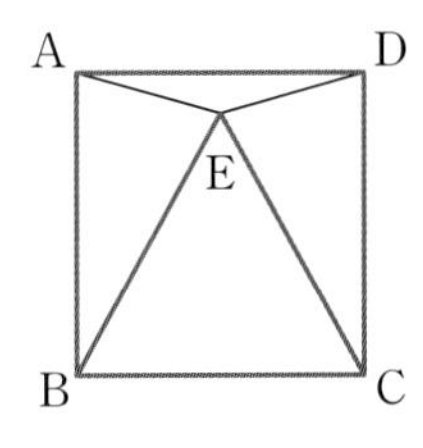

0356 ●●●●

오른쪽 그림과 같은 정사각형 ABCD에서 $\overline{BE}=\overline{CF}$일 때, 다음 보기에서 옳은 것을 모두 고르시오.

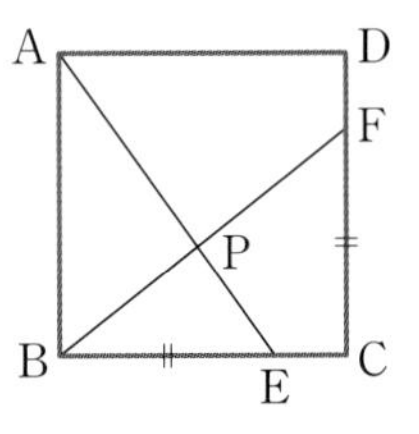

보기
ㄱ. $\overline{AE}=\overline{BF}$　ㄴ. $\overline{BP}=\overline{PF}$
ㄷ. ∠BAE=∠CFB　ㄹ. ∠APF=90°

학교 시험 꽉 잡기

0357

다음 그림과 같이 두 점 A, B를 지나는 직선 l 위에 $\overline{BC}=2\overline{AB}$인 점 C를 작도할 때 필요한 도구는?

① 컴퍼스 ② 각도기 ③ 삼각자
④ 눈금 없는 자 ⑤ 눈금 있는 자

0358

세 선분의 길이가 다음과 같을 때, 삼각형을 작도할 수 있는 것은?

① 2 cm, 4 cm, 6 cm ② 3 cm, 4 cm, 8 cm
③ 6 cm, 6 cm, 10 cm ④ 5 cm, 8 cm, 13 cm
⑤ 10 cm, 20 cm, 31 cm

0359 빈출

아래 그림은 $\angle XOY$와 크기가 같은 각을 반직선 PQ를 한 변으로 하여 작도한 것이다. 다음 중 옳은 것은?

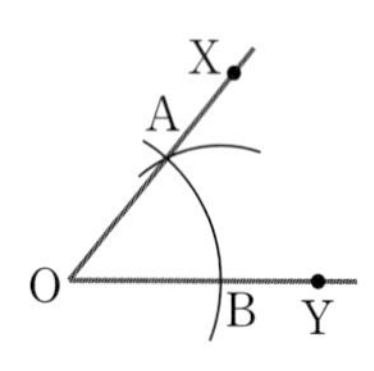

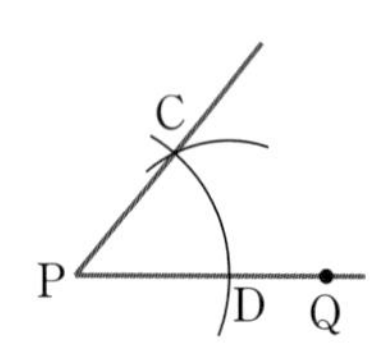

① $\overline{OX}=\overline{PQ}$ ② $\overline{OA}=\overline{CD}$
③ $\angle AOB=\angle PCD$ ④ $\overline{OA}=\overline{PD}$
⑤ $\triangle OAB$는 정삼각형이다.

[0360~0361] 오른쪽 그림은 직선 l 밖의 한 점 P를 지나고 직선 l과 평행한 직선 m을 작도한 것이다. 다음 물음에 답하시오.

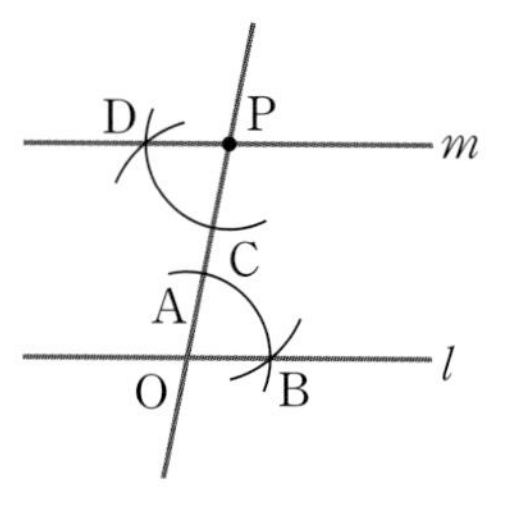

0360

다음 중 옳지 않은 것은?

① $\overline{OA}=\overline{PC}$ ② $\overline{OB}=\overline{CD}$ ③ $\overline{AB}=\overline{CD}$
④ $\overleftrightarrow{OB}/\!/\overleftrightarrow{PD}$ ⑤ $\angle AOB=\angle CPD$

0361

이 작도 과정에서 이용한 평행선의 성질은?

① 맞꼭지각의 크기가 같으면 두 직선은 서로 평행하다.
② 동위각의 크기가 같으면 두 직선은 서로 평행하다.
③ 엇각의 크기가 같으면 두 직선은 서로 평행하다.
④ $\angle AOB+\angle CPD=180°$이면 두 직선은 서로 평행하다.
⑤ 두 직선 사이의 거리가 일정하면 두 직선은 서로 평행하다.

0362

다음은 길이가 c인 선분을 한 변으로 하고 $\angle A$와 $\angle B$를 그 양 끝 각으로 하는 삼각형 ABC를 작도하는 과정이다. 작도 순서를 바르게 나열한 것은?

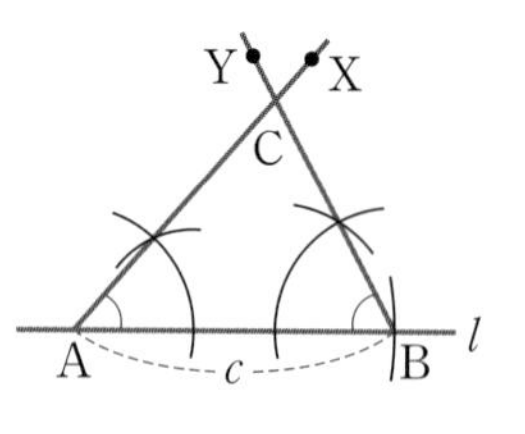

> ㉠ $\angle B$와 크기가 같은 $\angle YBA$를 작도한다.
> ㉡ $\angle A$와 크기가 같은 $\angle XAB$를 작도한다.
> ㉢ $\overrightarrow{AX}$와 $\overrightarrow{BY}$의 교점을 C라 하고 $\overline{AC}$, $\overline{BC}$를 긋는다.
> ㉣ 직선 l을 긋고 그 위에 길이가 c인 $\overline{AB}$를 작도한다.

① ㉡ → ㉠ → ㉢ → ㉣ ② ㉡ → ㉠ → ㉣ → ㉢
③ ㉢ → ㉠ → ㉡ → ㉣ ④ ㉣ → ㉠ → ㉡ → ㉢
⑤ ㉣ → ㉢ → ㉡ → ㉠

0363

$\angle A$와 $\angle B$의 크기가 주어졌을 때, $\triangle ABC$가 하나로 정해지기 위해 필요한 나머지 한 조건을 다음 보기에서 모두 고르시오.

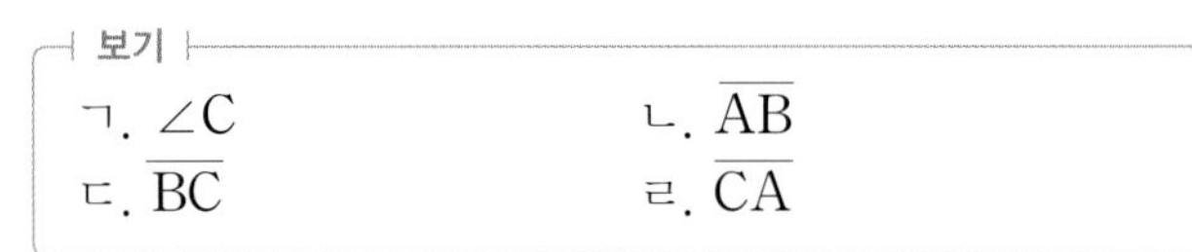

보기

ㄱ. $\angle C$　　ㄴ. $\overline{AB}$

ㄷ. $\overline{BC}$　　ㄹ. $\overline{CA}$

0364

다음 그림에서 $\triangle ABC \equiv \triangle DEF$이다. $\triangle DEF$의 넓이가 $9\,cm^2$일 때, $\overline{FE}$의 길이를 구하시오.

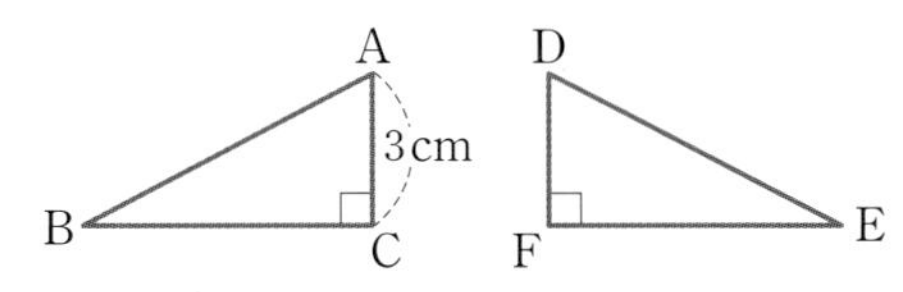

0365

다음 보기에서 오른쪽 그림의 삼각형과 서로 합동인 삼각형의 개수는?

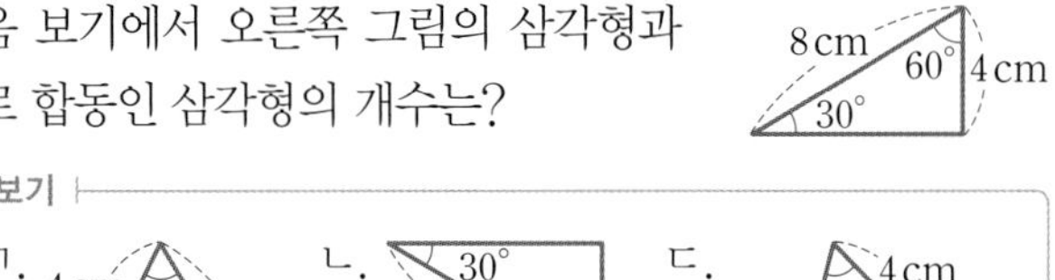

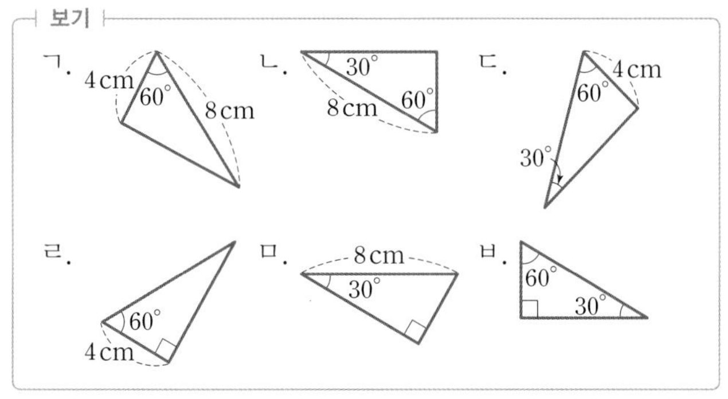

① 1　② 2　③ 3　④ 4　⑤ 5

0366 빈출

오른쪽 그림에서 $\overline{AC} = \overline{DF}$, $\angle C = \angle F$일 때, 다음 중 $\triangle ABC \equiv \triangle DEF$가 되기 위해 필요한 나머지 한 조건을 모두 고르면? (정답 2개)

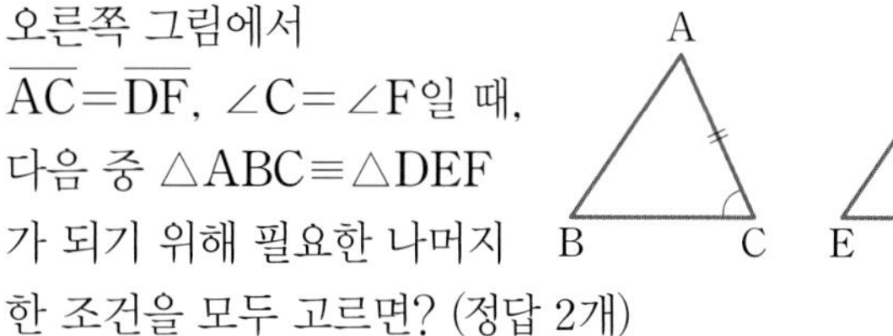

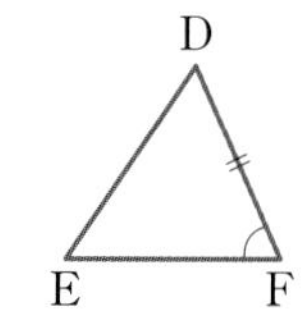

① $\overline{AB} = \overline{DE}$　② $\overline{BC} = \overline{EF}$　③ $\overline{AC} = \overline{DE}$

④ $\angle A = \angle D$　⑤ $\angle B = \angle F$

0367

길이가 각각 3 cm, 4 cm, 5 cm, 7 cm인 4개의 선분이 있다. 이 중 3개의 선분을 골라 삼각형을 만들려고 한다. 만들 수 있는 서로 다른 삼각형은 모두 몇 개인지 구하시오.

0368

오른쪽 그림과 같은 사각형 ABCD에서 두 대각선의 교점을 O라 하자. $\overline{AO} = \overline{DO}$, $\overline{BO} = \overline{CO}$일 때, 서로 합동인 삼각형은 모두 몇 쌍인가?

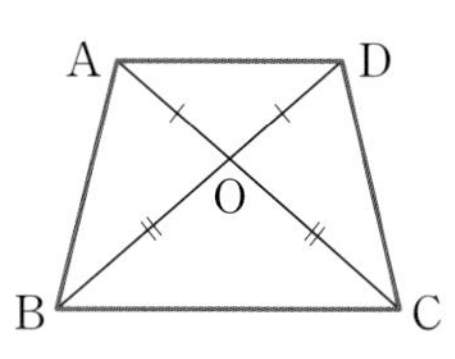

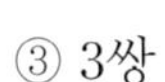

① 1쌍　② 2쌍　③ 3쌍　④ 4쌍　⑤ 5쌍

0369 빈출

오른쪽 그림에서 △ABC와 △ADE는 모두 정삼각형이고 ∠ADB$=80°$일 때, ∠CED의 크기는?

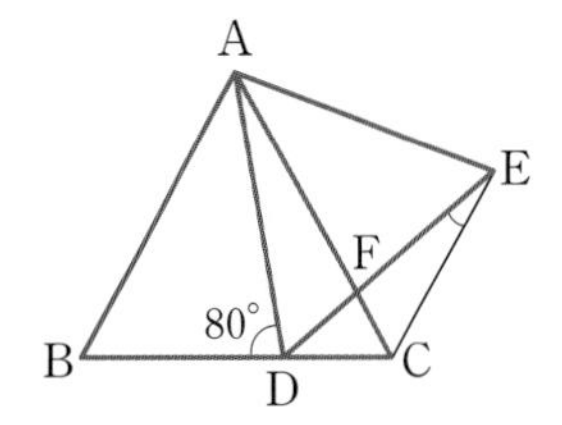

① $14°$ 　② $16°$
③ $18°$ 　④ $20°$
⑤ $22°$

0370

오른쪽 그림에서 두 정사각형 ABCD와 EFCG의 한 변의 길이는 각각 5 cm, 6 cm이다. 정사각형 EFCG의 한 꼭짓점 F가 $\overline{AD}$ 위에 있을 때, △GDC의 넓이는?

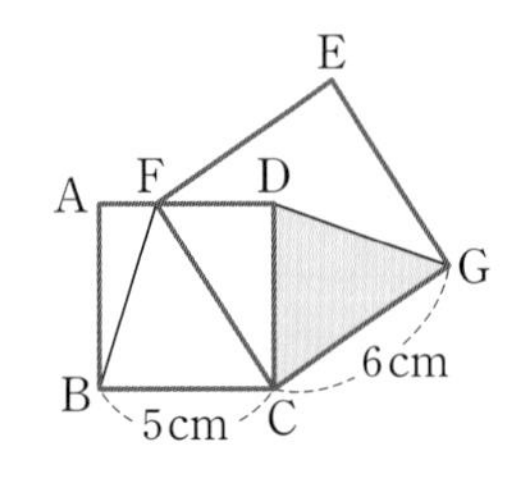

① 12 cm^2　② $\frac{25}{2}\text{ cm}^2$　③ 13 cm^2
④ $\frac{27}{2}\text{ cm}^2$　⑤ 14 cm^2

서술형 문제

0371

오른쪽 그림에서 △ABC≡△DEF일 때, $a-b+c$의 값을 구하시오.

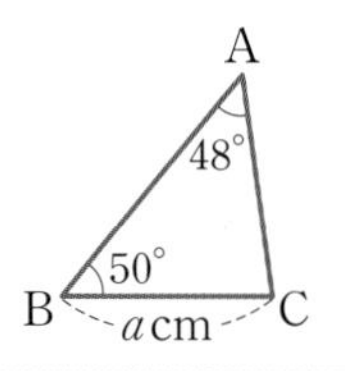

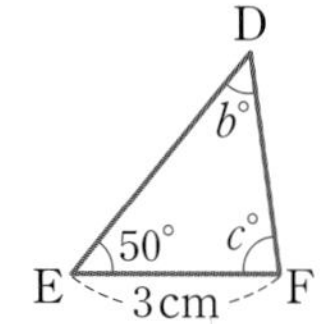

풀이

0372 빈출

오른쪽 그림의 사각형 ABCD가 평행사변형이고 점 F는 변 AB의 연장선 위의 점이다. $\overline{AE}=\overline{ED}$일 때, 서로 합동인 삼각형을 찾아 기호 ≡를 사용하여 나타내고, 이때의 합동 조건을 구하시오.

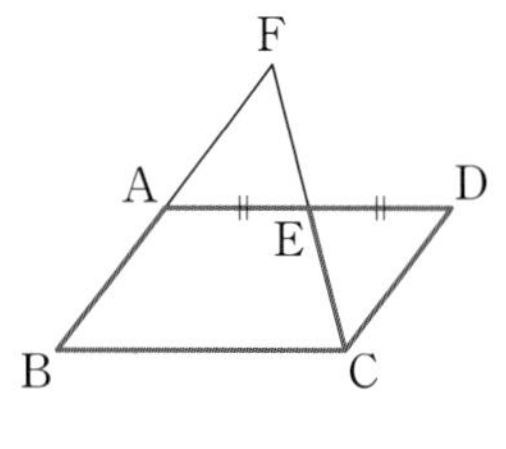

풀이

0373

오른쪽 그림과 같은 정삼각형 ABC에서 $\overline{BD}=\overline{CE}$일 때, ∠BPD의 크기를 구하시오.

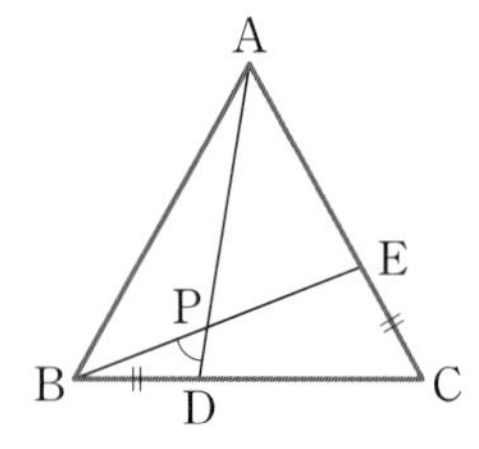

풀이

정답 및 풀이 20쪽

0374

유형 02

국자 모양의 북두칠성(→큰곰자리에서 가장 뚜렷하게 보이는 일곱 개의 별) 중 마지막 두 별의 이름은 메라크와 두베이다. 메라크에서 시작하여 두베 방향으로 그은 반직선 위에 두베에서부터 메라크와 두베 사이의 거리의 5배만큼 떨어진 곳에 북극성(→작은곰자리에서 가장 밝은 별)이 있다. 메라크를 점 P, 두베를 점 Q라 하고 오른쪽 그림과 같은 작도를 이용하여 북극성의 위치를 찾으려고 할 때, 다음 물음에 답하시오.

보기

㉠ 점 P와 점 Q 사이의 길이를 잰다.
㉡ 점 P를 시작점으로 하고 점 Q를 지나는 반직선을 그린다.
㉢ 같은 방법으로 $\overline{PQ}$를 반지름의 길이로 하는 원을 그리는 과정을 반복하여 반직선 PQ와의 교점을 각각 C, D, E라 한다.
㉣ 점 Q를 중심으로 하고 $\overline{PQ}$를 반지름의 길이로 하는 원을 그려 반직선 PQ와의 교점을 A, 점 A를 중심으로 하고 $\overline{PQ}$를 반지름의 길이로 하는 원을 그려 반직선 PQ와의 교점을 B라 한다.

(1) 보기의 작도 순서를 바르게 나열하시오.
(2) ㉠~㉣ 중 컴퍼스를 사용한 것을 모두 고르시오.
(3) 위의 그림에서 북극성을 나타내는 점을 구하시오.

눈금 없는 자와 컴퍼스만을 사용해서 북극성을 찾을 수 있어요!

0375

삼각형의 두 변의 길이의 합은 나머지 한 변의 길이보다 커야 해요.

유형 05

다음 조건을 모두 만족시키는 서로 다른 이등변삼각형(→두 변의 길이가 같은 삼각형)은 모두 몇 개인지 구하시오.

(가) 세 변의 길이는 모두 자연수이다.
(나) 삼각형의 둘레의 길이는 19 cm이다.

0376 수학 문해력 UP

유형 13

다음은 수빈이가 강의 폭인 $\overline{AB}$의 길이를 알기 위해 사용한 방법이다. 수빈이가 강의 폭을 알아낸 방법을 설명하고, 강의 폭을 구하시오.

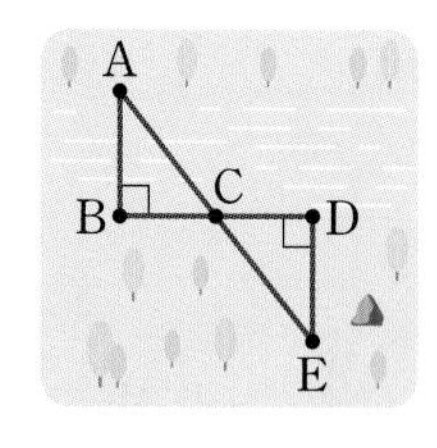

❶ 점 B에서 출발하여 $\overline{AB}$와 수직인 방향으로 ❶분속 50 m로 75초 동안 걸어간 지점 C에 표시를 하고, C에서 같은 방향으로 ❷분속 50 m로 75초 동안 걸어간 지점 D에 표시한다.
❷ 점 D에서 $\overline{BD}$에 수직이 되도록 방향을 바꾸어 세 점 A, C, E가 한 직선 위에 있도록 하는 점 E까지 ❸분속 50 m로 걸었더니 1분 30초가 걸렸다.

해결 전략 속력과 시간을 이용하여 두 지점 사이의 거리를 알 수 있다.
❶ ($\overline{BC}$의 길이)=(분속 50 m로 75초 걸어간 거리)
❷ ($\overline{CD}$의 길이)=(분속 50 m로 75초 걸어간 거리)
❸ ($\overline{DE}$의 길이)=(분속 50 m로 1분 30초 걸어간 거리)

0377

합동인 두 삼각형을 찾아보세요.

유형 15

오른쪽 그림과 같이 정사각형 ABCD에서 $\overline{BC}$의 연장선 위에 점 F를 잡아 정사각형 ECFG를 만들었다. 삼각형 BCE의 둘레의 길이가 정사각형 ABCD의 둘레의 길이의 $\frac{3}{4}$일 때, $\overline{DF}$의 길이를 구하시오.

(△BCE의 둘레의 길이)=(사각형 ABCD의 둘레의 길이)$\times\frac{3}{4}$

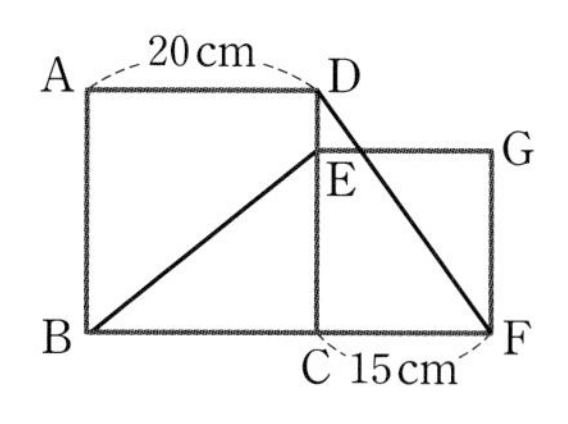

쉼

네가
좋아하는 것은
뭐야?

평면도형

이전에 배운 내용

초3~4 원의 구성 요소
여러 가지 삼각형과 사각형
다각형
평면도형의 이동

초5~6 다각형의 둘레와 넓이
원주율과 원의 넓이

이번에 배울 내용

04 다각형
05 원과 부채꼴

이후에 배울 내용

중2 삼각형과 사각형의 성질
도형의 닮음
피타고라스 정리

중3 삼각비
원의 성질

04 다각형

05 원과 부채꼴

04 다각형

04 1 다각형의 대각선 (유형 01 ~ 유형 06)

(1) **다각형** : 3개 이상의 선분으로 둘러싸인 평면도형

① 변 : 다각형을 이루는 선분

② 꼭짓점 : 변과 변이 만나는 점

③ 내각 : 다각형에서 이웃하는 두 변으로 이루어진 내부의 각

④ 외각 : 다각형의 각 꼭짓점에서 한 변과 그 변에 이웃하는 변의 연장선이 이루는 각

⑤ 다각형의 한 꼭짓점에서의 내각의 크기와 외각의 크기의 합은 180°이다.

⇨ (한 내각의 크기)+(한 외각의 크기)=180°

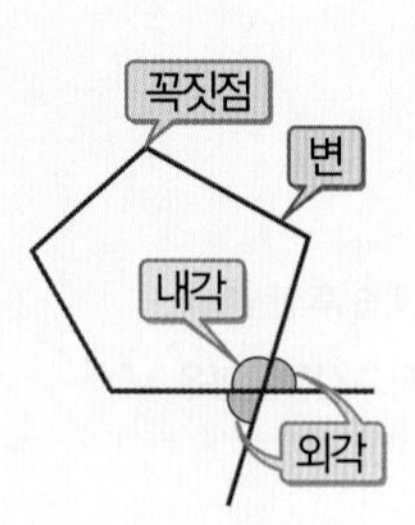

(2) **정다각형** : 변의 길이가 모두 같고 내각의 크기가 모두 같은 다각형

참고 변의 개수가 n인 정다각형을 정n각형이라 한다.

(3) **대각선** : 다각형에서 이웃하지 않는 두 꼭짓점을 이은 선분

① n각형의 한 꼭짓점에서 그을 수 있는 대각선의 개수 : $n-3$ (단, $n\geq4$)

② n각형의 대각선의 개수 : $\dfrac{n(n-3)}{2}$ (단, $n\geq4$)

→ 꼭짓점의 개수
→ 한 꼭짓점에서 그을 수 있는 대각선의 개수
→ 한 대각선을 두 번씩 계산했으므로 2로 나눈다.

대각선

주의 다각형의 각 꼭짓점에서 자기 자신과 이웃하는 두 꼭짓점에는 대각선을 그을 수 없다. 즉, 삼각형에서는 대각선을 그을 수 없다.

비법 NOTE

- 다각형의 변의 개수와 꼭짓점의 개수는 같다.
- 다각형은 둘러싸고 있는 선분의 개수에 따라 삼각형, 사각형, 오각형, 육각형, …이라 하고, n개의 선분으로 둘러싸인 다각형을 n각형이라 한다.
- 다각형에서 한 내각에 대한 외각은 두 개이지만 이 두 외각은 서로 맞꼭지각으로 그 크기가 같으므로 하나만 생각한다.

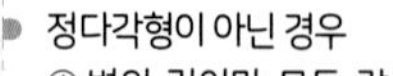

- 정다각형이 아닌 경우
  ① 변의 길이만 모두 같고 내각의 크기가 다른 경우
  예  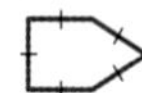
  ② 내각의 크기만 모두 같고 변의 길이가 다른 경우
  예 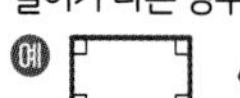 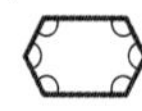

개념 잡기

[0378 ~ 0379] 다음 □ 안에 알맞은 말을 써넣으시오.

0378 변의 길이가 모두 같고 내각의 크기가 모두 같은 다각형을 □이라 한다.

0379 다각형의 각 꼭짓점에서 한 변과 그 변에 이웃하는 변의 연장선이 이루는 각을 □이라 한다.

[0380 ~ 0383] 다음 중 옳은 것에 ○표, 옳지 않은 것에 ×표 하시오.

0380 다각형의 한 꼭짓점에서의 외각은 2개이다. ( )

0381 다각형의 한 꼭짓점에서의 내각의 크기와 외각의 크기의 합은 360°이다. ( )

0382 정다각형은 변의 길이가 모두 같다. ( )

0383 세 내각의 크기가 모두 같은 삼각형은 정삼각형이다. ( )

[0384 ~ 0385] 다음 그림에서 $\angle x$의 크기를 구하시오.

0384

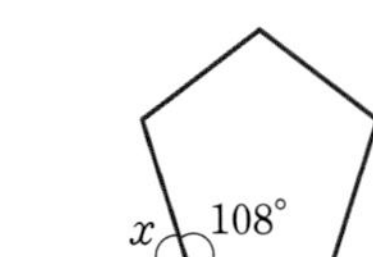

0385

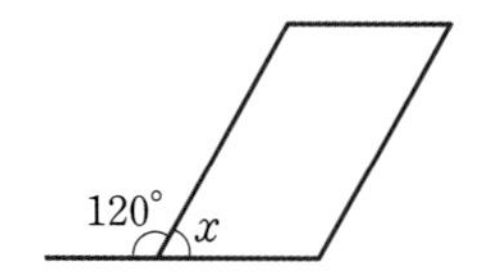

[0386 ~ 0387] 다음 다각형의 한 꼭짓점에서 그을 수 있는 대각선의 개수를 구하시오.

0386 사각형

0387 팔각형

[0388 ~ 0389] 다음 다각형의 대각선의 개수를 구하시오.

0388 육각형

0389 십오각형

04 2 삼각형의 내각과 외각 (유형 07 ~ 유형 14)

(1) 삼각형의 내각의 크기의 합

삼각형의 세 내각의 크기의 합은 180°이다.

⇨ △ABC에서 ∠A+∠B+∠C=180°

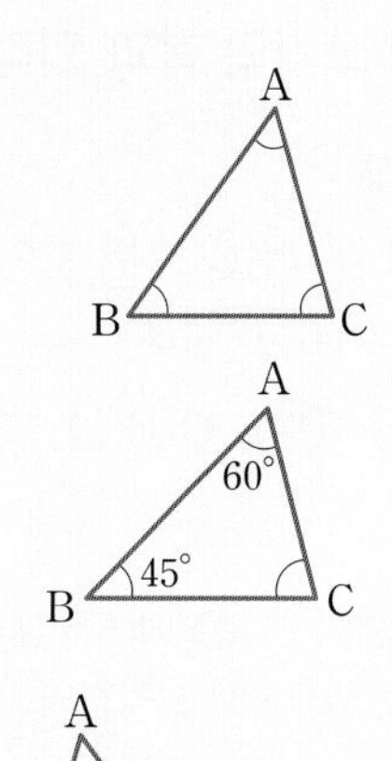

예 오른쪽 그림과 같은 △ABC에서 ∠C의 크기는
∠A+∠B+∠C=180°이므로
∠C=180°−(60°+45°)=75°

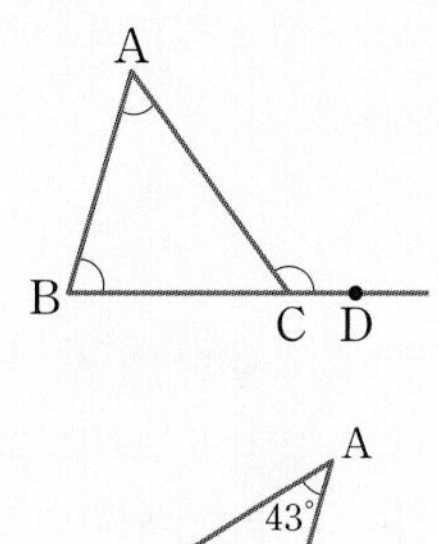

(2) 삼각형의 내각과 외각의 크기 사이의 관계

삼각형의 한 외각의 크기는 그와 이웃하지 않는 두 내각의 크기의 합과 같다.

⇨ △ABC에서 ∠ACD=∠A+∠B

참고 △ABC에서 변 BC의 연장선 위에 점 D를 잡을 때, ∠ACD를 ∠C의 외각이라 한다.

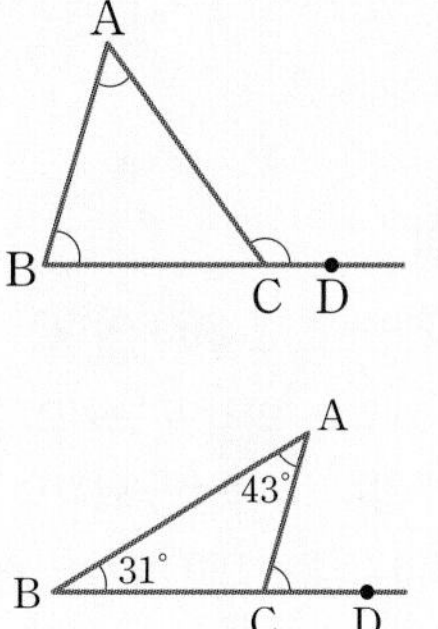

예 오른쪽 그림과 같은 △ABC에서 ∠C의 외각의 크기는
∠ACD=∠A+∠B=43°+31°=74°

비법 NOTE

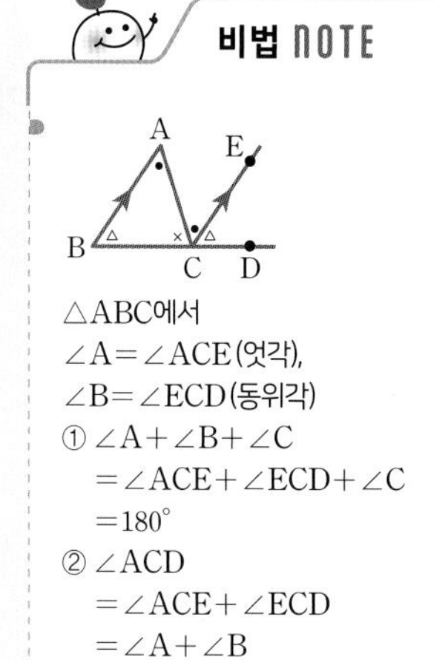

A
E
B
C
D
△ABC에서
∠A=∠ACE(엇각),
∠B=∠ECD(동위각)
① ∠A+∠B+∠C
=∠ACE+∠ECD+∠C
=180°
② ∠ACD
=∠ACE+∠ECD
=∠A+∠B

0390 다음은 삼각형의 세 내각의 크기의 합이 180°임을 보이는 과정이다. □ 안에 알맞은 것을 써넣으시오.

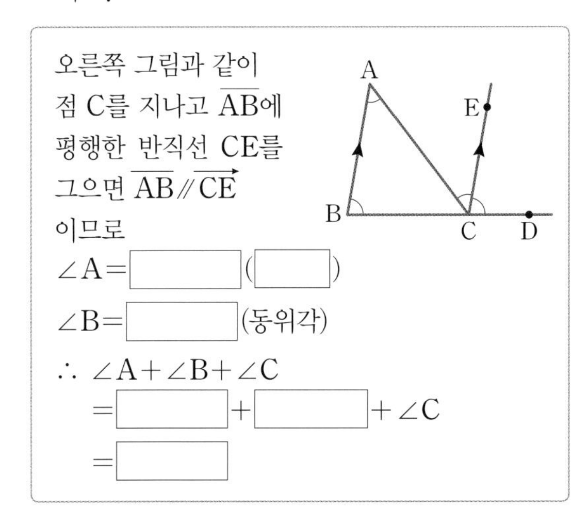

오른쪽 그림과 같이 점 C를 지나고 $\overline{AB}$에 평행한 반직선 CE를 그으면 $\overline{AB} /\!/ \overrightarrow{CE}$이므로

∠A=□(□)

∠B=□(동위각)

∴ ∠A+∠B+∠C
=□+□+∠C
=□

0395 다음은 삼각형의 한 외각의 크기는 그와 이웃하지 않는 두 내각의 크기의 합과 같음을 보이는 과정이다. □ 안에 알맞은 것을 써넣으시오.

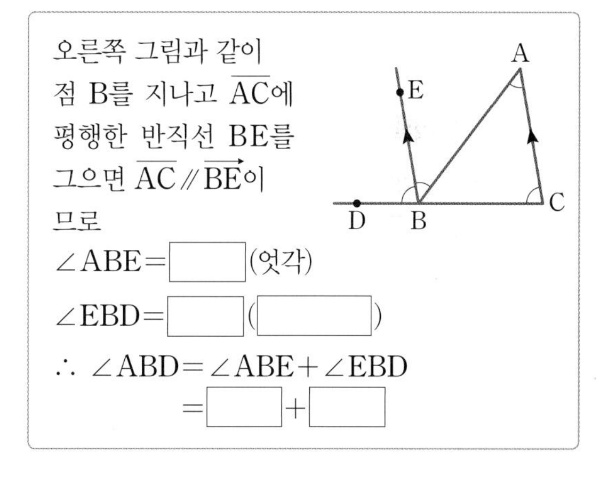

오른쪽 그림과 같이 점 B를 지나고 $\overline{AC}$에 평행한 반직선 BE를 그으면 $\overline{AC} /\!/ \overrightarrow{BE}$이므로

∠ABE=□(엇각)

∠EBD=□(□)

∴ ∠ABD=∠ABE+∠EBD
=□+□

[0391~0394] 다음 그림에서 x의 값을 구하시오.

0391

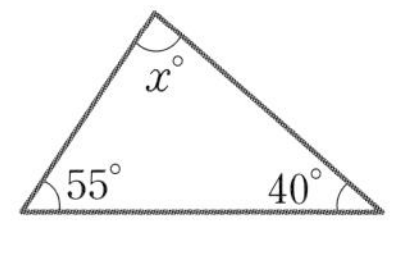

0392

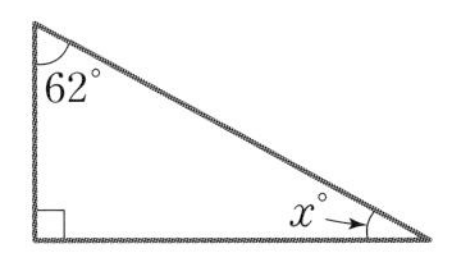

0393

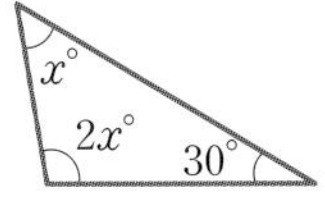

0394

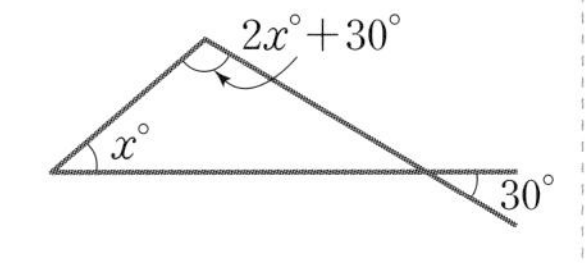

[0396~0399] 다음 그림에서 x의 값을 구하시오.

0396

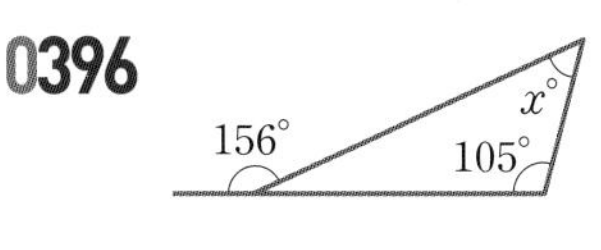

0397

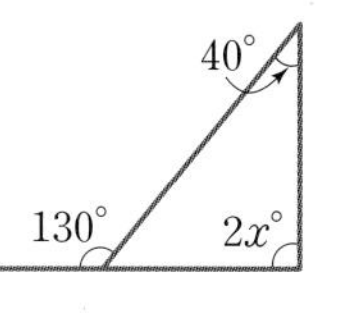

0398

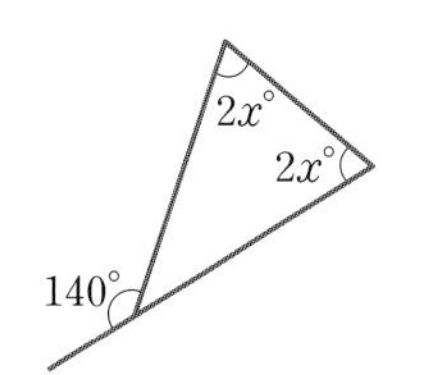

0399

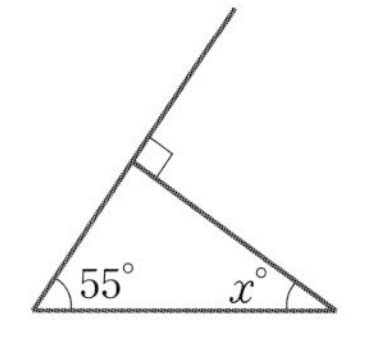

04 다각형

04 다각형

04 3 다각형의 내각의 크기의 합과 외각의 크기의 합 (유형 15 ~ 유형 17, 유형 22, 유형 23)

(1) 다각형의 내각의 크기의 합

① n각형의 한 꼭짓점에서 대각선을 모두 그으면 n각형은 $(n-2)$개의 삼각형으로 나누어진다.

② (n각형의 내각의 크기의 합)$=180^\circ\times(n-2)$

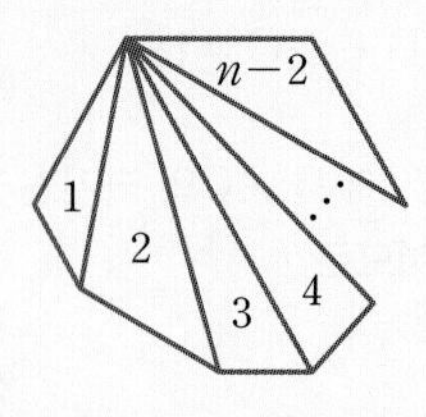

예 오른쪽 그림과 같이 오각형의 한 꼭짓점에서 대각선을 모두 그으면 3개의 삼각형으로 나눌 수 있으므로 오각형의 내각의 크기의 합은
$180^\circ\times(5-2)=540^\circ$

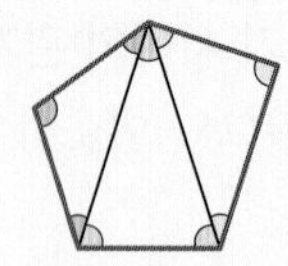

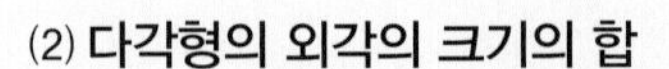

(2) 다각형의 외각의 크기의 합

다각형의 외각의 크기의 합은 항상 360°이다.

참고 n각형의 각 꼭짓점에서 내각과 외각의 크기의 합은 180°이므로
(n각형의 내각의 크기의 합)+(n각형의 외각의 크기의 합)$=180^\circ\times n$
$\therefore$ (n각형의 외각의 크기의 합)$=180^\circ\times n-180^\circ\times(n-2)=360^\circ$

예 오른쪽 그림과 같이 삼각형의 각 꼭짓점에서 내각과 외각의 크기의 합은 180°이므로 삼각형의 내각과 외각의 크기의 합은 $180^\circ\times3=540^\circ$이다.
이때 삼각형의 내각의 크기의 합은 180°이므로
(삼각형의 외각의 크기의 합)$=540^\circ-180^\circ=360^\circ$

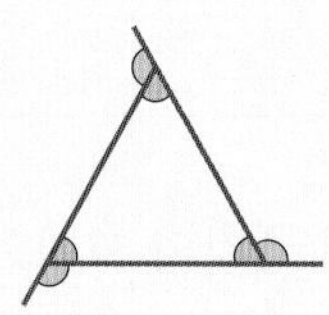

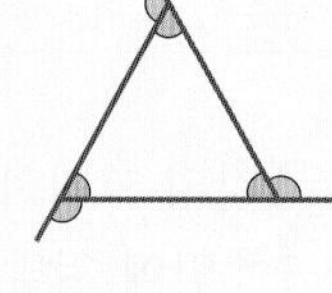

비법 NOTE

- n각형의 내부의 한 점에서 각 꼭짓점에 선분을 그었을 때 생기는 삼각형은 n개임을 이용하여 다각형의 내각의 크기의 합을 구할 수도 있다. 예를 들어 칠각형의 내부의 한 점에서 각 꼭짓점에 선분을 그으면 그림과 같이 7개의 삼각형이 생긴다.

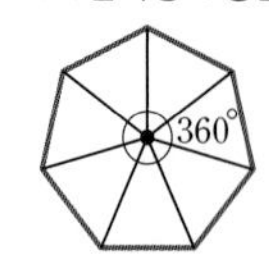

이때 칠각형의 내각의 크기의 합은 $180^\circ\times7=1260^\circ$에서 내부의 각의 크기 360°를 뺀 $1260^\circ-360^\circ=900^\circ$이다.

- 사각형의 내각의 크기의 합이 360°임을 이용하여 다각형의 내각의 크기의 합을 구할 수도 있다. 예를 들어 육각형은 2개의 사각형으로 나눌 수 있다.

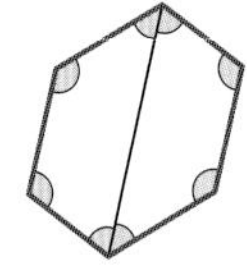

따라서 육각형의 내각의 크기의 합은 $360^\circ\times2=720^\circ$이다.

개념 잡기

[0400~0402] 다음 다각형의 내각의 크기의 합과 외각의 크기의 합을 차례로 구하시오.

0400 팔각형

0401 십이각형

0402 이십각형

[0403~0404] 다음 그림에서 $\angle x$의 크기를 구하시오.

0403

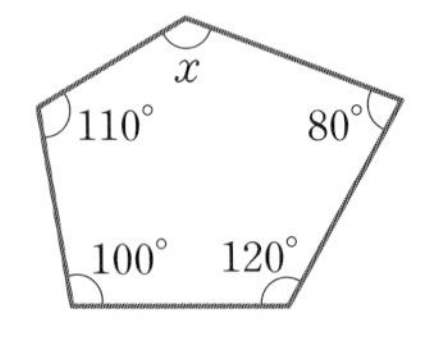

0404

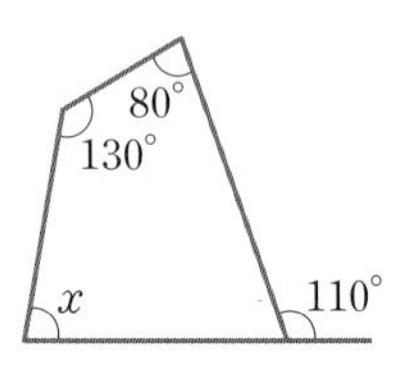

[0405~0407] 내각의 크기의 합이 다음과 같은 다각형의 이름을 쓰시오.

0405 900°

0406 2160°

0407 3600°

[0408~0409] 다음 그림에서 $\angle x$의 크기를 구하시오.

0408

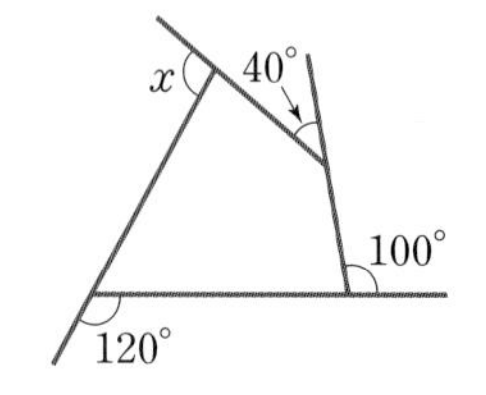

0409

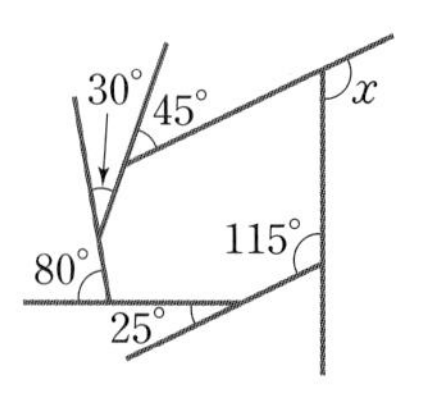

04 4 정다각형의 한 내각의 크기와 한 외각의 크기 (유형 18 ~ 유형 21)

(1) **정다각형의 한 내각의 크기**

(정n각형의 한 내각의 크기)$=\dfrac{180^\circ \times (n-2)}{n}$

(2) **정다각형의 한 외각의 크기**

(정n각형의 한 외각의 크기)$=\dfrac{360^\circ}{n}$

정n각형은 모든 내각의 크기가 같고, 모든 외각의 크기도 같으므로 한 내각의 크기와 한 외각의 크기는 그 합을 각각 n으로 나눈다.

예 정오각형에서

① (한 내각의 크기)$=\dfrac{180^\circ \times (5-2)}{5}=108^\circ$

② (한 외각의 크기)$=\dfrac{360^\circ}{5}=72^\circ$

참고 정오각형의 한 내각의 크기가 108°임을 알 때
(한 내각의 크기)+(한 외각의 크기)$=180^\circ$임을 이용하면
(한 외각의 크기)$=180^\circ-108^\circ=72^\circ$로 구할 수도 있다.

참고 정다각형의 한 내각과 한 외각의 크기

정다각형	정삼각형	정사각형	정오각형	정육각형
모양	내각 외각	내각 외각	내각 외각	내각 외각
한 내각의 크기	60°	90°	108°	120°
한 외각의 크기	120°	90°	72°	60°

비법 NOTE

정n각형의 한 꼭짓점에서 내각과 외각의 크기의 합은 180°이므로 정n각형의 한 내각의 크기는 $180^\circ-\dfrac{360^\circ}{n}$로 구할 수도 있다.

[0410~0413] 다음 정다각형의 한 내각의 크기와 한 외각의 크기를 차례로 구하시오.

0410 정팔각형

0411 정십각형

0412 정십이각형

0413 정십팔각형

[0414~0417] 한 내각의 크기가 다음과 같은 정다각형의 이름을 쓰시오.

0414 60°

0415 108°

0416 140°

0417 150°

[0418~0421] 한 외각의 크기가 다음과 같은 정다각형의 이름을 쓰시오.

0418 18°

0419 24°

0420 36°

0421 45°

유형 다 잡기

유형 01 다각형

개념 04-1

(1) 다각형 : 3개 이상의 선분으로 둘러싸인 평면도형
예 삼각형, 사각형, 오각형, 육각형, ...
(2) 다각형이 아닌 것
① 전체 또는 일부가 곡선일 때
② 선분의 일부가 끊어져 있을 때
③ 입체도형

0422 대표 문제

다음 중 다각형이 아닌 것을 모두 고르면? (정답 2개)

① 오각형 ② 원 ③ 사다리꼴
④ 정육각형 ⑤ 구

0423

다음 보기에서 다각형의 개수는?

보기

사각형	오각기둥	팔각형
반원	정육면체	원뿔
정십각형	삼각뿔	

① 2 ② 3 ③ 4
④ 5 ⑤ 6

0424

다음 중 다각형에 대한 설명으로 옳지 않은 것은?

① 팔각형의 꼭짓점은 8개이다.
② 다각형을 이루는 각 선분을 모서리라 한다.
③ 육각형의 변은 6개이다.
④ 다각형은 3개 이상의 선분으로 둘러싸인 평면도형이다.
⑤ 한 다각형에서 꼭짓점의 개수와 변의 개수는 항상 같다.

유형 02 다각형의 내각과 외각

개념 04-1

(1) 내각 : 다각형에서 이웃하는 두 변으로 이루어진 내부의 각
(2) 외각 : 다각형의 각 꼭짓점에서 한 변과 그 변에 이웃하는 변의 연장선이 이루는 각
(3) 다각형의 한 꼭짓점에서의 내각의 크기와 외각의 크기의 합은 180°이다.

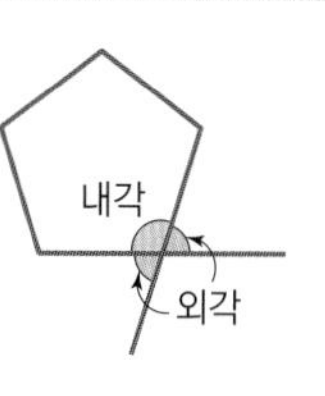

0425 대표 문제

오른쪽 그림의 $\triangle ABC$에서 $\angle x+\angle y$의 크기를 구하시오.

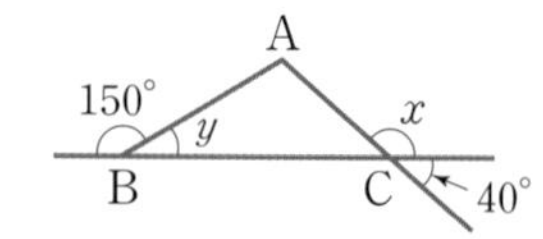

0426 서술형

오른쪽 그림의 사각형 ABCD에서 $\angle B$의 외각과 $\angle D$의 내각의 크기의 합을 구하시오.

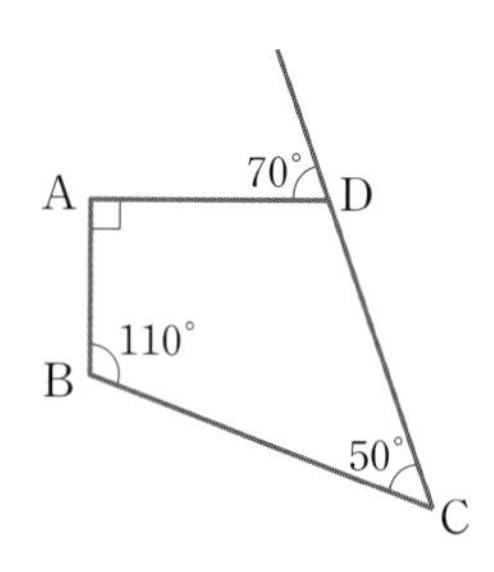

0427

오른쪽 그림의 오각형 ABCDE에서 x의 값을 구하시오.

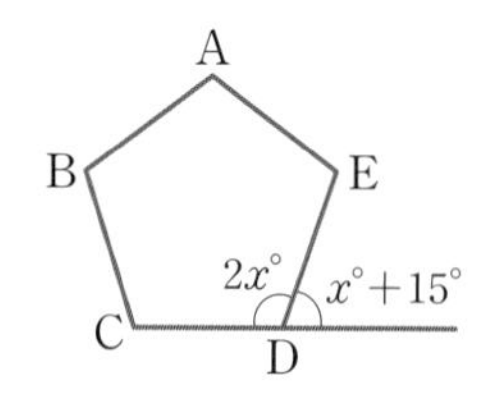

0428 수매씽 Pick!

오른쪽 그림의 사각형 ABCD에서 x, y의 값을 각각 구하시오.

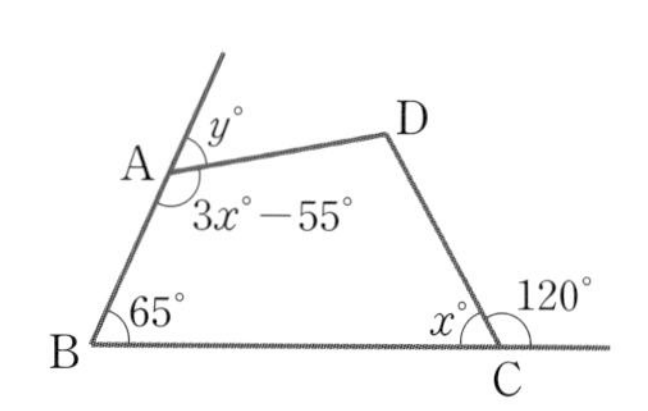

중요!
유형 03 정다각형

개념 04-1

정다각형 : 변의 길이가 모두 같고 내각의 크기가 모두 같은 다각형

0429 대표 문제

다음 중 옳지 않은 것은?

① 정다각형은 모든 외각의 크기가 같다.
② 세 변의 길이가 같은 삼각형은 정삼각형이다.
③ 꼭짓점의 개수가 6인 정다각형은 정육각형이다.
④ 네 변의 길이가 모두 같고 네 내각의 크기가 모두 같은 다각형은 정사각형이다.
⑤ 변의 길이가 모두 같은 다각형을 정다각형이라 한다.

0430 수매씽 Pick!

다음 중 옳은 것을 모두 고르면? (정답 2개)

① 정다각형은 모든 변의 길이가 같다.
② 네 내각의 크기가 같은 다각형은 정사각형이다.
③ 네 변의 길이가 같은 다각형은 정사각형이다.
④ 정다각형은 모든 내각의 크기가 같다.
⑤ 정다각형은 한 내각의 크기와 한 외각의 크기가 서로 같다.

0431

다음 조건을 모두 만족시키는 다각형의 이름을 쓰시오.

> (가) 모든 변의 길이가 같다.
> (나) 모든 내각의 크기가 같다.
> (다) 꼭짓점의 개수와 변의 개수의 합이 16이다.

유형 04 다각형의 한 꼭짓점에서 그을 수 있는 대각선

개념 04-1

(1) n각형의 한 꼭짓점에서 그을 수 있는 대각선의 개수
⇨ $n-3$ (단, $n\geq 4$)
(2) n각형의 한 꼭짓점에서 대각선을 그었을 때 생기는 삼각형의 개수 ⇨ $n-2$ (단, $n\geq 4$)
(3) n각형의 내부의 한 점에서 각 꼭짓점에 선분을 그었을 때 생기는 삼각형의 개수 ⇨ n

0432 대표 문제

칠각형의 한 꼭짓점에서 그을 수 있는 대각선의 개수를 a, 이때 생기는 삼각형의 개수를 b라 할 때, $a+b$의 값은?

① 7 ② 8 ③ 9
④ 10 ⑤ 11

0433

한 꼭짓점에서 그을 수 있는 대각선의 개수가 11인 다각형은?

① 십일각형 ② 십이각형 ③ 십삼각형
④ 십사각형 ⑤ 십오각형

0434

어떤 다각형의 내부의 한 점에서 각 꼭짓점에 선분을 그었을 때 생기는 삼각형의 개수가 7이다. 이 다각형의 한 꼭짓점에서 그을 수 있는 대각선의 개수를 구하시오.

0435

어떤 다각형의 한 꼭짓점에서 대각선을 그었을 때 생기는 삼각형의 개수를 a, 이 다각형의 한 꼭짓점에서 그을 수 있는 대각선의 개수를 b라 할 때, $a+b=11$인 다각형의 이름을 쓰시오.

유형 05 다각형의 대각선의 개수

중요!

개념 04-1

n각형의 대각선의 개수 ⇨ $\frac{n(n-3)}{2}$ (단, $n \geq 4$)

0436 대표 문제

어떤 다각형의 한 꼭짓점에서 대각선을 그었을 때 생기는 삼각형의 개수가 12일 때, 이 다각형의 대각선의 개수는?

① 44 ② 54 ③ 65
④ 77 ⑤ 90

0437

십삼각형의 대각선의 개수는?

① 44 ② 54 ③ 65
④ 77 ⑤ 90

0438 서술형

십일각형의 한 꼭짓점에서 그을 수 있는 대각선의 개수를 a, 대각선의 총 개수를 b라 할 때, $a+b$의 값을 구하시오.

0439

어떤 다각형의 내부의 한 점에서 각 꼭짓점에 선분을 그었을 때 생기는 삼각형의 개수가 10일 때, 이 다각형의 대각선의 개수는?

① 35 ② 44 ③ 54
④ 65 ⑤ 77

0440

어떤 다각형의 한 꼭짓점에서 그을 수 있는 대각선의 개수와 다각형의 변의 개수의 합이 15일 때, 이 다각형의 대각선의 개수를 구하시오.

0441 수매씽 Pick!

오른쪽 그림과 같이 원탁에 5명의 학생이 앉아 있다. 각 학생은 양 옆에 앉은 사람을 제외한 모든 사람과 한 번씩 악수를 할 때, 악수는 모두 몇 번을 하게 되는지 구하시오.

0442

오른쪽 그림은 사거리의 대각선 횡단보도이다. 대각선 횡단보도가 설치된 곳은 신호등의 신호가 바뀌면 보행자가 자신이 가고 싶은 곳을 최단거리로 횡단할 수 있다. 오거리에 대각선 횡단보도를 만들면 건너는 길이 모두 몇 개 생기는지 구하시오.

유형 06 대각선의 개수가 주어졌을 때 다각형 구하기

개념 04-1

대각선의 개수가 k인 다각형

⇨ 구하는 다각형을 n각형이라 하고, $\frac{n(n-3)}{2}=k$를 만족시키는 n의 값을 구한다.

0443 대표 문제

대각선의 개수가 90인 다각형의 한 꼭짓점에서 그을 수 있는 대각선의 개수는?

① 9 ② 10 ③ 11
④ 12 ⑤ 13

0444

대각선의 개수가 27인 다각형의 이름을 쓰시오.

0445

대각선의 개수가 9인 다각형의 내부의 한 점에서 각 꼭짓점에 선분을 그었을 때 생기는 삼각형의 개수는?

① 4 ② 5 ③ 6
④ 7 ⑤ 8

0446

대각선의 개수가 54인 다각형의 한 꼭짓점에서 그을 수 있는 대각선의 개수를 a, 이때 생기는 삼각형의 개수를 b라 하자. a, b의 값을 각각 구하시오.

유형 07 삼각형의 내각의 크기의 합

중요!

개념 04-2

삼각형의 세 내각의 크기의 합은 180°이다.

⇨ △ABC에서 ∠A+∠B+∠C=180°

0447 대표 문제

오른쪽 그림의 △ABC에서 x의 값을 구하시오.

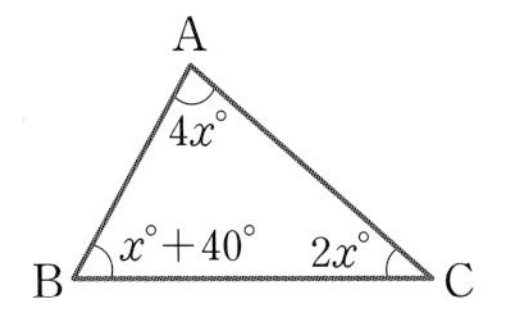

0448

오른쪽 그림에서 x의 값은?

① 35 ② 40
③ 45 ④ 50
⑤ 55

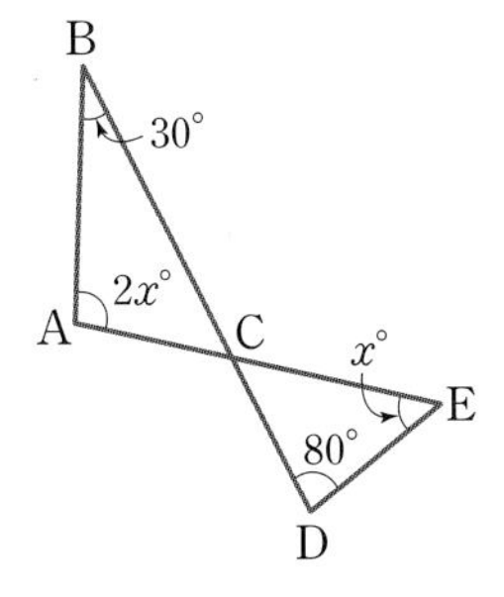

0449

오른쪽 그림의 △ABC에서 ∠C의 크기는 ∠A의 크기보다 20°만큼 작고, ∠B의 크기는 ∠C의 크기의 2배일 때, ∠B의 크기를 구하시오.

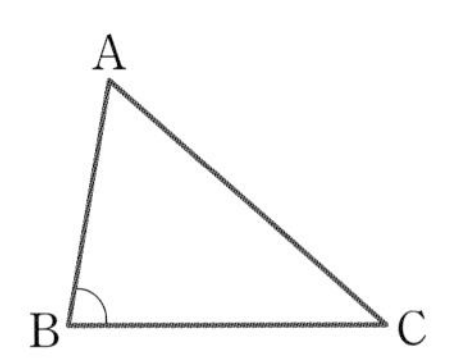

0450 수매씽 Pick!

삼각형의 세 내각의 크기의 비가 5 : 6 : 7일 때, 가장 작은 내각의 크기를 구하시오.

04 다각형

중요!

유형 08 삼각형의 내각과 외각의 크기 사이의 관계

개념 04-2

삼각형의 한 외각의 크기는 그와 이웃하지 않는 두 내각의 크기의 합과 같다.

0451 대표 문제

오른쪽 그림의 $\triangle ABC$에서 x의 값을 구하시오.

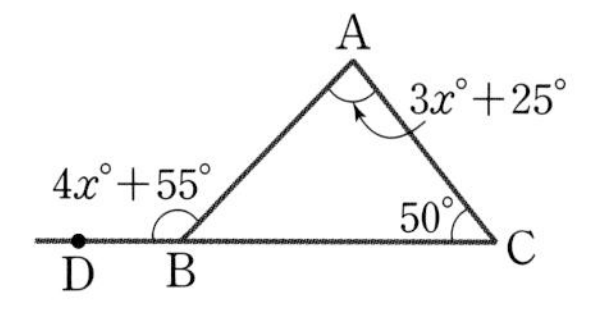

0452 수매씽 Pick!

오른쪽 그림에서 x의 값을 구하시오.

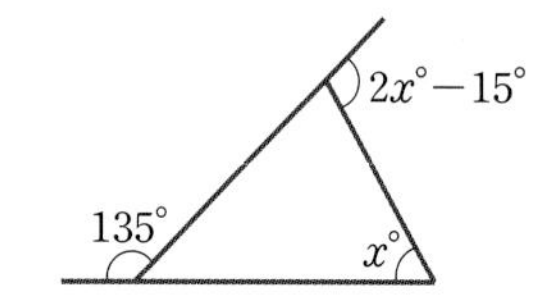

0453 서술형

오른쪽 그림에서 $\angle DEC=\angle CAB=15°$이고 $\angle CDE=25°$일 때, $\angle x$의 크기를 구하시오.

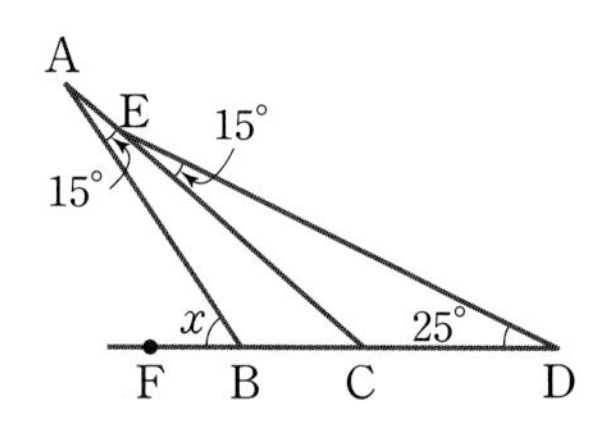

0454

오른쪽 그림에서 $\angle x+\angle y$의 크기를 구하시오.

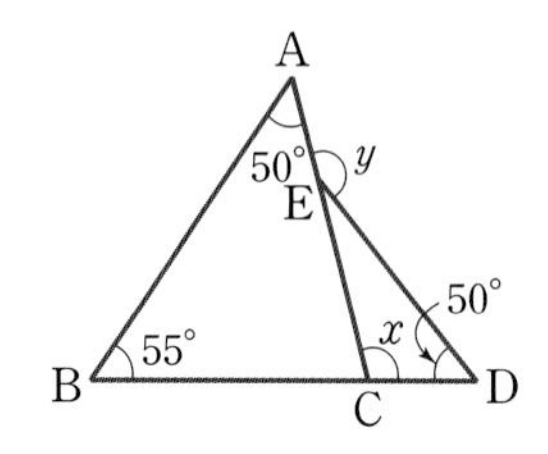

유형 09 삼각형의 한 내각의 이등분선이 이루는 각

개념 04-2

오른쪽 그림의 $\triangle ABC$에서 $\overline{AD}$가 $\angle A$의 이등분선일 때

(1) $\triangle ABD$에서
$\angle y=\angle x+\angle a$

(2) $\triangle ADC$에서
$\angle z=\angle y+\angle a$

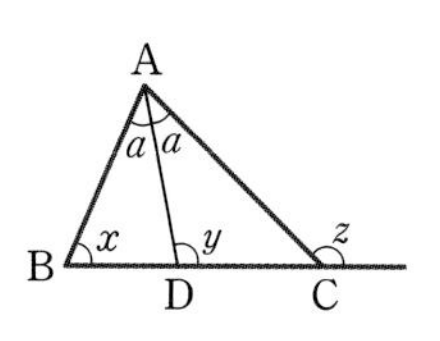

0455 대표 문제

오른쪽 그림의 $\triangle ABC$에서 $\overline{AD}$가 $\angle A$의 이등분선일 때, $\angle x$의 크기는?

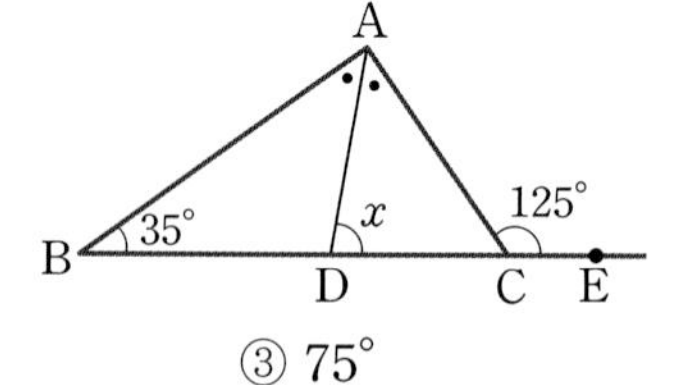

① 65° ② 70° ③ 75°
④ 80° ⑤ 85°

0456

오른쪽 그림의 $\triangle ABC$에서 $\overline{AD}$가 $\angle A$의 이등분선일 때, $\angle x$의 크기는?

① 65° ② 70°
③ 75° ④ 80°
⑤ 85°

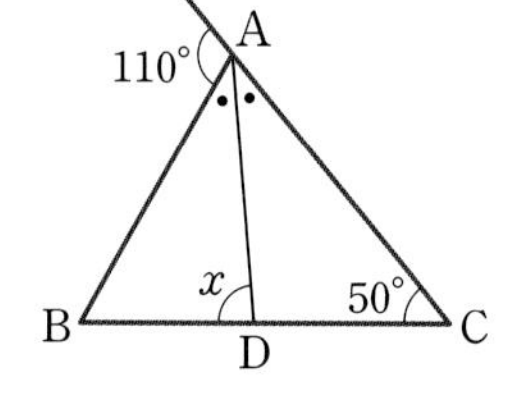

0457

오른쪽 그림의 $\triangle ABC$에서 $\overline{BD}$가 $\angle B$의 이등분선일 때, $\angle x$의 크기를 구하시오.

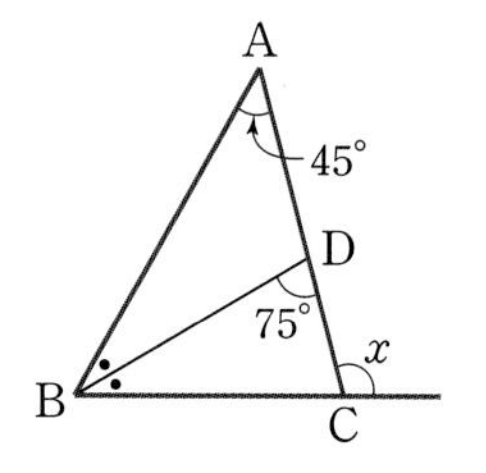

유형 10 삼각형의 두 내각의 이등분선이 이루는 각

개념 04-2

오른쪽 그림의 △ABC에서 ∠B와 ∠C의 이등분선의 교점을 I라 할 때,

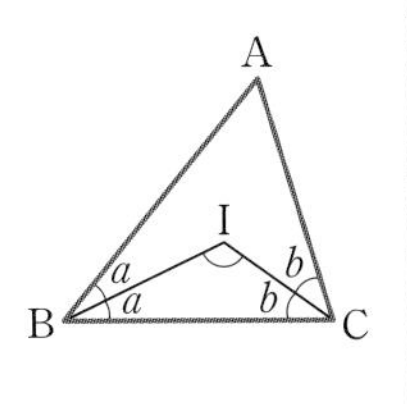

△ABC에서

$2\angle a+2\angle b=180°-\angle A$

$\therefore\ \angle a+\angle b=90°-\frac{1}{2}\angle A$ …… ㉠

△IBC에서

$\angle a+\angle b=180°-\angle BIC$ …… ㉡

㉠, ㉡에서 $\angle BIC=90°+\frac{1}{2}\angle A$

유형 11 삼각형의 한 내각과 한 외각의 이등분선이 이루는 각

개념 04-2

오른쪽 그림의 △ABC에서 ∠B의 이등분선과 ∠C의 외각의 이등분선의 교점을 D라 할 때,

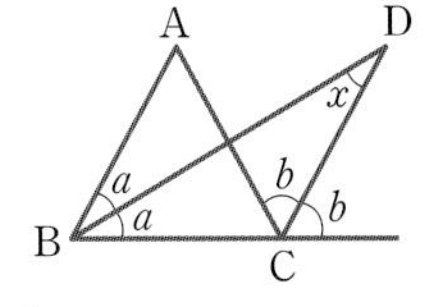

△ABC에서 $2\angle b=2\angle a+\angle A$

$\therefore\ \angle b=\angle a+\frac{1}{2}\angle A$ …… ㉠

△DBC에서 $\angle b=\angle a+\angle x$ …… ㉡

㉠, ㉡에서 $\angle x=\frac{1}{2}\angle A$

0458 대표 문제

오른쪽 그림의 △ABC에서 ∠ABI=∠IBC, ∠ACI=∠ICB이고 ∠A=56°일 때, ∠x의 크기를 구하시오.

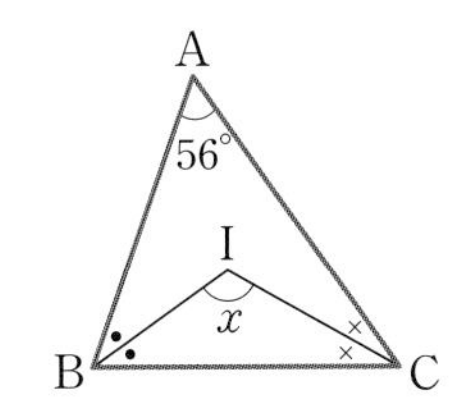

0459 ●●●● 서술형

오른쪽 그림의 △ABC에서 점 I는 ∠B와 ∠C의 이등분선의 교점이다. ∠BIC=112°일 때, ∠x의 크기를 구하시오.

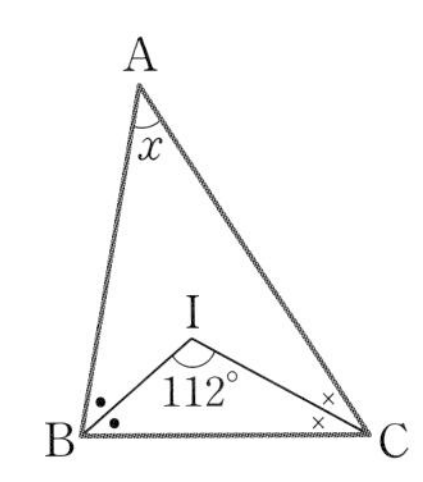

0460 ●●●●

오른쪽 그림의 △ABC에서 ∠B와 ∠C의 이등분선의 교점을 I, $\overline{BI}$의 연장선과 $\overline{AC}$의 교점을 D라 하자. ∠CID=41°일 때, ∠x의 크기를 구하시오.

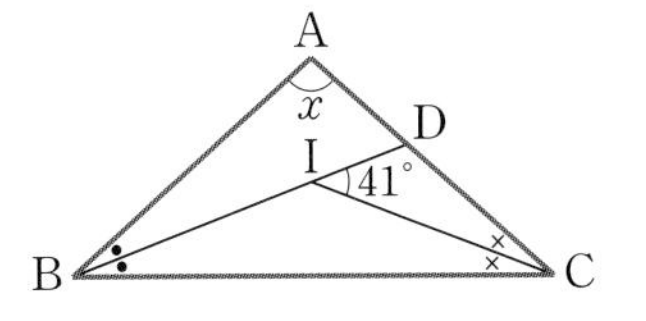

0461 대표 문제

오른쪽 그림의 △ABC에서 점 D는 ∠B의 이등분선과 ∠C의 외각의 이등분선의 교점이다. ∠A=50°일 때, ∠x의 크기를 구하시오.

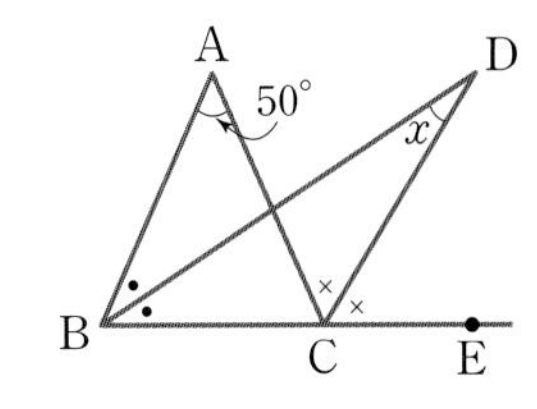

0462 ●●●● 수매씽 Pick!

오른쪽 그림의 △ABC에서 점 D는 ∠B의 이등분선과 ∠C의 외각의 이등분선의 교점이다. ∠D=40°일 때, ∠x의 크기를 구하시오.

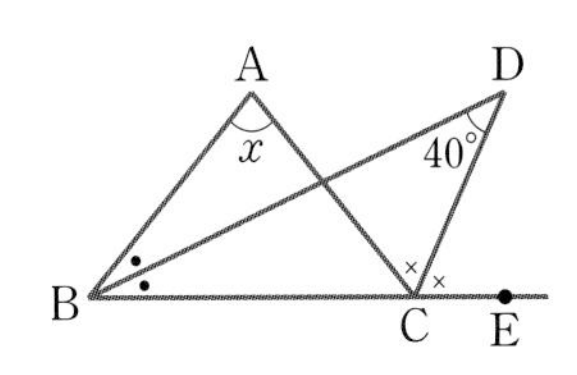

0463 ●●●●

오른쪽 그림과 같이 △ABC에서 ∠B의 이등분선과 ∠C의 외각의 이등분선의 교점을 D라 하자. ∠y=k∠x일 때, 상수 k의 값을 구하시오.

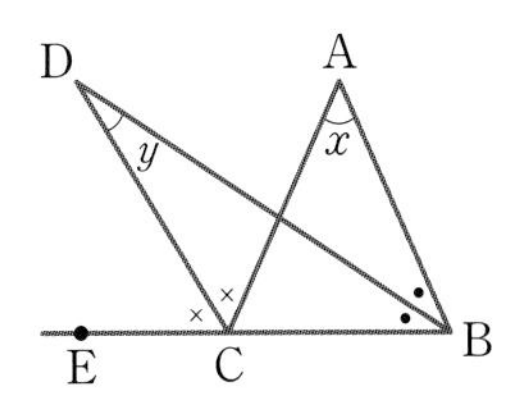

중요!

유형 12 이등변삼각형의 성질을 이용하여 각의 크기 구하기

개념 04-2

오른쪽 그림의 △ABC에서

$\angle B=a^\circ$이고 $\overline{AB}=\overline{AC}$이면

(1) $\angle C=\angle B=a^\circ$

(2) ($\angle A$의 외각의 크기)$=2a^\circ$

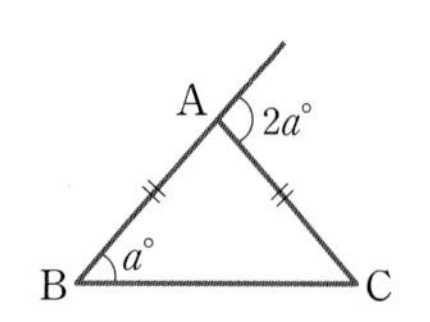

0464 대표 문제

오른쪽 그림에서

$\overline{AB}=\overline{AC}=\overline{CD}$이고 $\angle B=33^\circ$일 때, $\angle x$의 크기는?

① 91° ② 95° ③ 99° ④ 100° ⑤ 103°

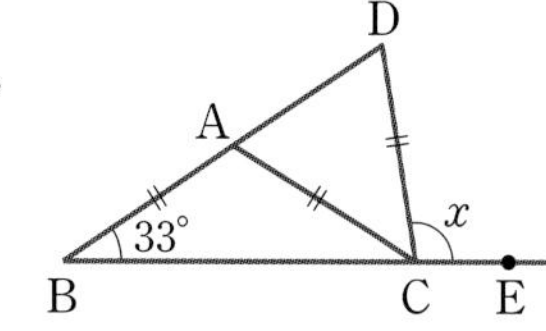

0465 ●●●●

오른쪽 그림과 같은 △ABC에서 $\overline{AB}=\overline{AC}$, $\overline{BC}=\overline{BD}$이고, $\angle A=52^\circ$일 때, $\angle x$의 크기를 구하시오.

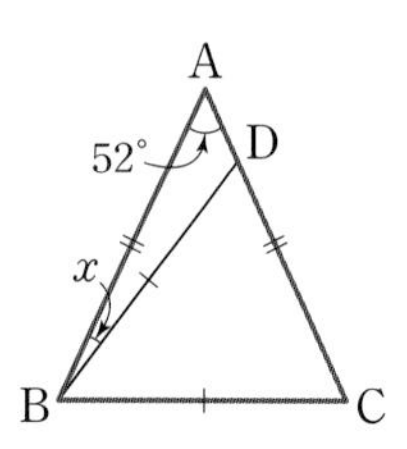

0466 ●●●● 수매씽 Pick!

다음 그림에서 $\overline{AB}=\overline{BC}=\overline{CD}=\overline{DE}$이고 $\angle EDF=84^\circ$일 때, $\angle x$의 크기를 구하시오.

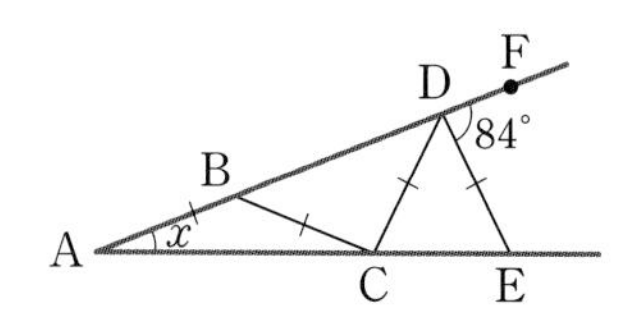

유형 13 삼각형의 내각의 크기의 합의 활용

개념 04-2

△ABC에서

$(\angle a+\angle b+\angle c)+(\bullet+\times)=180^\circ$ …… ㉠

△DBC에서

$\angle x+(\bullet+\times)=180^\circ$ …… ㉡

㉠, ㉡에서 $\angle x=\angle a+\angle b+\angle c$

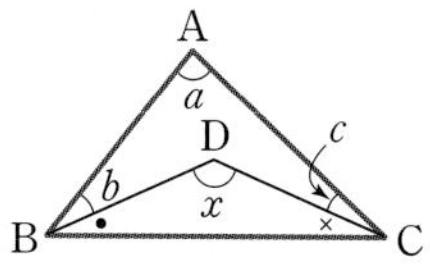

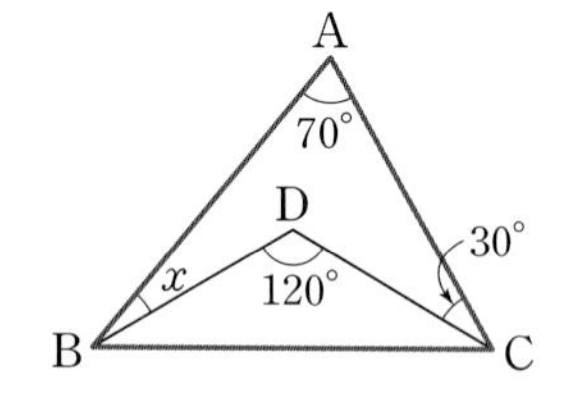

0467 대표 문제

오른쪽 그림의 △ABC에서 $\angle x$의 크기는?

① 10° ② 15° ③ 20° ④ 25° ⑤ 30°

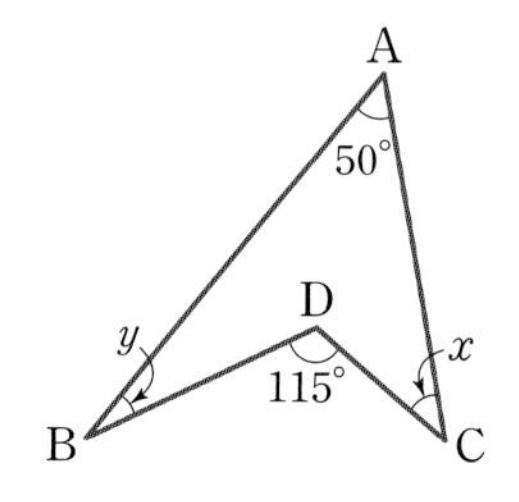

0468 ●●●●

오른쪽 그림에서 $\angle x+\angle y$의 크기를 구하시오.

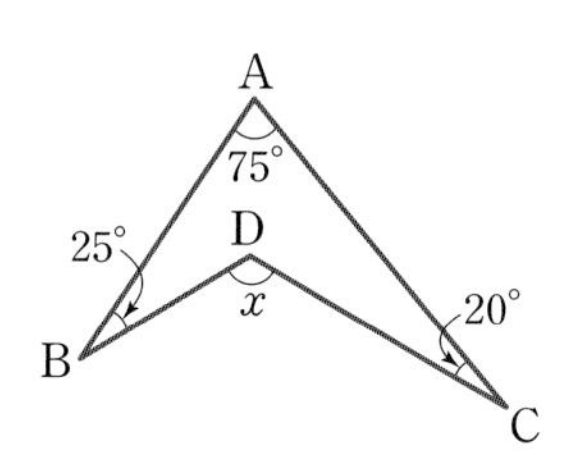

0469 ●●●●

오른쪽 그림에서 $\angle x$의 크기는?

① 110° ② 120° ③ 130° ④ 140° ⑤ 150°

A
75°
25°
D
x
20°
B
C

유형 14 별 모양의 도형에서 각의 크기 구하기 (개념 04-2)

주어진 각을 내각 또는 외각으로 하는 삼각형을 찾는다.
△FCE에서 $\angle AFG=\angle c+\angle e$
△BDG에서 $\angle AGF=\angle b+\angle d$
⇨ △AFG에서
$\angle a+\angle b+\angle c+\angle d+\angle e=180^\circ$

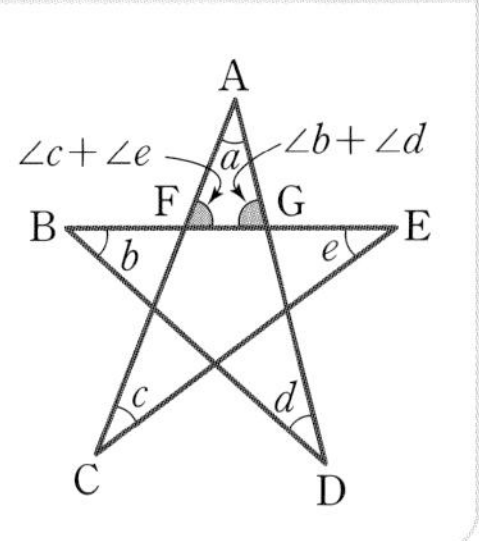

0470 대표 문제

오른쪽 그림에서 $\angle x$의 크기는?

① 25° ② 26°
③ 27° ④ 28°
⑤ 29°

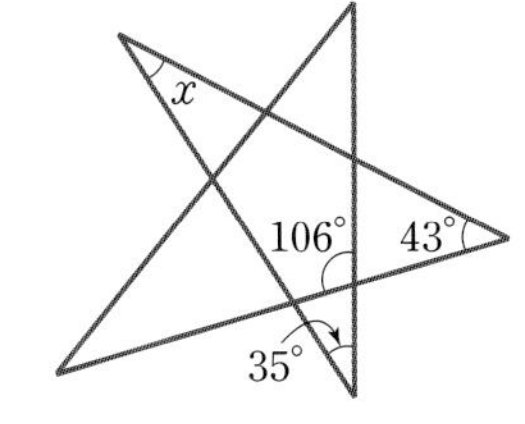

0471

오른쪽 그림에서 $\angle x$의 크기는?

① 100° ② 105°
③ 110° ④ 115°
⑤ 120°

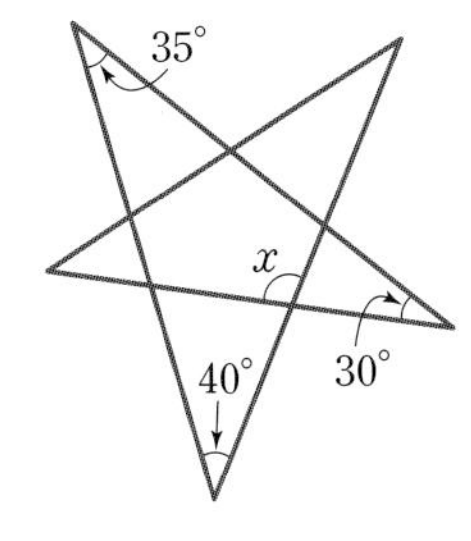

0472 서술형

오른쪽 그림에서 $\angle x+\angle y$의 크기를 구하시오.

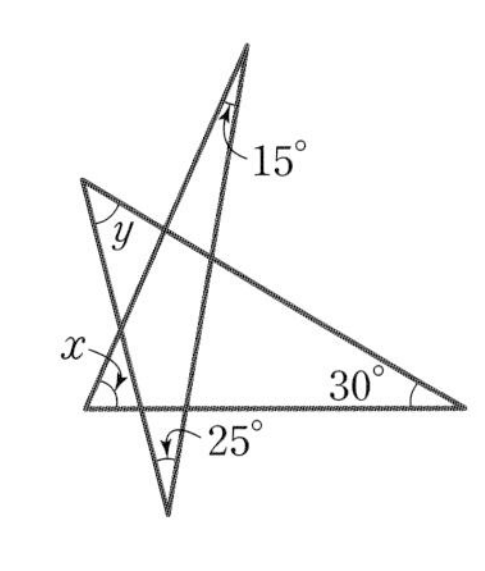

유형 15 다각형의 내각의 크기의 합 (중요!) (개념 04-3)

(1) n각형의 한 꼭짓점에서 대각선을 그었을 때 생기는 삼각형의 개수
⇨ $n-2$ (단, $n\geq4$)
(2) n각형의 내각의 크기의 합
⇨ $180^\circ\times(n-2)$ (단, $n\geq3$)

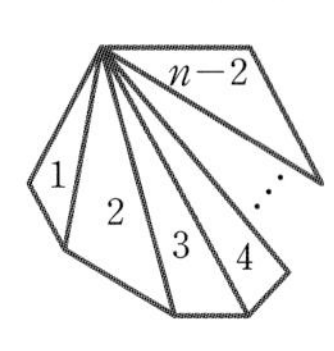

0473 대표 문제

내각의 크기의 합이 900°인 다각형의 대각선의 개수는?

① 9 ② 14 ③ 20
④ 27 ⑤ 35

0474 수매씽 Pick!

내각의 크기의 합이 1080°인 다각형의 변의 개수를 구하시오.

0475

한 꼭짓점에서 그을 수 있는 대각선의 개수가 6인 다각형의 내각의 크기의 합을 구하시오.

0476

다음 조건을 모두 만족시키는 다각형의 이름을 쓰시오.

(가) 모든 변의 길이가 같다.
(나) 모든 내각의 크기가 같다.
(다) 내각의 크기의 합이 1980°이다.

0477 ●●●● 수매씽 Pick!

대각선의 개수가 65인 다각형의 내각의 크기의 합은?

① $1440°$ ② $1620°$ ③ $1800°$
④ $1980°$ ⑤ $2160°$

0478 ●●●●

내각의 크기의 합이 $1200°$보다 큰 다각형 중 꼭짓점의 개수가 가장 적은 다각형의 대각선의 개수는?

① 27 ② 35 ③ 44
④ 54 ⑤ 65

0479 ●●●●

다음은 십각형의 내각의 크기의 합을 구하는 과정이다. (가), (나), (다)에 알맞은 것을 각각 구하시오.

> 십각형의 내부의 한 점에서 각 꼭짓점에 선분을 그으면 십각형은 (가) 개의 삼각형으로 나누어진다.
> 이때 나누어진 삼각형의 내각의 크기의 합은 $180° \times$ (가) 이고, 내부에 있는 한 점에 모인 각의 크기의 합은 (나) 이다.
> 따라서 십각형의 내각의 크기의 합은
> $180° \times$ (가) $-$ (나) $=$ (다)

유형 16 다각형의 내각의 크기의 합을 이용하여 각의 크기 구하기 — 개념 04-3

❶ n각형의 내각의 크기의 합을 구한다.
⇨ $180° \times (n-2)$
❷ ❶을 이용하여 크기가 주어지지 않은 내각의 크기를 구한다.

0480 대표 문제

오른쪽 그림에서 $\angle x$의 크기를 구하시오.

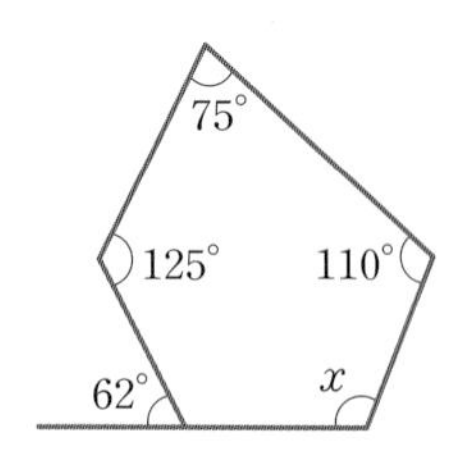

0481 ●●●●

오른쪽 그림에서 $\angle x$의 크기를 구하시오.

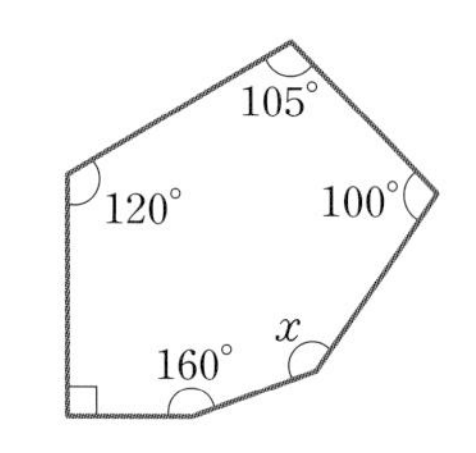

0482 ●●●●

오른쪽 그림에서 $\angle a+\angle b+\angle c+\angle d+\angle e+\angle f$의 크기를 구하시오.

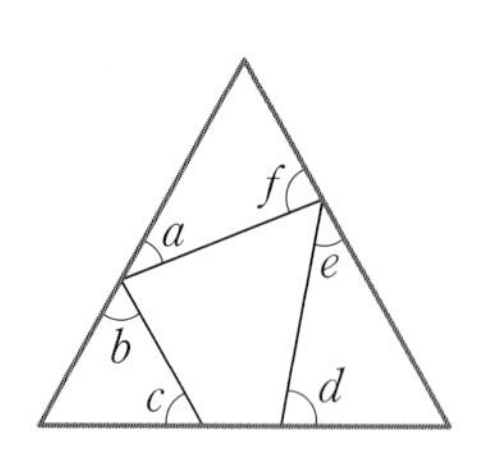

0483 ●●●● 서술형

오른쪽 그림에서 $\angle ABE=\angle EBC$, $\angle DCE=\angle ECB$이고 $\angle A=120°$, $\angle D=80°$일 때, $\angle x$의 크기를 구하시오.

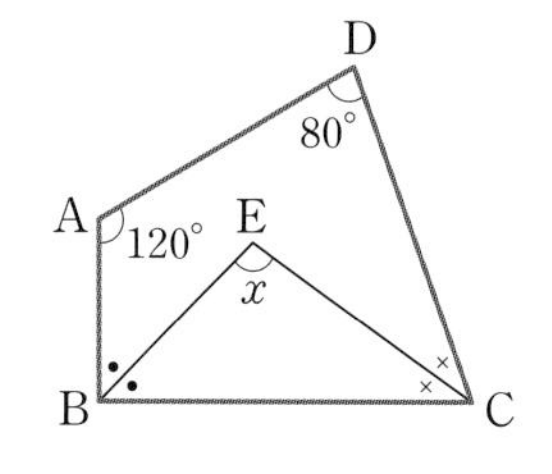

유형 17 다각형의 외각의 크기의 합 (개념 04-3)

(1) 다각형의 한 꼭짓점에서의 내각과 외각의 크기의 합은 항상 $180°$이다.
(2) 다각형의 외각의 크기의 합은 항상 $360°$이다.

0484 대표 문제

오른쪽 그림에서 $\angle x$의 크기는?

① $88°$ ② $89°$
③ $90°$ ④ $91°$
⑤ $92°$

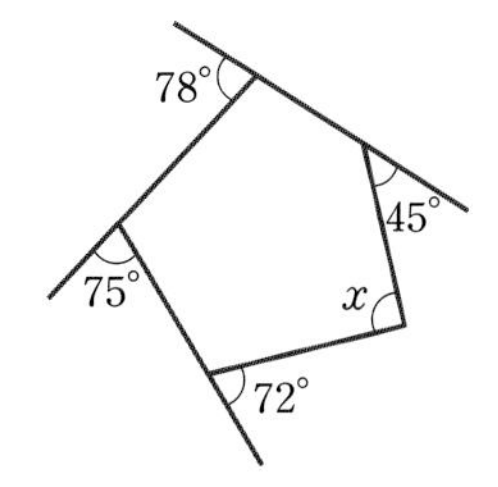

0485

오른쪽 그림에서 x의 값을 구하시오.

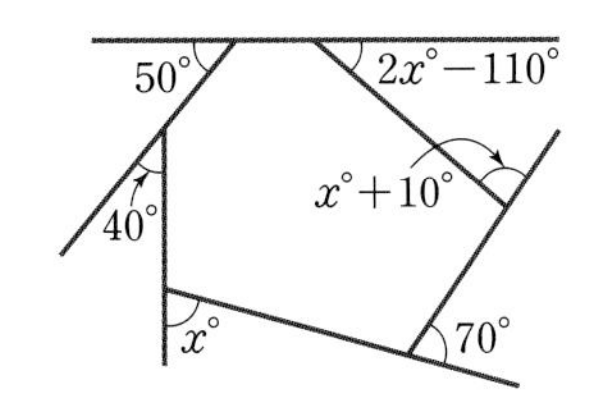

0486 수매씽 Pick!

오른쪽 그림에서 x의 값은?

① 16 ② 18
③ 20 ④ 22
⑤ 24

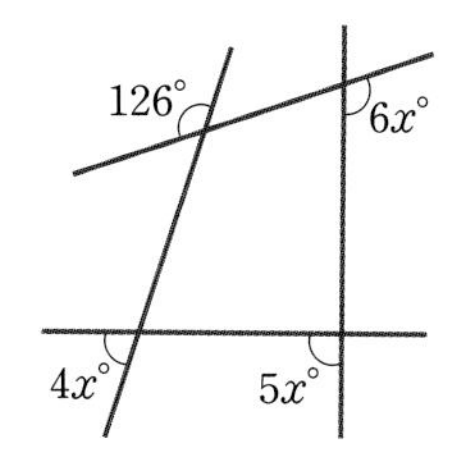

0487

오른쪽 그림과 같이 강아지가 점 P에서 출발하여 칠각형 모양의 꽃밭의 가장자리를 따라 한 바퀴 돌아 점 P로 되돌아왔다. 이때 강아지가 각 꼭짓점에서 회전한 각의 크기의 합을 구하시오.

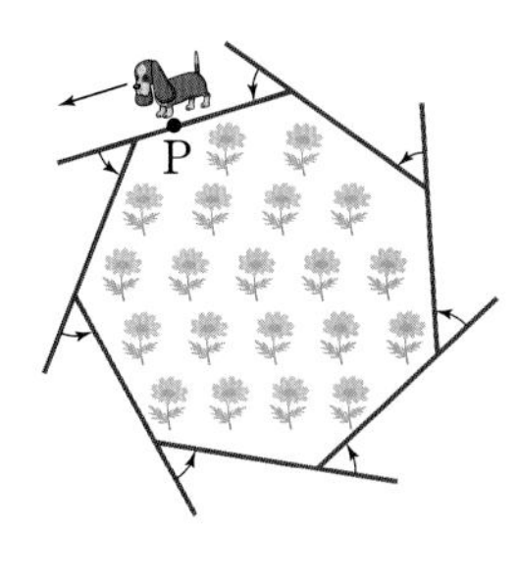

유형 18 중요! 정다각형의 한 내각과 한 외각의 크기 (개념 04-4)

(1) 정n각형의 한 내각의 크기 ⇨ $\dfrac{180° \times (n-2)}{n}$
(2) 정n각형의 한 외각의 크기 ⇨ $\dfrac{360°}{n}$

0488 대표 문제

한 내각의 크기와 한 외각의 크기의 비가 $3:2$인 정다각형의 한 꼭짓점에서 그을 수 있는 대각선의 개수는?

① 2 ② 3 ③ 4
④ 5 ⑤ 6

0489 서술형

정십이각형의 한 내각의 크기를 $a°$, 정구각형의 한 외각의 크기를 $b°$라 할 때, $a+b$의 값을 구하시오.

0490

다음 중 대각선의 개수가 20인 정다각형에 대한 설명으로 옳지 않은 것은?

① 한 꼭짓점에서 대각선을 그으면 6개의 삼각형으로 나누어진다.
② 한 꼭짓점에서 그을 수 있는 대각선의 개수는 5이다.
③ 내각의 크기의 합은 $1080°$이다.
④ 한 외각의 크기는 $45°$이다.
⑤ 한 내각의 크기는 $140°$이다.

0491 ●●●●

다음 보기에서 옳은 것을 모두 고른 것은?

보기

ㄱ. 정삼각형의 한 내각의 크기는 정육각형의 한 외각의 크기와 같다.

ㄴ. 정육각형의 한 외각의 크기와 정오각형의 한 외각의 크기의 차는 $14°$이다.

ㄷ. 정다각형의 변의 개수가 많을수록 한 외각의 크기는 작아진다.

① ㄴ　② ㄷ　③ ㄱ, ㄴ　④ ㄱ, ㄷ　⑤ ㄱ, ㄴ, ㄷ

0492 ●●●● 수매씽 Pick!

한 외각의 크기가 $30°$인 정다각형의 내각의 크기의 합을 구하시오.

0493 ●●●●

한 외각의 크기가 한 내각의 크기보다 $120°$만큼 작은 정다각형의 이름을 쓰시오.

0494 ●●●●

오른쪽 그림은 정다각형 모양 접시의 깨진 일부이다. 깨지기 전 접시는 어떤 정다각형 모양이었는지 정다각형의 이름을 쓰시오.

유형 19 정다각형의 한 내각의 크기의 활용(1) 개념 04-4

(1) 정삼각형 ABC에서
① $\angle A=\angle B=\angle C=60°$
② $\overline{AB}=\overline{BC}=\overline{CA}$

(2) 정사각형 ABCD에서
① $\angle A=\angle B=\angle C=\angle D=90°$
② $\overline{AB}=\overline{BC}=\overline{CD}=\overline{DA}$

0495 대표 문제

오른쪽 그림에서 사각형 ABCD는 정사각형이고, 삼각형 AED는 정삼각형일 때, $\angle x$의 크기를 구하시오.

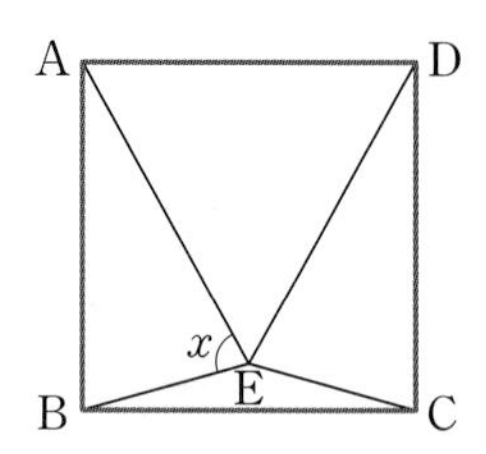

0496 ●●●●

오른쪽 그림은 정삼각형 ABC의 두 변 BC, AC 위에 $\overline{CD}=\overline{AE}$가 되도록 두 점 D, E를 각각 잡은 것이다. $\angle x$의 크기를 구하시오.

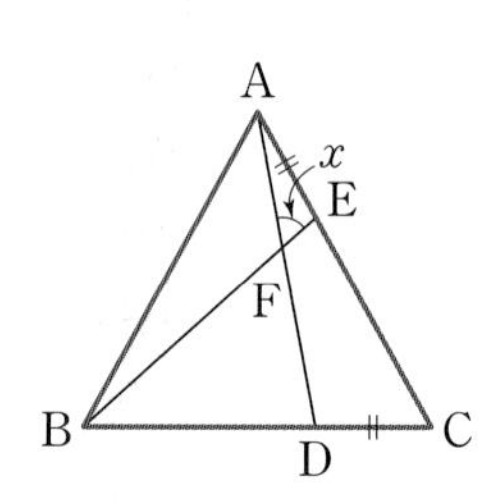

0497 ●●●●

오른쪽 그림과 같이 한 변의 길이가 같은 정사각형 ABCD와 정삼각형 ADE에서 $\overline{AD}$와 $\overline{EC}$의 교점을 F라 할 때, $\angle x$의 크기는?

① $60°$　② $65°$　③ $70°$　④ $75°$　⑤ $80°$

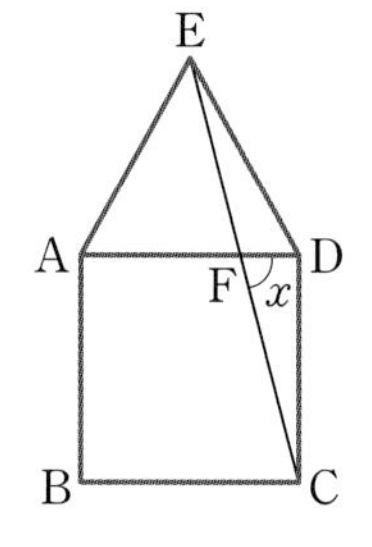

중요!
유형 20 정다각형의 한 내각의 크기의 활용 (2)

개념 04-4

정다각형에서 각의 크기를 구할 때, 다음을 이용한다.
(1) 모든 변의 길이가 같다.
(2) (정n각형의 한 내각의 크기)$=\dfrac{180^\circ\times(n-2)}{n}$

0498 대표 문제

오른쪽 그림과 같은 정오각형에서 $\overline{AC}$와 $\overline{BE}$의 교점을 F라 할 때, $\angle x$의 크기는?

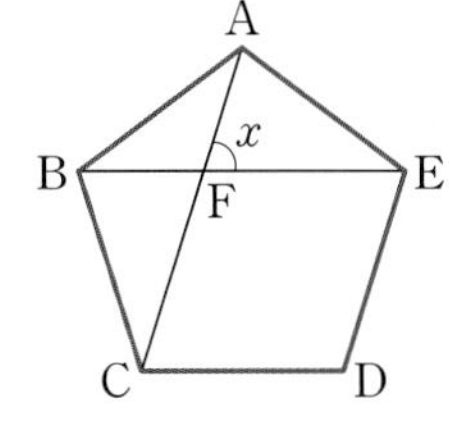

① 68° ② 70°
③ 72° ④ 74°
⑤ 76°

0499 ●●●● 수매씽 Pick!

오른쪽 그림과 같이 한 변의 길이가 같은 정사각형, 정오각형, 정육각형이 한 점 P에서 만날 때, $\angle x$의 크기를 구하시오.

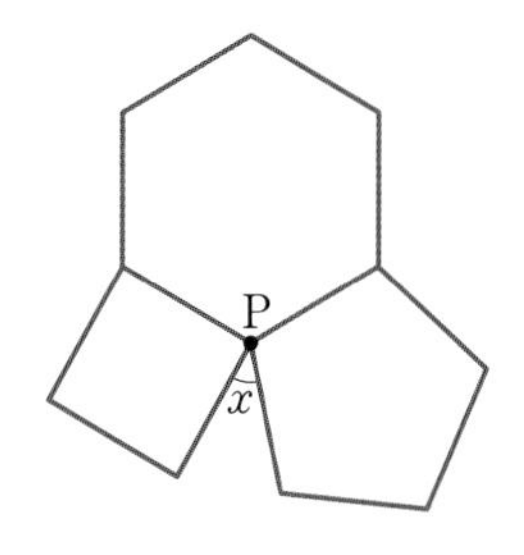

0500 ●●●●

오른쪽 그림과 같은 정오각형 ABCDE에서 $\overline{AC}$와 $\overline{BE}$의 교점을 F라 할 때, $\angle x+\angle y$의 크기를 구하시오.

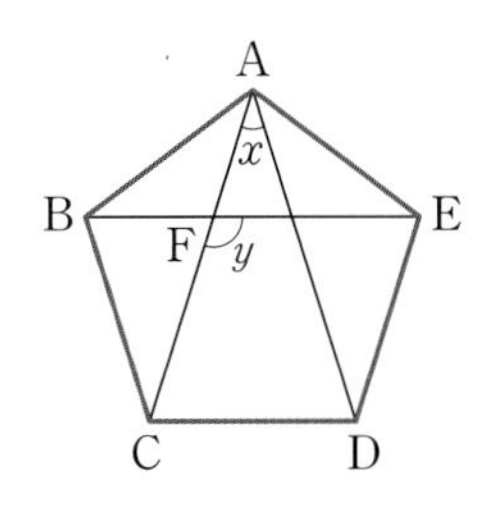

유형 21 정다각형의 한 외각의 크기의 활용

개념 04-4

정다각형에서 각의 크기를 구할 때, 다음을 이용한다.
(1) 모든 변의 길이가 같다.
(2) (정n각형의 한 외각의 크기)$=\dfrac{360^\circ}{n}$
(3) (한 내각의 크기)+(한 외각의 크기)$=180^\circ$

0501 대표 문제

오른쪽 그림과 같이 한 변의 길이가 같은 정팔각형과 정오각형을 한 변이 서로 맞닿도록 하였다. 이때 $\angle x$의 크기는?

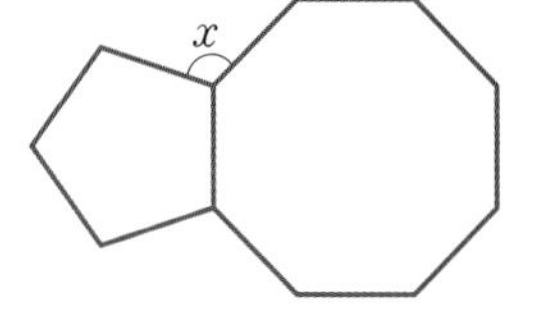

① 102° ② 109° ③ 117°
④ 125° ⑤ 132°

0502 ●●●● 서술형

오른쪽 그림과 같이 정오각형 ABCDE의 두 변 AE와 CD의 연장선의 교점을 F라 할 때, $\angle x-\angle y$의 크기를 구하시오.

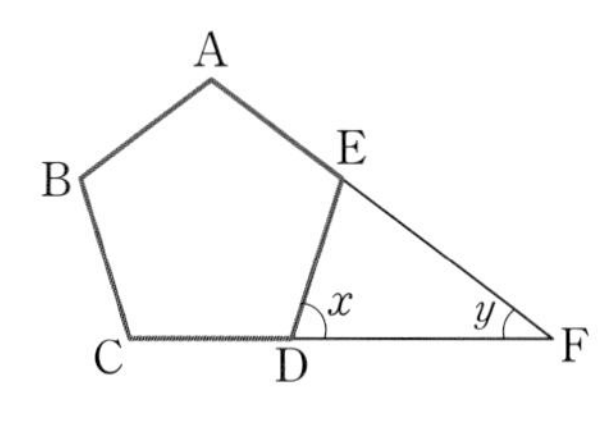

0503 ●●●●

오른쪽 그림과 같이 한 변의 길이가 같은 정오각형과 정육각형을 한 변이 서로 맞닿도록 하였다. 점 P는 $\overline{AE}$와 $\overline{HI}$의 연장선의 교점일 때, $\angle x$의 크기를 구하시오.

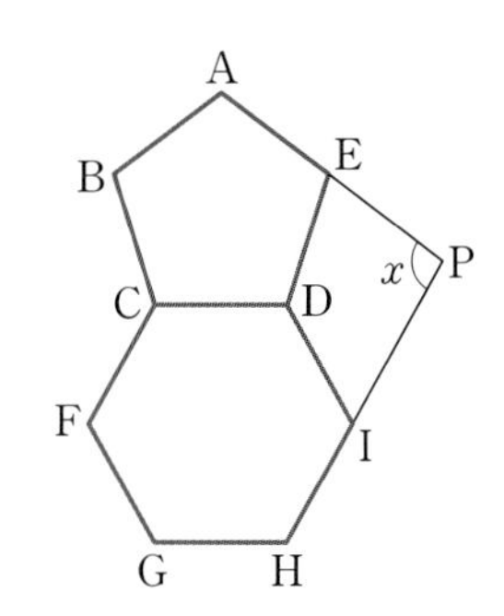

04 다각형

발전 유형 22 맞꼭지각의 성질을 이용하여 각의 크기 구하기

개념 04-3

오른쪽 그림에서 $\overline{DE}$를 그으면
맞꼭지각의 크기는 같으므로
$\angle ABC = \angle DBE = \angle b$
$\triangle ABC$에서
$\angle a + \angle c = 180° - \angle b$ …… ㉠
$\triangle BDE$에서
$\angle d + \angle e = 180° - \angle b$ …… ㉡
㉠, ㉡에서 $\angle a + \angle c = \angle d + \angle e$

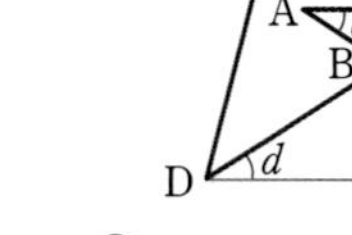

0504 대표 문제

오른쪽 그림에서 $\angle x$의 크기를 구하시오.

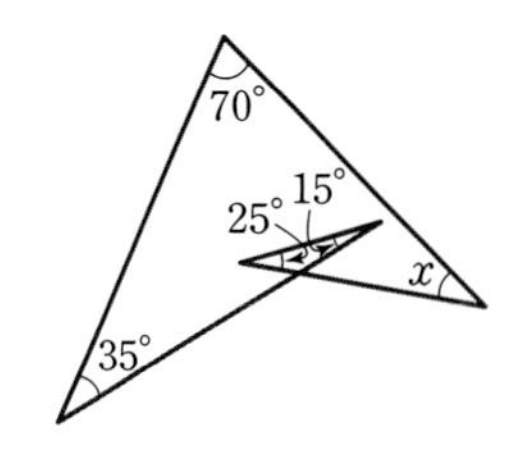

0505 ●●●● 수매씽 Pick!

오른쪽 그림에서 $\angle x$의 크기를 구하시오.

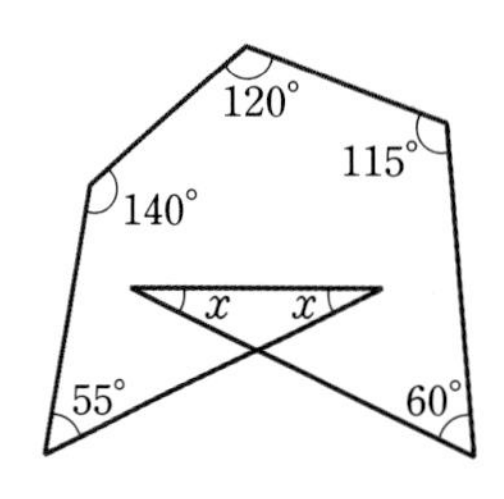

0506 ●●●●

오른쪽 그림에서
$\angle a + \angle b + \angle c + \angle d + \angle e + \angle f + \angle g + \angle h$
의 크기를 구하시오.

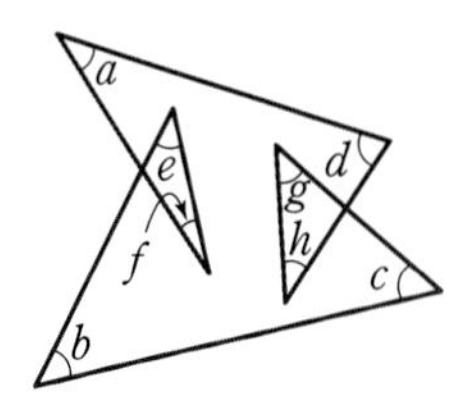

발전 유형 23 다각형의 외각의 크기의 합의 활용

개념 04-3

복잡한 모양의 도형은 삼각형이나 사각형으로 구분하여 다음의 성질을 이용한다.

(1) 삼각형의 세 내각의 크기의 합은 180°이다.
(2) 삼각형의 한 외각의 크기는 그와 이웃하지 않는 두 내각의 크기의 합과 같다.
(3) 다각형의 외각의 크기의 합은 항상 360°이다.

0507 대표 문제

오른쪽 그림에서
$\angle a + \angle b + \angle c + \angle d + \angle e + \angle f$
의 크기를 구하시오.

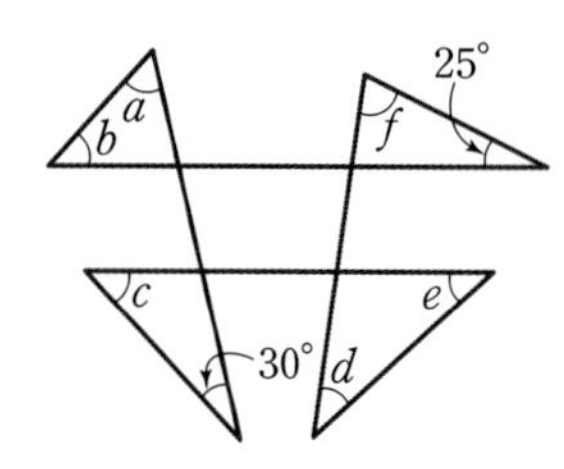

0508 ●●●●

오른쪽 그림에서
$\angle a + \angle b + \angle c + \angle d + \angle e + \angle f$
의 크기는?

① 180° ② 270°
③ 360° ④ 450°
⑤ 540°

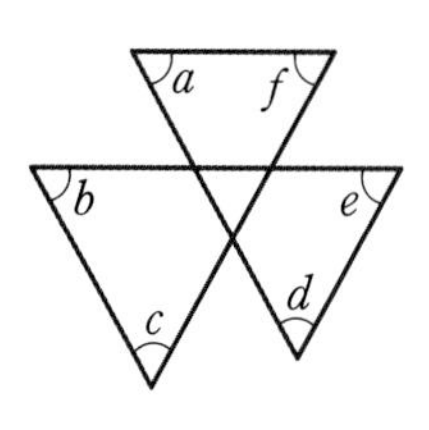

0509 ●●●●

오른쪽 그림에서
$\angle a + \angle b + \angle c + \angle d + \angle e$의 크기를 구하시오.

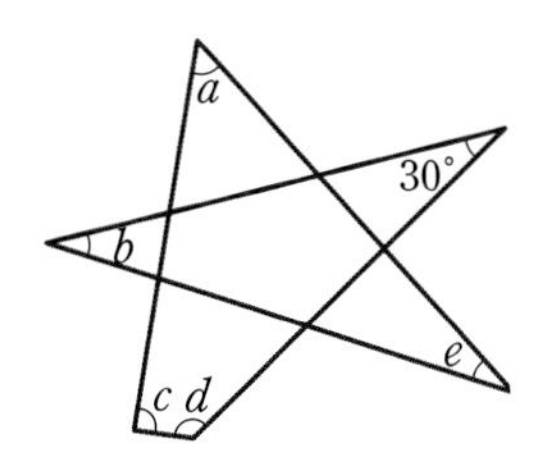

정답 및 풀이 27쪽

학교 시험 꽉 잡기

0510
다음 중 다각형의 변의 개수를 알 수 있는 조건이 <u>아닌</u> 것은?

① 꼭짓점의 개수　② 내각의 개수
③ 외각의 크기의 합　④ 대각선의 개수
⑤ 내각의 크기의 합

0511
다음 조건을 모두 만족시키는 다각형은?

> (가) 모든 변의 길이가 같고 모든 내각의 크기가 같다.
> (나) 한 꼭짓점에서 그을 수 있는 대각선의 개수는 9이다.

① 정십각형　② 정십일각형　③ 정십이각형
④ 정십삼각형　⑤ 정십사각형

0512
대각선의 개수가 135인 다각형의 꼭짓점의 개수는?

① 15　② 16　③ 17
④ 18　⑤ 19

0513
삼각형의 세 내각의 크기의 비가 3 : 4 : 5일 때, 가장 작은 내각의 크기를 구하시오.

0514
오른쪽 그림에서 $\angle x$의 크기를 구하시오.

0515 빈출
오른쪽 그림의 $\triangle ABC$에서 점 I는 $\angle B$와 $\angle C$의 이등분선의 교점이다. $\angle A=64°$일 때, $\angle x$의 크기를 구하시오.

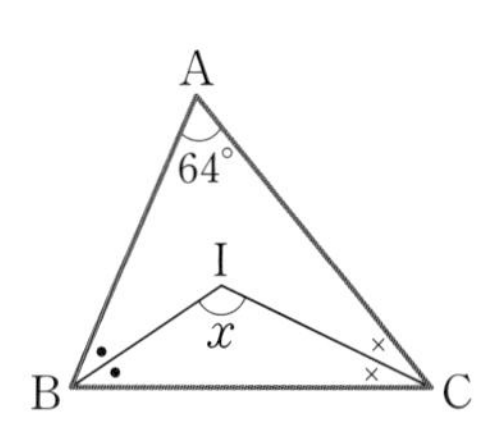

0516 빈출
오른쪽 그림에서 $\overline{AB}=\overline{AC}=\overline{CD}=\overline{DE}$이고 $\angle DEC=72°$일 때, $\angle x$의 크기를 구하시오.

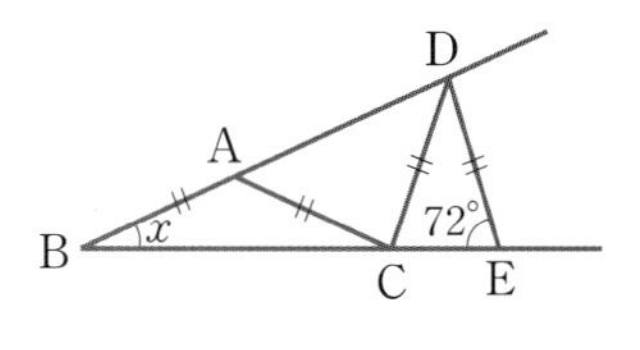

0517

오른쪽 그림에서 $\angle x$의 크기를 구하시오.

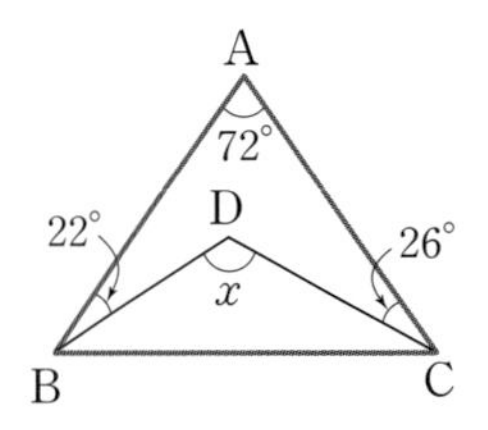

0518

오른쪽 그림에서
$\angle ADE=\angle EDC$,
$\angle BCE=\angle ECD$이고
$\angle A=80°$, $\angle B=66°$일 때,
$\angle x$의 크기를 구하시오.

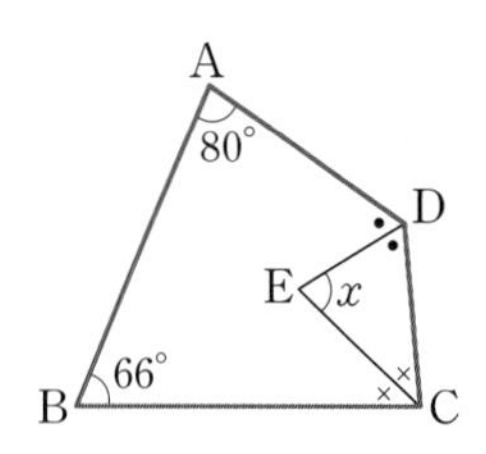

0519 빈출

모든 내각의 크기와 외각의 크기의 합이 3240°인 다각형의 이름을 쓰시오.

0520

오른쪽 그림에서

$\angle a+\angle b+\angle c+\angle d+\angle e$
$+\angle f+\angle g+\angle h$

의 크기는?

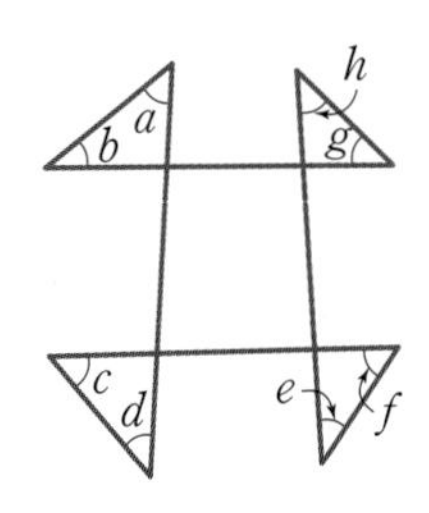

① 180° ② 240°
③ 280° ④ 360°
⑤ 450°

0521

오른쪽 그림의 정오각형에서 $\angle x-\angle y$의 크기를 구하시오.

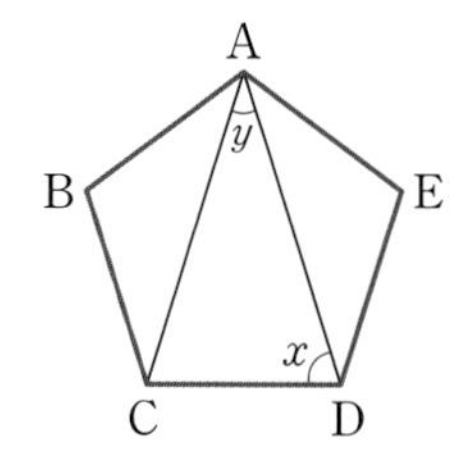

0522

다음 그림의 삼각형 ABC에서 $\angle A$의 삼등분선이 변 BC와 만나는 점을 각각 D, E라 하자. $\angle B=45°$, $\angle ACF=150°$일 때, $\angle y-\angle x$의 크기를 구하시오.

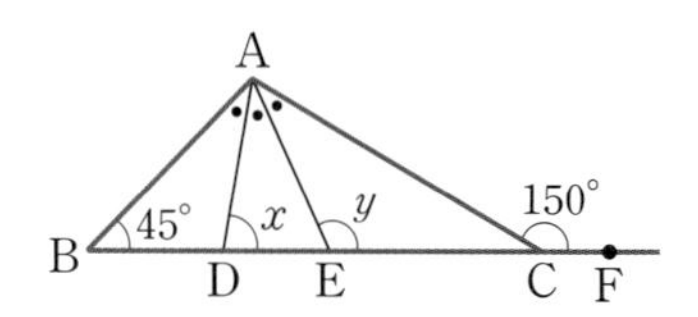

0523
오른쪽 그림에서
$\angle ABD=\angle DBE=\angle EBC$,
$\angle ACD=\angle DCE=\angle ECF$
이고 $\angle BDC=40°$일 때,
$\angle x+\angle y$의 크기를 구하시오.

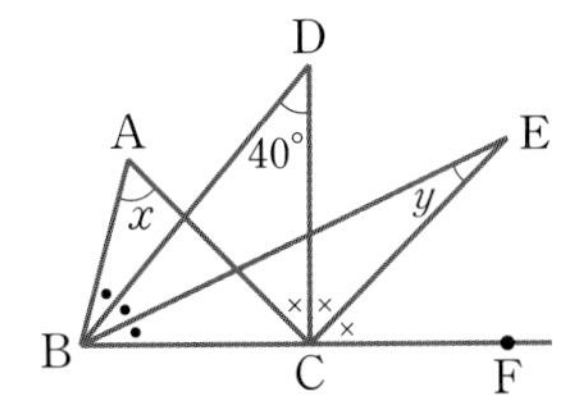

0524
다음 그림과 같이 한 변의 길이가 같은 정오각형과 정팔각형을 한 변이 서로 맞닿도록 하였다. 점 P는 $\overline{BC}$와 $\overline{JK}$의 연장선의 교점일 때, $\angle x-\angle y$의 크기를 구하시오.

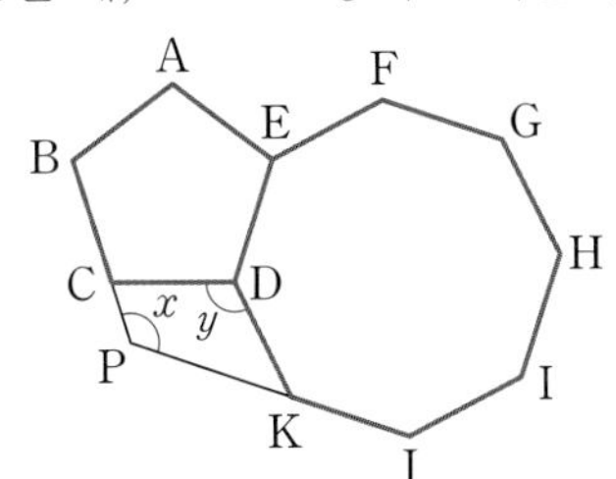

0525
다음 그림에서 $\angle a+\angle b+\angle c+\angle d$의 크기는?

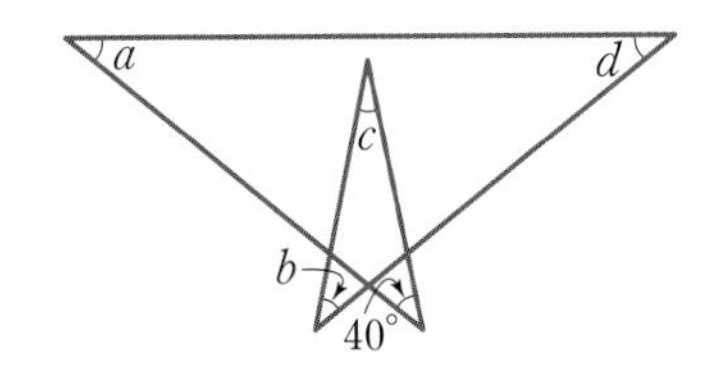

① 135° ② 140° ③ 145°
④ 150° ⑤ 155°

서술형 문제

0526
오른쪽 그림에서 $\angle x+\angle y$의 크기를 구하시오.

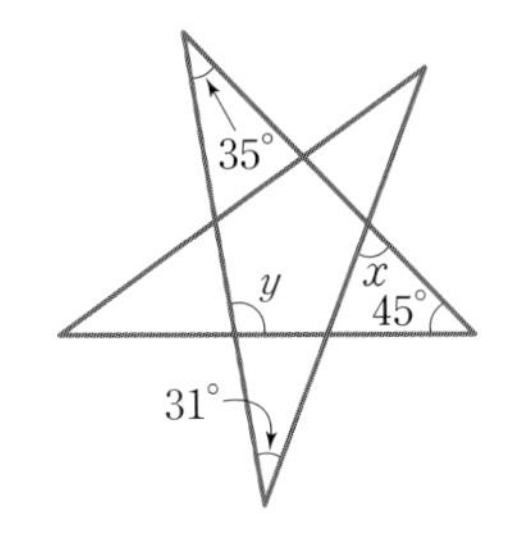

풀이

0527
오른쪽 그림에서 x의 값을 구하시오.

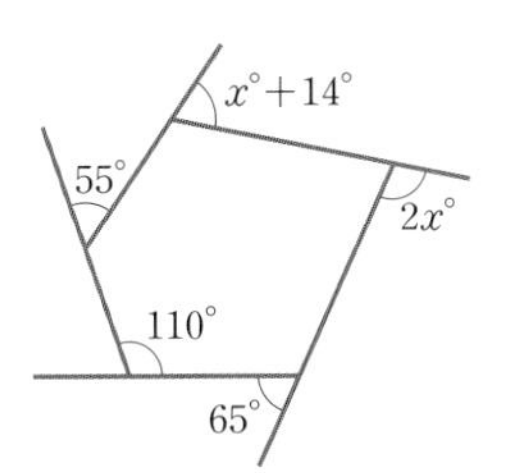

풀이

0528 빈출
한 꼭짓점에서 15개의 대각선을 그을 수 있는 정다각형의 한 내각의 크기와 한 외각의 크기를 각각 구하시오.

풀이

정답 및 풀이 29쪽

0529 수학 문해력 UP　　유형 04 · 유형 05

그림은 대의원 회의에 참석한 12반의 반 대표가 반의 순서에 맞게 시계 방향으로 원탁에 둘러앉아 있는 모습이다. 반 대표가 서로 한 번씩 악수를 할 때, 다음 물음에 답하시오.

'대의원'은 단체의 대표로 뽑혀 회의에 참석하여 토의나 의결 따위를 행하는 사람을 뜻해요.

(1) 1반 대표가 다른 반 대표와 빠짐 없이 악수를 한 횟수는 몇 번인지 구하시오.

(2) 모든 반 대표가 서로 한 번씩 악수를 한 횟수는 몇 번인지 구하시오.

악수하는 사람끼리 선으로 연결해 봐요.

해결 전략 사람은 다각형의 꼭짓점으로, 악수는 다각형의 대각선과 변으로 표현할 수 있다.

0530　　유형 23

오른쪽 그림과 같이 육각형의 각 꼭짓점에서 대각선을 2개씩 그었을 때, 색칠한 각의 크기의 합을 구하시오.

다각형의 외각의 크기를 생각해 봐요.

0531　　유형 20

오른쪽 그림과 같이 크기가 같은 정오각형을 변끼리 이어붙여서 팔찌를 만들려고 할 때, 필요한 정오각형의 개수를 구하시오.

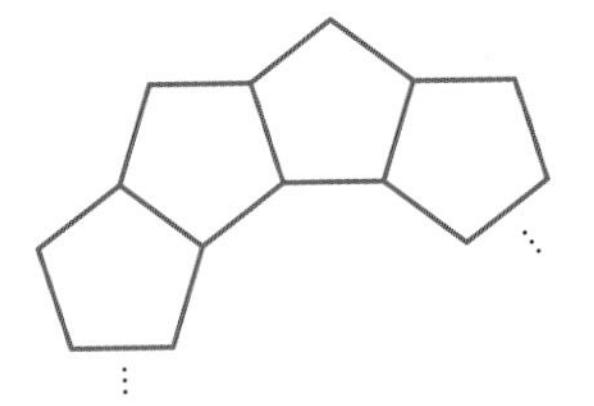

팔찌의 내부에 정오각형의 한 변의 길이와 같은 변으로 이루어진 정다각형이 생겨요.

0532　　유형 21

다음과 같은 규칙에 따라 로봇 거북을 움직여 다각형을 그리는 프로그램이 있다.

거북이가 회전하는 각은 다각형의 외각이에요.

규칙

- 가자 x : x cm만큼 전진
- 돌자 y : 왼쪽으로 $y°$만큼 회전
- 반복 z(　　) : (　　) 안의 규칙을 z회 반복하여 실행

예를 들어 오른쪽 그림은 다음과 같은 명령어

반복 4(가자 3, 돌자 90)

을 사용하여 만든 다각형으로 한 변의 길이가 3 cm인 정사각형이다.

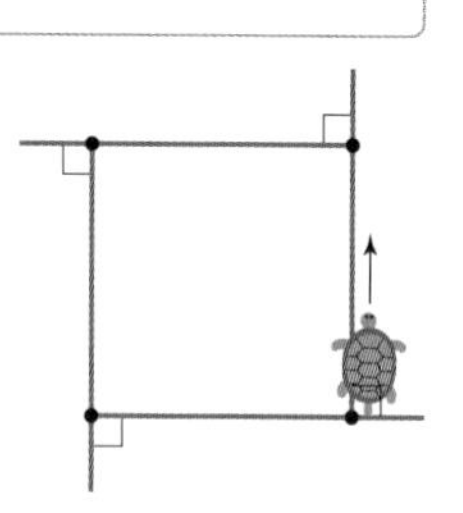

한 변의 길이가 5 cm인 정팔각형을 그리기 위한 명령어를 작성하시오.

쉼

네가
잘하는 것은
뭐야?

05 원과 부채꼴

05 1 원과 부채꼴 (유형 01 ~ 유형 09)

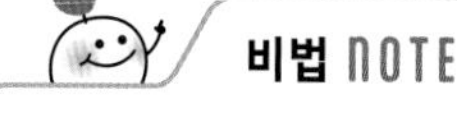

(1) 원

① 원 : 평면 위의 한 점 O로부터 일정한 거리에 있는 모든 점들로 이루어진 도형 (한 점 O → 원의 중심, 일정한 거리 → 반지름의 길이)

② 호 AB : 원 위의 두 점 A, B를 양 끝 점으로 하는 원의 일부분
기호 $\overparen{AB}$

③ 현 CD : 원 위의 두 점 C, D를 이은 선분

④ 할선 : 원 위의 두 점을 지나는 직선

참고 원의 중심을 지나는 현은 그 원의 지름이고, 지름은 길이가 가장 긴 현이다.

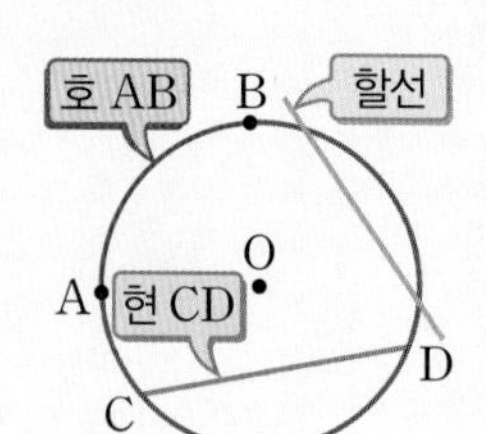

• $\overparen{AB}$는 보통 길이가 짧은 쪽의 호를 나타낸다. 길이가 긴 쪽의 호를 나타낼 때에는 호 위에 한 점 C를 잡아 $\overparen{ACB}$와 같이 나타낸다.

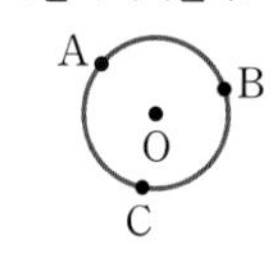

(2) 부채꼴과 활꼴

① 부채꼴 AOB : 원 O에서 두 반지름 OA, OB와 호 AB로 이루어진 도형

② 중심각 : 두 반지름 OA, OB가 이루는 ∠AOB

③ 활꼴 : 현 CD와 호 CD로 이루어진 도형

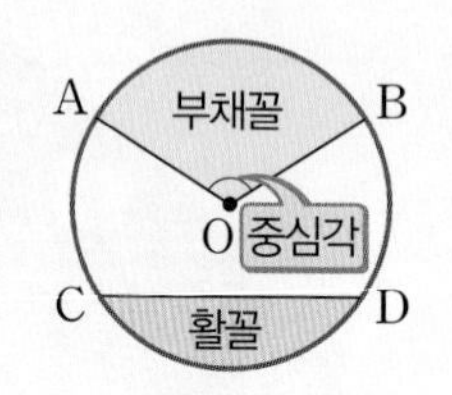

• ∠AOB를 부채꼴 AOB의 중심각 또는 호 AB에 대한 중심각이라 하고, 호 AB를 ∠AOB에 대한 호라고 한다.

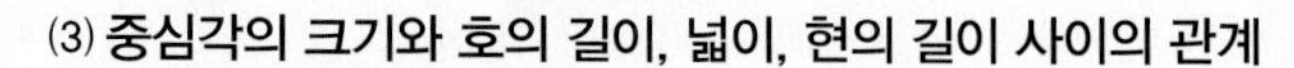

(3) 중심각의 크기와 호의 길이, 넓이, 현의 길이 사이의 관계

한 원 또는 합동인 두 원에서

① 중심각의 크기가 같은 두 부채꼴의 호의 길이, 넓이, 현의 길이는 각각 같다.

② 부채꼴의 호의 길이와 넓이는 각각 중심각의 크기에 정비례한다.

주의 현의 길이는 중심각의 크기에 정비례하지 않는다.

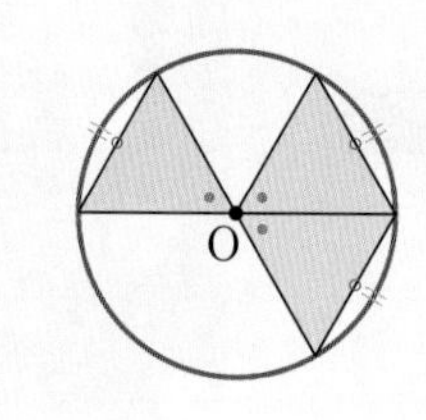

• 중심각의 크기에 정비례하지 않는 것
① 현의 길이
② 현과 반지름으로 이루어진 삼각형의 넓이
③ 활꼴의 넓이

개념 잡기

[0533 ~ 0536] 오른쪽 그림의 원 O에서 ∠AOB=∠BOC일 때, 다음 □ 안에 = 또는 ≠를 써넣으시오.

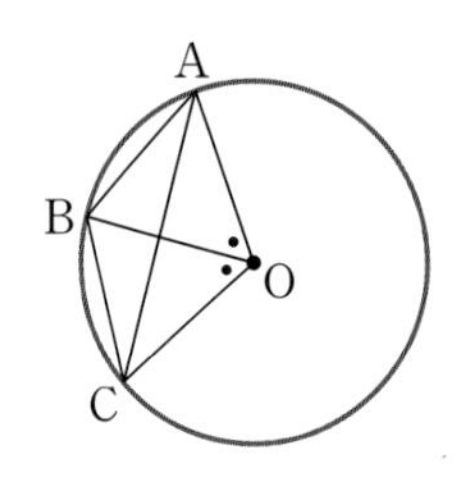

0533 $\overparen{AB}$ □ $\overparen{BC}$

0534 $\overparen{AC}$ □ $2\overparen{AB}$

0535 $\overline{AB}$ □ $\overline{BC}$

0536 $\overline{AC}$ □ $2\overline{AB}$

[0537 ~ 0540] 다음 그림에서 x의 값을 구하시오.

0537

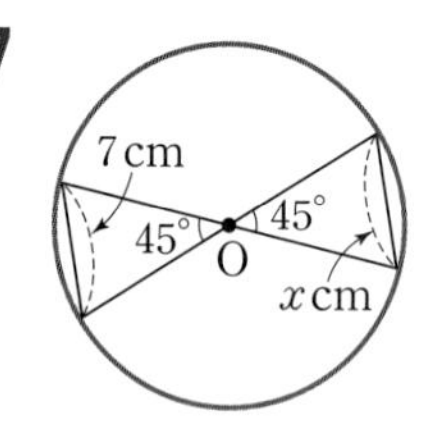

0538

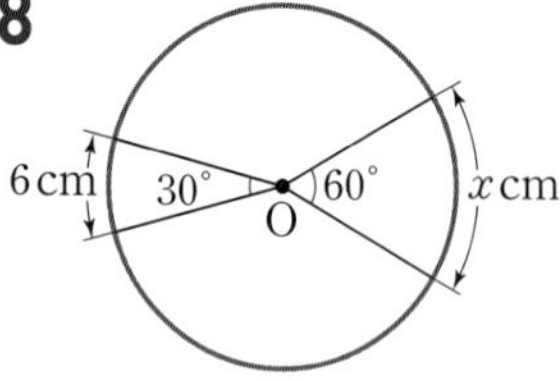

0539

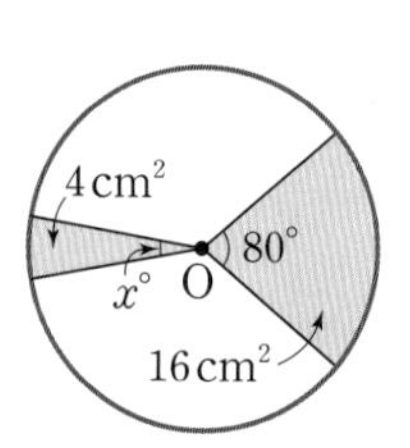

0540

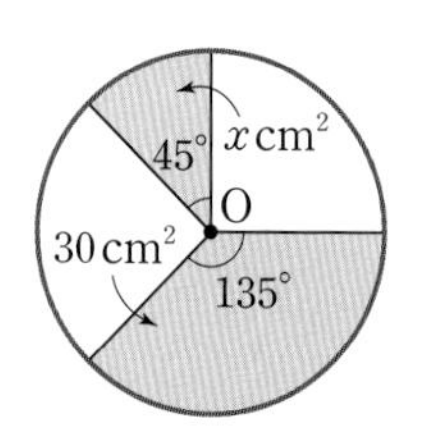

05 2 원의 둘레의 길이와 넓이, 부채꼴의 호의 길이와 넓이 (유형 10 ~ 유형 20)

(1) 원의 둘레의 길이와 넓이

반지름의 길이가 r인 원의 둘레의 길이를 l, 넓이를 S라 하면

① $l=2\pi r$ ② $S=\pi r^2$

예 반지름의 길이가 3 cm인 원의 둘레의 길이를 l, 넓이를 S라 하면

① $l=2\pi\times 3=6\pi(\text{cm})$ ② $S=\pi\times 3^2=9\pi(\text{cm}^2)$

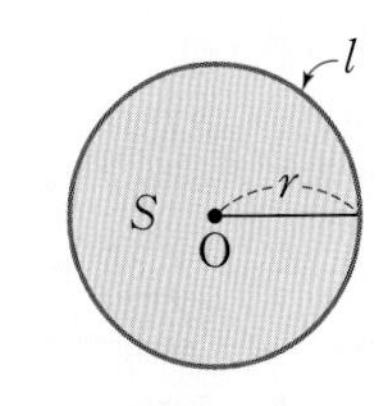

(2) 부채꼴의 호의 길이와 넓이

반지름의 길이가 r, 중심각의 크기가 $x°$인 부채꼴의 호의 길이를 l, 넓이를 S라 하면

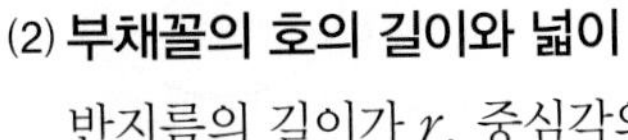

① $l=2\pi r\times\dfrac{x}{360}$ ($2\pi r$: 원의 둘레의 길이) ② $S=\pi r^2\times\dfrac{x}{360}$ (πr^2: 원의 넓이)

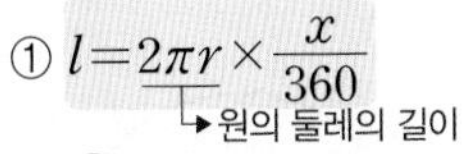

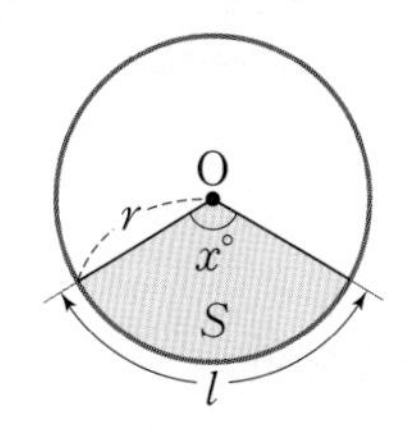

예 반지름의 길이가 3 cm, 중심각의 크기가 60°인 부채꼴의 호의 길이를 l, 넓이를 S라 하면

① $l=2\pi\times 3\times\dfrac{60}{360}=\pi(\text{cm})$ ② $S=\pi\times 3^2\times\dfrac{60}{360}=\dfrac{3}{2}\pi(\text{cm}^2)$

(3) 부채꼴의 호의 길이와 넓이 사이의 관계

반지름의 길이가 r, 호의 길이가 l인 부채꼴의 넓이를 S라 하면

$S=\dfrac{1}{2}rl$ ← (부채꼴의 넓이)$=\dfrac{1}{2}\times$(반지름의 길이)$\times$(호의 길이)

참고 $S=\pi r^2\times\dfrac{x}{360}=r\times\pi\times r\times\dfrac{x}{360}=\dfrac{1}{2}r\times\left(2\pi r\times\dfrac{x}{360}\right)=\dfrac{1}{2}rl$ (단, $2\pi r\times\dfrac{x}{360}=l$)

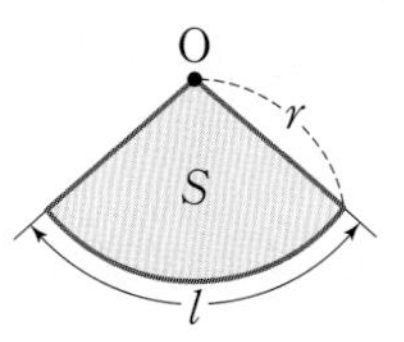

비법 NOTE

- 원주율 : 원에서 지름의 길이에 대한 둘레의 길이의 비율
  기호 π(파이)
- 부채꼴의 호의 길이와 넓이는 각각 중심각의 크기에 정비례하므로
  ① $360 : x=2\pi r : l$
  $\Rightarrow l=2\pi r\times\dfrac{x}{360}$
  ② $360 : x=\pi r^2 : S$
  $\Rightarrow S=\pi r^2\times\dfrac{x}{360}$

[0541 ~ 0542] 반지름의 길이가 4 cm인 원에 대하여 다음을 구하시오.

0541 둘레의 길이

0542 넓이

[0543 ~ 0544] 다음 그림에서 색칠한 부분의 둘레의 길이 l과 넓이 S를 각각 구하시오.

0543

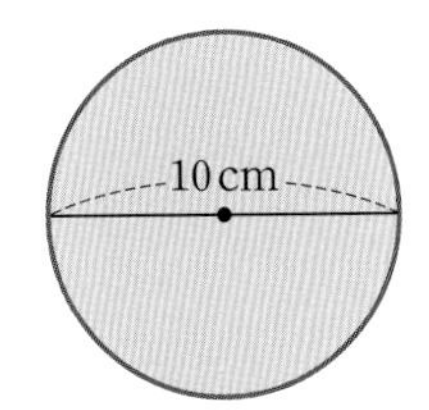

0544

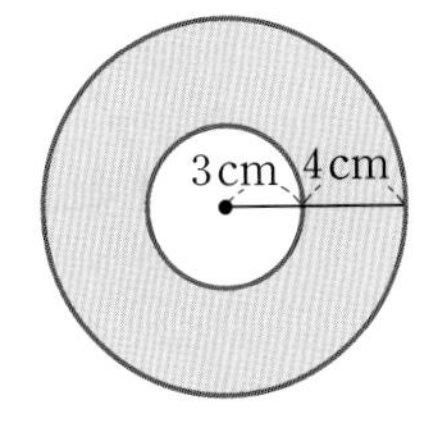

[0545 ~ 0546] 다음 그림과 같은 부채꼴의 호의 길이 l과 넓이 S를 각각 구하시오.

0545

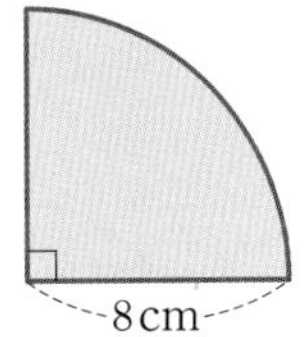

0546

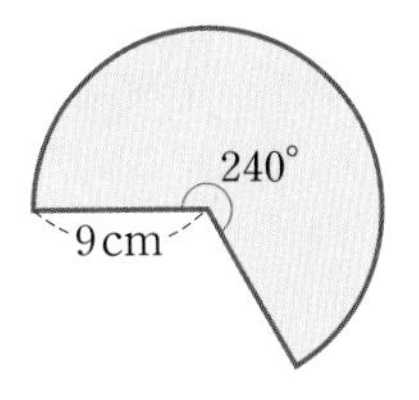

[0547 ~ 0548] 다음 그림과 같은 부채꼴의 넓이를 구하시오.

0547

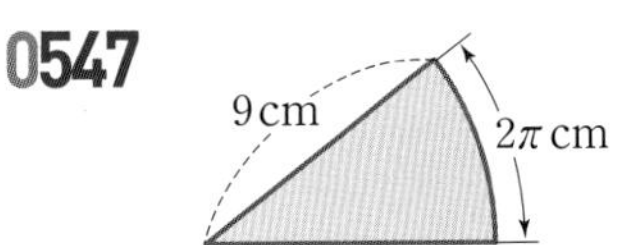

0548

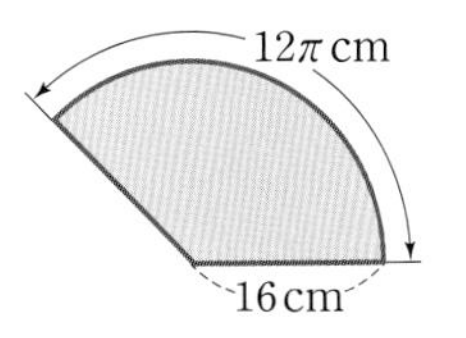

05 원과 부채꼴

유형 다 잡기

유형 01 원과 부채꼴

개념 05-1

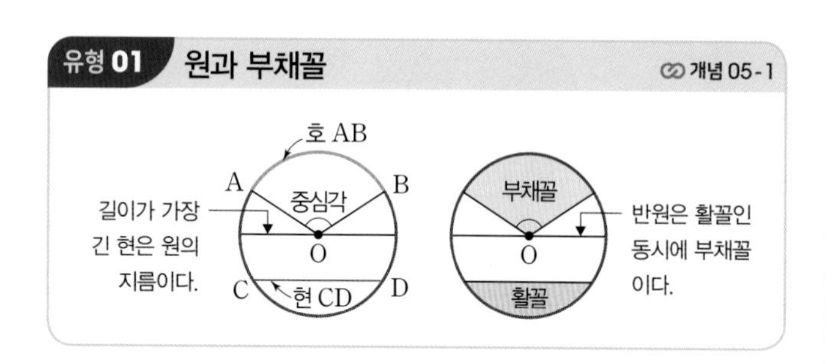

0549 대표 문제

다음 중 오른쪽 그림의 원 O에 대한 설명으로 옳지 않은 것은? (단, $\overline{AC}$는 지름이다.)

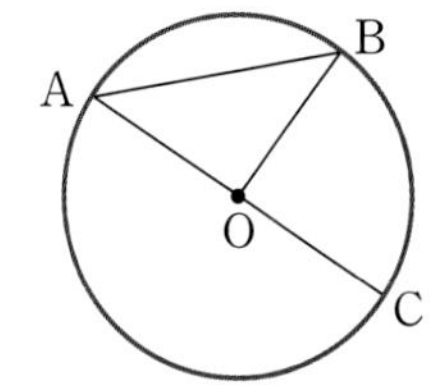

① $\overline{AB}$는 현이다.
② $\angle AOB$에 대한 호는 $\overparen{AB}$이다.
③ $\angle BOC$는 $\overparen{BC}$에 대한 중심각이다.
④ $\overline{AC}$는 길이가 가장 긴 현이다.
⑤ $\overparen{AB}$와 $\overline{AB}$로 이루어진 도형은 부채꼴이다.

0550

오른쪽 그림에서 ①~⑤에 해당하는 것을 서로 연결하시오.

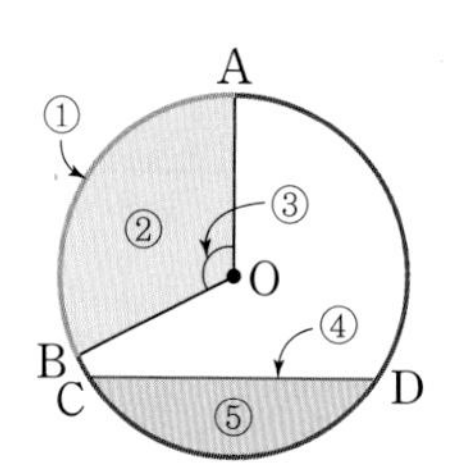

① • • 중심각
② • • 현 CD
③ • • 부채꼴 AOB
④ • • 활꼴
⑤ • • $\overparen{AB}$

0551

한 원에서 부채꼴과 활꼴이 같아질 때의 중심각의 크기를 구하시오.

유형 02 중심각의 크기와 호의 길이

중요!

개념 05-1

한 원에서 호의 길이는 중심각의 크기에 정비례하므로
$\angle AOB : \angle COD = \overparen{AB} : \overparen{CD}$

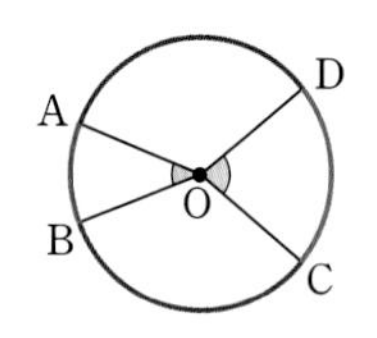

0552 대표 문제

오른쪽 그림의 원 O에서 $x+y$의 값을 구하시오.

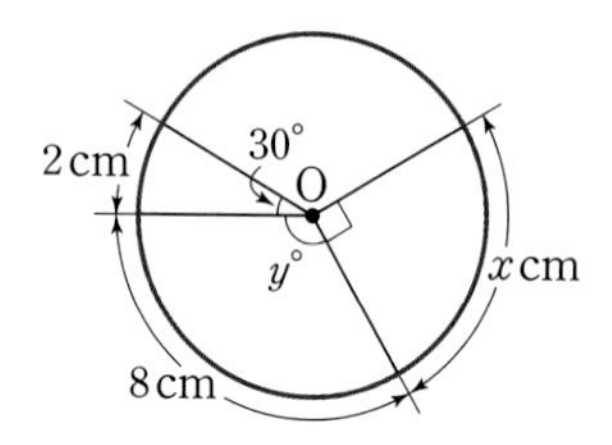

0553

오른쪽 그림의 원 O에서 x의 값을 구하시오.

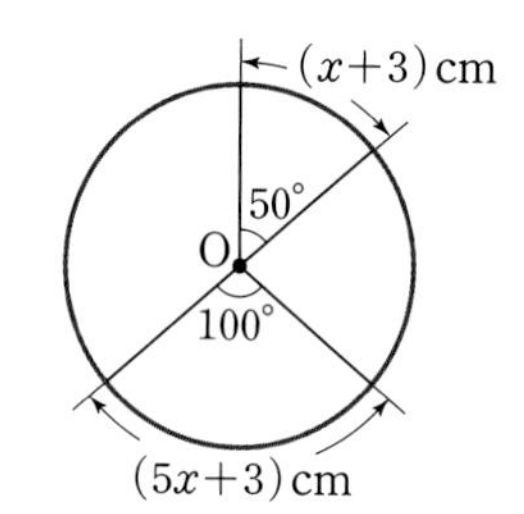

0554 수매씽 Pick!

오른쪽 그림의 원 O에서 x의 값을 구하시오.

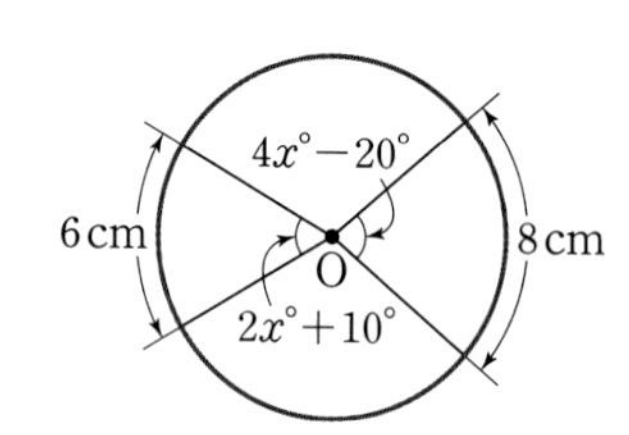

0555

오른쪽 그림의 원 O에서 $\overline{OA}=\overline{AB}$일 때, 원 O의 둘레의 길이는 $\overparen{AB}$의 길이의 몇 배인지 구하시오.

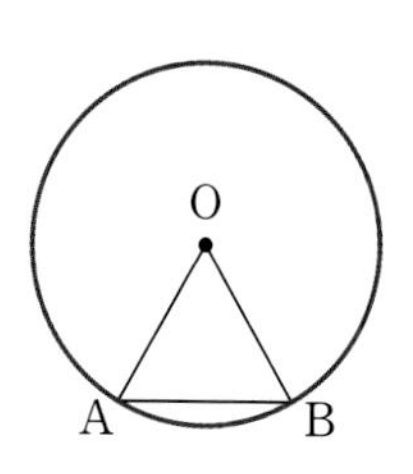

유형 03 호의 길이의 비가 주어질 때 중심각의 크기 구하기

개념 05-1

한 원에서 호의 길이는 중심각의 크기에 정비례하므로
$\overset{\frown}{AB} : \overset{\frown}{BC} : \overset{\frown}{CA}$
$= \angle AOB : \angle BOC : \angle COA$

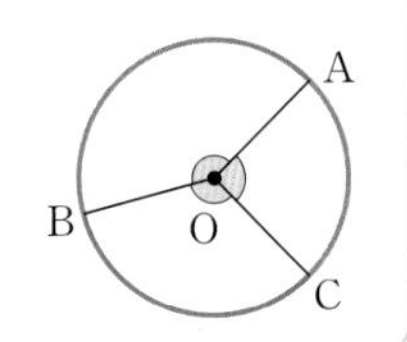

0556 대표 문제

오른쪽 그림의 원 O에서 $\overset{\frown}{AB} : \overset{\frown}{BC} : \overset{\frown}{CA} = 3 : 4 : 5$일 때, $\angle BOC$의 크기는?

① 100° ② 110°
③ 120° ④ 130°
⑤ 140°

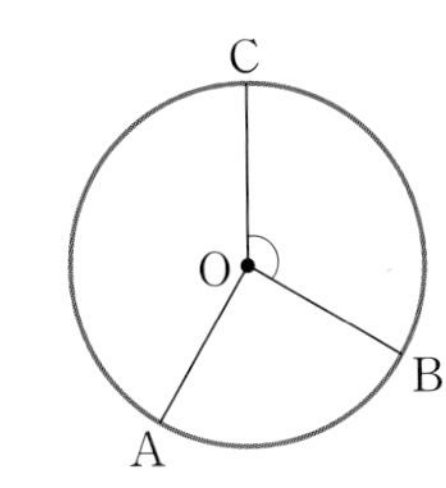

0557

오른쪽 그림의 원 O에서 $\overline{AD}$는 지름이고 $\overset{\frown}{AB} : \overset{\frown}{CD} = 1 : 2$, $\angle BOC = 84^\circ$일 때, $\angle COD$의 크기를 구하시오.

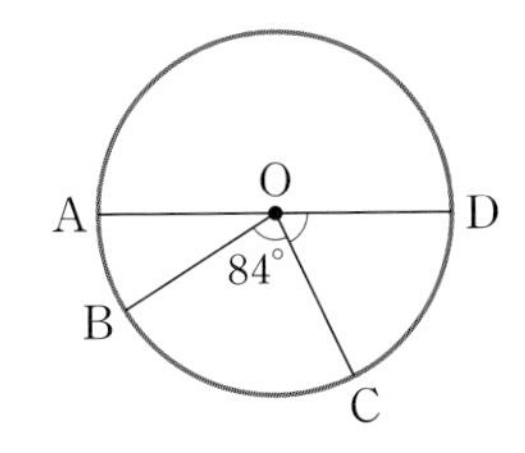

0558

오른쪽 그림의 반원 O에서 $2\overset{\frown}{AC} = 7\overset{\frown}{BC}$일 때, $\angle AOC$의 크기를 구하시오.

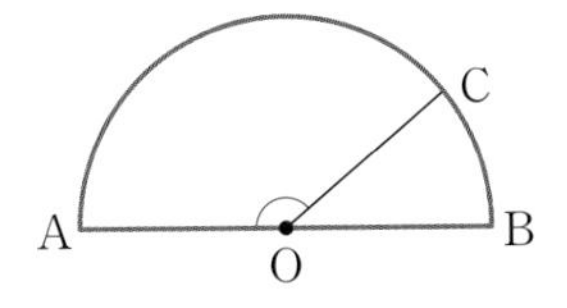

0559 서술형

오른쪽 그림의 원 O에서 $\overline{AB}$는 지름이고 $\overset{\frown}{AP} : \overset{\frown}{BP} = 2 : 1$일 때, $\angle ABP$의 크기를 구하시오.

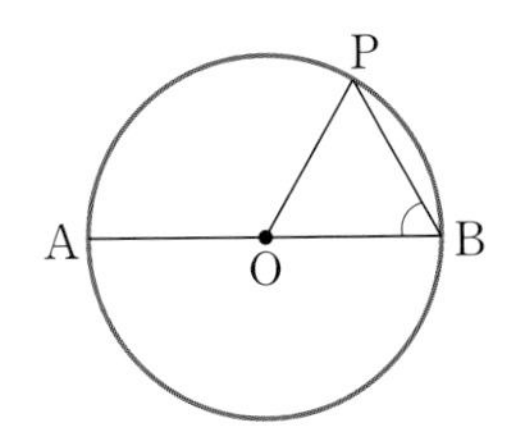

유형 04 호의 길이 구하기(1) – 평행선의 성질 이용

개념 05-1

한 원에서 평행한 두 직선과 반지름의 길이가 같음을 이용하여 이등변삼각형을 찾으면 다음 성질을 이용할 수 있다.
(1) 이등변삼각형의 두 각의 크기는 같다.
(2) 평행한 두 직선이 다른 한 직선과 만날 때
① 동위각의 크기는 서로 같다.
② 엇각의 크기는 서로 같다.

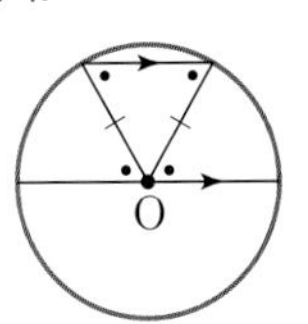

0560 대표 문제

오른쪽 그림의 반원 O에서 $\overline{AB} /\!/ \overline{CD}$이고 $\angle AOB = 120^\circ$, $\overline{AC} = 3\,\text{cm}$일 때, $\overset{\frown}{AB}$의 길이를 구하시오.

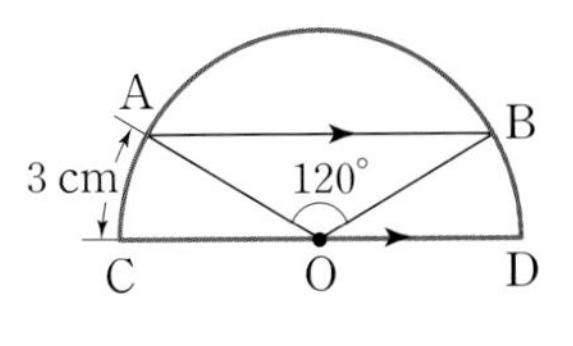

0561

오른쪽 그림의 원 O에서 $\overline{AB}$는 지름이고 $\overline{BC} /\!/ \overline{OD}$이다. $\angle BOC = 70^\circ$, $\overset{\frown}{BC} = 14\,\text{cm}$일 때, $\overset{\frown}{AD}$의 길이를 구하시오.

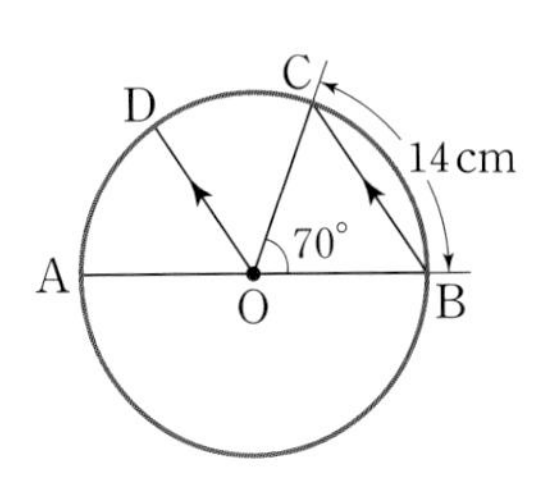

0562 수매씽 Pick!

오른쪽 그림의 원 O에서 $\overline{AB} /\!/ \overline{CD}$이고 $\angle AOB = 90^\circ$일 때, $\overset{\frown}{AB}$의 길이는 $\overset{\frown}{AC}$의 길이의 몇 배인지 구하시오.

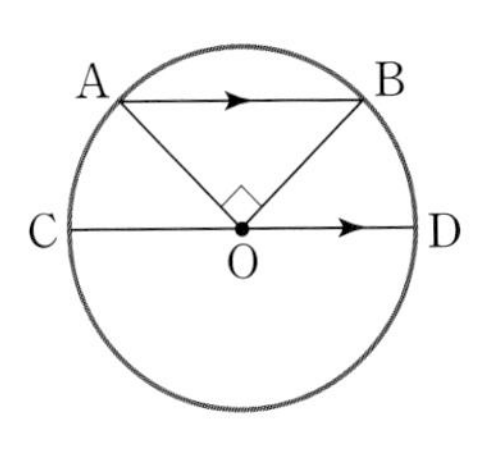

05 원과 부채꼴

중요!

유형 05 호의 길이 구하기(2) – 보조선 긋기

개념 05-1

보조선을 그어 이등변삼각형을 만든다.

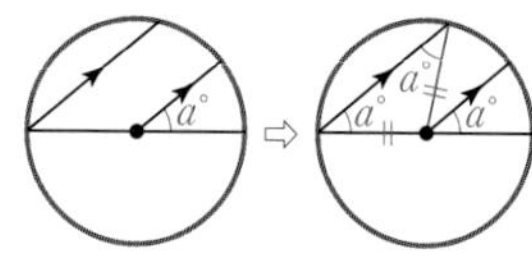
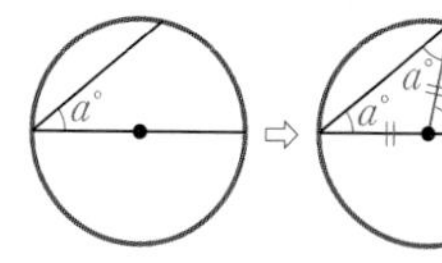
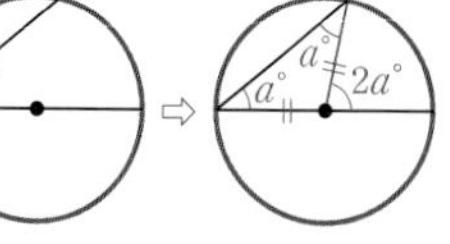

0563 대표 문제

오른쪽 그림의 반원 O에서 $\overline{AD} /\!/ \overline{OC}$, $\widehat{AD}=8\,\text{cm}$, $\angle BOC=30°$일 때, $\widehat{BC}$의 길이를 구하시오.

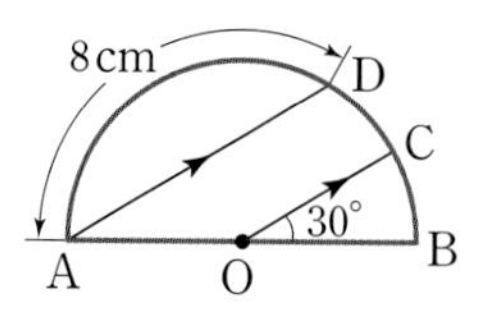

0564 수매씽 Pick!

오른쪽 그림에서 $\overline{AC} /\!/ \overline{OD}$이고 $\overline{AB}$는 원 O의 지름이다. $\angle BOD=45°$, $\widehat{BD}=10\,\text{cm}$일 때, $\widehat{AC}$의 길이를 구하시오.

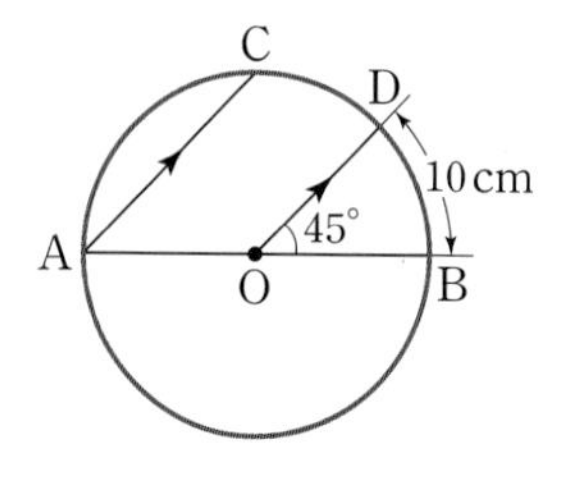

0565 서술형

오른쪽 그림의 원 O에서 $\overline{AB}$는 지름이고, $\widehat{BC}$의 길이가 $\widehat{AC}$의 길이의 4배일 때, $\angle x$의 크기를 구하시오.

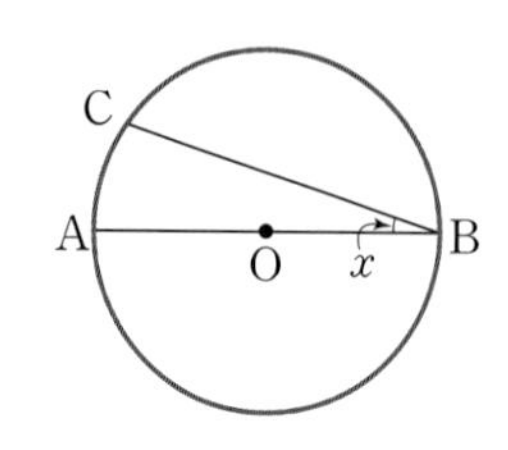

유형 06 호의 길이 구하기(3) – 삼각형의 성질 이용

개념 05-1

삼각형의 한 외각의 크기는 그와 이웃하지 않는 두 내각의 크기의 합과 같으므로 오른쪽 그림에서

$\widehat{AB} : \widehat{CD} = \angle AOB : \angle COD$
$= 1 : 3$

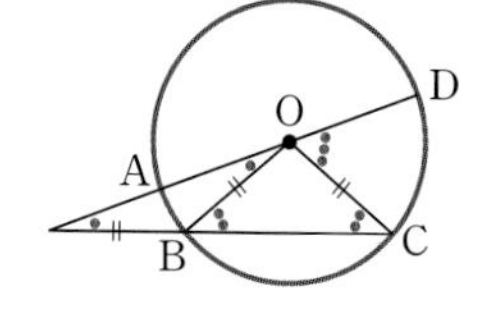

0566 대표 문제

오른쪽 그림에서 점 P는 원 O의 지름 AD와 현 BC의 연장선의 교점이다. $\overline{BO}=\overline{BP}$, $\angle P=20°$, $\widehat{CD}=6\,\text{cm}$일 때, $\widehat{AB}$의 길이를 구하시오.

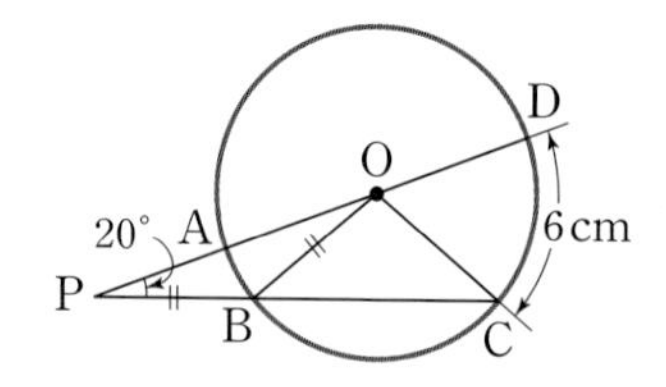

0567

오른쪽 그림에서 점 P는 원 O의 지름 AD와 현 BC의 연장선의 교점이고, $\overline{CO}=\overline{CP}$일 때, $\widehat{AB}=k\widehat{CD}$이다. 이때 상수 k의 값을 구하시오.

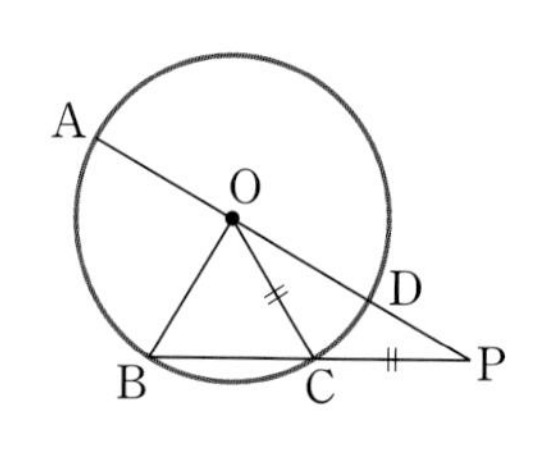

0568

오른쪽 그림에서 점 P는 원 O의 지름 AD와 현 BC의 연장선의 교점이고, $\overline{BO}=\overline{BP}$, $\widehat{AB}=5\,\text{cm}$일 때, $\widehat{CD}$의 길이를 구하시오.

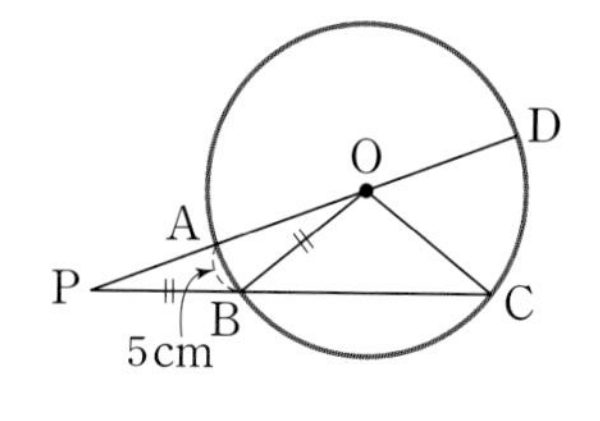

중요! 유형 07 중심각의 크기와 부채꼴의 넓이

개념 05-1

한 원에서 부채꼴의 넓이는 중심각의 크기에 정비례하므로
$\angle AOB : \angle COD$
$=$(부채꼴 AOB의 넓이) : (부채꼴 COD의 넓이)

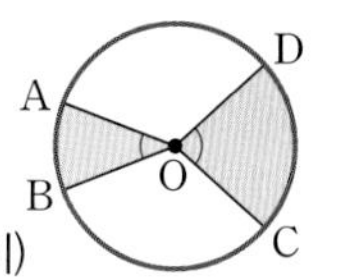

0569 대표 문제

오른쪽 그림의 원 O에서 $\angle AOD=160°$, $\angle BOC=20°$이고 부채꼴 BOC의 넓이가 $10\,cm^2$일 때, 부채꼴 AOD의 넓이는?

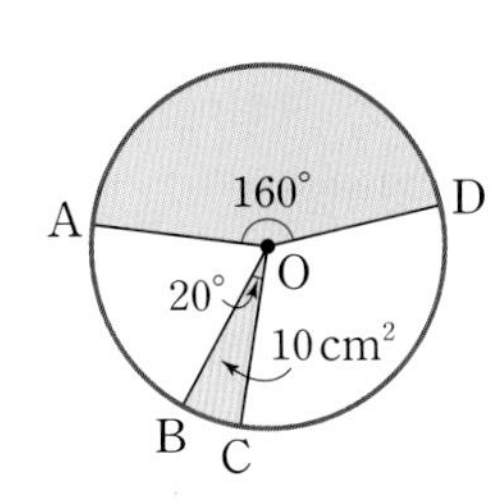

① $40\,cm^2$ ② $50\,cm^2$ ③ $60\,cm^2$ ④ $70\,cm^2$ ⑤ $80\,cm^2$

0570 수매씽 Pick!

오른쪽 그림의 원 O에서
$\angle AOB : \angle BOC : \angle COA$
$=3 : 1 : 5$
이고 원 O의 넓이가 $126\,cm^2$일 때, 부채꼴 AOC의 넓이는?

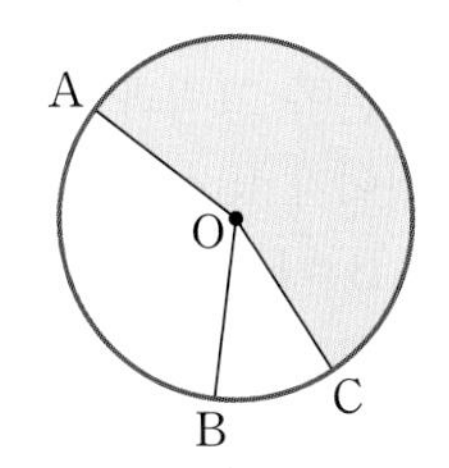

① $58\,cm^2$ ② $62\,cm^2$ ③ $66\,cm^2$ ④ $70\,cm^2$ ⑤ $74\,cm^2$

0571

오른쪽 그림의 원 O에서 $\overline{AB}$는 지름이고 $\widehat{AC}$의 길이는 원의 둘레의 길이의 $\frac{1}{8}$이다. 반원 AOB의 넓이가 $16\pi\,cm^2$일 때, 부채꼴 BOC의 넓이를 구하시오.

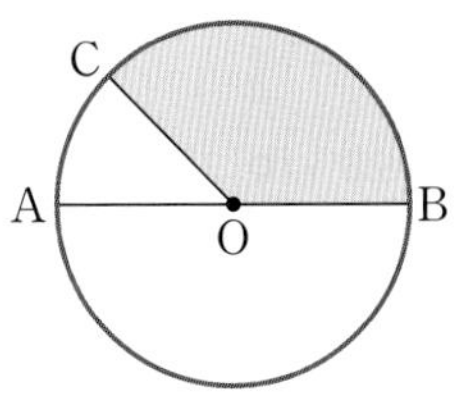
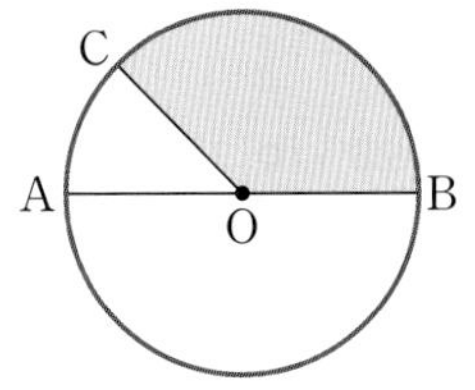

유형 08 중심각의 크기와 현의 길이

개념 05-1

한 원에서
(1) 같은 크기의 중심각에 대한 현의 길이는 같다.
⇨ $\angle AOB=\angle COD$이면 $\overline{AB}=\overline{CD}$
(2) 같은 길이의 현에 대한 중심각의 크기는 같다.
⇨ $\overline{AB}=\overline{CD}$이면 $\angle AOB=\angle COD$

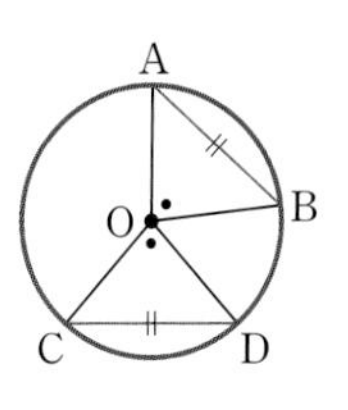

0572 대표 문제

오른쪽 그림의 원 O에서 $\overline{AB}=\overline{CD}=\overline{DE}$이고 $\angle COE=80°$일 때, $\angle x$의 크기는?

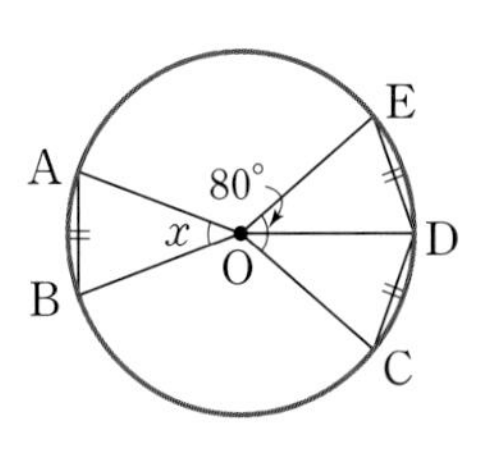

① $35°$ ② $40°$ ③ $45°$ ④ $50°$ ⑤ $55°$

0573

오른쪽 그림의 원 O에서 $\overline{AB}=\overline{BC}$이고 $\angle OCB=50°$일 때, $\angle AOC$의 크기는?

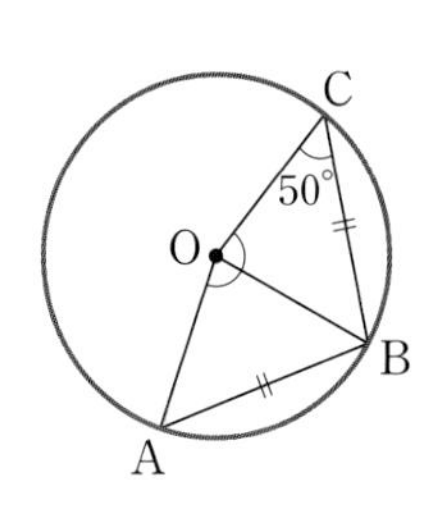

① $140°$ ② $145°$ ③ $150°$ ④ $155°$ ⑤ $160°$

0574

오른쪽 그림의 원 O에서 $\overline{AB}$는 지름이고 $\overline{CO}\,/\!/\,\overline{DB}$이다. $\overline{AC}=6\,cm$일 때, $\overline{CD}$의 길이를 구하시오.

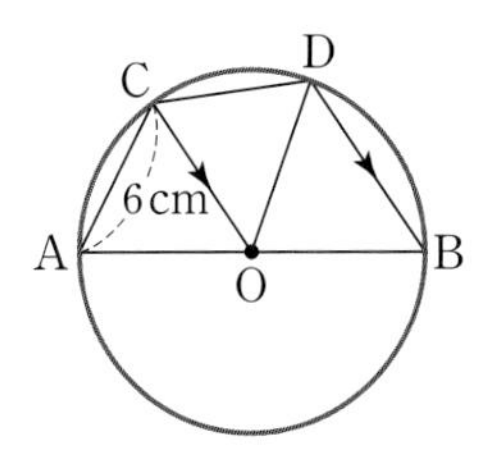

유형 09 중심각의 크기에 정비례하는 것

중요!

개념 05-1

(1) 중심각의 크기에 정비례하는 것
⇨ 호의 길이, 부채꼴의 넓이
(2) 중심각의 크기에 정비례하지 않는 것
⇨ 현의 길이, 현과 두 반지름으로 이루어진 삼각형의 넓이, 활꼴의 넓이

0575 대표 문제

오른쪽 그림의 원 O에서 $\angle AOB=\frac{1}{3}\angle COD$일 때, 다음 중 옳은 것은?

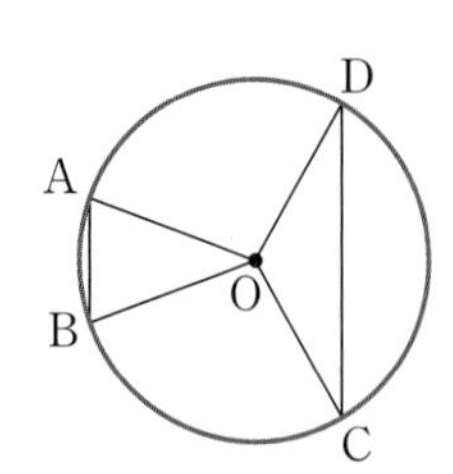

① $\angle OAB=3\angle OCD$
② $\overset{\frown}{AB}=\frac{1}{3}\overset{\frown}{CD}$
③ $3\overline{AB}=\overline{CD}$
④ ($\triangle$OCD의 넓이)$=3\times$($\triangle$OAB의 넓이)
⑤ (부채꼴 COD의 넓이)$=\frac{1}{3}\times$(부채꼴 AOB의 넓이)

0576 ●●●●

다음 중 한 원에 대한 설명으로 옳지 않은 것은?

① 같은 길이의 현에 대한 중심각의 크기는 같다.
② 중심각의 크기가 같으면 호의 길이는 같다.
③ 부채꼴의 넓이는 중심각의 크기에 정비례한다.
④ 현의 길이는 중심각의 크기에 정비례한다.
⑤ 호의 길이는 중심각의 크기에 정비례한다.

0577 ●●●● 수매씽 Pick!

오른쪽 그림의 원 O에서 $\angle AOB=\angle BOC=\angle COD$, $\angle DOE=90°$일 때, 다음 중 옳지 않은 것은? (단, $\overline{AE}$는 지름이다.)

① $\overline{AB}=\overline{BC}$
② $\overline{AC}=2\overline{CD}$
③ $\overset{\frown}{AC}=2\overset{\frown}{AB}$
④ $\overset{\frown}{DE}=3\overset{\frown}{CD}$
⑤ (부채꼴 AOC의 넓이)$=2\times$(부채꼴 COD의 넓이)

유형 10 원의 둘레의 길이와 넓이

개념 05-2

반지름의 길이가 r인 원의 둘레의 길이를 l, 넓이를 S라 하면
(1) $l=2\pi r$
(2) $S=\pi r^2$

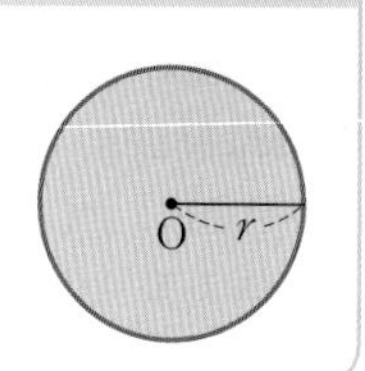

0578 대표 문제

오른쪽 그림에서 색칠한 부분의 둘레의 길이는?

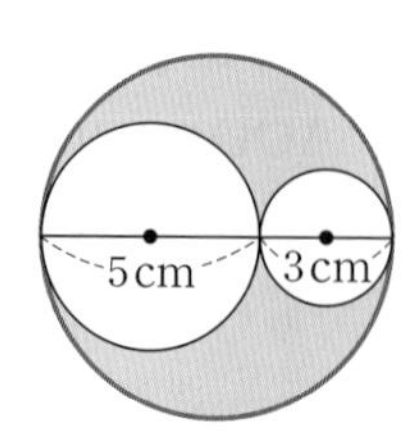

① 8π cm ② 10π cm
③ 12π cm ④ 14π cm
⑤ 16π cm

0579 ●●●● 서술형

오른쪽 그림과 같이 지름 AD의 길이가 18 cm인 원에서 $\overline{AB}=\overline{BC}=\overline{CD}$일 때, 색칠한 부분의 둘레의 길이와 넓이를 각각 구하시오.

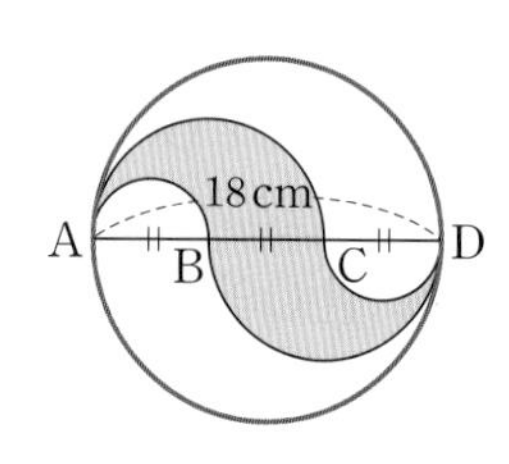

0580 ●●●●

오른쪽 그림에서 합동인 3개의 작은 원의 넓이가 각각 16π cm^{2}일 때, 큰 원의 둘레의 길이를 구하시오. (단, 작은 원들의 중심은 모두 큰 원의 지름 위에 있다.)

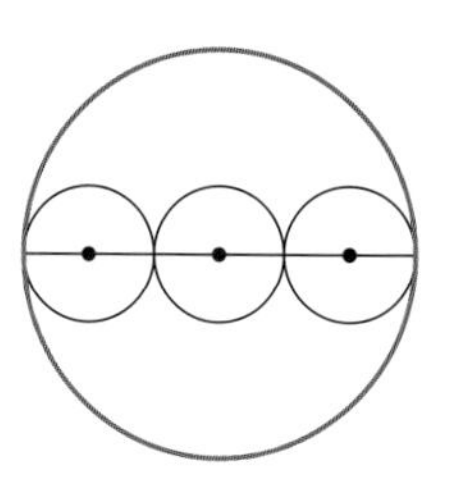

중요!

유형 11 부채꼴의 호의 길이와 넓이

개념 05-2

반지름의 길이가 r, 중심각의 크기가 $x°$인 부채꼴의 호의 길이를 l, 넓이를 S라 하면

(1) $l=2\pi r\times\frac{x}{360}$

(2) $S=\pi r^2\times\frac{x}{360}$, $S=\frac{1}{2}rl$
중심각의 크기가 주어지지 않을 때

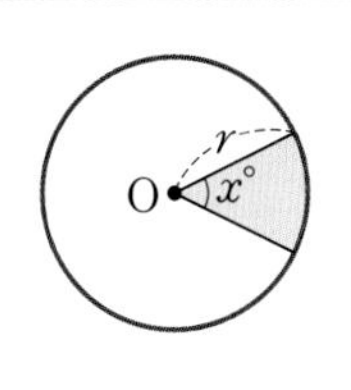

0581 대표 문제

오른쪽 그림의 부채꼴에서 호의 길이와 넓이를 각각 구하시오.

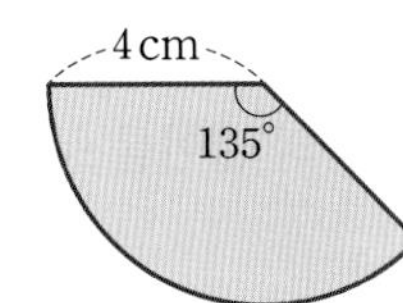

0582

오른쪽 그림과 같이 반지름의 길이가 3cm이고 넓이가 $6\pi\text{ cm}^2$인 부채꼴의 호의 길이를 구하시오.

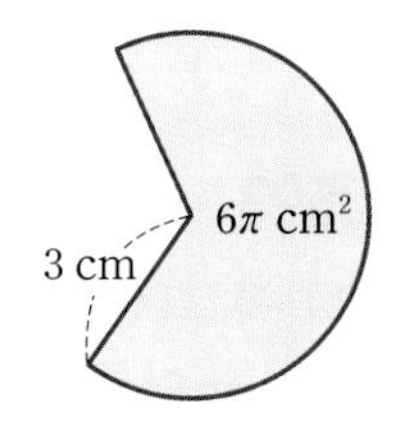

0583

반지름의 길이가 8cm이고 호의 길이가 6π cm인 부채꼴의 중심각의 크기를 구하시오.

0584 수매씽 Pick!

오른쪽 그림은 한 변의 길이가 9cm인 정육각형의 안쪽에 부채꼴을 그린 것이다. 색칠한 부분의 넓이는?

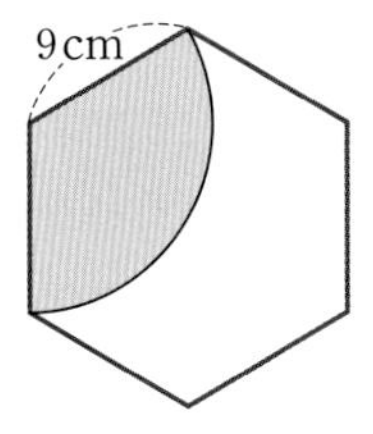

① $18\pi\text{ cm}^2$ ② $24\pi\text{ cm}^2$
③ $27\pi\text{ cm}^2$ ④ $32\pi\text{ cm}^2$
⑤ $36\pi\text{ cm}^2$

유형 12 부채꼴에서 색칠한 부분의 둘레의 길이와 넓이

개념 05-2

오른쪽 그림의 부채꼴에서

(1) (색칠한 부분의 넓이)
=(큰 부채꼴의 넓이)−(작은 부채꼴의 넓이)

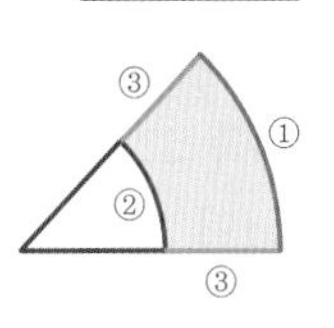

(2) (색칠한 부분의 둘레의 길이)
=(큰 호의 길이)①+(작은 호의 길이)②+(선분의 길이)③×2

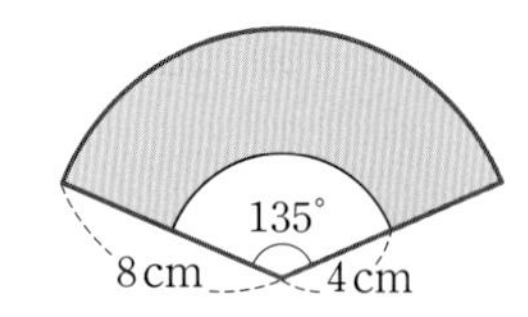

0585 대표 문제

오른쪽 그림과 같은 부채꼴에서 색칠한 부분의 둘레의 길이를 구하시오.

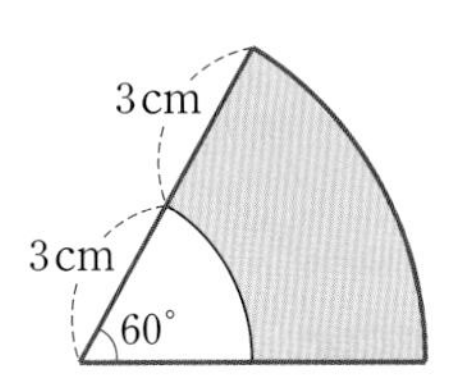

0586

오른쪽 그림과 같은 부채꼴에서 색칠한 부분의 둘레의 길이와 넓이를 각각 구하시오.

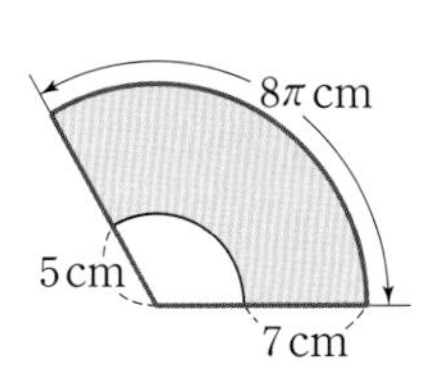

0587

오른쪽 그림과 같은 부채꼴에서 색칠한 부분의 넓이는?

① $39\pi\text{ cm}^2$ ② $\frac{118}{3}\pi\text{ cm}^2$
③ $\frac{119}{3}\pi\text{ cm}^2$ ④ $40\pi\text{ cm}^2$
⑤ $\frac{121}{3}\pi\text{ cm}^2$

05 원과 부채꼴

중요!

유형 13 색칠한 부분의 둘레의 길이 구하기

개념 05-2

(1) 곡선 부분 : 원의 둘레의 길이나 부채꼴의 호의 길이 이용
(2) 직선 부분 : 원의 지름이나 반지름의 길이 이용

0588 대표 문제

오른쪽 그림과 같이 한 변의 길이가 6 cm인 정사각형에서 색칠한 부분의 둘레의 길이는?

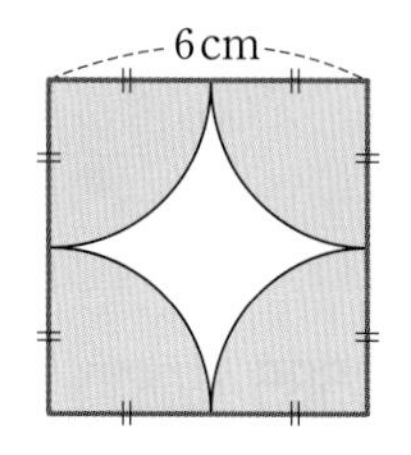

① $(\pi+30)$ cm ② $(3\pi+24)$ cm
③ $(6\pi+24)$ cm ④ $(6\pi+48)$ cm
⑤ $(6\pi+60)$ cm

0589 수매씽 Pick!

오른쪽 그림과 같이 한 변의 길이가 9 cm인 정사각형에서 색칠한 부분의 둘레의 길이를 구하시오.

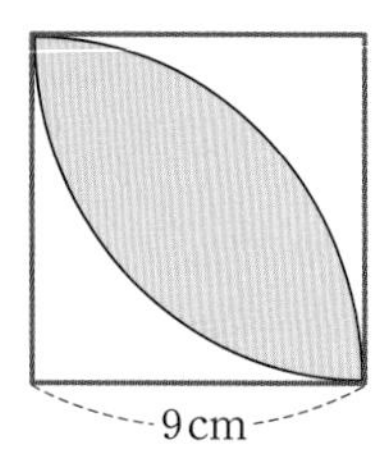

0590

오른쪽 그림과 같이 한 변의 길이가 4 cm인 정사각형에서 색칠한 부분의 둘레의 길이를 구하시오.

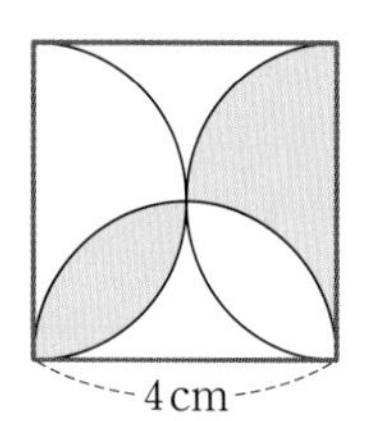

0591

오른쪽 그림과 같이 한 변의 길이가 12 cm인 정사각형에서 색칠한 부분의 둘레의 길이를 구하시오.

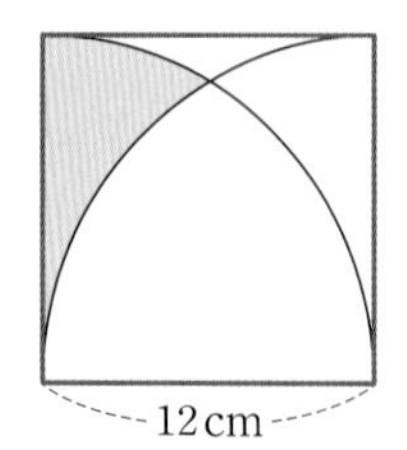

유형 14 색칠한 부분의 넓이 구하기(1) – 각 넓이를 더하거나 빼는 경우

개념 05-2

(1) (색칠한 부분의 넓이)
=(전체의 넓이)−(색칠하지 않은 부분의 넓이)
(2) 같은 부분이 있으면
(색칠한 부분의 넓이)=(한 부분의 넓이)×(같은 부분의 개수)

0592 대표 문제

오른쪽 그림과 같이 한 변의 길이가 10 cm인 정사각형에서 색칠한 부분의 넓이를 구하시오.

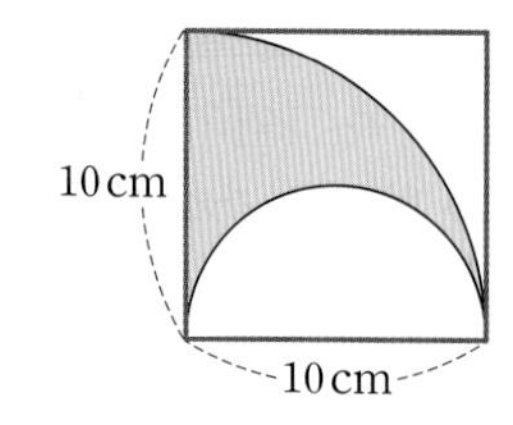

0593

오른쪽 그림과 같이 한 변의 길이가 8 cm인 정사각형에서 색칠한 부분의 넓이는?

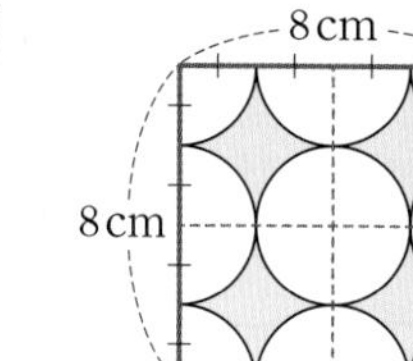

① $(16-4\pi)$ cm^2
② $(16-8\pi)$ cm^2
③ $(64-8\pi)$ cm^2
④ $(64-16\pi)$ cm^2
⑤ $(64-20\pi)$ cm^2

0594

오른쪽 그림과 같이 한 변의 길이가 6 cm인 정사각형 ABCD에서 색칠한 부분의 넓이를 구하시오.

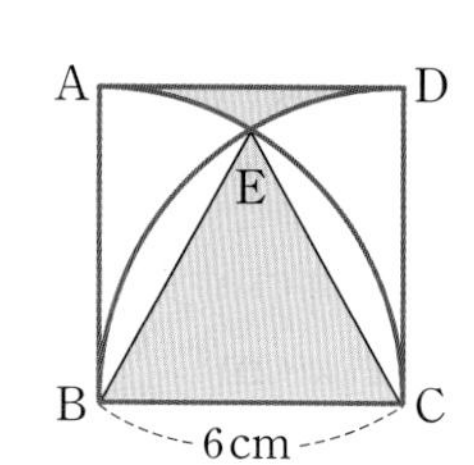

유형 15 색칠한 부분의 넓이 구하기(2) – 넓이를 구할 수 있는 도형으로 나누는 경우

개념 05-2

넓이를 구할 수 있는 도형의 넓이의 합, 차로 나타내어 색칠한 부분의 넓이를 구한다.

0595 대표 문제

오른쪽 그림은 $\angle A=90^\circ$인 직각삼각형 ABC의 각 변을 지름으로 하는 반원을 그린 것이다. 이때 색칠한 부분의 넓이를 구하시오.

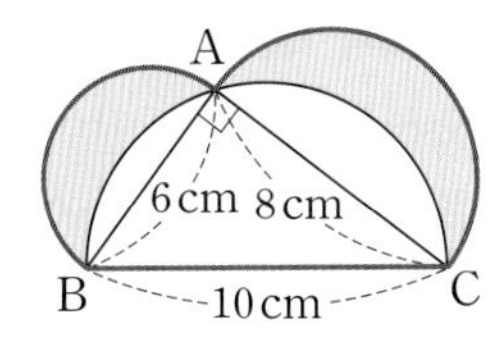

0596 ●●●●

오른쪽 그림은 반지름의 길이가 6 cm인 반원을 점 A를 중심으로 30°만큼 회전한 것이다. 이때 색칠한 부분의 넓이는?

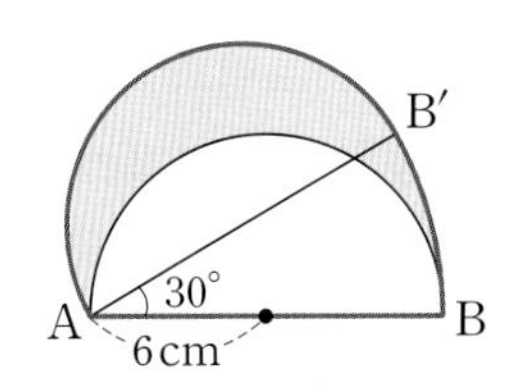

① $9\pi\text{ cm}^2$ ② $12\pi\text{ cm}^2$ ③ $15\pi\text{ cm}^2$
④ $18\pi\text{ cm}^2$ ⑤ $21\pi\text{ cm}^2$

0597 ●●●●

오른쪽 그림과 같이 한 변의 길이가 12 cm인 정사각형 ABCD에서 색칠한 부분의 넓이를 구하시오.

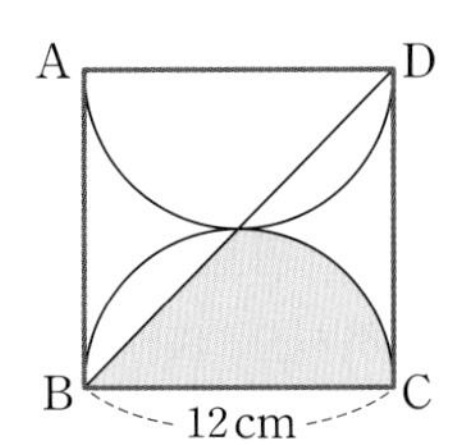

유형 16 중요! 색칠한 부분의 넓이 구하기(3) – 넓이가 같은 부분으로 이동하는 경우

개념 05-2

도형의 일부분을 넓이가 같은 부분으로 적당히 이동하여 색칠한 부분의 넓이를 구한다.

0598 대표 문제

오른쪽 그림과 같은 부채꼴에서 색칠한 부분의 넓이는?

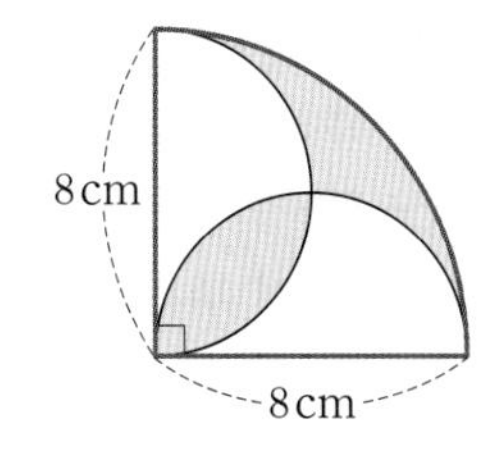

① $(36\pi-18)\text{ cm}^2$
② $(36\pi-36)\text{ cm}^2$
③ $(18\pi-18)\text{ cm}^2$
④ $(18\pi-36)\text{ cm}^2$
⑤ $(16\pi-32)\text{ cm}^2$

0599 ●●●● 수매씽 Pick!

오른쪽 그림과 같이 반지름의 길이가 각각 4 cm인 두 원 O, O′이 서로의 중심을 지날 때, 색칠한 부분의 넓이를 구하시오.

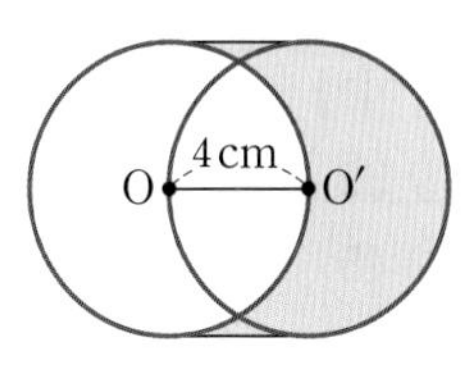

0600 ●●●● 서술형

오른쪽 그림과 같이 한 변의 길이가 10 cm인 정사각형에서 색칠한 부분의 넓이를 구하시오.

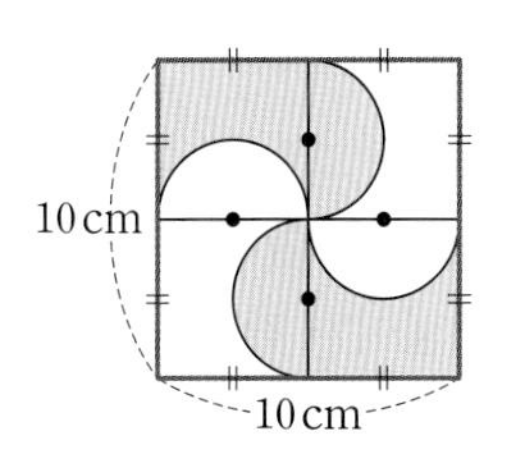

05 원과 부채꼴

유형 17 색칠한 부분의 넓이 구하기(4) – 색칠한 부분의 넓이가 같은 경우

중요!

∞ 개념 05-2

색칠한 두 부분 A, B의 넓이가 같으면

(A의 넓이)=(B의 넓이)

임을 이용한다.

0601 대표 문제

오른쪽 그림은 세로의 길이가 8 cm인 직사각형과 반지름의 길이가 8 cm인 부채꼴을 겹쳐 놓은 것이다. 두 부분 A와 B의 넓이가 같을 때, x의 값을 구하시오.

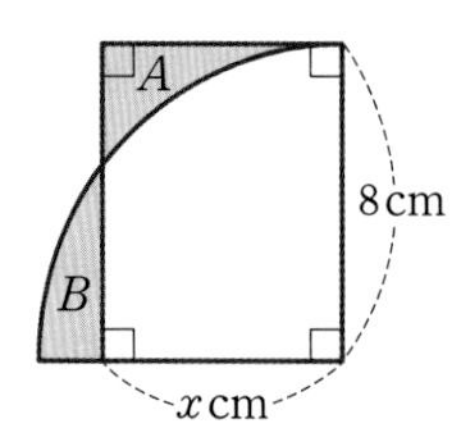

0602 ●●●● 수매씽 Pick!

오른쪽 그림에서 색칠한 두 부분의 넓이가 같을 때, x의 값은?

① 35 ② 40
③ 45 ④ 50
⑤ 55

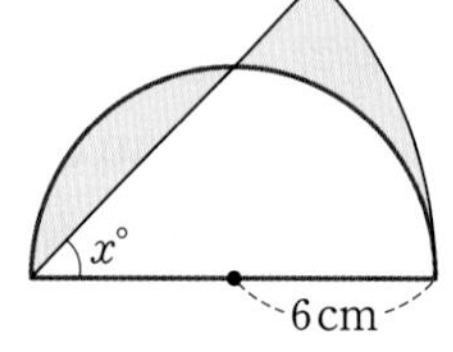

0603 ●●●●

오른쪽 그림과 같이 두 반원 O, O′이 있다. 색칠한 두 부분의 넓이가 같을 때, $\overset{\frown}{AB}$의 길이를 구하시오.

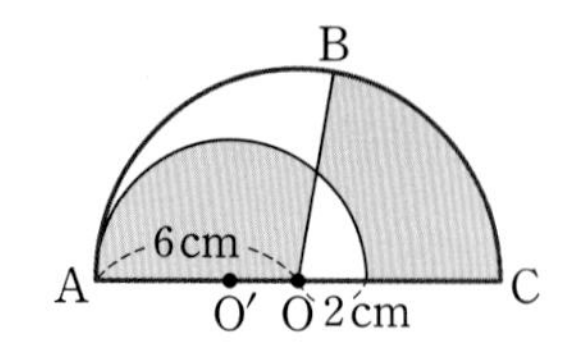

유형 18 끈의 최소 길이 구하기

∞ 개념 05-2

여러 개의 원을 둘러싸고 있는 끈의 최소 길이를 구할 때, 곡선 부분과 직선 부분으로 나누어 생각한다.
(1) 곡선 부분 ⇨ 부채꼴의 호의 길이를 이용한다.
(2) 직선 부분 ⇨ 원의 반지름의 길이를 이용한다.

0604 대표 문제

오른쪽 그림과 같이 밑면인 원의 반지름의 길이가 4 cm인 원기둥 6개를 끈으로 묶으려고 한다. 필요한 끈의 최소 길이를 구하시오. (단, 끈의 두께와 매듭의 길이는 생각하지 않는다.)

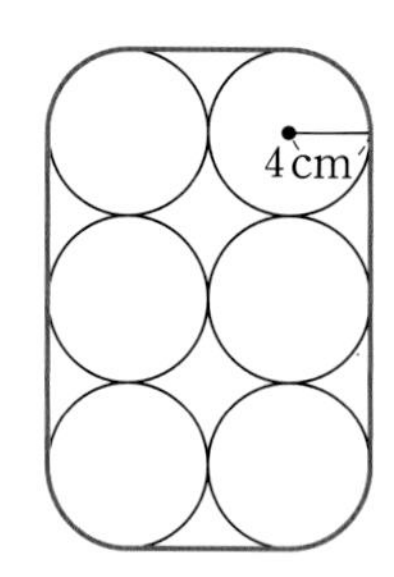

0605 ●●●● 수매씽 Pick!

오른쪽 그림과 같이 밑면인 원의 반지름의 길이가 3 cm인 원기둥 3개를 끈으로 묶으려고 한다. 필요한 끈의 최소 길이는? (단, 끈의 두께와 매듭의 길이는 생각하지 않는다.)

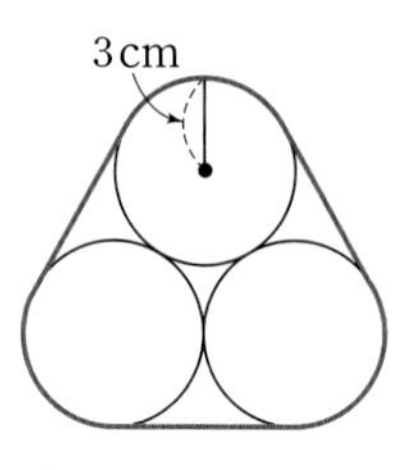

① $(6\pi+18)$ cm ② $(6\pi+27)$ cm
③ $(6\pi+36)$ cm ④ $(9\pi+9)$ cm
⑤ $(9\pi+18)$ cm

0606 ●●●●

오른쪽 그림과 같이 밑면인 원의 반지름의 길이가 6 cm인 원기둥 모양의 통조림 6개를 테이프로 묶으려고 한다. 필요한 테이프의 최소 길이를 구하시오. (단, 테이프의 두께와 겹쳐지는 부분의 길이는 생각하지 않는다.)

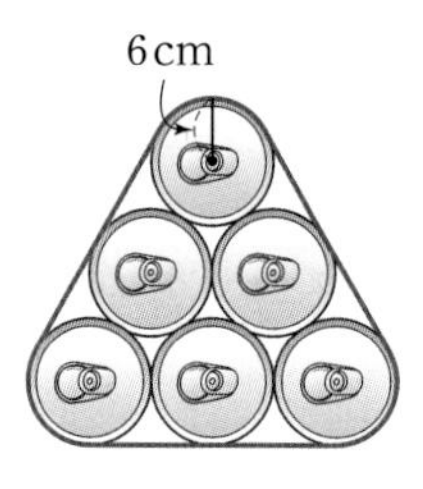

발전 유형 19 원이 지나간 자리의 넓이 구하기

개념 05-2

원이 지나간 자리를 그려 본 후 부채꼴의 넓이와 직사각형의 넓이로 각각 나누어 구한다. 이때 부채꼴의 넓이를 합하면 하나의 원의 넓이와 같다.

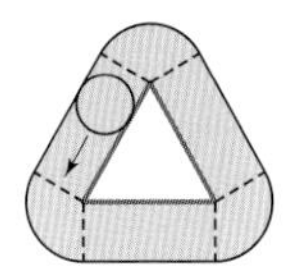

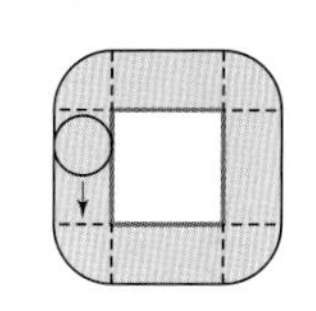

0607 대표 문제

오른쪽 그림과 같이 반지름의 길이가 3 cm인 원이 한 변의 길이가 20 cm인 정삼각형의 변을 따라 한 바퀴 돌아서 제자리로 왔을 때, 원이 지나간 자리의 넓이는?

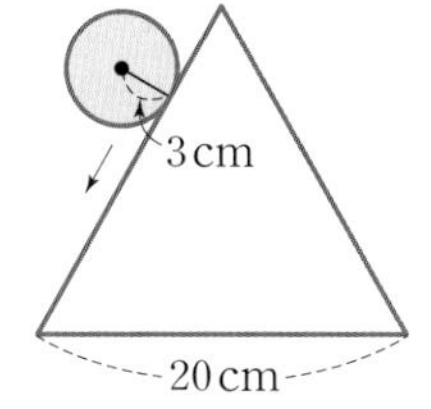

① $(36\pi+240)\,\text{cm}^2$
② $(36\pi+360)\,\text{cm}^2$
③ $(48\pi+120)\,\text{cm}^2$
④ $(48\pi+240)\,\text{cm}^2$
⑤ $(48\pi+360)\,\text{cm}^2$

0608 ●●●○

오른쪽 그림과 같이 반지름의 길이가 각각 5 cm, 3 cm인 두 원 O, O′이 있다. 원 O′이 원 O의 둘레를 따라 한 바퀴 돌아서 제자리로 왔을 때, 원 O′이 지나간 자리의 넓이를 구하시오.

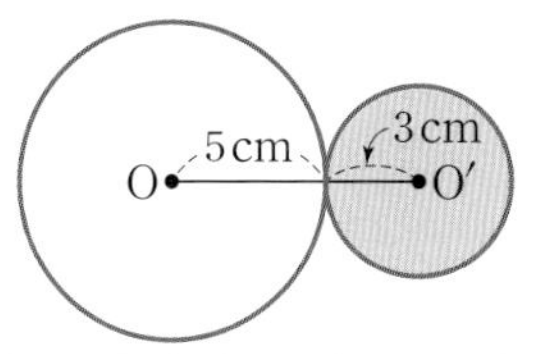

0609 ●●●●

오른쪽 그림과 같이 반지름의 길이가 2 cm인 원이 직사각형의 변을 따라 한 바퀴 돌아서 제자리로 왔을 때, 원이 지나간 자리의 넓이를 구하시오.

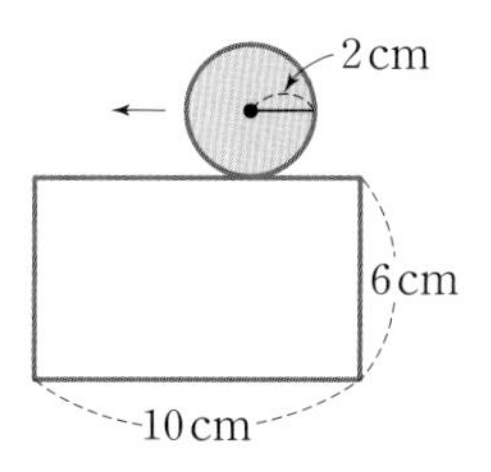

발전 유형 20 도형을 회전시켰을 때 점이 움직인 거리 구하기

개념 05-2

한 꼭짓점을 중심으로 도형을 회전시켰을 때, 도형의 다른 꼭짓점이 움직인 거리는 부채꼴의 호의 길이를 이용하여 구한다.

0610 대표 문제

오른쪽 그림과 같이 직각삼각형 ABC를 점 C를 중심으로 점 A가 변 BC의 연장선 위의 점 A′에 오도록 회전시켰다. $\angle ABC=45°$, $\overline{AC}=8$ cm일 때, 점 A가 움직인 거리를 구하시오.

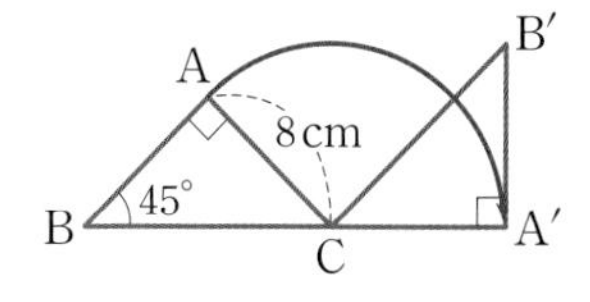

0611 ●●●○

다음 그림과 같이 한 변의 길이가 9 cm인 정삼각형 ABC를 직선 l 위에서 회전시켰을 때, 점 A가 움직인 거리를 구하시오.

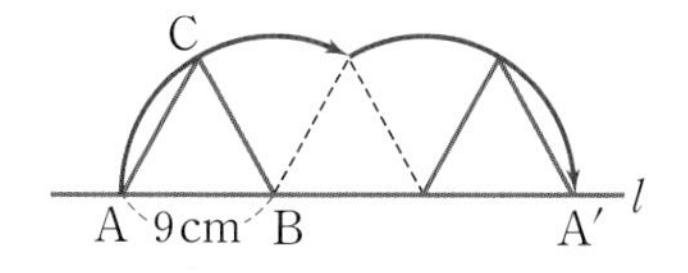

0612 ●●●● 서술형

다음 그림과 같이 직사각형 ABCD를 직선 l 위에서 점 B가 점 B′에 오도록 회전시켰다. 이때 점 B가 움직인 거리를 구하시오.

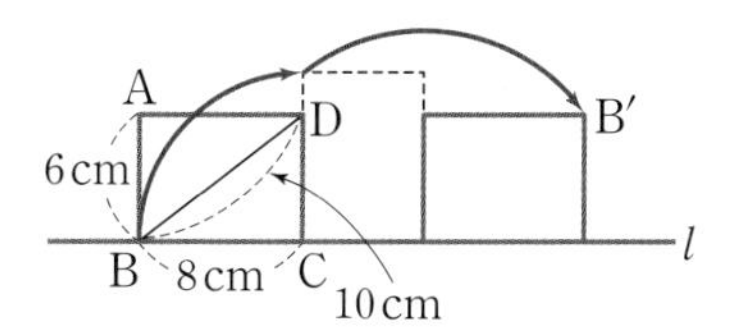

05 원과 부채꼴

학교 시험 꽉 잡기

0613

다음 설명 중 옳지 않은 것은?

① 한 원에서 중심각의 크기가 같은 현의 길이는 같다.
② 한 원에서 길이가 가장 긴 현은 지름이다.
③ 한 원에서 부채꼴과 활꼴이 같을 때 중심각의 크기는 90°이다.
④ 한 원에서 부채꼴의 호의 길이는 중심각의 크기에 정비례한다.
⑤ 한 원에서 호의 길이가 같은 두 부채꼴의 넓이는 같다.

0614

오른쪽 그림의 원 O에서 $\widehat{AB}=8$ cm, $\angle AOB=120°$일 때, 원 O의 둘레의 길이를 구하시오.

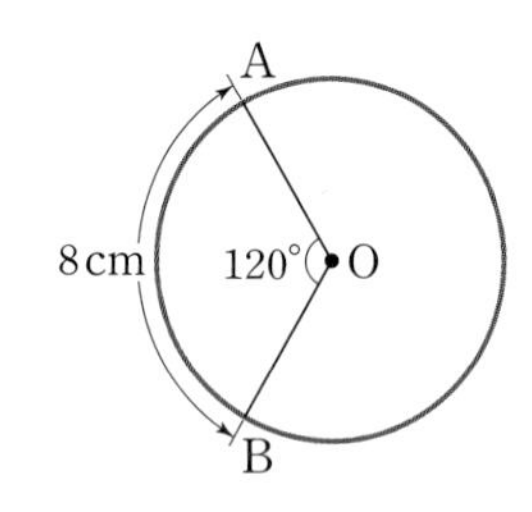

0615 빈출

오른쪽 그림의 원 O에서 $x+y$의 값은?

① 20 ② 30
③ 40 ④ 50
⑤ 60

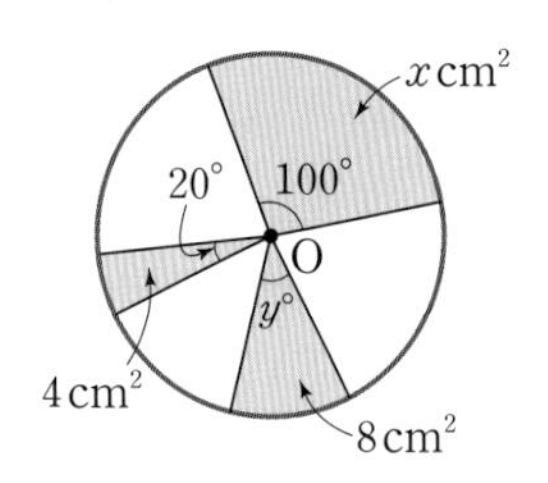

0616

오른쪽 그림의 원 O에서 $\overline{AB}=\overline{BC}=\overline{CD}$이고, $\angle OAB=65°$일 때, $\angle AOD$의 크기를 구하시오.

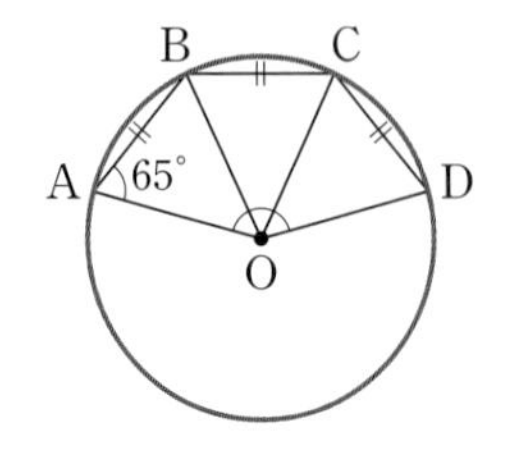

0617 빈출

다음 중 오른쪽 그림의 원 O에 대한 설명으로 옳지 않은 것은?

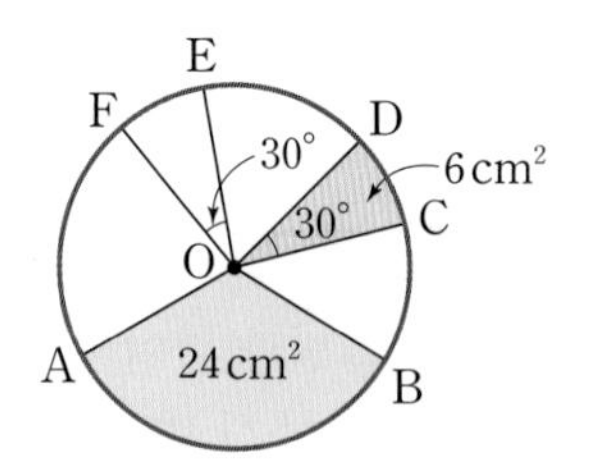

① $\overline{CD}=\overline{EF}$
② $\angle AOB=120°$
③ $\widehat{AB}=4\widehat{CD}$
④ $\overline{AB}=4\overline{EF}$
⑤ (부채꼴 COD의 넓이)=(부채꼴 EOF의 넓이)

0618

오른쪽 그림의 원 O에서 $\overline{AB}$가 지름이고, $\widehat{BC}=4\widehat{AC}$일 때, $\angle AOC$의 크기는?

① 30° ② 32°
③ 34° ④ 36°
⑤ 38°

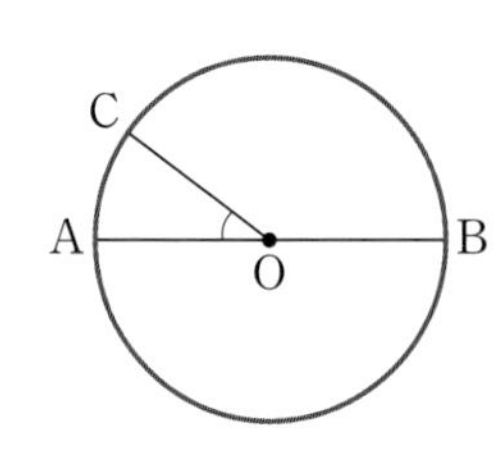

0619

오른쪽 그림의 원 O에서 $\overline{AB}$는 지름이고, $\overline{AB} /\!/ \overline{CD}$이다. $\angle COD=80°$, $\widehat{CD}=16$ cm일 때, $\widehat{AD}$의 길이는?

① 10 cm ② 11 cm
③ 12 cm ④ 13 cm
⑤ 14 cm

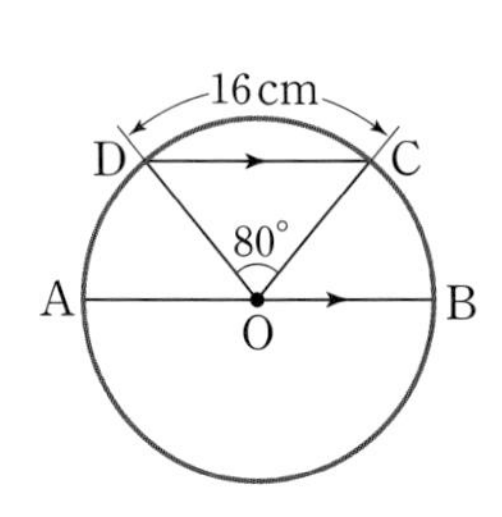

0620

오른쪽 그림과 같은 반원에서 색칠한 부분의 둘레의 길이는?

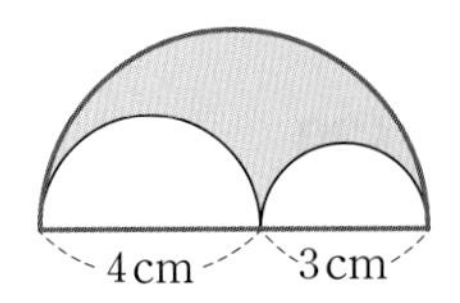

① 3π cm ② 4π cm
③ 5π cm ④ 6π cm
⑤ 7π cm

0621

오른쪽 그림과 같이 반지름의 길이가 6 cm인 원 O에서 각 점은 둘레의 길이를 12등분한다. 색칠한 부분의 넓이를 구하시오.

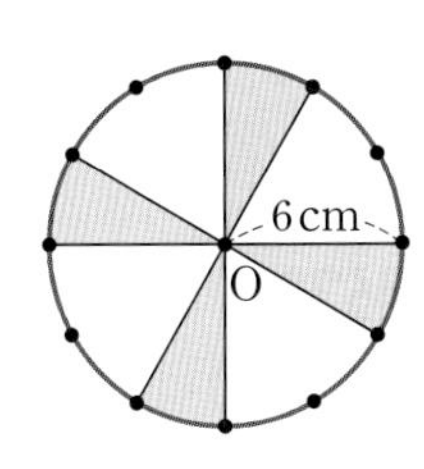

0622 빈출

오른쪽 그림과 같이 반지름의 길이가 4 cm인 원 O에서 $\widehat{AB} : \widehat{BC} : \widehat{CA} = 2 : 3 : 4$일 때, 부채꼴 BOC의 넓이를 구하시오.

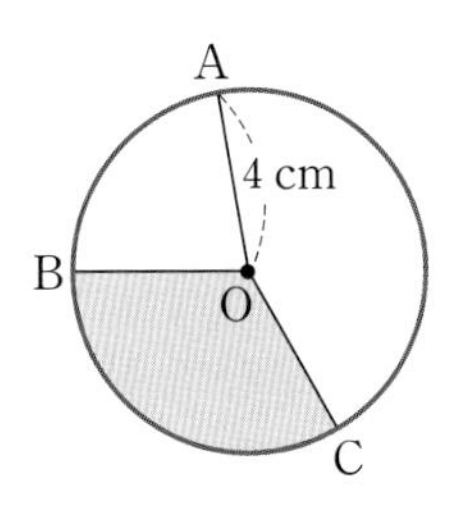

0623

오른쪽 그림과 같은 부채꼴에서 색칠한 부분의 넓이가 $\frac{3}{2}\pi$ cm^2일 때, $\angle x$의 크기를 구하시오.

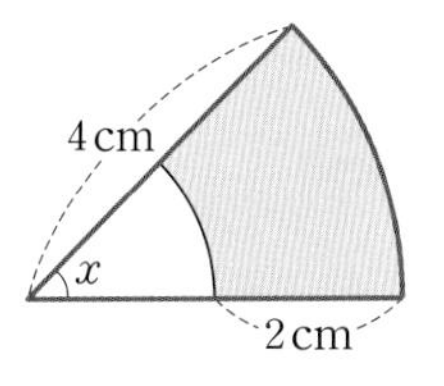

0624 빈출

오른쪽 그림의 원 O에서 색칠한 부분의 둘레의 길이를 구하시오.

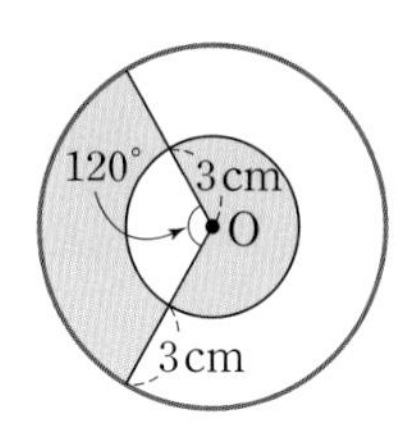

0625

다음 그림과 같이 지름의 길이가 2 m인 굴렁쇠를 직선을 따라 시계 방향으로 A 지점에서 B 지점까지 굴렸다. $\overline{AB} = 20\pi$ m일 때, 굴렁쇠는 몇 바퀴를 회전하였는가?

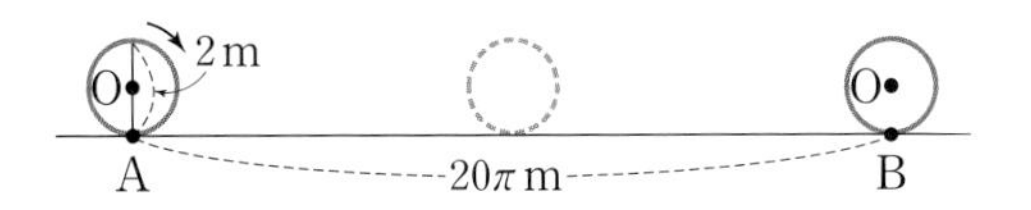

① 5바퀴 ② 10바퀴 ③ 15바퀴
④ 20바퀴 ⑤ 25바퀴

0626

오른쪽 그림에서 원 O는 △ABC의 세 변과 각각 세 점 D, E, F에서 만난다. $\angle ABC = 40°$, $\angle ACB = 60°$이고 원 O의 넓이가 36 cm^2일 때, 부채꼴 DOF의 넓이를 구하시오.

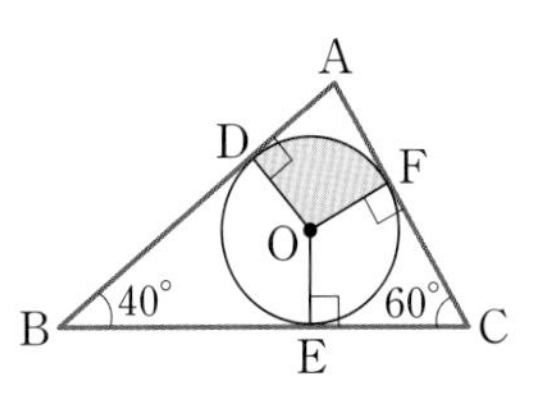

0627 빈출

오른쪽 그림과 같이 한 변의 길이가 8 cm인 정사각형에서 색칠한 부분의 넓이를 구하시오.

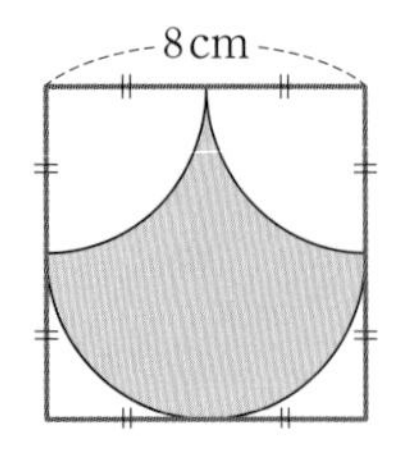

0628

오른쪽 그림과 같이 정오각형 모양의 정원이 있다. 정원의 둘레의 길이가 48 m이고 정원 밖으로 폭 5 m의 산책길을 만들려고 한다. 산책길의 넓이를 구하시오.

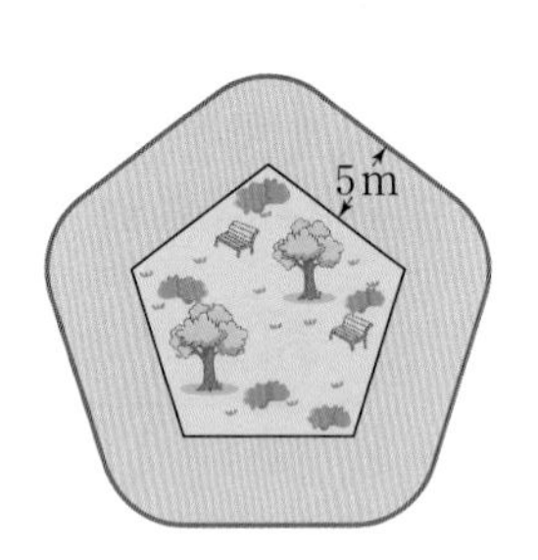

0629

오른쪽 그림과 같이 한 변의 길이가 6 m인 정사각형 모양의 기둥의 한 꼭짓점에 강아지가 끈으로 묶여 있다. 끈의 길이가 10 m일 때, 강아지가 움직일 수 있는 영역의 최대 넓이를 구하시오.
(단, 끈의 매듭의 길이와 강아지의 크기는 생각하지 않는다.)

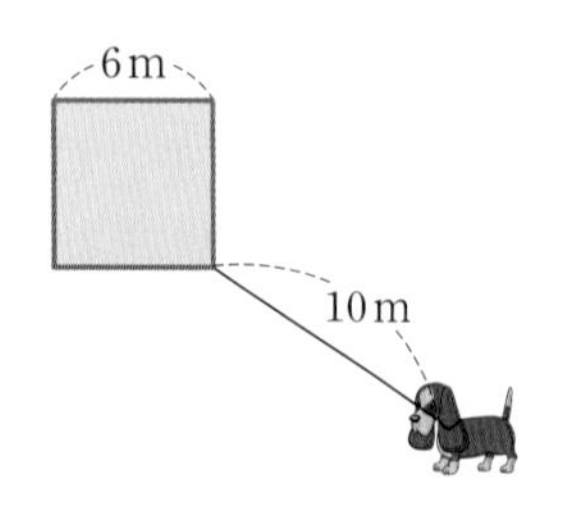

서술형 문제

0630

오른쪽 그림의 원 O에서 점 E는 지름 AB와 현 CD의 연장선의 교점이고, 삼각형 OCD는 정삼각형이다. $\angle BED=30°$, $\overset{\frown}{BD}=6\pi$ cm일 때, $\overset{\frown}{AC}$의 길이를 구하시오.

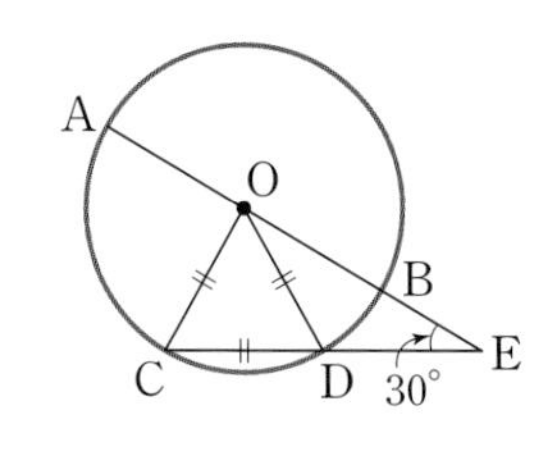

풀이

0631

오른쪽 그림에서 색칠한 부분의 넓이를 구하시오.

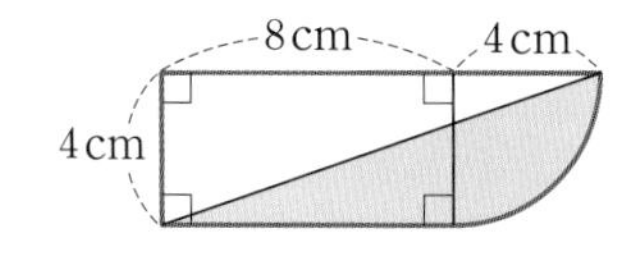

풀이

0632

어느 가게에서 밑면인 원의 반지름의 길이가 3 cm인 원기둥 모양의 통조림을 4개씩 끈으로 묶어 판매하려고 한다. 다음 그림의 ㈎, ㈏와 같이 두 가지 방법으로 끈의 길이가 최소가 되도록 묶을 때, 어느 방법이 얼마만큼 끈이 더 필요한지 구하시오.
(단, 끈의 두께와 매듭의 길이는 생각하지 않는다.)

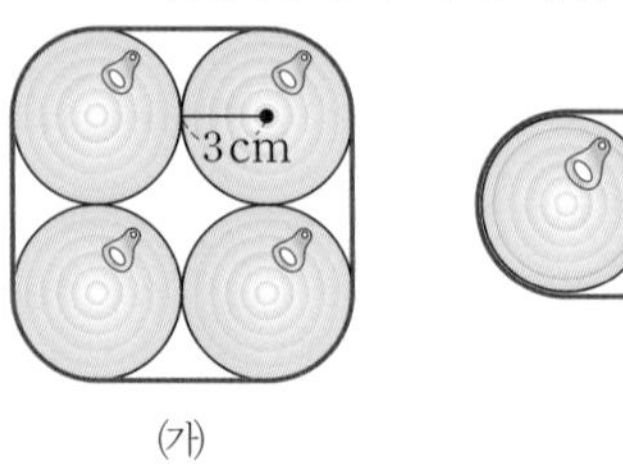

㈎

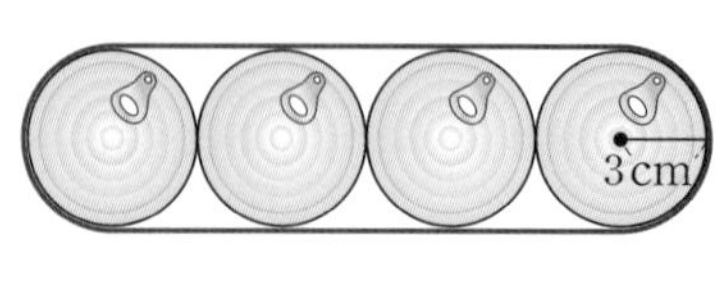

㈏

풀이

입체도형

06 다면체와 회전체

07 입체도형의 겉넓이와 부피

이전에 배운 내용

초5~6 직육면체, 정육면체
각기둥, 각뿔
원기둥, 원뿔, 구
입체도형의 겉넓이와 부피

이번에 배울 내용

06 다면체와 회전체
07 입체도형의 겉넓이와 부피

이후에 배울 내용

중2 삼각형과 사각형의 성질
도형의 닮음
피타고라스 정리

다면체와 회전체

06 1 다면체 (유형 01 ~ 유형 07, 유형 19)

(1) **다면체** : 다각형인 면으로만 둘러싸인 입체도형
① 면 : 다면체를 둘러싸고 있는 다각형
② 모서리 : 다면체의 면인 다각형의 변
③ 꼭짓점 : 다면체의 면인 다각형의 꼭짓점

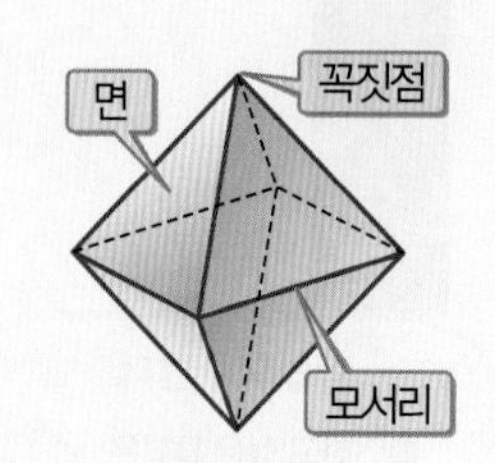

(2) **각뿔대** : 각뿔을 밑면에 평행한 평면으로 자를 때 생기는 입체도형 중 각뿔이 아닌 것
① 밑면 : 각뿔대에서 평행한 두 면
② 옆면 : 각뿔대의 밑면이 아닌 면
③ 높이 : 각뿔대의 두 밑면 사이의 거리

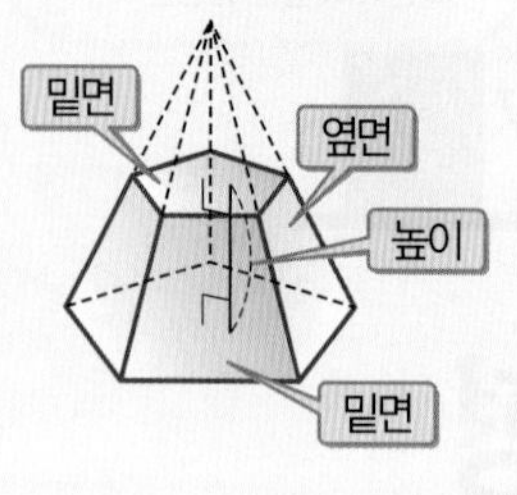

(3) **다면체의 면, 모서리, 꼭짓점의 개수와 옆면의 모양**

다면체	n각기둥	n각뿔	n각뿔대
면의 개수	$n+2$	$n+1$	$n+2$
모서리의 개수	$3n$	$2n$	$3n$
꼭짓점의 개수	$2n$	$n+1$	$2n$
옆면의 모양	직사각형	삼각형	사다리꼴

비법 NOTE

- 다면체는 면의 개수에 따라 사면체, 오면체, 육면체, ...라 한다.
- 밑면의 모양에 따라 사각뿔대, 오각뿔대, 육각뿔대, ...라 한다.
- 각기둥과 각뿔대
  ① 공통점 : 두 밑면이 평행하다.
  ② 차이점 : 각기둥은 두 밑면의 모양과 크기가 같다.
  각뿔대는 두 밑면의 모양은 같지만 크기가 다르다.
- 다면체의 꼭짓점, 모서리, 면의 개수 사이의 관계
  다면체의 꼭짓점의 개수를 v, 모서리의 개수를 e, 면의 개수를 f라 할 때, $v-e+f=2$ (오일러의 공식)

개념 잡기

0637 다음 보기에서 다면체인 것을 모두 고르시오.

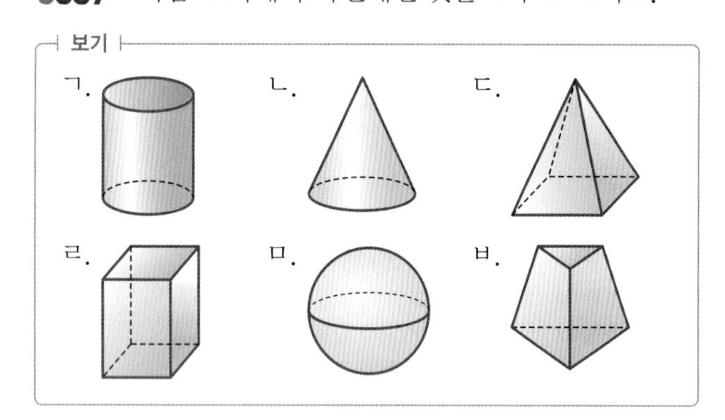

[0638 ~ 0639] 다음 다면체가 몇 면체인지 구하시오.

0638 육각뿔

0639 칠각뿔대

[0640 ~ 0641] 다음 조건을 만족시키는 입체도형의 이름을 쓰시오.

0640 밑면이 육각형이고 옆면이 삼각형인 입체도형

0641 두 밑면이 평행한 삼각형이고 옆면이 사다리꼴인 입체도형

0642 다음 표를 완성하시오.

다면체	삼각기둥	오각뿔	사각뿔대
면의 개수			
모서리의 개수			
꼭짓점의 개수			
옆면의 모양			

06 2 정다면체 (유형 08 ~ 유형 11, 유형 20)

(1) **정다면체** : 다음 조건을 모두 만족시키는 다면체를 정다면체라 한다.
① 모든 면이 합동인 정다각형이다.
② 각 꼭짓점에 모인 면의 개수가 같다.

(2) **정다면체의 종류**
정사면체, 정육면체, 정팔면체, 정십이면체, 정이십면체의 5가지뿐이다.

정다면체	정사면체	정육면체	정팔면체	정십이면체	정이십면체
면의 모양	정삼각형	정사각형	정삼각형	정오각형	정삼각형
한 꼭짓점에 모인 면의 개수	3	3	4	3	5
꼭짓점의 개수	4	8	6	20	12
모서리의 개수	6	12	12	30	30
면의 개수	4	6	8	12	20
전개도					

- 정다면체의 분류
  ① 면의 모양에 따라
  - 정삼각형 : 정사면체, 정팔면체, 정이십면체
  - 정사각형 : 정육면체
  - 정오각형 : 정십이면체

  ② 한 꼭짓점에 모인 면의 개수에 따라
  - 3개 : 정사면체, 정육면체, 정십이면체
  - 4개 : 정팔면체
  - 5개 : 정이십면체
- 정다면체가 5가지뿐인 이유
  정다면체는 입체도형이므로
  ① 한 꼭짓점에서 면이 3개 이상 만나야 한다.
  ② 한 꼭짓점에 모인 각의 크기의 합이 360°보다 작아야 한다.
- 정다면체의 전개도는 이웃한 면의 위치에 따라 다양하다.

06 다면체와 회전체

[0643~0645] 정다면체에 대한 설명으로 옳은 것에 ○표, 옳지 않은 것에 ×표 하시오.

0643 각 면이 모두 합동인 정다각형으로 이루어져 있다. (　　)

0644 정다면체의 종류는 6가지이다. (　　)

0645 정다면체의 한 면이 될 수 있는 정다각형의 종류는 3가지이다. (　　)

[0646~0647] 다음 조건을 만족시키는 정다면체의 이름을 모두 쓰시오.

0646 모든 면이 정삼각형으로 이루어진 정다면체

0647 한 꼭짓점에 모인 면의 개수가 3인 정다면체

[0648~0651] 오른쪽 그림의 전개도로 만든 정다면체에 대하여 물음에 답하시오.

A F E
B C D

0648 이 정다면체의 이름을 쓰시오.

0649 이 정다면체의 모서리의 개수를 구하시오.

0650 한 꼭짓점에 모인 면의 개수를 구하시오.

0651 모서리 AB와 겹치는 모서리를 구하시오.

06 다면체와 회전체

06 3 회전체 (유형 12 ~ 유형 14, 유형 18)

비법 NOTE

(1) **회전체** : 평면도형을 한 직선을 축으로 하여 1회전 시킬 때 생기는 입체도형

① 회전축 : 회전시킬 때 축으로 사용한 직선

② 모선 : 회전시킬 때 옆면을 만드는 선분

(2) **원뿔대** : 원뿔을 밑면에 평행한 평면으로 자를 때 생기는 입체도형 중 원뿔이 아닌 것

① 밑면 : 원뿔대에서 평행한 두 면

② 옆면 : 원뿔대에서 밑면이 아닌 면

③ 높이 : 원뿔대에서 두 밑면 사이의 거리

(3) **회전체의 종류** : 원기둥, 원뿔, 원뿔대, 구 등이 있다.

- 구에서는 모선을 생각하지 않는다.

원기둥	원뿔	원뿔대	구

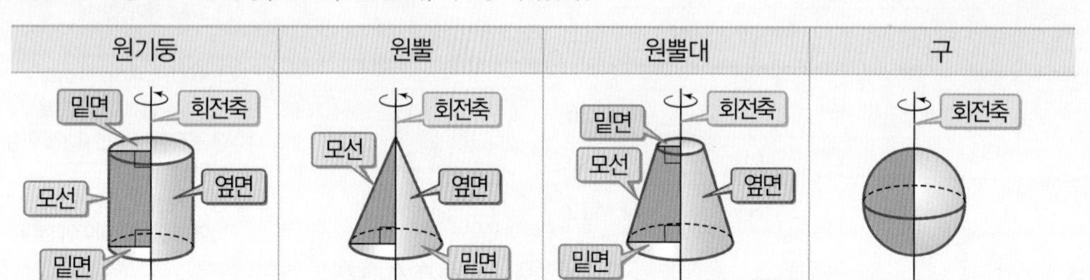

개념 잡기

0652 다음 보기에서 회전체인 것을 모두 고르시오.

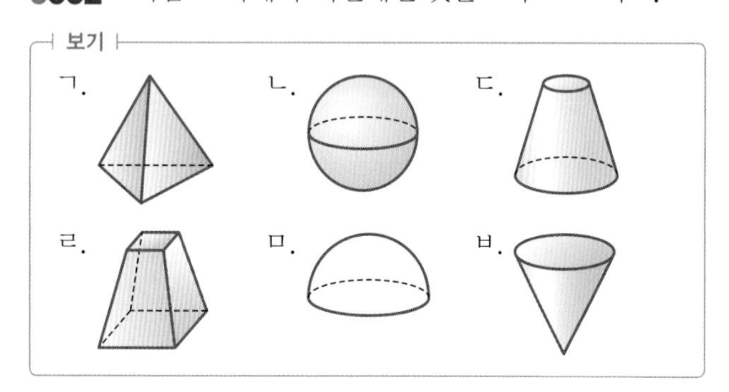

[0653 ~ 0656] 다음 평면도형을 직선 l을 회전축으로 하여 1회전 시킬 때 생기는 회전체를 그리고, 회전체의 이름을 쓰시오.

0653

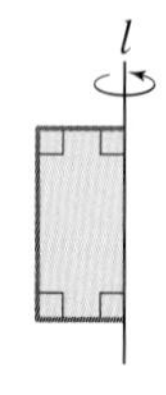

0654

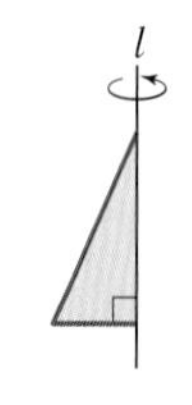

0655

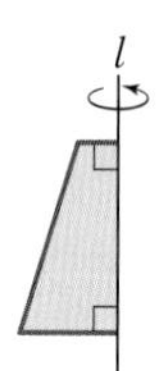

0656

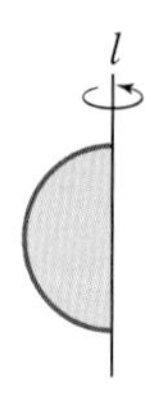

[0657 ~ 0658] 다음 회전체는 직선 l을 축으로 어떤 도형을 1회전 시킨 것인지 보기에서 고르시오.

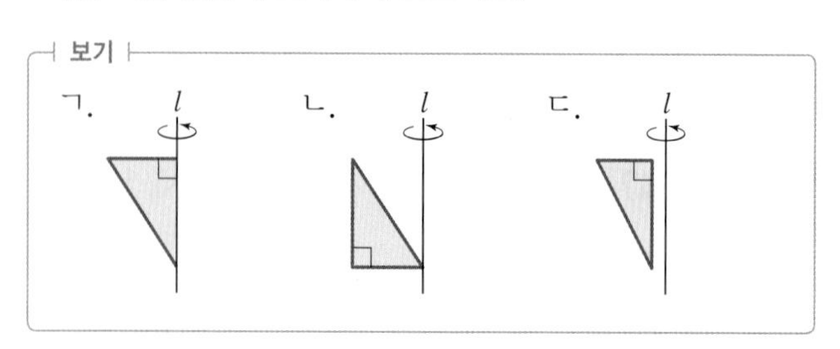

0657

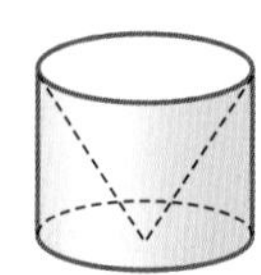

0658

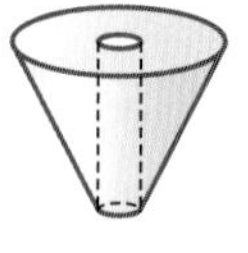

06 4 회전체 성질 (유형 15 ~ 유형 18)

(1) 회전체의 성질

① 회전체를 회전축에 수직인 평면으로 자를 때 생기는 단면의 경계는 원이다.

② 회전체를 회전축을 포함하는 평면으로 자를 때 생기는 단면은 모두 합동이며 회전축을 대칭축으로 하는 선대칭도형이다.

	원기둥	원뿔	원뿔대	구
회전축에 수직인 평면으로 자를 때 생기는 단면	원	원	원	원
회전축을 포함하는 평면으로 자를 때 생기는 단면	직사각형	이등변삼각형	사다리꼴	원

- 선대칭도형 : 한 평면도형을 어떤 직선을 기준으로 반으로 접을 때 완전히 겹쳐지는 도형
- 구의 회전축은 무수히 많고, 어느 평면으로 잘라도 그 단면이 모두 원이다.

(2) 회전체의 전개도

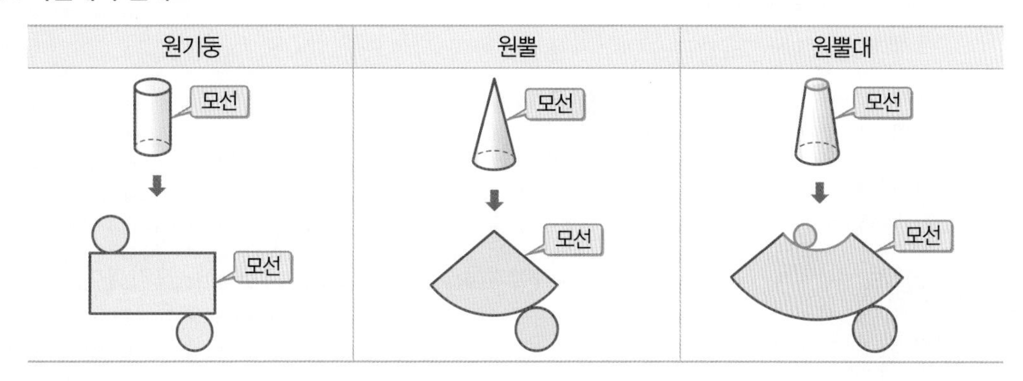

- 구의 전개도는 그릴 수 없다.
- 원기둥의 전개도에서 (직사각형의 가로의 길이)=(원의 둘레의 길이)
- 원뿔의 전개도에서 (부채꼴의 호의 길이)=(원의 둘레의 길이)

[0659~0661] 회전체에 대한 설명으로 옳은 것에 ○표, 옳지 않은 것에 ×표 하시오.

0659 모든 회전체는 회전축이 1개뿐이다. ( )

0660 회전체를 회전축을 포함하는 평면으로 자를 때 생기는 단면은 회전축을 대칭축으로 하는 선대칭도형이다. ( )

0661 회전체를 회전축에 수직인 평면으로 자를 때 생기는 단면은 모두 합동이다. ( )

[0662~0663] 다음 전개도로 만든 입체도형을 그리시오.

0662

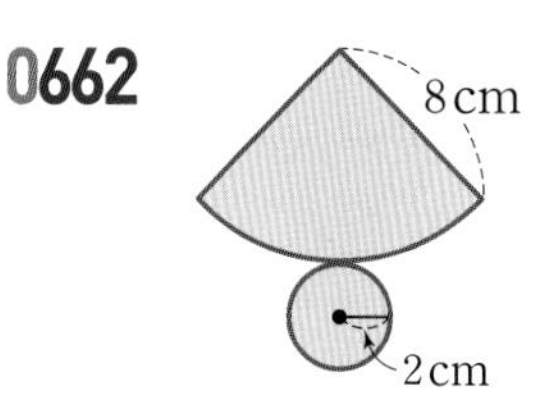

0663

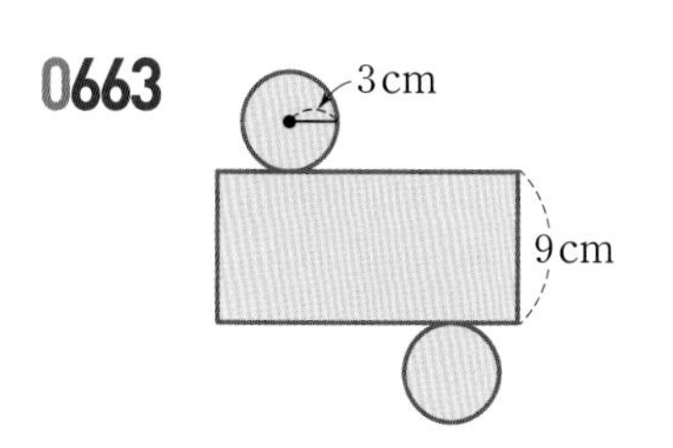

유형 다 잡기

유형 01 다면체

개념 06-1

다면체 : 다각형인 면으로만 둘러싸인 입체도형

0664 대표 문제

다음 중 다면체가 아닌 것을 모두 고르면? (정답 2개)

① 오각기둥 ② 사각뿔 ③ 원기둥
④ 삼각뿔대 ⑤ 원뿔

0665

다음 보기에서 다각형인 면으로만 둘러싸인 입체도형은 모두 몇 개인지 구하시오.

보기

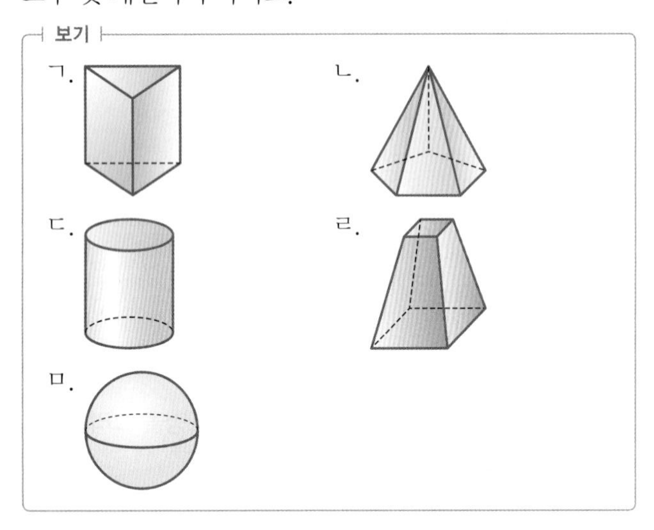

0666

다음 보기에서 다면체를 모두 고르시오.

보기
ㄱ. 사각기둥 ㄴ. 원뿔 ㄷ. 정육면체
ㄹ. 삼각뿔 ㅁ. 구 ㅂ. 오각뿔대

유형 02 다면체의 면의 개수

개념 06-1

면의 개수에 따라 사면체, 오면체, 육면체, …라 한다.

	n각기둥	n각뿔	n각뿔대
면의 개수	$n+2$	$n+1$	$n+2$

0667 대표 문제

다음 중 오른쪽 그림의 다면체와 면의 개수가 같은 것은?

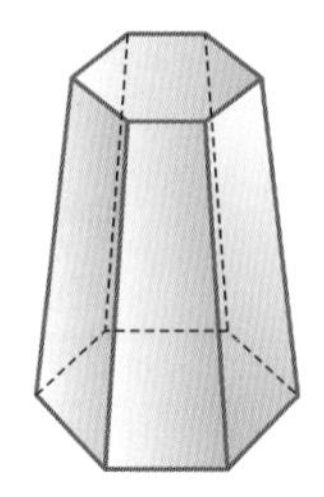

① 오각뿔 ② 육각뿔
③ 칠각뿔 ④ 사각기둥
⑤ 사각뿔대

0668

다음 보기에서 오면체를 모두 고르시오.

보기
ㄱ. 삼각뿔 ㄴ. 삼각뿔대 ㄷ. 사각뿔
ㄹ. 사각기둥 ㅁ. 오각뿔 ㅂ. 오각뿔대

0669

다음 입체도형의 면의 개수의 합을 구하시오.

오각기둥 삼각뿔 팔각뿔대

0670 서술형

구면체인 각기둥, 각뿔, 각뿔대의 밑면은 어떤 다각형인지 각각 구하시오.

유형 03 다면체의 모서리, 꼭짓점의 개수

개념 06-1

	n각기둥	n각뿔	n각뿔대
모서리의 개수	$3n$	$2n$	$3n$
꼭짓점의 개수	$2n$	$n+1$	$2n$

0671 대표 문제

다음 중 꼭짓점의 개수가 나머지 넷과 다른 하나는?

① 사각기둥 ② 사각뿔대 ③ 정육면체
④ 육각뿔대 ⑤ 칠각뿔

0672

다음 중 모서리의 개수와 꼭짓점의 개수의 합이 가장 큰 입체도형은?

① 삼각뿔대 ② 정육면체 ③ 사각뿔
④ 오각뿔 ⑤ 오각기둥

0673

삼각기둥의 모서리의 개수를 a, 오각뿔의 면의 개수를 b, 사각뿔대의 꼭짓점의 개수를 c라 할 때, $a-b+c$의 값을 구하시오.

0674

n각뿔대의 모서리의 개수와 n각뿔의 꼭짓점의 개수의 합이 25일 때, n의 값을 구하시오.

중요!

유형 04 다면체의 면, 모서리, 꼭짓점의 개수의 활용

개념 06-1

	n각기둥, n각뿔대	n각뿔
면의 개수	$n+2$	$n+1$
모서리의 개수	$3n$	$2n$
꼭짓점의 개수	$2n$	$n+1$

0675 대표 문제

꼭짓점의 개수가 10인 각뿔의 면의 개수를 x, 모서리의 개수를 y라 할 때, $y-x$의 값을 구하시오.

0676

면의 개수가 8인 각기둥의 모서리의 개수를 x, 꼭짓점의 개수를 y라 할 때, $x-y$의 값을 구하시오.

0677

모서리의 개수가 20인 각뿔의 면의 개수를 x, 꼭짓점의 개수를 y라 할 때, $x+y$의 값을 구하시오.

0678 수매씽 Pick!

모서리의 개수와 꼭짓점의 개수의 합이 50인 각뿔대의 면의 개수를 구하시오.

유형 05 다면체의 옆면의 모양

개념 06-1

	각기둥	각뿔	각뿔대
옆면의 모양	직사각형	삼각형	사다리꼴

0679 대표 문제

다음 중 다면체와 그 옆면의 모양을 바르게 짝 지은 것은?

① 삼각뿔대 – 삼각형　② 사각뿔 – 사다리꼴
③ 육각뿔대 – 직사각형　④ 오각기둥 – 직사각형
⑤ 칠각뿔 – 칠각형

0680

오른쪽 그림과 같은 다면체의 이름과 그 옆면의 모양을 바르게 짝 지은 것은?

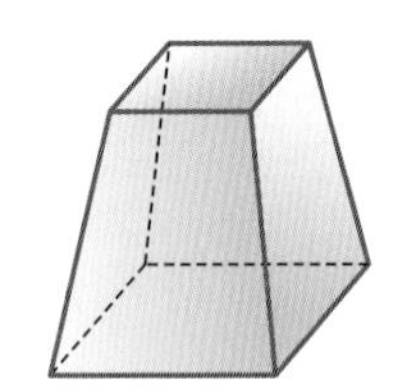

① 사각기둥 – 직사각형
② 사각기둥 – 사다리꼴
③ 사각뿔 – 사다리꼴
④ 사각뿔대 – 사다리꼴
⑤ 사각뿔대 – 직사각형

0681

다음 보기에서 옆면의 모양이 삼각형인 다면체를 모두 고르시오.

보기

ㄱ. 정육면체	ㄴ. 원기둥	ㄷ. 삼각뿔
ㄹ. 팔각기둥	ㅁ. 원뿔	ㅂ. 칠각뿔
ㅅ. 오각뿔대	ㅇ. 십일각뿔	ㅈ. 구

중요! 유형 06 다면체의 이해

개념 06-1

	옆면의 모양	밑면의 특징
각기둥	직사각형	두 밑면이 평행하면서 합동이다.
각뿔	삼각형	밑면이 1개이다.
각뿔대	사다리꼴	두 밑면이 평행하다.

0682 대표 문제

다음 중 다면체에 대한 설명으로 옳은 것을 모두 고르면? (정답 2개)

① 각뿔대의 두 밑면은 평행하고 합동이다.
② 팔각뿔과 육각기둥의 면의 개수는 같다.
③ 각뿔의 옆면의 모양은 모두 삼각형이다.
④ n각뿔대의 면의 개수는 n각기둥의 면의 개수와 같다.
⑤ 각뿔대의 밑면과 옆면은 수직이다.

0683

다음 중 n각뿔대에 대한 설명으로 옳은 것을 모두 고르면? (정답 2개)

① 옆면의 모양은 삼각형이다.
② 두 밑면은 서로 합동이다.
③ 꼭짓점의 개수는 $2n$이다.
④ 면의 개수는 $(n+1)$이다.
⑤ 모서리의 개수는 $3n$이다.

0684 수매씽 Pick!

다음 중 팔각기둥에 대한 설명으로 옳은 것은?

① 십일면체이다.
② 밑면에 평행하게 자른 단면은 팔각형이다.
③ 모서리의 개수는 21이다.
④ 옆면의 모양은 삼각형이다.
⑤ 꼭짓점의 개수와 면의 개수의 합은 24이다.

유형 07 주어진 조건을 만족시키는 다면체

개념 06-1

(1) 밑면의 특징
- 밑면이 2개이고 서로 평행 ⇨ 각기둥 또는 각뿔대
- 밑면이 1개 ⇨ 각뿔

(2) 옆면의 특징
- 직사각형 ⇨ 각기둥
- 삼각형 ⇨ 각뿔
- 사다리꼴 ⇨ 각뿔대

(3) 면, 모서리, 꼭짓점의 개수 ⇨ 밑면의 모양 결정

0685 대표 문제

다음 조건을 모두 만족시키는 입체도형을 구하시오.

> (가) 팔면체이다.
> (나) 두 밑면이 평행하다.
> (다) 옆면의 모양이 사다리꼴이다.

0686 ●●●●

밑면의 개수가 1이고 옆면의 모양은 삼각형이며 꼭짓점의 개수가 8인 입체도형을 구하시오.

0687 ●●●● 서술형

다음 조건을 모두 만족시키는 입체도형의 꼭짓점의 개수를 a, 면의 개수를 b라 할 때, $a+b$의 값을 구하시오.

> (가) 두 밑면이 서로 평행하면서 합동이다.
> (나) 옆면의 모양이 직사각형이다.
> (다) 모서리의 개수는 15이다.

중요! 유형 08 정다면체의 이해

개념 06-2

(1) 정다면체 : 모든 면이 합동인 정다각형이고, 각 꼭짓점에 모인 면의 개수가 같은 다면체

(2) 정다면체의 종류
⇨ 정사면체, 정육면체, 정팔면체, 정십이면체, 정이십면체

	정사면체	정육면체	정팔면체	정십이면체	정이십면체
면의 모양	정삼각형	정사각형	정삼각형	정오각형	정삼각형
한 꼭짓점에 모인 면의 개수	3	3	4	3	5

0688 대표 문제

다음 중 옳지 않은 설명을 한 학생을 모두 고르면? (정답 2개)

① 민찬 : 다면체의 모든 면이 합동인 정다각형이면 정다면체야.
② 재훈 : 정다면체는 5가지뿐이야.
③ 민주 : 모든 정다면체는 평행한 면이 있어.
④ 세윤 : 한 꼭짓점에 모인 면의 개수가 4인 정다면체는 정팔면체야.
⑤ 수안 : 정다면체의 면의 모양은 정삼각형, 정사각형, 정오각형 중 하나야.

0689 ●●●● 수매씽 Pick!

다음 조건을 모두 만족시키는 입체도형을 구하시오.

> (가) 각 면의 모양은 모두 합동인 정삼각형이다.
> (나) 각 꼭짓점에 모인 면의 개수는 3이다.

0690 ●●●●

다음은 정다면체가 5가지뿐인 이유를 설명한 것이다. $x+y$의 값을 구하시오.

> 정다면체는 입체도형이므로
> 한 꼭짓점에서 x개 이상의 면이 만나야 하고,
> 한 꼭짓점에 모인 각의 크기의 합이 $y°$보다 작아야 한다.
> 따라서 정다면체의 면이 될 수 있는 다각형은
> 정삼각형, 정사각형, 정오각형뿐이다.

06 다면체와 회전체

유형 09 정다면체의 꼭짓점, 모서리, 면의 개수 (중요!) 개념 06-2

	정사면체	정육면체	정팔면체	정십이면체	정이십면체
면의 개수	4	6	8	12	20
꼭짓점의 개수	4	8	6	20	12
모서리의 개수	6	12	12	30	30

0691 대표 문제

다음 조건을 모두 만족시키는 입체도형의 꼭짓점의 개수를 x, 모서리의 개수를 y라 할 때, $y-x$의 값을 구하시오.

> (가) 각 꼭짓점에 모인 면의 개수는 3이다.
> (나) 각 면의 모양은 모두 합동인 정오각형이다.

0692

다음 보기에서 그 값이 가장 큰 것과 가장 작은 것을 차례로 구하시오.

보기
ㄱ. 정사면체의 면의 개수
ㄴ. 정육면체의 모서리의 개수
ㄷ. 정팔면체의 꼭짓점의 개수
ㄹ. 정십이면체의 모서리의 개수
ㅁ. 정이십면체의 꼭짓점의 개수

0693 수매씽 Pick!

꼭짓점의 개수가 가장 많은 정다면체의 면의 개수를 a, 모서리의 개수가 가장 적은 정다면체의 꼭짓점의 개수를 b라 할 때, $a+b$의 값을 구하시오.

유형 10 정다면체의 전개도 개념 06-2

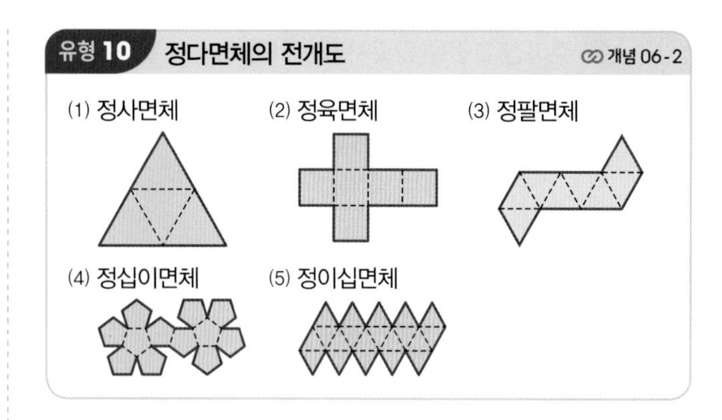

0694 대표 문제

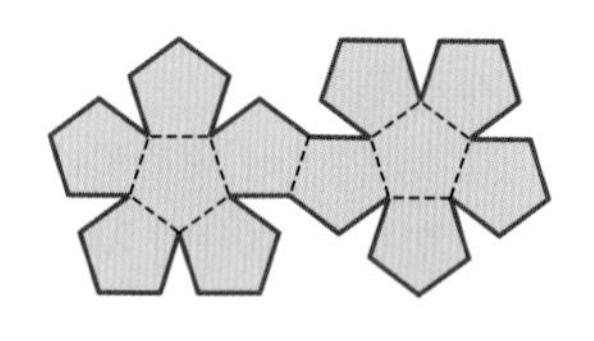

오른쪽 그림의 전개도로 만든 정다면체에 대한 설명으로 다음 중 옳지 않은 것을 모두 고르면? (정답 2개)

① 면의 개수는 12이다.
② 꼭짓점의 개수는 20이다.
③ 모서리의 개수는 24이다.
④ 면의 모양은 정오각형이다.
⑤ 한 꼭짓점에 모인 면의 개수는 4이다.

0695

다음 중 정육면체의 전개도가 될 수 없는 것은?

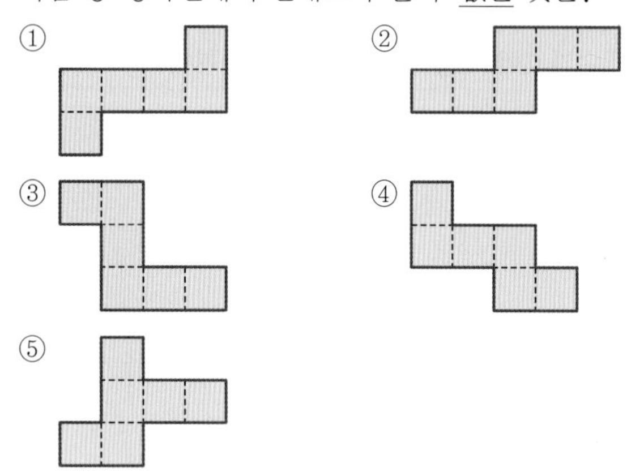

0696

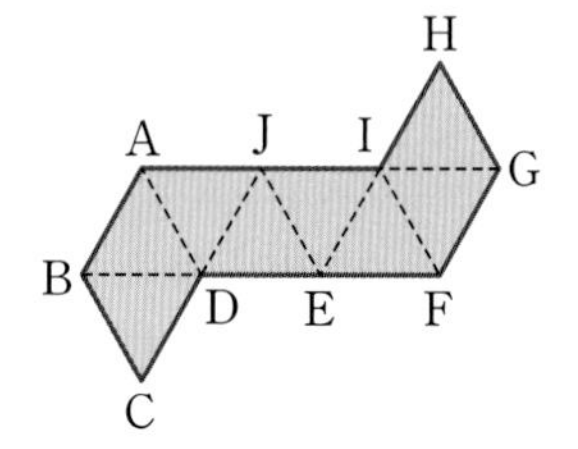

다음 중 오른쪽 그림의 전개도로 만든 정팔면체에서 $\overline{BC}$와 겹치는 모서리는?

① $\overline{EF}$ ② $\overline{FG}$
③ $\overline{GH}$ ④ $\overline{HI}$
⑤ $\overline{IJ}$

유형 11 정다면체의 단면의 모양 (중요!)

개념 06-2

정육면체를 한 평면으로 자를 때 생기는 단면의 모양

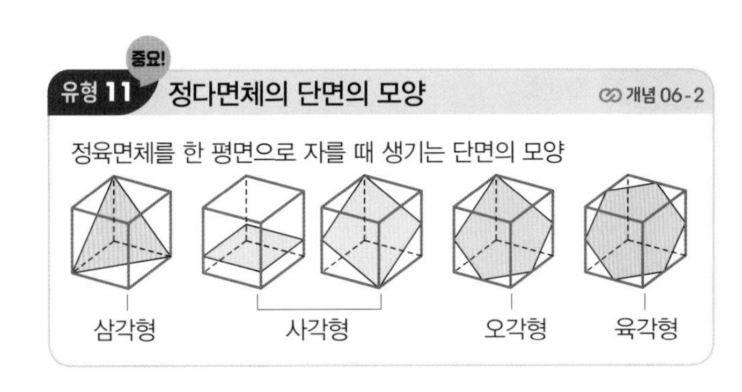

0697 대표 문제

다음 중 정육면체를 한 평면으로 자를 때 생기는 단면의 모양이 될 수 없는 것은?

① 이등변삼각형 ② 직각삼각형
③ 오각형 ④ 육각형
⑤ 정사각형이 아닌 직사각형

0698 ●●●○ 서술형

오른쪽 그림의 정육면체를 세 꼭짓점 A, F, H를 지나는 평면으로 자를 때 생기는 단면에서 ∠AFH의 크기를 구하시오.

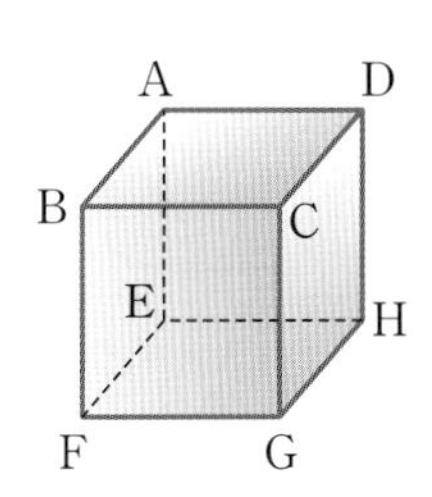

0699 ●●●●

오른쪽 그림의 정육면체에서 점 M은 모서리 AB의 중점이다. 세 점 D, M, F를 지나는 평면으로 정육면체를 자를 때 생기는 단면의 모양은?

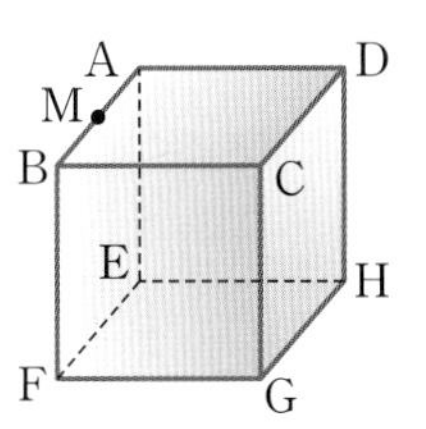

① 이등변삼각형 ② 정삼각형
③ 마름모 ④ 직사각형
⑤ 오각형

유형 12 회전체

개념 06-3

회전체 : 평면도형을 한 직선을 축으로 하여 1회전 시킬 때 생기는 입체도형

⇨ 원기둥, 원뿔, 원뿔대, 구 등이 있다.

0700 대표 문제

다음 보기에서 회전체는 모두 몇 개인지 구하시오.

보기

ㄱ. 원기둥 ㄴ. 정사면체 ㄷ. 삼각뿔대
ㄹ. 팔각기둥 ㅁ. 원뿔 ㅂ. 구

0701 ●○○○

다음 보기에서 다면체와 회전체를 고르시오.

보기

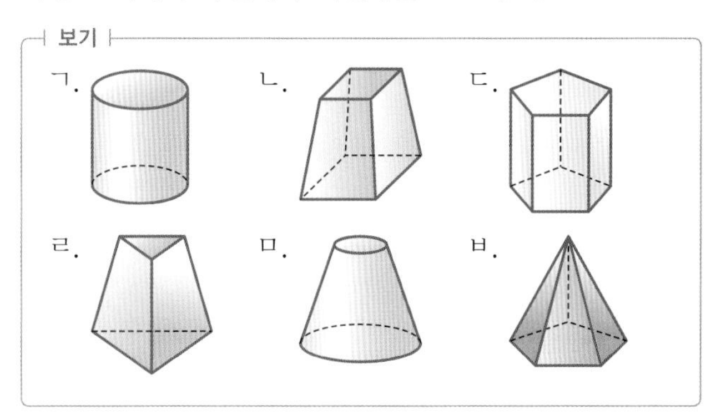

(1) 다면체 (2) 회전체

0702 ●○○○

다음 중 회전체가 아닌 것을 모두 고르면? (정답 2개)

① 원기둥 ② 원뿔 ③ 정팔면체
④ 원뿔대 ⑤ 구각뿔

유형 13 평면도형과 회전체

개념 06-3

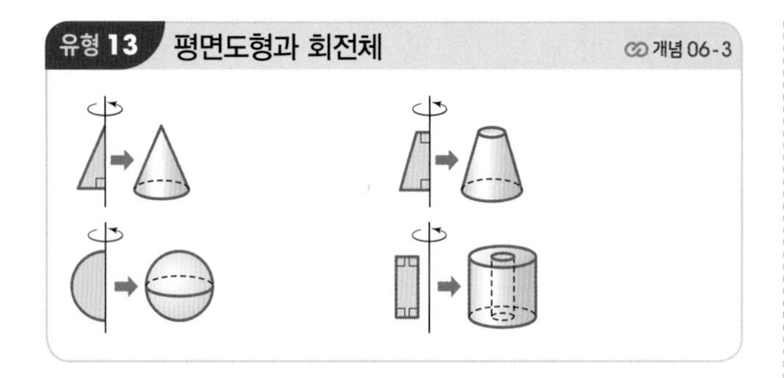

0703 대표 문제

다음 중 평면도형을 한 직선을 회전축으로 하여 1회전 시킬 때 생기는 회전체로 옳지 않은 것은?

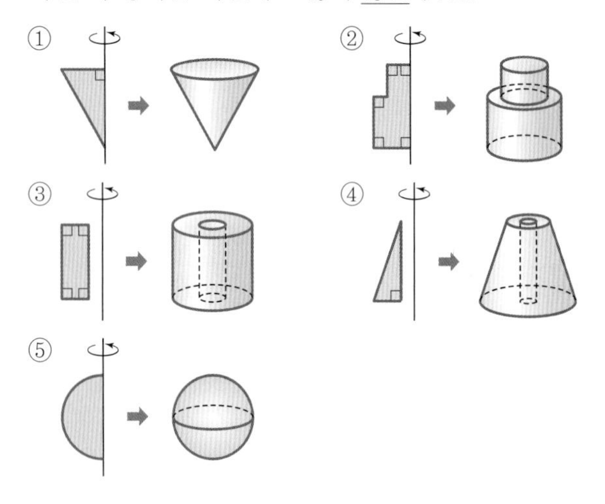

0704 수매씽 Pick!

오른쪽 그림의 입체도형은 다음 중 어느 평면도형을 1회전 시킨 것인가?

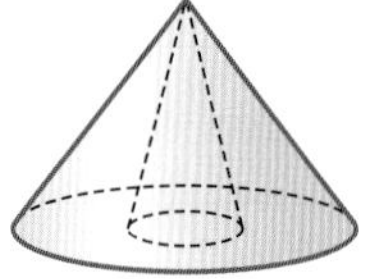

① 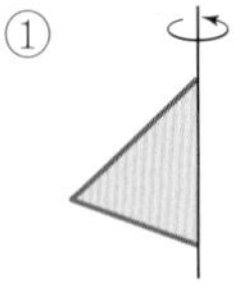
② 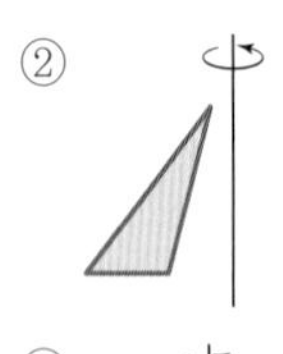
③ 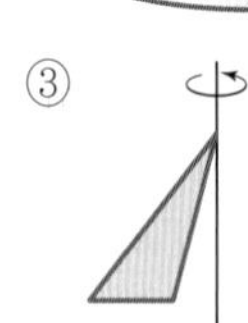
④ 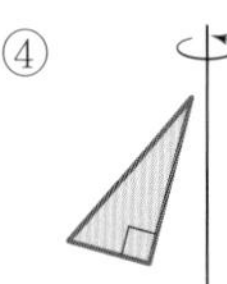
⑤ 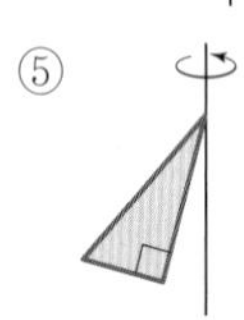

유형 14 회전축

개념 06-3

(1) 회전축을 $\overline{AC}$로 하면 (2) 회전축을 $\overline{AB}$로 하면

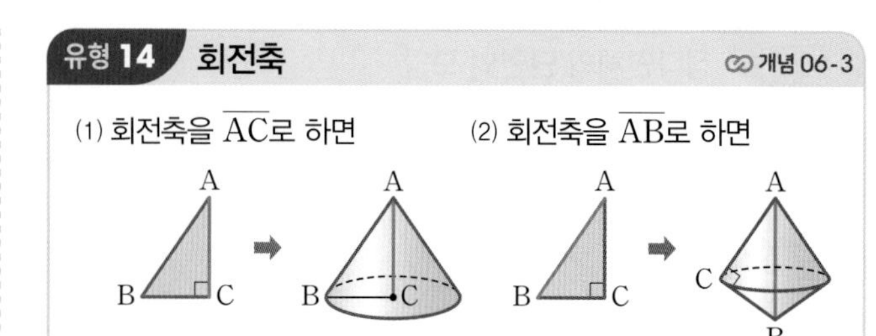

0705 대표 문제

다음 중 오른쪽 그림의 사다리꼴 ABCD를 1회전 시켜 원뿔대를 만들 때, 회전축이 될 수 있는 것은?

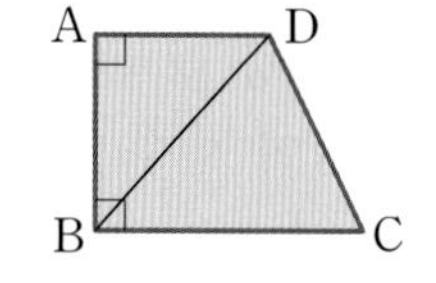

① $\overline{AB}$ ② $\overline{BC}$ ③ $\overline{CD}$ ④ $\overline{AD}$ ⑤ $\overline{BD}$

0706

다음 중 오른쪽 그림의 직사각형 ABCD를 대각선 AC를 회전축으로 하여 1회전 시킬 때 생기는 회전체는?

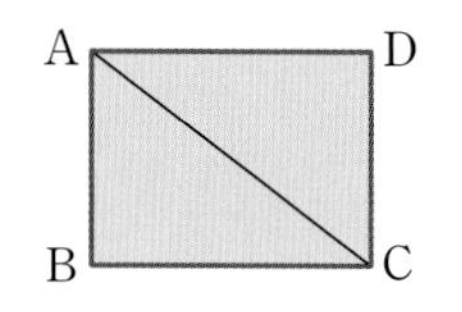

① 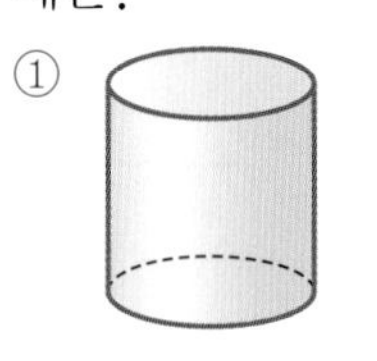
② 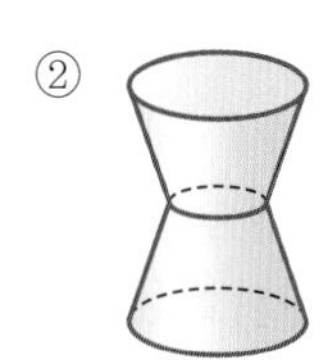
③ 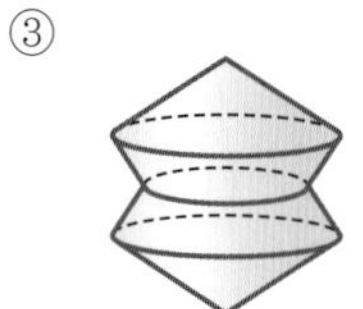
④ 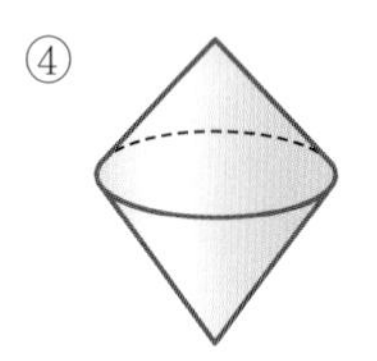
⑤ 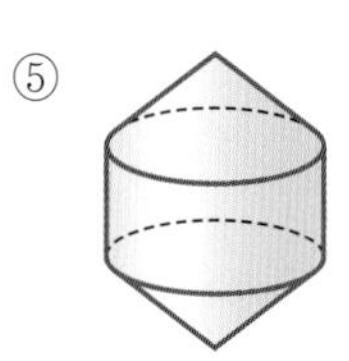

0707

다음 그림과 같이 오각형 ABCDE의 한 변을 회전축으로 하여 1회전 시켜서 회전체를 만들 때, 회전축이 될 수 있는 변을 보기에서 고르시오.

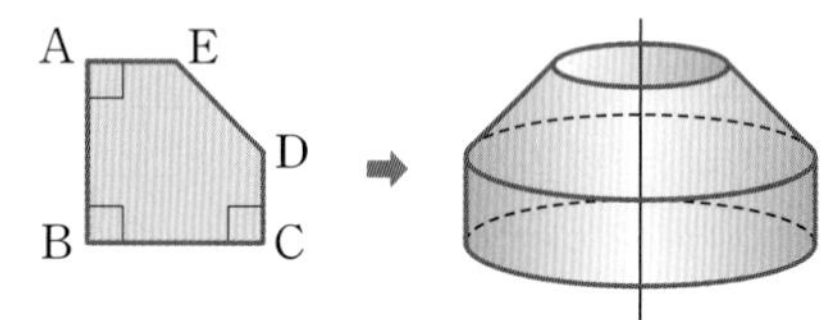

보기

ㄱ. $\overline{AB}$ ㄴ. $\overline{BC}$ ㄷ. $\overline{CD}$ ㄹ. $\overline{DE}$

중요! 유형 15 회전체의 단면의 모양

개념 06-4

	원기둥	원뿔	원뿔대	구
회전축에 수직인 평면으로 자른 단면	원			
회전축을 포함하는 평면으로 자른 단면	직사각형	이등변 삼각형	사다리꼴	원

참고 회전축을 포함하는 평면으로 자른 단면은 모두 합동이며, 회전축을 대칭축으로 하는 선대칭도형이다.

0708 대표 문제

다음 중 회전체와 그 회전축을 포함하는 평면으로 자를 때 생기는 단면의 모양을 짝 지은 것으로 옳지 않은 것은?

① 반구 – 원 ② 원기둥 – 직사각형
③ 구 – 원 ④ 원뿔대 – 사다리꼴
⑤ 원뿔 – 이등변삼각형

0709 ●●●●

다음 중 회전축에 수직인 평면으로 자를 때 생기는 단면이 항상 합동인 회전체는?

① 구 ② 반구 ③ 원뿔
④ 원기둥 ⑤ 원뿔대

0710 ●●●● 수매씽 Pick!

다음 중 오른쪽 그림의 원기둥을 한 평면으로 자를 때 생기는 단면의 모양이 될 수 없는 것은?

① 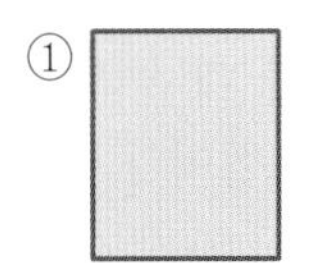
② 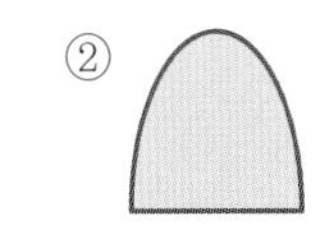 
③ 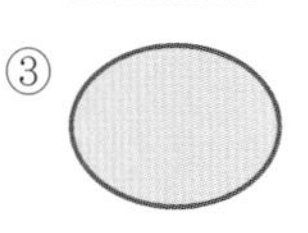
④ 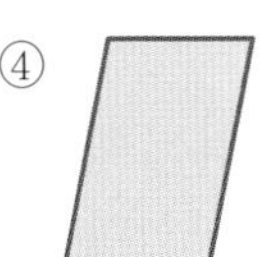
⑤ 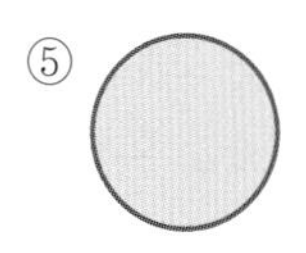

유형 16 회전체의 단면의 넓이

개념 06-4

(1) 회전축에 수직인 평면으로 자를 때 생기는 단면의 넓이
⇨ 반지름의 길이를 찾아 원의 넓이 공식을 이용
(2) 회전축을 포함하는 평면으로 자를 때 생기는 단면의 넓이
⇨ 회전시키기 전의 평면도형의 변의 길이를 이용

0711 대표 문제

오른쪽 그림의 평면도형을 직선 l을 회전축으로 하여 1회전 시킬 때 생기는 회전체를 회전축을 포함하는 평면으로 자를 때 생기는 단면의 넓이를 구하시오.

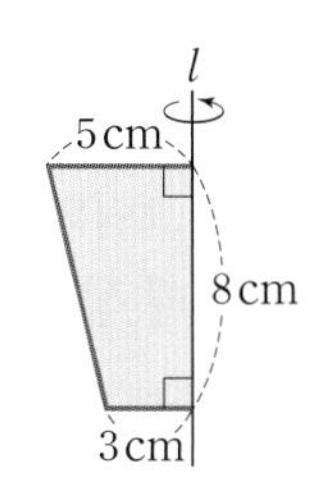

0712 ●●●●

오른쪽 그림의 원기둥을 밑면에 수직인 평면으로 자를 때 생기는 단면 중 넓이가 가장 큰 단면의 넓이를 구하시오.

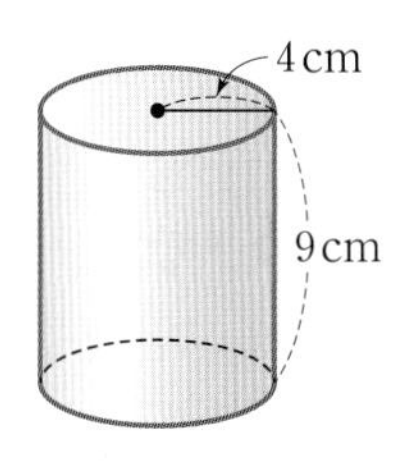

0713 ●●●● 서술형

오른쪽 그림과 같이 직선 l로부터 1 cm 만큼 떨어진 직사각형을 직선 l을 회전축으로 하여 1회전 시킬 때 생기는 회전체를 회전축에 수직인 평면으로 자를 때 생기는 단면의 넓이를 구하시오.

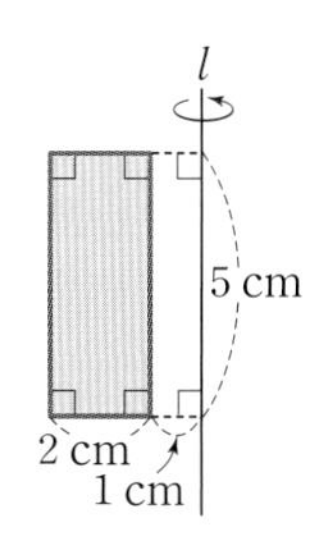

0714 ●●●●

오른쪽 그림의 원기둥을 회전축에 수직인 평면으로 자를 때 생기는 단면의 넓이와 회전축을 포함하는 평면으로 자를 때 생기는 단면의 넓이는 같다. 이 원기둥의 높이를 구하시오.

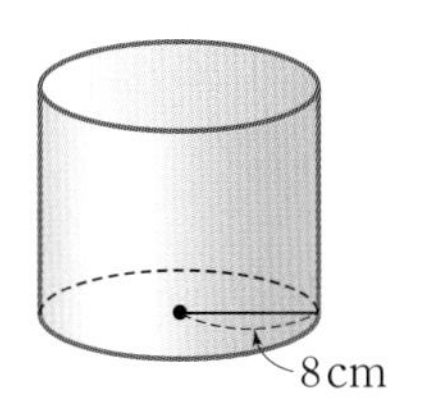

유형 17 회전체의 전개도

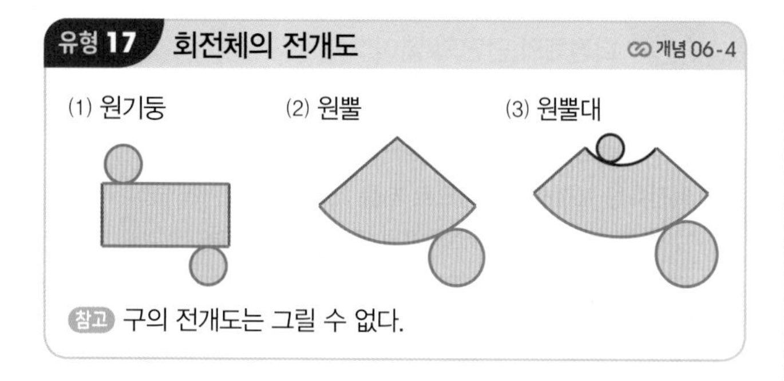

참고 구의 전개도는 그릴 수 없다.

0715 대표 문제

다음 그림의 직사각형을 직선 l을 회전축으로 하여 1회전 시킬 때 생기는 회전체의 전개도에서 xy의 값을 구하시오.

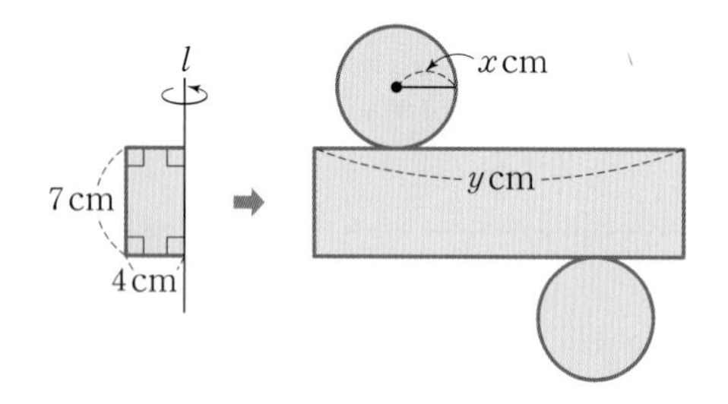

0716

오른쪽 그림과 같은 원뿔이 있다. 이 원뿔의 전개도에서 부채꼴의 호의 길이를 구하시오.

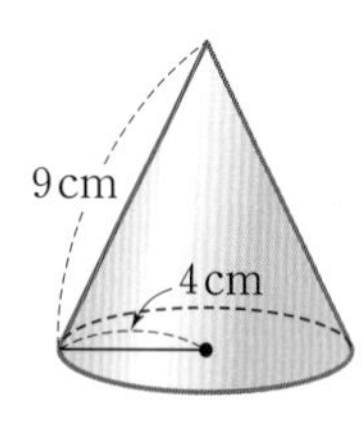

0717

오른쪽 그림의 전개도로 만든 원뿔대의 두 밑면 중 큰 원의 반지름의 길이를 구하시오.

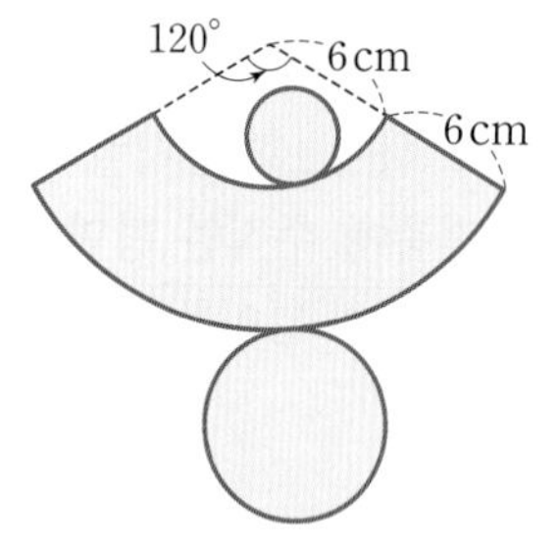

0718

오른쪽 그림의 전개도로 만든 원뿔의 모선의 길이를 구하시오.

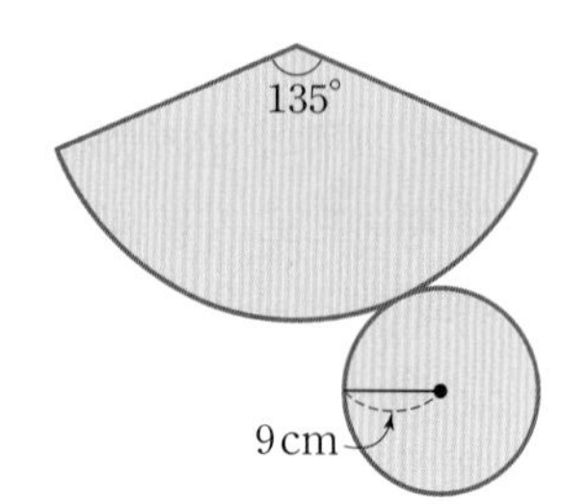

유형 18 회전체의 이해 (중요!)

(1) 입체도형
- 다면체 : 각기둥, 각뿔, 각뿔대, 정다면체 등
- 회전체 : 원기둥, 원뿔, 원뿔대, 구 등

(2) 회전체를 회전축에 수직인 평면으로 자를 때 생기는 단면의 경계는 원이고, 회전축을 포함하는 평면으로 자를 때 생기는 단면은 모두 합동이며, 회전축을 대칭축으로 하는 선대칭도형이다.

0719 대표 문제

다음 중 회전체에 대한 설명으로 옳은 것을 모두 고르면? (정답 2개)

① 구는 회전축이 무수히 많다.
② 원뿔의 회전축과 모선은 평행하다.
③ 원기둥의 회전축과 모선은 평행하다.
④ 모든 회전체의 전개도를 그릴 수 있다.
⑤ 구를 어떤 평면으로 잘라도 그 단면은 모두 합동이다.

0720 수매씽 Pick!

다음 보기에서 원뿔대에 대한 설명으로 옳은 것을 모두 고르시오.

보기
ㄱ. 회전축은 1개뿐이다.
ㄴ. 다면체가 아니다.
ㄷ. 전개도에서 옆면의 모양은 사다리꼴이다.
ㄹ. 밑면에 수직인 평면으로 자를 때 생기는 단면은 사다리꼴이다.

0721

다음 중 회전체의 단면에 대한 설명으로 옳지 않은 것은?

① 회전체를 회전축에 수직인 평면으로 자를 때 생기는 단면의 경계는 원이다.
② 회전체를 회전축을 포함하는 평면으로 자를 때 생기는 단면은 항상 합동이다.
③ 회전체를 회전축을 포함하는 평면으로 자를 때 생기는 단면은 회전축을 대칭축으로 하는 선대칭도형이다.
④ 회전체를 회전축에 수직인 평면으로 자를 때 생기는 단면은 모두 합동이다.
⑤ 회전체를 회전축을 포함하는 평면으로 자를 때 생기는 단면은 회전체의 모선을 포함한다.

발전 유형 19 다면체의 꼭짓점, 모서리, 면의 개수 사이의 관계 개념 06-1

다면체의 꼭짓점의 개수를 v, 모서리의 개수를 e, 면의 개수를 f라 할 때
⇨ $v-e+f=2$

0722 대표 문제

오른쪽 그림과 같은 다면체의 꼭짓점의 개수를 v, 모서리의 개수를 e, 면의 개수를 f라 할 때, $v-e+f$의 값을 구하시오.

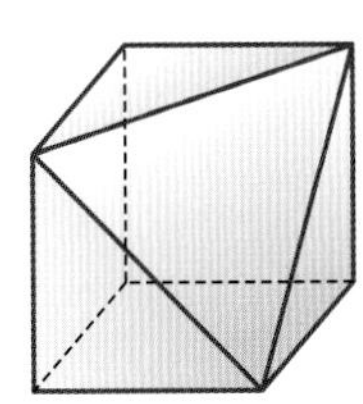

0723 ●●●●

꼭짓점의 개수가 8, 모서리의 개수가 14인 다면체의 면의 개수를 구하시오.

0724 ●●●●

오른쪽 그림과 같은 입체도형의 꼭짓점의 개수를 a, 모서리의 개수를 b, 면의 개수를 c라 할 때, $a-b+c$의 값을 구하시오.

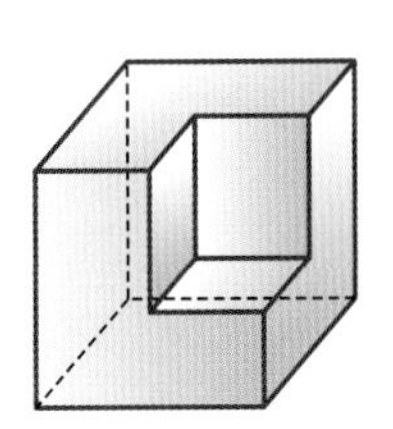

0725 ●●●●

꼭짓점의 개수가 $4n$, 모서리의 개수가 $6n$, 면의 개수가 $3n$인 각기둥이 있을 때, 상수 n의 값을 구하시오.

발전 유형 20 정다면체의 각 면의 한가운데에 있는 점을 연결하여 만든 다면체 개념 06-2

정다면체의 각 면의 한가운데에 있는 점을 연결하여 만든 다면체
⇨ 정다면체이고, 처음 도형의 면의 개수만큼 꼭짓점이 생긴다.

정다면체(A)	A의 면의 개수	=	B의 꼭짓점의 개수	정다면체의 각 면의 한가운데에 있는 점을 연결하여 만든 다면체(B)
정사면체	4		4	정사면체
정육면체	6		6	정팔면체
정팔면체	8		8	정육면체
정십이면체	12		12	정이십면체
정이십면체	20		20	정십이면체

0726 대표 문제

정육면체의 각 면의 한가운데에 있는 점을 연결하여 만든 정다면체는?

① 정사면체 ② 정육면체 ③ 정팔면체
④ 정십이면체 ⑤ 정이십면체

0727 ●●●● 서술형

정이십면체의 각 면의 한가운데에 있는 점을 연결하여 만든 정다면체의 모서리의 개수를 구하시오.

0728 ●●●●

다음 중 정팔면체의 각 면의 한가운데에 있는 점을 연결하여 만든 정다면체에 대한 설명으로 옳지 않은 것은?

① 꼭짓점의 개수는 8이다.
② 모서리의 개수는 12이다.
③ 각 면의 모양은 합동인 정삼각형이다.
④ 한 꼭짓점에 모인 면의 개수는 3이다.
⑤ 면의 개수는 6이다.

06 다면체와 회전체

학교 시험 꽉 잡기

0729

다음 중 옆면의 모양이 삼각형인 것은?

① 삼각뿔대 ② 사각뿔 ③ 오각기둥
④ 오각뿔대 ⑤ 육각기둥

0730

다음 중 모서리의 개수가 같은 정다면체끼리 짝 지어진 것은?

① 정사면체, 정육면체 ② 정사면체, 정팔면체
③ 정팔면체, 정십이면체 ④ 정팔면체, 정이십면체
⑤ 정십이면체, 정이십면체

0731

다음 중 원뿔대의 전개도는?

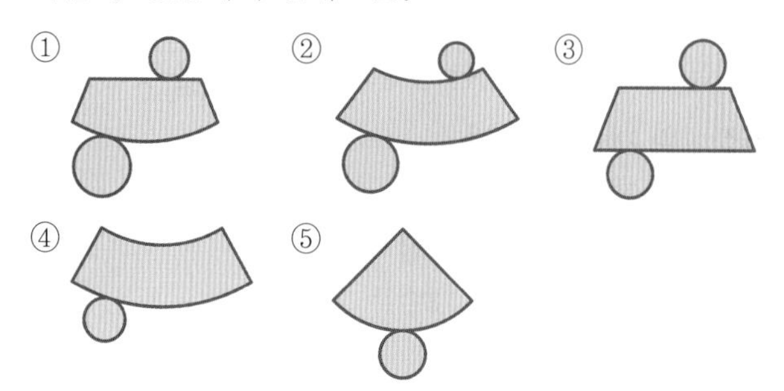

0732

구각기둥의 모서리의 개수를 a, 십이각뿔의 꼭짓점의 개수를 b, 팔각뿔대의 면의 개수를 c라 할 때, $\frac{a+b}{c}$의 값을 구하시오.

0733 빈출

다음 조건을 모두 만족시키는 다면체를 구하시오.

> (가) 팔면체이다.
> (나) 옆면의 모양은 직사각형이다.
> (다) 두 밑면은 평행하고 합동이다.

0734

오른쪽 그림의 정육면체를 세 꼭짓점 A, B, H를 지나는 평면으로 자를 때 생기는 단면의 모양은?

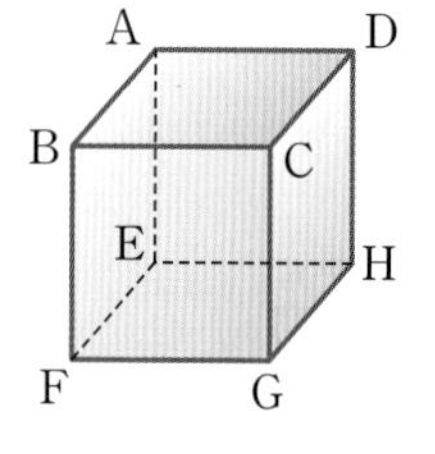

① 정삼각형 ② 직각삼각형
③ 정사각형 ④ 마름모
⑤ 직사각형

0735

다음 중 보기의 입체도형에 대한 설명으로 옳지 않은 것은?

보기
ㄱ. 삼각뿔 ㄴ. 정육면체 ㄷ. 오각기둥
ㄹ. 원뿔 ㅁ. 삼각뿔대 ㅂ. 구

① 다면체는 ㄱ, ㄴ, ㄷ, ㅁ이다.
② 회전체는 ㄹ, ㅂ이다.
③ ㄹ을 회전축을 포함하는 평면으로 자를 때 생기는 단면의 모양은 ㄷ의 옆면의 모양과 같다.
④ ㄱ, ㄴ은 한 꼭짓점에 모인 면의 개수가 같다.
⑤ ㅂ을 평면으로 자를 때 생기는 단면의 모양은 모두 원이다.

0736

다음 중 오른쪽 그림의 평면도형을 직선 l을 회전축으로 하여 1회전 시킬 때 생기는 회전체를 한 평면으로 자를 때 생기는 단면의 모양이 될 수 없는 것은?

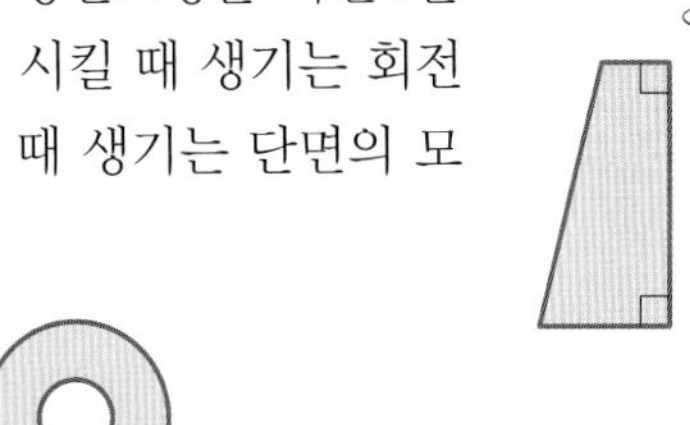

①
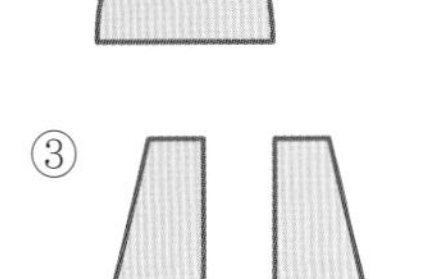
②
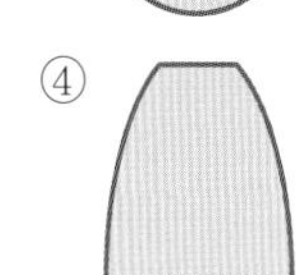
③ ④ ⑤
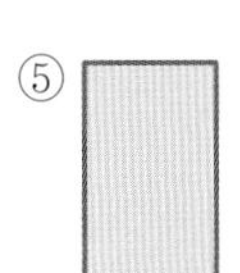

0737

오른쪽 그림의 전개도로 만든 원기둥을 회전축에 수직인 평면으로 자를 때 생기는 단면의 넓이를 a cm², 회전축을 포함하는 평면으로 자를 때 생기는 단면의 넓이를 b cm²라 할 때, $\frac{a}{b}$의 값을 구하시오.

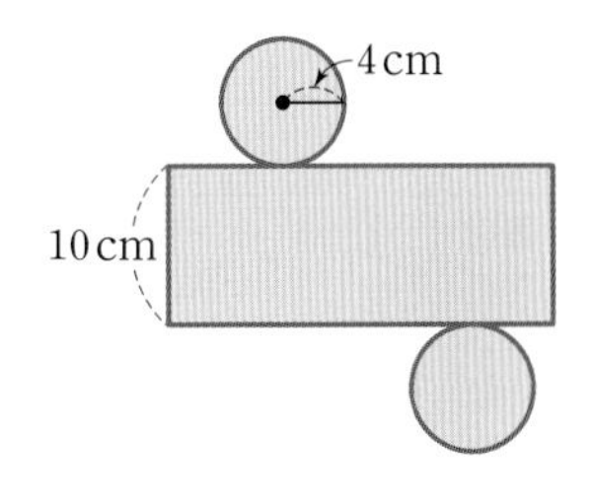

0738 빈출

다음 중 회전체에 대한 설명으로 옳지 않은 것은?

① 원기둥, 원뿔, 원뿔대, 구는 모두 회전체이다.
② 회전체를 회전축에 수직인 평면으로 자를 때 생기는 단면의 경계는 원이다.
③ 회전체를 회전축을 포함하는 평면으로 자를 때 생기는 단면은 회전축을 대칭축으로 하는 선대칭도형이다.
④ 원기둥을 회전축을 포함하는 평면으로 자를 때 생기는 단면은 직사각형이다.
⑤ 삼각형을 한 변을 회전축으로 하여 1회전 시킬 때 생기는 입체도형은 항상 원뿔이다.

0739

오른쪽 그림의 전개도로 만든 정다면체의 꼭짓점의 개수를 v, 모서리의 개수를 e, 면의 개수를 f라 할 때, $v-e+f$의 값을 구하시오.

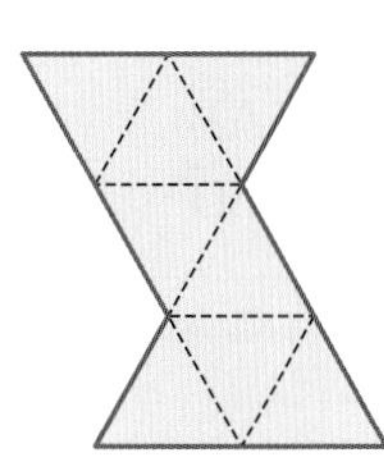

0740

다음 중 정십이면체의 각 면의 한가운데에 있는 점을 연결하여 만든 입체도형에 대한 설명으로 옳지 않은 것은?

① 정이십면체이다.
② 한 꼭짓점에 모인 면의 개수는 5이다.
③ 정팔면체와 면의 모양이 같다.
④ 모서리의 개수는 정십이면체의 모서리의 개수보다 많다.
⑤ 이 입체도형의 각 면의 한가운데에 있는 점을 연결하여 만든 입체도형은 정십이면체이다.

0741 빈출

한 내각의 크기가 144°인 정다각형을 밑면으로 하는 각뿔의 모서리의 개수를 구하시오.

0742

오른쪽 그림의 직각삼각형 ABC를 1회전 시켜 원뿔을 만들려고 할 때, 회전축이 될 수 있는 것을 보기에서 모두 고르시오.

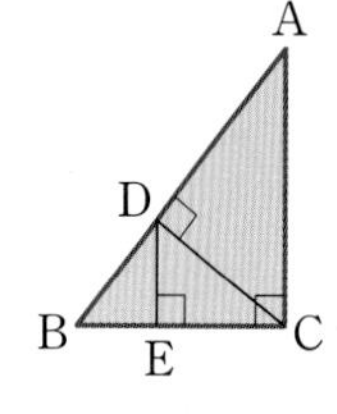

보기

ㄱ. $\overleftrightarrow{AB}$　ㄴ. $\overleftrightarrow{AC}$　ㄷ. $\overleftrightarrow{BC}$

ㄹ. $\overleftrightarrow{CD}$　ㅁ. $\overleftrightarrow{DE}$

0743

오른쪽 그림의 평면도형을 $\overline{AC}$를 회전축으로 하여 1회전 시킬 때 생기는 회전체에 대하여 물음에 답하시오.

(1) 회전축을 포함하는 평면으로 자를 때 생기는 단면의 넓이를 구하시오.

(2) 회전축에 수직인 평면으로 자를 때 생기는 가장 큰 단면의 넓이를 구하시오.

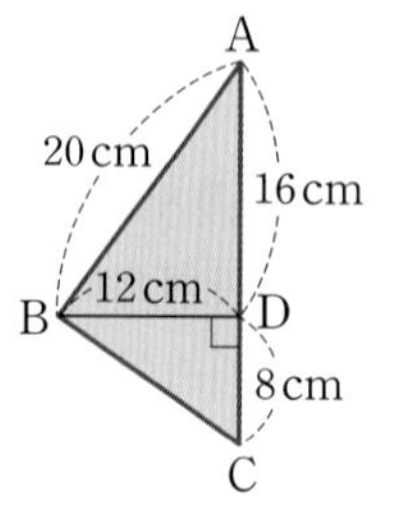

서술형 문제

0744 빈출

모서리의 개수가 27인 각뿔대의 면의 개수를 x, 꼭짓점의 개수를 y라 할 때, $x+y$의 값을 구하시오.

풀이

0745

오른쪽 그림의 정육면체의 전개도로 만든 주사위에서 평행한 두 면에 있는 눈의 수의 합이 7일 때, A, B, C에 있는 눈의 수를 각각 구하시오.

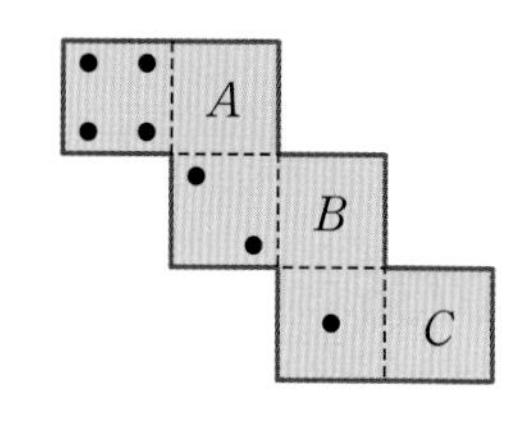

풀이

0746

오른쪽 그림의 원뿔대의 전개도에서 r의 값을 구하시오.

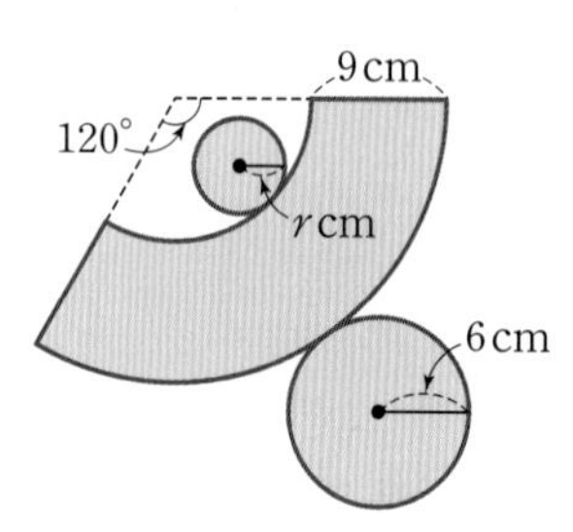

풀이

정답 및 풀이 43쪽

0747 수학 문해력 UP 유형 20

→ (처음 정다면체의 면의 개수) =(새로 생긴 정다면체의 꼭짓점의 개수)

정다면체의 각 면의 한가운데에 있는 점을 연결하면 또 하나의 정다면체를 만들 수 있다. 예를 들어 정육면체의 각 면의 한가운데에 있는 점을 연결하면 정팔면체를 만들 수 있고, 다시 정팔면체의 각 면의 한가운데에 있는 점을 연결하면 정육면체를 만들 수 있다. 이와 같이 쌍을 이루는 정다면체를 서로 쌍대라 한다. 다음은 세 학생의 대화 내용이다. ㈎, ㈏, ㈐에 들어갈 말을 쓰고, a, b의 값을 각각 구하시오.

- 주원 : 정사면체의 쌍대다면체는 [㈎]야.
- 태민 : 정이십면체의 [㈏]의 개수와 정십이면체의 꼭짓점의 개수는 a로 같고, 정이십면체의 꼭짓점의 개수와 정십이면체의 [㈏]의 개수는 b로 같아.
- 우빈 : 그럼, 정이십면체와 [㈐]는 서로 쌍대겠구나.

정다면체는 정사면체, 정육면체, 정팔면체, 정십이면체, 정이십면체의 5가지가 있어요.

해결 전략 정다면체의 면, 꼭짓점, 모서리의 개수를 확인한다.

0748 유형 06 ○ 유형 08

다음 그림과 같이 한 개의 정사면체와 두 개의 정사각뿔의 모든 모서리의 길이가 서로 같다. 이 세 입체도형의 면을 맞대어 하나의 입체도형을 만들 때, 면의 개수가 최소인 입체도형은 몇 면체인지 구하시오.

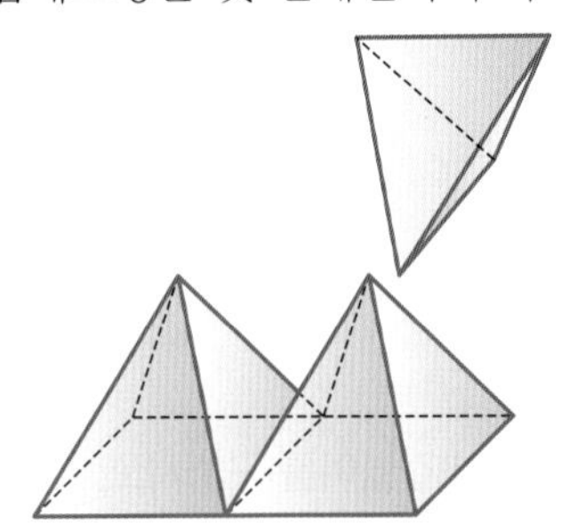

삼각형인 면은 모두 정삼각형으로 합동이에요.

0749 유형 03 ○ 유형 09

다음과 같이 정이십면체의 각 꼭짓점을 깎아 내면 축구공 모양의 다면체가 생긴다. 축구공 모양의 다면체의 면, 모서리, 꼭짓점의 개수를 각각 구하시오.

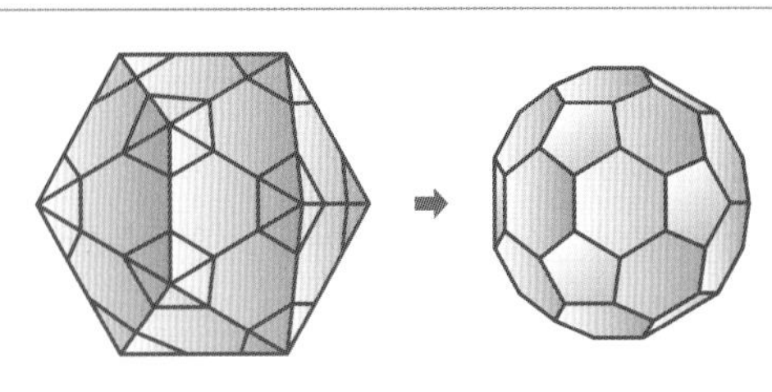

정이십면체의 각 모서리를 3등분하는 지점에서 꼭짓점을 깎아 내어 정오각형의 면으로 만들면 정이십면체의 면은 정삼각형에서 정육각형으로 모양이 바뀌고, 축구공 모양의 다면체가 된다.

→ 정오각형과 정육각형으로 둘러싸인 입체도형

두 가지 회전체의 모양을 그려 보세요.

0750 유형 16

오른쪽 그림의 직각삼각형 ABC를 직선 AB를 회전축으로 하여 1회전 시킬 때 생기는 회전체와 직선 BC를 회전축으로 하여 1회전 시킬 때 생기는 회전체를 각각 회전축을 포함하는 평면으로 잘랐을 때, 그 단면의 넓이의 비를 가장 간단한 자연수의 비로 나타내시오.

A, B, C, 15 cm, 9 cm, 12 cm

입체도형의 겉넓이와 부피

07 1 기둥의 겉넓이 (유형 01, 유형 02, 유형 05 ~ 유형 09)

(1) 각기둥의 겉넓이

각기둥의 겉넓이는 두 밑넓이와 옆넓이의 합이다.

(각기둥의 겉넓이)=(밑넓이)×2+(옆넓이)

주의 기둥은 밑면이 2개 있으므로 밑넓이의 2배를 해야 한다.

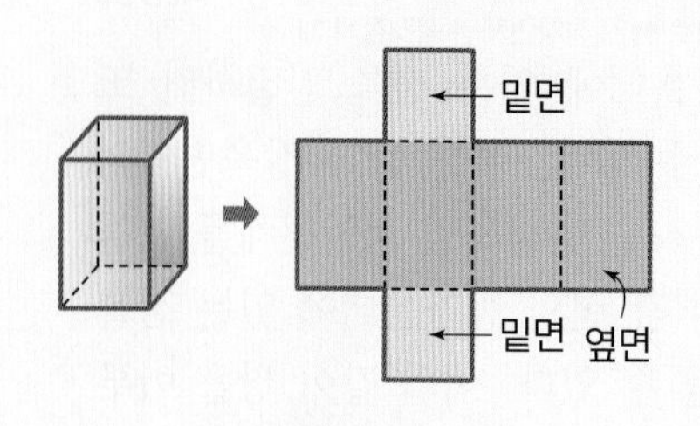

(2) 원기둥의 겉넓이

밑면의 반지름의 길이가 r, 높이가 h인 원기둥의 겉넓이를 S라 하면

S=(밑넓이)×2+(옆넓이)

$=\pi r^2\times 2+2\pi r\times h$

$=\underbrace{2\pi r^2}_{\text{밑넓이}}+\underbrace{2\pi rh}_{\text{옆넓이}}$

비법 NOTE

- 겉넓이 : 입체도형의 겉면 전체의 넓이
- 밑넓이 : 한 밑면의 넓이
- 옆넓이 : 옆면 전체의 넓이
- 모든 기둥의 겉넓이는 (밑넓이)×2+(옆넓이)로 구한다.
- 기둥의 전개도에서 옆넓이는 직사각형의 넓이와 같다.
  ① (직사각형의 가로의 길이) =(밑면의 둘레의 길이)
  ② (직사각형의 세로의 길이) =(기둥의 높이)
  ⇨ (기둥의 옆넓이) =(밑면의 둘레의 길이) ×(기둥의 높이)

개념 잡기

[0751 ~ 0754] 아래 그림과 같은 각기둥과 그 전개도를 보고, 다음을 구하시오.

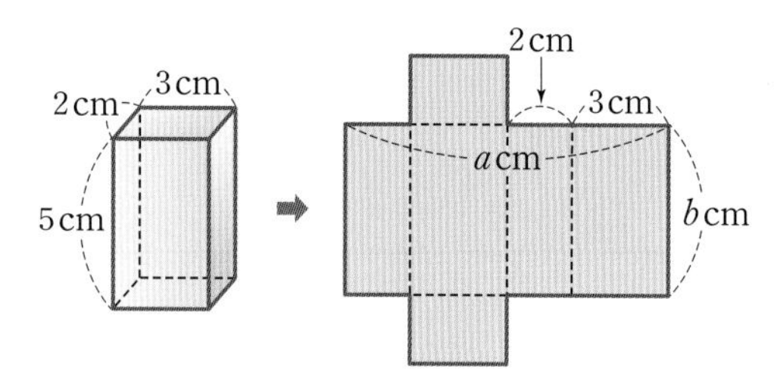

0751 a, b의 값

0752 밑넓이

0753 옆넓이

0754 겉넓이

[0755 ~ 0756] 다음 그림과 같은 각기둥의 겉넓이를 구하시오.

0755

3 cm 4 cm 5 cm 7 cm

0756

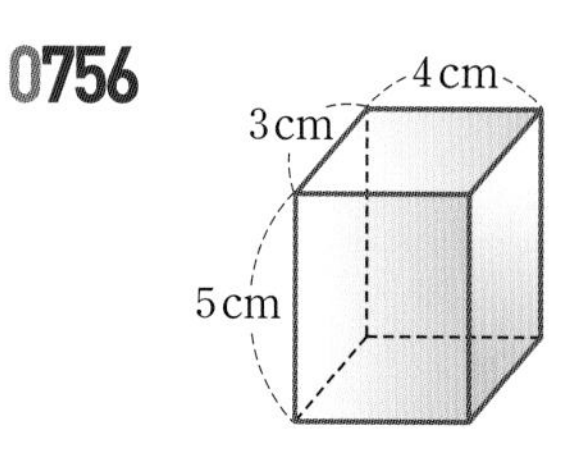

[0757 ~ 0760] 아래 그림과 같은 원기둥과 그 전개도를 보고, 다음을 구하시오.

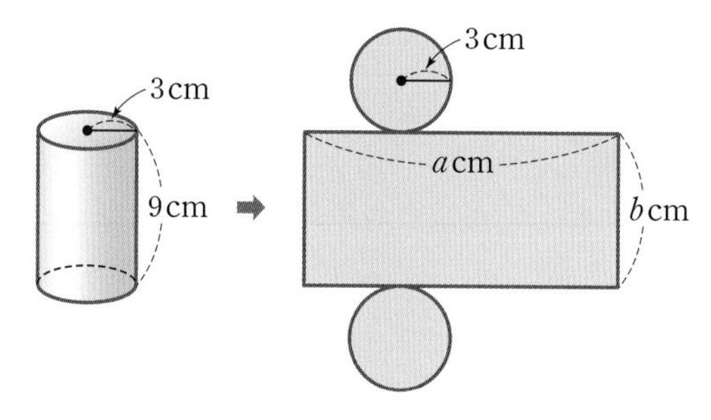

0757 a, b의 값

0758 밑넓이

0759 옆넓이

0760 겉넓이

[0761 ~ 0762] 다음 원기둥의 겉넓이를 구하시오.

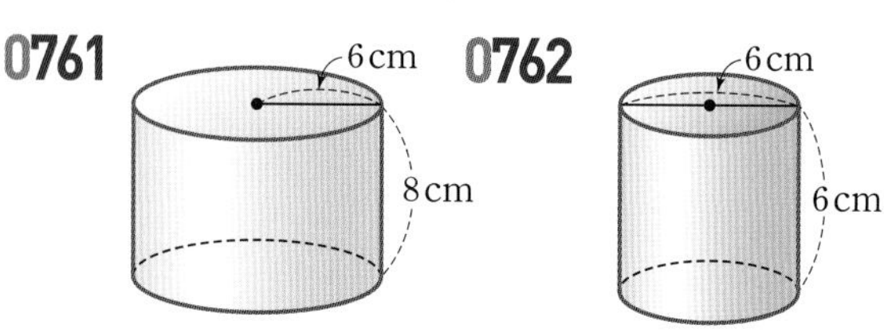

07 2 기둥의 부피

유형 03 ~ 유형 09, 유형 15, 유형 23, 유형 24

(1) 각기둥의 부피

밑넓이가 S, 높이가 h인 각기둥의 부피를 V라 하면

$$V=(\text{밑넓이})\times(\text{높이})$$
$$=Sh$$

(2) 원기둥의 부피

밑면의 반지름의 길이가 r, 높이가 h인 원기둥의 부피를 V라 하면

$$V=(\text{밑넓이})\times(\text{높이})$$
$$=\pi r^2\times h=\pi r^2 h$$

주의 겉넓이와 부피를 구할 때에는 단위에 주의한다.

① 길이의 단위 : cm, m, …

② 넓이의 단위 : cm^2, m^2, …

③ 부피의 단위 : cm^3, m^3, …

참고 각 도형의 넓이 S는 다음과 같다.

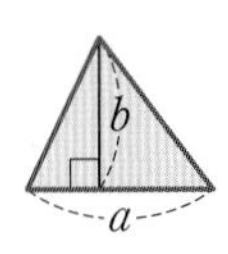

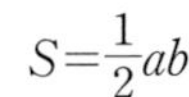

$S=\frac{1}{2}ab$

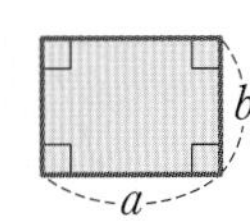

$S=ab$

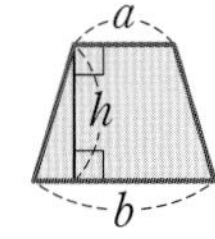

$S=\frac{1}{2}(a+b)h$

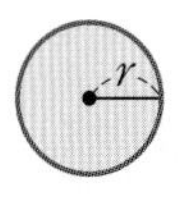

$S=\pi r^2$

비법 NOTE

모든 기둥의 부피는 (밑넓이)×(높이)로 구한다.

[0763 ~ 0765] 오른쪽 그림과 같은 각기둥에 대하여 다음을 구하시오.

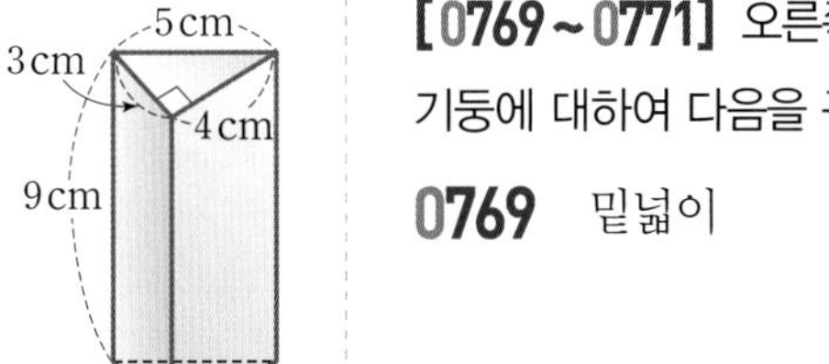

0763 밑넓이

0764 높이

0765 부피

0766 오른쪽 그림과 같은 각기둥의 부피를 구하시오.

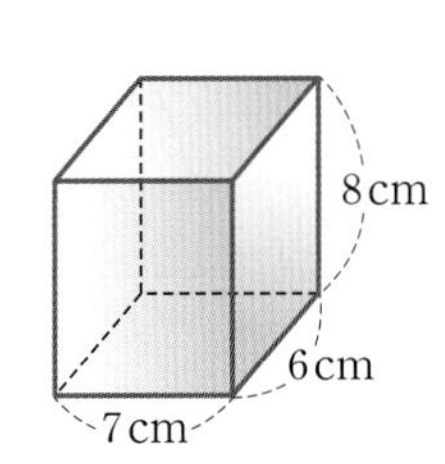

[0767 ~ 0768] 밑면이 다음 그림과 같고 높이가 6 cm인 각기둥의 부피를 구하시오.

0767

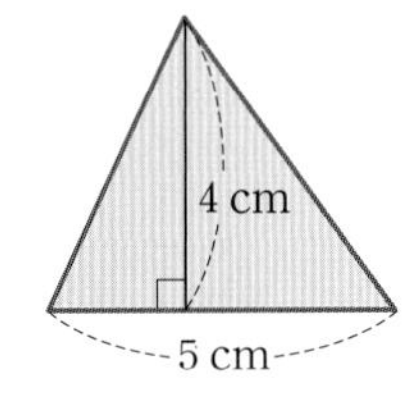

0768

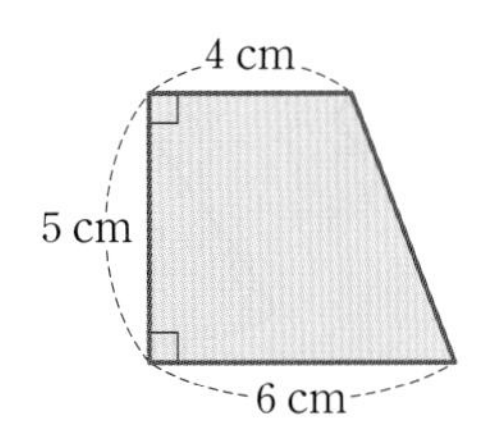

[0769 ~ 0771] 오른쪽 그림과 같은 원기둥에 대하여 다음을 구하시오.

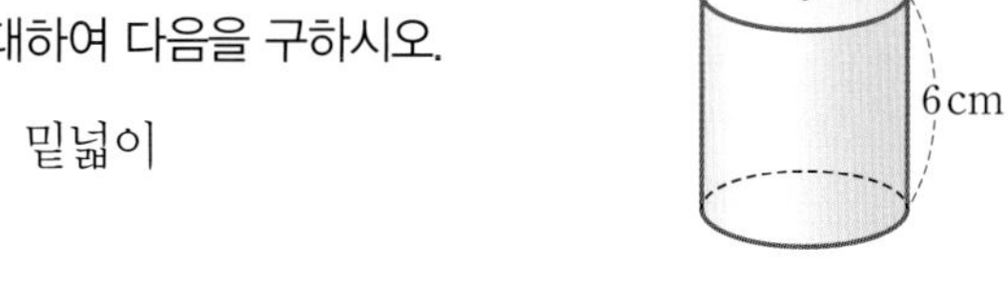

0769 밑넓이

0770 높이

0771 부피

[0772 ~ 0773] 다음 그림과 같은 원기둥의 부피를 구하시오.

0772

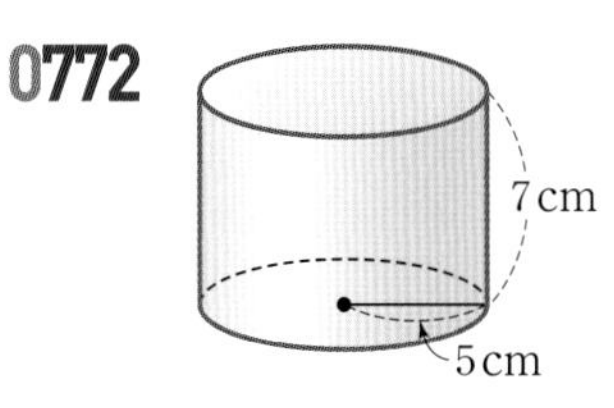

0773

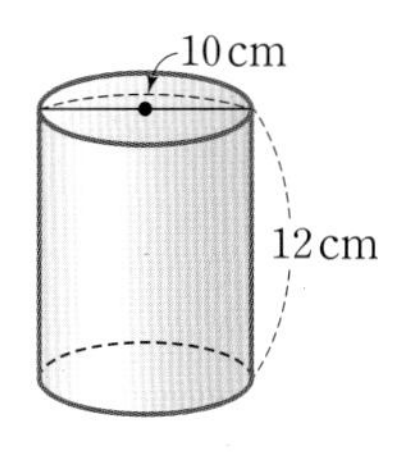

07 입체도형의 겉넓이와 부피

07 3 뿔의 겉넓이와 부피 (유형 10 ~ 유형 19, 유형 23, 유형 24)

(1) **뿔의 겉넓이**

① **각뿔의 겉넓이** : 각뿔의 겉넓이는 밑넓이와 옆넓이의 합이다.

(각뿔의 겉넓이)=(밑넓이)+(옆넓이)
└ 뿔의 밑면은 1개이다.

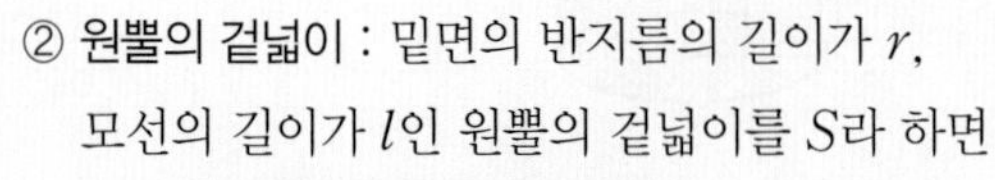

② **원뿔의 겉넓이** : 밑면의 반지름의 길이가 r, 모선의 길이가 l인 원뿔의 겉넓이를 S라 하면

$$S=(\text{밑넓이})+(\text{옆넓이})$$
$$=\pi r^2+\frac{1}{2}\times l\times 2\pi r$$
$$=\pi r^2+\pi rl$$

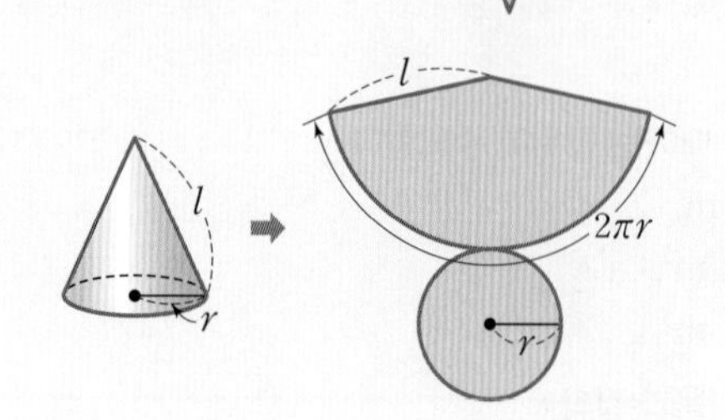

(2) **뿔의 부피**

① **각뿔의 부피** : 밑넓이가 S, 높이가 h인 각뿔의 부피를 V라 하면

$$V=\frac{1}{3}\times(\text{밑넓이})\times(\text{높이})=\frac{1}{3}Sh$$
→ $\frac{1}{3}\times$(기둥의 부피)

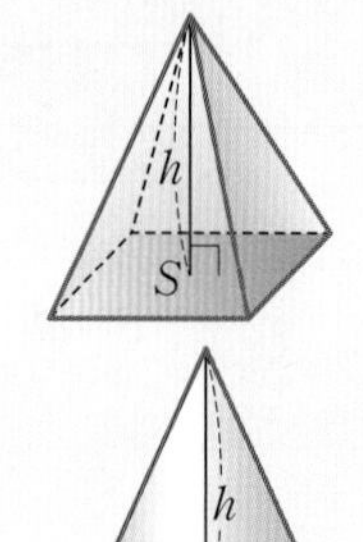

② **원뿔의 부피** : 밑면의 반지름의 길이가 r, 높이가 h인 원뿔의 부피를 V라 하면

$$V=\frac{1}{3}\times(\text{밑넓이})\times(\text{높이})=\frac{1}{3}\times\pi r^2\times h=\frac{1}{3}\pi r^2h$$

참고 **뿔대의 겉넓이와 부피**
① (뿔대의 겉넓이)=(두 밑넓이의 합)+(옆넓이)
② (뿔대의 부피)=(큰 뿔의 부피)−(작은 뿔의 부피)

비법 NOTE

- 모든 뿔의 겉넓이는 (밑넓이)+(옆넓이)로 구한다.
- 원뿔의 전개도에서
  ① (부채꼴의 반지름의 길이)
  =(원뿔의 모선의 길이)
  $=l$
  ② (부채꼴의 호의 길이)
  =(밑면인 원의 둘레의 길이)
  $=2\pi r$
  ③ (옆넓이)
  =(부채꼴의 넓이)
  $=\frac{1}{2}\times$(반지름의 길이)$\times$(호의 길이)
  $=\frac{1}{2}\times l\times 2\pi r=\pi rl$
- 모든 뿔의 부피는 $\frac{1}{3}\times$(밑넓이)$\times$(높이)로 구한다.
- 뿔을 밑면에 평행한 평면으로 잘라서 생기는 두 입체도형 중 뿔이 아닌 쪽의 입체도형을 뿔대라 한다.

개념 잡기

[0774 ~ 0776] 오른쪽 그림과 같은 정사각뿔에 대하여 다음을 구하시오.

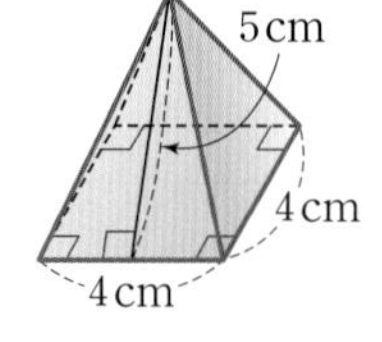

0774 밑넓이

0775 옆넓이

0776 겉넓이

[0777 ~ 0779] 오른쪽 그림과 같은 원뿔에 대하여 다음을 구하시오.

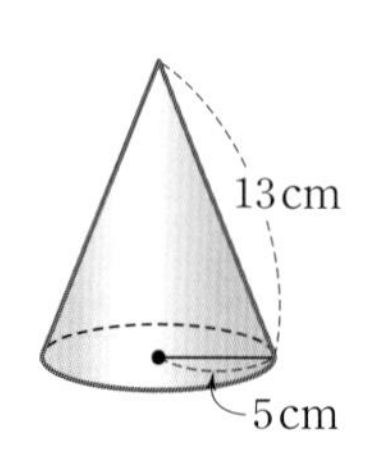

0777 밑넓이

0778 옆넓이

0779 겉넓이

[0780 ~ 0781] 다음 그림과 같은 각뿔의 부피를 구하시오.

0780

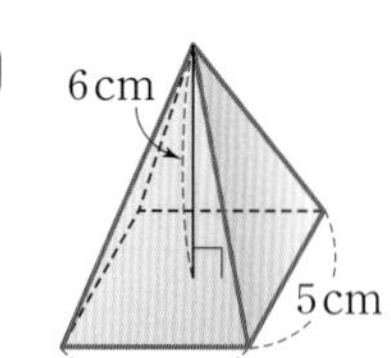

0781

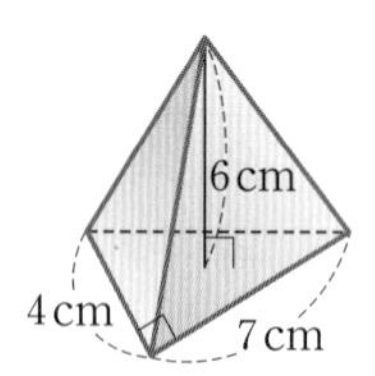

[0782 ~ 0783] 다음 그림과 같은 원뿔의 부피를 구하시오.

0782

0783

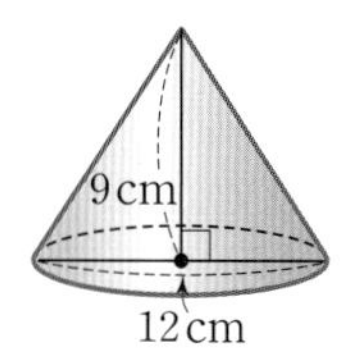

07 4 구의 겉넓이와 부피 (유형 20 ~ 유형 24)

(1) 구의 겉넓이

반지름의 길이가 r인 구의 겉넓이를 S라 하면

$S=4\pi r^2$ → 반지름의 길이가 r인 원의 넓이의 4배

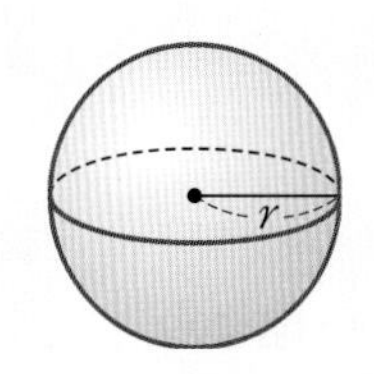

참고 구의 겉면을 가는 끈으로 감고, 다시 풀어 그 끈으로 평면 위에 원을 만든 후 구를 반으로 나누어 이 원 위에 놓으면 원의 반지름의 길이는 반구의 지름의 길이와 같음을 알 수 있다.

⇨ $S=\pi\times(2r)^2=4\pi r^2$

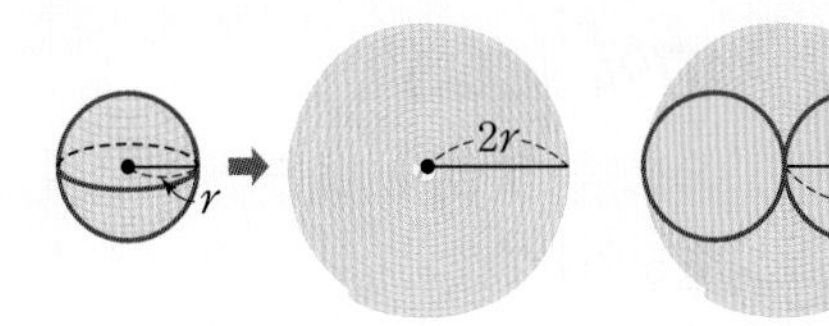

(2) 구의 부피

반지름의 길이가 r인 구의 부피를 V라 하면

$V=\frac{4}{3}\pi r^3$

참고 오른쪽 그림과 같이 원뿔, 구가 원기둥에 꼭 맞게 들어갈 때,

(원뿔의 부피)$=\frac{1}{3}\times$(원기둥의 부피)

(구의 부피)$=\frac{2}{3}\times$(원기둥의 부피)

⇨ (원뿔의 부피) : (구의 부피) : (원기둥의 부피)

$=\frac{2}{3}\pi r^3 : \frac{4}{3}\pi r^3 : 2\pi r^3=1:2:3$

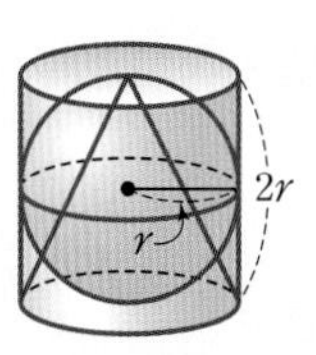

비법 NOTE

- 반지름의 길이가 r인 반구의 겉넓이
⇨ $\frac{1}{2}\times 4\pi r^2+\pi r^2=3\pi r^2$

- (반구의 부피)$=\frac{1}{2}\times$(구의 부피)

[0784~0785] 다음 그림과 같은 구의 겉넓이를 구하시오.

0784

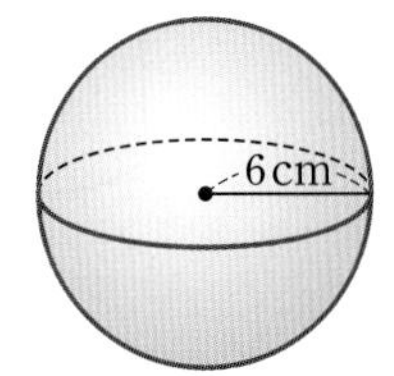

0785

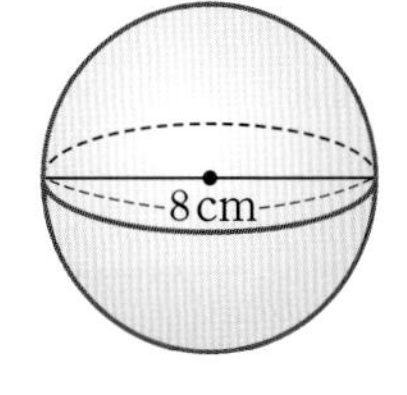

0786 오른쪽 그림과 같이 반지름의 길이가 4 cm인 반구의 겉넓이를 구하시오.

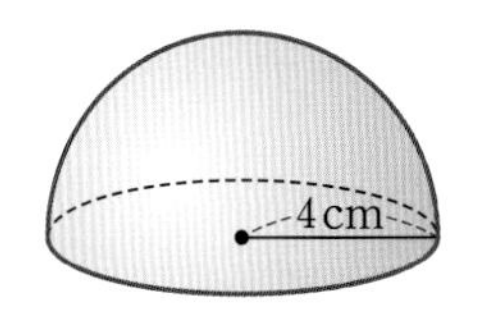

[0787~0788] 다음 그림과 같은 구의 부피를 구하시오.

0787

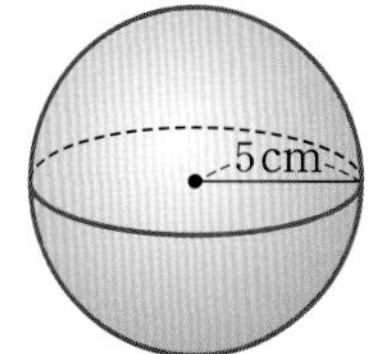

0788

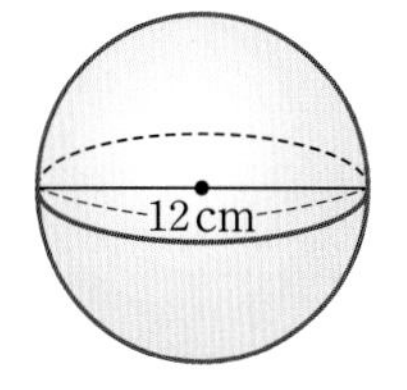

0789 오른쪽 그림과 같이 지름의 길이가 6 cm인 반구의 부피를 구하시오.

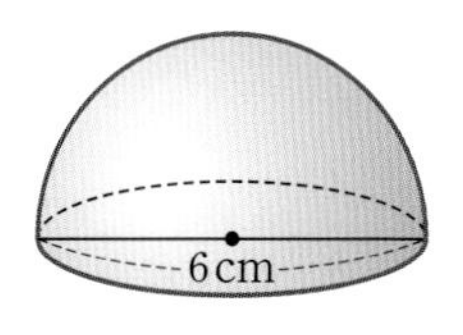

유형 쏙 다 잡기

유형 01 각기둥의 겉넓이 (개념 07-1)

(각기둥의 겉넓이)=(밑넓이)×2+(옆넓이)

0790 대표 문제

오른쪽 그림과 같은 사각기둥의 겉넓이는?

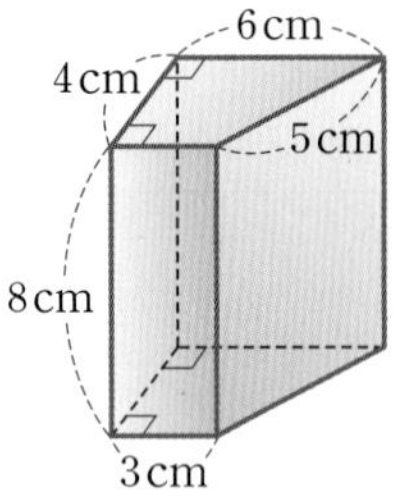

① 144 cm^2 ② 162 cm^2
③ 180 cm^2 ④ 216 cm^2
⑤ 252 cm^2

0791 ●●●●

오른쪽 그림과 같은 삼각기둥의 겉넓이를 구하시오.

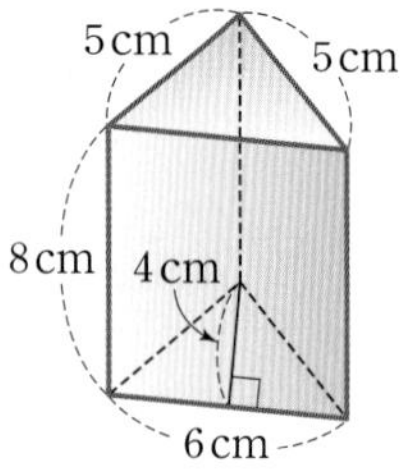

0792 ●●●●

겉넓이가 216 cm^2인 정육면체의 한 모서리의 길이를 구하시오.

0793 ●●●●

오른쪽 그림과 같은 사각기둥의 겉넓이가 220 cm^2일 때, 이 사각기둥의 높이를 구하시오.

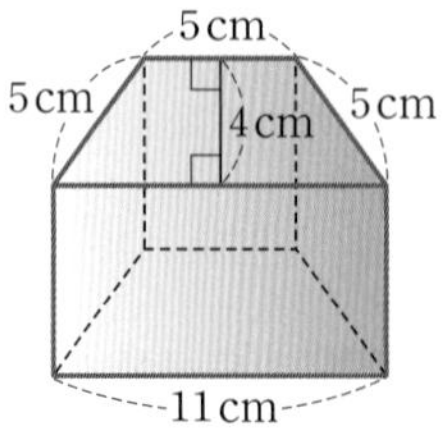

유형 02 원기둥의 겉넓이 (중요!) (개념 07-1)

밑면의 반지름의 길이가 r, 높이가 h인 원기둥의 겉넓이 S는

⇨ S=(밑넓이)×2+(옆넓이)

$=2\pi r^2+2\pi rh$

0794 대표 문제

오른쪽 그림과 같은 원기둥의 겉넓이는?

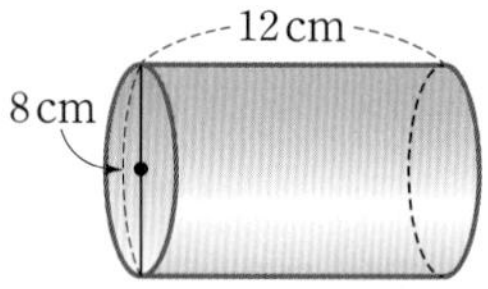

① 112π cm^2 ② 116π cm^2
③ 120π cm^2 ④ 124π cm^2
⑤ 128π cm^2

0795 ●●●●

오른쪽 그림과 같은 원기둥의 겉넓이가 88π cm^2일 때, 이 원기둥의 높이를 구하시오.

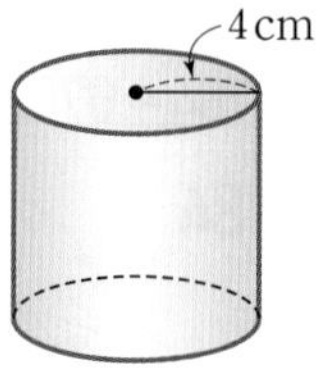

0796 ●●●● 수매씽 Pick!

오른쪽 그림과 같이 밑면의 지름의 길이가 6 cm, 높이가 20 cm인 원기둥 모양의 롤러로 벽에 페인트칠을 하려고 한다. 롤러를 멈추지 않고 두 바퀴 굴릴 때, 페인트가 칠해지는 부분의 넓이를 구하시오.

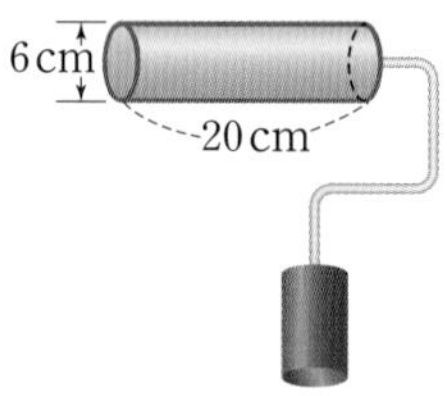

유형 03 각기둥의 부피 (중요!)

개념 07-2

밑넓이가 S, 높이가 h인 각기둥의 부피 V는
⇨ $V=$(밑넓이)×(높이)
$=Sh$

0797 대표 문제

오른쪽 그림과 같은 사각기둥의 부피를 구하시오.

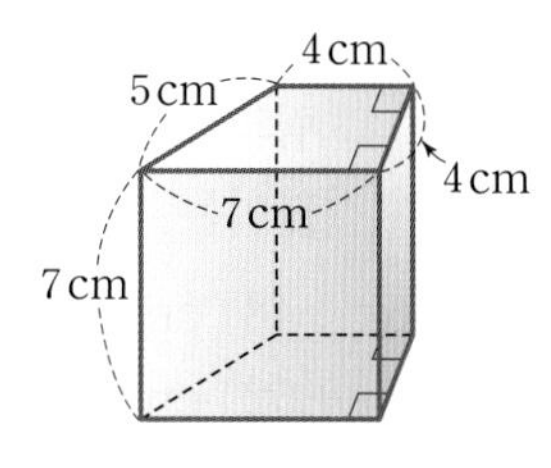

0798 서술형

밑면이 오른쪽 그림과 같은 오각형이고, 높이가 5 cm인 오각기둥의 부피를 구하시오.

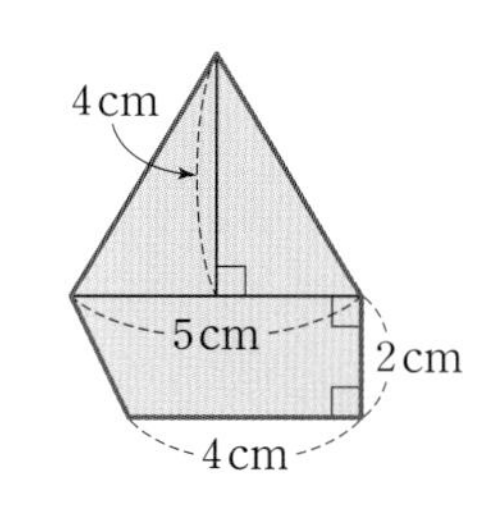

0799 수매씽 Pick!

오른쪽 그림과 같은 삼각기둥의 부피가 144 cm^3일 때, 이 삼각기둥의 높이를 구하시오.

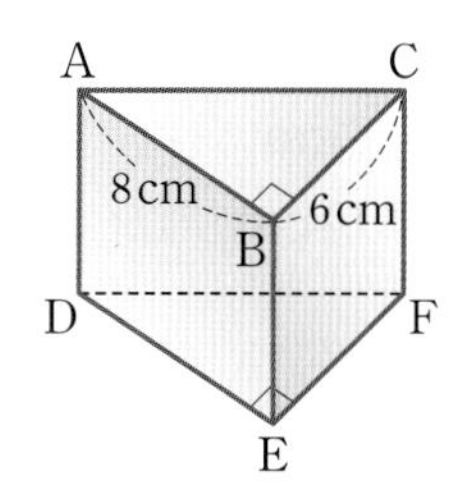

0800

다음 그림과 같이 크기가 같은 정육면체 모양의 물통 두 개에 높이가 각각 a cm, b cm가 되도록 물을 채웠다. 두 물통에 들어 있는 물의 부피가 각각 30 cm^3, 70 cm^3일 때, $a:b$를 가장 간단한 자연수의 비로 나타내시오.

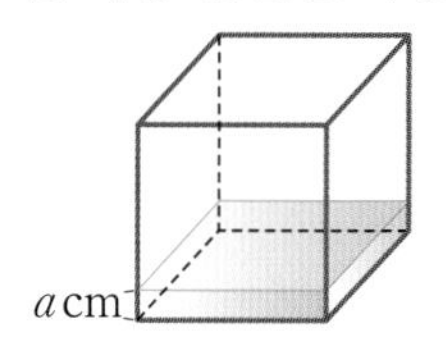

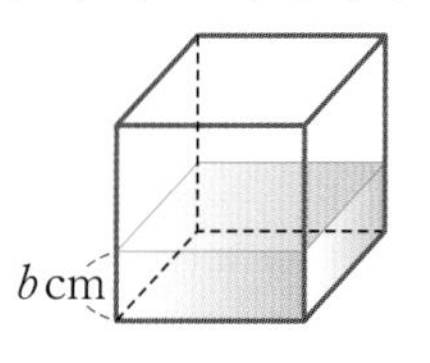

유형 04 원기둥의 부피

개념 07-2

밑면의 반지름의 길이가 r, 높이가 h인 원기둥의 부피 V는
⇨ $V=$(밑넓이)×(높이)
$=\pi r^2h$

0801 대표 문제

오른쪽 그림과 같은 원기둥의 부피가 54π cm^3일 때, 이 원기둥의 높이는?

① 4 cm ② 5 cm
③ 6 cm ④ 7 cm
⑤ 8 cm

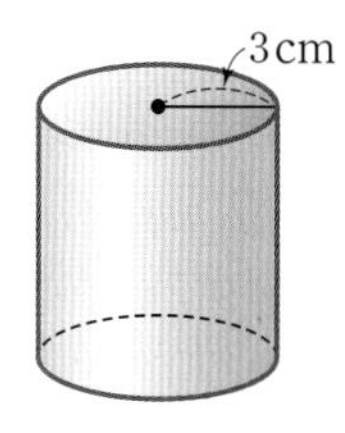

0802

높이가 12 cm인 원기둥의 부피가 300π cm^3일 때, 이 원기둥의 밑면의 반지름의 길이를 구하시오.

0803

다음 그림과 같이 원기둥 모양의 두 그릇 A, B가 있다. 그릇 A에 물을 가득 담아 비어 있는 그릇 B에 물을 가득 채우기 위해서는 그릇 A로 몇 번 옮겨 담아야 하는지 구하시오. (단, 그릇의 두께는 생각하지 않는다.)

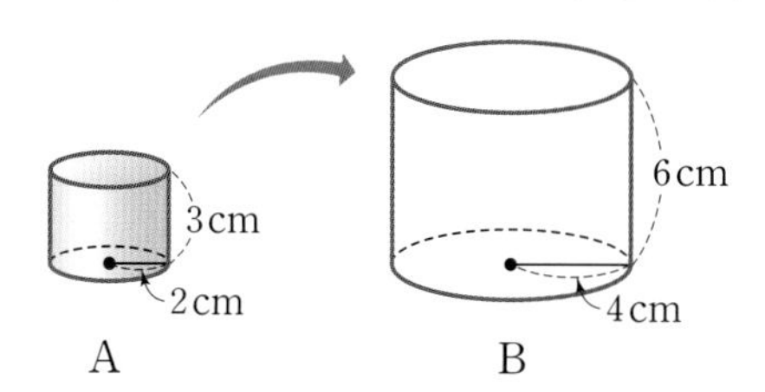

0804

오른쪽 그림은 원기둥을 평면으로 비스듬히 자른 입체도형이다. 이 입체도형의 부피를 구하시오.

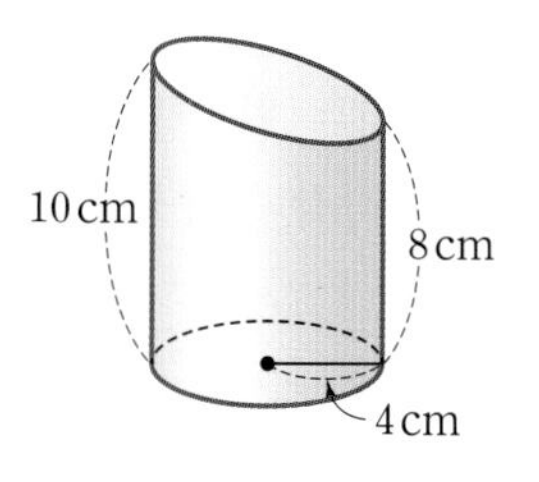

07 입체도형의 겉넓이와 부피

유형 05 전개도로 주어진 기둥의 겉넓이와 부피 개념 07-1, 2

기둥의 전개도가 주어질 때, 다음을 이용하여 겉넓이와 부피를 구한다.
(1) (옆면의 가로의 길이)=(밑면의 둘레의 길이)
(2) (옆면의 세로의 길이)=(기둥의 높이)

0805 대표 문제

오른쪽 그림과 같은 전개도로 만들어지는 삼각기둥의 겉넓이와 부피를 각각 구하시오.

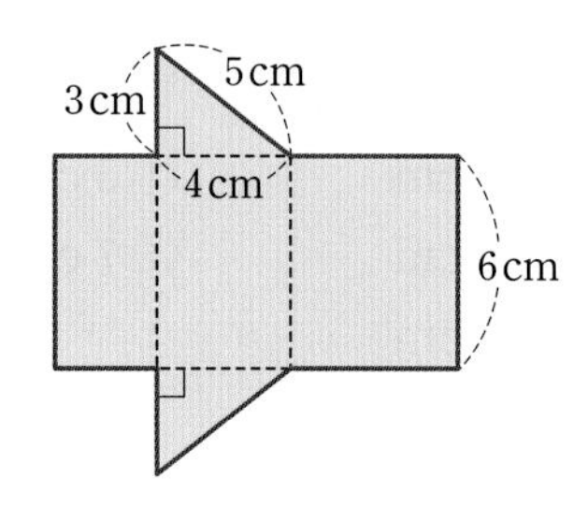

0806

오른쪽 그림은 밑면이 정사각형인 사각기둥의 전개도이다. 이 전개도로 만들어지는 사각기둥의 부피는?

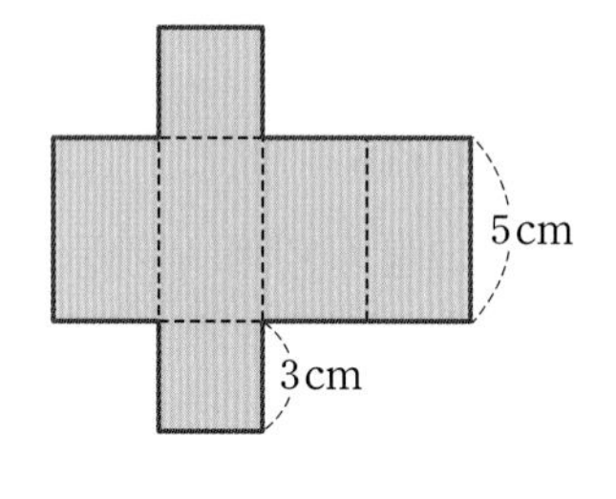

① $40\ cm^3$ ② $45\ cm^3$
③ $50\ cm^3$ ④ $55\ cm^3$
⑤ $60\ cm^3$

0807 서술형

오른쪽 그림과 같은 전개도로 만들어지는 원기둥의 겉넓이와 부피를 각각 구하시오.

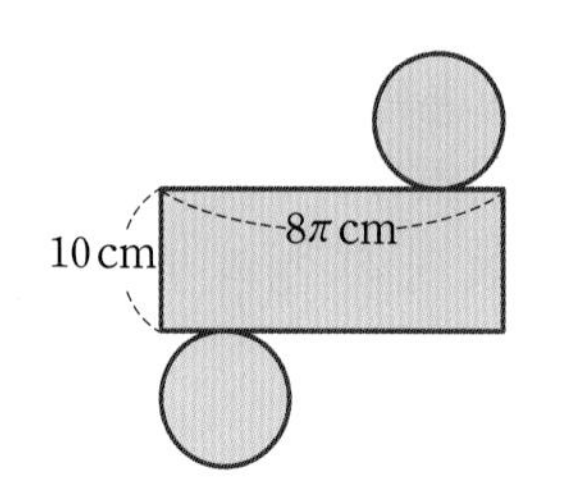

유형 06 밑면이 부채꼴인 기둥의 겉넓이와 부피 개념 07-1, 2

(1) (겉넓이)=(밑넓이)×2+(옆넓이)
=(부채꼴의 넓이)×2+(부채꼴의 둘레의 길이)×(높이)
→(반지름의 길이)×2+(호의 길이)
(2) (부피)=(밑넓이)×(높이)
=(부채꼴의 넓이)×(높이)

0808 대표 문제

오른쪽 그림과 같이 밑면이 부채꼴인 기둥의 겉넓이는?

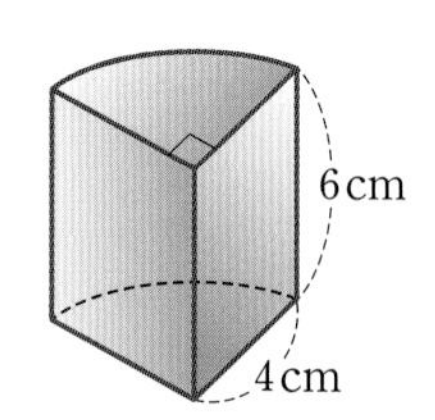

① $(16\pi+48)\ cm^2$
② $(16\pi+52)\ cm^2$
③ $(20\pi+48)\ cm^2$
④ $(20\pi+52)\ cm^2$
⑤ $(24\pi+52)\ cm^2$

0809 수매씽 Pick!

오른쪽 그림과 같이 밑면이 부채꼴인 기둥의 부피가 $21\pi\ cm^3$일 때, 이 기둥의 높이는?

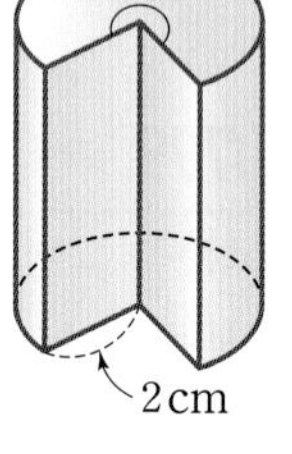

① 6 cm ② 7 cm
③ 8 cm ④ 9 cm
⑤ 10 cm

0810

오른쪽 그림과 같이 원기둥을 잘라서 밑면이 부채꼴인 두 기둥으로 나누었을 때, 큰 기둥의 부피와 작은 기둥의 부피의 비는?

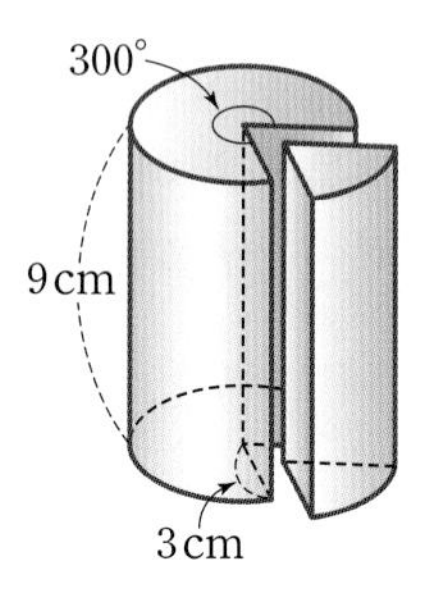

① 3 : 1 ② 4 : 1
③ 5 : 1 ④ 3 : 2
⑤ 5 : 3

중요!

유형 07 구멍이 뚫린 기둥의 겉넓이와 부피

개념 07-1, 2

(1) 구멍이 뚫린 기둥의 겉넓이
(밑넓이)=(큰 기둥의 밑넓이)−(작은 기둥의 밑넓이)
(옆넓이)=(큰 기둥의 옆넓이)+(작은 기둥의 옆넓이)
⇨ (겉넓이)=(밑넓이)×2+(옆넓이)

(2) 구멍이 뚫린 기둥의 부피
⇨ (부피)=(큰 기둥의 부피)−(작은 기둥의 부피)

0811 대표 문제

오른쪽 그림과 같은 입체도형의 겉넓이와 부피를 각각 구하시오.

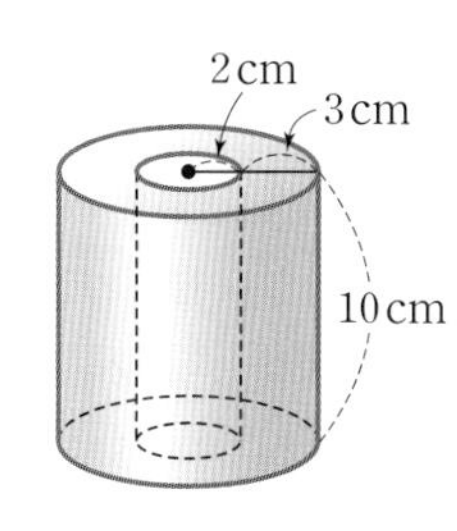

0812 ●●●

오른쪽 그림과 같이 구멍이 뚫린 원기둥 모양의 화장지의 겉넓이를 구하시오.

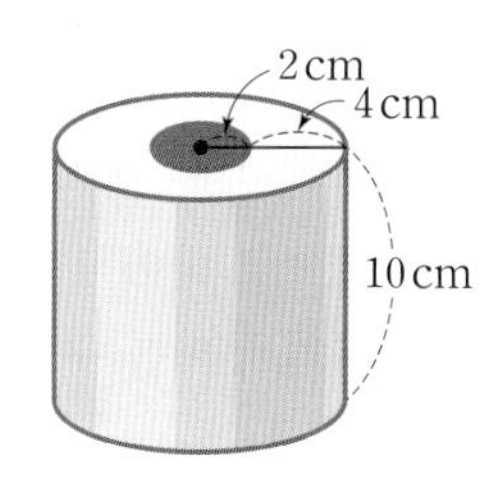

0813 ●●● 수매씽 Pick!

오른쪽 그림과 같은 입체도형의 겉넓이를 $a\text{ cm}^2$, 부피를 $b\text{ cm}^3$라 할 때, $a-b$의 값을 구하시오.

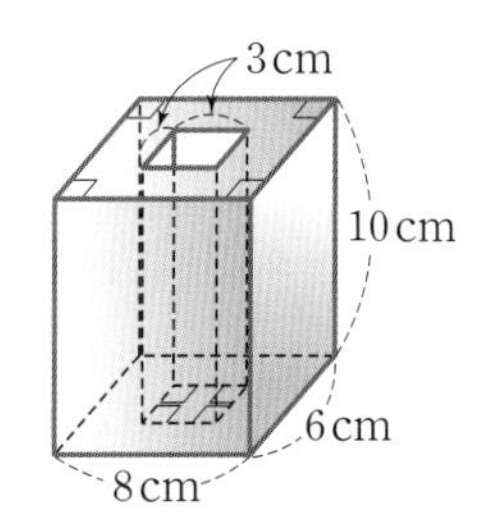

유형 08 잘라 낸 입체도형의 겉넓이와 부피

개념 07-1, 2

(1) (잘라 내고 남은 기둥의 겉넓이)
=(두 밑넓이의 합)+(옆넓이)

(2) (잘라 내고 남은 기둥의 부피)
=(자르기 전 기둥의 부피)−(잘라 낸 기둥의 부피)

0814 대표 문제

오른쪽 그림은 직육면체에서 작은 직육면체를 잘라 낸 입체도형이다. 이 입체도형의 겉넓이를 구하시오.

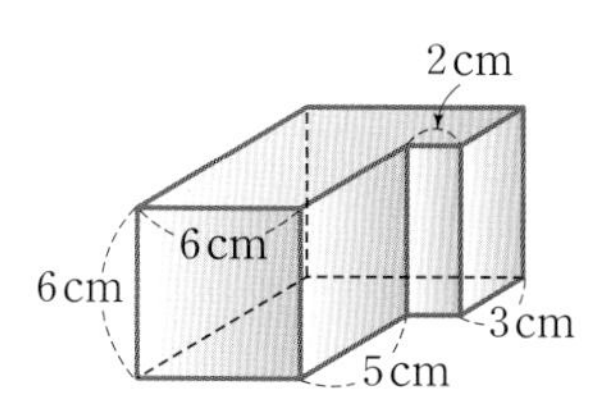

0815 ●●●

오른쪽 그림은 직육면체에서 삼각기둥을 잘라 낸 입체도형이다. 이 입체도형의 부피는?

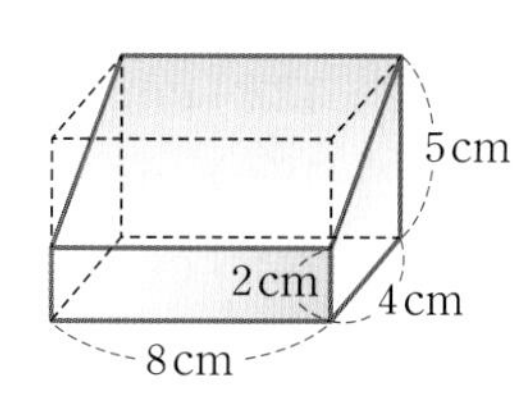

① 112 cm^3 ② 120 cm^3
③ 126 cm^3 ④ 128 cm^3
⑤ 134 cm^3

0816 ●●●●

오른쪽 그림은 직육면체에서 작은 직육면체를 잘라 낸 입체도형이다. 이 입체도형의 겉넓이는?

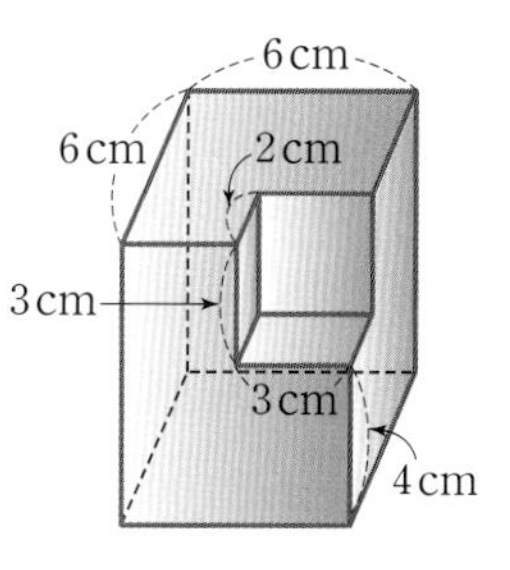

① 224 cm^2 ② 228 cm^2
③ 232 cm^2 ④ 236 cm^2
⑤ 240 cm^2

07 입체도형의 겉넓이와 부피

0817 ●●●○

오른쪽 그림은 직육면체의 네 귀퉁이에서 한 모서리의 길이가 2 cm인 정육면체를 각각 잘라 낸 입체도형이다. 이 입체도형의 부피를 구하시오.

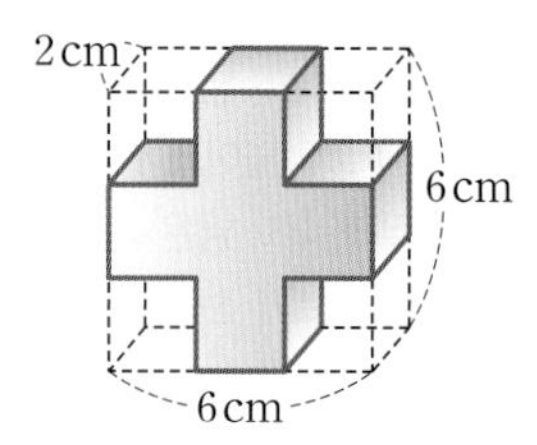

0818 ●●●○

오른쪽 그림은 직육면체에서 밑면이 부채꼴인 기둥을 잘라 낸 입체도형이다. 이 입체도형의 부피는?

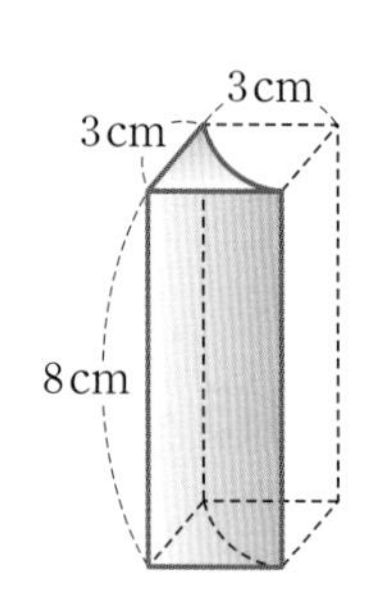

① 72 cm^3
② $(72-6\pi)\text{ cm}^3$
③ $(72-12\pi)\text{ cm}^3$
④ $(72-18\pi)\text{ cm}^3$
⑤ $(72-24\pi)\text{ cm}^3$

0819 ●●●○

오른쪽 그림은 반지름의 길이가 8 cm인 부채꼴을 밑면으로 하는 기둥에서 반지름의 길이가 4 cm인 부채꼴을 밑면으로 하는 기둥을 잘라낸 입체도형이다. 이 입체도형의 겉넓이는?

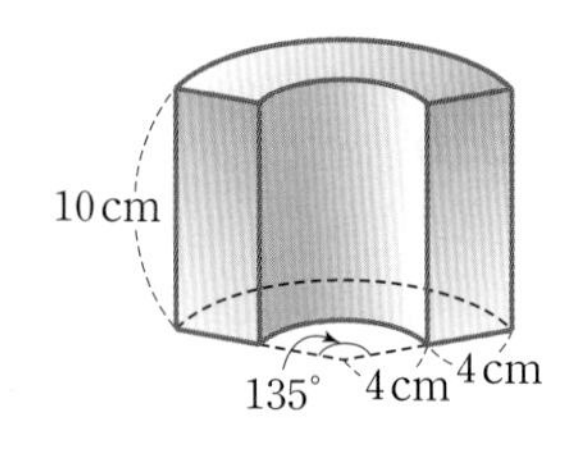

① $(108\pi+60)\text{ cm}^2$　② $(108\pi+80)\text{ cm}^2$
③ $(108\pi+100)\text{ cm}^2$　④ $(126\pi+60)\text{ cm}^2$
⑤ $(126\pi+80)\text{ cm}^2$

유형 09 회전체의 겉넓이와 부피 – 원기둥

개념 07-1, 2

가로, 세로의 길이가 각각 r, h인 직사각형을 직선 l을 회전축으로 하여 1회전 시키면 밑면인 원의 반지름의 길이가 r, 높이가 h인 원기둥이 생긴다.

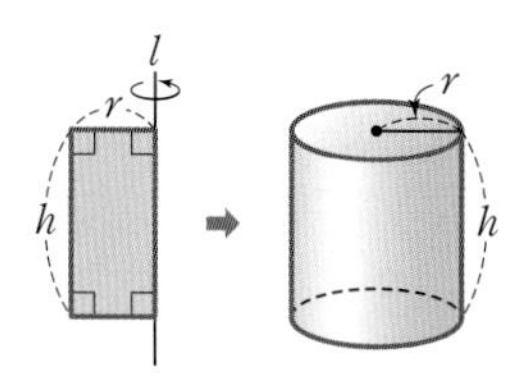

⇨ (겉넓이)$=2\pi r^2+2\pi rh$, (부피)$=\pi r^2h$

0820 대표 문제

오른쪽 그림과 같은 도형을 직선 l을 회전축으로 하여 1회전 시킬 때 생기는 회전체의 겉넓이를 구하시오.

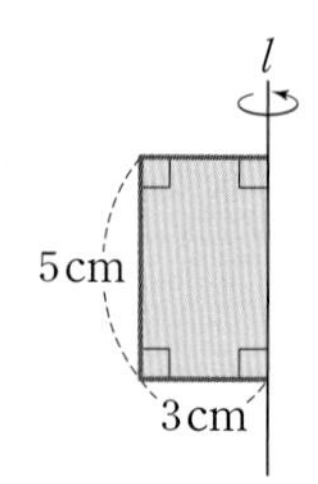

0821 ●●●○ 수매씽 Pick!

오른쪽 그림과 같은 도형을 직선 l을 회전축으로 하여 1회전 시킬 때 생기는 회전체의 부피를 구하시오.

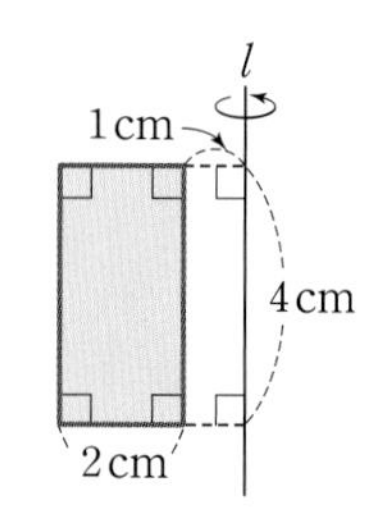

0822 ●●●○

오른쪽 그림과 같은 도형을 직선 l을 회전축으로 하여 90°만큼 회전 시킬 때 생기는 회전체의 부피를 구하시오.

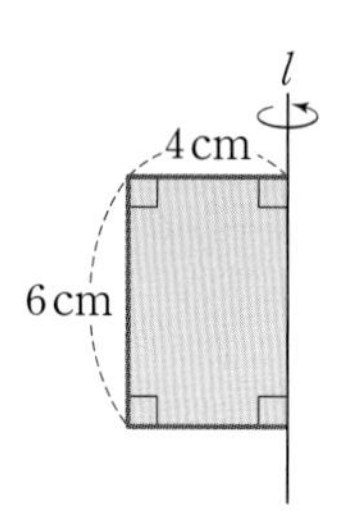

유형 10 각뿔의 겉넓이
개념 07-3

(각뿔의 겉넓이)=(밑넓이)+(옆넓이)

0823 대표 문제

오른쪽 그림과 같은 전개도로 만들어지는 정사각뿔의 겉넓이를 구하시오.

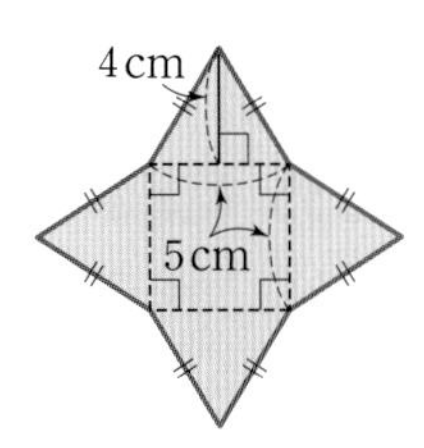

0824 ●●●●

오른쪽 그림과 같은 정사각뿔의 겉넓이는?

① 330 cm^2 ② 340 cm^2
③ 350 cm^2 ④ 360 cm^2
⑤ 370 cm^2

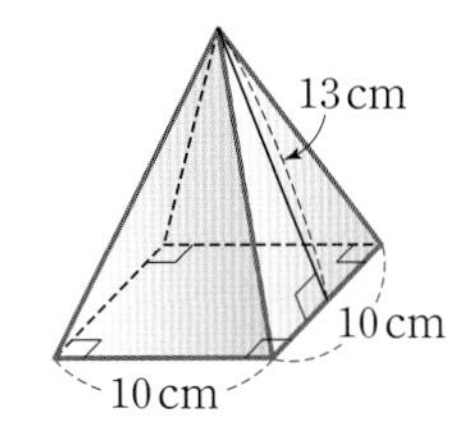

0825 ●●●●

오른쪽 그림과 같은 정사각뿔의 겉넓이가 133 cm^2일 때, x의 값을 구하시오.

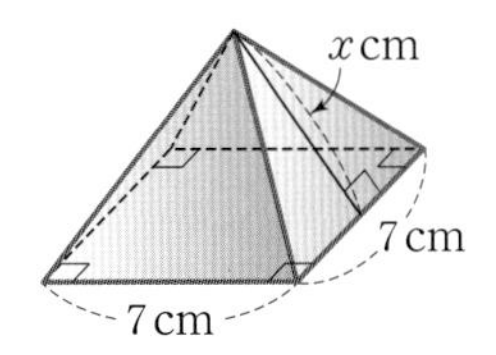

0826 ●●●●

오른쪽 그림과 같이 두 정사각뿔을 붙여서 만든 입체도형의 겉넓이는?

① 84 cm^2 ② 99 cm^2
③ 114 cm^2 ④ 129 cm^2
⑤ 144 cm^2

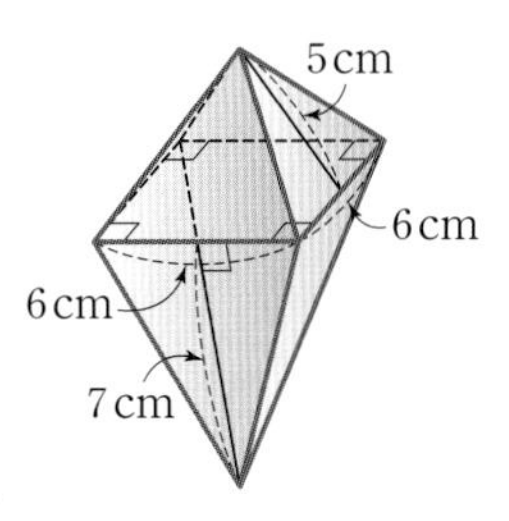

중요!
유형 11 원뿔의 겉넓이
개념 07-3

밑면의 반지름의 길이가 r, 모선의 길이가 l인 원뿔의 겉넓이 S는

⇨ $S=$(밑넓이)+(옆넓이)

$=\pi r^2+\pi rl$

0827 대표 문제

오른쪽 그림과 같은 원뿔의 겉넓이가 $84\pi\text{ cm}^2$일 때, 이 원뿔의 모선의 길이를 구하시오.

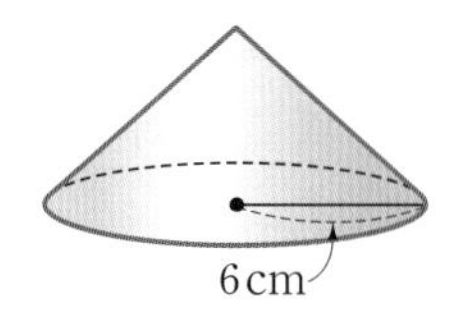

0828 ●●●● 수매씽 Pick!

오른쪽 그림과 같은 원뿔의 겉넓이는?

① $27\pi\text{ cm}^2$ ② $30\pi\text{ cm}^2$
③ $33\pi\text{ cm}^2$ ④ $36\pi\text{ cm}^2$
⑤ $39\pi\text{ cm}^2$

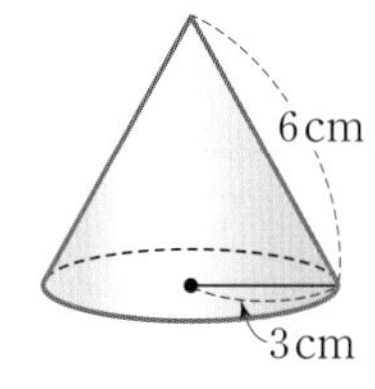

0829 ●●●● 서술형

오른쪽 그림과 같은 원뿔의 옆넓이가 $72\pi\text{ cm}^2$일 때, 이 원뿔의 겉넓이를 구하시오.

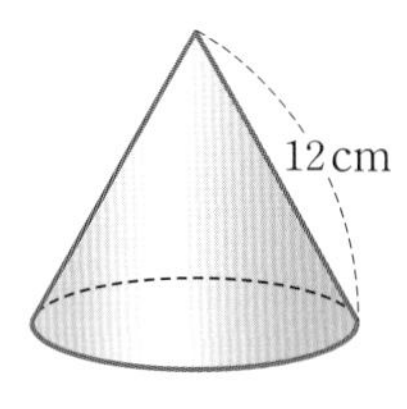

0830 ●●●●

모선의 길이가 밑면의 반지름의 길이의 4배인 원뿔의 옆넓이가 $24\pi\text{ cm}^2$일 때, 이 원뿔의 겉넓이는?

① $26\pi\text{ cm}^2$ ② $28\pi\text{ cm}^2$ ③ $30\pi\text{ cm}^2$
④ $32\pi\text{ cm}^2$ ⑤ $34\pi\text{ cm}^2$

유형 12 각뿔의 부피

중요!

개념 07-3

밑넓이가 S, 높이가 h인 각뿔의 부피 V는

⇨ $V=\frac{1}{3}\times$(밑넓이)$\times$(높이)

$=\frac{1}{3}Sh$

0831 대표 문제

오른쪽 그림과 같은 삼각뿔의 부피는?

① 56 cm^3 ② 64 cm^3
③ 72 cm^3 ④ 81 cm^3
⑤ 90 cm^3

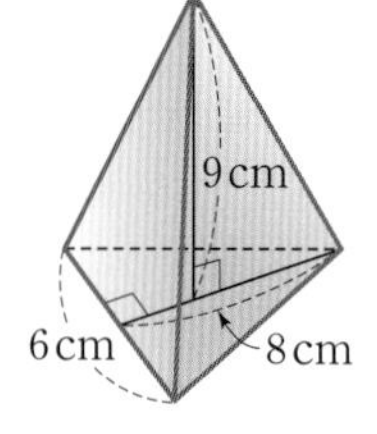

0832 ●●●●

오른쪽 그림과 같은 정사각뿔의 부피를 구하시오.

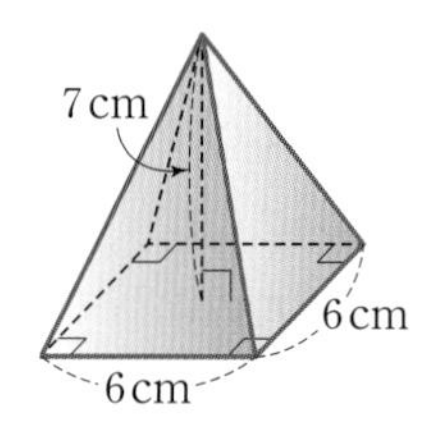

0833 ●●●● 수매씽 Pick!

오른쪽 그림과 같은 정사각뿔의 부피가 75 cm^3일 때, 이 정사각뿔의 높이를 구하시오.

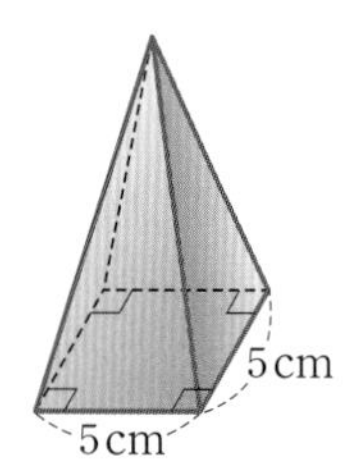

0834 ●●●●

오른쪽 그림의 사각형 ABCD는 한 변의 길이가 6 cm인 정사각형이고, 점 E, F는 각각 $\overline{AB}$, $\overline{BC}$의 중점이다. 사각형 ABCD를 $\overline{DE}$, $\overline{EF}$, $\overline{FD}$를 접는 선으로 하여 접을 때 생기는 입체도형의 부피를 구하시오.

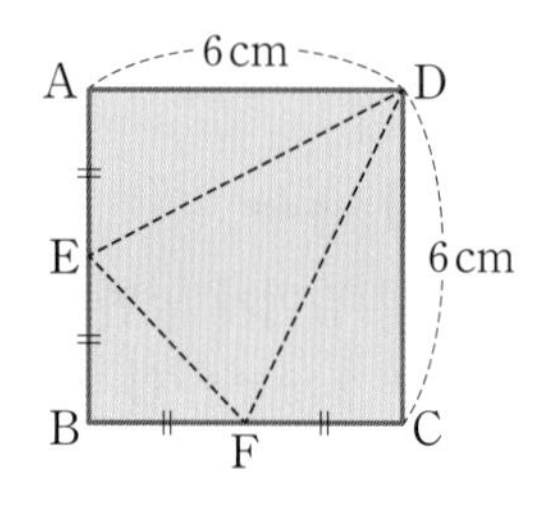

유형 13 원뿔의 부피

개념 07-3

밑면의 반지름의 길이가 r, 높이가 h인 원뿔의 부피 V는

⇨ $V=\frac{1}{3}\times$(밑넓이)$\times$(높이)

$=\frac{1}{3}\pi r^2 h$

0835 대표 문제

오른쪽 그림과 같은 원뿔의 부피는?

① $28\pi\text{ cm}^3$ ② $30\pi\text{ cm}^3$
③ $32\pi\text{ cm}^3$ ④ $34\pi\text{ cm}^3$
⑤ $36\pi\text{ cm}^3$

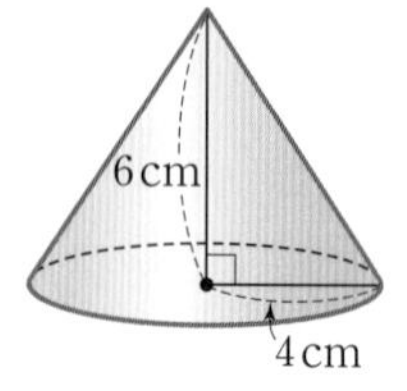

0836 ●●●●

밑면의 지름의 길이가 6 cm인 원뿔의 부피가 $12\pi\text{ cm}^3$일 때, 이 원뿔의 높이는?

① 2 cm ② 3 cm ③ 4 cm
④ 5 cm ⑤ 6 cm

0837 ●●●● 서술형

어느 음료수 가게에서 다음 그림과 같이 원뿔 모양의 컵 A, 원기둥 모양의 컵 B, 원뿔과 원기둥이 합해진 모양의 컵 C에 음료수를 가득 담아서 판매하고 있다. A, B, C 중 음료수가 가장 많이 들어가는 컵을 구하시오.

(단, 컵의 두께와 받침 부분은 생각하지 않는다.)

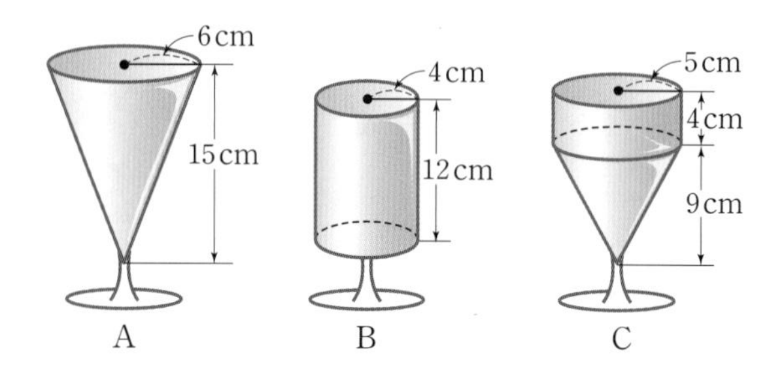

유형 14 잘라 낸 삼각뿔의 부피

개념 07-3

오른쪽 그림과 같은 직육면체에서
(삼각뿔 C−BGD의 부피)
$=\frac{1}{3}\times$(△BCD의 넓이)$\times\overline{CG}$
$=\frac{1}{3}\times\frac{1}{2}\times$(사각형 ABCD의 넓이)$\times\overline{CG}$
$=\frac{1}{6}\times$(직육면체의 부피)

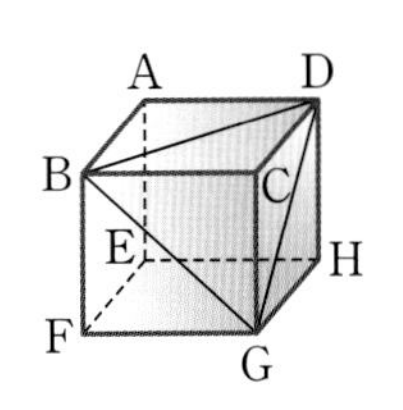

0838 대표 문제

오른쪽 그림과 같이 직육면체를 세 꼭짓점 B, G, D를 지나는 평면으로 잘랐을 때 생기는 삼각뿔 C−BGD의 부피를 구하시오.

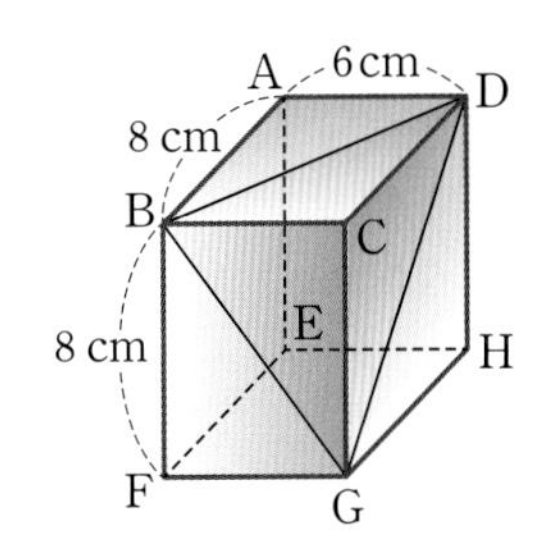

0839

오른쪽 그림과 같이 한 모서리의 길이가 12 cm인 정육면체에서 모서리 BC, CG의 중점을 각각 M, N이라 할 때, 삼각뿔 C−MND의 부피를 구하시오.

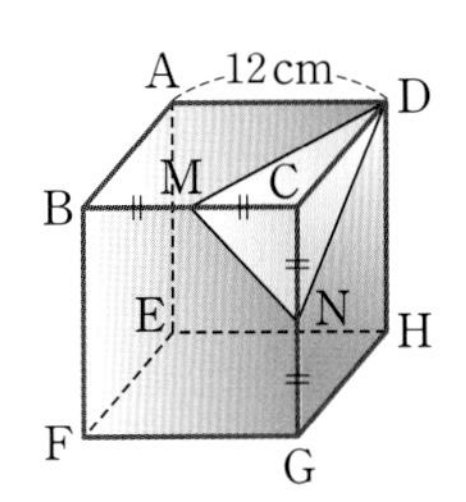

0840

오른쪽 그림은 직육면체에서 삼각뿔을 잘라 낸 입체도형이다. 이 입체도형의 부피는?

① 650 cm^3 ② 676 cm^3
③ 680 cm^3 ④ 692 cm^3
⑤ 700 cm^3

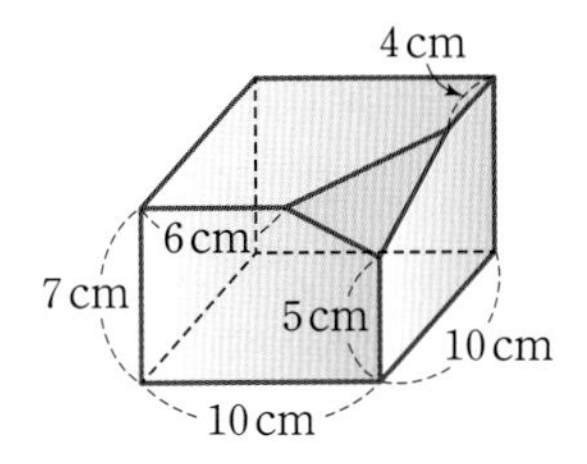

유형 15 그릇에 담긴 물의 부피

개념 07-2, 3

그릇에 담긴 물의 모양이 어떤 입체도형인지를 파악한 후 부피를 구한다.
(1) (기둥의 부피)=(밑넓이)×(높이)
(2) (뿔의 부피)$=\frac{1}{3}\times$(밑넓이)×(높이)

0841 대표 문제

오른쪽 그림과 같은 직육면체 모양의 그릇에 물을 가득 담은 후 그릇을 기울여 물을 흘려 보냈다. 이때 남아 있는 물의 부피를 구하시오. (단, 그릇의 두께는 생각하지 않는다.)

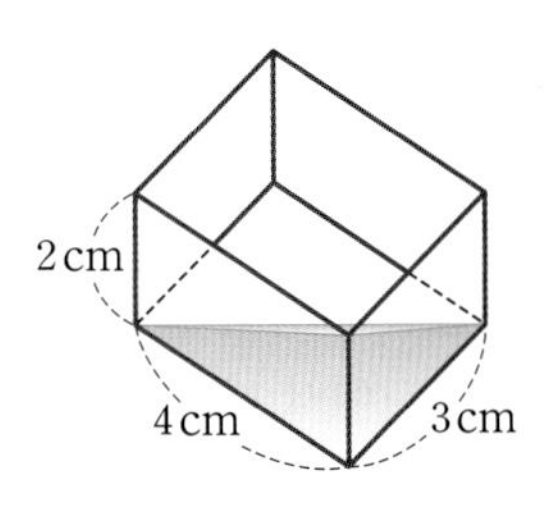

0842 수매씽 Pick!

오른쪽 그림과 같이 직육면체 모양의 그릇을 기울여 물을 담았다. 그릇에 담긴 물의 부피가 40 cm^3일 때, x의 값을 구하시오. (단, 그릇의 두께는 생각하지 않는다.)

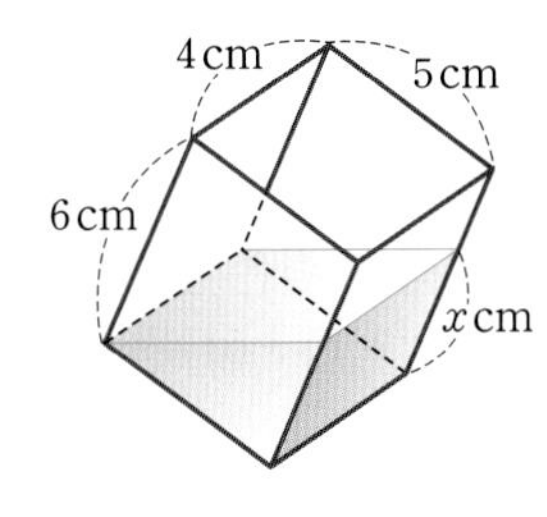

0843

다음 그림과 같은 원뿔 모양의 그릇 A에 물을 가득 담아 원기둥 모양의 빈 그릇 B에 부었더니 수면의 높이가 x cm가 되었다. 이때 x의 값을 구하시오.
(단, 그릇의 두께는 생각하지 않는다.)

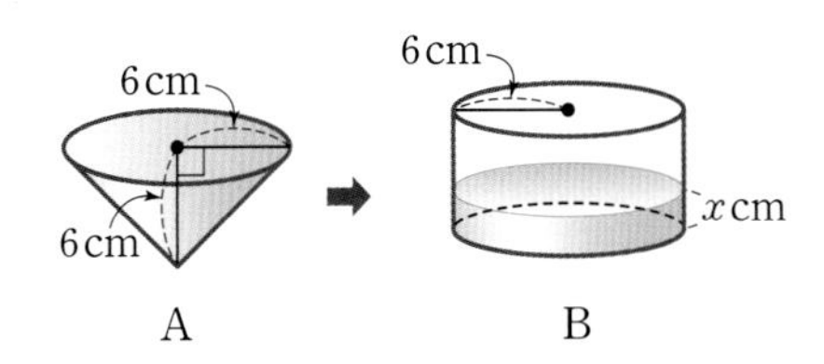

07 입체도형의 겉넓이와 부피

중요! 유형 16 전개도가 주어진 원뿔의 겉넓이와 부피 (개념 07-3)

(부채꼴의 호의 길이)=(밑면인 원의 둘레의 길이)

⇨ $2\pi \times l \times \frac{x}{360} = 2\pi r$

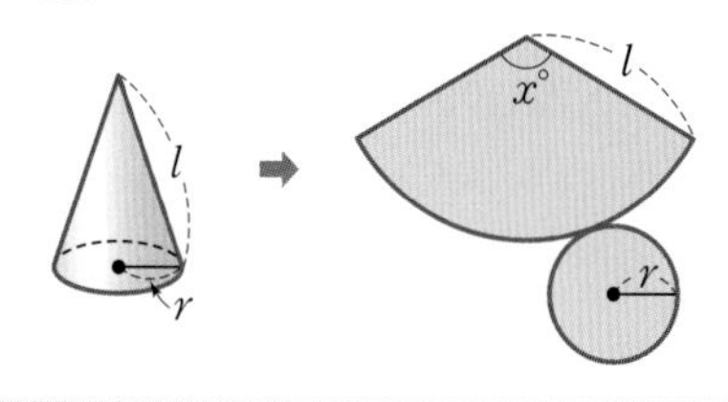

0844 대표 문제

오른쪽 그림과 같은 원뿔의 전개도에서 다음을 구하시오.

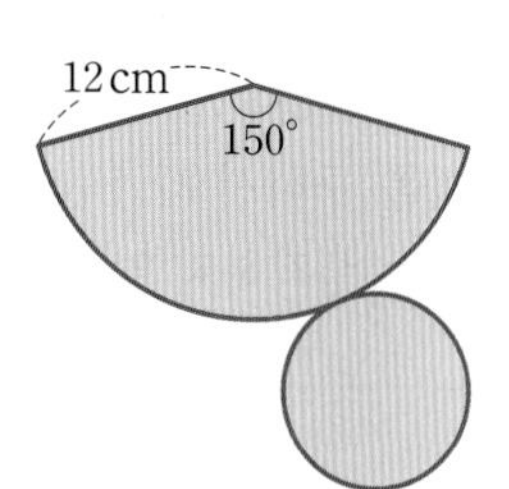

(1) 밑면의 반지름의 길이

(2) 전개도로 만든 원뿔의 겉넓이

0845 ●●●● 서술형

오른쪽 그림은 높이가 4 cm인 원뿔의 전개도이다. 이 전개도로 만들어지는 원뿔의 겉넓이와 부피를 각각 구하시오.

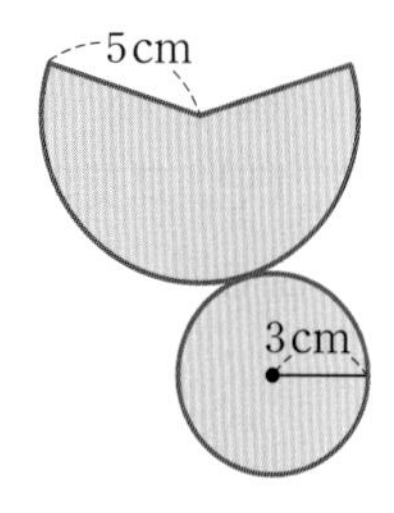

0846 ●●●●

오른쪽 그림과 같은 부채꼴을 옆면으로 하는 원뿔의 부피가 $128\pi\ cm^3$일 때, 이 원뿔의 높이는?

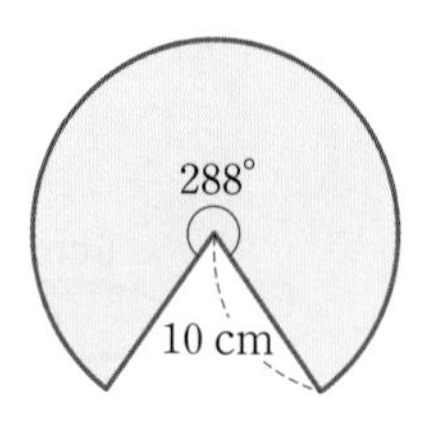

① 6 cm ② 7 cm ③ 8 cm ④ 9 cm ⑤ 10 cm

유형 17 뿔대의 겉넓이 (개념 07-3)

(1) (각뿔대의 겉넓이)
=(두 밑넓이의 합)+(옆넓이)
→ 옆면인 사다리꼴의 넓이의 합

(2) (원뿔대의 겉넓이)
=(두 밑넓이의 합)+(옆넓이)
→ (큰 부채꼴의 넓이)−(작은 부채꼴의 넓이)

0847 대표 문제

오른쪽 그림과 같은 원뿔대의 겉넓이를 구하시오.

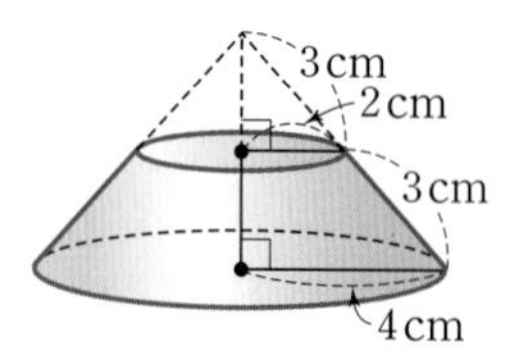

0848 ●●●● 수매씽 Pick!

오른쪽 그림과 같이 두 밑면이 모두 정사각형인 사각뿔대의 겉넓이는?

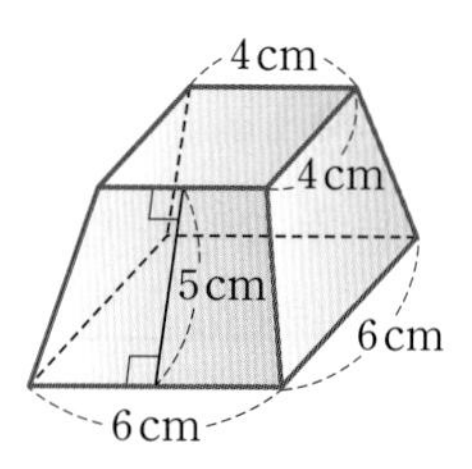

① $108\ cm^2$ ② $116\ cm^2$ ③ $144\ cm^2$ ④ $152\ cm^2$ ⑤ $180\ cm^2$

0849 ●●●●

다음 그림과 같은 원뿔대와 원뿔의 겉넓이가 서로 같을 때, x의 값을 구하시오.

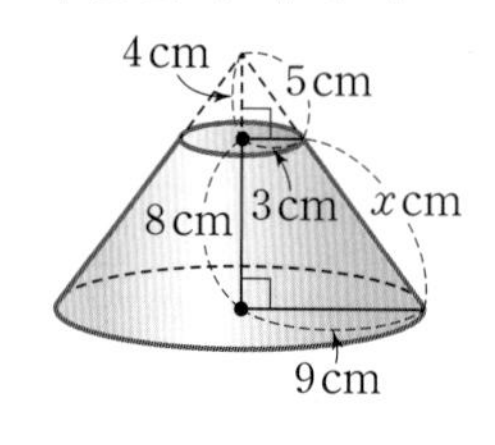

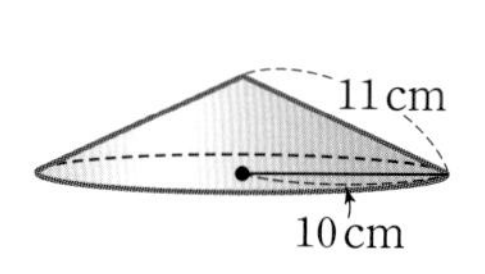

유형 18 뿔대의 부피

개념 07-3

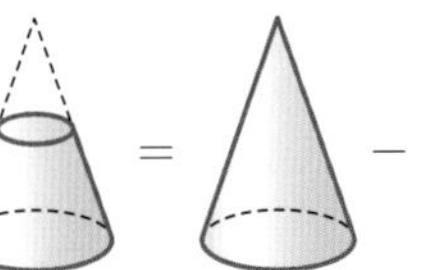

⇨ (뿔대의 부피)=(큰 뿔의 부피)−(작은 뿔의 부피)

0850 대표 문제

오른쪽 그림과 같은 원뿔대의 부피는?

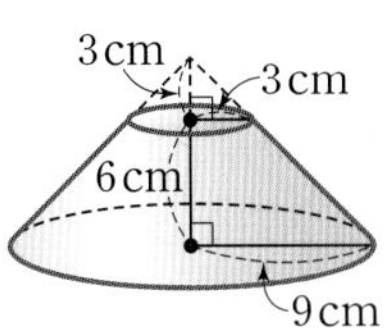

① 225π cm^3 ② 228π cm^3
③ 231π cm^3 ④ 234π cm^3
⑤ 237π cm^3

0851

오른쪽 그림과 같이 밑면이 정사각형인 사각뿔대의 부피는?

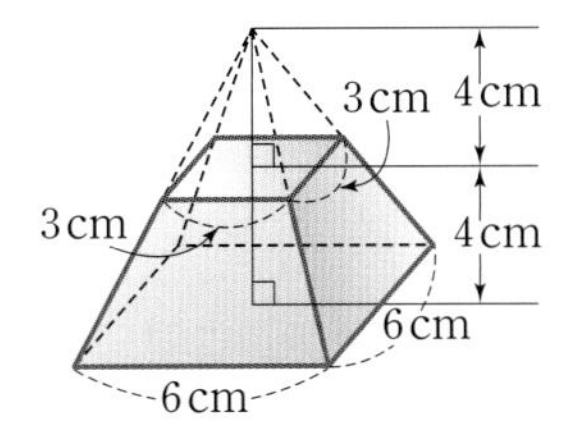

① 68 cm^3 ② 72 cm^3
③ 76 cm^3 ④ 80 cm^3
⑤ 84 cm^3

0852

오른쪽 그림에서 위쪽 원뿔과 아래쪽 원뿔대의 부피의 비는?

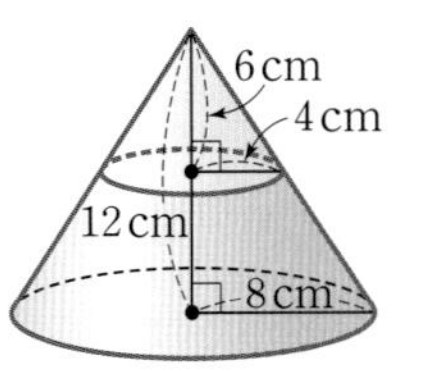

① 1 : 2 ② 1 : 4
③ 1 : 6 ④ 1 : 7
⑤ 1 : 8

유형 19 회전체의 겉넓이와 부피 – 원뿔

중요!

개념 07-3

직각삼각형을 빗변이 아닌 한 변을 회전축으로 하여 1회전 시키면 원뿔이 생긴다.

0853 대표 문제

오른쪽 그림과 같은 직각삼각형을 직선 l을 회전축으로 하여 1회전 시킬 때 생기는 회전체의 부피는?

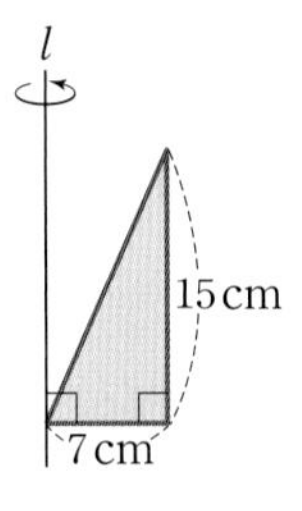

① 350π cm^3 ② 380π cm^3
③ 420π cm^3 ④ 450π cm^3
⑤ 490π cm^3

0854

오른쪽 그림과 같은 직각삼각형을 직선 l을 회전축으로 하여 1회전 시킬 때 생기는 회전체의 부피를 구하시오.

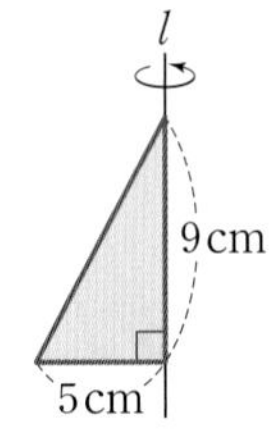

0855 수매씽 Pick!

오른쪽 그림과 같은 사다리꼴을 직선 l을 회전축으로 하여 1회전 시킬 때 생기는 회전체의 겉넓이를 구하시오.

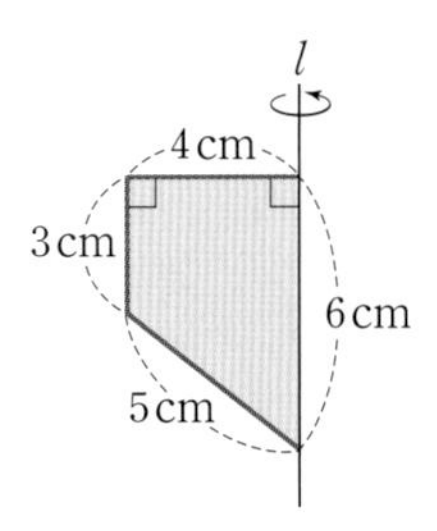

0856 서술형

오른쪽 그림과 같은 좌표평면 위의 직각삼각형 OAB를 x축, y축을 회전축으로 하여 1회전 시킬 때 생기는 회전체의 부피를 각각 V_x, V_y라 하자. $V_x : V_y$를 가장 간단한 자연수의 비로 나타내시오. (단, O는 원점이다.)

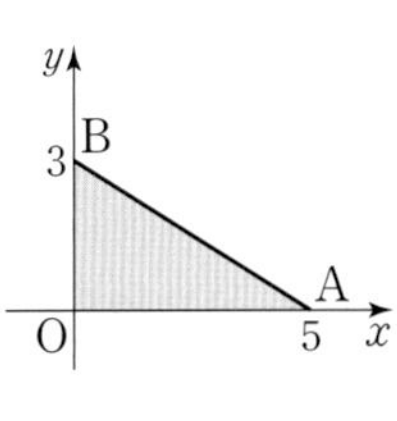

07 겉넓이와 부피 입체도형의

유형 20 구의 겉넓이

개념 07-4

(1) 반지름의 길이가 r인 구의 겉넓이 S는
⇨ $S=4\pi r^2$

(2) 반지름의 길이가 r인 반구의 겉넓이 S는
⇨ $S=$(구의 겉넓이)$\times\frac{1}{2}+$(밑면인 원의 넓이)
$=2\pi r^2+\pi r^2=3\pi r^2$

0857 대표 문제

오른쪽 그림은 반지름의 길이가 4 cm 인 구에서 $\frac{1}{4}$을 잘라 내고 남은 입체도형이다. 이 입체도형의 겉넓이를 구하시오.

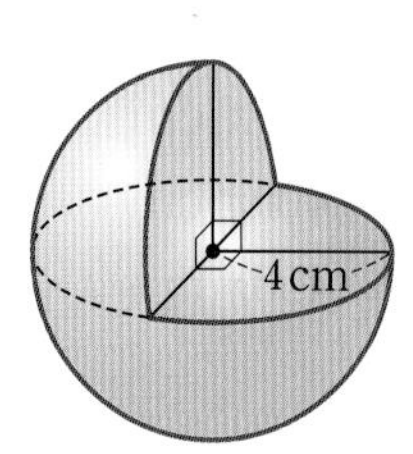

0858

야구공의 겉면은 다음 그림과 같이 똑같이 생긴 두 조각의 가죽으로 되어 있다. 이 야구공의 지름의 길이가 7 cm 일 때, 가죽 한 조각의 넓이를 구하시오.

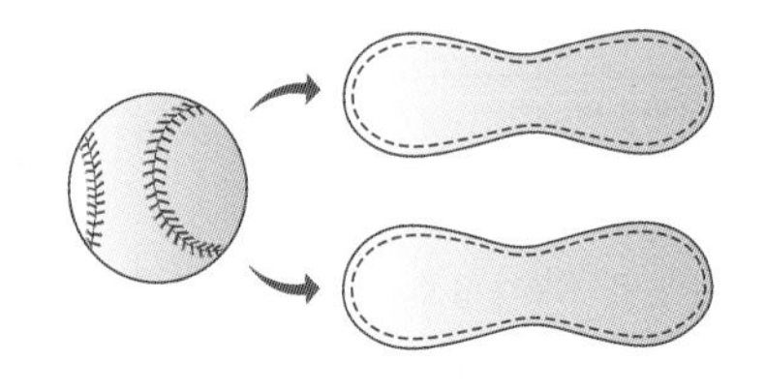

0859

오른쪽 그림에서 구 A와 구 B의 반지름의 길이의 비는 1 : 3 이다. 구 A를 칠하는 데 페인트 1통을 사용했을 때, 구 B를 칠하는 데 필요한 페인트는 몇 통인지 구하시오.

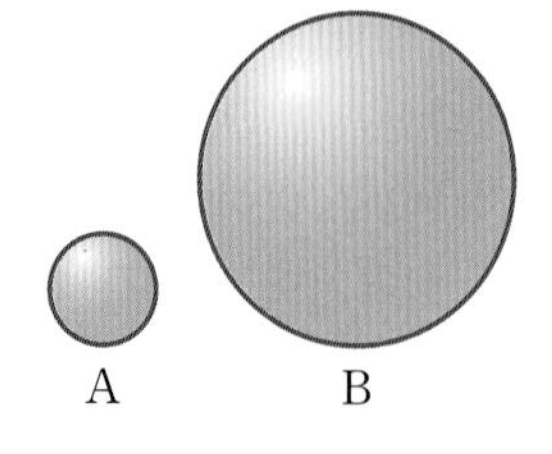

유형 21 구의 부피

중요!

개념 07-4

반지름의 길이가 r인 구의 부피 V는
⇨ $V=\frac{4}{3}\pi r^3$

0860 대표 문제

오른쪽 그림과 같이 반구와 원뿔을 붙여서 만든 입체도형의 부피는?

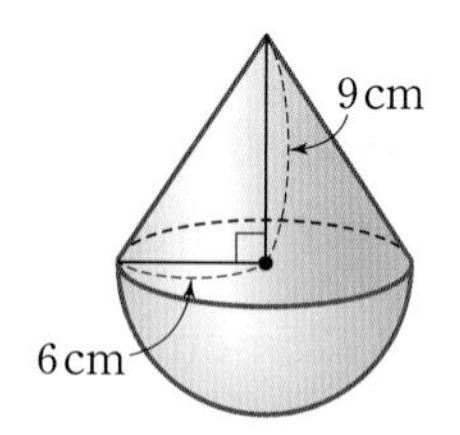

① $250\pi\ \text{cm}^3$ ② $252\pi\ \text{cm}^3$
③ $254\pi\ \text{cm}^3$ ④ $256\pi\ \text{cm}^3$
⑤ $258\pi\ \text{cm}^3$

0861 수매씽 Pick!

오른쪽 그림은 반지름의 길이가 3 cm 인 구에서 $\frac{1}{8}$을 잘라 내고 남은 입체도형이다. 이 입체도형의 부피를 구하시오.

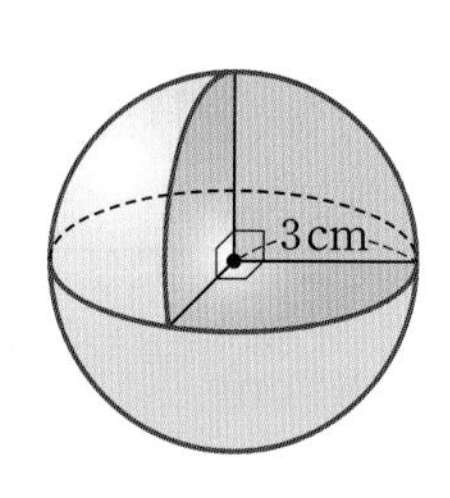

0862

겉넓이가 $324\pi\ \text{cm}^2$인 구의 부피는?

① $288\pi\ \text{cm}^3$ ② $348\pi\ \text{cm}^3$ ③ $576\pi\ \text{cm}^3$
④ $768\pi\ \text{cm}^3$ ⑤ $972\pi\ \text{cm}^3$

0863

다음 그림과 같은 구 모양의 초콜릿을 녹여 원기둥 모양의 초콜릿을 만들었을 때, h의 값을 구하시오.

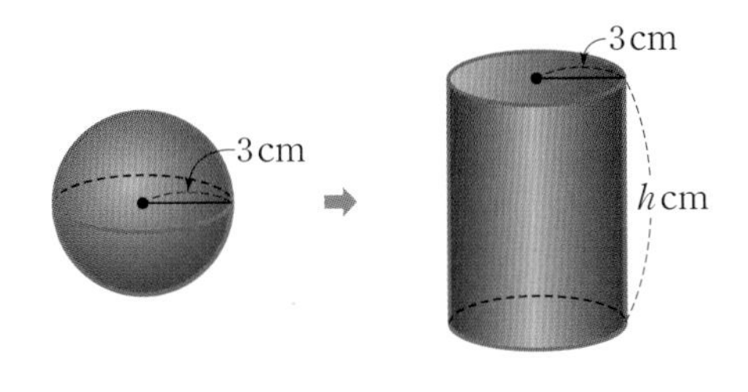

0864 서술형

다음 그림과 같이 지름의 길이가 12 cm인 구 모양의 쇠구슬 1개를 녹여서 지름의 길이가 4 cm인 구 모양의 쇠구슬을 만들 때, 최대 몇 개를 만들 수 있는지 구하시오.

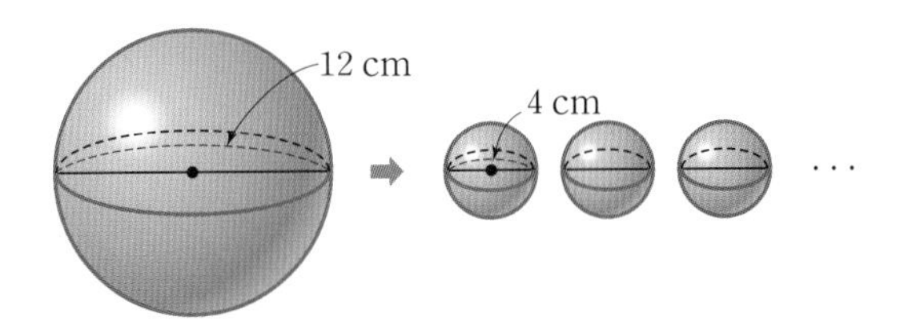

0865

다음 그림과 같이 원기둥 모양의 그릇 A와 반구 모양의 그릇 B가 있다. 그릇 A의 밑면의 반지름의 길이와 그릇 B의 반지름의 길이는 같고, 그릇 A의 높이는 밑면의 반지름의 길이의 2배일 때, 그릇 B를 이용하여 그릇 A에 물을 가득 채우려면 물을 최소 몇 번 부어야 하는지 구하시오. (단, 그릇의 두께는 생각하지 않는다.)

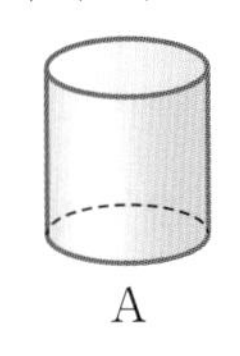

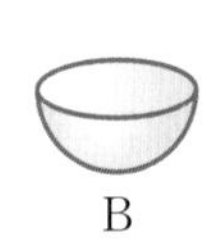

중요! 유형 22 회전체의 겉넓이와 부피 – 구

개념 07-4

(1) 반지름의 길이가 r인 반원을 지름을 회전축으로 하여 1회전 시키면 반지름의 길이가 r인 구가 생긴다.

(2) 반지름의 길이가 r인 사분원을 반지름을 회전축으로 하여 1회전 시키면 반지름의 길이가 r인 반구가 생긴다.

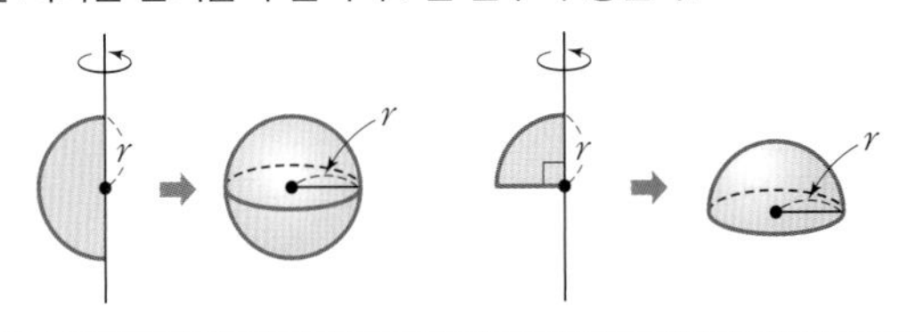

0866 대표 문제

오른쪽 그림과 같은 부채꼴 AOB를 반지름 AO를 회전축으로 하여 1회전 시킬 때 생기는 회전체의 겉넓이를 구하시오.

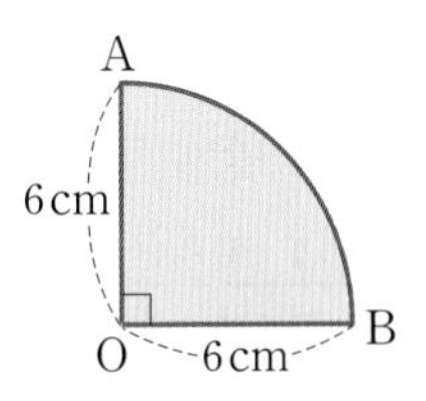

0867 수매씽 Pick!

오른쪽 그림과 같은 평면도형을 직선 l을 회전축으로 하여 1회전 시킬 때 생기는 회전체의 부피는?

① $144\pi\ cm^3$ ② $224\pi\ cm^3$
③ $252\pi\ cm^3$ ④ $288\pi\ cm^3$
⑤ $324\pi\ cm^3$

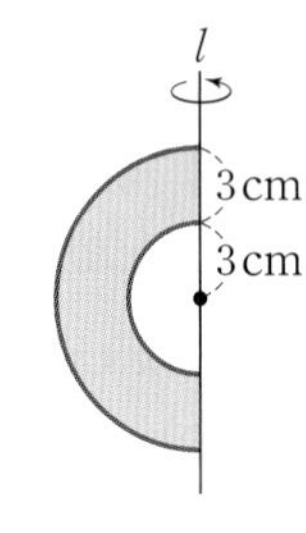

0868

오른쪽 그림과 같은 평면도형을 직선 l을 회전축으로 하여 1회전 시킬 때 생기는 회전체의 겉넓이를 구하시오.

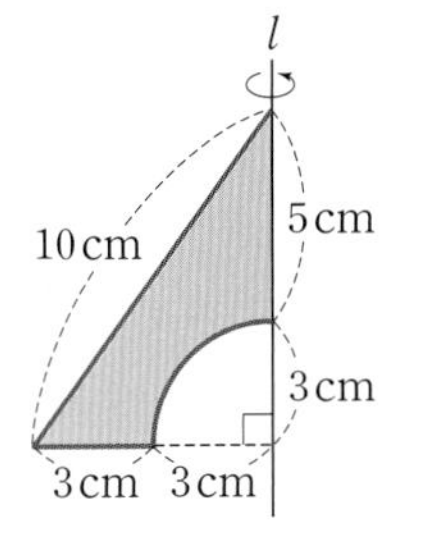

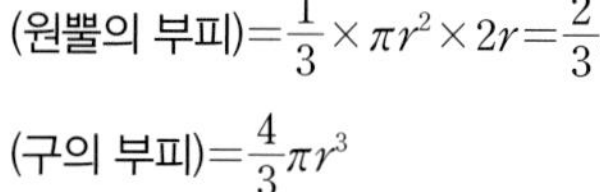

유형 23 원기둥에 꼭 맞게 들어 있는 입체도형 (개념 07-2~4)

오른쪽 그림과 같이 원기둥에 구와 원뿔이 꼭 맞게 들어갈 때,

(원뿔의 부피)$=\frac{1}{3}\times\pi r^2\times 2r=\frac{2}{3}\pi r^3$

(구의 부피)$=\frac{4}{3}\pi r^3$

(원기둥의 부피)$=\pi r^2\times 2r=2\pi r^3$

⇨ (원뿔의 부피) : (구의 부피) : (원기둥의 부피)

$=\frac{2}{3}\pi r^3 : \frac{4}{3}\pi r^3 : 2\pi r^3=1:2:3$

0869 대표 문제

오른쪽 그림과 같이 원기둥에 구와 원뿔이 꼭 맞게 들어 있다. 구의 부피가 $288\pi\ \text{cm}^3$일 때, 원뿔의 부피와 원기둥의 부피를 각각 구하시오.

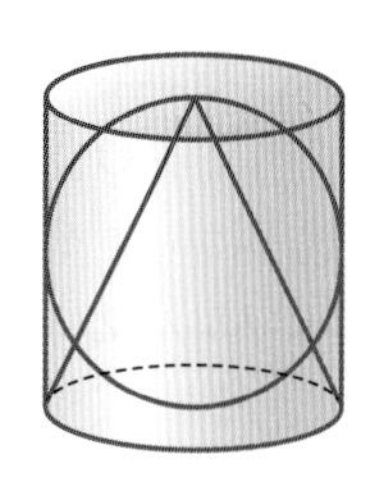

0870 ●●●● 수매씽 Pick!

오른쪽 그림과 같이 원기둥에 크기가 같은 구 3개가 꼭 맞게 들어 있다. 구 한 개의 부피가 $36\pi\ \text{cm}^3$일 때, 원기둥의 부피는?

① $156\pi\ \text{cm}^3$ ② $158\pi\ \text{cm}^3$
③ $160\pi\ \text{cm}^3$ ④ $162\pi\ \text{cm}^3$
⑤ $164\pi\ \text{cm}^3$

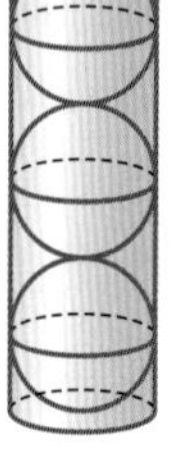

0871 ●●●●

오른쪽 그림과 같은 원기둥 모양의 그릇에 물을 가득 채운 다음, 그릇에 꼭 맞는 반지름의 길이가 3 cm인 구를 그릇에 넣었다가 꺼냈다. 이때 그릇에 남아 있는 물의 부피를 구하시오.
(단, 그릇의 두께는 생각하지 않는다.)

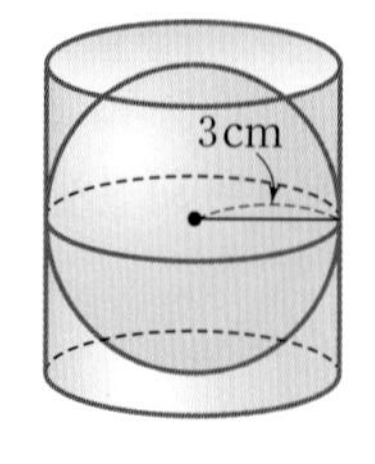

발전 유형 24 입체도형에 꼭 맞게 들어 있는 입체도형 (개념 07-2~4)

(1) 반지름의 길이가 r인 구에 정팔면체가 꼭 맞게 들어 있을 때

⇨ (정팔면체의 부피)$=\frac{4}{3}r^3$ → $\left\{\frac{1}{3}\times\left(\frac{1}{2}\times 2r\times 2r\right)\times r\right\}\times 2$

(2) 구의 지름을 한 모서리로 하는 정육면체에 구가 꼭 맞게 들어 있을 때

⇨ (구의 부피) : (정육면체의 부피)$=\pi : 6$

0872 대표 문제

오른쪽 그림과 같이 반지름의 길이가 3 cm인 구에 정팔면체가 꼭 맞게 들어 있다. 정팔면체의 부피를 구하시오.

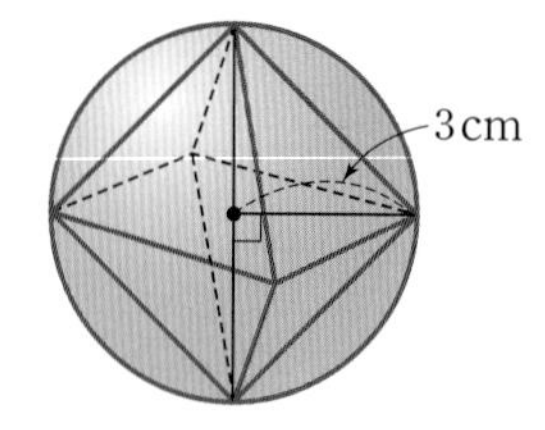

0873 ●●●●

오른쪽 그림과 같이 반지름의 길이가 r cm인 구에 밑면의 반지름의 길이가 r cm인 원뿔이 꼭 맞게 들어 있다. 이 원뿔의 부피가 $243\pi\ \text{cm}^3$일 때, 구의 겉넓이를 구하시오.

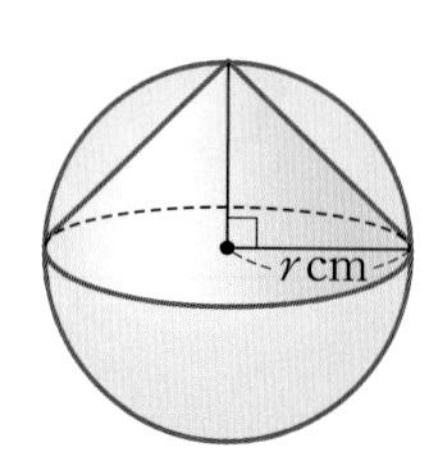

0874 ●●●●

오른쪽 그림과 같이 한 모서리의 길이가 6 cm인 정육면체에 구와 정사각뿔이 꼭 맞게 들어 있다. 정육면체의 부피를 $a\ \text{cm}^3$, 구의 부피를 $b\pi\ \text{cm}^3$, 정사각뿔의 부피를 $c\ \text{cm}^3$라 할 때, $a:b:c$를 가장 간단한 자연수의 비로 나타내시오.

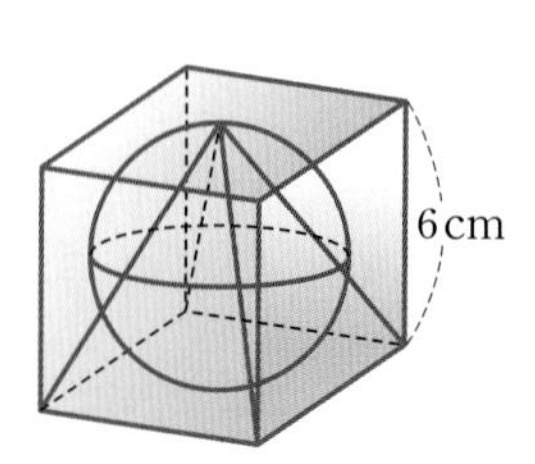

정답 및 풀이 50쪽

학교 시험 꽉 잡기

0875

오른쪽 그림과 같은 전개도로 만들어지는 원기둥의 겉넓이는?

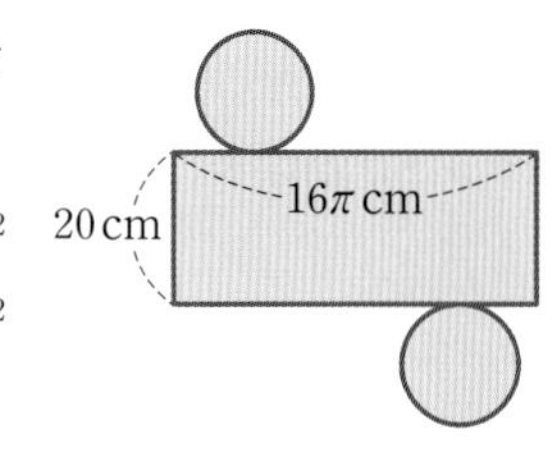

① $440\pi\ \text{cm}^2$ ② $446\pi\ \text{cm}^2$ ③ $448\pi\ \text{cm}^2$ ④ $450\pi\ \text{cm}^2$ ⑤ $452\pi\ \text{cm}^2$

0876

오른쪽 그림과 같이 두 밑면이 모두 정사각형인 사각뿔대의 겉넓이는?

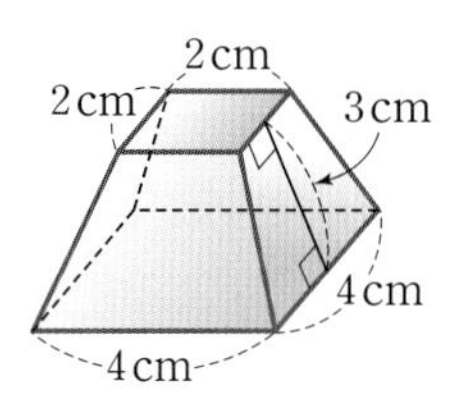

① $56\ \text{cm}^2$ ② $58\ \text{cm}^2$ ③ $60\ \text{cm}^2$ ④ $62\ \text{cm}^2$ ⑤ $64\ \text{cm}^2$

0877

오른쪽 그림과 같은 원뿔대의 부피는?

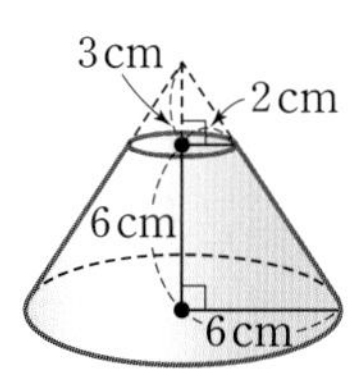

① $100\pi\ \text{cm}^3$ ② $102\pi\ \text{cm}^3$ ③ $104\pi\ \text{cm}^3$ ④ $106\pi\ \text{cm}^3$ ⑤ $108\pi\ \text{cm}^3$

0878 빈출

오른쪽 그림과 같이 반구와 원기둥을 붙여서 만든 입체도형의 겉넓이는?

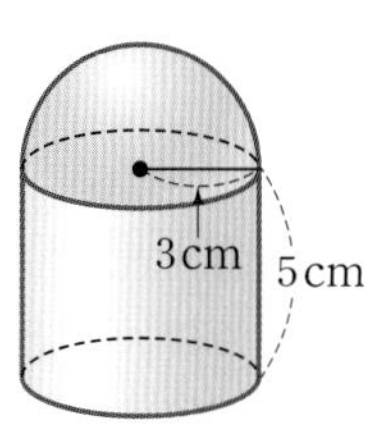

① $57\pi\ \text{cm}^2$ ② $66\pi\ \text{cm}^2$ ③ $72\pi\ \text{cm}^2$ ④ $77\pi\ \text{cm}^2$ ⑤ $90\pi\ \text{cm}^2$

0879

오른쪽 그림과 같은 사각기둥의 겉넓이가 $360\ \text{cm}^2$일 때, 다음 중 옳지 않은 것은?

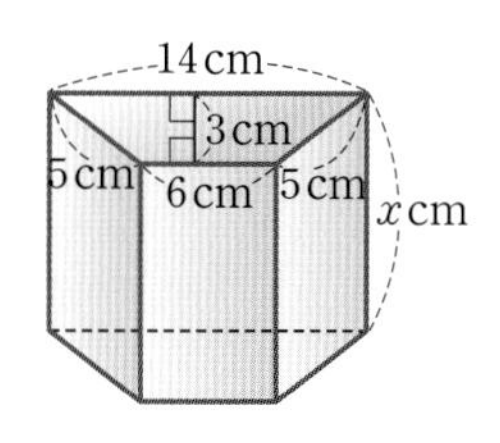

① 육면체이다.
② 두 밑면은 서로 합동이다.
③ 옆면은 모두 직사각형이다.
④ x의 값은 10이다.
⑤ 부피는 $270\ \text{cm}^3$이다.

0880

오른쪽 그림과 같이 밑면의 반지름의 길이가 5 cm, 높이가 30 cm인 원기둥 모양의 롤러에 페인트를 묻혀 멈추지 않고 2바퀴 굴릴 때, 페인트가 칠해지는 부분의 넓이를 구하시오.

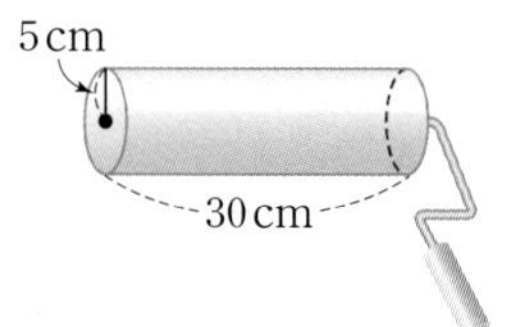

0881 빈출

오른쪽 그림과 같은 입체도형의 부피는?

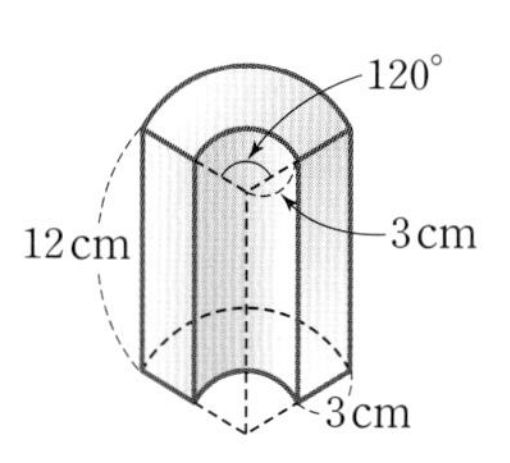

① $84\pi\ \text{cm}^3$ ② $90\pi\ \text{cm}^3$ ③ $96\pi\ \text{cm}^3$ ④ $102\pi\ \text{cm}^3$ ⑤ $108\pi\ \text{cm}^3$

0882 빈출

오른쪽 그림과 같은 평면도형을 직선 l을 회전축으로 하여 1회전 시킬 때 생기는 회전체의 부피를 구하시오.

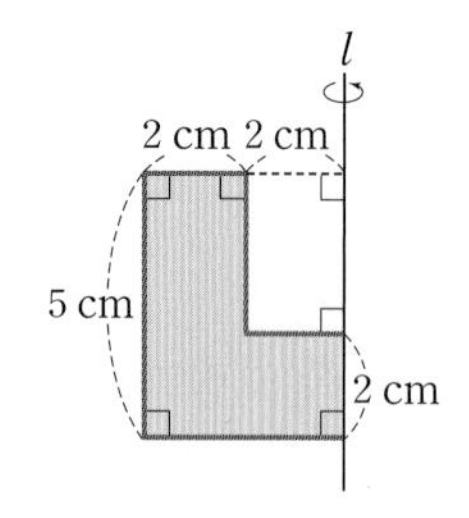

0883

밑면의 반지름의 길이와 높이의 비가 2 : 3인 원뿔의 부피가 $108\pi\ \text{cm}^3$일 때, 이 원뿔의 밑면의 반지름의 길이를 구하시오.

0884

다음 그림과 같은 원뿔 모양의 그릇 A에 물을 가득 채워 원기둥 모양의 그릇 B에 옮겨 담으려고 한다. 비어 있는 그릇 B에 물을 가득 채우려면 그릇 A로 몇 번 옮겨 담아야 하는지 구하시오. (단, 그릇의 두께는 생각하지 않는다.)

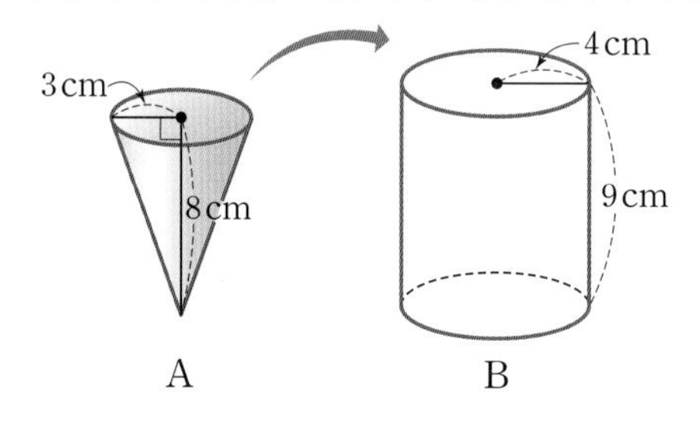

0885

오른쪽 그림과 같은 원뿔의 전개도에서 부채꼴의 중심각의 크기는?

① $90°$ ② $100°$
③ $105°$ ④ $110°$
⑤ $120°$

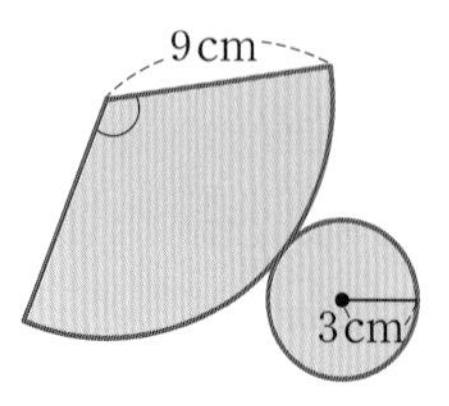

0886 빈출

오른쪽 그림과 같이 넓이가 $72\pi\ \text{cm}^2$인 반원을 직선 l을 회전축으로 하여 1회전 시킬 때 생기는 회전체의 겉넓이는?

① $324\pi\ \text{cm}^2$ ② $400\pi\ \text{cm}^2$
③ $496\pi\ \text{cm}^2$ ④ $512\pi\ \text{cm}^2$
⑤ $576\pi\ \text{cm}^2$

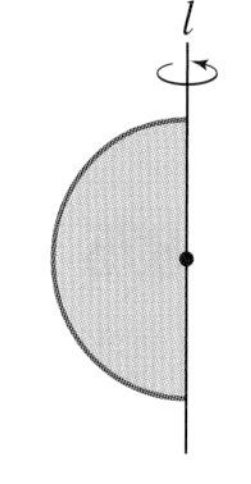

0887

오른쪽 그림과 같이 반지름의 길이가 6 cm인 반구 모양의 빈 그릇에 물을 가득 채우려고 한다. 1분에 $8\pi\ \text{cm}^3$씩 물을 넣을 때, 물을 가득 채우려면 몇 분이 걸리는지 구하시오.

(단, 그릇의 두께는 생각하지 않는다.)

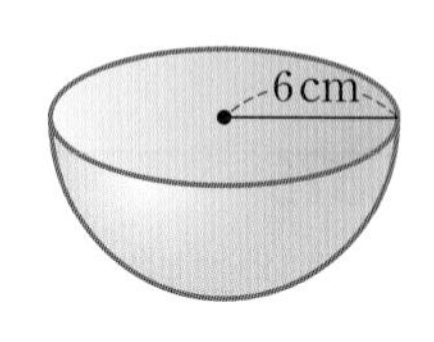

0888

워터콘(Watercone)이란 다음 그림과 같이 태양열에 의하여 증발된 물이 원뿔 모양의 그릇의 옆면에 맺히게 만든 정수 장치이다. 옆넓이가 $312\pi\ \text{cm}^2$인 원뿔 모양의 워터콘으로 하루 동안 0.2 L의 물을 얻을 수 있다. 얻을 수 있는 물의 양은 워터콘의 옆넓이에 정비례한다고 할 때, 그림의 워터콘을 보고 물음에 답하시오.

(단, 워터콘의 두께는 생각하지 않는다.)

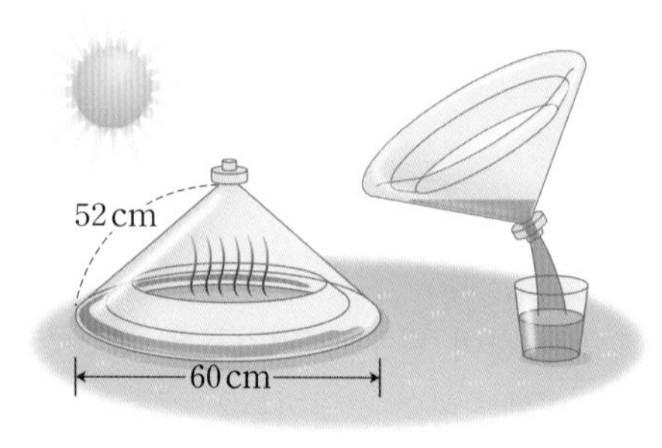

(1) 이 워터콘의 옆넓이를 구하시오.

(2) 이 워터콘으로 하루 동안 얻을 수 있는 물의 양은 몇 L인지 구하시오.

0889

부피가 같은 각기둥과 각뿔이 있다. 각기둥과 각뿔의 밑넓이의 비가 2 : 3이고 각기둥의 높이가 7 cm일 때, 각뿔의 높이를 구하시오.

0890 빈출

오른쪽 그림과 같이 밑면의 반지름의 길이가 12 cm인 원뿔을 점 O를 중심으로 굴렸더니 $\frac{5}{3}$바퀴 회전하고 다시 제자리로 돌아왔다. 이 원뿔의 옆넓이를 구하시오.

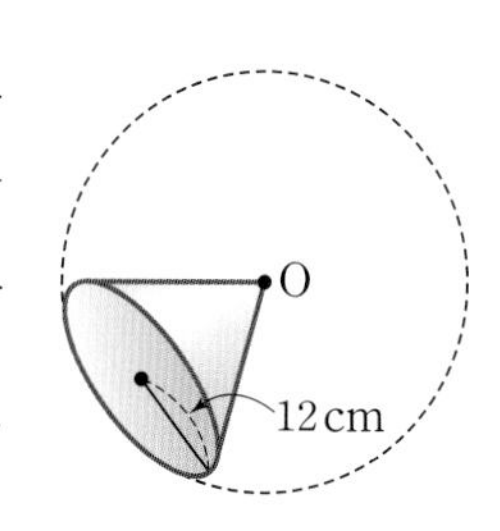

0891

오른쪽 그림과 같이 한 모서리의 길이가 3 cm인 정육면체의 두 면의 한가운데에 한 변의 길이가 1 cm인 정사각형을 밑면으로 하는 사각기둥 모양의 구멍을 마주 보는 면까지 각각 뚫었다. 이때 이 입체도형의 부피를 구하시오.

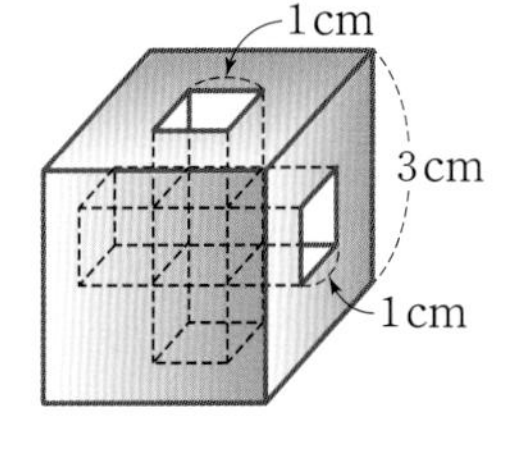

0892

오른쪽 그림은 한 모서리의 길이가 4 cm인 정육면체에서 밑면의 반지름의 길이가 2 cm, 중심각의 크기가 90°인 부채꼴 모양의 기둥을 잘라 낸 입체도형이다. 이 입체도형의 겉넓이를 구하시오.

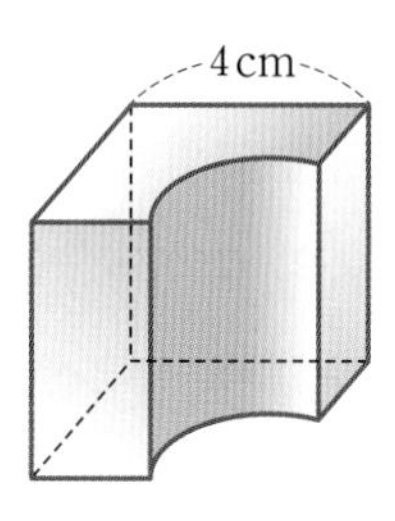

풀이

0893

오른쪽 그림과 같은 평면도형을 직선 l을 회전축으로 하여 1회전 시킬 때 생기는 회전체의 부피를 구하시오.

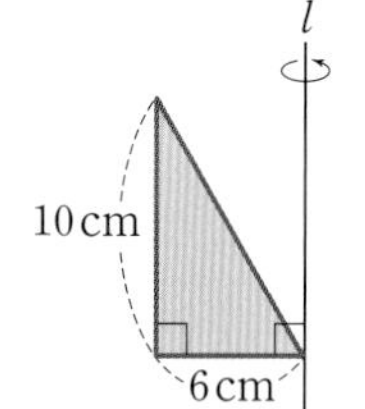

풀이

0894

오른쪽 그림과 같은 모양의 아이스크림이 있다. 콘 위에 있는 반구 모양의 아이스크림은 딸기 맛이고 콘 속에 채워져 있는 원뿔 모양의 아이스크림은 우유 맛이라고 할 때, 어떤 맛 아이스크림이 얼마만큼 더 많은지 구하시오. (단, 콘의 두께는 생각하지 않는다.)

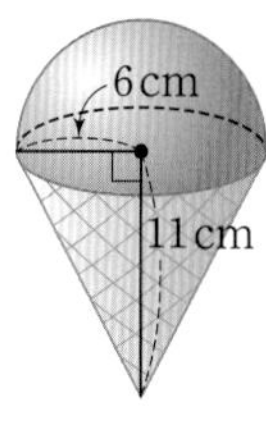

풀이

정답 및 풀이 52쪽

0895 수학 문해력 UP　　유형 21

다음 그림은 반지름의 길이가 r인 구 모양의 찰흙을 반지름의 길이가 $\frac{r}{2}$인 구 모양의 찰흙 8개로 똑같이 나눈 것이다. 다음 물음에 답하시오.

큰 구 모양 찰흙의 부피와 작은 구 모양 찰흙의 부피의 합은 같아요.

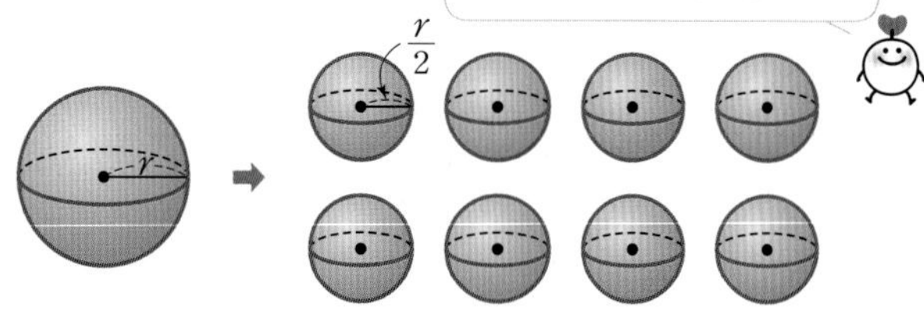

(1) 큰 구 모양의 찰흙과 작은 구 모양의 찰흙 1개의 겉넓이의 비를 가장 간단한 자연수의 비로 나타내시오.

(2) ❶큰 구 모양의 찰흙을 작은 구 모양의 찰흙 27개로 똑같이 나누었을 때, 큰 구 모양의 찰흙과 작은 구 모양의 찰흙 1개의 겉넓이의 비를 가장 간단한 자연수의 비로 나타내시오.

해결 전략 두 구의 겉넓이의 비를 구하기 위해 반지름의 길이의 비를 알아본다. 즉, ❶에서
(작은 구의 부피)=(큰 구의 부피)$\times\frac{1}{27}$임을 이용하여 식을 세운다.

0896　　유형 19

회전체를 그려 보세요.

오른쪽 그림과 같은 평면도형을 직선 l을 회전축으로 하여 1회전 시킬 때 생기는 회전체의 겉넓이를 구하시오.

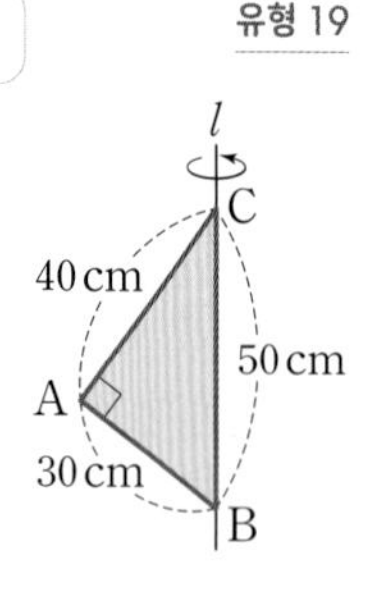

0897　　유형 15

다음 그림과 같은 직육면체 모양의 2개의 그릇 A, B에 같은 양의 물이 들어 있을 때, x의 값을 구하시오.

(단, 그릇의 두께는 생각하지 않는다.)

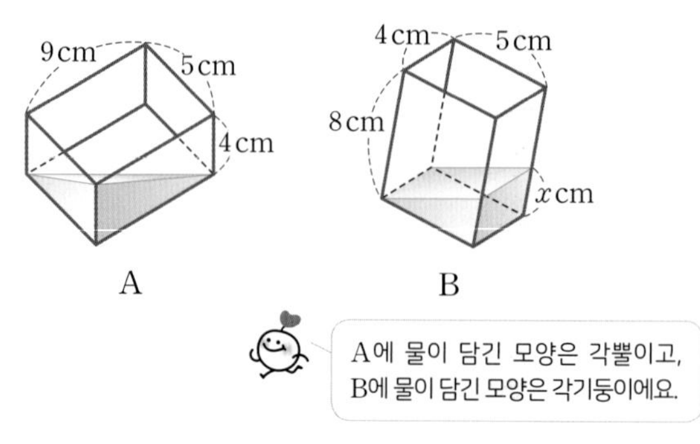

A에 물이 담긴 모양은 각뿔이고, B에 물이 담긴 모양은 각기둥이에요.

0898　　유형 15

그림 (가)와 같이 아랫부분이 밑면의 반지름의 길이가 14 cm인 원기둥 모양인 병에 물이 들어 있다. 이 병을 그림 (나)와 같이 거꾸로 세워 수면이 밑면과 평행하도록 하였더니 위쪽에 비어 있는 부분의 높이가 20 cm가 되었을 때, 이 병의 부피를 구하시오.

(단, 병의 두께는 생각하지 않는다.)

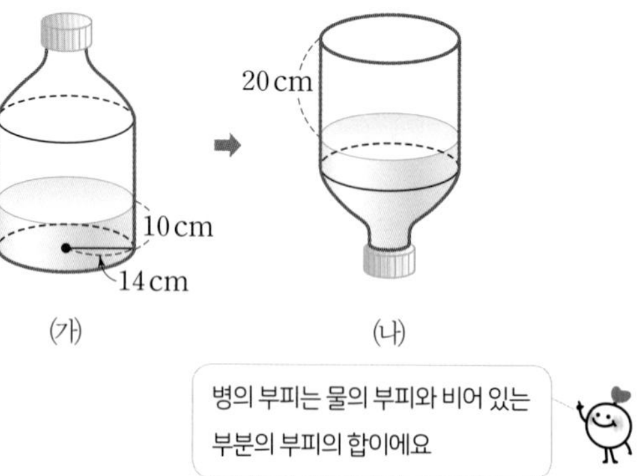

병의 부피는 물의 부피와 비어 있는 부분의 부피의 합이에요

통계

이전에 배운 내용

초3~4 막대그래프
꺾은선그래프
초5~6 평균
띠그래프, 원그래프

이번에 배울 내용

08 자료의 정리와 해석

이후에 배울 내용

중2 경우의 수와 확률
중3 산포도
상자그림과 산점도

08 자료의 정리와 해석

- ☐ 유형 01 평균의 뜻과 성질
- ☐ 유형 02 중앙값의 뜻과 성질
- ☐ 유형 03 최빈값의 뜻과 성질
- 중요! ☐ 유형 04 대푯값 비교하기
- 중요! ☐ 유형 05 대푯값이 주어질 때 변량 구하기
- ☐ 유형 06 대푯값으로 적절한 값 찾기
- ☐ 유형 07 줄기와 잎 그림
- 중요! ☐ 유형 08 도수분포표의 이해
- ☐ 유형 09 특정 계급의 백분율
- 중요! ☐ 유형 10 히스토그램
- ☐ 유형 11 히스토그램에서 직사각형의 넓이
- ☐ 유형 12 일부가 보이지 않는 히스토그램
- 중요! ☐ 유형 13 도수분포다각형
- ☐ 유형 14 일부가 보이지 않는 도수분포다각형
- ☐ 유형 15 두 도수분포다각형의 비교
- ☐ 유형 16 상대도수
- ☐ 유형 17 상대도수, 도수, 도수의 총합 사이의 관계
- 중요! ☐ 유형 18 상대도수의 분포표
- ☐ 유형 19 찢어진 상대도수의 분포표
- ☐ 유형 20 도수의 총합이 다른 두 집단의 상대도수
- ☐ 유형 21 도수의 총합이 다른 두 집단의 상대도수의 비
- 중요! ☐ 유형 22 상대도수의 분포를 나타낸 그래프 (1)
- ☐ 유형 23 상대도수의 분포를 나타낸 그래프 (2)
- 중요! ☐ 유형 24 일부가 보이지 않는 상대도수의 분포를 나타낸 그래프
- ☐ 발전 유형 25 도수의 총합이 다른 두 집단의 비교

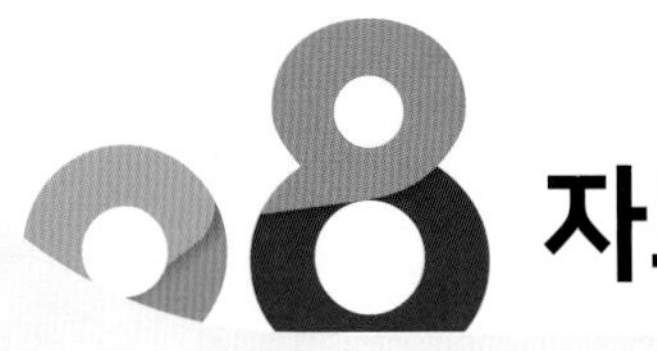

자료의 정리와 해석

08-1 대푯값과 줄기와 잎 그림 (유형 01 ~ 유형 07)

비법 NOTE

(1) **변량** : 키, 몸무게, 성적 등과 같이 자료를 수량으로 나타낸 것

(2) **대푯값** : 자료 전체의 특징을 대표적으로 나타내는 값

(3) 대푯값에는 평균, 중앙값, 최빈값 등이 있으며 평균을 주로 사용한다.

① **평균** : 전체 변량의 총합을 변량의 개수로 나눈 값 ⇨ $(\text{평균})=\dfrac{(\text{변량의 총합})}{(\text{변량의 개수})}$

② **중앙값** : 자료를 크기순으로 나열하였을 때 가운데 위치한 값

⇨ n개의 변량을 작은 값부터 나열하였을 때

(i) n이 홀수이면 $\dfrac{n+1}{2}$번째 변량이 중앙값

(ii) n이 짝수이면 $\dfrac{n}{2}$번째와 $\left(\dfrac{n}{2}+1\right)$번째 변량의 평균이 중앙값

③ **최빈값** : 자료에서 가장 많이 나타나는 값

예 자료 : 2, 3, 5, 7, 7, 10 ⇨ 평균 : $\dfrac{2+3+5+7+7+10}{6}=\dfrac{17}{3}$, 중앙값 : $\dfrac{5+7}{2}=6$, 최빈값 : 7

(4) **줄기와 잎 그림** : 줄기와 잎을 이용하여 자료를 구분하여 나타낸 그림

(5) **줄기와 잎 그림 작성 순서**

❶ 각 변량을 줄기와 잎으로 구분한다.

❷ 세로선을 긋고, 세로선의 왼쪽에 줄기를 작은 수부터 세로로 나열한다.

❸ 세로선의 오른쪽에 각 줄기에 해당하는 잎을 가로로 나열한다. 이때 중복되는 자료의 값은 중복된 횟수만큼 나열한다.

❹ 그림의 오른쪽 위에 '줄기|잎'을 설명한다.

예 **[자료]** (단위 : 점)

82	90	78
89	78	75
70	95	82
83	97	74

⇨ **[줄기와 잎 그림]** (7|0은 70점)

줄기	잎
7	0 4 5 8 8
8	2 2 3 9
9	0 5 7

▸ 평균을 대푯값으로 가장 많이 사용한다.

▸ 자료의 변량 중에서 극단적인 값(매우 크거나 매우 작은 값)이 있는 경우에는 평균보다 중앙값이 그 자료 전체의 중심적인 경향을 더 잘 나타낸다.

▸ 최빈값은 수량으로 나타나지 않는 자료의 대푯값으로 유용하다.

▸ 최빈값은 자료에 따라 2개 이상일 수도 있다.

▸ 줄기와 잎 그림은 각 자료의 정확한 값과 자료의 분포 상태를 쉽게 알 수 있다.

▸ 잎을 작은 수부터 순서대로 쓰면 자료를 분석할 때 편리하다.

개념 잡기

[0899~0900] 다음 자료의 평균, 중앙값, 최빈값을 구하시오.

0899 4, 9, 5, 11, 7, 9

0900 4, 2, 5, 2, 6, 10, 6

0901 다음 표는 서아가 1월부터 6월까지 한 달 동안 읽은 책 수를 조사하여 나타낸 것이다. 책 수의 평균, 중앙값, 최빈값을 각각 구하시오.

월	1	2	3	4	5	6
책 수(권)	5	8	2	9	5	7

[0902~0904] 다음은 어느 환경 동아리 학생들의 에코 마일리지 점수를 조사한 것이다. 물음에 답하시오.

(단위 : 점)

12	20	14	22
45	33	28	29
25	32	29	11
17	37	18	42

(1|1은 11점)

줄기	잎

0902 줄기와 잎 그림을 완성하시오.

0903 줄기가 2인 잎을 모두 구하시오.

0904 에코 마일리지 점수가 30점 이상인 학생은 몇 명인지 구하시오.

08 2 도수분포표 (유형 08 ~ 유형 09)

비법 NOTE

(1) **계급** : 변량을 일정한 간격으로 나눈 구간

① 계급의 크기 : 구간의 너비

② 계급값 : 각 계급의 가운뎃값 ⇨ $(\text{계급값})=\frac{(\text{계급의 양 끝 값의 합})}{2}$

- 계급값의 단위는 변량의 단위와 같다.

(2) **도수** : 각 계급에 속하는 자료의 개수

(3) **도수분포표** : 자료를 몇 개의 계급으로 나누고, 각 계급의 도수를 조사하여 나타낸 표

- 도수분포표는 자료의 분포 상태를 쉽게 알 수 있지만 각 계급에 속하는 자료의 정확한 값은 알 수 없다.

(4) **도수분포표 만드는 순서**

❶ 자료에서 가장 작은 변량과 가장 큰 변량을 찾는다.

❷ ❶의 두 변량이 포함되는 구간을 일정한 간격으로 나누어 계급을 정한다.

❸ 각 계급에 속하는 변량의 개수를 세어 계급의 도수를 구한다.

- 계급의 개수는 보통 5~15개 정도로 하는 것이 적당하며 계급의 크기는 모두 같게 하는 것이 일반적이다.

예 [자료]

(단위 : 세)

15	41	22	17
30	33	43	28
21	18	36	20
11	23	47	38
27	17	31	29

⇨ [도수분포표]

나이(세)	도수(명)
10이상 ~ 20미만	5
20 ~ 30	7
30 ~ 40	5
40 ~ 50	3
합계	20

[0905 ~ 0908] 다음은 어느 반 학생들의 통학 시간을 조사한 것이다. 물음에 답하시오.

(단위 : 분)

11	22	14	15
19	25	30	6
10	23	17	21
24	18	5	12
27	32	35	8

통학 시간(분)	학생 수(명)
0이상 ~ 10미만	
10 ~ 20	
20 ~ 30	
30 ~ 40	
합계	

0905 가장 작은 변량과 가장 큰 변량을 각각 구하시오.

0906 계급의 개수와 계급의 크기를 각각 구하시오.

0907 도수분포표를 완성하시오.

0908 도수가 가장 큰 계급을 구하시오.

[0909 ~ 0912] 오른쪽은 민재네 반 학생들의 공 던지기 기록을 조사하여 나타낸 도수분포표이다. 물음에 답하시오.

공 던지기 기록(m)	학생 수(명)
0이상 ~ 10미만	2
10 ~ 20	7
20 ~ 30	A
30 ~ 40	9
40 ~ 50	2
합계	30

0909 30 m 이상 40 m 미만인 계급의 계급값을 구하시오.

0910 A의 값을 구하시오.

0911 공 던지기 기록이 40 m인 학생이 속하는 계급의 도수를 구하시오.

0912 공 던지기 기록이 20 m 미만인 학생은 몇 명인지 구하시오.

08 3 히스토그램과 도수분포다각형 (유형 10 ~ 유형 15)

(1) **히스토그램** : 가로축에는 각 계급의 양 끝 값을 표시하고, 세로축에는 도수를 표시하여 직사각형 모양으로 나타낸 그래프

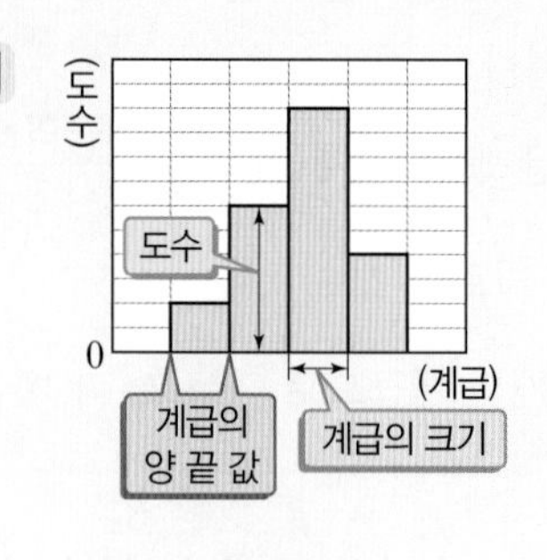

(2) **히스토그램의 특징**

① 각 계급의 도수를 직사각형의 세로의 길이로 나타내므로 자료의 분포 상태를 쉽게 알아볼 수 있다.

② (직사각형의 넓이)=(계급의 크기)×(그 계급의 도수)

⇨ 각 직사각형의 넓이는 그 계급의 도수에 정비례한다.

③ (직사각형의 넓이의 합)=(계급의 크기)×(도수의 총합)

(3) **도수분포다각형** : 히스토그램에서 양 끝에 도수가 0인 계급이 하나씩 더 있는 것으로 생각하여 그 중앙의 점과 각 직사각형의 윗변의 중앙의 점을 선분으로 연결하여 나타낸 그래프

참고 히스토그램을 그리지 않고 도수분포다각형을 도수분포표로부터 바로 그릴 수도 있다.

(도수)

0 (계급)

두 삼각형의 넓이는 같다.

(4) **도수분포다각형의 특징**

① 도수의 분포 상태를 연속적으로 관찰할 수 있다.

② (도수분포다각형과 가로축으로 둘러싸인 부분의 넓이)

=(히스토그램의 각 직사각형의 넓이의 합)

비법 NOTE

- 히스토그램에서
  ① (직사각형의 개수)
  =(계급의 개수)
  ② (직사각형의 가로의 길이)
  =(계급의 크기)
  ③ (직사각형의 세로의 길이)
  =(계급의 도수)

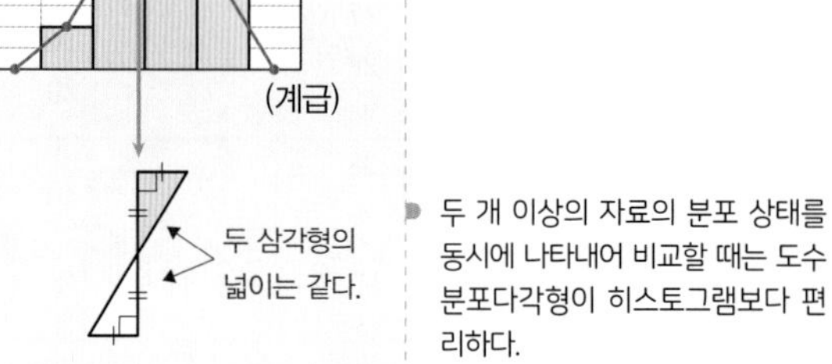

- 도수분포다각형에서 계급의 개수를 셀 때, 양 끝의 도수가 0인 계급은 세지 않는다.

- 두 개 이상의 자료의 분포 상태를 동시에 나타내어 비교할 때는 도수분포다각형이 히스토그램보다 편리하다.

개념 잡기

0913 다음 도수분포표를 히스토그램으로 나타내고, 도수분포다각형을 그리시오.

키(cm)	학생 수(명)
140^이상^~145^미만^	5
145 ~150	7
150 ~155	10
155 ~160	6
160 ~165	2
합계	30

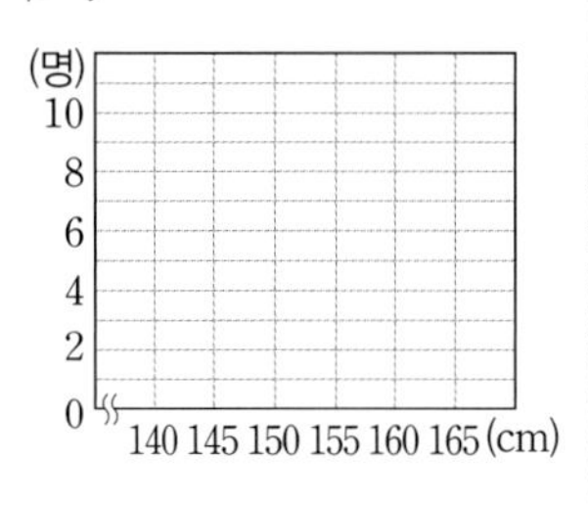

[0914~0916] 오른쪽은 정민이네 반 학생들의 1분 동안의 팔 굽혀 펴기 횟수를 조사하여 나타낸 히스토그램이다. 다음을 구하시오.

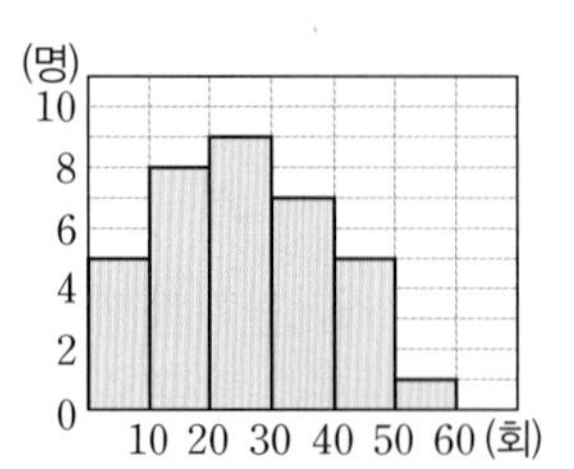

0914 계급의 개수와 계급의 크기

0915 정민이네 반 전체 학생 수

0916 도수가 8명인 계급의 직사각형의 넓이

[0917~0919] 오른쪽은 수영이네 반 학생들의 국어 성적을 조사하여 나타낸 도수분포다각형이다. 다음을 구하시오.

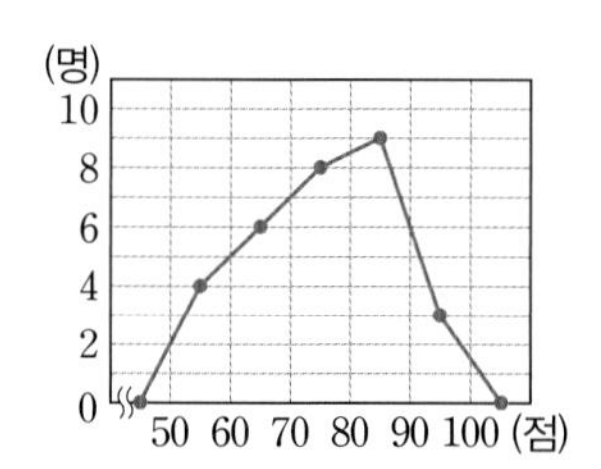

0917 계급의 개수와 계급의 크기

0918 수영이네 반 전체 학생 수

0919 도수분포다각형과 가로축으로 둘러싸인 부분의 넓이

08 4 상대도수와 그 그래프 (유형 16 ~ 유형 25)

(1) **상대도수** : 전체 도수에 대한 각 계급의 도수의 비율, 즉

$$(\text{어떤 계급의 상대도수})=\frac{(\text{그 계급의 도수})}{(\text{도수의 총합})}$$

참고 (어떤 계급의 도수)=(도수의 총합)×(그 계급의 상대도수)

(2) **상대도수의 특징**

① 상대도수의 총합은 항상 1이다.

② 각 계급의 상대도수는 그 계급의 도수에 정비례한다.

③ 도수의 총합이 다른 집단의 분포 상태를 비교할 때 유용하다.

(3) **상대도수의 분포표** : 각 계급의 상대도수를 나타낸 표

(4) **상대도수의 분포를 나타낸 그래프**

상대도수의 분포표를 히스토그램이나 도수분포다각형 모양으로 나타낸 그래프

예 [상대도수의 분포표]

몸무게(kg)	학생 수(명)	상대도수
30이상~40미만	5	0.25
40 ~50	8	0.4
50 ~60	7	0.35
합계	20	1

⇨ [상대도수의 분포를 나타낸 그래프]

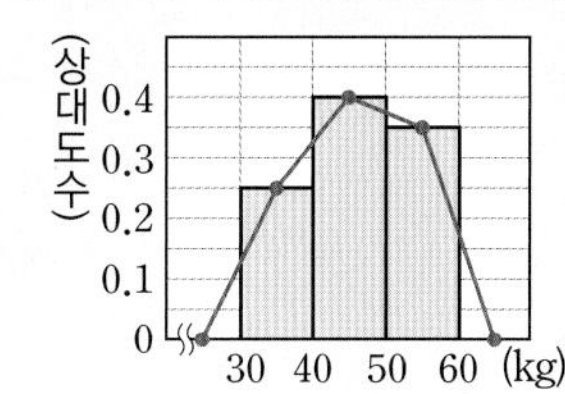

비법 NOTE

- 상대도수는 0 이상 1 이하의 수이다.
- (도수의 총합) $=\dfrac{(\text{그 계급의 도수})}{(\text{어떤 계급의 상대도수})}$
- 상대도수의 분포를 나타낸 그래프를 그리는 순서
  ❶ 가로축에는 각 계급의 양 끝 값을 표시한다.
  ❷ 세로축에는 상대도수를 표시한다.
  ❸ 히스토그램 또는 도수분포다각형과 같은 방법으로 그린다.
- 상대도수의 분포를 나타낸 그래프와 가로축으로 둘러싸인 부분의 넓이는 계급의 크기와 같다.

[0920~0922] 다음은 송이네 반 학생들의 책가방의 무게를 조사하여 나타낸 상대도수의 분포표이다. 물음에 답하시오.

책가방의 무게(kg)	학생 수(명)	상대도수
2이상~3미만	4	
3 ~4	8	
4 ~5	6	
5 ~6		0.2
6 ~7		0.08
합계	25	

0920 위의 표를 완성하시오.

0921 상대도수가 가장 큰 계급을 구하시오.

0922 위의 상대도수의 분포표를 도수분포다각형 모양의 그래프로 나타내시오.

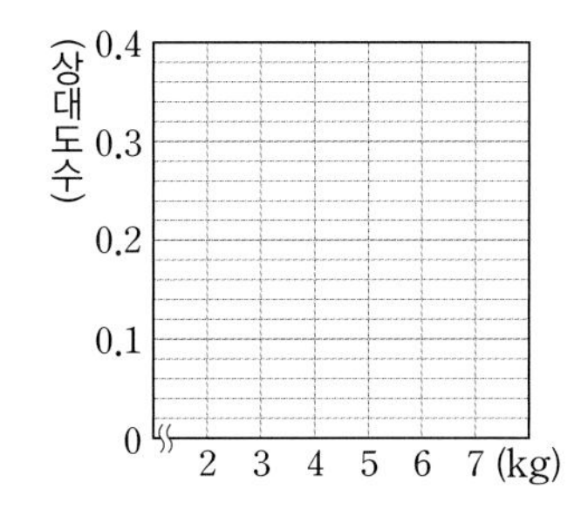

[0923~0926] 다음은 영화 관람 동호회 회원 100명이 한 달 동안 영화를 관람한 횟수에 대한 상대도수의 분포를 나타낸 그래프이다. 물음에 답하시오.

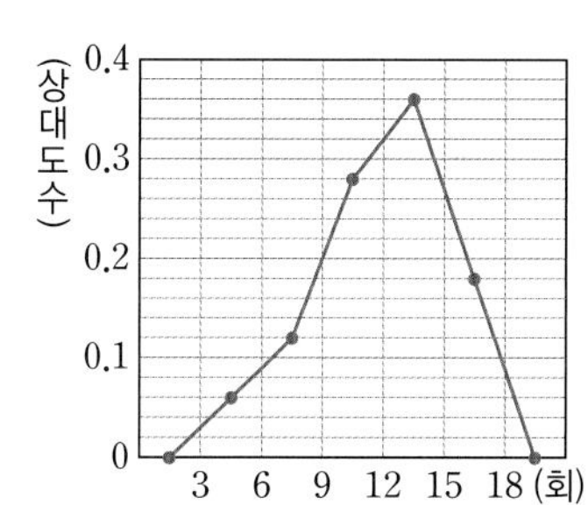

0923 상대도수가 가장 큰 계급을 구하시오.

0924 영화 관람 횟수가 10회인 회원이 속하는 계급의 상대도수를 구하시오.

0925 영화 관람 횟수가 12회 이상인 회원은 전체의 몇 %인지 구하시오.

0926 상대도수가 가장 작은 계급의 도수를 구하시오.

08 자료의 정리와 해석

유형 다 잡기

유형 01 평균의 뜻과 성질

개념 08-1

$(\text{평균})=\dfrac{(\text{변량의 총합})}{(\text{변량의 개수})}$

참고 대푯값에는 평균, 중앙값, 최빈값 등이 있으며, 평균을 대푯값으로 가장 많이 사용한다.

0927 대표 문제

다음 표는 지수의 5회에 걸친 음악 실기 점수를 조사하여 나타낸 것이다. 5회에 걸친 음악 실기 점수의 평균이 73점일 때, 3회의 음악 실기 점수를 구하시오.

회	1	2	3	4	5
점수(점)	72	70		78	75

0928 ●●●● 수매씽 Pick!

세 수 a, b, 5의 평균이 7이고, 세 수 c, d, 9의 평균이 15일 때, 네 수 a, b, c, d의 평균을 구하시오.

0929 ●●●●

세 수 a, b, c의 평균이 10일 때, 네 수 $3a-3$, $3b+1$, $3c$, 8의 평균을 구하시오.

0930 ●●●●

다음 표는 1반과 2반 학생들의 일주일 동안의 스마트폰 사용 시간의 평균을 조사하여 나타낸 것이다. 1반과 2반 전체 학생의 스마트폰 사용 시간의 평균을 구하시오.

반	1	2
학생 수(명)	20	15
평균(시간)	19	12

유형 02 중앙값의 뜻과 성질

개념 08-1

(1) 중앙값 : 자료를 작은 값부터 크기순으로 나열하였을 때, 한가운데 있는 값

(2) n개의 변량을 작은 값부터 크기순으로 나열하였을 때, 중앙값은

① n이 홀수이면 ⇨ $\dfrac{n+1}{2}$번째 변량의 값

② n이 짝수이면 ⇨ $\dfrac{n}{2}$번째 변량과 $\left(\dfrac{n}{2}+1\right)$번째 변량의 값의 평균

0931 대표 문제

다음 자료는 A, B 두 모둠 학생들이 지난 학기 동안 한 봉사 활동 시간을 조사하여 나타낸 것이다. A, B 두 모둠 학생들의 봉사 활동 시간의 중앙값을 각각 a시간, b시간이라 할 때, $a+b$의 값을 구하시오.

(단위 : 시간)

[A 모둠] 23, 32, 25, 20, 47
[B 모둠] 8, 11, 9, 20, 15, 24

0932 ●●●●

다음 자료는 어느 모둠 학생들의 단체 줄넘기 횟수를 조사하여 나타낸 것이다. 단체 줄넘기 횟수의 평균을 a회, 중앙값을 b회라 할 때, $a+b$의 값을 구하시오.

(단위 : 회)

7, 13, 3, 21, 6, 9, 2, 11

0933 ●●●●

학생 5명의 통학 시간을 조사하여 작은 값부터 크기순으로 나열할 때, 중앙값은 25분이고 2번째 학생의 통학 시간은 15분이다. 여기에 통학 시간이 10분인 학생이 추가되었을 때, 6명의 통학 시간의 중앙값은?

① 17분 ② 18분 ③ 19분
④ 20분 ⑤ 21분

유형 03 최빈값의 뜻과 성질

개념 08-1

(1) 최빈값 : 자료의 값 중에서 가장 많이 나타난 값
(2) 자료의 값 중에서 도수가 가장 큰 값이 2개 이상이면 그 값이 모두 최빈값이다. ← 최빈값은 자료에 따라 2개 이상일 수도 있다.

0934 대표 문제

다음 표는 지훈이와 윤아네 반의 종례 시간을 일주일 동안 조사하여 나타낸 것이다. 지훈이네 반의 종례 시간의 최빈값을 a분, 윤아네 반의 종례 시간의 최빈값을 b분이라 할 때, ab의 값을 구하시오.

(단위 : 분)

	월	화	수	목	금
지훈	10	8	5	8	15
윤아	15	5	4	5	20

0935

6개의 변량 15, 12, 11, a, 17, 13의 최빈값이 15일 때, a의 값은?

① 11 ② 12 ③ 13
④ 15 ⑤ 17

0936 수매씽 Pick!

다음 자료 중 중앙값과 최빈값이 서로 같은 것은?

① 1, 1, 1, 2, 2, 2, 3
② 1, 2, 3, 4, 5, 6, 6
③ 1, 1, 1, 1, 2, 2, 2
④ 2, 2, 2, 3, 3, 4, 5, 5
⑤ −1, −1, 0, 1, 2, 2

0937

다음은 동요 「구슬비」의 계이름 악보이다. 계이름의 최빈값을 구하시오.

유형 04 대푯값 비교하기

중요!

개념 08-1

평균	중앙값	최빈값
$(\text{평균})=\dfrac{(\text{변량의 총합})}{(\text{변량의 개수})}$	자료를 작은 값부터 크기순으로 나열하였을 때, 한가운데 있는 값	자료의 값 중에서 가장 많이 나타난 값

0938 대표 문제

다음 자료는 경섭이네 반 학생 10명의 제기차기 횟수를 조사하여 나타낸 것이다. 제기차기 횟수의 평균, 중앙값, 최빈값 중 그 값이 가장 큰 것을 말하시오.

(단위 : 회)

14, 34, 20, 6, 14, 16, 22, 24, 14, 6

0939 서술형

오른쪽 막대그래프는 다은이네 반 남학생 15명의 턱걸이 횟수를 조사하여 나타낸 것이다. 턱걸이 횟수의 평균, 중앙값, 최빈값 중 그 값이 가장 작은 것을 말하시오.

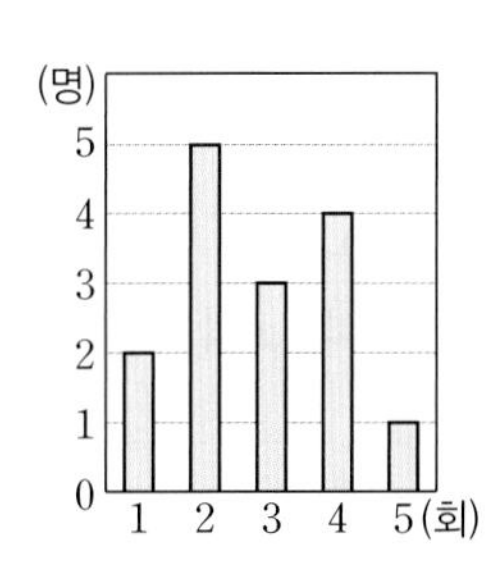

0940

오른쪽 꺾은선그래프는 1반, 2반, 3반 학생들의 수학 수행평가 점수를 각각 조사하여 나타낸 것이다. 다음 보기에서 옳은 것을 모두 고르시오.

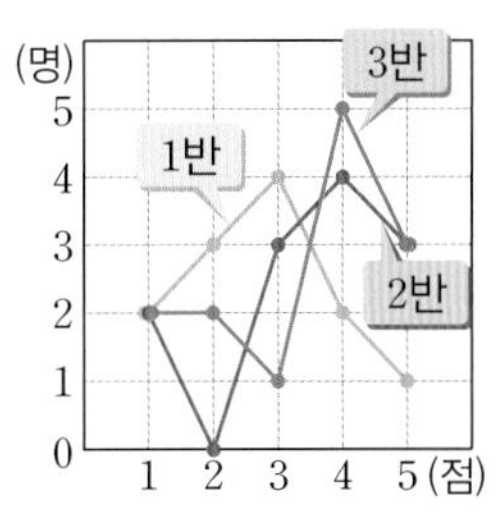

보기
ㄱ. 중앙값이 가장 작은 반은 1반이다.
ㄴ. 평균이 가장 큰 반은 3반이다.
ㄷ. 3반 학생들의 최빈값은 4점이다.

08 자료의 정리와 해석

중요!

유형 05 대푯값이 주어질 때 변량 구하기

개념 08-1

(1) 평균이 주어질 때 ⇨ $(평균)=\frac{(변량의 총합)}{(변량의 개수)}$임을 이용한다.
(2) 중앙값이 주어질 때 ⇨ 자료를 작은 값부터 크기순으로 나열한 후, 미지수인 변량이 몇 번째 위치에 놓이는지 파악한다.
(3) 최빈값이 주어질 때 ⇨ 미지수인 변량이 최빈값이 되는 경우를 모두 확인한다.

0941 대표 문제

학생 5명의 발표 횟수가 각각 8회, 5회, 9회, x회, 10회이고 그 평균이 8회일 때, 중앙값은?

① 6회 ② 7회 ③ 8회
④ 9회 ⑤ 10회

0942 수매씽 Pick!

다음 자료는 학생 7명의 일주일 동안의 운동 시간을 조사하여 나타낸 것이다. 운동 시간의 평균과 최빈값이 서로 같을 때, x의 값은?

(단위 : 시간)

6, 8, 1, x, 7, 6, 6

① 6 ② 7 ③ 8
④ 9 ⑤ 10

0943

다음 조건을 만족시키는 자연수 a는 모두 몇 개인지 구하시오.

(가) 5, 10, 15, 20, a의 중앙값은 15이다.
(나) 11, 35, 41, 48, 52, a의 중앙값은 38이다.

유형 06 대푯값으로 적절한 값 찾기

개념 08-1

(1) 여러 대푯값 중에서 일반적으로 평균을 가장 많이 사용한다.
(2) 자료의 값 중에서 매우 크거나 매우 작은 값, 즉 극단적인 값이 있는 경우에 대푯값은 평균보다 중앙값이 더 적절하다.
(3) 자료의 수가 많고, 자료에 같은 값이 여러 번 나타나는 경우에는 최빈값을 대푯값으로 많이 사용한다.

0944 대표 문제

어느 가게에서 오전 동안 판매한 운동복 상의 크기를 조사한 자료이다. 이 가게에서 공장에 추가로 주문을 하려고 할 때, 평균, 중앙값, 최빈값 중에서 이 자료의 대푯값으로 가장 적절한 것을 말하고, 그 값을 구하시오.

90	80	90	95	100	85	90	85	85	110
85	80	90	110	95	100	95	100	95	95

0945

다음 자료 중 평균을 대푯값으로 하기에 가장 적절하지 않은 것은?

① 2, 3, 5, 6, 8
② 50, 51, 51, 53, 58
③ 1, 3, 5, 7, 10
④ 1, 1, 1, 1, 100
⑤ 80, 80, 80, 80

0946

아래 자료는 어느 항공사의 제주도 노선에 대한 비행기 출발 지연 시간을 조사하여 나타낸 것이다. 다음 중 이 자료에 대한 설명으로 옳은 것을 모두 고르면? (정답 2개)

(단위 : 분)

7, 2, 5, 24, 1, 7, 4, 6

① 평균을 대푯값으로 하는 것이 가장 적절하다.
② 중앙값을 대푯값으로 하는 것이 가장 적절하다.
③ 최빈값을 대푯값으로 하는 것이 가장 적절하다.
④ 평균이 중앙값보다 작다.
⑤ 자료의 값 중 24분은 극단적으로 큰 값이라 할 수 있다.

유형 07 줄기와 잎 그림

개념 08-1

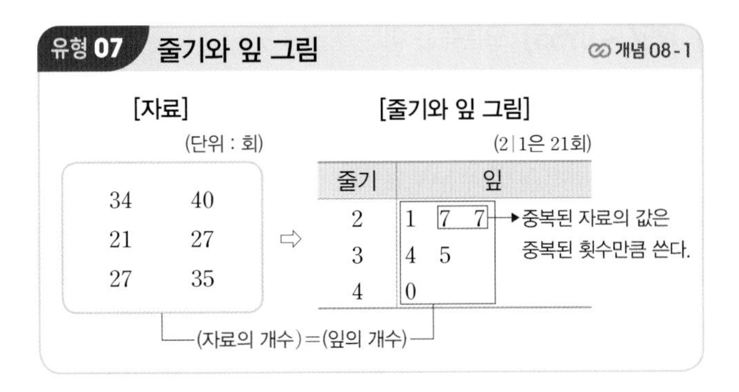

[자료]
(단위 : 회)
34 40
21 27
27 35
[줄기와 잎 그림]
(2|1은 21회)
줄기 잎
2 1 7 7
3 4 5
4 0
중복된 자료의 값은 중복된 횟수만큼 쓴다.
(자료의 개수)=(잎의 개수)

0947 대표 문제

아래는 수지네 반 학생들의 수학 성적을 조사하여 나타낸 줄기와 잎 그림이다. 다음 중 옳지 않은 것은?

(5|1은 51점)

줄기	잎
5	1 3
6	2 6 9
7	2 2 5 7 8 9
8	0 2 3 6 8
9	1 5 7 8

① 잎이 가장 적은 줄기는 5이다.
② 수지네 반 전체 학생은 20명이다.
③ 수학 성적이 72점인 학생은 2명이다.
④ 수학 성적이 80점 미만인 학생은 11명이다.
⑤ 수학 성적이 8번째로 좋은 학생의 수학 성적은 86점이다.

0948 서술형

다음은 준혁이네 반 학생들이 학급 게시판에 올린 게시글 수를 조사하여 나타낸 줄기와 잎 그림이다. 게시글을 15개 이상 30개 미만 올린 학생을 a명, 40개 이상 올린 학생을 b명이라 할 때, $a+b$의 값을 구하시오.

(1|2는 12개)

줄기	잎
1	2 4 7 8
2	1 1 6 7 9
3	0 2 5 9
4	3 4
5	9

0949

다음은 어느 반 학생들의 한 달 동안의 운동 시간을 조사하여 나타낸 줄기와 잎 그림이다. 남학생 중 운동 시간이 7번째로 많은 찬솔이와 여학생 중 운동 시간이 4번째로 많은 희진이 중 누가 운동 시간이 몇 시간 더 많은가?

(1|2는 12시간)

잎(남학생)	줄기	잎(여학생)
9 6	0	1 2 5 7 8 9
8 7 5 5 2 1	1	2 3 4 9 9
7 5 3 2 1	2	3 4 6
6 4	3	0

① 찬솔, 1시간
② 희진, 1시간
③ 찬솔, 2시간
④ 희진, 2시간
⑤ 찬솔, 3시간

0950 수매씽 Pick!

환경부에서는 미세 먼지 농도에 따라 다음과 같이 '좋음'에서 '매우 나쁨'까지 미세 먼지 등급을 정하고 있다.

(단위 : μg/m³)

좋음	보통	나쁨	매우 나쁨
0이상~30미만	30~80	80~150	150~

오른쪽은 어느 지역에서 4월 한 달 동안 정오의 미세 먼지 농도를 조사하여 나타낸 줄기와 잎 그림이다. 미세 먼지 등급이 '보통'인 날은 전체의 몇 %인지 구하시오.

(2|0은 20μg/m³)

줄기	잎
2	0 1 4 5 9 9
3	2 5 7
4	0 1 2 2 5
5	1 4 5
6	3 3 7 8
7	0 2 2
8	3 7
9	1 1 3 8

0951

오른쪽은 현진이네 반 학생들의 1분 동안의 줄넘기 횟수를 조사하여 나타낸 줄기와 잎 그림이다. 현진이의 줄넘기 횟수가 상위 30 % 이내일 때, 현진이의 줄넘기 횟수는 적어도 몇 회인지 구하시오.

(7|4는 74회)

줄기	잎
7	4 5 6 8
8	0 2 3 3 6
9	1 5 7 7 8 9
10	0 1 1 2 5

08 자료의 정리와 해석

중요!

유형 08 도수분포표의 이해

개념 08-2

(1) 계급의 크기 : 구간의 너비(폭), 즉 계급의 양 끝 값의 차
(2) 계급의 개수 : 변량을 나눈 구간의 수
(3) 도수 : 각 계급에 속하는 자료의 개수
(4) (계급값)$=\dfrac{(\text{계급의 양 끝 값의 합})}{2}$

운동 시간(시간)	학생 수(명)
$0^{이상}\sim2^{미만}$	3
2 ~4	5
4 ~6	2
합계	10

계급, 도수

계급의 개수 : 3
계급의 크기 : $2-0=4-2=6-4=2$(시간)

0952 대표 문제

오른쪽은 어느 지역의 11월 한 달 동안의 일교차를 조사하여 나타낸 도수분포표이다. 다음 중 옳지 않은 것은?

일교차(℃)	날수(일)
$4^{이상}\sim\ 6^{미만}$	3
6 ~ 8	A
8 ~10	5
10 ~12	11
12 ~14	5
합계	30

① 계급의 크기는 2℃이다.
② 계급의 개수는 5이다.
③ A의 값은 6이다.
④ 도수가 가장 큰 계급은 10℃ 이상 12℃ 미만이다.
⑤ 일교차가 10℃ 이상인 날은 11일이다.

0953

오른쪽은 다선이네 반 학생들의 식사 시간을 조사하여 나타낸 도수분포표이다. 식사 시간이 7번째로 긴 학생이 속하는 계급을 구하시오.

식사 시간(분)	학생 수(명)
$5^{이상}\sim10^{미만}$	6
10 ~15	12
15 ~20	7
20 ~25	8
25 ~30	2
합계	35

[0954~0955] 오른쪽은 어느 10 km 마라톤 대회에 참가한 참가자들의 완주 기록을 조사하여 나타낸 도수분포표이다. 물음에 답하시오.

완주 기록(분)	참가자 수(명)
$40^{이상}\sim44^{미만}$	6
44 ~48	8
48 ~52	
52 ~56	9
56 ~60	7
합계	40

0954

도수가 가장 큰 계급의 도수를 a명, 완주 기록이 44분 이상 52분 미만인 참가자를 b명이라 할 때, $a+b$의 값을 구하시오.

0955

완주 기록이 16번째로 빠른 참가자가 속하는 계급의 계급값을 구하시오.

0956 수매씽 Pick!

오른쪽은 민서네 반 학생들이 1년 동안 도서관에서 대여한 책의 수를 조사하여 나타낸 도수분포표이다. 다음 보기 중 옳은 것을 모두 고르시오.

책의 수(권)	학생 수(명)
$0^{이상}\sim10^{미만}$	5
10 ~20	7
20 ~30	9
30 ~40	4
합계	

보기

ㄱ. 도수의 총합은 25명이다.
ㄴ. 대여한 책의 수가 10권 이상인 학생은 20명이다.
ㄷ. 책을 가장 많이 대여한 학생이 대여한 책의 수는 39권이다.

0957

오른쪽은 민경이네 반 학생들의 방학 동안의 봉사 시간을 조사하여 나타낸 도수분포표이다. B의 값이 A의 값의 2배일 때, A, B의 값을 각각 구하시오.

봉사 시간(시간)	학생 수(명)
0이상 ~ 5미만	5
5 ~ 10	7
10 ~ 15	A
15 ~ 20	B
20 ~ 25	6
합계	30

0958 수매씽 Pick!

오른쪽은 어느 배드민턴 대회에 참가한 선수들의 나이를 조사하여 나타낸 도수분포표이다. 나이가 40세 이상 50세 미만인 계급의 도수가 20세 이상 30세 미만인 계급의 도수보다 2명 많을 때, 40세 이상 50세 미만인 계급의 도수를 구하시오.

나이(세)	선수 수(명)
10이상 ~ 20미만	2
20 ~ 30	
30 ~ 40	5
40 ~ 50	
50 ~ 60	3
합계	20

0959

다음은 어느 지역 편의점의 하루 동안의 생수 판매량을 조사하여 계급의 크기가 다른 두 개의 도수분포표로 나타낸 것이다. 이때 $A+B-C$의 값을 구하시오.

판매량(병)	편의점 수(곳)
0이상 ~ 10미만	12
10 ~ 20	9
20 ~ 30	A
30 ~ 40	13
40 ~ 50	5
50 ~ 60	2
합계	50

판매량(병)	편의점 수(곳)
0이상 ~ 15미만	15
15 ~ 30	B
30 ~ 45	C
45 ~ 60	6
합계	50

유형 09 특정 계급의 백분율

개념 08-2

(1) (각 계급의 백분율)$=\dfrac{\text{(그 계급의 도수)}}{\text{(도수의 총합)}}\times 100$ (%)

(2) (각 계급의 도수)$=$(도수의 총합)$\times\dfrac{\text{(그 계급의 백분율)}}{100}$

0960 대표 문제

오른쪽은 소정이네 반 학생들의 음악 성적을 조사하여 나타낸 도수분포표이다. 음악 성적이 60점 이상 70점 미만인 학생이 전체의 20 %일 때, 80점 이상 90점 미만인 학생은 몇 명인지 구하시오.

음악 성적(점)	학생 수(명)
50이상 ~ 60미만	4
60 ~ 70	
70 ~ 80	8
80 ~ 90	
90 ~ 100	6
합계	35

0961

오른쪽은 한 상자에 들어 있는 사과의 무게를 조사하여 나타낸 도수분포표이다. 무게가 280 g 이상인 사과가 전체의 40 %일 때, 270 g 이상 280 g 미만인 사과는 전체의 몇 %인지 구하시오.

무게(g)	사과 수(개)
250이상 ~ 260미만	3
260 ~ 270	6
270 ~ 280	
280 ~ 290	8
290 ~ 300	4
합계	

0962 서술형

오른쪽은 상담 동아리 회원들의 하루 동안의 가족 간 대화 시간을 조사하여 나타낸 도수분포표이다. 대화 시간이 60분 미만인 회원은 전체의 30 %이고, 80분 이상인 회원은 전체의 10 %일 때, 60분 이상 70분 미만인 회원은 몇 명인지 구하시오.

대화 시간(분)	회원 수(명)
30이상 ~ 40미만	2
40 ~ 50	7
50 ~ 60	3
60 ~ 70	
70 ~ 80	10
80 ~ 90	
합계	

08 자료의 정리와 해석

유형 10 히스토그램 중요!

개념 08-3

히스토그램에서

(1) (직사각형의 가로의 길이)=(계급의 크기)

(2) (직사각형의 세로의 길이)=(계급의 도수)

(3) (직사각형의 개수)=(계급의 개수)

0963 대표 문제

오른쪽은 현희네 반 학생들의 몸무게를 조사하여 나타낸 히스토그램이다. 다음 중 옳지 않은 것은?

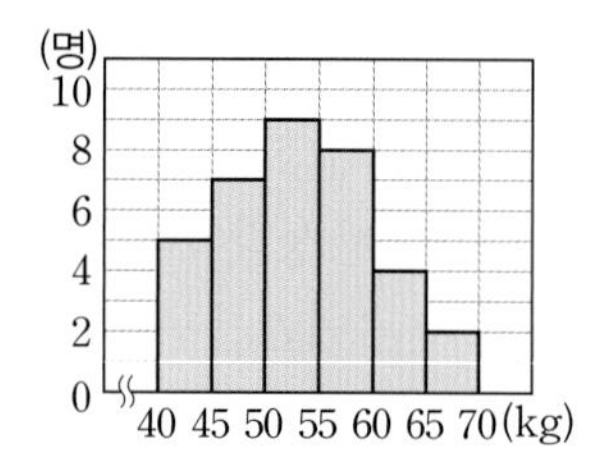

① 계급의 크기는 5 kg이다.

② 전체 학생은 35명이다.

③ 몸무게가 12번째로 가벼운 학생이 속하는 계급은 50 kg 이상 55 kg 미만이다.

④ 도수가 가장 작은 계급은 65 kg 이상 70 kg 미만이다.

⑤ 몸무게가 55 kg 이상인 학생은 전체의 40 %이다.

0964 서술형

오른쪽은 어느 도시의 지역별 소음도를 조사하여 나타낸 히스토그램이다. 계급의 크기를 a dB, 계급의 개수를 b, 도수가 가장 큰 계급을 c dB 이상 d dB 미만이라 할 때, $a+b+c+d$의 값을 구하시오.

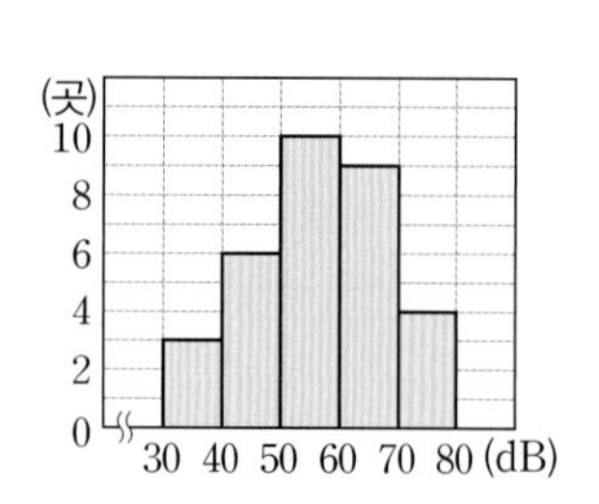

[0965~0966] 오른쪽은 지수네 반 학생들이 1년 동안 읽은 책의 수를 조사하여 나타낸 히스토그램이다. 물음에 답하시오.

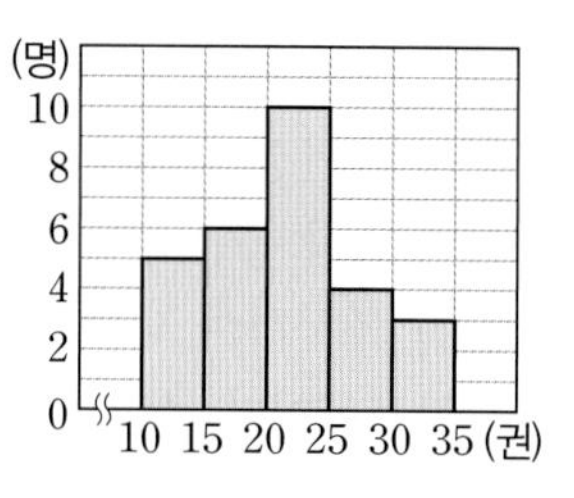

0965

다음 중 위의 히스토그램을 통해 알 수 없는 것은?

① 지수네 반 전체 학생 수

② 도수가 가장 큰 계급의 학생 수

③ 1년 동안 27권 읽은 학생이 속하는 계급

④ 지수네 반 학생들의 독서량의 분포 상태

⑤ 책을 가장 적게 읽은 학생이 읽은 책의 수

0966

1년 동안 읽은 책의 수가 25권 이상인 학생은 전체의 몇 %인지 구하시오.

0967 수매씽 Pick!

오른쪽은 어느 지역 가구들이 일주일 동안 모은 재활용품의 양을 조사하여 나타낸 히스토그램이다. 모은 재활용품의 양이 14번째로 많은 가구가 속하는 계급의 계급값을 구하시오.

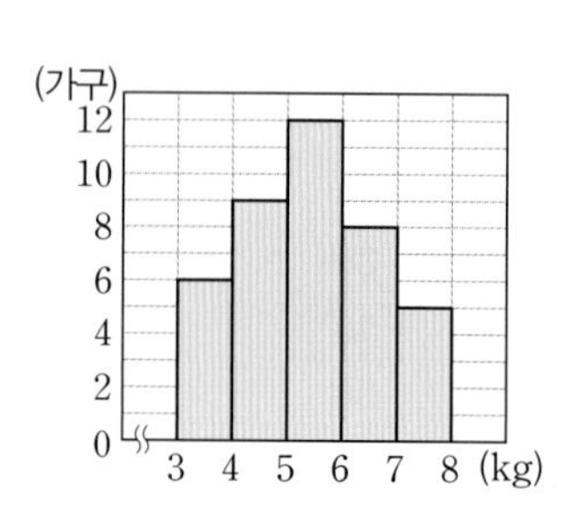

유형 11 히스토그램에서 직사각형의 넓이

개념 08-3

히스토그램에서

(1) (직사각형의 넓이)=(계급의 크기)×(그 계급의 도수)

⇨ 히스토그램의 각 직사각형의 넓이는 그 계급의 도수에 정비례한다.

(2) (직사각형의 넓이의 합)=(계급의 크기)×(도수의 총합)

0968 대표 문제

오른쪽은 명현이네 학교 자전거 동아리 학생들이 일주일 동안 자전거를 타고 이동한 거리를 조사하여 나타낸 히스토그램이다. 모든 직사각형의 넓이의 합은 10 km 이상 15 km 미만인 계급의 직사각형의 넓이의 몇 배인지 구하시오.

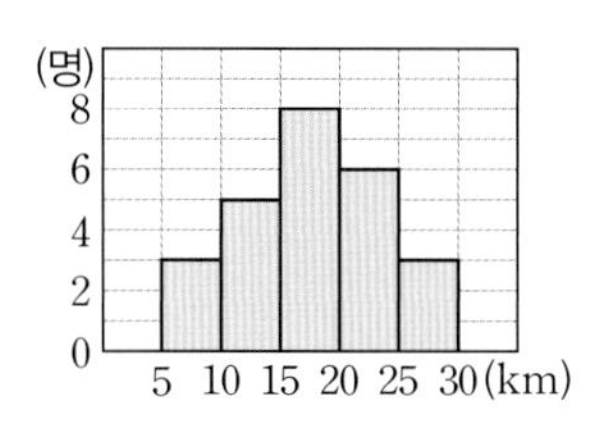

0969

오른쪽은 은우네 학교 봉사 동아리 학생들의 1년 동안의 봉사 활동 시간을 조사하여 나타낸 히스토그램이다. 모든 직사각형의 넓이의 합을 구하시오.

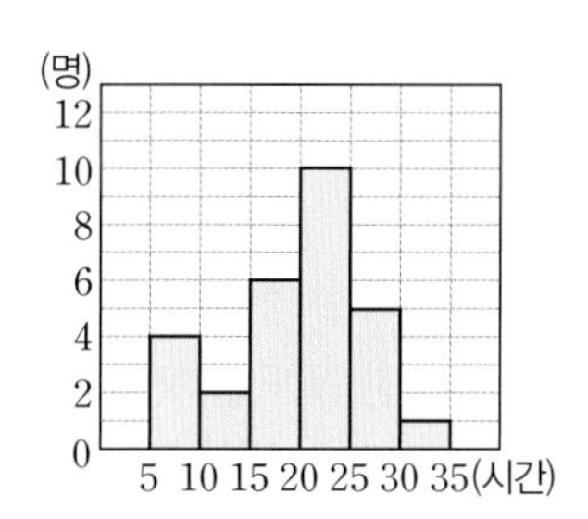

0970

오른쪽은 영건이네 반 학생들의 체육 수행 평가 성적을 조사하여 나타낸 히스토그램이다. 도수가 가장 작은 계급과 도수가 가장 큰 계급을 나타내는 두 직사각형의 넓이의 비를 가장 간단한 자연수의 비로 나타내시오.

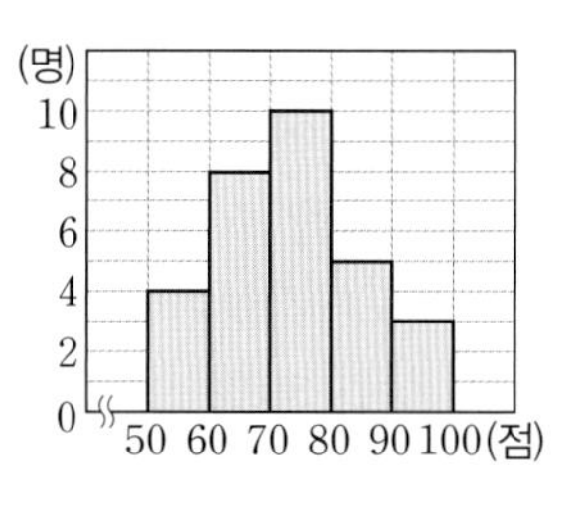

유형 12 일부가 보이지 않는 히스토그램

개념 08-3

(1) 도수의 총합이 주어진 경우

(보이지 않는 계급의 도수)

=(도수의 총합)−(보이는 계급의 도수의 합)

(2) 도수의 총합이 주어지지 않은 경우

❶ 주어진 조건을 이용하여 도수의 총합을 구한다.

❷ 도수의 총합을 이용하여 보이지 않는 부분의 도수를 구한다.

0971 대표 문제

오른쪽은 아랑이네 반 학생들의 일주일 동안의 스터디 카페 이용 시간을 조사하여 나타낸 히스토그램인데 일부가 찢어져 보이지 않는다. 이용 시간이 8시간 미만인 학생이 전체의 60 %일 때, 8시간 이상 10시간 미만인 학생은 몇 명인지 구하시오.

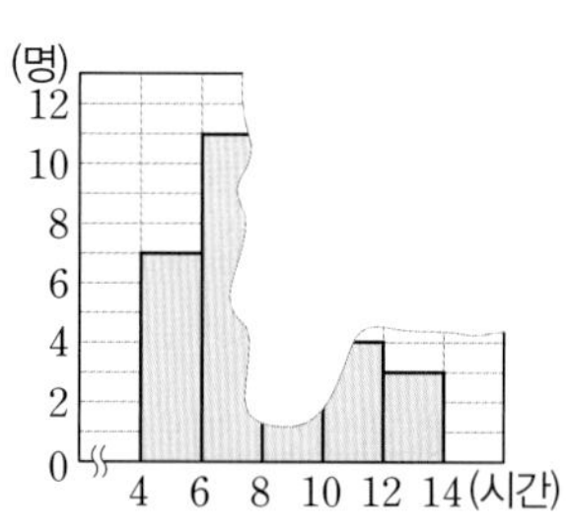

0972 수매씽 Pick!

오른쪽은 재희네 반 학생 40명의 한 달 동안의 운동 시간을 조사하여 나타낸 히스토그램인데 잉크를 쏟아 일부가 보이지 않는다. 운동 시간이 11시간 미만인 학생이 전체의 40 %일 때, 7시간 이상 11시간 미만인 학생은 x명, 11시간 이상 15시간 미만인 학생은 y명이다. 이때 x, y의 값을 각각 구하시오.

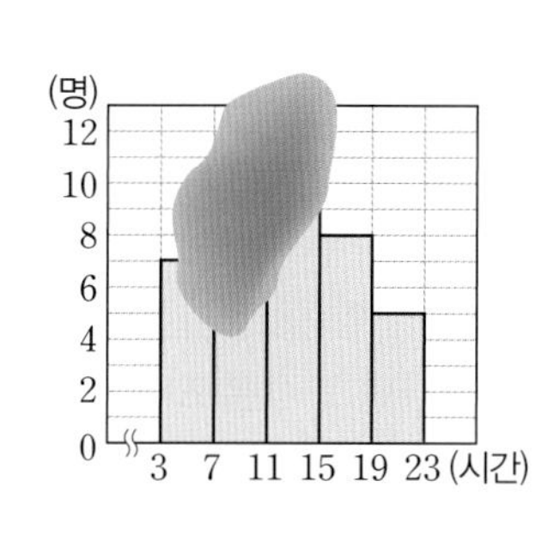

중요!

유형 13 도수분포다각형

개념 08-3

도수분포다각형에서

(1) (계급의 개수)=(각 계급의 중앙에 찍은 점의 개수)
단, 양 끝에 도수가 0인 계급은 생각하지 않는다.

(2) (도수분포다각형과 가로축으로 둘러싸인 부분의 넓이)
=(히스토그램의 각 직사각형의 넓이의 합)

0973 대표 문제

오른쪽은 종훈이네 반 학생들의 턱걸이 횟수를 조사하여 나타낸 도수분포다각형이다. 다음 중 옳지 않은 것은?

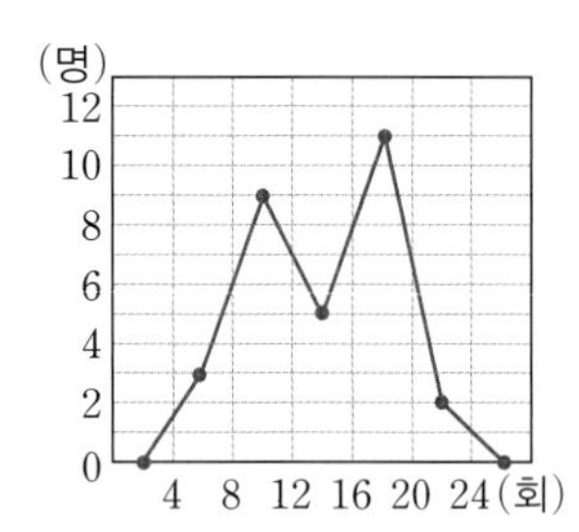

① 전체 학생은 30명이다.
② 계급의 개수는 7이다.
③ 계급의 크기는 4회이다.
④ 턱걸이 횟수가 4회 이상 8회 미만인 학생은 3명이다.
⑤ 도수분포다각형과 가로축으로 둘러싸인 부분의 넓이는 120이다.

0974

오른쪽은 어느 반 학생들이 하루 동안 마신 물의 양을 조사하여 나타낸 도수분포다각형이다. 색칠한 두 삼각형의 넓이를 각각 S_1, S_2라 할 때, 다음 중 옳은 것은?

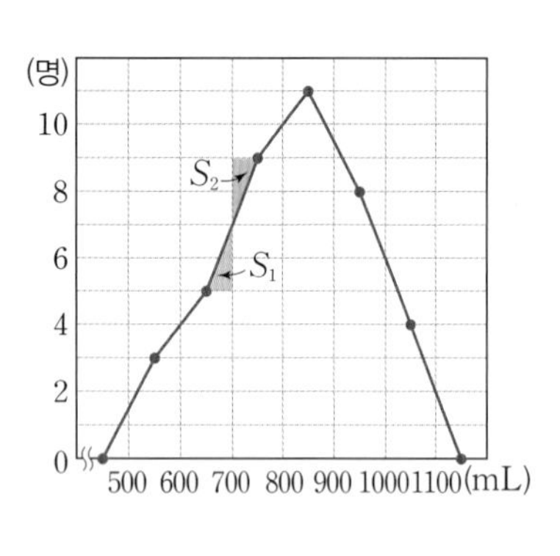

① $S_1>S_2$ ② $S_1=S_2$ ③ $S_1<S_2$
④ $S_1+S_2=1$ ⑤ $S_2-S_1=1$

0975 수매씽 Pick!

오른쪽은 경수네 반 학생들의 1년 동안의 캠핑 횟수를 조사하여 나타낸 도수분포다각형이다. 캠핑을 13번째로 적게 간 학생이 속하는 계급의 도수를 구하시오.

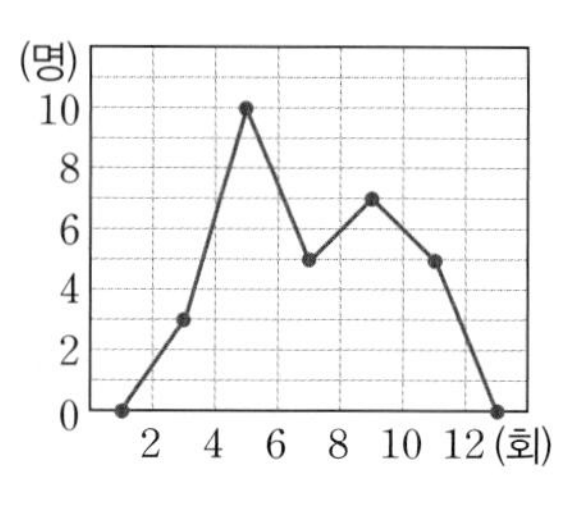

0976

포도를 재배하는 어느 농장에서 포도의 당도를 측정하여 아래 왼쪽 표와 같이 상품 등급을 정한다고 한다. 아래 오른쪽 도수분포다각형은 이 농장에서 재배한 포도의 당도를 조사하여 나타낸 것이다. 다음 중 옳은 것을 모두 고르면? (정답 2개)

등급	당도(Brix)
최상	18 이상
상	14 이상 18 미만
중	10 이상 14 미만
하	10 미만

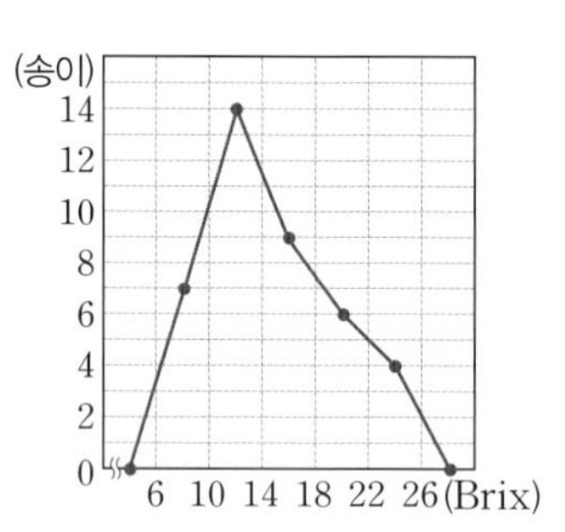

① 계급의 크기는 6 Brix이다.
② 조사한 포도는 모두 50송이이다.
③ 등급이 '최상'인 포도는 전체의 25 %이다.
④ 당도가 가장 낮은 포도의 당도는 6 Brix이다.
⑤ 각 등급별 포도의 수를 보면 등급이 '중'인 것이 가장 많다.

0977 서술형

오른쪽은 어느 반 학생들의 수학 성적을 조사하여 나타낸 도수분포다각형이다. 수학 성적이 상위 30 % 이내에 들려면 적어도 몇 점이어야 하는지 구하시오.

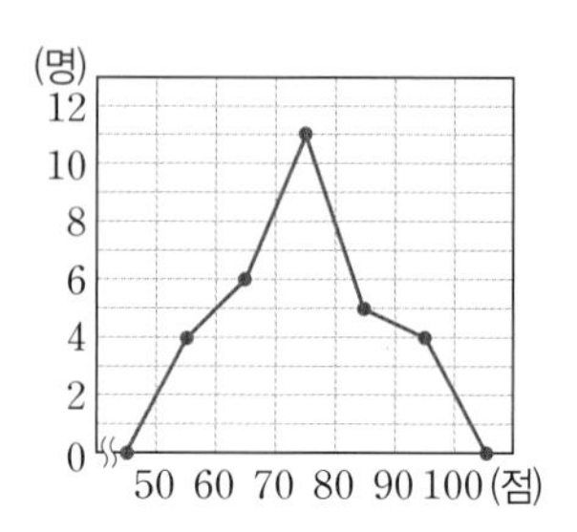

유형 14 일부가 보이지 않는 도수분포다각형 개념 08-3

(1) 도수의 총합이 주어진 경우
(보이지 않는 계급의 도수)
=(도수의 총합)−(보이는 계급의 도수의 합)
(2) 도수의 총합이 주어지지 않은 경우
❶ 주어진 조건을 이용하여 도수의 총합을 구한다.
❷ 도수의 총합을 이용하여 보이지 않는 부분의 도수를 구한다.

0978 대표 문제

오른쪽은 현서네 반 학생들의 일주일 동안의 수면 시간을 조사하여 나타낸 도수분포다각형인데 일부가 찢어져 보이지 않는다. 수면 시간이 35시간 미만인 학생이 전체의 25 %일 때, 45시간 이상 50시간 미만인 학생은 몇 명인지 구하시오.

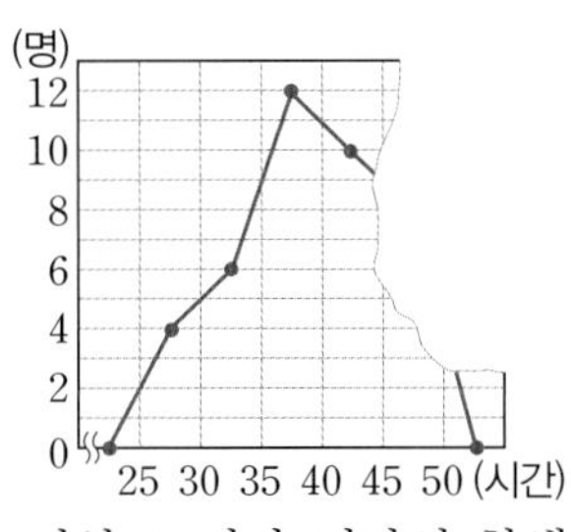

0979 수매씽 Pick!

오른쪽은 희윤이네 반 학생 28명의 수학 방과 후 수업 참여 횟수를 조사하여 나타낸 도수분포다각형인데 일부가 찢어져 보이지 않는다. 참여 횟수가 6회 이상 8회 미만인 학생이 8회 이상인 학생보다 3명 많다고 할 때, 8회 이상 10회 미만인 학생은 몇 명인지 구하시오.

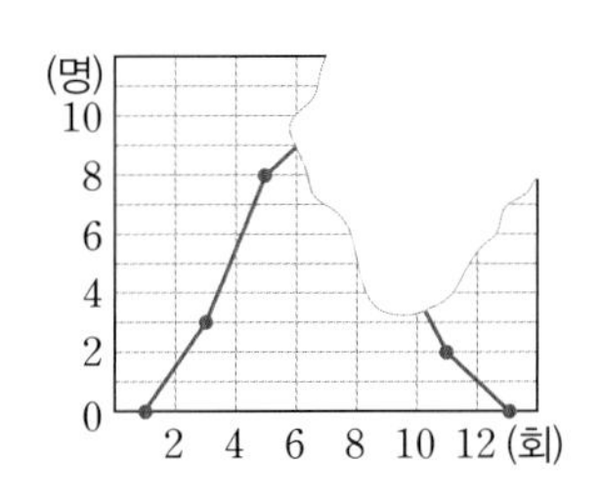

0980

오른쪽은 지호네 반 학생 32명의 음악 성적을 조사하여 나타낸 도수분포다각형인데 잉크를 쏟아 일부가 보이지 않는다. 음악 성적이 60점 이상 70점 미만인 학생과 80점 이상 90점 미만인 학생의 비율이 2 : 3일 때, 80점 이상인 학생은 전체의 몇 %인지 구하시오.

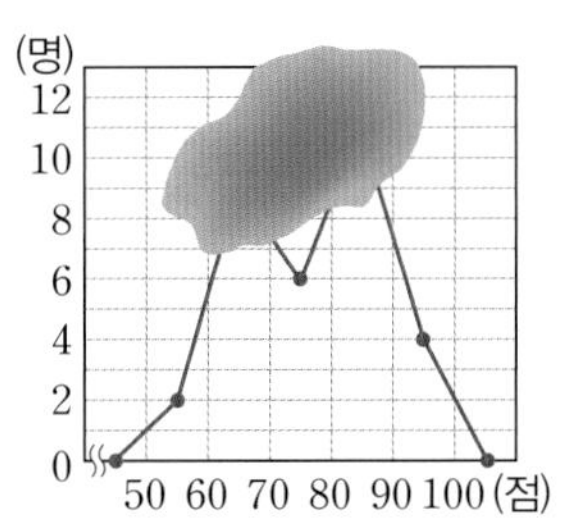

유형 15 두 도수분포다각형의 비교 개념 08-3

도수분포다각형은 2개 이상의 자료의 분포 상태를 동시에 나타내어 비교할 때 편리하다.

0981 대표 문제

오른쪽은 다원이네 반 여학생과 남학생의 몸무게를 조사하여 나타낸 도수분포다각형이다. 다음 보기에서 옳은 것은 모두 몇 개인지 구하시오.

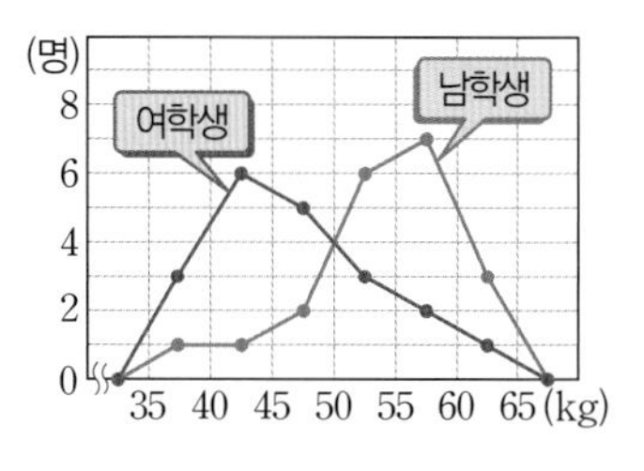

보기
ㄱ. 남학생이 여학생보다 무거운 편이다.
ㄴ. 몸무게가 가장 가벼운 학생은 여학생이다.
ㄷ. 몸무게가 50 kg 이상 55 kg 미만인 남학생 수는 여학생 수의 2배이다.
ㄹ. 각각의 도수분포다각형과 가로축으로 둘러싸인 부분의 넓이는 서로 같다.

0982

오른쪽은 어느 중학교 1학년 1반과 2반 학생들의 과학 점수를 조사하여 나타낸 도수분포다각형이다. 다음 설명을 읽고 $a+b+c+d$의 값을 구하시오.

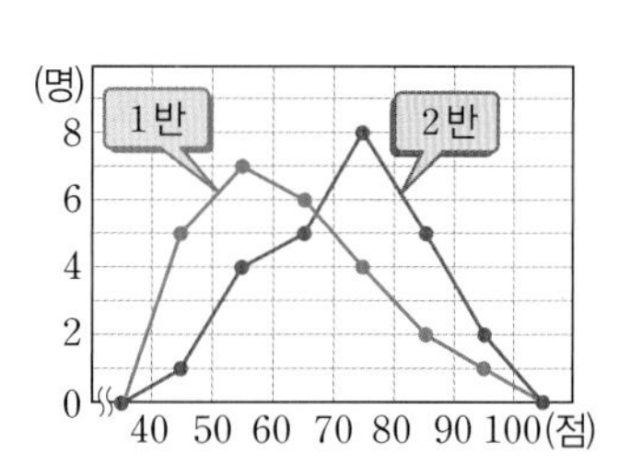

- 1반의 전체 학생은 a명이다.
- 2반에서 도수가 가장 큰 계급은 b점 이상 c점 미만이다.
- 2반에서 3번째로 과학 점수가 낮은 학생보다 점수가 낮은 학생은 1반에 적어도 d명 존재한다.

유형 16 상대도수

개념 08-4

(1) 상대도수

⇨ 전체 도수에 대한 각 계급의 도수의 비율

⇨ $(\text{상대도수})=\dfrac{(\text{그 계급의 도수})}{(\text{도수의 총합})}$

(2) 상대도수의 특징

① 상대도수는 0 이상 1 이하의 수이다.

② 상대도수의 총합은 항상 1이다.

③ 상대도수는 그 계급의 도수에 정비례한다.

0983 

오른쪽은 민주네 반 학생들의 몸무게를 조사하여 나타낸 히스토그램이다. 몸무게가 60 kg 이상 65 kg 미만인 계급의 상대도수는?

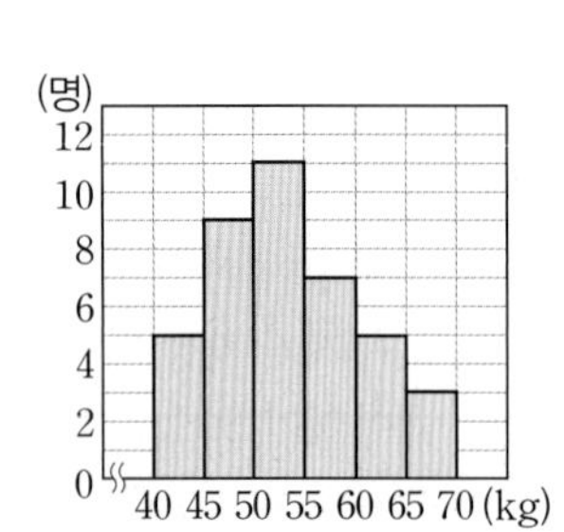

① 0.1 ② 0.125
③ 0.15 ④ 0.175
⑤ 0.2

0984

오른쪽은 어느 반 학생들의 혈액형을 조사하여 나타낸 표이다. O형의 상대도수를 구하시오.

혈액형	학생 수(명)
A형	17
B형	14
O형	13
AB형	6

0985

오른쪽은 윤정이네 반 학생들의 수면 시간을 조사하여 나타낸 도수분포다각형이다. 도수가 가장 큰 계급과 도수가 가장 작은 계급의 상대도수의 차를 구하시오.

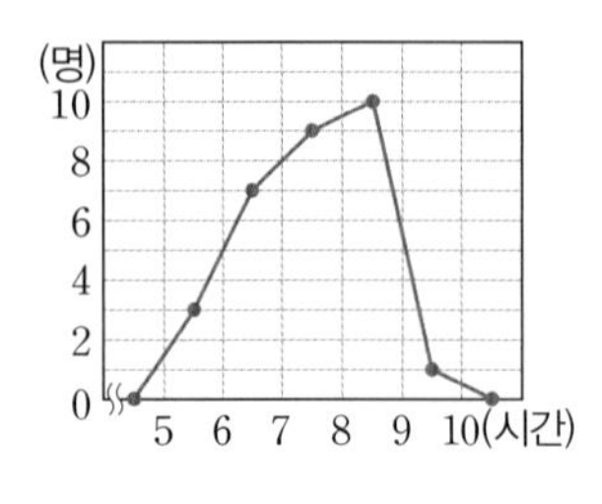

0986 수매씽 Pick!

오른쪽은 어느 반 학생들의 줄넘기 기록을 조사하여 나타낸 도수분포표이다. 줄넘기 기록이 10번째로 높은 학생이 속하는 계급의 상대도수는?

줄넘기 기록(회)	학생 수(명)
10이상~20미만	5
20 ~30	12
30 ~40	8
40 ~50	9
50 ~60	6
합계	40

① 0.125 ② 0.15 ③ 0.2
④ 0.225 ⑤ 0.3

0987

오른쪽은 주호네 반 학생 28명이 농장 체험에서 수확한 귤의 개수를 조사하여 나타낸 히스토그램인데 일부가 찢어져 보이지 않는다. 귤 26개를 수확한 학생이 속하는 계급의 상대도수를 구하시오.

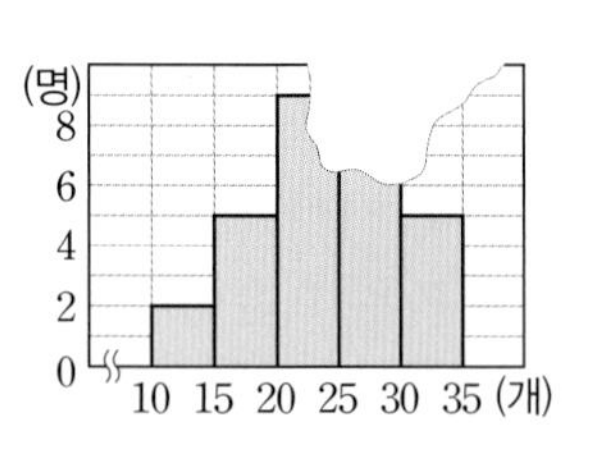

0988 서술형

오른쪽은 필재네 반 학생들이 한 학기 동안 읽은 책의 수를 조사하여 나타낸 도수분포표이다. 책을 20권 이상 읽은 학생이 전체의 40 %일 때, 읽은 책이 10권 이상 15권 미만인 계급의 상대도수를 구하시오.

책의 수(권)	학생 수(명)
5이상~10미만	4
10 ~15	
15 ~20	12
20 ~25	
25 ~30	6
합계	40

유형 17 상대도수, 도수, 도수의 총합 사이의의 관계

개념 08-4

(1) (어떤 계급의 상대도수)$=\dfrac{(\text{그 계급의 도수})}{(\text{도수의 총합})}$

(2) (어떤 계급의 도수)=(도수의 총합)×(그 계급의 상대도수)

(3) (도수의 총합)$=\dfrac{(\text{그 계급의 도수})}{(\text{어떤 계급의 상대도수})}$

0989 대표 문제

찬솔이네 반 학생들의 멀리뛰기 기록을 조사하였더니 상대도수가 0.3인 계급의 도수가 9명이었다. 찬솔이네 반 전체 학생은 몇 명인지 구하시오.

0990 ●●●○

어느 도수분포표에서 도수가 10인 계급의 상대도수가 0.2이다. 도수가 18인 계급의 상대도수를 a, 상대도수가 0.32인 계급의 도수를 b라 할 때, $a+b$의 값을 구하시오.

중요!

유형 18 상대도수의 분포표

개념 08-4

(1) 상대도수의 분포표 : 각 계급의 상대도수를 나타낸 표

(2) 상대도수의 분포표에서는 도수의 총합, 계급의 도수, 상대도수 중 어느 두 가지가 주어지면 나머지 한 가지를 구할 수 있다.

0991 대표 문제

오른쪽은 미주네 반 학생들의 식사 시간을 조사하여 나타낸 상대도수의 분포표이다. 다음 중 $A\sim E$의 값으로 옳지 않은 것은?

식사 시간(분)	학생 수(명)	상대도수
5이상~10미만	5	0.1
10 ~15	9	A
15 ~20	B	0.24
20 ~25	C	D
25 ~30	7	0.14
합계	E	1

① $A=0.18$ ② $B=12$ ③ $C=17$
④ $D=0.38$ ⑤ $E=50$

0992 ●●○○

오른쪽은 주찬이네 반 학생들의 수학 성적을 조사하여 나타낸 상대도수의 분포표이다. 다음 물음에 답하시오.

수학 성적(점)	학생 수(명)	상대도수
50이상~ 60미만	6	0.12
60 ~ 70	A	0.2
70 ~ 80	18	0.36
80 ~ 90	7	B
90 ~100	9	0.18
합계		1

(1) AB의 값을 구하시오.

(2) 수학 성적이 80점 이상인 학생은 전체의 몇 %인지 구하시오.

0993 ●●○○ 수매씽 Pick!

오른쪽은 준서네 반 학생 40명이 1년 동안 사용한 공책 수를 조사하여 나타낸 상대도수의 분포표이다. 사용한 공책 수가 3권 이상 6권 미만인 학생은 몇 명인지 구하시오.

공책 수(권)	상대도수
0이상~ 3미만	0.2
3 ~ 6	
6 ~ 9	0.25
9 ~12	0.15
12 ~15	0.05
합계	

0994 ●●●○

오른쪽은 지호네 반 학생 40명의 하루 동안 스마트폰 사용 시간을 조사하여 나타낸 상대도수의 분포표이다. 사용 시간이 2시간 이상 3시간 미만인 학생 수가 1시간 이상 2시간 미만인 학생 수의 2배일 때, 1시간 이상 2시간 미만인 학생은 몇 명인지 구하시오.

사용 시간(시간)	상대도수
0이상~1미만	0.25
1 ~2	
2 ~3	
3 ~4	0.15
합계	1

유형 19 찢어진 상대도수의 분포표 (개념 08-4)

도수의 총합이 주어지지 않은 경우

❶ $(\text{도수의 총합})=\dfrac{(\text{그 계급의 도수})}{(\text{어떤 계급의 상대도수})}$임을 이용하여 도수의 총합을 구한다.

❷ 주어진 조건을 이용하여 찢어진 부분의 도수 또는 상대도수를 구한다.

0995 대표 문제

다음은 독서반 학생들이 하루 동안 읽은 책의 쪽수를 조사하여 나타낸 상대도수의 분포표인데 찢어져 일부만 보인다. 읽은 책의 쪽수가 20쪽 이상 30쪽 미만인 계급의 상대도수를 구하시오.

쪽수(쪽)	학생 수(명)	상대도수
10이상~20미만	6	0.24
20 ~30	12	
30 ~40		

0996 ●●●● 수매씽 Pick!

다음은 소희네 반 학생들의 한 달 용돈을 조사하여 나타낸 상대도수의 분포표인데 찢어져 일부만 보인다. 한 달 용돈이 2만 원 이상 4만 원 미만인 학생은 몇 명인지 구하시오.

용돈(만 원)	학생 수(명)	상대도수
0이상~2미만	10	0.25
2 ~4		0.35
4 ~6		

0997 ●●●● 서술형

다음은 지수네 반 학생들의 하루 동안 휴대폰 사용 시간을 조사하여 나타낸 상대도수의 분포표인데 찢어져 일부만 보인다. 사용 시간이 3시간 이상인 학생이 전체의 55 %일 때, 2시간 이상 3시간 미만인 학생은 몇 명인지 구하시오.

사용 시간(시간)	학생 수(명)	상대도수
1이상~2미만	8	0.2
2 ~3		
3 ~4		

유형 20 도수의 총합이 다른 두 집단의 상대도수 (개념 08-4)

두 집단의 도수의 총합이 다른 경우

⇨ 상대도수를 이용하여 두 집단을 비교하는 것이 편리하다.

0998 대표 문제

다음은 승은이네 학교 1학년 1반 학생들과 1학년 전체 학생들의 줄넘기 기록을 조사하여 나타낸 도수분포표이다. 1학년 전체가 1반보다 상대도수가 더 큰 계급은 모두 몇 개인가?

줄넘기 기록(회)	1학년 학생 수(명)	
	1반	전체
0이상~10미만	2	16
10 ~20	4	30
20 ~30	6	62
30 ~40	8	52
40 ~50	5	40
합계	25	200

① 0개 ② 1개 ③ 2개
④ 3개 ⑤ 4개

0999 ●●●●

다음은 지수네 학교 1학년, 2학년 학생들의 발 크기를 조사하여 나타낸 도수분포표이다. 1학년과 2학년 중 발 크기가 250 mm 이상 260 mm 미만인 학생의 비율이 더 높은 쪽을 말하시오.

발 크기(mm)	도수(명)	
	1학년	2학년
210이상~220미만	20	15
220 ~230	40	50
230 ~240	50	65
240 ~250	30	40
250 ~260	45	60
260 ~270	15	20
합계	200	250

1000 ●●●● 수매씽 Pick!

아래는 민정이네 학교 1학년 1반과 2반 학생들의 영어 성적을 조사하여 나타낸 상대도수의 분포표이다. 다음 중 옳지 않은 것은?

영어 성적(점)	1반		2반	
	도수(명)	상대도수	도수(명)	상대도수
50이상 ~ 60미만	6	0.15	7	B
60 ~ 70	A	0.25	14	0.28
70 ~ 80	12	0.3	11	0.22
80 ~ 90	8		10	
90 ~100	4	0.1	8	0.16
합계		1	50	1

① 1반의 전체 학생은 40명이다.
② A의 값은 10이다.
③ B의 값은 0.14이다.
④ 영어 성적이 80점 이상 90점 미만인 학생이 차지하는 비율은 1반이 2반보다 높다.
⑤ 1반에서 영어 성적이 80점 이상인 학생은 1반 전체의 30 %이다.

1001 ●●●●

다음은 천연 비타민 A를 구입한 고객 140명과 천연 비타민 B를 구입한 고객을 대상으로 소비자 만족도를 조사하여 나타낸 상대도수의 분포표의 일부이다.

만족도 점수(점)	상대도수	
	천연 비타민 A	천연 비타민 B
90이상~100미만	0.3	0.2

두 비타민의 만족도 점수를 90점 이상 100점 미만 준 고객의 수가 서로 같을 때, 천연 비타민 B를 구입한 고객은 몇 명인지 구하시오.

유형 21 도수의 총합이 다른 두 집단의 상대도수의 비

개념 08-4

두 집단 A, B의 도수의 총합의 비가 1 : 2이고 어떤 계급의 도수의 비는 3 : 2일 때, 이 계급의 상대도수의 비
⇨ 두 집단 A, B의 도수의 총합을 각각 a, $2a$라 하고 어떤 계급의 도수를 각각 $3b$, $2b$라 하면
(이 계급의 상대도수의 비)$=\frac{3b}{a} : \frac{2b}{2a}=\frac{3}{1} : \frac{2}{2}=3 : 1$

1002 대표 문제

두 반 A, B의 도수의 총합의 비가 3 : 5이고 어떤 계급의 도수의 비가 2 : 3일 때, 이 계급의 상대도수의 비는?

① 3 : 5 ② 9 : 10 ③ 10 : 9
④ 6 : 5 ⑤ 5 : 3

1003 ●●●●

두 자료 A, B의 도수의 총합의 비가 3 : 4이고 어떤 계급의 상대도수의 비가 2 : 5일 때, 이 계급의 도수의 비는?

① 1 : 5 ② 1 : 3 ③ 1 : 2
④ 3 : 5 ⑤ 3 : 10

1004 ●●●●

1학년 학생 수가 각각 300명, 500명인 A 중학교와 B 중학교 학생들의 몸무게를 조사하여 각각 도수분포표로 나타내었더니 50 kg 이상 55 kg 미만인 계급의 도수가 서로 같았다. A 중학교와 B 중학교의 50 kg 이상 55 kg 미만인 계급의 상대도수의 비를 가장 간단한 자연수의 비로 나타내시오.

중요! 유형 22 상대도수의 분포를 나타낸 그래프 (1)

개념 08-4

상대도수의 분포를 나타낸 그래프는 상대도수의 분포표를 히스토그램이나 도수분포다각형 모양으로 나타낸 그래프이다.
(1) 가로축 ⇨ 계급의 양 끝 값
(2) 세로축 ⇨ 상대도수

1005 대표 문제

오른쪽은 민규네 반 학생 50명의 수면 시간에 대한 상대도수의 분포를 나타낸 그래프이다. 다음 중 옳지 않은 것은?

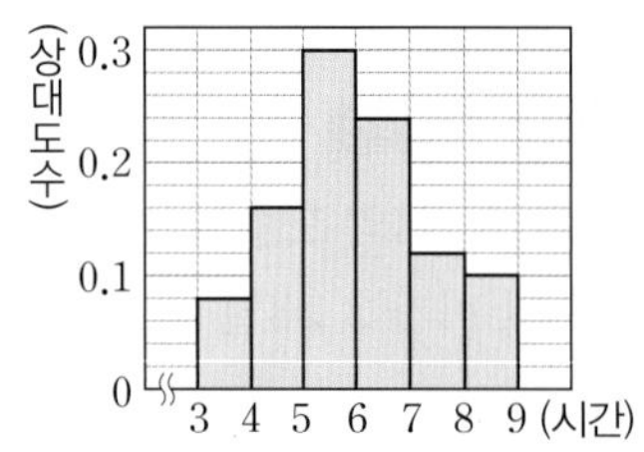

① 계급의 크기는 1시간이다.
② 도수가 가장 큰 계급은 5시간 이상 6시간 미만이다.
③ 수면 시간이 7시간 이상인 학생은 전체의 22 %이다.
④ 상대도수가 가장 작은 계급의 도수는 5명이다.
⑤ 수면 시간이 5시간 미만인 학생이 7시간 이상인 학생보다 더 많다.

1006 수매씽 Pick!

오른쪽은 어느 중학교 야구부 학생 40명의 키에 대한 상대도수의 분포를 나타낸 그래프이다. 키가 9번째로 큰 학생이 속하는 계급의 도수를 구하시오.

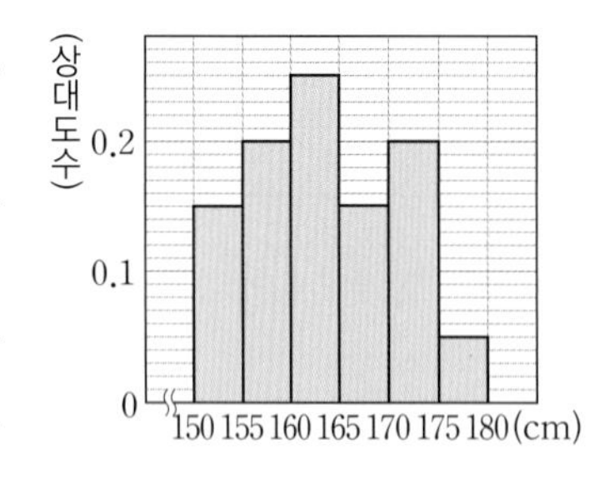

1007

오른쪽은 혜수네 학교 학생 200명의 한 달 동안의 봉사 활동 시간에 대한 상대도수의 분포를 나타낸 그래프이다. 다음 물음에 답하시오.

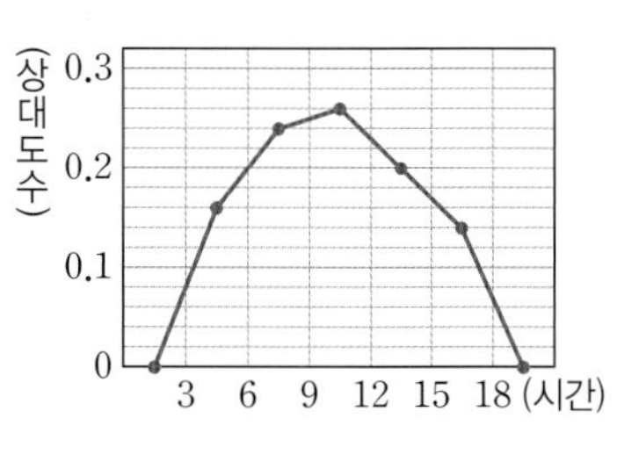

(1) 봉사 활동 시간이 9시간 미만인 학생은 전체의 몇 %인지 구하시오.
(2) 봉사 활동 시간이 12시간 이상 15시간 미만인 학생은 몇 명인지 구하시오.
(3) 도수가 가장 작은 계급을 구하시오.

1008

오른쪽은 어느 회사 직원 500명의 출근 시각에 대한 상대도수의 분포를 나타낸 그래프이다. 어느 식당에서 이 그래프를 참고하여 직원들이 가장 많이 출근하는 시간대를 골라 20분 동안 홍보지를 한 명당 한 장씩 빠짐없이 나누어 주려고 한다. 이때 필요한 홍보지는 모두 몇 장인가? (단, 홍보지를 나누어 주기 시작하는 시각은 그래프에서 각 계급의 끝 값 중 하나이다.)

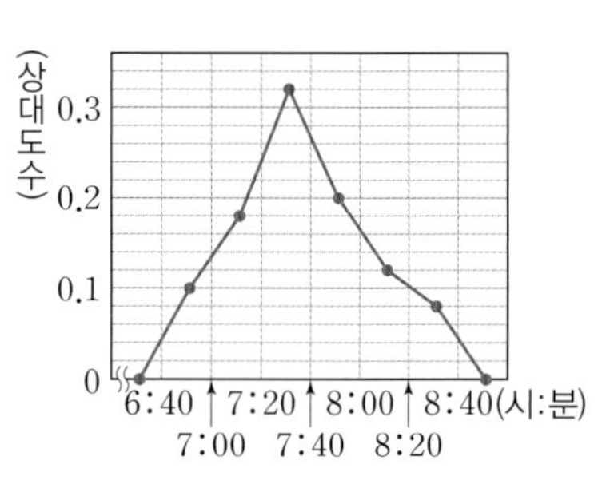

① 150장　② 160장　③ 170장
④ 180장　⑤ 190장

유형 23 상대도수의 분포를 나타낸 그래프 (2)

개념 08-4

(1) $(\text{도수의 총합})=\dfrac{(\text{그 계급의 도수})}{(\text{어떤 계급의 상대도수})}$임을 이용하여 도수의 총합을 구한다.

(2) (어떤 계급의 도수)=(도수의 총합)×(그 계급의 상대도수)임을 이용한다.

1009 대표 문제

오른쪽은 세연이네 학교 학생들의 한 달 동안의 학교 매점 이용 횟수에 대한 상대도수의 분포를 나타낸 그래프이다. 매점 이용 횟수가 10회 미만인 학생이 81명일 때, 25회 이상인 학생은 몇 명인지 구하시오.

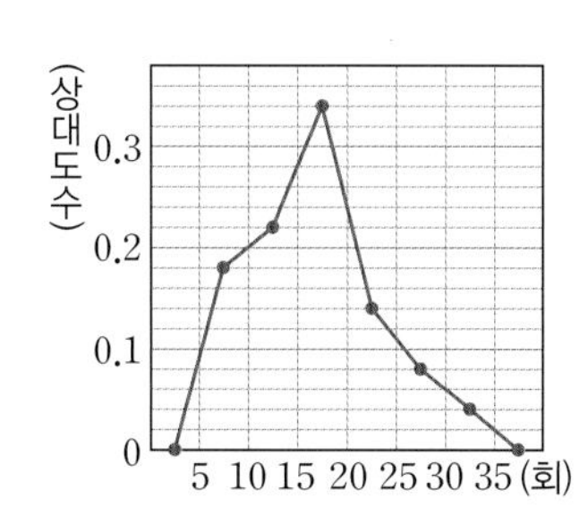

1010 ●●●●

오른쪽은 선호네 학교 1학년 학생들의 한 달 동안의 봉사 활동 시간에 대한 상대도수의 분포를 나타낸 그래프이다. 봉사 활동 시간이 6시간 이상 9시간 미만인 학생 수와 12시간 이상 15시간 미만인 학생 수의 차가 36명일 때, 1학년 전체 학생은 몇 명인가?

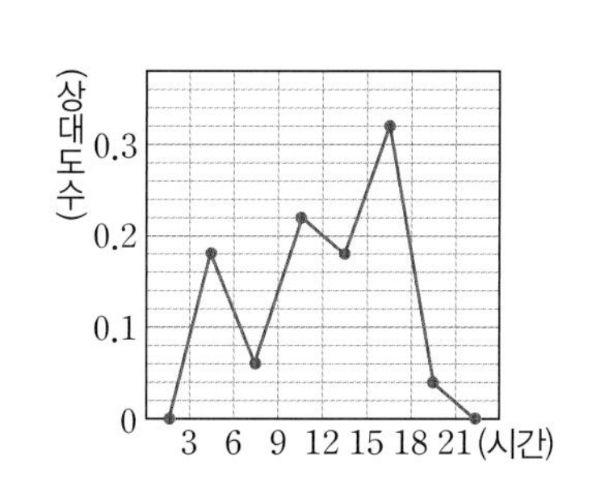

① 260명 ② 270명 ③ 280명
④ 290명 ⑤ 300명

유형 24 일부가 보이지 않는 상대도수의 분포를 나타낸 그래프

중요!

개념 08-4

주어진 조건과 상대도수의 총합이 1임을 이용하여 보이지 않는 부분의 상대도수를 구한다.

1011 대표 문제

오른쪽은 성연이네 학교 학생 160명의 100 m 달리기 기록에 대한 상대도수의 분포를 나타낸 그래프인데 잉크를 쏟아 일부가 보이지 않는다. 달리기 기록이 16초 이상 18초 미만인 학생은 몇 명인지 구하시오.

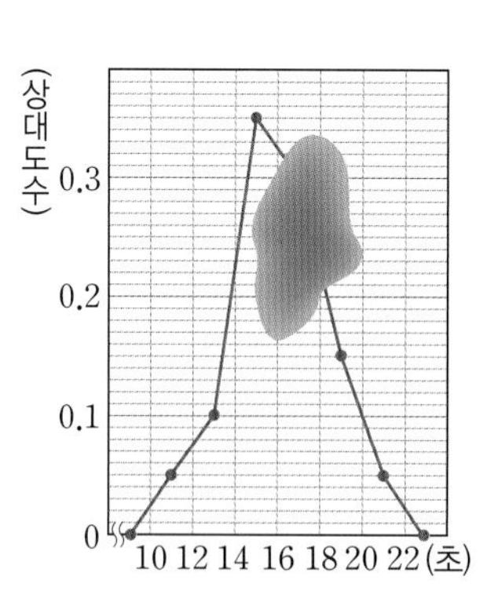

1012 ●●●● 수매씽 Pick!

오른쪽은 어느 지역의 축제에 참가한 자원봉사자들의 나이에 대한 상대도수의 분포를 나타낸 그래프인데 일부가 찢어져 보이지 않는다. 나이가 50세 이상인 자원봉사자가 57명일 때, 10대 자원봉사자는 몇 명인지 구하시오.

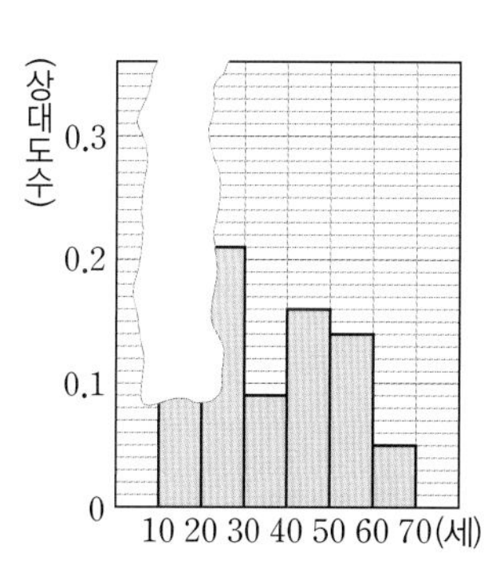

1013 ●●●● 서술형

오른쪽은 미정이네 학교 학생들의 한 달 동안의 도서관 방문 횟수에 대한 상대도수의 분포를 나타낸 그래프인데 일부가 찢어져 보이지 않는다. 도서관을 6회 미만 방문한 학생이 21명일 때, 10회 이상 방문한 학생은 몇 명인지 구하시오.

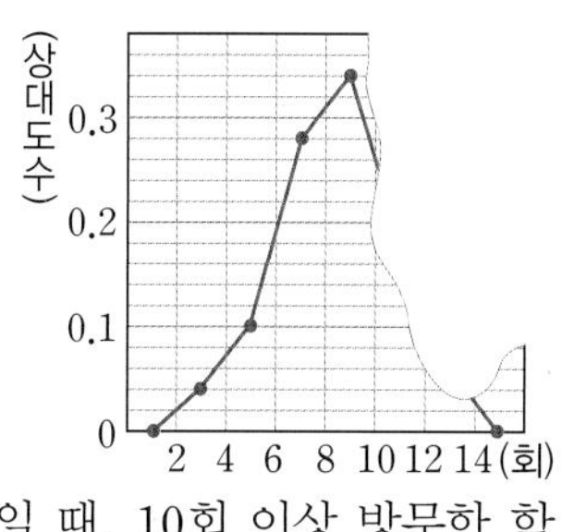

08 자료의 정리와 해석

발전 유형 25 도수의 총합이 다른 두 집단의 비교 개념 08-4

도수의 총합이 다른 두 집단의 비교
⇨ 상대도수의 분포를 나타낸 그래프를 이용하면 편리하다.

1014 대표 문제

오른쪽은 정은이네 학교 1학년 남학생과 여학생의 던지기 기록에 대한 상대도수의 분포를 나타낸 그래프이다. 다음 중 옳은 것은?

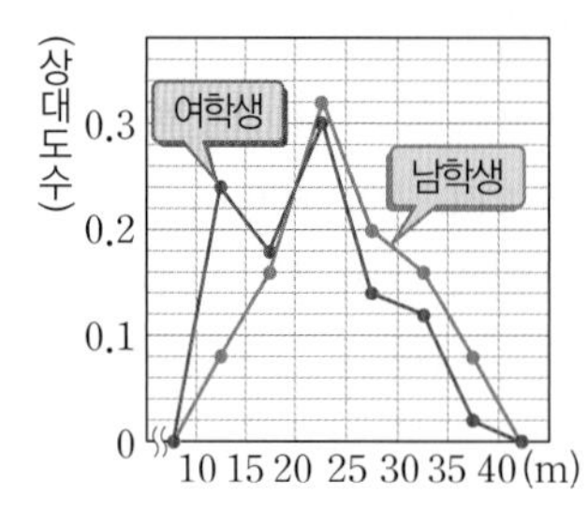

① 기록이 30 m 이상 35 m 미만인 남학생과 여학생 수는 같다.
② 여학생 중 30 m 이상 던진 학생은 여학생 전체의 14 %이다.
③ 여학생 중 도수가 가장 큰 계급의 계급값은 12.5 m이다.
④ 여학생의 기록이 남학생의 기록보다 좋은 편이다.
⑤ 전체 남학생이 50명이면 남학생 중 25 m 이상 30 m 미만인 계급의 도수는 7명이다.

1015

오른쪽은 현성이네 학교 남학생과 여학생의 일주일 동안의 컴퓨터 사용 시간에 대한 상대도수의 분포를 나타낸 그래프이다. 다음 물음에 답하시오.

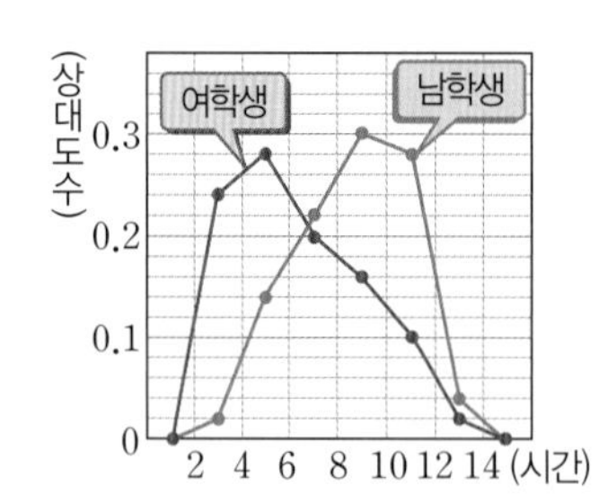

(1) 남학생과 여학생 중 어느 쪽이 컴퓨터를 더 많이 사용하는 편인지 말하시오.
(2) 남학생이 200명, 여학생이 250명일 때, 컴퓨터 사용 시간이 6시간 이상 8시간 미만인 학생은 어느 쪽이 몇 명 더 많은지 구하시오.

1016 수매씽 Pick!

오른쪽은 A 중학교 학생 300명과 B 중학교 학생 200명의 수학 성적에 대한 상대도수의 분포를 나타낸 그래프이다. 다음 보기에서 옳은 것을 모두 고른 것은?

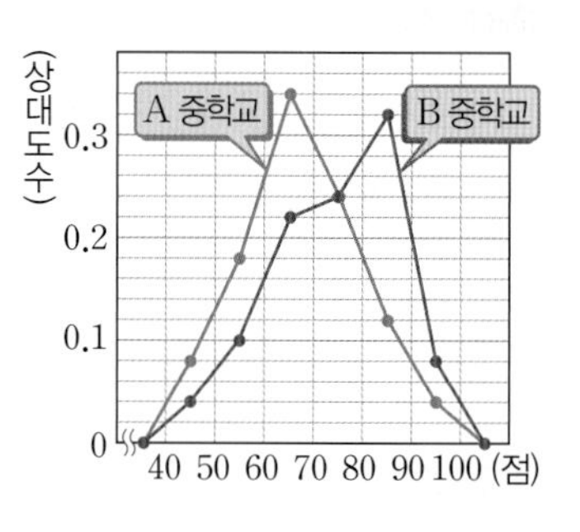

보기
ㄱ. A 중학교 학생들이 B 중학교 학생들보다 성적이 좋은 편이다.
ㄴ. 각각의 그래프와 가로축으로 둘러싸인 부분의 넓이는 서로 같다.
ㄷ. 70점 이상 80점 미만인 계급에서 A 중학교와 B 중학교의 도수의 차는 24명이다.

① ㄱ ② ㄴ ③ ㄱ, ㄷ
④ ㄴ, ㄷ ⑤ ㄱ, ㄴ, ㄷ

1017

오른쪽은 A 도시 시민 200명과 B 도시 시민 150명이 한 달 동안 지출한 대중교통비에 대한 상대도수의 분포를 나타낸 그래프이다. A, B 두 도시의 도수의 합이 가장 큰 계급을 구하시오.

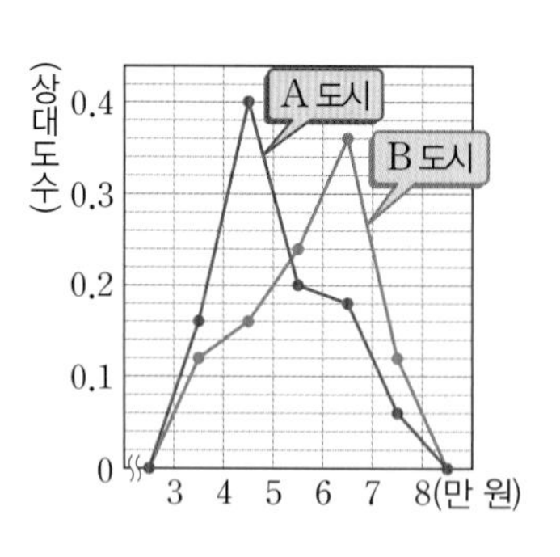

정답 및 풀이 60쪽

학교 시험 꽉 잡기

1018 빈출

다음 자료의 평균을 a, 중앙값을 b, 최빈값을 c라 할 때, $a+b+c$의 값은?

7, 8, 3, 6, 8, 4

① 15.5 ② 16 ③ 17.5
④ 19 ⑤ 20.5

1019

다음 중 옳지 않은 것은?

① 자료 전체의 특징을 대표하는 값이 대푯값이다.
② 4개의 변량 3, 4, 6, 27의 중앙값은 5이다.
③ 8개의 변량 9, 8, 15, 10, 12, 9, 15, 7의 최빈값은 9와 15이다.
④ 우리 반 학생들이 가장 좋아하는 운동을 정할 때, 대푯값으로 최빈값을 사용하는 것이 적절하다.
⑤ 6개의 변량 5, 7, 2, 9, 13, 97과 같이 극단적인 값이 있는 자료의 대푯값으로 평균이 적절하다.

1020

오른쪽 줄기와 잎 그림은 경섭이네 반 학생 10명의 제기차기 횟수를 조사하여 나타낸 것이다. 제기차기 횟수의 평균, 중앙값, 최빈값 중 그 값이 가장 큰 것을 말하시오.

(3|4는 34회)

줄기	잎
0	6 6
1	4 4 4 6
2	0 2 4
3	4

1021

오른쪽은 성엽이네 반 학생들의 몸무게를 조사하여 나타낸 도수분포표이다. 다음 중 옳지 않은 것은?

몸무게(kg)	학생 수(명)
35이상~40미만	4
40 ~45	8
45 ~50	11
50 ~55	13
55 ~60	9
60 ~65	5
합계	50

① 계급의 개수는 6이다.
② 계급의 크기는 5 kg이다.
③ 몸무게가 50 kg 이상인 학생은 27명이다.
④ 몸무게가 40 kg 이상 55 kg 미만인 학생은 전체의 62 %이다.
⑤ 몸무게가 15번째로 무거운 학생이 속하는 계급의 도수는 13명이다.

1022

오른쪽은 예진이네 반 학생들의 100 m 달리기 기록을 조사하여 나타낸 히스토그램이다. 기록이 10번째로 좋은 학생이 속하는 계급의 직사각형의 넓이는 기록이 가장 좋은 학생이 속하는 계급의 직사각형의 넓이의 몇 배인지 구하시오.

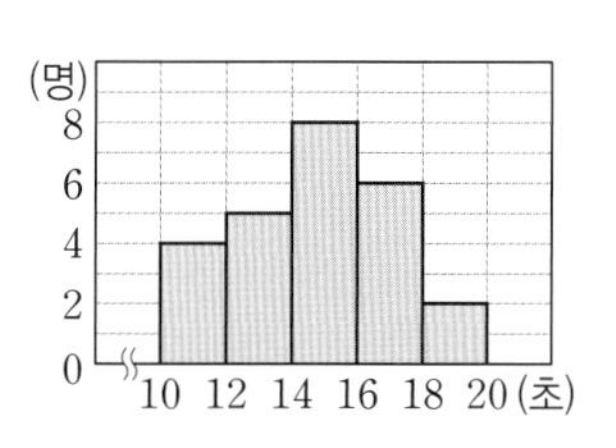

1023 빈출

오른쪽은 수호네 학교 학생 500명의 1년 동안 자란 키를 조사하여 나타낸 상대도수의 분포를 나타낸 그래프이다. 키가 6 cm 미만 자란 학생은 몇 명인지 구하시오.

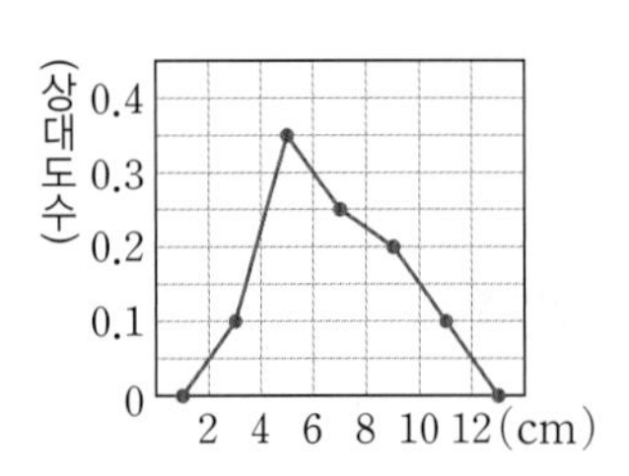

1024

오른쪽 꺾은선그래프는 1반, 2반, 3반 학생들이 일주일 동안 학교 홈페이지에 접속한 횟수를 조사하여 나타낸 것이다. 다음 보기에서 옳은 것을 모두 고른 것은?

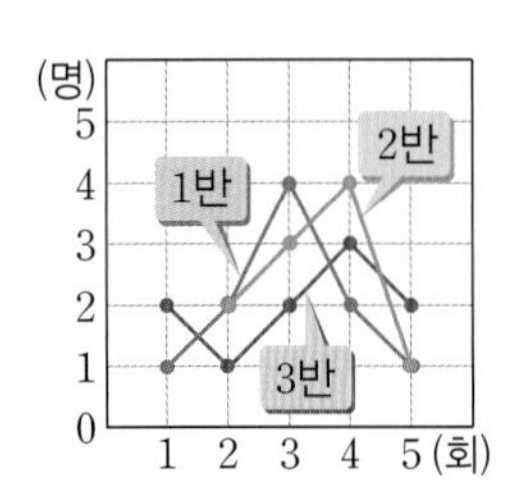

보기

ㄱ. 1반 학생들의 중앙값이 가장 크다.
ㄴ. 2반 학생들의 평균이 가장 작다.
ㄷ. 3반 학생들의 최빈값은 4회이다.

① ㄱ　② ㄷ　③ ㄱ, ㄴ
④ ㄱ, ㄷ　⑤ ㄴ, ㄷ

1025

다음 7개의 변량의 평균이 0일 때, 중앙값을 구하시오.

$-2,\ \ -3,\ \ a,\ \ 1,\ \ 5,\ \ 3,\ \ 2$

1026

다음은 수연이네 반 학생들의 한 달 용돈을 조사하여 나타낸 줄기와 잎 그림인데 잉크를 쏟아 일부가 보이지 않는다. 줄기가 1인 잎의 개수가 줄기가 3인 잎의 개수의 $\frac{2}{3}$이고, 줄기가 2인 잎의 개수가 줄기가 4인 잎의 개수의 $\frac{1}{4}$일 때, 수연이네 반 전체 학생은 몇 명인지 구하시오.

(4|5는 4만 5천 원)

줄기	잎
1	
2	
3	0 0 1 1 1 1 2 5 5
4	0 0 0 5

1027

오른쪽은 어느 반 학생들의 키를 조사하여 나타낸 도수분포표이다. 키가 155 cm 이상 160 cm 미만인 학생이 전체의 30 %일 때, 다음 중 옳지 않은 것은?

키(cm)	학생 수(명)
140이상~145미만	4
145 ~150	4
150 ~155	10
155 ~160	A
160 ~165	8
165 ~170	B
합계	40

① A의 값은 12이다.
② B의 값은 2이다.
③ 계급의 개수는 6이다.
④ 키가 150 cm 미만인 학생은 전체의 20 %이다.
⑤ 키가 10번째로 큰 학생이 속하는 계급은 155 cm 이상 160 cm 미만이다.

1028

오른쪽은 미선이네 반 학생 32명의 윗몸 일으키기 기록을 조사하여 나타낸 히스토그램인데 일부가 찢어져 보이지 않는다. 기록이 40회 이상 50회 미만인 학생이 전체의 25 %일 때, 기록이 40회인 학생은 상위 몇 % 이내에 드는지 구하시오.

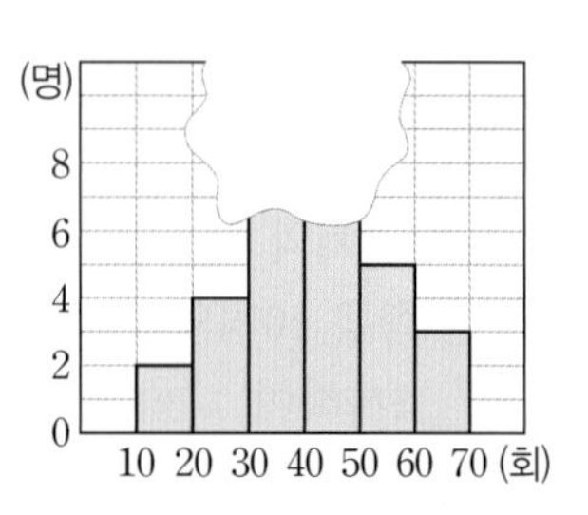

1029

오른쪽은 어느 중학교 1학년 남학생과 여학생의 하루 평균 TV 시청 시간을 조사하여 만든 도수분포다각형이다. 이 도수분포다각형을 보고 바르게 이야기 한 학생은 모두 몇 명인지 구하시오.

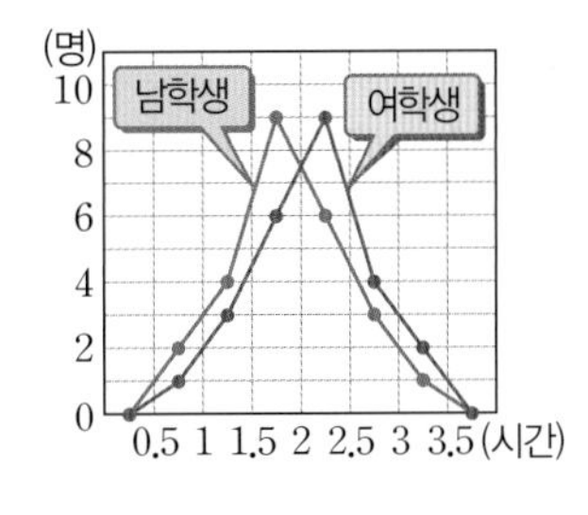

> 서연 : 1학년 남학생 수와 여학생 수는 같아.
> 태민 : 여학생이 남학생보다 상대적으로 TV 시청 시간이 더 많은 편이야.
> 민아 : TV 시청 시간이 2시간 이상인 학생은 남학생이 여학생보다 많아.
> 수호 : 각각의 도수분포다각형과 가로축으로 둘러싸인 부분의 넓이는 같아.

1030 빈출

아래는 수미네 반 학생들의 하루 동안의 스마트폰 메신저 이용 횟수를 조사하여 나타낸 상대도수의 분포표이다. 다음 설명 중 옳지 않은 것은?

이용 횟수(건)	학생 수(명)	상대도수
20이상~30미만	4	0.1
30 ~40	A	
40 ~50	12	0.3
50 ~60	8	0.2
60 ~70	6	
합계		1

① 전체 학생은 40명이다.
② A의 값은 10이다.
③ 이용 횟수가 40건 미만인 학생은 전체의 30 %이다.
④ 도수가 가장 큰 계급은 40건 이상 50건 미만이다.
⑤ 많이 이용한 쪽에서 15 %에 해당하는 학생이 속하는 계급은 60건 이상 70건 미만이다.

1031

다음은 남학생 30명과 여학생 20명을 대상으로 몸무게를 조사하여 나타낸 상대도수의 분포표의 일부분이다. 전체 학생 50명에 대한 상대도수의 분포표를 새로 만들 때, 40 kg 이상 50 kg 미만인 계급의 상대도수를 구하시오.

몸무게(kg)	상대도수	
	남학생	여학생
40이상~ 50미만	0.2	0.6

1032

오른쪽은 어느 중학교 1학년 남학생 200명과 여학생 100명의 과학 성적에 대한 상대도수의 분포를 나타낸 그래프이다. 다음 보기에서 옳은 것을 모두 고른 것은?

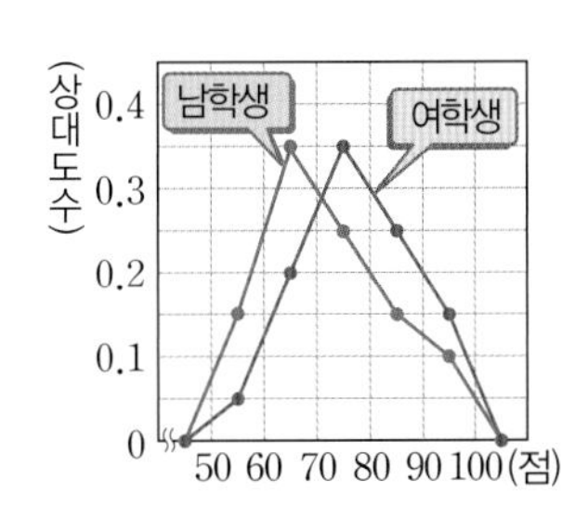

> 보기
> ㄱ. 여학생이 남학생보다 과학 성적이 좋은 편이다.
> ㄴ. 과학 성적이 80점 이상인 학생은 여학생이 남학생보다 많다.
> ㄷ. 각각의 그래프와 가로축으로 둘러싸인 부분의 넓이는 서로 같다.

① ㄱ ② ㄷ ③ ㄱ, ㄴ
④ ㄱ, ㄷ ⑤ ㄱ, ㄴ, ㄷ

1033

다음 두 자료 A, B에 대하여 자료 A의 중앙값은 17이고, 두 자료 A, B를 섞은 전체 자료의 중앙값은 19일 때, $a-b$의 값을 구하시오. (단, $a>b$)

자료 A	11, 13, a, b, 22
자료 B	16, 22, 23, a, $b-1$

1034

오른쪽은 가영이네 반 학생들의 수학 성적을 조사하여 나타낸 도수분포다각형이다. 수학 성적이 상위 16 % 이내인 학생은 적어도 몇 점을 받았는지 구하시오.

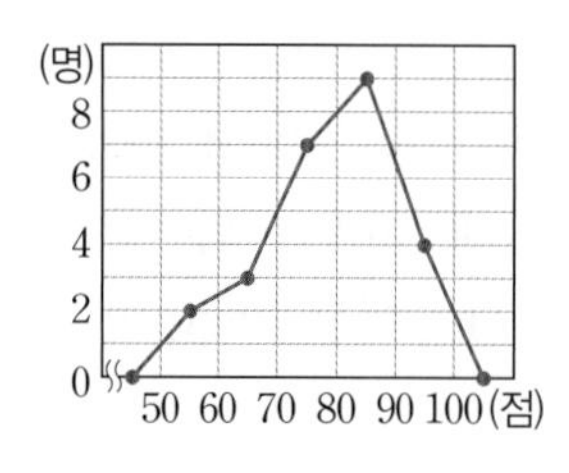

1035 빈출

오른쪽은 어느 축구팀 선수의 승부차기 성공률에 대한 상대도수의 분포를 나타낸 그래프인데 일부가 찢어져 보이지 않는다. 승부차기 성공률이 75 % 이상인 선수 수와 70 % 미만인 선수 수가 같고 승부차기 성공률이 80 % 이상인 선수가 6명일 때, 승부차기 성공률이 70 % 이상 75 % 미만인 선수는 몇 명인지 구하시오.

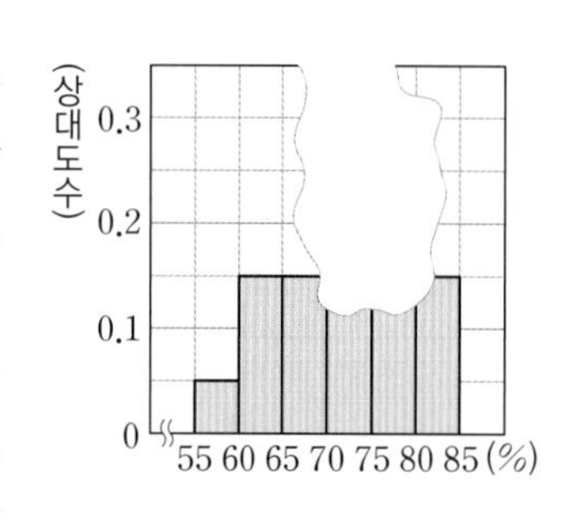

서술형 문제

1036

4개의 변량 a, b, c, d의 평균이 5일 때, 다음 4개의 변량의 평균을 구하시오.

$$2a-1,\quad 2b+2,\quad 2c+5,\quad 2d+6$$

풀이

1037 빈출

오른쪽은 희수네 반 학생들의 몸무게를 조사하여 나타낸 도수분포표이다. 몸무게가 40 kg 이상 45 kg 미만인 학생이 50 kg 이상 55 kg 미만인 학생의 3배라 할 때, 50 kg 이상인 학생은 몇 명인지 구하시오.

몸무게(kg)	학생 수(명)
30이상 ~ 35미만	1
35 ~ 40	4
40 ~ 45	
45 ~ 50	8
50 ~ 55	
55 ~ 60	3
합계	32

풀이

1038

오른쪽은 예성이네 반 학생 40명의 도덕 성적을 조사하여 나타낸 도수분포다각형인데 일부가 찢어져 보이지 않는다. 도덕 성적이 60점 이상 70점 미만인 학생이 전체의 30 %일 때, 70점 이상 80점 미만인 학생은 몇 명인지 구하시오.

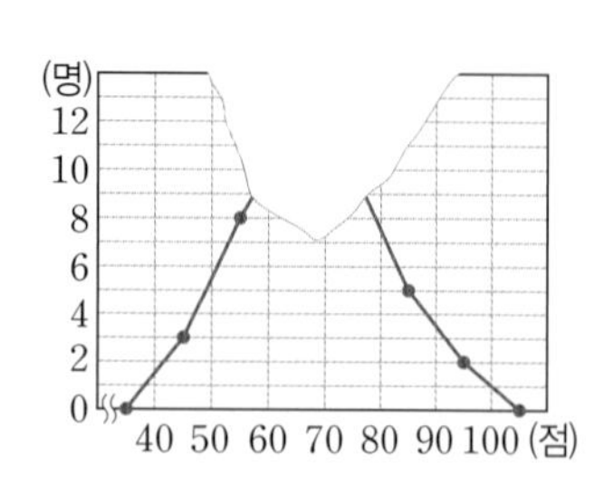

풀이

정답 및 풀이 62쪽

1039 수학 문해력 UP

자료의 수가 짝수인지 홀수인지 먼저 살펴봐요.

유형 05

아래 두 자료 A, B에 대하여 다음 조건을 만족시키는 a, b의 값을 모두 구하시오.

자료 A	17, b, 25, a, 15
자료 B	26, 20, a, 25, $b-1$

(가) 자료 A의 중앙값은 22이다.
(나) 두 자료 A, B를 섞은 전체 자료의 중앙값은 23이다.

해결 전략 $a=22$인 경우와 $b=22$인 경우로 나누어 생각한다.

1040

그래프의 가로축과 세로축을 잘 살펴봐요.

유형 10

“세계보건기구(WHO)는 하루 나트륨 섭취 제한량을 2000 mg으로 제시하고 있다.”는 뉴스를 들은 지효는 편의점 식품의 나트륨 함량을 조사하여 학교 신문에 다음과 같은 기사를 실었다. 지효가 작성한 기사의 내용이 적절한지 판단하고, 그 이유를 쓰시오.

다음 그림은 편의점 식품의 나트륨 함량을 조사하여 나타낸 것입니다. 이 그림에서 나트륨 함량이 1200 mg 이상 1300 mg 미만인 편의점 식품 수는 나트륨 함량이 900 mg 이상 1000 mg 미만인 편의점 식품 수의 2배 정도로 나타났습니다.

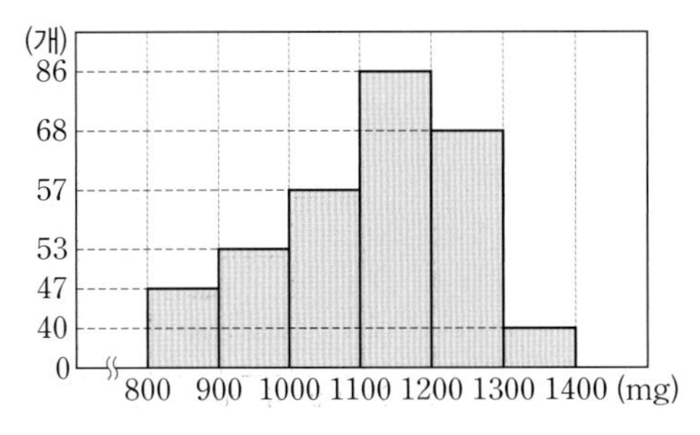

1041

도수분포표의 빈칸을 채운 후 전체 학생 수를 구해 봐요.

유형 08 · 유형 09 · 유형 13

다음은 솔해네 반 학생들의 자유투 성공 횟수를 조사하여 나타낸 도수분포표와 도수분포다각형이다. 자유투 성공 횟수가 상위 20 % 이내인 학생들이 자유투 시범을 보이게 할 때, 적어도 몇 회 이상이면 시범을 보일 수 있는지 구하시오.

자유투(회)	학생 수(명)
2이상 ~ 4미만	3
4 ~ 6	A
6 ~ 8	10
8 ~ 10	B
10 ~ 12	6
합계	

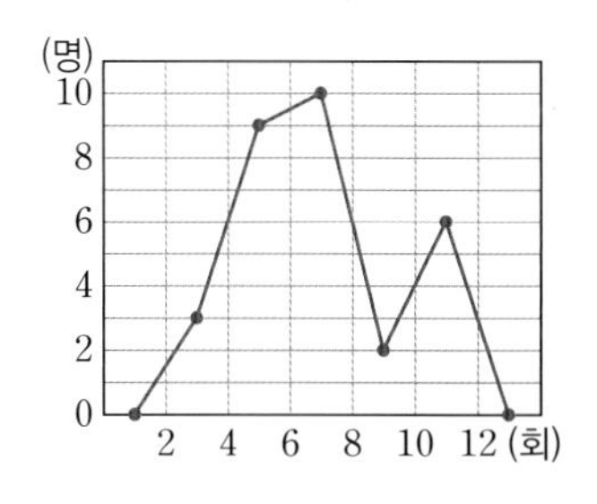

1042

‘글라이더’는 비행기와 같은 고정 날개를 가진 항공기이지만 바람의 에너지나 자신의 중력의 전진 성분을 추력으로 삼아 비행하는 항공기예요.

유형 25

오른쪽은 어느 중학교 1학년 학생 50명과 2학년 학생 100명이 각각 1개씩 만든 모형 글라이더의 비행 시간에 대한 상대도수의 분포를 나타낸 그래프이다. 다음 두 학생의 대화를 읽고 ㉠~㉤에 알맞은 수를 구하시오.

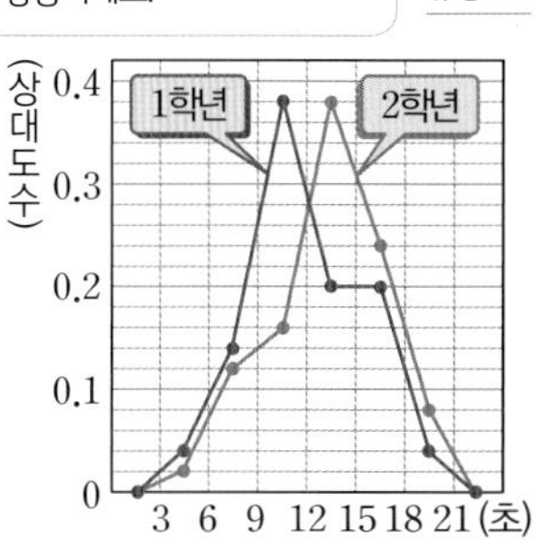

주원 : 1학년 글라이더의 ㉠ %는 15초 이상 비행했네.
영석 : 2학년 학생들의 글라이더 중 비행시간이 15초 이상인 글라이더는 2학년 전체의 ㉡ %야.
주원 : 그럼 비행시간이 15초 이상인 1학년, 2학년 학생들의 글라이더 수의 합은 ㉢ 개야.
영석 : 1학년에서 비행시간 기록이 5번째로 좋은 글라이더는 1학년, 2학년 전체에서 몇 번째로 기록이 좋은 것일까?
주원 : 그 기록은 1학년, 2학년 전체 중 기록이 좋은 쪽에서 ㉣ 번째에서 ㉤ 번째까지 해당한다고 할 수 있어.

MEMO

수매씽 MATHING 유형 중학 수학 1·2

내신과 등업을 위한 강력한 한 권!

수매씽 개념연산
중등 : 1~3학년 1·2학기

수매씽 개념
중등 : 1~3학년 1·2학기
고등(22개정) : 공통수학1, 공통수학2, 대수, 미적분I, 확률과 통계, 미적분II, 기하

수매씽 유형
중등 : 1~3학년 1·2학기
고등(15개정) : 수학I, 수학II, 확률과 통계, 미적분
고등(22개정) : 공통수학1, 공통수학2, 대수, 미적분I, 확률과 통계, 미적분II

Telephone 1644-0600
Homepage www.bookdonga.com
Address 서울시 영등포구 은행로 30 (우 07242)

- 정답 및 풀이는 동아출판 홈페이지 내 학습자료실에서 내려받을 수 있습니다.
- 교재에서 발견된 오류는 동아출판 홈페이지 내 정오표에서 확인 가능하며, 잘못 만들어진 책은 구입처에서 교환해 드립니다.
- 학습 상담, 제안 사항, 오류 신고 등 어떠한 이야기라도 들려주세요.

내신을 위한 강력한 한 권!

164유형 1714문항

유형 반복 쌍둥이 문제

만점 대비 심화 학습

수매씽 유형

중학 수학

1·2

워크북

동아출판

수매씽 유형 중학 수학 1·2

발행일	2024년 7월 10일
인쇄일	2024년 6월 30일
펴낸곳	동아출판㈜
펴낸이	이욱상
등록번호	제300-1951-4호(1951. 9. 19.)
개발총괄	김영지
개발책임	이상민
개발	김기철, 김성일, 김주영, 이화정, 박가영, 신지원
디자인책임	목진성
표지 디자인	송현아
내지 디자인	강혜빈
대표번호	1644-0600
주소	서울시 영등포구 은행로 30 (우 07242)

내신과 등업을 위한 강력한 한 권! **수매씽 유형**

수매씽

워크북
빠른 정답

1·2

QR코드로 편리하게 정답 확인해요.

08 자료의 정리와 해석

93~112쪽

567 183 cm	568 12	569 ⑤	570 64점	571 52
572 29	573 ③	574 14	575 13	576 ⑤
577 영일, 지민, 해주		578 최빈값	579 평균	580 ㄱ, ㄴ
581 ②	582 9	583 7개	584 ⑤	585 ⑤
586 ③	587 ②	588 48	589 은채, 2시간	590 20 %
591 204 cm	592 ④	593 10분 이상 15분 미만		594 ①
595 50분	596 ㄱ	597 9명	598 12	599 5
600 16명	601 25 %	602 22명	603 ⑤	604 57
605 ③	606 44 %	607 6.5시간	608 4배	609 80
610 3 : 8	611 ①	612 $x=5$, $y=10$	613 ⑤	614 ④
615 6명	616 ②, ④	617 60점	618 ②	619 6명
620 52 %	621 2개	622 43	623 ②	624 ①
625 0.16	626 ④	627 0.3	628 0.18	629 75명
630 10.4	631 ③	632 (1) 5.4 (2) 56 %		633 8명
634 11명	635 ④	636 24명	637 12명	638 ③
639 2학년	640 ⑤	641 160명	642 ①	643 ④
644 3 : 4	645 ⑤	646 7명		
647 (1) 60 % (2) 84명 (3) 80회 이상 85회 미만			648 ③	649 90명
650 ①	651 ③	652 30명	653 12명	654 ④
655 (1) 여학생 (2) 여학생, 13명		656 ③		
657 5만 원 이상 6만 원 미만				
658 ③	659 7	660 29	661 5명	662 9명
663 35 %	664 0.2	665 2 : 3	666 1.4 L 이상 1.6 L 미만	
667 7명	668 12명	669 70개	670 ②	671 42
672 민주, 풀이 참조				

05 원과 부채꼴 54~65쪽

317 ④ 318 ① 활꼴 ② 현 AB ③ 중심각 ④ 부채꼴 COD ⑤ $\widehat{CD}$
319 180° 320 140 321 70 322 40 323 40 cm
324 80° 325 78° 326 72° 327 75° 328 ③
329 10 cm 330 3 331 ③ 332 20 cm 333 45°
334 6 cm 335 3배 336 9 cm 337 ② 338 ②
339 12 cm^2 340 ④ 341 ② 342 5 cm 343 ②
344 ㄱ, ㄷ 345 ②, ⑤ 346 ③
347 둘레의 길이 : 32π cm, 넓이 : 32π cm^2 348 ⑤
349 호의 길이 : 16π cm, 넓이 : 96π cm^2 350 6 cm 351 270°
352 ② 353 ④
354 둘레의 길이 : $(3\pi+8)$ cm, 넓이 : 6π cm^2 355 $\frac{25}{2}\pi$ cm^2
356 32π cm 357 $(6\pi+24)$ cm 358 $(8\pi+16)$ cm
359 $(4\pi+6)$ cm 360 $(24-4\pi)$ cm^2
361 $(50\pi-100)$ cm^2 362 $(144-24\pi)$ cm^2 363 ④
364 54π cm^2 365 $(4\pi+8)$ cm^2 366 18 cm^2 367 ③
368 18π cm^2 369 3π cm 370 (1) 45° (2) $(8\pi-16)$ cm^2
371 4π cm 372 $(10\pi+40)$ cm 373 $(8\pi+24)$ cm
374 $(6\pi+36)$ cm 375 $(64\pi+600)$ cm^2
376 64π cm^2 377 ⑤ 378 ③ 379 20π cm
380 $\frac{9}{2}\pi$ cm
381 72° 382 40° 383 ② 384 9 cm 385 16 cm
386 75 cm^2 387 2π cm^2 388 ③ 389 16π cm^2
390 ㈎, 4 cm 391 $(4\pi+112)$ cm^2 392 670π m^2

06 다면체와 회전체 66~77쪽

393 ①, ③ 394 2개 395 ㄱ, ㄴ, ㅁ, ㅂ 396 ④
397 ⑤ 398 30
399 각기둥 : 팔각형, 각뿔 : 구각형, 각뿔대 : 팔각형 400 ⑤ 401 ③
402 44 403 8 404 34 405 8 406 26
407 ③ 408 ⑤ 409 ③ 410 ② 411 ②
412 ② 413 ②, ④ 414 ① 415 사각뿔대 416 25
417 ①, ② 418 정팔면체 419 정다면체가 아니다., 풀이 참조 420 20
421 ⑤ 422 32 423 ③ 424 ④ 425 ②
426 ③ 427 ④ 428 ③ 429 4개
430 (1) ㄱ, ㄹ (2) ㄴ, ㄷ, ㅁ, ㅂ 431 ④ 432 ③ 433 ③
434 ㄱ, ㄴ, ㄹ 435 ①, ⑤ 436 ②, ④ 437 ⑤ 438 ①
439 ⑤ 440 98 cm^2 441 144 cm^2 442 12π cm^2 443 5
444 13 445 5 446 8 447 240 448 ②
449 ② 450 ㄱ, ㄹ 451 2 452 14 453 2
454 2 455 ⑤ 456 정사면체 457 ③, ⑤
458 5 459 38 460 ④ 461 ③ 462 ③
463 20 464 ② 465 10 466 ③ 467 60
468 오각형 469 $\frac{24}{5}\pi$ cm

07 입체도형의 겉넓이와 부피 78~92쪽

470 184 cm^2 471 ① 472 9 cm 473 7 cm 474 ③
475 8 cm 476 360π cm^2 477 88 cm^3 478 ④ 479 15 cm
480 1 : 3 481 8 cm 482 5 483 2 484 ④
485 ② 486 96 cm^3 487 겉넓이 : 140π cm^2, 부피 : 225π cm^3
488 ⑤ 489 3 cm 490 3 : 1 491 240π cm^3 492 ③
493 겉넓이 : $(320+24\pi)$ cm^2, 부피 : $(384-32\pi)$ cm^3 494 ②
495 ③ 496 264 cm^2 497 ① 498 $(20-5\pi)$ cm^3
499 $(315\pi+180)$ cm^2 500 130π cm^2 501 ④
502 $\frac{35}{3}\pi$ cm^3 503 ② 504 39 cm^2 505 13
506 480 cm^2 507 12 cm 508 ④ 509 25π cm^2
510 8π cm^2 511 28 cm^3 512 ④ 513 6 cm
514 72 cm^3 515 ③ 516 ④ 517 ⑤
518 18 cm^3 519 6 cm 520 ④ 521 ① 522 6
523 12 524 ③ 525 겉넓이 : 96π cm^2, 부피 : 96π cm^3
526 4 cm 527 ⑤ 528 ④ 529 5 530 ①
531 ⑤ 532 ④ 533 ③ 534 18π cm^3
535 81π cm^2 536 4 : 3 537 ④ 538 4 cm
539 18000원 540 30π cm^3 541 ③ 542 ① 543 16 cm
544 ④ 545 6번 546 ④ 547 224π cm^3 548 ②
549 원뿔의 부피 : 12π cm^3, 원기둥의 부피 : 36π cm^3 550 ③
551 6 cm 552 288 cm^3 553 ④ 554 ③
555 ④ 556 10 cm 557 ④ 558 ③ 559 58
560 겉넓이 : 89π cm^2, 부피 : 93π cm^3 561 1.6 cm 562 ④
563 216° 564 8 cm 565 64π cm^2 566 ②

수매씽 워크북 빠른 정답

01 기본 도형 4~14쪽

001 2　**002** 교점의 개수 : 12, 교선의 개수 : 18
003 32　**004** ②　**005** ⑤　**006** ①, ④
007 재환, 풀이 참조　**008** ㄱ과 ㅁ, ㄴ과 ㄷ, ㄹ과 ㅂ, ㅅ과 ㅇ
009 ②　**010** ①　**011** ㄴ, ㄷ
012 직선의 개수 : 6, 반직선의 개수 : 12　**013** ②　**014** 40
015 19　**016** ④　**017** 15　**018** ⑤
019 ㄱ, ㄴ, ㄹ　**020** $\frac{11}{2}$　**021** 12 cm　**022** 12 cm　**023** 30 cm
024 25 cm　**025** 6 cm　**026** ③　**027** 3 cm　**028** 7 cm
029 21　**030** 55　**031** ③　**032** ③　**033** 17
034 ①　**035** 31　**036** 55°　**037** 45°　**038** 60°
039 90°　**040** 15°　**041** 90°　**042** ①　**043** ④
044 140°　**045** 58°　**046** ②　**047** ④　**048** 36
049 ⑤　**050** ④　**051** ④　**052** 55　**053** ④
054 ③　**055** ⑤　**056** ④
057 (1) 점 C, 1　(2) 점 D, 4　**058** ④　**059** ③, ④　**060** 17
061 155°　**062** 45°　**063** ②
064 ⑤　**065** ㄱ, ㄴ　**066** ㄱ, ㄷ　**067** 70 cm　**068** ②
069 ②　**070** 6쌍　**071** 26　**072** $\frac{1}{8}$　**073** ④
074 9°

02 위치 관계 15~28쪽

075 ⑤　**076** 점 C, 점 D, 점 E, 점 F　**077** 2　**078** 8
079 ㄱ, ㄷ　**080** ③　**081** ⑤　**082** ⑤　**083** ②
084 10　**085** ④　**086** (1) 2　(2) 8　**087** ①, ④　**088** 1
089 4　**090** $\overline{BF}$, $\overline{CG}$, $\overline{EF}$, $\overline{HG}$　**091** ②, ③　**092** ④
093 ③　**094** ②　**095** ④　**096** ⑤　**097** 8
098 ㄴ, ㄷ, ㄹ　**099** ②　**100** 8　**101** $\overline{DH}$
102 $\overline{AB}$, $\overline{DE}$　**103** ③　**104** 5　**105** ④
106 (1) 면 BFEA, 면 AEHD
(2) 면 ABCD, 면 BFEA, 면 EFGH, 면 CGHD
(3) 면 BFEA, 면 CGHD
107 3　**108** ④　**109** ㄴ　**110** 9　**111** ③, ④
112 $\overline{BE}$　**113** ⑤　**114** ③, ④　**115** ②　**116** 민수
117 ①, ④　**118** ⑤　**119** (1) 240°　(2) 220°　**120** 24°
121 ③　**122** 130　**123** ③　**124** ①, ④　**125** ④
126 ⑤　**127** 37°　**128** ②　**129** ①　**130** 32
131 ①　**132** ④　**133** 53°　**134** 88　**135** 125°
136 ⑤　**137** 265°　**138** ①　**139** ②　**140** 130°
141 60°　**142** 23°　**143** 90°　**144** 36°　**145** ④
146 ㄱ, ㄴ, ㄷ
147 ③　**148** 7　**149** 10　**150** ⑤
151 (1) 면 DCF, 면 DAE　(2) 5 cm　**152** ④　**153** 64°
154 20　**155** 283°　**156** 165°　**157** 30°　**158** 160°

03 작도와 합동 29~38쪽

159 ①　**160** ③, ⑤　**161** ②
162 ㈎ 컴퍼스, ㈏ $\overline{AB}$, ㈐ 정삼각형　**163** 풀이 참조　**164** ③
165 ④　**166** ⑤　**167** ㉥　**168** ③
169 ②, ③　**170** ①　**171** 9　**172** 3개　**173** ⑤
174 ②　**175** ①　**176** ①, ⑤　**177** ㄱ, ㄷ　**178** ②
179 ③　**180** ②　**181** 3　**182** ③　**183** ③
184 107　**185** ③　**186** ③, ⑤　**187** ②　**188** ③, ④
189 ㄷ, ㄹ　**190** (1) $\overline{AB}=\overline{DE}$　(2) $\angle C=\angle F$　**191** ㈎ $\overline{OB}$, ㈏ $\overline{BP}$, ㈐ SSS
192 $\triangle ABC \equiv \triangle CDA$, SSS 합동　**193** ㄴ, ㄷ　**194** ②
195 $\triangle DCM$, SAS 합동　**196** 180 m, SAS 합동　**197** ⑤
198 ④　**199** $\triangle ABC \equiv \triangle EBD$, ASA 합동　**200** ④
201 ㄱ, ㄷ, ㄹ　**202** ①, ③　**203** 12
204 $\triangle AFD \equiv \triangle DGC$, ASA 합동　**205** ㄱ, ㄷ, ㄹ
206 ㈎ $\overline{AC}$, ㈏ 60°, ㈐ $\overline{BD}$, ㈑ 30°　**207** 7개　**208** 2
209 59°　**210** ASA 합동　**211** ③　**212** 7 cm　**213** ②
214 50°　**215** 60°　**216** ㄱ, ㄴ, ㄷ　**217** 38°

04 다각형 39~53쪽

218 ②, ⑤　**219** ②, ④　**220** ③　**221** 195°　**222** 135°
223 65　**224** 190　**225** ④　**226** ③, ④
227 정십각형　**228** ⑤　**229** ③　**230** 8　**231** 십각형
232 ①　**233** ②　**234** 153　**235** ④　**236** 54
237 20번　**238** 21　**239** ⑤　**240** 15　**241** ①
242 15　**243** 25　**244** ③　**245** 70°　**246** 84°
247 10　**248** 30　**249** 65°　**250** ②　**251** ③
252 80°　**253** ④　**254** 121°　**255** 52°　**256** ①
257 28°　**258** 100°　**259** 2　**260** ③　**261** 48°
262 135°　**263** ②　**264** 55°　**265** ④　**266** ④
267 ①　**268** 85°　**269** ②　**270** 10　**271** 1620°
272 정십이각형　**273** ②　**274** ④　**275** ④　**276** 80°
277 ⑤　**278** 15°　**279** 130°　**280** ③　**281** 18
282 ⑤　**283** 360°　**284** ③　**285** 164　**286** ③
287 ④　**288** 1440°　**289** ③　**290** 정육각형　**291** 150°
292 ⑤　**293** ④　**294** 36°　**295** 72°　**296** ④
297 ④　**298** 120°　**299** 60°　**300** 75°　**301** ④
302 900°　**303** 295°　**304** 360°　**305** 360°
306 ③　**307** 70°　**308** $\angle x=80°$, $\angle y=40°$　**309** 35
310 30°　**311** 66°　**312** ②　**313** ③　**314** 150°
315 72°　**316** 540°

수매씽

MATHING

유형

중학 수학

1·2

워크북

내신과 등업을 위한 강력한 한 권! **'수매씽 유형'**

워크북 구성과 특징

'수매씽 유형'은 전국 1000개 중학교 기출문제를 체계적으로 분석하여 새로운 수학 학습의 방향을 제시합니다.
꼭 필요한 유형만 모은 유형북과 반복 + 심화 학습으로 구성한 워크북으로 구성된 최고의 문제 기본서!
'수매씽 유형'을 통해 꼭 필요한 유형과 반복 학습으로 수학의 자신감을 키우세요.

반복 + 심화 학습 System

반복 학습

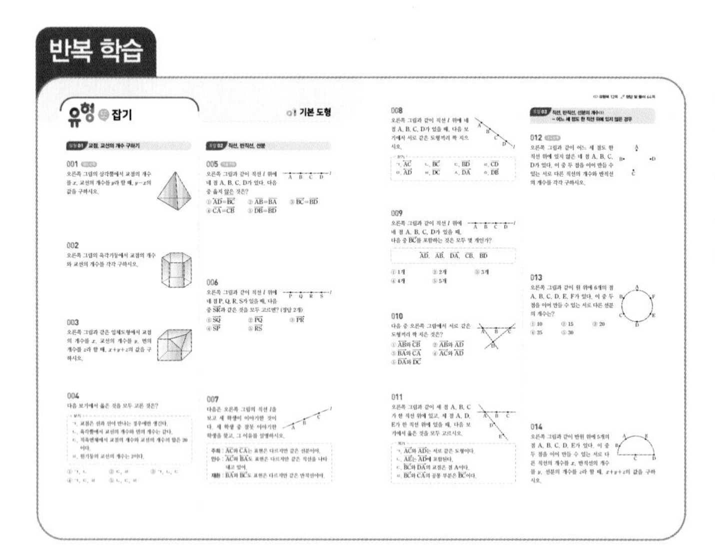

유형 또 잡기

'유형 다 잡기'의 쌍둥이 문제로 구성하였습니다.
숫자 및 표현을 바꾼 쌍둥이 문제로
유형별 반복 학습을 통해
수학 실력을 향상할 수 있습니다.

심화 학습

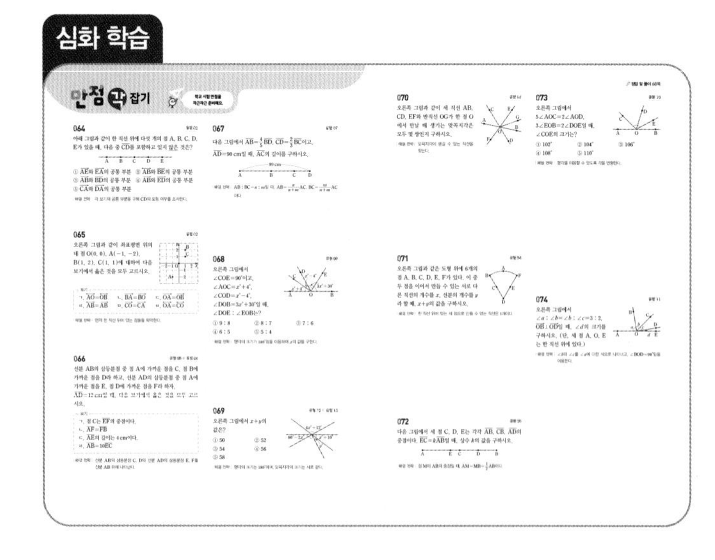

만점 각 잡기

만점 도전을 위한 고난도 문항들을
선별하였습니다.
각 문항에 [해결 전략]을 제시하여
스스로 문제를 해결할 수 있게
구성하였습니다.

내신과 등업을 위한 강력한 한 권! **'수매씽 유형'**

워크북 차례

유형 01 교점, 교선의 개수 구하기

001 대표 문제

오른쪽 그림의 삼각뿔에서 교점의 개수를 x, 교선의 개수를 y라 할 때, $y-x$의 값을 구하시오.

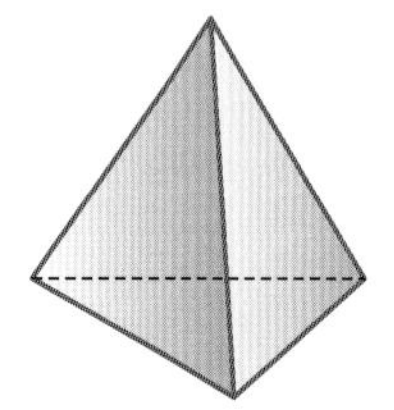

002

오른쪽 그림의 육각기둥에서 교점의 개수와 교선의 개수를 각각 구하시오.

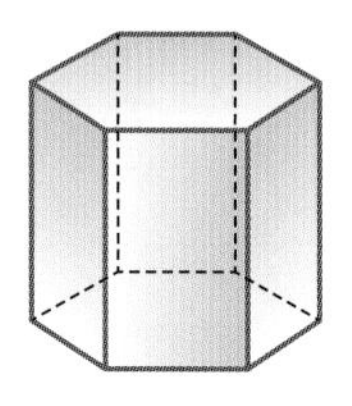

003

오른쪽 그림과 같은 입체도형에서 교점의 개수를 x, 교선의 개수를 y, 면의 개수를 z라 할 때, $x+y+z$의 값을 구하시오.

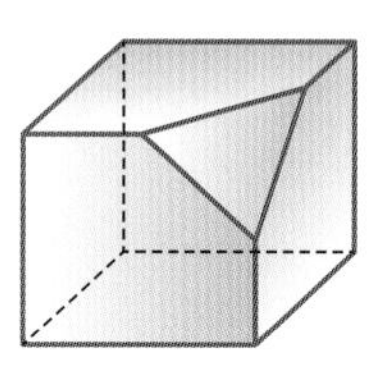

004

다음 보기에서 옳은 것을 모두 고른 것은?

보기
ㄱ. 교점은 선과 선이 만나는 경우에만 생긴다.
ㄴ. 육각뿔에서 교선의 개수와 면의 개수는 같다.
ㄷ. 직육면체에서 교점의 개수와 교선의 개수의 합은 20이다.
ㄹ. 원기둥의 교선의 개수는 2이다.

① ㄱ, ㄴ ② ㄷ, ㄹ ③ ㄱ, ㄴ, ㄷ
④ ㄱ, ㄷ, ㄹ ⑤ ㄴ, ㄷ, ㄹ

유형 02 직선, 반직선, 선분

005 대표 문제

오른쪽 그림과 같이 직선 l 위에 네 점 A, B, C, D가 있다. 다음 중 옳지 않은 것은?

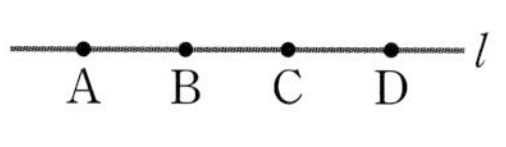

① $\overleftrightarrow{AD}=\overleftrightarrow{BC}$ ② $\overline{AB}=\overline{BA}$ ③ $\overrightarrow{BC}=\overrightarrow{BD}$
④ $\overrightarrow{CA}=\overrightarrow{CB}$ ⑤ $\overrightarrow{DB}=\overrightarrow{BD}$

006

오른쪽 그림과 같이 직선 l 위에 네 점 P, Q, R, S가 있을 때, 다음 중 $\overrightarrow{SR}$과 같은 것을 모두 고르면? (정답 2개)

P Q R S l

① $\overrightarrow{SQ}$ ② $\overrightarrow{PQ}$ ③ $\overrightarrow{PR}$
④ $\overrightarrow{SP}$ ⑤ $\overrightarrow{RS}$

007

다음은 오른쪽 그림의 직선 l을 보고 세 학생이 이야기한 것이다. 세 학생 중 잘못 이야기한 학생을 찾고, 그 이유를 설명하시오.

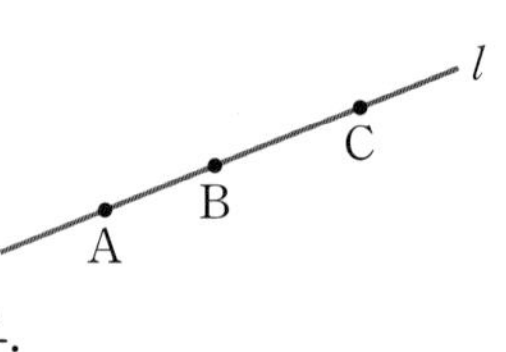

주희 : $\overline{AC}$와 $\overline{CA}$는 표현은 다르지만 같은 선분이야.
민수 : $\overleftrightarrow{AC}$와 $\overleftrightarrow{BA}$도 표현은 다르지만 같은 직선을 나타내고 있어.
재환 : $\overrightarrow{BA}$와 $\overrightarrow{BC}$도 표현은 다르지만 같은 반직선이야.

008

오른쪽 그림과 같이 직선 l 위에 네 점 A, B, C, D가 있을 때, 다음 보기에서 서로 같은 도형끼리 짝 지으시오.

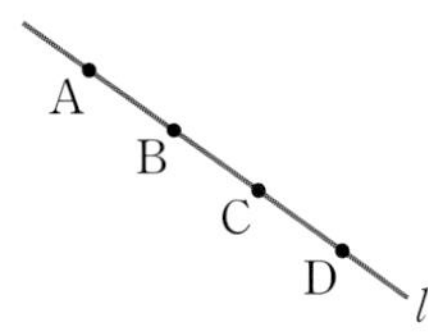

보기

ㄱ. $\overleftrightarrow{AC}$　ㄴ. $\overrightarrow{BC}$　ㄷ. $\overrightarrow{BD}$　ㄹ. $\overline{CD}$
ㅁ. $\overleftrightarrow{AD}$　ㅂ. $\overline{DC}$　ㅅ. $\overrightarrow{DA}$　ㅇ. $\overrightarrow{DB}$

009

오른쪽 그림과 같이 직선 l 위에 네 점 A, B, C, D가 있을 때, 다음 중 $\overrightarrow{BC}$를 포함하는 것은 모두 몇 개인가?

A B C D l

$\overleftrightarrow{AD}$, $\overrightarrow{AB}$, $\overrightarrow{DA}$, $\overline{CB}$, $\overline{BD}$

① 1개　② 2개　③ 3개
④ 4개　⑤ 5개

010

다음 중 오른쪽 그림에서 서로 같은 도형끼리 짝 지은 것은?

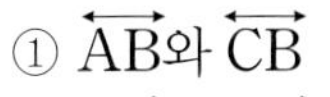

① $\overleftrightarrow{AB}$와 $\overleftrightarrow{CB}$　② $\overrightarrow{AB}$와 $\overrightarrow{AD}$
③ $\overrightarrow{BA}$와 $\overrightarrow{CA}$　④ $\overleftrightarrow{AC}$와 $\overleftrightarrow{AD}$
⑤ $\overrightarrow{DA}$와 $\overrightarrow{DC}$

A B C D

011

오른쪽 그림과 같이 세 점 A, B, C가 한 직선 위에 있고, 세 점 A, D, E가 한 직선 위에 있을 때, 다음 보기에서 옳은 것을 모두 고르시오.

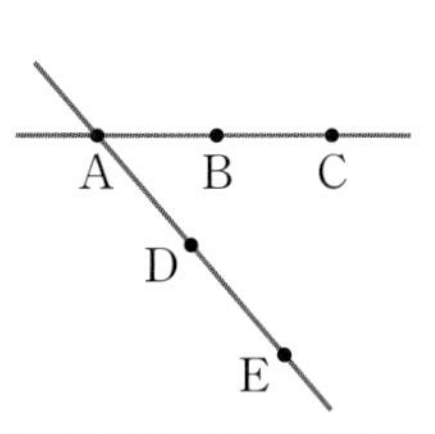

보기

ㄱ. $\overrightarrow{AC}$와 $\overrightarrow{AD}$는 서로 같은 도형이다.
ㄴ. $\overrightarrow{AE}$는 $\overleftrightarrow{AD}$에 포함된다.
ㄷ. $\overleftrightarrow{BC}$와 $\overrightarrow{DA}$의 교점은 점 A이다.
ㄹ. $\overrightarrow{BC}$와 $\overrightarrow{CA}$의 공통 부분은 $\overleftrightarrow{BC}$이다.

유형 03 직선, 반직선, 선분의 개수(1) – 어느 세 점도 한 직선 위에 있지 않은 경우

012 대표 문제

오른쪽 그림과 같이 어느 세 점도 한 직선 위에 있지 않은 네 점 A, B, C, D가 있다. 이 중 두 점을 이어 만들 수 있는 서로 다른 직선의 개수와 반직선의 개수를 각각 구하시오.

013

오른쪽 그림과 같이 원 위에 6개의 점 A, B, C, D, E, F가 있다. 이 중 두 점을 이어 만들 수 있는 서로 다른 선분의 개수는?

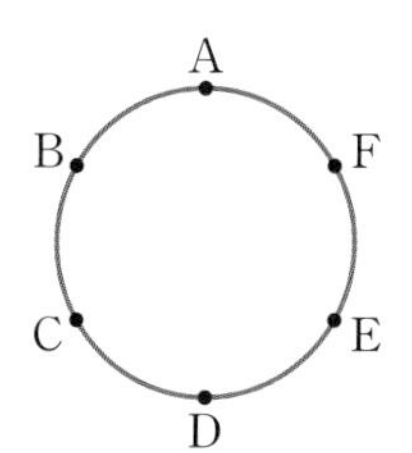

① 10　② 15　③ 20
④ 25　⑤ 30

014

오른쪽 그림과 같이 반원 위에 5개의 점 A, B, C, D, E가 있다. 이 중 두 점을 이어 만들 수 있는 서로 다른 직선의 개수를 x, 반직선의 개수를 y, 선분의 개수를 z라 할 때, $x+y+z$의 값을 구하시오.

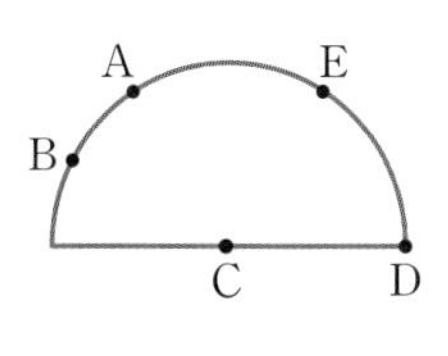

01 기본 도형

유형 04 직선, 반직선, 선분의 개수(2) – 한 직선 위에 세 점 이상이 있는 경우

015 대표 문제

오른쪽 그림과 같이 직선 l 위에 5개의 점 A, B, C, D, E가 있다. 이 중 두 점을 이어 만들 수 있는 서로 다른 직선의 개수를 x, 반직선의 개수를 y, 선분의 개수를 z라 할 때, $x+y+z$의 값을 구하시오.

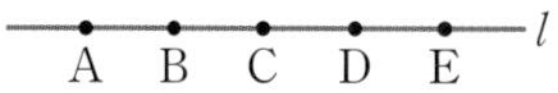

A B C D E l

016

오른쪽 그림과 같이 5개의 점 A, B, C, D, E가 있다. 이 중 두 점을 이어 만들 수 있는 서로 다른 반직선의 개수는?

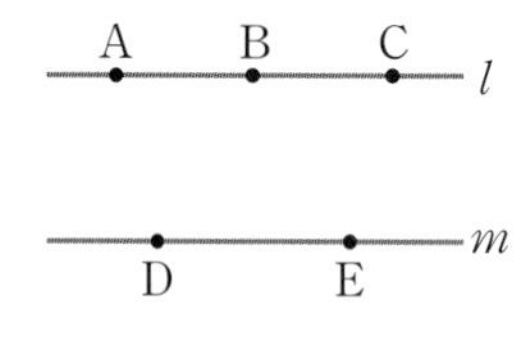

① 15 ② 16 ③ 17
④ 18 ⑤ 19

017

오른쪽 그림과 같이 5개의 점 A, B, C, D, E가 있다. 이 중 두 점을 이어 만들 수 있는 서로 다른 직선의 개수를 x, 선분의 개수를 y라 할 때, $x+y$의 값을 구하시오.

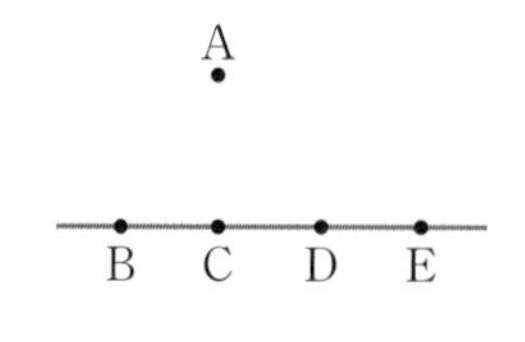

유형 05 선분의 중점, 삼등분점

018 대표 문제

아래 그림에서 점 M은 $\overline{AB}$의 중점이고, 점 N은 $\overline{BC}$의 중점일 때, 다음 중 옳지 않은 것은?

A M B N C

① $\overline{AM}=\overline{MB}$ ② $\overline{AC}=2\overline{MN}$
③ $\overline{NC}=\frac{1}{2}\overline{BC}$ ④ $\overline{AM}=\frac{1}{2}\overline{AB}$
⑤ $\overline{MB}=\frac{1}{4}\overline{AC}$

019

아래 그림에서 두 점 C, D는 $\overline{AB}$의 삼등분점이고 점 O는 $\overline{AB}$의 중점일 때, 다음 보기에서 옳은 것을 모두 고르시오.

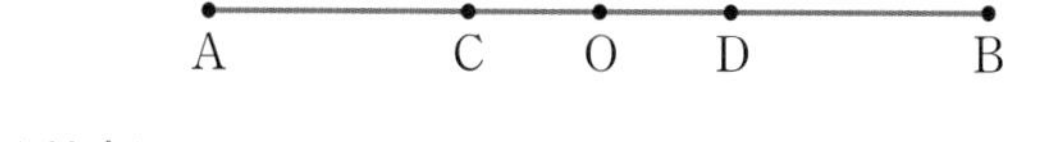

보기
ㄱ. $\overline{AB}=6\overline{CO}$ ㄴ. $\overline{AD}=\overline{CB}$
ㄷ. $\overline{AB}=\frac{4}{3}\overline{AD}$ ㄹ. $\overline{CD}=\frac{1}{3}\overline{AB}$

020

다음 그림에서 두 점 M, N은 $\overline{AB}$의 삼등분점이고, 점 P는 $\overline{NB}$의 중점이다. $\overline{AN}=a\overline{PB}$, $\overline{MP}=b\overline{MN}$일 때, 상수 a, b에 대하여 $a+b$의 값을 구하시오.

유형 06 두 점 사이의 거리(1) – 중점, 삼등분점 이용

021 대표 문제

다음 그림에서 점 M은 $\overline{AB}$의 중점이고, 점 N은 $\overline{MB}$의 중점이다. $\overline{AB}=16\text{ cm}$일 때, $\overline{AN}$의 길이를 구하시오.

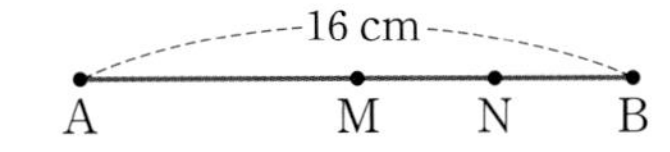

022

다음 그림에서 점 M은 $\overline{AC}$의 중점이고, 점 N은 $\overline{CB}$의 중점이다. $\overline{MN}=6\text{ cm}$일 때, $\overline{AB}$의 길이를 구하시오.

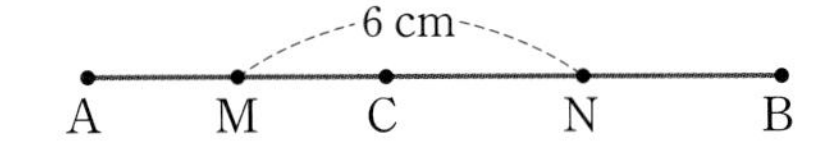

023

다음 그림에서 두 점 P, Q는 $\overline{AB}$의 삼등분점이고, 점 M은 $\overline{PQ}$의 중점이다. $\overline{AQ}=40\text{ cm}$일 때, $\overline{MB}$의 길이를 구하시오.

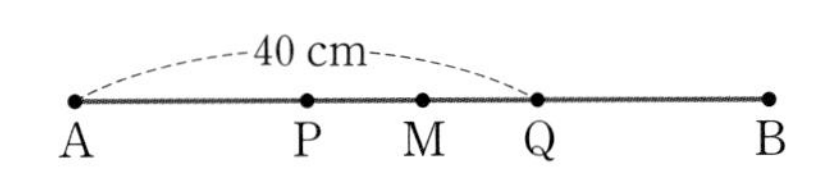

024

다음 그림에서 점 M은 $\overline{AB}$의 중점, 두 점 P, Q는 $\overline{MB}$의 삼등분점이고, 점 R은 $\overline{AP}$의 중점이다. $\overline{RP}=10\text{ cm}$일 때, $\overline{AQ}$의 길이를 구하시오.

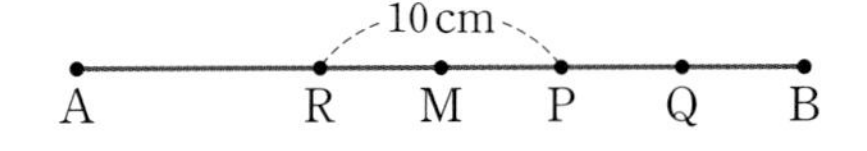

유형 07 두 점 사이의 거리(2) – 관계식, 비례식 이용

025 대표 문제

다음 그림에서 $\overline{AC}:\overline{CD}=3:1$, $\overline{AB}:\overline{BC}=1:2$이고, $\overline{AD}=12\text{ cm}$일 때, $\overline{BC}$의 길이를 구하시오.

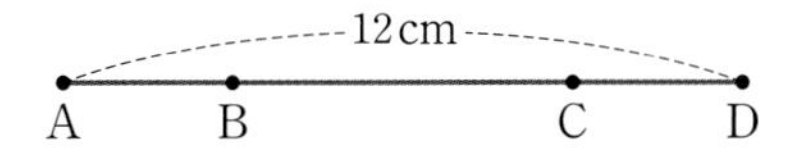

026

다음 그림에서 $3\overline{AB}=4\overline{BC}$이고 두 점 M, N은 각각 $\overline{AB}$, $\overline{BC}$의 중점이다. $\overline{AM}=8\text{ cm}$일 때, $\overline{NC}$의 길이는?

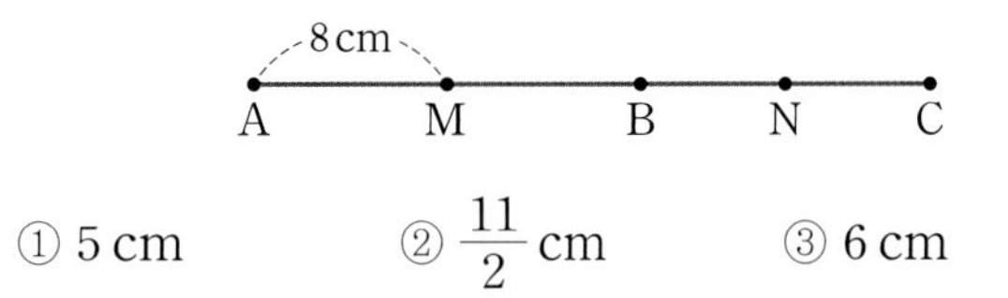

① 5 cm　② $\frac{11}{2}$ cm　③ 6 cm　④ $\frac{13}{2}$ cm　⑤ 7 cm

027

다음 그림에서 $\overline{AC}=3\overline{CD}$, $\overline{AB}=3\overline{BC}$이고, $\overline{AD}=16\text{ cm}$일 때, $\overline{BC}$의 길이를 구하시오.

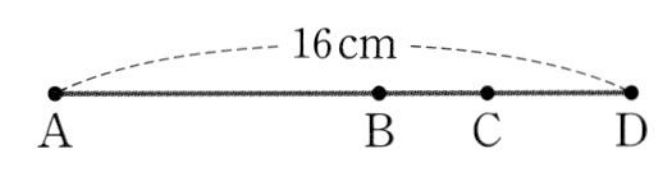

028

다음 그림에서 $\overline{AP}:\overline{PB}=1:5$, $\overline{AQ}:\overline{QB}=4:3$이고, $\overline{PQ}=17\text{ cm}$일 때, $\overline{AP}$의 길이를 구하시오.

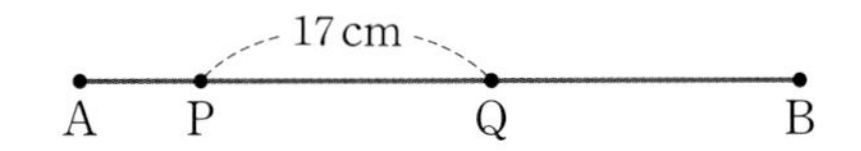

유형 08 평각을 이용한 각의 크기 구하기

029 대표 문제

오른쪽 그림에서 x의 값을 구하시오.

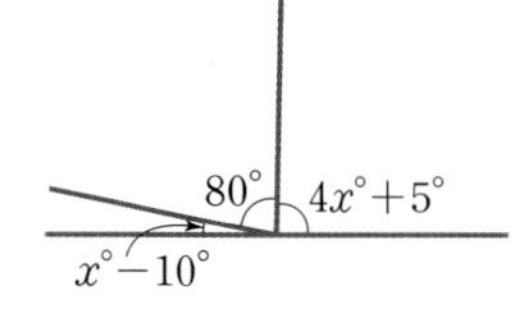

030

오른쪽 그림에서 x의 값을 구하시오.

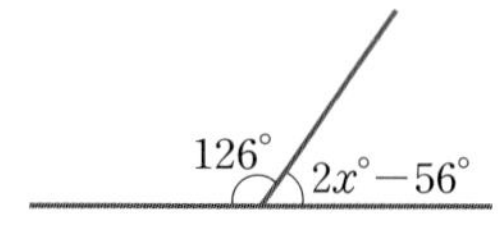

031

오른쪽 그림에서 $\angle AOB$의 크기는?

① $95°$ ② $97°$ ③ $99°$ ④ $101°$ ⑤ $103°$

032

오른쪽 그림에서 $x+y+z$의 값은?

① 60 ② 65 ③ 70 ④ 75 ⑤ 80

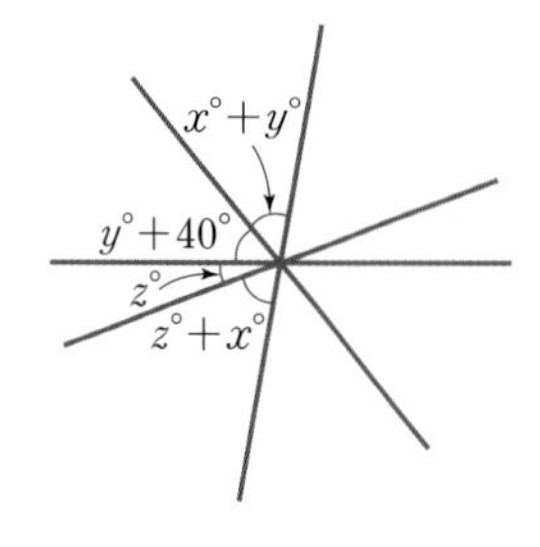

유형 09 직각을 이용한 각의 크기 구하기

033 대표 문제

오른쪽 그림에서 x의 값을 구하시오.

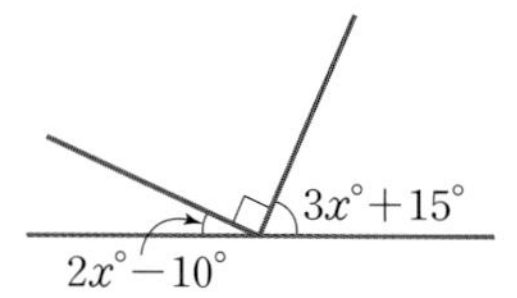

034

오른쪽 그림에서 x의 값은?

① 20 ② 21 ③ 22 ④ 23 ⑤ 24

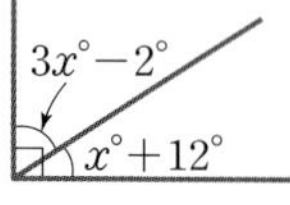

035

오른쪽 그림에서 $\overleftrightarrow{AD}\perp\overleftrightarrow{BE}$일 때, x의 값을 구하시오.

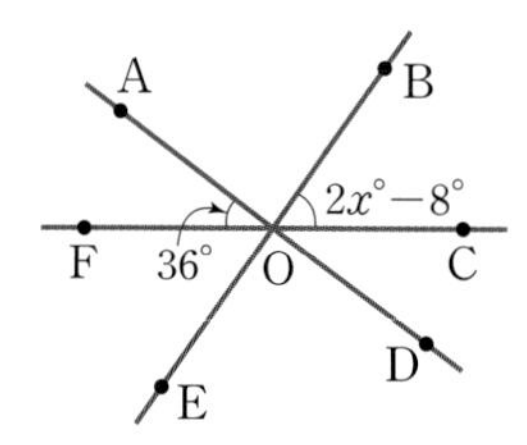

036

오른쪽 그림에서 $\overline{AO}\perp\overline{CO}$, $\overline{BO}\perp\overline{DO}$이고, $\angle AOB+\angle COD=70°$일 때, $\angle BOC$의 크기를 구하시오.

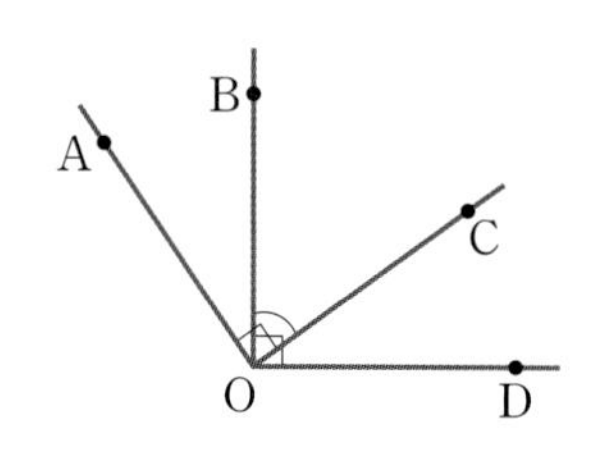

유형 10 각의 크기 사이의 조건이 주어진 경우 각의 크기 구하기

037 대표 문제

오른쪽 그림에서

$\angle COD=\frac{1}{3}\angle AOC$,

$\angle DOB=4\angle DOE$일 때,

$\angle COE$의 크기를 구하시오.

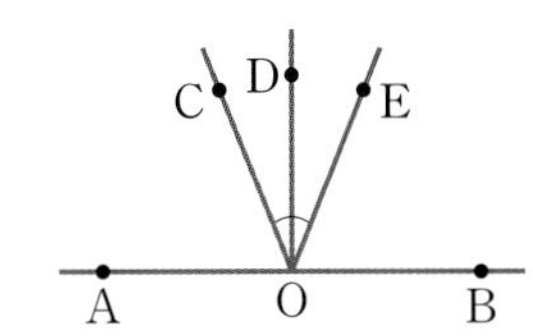

038

오른쪽 그림에서

$\angle AOC=2\angle COD$,

$2\angle DOE=\angle EOB$일 때,

$\angle COE$의 크기를 구하시오.

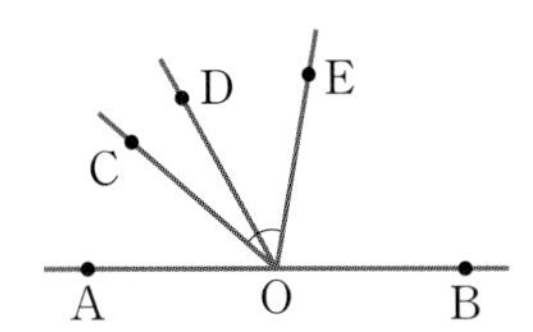

039

오른쪽 그림에서 $\angle AOC=45°$,

$\angle COE=8\angle EOB$,

$\angle DOE=2\angle EOB$일 때,

$\angle COD$의 크기를 구하시오.

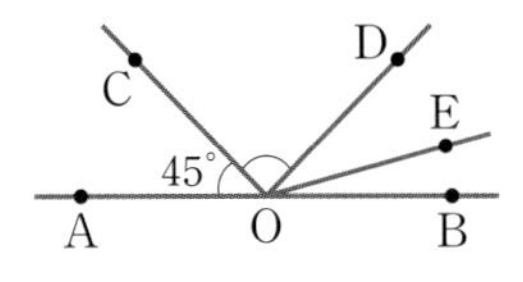

040

오른쪽 그림에서 $\overline{AB}\perp\overline{PO}$이고,

$\angle POQ=\frac{1}{3}\angle AOQ$,

$\angle QOR=\frac{1}{3}\angle QOB$일 때,

$\angle QOR$의 크기를 구하시오.

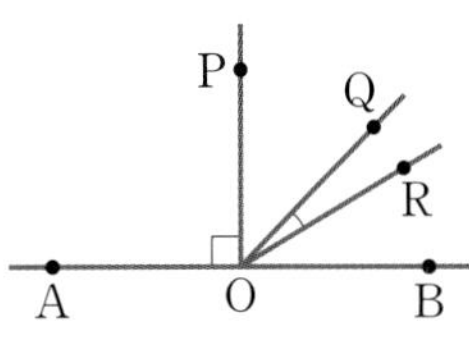
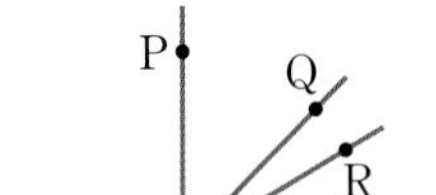

유형 11 각의 크기의 비가 주어진 경우 각의 크기 구하기

041 대표 문제

오른쪽 그림에서

$\angle a : \angle b : \angle c=2:3:5$일 때,

$\angle c$의 크기를 구하시오.

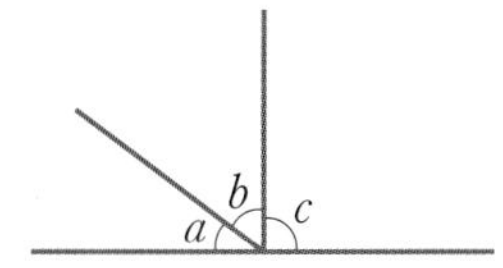

042

오른쪽 그림에서 $\overline{AO}\perp\overline{CO}$이고,

$\angle AOB : \angle BOC=2:3$일 때,

$\angle AOB$의 크기는?

① 36° ② 38° ③ 40° ④ 42° ⑤ 44°

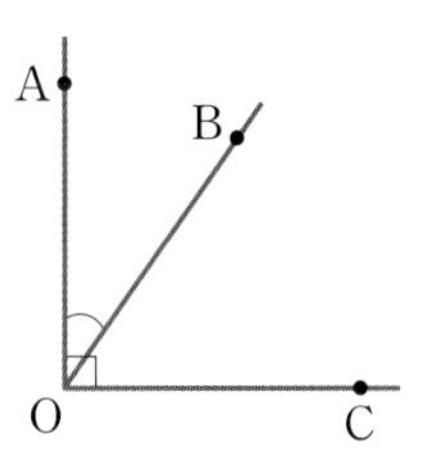

043

오른쪽 그림에서

$\angle AOB : \angle COD=3:1$일 때,

$\angle AOB$의 크기는?

① 57° ② 59° ③ 61° ④ 63° ⑤ 65°

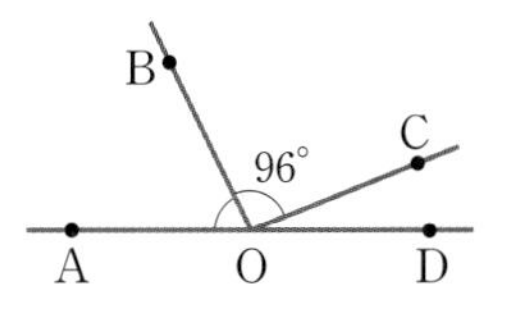

044

오른쪽 그림에서 $\overline{AB}\perp\overline{QO}$이고,

$\angle AOP : \angle QOR=3:5$,

$\angle POQ : \angle ROB=3:2$일 때,

$\angle AOR$의 크기를 구하시오.

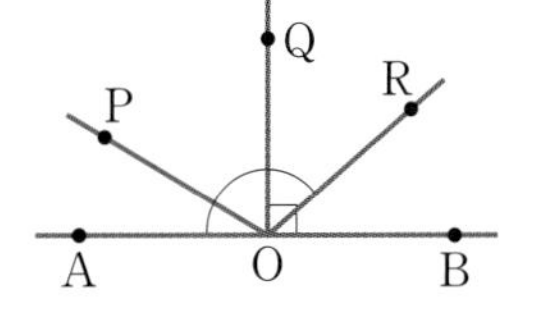

유형 12 맞꼭지각(1)

045 대표 문제

오른쪽 그림에서 $\angle x - \angle y$의 크기를 구하시오.

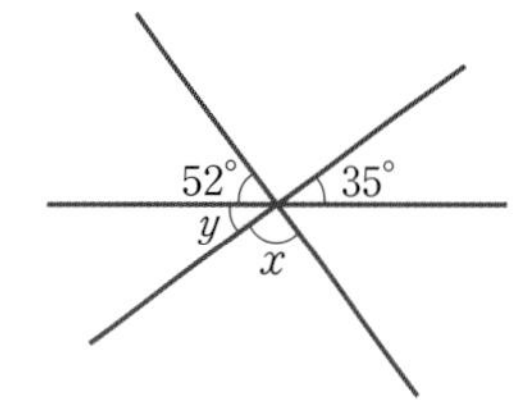

046

오른쪽 그림에서 x의 값은?

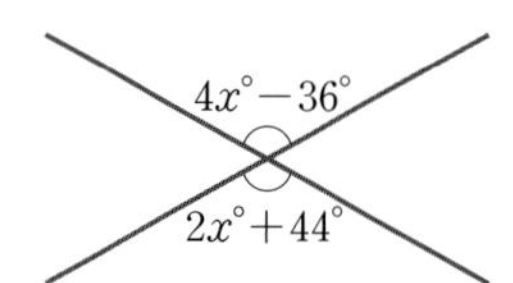

① 38 ② 40
③ 42 ④ 44
⑤ 46

047

오른쪽 그림에서 $x+y$의 값은?

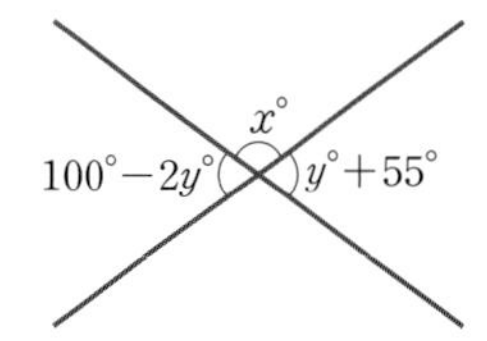

① 110 ② 115
③ 120 ④ 125
⑤ 130

048

오른쪽 그림에서 x의 값을 구하시오.

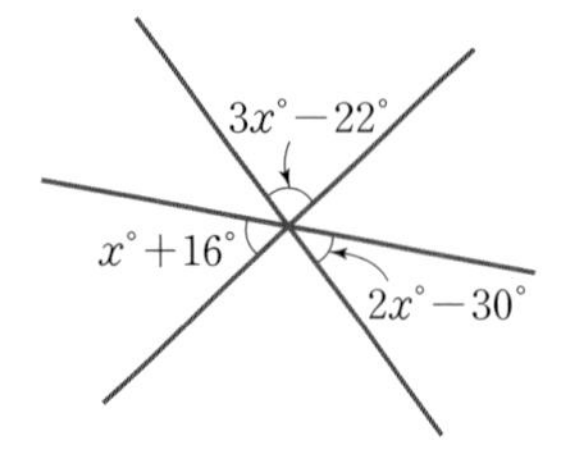

유형 13 맞꼭지각(2)

049 대표 문제

오른쪽 그림에서 $\angle x - \angle y$의 크기는?

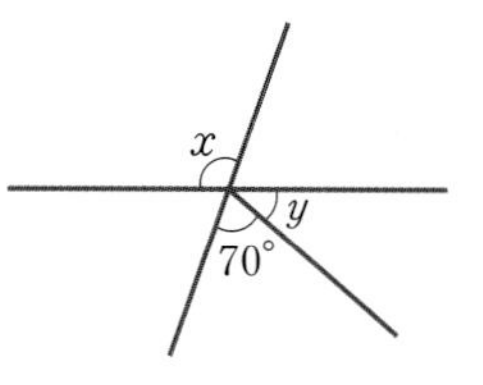

① 50° ② 55°
③ 60° ④ 65°
⑤ 70°

050

오른쪽 그림에서 $\angle x + \angle y$의 크기는?

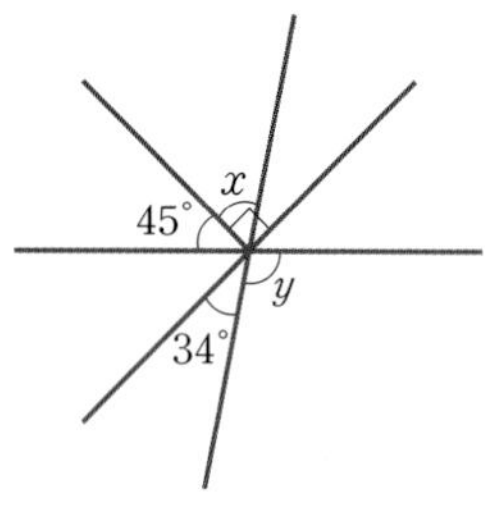

① 149° ② 151°
③ 154° ④ 157°
⑤ 160°

051

오른쪽 그림에서 $\angle a : \angle b = 4 : 1$일 때, $\angle x$의 크기는?

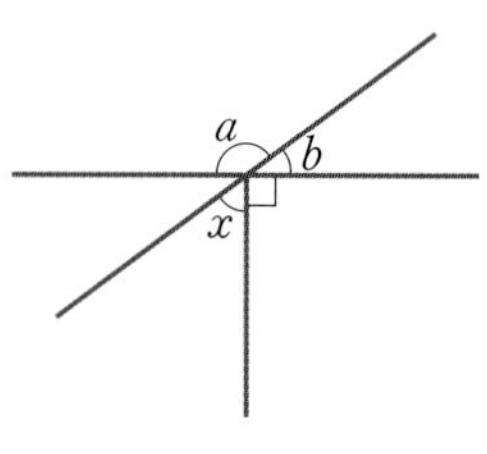

① 51° ② 52°
③ 53° ④ 54°
⑤ 55°

052

오른쪽 그림에서 $x+y$의 값을 구하시오.

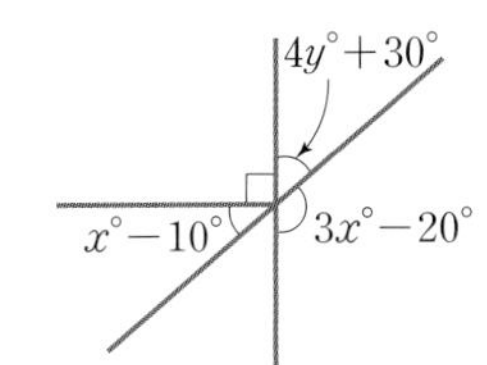

유형 14 맞꼭지각의 쌍의 개수

053 대표 문제

오른쪽 그림과 같이 한 평면 위에 3개의 직선이 있을 때 생기는 맞꼭지각은 모두 몇 쌍인가?

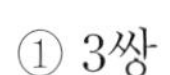

① 3쌍 ② 4쌍
③ 5쌍 ④ 6쌍
⑤ 7쌍

054

서로 다른 5개의 직선이 한 점에서 만날 때 생기는 맞꼭지각은 모두 몇 쌍인가?

① 16쌍 ② 18쌍 ③ 20쌍
④ 22쌍 ⑤ 24쌍

유형 15 수직과 수선

055 대표 문제

다음 중 오른쪽 그림과 같은 직사각형 ABCD에 대한 설명으로 옳지 않은 것은?

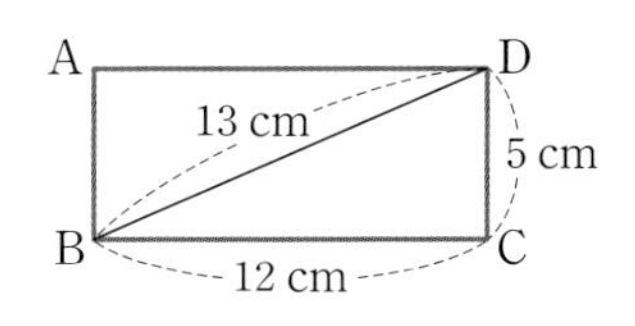

① $\overline{AB}$와 $\overline{BC}$는 직교한다.
② 점 D와 $\overline{BC}$ 사이의 거리는 5 cm이다.
③ 점 A와 $\overleftrightarrow{BC}$ 사이의 거리는 $\overline{AB}$의 길이와 같다.
④ 점 C에서 $\overline{AB}$에 내린 수선의 발은 점 B이다.
⑤ 점 D와 $\overleftrightarrow{AB}$ 사이의 거리는 13 cm이다.

056

오른쪽 그림에서 점 P와 직선 l 사이의 거리를 나타내는 선분은?

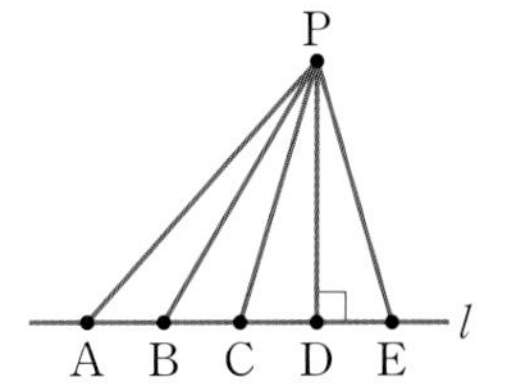

① $\overline{PA}$ ② $\overline{PB}$
③ $\overline{PC}$ ④ $\overline{PD}$
⑤ $\overline{PE}$

057

오른쪽 그림과 같이 좌표평면 위에 있는 5개의 점 A, B, C, D, E에 대하여 다음을 구하시오.

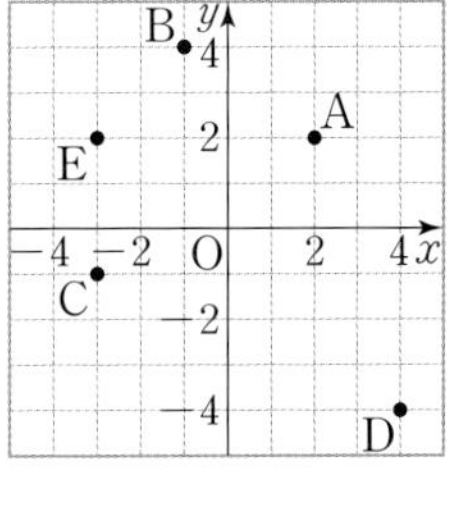

(1) x축과의 거리가 가장 가까운 점과 그 거리
(2) y축과의 거리가 가장 먼 점과 그 거리

058

오른쪽 그림에서 $\overline{AM}=\overline{MB}$, $\angle CMB=90°$, $\overline{AB}=10$, $\overline{CD}=8$일 때, 다음 보기에서 옳은 것을 모두 고른 것은?

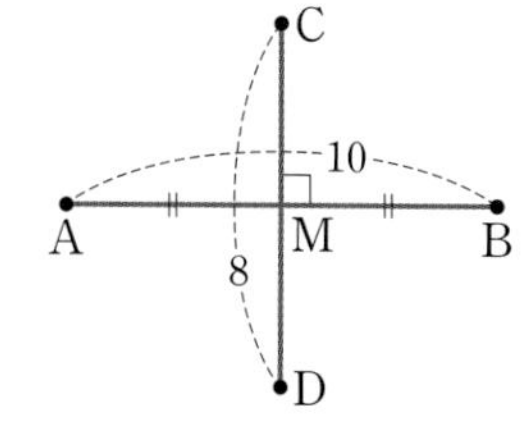

보기
ㄱ. $\overleftrightarrow{AB}\perp\overleftrightarrow{CD}$
ㄴ. $\overleftrightarrow{CD}$는 $\overline{AB}$의 수직이등분선이다.
ㄷ. 점 D에서 $\overline{AB}$에 내린 수선의 발은 점 M이다.
ㄹ. 점 A와 $\overline{CD}$ 사이의 거리는 점 C와 $\overline{AB}$ 사이의 거리보다 2만큼 길다.

① ㄱ, ㄴ ② ㄴ, ㄷ ③ ㄷ, ㄹ
④ ㄱ, ㄴ, ㄷ ⑤ ㄴ, ㄷ, ㄹ

059

다음 중 오른쪽 그림에 대한 설명으로 옳은 것을 모두 고르면? (정답 2개)

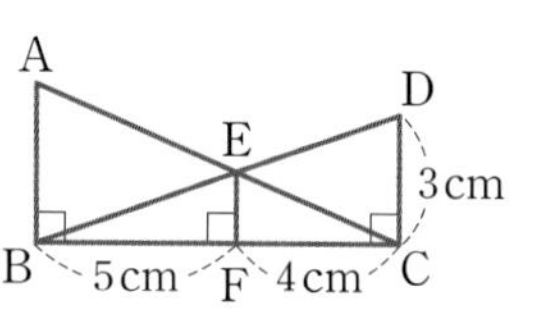

① $\overline{AC}\perp\overline{BD}$
② $\angle AEB=\angle FEC$
③ 점 C와 $\overline{AB}$ 사이의 거리는 9 cm이다.
④ 점 E에서 $\overline{BC}$에 내린 수선의 발은 점 F이다.
⑤ $\overline{BC}$와 수직으로 만나는 선분은 모두 2개이다.

060

오른쪽 그림과 같은 평행사변형 ABCD에서 점 D와 $\overline{AB}$ 사이의 거리를 x cm, 점 D와 $\overline{BC}$ 사이의 거리를 y cm라 할 때, $x+y$의 값을 구하시오.

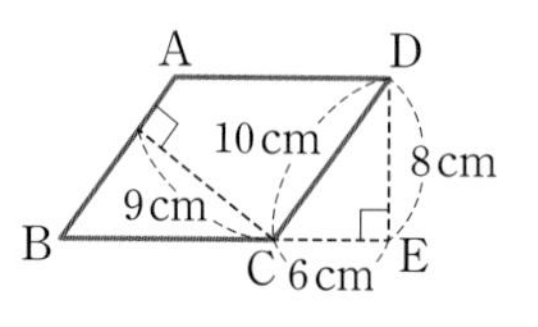

발전 유형 16 시침과 분침이 이루는 각의 크기

061 대표 문제

오른쪽 그림과 같이 시계가 7시 10분을 가리킬 때, 시침과 분침이 이루는 각 중 작은 쪽 각의 크기를 구하시오. (단, 시침과 분침의 두께는 생각하지 않는다.)

062

오른쪽 그림과 같이 시계가 4시 30분을 가리킬 때, 시침과 분침이 이루는 각 중 작은 쪽 각의 크기를 구하시오. (단, 시침과 분침의 두께는 생각하지 않는다.)

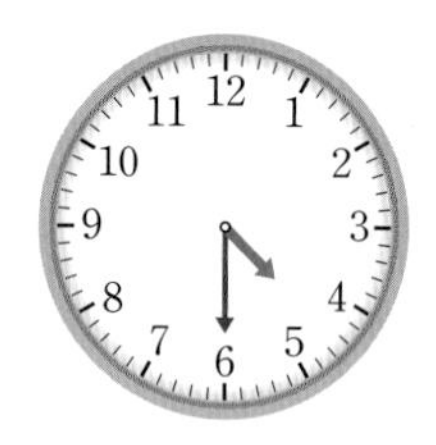

063

오른쪽 그림과 같이 1시와 2시 사이에 시침과 분침이 서로 반대 방향을 가리키며 평각을 이루는 시각은? (단, 시침과 분침의 두께는 생각하지 않는다.)

① 1시 38분 ② 1시 $\frac{420}{11}$분 ③ 1시 39분
④ 1시 $\frac{430}{11}$분 ⑤ 1시 40분

만점 각 잡기

학교 시험 만점을
차근차근 준비해요.

064

유형 02

아래 그림과 같이 한 직선 위에 다섯 개의 점 A, B, C, D, E가 있을 때, 다음 중 $\overline{CD}$를 포함하고 있지 않은 것은?

① $\overrightarrow{AE}$와 $\overrightarrow{EA}$의 공통 부분 ② $\overleftrightarrow{AB}$와 $\overrightarrow{BE}$의 공통 부분
③ $\overrightarrow{AB}$와 $\overrightarrow{BD}$의 공통 부분 ④ $\overleftrightarrow{AB}$와 $\overrightarrow{ED}$의 공통 부분
⑤ $\overrightarrow{CA}$와 $\overrightarrow{DA}$의 공통 부분

| 해결 전략 | 각 보기의 공통 부분을 구해 $\overline{CD}$의 포함 여부를 조사한다.

065

유형 02

오른쪽 그림과 같이 좌표평면 위의 네 점 O(0, 0), A(−1, −2), B(1, 2), C(1, 1)에 대하여 다음 보기에서 옳은 것을 모두 고르시오.

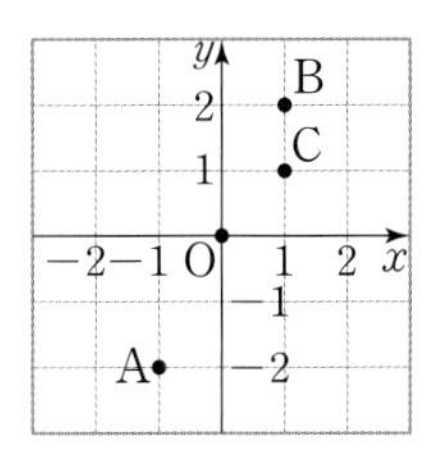

보기

ㄱ. $\overleftrightarrow{AO}=\overleftrightarrow{OB}$ ㄴ. $\overrightarrow{BA}=\overrightarrow{BO}$ ㄷ. $\overrightarrow{OA}=\overrightarrow{OB}$
ㄹ. $\overleftrightarrow{AB}=\overrightarrow{AB}$ ㅁ. $\overrightarrow{CO}=\overrightarrow{CA}$ ㅂ. $\overleftrightarrow{OA}=\overleftrightarrow{CO}$

| 해결 전략 | 먼저 한 직선 위에 있는 점들을 파악한다.

066

유형 05 ◎ 유형 06

선분 AB의 삼등분점 중 점 A에 가까운 점을 C, 점 B에 가까운 점을 D라 하고, 선분 AD의 삼등분점 중 점 A에 가까운 점을 E, 점 D에 가까운 점을 F라 하자.
$\overline{AD}=12$ cm일 때, 다음 보기에서 옳은 것을 모두 고르시오.

보기

ㄱ. 점 C는 $\overline{EF}$의 중점이다.
ㄴ. $\overline{AF}=\overline{FB}$
ㄷ. $\overline{AE}$의 길이는 4 cm이다.
ㄹ. $\overline{AB}=10\overline{EC}$

| 해결 전략 | 선분 AB의 삼등분점 C, D와 선분 AD의 삼등분점 E, F를 선분 AB 위에 나타낸다.

067

유형 07

다음 그림에서 $\overline{AB}=\frac{4}{5}\overline{BD}$, $\overline{CD}=\frac{2}{3}\overline{BC}$이고, $\overline{AD}=90$ cm일 때, $\overline{AC}$의 길이를 구하시오.

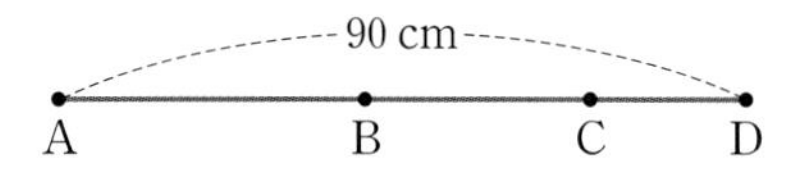

| 해결 전략 | $\overline{AB}:\overline{BC}=n:m$일 때, $\overline{AB}=\frac{n}{n+m}\overline{AC}$, $\overline{BC}=\frac{m}{n+m}\overline{AC}$이다.

068

유형 09

오른쪽 그림에서
$\angle COE=90°$이고,
$\angle AOC=x°+4°$,
$\angle COD=x°-4°$,
$\angle DOB=3x°+30°$일 때,
$\angle DOE:\angle EOB$는?

① 9 : 8 ② 8 : 7 ③ 7 : 6
④ 6 : 5 ⑤ 5 : 4

| 해결 전략 | 평각의 크기가 180°임을 이용하여 x의 값을 구한다.

069

유형 12 ◎ 유형 13

오른쪽 그림에서 $x+y$의 값은?

① 50 ② 52
③ 54 ④ 56
⑤ 58

| 해결 전략 | 평각의 크기는 180°이며, 맞꼭지각의 크기는 서로 같다.

070

유형 14

오른쪽 그림과 같이 세 직선 AB, CD, EF와 반직선 OG가 한 점 O에서 만날 때 생기는 맞꼭지각은 모두 몇 쌍인지 구하시오.

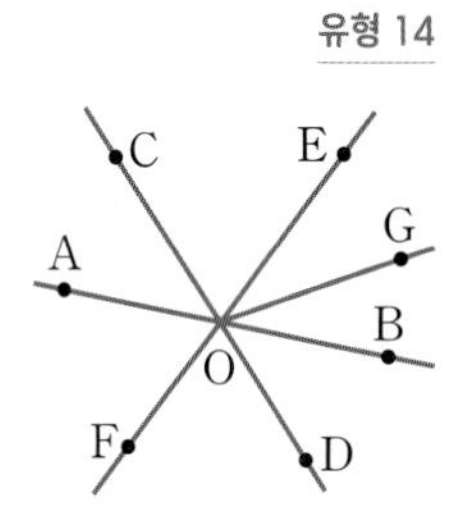

| 해결 전략 | 맞꼭지각이 생길 수 있는 직선을 찾는다.

071

유형 04

오른쪽 그림과 같은 도형 위에 6개의 점 A, B, C, D, E, F가 있다. 이 중 두 점을 이어서 만들 수 있는 서로 다른 직선의 개수를 x, 선분의 개수를 y라 할 때, $x+y$의 값을 구하시오.

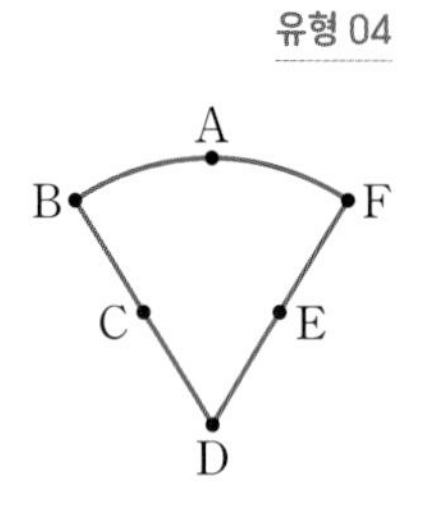

| 해결 전략 | 한 직선 위에 있는 세 점으로 만들 수 있는 직선은 1개이다.

072

유형 05

다음 그림에서 세 점 C, D, E는 각각 $\overline{AB}$, $\overline{CB}$, $\overline{AD}$의 중점이다. $\overline{EC}=k\overline{AB}$일 때, 상수 k의 값을 구하시오.

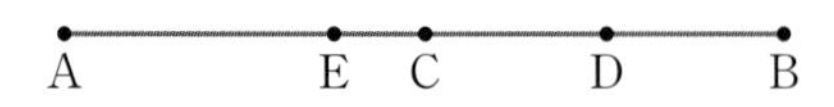

| 해결 전략 | 점 M이 $\overline{AB}$의 중점일 때, $\overline{AM}=\overline{MB}=\frac{1}{2}\overline{AB}$이다.

073

유형 10

오른쪽 그림에서
$5\angle AOC=2\angle AOD$,
$3\angle EOB=2\angle DOE$일 때,
$\angle COE$의 크기는?

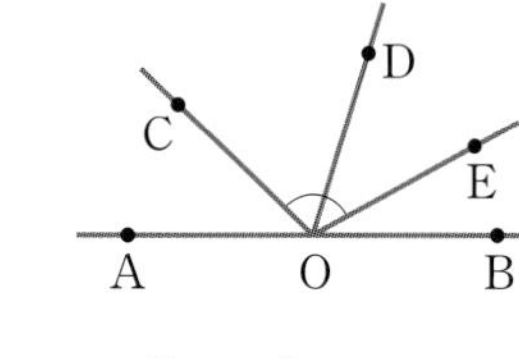

① $102°$ ② $104°$ ③ $106°$
④ $108°$ ⑤ $110°$

| 해결 전략 | 평각을 이용할 수 있도록 각을 변형한다.

074

유형 11

오른쪽 그림에서
$\angle a : \angle b=\angle b : \angle c=3 : 2$,
$\overrightarrow{OB}\perp\overrightarrow{OD}$일 때, $\angle d$의 크기를 구하시오. (단, 세 점 A, O, E는 한 직선 위에 있다.)

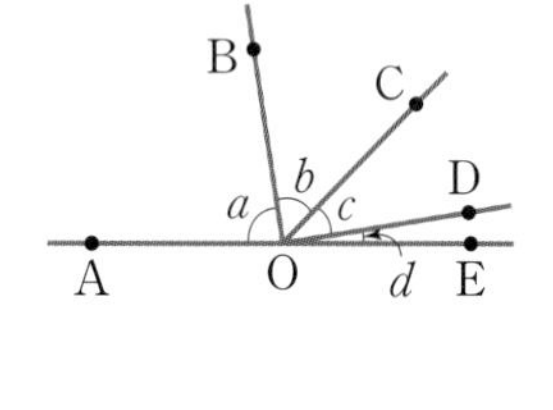

| 해결 전략 | $\angle b$와 $\angle c$를 $\angle a$에 대한 식으로 나타내고, $\angle BOD=90°$임을 이용한다.

유형북 30쪽 정답 및 풀이 69쪽

유형 01 점과 직선, 점과 평면의 위치 관계

075 대표 문제

다음 중 오른쪽 그림에 대한 설명으로 옳지 <u>않은</u> 것은?

① 점 A는 직선 l 위에 있다.
② 직선 l은 점 B를 지난다.
③ 두 점 C, D는 직선 l 위에 있지 않다.
④ 두 점 A, B는 같은 직선 위에 있다.
⑤ 직선 l은 두 점 A, C를 지난다.

076

오른쪽 그림의 정육각형에서 변 AB 위에 있지 않은 꼭짓점을 모두 구하시오.

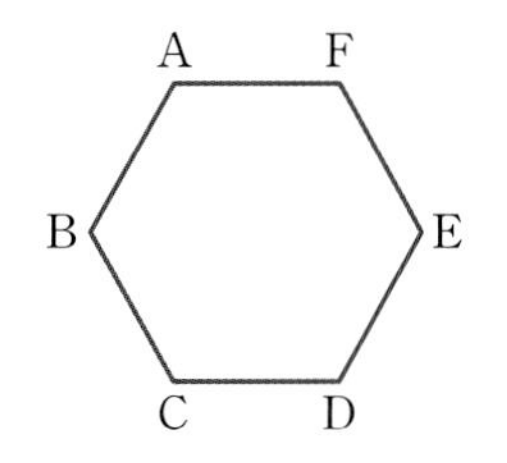

077

오른쪽 그림의 직육면체에서 꼭짓점 C와 꼭짓점 G를 동시에 포함하는 면의 개수를 구하시오.

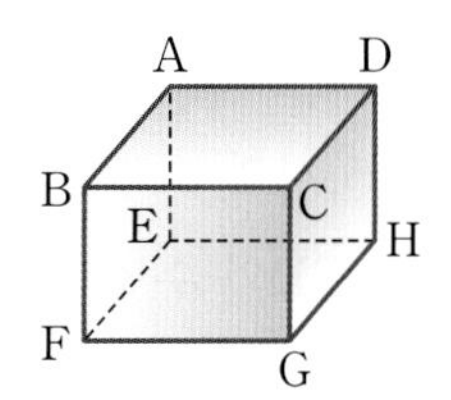

078

오른쪽 그림의 삼각기둥에서 모서리 AB 위에 있지 않은 꼭짓점의 개수를 a, 면 ADFC 위에 있는 꼭짓점의 개수를 b라 할 때, $a+b$의 값을 구하시오.

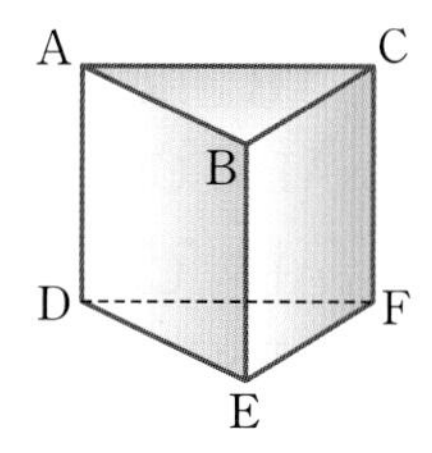

079

다음 보기에서 오른쪽 그림에 대한 설명으로 옳은 것을 모두 고르시오.

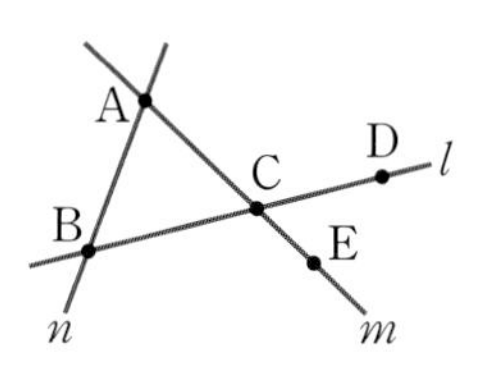

보기

ㄱ. 점 A는 직선 m 위에 있다.
ㄴ. 점 C는 두 직선 l과 n의 교점이다.
ㄷ. 점 D는 두 점 B, C를 지나는 직선 위에 있다.
ㄹ. 두 직선 l, m의 교점과 두 직선 l, n의 교점을 지나는 직선은 점 A를 지난다.

080

오른쪽 그림과 같이 평평한 땅 위에 있는 두 직선 도로를 평면 P와 두 직선 l, m으로 나타내고, 두 직선 도로에 있는 세 자동차의 위치를 세 점 A, B, C, 공중에 떠 있는 두 드론의 위치를 두 점 D, E라 할 때, 다음 중 옳지 <u>않은</u> 것은?

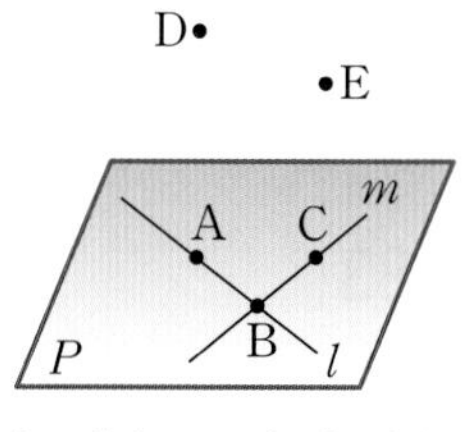

① 평면 P 위에 있는 점은 3개이다.
② 점 B는 직선 l과 직선 m의 교점이다.
③ 점 A와 점 C를 지나는 직선은 점 B를 지난다.
④ 직선 l 위에 있는 점은 2개이다.
⑤ 직선 m 위에 있지 않은 점은 3개이다.

유형 02 평면에서 두 직선의 위치 관계

081 대표 문제

다음 중 오른쪽 그림의 네 직선에 대한 설명으로 옳지 않은 것은?

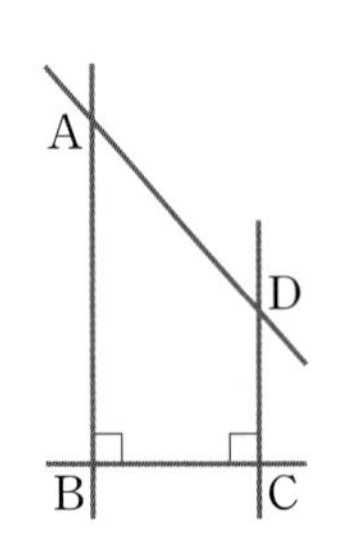

① $\overleftrightarrow{AB} \perp \overleftrightarrow{BC}$
② $\overleftrightarrow{AD}$와 $\overleftrightarrow{CD}$는 한 점에서 만난다.
③ $\overleftrightarrow{AB}$와 $\overleftrightarrow{CD}$는 서로 평행하다.
④ $\overleftrightarrow{BC}$와 $\overleftrightarrow{CD}$는 직교한다.
⑤ $\overleftrightarrow{BC}$에 수직인 두 직선은 한 점에서 만난다.

082

다음 중 오른쪽 그림과 같은 마름모에 대한 설명으로 옳지 않은 것은?

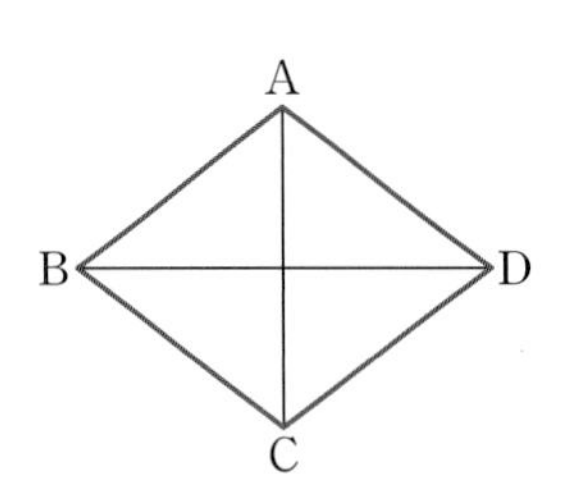

① $\overleftrightarrow{AB}$와 $\overleftrightarrow{CD}$는 평행하다.
② $\overleftrightarrow{AD}$와 $\overleftrightarrow{BC}$는 만나지 않는다.
③ $\overleftrightarrow{AC}$와 $\overleftrightarrow{BC}$는 한 점에서 만난다.
④ $\overleftrightarrow{AC}$와 $\overleftrightarrow{BD}$는 한 점에서 만난다.
⑤ $\overleftrightarrow{BD}$와 $\overleftrightarrow{AD}$는 만나지 않는다.

083

오른쪽 그림과 같은 정육각형 ABCDEF에서 다음 중 위치 관계가 나머지 넷과 다른 하나는?

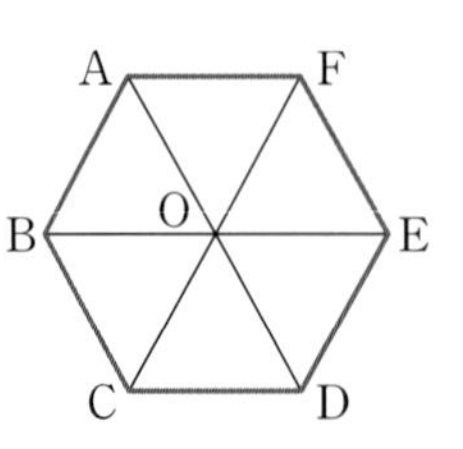

① $\overleftrightarrow{AB}$와 $\overleftrightarrow{OE}$
② $\overleftrightarrow{AF}$와 $\overleftrightarrow{OE}$
③ $\overleftrightarrow{AO}$와 $\overleftrightarrow{CD}$
④ $\overleftrightarrow{BC}$와 $\overleftrightarrow{DE}$
⑤ $\overleftrightarrow{CO}$와 $\overleftrightarrow{DA}$

084

오른쪽 그림과 같은 정팔각형에서 각 변을 연장한 직선을 그을 때, 서로 평행한 직선은 모두 a쌍이고, $\overleftrightarrow{CD}$와 한 점에서 만나는 직선은 b개이다. 이때 $a+b$의 값을 구하시오.

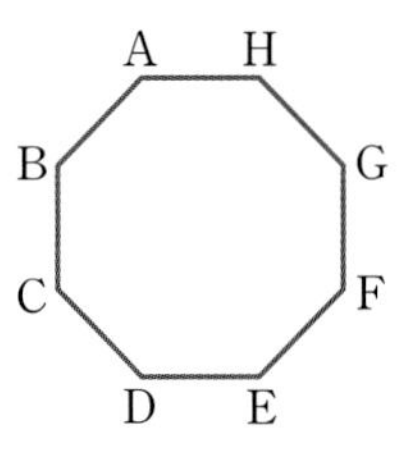

085

다음 보기에서 한 평면 위에 있는 서로 다른 세 직선 l, m, n에 대하여 옳은 것을 모두 고른 것은?

보기
ㄱ. $l /\!/ m$, $l /\!/ n$이면 $m /\!/ n$이다.
ㄴ. $l \perp m$, $l \perp n$이면 $m /\!/ n$이다.
ㄷ. $l \perp m$, $l /\!/ n$이면 $m \perp n$이다.
ㄹ. $l /\!/ m$, $l \perp n$이면 $m /\!/ n$이다.

① ㄱ, ㄴ ② ㄱ, ㄷ ③ ㄴ, ㄹ
④ ㄱ, ㄴ, ㄷ ⑤ ㄴ, ㄷ, ㄹ

086

오른쪽 모눈종이 위의 5개의 점 A, B, C, D, E 중 서로 다른 2개의 점을 지나는 직선을 그을 때, 다음 물음에 답하시오.

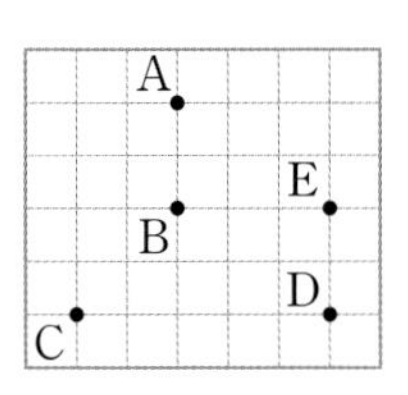

(1) $\overleftrightarrow{CD}$와 수직인 직선의 개수를 구하시오.
(2) $\overleftrightarrow{AB}$와 한 점에서 만나는 직선의 개수를 구하시오.

유형 03 평면이 하나로 정해지는 조건

087 대표 문제

서로 다른 두 점 A, B를 지나는 $\overleftrightarrow{AB}$가 있다. 한 가지 조건만을 추가하여 평면을 하나로 정하려고 할 때, 다음 중 필요한 조건이 아닌 것을 모두 고르면? (정답 2개)

① $\overleftrightarrow{AB}$ 위에 있는 한 점
② $\overleftrightarrow{AB}$ 위에 있지 않은 한 점
③ $\overleftrightarrow{AB}$와 평행한 한 직선
④ $\overleftrightarrow{AB}$와 꼬인 위치에 있는 한 직선
⑤ $\overleftrightarrow{AB}$와 한 점에서 만나는 한 직선

088

오른쪽 그림과 같이 세 점 A, B, C가 직선 l 위에 있고, 두 점 B, D가 직선 m 위에 있을 때, 두 직선 l, m으로 정해지는 서로 다른 평면의 개수를 구하시오.

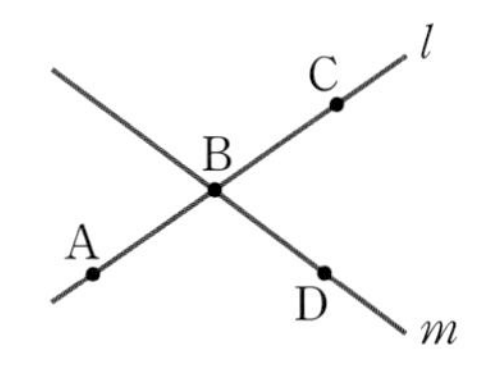

089

오른쪽 그림과 같이 삼각형 ABC는 평면 P 위에 있고, 점 D는 평면 P 위에 있지 않다. 네 점 A, B, C, D 중 세 점으로 정해지는 서로 다른 평면의 개수를 구하시오.

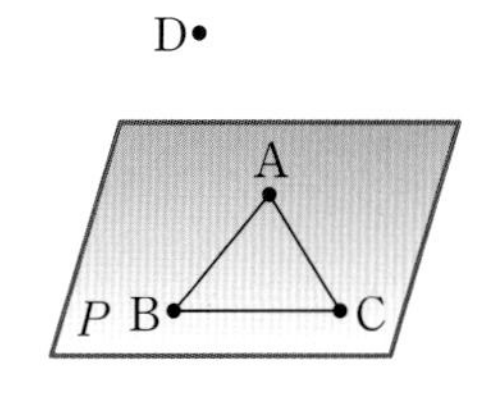

유형 04 꼬인 위치

090 대표 문제

오른쪽 그림의 정육면체에서 모서리 AD와 만나지도 않고 평행하지도 않은 모서리를 모두 구하시오.

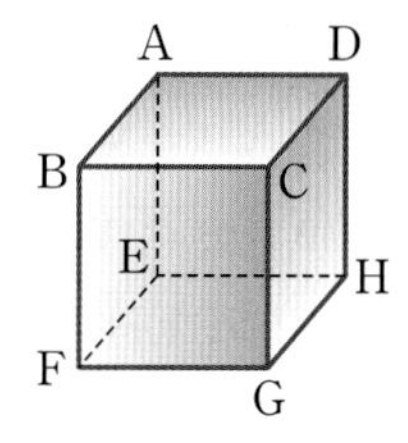

091

다음 중 오른쪽 그림과 같이 밑면이 정육각형인 육각기둥에서 $\overline{EF}$와 꼬인 위치에 있는 모서리를 모두 고르면?

(정답 2개)

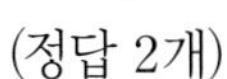

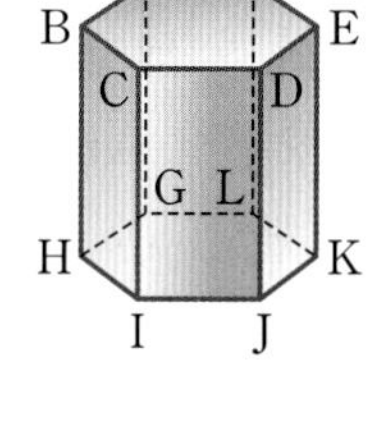

① $\overline{BC}$ ② $\overline{CI}$
③ $\overline{LG}$ ④ $\overline{HI}$
⑤ $\overline{EK}$

092

오른쪽 그림의 정육면체에서 $\overline{BD}$와 꼬인 위치에 있는 모서리의 개수는?

① 3 ② 4
③ 5 ④ 6
⑤ 7

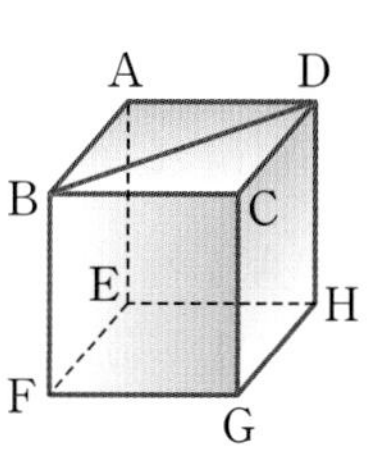

유형 05 공간에서 두 직선의 위치 관계

093 대표 문제

다음 중 오른쪽 그림의 직육면체에 대한 설명으로 옳은 것은?

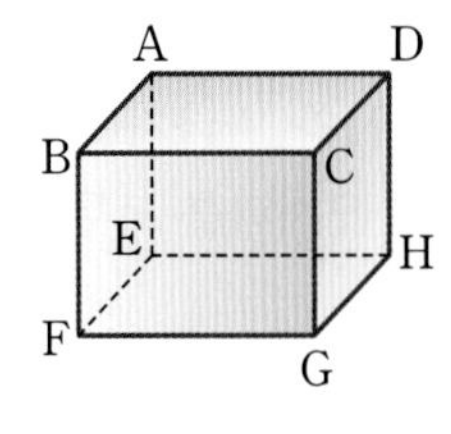

① $\overline{AB}$와 $\overline{CD}$는 수직이다.
② $\overline{BF}$와 $\overline{EH}$는 한 점에서 만난다.
③ $\overline{CD}$와 $\overline{EF}$는 서로 평행하다.
④ $\overline{AD}$와 $\overline{FG}$는 꼬인 위치에 있다.
⑤ $\overline{CG}$와 $\overline{CD}$는 만나지 않는다.

094

오른쪽 그림과 같이 밑면이 정오각형인 오각기둥에서 각 모서리를 연장한 직선을 그을 때, 다음 중 $\overleftrightarrow{GE}$와 꼬인 위치에 있으면서 $\overleftrightarrow{AB}$와 만나지 않는 직선의 개수는?

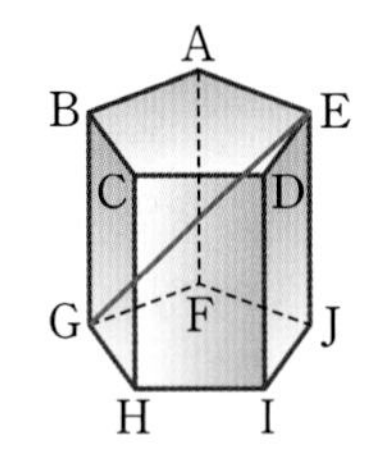

① 4 ② 5
③ 6 ④ 7
⑤ 8

095

오른쪽 그림과 같이 밑면이 정오각형인 오각기둥에서 각 모서리를 연장한 직선을 그을 때, 다음 중 $\overleftrightarrow{CD}$와의 위치 관계가 나머지 넷과 다른 하나는?

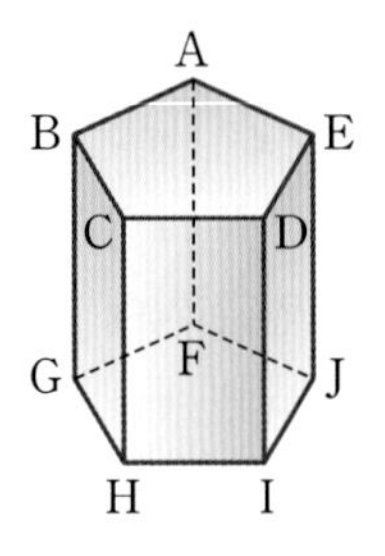

① $\overleftrightarrow{AB}$ ② $\overleftrightarrow{AE}$
③ $\overleftrightarrow{CH}$ ④ $\overleftrightarrow{GF}$
⑤ $\overleftrightarrow{DI}$

096

다음 중 오른쪽 그림과 같이 밑면이 정오각형인 오각뿔에 대한 설명으로 옳지 않은 것은?

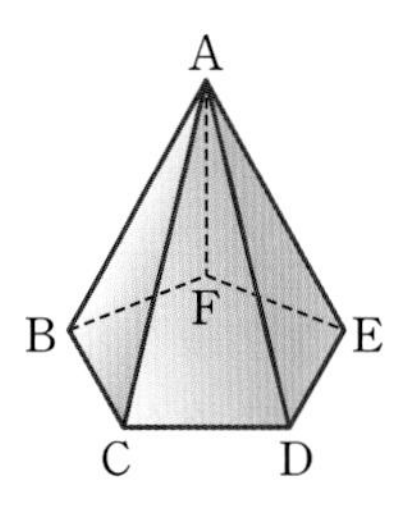

① $\overline{AB}$와 $\overline{AE}$는 한 점에서 만난다.
② $\overline{AB}$와 $\overline{CD}$는 꼬인 위치에 있다.
③ $\overline{AD}$와 $\overline{BC}$는 꼬인 위치에 있다.
④ $\overline{AE}$와 $\overline{DE}$는 한 점에서 만난다.
⑤ $\overline{BC}$와 $\overline{EF}$는 꼬인 위치에 있다.

097

오른쪽 그림과 같이 밑면이 사다리꼴인 사각기둥에서 $\overline{DH}$와 수직으로 만나는 모서리의 개수를 a, $\overline{BC}$와 꼬인 위치에 있는 모서리의 개수를 b라 할 때, $a+b$의 값을 구하시오.

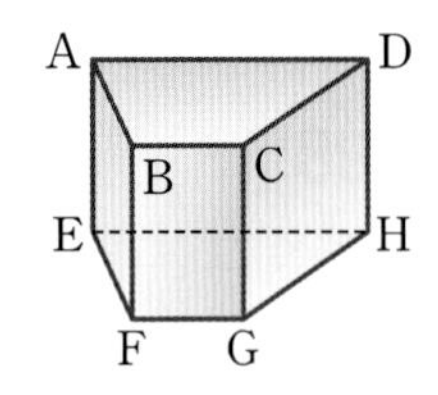

098

다음 보기 중 공간에서 서로 다른 두 직선의 위치 관계에 대한 설명으로 옳은 것을 모두 고르시오.

보기
ㄱ. 평행한 두 직선은 한 평면 위에 있지 않다.
ㄴ. 수직으로 만나는 두 직선은 한 평면 위에 있다.
ㄷ. 꼬인 위치에 있는 두 직선은 만나지 않는다.
ㄹ. 꼬인 위치에 있는 두 직선은 한 평면 위에 있지 않다.

유형 06 직선과 평면의 위치 관계

099 대표 문제

다음 중 오른쪽 그림의 삼각기둥에 대한 설명으로 옳지 않은 것은?

① 모서리 AB는 면 ADFC와 한 점에서 만난다.
② 면 ABC와 수직으로 만나는 모서리는 2개이다.
③ 면 ABC와 평행한 모서리는 3개이다.
④ 모서리 AD와 면 BEFC는 평행하다.
⑤ 면 ABED에 포함되는 모서리는 4개이다.

100

오른쪽 그림과 같이 밑면이 정오각형인 오각기둥에서 면 BGHC와 평행한 모서리의 개수를 a, 면 FGHIJ와 수직으로 만나는 모서리의 개수를 b라 할 때, $a+b$의 값을 구하시오.

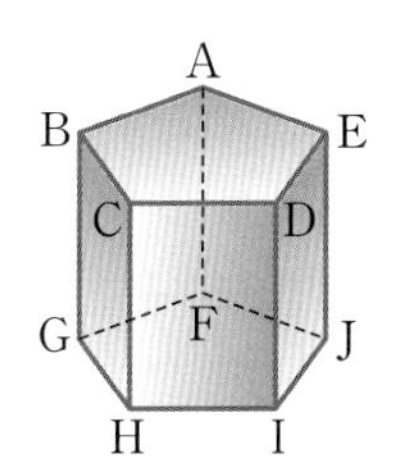

101

오른쪽 그림의 직육면체에서 다음 조건을 모두 만족시키는 모서리를 구하시오.

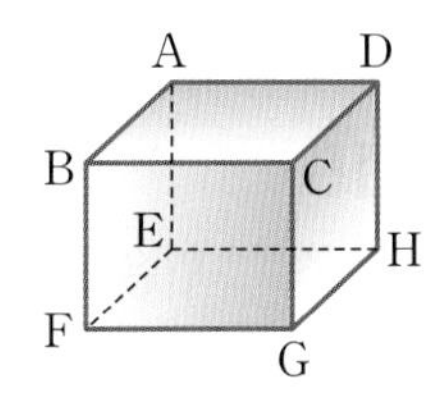

(가) $\overline{AB}$와 꼬인 위치에 있다.
(나) 면 BFGC와 평행하다.
(다) 면 CGHD에 포함된다.

유형 07 점과 평면 사이의 거리

102 대표 문제

오른쪽 그림과 같이 밑면이 직각삼각형인 삼각기둥에서 점 A와 면 BEFC 사이의 거리와 길이가 같은 모서리를 모두 구하시오.

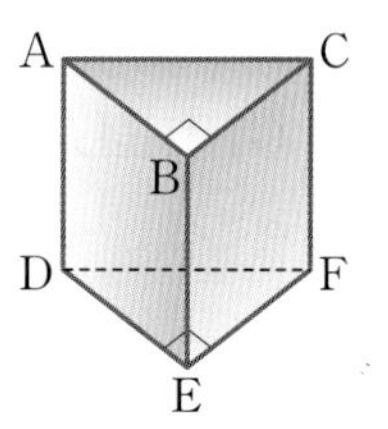

103

오른쪽 그림의 직육면체에서 점 E와 면 BFGC 사이의 거리는?

① 4 cm ② 5 cm
③ 6 cm ④ 7 cm
⑤ 8 cm

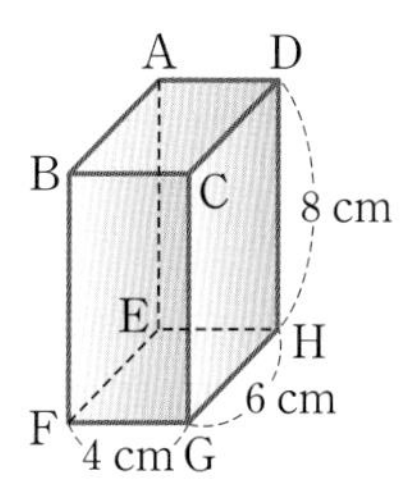

104

오른쪽 그림의 직육면체에서 점 B와 면 CGHD 사이의 거리를 a cm, 점 C와 면 AEHD 사이의 거리를 b cm라 할 때, $a+b$의 값을 구하시오.

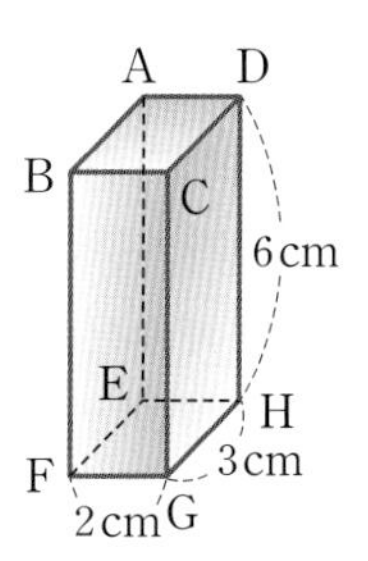

유형 08 두 평면의 위치 관계

105 대표 문제

오른쪽 그림의 육각기둥에서 면 GHIJKL과 수직인 면의 개수는?

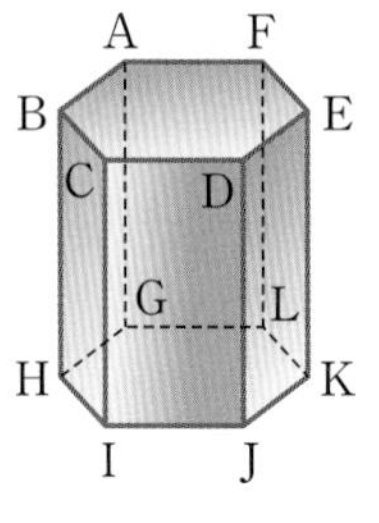

① 3 ② 4
③ 5 ④ 6
⑤ 7

106

오른쪽 그림의 정육면체에서 다음을 구하시오.

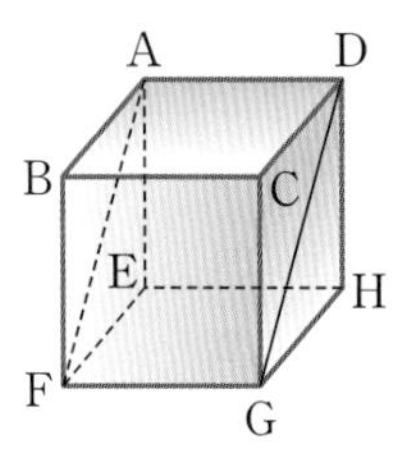

(1) 모서리 AE를 교선으로 하는 두 면
(2) 면 AEHD와 수직인 면
(3) 평면 AFGD와 수직인 면

107

오른쪽 그림과 같이 밑면이 사다리꼴인 사각기둥에서 면 ABCD와 수직인 면의 개수를 a, 면 BFGC와 만나지 않는 면의 개수를 b라 할 때, $a-b$의 값을 구하시오.

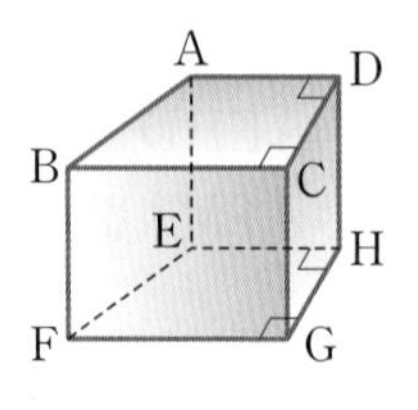

유형 09 일부를 잘라 낸 입체도형에서의 위치 관계

108 대표 문제

오른쪽 그림은 직육면체를 잘라 만든 입체도형이다. $\overline{BC} /\!/ \overline{FG}$일 때, 다음 중 이 입체도형에 대한 설명으로 옳지 않은 것은?

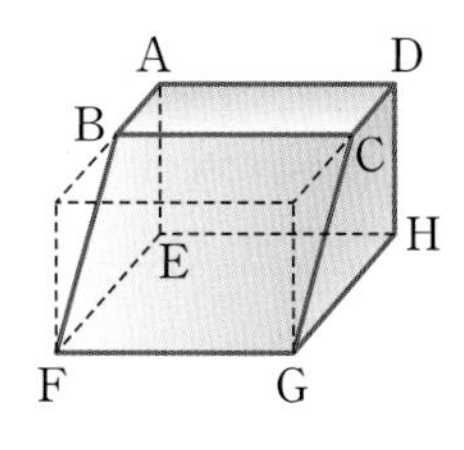

① $\overline{FG}$와 평행한 모서리는 3개이다.
② $\overline{AB}$와 수직으로 만나는 모서리는 3개이다.
③ 면 ABFE와 면 CGHD는 평행하다.
④ $\overline{AE}$와 꼬인 위치에 있는 모서리는 4개이다.
⑤ 면 BFEA와 만나는 면은 4개이다.

109

오른쪽 그림은 직육면체를 잘라 만든 입체도형이다. $\overline{CD}=\overline{GH}$일 때, 다음 보기에서 이 입체도형에 대한 설명으로 옳은 것을 고르시오.

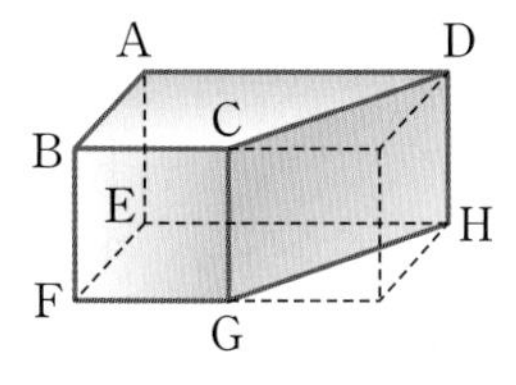

보기
ㄱ. 면 ABFE와 면 CGHD는 평행하다.
ㄴ. $\overline{CG}$에 평행한 모서리는 3개이다.
ㄷ. $\overline{CD}$와 꼬인 위치에 있는 모서리는 4개이다.

110

오른쪽 그림은 정육면체를 세 꼭짓점 A, B, E를 지나는 평면으로 잘라 만든 입체도형이다. $\overline{BE}$와 꼬인 위치에 있는 모서리의 개수를 a, 면 BEF와 수직인 면의 개수를 b라 할 때, $a+b$의 값을 구하시오.

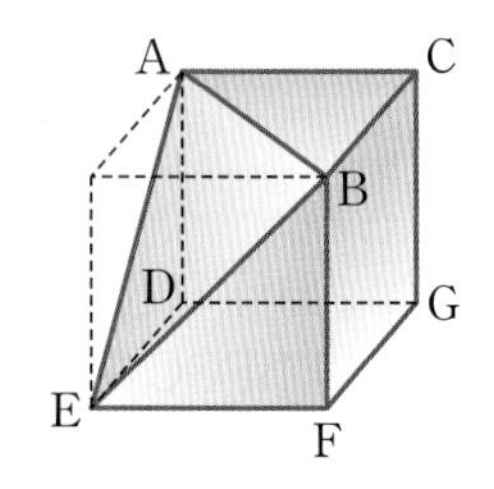

유형 10 전개도가 주어진 입체도형에서의 위치 관계

111 대표 문제

오른쪽 그림의 전개도로 만든 정육면체에서 다음 중 모서리 IH와 꼬인 위치에 있는 모서리를 모두 고르면? (정답 2개)

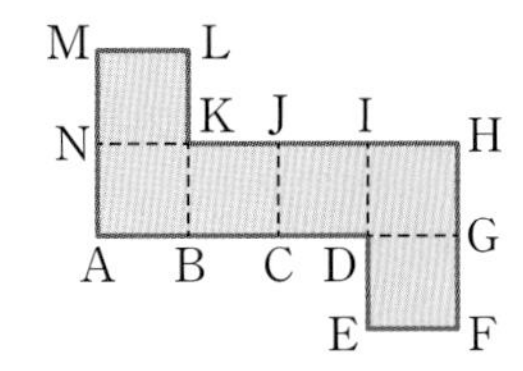

① $\overline{\mathrm{AN}}$ ② $\overline{\mathrm{BC}}$
③ $\overline{\mathrm{DE}}$ ④ $\overline{\mathrm{KB}}$
⑤ $\overline{\mathrm{ML}}$

112

오른쪽 그림의 전개도로 만든 삼각뿔에서 모서리 AF와 꼬인 위치에 있는 모서리를 구하시오.

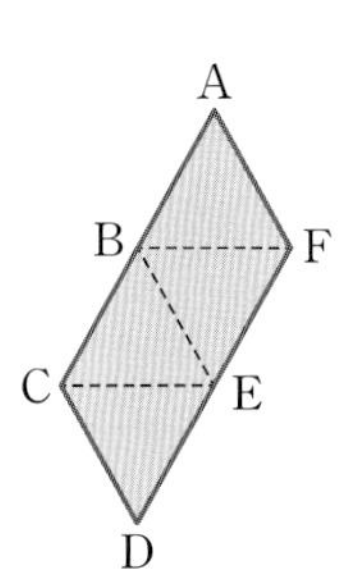

113

다음 중 오른쪽 그림의 전개도로 만든 삼각기둥에 대한 설명으로 옳지 않은 것은?

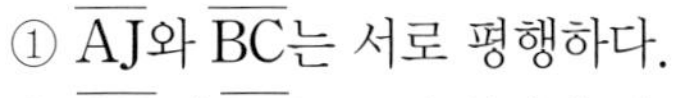

① $\overline{\mathrm{AJ}}$와 $\overline{\mathrm{BC}}$는 서로 평행하다.
② $\overline{\mathrm{AB}}$와 $\overline{\mathrm{JH}}$는 꼬인 위치에 있다.
③ $\overline{\mathrm{IJ}}$와 $\overline{\mathrm{GH}}$는 한 점에서 만난다.
④ 면 IJH와 수직인 모서리는 3개이다.
⑤ 면 ABCJ와 면 JCEH는 수직으로 만난다.

유형 11 여러 가지 위치 관계

114 대표 문제

다음 중 공간에 있는 서로 다른 두 직선 l, m과 평면 P에 대한 설명으로 옳지 않은 것을 모두 고르면? (정답 2개)
(단, 평면 P는 두 직선 l, m을 포함하지 않는다.)

① $l /\!/ m$, $l \perp P$이면 $m \perp P$이다.
② $l /\!/ m$, $l /\!/ P$이면 $m /\!/ P$이다.
③ $l /\!/ P$, $m \perp P$이면 $l \perp m$이다.
④ $l \perp m$, $l /\!/ P$이면 $m \perp P$이다.
⑤ $l \perp m$, $l \perp P$이면 $m /\!/ P$이다.

115

다음 중 공간에 있는 서로 다른 세 직선 l, m, n에 대한 설명으로 옳은 것은?

① $l /\!/ m$, $l \perp n$이면 $m /\!/ n$이다.
② $l /\!/ m$, $l /\!/ n$이면 $m /\!/ n$이다.
③ $l /\!/ m$, $l /\!/ n$이면 $m \perp n$이다.
④ $l \perp m$, $l \perp n$이면 $m \perp n$이다.
⑤ $l \perp m$, $l \perp n$이면 $m /\!/ n$이다.

116

다음 중 공간에서 위치 관계를 바르게 설명한 학생의 이름을 쓰시오.

- 진수 : 한 직선에 수직인 서로 다른 두 직선은 평행하다.
- 수호 : 한 직선에 평행한 서로 다른 두 평면은 평행하다.
- 지유 : 한 평면에 수직인 서로 다른 두 평면은 수직이다.
- 민수 : 한 평면에 평행한 서로 다른 두 평면은 평행하다.

유형 12 동위각과 엇각

117 대표 문제

다음 중 오른쪽 그림에 대한 설명으로 옳지 않은 것을 모두 고르면? (정답 2개)

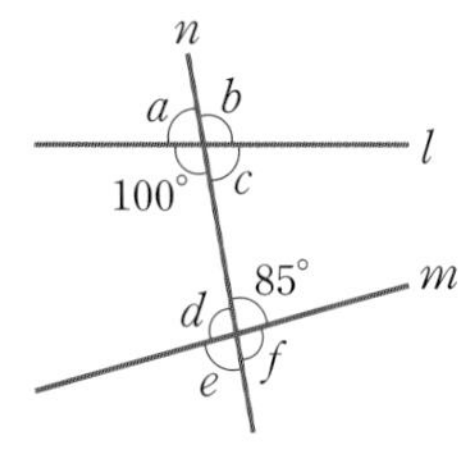

① $\angle a$의 동위각의 크기는 80°이다.
② $\angle b$의 동위각의 크기는 85°이다.
③ $\angle c$의 엇각의 크기는 95°이다.
④ $\angle d$의 엇각의 크기는 95°이다.
⑤ $\angle e$의 동위각의 크기는 100°이다.

118

세 직선이 오른쪽 그림과 같이 만날 때, 다음 보기에서 옳은 것을 모두 고른 것은?

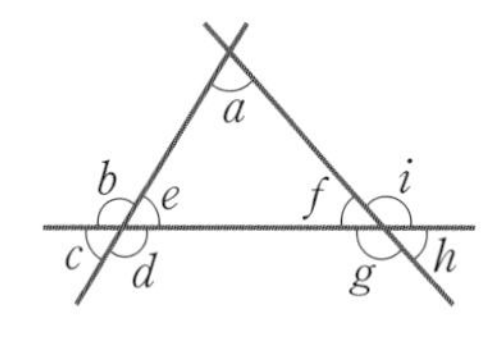

보기
ㄱ. $\angle d$의 동위각은 $\angle a$와 $\angle h$이다.
ㄴ. $\angle g$의 동위각이면서 $\angle i$의 엇각은 $\angle a$이다.
ㄷ. $\angle g$는 $\angle e$의 엇각이다.

① ㄱ ② ㄱ, ㄴ ③ ㄱ, ㄷ
④ ㄴ, ㄷ ⑤ ㄱ, ㄴ, ㄷ

119

오른쪽 그림에서 $\angle AHG=120^\circ$, $\angle IGF=140^\circ$, $\angle HIG=80^\circ$일 때, 다음 물음에 답하시오.

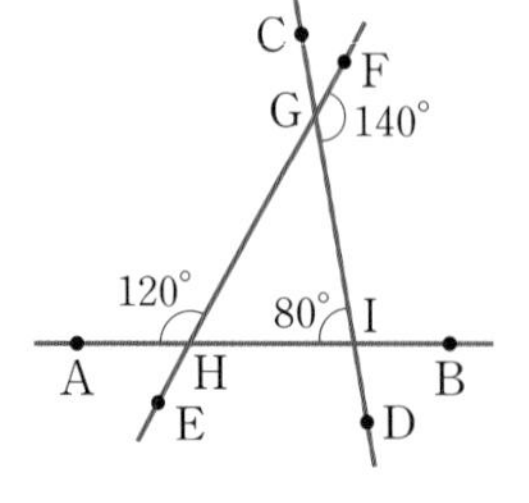

(1) $\angle GHI$의 모든 동위각의 크기의 합을 구하시오.
(2) $\angle HGI$의 모든 엇각의 크기의 합을 구하시오.

유형 13 평행선의 성질

120 대표 문제

오른쪽 그림에서 $l /\!/ m$일 때, $\angle y-\angle x$의 크기를 구하시오.

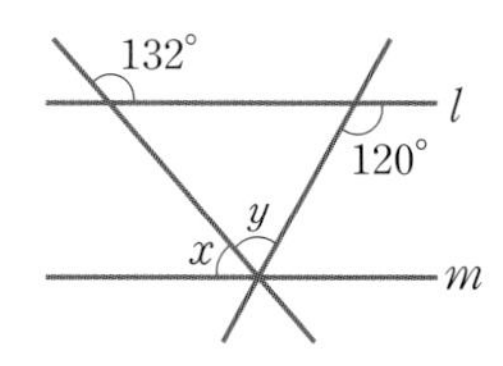

121

오른쪽 그림에서 $l /\!/ m$일 때, x의 값은?

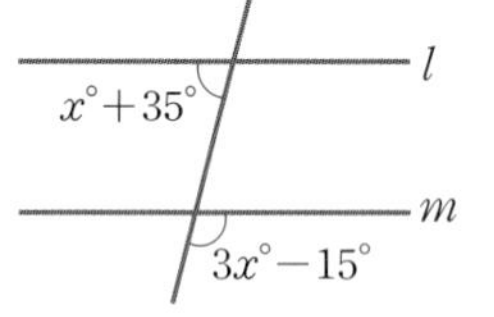

① 30 ② 35
③ 40 ④ 45
⑤ 50

122

오른쪽 그림에서 $l /\!/ m$이고 $p /\!/ q$일 때, $x+y$의 값을 구하시오.

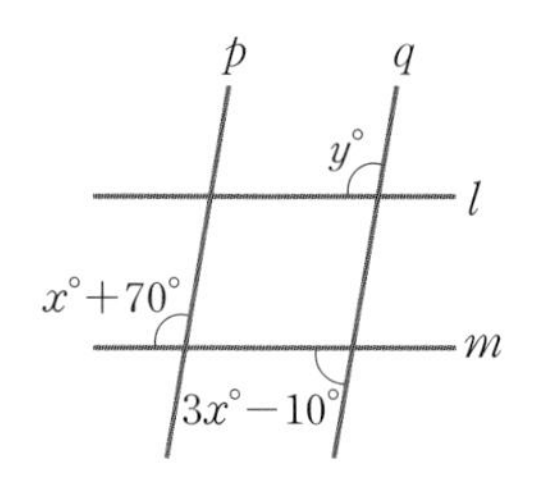

유형 14 두 직선이 평행할 조건

123 대표 문제

다음 중 두 직선 l, m이 서로 평행하지 않은 것은?

①
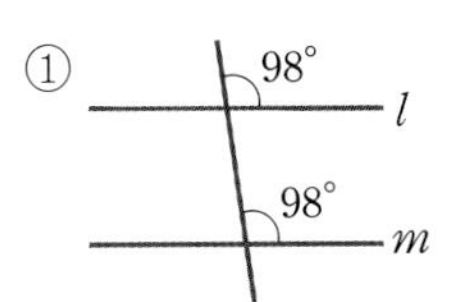

②
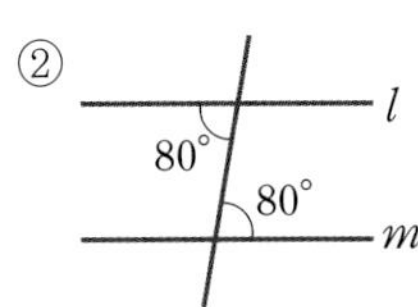

③
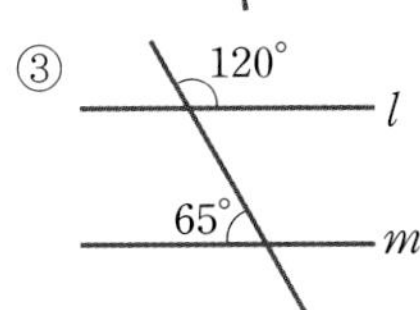

④
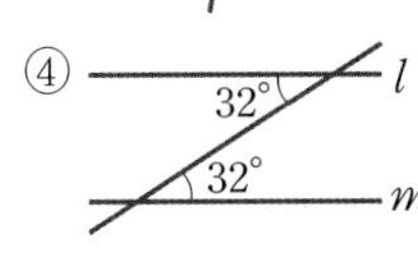

⑤
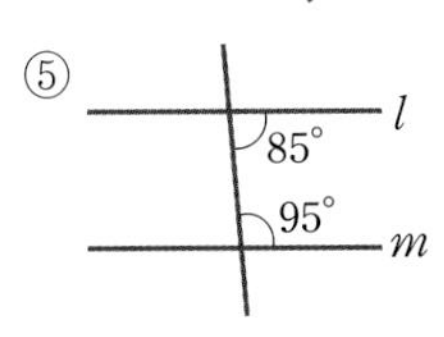

124

오른쪽 그림에서 평행한 두 직선을 모두 고르면? (정답 2개)

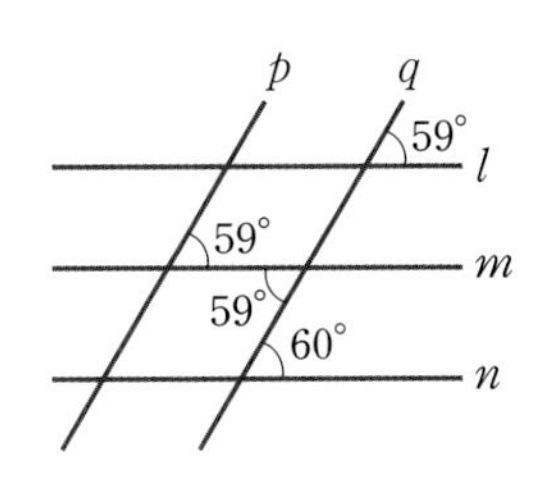

① l과 m　② l과 n
③ m과 n　④ p와 q
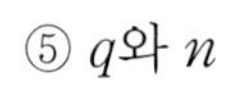
⑤ q와 n

125

다음 중 오른쪽 그림의 두 직선 l, m이 서로 평행하기 위한 조건으로 옳지 않은 것은?

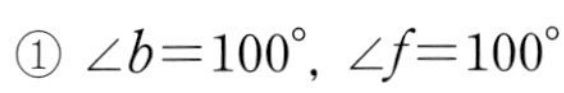
① $\angle b=100^\circ$, $\angle f=100^\circ$
② $\angle b=120^\circ$, $\angle e=60^\circ$
③ $\angle c=85^\circ$, $\angle e=85^\circ$
④ $\angle d=110^\circ$, $\angle f=120^\circ$
⑤ $\angle d=110^\circ$, $\angle e=70^\circ$

유형 15 각의 크기 구하기 – 삼각형 이용

126 대표 문제

오른쪽 그림에서 $l /\!/ m$일 때, $\angle x-\angle y$의 크기는?

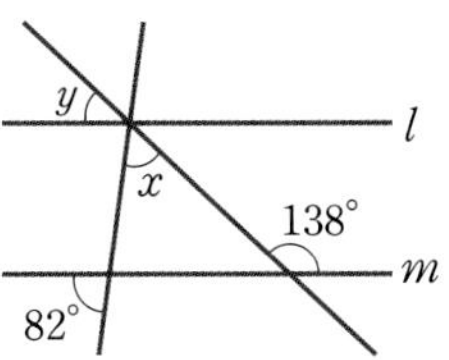

① 6°　② 8°
③ 10°　④ 12°
⑤ 14°

127

오른쪽 그림에서 $l /\!/ m$일 때, $\angle x$의 크기를 구하시오.

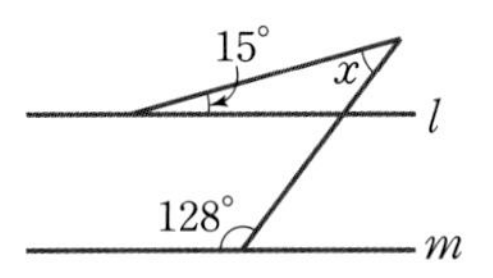

128

오른쪽 그림에서 $l /\!/ m$일 때, $\angle x$의 크기는?

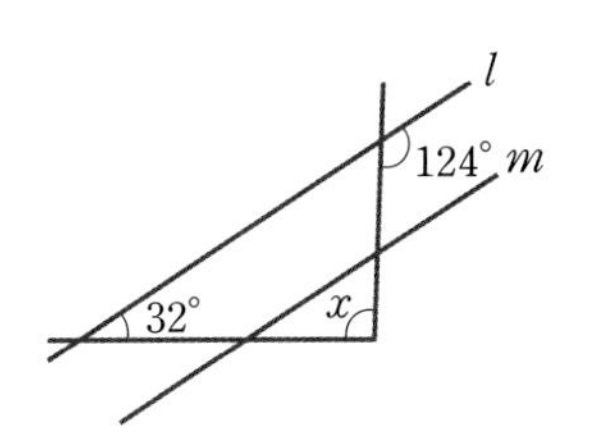

① 90°　② 92°
③ 94°　④ 96°
⑤ 98°

유형 16 각의 크기 구하기 – 보조선 1개 이용

129 대표 문제

오른쪽 그림에서 $l /\!/ m$일 때, $\angle x$의 크기는?

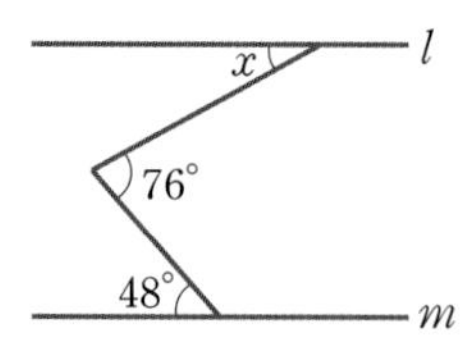

① 28° ② 29° ③ 30° ④ 31° ⑤ 32°

130

오른쪽 그림에서 $l /\!/ m$일 때, x의 값을 구하시오.

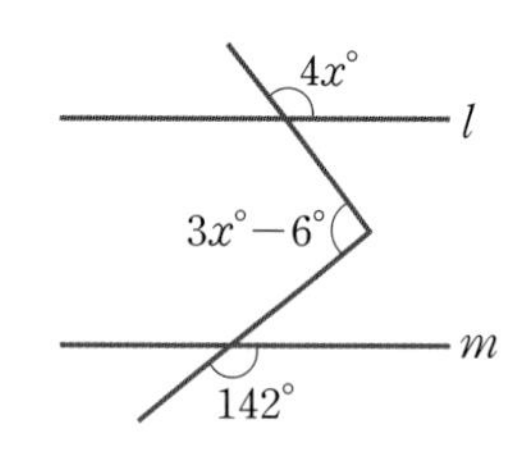

131

오른쪽 그림에서 $l /\!/ m$일 때, $\angle x$의 크기는?

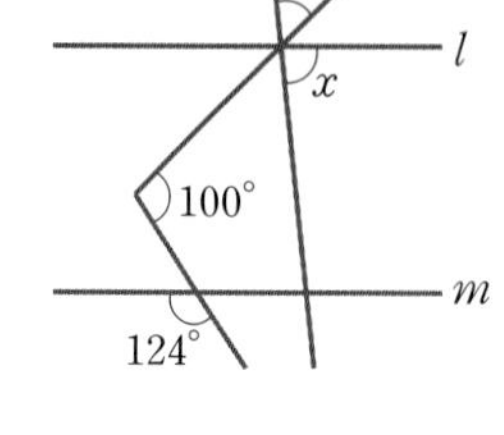

① 84° ② 85° ③ 86° ④ 87° ⑤ 88°

유형 17 각의 크기 구하기 – 보조선 2개 이용(1)

132 대표 문제

오른쪽 그림에서 $l /\!/ m$일 때, $\angle x$의 크기는?

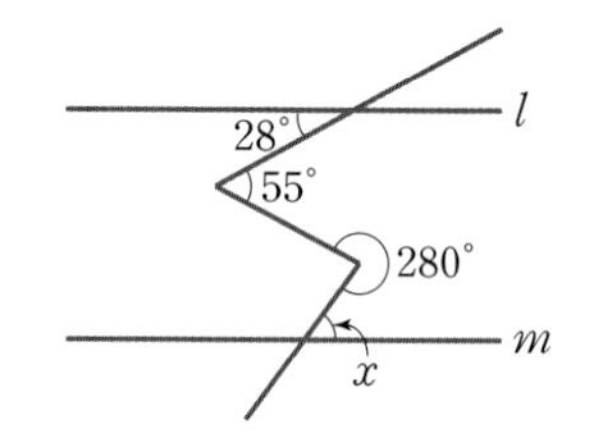

① 65° ② 70° ③ 75° ④ 80° ⑤ 85°

133

오른쪽 그림에서 $l /\!/ m$일 때, $\angle x$의 크기를 구하시오.

134

오른쪽 그림에서 $l /\!/ m$일 때, x의 값을 구하시오.

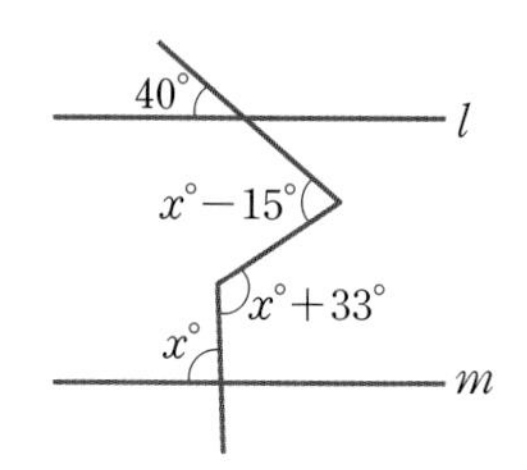

유형 18 각의 크기 구하기 – 보조선 2개 이용(2)

135 대표 문제

오른쪽 그림에서 $l /\!/ m$일 때, $\angle x$의 크기를 구하시오.

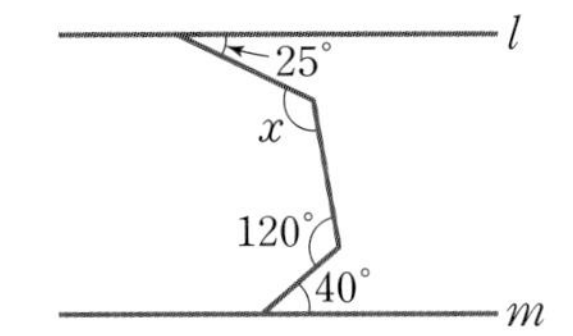

136

오른쪽 그림에서 $l /\!/ m$일 때, $\angle x$의 크기는?

① 100° ② 101° ③ 102° ④ 103° ⑤ 104°

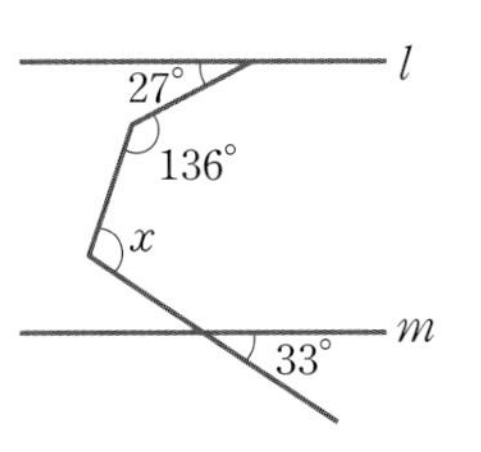

137

오른쪽 그림에서 $l /\!/ m$일 때, $\angle x+\angle y$의 크기를 구하시오.

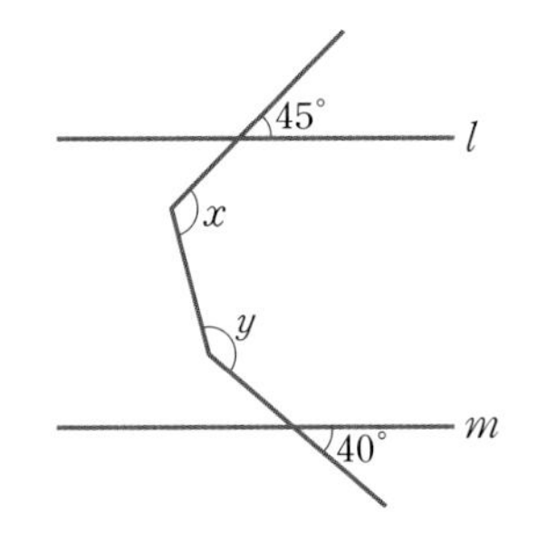

유형 19 평행선의 활용(1)

138 대표 문제

오른쪽 그림에서 $l /\!/ m$일 때, $\angle x$의 크기는?

① 55° ② 60° ③ 65° ④ 70° ⑤ 75°

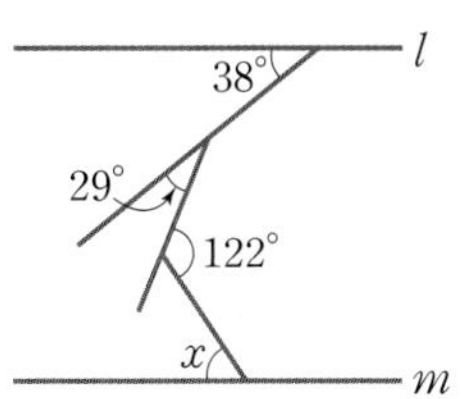

139

오른쪽 그림에서 $l /\!/ m$일 때, $\angle a+\angle b+\angle c$의 크기는?

① 140° ② 145° ③ 155° ④ 160° ⑤ 165°

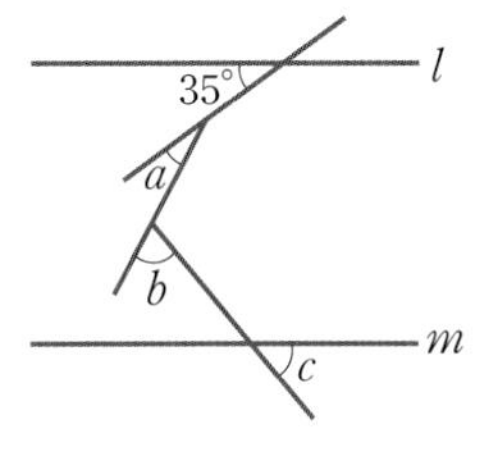

140

오른쪽 그림에서 $l /\!/ m$일 때, $\angle a+\angle b+\angle c+\angle d$의 크기를 구하시오.

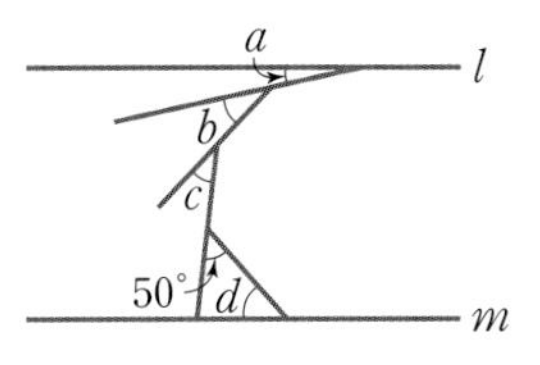

유형 20 평행선의 활용 (2)

141 대표 문제

오른쪽 그림에서 $l /\!/ m$이고 $3\angle DAC=\angle DAB$, $3\angle EBC=\angle EBA$일 때, $\angle ACB$의 크기를 구하시오.

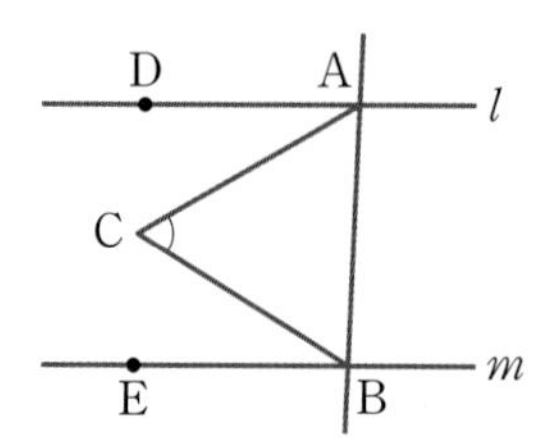

142

오른쪽 그림에서 $l /\!/ m$이고 $\angle ABD=2\angle DBC$일 때, $\angle DBC$의 크기를 구하시오.

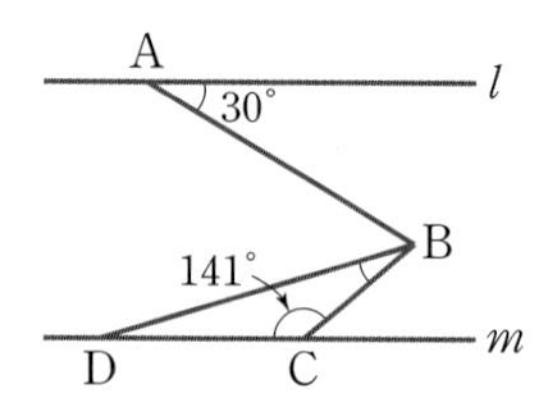

143

오른쪽 그림에서 $l /\!/ m$이고 $\angle CAD=\angle DAB$, $\angle ABC=\angle CBD$일 때, $\angle CED$의 크기를 구하시오.

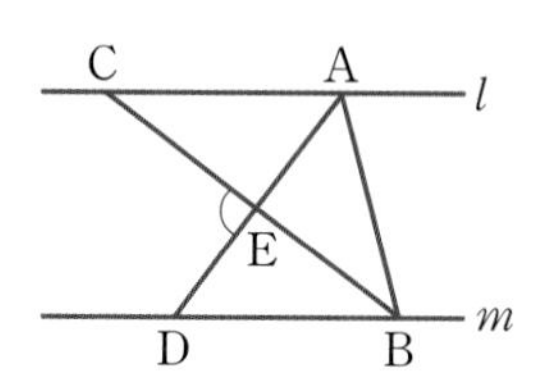

발전 유형 21 직사각형 모양의 종이를 접는 경우

144 대표 문제

오른쪽 그림과 같이 직사각형 모양의 종이 ABCD를 $\overline{EF}$를 접는 선으로 하여 접었을 때, $\angle GFE$의 크기를 구하시오.

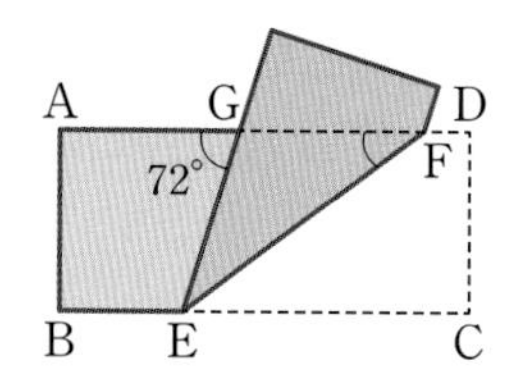

145

오른쪽 그림과 같이 직사각형 모양의 종이 ABCD를 $\overline{BE}$를 접는 선으로 하여 접었을 때, $\angle DEF$의 크기는?

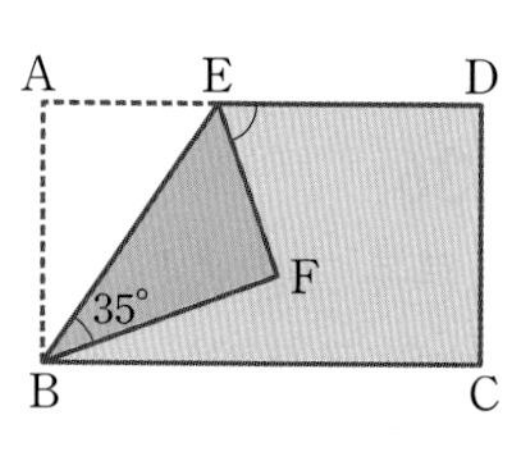

① 55°　② 60°　③ 65°　④ 70°　⑤ 75°

146

오른쪽 그림과 같이 직사각형 모양의 종이 ABCD를 $\overline{EF}$를 접는 선으로 하여 접었을 때, 다음 보기에서 옳은 것을 모두 고르시오.

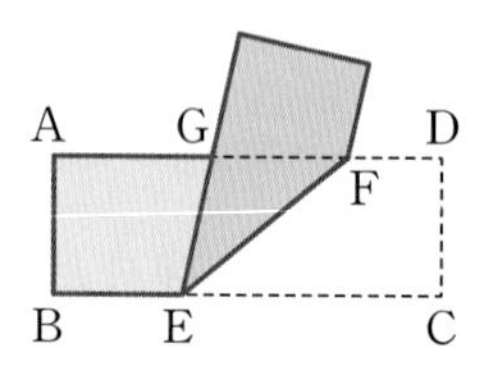

보기

ㄱ. $\angle GFE=\frac{1}{2}\angle GEC$

ㄴ. $\angle FGE=180°-2\angle FEC$

ㄷ. 삼각형 GEF는 $\overline{GE}=\overline{GF}$인 이등변삼각형이다.

정답 및 풀이 72쪽

만점 각 잡기

학교 시험 만점을
차근차근 준비해요.

147

유형 02 ◦ 유형 03

오른쪽 그림과 같이 정사각형 ABCD의 두 대각선 AC, BD의 교점을 E라 하자. 다음 중 옳지 않은 것은?

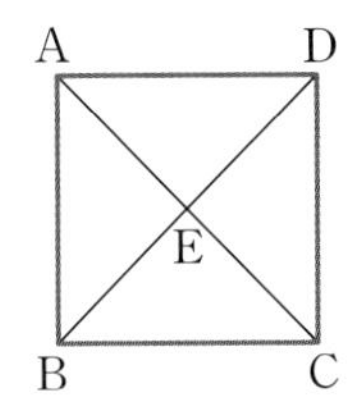

① 직선 AD와 직선 CD는 수직이다.
② 세 직선 AD, BD, CD의 교점은 점 D이다.
③ 직선 AB와 직선 CE는 만나지 않는다.
④ 변 BC와 수직인 두 변은 서로 평행하다.
⑤ 직선 AC와 점 D를 포함하는 평면은 하나뿐이다.

| **해결 전략** | 정사각형의 네 각은 모두 직각임을 이용한다.

148

유형 03

오른쪽 그림과 같이 평면 P 위에 두 직선 AB와 CD가 한 점에서 만나고, 점 E는 평면 P 위에 있지 않다. 다섯 개의 점 A, B, C, D, E 중 세 개의 점으로 결정되는 서로 다른 평면의 개수를 구하시오.

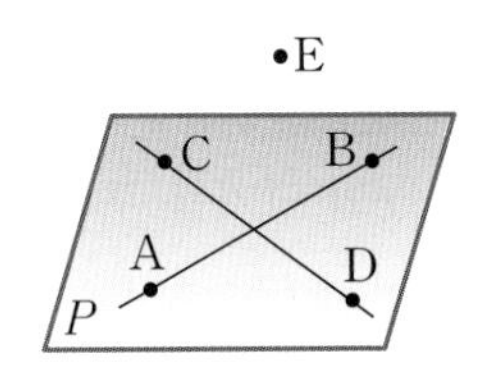

| **해결 전략** | 평면이 하나로 정해질 조건을 이용한다.

149

유형 05 ◦ 유형 06 ◦ 유형 08

오른쪽 그림의 직육면체에서 네 모서리 BC, FG, GH, CD의 중점을 각각 P, Q, R, S라 하자. 직육면체의 12개의 모서리와 6개의 면 중 평면 PQRS와 평행한 모서리의 개수를 a, 평면 PQRS와 수직인 면의 개수를 b, 직선 QR과 꼬인 위치에 있는 모서리의 개수를 c라 할 때, $a-b+c$의 값을 구하시오.

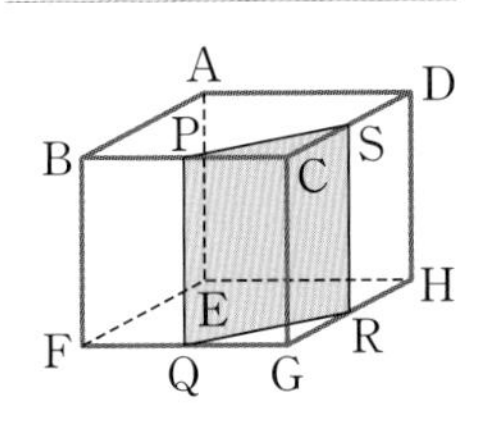

| **해결 전략** | 주어진 입체도형의 모서리를 직선, 면을 평면으로 생각하여 공간에서 위치 관계를 살펴본다.

150

유형 07 ◦ 유형 09

오른쪽 그림은 정육면체의 세 모서리의 중점을 지나는 평면으로 삼각뿔을 잘라 만든 입체도형이다. 다음 중 이 입체도형에 대한 설명으로 옳은 것은?

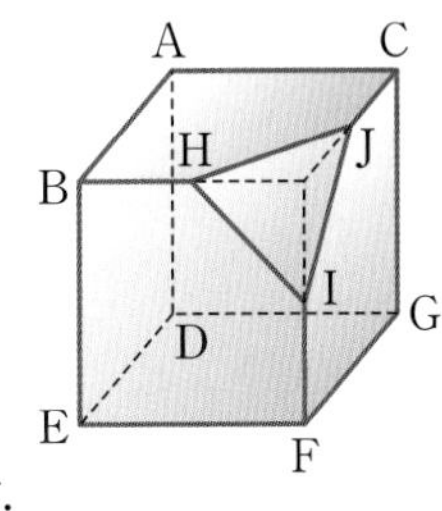

① 평면 HIJ는 직선 AD와 평행하다.
② 면 BEFIH와 평행한 모서리는 3개이다.
③ 모서리 HI와 꼬인 위치에 있는 모서리는 9개이다.
④ 면 ABHJC와 면 HIJ는 수직이다.
⑤ 점 J와 면 ADGC 사이의 거리는 $\overline{BH}$의 길이와 같다.

| **해결 전략** | 주어진 입체도형의 모서리를 직선, 면을 평면으로 생각하여 공간에서 위치 관계를 살펴본다.

151

유형 07 ◦ 유형 10

오른쪽 그림과 같이 한 변의 길이가 10 cm인 정사각형 모양의 종이 ABCD는 삼각뿔의 전개도이다. 이 전개도로 만든 삼각뿔에 대하여 다음 물음에 답하시오.

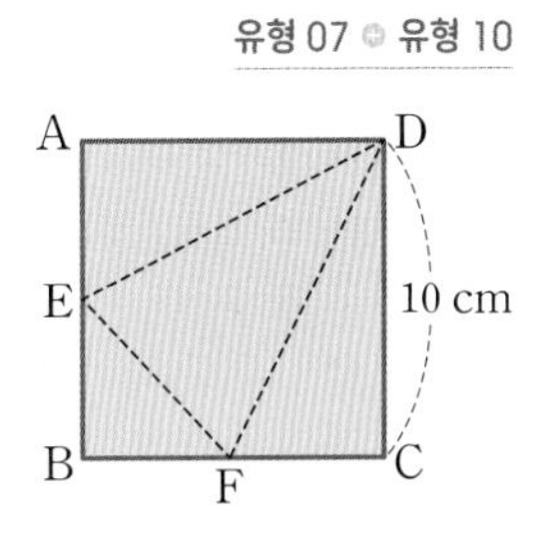

(1) 면 EBF와 수직인 면을 모두 구하시오.
(2) 점 E와 면 DCF 사이의 거리를 구하시오.

| **해결 전략** | 전개도로 만든 삼각뿔을 그린 후 정사각형의 이웃하는 두 변은 수직임을 이용한다.

152

유형 11

다음 중 공간에 있는 서로 다른 세 직선 l, m, n과 서로 다른 세 평면 P, Q, R의 위치 관계에 대한 설명으로 옳은 것은?

① $l\perp m$, $m\perp n$이면 $l\perp n$이다.
② $l /\!/ P$, $m /\!/ P$이면 $l /\!/ m$이다.
③ $l\perp P$, $m /\!/ P$이면 $l\perp m$이다.
④ $P /\!/ Q$, $Q\perp R$이면 $P\perp R$이다.
⑤ $l /\!/ m$, $l\perp n$이면 $m /\!/ n$이다.

| **해결 전략** | 공간에서의 위치 관계를 이용한다.

153

유형 15

오른쪽 그림에서 $l /\!/ m$일 때, $\angle x + \angle y$의 크기를 구하시오.

| 해결 전략 | 삼각형의 세 각의 크기의 합은 180°임을 이용한다.

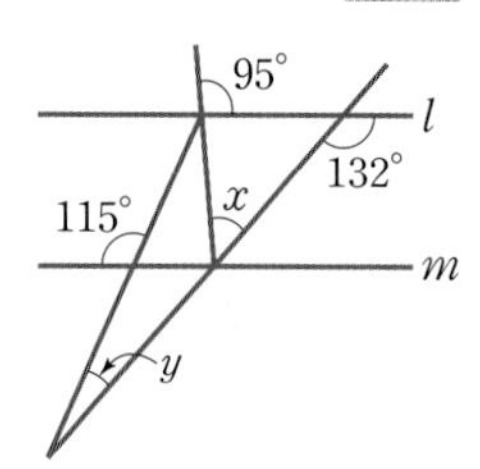

156

유형 12 ⊕ 유형 15

다음 그림에서 $l /\!/ m$이고 $\angle x$의 모든 동위각의 크기의 합이 420°일 때, $\angle x + \angle y$의 크기를 구하시오.

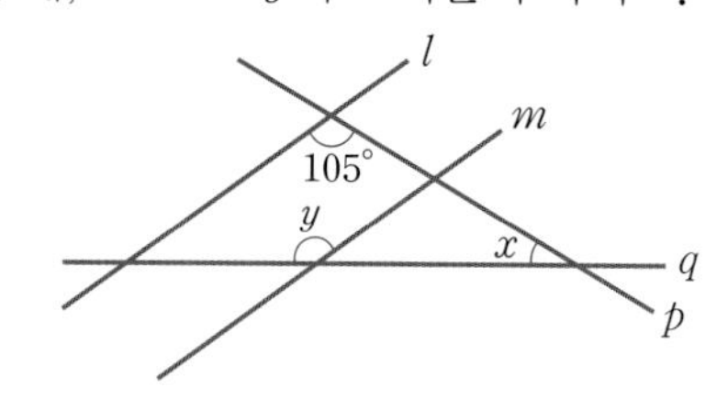

| 해결 전략 | 평행선의 성질을 이용한다.

154

유형 17

오른쪽 그림에서 $l /\!/ m$일 때, x의 값을 구하시오.

| 해결 전략 | 두 직선 l, m과 평행한 두 직선을 긋는다.

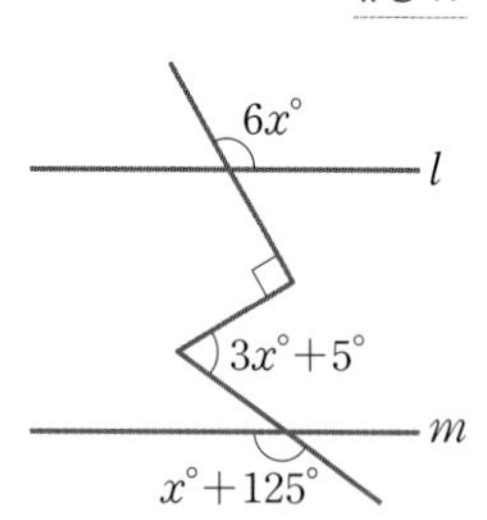

157

유형 19

오른쪽 그림에서 $l /\!/ k$, $m /\!/ n$일 때, $\angle x$의 크기를 구하시오.

| 해결 전략 | 두 직선 m과 k의 연장선을 긋고 평행선의 성질을 이용한다.

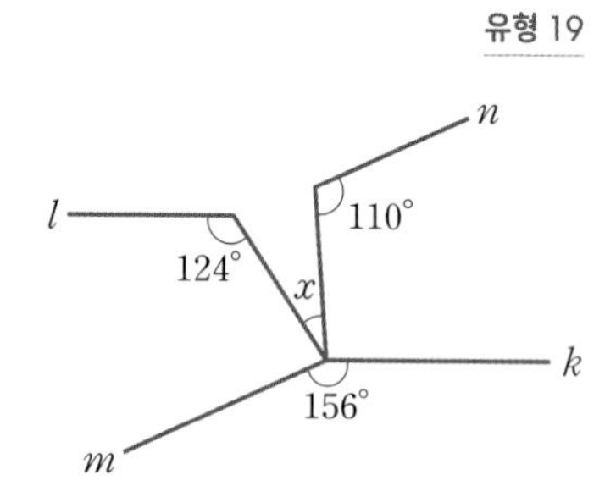

155

유형 13 ⊕ 유형 14

오른쪽 그림에서 $\angle x + \angle y + \angle z$의 크기를 구하시오.

| 해결 전략 | 먼저 평행한 두 직선들을 찾는다.

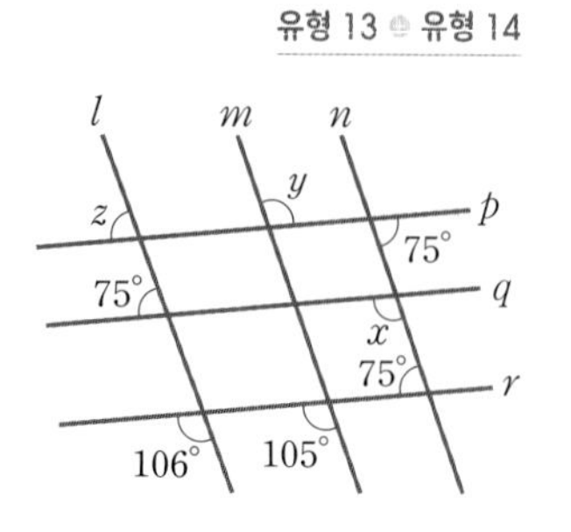

158

유형 21

오른쪽 그림과 같이 직사각형 모양의 종이 ABCD를 접었을 때, $\angle x + \angle y + \angle z$의 크기를 구하시오.

| 해결 전략 | 평행선의 성질과 접은 각의 크기는 같음을 이용한다.

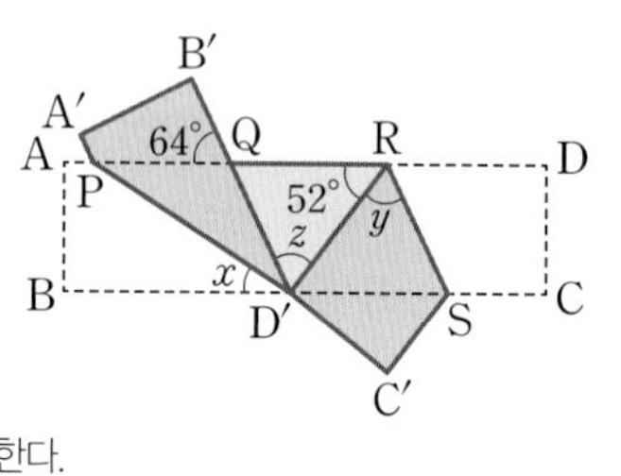

유형 01 작도

159 대표 문제

다음 보기에서 작도에 대한 설명으로 옳은 것을 모두 고른 것은?

보기
ㄱ. 서로 다른 두 점을 지나는 직선을 그릴 때는 눈금 없는 자를 사용한다.
ㄴ. 원을 그릴 때는 컴퍼스를 사용한다.
ㄷ. 선분을 연장할 때는 컴퍼스를 사용한다.
ㄹ. 크기가 60°인 각을 작도할 때는 각도기를 사용한다.

① ㄱ, ㄴ ② ㄱ, ㄷ ③ ㄱ, ㄹ
④ ㄴ, ㄷ ⑤ ㄴ, ㄹ

160

다음 중 작도할 때 컴퍼스의 용도로 옳지 않은 것을 모두 고르면? (정답 2개)

① 선분의 길이를 옮긴다.
② 선분의 길이를 잰다.
③ 각의 크기를 측정한다.
④ 두 선분의 길이를 비교한다.
⑤ 두 점을 지나는 직선을 그린다.

유형 02 길이가 같은 선분의 작도

161 대표 문제

다음 그림은 선분 AB와 길이가 같은 선분 CD를 작도하는 과정이다. 작도 순서를 바르게 나열한 것은?

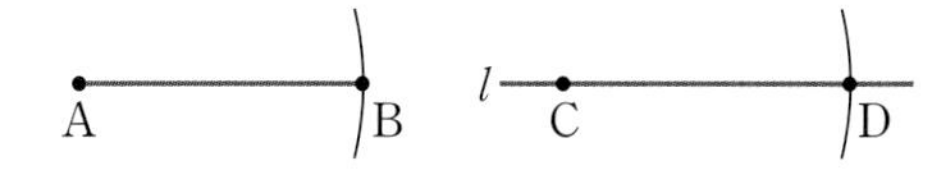

㉠ $\overline{AB}$의 길이를 잰다.
㉡ 직선 l을 그리고, 그 위에 한 점을 잡아 점 C라 한다.
㉢ 점 C를 중심으로 반지름의 길이가 $\overline{AB}$인 원을 그려 직선 l과의 교점을 D라 한다.

① ㉠ → ㉢ → ㉡ ② ㉡ → ㉠ → ㉢
③ ㉡ → ㉢ → ㉠ ④ ㉢ → ㉠ → ㉡
⑤ ㉢ → ㉡ → ㉠

162

다음은 $\overline{AB}$를 한 변으로 하는 정삼각형을 작도하는 과정이다. (가), (나), (다)에 알맞은 것을 구하시오.

❶ [(가)]를 사용하여 [(나)]의 길이를 잰 후 두 점 A, B를 각각 중심으로 하고 반지름의 길이가 [(나)]인 원을 그려 두 원의 교점을 C라 한다.

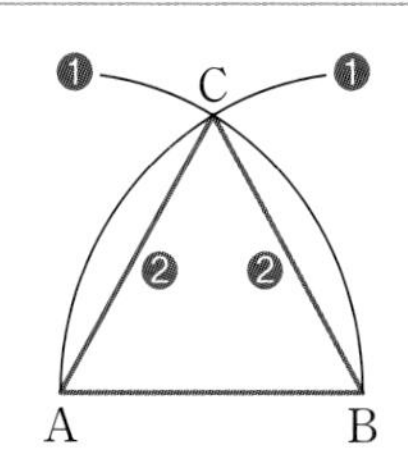

❷ $\overline{AC}$, $\overline{BC}$를 그으면 삼각형 ABC는 [(다)]이다.

163

컴퍼스를 사용하여 다음 수직선 위에 −2와 4에 대응하는 점을 각각 작도하시오.

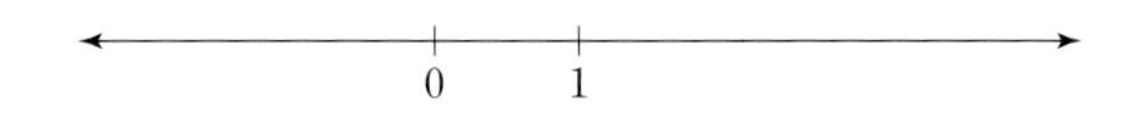

유형 03 크기가 같은 각의 작도

164 대표 문제

아래 그림은 $\angle XOY$와 크기가 같은 각을 $\overrightarrow{PQ}$를 한 변으로 하여 작도하는 과정이다. 다음 중 옳지 않은 것은?

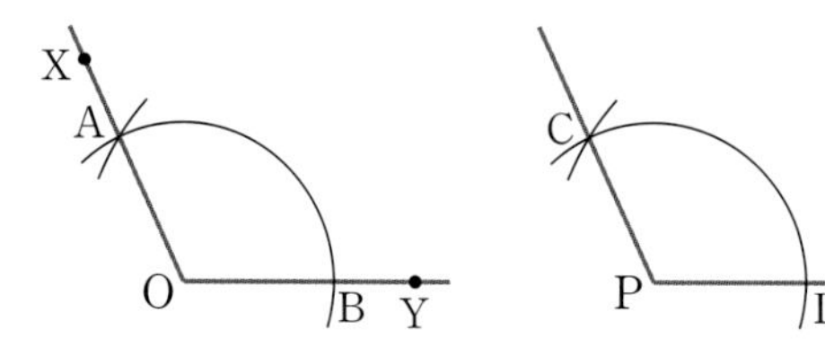

① 점 O를 중심으로 하는 원을 그려 두 점 A, B를 잡는다.
② 점 P를 중심으로 하고 반지름의 길이가 $\overline{OB}$인 원을 그려 점 D를 잡는다.
③ 점 D를 중심으로 하고 반지름의 길이가 $\overline{OA}$인 원을 그려 점 C를 잡는다.
④ 두 점 P, C를 지나는 반직선 PC를 긋는다.
⑤ $\angle XOY=\angle CPQ$이다.

165

아래 그림은 $\angle AOB$와 크기가 같은 각을 $\overrightarrow{PQ}$를 한 변으로 하여 작도한 것이다. 다음 보기에서 옳은 것을 모두 고른 것은?

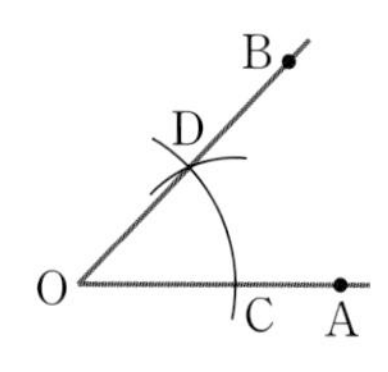

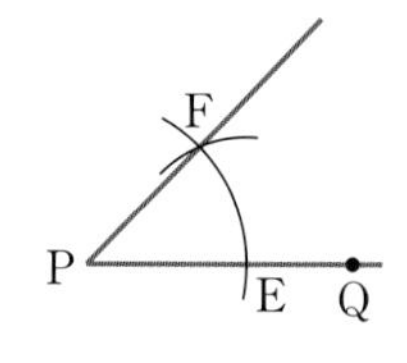

보기
ㄱ. $\overline{OC}=\overline{EF}$　　ㄴ. $\overline{OD}=\overline{PF}$
ㄷ. $\overline{CD}=\overline{EF}$　　ㄹ. $\overline{CD}=\overline{PE}$

① ㄱ, ㄴ　② ㄱ, ㄷ　③ ㄱ, ㄹ
④ ㄴ, ㄷ　⑤ ㄴ, ㄹ

유형 04 평행선의 작도

166 대표 문제

오른쪽 그림은 직선 l 밖의 한 점 P를 지나고 직선 l과 평행한 직선 m을 작도한 것이다. 다음 중 옳지 않은 것은?

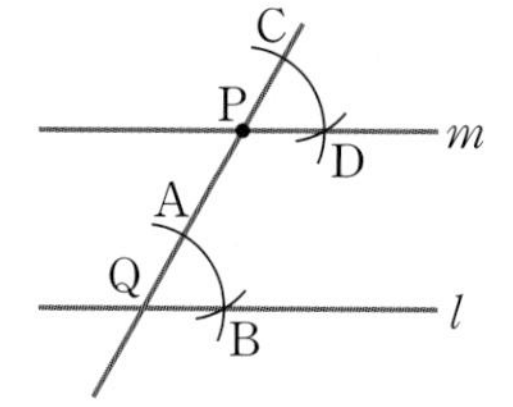

① $\overline{QA}=\overline{QB}$　② $\overline{QA}=\overline{PC}$
③ $\overline{QA}=\overline{PD}$　④ $\overline{CD}=\overline{AB}$
⑤ $\overline{CD}=\overline{PD}$

167

오른쪽 그림은 직선 l 밖의 한 점 P를 지나고 직선 l과 평행한 직선을 작도하는 과정이다. 작도 순서를 나열할 때, ㉠~㉥ 중 다섯 번째 과정을 구하시오.

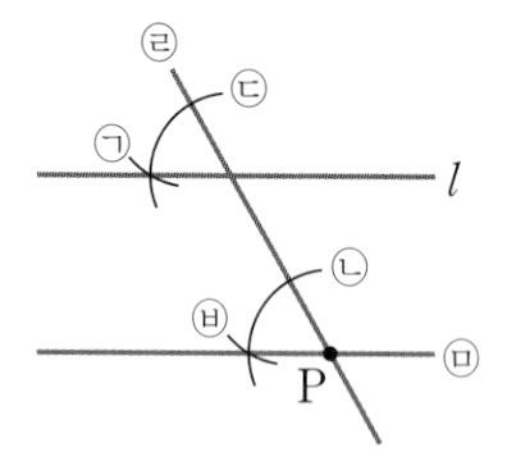

168

오른쪽 그림은 직선 l 밖의 한 점 P를 지나고 직선 l과 평행한 직선을 작도하는 과정이다. 다음 중 옳지 않은 것은?

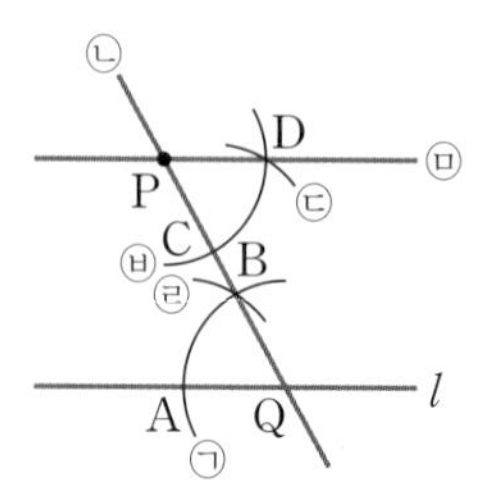

① $\overline{AB}=\overline{CD}$
② $\overline{PC}=\overline{QB}$
③ $\overline{AQ}=\overline{CD}$
④ 작도 순서는 ㉡ → ㉠ → ㉥ → ㉣ → ㉢ → ㉤이다.
⑤ 엇각의 크기가 같으면 두 직선은 서로 평행하다는 성질을 이용하였다.

유형 05 삼각형의 세 변의 길이 사이의 관계

169 대표 문제

다음 중 삼각형의 세 변의 길이가 될 수 있는 것을 모두 고르면? (정답 2개)

① 2 cm, 3 cm, 5 cm ② 6 cm, 9 cm, 13 cm
③ 1 cm, 5 cm, 5 cm ④ 7 cm, 8 cm, 16 cm
⑤ 8 cm, 12 cm, 22 cm

170

삼각형의 세 변의 길이가 각각 6, 8, x일 때, 다음 중 x의 값이 될 수 없는 것은?

① 2 ② 3 ③ 4
④ 5 ⑤ 6

171

삼각형의 세 변의 길이가 a, 5, 8일 때, 자연수 a의 개수를 구하시오.

172

길이가 각각 3, 5, 7, 8인 4개의 선분이 있다. 이 중 3개의 선분을 골라 삼각형을 만들려고 한다. 만들 수 있는 서로 다른 삼각형은 모두 몇 개인지 구하시오.

유형 06 삼각형의 작도

173 대표 문제

오른쪽 그림과 같이 $\overline{AB}$, $\overline{AC}$의 길이와 $\angle A$의 크기가 주어졌을 때, $\triangle ABC$를 작도하려고 한다. 다음 중 작도하는 순서로 옳지 않은 것은?

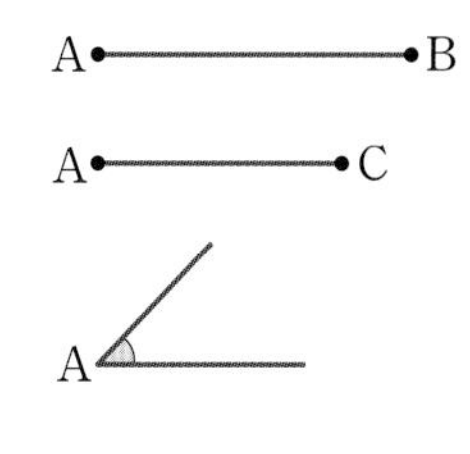

① $\overline{AB} \to \angle A \to \overline{AC}$ ② $\angle A \to \overline{AC} \to \overline{AB}$
③ $\angle A \to \overline{AB} \to \overline{AC}$ ④ $\overline{AC} \to \angle A \to \overline{AB}$
⑤ $\overline{AB} \to \overline{AC} \to \angle A$

174

오른쪽 그림은 $\overline{BC}$의 길이와 $\angle B$, $\angle C$의 크기가 주어졌을 때, 직선 PQ 위에 $\triangle ABC$를 작도하는 과정이다. 다음 중 작도 순서를 바르게 나열한 것은?

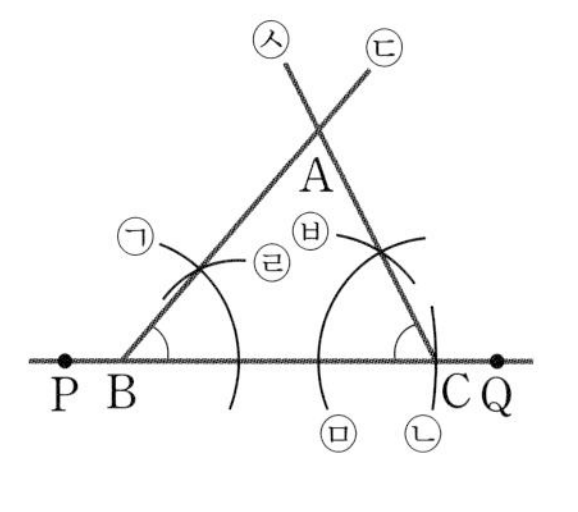

① ㉠ → ㉣ → ㉢ → ㉤ → ㉥ → ㉦ → ㉡
② ㉡ → ㉠ → ㉣ → ㉢ → ㉤ → ㉥ → ㉦
③ ㉡ → ㉣ → ㉠ → ㉢ → ㉥ → ㉤ → ㉦
④ ㉢ → ㉠ → ㉣ → ㉡ → ㉤ → ㉥ → ㉦
⑤ ㉤ → ㉥ → ㉦ → ㉠ → ㉣ → ㉢ → ㉡

175

세 변의 길이 a, b, c가 주어질 때, 오른쪽 그림과 같이 길이가 a인 $\overline{BC}$가 직선 l 위에 있도록 $\triangle ABC$를 작도하는 순서 중 가장 마지막인 것은?

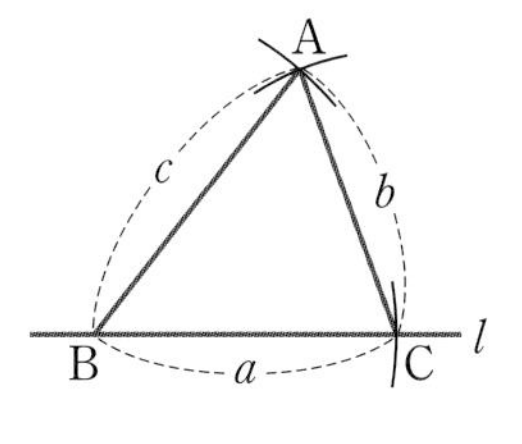

① 두 점 A와 B, 두 점 A와 C를 잇는다.
② 점 C를 중심으로 반지름의 길이가 b인 원을 그린다.
③ 점 B를 중심으로 반지름의 길이가 c인 원을 그린다.
④ 직선 l 위에 길이가 a인 $\overline{BC}$를 작도한다.
⑤ 두 원의 교점을 A라 한다.

유형 07 삼각형이 하나로 정해지는 조건

176 대표 문제

다음 중 $\triangle ABC$가 하나로 정해지지 않는 것을 모두 고르면? (정답 2개)

① $\overline{AB}=2\text{ cm}$, $\overline{BC}=6\text{ cm}$, $\overline{CA}=4\text{ cm}$
② $\overline{AB}=5\text{ cm}$, $\overline{BC}=8\text{ cm}$, $\angle B=50°$
③ $\overline{AB}=6\text{ cm}$, $\angle A=55°$, $\angle B=45°$
④ $\overline{BC}=7\text{ cm}$, $\angle A=50°$, $\angle B=30°$
⑤ $\angle A=60°$, $\angle B=70°$, $\angle C=50°$

177

$\triangle ABC$가 하나로 정해지는 것을 다음 보기에서 모두 고르시오.

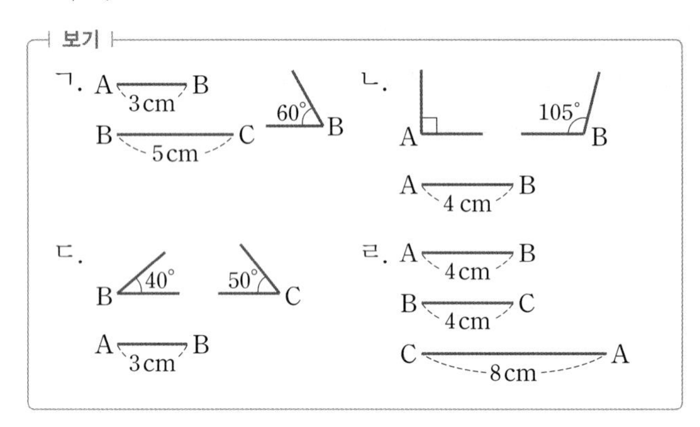

178

다음 중 $\triangle ABC$가 하나로 정해지는 것은?

① $\overline{AB}=4\text{ cm}$, $\overline{BC}=5\text{ cm}$, $\overline{CA}=10\text{ cm}$
② $\overline{AB}=4\text{ cm}$, $\overline{BC}=7\text{ cm}$, $\angle B=50°$
③ $\overline{AB}=6\text{ cm}$, $\angle A=100°$, $\angle B=90°$
④ $\overline{AB}=8\text{ cm}$, $\overline{BC}=9\text{ cm}$, $\angle C=60°$
⑤ $\angle A=55°$, $\angle B=80°$, $\angle C=45°$

179

$\triangle ABC$에서 $\overline{AB}=4\text{ cm}$, $\angle B=60°$일 때, $\triangle ABC$가 하나로 정해지기 위해 필요한 나머지 한 조건을 다음 보기에서 모두 고른 것은?

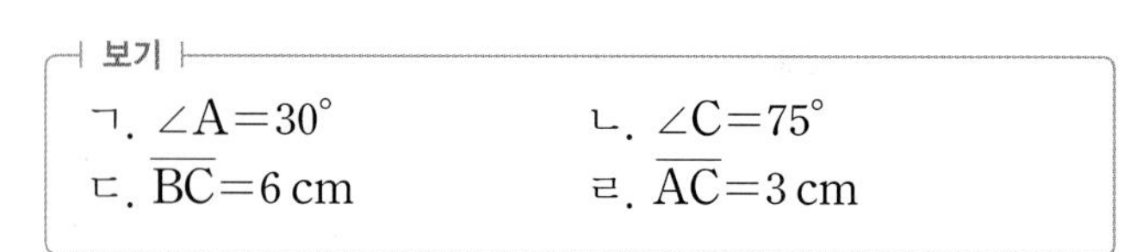

① ㄱ, ㄴ ② ㄱ, ㄷ ③ ㄱ, ㄴ, ㄷ
④ ㄱ, ㄴ, ㄹ ⑤ ㄴ, ㄷ, ㄹ

180

$\overline{AB}$의 길이가 주어졌을 때, 두 가지 조건을 추가하여 $\triangle ABC$가 하나로 정해지도록 하려고 한다. 다음 중 이때 필요한 조건이 아닌 것은?

① $\overline{BC}$, $\overline{CA}$ ② $\angle A$, $\overline{BC}$ ③ $\angle B$, $\overline{BC}$
④ $\angle A$, $\angle B$ ⑤ $\angle B$, $\angle C$

181

한 변의 길이가 5 cm이고 두 각의 크기가 40°, 60°일 때 만들 수 있는 삼각형의 개수를 구하시오.

유형 08 합동인 도형의 성질

182 대표 문제

아래 그림에서 △ABC≡△DEF일 때, 다음 중 옳지 않은 것은?

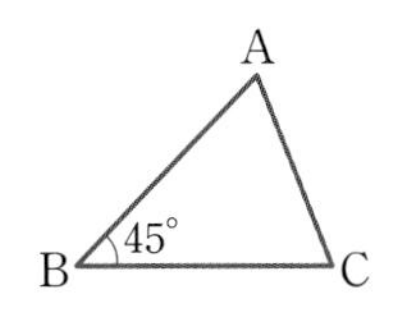

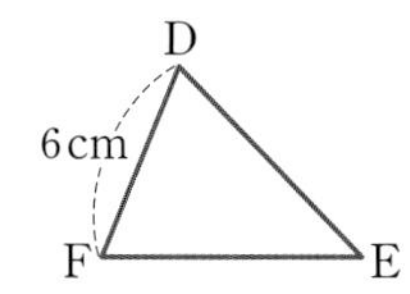

① $\overline{AB}$의 대응변은 $\overline{DE}$이다.
② $\angle C$의 대응각은 $\angle F$이다.
③ $\angle D=\angle B$
④ $\overline{AC}=6$ cm
⑤ $\angle E=45°$

183

다음 중 두 도형이 서로 합동이라 할 수 없는 것은?

① 한 변의 길이가 같은 두 정사각형
② 넓이가 같은 두 원
③ 둘레의 길이가 같은 두 마름모
④ 둘레의 길이가 같은 두 정삼각형
⑤ 둘레의 길이가 같은 두 정사각형

184

다음 그림에서 두 사각형 ABCD와 EFGH가 서로 합동일 때, $x+y$의 값을 구하시오.

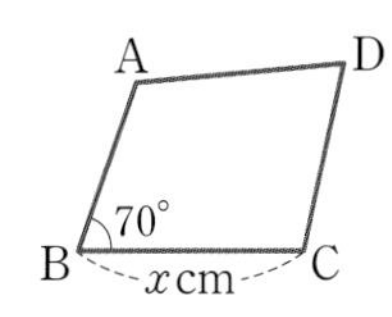

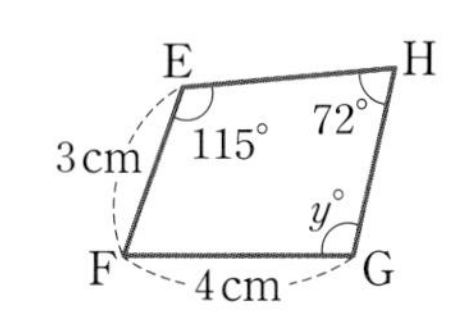

유형 09 합동인 삼각형 찾기

185 대표 문제

다음 삼각형 중 오른쪽 삼각형과 서로 합동인 것은?

7 cm, 30°, 35°

①

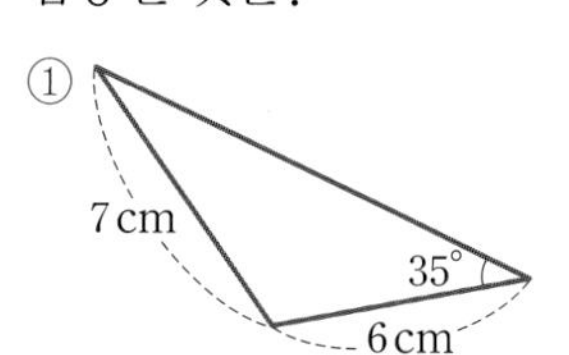

②

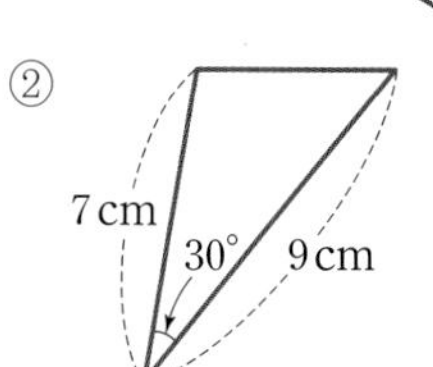

③

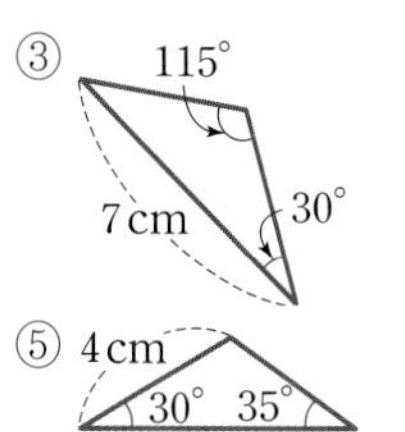

④

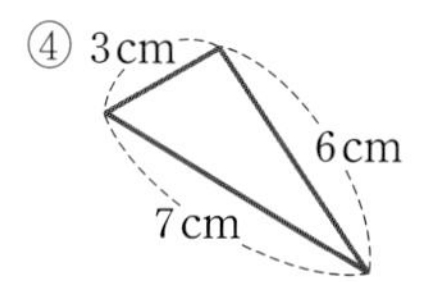

⑤ 4 cm, 30°, 35°

186

다음 중 △ABC와 △DEF가 합동이라 할 수 없는 것을 모두 고르면? (정답 2개)

① $\overline{AB}=\overline{DE}$, $\overline{BC}=\overline{EF}$, $\overline{CA}=\overline{FD}$
② $\overline{AB}=\overline{DE}$, $\overline{BC}=\overline{EF}$, $\angle B=\angle E$
③ $\overline{AB}=\overline{DE}$, $\overline{BC}=\overline{EF}$, $\angle C=\angle F$
④ $\overline{AB}=\overline{DE}$, $\angle A=\angle D$, $\angle C=\angle F$
⑤ $\angle A=\angle D$, $\angle B=\angle E$, $\angle C=\angle F$

187

다음 삼각형 중 나머지 넷과 합동이 아닌 것은?

①

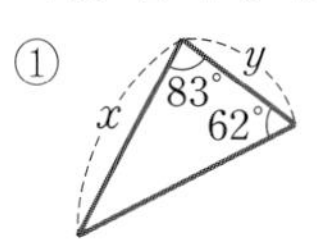

②

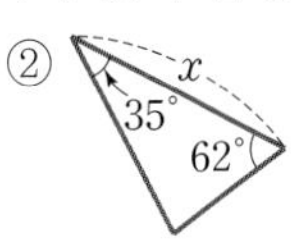

③

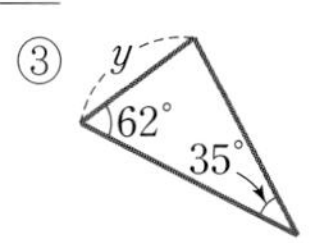

④

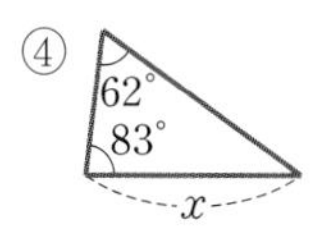

⑤

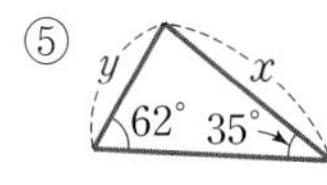

유형 10 두 삼각형이 합동이 되도록 추가할 조건

188 대표 문제

오른쪽 그림에서 $\angle A=\angle D$, $\overline{AB}=\overline{DE}$일 때, 다음 중 $\triangle ABC\equiv\triangle DEF$가 되기 위해 필요한 나머지 한 조건이 아닌 것을 모두 고르면? (정답 2개)

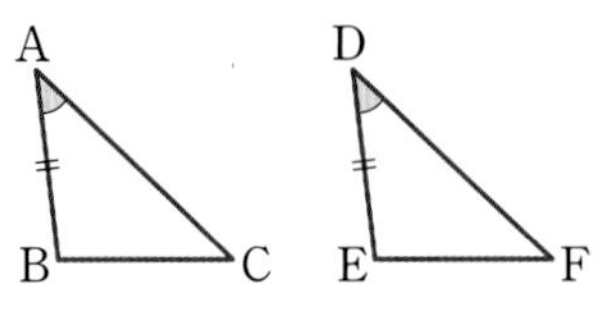

① $\angle B=\angle E$ ② $\angle C=\angle F$ ③ $\angle A=\angle F$
④ $\overline{BC}=\overline{EF}$ ⑤ $\overline{AC}=\overline{DF}$

189

오른쪽 그림에서 $\angle B=\angle E$, $\angle C=\angle F$일 때, $\triangle ABC\equiv\triangle DEF$가 되기 위해 필요한 나머지 한 조건을 다음 보기에서 모두 고르시오.

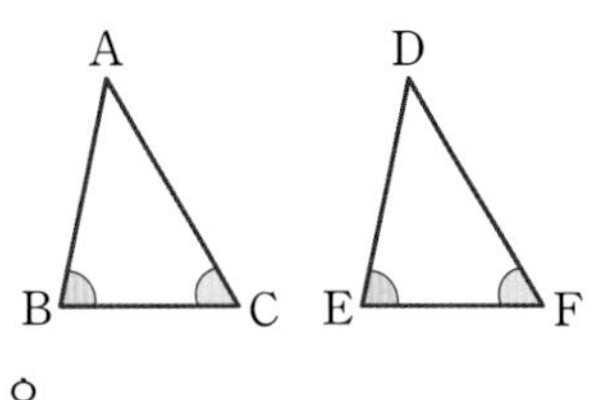

보기
ㄱ. $\angle A=\angle D$ ㄴ. $\angle C=\angle D$
ㄷ. $\overline{AB}=\overline{DE}$ ㄹ. $\overline{BC}=\overline{EF}$

190

오른쪽 그림에서 $\overline{BC}=\overline{EF}$, $\overline{AC}=\overline{DF}$일 때, 다음과 같은 조건으로 $\triangle ABC\equiv\triangle DEF$가 되기 위해 필요한 나머지 한 조건을 구하시오.

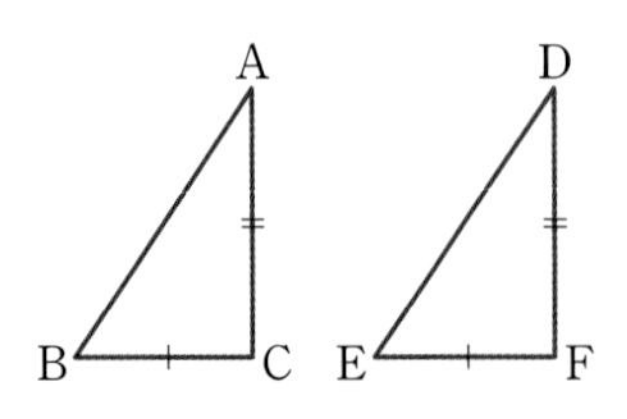

(1) SSS 합동
(2) SAS 합동

유형 11 삼각형의 합동 조건 – SSS 합동

191 대표 문제

다음은 $\angle XOY$의 이등분선 $\overrightarrow{OP}$를 작도하였을 때, $\triangle OAP\equiv\triangle OBP$임을 설명하는 과정이다. (가), (나), (다)에 알맞은 것을 구하시오.

$\triangle OAP$와 $\triangle OBP$에서
$\overline{OA}=$ (가),
$\overline{AP}=$ (나),
$\overline{OP}$는 공통이므로
$\triangle OAP\equiv\triangle OBP$ ((다) 합동)

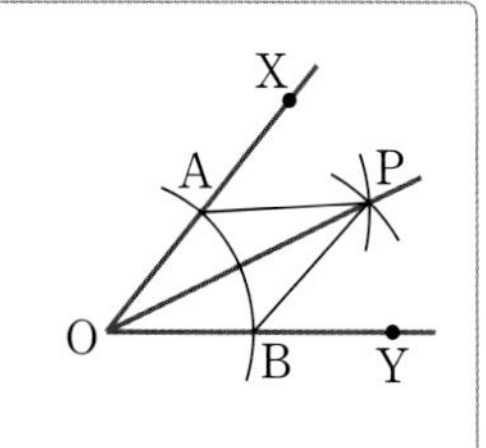

192

오른쪽 그림과 같은 사각형 ABCD에서 $\overline{AB}=\overline{CD}$, $\overline{AD}=\overline{BC}$일 때, 합동인 삼각형을 찾아 기호 ≡를 사용하여 나타내고, 이때의 합동 조건을 구하시오.

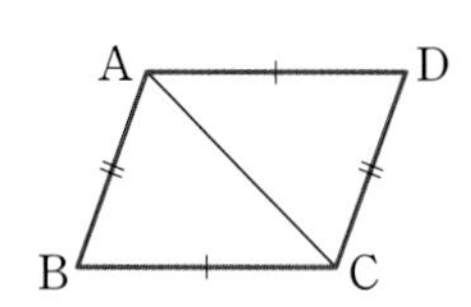

193

오른쪽 그림의 사각형 ABCD가 마름모일 때, 다음 보기에서 옳은 것을 모두 고르시오.

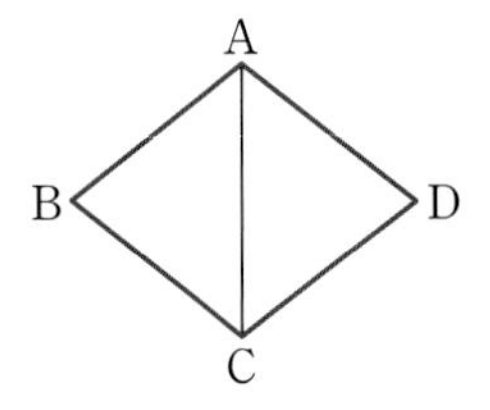

보기
ㄱ. $\overline{AB}=\overline{AC}$ ㄴ. $\angle ABC=\angle ADC$
ㄷ. $\angle BAC=\angle DAC$ ㄹ. $\angle BCA=\angle ADC$

유형 12 삼각형의 합동 조건 – SAS 합동

194 대표 문제

오른쪽 그림에서 $\overline{AB}=\overline{AD}$, $\overline{BC}=\overline{DE}$일 때, △ACD≡△AEB임을 설명하기 위해 사용되는 조건을 바르게 나열한 것은?

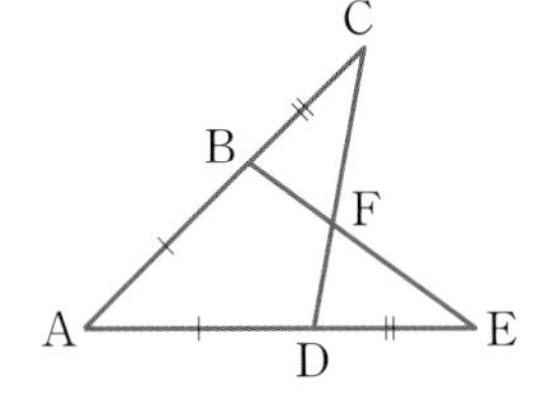

① $\overline{AD}=\overline{AB}$, $\overline{AC}=\overline{AE}$, $\overline{CD}=\overline{EB}$
② $\overline{AD}=\overline{AB}$, $\overline{AC}=\overline{AE}$, ∠A는 공통
③ $\overline{AD}=\overline{AB}$, ∠ADC=∠ABE, ∠A는 공통
④ $\overline{AC}=\overline{AE}$, $\overline{CD}=\overline{EB}$, ∠ADC=∠ABE
⑤ ∠A는 공통, ∠ADC=∠ABE, ∠ACD=∠AEB

195

오른쪽 그림의 직사각형 ABCD에서 점 M이 $\overline{BC}$의 중점일 때, △ABM과 합동인 삼각형을 찾고, 이때의 합동 조건을 구하시오.

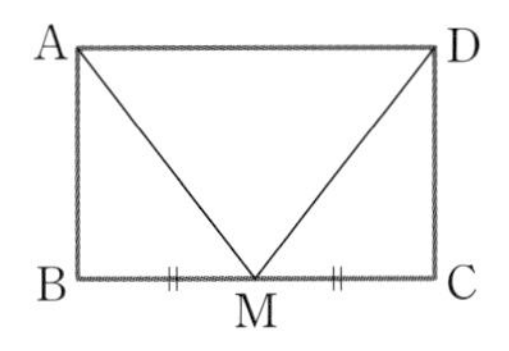

196

오른쪽 그림과 같이 연못의 양 끝 지점을 각각 A, B라 할 때, $\overline{AB}$의 길이를 구하고, 이때 사용한 삼각형의 합동 조건을 구하시오. (단, 점 E는 $\overline{AC}$와 $\overline{BD}$의 교점이다.)

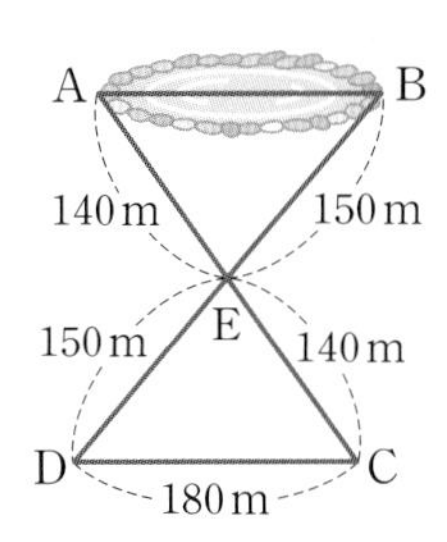

유형 13 삼각형의 합동 조건 – ASA 합동

197 대표 문제

다음은 ∠XOY의 이등분선 위의 한 점 P에서 $\overrightarrow{OX}$, $\overrightarrow{OY}$에 내린 수선의 발을 각각 A, B라 할 때, △AOP≡△BOP임을 설명하는 과정이다. □ 안에 알맞은 것으로 옳지 않은 것은?

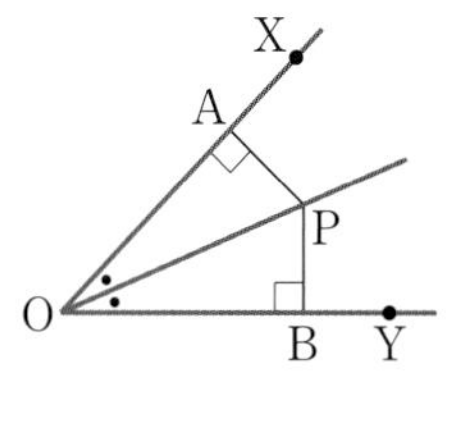

> △AOP와 △BOP에서
> ∠POA= ①
> ∠PAO=∠PBO=90°이므로 ∠APO= ②
> ③ 는 공통
> ∴ △AOP≡ ④ (⑤ 합동)

① ∠POB ② ∠BPO ③ $\overline{OP}$
④ △BOP ⑤ SAS

198

오른쪽 그림과 같이 △ABC에서 $\overline{BC}$의 중점을 M이라 하고 점 B를 지나고 $\overline{AC}$에 평행한 직선이 $\overline{AM}$의 연장선과 만나는 점을 D라 할 때, 다음 중 옳지 않은 것은?

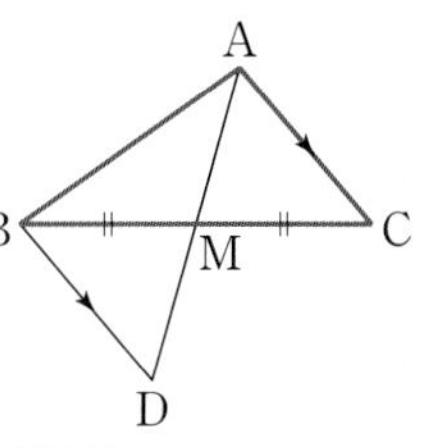

① $\overline{AC}=\overline{BD}$ ② $\overline{AM}=\overline{DM}$
③ ∠ACM=∠DBM ④ ∠MAC=∠MBD
⑤ △AMC≡△DMB

199

오른쪽 그림에서 $\overline{AB}\perp\overline{ED}$, $\overline{BE}\perp\overline{AC}$이고 $\overline{BC}=\overline{BD}$일 때, 합동인 삼각형을 찾아 기호 ≡를 사용하여 나타내고, 이때의 합동 조건을 구하시오.

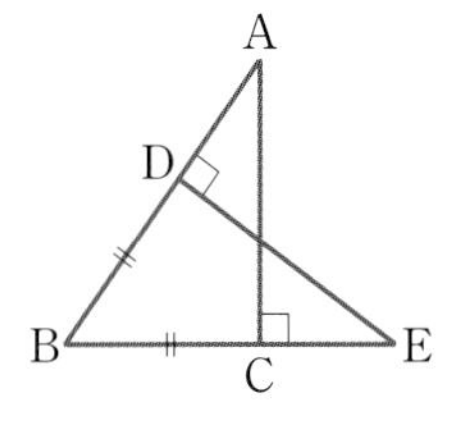

발전 유형 14 삼각형의 합동의 활용 – 정삼각형

200 대표 문제

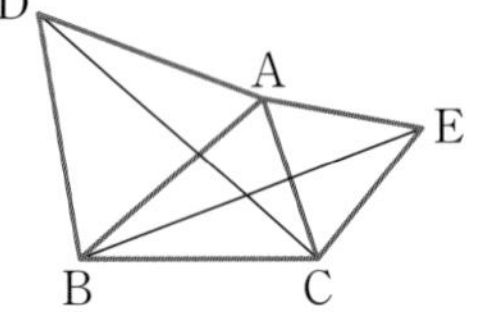

오른쪽 그림과 같이 $\triangle ABC$의 두 변 AB, AC를 각각 한 변으로 하는 두 정삼각형 DBA, ACE를 만들었다. $\triangle ADC$와 $\triangle ABE$가 서로 합동임을 설명하는 과정이 다음과 같을 때, □ 안에 알맞은 것으로 옳지 않은 것은?

> $\triangle ADC$와 $\triangle ABE$에서
> $\triangle DBA$가 정삼각형이므로 $\overline{AD}=$ ① …… ㉠
> $\triangle ACE$가 정삼각형이므로 $\overline{AC}=$ ② …… ㉡
> 또, $\angle DAC=60^\circ+$ ③ $=$ ④ …… ㉢
> ㉠, ㉡, ㉢에 의해 $\triangle ADC\equiv\triangle ABE$ (⑤ 합동)

① $\overline{AB}$ ② $\overline{AE}$ ③ $\angle BAC$
④ $\angle BCE$ ⑤ SAS

201

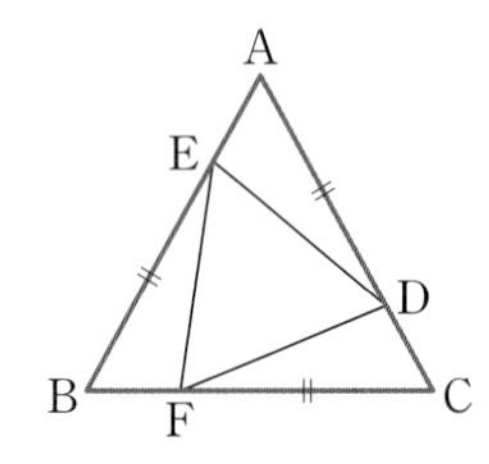

오른쪽 그림의 정삼각형 ABC에서 $\overline{AD}=\overline{BE}=\overline{CF}$일 때, 다음 보기에서 옳은 것을 모두 고르시오.

> 보기
> ㄱ. $\overline{AE}=\overline{BF}$ ㄴ. $\overline{EF}=\overline{CF}$
> ㄷ. $\angle EFD=60^\circ$ ㄹ. $\overline{DE}=\overline{DF}$

202

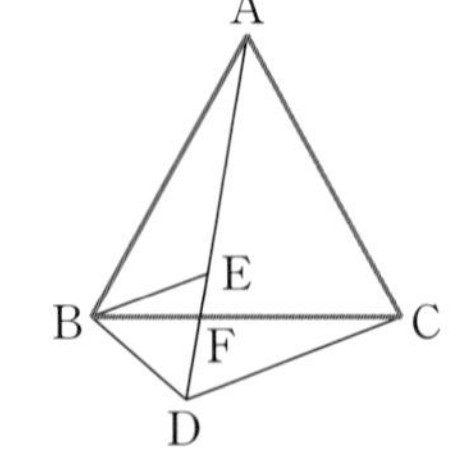

오른쪽 그림에서 $\triangle ABC$와 $\triangle BDE$가 정삼각형일 때, 다음 중 옳은 것을 모두 고르면?

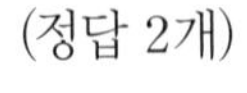
(정답 2개)

① $\overline{AE}=\overline{CD}$
② $\overline{BE}=\overline{FD}$
③ $\angle ABE=\angle CBD$
④ $\angle BAE=\angle CBD$
⑤ $\angle CAE=\angle FDC$

발전 유형 15 삼각형의 합동의 활용 – 정사각형

203 대표 문제

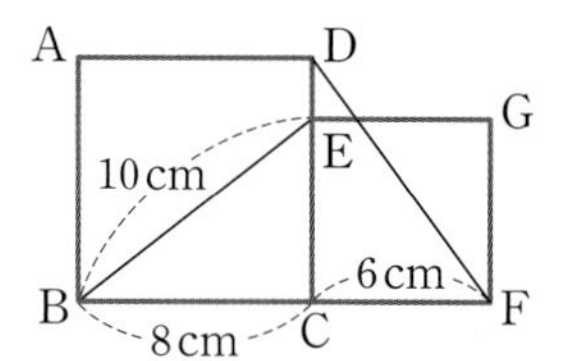

오른쪽 그림과 같이 정사각형 ABCD에서 $\overline{BC}$의 연장선 위에 점 F를 잡아 정사각형 ECFG를 만들었다. $\overline{BC}=8$ cm, $\overline{BE}=10$ cm, $\overline{CF}=6$ cm일 때, $\overline{DF}=a$ cm, $\overline{DE}=b$ cm라 하자. 이때 $a+b$의 값을 구하시오.

204

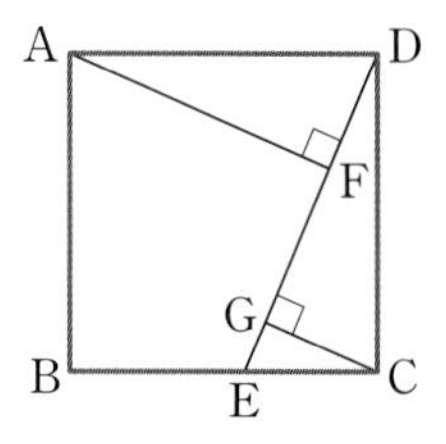

오른쪽 그림에서 사각형 ABCD가 정사각형일 때, 합동인 삼각형을 찾아 기호 ≡를 사용하여 나타내고, 이때의 합동 조건을 구하시오.

205

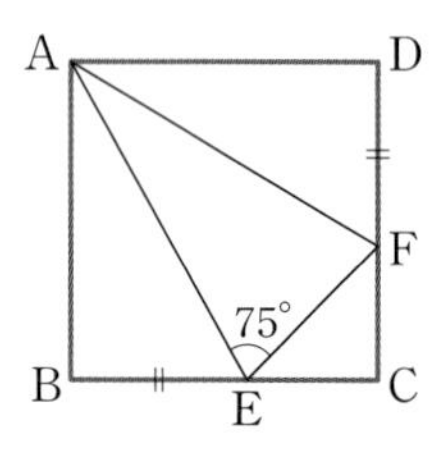

오른쪽 그림과 같은 정사각형 ABCD에서 $\overline{BE}=\overline{DF}$일 때, 다음 보기에서 옳은 것을 모두 고르시오.

> 보기
> ㄱ. $\overline{AE}=\overline{AF}$ ㄴ. $\angle AFD=\angle AFE$
> ㄷ. $\angle BAE=\angle DAF$ ㄹ. $\angle EAF=30^\circ$

만점 각 잡기

학교 시험 만점을
차근차근 준비해요.

206

유형 02

다음은 크기가 90°인 $\angle XOY$의 삼등분선을 작도하는 과정이다. (가)~(라)에 알맞은 것을 구하시오.

> ❶, ❷에서 그린 원의 반지름의 길이가 모두 같다.
> $\triangle OAC$에서
> $\overline{OA}=\overline{OC}=$ (가) 이므로
> $\angle AOC=$ (나)
> $\triangle OBD$에서
> $\overline{OB}=\overline{OD}=$ (다) 이므로
> $\angle BOD=$ (나)
> $\therefore\ \angle AOB=90^\circ-\angle BOD=$ (라)
> $\quad\angle COD=90^\circ-\angle AOC=$ (라)
> 따라서 $\angle BOC=90^\circ-\angle AOB-\angle COD=$ (라) 이므로
> $\overrightarrow{OB}$와 $\overrightarrow{OC}$는 $\angle XOY$의 삼등분선이다.

| 해결 전략 | $\overline{OA}$ 또는 $\overline{OD}$를 한 변으로 하는 정삼각형의 작도를 이용한다.

207

유형 05

길이가 각각 3, 4, 5, 7, 8인 5개의 선분이 있다. 이 중 3개의 선분을 골라 삼각형을 만들려고 한다. 만들 수 있는 서로 다른 삼각형은 모두 몇 개인지 구하시오.

| 해결 전략 | (가장 긴 변의 길이)<(나머지 두 변의 길이의 합)임을 이용한다.

208

유형 05 ⊕ 유형 07

한 변의 길이가 5 cm이고 두 각의 크기가 30°, 80°일 때 만들 수 있는 삼각형의 개수를 a라 하고, 세 변의 길이가 3 cm, 4 cm, 6 cm일 때 만들 수 있는 삼각형의 개수를 b라 하자. 이때 $a-b$의 값을 구하시오.

| 해결 전략 | 삼각형이 하나로 정해지는 조건을 생각한다.

209

유형 12

오른쪽 그림과 같은 $\triangle ACB$와 $\triangle DEB$에서 $\overline{BC}=\overline{BE}$, $\overline{EA}=\overline{CD}$일 때, $\angle x$의 크기를 구하시오.

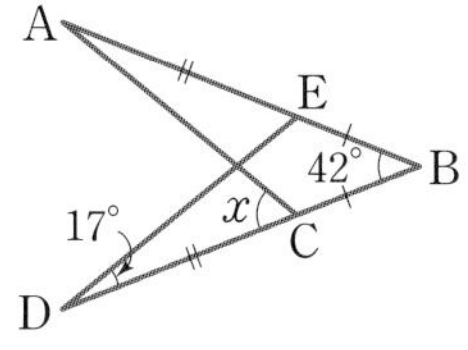

| 해결 전략 | 합동인 두 삼각형을 찾은 후 대응각의 크기가 같음을 이용한다.

210

유형 13

오른쪽 그림에서 네 점 B, D, C, F는 한 직선 위에 있고, $\overline{AB}/\!/\overline{EF}$, $\overline{AC}/\!/\overline{ED}$, $\overline{BD}=\overline{FC}$일 때, $\triangle ABC\equiv\triangle EFD$임을 설명하기 위한 삼각형의 합동 조건을 구하시오.

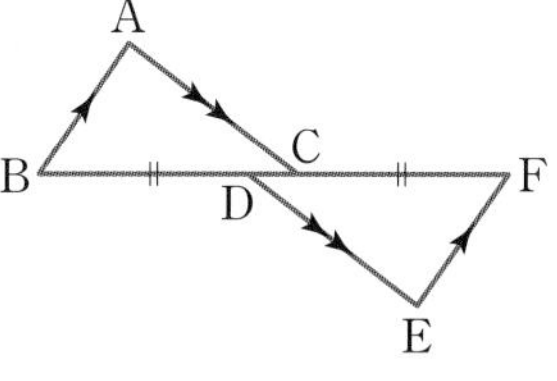

| 해결 전략 | 평행선의 성질을 이용한다.

211

유형 13

오른쪽 그림과 같이 $\angle A=90^\circ$인 직각이등변삼각형 ABC의 꼭짓점 B, C에서 꼭짓점 A를 지나는 직선 l에 내린 수선의 발을 각각 D, E라 하자.
$\overline{DB}=4$ cm, $\overline{EC}=3$ cm일 때, $\overline{DE}$의 길이는?

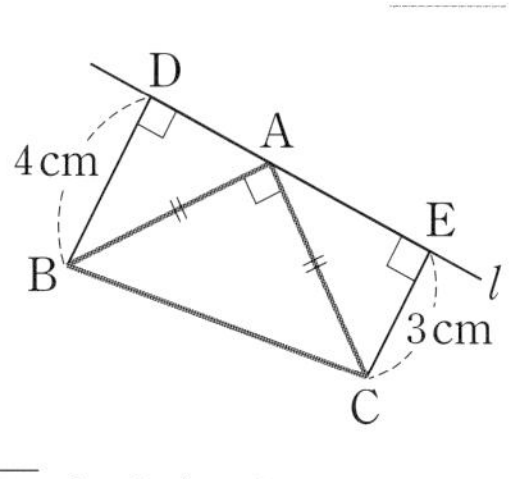

① 5 cm ② 6 cm ③ 7 cm
④ 8 cm ⑤ 9 cm

| 해결 전략 | 합동인 두 삼각형을 찾은 후 대응변의 길이가 같음을 이용한다.

212
유형 13

오른쪽 그림과 같이 $\angle A=90^\circ$인 직각이등변삼각형 ABC의 꼭짓점 A를 지나는 직선 l이 있다. 꼭짓점 B, C에서 직선 l에 내린 수선의 발을 각각 D, E라 할 때, $\overline{BD}=12$ cm, $\overline{CE}=5$ cm이다. $\overline{DE}$의 길이를 구하시오.

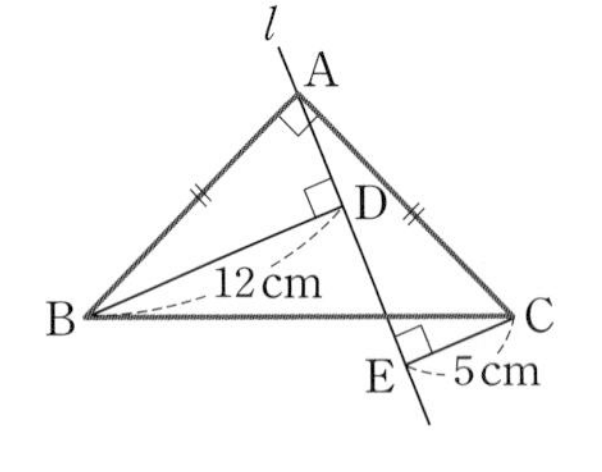

| 해결 전략 | 합동인 두 삼각형을 찾은 후 대응변의 길이가 같음을 이용한다.

213
유형 14

오른쪽 그림은 정삼각형 ABC에서 $\overline{BC}$의 연장선 위에 점 P를 잡아 $\overline{AP}$를 한 변으로 하는 정삼각형 PQA를 그린 것이다. $\overline{BC}=5$ cm, $\overline{CP}=6$ cm일 때, $\overline{CQ}$의 길이는?

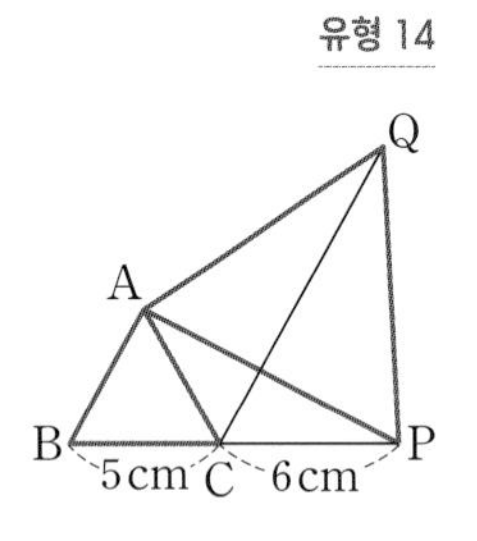

① 10 cm ② 11 cm ③ 12 cm
④ 13 cm ⑤ 14 cm

| 해결 전략 | 정삼각형의 성질을 이용하여 합동인 두 삼각형을 찾은 후 대응변의 길이가 같음을 이용한다.

214
유형 08

△ABC와 △DEF가 다음 조건을 만족시킬 때, $\angle E$의 크기를 구하시오.

(가) △ABC≡△DEF
(나) $\overline{AB}=\overline{BC}$
(다) $\angle A=65^\circ$

| 해결 전략 | 주어진 조건을 이용하여 △ABC가 어떤 삼각형인지 파악한다.

215
유형 14

오른쪽 그림과 같이 $\overline{AB}$ 위에 한 점 C를 잡아 $\overline{AC}$, $\overline{BC}$를 각각 한 변으로 하는 두 정삼각형 ACD, CBE를 그렸다. 이때 $\angle AEC+\angle BDC$의 크기를 구하시오.

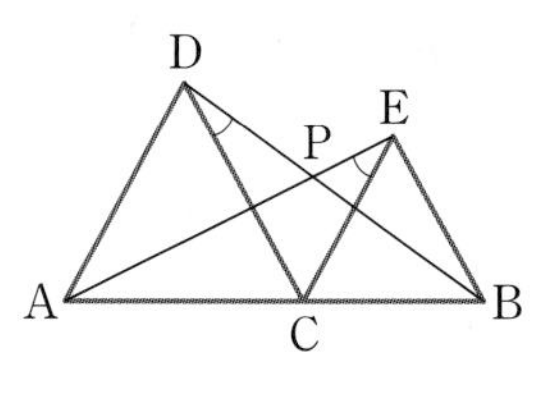

| 해결 전략 | 합동인 두 삼각형을 찾은 후 대응각의 크기가 같음을 이용한다.

216
유형 14

한 변의 길이가 같은 두 정삼각형 ABC와 ADE를 오른쪽 그림과 같이 겹쳤을 때, 다음 보기에서 옳은 것을 모두 고르시오.

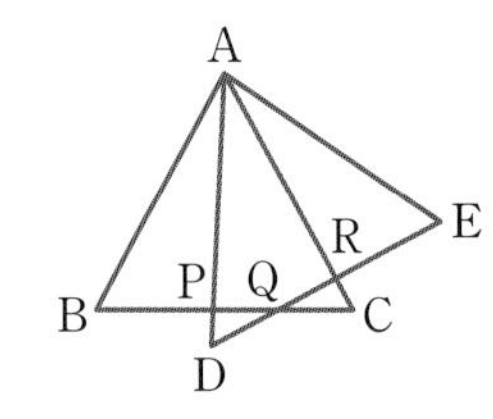

보기
ㄱ. $\overline{AP}=\overline{AR}$ ㄴ. $\overline{CP}=\overline{DR}$
ㄷ. △PQD≡△RQC ㄹ. △ARE≡△APC
ㅁ. 직선 AR은 $\overline{DE}$의 수직이등분선이다.

| 해결 전략 | 정삼각형의 성질을 이용하여 합동인 두 삼각형을 찾은 후 합동인 도형의 성질을 이용한다.

217
유형 15

오른쪽 그림과 같이 정사각형 ABCD의 대각선 AC 위에 점 F를 잡아 $\overline{BF}$의 연장선과 $\overline{CD}$의 연장선의 교점을 E라 하자. $\angle FDA=38^\circ$일 때, $\angle BEC$의 크기를 구하시오.

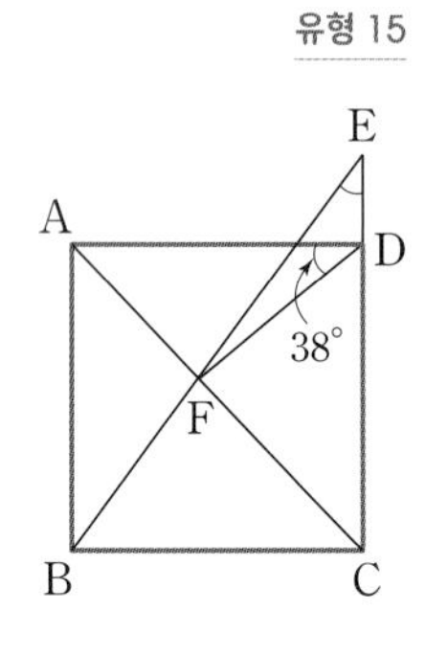

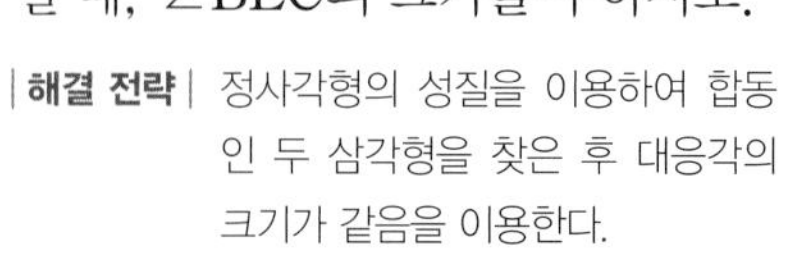

| 해결 전략 | 정사각형의 성질을 이용하여 합동인 두 삼각형을 찾은 후 대응각의 크기가 같음을 이용한다.

유형 01 다각형

218 대표 문제

다음 중 다각형인 것을 모두 고르면? (정답 2개)

① 원 ② 정삼각형 ③ 원기둥
④ 정육면체 ⑤ 오각형

219

다음 중 다각형이 아닌 것을 모두 고르면? (정답 2개)

①
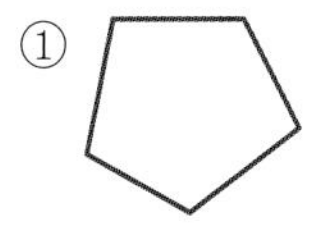

②
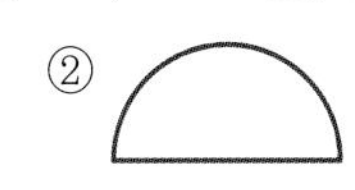

③
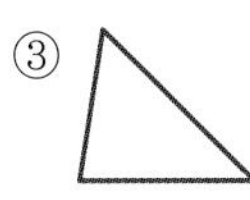

④
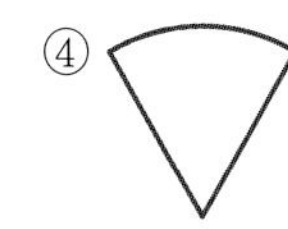

⑤

220

다음 중 다각형에 대한 설명으로 옳지 않은 것은?

① 꼭짓점의 개수가 5인 다각형은 오각형이다.
② 칠각형의 변은 7개이다.
③ 변의 개수가 가장 적은 다각형은 사각형이다.
④ 구각형은 9개의 선분으로 둘러싸여 있다.
⑤ 변과 변이 만나는 점을 꼭짓점이라 한다.

유형 02 다각형의 내각과 외각

221 대표 문제

오른쪽 그림의 △ABC에서 $\angle x+\angle y$의 크기를 구하시오.

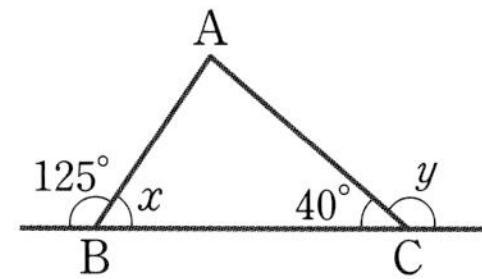

222

오른쪽 그림의 사각형 ABCD에서 ∠B의 외각과 ∠C의 내각의 크기의 합을 구하시오.

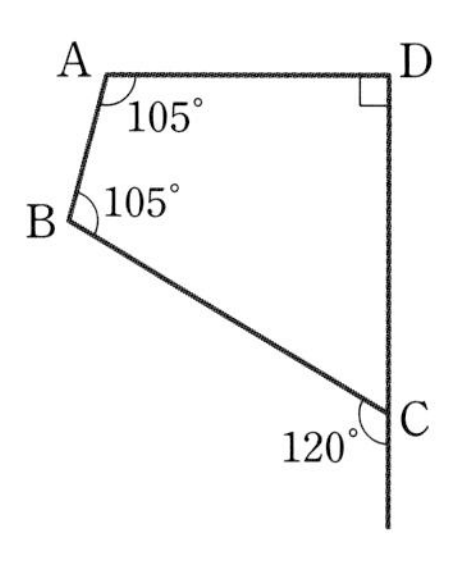

223

오른쪽 그림의 △ABC에서 $x+y$의 값을 구하시오.

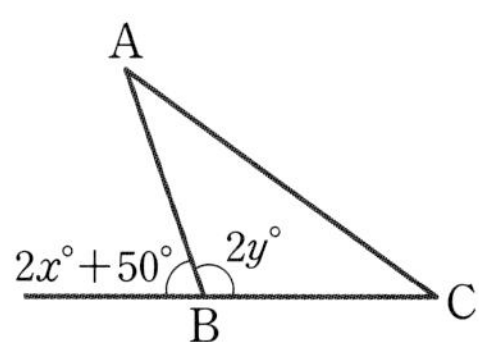

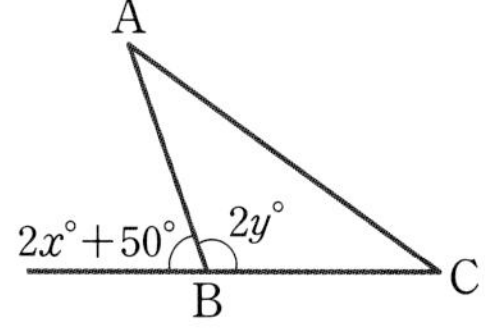

224

오른쪽 그림의 사각형 ABCD에서 $x+y$의 값을 구하시오.

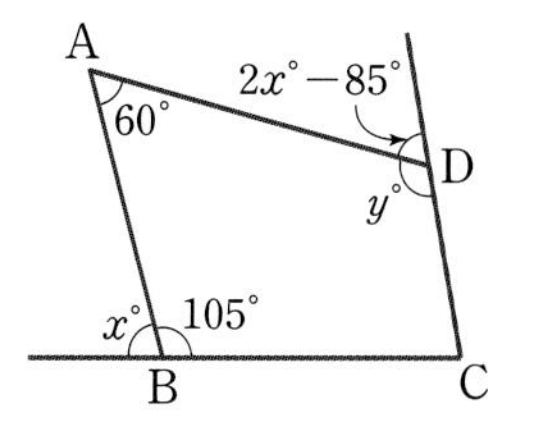

유형 03 정다각형

225 대표 문제

다음 중 옳지 않은 것은?

① 정다각형은 모든 변의 길이가 같다.
② 꼭짓점의 개수가 5인 정다각형은 정오각형이다.
③ 세 변의 길이가 모두 같고 세 내각의 크기가 모두 같은 다각형은 정삼각형이다.
④ 내각의 크기가 모두 같은 다각형을 정다각형이라 한다.
⑤ 정다각형은 모든 내각의 크기가 같다.

226

다음 중 옳은 것을 모두 고르면? (정답 2개)

① 변이 6개인 다각형은 정육각형이다.
② 꼭짓점이 9개인 다각형은 정구각형이다.
③ 정칠각형은 7개의 변과 7개의 꼭짓점을 가지고 있다.
④ 변의 개수가 가장 적은 정다각형은 정삼각형이다.
⑤ 정육각형은 모든 대각선의 길이가 같다.

227

다음 조건을 모두 만족시키는 다각형의 이름을 쓰시오.

(가) 모든 변의 길이가 같다.
(나) 모든 내각의 크기가 같다.
(다) 10개의 선분으로 둘러싸여 있다.

유형 04 다각형의 한 꼭짓점에서 그을 수 있는 대각선

228 대표 문제

구각형의 한 꼭짓점에서 그을 수 있는 대각선의 개수를 a, 이때 생기는 삼각형의 개수를 b라 할 때, $a+b$의 값은?

① 9 ② 10 ③ 11
④ 12 ⑤ 13

229

한 꼭짓점에서 그을 수 있는 대각선의 개수가 10인 다각형은?

① 십일각형 ② 십이각형 ③ 십삼각형
④ 십사각형 ⑤ 십오각형

230

어떤 다각형의 내부의 한 점에서 각 꼭짓점에 선분을 그었을 때 생기는 삼각형의 개수가 11이다. 이 다각형의 한 꼭짓점에서 그을 수 있는 대각선의 개수를 구하시오.

231

어떤 다각형의 한 꼭짓점에서 대각선을 그었을 때 생기는 삼각형의 개수를 a, 이 다각형의 한 꼭짓점에서 그을 수 있는 대각선의 개수를 b라 할 때, $2a-b=9$인 다각형의 이름을 쓰시오.

유형북 71쪽 정답 및 풀이 78쪽

유형 05 다각형의 대각선의 개수

232 대표 문제

어떤 다각형의 한 꼭짓점에서 대각선을 그었을 때 생기는 삼각형의 개수가 5일 때, 이 다각형의 대각선의 개수는?

① 14 ② 20 ③ 27
④ 35 ⑤ 44

233

십칠각형의 대각선의 개수는?

① 112 ② 119 ③ 126
④ 134 ⑤ 140

234

이십각형의 한 꼭짓점에서 그을 수 있는 대각선의 개수를 a, 대각선의 총 개수를 b라 할 때, $b-a$의 값을 구하시오.

235

어떤 다각형의 내부의 한 점에서 각 꼭짓점에 선분을 그었을 때 생기는 삼각형의 개수가 19일 때, 이 다각형의 대각선의 개수는?

① 104 ② 119 ③ 135
④ 152 ⑤ 170

236

어떤 다각형의 한 꼭짓점에서 그을 수 있는 대각선의 개수와 다각형의 변의 개수의 합이 21일 때, 이 다각형의 대각선의 개수를 구하시오.

237

오른쪽 그림과 같이 원탁에 8명의 학생이 앉아 있다. 각 학생은 양 옆에 앉은 사람을 제외한 모든 사람과 한 번씩 악수를 할 때, 악수는 모두 몇 번을 하게 되는지 구하시오.

238

오른쪽 그림과 같이 위치한 A에서 G까지 7개의 공장 사이에 서로 왕래할 수 있는 곧은 도로를 만들 때, 만들어지는 도로의 개수를 구하시오.
(단, 어느 3개의 공장도 한 직선 위에 있지 않다.)

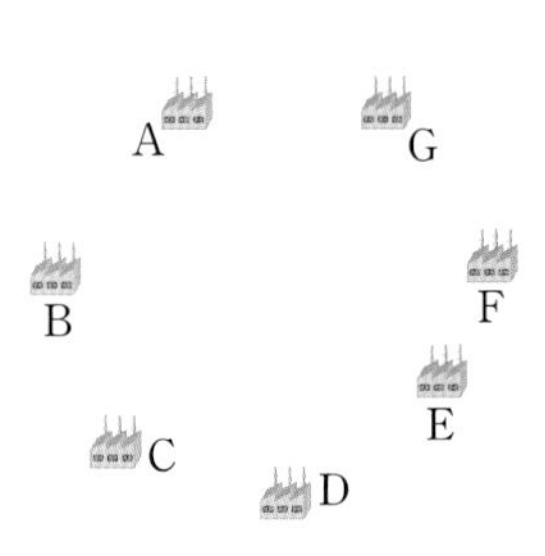

유형 06 대각선의 개수가 주어졌을 때 다각형 구하기

239 대표 문제

대각선의 개수가 77인 다각형의 한 꼭짓점에서 그을 수 있는 대각선의 개수는?

① 7 ② 8 ③ 9
④ 10 ⑤ 11

240

대각선의 개수가 90인 다각형의 꼭짓점의 개수를 구하시오.

241

대각선의 개수가 44인 다각형의 내부의 한 점에서 각 꼭짓점에 선분을 그었을 때 생기는 삼각형의 개수는?

① 11 ② 12 ③ 13
④ 14 ⑤ 15

242

대각선의 개수가 35인 다각형의 한 꼭짓점에서 그을 수 있는 대각선의 개수를 a, 이때 생기는 삼각형의 개수를 b라 하자. $a+b$의 값을 구하시오.

유형 07 삼각형의 내각의 크기의 합

243 대표 문제

오른쪽 그림의 △ABC에서 x의 값을 구하시오.

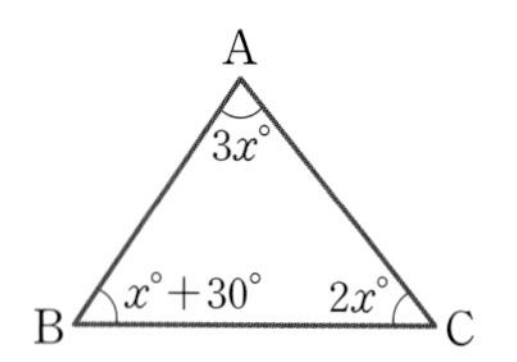

244

오른쪽 그림에서 ∠x의 크기는?

① 70° ② 75°
③ 80° ④ 85°
⑤ 90°

245

오른쪽 그림의 △ABC에서 ∠A의 크기는 ∠C의 크기의 2배이고, ∠B의 크기는 ∠C의 크기보다 40°만큼 클 때, ∠A의 크기를 구하시오.

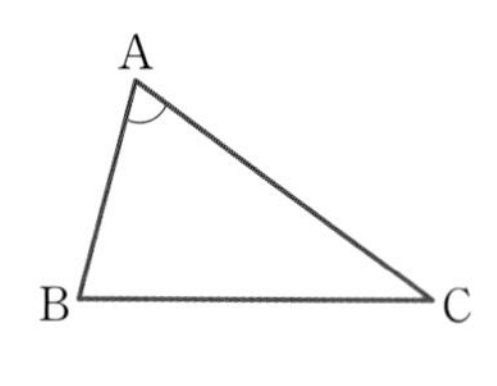

246

삼각형의 세 내각의 크기의 비가 3 : 5 : 7일 때, 가장 큰 내각의 크기를 구하시오.

유형 08 삼각형의 내각과 외각의 크기 사이의 관계

247 대표 문제

오른쪽 그림의 $\triangle ABC$에서 x의 값을 구하시오.

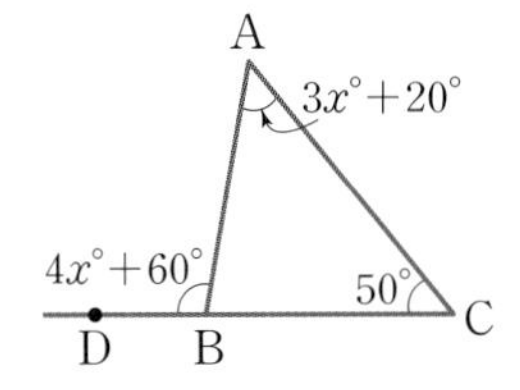

248

오른쪽 그림에서 x의 값을 구하시오.

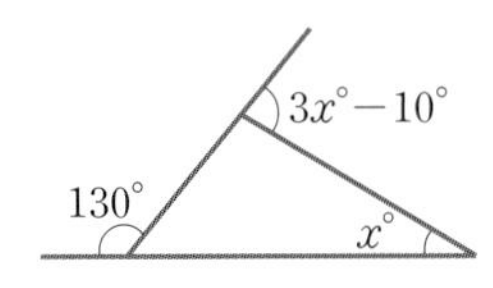

249

오른쪽 그림에서 $\angle DEC=\angle CAB=20°$이고 $\angle CDE=25°$일 때, $\angle x$의 크기를 구하시오.

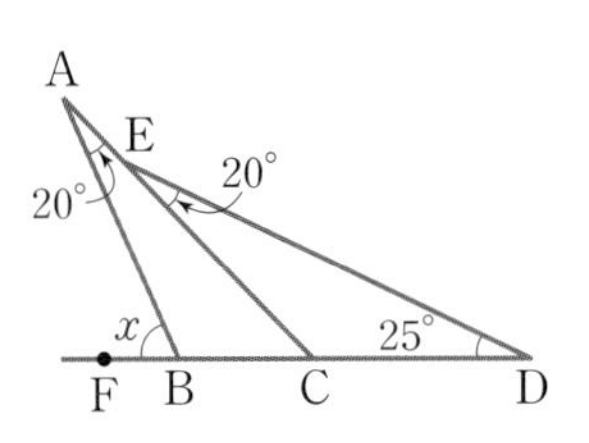

250

오른쪽 그림에서 $\angle x$의 크기는?

① 10° ② 11°
③ 12° ④ 13°
⑤ 14°

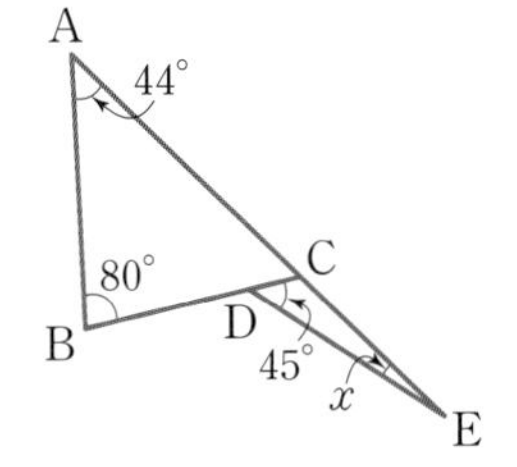

유형 09 삼각형의 한 내각의 이등분선이 이루는 각

251 대표 문제

오른쪽 그림의 $\triangle ABC$에서 $\overline{AD}$가 $\angle A$의 이등분선일 때, $\angle x$의 크기는?

① 70° ② 75° ③ 80°
④ 85° ⑤ 90°

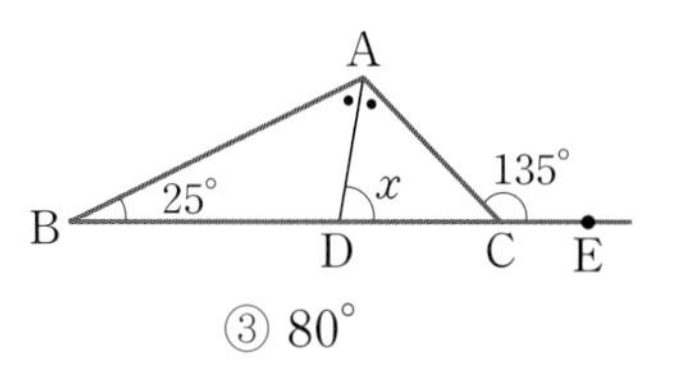

252

오른쪽 그림의 $\triangle ABC$에서 $\overline{AD}$가 $\angle A$의 이등분선일 때, $\angle x$의 크기를 구하시오.

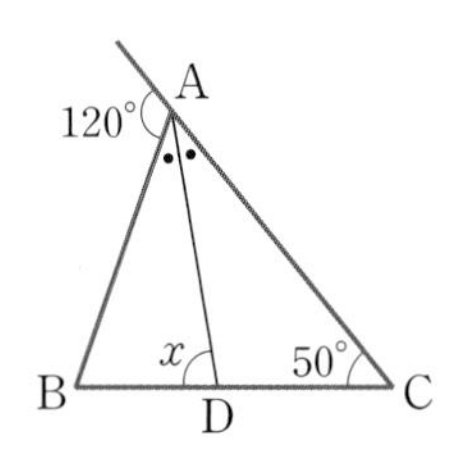

253

오른쪽 그림의 $\triangle ABC$에서 $\overline{BD}$가 $\angle B$의 이등분선일 때, $\angle x$의 크기는?

① 95° ② 100°
③ 105° ④ 110°
⑤ 115°

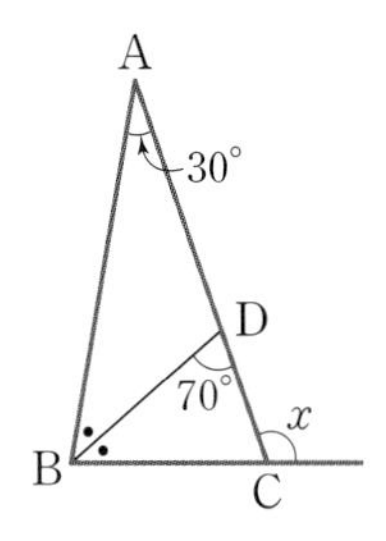

유형 10 삼각형의 두 내각의 이등분선이 이루는 각

254 대표 문제

오른쪽 그림의 $\triangle ABC$에서 $\angle ABI=\angle IBC$, $\angle ACI=\angle ICB$이고 $\angle A=62°$일 때, $\angle x$의 크기를 구하시오.

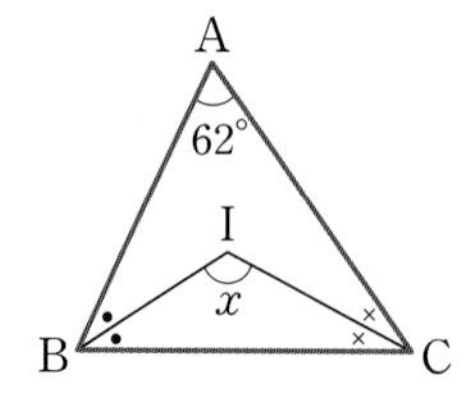

255

오른쪽 그림의 $\triangle ABC$에서 점 I는 $\angle B$와 $\angle C$의 이등분선의 교점이다. $\angle BIC=116°$일 때, $\angle x$의 크기를 구하시오.

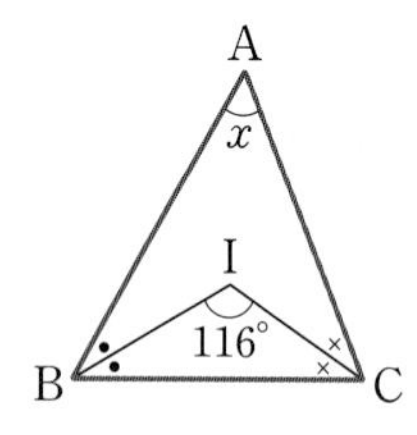

256

오른쪽 그림의 $\triangle ABC$에서 점 I는 $\angle B$와 $\angle C$의 이등분선의 교점이다. $\angle DAC=2x°-60°$, $\angle BIC=2x°$일 때, x의 값은?

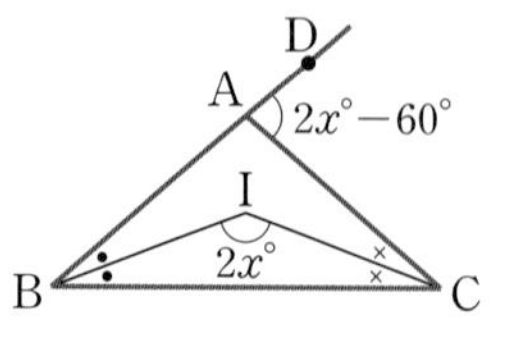

① 70 ② 72 ③ 74 ④ 76 ⑤ 78

유형 11 삼각형의 한 내각과 한 외각의 이등분선이 이루는 각

257 대표 문제

오른쪽 그림의 $\triangle ABC$에서 점 D는 $\angle B$의 이등분선과 $\angle C$의 외각의 이등분선의 교점이다. $\angle A=56°$일 때, $\angle x$의 크기를 구하시오.

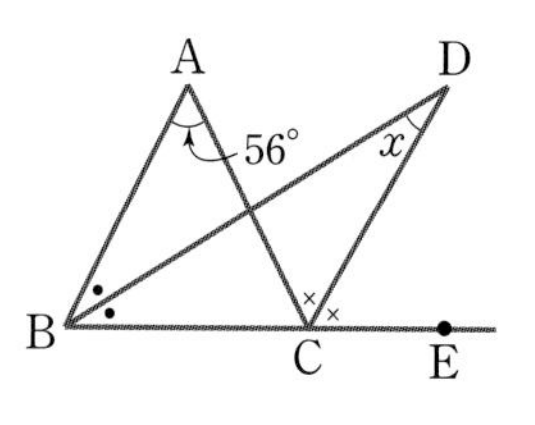

258

오른쪽 그림의 $\triangle ABC$에서 점 D는 $\angle B$의 이등분선과 $\angle C$의 외각의 이등분선의 교점이다. $\angle D=50°$일 때, $\angle x$의 크기를 구하시오.

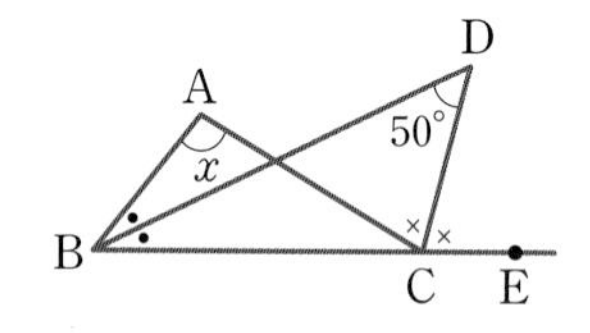

259

오른쪽 그림과 같이 $\triangle ABC$에서 $\angle B$의 이등분선과 $\angle C$의 외각의 이등분선의 교점을 D라 하자. $\angle x=k\angle y$일 때, 상수 k의 값을 구하시오.

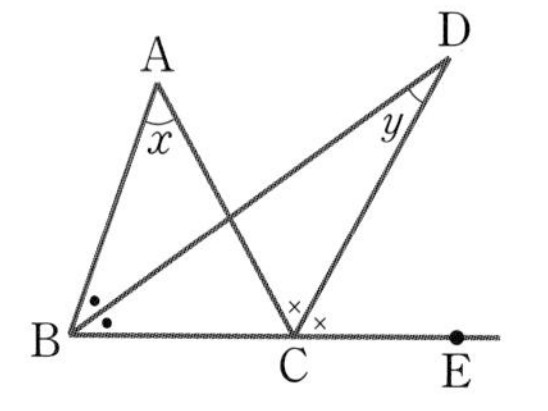

유형 12 이등변삼각형의 성질을 이용하여 각의 크기 구하기

260 대표 문제

오른쪽 그림에서
$\overline{AB}=\overline{AC}=\overline{CD}$이고
$\angle ADE=140°$일 때,
$\angle x$의 크기는?

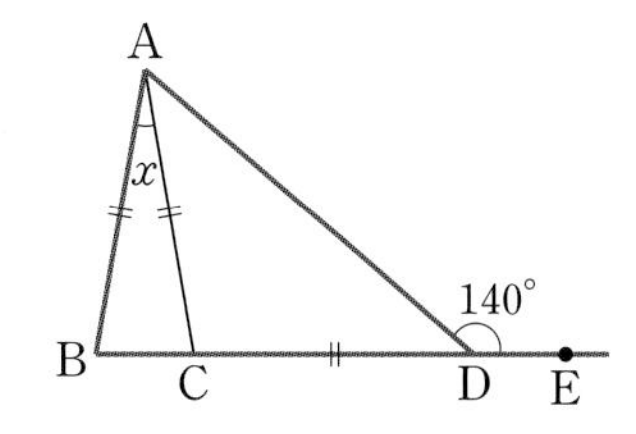

① 10° ② 15°
③ 20° ④ 25°
⑤ 30°

261

오른쪽 그림과 같은 △ABC에서
$\overline{AB}=\overline{AC}$, $\overline{BC}=\overline{BD}$이고,
$\angle A=48°$일 때, $\angle x$의 크기를
구하시오.

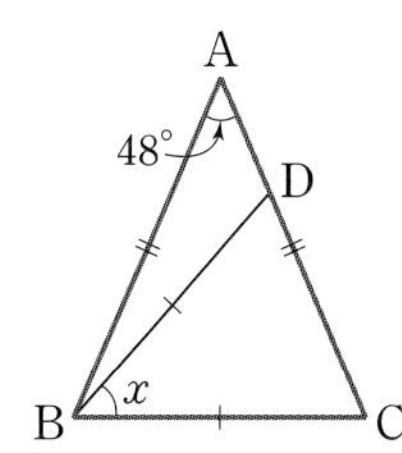

262

다음 그림에서 $\overline{AB}=\overline{BC}=\overline{CD}=\overline{DE}$이고 $\angle A=15°$일 때,
$\angle x$의 크기를 구하시오.

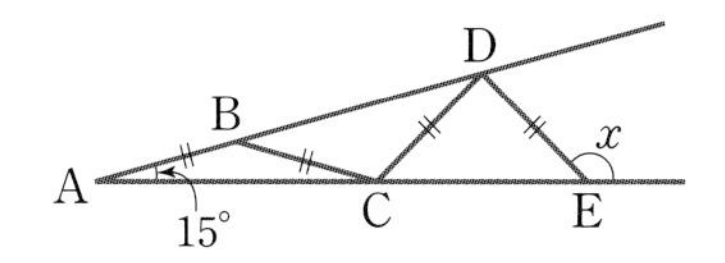

유형 13 삼각형의 내각의 크기의 합의 활용

263 대표 문제

오른쪽 그림의 △ABC에서
$\angle x$의 크기는?

① 15° ② 20°
③ 25° ④ 30°
⑤ 35°

264

오른쪽 그림에서 $\angle x+\angle y$의
크기를 구하시오.

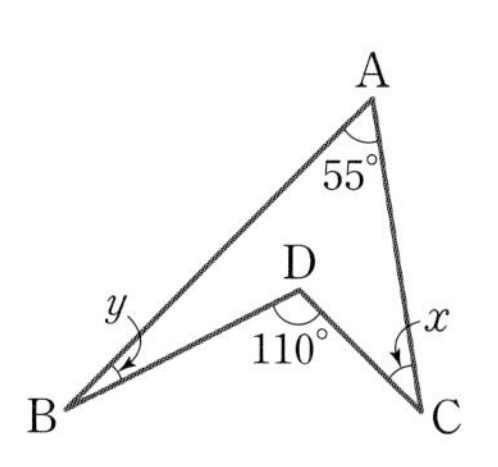

265

오른쪽 그림에서 $\angle BCD$의
크기는?

① 115° ② 123°
③ 131° ④ 139°
⑤ 146°

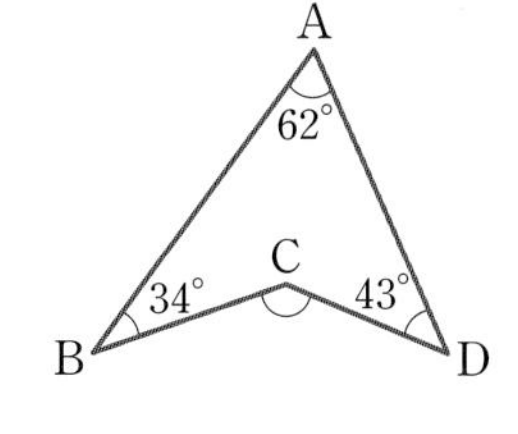

유형 14 별 모양의 도형에서 각의 크기 구하기

266 대표 문제

오른쪽 그림에서 $\angle x$의 크기는?

① $20°$ ② $25°$
③ $30°$ ④ $35°$
⑤ $40°$

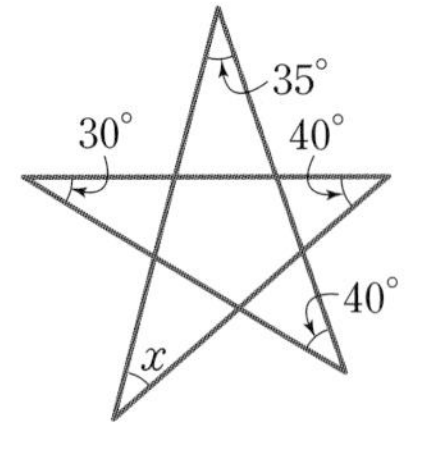

267

오른쪽 그림에서 $\angle x$의 크기는?

① $95°$ ② $100°$
③ $105°$ ④ $110°$
⑤ $115°$

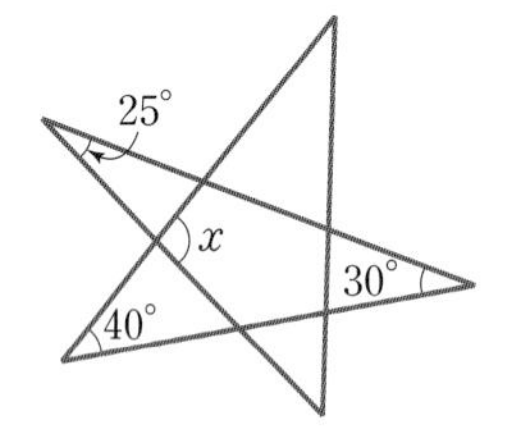

268

오른쪽 그림에서 $\angle x + \angle y$의 크기를 구하시오.

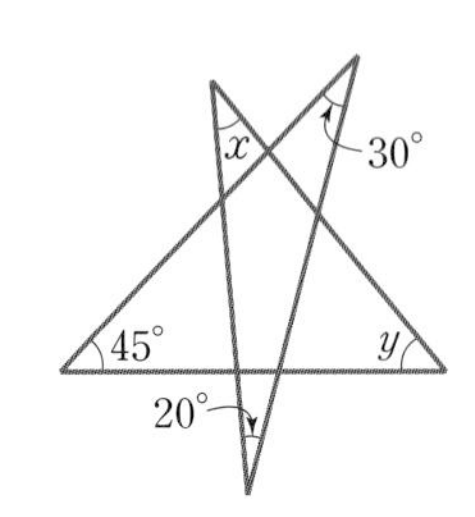

유형 15 다각형의 내각의 크기의 합

269 대표 문제

내각의 크기의 합이 $720°$인 다각형의 대각선의 개수는?

① 5 ② 9 ③ 14
④ 20 ⑤ 27

270

내각의 크기의 합이 $1440°$인 다각형의 꼭짓점의 개수를 구하시오.

271

한 꼭짓점에서 그을 수 있는 대각선의 개수가 8인 다각형의 내각의 크기의 합을 구하시오.

272

다음 조건을 모두 만족시키는 다각형의 이름을 쓰시오.

> (가) 모든 변의 길이가 같다.
> (나) 모든 내각의 크기가 같다.
> (다) 내각의 크기의 합이 $1800°$이다.

273

대각선의 개수가 20인 다각형의 내각의 크기의 합은?

① 900° ② 1080° ③ 1260°
④ 1440° ⑤ 1620°

274

내각의 크기의 합이 1500°보다 작은 다각형 중 꼭짓점의 개수가 가장 많은 다각형의 대각선의 개수는?

① 14 ② 20 ③ 27
④ 35 ⑤ 44

275

오른쪽 그림은 n각형의 내부의 한 점 O에서 각 꼭짓점을 연결한 것이다. 다음 중 옳지 않은 것은?

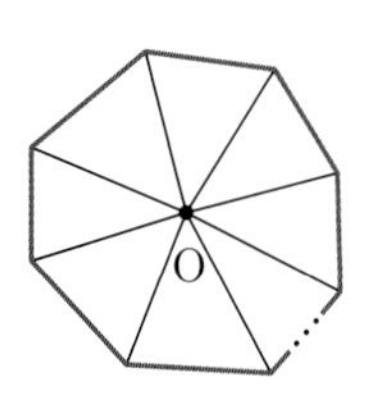

① n개의 삼각형이 생긴다.
② 모든 삼각형의 내각의 크기의 합은 $180° \times n$이다.
③ 점 O에 모인 각의 크기의 총합은 360°이다.
④ n각형의 내각의 크기의 합은 $180° \times n$이다.
⑤ $n=5$이면 내각의 크기의 합은 540°이다.

유형 16 다각형의 내각의 크기의 합을 이용하여 각의 크기 구하기

276 대표 문제

오른쪽 그림에서 $\angle x$의 크기를 구하시오.

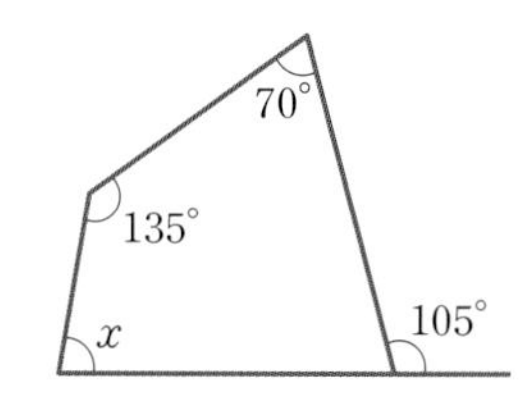

277

오른쪽 그림에서 $\angle x + \angle y$의 크기는?

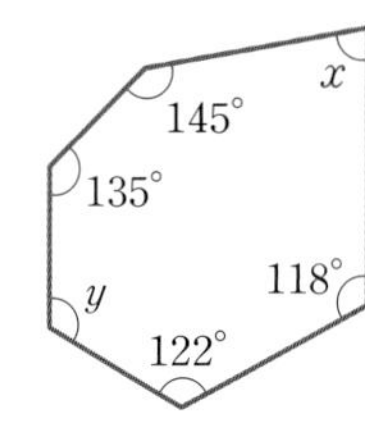

① 180° ② 185°
③ 190° ④ 195°
⑤ 200°

278

오른쪽 그림에서 $\angle y - \angle x$의 크기를 구하시오.

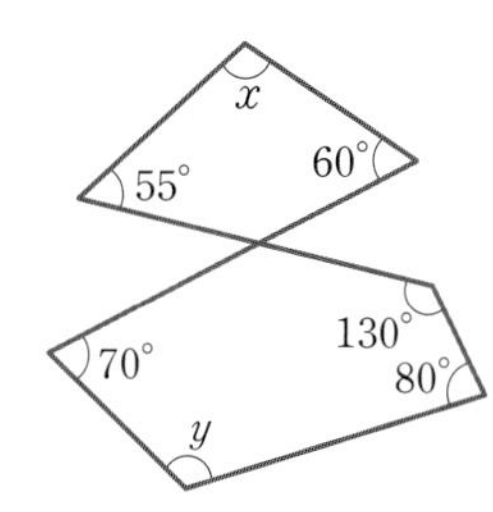

279

오른쪽 그림에서
$\angle ABC : \angle CBF = 2 : 1$,
$\angle EDC : \angle CDF = 2 : 1$일 때,
$\angle x$의 크기를 구하시오.

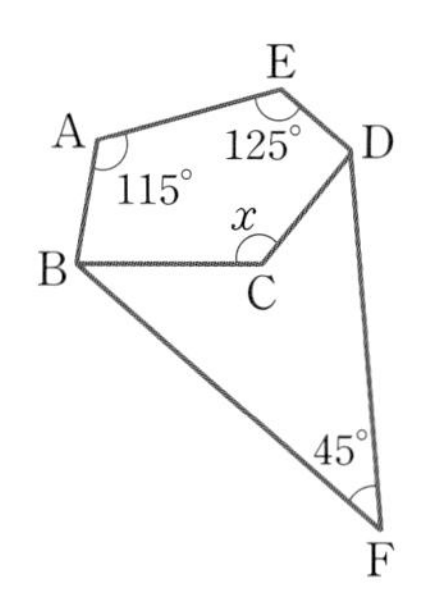

유형 17 다각형의 외각의 크기의 합

280 대표 문제

오른쪽 그림에서 $\angle x$의 크기는?

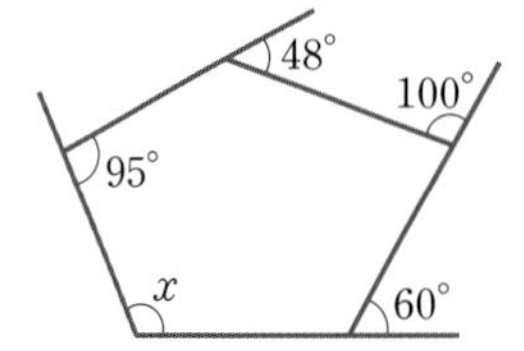

① 105° ② 110°
③ 113° ④ 123°
⑤ 128°

281

오른쪽 그림에서 x의 값을 구하시오.

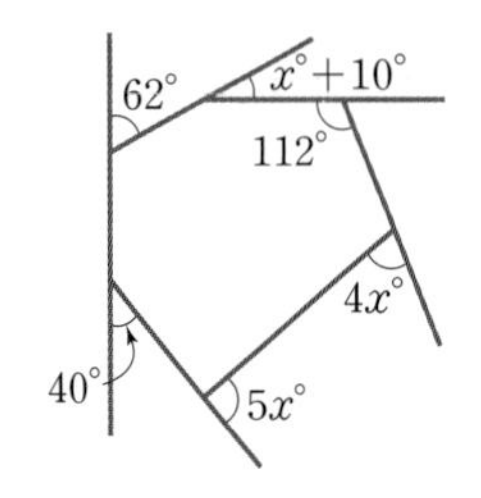

282

오른쪽 그림에서 x의 값은?

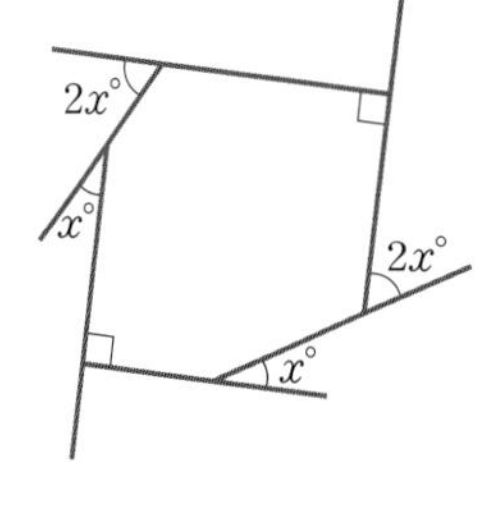

① 10 ② 15
③ 20 ④ 25
⑤ 30

283

오른쪽 그림과 같이 거북이가 점 P에서 출발하여 팔각형 모양의 연못의 가장자리를 따라 한 바퀴 돌아 점 P로 되돌아왔다. 이때 거북이가 각 꼭짓점에서 회전한 각의 크기의 합을 구하시오.

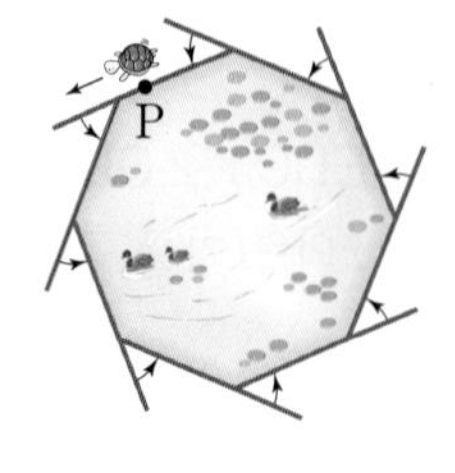

유형 18 정다각형의 한 내각과 한 외각의 크기

284 대표 문제

한 내각의 크기와 한 외각의 크기의 비가 3 : 1인 정다각형의 한 꼭짓점에서 그을 수 있는 대각선의 개수는?

① 3 ② 4 ③ 5
④ 6 ⑤ 7

285

정구각형의 한 내각의 크기를 a°, 정십오각형의 한 외각의 크기를 b°라 할 때, $a+b$의 값을 구하시오.

286

다음 중 정십각형에 대한 설명으로 옳지 않은 것은?

① 한 꼭짓점에서 대각선을 그으면 8개의 삼각형으로 나누어진다.
② 대각선의 개수는 35이다.
③ 내각의 크기의 합은 1080°이다.
④ 한 외각의 크기는 36°이다.
⑤ 한 내각의 크기는 144°이다.

287

다음 보기에서 옳은 것을 모두 고른 것은?

보기
ㄱ. 정사각형의 한 내각의 크기는 정팔각형의 한 외각의 크기와 같다.
ㄴ. 정오각형의 한 외각의 크기는 정육각형의 한 외각의 크기보다 크다.
ㄷ. 한 내각의 크기와 한 외각의 크기가 같은 정다각형은 정사각형이다.

① ㄱ ② ㄴ ③ ㄱ, ㄷ
④ ㄴ, ㄷ ⑤ ㄱ, ㄴ, ㄷ

288

한 외각의 크기가 $36°$인 정다각형의 내각의 크기의 합을 구하시오.

289

한 외각의 크기가 한 내각의 크기보다 $90°$만큼 작은 정다각형은?

① 정사각형 ② 정육각형 ③ 정팔각형
④ 정십각형 ⑤ 정십이각형

290

어느 유물 발굴 현장에서 정다각형 모양 방패의 일부가 발견되었다. 이 방패는 보병들이 사용했던 것으로 보병들이 전투를 하다 서로의 방패 3개를 한 꼭짓점에서 만나도록 이어 붙이면 빈틈이 없어 적의 공격을 효과적으로 막을 수 있었다고 한다. 이 방패는 어떤 정다각형 모양이었는지 정다각형의 이름을 쓰시오.

유형 19 정다각형의 한 내각의 크기의 활용(1)

291 대표 문제

오른쪽 그림과 같이 정사각형 ABCD의 내부의 한 점 P에 대하여 삼각형 PBC가 정삼각형일 때, $\angle x$의 크기를 구하시오.

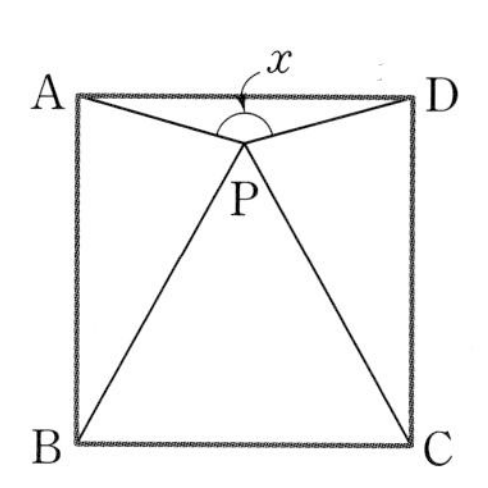

292

오른쪽 그림은 정삼각형 ABC의 두 변 AB, BC 위에 $\overline{BD}=\overline{CE}$가 되도록 두 점 D, E를 각각 잡은 것이다. $\overline{AE}$와 $\overline{CD}$의 교점을 F라 할 때, 다음 보기에서 옳은 것을 모두 고른 것은?

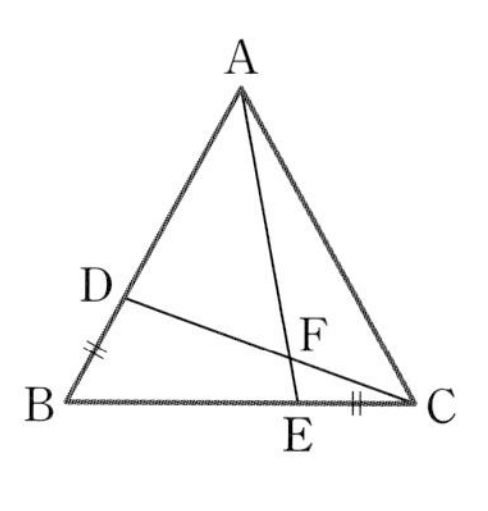

보기
ㄱ. $\triangle AEC \equiv \triangle CDB$
ㄴ. $\angle BAE = \angle CFE$
ㄷ. $\angle AFD = \angle ABE$

① ㄱ ② ㄴ ③ ㄷ
④ ㄱ, ㄴ ⑤ ㄱ, ㄷ

293

오른쪽 그림과 같이 한 변의 길이가 같은 정사각형 ABCD와 정삼각형 AEB에서 $\overline{AC}$와 $\overline{DE}$의 교점을 F라 할 때, $\angle x+\angle y$의 크기는?

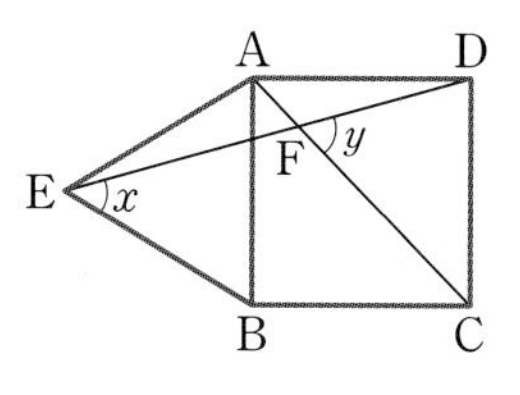

① $90°$ ② $95°$ ③ $100°$
④ $105°$ ⑤ $110°$

유형 20 정다각형의 한 내각의 크기의 활용(2)

294 대표 문제

오른쪽 그림과 같은 정오각형에서 $\angle x$의 크기를 구하시오.

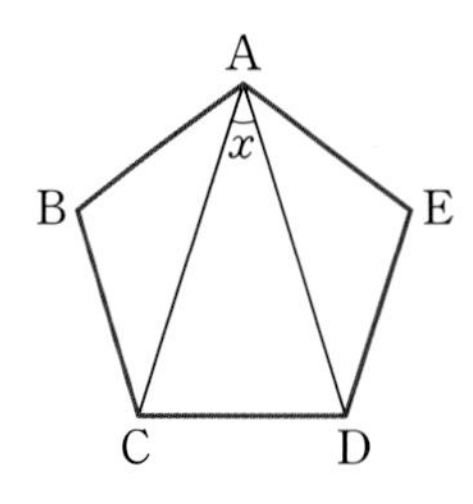

295

오른쪽 그림과 같이 한 변의 길이가 같은 정삼각형, 정오각형, 정육각형이 한 점 P에서 만날 때, $\angle x$의 크기를 구하시오.

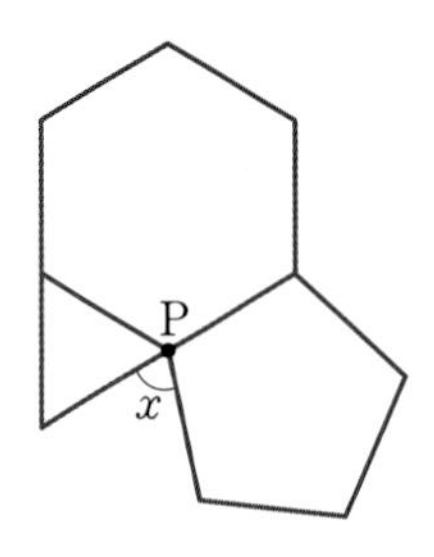

296

오른쪽 그림의 정오각형 ABCDE에서 $\overline{AD}$와 $\overline{BE}$의 교점을 F라 할 때, $\angle x+\angle y$의 크기는?

① 168° ② 172° ③ 176° ④ 180° ⑤ 184°

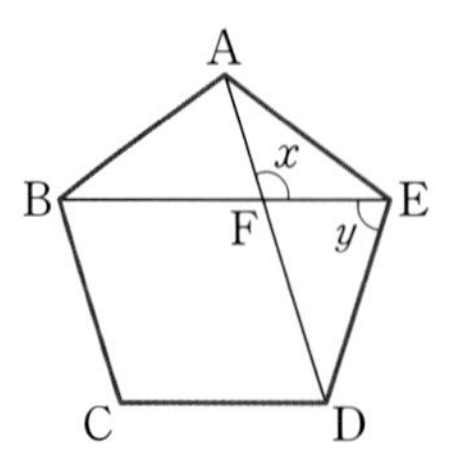

유형 21 정다각형의 한 외각의 크기의 활용

297 대표 문제

오른쪽 그림과 같이 한 변의 길이가 같은 정팔각형과 정사각형을 한 변이 서로 맞닿도록 하였다. 이때 $\angle x$의 크기는?

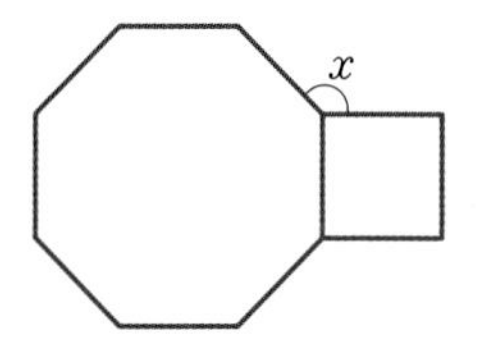

① 105° ② 115° ③ 125° ④ 135° ⑤ 145°

298

오른쪽 그림과 같이 정육각형 ABCDEF의 두 변 FE와 CD의 연장선의 교점을 G라 할 때, $\angle x+\angle y$의 크기를 구하시오.

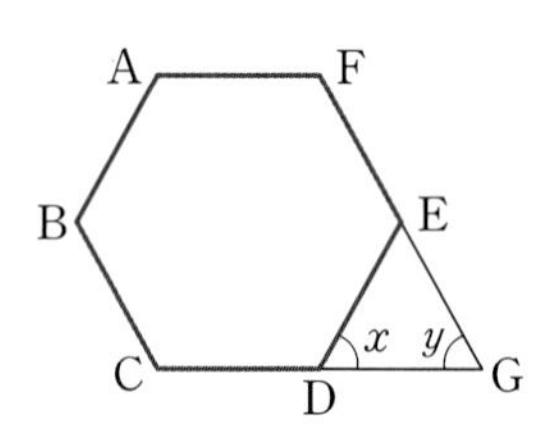

299

오른쪽 그림과 같이 한 변의 길이가 같은 정육각형과 정사각형을 한 변이 서로 맞닿도록 하였다. 점 P는 $\overline{AB}$와 $\overline{HG}$의 연장선의 교점일 때, $\angle x$의 크기를 구하시오.

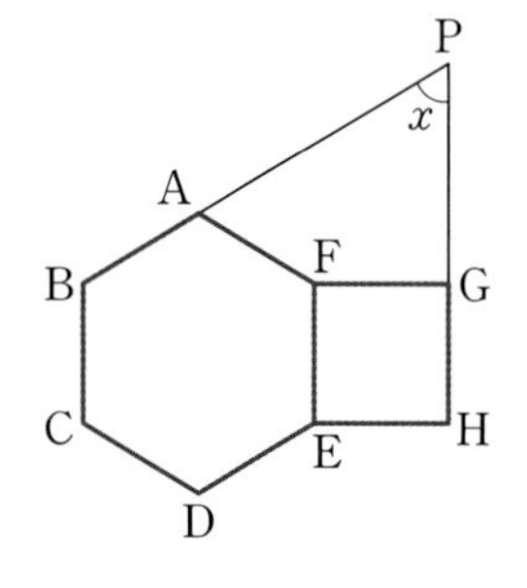

발전 유형 22 맞꼭지각의 성질을 이용하여 각의 크기 구하기

300 대표 문제

오른쪽 그림에서 $\angle x$의 크기를 구하시오.

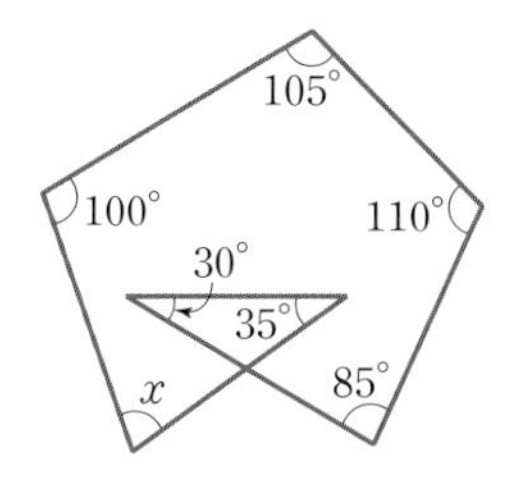

301

오른쪽 그림에서 $\angle x$의 크기는?

① 10° ② 15°
③ 20° ④ 25°
⑤ 30°

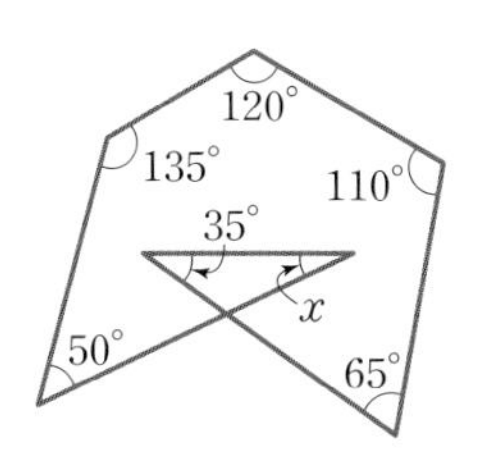

302

오른쪽 그림에서
$\angle A+\angle B+\angle C+\angle D+\angle E+\angle F+\angle G+\angle H+\angle I$
의 크기를 구하시오.

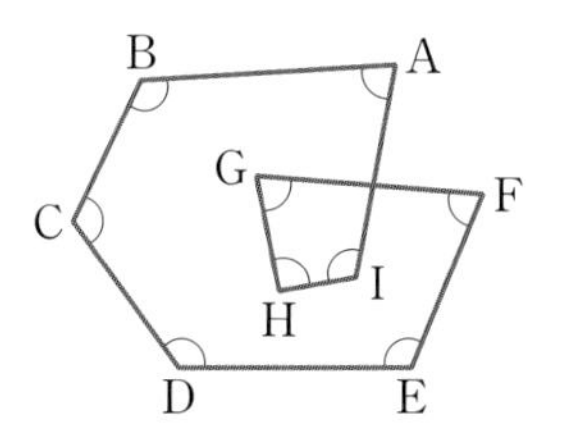

발전 유형 23 다각형의 외각의 크기의 합의 활용

303 대표 문제

오른쪽 그림에서
$\angle a+\angle b+\angle c+\angle d+\angle e+\angle f$
의 크기를 구하시오.

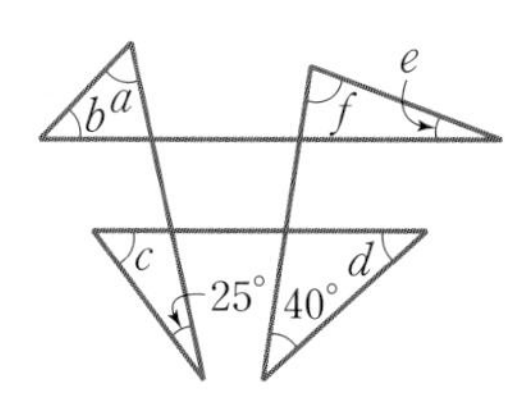

304

오른쪽 그림에서
$\angle A+\angle B+\angle C+\angle D+\angle E+\angle F+\angle G+\angle H$
의 크기를 구하시오.

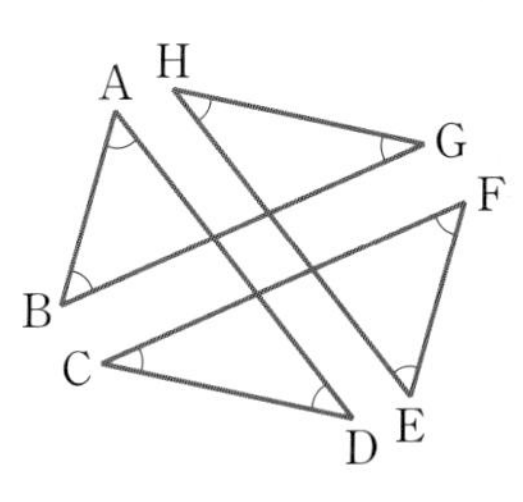

305

오른쪽 그림에서
$\angle a+\angle b+\angle c+\angle d+\angle e+\angle f$
의 크기를 구하시오.

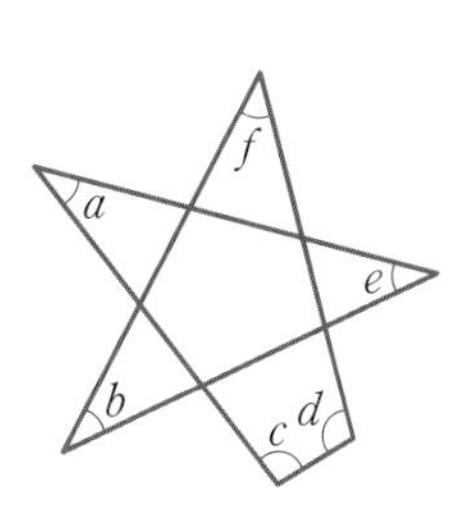

만점 각 잡기

학교 시험 만점을
차근차근 준비해요.

306

유형 04 ⊕ 유형 05

한 꼭짓점에서 대각선을 그으면 a개의 삼각형으로 나누어지고, 한 꼭짓점에서 그을 수 있는 대각선의 개수가 b인 다각형이 있다. $a+b=19$일 때, 이 다각형의 대각선의 개수는?

① 35　　② 44　　③ 54
④ 65　　⑤ 77

| 해결 전략 | 구하는 다각형을 n각형이라 하고 주어진 식을 n에 대하여 나타낸다.

307

유형 07 ⊕ 유형 11

오른쪽 그림과 같이 $\triangle ABC$의 두 외각의 이등분선이 만나는 점을 D라 하자. $\angle B=40°$일 때, $\angle x$의 크기를 구하시오.

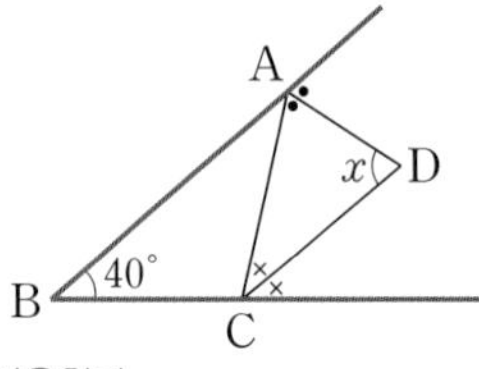

| 해결 전략 | 삼각형의 세 내각의 크기의 합을 이용한다.

308

유형 14

오른쪽 그림에서 $\angle x$, $\angle y$의 크기를 각각 구하시오.

| 해결 전략 | 삼각형의 내각과 외각 사이의 관계를 이용하여 $\angle x$의 크기를 먼저 구한다.

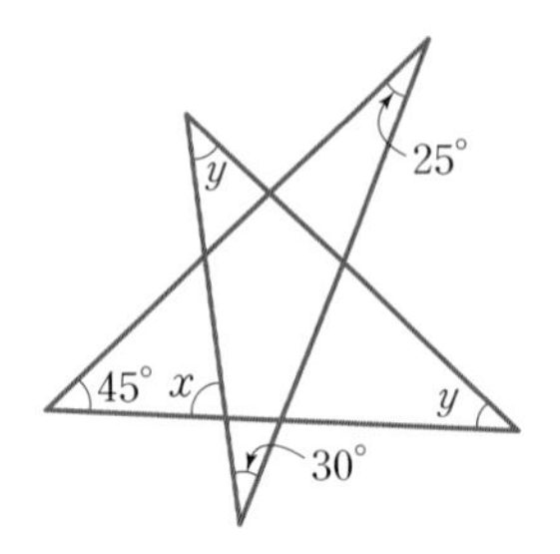

309

유형 05 ⊕ 유형 18

오른쪽 그림은 정다각형 모양 그릇의 깨진 일부이다. $\angle BAC=18°$일 때, 이 정다각형의 대각선의 개수를 구하시오.

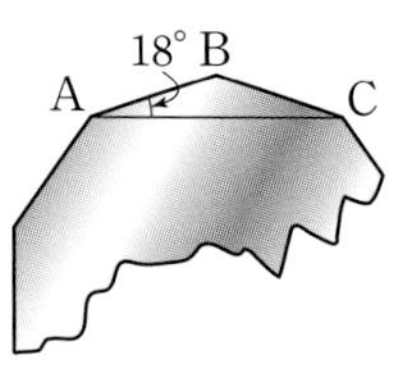

| 해결 전략 | 정다각형 모양 그릇의 한 내각의 크기를 이용하여 정다각형을 구한다.

310

유형 18

내각과 외각의 크기의 총합이 $2160°$인 정다각형의 한 외각의 크기를 구하시오.

| 해결 전략 | 다각형의 외각의 크기의 합은 항상 $360°$임을 이용한다.

311

유형 11

오른쪽 그림의 사각형 ABCD에서 점 P는 $\angle B$와 $\angle C$의 외각의 이등분선의 교점일 때, $\angle x$의 크기를 구하시오.

| 해결 전략 | 사각형의 내각의 크기의 합을 이용하여 $\angle EBC+\angle FCB$의 크기를 구한다.

312

유형 12

오른쪽 그림에서 $\overline{DE} /\!/ \overline{AC}$, $\overline{DB}=\overline{DE}=\overline{AE}$이고 $\angle EAC=40°$일 때, $\angle x$의 크기는?

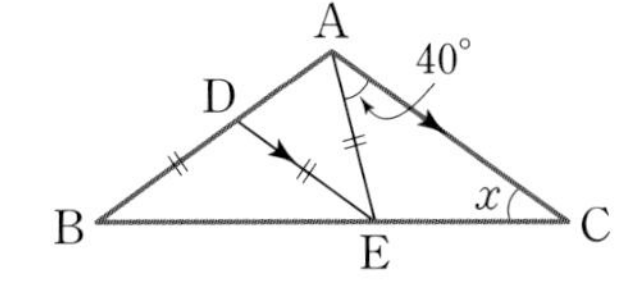

① 30° ② 35° ③ 40°
④ 45° ⑤ 50°

| 해결 전략 | 평행한 직선에서 동위각의 크기가 같음을 이용한다.

313

유형 18

정다각형의 한 외각의 크기를 $x°$라 할 때, x가 자연수가 되는 정다각형의 개수는?

① 20 ② 21 ③ 22
④ 23 ⑤ 24

| 해결 전략 | 미지수가 있는 분수가 자연수가 되려면 분모는 분자의 약수이어야 한다.

314

유형 19

오른쪽 그림은 한 변의 길이가 같은 정사각형 ABCD와 정삼각형 DCE를 합쳐 오각형 ABCED를 만든 것이다. $\angle x+\angle y+\angle z$의 크기를 구하시오.

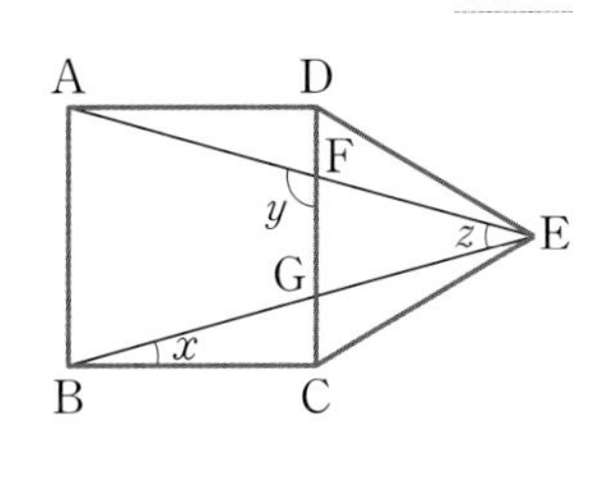

| 해결 전략 | 정사각형과 정삼각형의 한 변의 길이가 같음을 이용하여 $\angle x$의 크기를 먼저 구한다.

315

유형 20

오른쪽 그림과 같이 정오각형 ABCDE에서 두 변 BC, CD 위에 $\overline{BP}=\overline{CQ}$가 되도록 두 점 P, Q를 각각 잡을 때, $\angle x$의 크기를 구하시오.

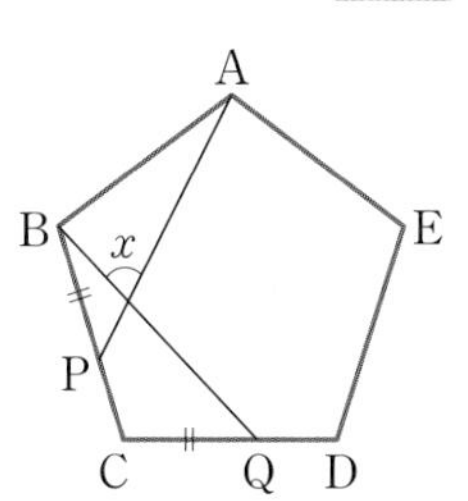

| 해결 전략 | △ABP와 △BCQ가 합동임을 이용한다.

316

유형 23

다음 그림에서 $\angle a+\angle b+\angle c+\angle d+\angle e+\angle f+\angle g$의 크기를 구하시오.

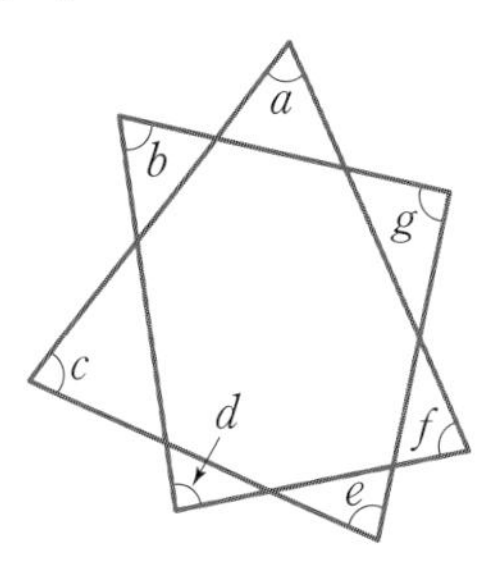

| 해결 전략 | 삼각형의 내각의 크기의 합과 칠각형의 외각의 크기의 합을 이용한다.

04
다각형

유형 01 원과 부채꼴

317 대표 문제

다음 중 오른쪽 그림의 원 O에 대한 설명으로 옳지 않은 것은? (단, $\overline{AC}$는 지름이다.)

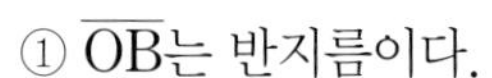

① $\overline{OB}$는 반지름이다.
② $\angle BOC$에 대한 현은 $\overline{BC}$이다.
③ $\angle AOB$는 $\widehat{AB}$에 대한 중심각이다.
④ $\overline{AB}$는 길이가 가장 긴 현이다.
⑤ $\overline{OA}=\overline{OB}=\overline{OC}$

318

오른쪽 그림에서 ①~⑤에 해당하는 것을 보기에서 고르시오.

보기		
$\widehat{CD}$	중심각	현 AB
부채꼴 COD	활꼴	

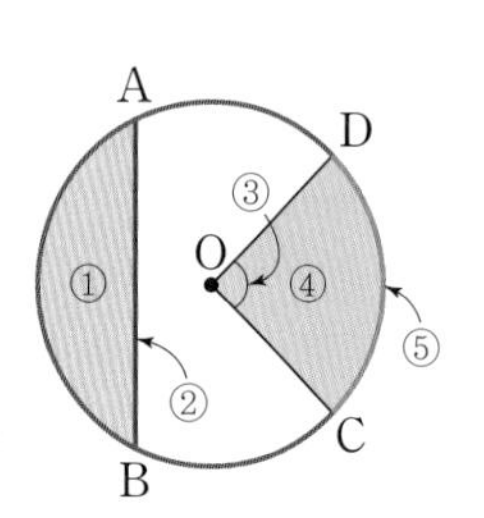

319

원 O에서 부채꼴 AOB가 활꼴일 때, 부채꼴 AOB의 중심각의 크기를 구하시오.

유형 02 중심각의 크기와 호의 길이

320 대표 문제

오른쪽 그림의 원 O에서 $x+y$의 값을 구하시오.

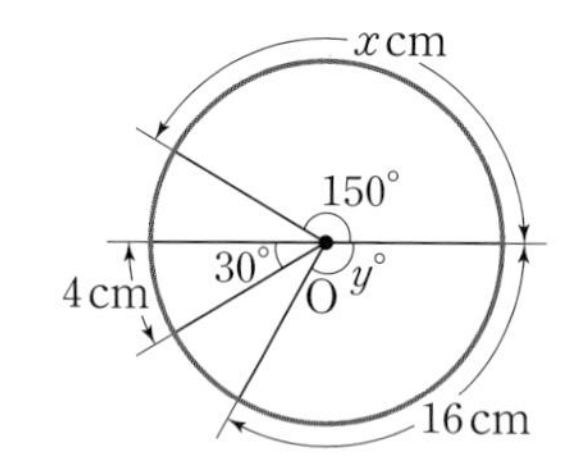

321

오른쪽 그림의 원 O에서 x의 값을 구하시오.

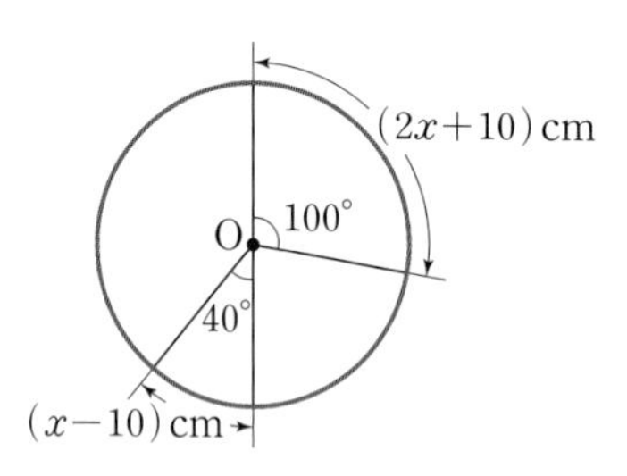

322

오른쪽 그림의 원 O에서 x의 값을 구하시오.

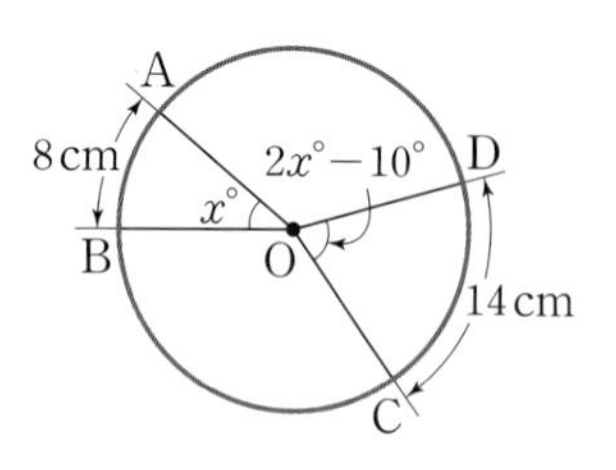

323

원 O에서 중심각의 크기가 45°인 부채꼴의 호의 길이가 5 cm일 때, 원 O의 둘레의 길이를 구하시오.

유형 03 호의 길이의 비가 주어질 때 중심각의 크기 구하기

324 대표 문제

오른쪽 그림의 원 O에서 $\overset{\frown}{AB} : \overset{\frown}{BC} : \overset{\frown}{CA} = 2 : 3 : 4$일 때, $\angle AOB$의 크기를 구하시오.

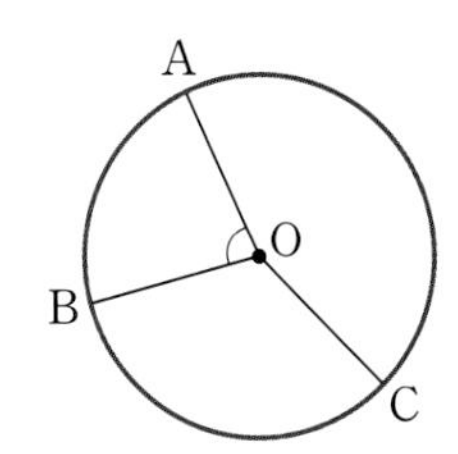

325

오른쪽 그림의 원 O에서 $\overline{AD}$는 지름이고 $\overset{\frown}{AB} : \overset{\frown}{CD} = 1 : 3$, $\angle BOC = 76°$일 때, $\angle COD$의 크기를 구하시오.

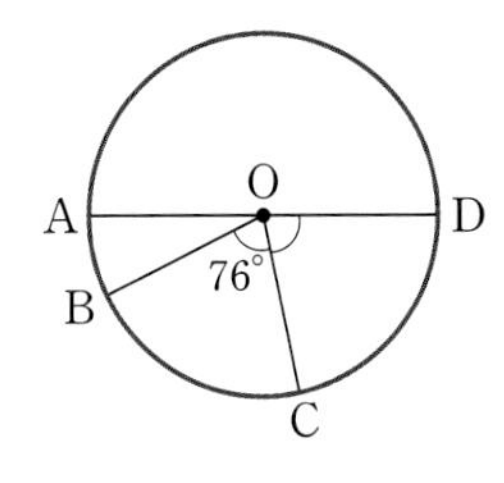

326

오른쪽 그림의 반원 O에서 $2\overset{\frown}{AC} = 3\overset{\frown}{BC}$일 때, $\angle BOC$의 크기를 구하시오.

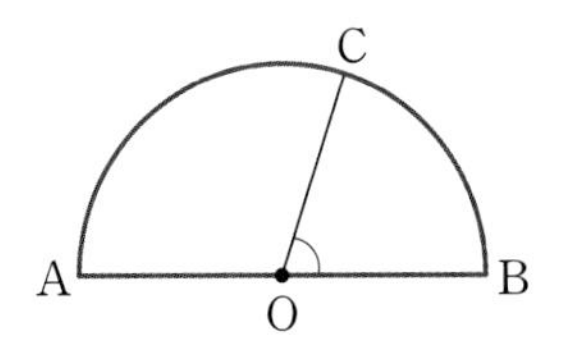

327

오른쪽 그림의 원 O에서 $\overline{AB}$는 지름이고 $\overset{\frown}{AP} : \overset{\frown}{BP} = 5 : 1$일 때, $\angle OPB$의 크기를 구하시오.

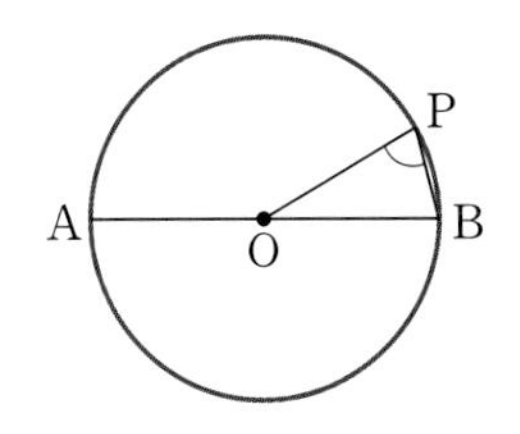

유형 04 호의 길이 구하기(1) – 평행선의 성질 이용

328 대표 문제

오른쪽 그림의 반원 O에서 $\overline{AB} /\!/ \overline{CD}$이고 $\angle AOB = 150°$, $\overset{\frown}{AC} = 2\,\text{cm}$일 때, $\overset{\frown}{AB}$의 길이는?

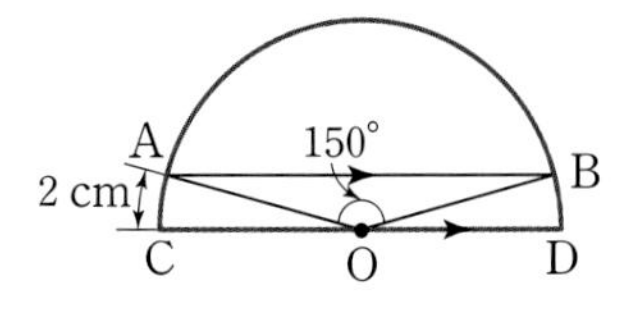

① 16 cm ② 18 cm ③ 20 cm
④ 22 cm ⑤ 24 cm

329

오른쪽 그림의 원 O에서 $\overline{AB}$는 지름이고 $\overline{BC} /\!/ \overline{OD}$이다. $\angle BOC = 80°$, $\overset{\frown}{BC} = 16\,\text{cm}$일 때, $\overset{\frown}{AD}$의 길이를 구하시오.

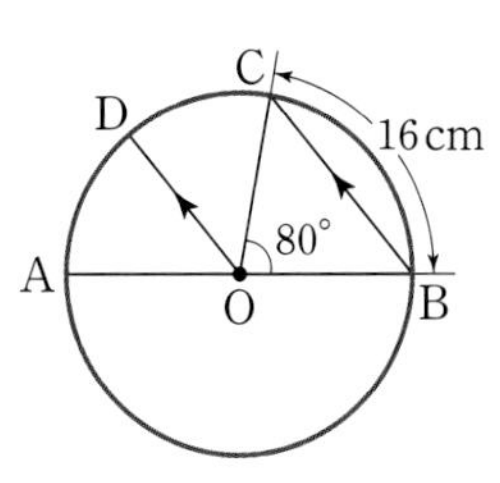

330

오른쪽 그림의 원 O에서 $\overline{AB} /\!/ \overline{CD}$이고 $\angle AOB = 108°$일 때, $\overset{\frown}{AB} = k\overset{\frown}{AC}$를 만족시키는 상수 k의 값을 구하시오.

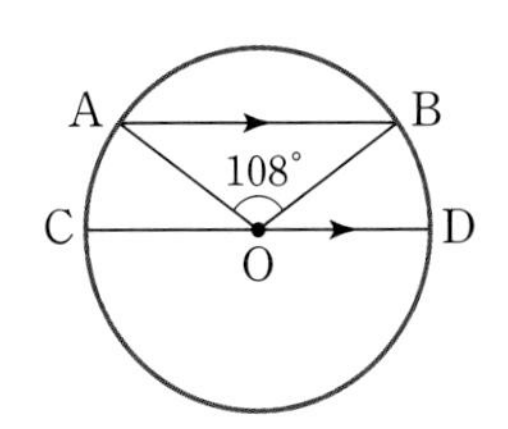

유형 05 호의 길이 구하기 (2) – 보조선 긋기

331 대표 문제

오른쪽 그림의 반원 O에서 $\overline{AD} /\!/ \overline{OC}$, $\overset{\frown}{AD}=14\,\text{cm}$, $\angle DAB=20°$일 때, $\overset{\frown}{BC}$의 길이는?

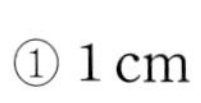

① 1 cm ② $\frac{3}{2}$ cm ③ 2 cm

④ $\frac{5}{2}$ cm ⑤ 3 cm

332

오른쪽 그림에서 $\overline{AC} /\!/ \overline{OD}$이고 $\overline{AB}$는 원 O의 지름이다. $\angle BOD=40°$, $\overset{\frown}{BD}=8\,\text{cm}$일 때, $\overset{\frown}{AC}$의 길이를 구하시오.

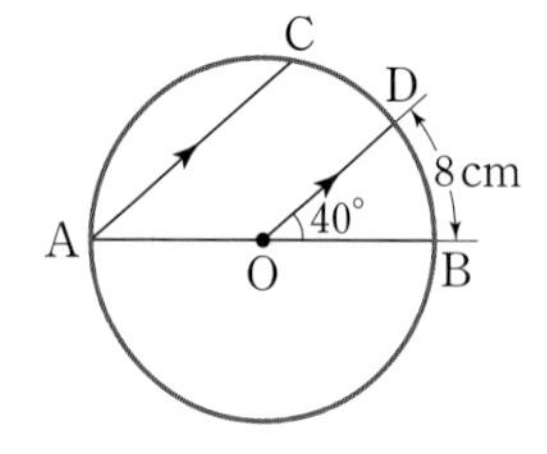

333

오른쪽 그림의 원 O에서 $\overline{AB}$는 지름이고, $\overset{\frown}{BC}$의 길이가 $\overset{\frown}{AC}$의 길이의 3배일 때, $2\angle x$의 크기를 구하시오.

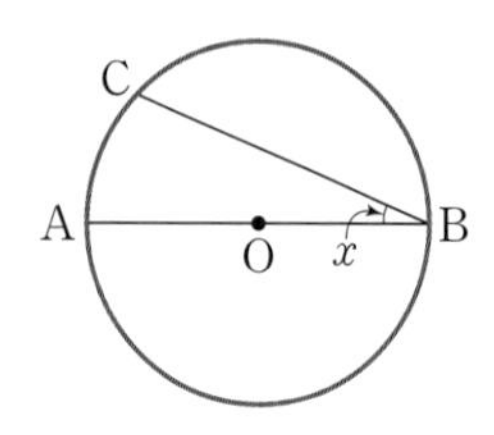

유형 06 호의 길이 구하기 (3) – 삼각형의 성질 이용

334 대표 문제

오른쪽 그림에서 점 P는 원 O의 지름 AD와 현 BC의 연장선의 교점이다. $\overline{CO}=\overline{CP}$, $\angle P=22°$, $\overset{\frown}{AB}=18\,\text{cm}$일 때, $\overset{\frown}{CD}$의 길이를 구하시오.

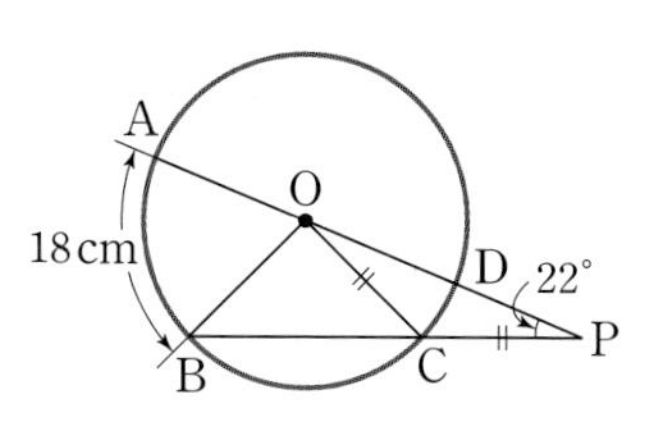

335

오른쪽 그림의 원 O에서 점 E는 지름 AB와 현 CD의 연장선의 교점이다. $\overline{DO}=\overline{DE}$, $\angle OED=25°$일 때, $\overset{\frown}{AC}$의 길이는 $\overset{\frown}{BD}$의 길이의 몇 배인지 구하시오.

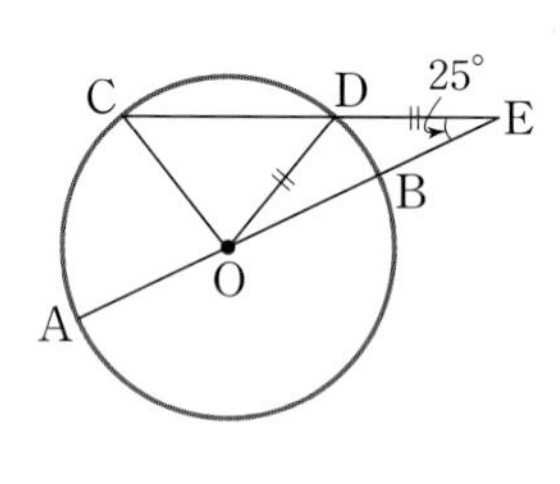

336

오른쪽 그림에서 점 P는 원 O의 지름 BC와 현 AD의 연장선의 교점이다. $\overline{AO}=\overline{AP}$, $\overset{\frown}{AB}=3\,\text{cm}$일 때, $\overset{\frown}{CD}$의 길이를 구하시오.

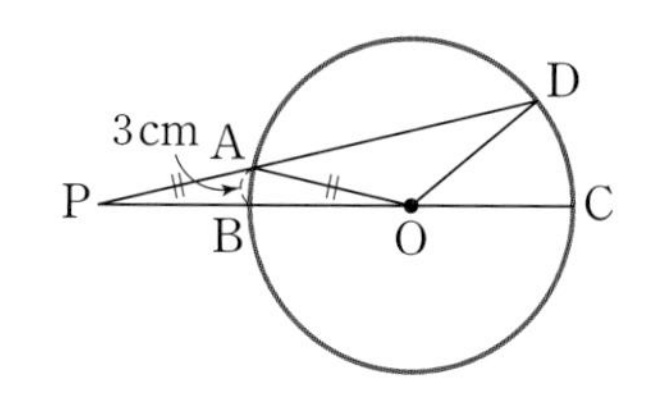

유형 07 중심각의 크기와 부채꼴의 넓이

337 대표 문제

오른쪽 그림의 원 O에서 부채꼴 AOB의 넓이가 $15\,cm^2$이고 부채꼴 COD의 넓이가 $9\,cm^2$일 때, x의 값은?

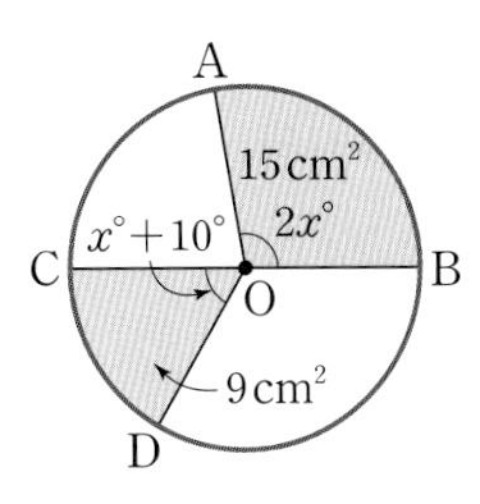

① 45 ② 50
③ 53 ④ 55
⑤ 58

338

오른쪽 그림의 원 O에서
$\angle AOB : \angle BOC : \angle COA = 3 : 7 : 8$
이고 원 O의 넓이가 $198\,cm^2$일 때, 부채꼴 BOC의 넓이는?

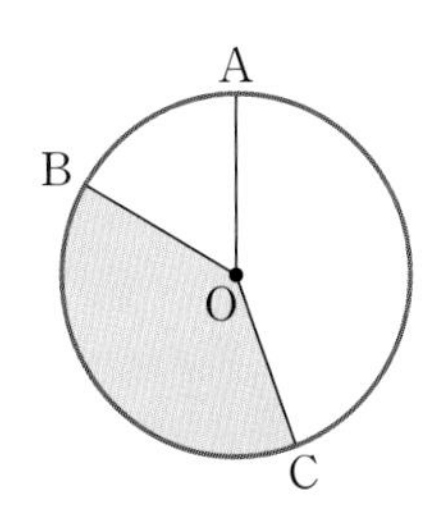

① $75\,cm^2$ ② $77\,cm^2$
③ $79\,cm^2$ ④ $81\,cm^2$
⑤ $83\,cm^2$

339

오른쪽 그림에서 $\overline{AB}$는 원 O의 지름이다. 반원 AOB의 넓이가 $60\,cm^2$이고 $\overset{\frown}{AB}=30\,cm$, $\overset{\frown}{BC}=6\,cm$일 때, 부채꼴 BOC의 넓이를 구하시오.

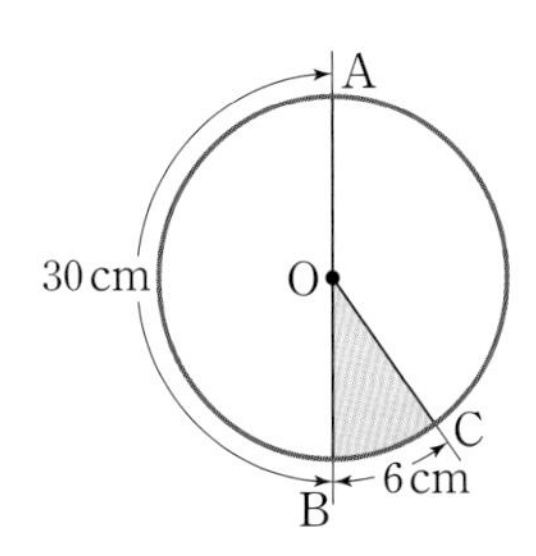

유형 08 중심각의 크기와 현의 길이

340 대표 문제

오른쪽 그림의 원 O에서 $\overline{AB}=\overline{CD}=\overline{DE}$이고 $\angle COE=100°$일 때, $\angle AOB$의 크기는?

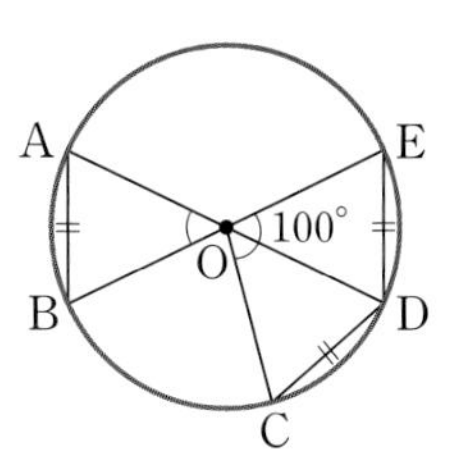

① 35° ② 40°
③ 45° ④ 50°
⑤ 55°

341

오른쪽 그림의 원 O에서 $\overline{AB}=\overline{CD}=\overline{DE}$이고 $\angle OAB=55°$일 때, $\angle EOC$의 크기는?

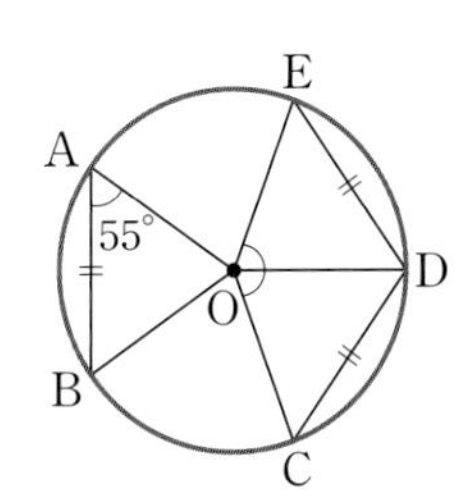

① 135° ② 140°
③ 145° ④ 150°
⑤ 155°

342

오른쪽 그림의 원 O에서 $\overline{AB}$는 지름이고 $\overline{CO} /\!/ \overline{DB}$이다. $\overline{CD}=5\,cm$일 때, $\overset{\frown}{AC}$의 길이를 구하시오.

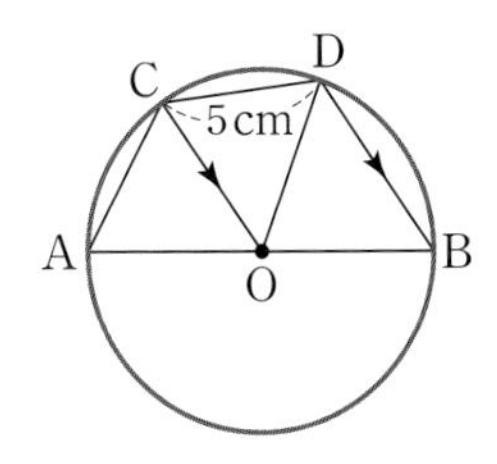

05 원과 부채꼴

유형 09 중심각의 크기에 정비례하는 것

343 대표 문제

오른쪽 그림의 원 O에서 $\angle AOB=\frac{1}{4}\angle COD$일 때, 다음 중 옳은 것은?

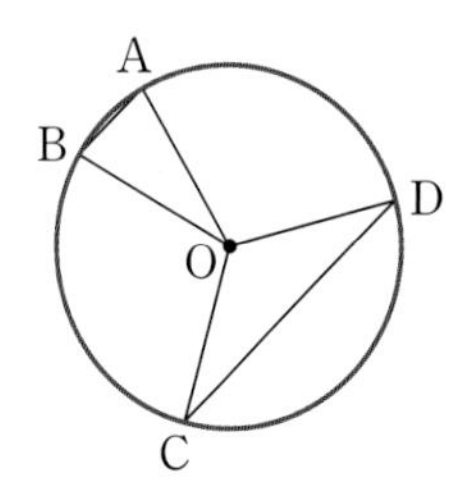

① $\angle OAB=4\angle OCD$
② $\widehat{CD}=4\widehat{AB}$
③ $\overline{CD}=4\overline{AB}$
④ (△OCD의 넓이)$=4\times$(△OAB의 넓이)
⑤ (부채꼴 COD의 넓이)$=\frac{1}{4}\times$(부채꼴 AOB의 넓이)

344

오른쪽 그림의 원 O에서 ∠AOB의 크기에 정비례하는 것을 다음 보기에서 모두 고르시오.

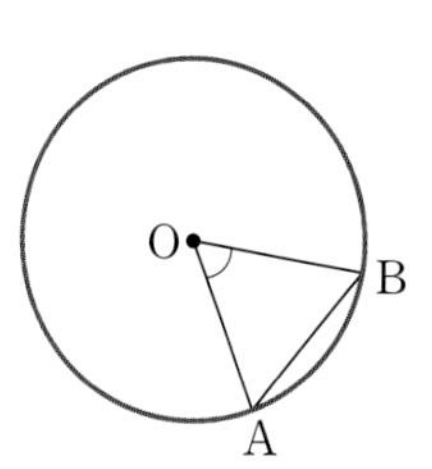

ㄱ. 호 AB의 길이
ㄴ. 현 AB의 길이
ㄷ. 부채꼴 AOB의 넓이
ㄹ. 삼각형 AOB의 넓이

345

오른쪽 그림의 원 O에서 $\overline{AF}$는 지름이고 $\overline{AF}\perp\overline{EO}$, $\angle AOB=\angle BOC=\angle COD=\angle DOE$ 일 때, 다음 중 옳지 않은 것을 모두 고르면? (정답 2개)

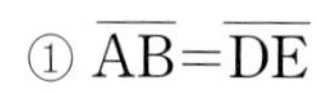
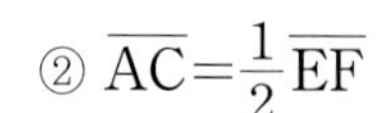

① $\overline{AB}=\overline{DE}$
② $\overline{AC}=\frac{1}{2}\overline{EF}$
③ $\widehat{AB}=\frac{1}{3}\widehat{BE}$
④ $\widehat{AD}=\frac{3}{4}\widehat{EF}$
⑤ (부채꼴 BOD의 넓이)$=3\times$(부채꼴 DOF의 넓이)

유형 10 원의 둘레의 길이와 넓이

346 대표 문제

오른쪽 그림의 원 O에서 색칠한 부분의 둘레의 길이는?

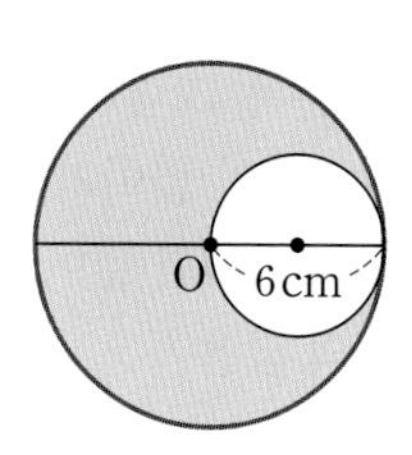

① 12π cm
② 16π cm
③ 18π cm
④ 20π cm
⑤ 22π cm

347

오른쪽 그림에서 색칠한 부분의 둘레의 길이와 넓이를 각각 구하시오.

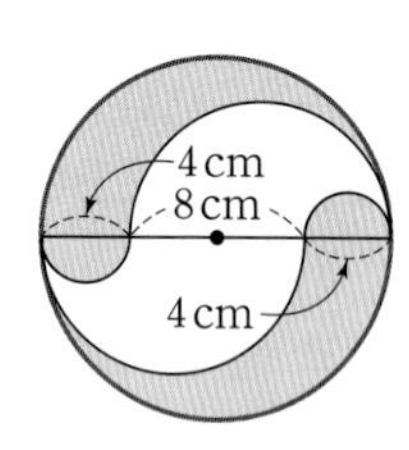

348

오른쪽 그림에서 합동인 4개의 작은 원들의 중심이 모두 큰 원의 지름 위에 있고 4개의 작은 원의 넓이가 각각 $9\pi\,\text{cm}^2$일 때, 큰 원의 둘레의 길이는?

① 16π cm
② 18π cm
③ 20π cm
④ 22π cm
⑤ 24π cm

유형 11 부채꼴의 호의 길이와 넓이

349 대표 문제

오른쪽 그림의 부채꼴에서 호의 길이와 넓이를 각각 구하시오.

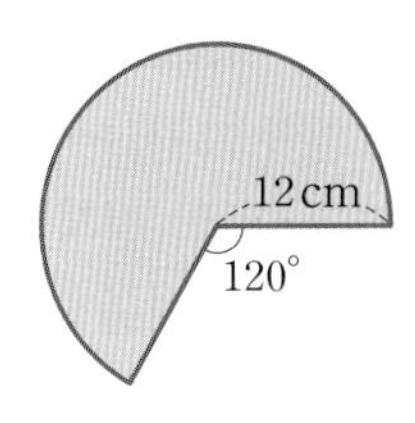

350

호의 길이가 5π cm, 넓이가 15π cm^{2}인 부채꼴의 반지름의 길이를 구하시오.

351

반지름의 길이가 8 cm이고, 호의 길이가 12π cm인 부채꼴의 중심각의 크기를 구하시오.

352

오른쪽 그림은 한 변의 길이가 8 cm인 정팔각형의 안쪽에 부채꼴을 그린 것이다. 색칠한 부분의 넓이는?

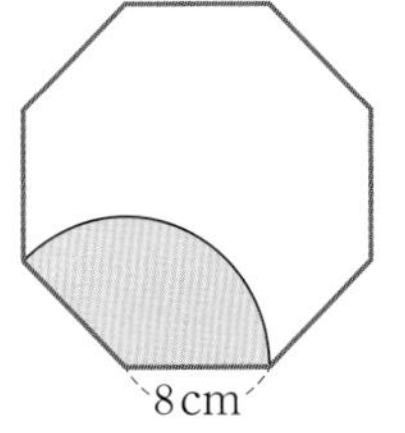

① 18π cm^2 ② 24π cm^2
③ 27π cm^2 ④ 32π cm^2
⑤ 36π cm^2

유형 12 부채꼴에서 색칠한 부분의 둘레의 길이와 넓이

353 대표 문제

오른쪽 그림과 같은 부채꼴에서 색칠한 부분의 둘레의 길이는?

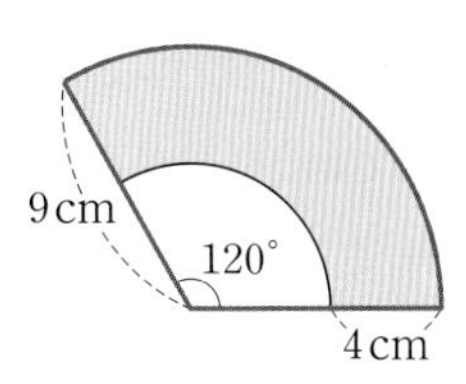

① $\left(\frac{26}{3}\pi+6\right)$ cm ② $\left(\frac{26}{3}\pi+8\right)$ cm
③ $\left(\frac{26}{3}\pi+10\right)$ cm ④ $\left(\frac{28}{3}\pi+8\right)$ cm
⑤ $\left(\frac{28}{3}\pi+10\right)$ cm

354

오른쪽 그림과 같은 부채꼴에서 색칠한 부분의 둘레의 길이와 넓이를 각각 구하시오.

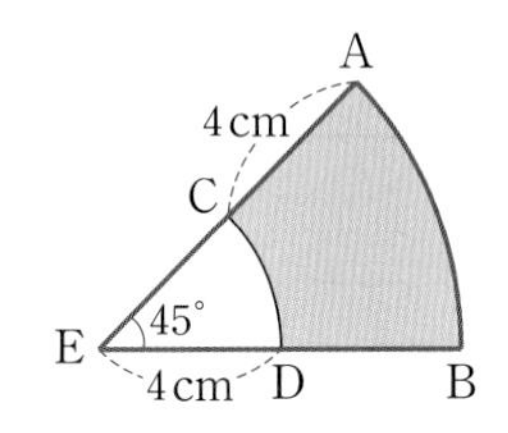

355

오른쪽 그림과 같은 부채꼴에서 색칠한 부분의 넓이를 구하시오.

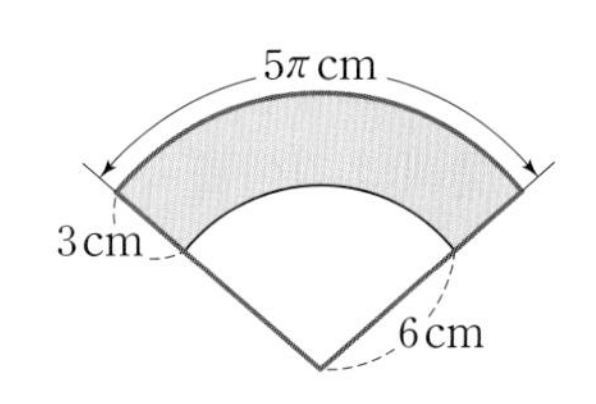

05 원과 부채꼴

유형 13 색칠한 부분의 둘레의 길이 구하기

356 대표 문제

오른쪽 그림과 같이 한 변의 길이가 16 cm인 정사각형에서 색칠한 부분의 둘레의 길이를 구하시오.

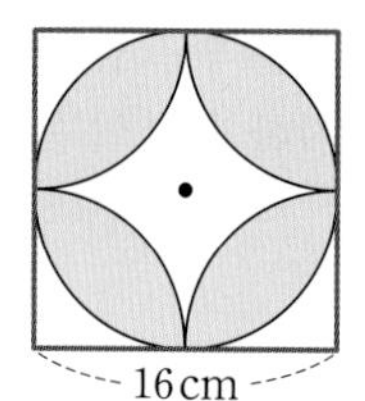

357

오른쪽 그림과 같이 한 변의 길이가 6 cm인 정사각형에서 색칠한 부분의 둘레의 길이를 구하시오.

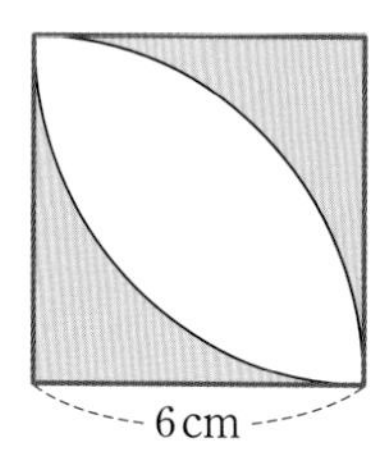

358

오른쪽 그림과 같이 한 변의 길이가 8 cm인 정사각형에서 색칠한 부분의 둘레의 길이를 구하시오.

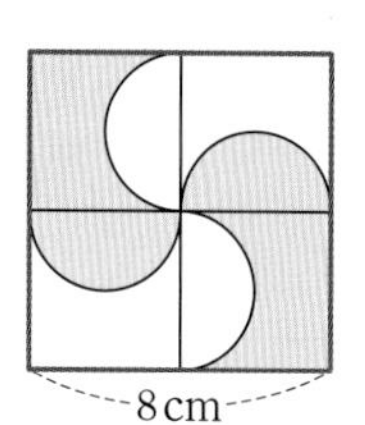

359

오른쪽 그림에서 색칠한 부분의 둘레의 길이를 구하시오.

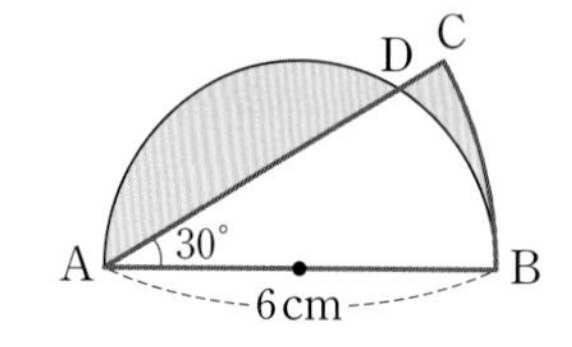

유형 14 색칠한 부분의 넓이 구하기(1) – 각 넓이를 더하거나 빼는 경우

360 대표 문제

오른쪽 그림과 같이 한 변의 길이가 8 cm인 정사각형에서 색칠한 부분의 넓이를 구하시오.

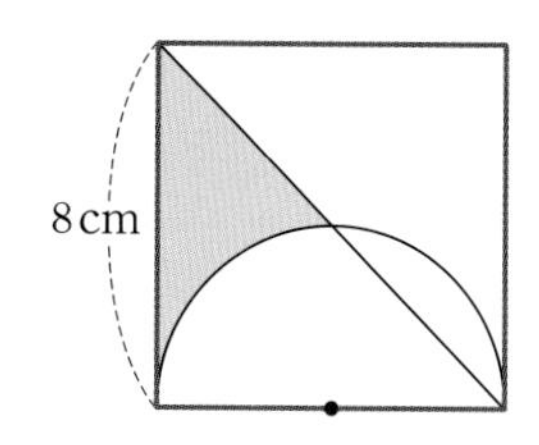

361

오른쪽 그림과 같이 한 변의 길이가 10 cm인 정사각형 ABCD에서 색칠한 부분의 넓이를 구하시오.

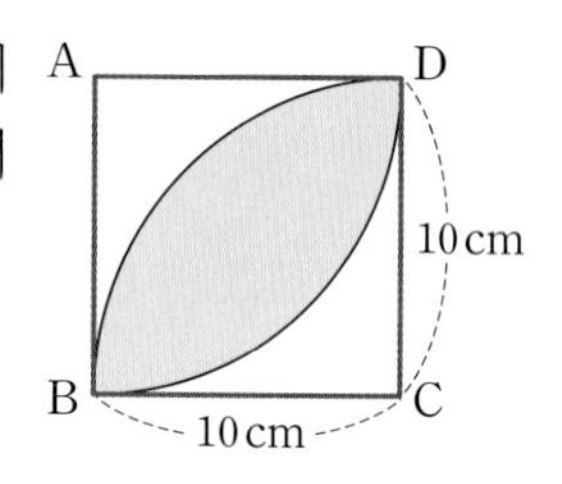

362

오른쪽 그림과 같이 한 변의 길이가 12 cm인 정사각형 ABCD에서 색칠한 부분의 넓이를 구하시오.

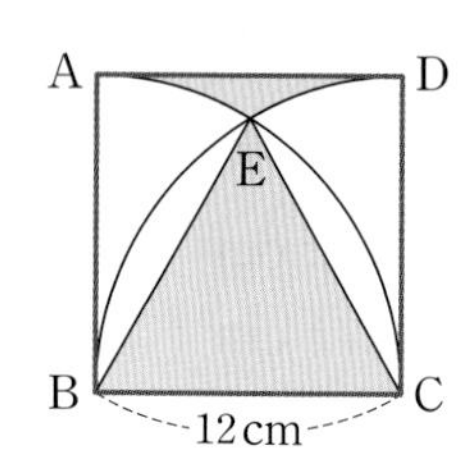

유형 15 색칠한 부분의 넓이 구하기(2) – 넓이를 구할 수 있는 도형으로 나누는 경우

363 대표 문제

오른쪽 그림은 $\angle A=90^\circ$인 직각삼각형 ABC의 각 변을 지름으로 하는 반원을 그린 것이다. 이때 색칠한 부분의 넓이는?

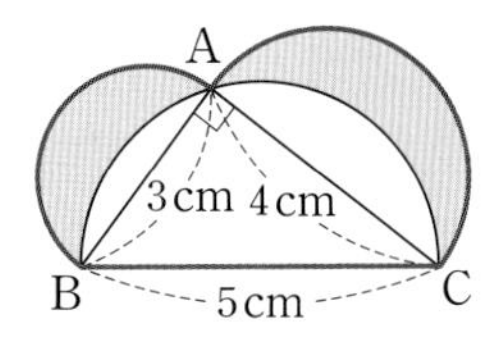

① $\frac{25}{8}\pi\ \text{cm}^2$ ② $\frac{25}{4}\pi\ \text{cm}^2$
③ $\left(\frac{25}{8}\pi+6\right)\text{cm}^2$ ④ $6\ \text{cm}^2$
⑤ $12\ \text{cm}^2$

364

오른쪽 그림은 지름의 길이가 18 cm인 반원을 점 A를 중심으로 60°만큼 회전한 것이다. 이때 색칠한 부분의 넓이를 구하시오.

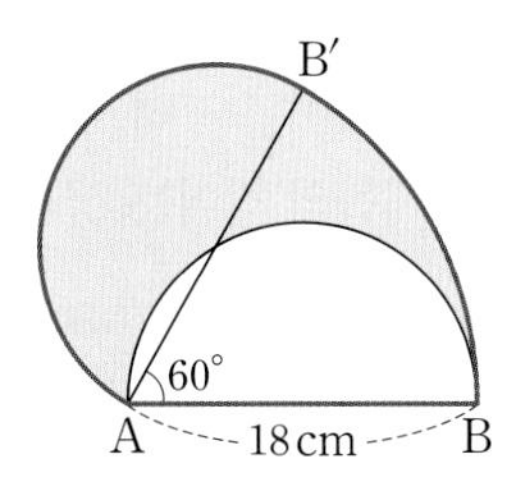

365

오른쪽 그림과 같이 한 변의 길이가 8 cm인 정사각형 ABCD에서 색칠한 부분의 넓이를 구하시오.

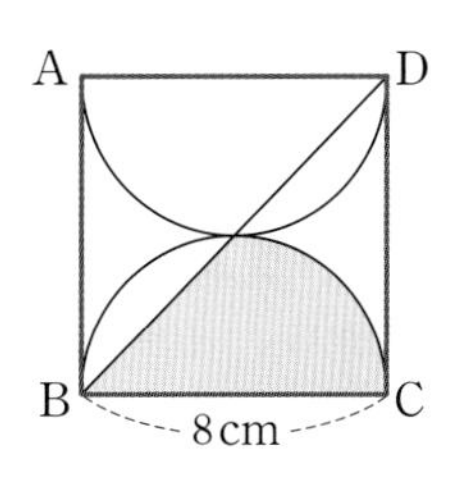

유형 16 색칠한 부분의 넓이 구하기(3) – 넓이가 같은 부분으로 이동하는 경우

366 대표 문제

오른쪽 그림과 같이 한 변의 길이가 6 cm인 정사각형에서 색칠한 부분의 넓이를 구하시오.

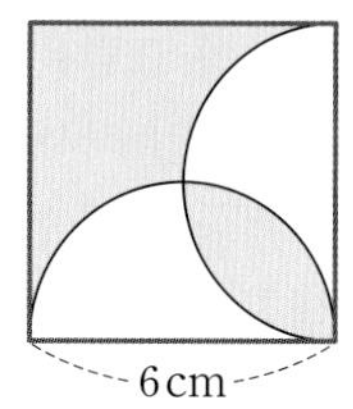

367

오른쪽 그림과 같이 반지름의 길이가 각각 6 cm인 두 원 O, O′이 서로의 중심을 지날 때, 색칠한 부분의 넓이는?

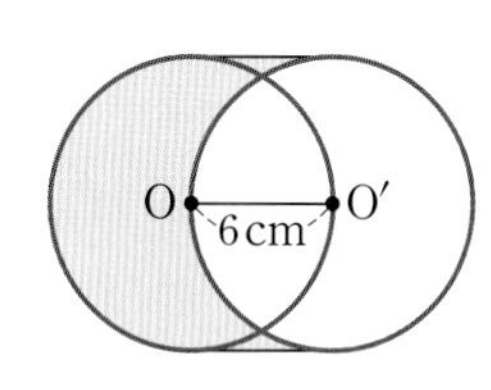

① $48\ \text{cm}^2$ ② $60\ \text{cm}^2$ ③ $72\ \text{cm}^2$
④ $36\pi\ \text{cm}^2$ ⑤ $72\pi\ \text{cm}^2$

368

오른쪽 그림과 같이 반지름의 길이가 6 cm인 원에서 색칠한 부분의 넓이를 구하시오.

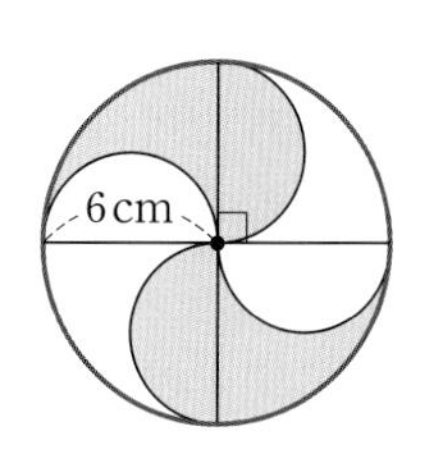

05
원과 부채꼴

유형 17 색칠한 부분의 넓이 구하기(4) –색칠한 부분의 넓이가 같은 경우

369 대표 문제

오른쪽 그림은 세로의 길이가 12 cm인 직사각형 ABCD와 부채꼴 ABE를 겹쳐 놓은 것이다. 색칠한 두 부분의 넓이가 같을 때, $\overline{BC}$의 길이를 구하시오.

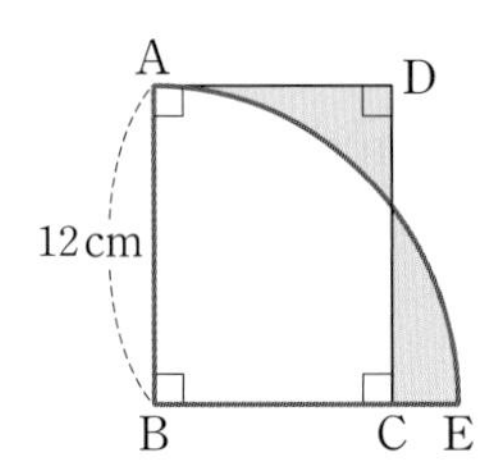

370

오른쪽 그림에서 지름의 길이가 8 cm인 반원과 부채꼴 AOB의 넓이가 같을 때, 다음을 구하시오.

(1) ∠AOB의 크기

(2) 색칠한 부분의 넓이

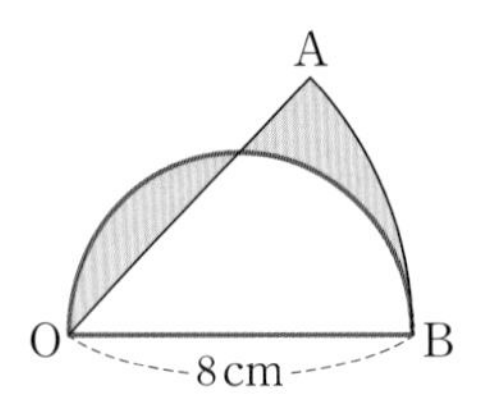

371

오른쪽 그림과 같이 두 반원 O, O′이 있다. 색칠한 두 부분의 넓이가 서로 같을 때, $\widehat{AB}$의 길이를 구하시오.

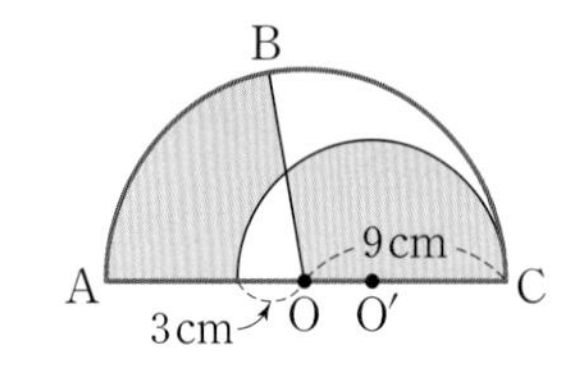

유형 18 끈의 최소 길이 구하기

372 대표 문제

오른쪽 그림과 같이 밑면인 원의 지름의 길이가 10 cm인 원기둥 4개를 끈으로 묶으려고 한다. 필요한 끈의 최소 길이를 구하시오. (단, 끈의 두께와 매듭의 길이는 생각하지 않는다.)

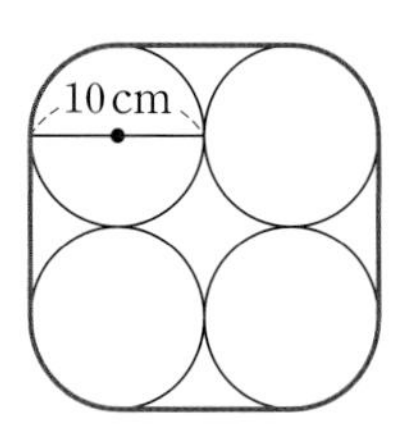

373

오른쪽 그림과 같이 밑면인 원의 반지름의 길이가 4 cm인 원기둥 3개를 끈으로 묶으려고 한다. 필요한 끈의 최소 길이를 구하시오. (단, 끈의 두께와 매듭의 길이는 생각하지 않는다.)

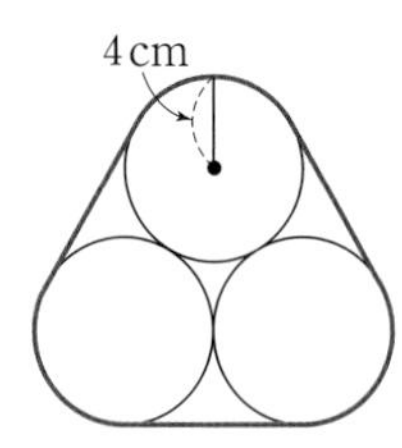

374

오른쪽 그림과 같이 밑면인 원의 반지름의 길이가 3 cm인 원기둥 모양의 통조림 6개를 테이프로 묶으려고 한다. 필요한 테이프의 최소 길이를 구하시오. (단, 테이프의 두께와 겹쳐지는 부분의 길이는 생각하지 않는다.)

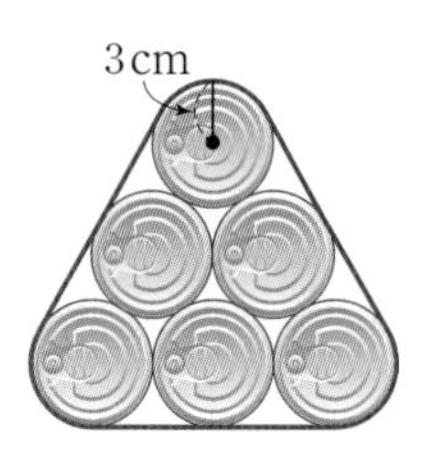

발전 유형 19 원이 지나간 자리의 넓이 구하기

375 대표 문제

오른쪽 그림과 같이 반지름의 길이가 4 cm인 원이 한 변의 길이가 25 cm인 정삼각형의 변을 따라 한 바퀴 돌아서 제자리로 왔을 때, 원이 지나간 자리의 넓이를 구하시오.

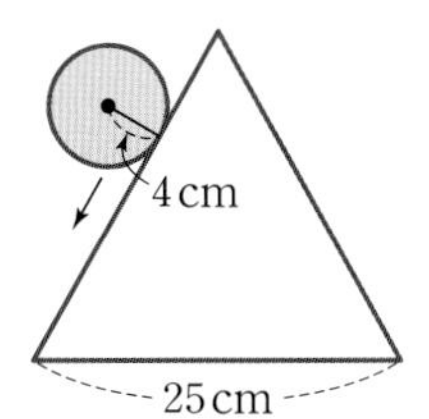

376

오른쪽 그림과 같이 반지름의 길이가 각각 6 cm, 2 cm인 두 원 O, O′이 있다. 원 O′이 원 O의 둘레를 따라 한 바퀴 돌아서 제자리로 왔을 때, 원 O′이 지나간 자리의 넓이를 구하시오.

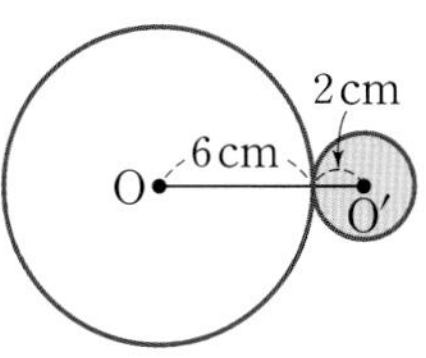

377

오른쪽 그림과 같이 반지름의 길이가 1 cm인 원이 직사각형의 변을 따라 한 바퀴 돌아서 제자리로 왔을 때, 원이 지나간 자리의 넓이는?

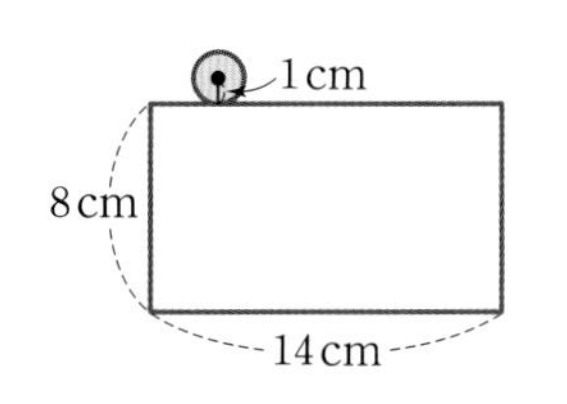

① $(\pi+32)\,\text{cm}^2$ ② $(\pi+88)\,\text{cm}^2$
③ $(\pi+112)\,\text{cm}^2$ ④ $(4\pi+32)\,\text{cm}^2$
⑤ $(4\pi+88)\,\text{cm}^2$

발전 유형 20 도형을 회전시켰을 때 점이 움직인 거리 구하기

378 대표 문제

오른쪽 그림과 같이 직각삼각형 ABC를 점 C를 중심으로 점 A가 변 BC의 연장선 위의 점 A′에 오도록 회전시켰다. $\angle ABC=60°$, $\overline{AC}=6\,\text{cm}$일 때, 점 A가 움직인 거리는?

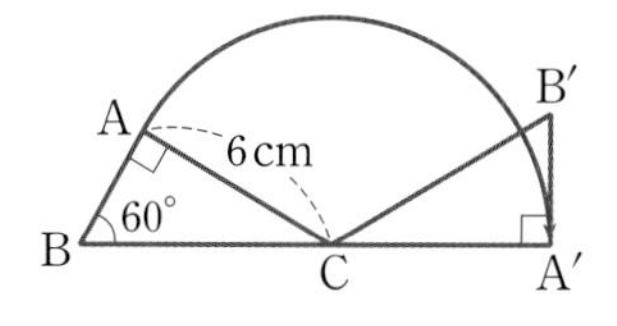

① 4π cm ② $\frac{9}{2}\pi$ cm ③ 5π cm
④ 6π cm ⑤ 10π cm

379

다음 그림과 같이 한 변의 길이가 15 cm인 정삼각형 ABC를 직선 l 위에서 회전시켰을 때, 점 A가 움직인 거리를 구하시오.

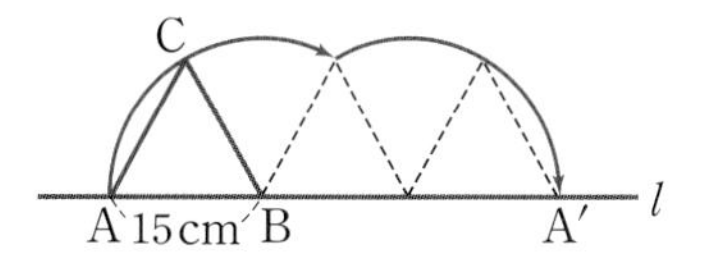

380

다음 그림과 같이 직사각형 ABCD를 직선 l 위에서 점 B가 점 B′에 오도록 회전시켰을 때, 점 B가 움직인 거리를 구하시오.

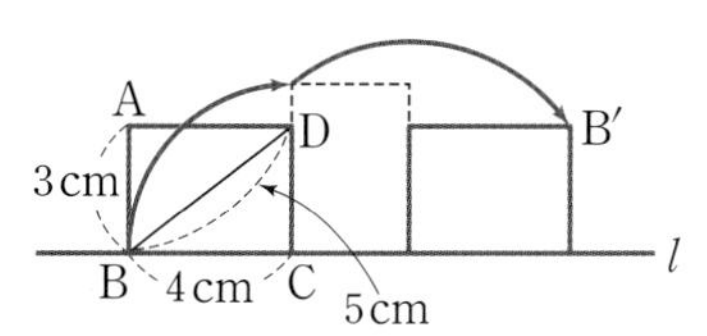

학교 시험 만점을
차근차근 준비해요.

381 유형 02

오른쪽 그림의 원 O에서 $\overline{AB}$는 지름이고 $\widehat{AC}=20\pi$ cm, $\widehat{BC}=5\pi$ cm일 때, $\angle OBC$의 크기를 구하시오.

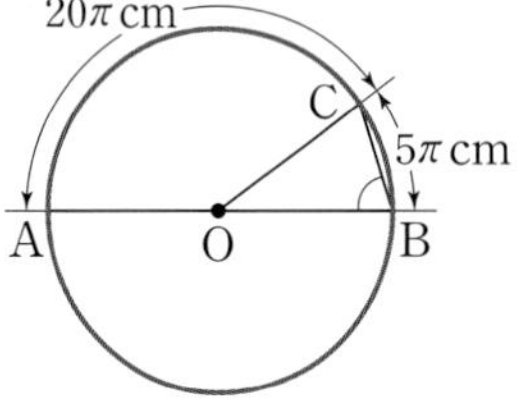

| 해결 전략 | 한 원에서 호의 길이는 중심각의 크기에 정비례함을 이용한다.

382 유형 04

오른쪽 그림의 원 O에서 $\overline{AB}$는 지름이고 $\overline{AB}/\!/\overline{CD}$이다. $\widehat{AC}:\widehat{CD}=2:5$일 때, $\angle AOC$의 크기를 구하시오.

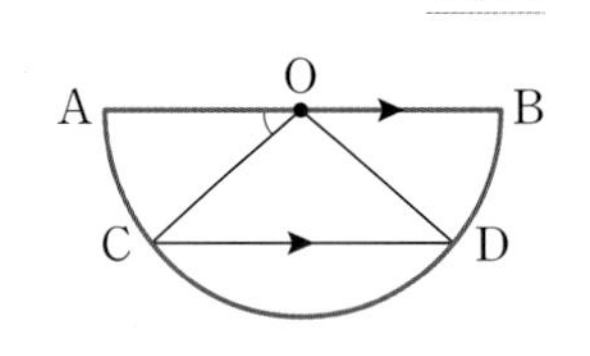

| 해결 전략 | 평행선의 성질을 이용한다.
① 동위각의 크기는 각각 같다.
② 엇각의 크기는 각각 같다.

383 유형 07

오른쪽 그림의 원 O에서 부채꼴 AOB의 넓이는 $13\,cm^2$이고 원 O의 넓이는 $40\,cm^2$일 때, $\angle x+\angle y$의 크기는?

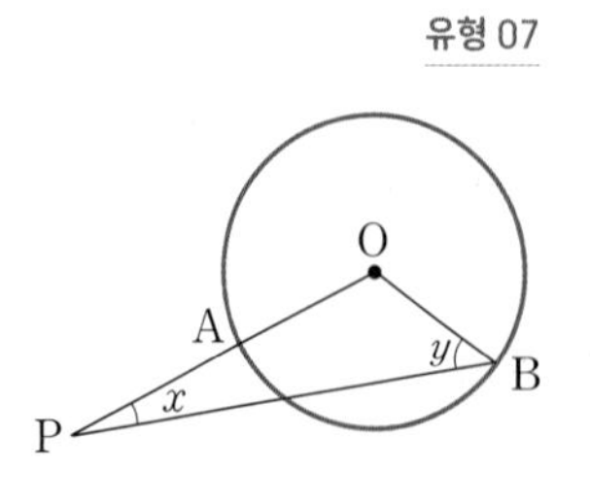

① $58°$ ② $63°$ ③ $69°$
④ $72°$ ⑤ $78°$

| 해결 전략 | 한 원에서 부채꼴의 넓이는 중심각의 크기에 정비례함을 이용한다.

384 유형 08

오른쪽 그림의 원 O에서 $\overline{AB}$는 지름이고 $\overline{AD}/\!/\overline{OC}$, $\overline{CD}=9$ cm일 때, $\overline{BC}$의 길이를 구하시오.

| 해결 전략 | 보조선을 그어 평행선의 성질을 이용한다.

385 유형 06

오른쪽 그림에서 점 P는 원 O의 지름 AD와 현 BC의 연장선의 교점이다. $\overline{CO}=\overline{CP}$, $\angle AOB=45°$, $\widehat{AB}=6$ cm일 때, $\widehat{BC}$의 길이를 구하시오.

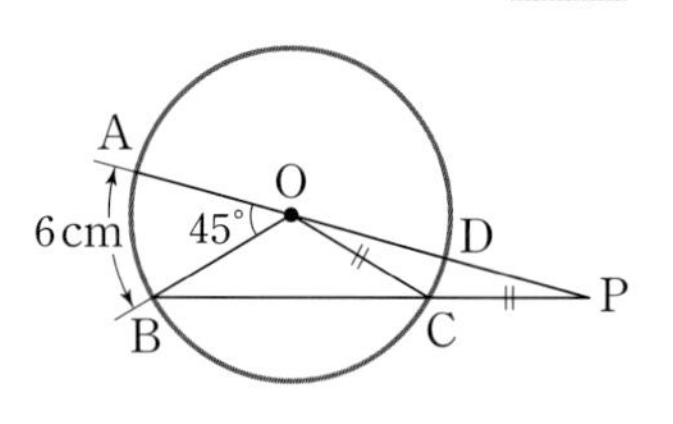

| 해결 전략 | 삼각형의 한 외각의 크기는 그와 이웃하지 않는 두 내각의 크기와 같음을 이용한다.

386 유형 12

오른쪽 그림과 같은 부채꼴에서 $\overline{OA}=\overline{AC}=\overline{CE}$, $\overline{OB}=\overline{BD}=\overline{DF}$이다. 부채꼴 AOB의 넓이가 $15\,cm^2$일 때, 색칠한 부분의 넓이를 구하시오.

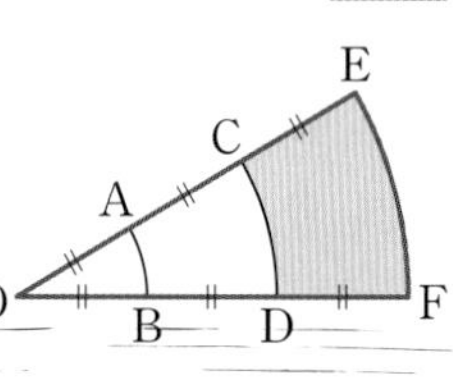

| 해결 전략 | 부채꼴 AOB의 반지름의 길이와 중심각의 크기를 미지수로 놓고 식을 세운다.

387

유형 16

오른쪽 그림은 한 변의 길이가 4 cm인 정삼각형 ABC에서 세 변 AB, BC, CA를 지름으로 하는 세 개의 반원을 그린 것이다. 색칠한 부분의 넓이를 구하시오.

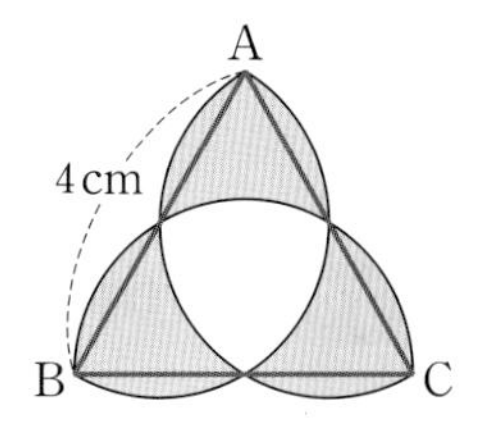

| 해결 전략 | 색칠한 부분의 일부분을 적당히 이동하여 부채꼴을 만든다.

388

유형 11 ⊕ 유형 13

오른쪽 그림과 같이 한 변의 길이가 9 cm인 정사각형 ABCD에서 색칠한 부분의 둘레의 길이는?

① 4π cm　② 5π cm
③ 6π cm　④ 7π cm
⑤ 8π cm

| 해결 전략 | 보조선을 그어 정사각형과 정삼각형의 내각의 크기를 이용한다.

389

유형 15

오른쪽 그림은 $\overline{AB}=8$ cm, $\overline{BC}=4$ cm인 △ABC를 점 B를 중심으로 점 C가 선분 AB의 연장선 위의 점 D에 오도록 회전시킨 것이다. 이때 색칠한 부분의 넓이를 구하시오.

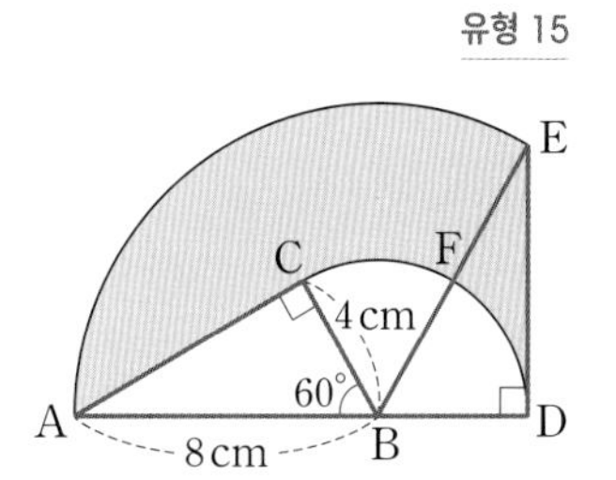

| 해결 전략 | 부채꼴과 삼각형의 넓이의 합과 차를 이용한다.

390

유형 18

밑면인 원의 반지름의 길이가 2 cm인 원기둥 모양의 통 3개를 끈을 사용하여 오른쪽 그림의 (가), (나)와 같이 두 가지 방법으로 묶으려고 한다. 어느 방법을 사용했을 때, 얼마만큼의 끈이 더 절약되는지 구하시오.

(단, 끈의 두께와 매듭의 길이는 생각하지 않는다.)

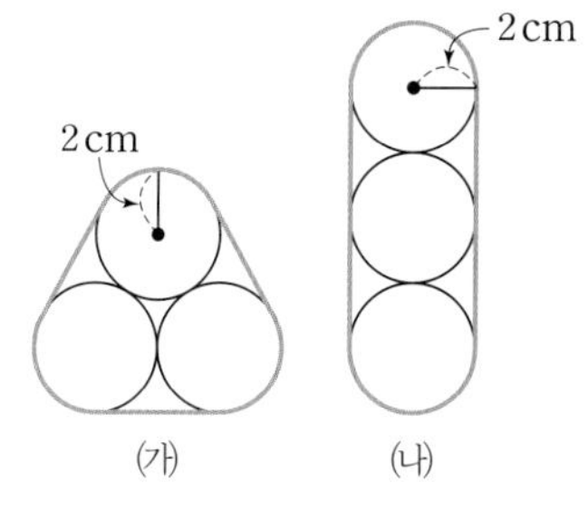

| 해결 전략 | 끈의 길이를 곡선 부분과 직선 부분으로 나누어 생각한다.

391

유형 19

오른쪽 그림과 같이 반지름의 길이가 2 cm인 원의 중심이 한 변의 길이가 8 cm인 정사각형의 변 위를 따라 한 바퀴 돌아서 제자리로 왔을 때, 원이 지나간 자리의 넓이를 구하시오.

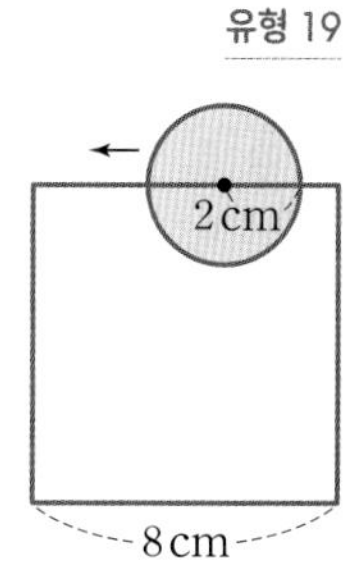

| 해결 전략 | 원이 지나간 자리를 그려 보고, 직선 부분과 곡선 부분으로 나누어 넓이를 구한다.

392

유형 19

오른쪽 그림과 같이 한 변의 길이가 20 m인 정오각형 모양 꽃밭의 P 지점에 길이가 30 m인 줄로 양을 묶어 놓았다. 양과 줄은 꽃밭 위를 지나갈 수 없을 때, 이 양이 움직일 수 있는 영역의 최대 넓이를 구하시오.

(단, 줄의 매듭의 길이와 양의 크기는 생각하지 않는다.)

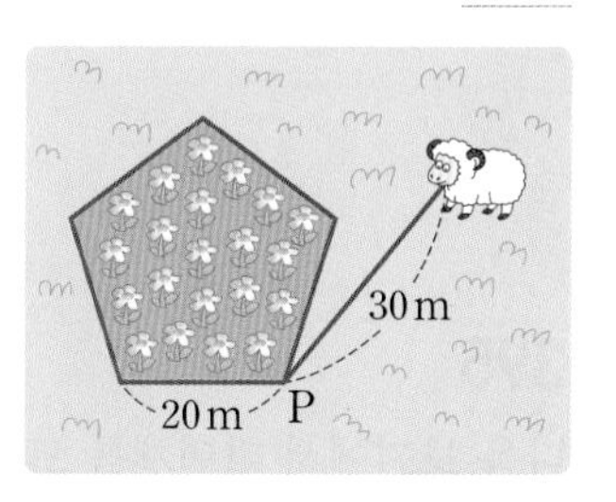

| 해결 전략 | 양이 움직일 수 있는 영역을 부채꼴로 그려 본다.

유형 01 다면체

393 대표 문제

다음 중 다면체를 모두 고르면? (정답 2개)

① 삼각기둥 ② 원기둥 ③ 사각뿔대
④ 원뿔대 ⑤ 구

394

다음 보기에서 다각형인 면으로만 둘러싸인 입체도형은 모두 몇 개인지 구하시오.

보기

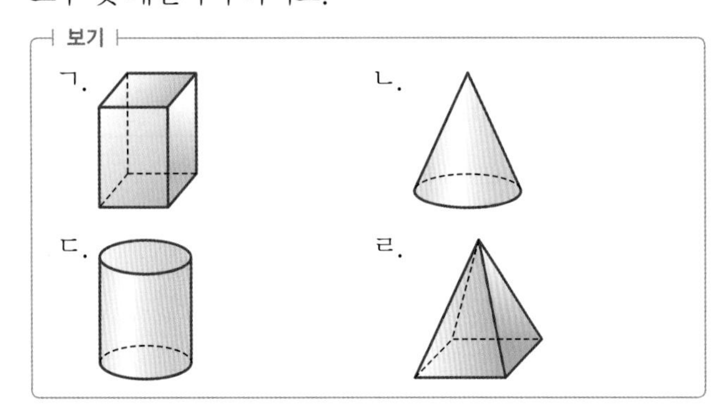

395

다음 보기에서 다면체를 모두 고르시오.

보기

ㄱ. 오각기둥 ㄴ. 직육면체 ㄷ. 원뿔
ㄹ. 원기둥 ㅁ. 사각뿔 ㅂ. 삼각뿔대

유형 02 다면체의 면의 개수

396 대표 문제

다음 중 면의 개수가 나머지 넷과 다른 하나는?

① 칠면체 ② 정육각뿔 ③ 오각뿔대
④ 정육면체 ⑤ 오각기둥

397

다음 중 입체도형과 그 다면체의 이름을 바르게 짝 지은 것이 아닌 것은?

① 삼각뿔대 – 오면체 ② 삼각기둥 – 오면체
③ 사각뿔 – 오면체 ④ 육각기둥 – 팔면체
⑤ 십각뿔 – 십면체

398

다음 입체도형의 면의 개수의 합을 구하시오.

칠각뿔 오각뿔대 육각뿔 육각기둥

399

십면체인 각기둥, 각뿔, 각뿔대의 밑면은 어떤 다각형인지 각각 구하시오.

유형 03 다면체의 모서리, 꼭짓점의 개수

400 대표 문제

다음 중 다면체와 그 모서리의 개수를 바르게 짝 지은 것이 아닌 것은?

① 사각기둥 — 12 ② 오각뿔대 — 15
③ 육각뿔 — 12 ④ 칠각기둥 — 21
⑤ 팔각기둥 — 16

401

다음 중 모서리의 개수와 꼭짓점의 개수의 합이 가장 작은 입체도형은?

① 사각뿔대 ② 오각기둥 ③ 육각뿔
④ 육각기둥 ⑤ 팔각뿔

402

오각뿔의 모서리의 개수를 a, 육각뿔대의 모서리의 개수를 b, 팔각기둥의 꼭짓점의 개수를 c라 할 때, $a+b+c$의 값을 구하시오.

403

n각뿔과 n각기둥의 모서리의 개수의 합이 40일 때, n의 값을 구하시오.

유형 04 다면체의 면, 모서리, 꼭짓점의 개수의 활용

404 대표 문제

꼭짓점의 개수가 16인 각기둥의 면의 개수를 x, 모서리의 개수를 y라 할 때, $x+y$의 값을 구하시오.

405

면의 개수가 10인 각뿔의 꼭짓점의 개수를 x, 모서리의 개수를 y라 할 때, $y-x$의 값을 구하시오.

406

모서리의 개수가 24인 각뿔대의 면의 개수를 x, 꼭짓점의 개수를 y라 할 때, $x+y$의 값을 구하시오.

407

모서리의 개수와 면의 개수의 차가 12인 각뿔대의 꼭짓점의 개수는?

① 12 ② 13 ③ 14
④ 15 ⑤ 16

유형 05 다면체의 옆면의 모양

408 대표 문제

다음 중 다면체와 그 옆면의 모양을 바르게 짝 지은 것이 아닌 것은?

① 사각뿔대 – 사다리꼴 ② 오각뿔 – 삼각형
③ 오각기둥 – 직사각형 ④ 직육면체 – 직사각형
⑤ 팔각뿔대 – 이등변삼각형

409

오른쪽 그림과 같은 다면체의 이름과 그 옆면의 모양을 바르게 짝 지은 것은?

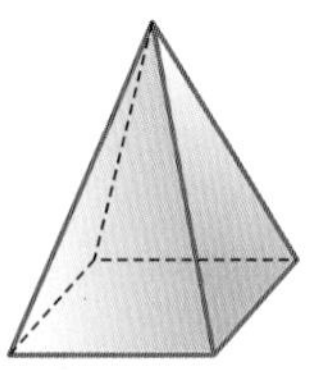

① 사각기둥 – 직사각형
② 사각뿔 – 사다리꼴
③ 사각뿔 – 삼각형
④ 사각뿔대 – 사다리꼴
⑤ 사각뿔대 – 삼각형

410

다음 중 옆면의 모양이 사각형이 아닌 것은?

① 정육면체 ② 삼각뿔 ③ 사각뿔대
④ 팔각기둥 ⑤ 구각뿔대

유형 06 다면체의 이해

411 대표 문제

다음 중 다면체에 대한 설명으로 옳지 않은 것은?

① 각기둥의 두 밑면은 평행하다.
② 육각뿔과 팔각기둥의 면의 개수는 같다.
③ 각기둥의 옆면의 모양은 모두 직사각형이다.
④ n각뿔의 모서리의 개수는 n각기둥의 꼭짓점의 개수와 같다.
⑤ 각기둥의 밑면과 옆면은 수직이다.

412

다음 중 각뿔에 대한 설명으로 옳지 않은 것은?

① 옆면의 모양은 삼각형이다.
② n각뿔의 모서리의 개수는 $3n$이다.
③ n각뿔의 면의 개수는 $(n+1)$이다.
④ n각뿔의 꼭짓점의 개수는 $(n+1)$이다.
⑤ 각뿔을 밑면에 평행한 평면으로 자르면 각뿔과 각뿔대가 만들어진다.

413

다음 중 칠각뿔대에 대한 설명으로 옳지 않은 것을 모두 고르면? (정답 2개)

① 구면체이다.
② 두 밑면이 평행하면서 합동이다.
③ 칠각기둥과 꼭짓점의 개수가 같다.
④ 모서리의 개수와 면의 개수의 합은 28이다.
⑤ 꼭짓점의 개수는 14이다.

유형 07 주어진 조건을 만족시키는 다면체

414 대표 문제

다음 조건을 모두 만족시키는 입체도형은?

> (가) 십일면체이다.
> (나) 두 밑면이 평행하고 합동이다.
> (다) 옆면의 모양이 직사각형이다.

① 구각기둥 ② 칠각뿔 ③ 팔각기둥
④ 구각뿔대 ⑤ 십각기둥

415

밑면의 개수가 2이고 옆면의 모양은 직사각형이 아닌 사다리꼴이며 모서리의 개수가 12인 입체도형을 구하시오.

416

다음 조건을 모두 만족시키는 입체도형의 꼭짓점의 개수를 a, 모서리의 개수를 b라 할 때, $a+b$의 값을 구하시오.

> (가) 구면체이다.
> (나) 옆면의 모양이 삼각형이다.

유형 08 정다면체의 이해

417 대표 문제

다음 중 정다면체에 대한 설명으로 옳은 것을 모두 고르면? (정답 2개)

① 정다면체는 5가지뿐이다.
② 각 꼭짓점에 모인 면의 개수가 같다.
③ 정팔면체의 꼭짓점의 개수는 8이다.
④ 한 꼭짓점에 모인 면의 개수가 5인 정다면체는 없다.
⑤ 면의 모양은 정삼각형, 정사각형, 정육각형 중 하나이다.

418

다음 조건을 모두 만족시키는 입체도형을 구하시오.

> (가) 각 면의 모양은 모두 합동인 정삼각형이다.
> (나) 각 꼭짓점에 모인 면의 개수는 4이다.

419

오른쪽 그림과 같이 모든 면이 정삼각형인 입체도형이 정다면체인지 판단하고, 그 이유를 설명하시오.

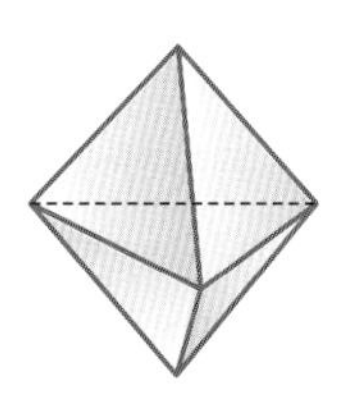

유형 09 정다면체의 꼭짓점, 모서리, 면의 개수

420 대표 문제

다음 조건을 모두 만족시키는 입체도형의 꼭짓점의 개수를 구하시오.

> (가) 각 꼭짓점에 모인 면의 개수는 3이다.
> (나) 모서리의 개수는 30이다.
> (다) 모든 면이 합동인 정다각형이다.

421

다음 정다면체에 대한 설명 중 옳지 않은 것은?

① 정사면체의 꼭짓점의 개수는 4이다.
② 정육면체의 꼭짓점의 개수는 정팔면체의 면의 개수와 같다.
③ 정팔면체의 모서리의 개수는 정사면체의 면의 개수의 3배이다.
④ 정십이면체와 정이십면체의 모서리의 개수는 같다.
⑤ 정이십면체의 면의 개수는 정육면체의 꼭짓점의 개수의 2배이다.

422

한 꼭짓점에 모인 면의 개수가 가장 많은 정다면체의 면의 개수를 a, 면의 모양이 정사각형인 정다면체의 모서리의 개수를 b라 할 때, $a+b$의 값을 구하시오.

유형 10 정다면체의 전개도

423 대표 문제

오른쪽 그림의 전개도로 만든 정다면체에 대한 설명으로 옳은 것은?

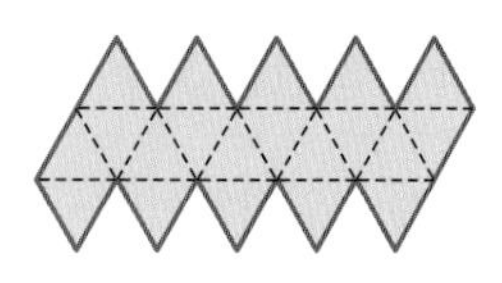

① 면의 개수는 22이다.
② 꼭짓점의 개수는 11이다.
③ 모서리의 개수는 30이다.
④ 면의 모양은 정육각형이다.
⑤ 한 꼭짓점에서 모인 면의 개수는 4이다.

424

다음 중 정육면체의 전개도가 될 수 없는 것은?

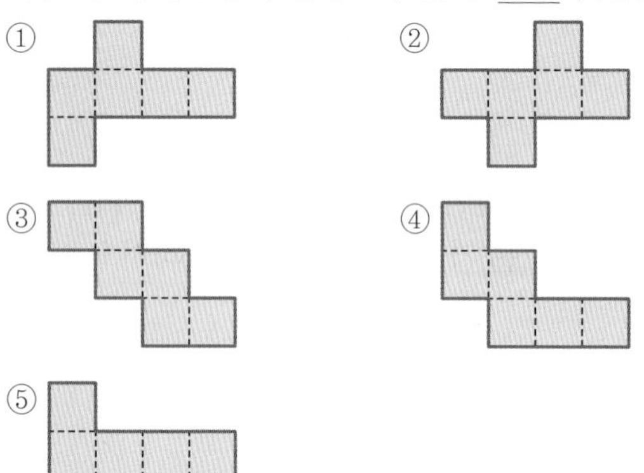

425

오른쪽 그림과 같은 전개도로 만들어지는 정사면체에서 다음 중 $\overline{CD}$와 겹치는 모서리는?

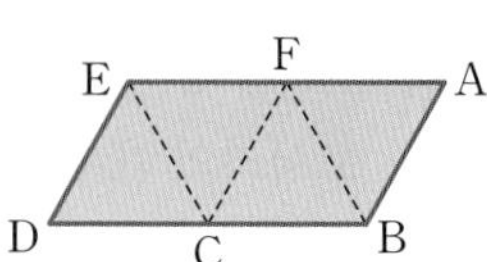

① $\overline{AB}$ ② $\overline{BC}$ ③ $\overline{DE}$
④ $\overline{DF}$ ⑤ $\overline{EF}$

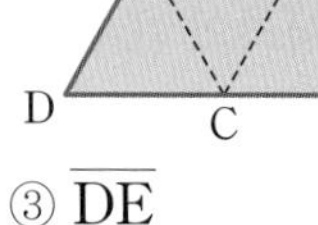

유형 11 정다면체의 단면의 모양

426 대표 문제

다음 중 정사면체를 한 평면으로 자를 때 생기는 단면의 모양이 될 수 없는 것은?

① 정삼각형　② 이등변삼각형
③ 정오각형　④ 사다리꼴
⑤ 직사각형

427

오른쪽 그림의 정육면체를 세 꼭짓점 A, C, E를 지나는 평면으로 자를 때 생기는 단면의 모양은?

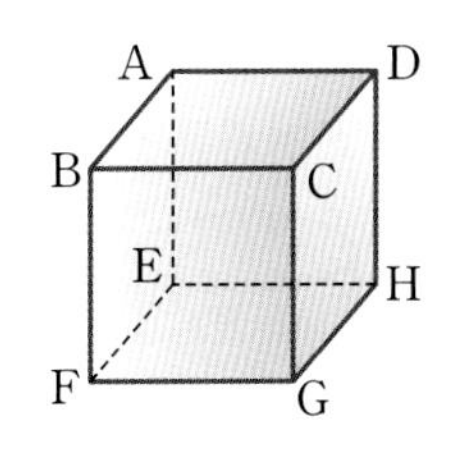

① 이등변삼각형　② 직각삼각형
③ 마름모　④ 직사각형
⑤ 오각형

428

오른쪽 그림의 정사면체에서 세 점 P, Q, R은 각각 모서리 AB, BC, BD의 중점이다. 세 점 P, Q, R을 지나는 평면으로 정사면체를 자를 때 생기는 단면의 모양은?

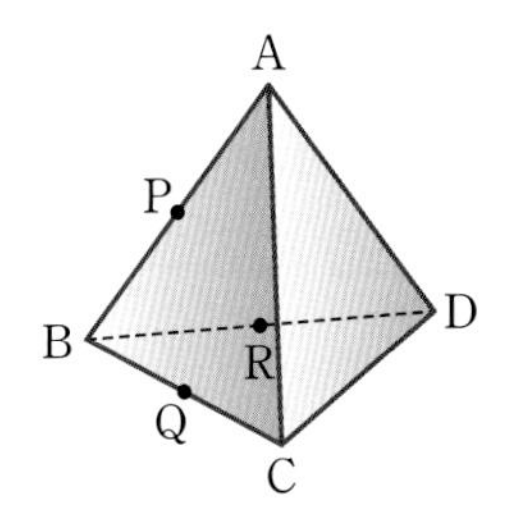

① 직각삼각형　② 이등변삼각형
③ 정삼각형　④ 마름모
⑤ 직사각형

유형 12 회전체

429 대표 문제

다음 보기에서 회전체는 모두 몇 개인지 구하시오.

보기
ㄱ. 원기둥　ㄴ. 원뿔대　ㄷ. 삼각뿔대
ㄹ. 팔각기둥　ㅁ. 반구　ㅂ. 구
ㅅ. 사면체　ㅇ. 직육면체

430

다음 보기에서 다면체와 회전체를 고르시오.

보기
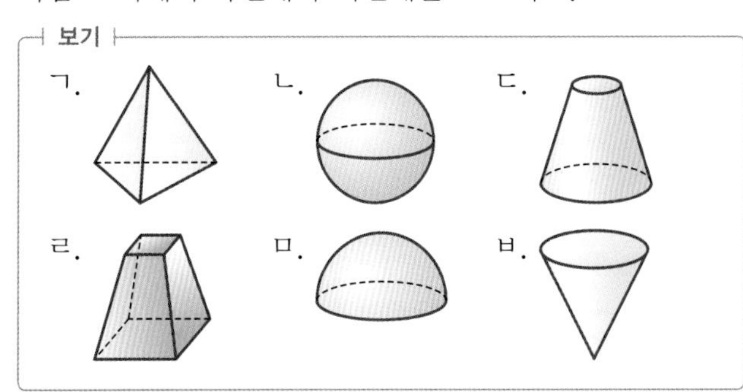

(1) 다면체　(2) 회전체

431

다음 중 회전체인 것은?

① 삼각기둥　② 육각뿔　③ 정십이면체
④ 반구　⑤ 사각뿔대

유형 13 평면도형과 회전체

432 대표 문제

다음 중 평면도형을 직선 l을 회전축으로 하여 1회전 시킬 때 생기는 회전체로 옳지 않은 것은?

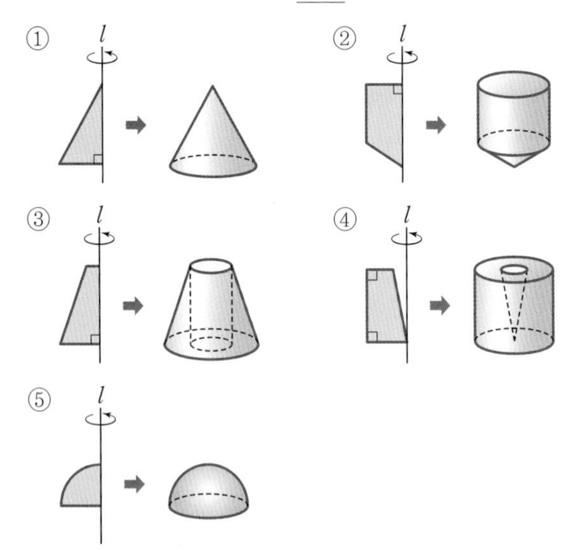

433

오른쪽 그림의 평면도형을 직선 l을 회전축으로 하여 1회전 시킬 때 생기는 회전체는?

① 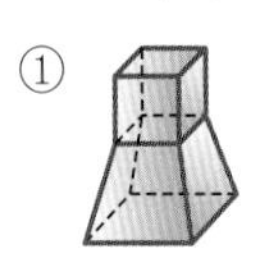
② 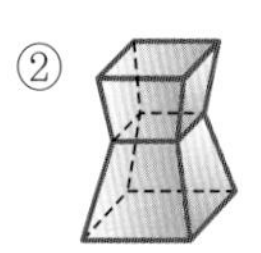
③
④ 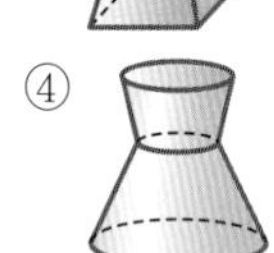
⑤ 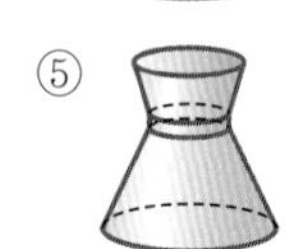

유형 14 회전축

434 대표 문제

오른쪽 그림의 직각삼각형 ABC를 1회전 시켜 원뿔을 만들려고 할 때, 회전축이 될 수 있는 것을 보기에서 모두 고르시오.

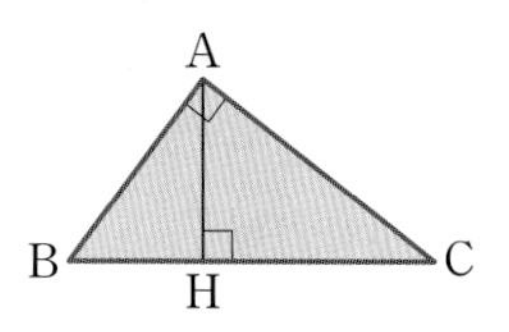

보기

ㄱ. $\overleftrightarrow{AB}$ ㄴ. $\overleftrightarrow{AH}$ ㄷ. $\overleftrightarrow{BC}$ ㄹ. $\overleftrightarrow{CA}$

435

다음 중 오른쪽 그림의 정사각형 ABCD를 1회전 시킬 때 생길 수 있는 회전체를 모두 고르면? (정답 2개)

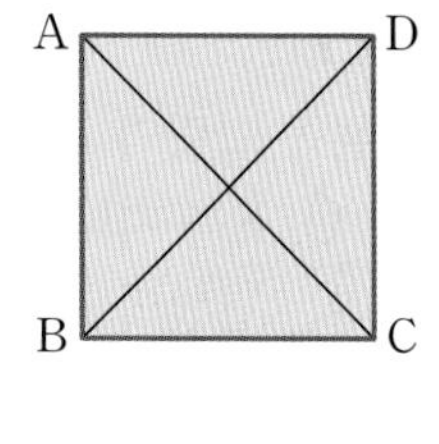

① 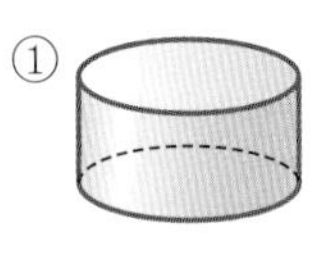
② 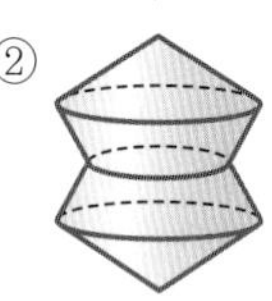
③ 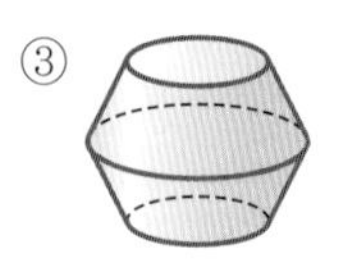
④ 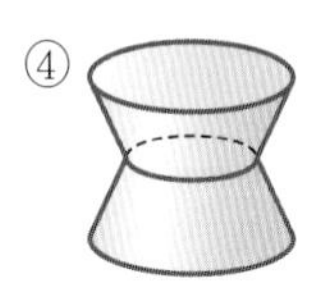
⑤ 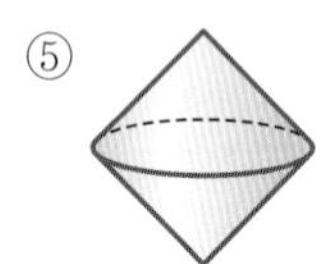

436

다음 그림과 같이 오각형 ABCDE의 한 변을 회전축으로 하여 1회전 시켜서 회전체를 만들 때, 회전축이 될 수 있는 변을 모두 고르면? (정답 2개)

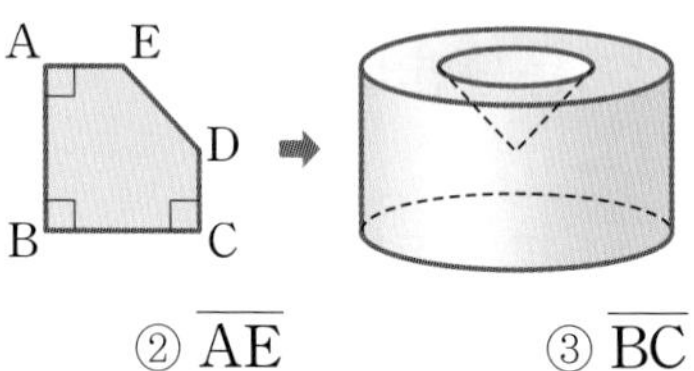

① $\overline{AB}$ ② $\overline{AE}$ ③ $\overline{BC}$
④ $\overline{CD}$ ⑤ $\overline{DE}$

유형 15 회전체의 단면의 모양

437 대표 문제

오른쪽 그림의 원뿔대를 평면 ①, ②, ③, ④, ⑤로 자를 때 생기는 단면의 모양으로 옳지 않은 것은?

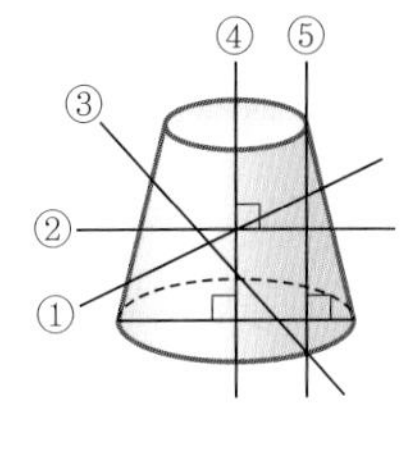

① 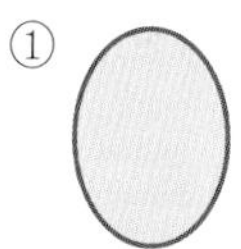
② 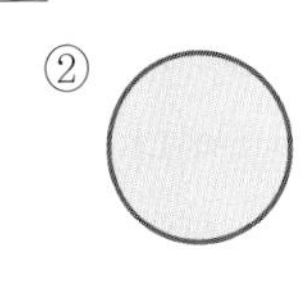
③ 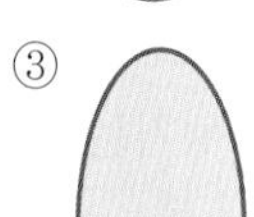
④ 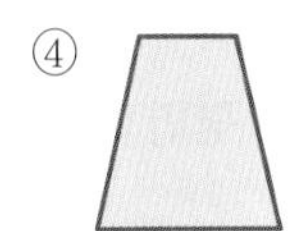
⑤ 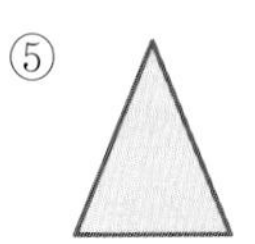

438

다음 중 회전체를 회전축에 수직인 평면으로 자를 때 생기는 단면의 모양은?

① 원 ② 직사각형 ③ 사다리꼴
④ 마름모 ⑤ 정삼각형

439

다음 중 오른쪽 그림의 원뿔을 한 평면으로 자를 때 생기는 단면의 모양이 될 수 없는 것은?

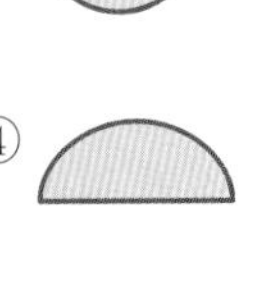

① 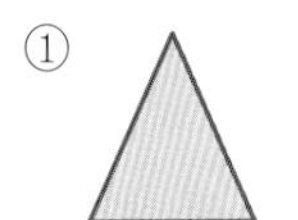
② 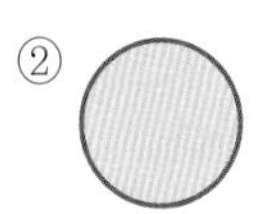
③ 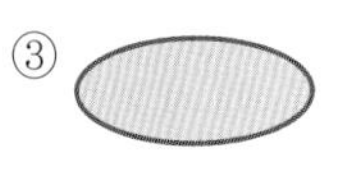
④ 
⑤ 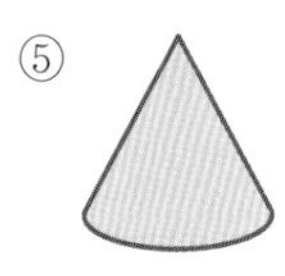

유형 16 회전체의 단면의 넓이

440 대표 문제

오른쪽 그림의 사다리꼴을 직선 l을 회전축으로 하여 1회전 시킬 때 생기는 회전체를 회전축을 포함하는 평면으로 자를 때 생기는 단면의 넓이를 구하시오.

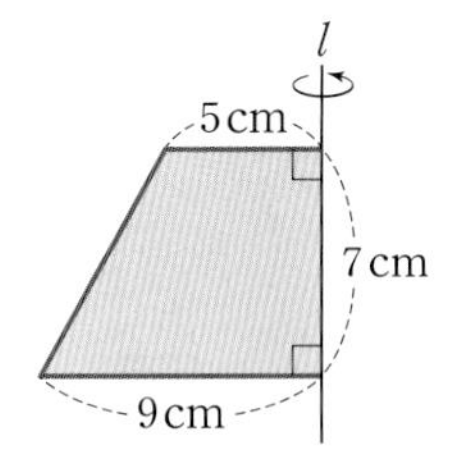

441

오른쪽 그림의 원뿔을 밑면에 수직인 평면으로 자를 때 생기는 단면 중 넓이가 가장 큰 단면의 넓이를 구하시오.

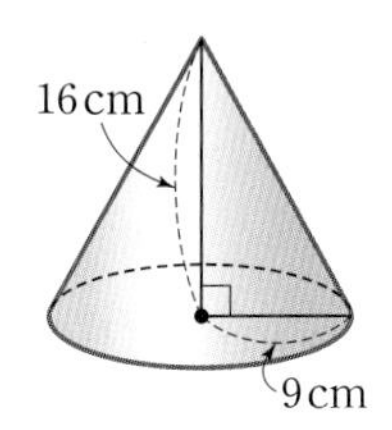

442

오른쪽 그림과 같이 반지름의 길이가 1 cm인 원 O를 직선 l을 회전축으로 하여 1회전 시킬 때 생기는 회전체를 원의 중심 O를 지나면서 회전축에 수직인 평면으로 자를 때 생기는 단면의 넓이를 구하시오.

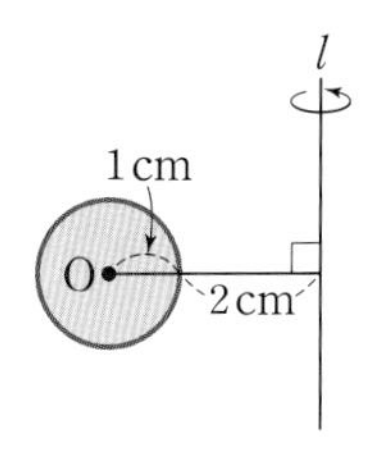

443

오른쪽 그림의 회전체를 회전축을 포함하는 평면으로 자를 때 생기는 단면의 넓이가 $20\ cm^2$일 때, x의 값을 구하시오.

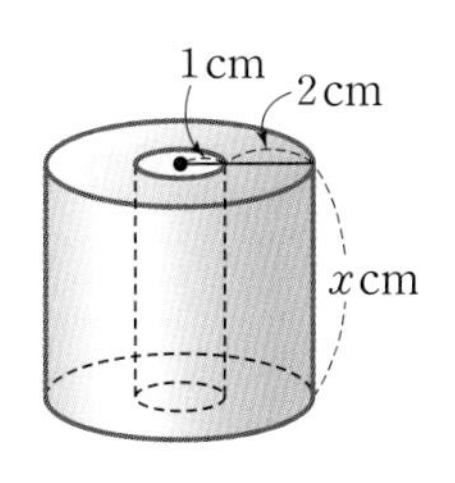

06 다면체와 회전체

유형 17 회전체의 전개도

444 대표 문제

다음 그림의 직사각형을 직선 l을 회전축으로 하여 1회전 시킬 때 생기는 회전체의 전개도에서 $x+y$의 값을 구하시오.

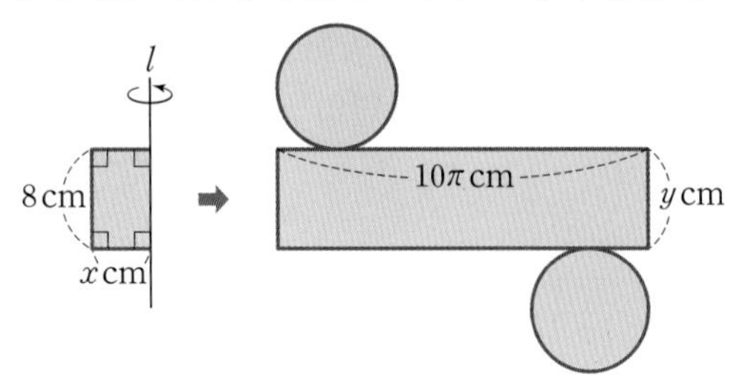

445

오른쪽 그림과 같은 원뿔이 있다. 이 원뿔의 전개도에서 옆면의 넓이가 $45\pi\ \text{cm}^2$일 때, x의 값을 구하시오.

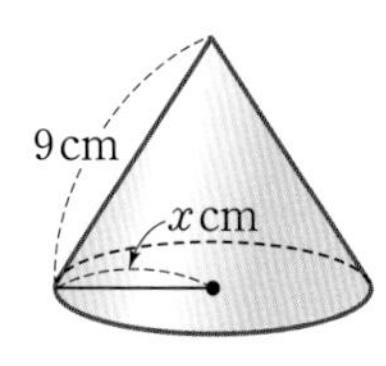

446

오른쪽 그림의 원뿔대의 전개도에서 r의 값을 구하시오.

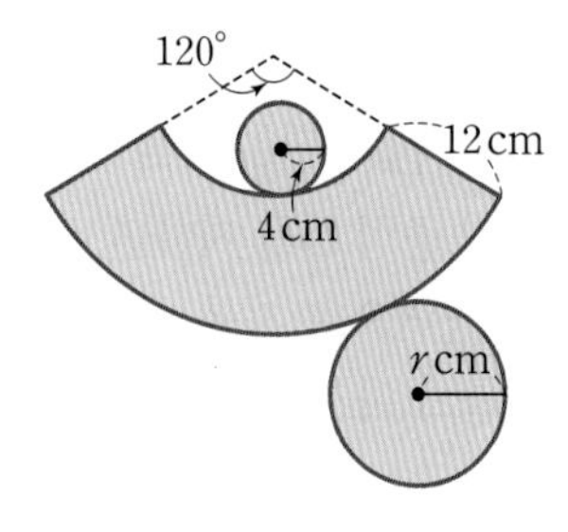

447

오른쪽 그림의 원뿔의 전개도에서 x의 값을 구하시오.

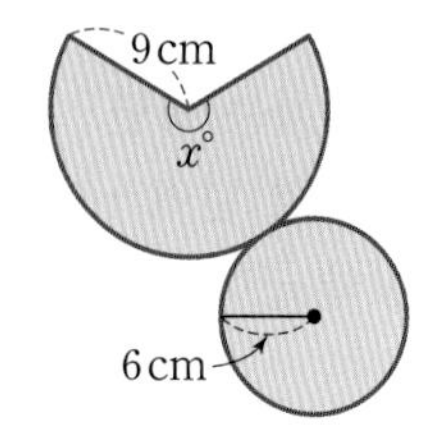

유형 18 회전체의 이해

448 대표 문제

다음 중 회전체에 대한 설명으로 옳지 않은 것은?

① 평면도형을 한 직선을 축으로 하여 1회전 시킬 때 생기는 입체도형을 회전체라 한다.
② 이등변삼각형의 한 변을 회전축으로 하여 1회전 시킬 때 생기는 입체도형은 원뿔이다.
③ 원뿔의 전개도에서 옆면의 모양은 부채꼴이다.
④ 구는 전개도를 그릴 수 없다.
⑤ 구를 회전축을 포함하는 평면으로 자를 때 생기는 단면의 경계는 원이다.

449

다음 중 원뿔에 대한 설명으로 옳지 않은 것은?

① 회전체이다.
② 회전축은 2개이다.
③ 회전축을 포함하는 평면으로 자를 때 생기는 단면의 모양은 이등변삼각형이다.
④ 전개도에서 옆면의 모양은 부채꼴이다.
⑤ 회전축에 수직인 평면으로 자를 때 생기는 단면의 경계는 원이다.

450

다음 보기에서 회전체의 단면에 대한 설명으로 옳은 것을 모두 고르시오.

보기

ㄱ. 회전체를 회전축을 포함하는 평면으로 자를 때 생기는 단면은 모선을 포함한다.
ㄴ. 회전체를 회전축을 포함하는 평면으로 자를 때 생기는 단면의 경계는 원이다.
ㄷ. 회전체를 회전축에 수직인 평면으로 자를 때 생기는 단면은 회전체의 모선을 포함한다.
ㄹ. 회전체를 회전축에 수직인 평면으로 자를 때 생기는 단면의 경계는 원이다.

발전 유형 19 다면체의 꼭짓점, 모서리, 면의 개수 사이의 관계

451 대표 문제

오른쪽 그림과 같은 다면체의 꼭짓점의 개수를 v, 모서리의 개수를 e, 면의 개수를 f라 할 때, $v-e+f$의 값을 구하시오.

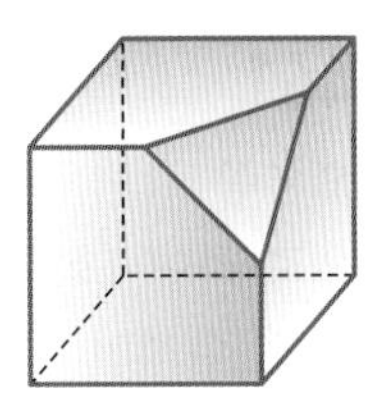

452

모서리의 개수가 21, 면의 개수가 9인 다면체의 꼭짓점의 개수를 구하시오.

453

오른쪽 그림과 같은 입체도형의 꼭짓점의 개수를 a, 모서리의 개수를 b, 면의 개수를 c라 할 때, $a-b+c$의 값을 구하시오.

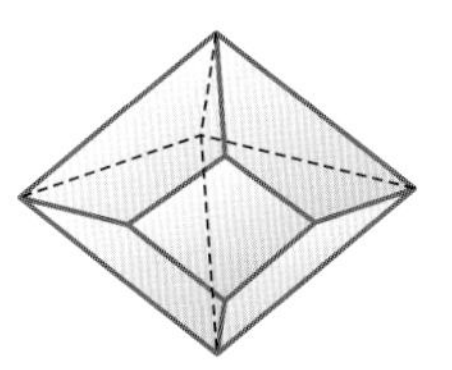

454

꼭짓점의 개수가 $6n$, 모서리의 개수가 $9n$, 면의 개수가 $4n$인 각뿔대가 있을 때, 상수 n의 값을 구하시오.

발전 유형 20 정다면체의 각 면의 한가운데에 있는 점을 연결하여 만든 다면체

455 대표 문제

정십이면체의 각 면의 한가운데에 있는 점을 연결하여 만든 정다면체는?

① 정사면체 ② 정육면체 ③ 정팔면체
④ 정십이면체 ⑤ 정이십면체

456

어떤 정다면체의 각 면의 한가운데에 있는 점을 연결하여 만든 정다면체가 처음 정다면체와 이름이 같을 때, 이 정다면체를 구하시오.

457

다음 중 정육면체의 각 면의 한가운데에 있는 점을 연결하여 만든 정다면체에 대한 설명으로 옳은 것을 모두 고르면? (정답 2개)

① 꼭짓점의 개수는 12이다.
② 모서리의 개수는 8이다.
③ 각 면의 모양은 합동인 정삼각형이다.
④ 한 꼭짓점에 모인 면의 개수는 3이다.
⑤ 면의 개수는 8이다.

학교 시험 만점을
차근차근 준비해요.

458

유형 04

오른쪽 그림은 오각기둥의 한 밑면과 오각뿔의 밑면이 완전히 포개지도록 붙여 놓은 모양의 입체도형이다. n각뿔대의 면의 개수와 모서리의 개수의 합이 이 다면체의 면의 개수와 꼭짓점의 개수의 합과 같을 때, n의 값을 구하시오.

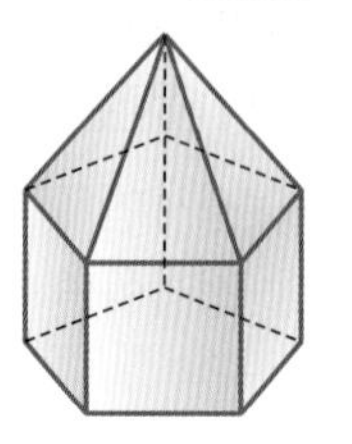

| 해결 전략 | 주어진 조건을 이용하여 식을 세운다.

459

유형 04

각기둥의 밑면이 한 내각의 크기가 140°인 정다각형이다. 이 각기둥의 면의 개수와 모서리의 개수의 합을 구하시오.

| 해결 전략 | 정n각형의 한 내각의 크기는 $\frac{180^\circ\times(n-2)}{n}$임을 이용하여 주어진 각기둥을 구한다.

460

유형 14

다음 그림과 같이 사각형 ABCD를 1회전 시켜 회전체를 만들 때, 회전축이 될 수 있는 것은?

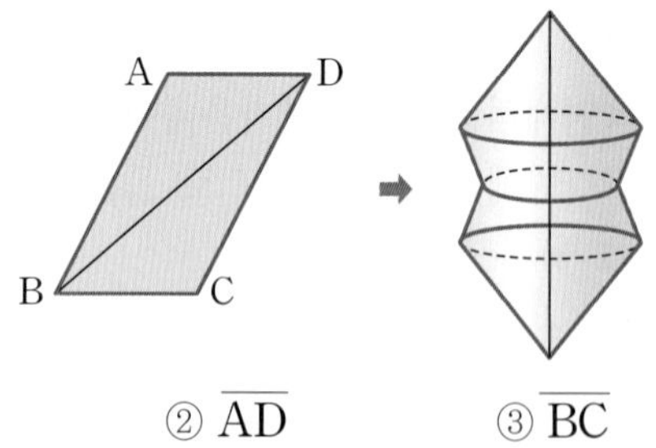

① $\overline{AB}$ ② $\overline{AD}$ ③ $\overline{BC}$
④ $\overline{BD}$ ⑤ $\overline{CD}$

| 해결 전략 | 각 선분을 회전축으로 하여 1회전 시킬 때 생기는 회전체를 그려 본다.

461

유형 13 ◎ 유형 15

오른쪽 그림의 사다리꼴을 직선 l을 회전축으로 하여 1회전 시킬 때 생기는 회전체를 밑면에 수직인 평면으로 자르려고 한다. 다음 중 그 단면의 모양이 될 수 있는 것은?

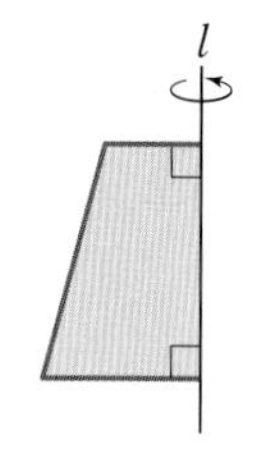

①
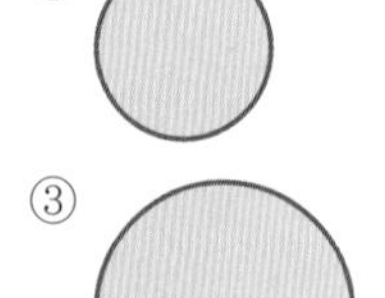
②
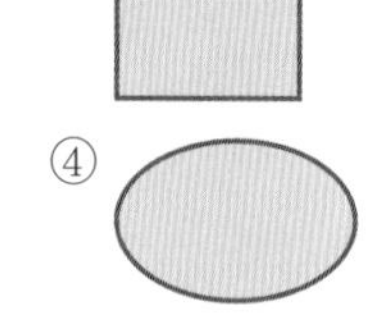
③ ④ ⑤
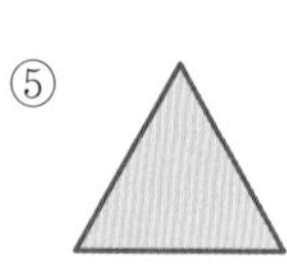

| 해결 전략 | 회전체를 그려 각 단면의 모양이 나오는지 확인한다.

462

유형 17

오른쪽 그림과 같이 원뿔 위의 점 A에서 실로 이 원뿔을 한 바퀴 팽팽하게 감아 다시 점 A까지 연결하였다. 다음 중 실이 지나는 경로를 전개도 위에 바르게 나타낸 것은?

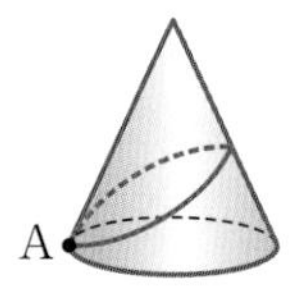

① 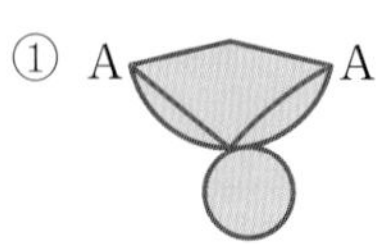
② 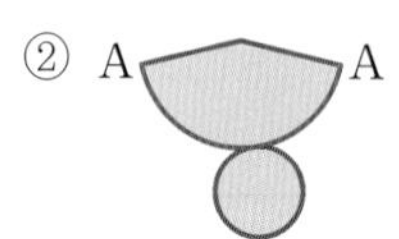
③ 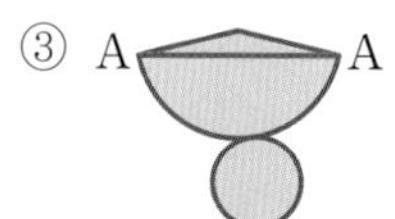
④ 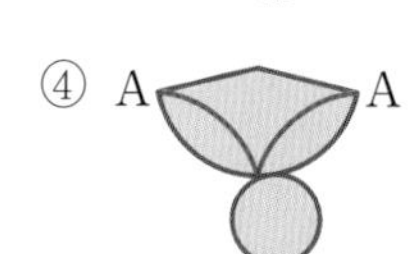
⑤ 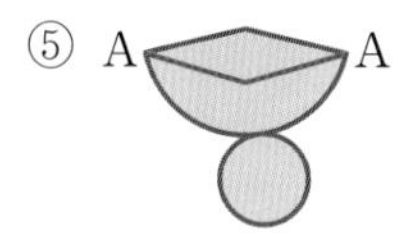

| 해결 전략 | 실의 경로는 선분으로 나타난다.

463

유형 17

오른쪽 그림과 같은 원뿔대가 있다. 이 원뿔대의 전개도에서 옆면에 해당하는 도형의 둘레의 길이가 $(a\pi+b)$ cm일 때, $a-b$의 값을 구하시오. (단, a, b는 자연수이다.)

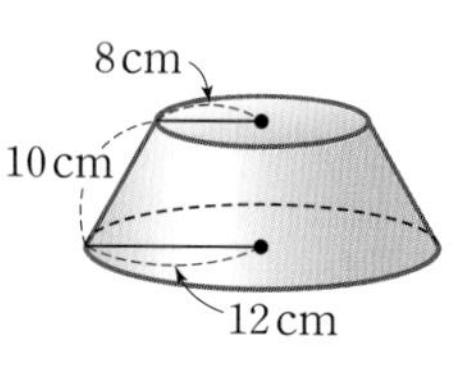

| 해결 전략 | 원뿔대의 전개도를 그려 옆면의 둘레의 길이를 구한다.

정답 및 풀이 93쪽

464

유형 15 ◎ 유형 18

다음 중 회전체를 평면으로 자를 때 생기는 단면의 모양이 나머지 넷과 다른 하나는?

① 원기둥을 밑면에 평행한 평면으로 자를 때
② 원뿔을 회전축에 비스듬한 평면으로 자를 때
③ 원뿔대를 회전축에 수직인 평면으로 자를 때
④ 구를 회전축을 포함하는 평면으로 자를 때
⑤ 구를 회전축에 비스듬한 평면으로 자를 때

| **해결 전략** | 회전체를 평면으로 자를 때 생기는 단면을 그려 본다.

465

유형 19

모서리의 개수가 꼭짓점의 개수보다 8만큼 더 많은 다면체가 있다. 이 다면체의 면의 개수를 구하시오.

| **해결 전략** | 다면체의 꼭짓점의 개수를 v, 모서리의 개수를 e, 면의 개수를 f라 하면 $v-e+f=2$임을 이용한다.

466

유형 04 ◎ 유형 07

다음 조건을 모두 만족시키는 다면체의 밑면의 대각선의 개수는?

> (가) 두 밑면은 평행하다.
> (나) 옆면은 모두 직사각형이다.
> (다) 모서리의 개수가 면의 개수보다 18만큼 더 많다.

① 30　② 32　③ 35　④ 38　⑤ 40

| **해결 전략** | 먼저 조건 (가), (나)를 만족시키는 다면체를 찾는다.

467

유형 03 ◎ 유형 09

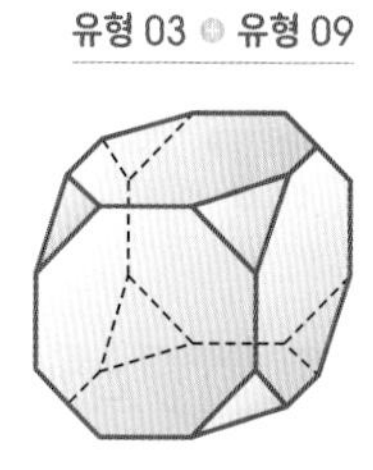

오른쪽 그림과 같이 정육면체의 각 꼭짓점을 깎아 내어 정삼각형과 정팔각형으로 이루어진 다면체를 만들었다. 이 다면체의 꼭짓점의 개수를 a, 모서리의 개수를 b라 할 때, $a+b$의 값을 구하시오.

| **해결 전략** | 정육면체의 꼭짓점의 개수만큼 정삼각형이 생기므로 이를 이용하여 꼭짓점의 개수와 모서리의 개수를 구한다.

468

유형 11

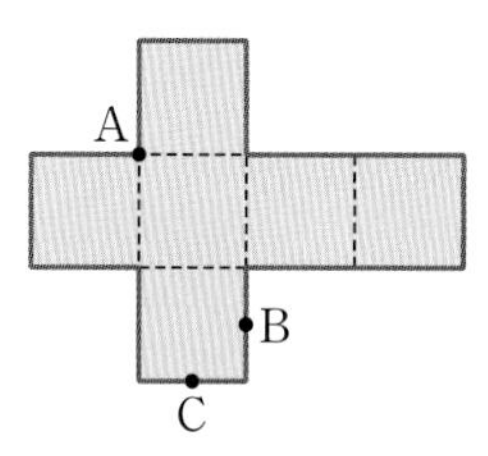

오른쪽 그림의 전개도로 만든 정육면체를 세 점 A, B, C를 지나는 평면으로 자를 때 생기는 단면의 모양을 구하시오.

| **해결 전략** | 주어진 전개도로 만든 정육면체를 그려 세 점 A, B, C를 나타낸다.

469

유형 16

오른쪽 그림의 직각삼각형을 직선 l을 회전축으로 하여 1회전 시킬 때 생기는 입체도형을 회전축에 수직인 평면으로 자를 때 생기는 단면 중 넓이가 가장 큰 것의 둘레의 길이를 구하시오.

| **해결 전략** | 회전체의 모양을 파악하여 넓이가 가장 큰 단면의 둘레의 길이를 구한다.

유형 01 각기둥의 겉넓이

470 대표 문제
오른쪽 그림과 같은 사각기둥의 겉넓이를 구하시오.

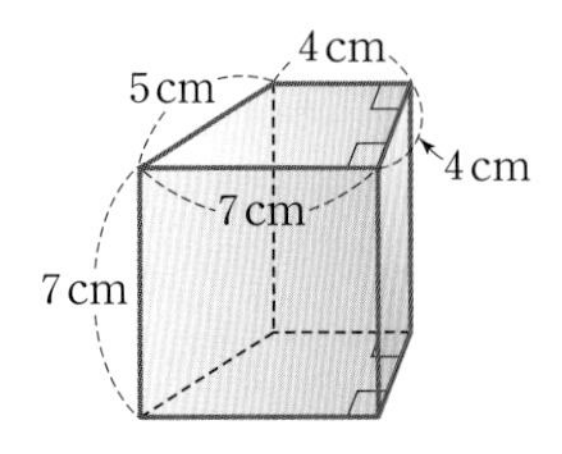

471
오른쪽 그림과 같은 삼각기둥의 겉넓이는?

① 84 cm^2 ② 87 cm^2
③ 90 cm^2 ④ 93 cm^2
⑤ 96 cm^2

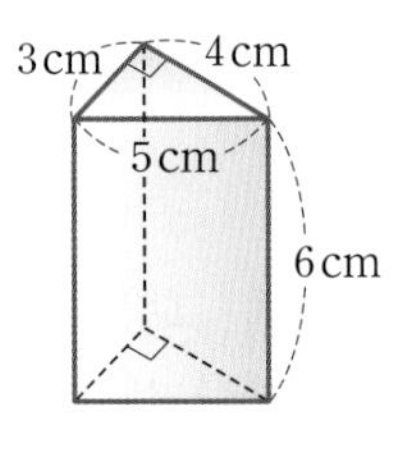

472
겉넓이가 486 cm^2인 정육면체의 한 모서리의 길이를 구하시오.

473
밑면이 오른쪽 그림과 같은 사다리꼴인 각기둥의 겉넓이가 176 cm^2일 때, 이 각기둥의 높이를 구하시오.

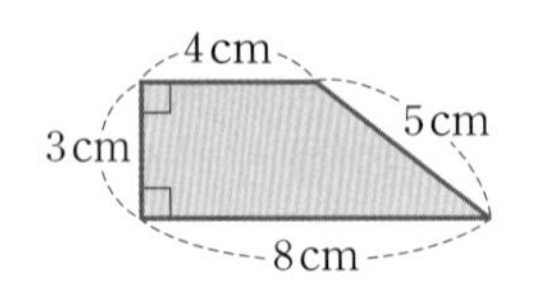

유형 02 원기둥의 겉넓이

474 대표 문제
오른쪽 그림과 같은 원기둥의 겉넓이는?

① $120\pi\text{ cm}^2$ ② $145\pi\text{ cm}^2$
③ $170\pi\text{ cm}^2$ ④ $220\pi\text{ cm}^2$
⑤ $320\pi\text{ cm}^2$

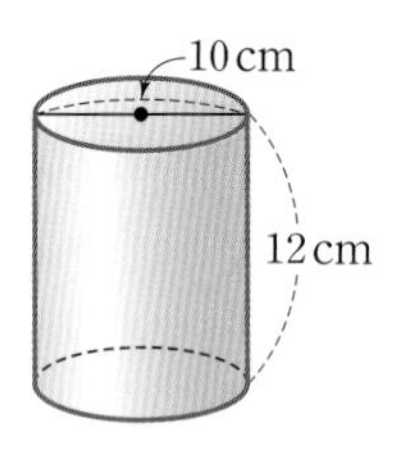

475
오른쪽 그림과 같은 원기둥의 겉넓이가 $96\pi\text{ cm}^2$일 때, 이 원기둥의 높이를 구하시오.

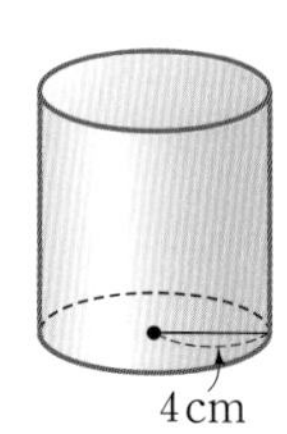

476
오른쪽 그림과 같이 밑면의 지름의 길이가 8 cm, 높이가 15 cm인 원기둥 모양의 롤러로 벽에 페인트칠을 하려고 한다. 롤러를 멈추지 않고 3바퀴 굴릴 때, 페인트가 칠해지는 부분의 넓이를 구하시오.

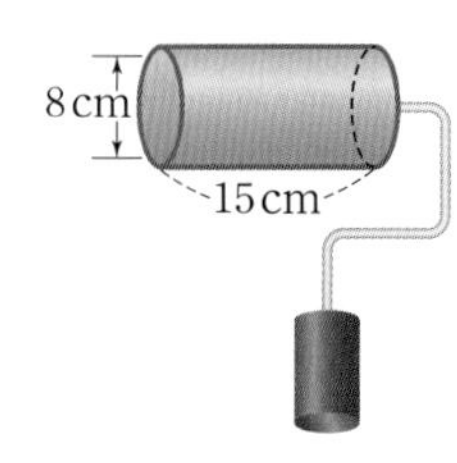

유형 03 각기둥의 부피

477 대표 문제

오른쪽 그림과 같은 사각기둥의 부피를 구하시오.

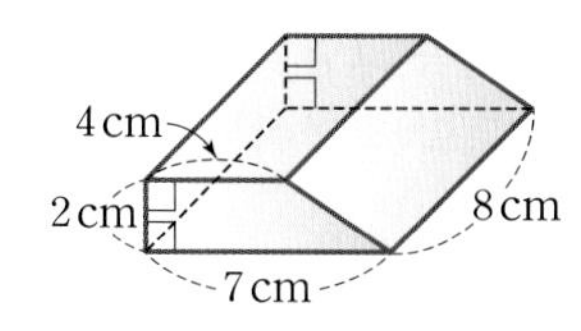

478

밑면이 오른쪽 그림과 같은 사각형이고, 높이가 9 cm인 사각기둥의 부피는?

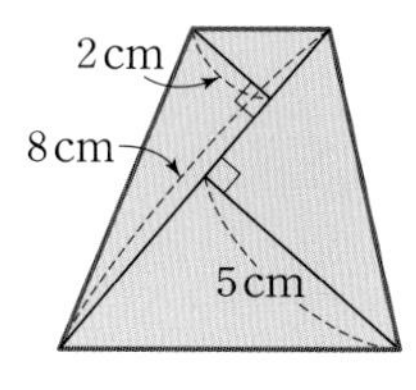

① 225 cm³ ② 234 cm³
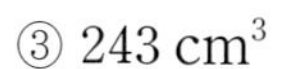
③ 243 cm³ ④ 252 cm³
⑤ 261 cm³

479

오른쪽 그림과 같은 삼각기둥의 부피가 90 cm^3일 때, 이 삼각기둥의 높이를 구하시오.

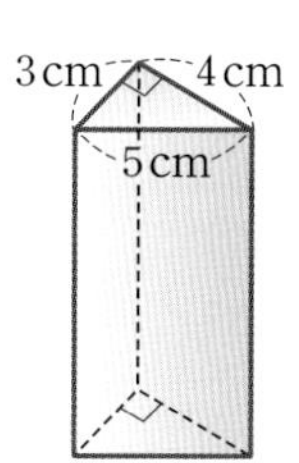

480

다음 그림과 같이 크기가 같은 정육면체 모양의 물통 두 개에 높이가 각각 a cm, b cm가 되도록 물을 채웠다. $b=3a$인 관계가 성립할 때, 두 물통 A, B에 들어 있는 물의 부피의 비를 가장 간단한 자연수의 비로 나타내시오.

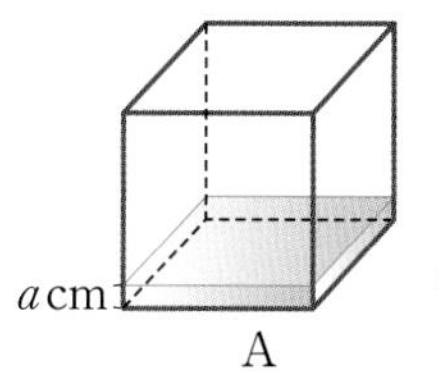

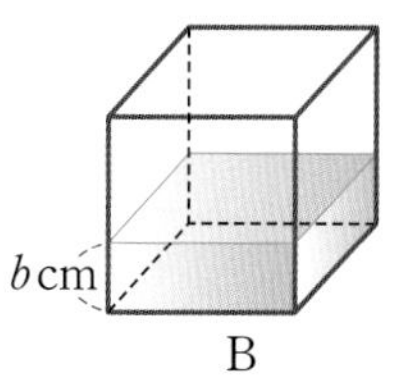

유형 04 원기둥의 부피

481 대표 문제

밑면의 반지름의 길이가 4 cm인 원기둥의 부피가 $128\pi\text{ cm}^3$일 때, 이 원기둥의 높이를 구하시오.

482

오른쪽 그림과 같은 원기둥의 부피가 $200\pi\text{ cm}^3$일 때, x의 값을 구하시오.

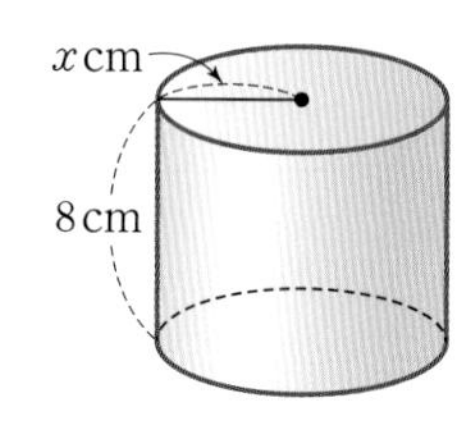

483

다음 그림과 같은 두 원기둥 A, B의 부피가 서로 같을 때, h의 값을 구하시오.

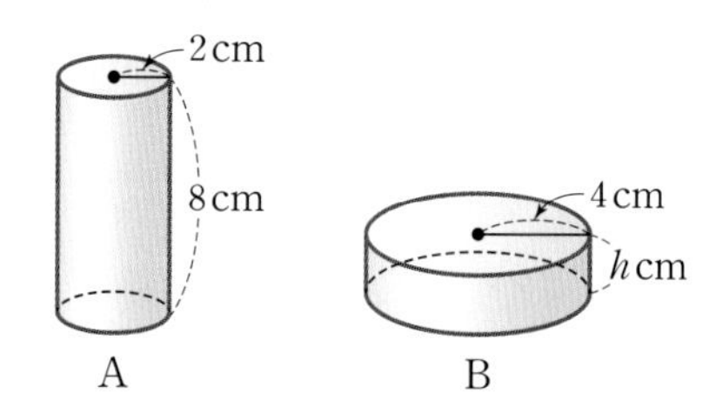

484

오른쪽 그림과 같이 원기둥 2개를 붙인 입체도형의 부피는?

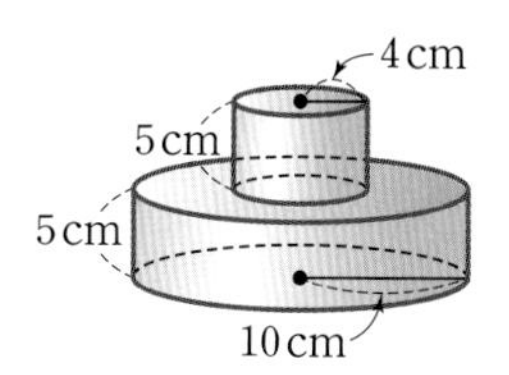

① $520\pi\text{ cm}^3$ ② $540\pi\text{ cm}^3$
③ $560\pi\text{ cm}^3$ ④ $580\pi\text{ cm}^3$
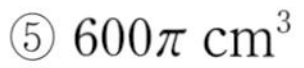
⑤ $600\pi\text{ cm}^3$

유형 05 전개도로 주어진 기둥의 겉넓이와 부피

485 대표 문제

다음 그림과 같은 전개도로 만들어지는 삼각기둥의 겉넓이를 $a\,\text{cm}^2$, 부피를 $b\,\text{cm}^3$라 할 때, $a-b$의 값은?

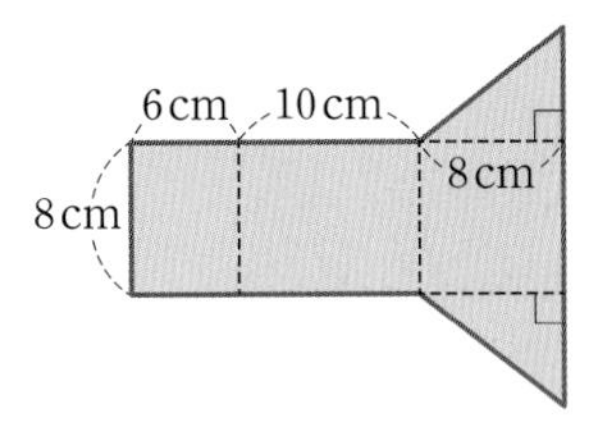

① 46 ② 48 ③ 50 ④ 52 ⑤ 54

486

오른쪽 그림은 밑면이 정사각형인 사각기둥의 전개도이다. 이 전개도로 만들어지는 사각기둥의 부피를 구하시오.

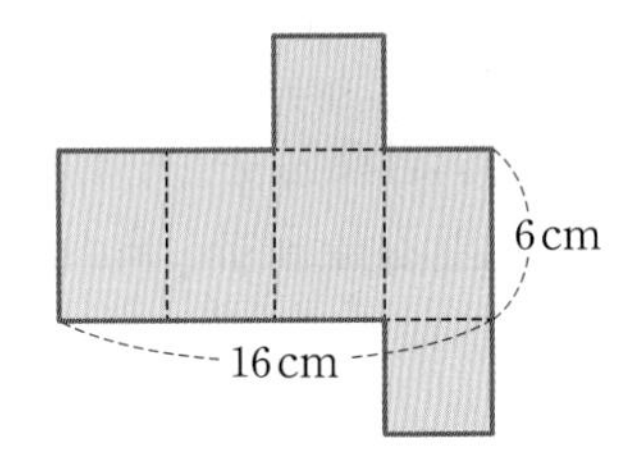

487

오른쪽 그림과 같은 전개도로 만들어지는 원기둥의 겉넓이와 부피를 각각 구하시오.

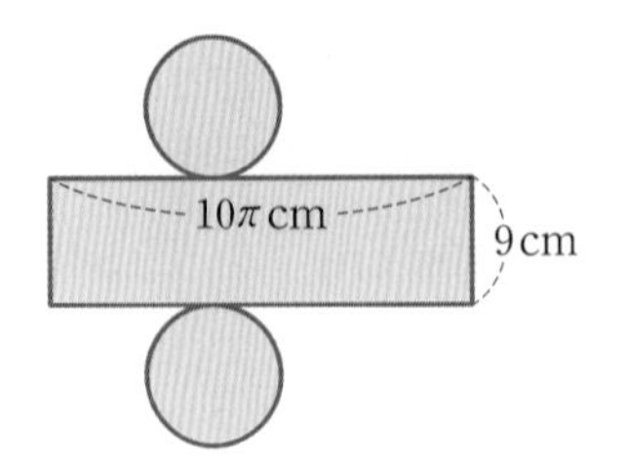

유형 06 밑면이 부채꼴인 기둥의 겉넓이와 부피

488 대표 문제

오른쪽 그림과 같이 밑면이 부채꼴인 기둥의 겉넓이는?

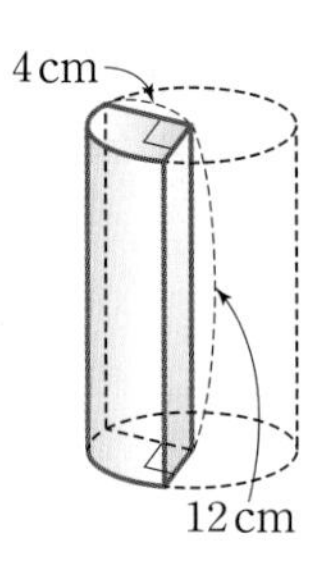

① $28\pi\ \text{cm}^2$
② $(28\pi+96)\ \text{cm}^2$
③ $32\pi\ \text{cm}^2$
④ $(32\pi+48)\ \text{cm}^2$
⑤ $(32\pi+96)\ \text{cm}^2$

489

오른쪽 그림과 같이 밑면이 부채꼴인 기둥의 부피가 $32\pi\ \text{cm}^3$일 때, 이 기둥의 높이를 구하시오.

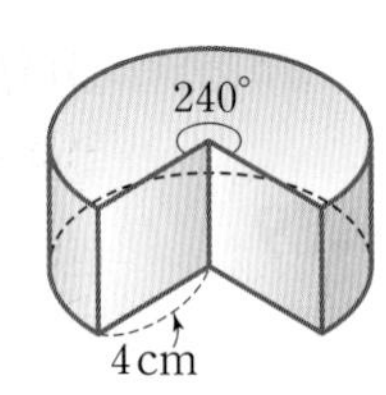

490

오른쪽 그림과 같이 원기둥을 잘라서 밑면이 부채꼴인 두 기둥으로 나누었을 때, 큰 기둥의 부피와 작은 기둥의 부피의 비를 가장 간단한 자연수의 비로 나타내시오.

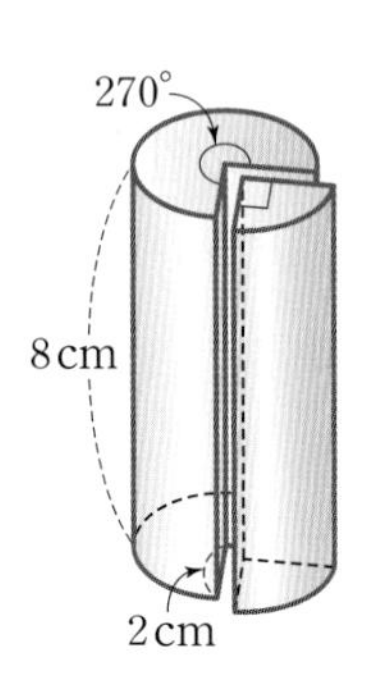

유형 07 구멍이 뚫린 기둥의 겉넓이와 부피

491 대표 문제

오른쪽 그림과 같은 입체도형의 부피를 구하시오.

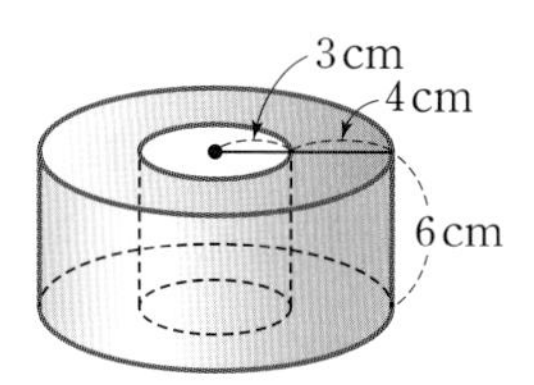

492

오른쪽 그림과 같은 입체도형의 겉넓이는?

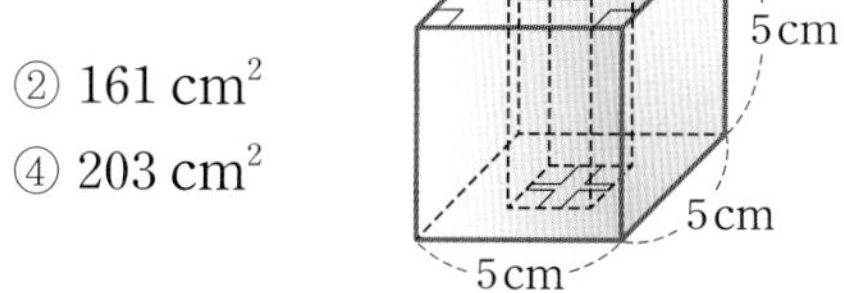

① $140\ \text{cm}^2$ ② $161\ \text{cm}^2$
③ $182\ \text{cm}^2$ ④ $203\ \text{cm}^2$
⑤ $280\ \text{cm}^2$

493

오른쪽 그림과 같은 입체도형의 겉넓이와 부피를 각각 구하시오.

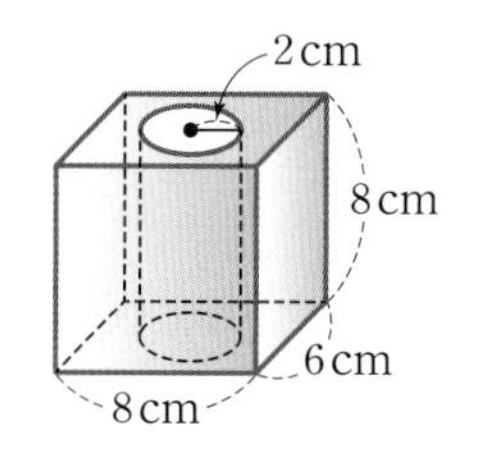

유형 08 잘라 낸 입체도형의 겉넓이와 부피

494 대표 문제

오른쪽 그림은 직육면체에서 작은 직육면체를 잘라 낸 입체도형이다. 이 입체도형의 겉넓이는?

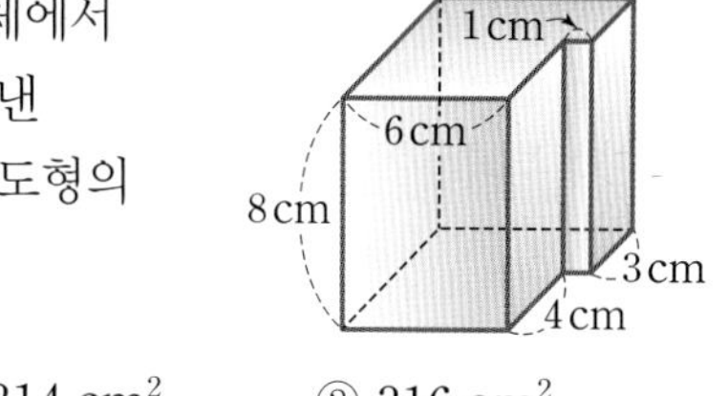

① $312\ \text{cm}^2$ ② $314\ \text{cm}^2$ ③ $316\ \text{cm}^2$
④ $318\ \text{cm}^2$ ⑤ $320\ \text{cm}^2$

495

오른쪽 그림은 직육면체에서 삼각기둥을 잘라 낸 입체도형이다. 이 입체도형의 부피는?

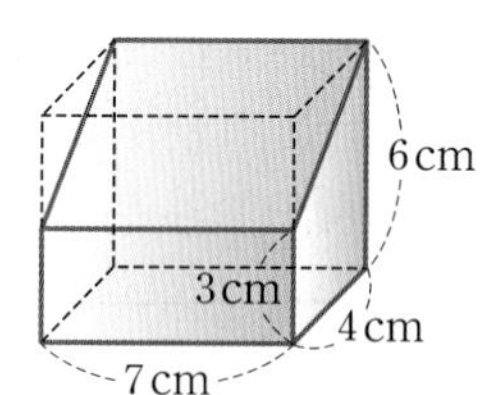

① $112\ \text{cm}^3$ ② $119\ \text{cm}^3$
③ $126\ \text{cm}^3$ ④ $133\ \text{cm}^3$
⑤ $140\ \text{cm}^3$

496

오른쪽 그림은 직육면체에서 작은 직육면체를 잘라 낸 입체도형이다. 이 입체도형의 겉넓이를 구하시오.

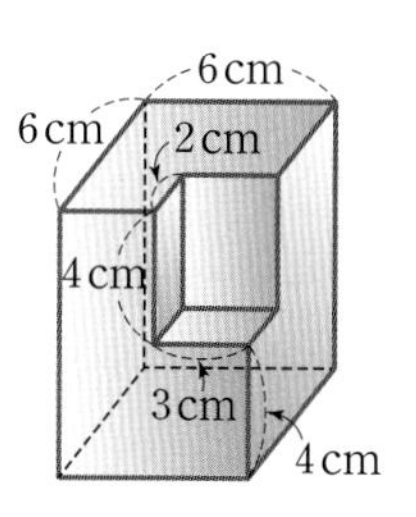

497

오른쪽 그림은 직육면체의 네 귀퉁이에서 한 모서리의 길이가 4 cm인 정육면체를 각각 잘라낸 입체도형이다. 이 입체도형의 부피는?

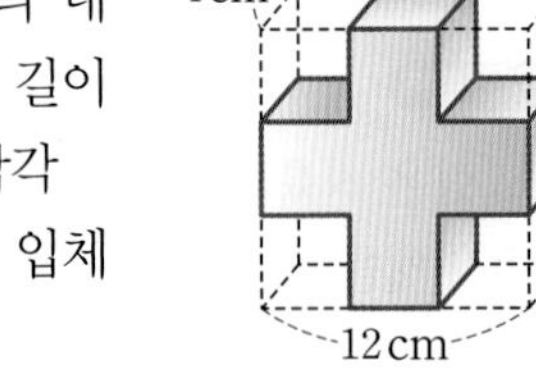

① 320 cm^3 ② 340 cm^3
③ 360 cm^3 ④ 380 cm^3
⑤ 400 cm^3

498

오른쪽 그림은 직육면체에서 밑면이 부채꼴인 기둥을 잘라낸 입체도형이다. 이 입체도형의 부피를 구하시오.

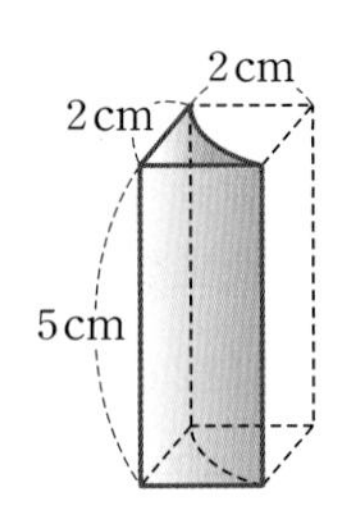

499

오른쪽 그림은 반지름의 길이가 12 cm인 부채꼴을 밑면으로 하는 기둥에서 반지름의 길이가 6 cm인 부채꼴을 밑면으로 하는 기둥을 잘라 낸 입체도형이다. 이 입체도형의 겉넓이를 구하시오.

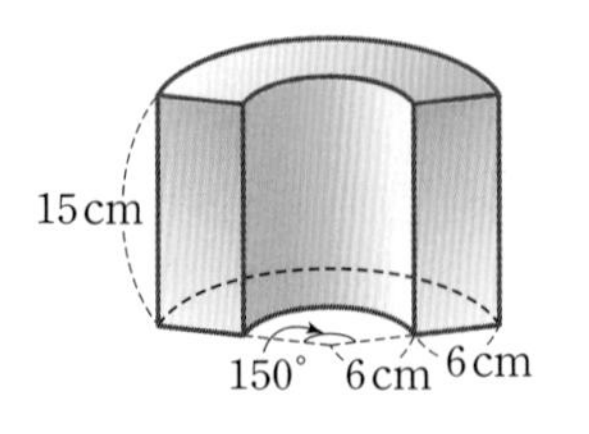

유형 09 회전체의 겉넓이와 부피 – 원기둥

500 대표 문제

오른쪽 그림과 같은 도형을 직선 l을 회전축으로 하여 1회전 시킬 때 생기는 회전체의 겉넓이를 구하시오.

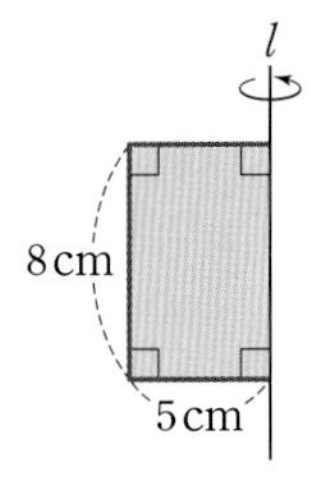

501

오른쪽 그림과 같은 도형을 직선 l을 회전축으로 하여 1회전 시킬 때 생기는 회전체의 부피는?

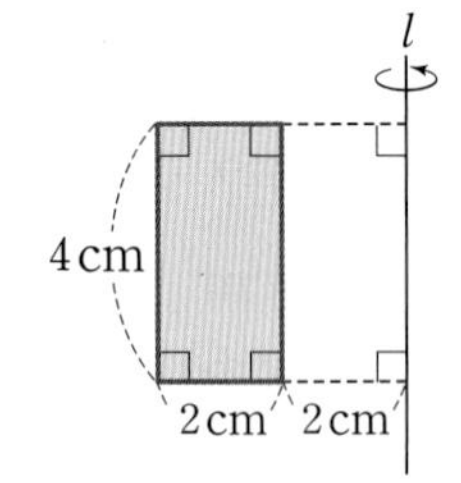

① 36π cm^3 ② 40π cm^3
③ 44π cm^3 ④ 48π cm^3
⑤ 52π cm^3

502

오른쪽 그림과 같은 도형을 직선 l을 회전축으로 하여 150°만큼 회전 시킬 때 생기는 회전체의 부피를 구하시오.

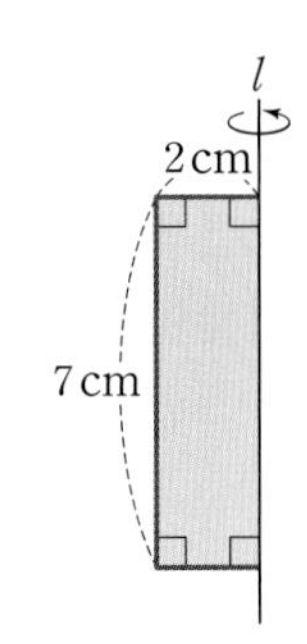

유형 10 각뿔의 겉넓이

503 대표 문제

오른쪽 그림과 같은 전개도로 만들어지는 정사각뿔의 겉넓이는?

① 130 cm^2 ② 132 cm^2
③ 134 cm^2 ④ 136 cm^2
⑤ 138 cm^2

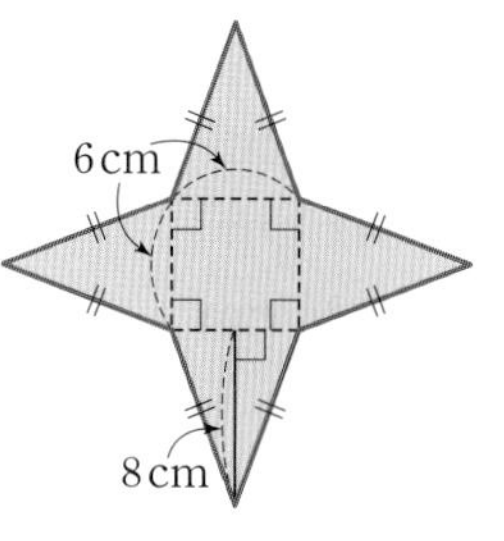

504

오른쪽 그림과 같은 정사각뿔의 겉넓이를 구하시오.

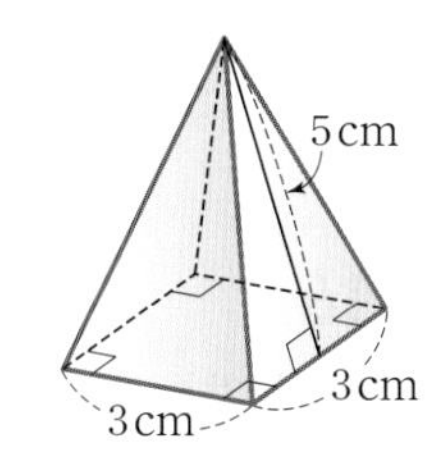

505

오른쪽 그림과 같은 정사각뿔의 겉넓이가 360 cm^2일 때, x의 값을 구하시오.

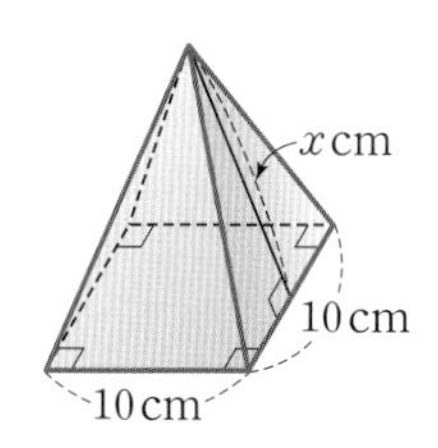

506

오른쪽 그림과 같이 정사각뿔과 정육면체를 붙여서 만든 입체도형의 겉넓이를 구하시오.

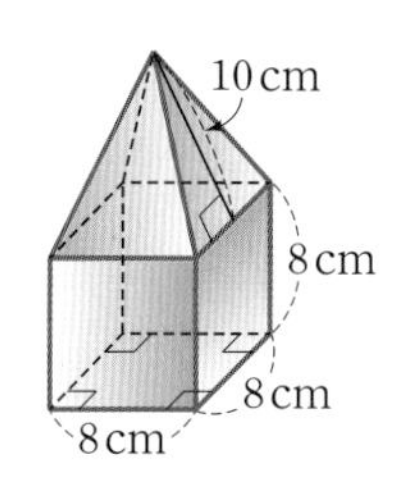

유형 11 원뿔의 겉넓이

507 대표 문제

오른쪽 그림과 같은 원뿔의 겉넓이가 220π cm^2일 때, 이 원뿔의 모선의 길이를 구하시오.

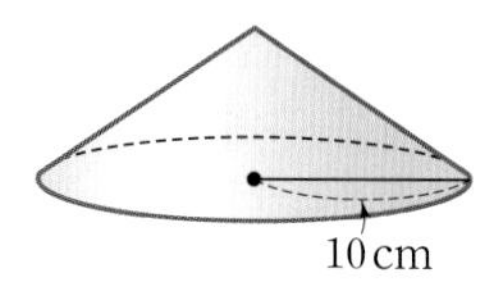

508

오른쪽 그림과 같은 원뿔의 겉넓이는?

① 120π cm^2 ② 122π cm^2
③ 124π cm^2 ④ 126π cm^2
⑤ 128π cm^2

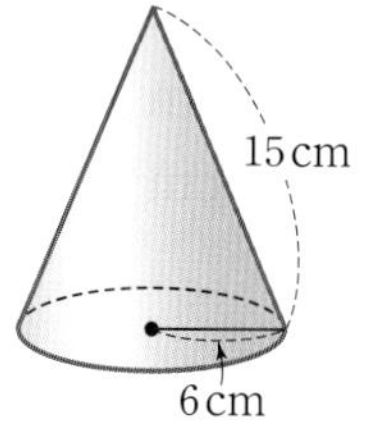
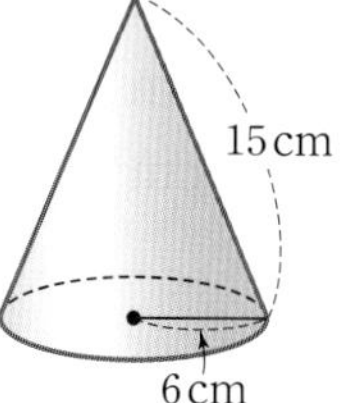

509

오른쪽 그림과 같은 원뿔의 옆넓이가 50π cm^2일 때, 이 원뿔의 밑넓이를 구하시오.

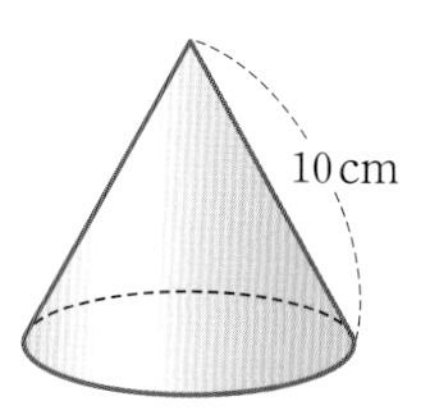

510

모선의 길이가 밑면의 지름의 길이의 4배인 원뿔의 옆넓이가 64π cm^2일 때, 이 원뿔의 밑넓이를 구하시오.

유형 12 각뿔의 부피

511 대표 문제

오른쪽 그림과 같은 삼각뿔의 부피를 구하시오.

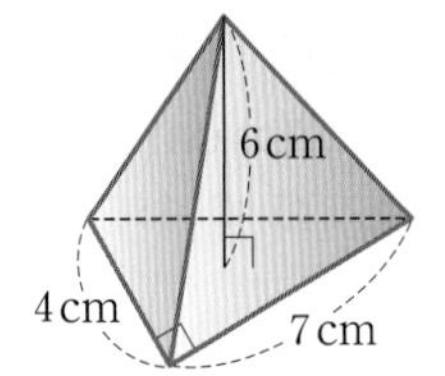

512

오른쪽 그림과 같은 정사각뿔의 부피는?

① 42 cm^3 ② 44 cm^3
③ 46 cm^3 ④ 48 cm^3
⑤ 50 cm^3

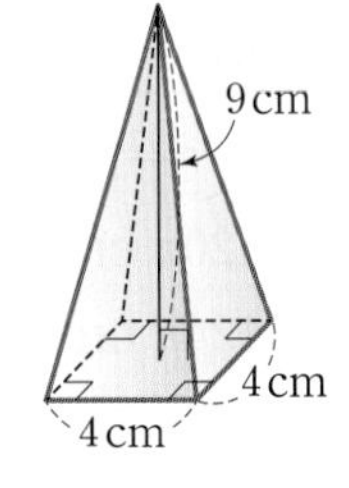

513

오른쪽 그림과 같은 정사각뿔의 부피가 18 cm^3일 때, 이 정사각뿔의 높이를 구하시오.

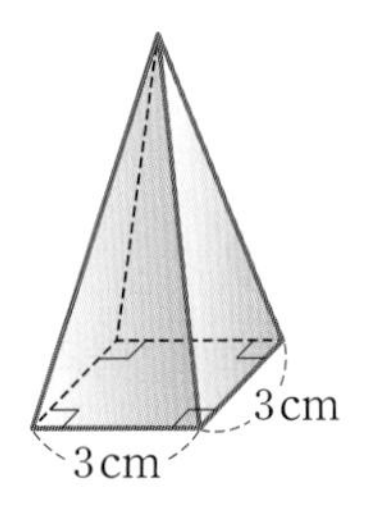

514

오른쪽 그림과 같은 전개도로 만들어지는 입체도형의 부피를 구하시오.

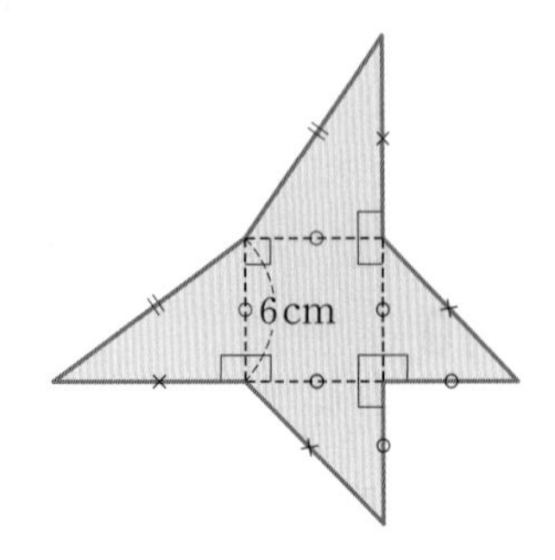

유형 13 원뿔의 부피

515 대표 문제

오른쪽 그림과 같은 원뿔의 부피는?

① 14π cm^3 ② 42π cm^3
③ 84π cm^3 ④ 168π cm^3
⑤ 252π cm^3

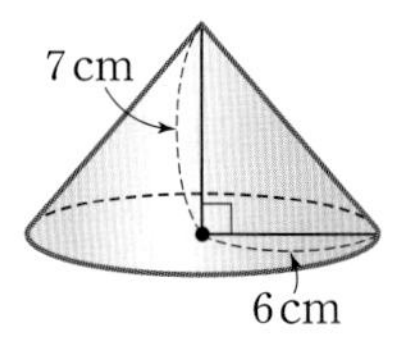

516

밑면의 지름의 길이가 6 cm인 원뿔의 부피가 27π cm^3일 때, 이 원뿔의 높이는?

① 6 cm ② 7 cm ③ 8 cm
④ 9 cm ⑤ 10 cm

517

오른쪽 그림과 같은 원뿔 모양의 그릇에 1분에 4π cm^3씩 물을 넣을 때, 빈 그릇에 물을 가득 채우는 데 걸리는 시간은?
(단, 그릇의 두께는 생각하지 않는다.)

① 4분 ② 5분
③ 6분 ④ 7분
⑤ 8분

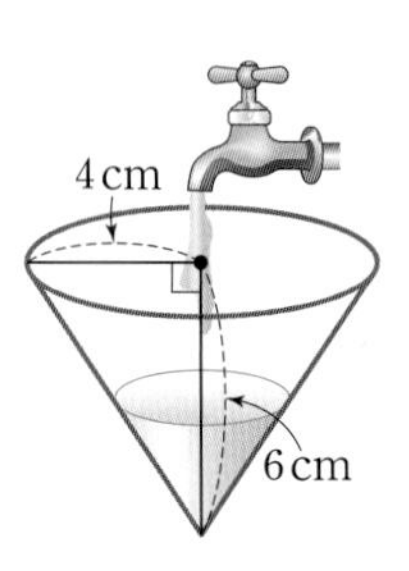

유형 14 잘라 낸 삼각뿔의 부피

518 대표 문제

오른쪽 그림과 같이 직육면체를 세 꼭짓점 B, G, D를 지나는 평면으로 잘랐을 때 생기는 삼각뿔 C−BGD의 부피를 구하시오.

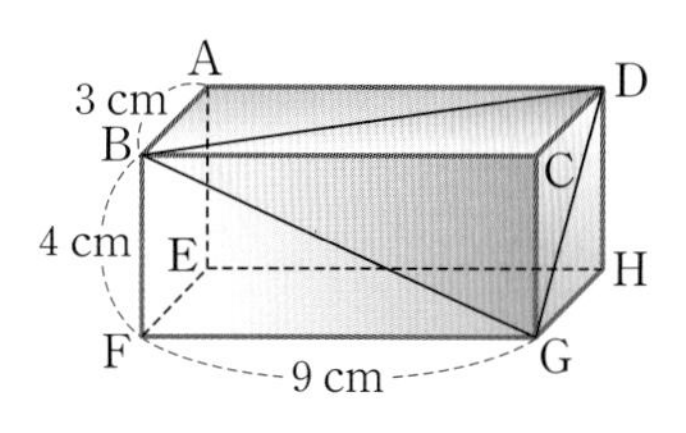

519

오른쪽 그림과 같이 한 모서리의 길이가 9 cm인 정육면체에서 모서리 BC 위의 한 점을 P라 하자. 삼각뿔 C−PGD의 부피가 81 cm³일 때, $\overline{PC}$의 길이를 구하시오.

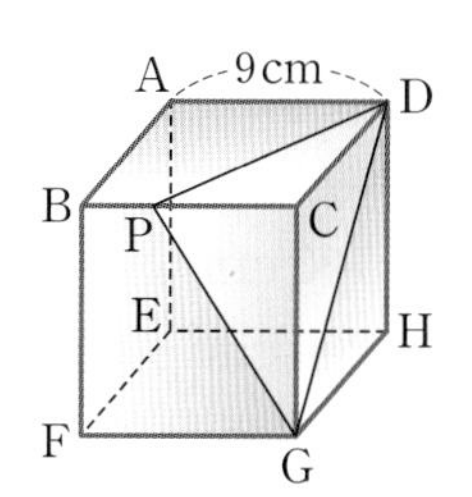

520

오른쪽 그림은 직육면체에서 삼각뿔을 잘라 낸 입체도형이다. 이 입체도형의 부피는?

① 480 cm³ ② 485 cm³ ③ 490 cm³ ④ 495 cm³ ⑤ 500 cm³

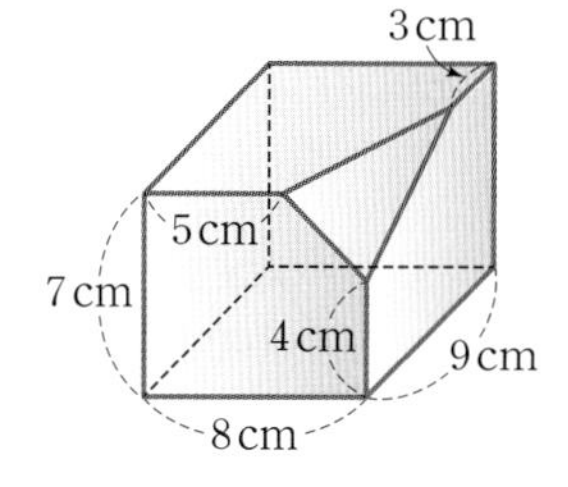

유형 15 그릇에 담긴 물의 부피

521 대표 문제

오른쪽 그림과 같은 직육면체 모양의 그릇에 물을 가득 담은 후 그릇을 기울여 물을 흘려 보냈다. 이때 남아 있는 물의 부피는? (단, 그릇의 두께는 생각하지 않는다.)

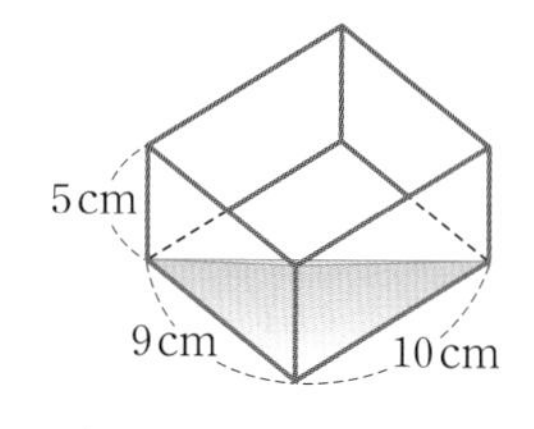

① 75 cm³ ② 100 cm³ ③ 125 cm³ ④ 150 cm³ ⑤ 225 cm³

522

오른쪽 그림과 같이 직육면체 모양의 그릇을 기울여 물을 담았다. 그릇에 담긴 물의 부피가 144 cm³일 때, x의 값을 구하시오. (단, 그릇의 두께는 생각하지 않는다.)

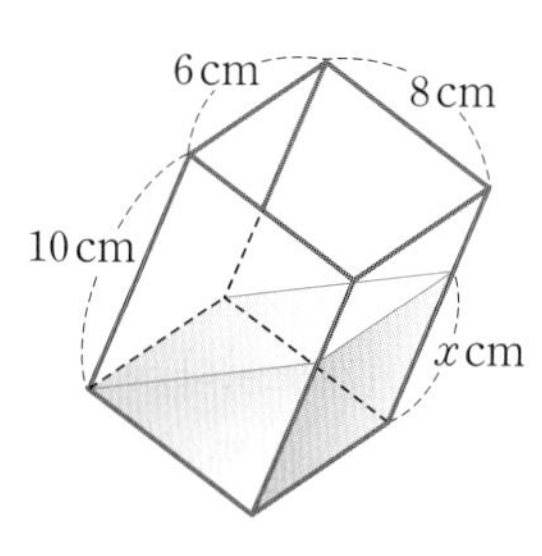

523

다음 그림과 같은 삼각뿔 모양의 그릇 A에 물을 가득 담아 삼각기둥 모양의 빈 그릇 B에 부었더니 수면의 높이가 x cm가 되었다. 이때 x의 값을 구하시오.

(단, 그릇의 두께는 생각하지 않는다.)

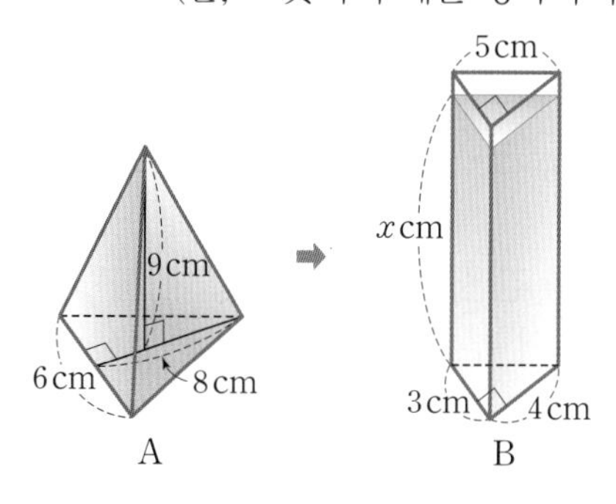

07 겉넓이와 부피 입체도형의

유형 16 전개도가 주어진 원뿔의 겉넓이와 부피

524 대표 문제

오른쪽 그림과 같은 전개도로 만들어지는 원뿔의 겉넓이는?

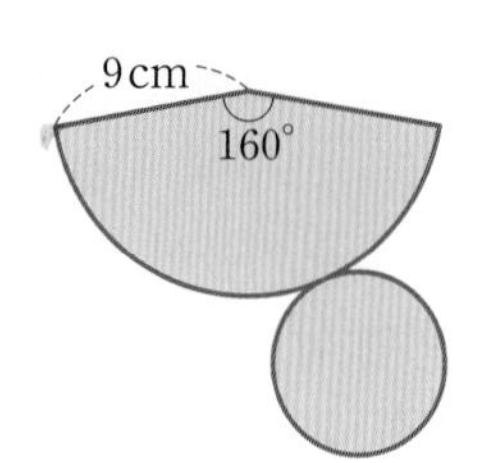

① 48π cm^2 ② 50π cm^2
③ 52π cm^2 ④ 54π cm^2
⑤ 56π cm^2

525

오른쪽 그림은 높이가 8 cm인 원뿔의 전개도이다. 이 전개도로 만들어지는 원뿔의 겉넓이와 부피를 각각 구하시오.

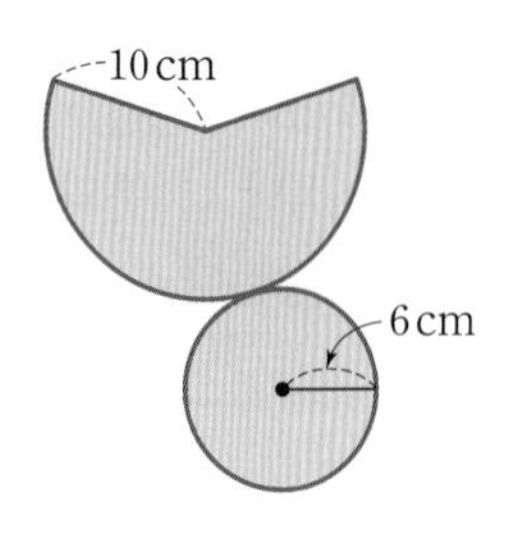

526

오른쪽 그림과 같은 부채꼴을 옆면으로 하는 원뿔의 부피가 12π cm^{3}일 때, 이 원뿔의 높이를 구하시오.

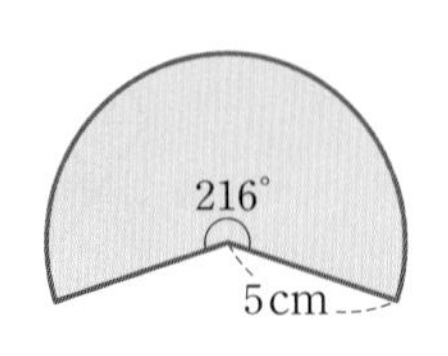

유형 17 뿔대의 겉넓이

527 대표 문제

오른쪽 그림과 같은 원뿔대의 겉넓이는?

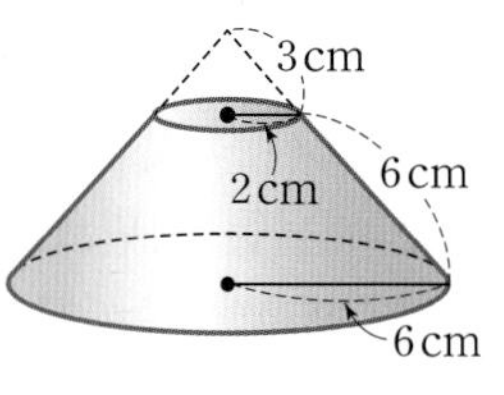

① 68π cm^2 ② 74π cm^2
③ 78π cm^2 ④ 84π cm^2
⑤ 88π cm^2

528

오른쪽 그림과 같이 두 밑면이 모두 정사각형인 사각뿔대의 겉넓이는?

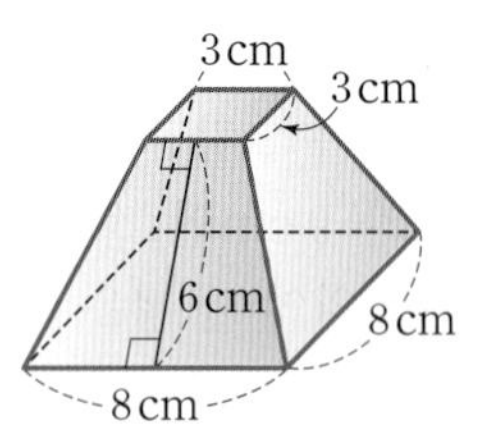

① 190 cm^2 ② 195 cm^2
③ 200 cm^2 ④ 205 cm^2
⑤ 210 cm^2

529

다음 그림과 같은 원뿔대와 원뿔의 겉넓이가 서로 같을 때, x의 값을 구하시오.

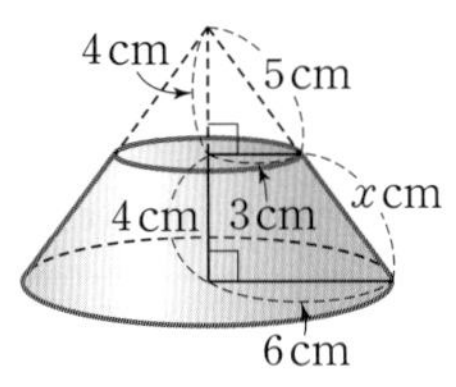

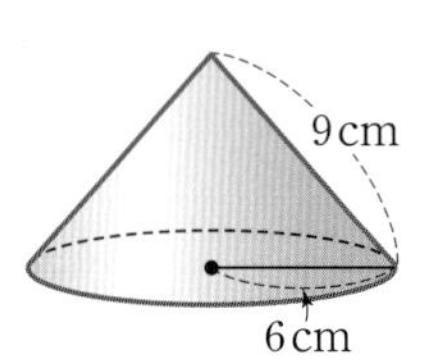

유형 18 뿔대의 부피

530 대표 문제

오른쪽 그림과 같은 원뿔대의 부피는?

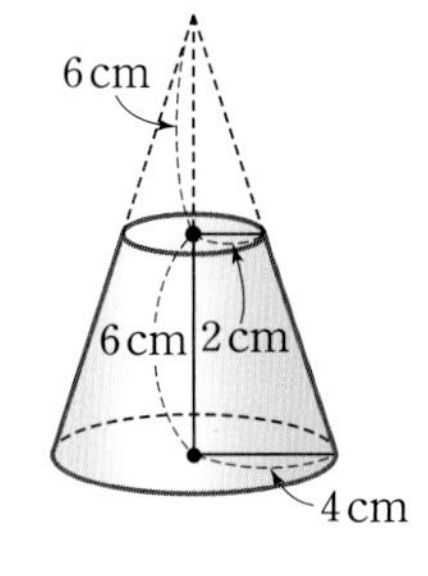

① $56\pi\ \text{cm}^3$ ② $58\pi\ \text{cm}^3$
③ $60\pi\ \text{cm}^3$ ④ $62\pi\ \text{cm}^3$
⑤ $64\pi\ \text{cm}^3$

531

오른쪽 그림과 같은 정사각뿔대의 부피는?

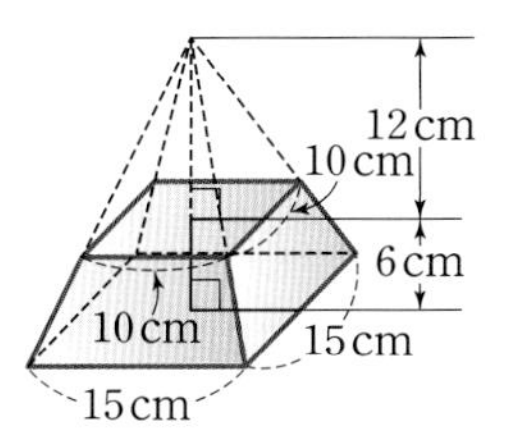

① $910\ \text{cm}^3$ ② $920\ \text{cm}^3$
③ $930\ \text{cm}^3$ ④ $940\ \text{cm}^3$
⑤ $950\ \text{cm}^3$

532

오른쪽 그림에서 위쪽 사각뿔과 아래쪽 사각뿔대의 부피의 비는?

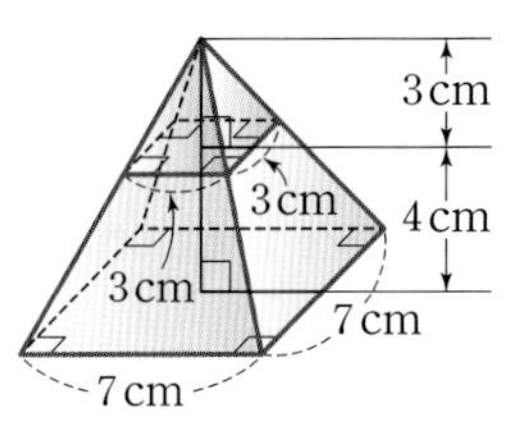

① 3 : 4 ② 3 : 7
③ 9 : 49 ④ 27 : 316
⑤ 27 : 343

유형 19 회전체의 겉넓이와 부피 – 원뿔

533 대표 문제

오른쪽 그림과 같은 직각삼각형을 직선 l을 회전축으로 하여 1회전 시킬 때 생기는 회전체의 부피는?

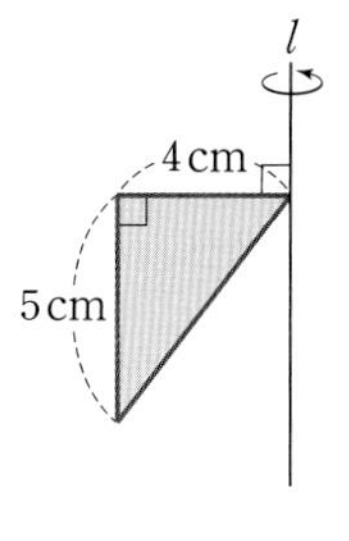

① $\frac{158}{3}\pi\ \text{cm}^3$ ② $53\pi\ \text{cm}^3$
③ $\frac{160}{3}\pi\ \text{cm}^3$ ④ $\frac{161}{3}\pi\ \text{cm}^3$
⑤ $54\pi\ \text{cm}^3$

534

오른쪽 그림과 같은 직각삼각형을 직선 l을 회전축으로 하여 1회전 시킬 때 생기는 회전체의 부피를 구하시오.

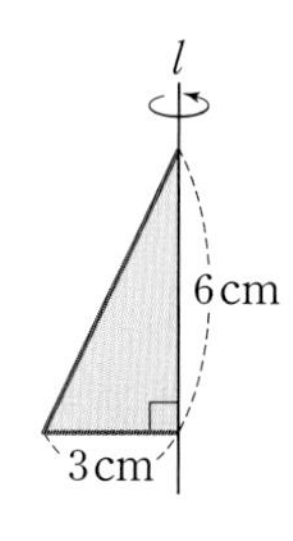

535

오른쪽 그림과 같은 사다리꼴을 직선 l을 회전축으로 하여 1회전 시킬 때 생기는 회전체의 겉넓이를 구하시오.

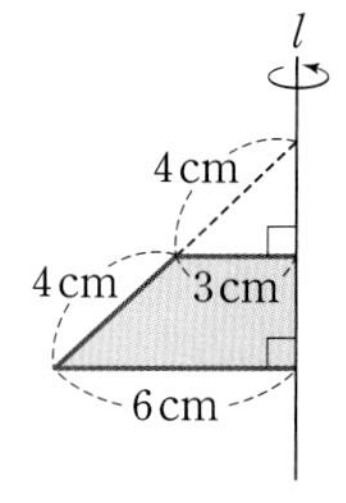

536

오른쪽 그림과 같은 직각삼각형 ABC를 직선 AC를 회전축으로 하여 1회전 시킬 때 생기는 회전체의 부피를 V_1, 직선 BC를 회전축으로 하여 1회전 시킬 때 생기는 회전체의 부피를 V_2라 하자. $V_1 : V_2$를 가장 간단한 자연수의 비로 나타내시오.

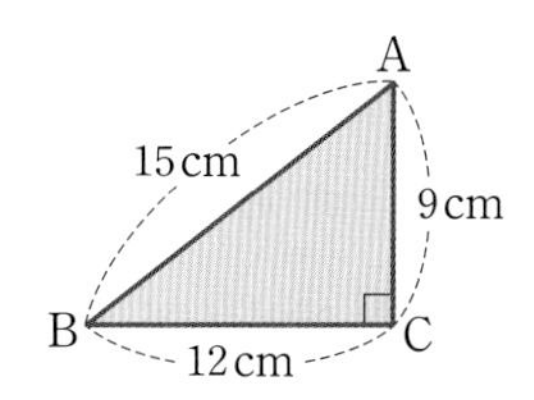

유형 20 구의 겉넓이

537 대표 문제

오른쪽 그림과 같이 반지름의 길이가 6 cm인 구에서 $\frac{1}{8}$을 잘라 내고 남은 입체도형의 겉넓이는?

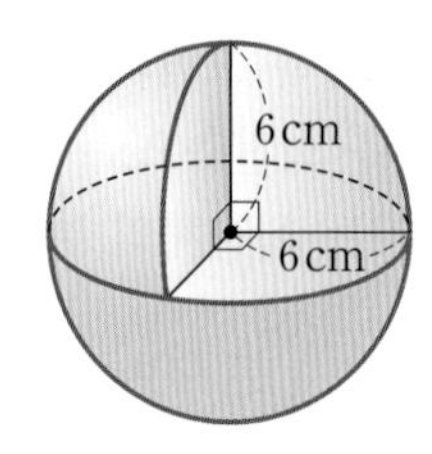

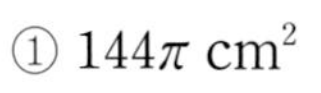
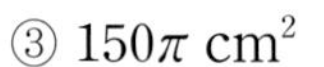

① $144\pi\ \text{cm}^2$ ② $147\pi\ \text{cm}^2$
③ $150\pi\ \text{cm}^2$ ④ $153\pi\ \text{cm}^2$
⑤ $156\pi\ \text{cm}^2$

538

테니스공은 다음 그림과 같이 고무공 위에 똑같이 생긴 두 조각의 펠트로 덮여 있다. 펠트 한 조각의 넓이가 $32\pi\ \text{cm}^2$일 때, 이 테니스공의 반지름의 길이를 구하시오.

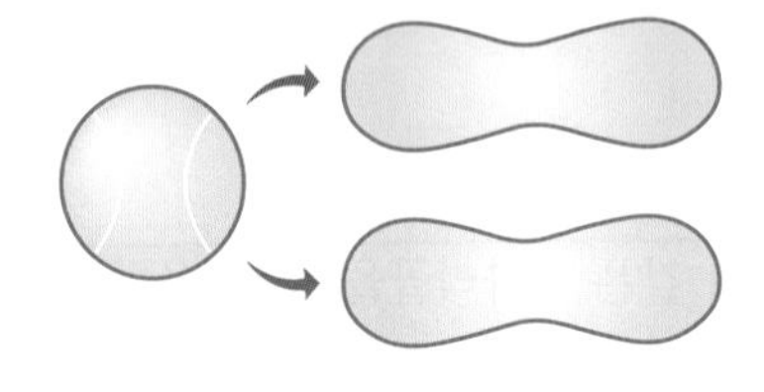

539

오른쪽 그림과 같은 구 A를 칠하는 데 페인트 $\frac{1}{3}$통을 사용하였다. 페인트 한 통에 6000원일 때, 반지름의 길이가 구 A의 3배인 구 B를 칠하는 데 필요한 페인트의 가격을 구하시오.

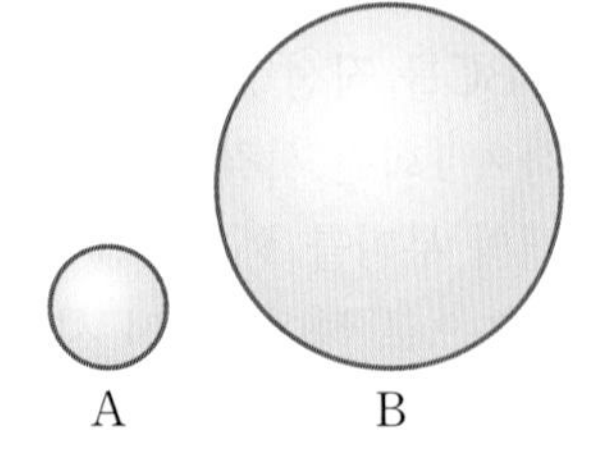

유형 21 구의 부피

540 대표 문제

오른쪽 그림과 같이 반구와 원뿔을 붙여서 만든 입체도형의 부피를 구하시오.

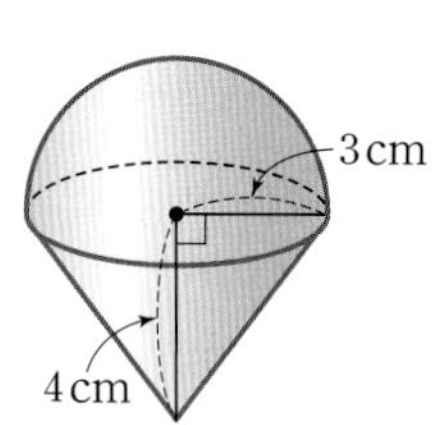

541

오른쪽 그림과 같이 반지름의 길이가 9 cm인 구에서 $\frac{1}{4}$을 잘라 내고 남은 입체도형의 부피는?

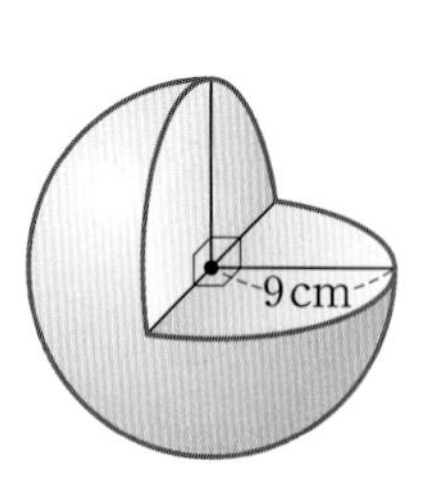

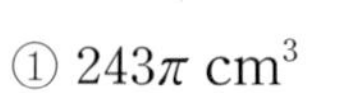

① $243\pi\ \text{cm}^3$ ② $486\pi\ \text{cm}^3$
③ $729\pi\ \text{cm}^3$ ④ $972\pi\ \text{cm}^3$
⑤ $1296\pi\ \text{cm}^3$

542

겉넓이가 $144\pi\ \text{cm}^2$인 구의 부피는?

① $288\pi\ \text{cm}^3$ ② $348\pi\ \text{cm}^3$ ③ $576\pi\ \text{cm}^3$
④ $768\pi\ \text{cm}^3$ ⑤ $972\pi\ \text{cm}^3$

543

다음 그림에서 구의 부피가 원뿔의 부피의 $\frac{3}{2}$배일 때, 원뿔의 높이를 구하시오.

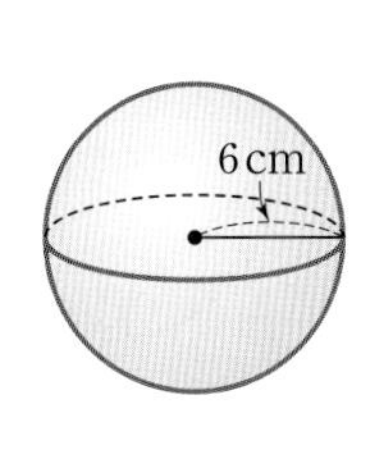

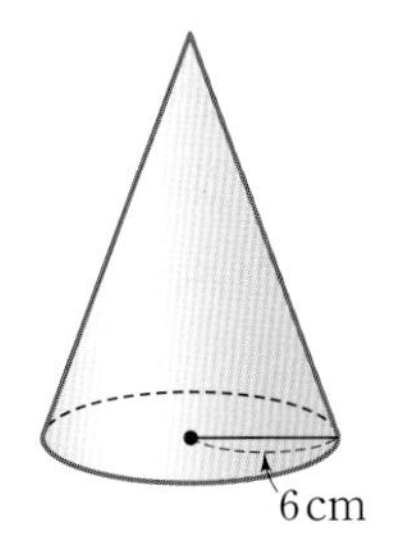

544

반지름의 길이가 6 cm인 구 모양의 쇠구슬 3개를 녹여서 반지름의 길이가 3 cm인 구 모양의 쇠구슬을 만들려고 한다. 이때 만들 수 있는 쇠구슬은 최대 몇 개인가?

① 18개 ② 20개 ③ 22개
④ 24개 ⑤ 26개

545

다음 그림과 같이 원뿔 모양의 그릇 A와 반구 모양의 그릇 B가 있다. 그릇 A의 밑면의 반지름의 길이는 그릇 B의 반지름의 길이의 2배이고, 그릇 A의 높이는 그릇 B의 반지름의 길이의 3배일 때, 그릇 B를 이용하여 그릇 A에 물을 가득 채우려면 물을 최소 몇 번 부어야 하는지 구하시오. (단, 그릇의 두께는 생각하지 않는다.)

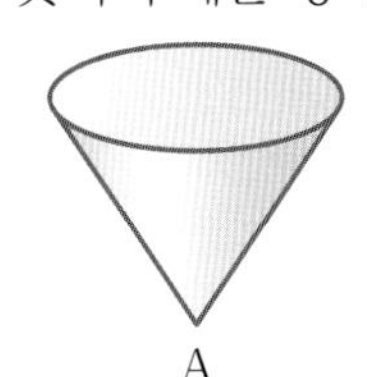

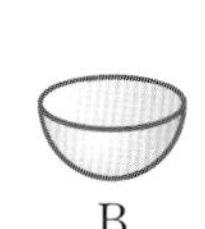

유형 22 회전체의 겉넓이와 부피 – 구

546 대표 문제

오른쪽 그림과 같은 반원을 직선 l을 회전축으로 하여 1회전 시킬 때 생기는 회전체의 겉넓이는?

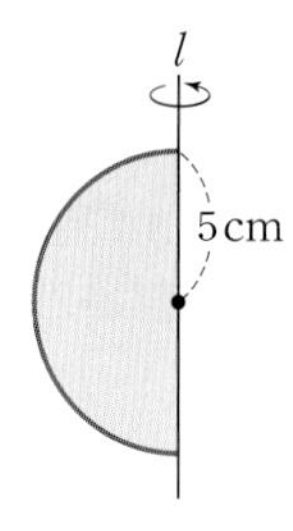

① $72\pi\text{ cm}^2$ ② $84\pi\text{ cm}^2$
③ $96\pi\text{ cm}^2$ ④ $100\pi\text{ cm}^2$
⑤ $106\pi\text{ cm}^2$

547

오른쪽 그림과 같은 평면도형을 직선 l을 회전축으로 하여 1회전 시킬 때 생기는 회전체의 부피를 구하시오.

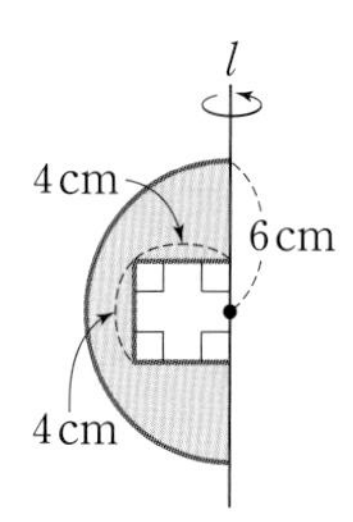

548

오른쪽 그림과 같은 평면도형을 직선 l을 회전축으로 하여 1회전 시킬 때 생기는 회전체의 겉넓이는?

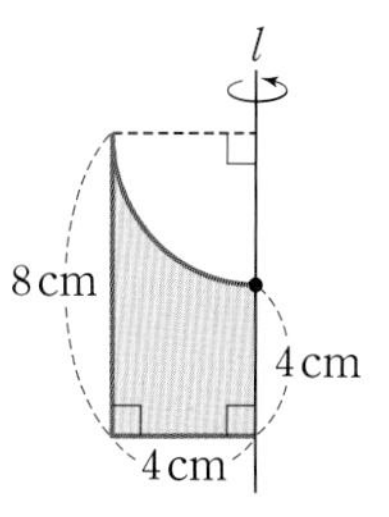

① $108\pi\text{ cm}^2$ ② $112\pi\text{ cm}^2$
③ $116\pi\text{ cm}^2$ ④ $120\pi\text{ cm}^2$
⑤ $124\pi\text{ cm}^2$

유형 23 원기둥에 꼭 맞게 들어 있는 입체도형

549 대표 문제

오른쪽 그림과 같이 원기둥에 구와 원뿔이 꼭 맞게 들어 있다. 구의 부피가 $24\pi\ cm^3$일 때, 원뿔의 부피와 원기둥의 부피를 각각 구하시오.

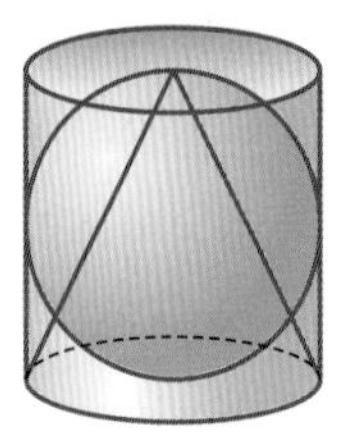

550

오른쪽 그림과 같이 원기둥에 크기가 같은 구 2개가 꼭 맞게 들어 있다. 원기둥의 부피가 $500\pi\ cm^3$일 때, 구 1개의 부피는?

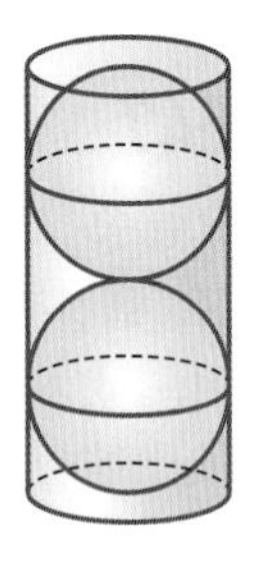

① $36\pi\ cm^3$　② $\frac{256}{3}\pi\ cm^3$　③ $\frac{500}{3}\pi\ cm^3$　④ $125\pi\ cm^3$　⑤ $200\pi\ cm^3$

551

밑면의 지름의 길이와 높이가 같은 원기둥 모양의 그릇에 물을 가득 채운 다음 그릇에 꼭 맞는 구를 넣었다 꺼내었더니 오른쪽 그림과 같이 물이 남았다. 이때 구의 반지름의 길이를 구하시오. (단, 그릇의 두께는 생각하지 않는다.)

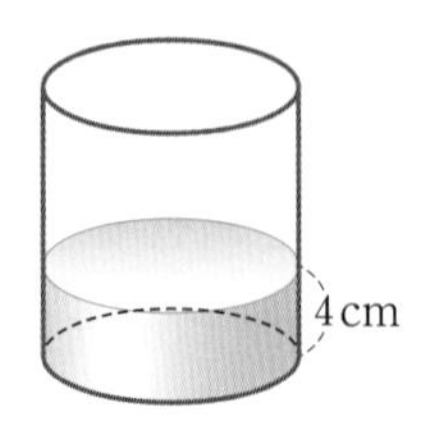

발전 유형 24 입체도형에 꼭 맞게 들어 있는 입체도형

552 대표 문제

오른쪽 그림과 같이 반지름의 길이가 6 cm인 구에 정팔면체가 꼭 맞게 들어 있다. 정팔면체의 부피를 구하시오.

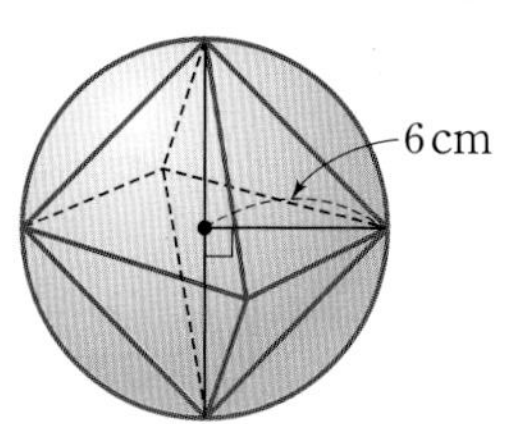

553

오른쪽 그림과 같이 반지름의 길이가 r cm인 반구에 밑면의 반지름의 길이가 r cm인 원뿔이 꼭 맞게 들어 있다. 이 원뿔의 부피가 $64\pi\ cm^3$일 때, 반구의 부피는?

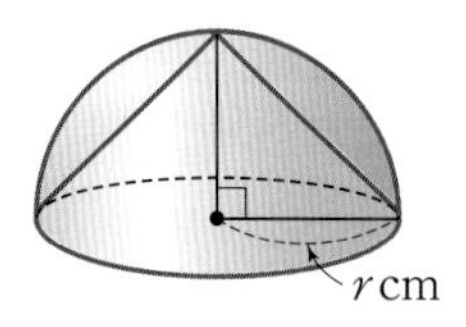

① $116\pi\ cm^3$　② $120\pi\ cm^3$　③ $124\pi\ cm^3$　④ $128\pi\ cm^3$　⑤ $132\pi\ cm^3$

554

오른쪽 그림과 같이 정육면체에 구와 정사각뿔이 꼭 맞게 들어 있을 때, 구, 정사각뿔, 정육면체의 부피의 비는?

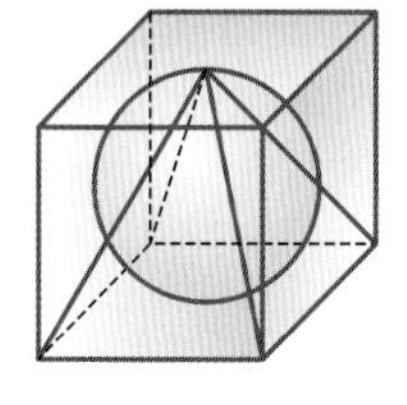

① 1 : 2 : 3　② 1 : 2 : 6　③ π : 2 : 6　④ π : 3 : 6　⑤ 2π : 3 : 6

정답 및 풀이 99쪽

만점 각 잡기

학교 시험 만점을
차근차근 준비해요.

555
유형 02

오른쪽 그림과 같은 3단 케이크의 겉넓이는?

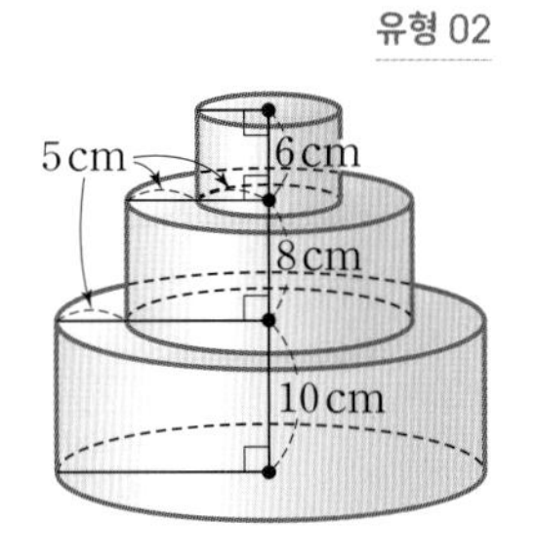

① $(350\pi+250)\text{ cm}^2$
② $745\pi\text{ cm}^2$
③ $(575\pi+520)\text{ cm}^2$
④ $970\pi\text{ cm}^2$
⑤ $1000\pi\text{ cm}^2$

| 해결 전략 | 밑면의 넓이의 합은 반지름의 길이가 15 cm인 원의 넓이의 2배임을 이용한다.

556
유형 05

오른쪽 그림과 같이 가로의 길이가 14 cm인 직사각형 모양 종이의 네 귀퉁이에서 한 변의 길이가 2 cm인 정사각형을 잘라 내고 남은 종이로 뚜껑이 없는 직육면체 모양의 상자를 만들었다. 상자의 부피가 120 cm^3일 때, 직사각형 모양 종이의 세로의 길이를 구하시오.

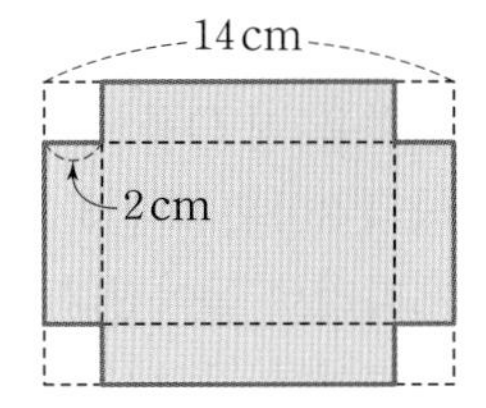
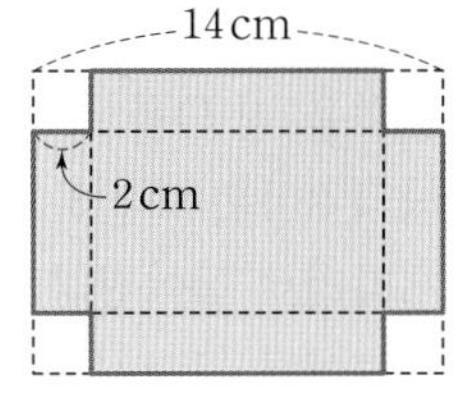

| 해결 전략 | 직사각형 모양 종이의 세로의 길이를 x cm로 놓고 상자의 부피를 이용하여 식을 세운다.

557
유형 09

오른쪽 그림과 같은 직사각형 ABCD를 변 AD와 변 CD를 회전축으로 하여 1회전 시킬 때 생기는 회전체의 겉넓이를 각각 S_1, S_2라 할 때, $S_1 : S_2$는?

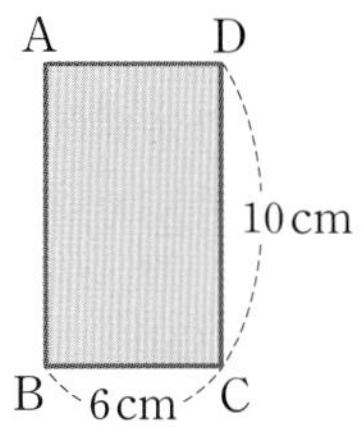

① 2 : 3　② 3 : 5　③ 4 : 5
④ 5 : 3　⑤ 5 : 4

| 해결 전략 | 변 AD와 변 CD를 회전축으로 하여 1회전 시킨 회전체를 각각 그려 본다.

558
유형 14

오른쪽 그림과 같이 정육면체를 세 꼭짓점 C, F, H를 지나는 평면으로 잘랐을 때 생기는 삼각뿔 C−FGH의 부피와 나머지 입체도형의 부피의 비는?

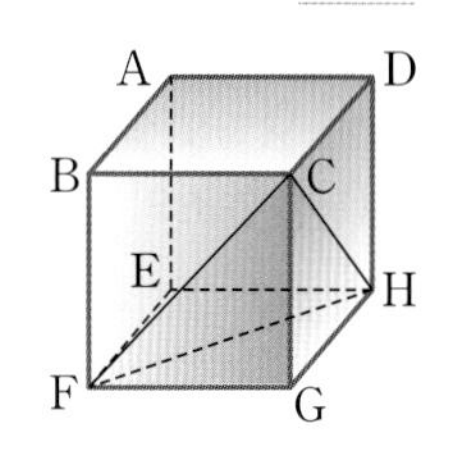

① 1 : 3　② 1 : 4　③ 1 : 5
④ 2 : 3　⑤ 2 : 5

| 해결 전략 | 정육면체의 한 모서리의 길이를 a로 놓고 삼각뿔과 나머지 입체도형의 부피를 각각 구한다.

559
유형 17

오른쪽 그림과 같은 원뿔대의 전개도에서 작은 밑면인 원의 반지름의 길이를 x cm, 원뿔대의 겉넓이를 $y\pi\text{ cm}^2$라 할 때, $x+y$의 값을 구하시오.

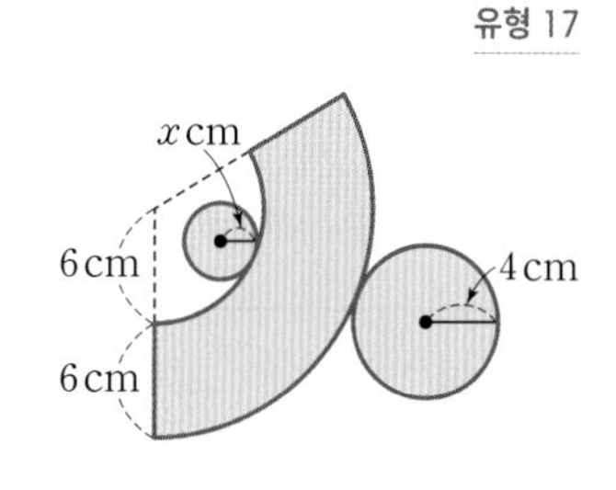

| 해결 전략 | (부채꼴의 호의 길이)=(밑면인 원의 둘레의 길이)임을 이용한다.

560
유형 09 ○ 유형 22

오른쪽 그림과 같은 평면도형을 직선 l을 회전축으로 하여 1회전 시킬 때 생기는 회전체의 겉넓이와 부피를 각각 구하시오.

l, 5 cm, 3 cm, 6 cm

| 해결 전략 | 회전체를 그린 후 겉넓이와 부피를 구한다.

07 겉넓이와 부피 입체도형의

561

유형 03

오른쪽 그림과 같이 물이 가득 차 있는 정육면체 모양의 수조에 한 변의 길이가 4 cm인 정육면체 모양의 주사위 10개를 수조에 넣었다가 다시 꺼냈을 때 수면이 몇 cm 내려가는지 구하시오.

(단, 수조의 두께는 생각하지 않는다.)

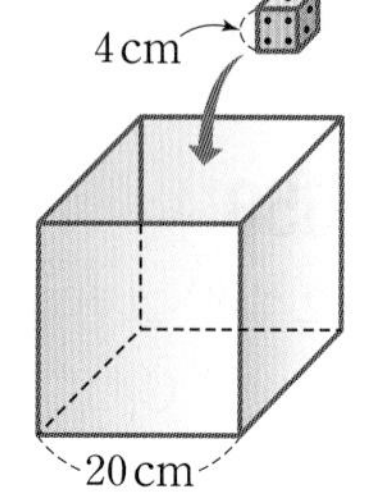

| 해결 전략 | 주사위 10개의 부피는 수조에서 빈 부분의 부피와 같음을 이용한다.

562

유형 15

오른쪽 그림과 같이 원뿔 모양의 그릇에 높이 12 cm만큼의 물이 들어 있다. 이 그릇에 물을 매초 10π cm³씩 더 넣을 때, 그릇을 가득 채우는 데 걸리는 시간은? (단, 그릇의 두께는 생각하지 않는다.)

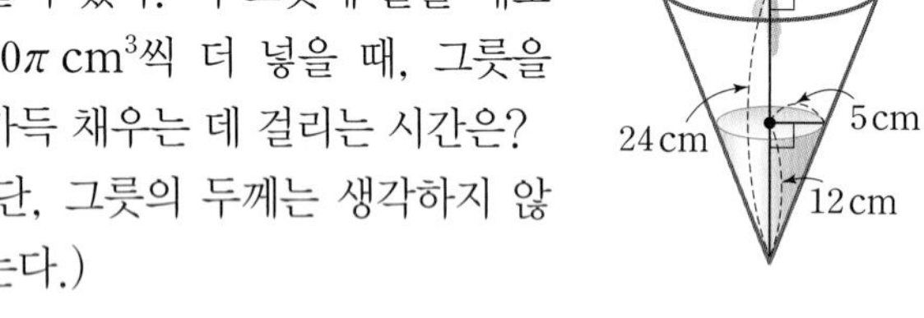

① 40초　② 50초　③ 1분
④ 1분 10초　⑤ 1분 20초

| 해결 전략 | (비어 있는 부분의 부피)
=(그릇 전체의 부피)−(들어 있는 물의 부피)

563

유형 16

오른쪽 그림과 같은 전개도로 만든 원뿔의 밑넓이와 옆넓이의 비가 3 : 5일 때, 전개도에서 부채꼴의 중심각의 크기를 구하시오.

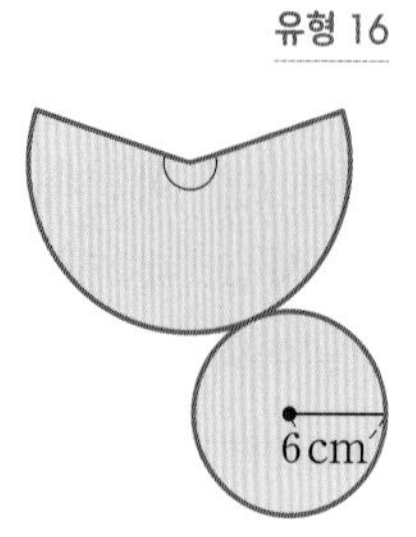

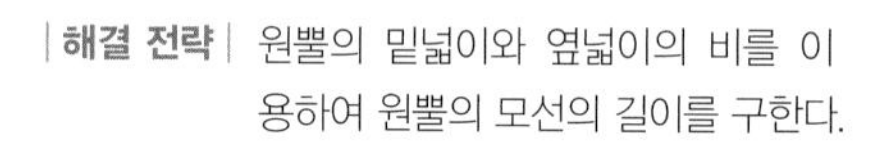

| 해결 전략 | 원뿔의 밑넓이와 옆넓이의 비를 이용하여 원뿔의 모선의 길이를 구한다.

564

유형 23

다음 그림과 같이 물이 들어 있던 원기둥 모양의 그릇에 꼭 맞는 구를 넣었더니 물이 넘치지 않고 그릇에 가득 찼다. 이때 처음에 들어 있던 물의 높이를 구하시오.

(단, 그릇의 두께는 생각하지 않는다.)

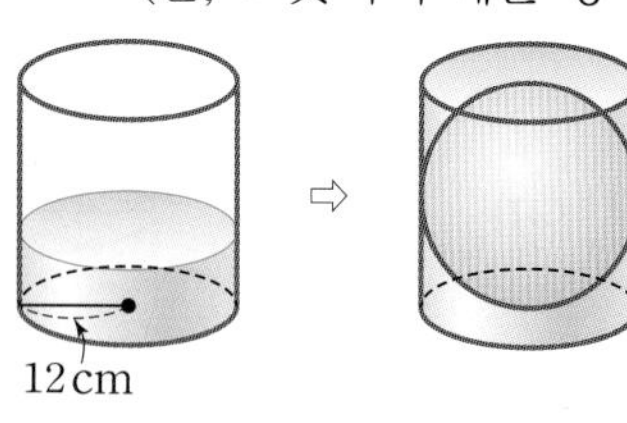

| 해결 전략 | 원기둥에 구가 꼭 맞게 들어갈 때,
(구의 부피) : (원기둥의 부피)=2 : 3임을 이용한다.

565

유형 11

오른쪽 그림과 같이 밑면의 반지름의 길이가 4 cm인 원뿔을 점 O를 중심으로 굴렸더니 3바퀴 회전하고 다시 제자리로 돌아왔다. 이 원뿔의 겉넓이를 구하시오.

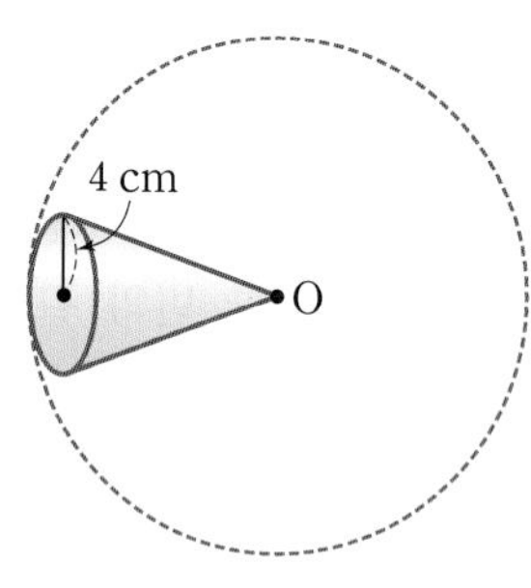

| 해결 전략 | 원뿔의 모선의 길이는 원 O의 반지름의 길이와 같음을 이용한다.

566

유형 24

오른쪽 그림과 같이 한 모서리의 길이가 4 cm인 정육면체의 각 면의 한가운데에 있는 점을 꼭짓점으로 하는 입체도형의 부피는?

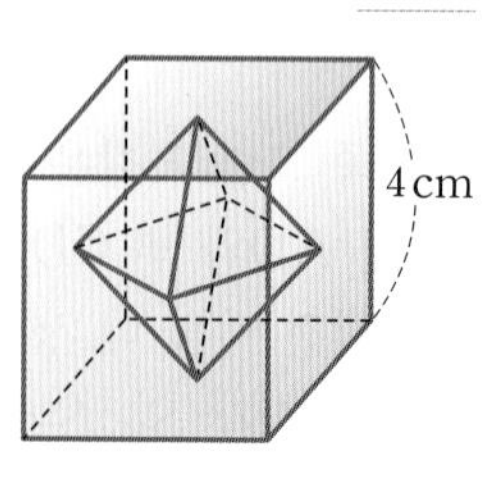

① $\frac{16}{3}$ cm³　② $\frac{32}{3}$ cm³
③ 12 cm³　④ 14 cm³
⑤ $\frac{64}{3}$ cm³

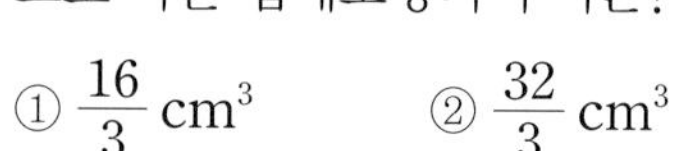

| 해결 전략 | 정육면체의 각 면의 한가운데에 있는 점을 꼭짓점으로 하는 입체도형을 파악한다.

유형북 150쪽 정답 및 풀이 101쪽

유형 01 평균의 뜻과 성질

567 대표 문제

다음 표는 지민이의 5회에 걸친 제자리멀리뛰기 기록을 조사하여 나타낸 것이다. 5회에 걸친 제자리멀리뛰기 기록의 평균이 178 cm일 때, 5회의 제자리멀리뛰기 기록을 구하시오.

회	1	2	3	4	5
기록(cm)	172	180	170	185	

568

세 수 a, b, 2의 평균이 8이고, 세 수 c, d, 10의 평균이 12일 때, 네 수 a, b, c, d의 평균을 구하시오.

569

세 수 a, b, c의 평균이 20일 때, 네 수 $4a+2$, $4b+6$, $4c-4$, 12의 평균은?

① 36 ② 42 ③ 48
④ 56 ⑤ 64

570

다음 표는 1반과 2반 학생들의 수학 경시 대회 성적의 평균을 나타낸 것이다. 1반과 2반 전체 학생의 수학 경시 대회 성적의 평균을 구하시오.

반	1	2
학생 수(명)	20	30
평균(점)	70	60

유형 02 중앙값의 뜻과 성질

571 대표 문제

다음 자료는 A, B 두 독서 동아리 학생들의 지난해 독서 시간을 조사하여 나타낸 것이다. A, B 두 독서 동아리 학생들의 독서 시간의 중앙값을 각각 a시간, b시간이라 할 때, $a+b$의 값을 구하시오.

(단위 : 시간)

[A 동아리] 22, 45, 32, 15, 23, 26, 18
[B 동아리] 24, 19, 20, 17, 35, 52, 34, 42

572

다음은 어느 반 학생 10명의 윗몸 일으키기 횟수를 조사하여 나타낸 것이다. 평균을 a회, 중앙값을 b회라 할 때, $a+b$의 값을 구하시오.

(단위 : 회)

6, 8, 9, 10, 12, 16, 16, 18, 25, 30

573

학생 5명의 앉은 키를 조사하여 작은 값부터 크기순으로 나열할 때, 중앙값은 92 cm이고 4번째 학생의 앉은 키는 94 cm이다. 여기에 앉은 키가 96 cm인 학생이 추가되었을 때, 6명의 앉은 키의 중앙값은?

① 91 cm ② 92 cm ③ 93 cm
④ 94 cm ⑤ 95 cm

유형 03 최빈값의 뜻과 성질

574 대표 문제

다음 자료는 태리와 민성이가 7회에 걸쳐 다트를 던져 과녁을 맞힌 결과를 나타낸 것이다. 태리의 점수의 최빈값을 a점, 민성이의 점수의 최빈값을 b점이라 할 때, $a+b$의 값을 구하시오.

	1회	2회	3회	4회	5회	6회	7회
태리(점)	10	7	8	6	8	8	10
민성(점)	6	6	7	10	7	8	6

575

7개의 변량 16, 12, 10, a, 15, 13, 11의 최빈값이 13일 때, a의 값을 구하시오.

576

다음 자료 중 중앙값과 최빈값이 서로 같은 것은?

① 2, 2, 2, 3, 4, 4, 4
② 1, 1, 2, 3, 4, 5, 6
③ 1, 2, 2, 2, 4, 4, 4, 5
④ 3, 3, 4, 4, 5, 5, 6, 7
⑤ -2, -1, -1, -1, 0, 1, 2

577

다음 자료는 효인이네 반 학생 9명의 지난해 관람한 영화의 편수를 조사하여 나타낸 것이다. 지난해 관람한 영화의 편수가 최빈값인 학생을 모두 구하시오.

(단위 : 편)

효인 : 7	화정 : 4	영일 : 5
지민 : 5	혜빈 : 6	정태 : 7
현빈 : 8	해주 : 5	용진 : 8

유형 04 대푯값 비교하기

578 대표 문제

다음 자료는 은영이가 10회 동안 훌라후프를 한 횟수를 조사하여 나타낸 것이다. 훌라후프 횟수의 평균, 중앙값, 최빈값 중 그 값이 가장 작은 것을 말하시오.

(단위 : 회)

37, 27, 26, 37, 30,
30, 45, 40, 30, 33

579

다음 막대그래프는 학생 13명의 지난주 매점 이용 횟수를 조사하여 나타낸 것이다. 매점 이용 횟수의 평균, 중앙값, 최빈값 중 그 값이 가장 큰 것을 말하시오.

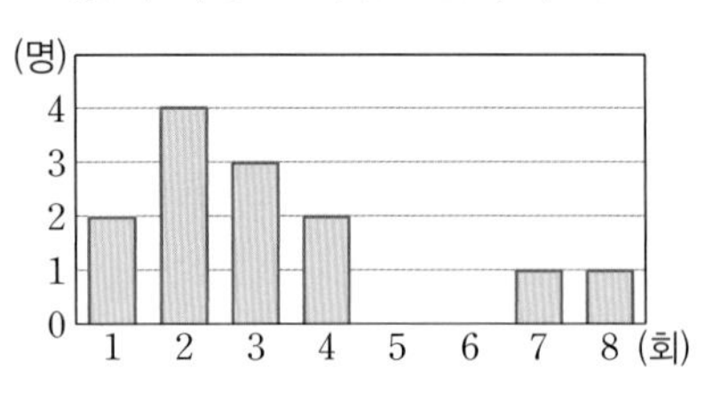

580

오른쪽 꺾은선그래프는 1반, 2반, 3반 학생들의 음악 수행평가 점수를 각각 조사하여 나타낸 것이다. 다음 보기에서 옳은 것을 모두 고르시오.

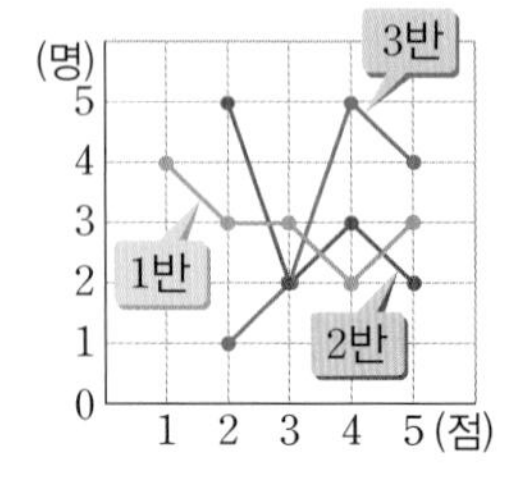

보기
ㄱ. 평균이 가장 작은 반은 1반이다.
ㄴ. 중앙값이 가장 큰 반은 3반이다.
ㄷ. 2반 학생들의 최빈값은 5점이다.

유형 05 대푯값이 주어질 때 변량 구하기

581 대표 문제

다음 자료는 학생 10명의 일주일 동안의 운동 시간을 조사하여 나타낸 것이다. 이 자료의 평균이 6시간일 때, 중앙값은?

(단위 : 시간)

4, 1, 12, 4, 3, 7, 8, 10, 2, x

① 5시간 ② 5.5시간 ③ 6시간
④ 6.5시간 ⑤ 7시간

582

다음 자료는 학생 7명의 턱걸이 횟수를 조사하여 나타낸 것이다. 턱걸이 횟수의 평균과 최빈값이 서로 같을 때, x의 값을 구하시오.

(단위 : 회)

12, 9, x, 9, 7, 9, 8

583

다음 조건을 만족시키는 자연수 a는 모두 몇 개인지 구하시오.

(가) 46, 52, 60, a의 중앙값은 49이다.
(나) 20, 35, 40, 55, a의 중앙값은 40이다.

유형 06 대푯값으로 적절한 값 찾기

584 대표 문제

다음 중 대푯값에 대한 설명으로 옳지 않은 것은?

① 평균은 변량의 총합을 변량의 개수로 나눈 값이다.
② 중앙값은 자료를 작은 값부터 크기순으로 나열하였을 때, 한가운데 있는 값이다.
③ 최빈값은 자료가 수가 아닌 경우에도 구할 수 있다.
④ 대푯값에는 평균, 중앙값, 최빈값 등이 있다.
⑤ 최빈값은 매우 작거나 큰 값의 영향을 받는다.

585

다음 자료 중 평균을 대푯값으로 하기에 가장 적절하지 않은 것은?

① 1, 2, 4, 5, 6, 7
② 3, 5, 7, 9, 12
③ 62, 60, 62, 63, 65, 67
④ 93, 93, 93, 93, 93, 99
⑤ 2, 90, 90, 90, 90

586

아래 자료는 어느 신발 가게에서 하루 동안 판매된 운동화의 크기를 조사하여 나타낸 것이다. 공장에 가장 많이 주문해야 할 운동화의 크기를 정하려고 할 때, 다음 중 이 자료에 대한 설명으로 옳은 것은?

(단위 : mm)

240, 245, 235, 250, 250, 240,
235, 240, 245, 260, 245, 240

① 평균을 대푯값으로 하는 것이 가장 적절하다.
② 중앙값을 대푯값으로 하는 것이 가장 적절하다.
③ 최빈값을 대푯값으로 하는 것이 가장 적절하다.
④ 중앙값이 최빈값보다 작다.
⑤ 자료의 값 중 260 mm는 극단적으로 큰 값이라 할 수 있다.

유형 07 줄기와 잎 그림

587 대표 문제

아래는 예서네 반 학생들의 국어 성적을 조사하여 나타낸 줄기와 잎 그림이다. 다음 중 옳지 않은 것은?

(5|2는 52점)

줄기	잎
5	2 5
6	3 7 9
7	1 1 2 8 9
8	2 4 4 4 5 7
9	5 6 7 9

① 잎이 가장 많은 줄기는 8이다.
② 예서네 반 전체 학생은 17명이다.
③ 국어 성적이 84점인 학생은 3명이다.
④ 국어 성적이 3번째로 좋은 학생의 국어 성적은 96점이다.
⑤ 90점 이상이면 성취도가 A일 때, 성취도 A를 받는 학생은 4명이다.

588

다음은 민후네 반 학생들이 학급 게시판에 올린 게시글 수를 조사하여 나타낸 줄기와 잎 그림이다. 게시글을 30개 이상 올린 학생이 a명, 25개 미만 올린 학생이 b명일 때, ab의 값을 구하시오.

(1|2는 12개)

줄기	잎
1	2 5 8 9
2	1 3 3 4 5 8
3	0 3 4 7
4	5
5	0

589

다음은 어느 반 학생들의 한 달 동안의 취미 활동 시간을 조사하여 나타낸 줄기와 잎 그림이다. 남학생 중 취미 활동 시간이 6번째로 많은 지훈이와 여학생 중 취미 활동 시간이 6번째로 많은 은채 중 누구의 취미 활동 시간이 몇 시간 더 많은지 구하시오.

(0|1은 1시간)

잎(남학생)	줄기	잎(여학생)
7 4 2 1	0	2 3 3 8
9 8 5 3 2 1	1	0 3 4 6 7
8 5 5 3	2	1 5 6 7 8 9
5 4	3	6

590

환경부에서는 미세 먼지 농도에 따라 다음과 같이 '좋음'에서 '매우 나쁨'까지 미세 먼지 등급을 정하고 있다.

(단위 : μg/m³)

좋음	보통	나쁨	매우 나쁨
0^이상^~30^미만^	30~80	80~150	150~

오른쪽은 어느 지역에서 9월 한 달 동안 정오의 미세 먼지 농도를 조사하여 나타낸 줄기와 잎 그림이다. 미세 먼지 등급이 '나쁨'인 날은 전체의 몇 %인지 구하시오.

(3|0은 30μg/m³)

줄기	잎
3	0 2 3 5 8 9
4	1 1 2 4 6 7 8
5	0 3 7
6	2 5 9 9
7	1 4 4 6
8	2 7
9	5 6 8 9

591

오른쪽은 규민이네 반 학생들의 제자리멀리뛰기 기록을 조사하여 나타낸 줄기와 잎 그림이다. 규민이의 기록이 상위 20 % 이내일 때, 규민이의 기록은 적어도 몇 cm인지 구하시오.

(17|0은 170 cm)

줄기	잎
17	0 3 4 5 6 7
18	2 5 5 7
19	2 3 3 6 8 9 9
20	0 2 3 4 6 7 8 9

유형 08 도수분포표의 이해

592 대표 문제

오른쪽은 어느 날 32개 지역의 강수량을 조사하여 나타낸 도수분포표이다. 다음 중 옳지 않은 것은?

강수량(mm)	지역 수(곳)
0이상 ~ 3미만	8
3 ~ 6	5
6 ~ 9	6
9 ~ 12	
12 ~ 15	4
15 ~ 18	2
18 ~ 21	1
합계	32

① 계급의 개수는 7이다.
② 계급의 크기는 3 mm이다.
③ 9 mm 이상 12 mm 미만인 계급의 도수는 6곳이다.
④ 도수가 가장 큰 계급의 계급값은 2 mm이다.
⑤ 강수량이 15 mm 이상인 지역은 3곳이다.

593

오른쪽은 지호네 반 학생들의 통학 시간을 조사하여 나타낸 도수분포표이다. 통학 시간이 4번째로 짧은 학생이 속하는 계급을 구하시오.

통학 시간(분)	학생 수(명)
5이상~10미만	2
10 ~15	4
15 ~20	6
20 ~25	8
25 ~30	5
합계	25

[594~595] 오른쪽은 어느 10 km 마라톤 대회에 참가한 참가자들의 완주 기록을 조사하여 나타낸 도수분포표이다. 물음에 답하시오.

완주 기록(분)	참가자 수(명)
40이상~44미만	2
44 ~48	5
48 ~52	
52 ~56	6
56 ~60	8
합계	30

594

도수가 가장 큰 계급의 도수를 a명, 완주 기록이 48분 이상 56분 미만인 참가자를 b명이라 할 때, $a+b$의 값은?

① 24 ② 25 ③ 26
④ 27 ⑤ 28

595

완주 기록이 10번째로 빠른 참가자가 속하는 계급의 계급값을 구하시오.

596

오른쪽은 주원이네 반 학생들의 신발 크기를 조사하여 나타낸 도수분포표이다. 다음 보기 중 옳은 것을 모두 고르시오.

신발 크기(mm)	학생 수(명)
220이상~230미만	2
230 ~240	
240 ~250	6
250 ~260	11
260 ~270	7
합계	30

보기

ㄱ. 신발 크기가 230 mm 이상 240 mm 미만인 학생은 4명이다.
ㄴ. 신발 크기가 250 mm 이상인 학생은 11명이다.
ㄷ. 신발 크기가 가장 큰 학생의 신발 크기는 265 mm 이다.

597

오른쪽은 어느 탁구 대회에 참가한 선수들의 나이를 조사하여 나타낸 도수분포표이다. 20세 이상 30세 미만인 계급의 도수가 40세 이상 50세 미만인 계급의 도수보다 3명 많을 때, 20세 이상 30세 미만인 계급의 도수를 구하시오.

나이(세)	선수 수(명)
10이상 ~ 20미만	5
20 ~ 30	
30 ~ 40	8
40 ~ 50	
50 ~ 60	4
합계	32

598

오른쪽은 재민이네 반 학생들이 놀이공원에서 어느 놀이기구를 타려고 기다린 시간을 조사하여 나타낸 도수분포표이다. B의 값이 A의 값의 3배일 때, AB의 값을 구하시오.

기다린 시간(분)	학생 수(명)
0이상 ~ 10미만	2
10 ~ 20	A
20 ~ 30	B
30 ~ 40	9
40 ~ 50	5
합계	24

599

다음은 어느 지역 편의점의 하루 동안의 아이스크림 판매량을 조사하여 계급의 크기가 다른 두 개의 도수분포표로 나타낸 것이다. 이때 $A-B+C$의 값을 구하시오.

판매량(개)	편의점 수(곳)
0이상 ~ 20미만	6
20 ~ 40	10
40 ~ 60	A
60 ~ 80	8
80 ~ 100	7
100 ~ 120	3
합계	40

판매량(개)	편의점 수(곳)
0이상 ~ 30미만	B
30 ~ 60	7
60 ~ 90	C
90 ~ 120	4
합계	40

유형 09 특정 계급의 백분율

600 대표 문제

오른쪽은 동민이네 반 학생들의 체육 성적을 조사하여 나타낸 도수분포표이다. 체육 성적이 70점 이상 80점 미만인 학생이 전체의 24 %일 때, 80점 이상인 학생은 몇 명인지 구하시오.

체육 성적(점)	학생 수(명)
50이상 ~ 60미만	1
60 ~ 70	2
70 ~ 80	
80 ~ 90	
90 ~ 100	8
합계	25

601

오른쪽은 한 상자에 들어 있는 감의 무게를 조사하여 나타낸 도수분포표이다. 무게가 230 g 미만인 감이 전체의 30 %일 때, 250 g 이상 260 g 미만인 감은 전체의 몇 %인지 구하시오.

무게(g)	감 수(개)
210이상 ~ 220미만	4
220 ~ 230	2
230 ~ 240	6
240 ~ 250	3
250 ~ 260	
합계	

602

오른쪽은 합창 동아리 회원들의 주말 동안의 연습 시간을 조사하여 나타낸 도수분포표이다. 연습 시간이 60분 이상인 회원은 전체의 36 %이고, 40분 미만인 회원은 전체의 20 %일 때, 40분 이상 60분 미만인 회원은 몇 명인지 구하시오.

연습 시간(분)	회원 수(명)
0이상 ~ 20미만	
20 ~ 40	8
40 ~ 60	
60 ~ 80	11
80 ~ 100	6
100 ~ 120	1
합계	

유형 10 히스토그램

603 대표 문제

오른쪽은 승열이네 반 학생들의 허리 둘레를 조사하여 나타낸 히스토그램이다. 다음 중 옳지 않은 것은?

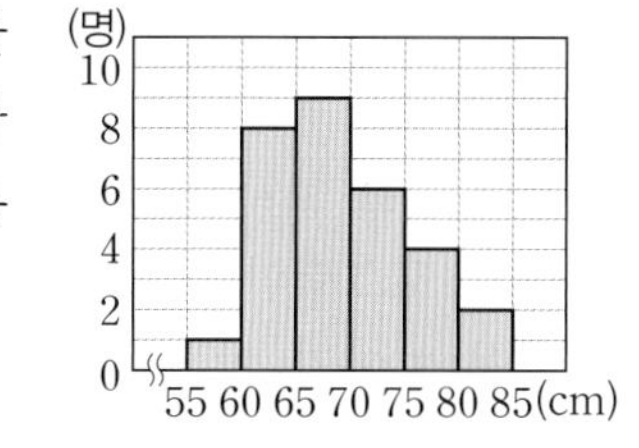

① 계급의 개수는 6이다.
② 전체 학생은 30명이다.
③ 허리 둘레가 7번째로 큰 학생이 속하는 계급은 70 cm 이상 75 cm 미만이다.
④ 도수가 가장 큰 계급은 65 cm 이상 70 cm 미만이다.
⑤ 허리 둘레가 65 cm 미만인 학생은 전체의 25 %이다.

604

오른쪽은 어느 아파트 단지에 살고 있는 어린이들의 나이를 조사하여 나타낸 히스토그램이다. 계급의 크기를 a개월, 계급의 개수를 b, 도수가 가장 작은 계급을 c개월 이상 d개월 미만이라 하고 그 계급의 도수를 e명이라 할 때, $a+b+c+d+e$의 값을 구하시오.

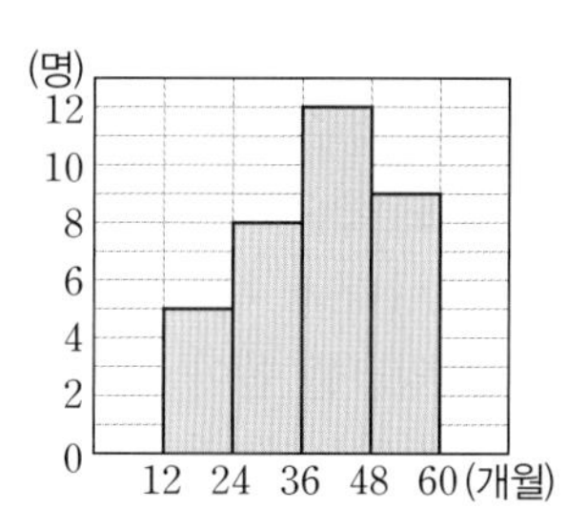

[605~606] 오른쪽은 동희네 반 학생들이 한 학기 동안 받은 칭찬 스티커 개수를 조사하여 나타낸 히스토그램이다. 물음에 답하시오.

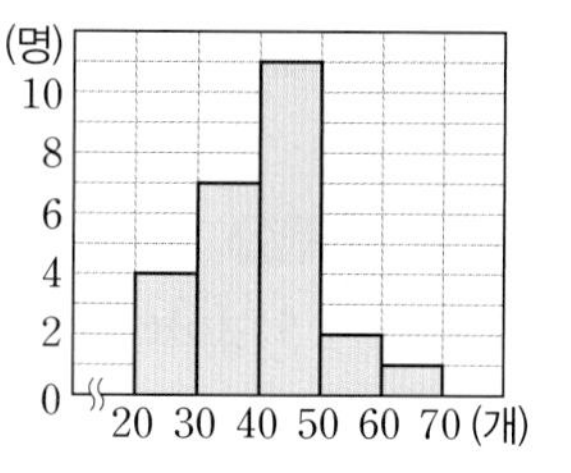

605

다음 중 위의 히스토그램을 통해 알 수 없는 것은?

① 계급의 개수
② 동희네 반 전체 학생 수
③ 4번째로 칭찬 스티커를 많이 받은 학생의 칭찬 스티커 개수
④ 칭찬 스티커를 32개 받은 학생이 속하는 계급
⑤ 칭찬 스티커를 40개 미만 받은 학생 수

606

한 학기 동안 받은 칭찬 스티커 개수가 40개 미만인 학생은 전체의 몇 %인지 구하시오.

607

오른쪽은 어느 반 학생들의 하루 동안의 수면 시간을 조사하여 나타낸 히스토그램이다. 수면 시간이 9번째로 적은 학생이 속하는 계급의 계급값을 구하시오.

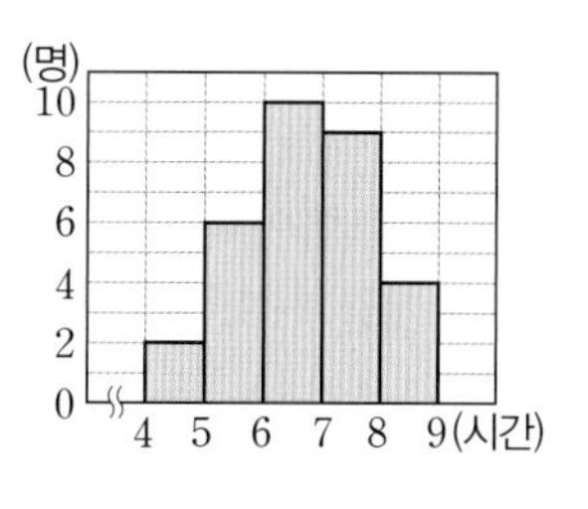

유형 11 히스토그램에서 직사각형의 넓이

608 대표 문제

오른쪽은 은영이네 학교 연주회 감상반 학생들이 1년 동안 연주회를 관람한 횟수를 조사하여 나타낸 히스토그램이다. 모든 직사각형의 넓이의 합은 16회 이상 20회 미만인 계급의 직사각형의 넓이의 몇 배인지 구하시오.

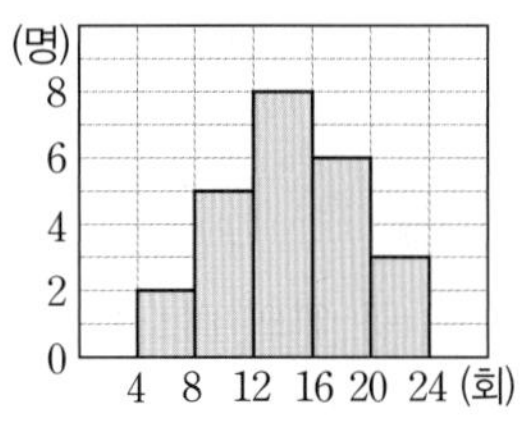

609

오른쪽은 어느 반 학생들의 일주일 동안의 TV 시청 시간을 조사하여 나타낸 히스토그램이다. 모든 직사각형의 넓이의 합을 구하시오.

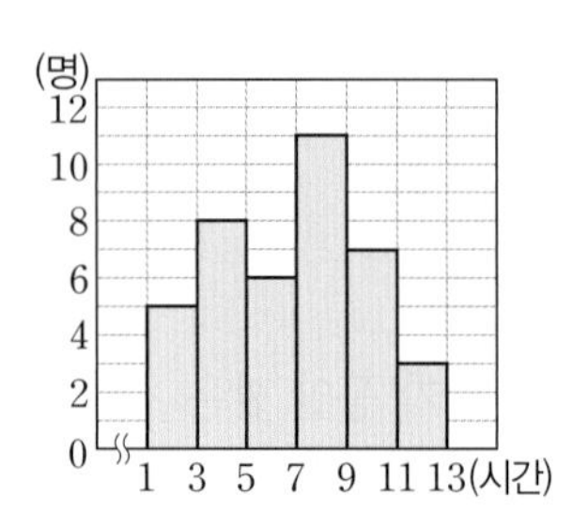

610

오른쪽은 승주네 반 학생들의 음악 성적을 조사하여 나타낸 히스토그램이다. 도수가 가장 작은 계급과 도수가 가장 큰 계급을 나타내는 두 직사각형의 넓이의 비를 가장 간단한 자연수의 비로 나타내시오.

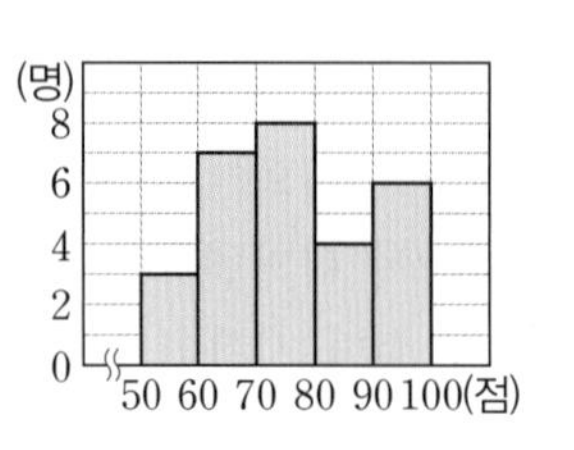

유형 12 일부가 보이지 않는 히스토그램

611 대표 문제

오른쪽은 주한이네 반 학생들의 일주일 동안의 독서실 이용 시간을 조사하여 나타낸 히스토그램인데 일부가 찢어져 보이지 않는다. 이용 시간이 10시간 미만인 학생이 전체의 80 %일 때, 10시간 이상 12시간 미만인 학생은 몇 명인가?

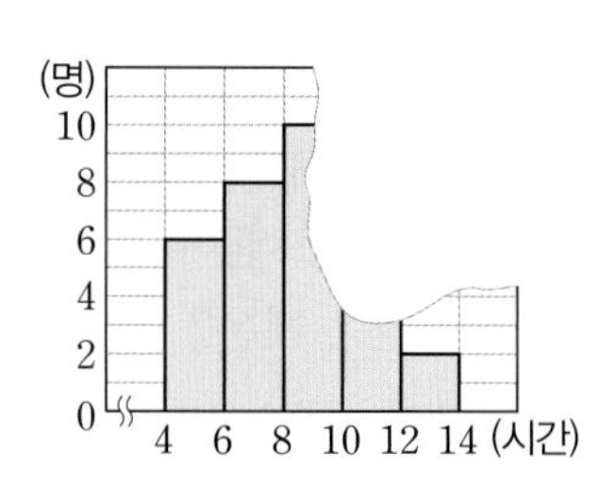

① 4명 ② 5명 ③ 6명 ④ 7명 ⑤ 8명

612

오른쪽은 찬우네 반 학생 30명의 일주일 동안의 자기 주도 학습 시간을 조사하여 나타낸 히스토그램인데 잉크를 쏟아 일부가 보이지 않는다. 자기 주도 학습 시간이 6시간 미만인 학생이 전체의 30 %일 때, 4시간 이상 6시간 미만인 학생은 x명, 6시간 이상 8시간 미만인 학생은 y명이다. 이때 x, y의 값을 각각 구하시오.

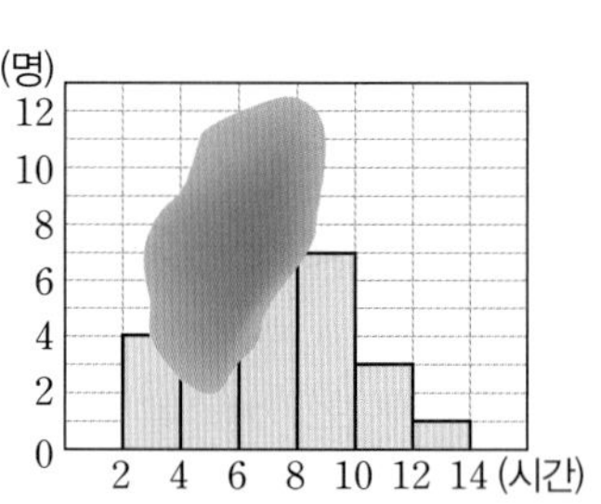

유형 13 도수분포다각형

613 대표 문제

오른쪽은 하균이네 반 학생들의 던지기 기록을 조사하여 나타낸 도수분포다각형이다. 다음 중 옳지 않은 것은?

① 전체 학생은 32명이다.
② 계급의 개수는 5이다.
③ 계급의 크기는 5 m이다.
④ 던지기 기록이 30 m인 학생이 속하는 계급의 도수는 5명이다.
⑤ 던지기 기록이 20 m 미만인 학생은 전체의 15 %이다.

614

오른쪽은 어느 편의점에서 판매하는 우유의 남은 유통기한을 조사하여 나타낸 도수분포다각형이다. 삼각형 A, B, C, D, E, F 중 넓이가 같은 것끼리 짝 지은 것은?

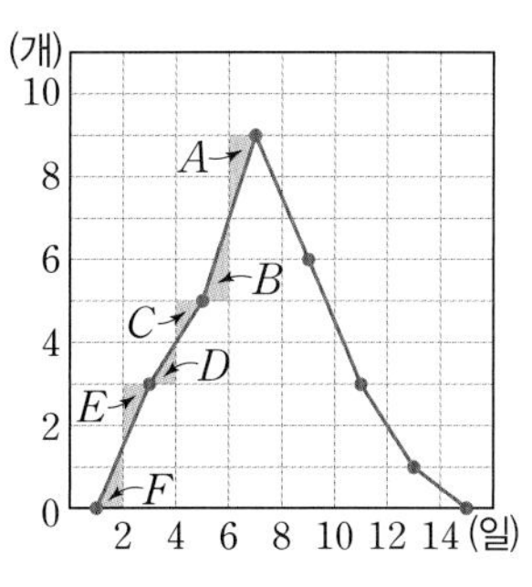

① A와 C　② A와 E　③ B와 D
④ C와 D　⑤ D와 E

615

오른쪽은 지현이네 반 학생들의 1년 동안의 여행 횟수를 조사하여 나타낸 도수분포다각형이다. 여행을 5번째로 많이 간 학생이 속하는 계급의 도수를 구하시오.

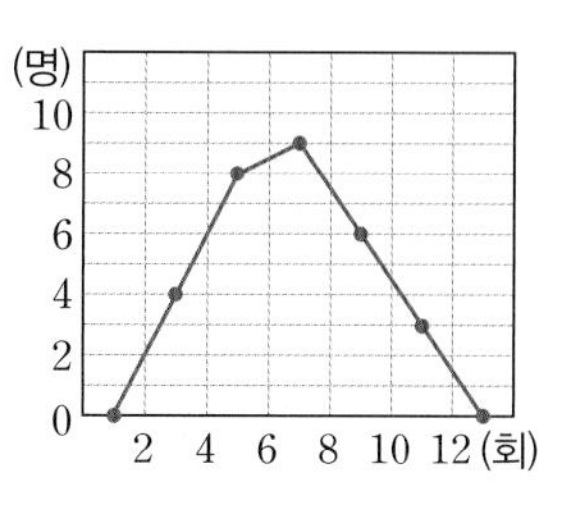

616

사과를 재배하는 어느 농장에서 사과의 당도를 측정하여 아래 왼쪽 표와 같이 상품 등급을 정한다고 한다. 아래 오른쪽 도수분포다각형은 이 농장에서 재배한 사과의 당도를 조사하여 나타낸 것이다. 다음 중 옳지 않은 것을 모두 고르면? (정답 2개)

등급	당도(Brix)
최상	16 이상
상	12 이상 16 미만
중	8 이상 12 미만
하	8 미만

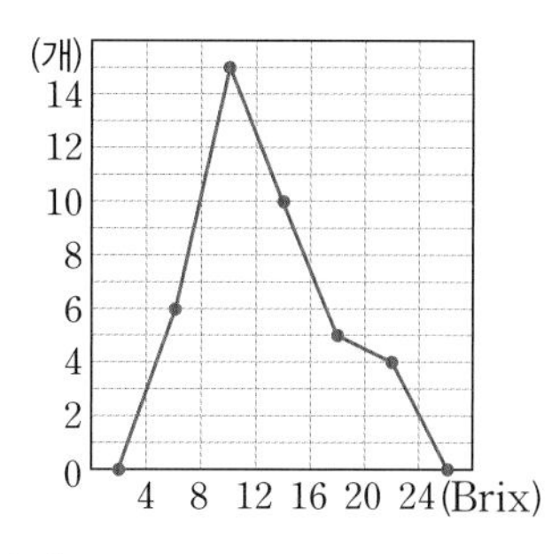

① 조사한 사과는 모두 40개이다.
② 등급이 '최상'인 사과는 전체의 25 %이다.
③ 등급이 '상'인 사과는 등급이 '하'인 사과보다 4개 더 많다.
④ 당도가 가장 높은 사과의 당도는 24 Brix이다.
⑤ 각 등급별 사과의 수를 보면 등급이 '하'인 것이 가장 적다.

617

오른쪽은 어느 반 학생들의 영어 성적을 조사하여 나타낸 도수분포다각형이다. 영어 성적이 하위 20 % 이내인 학생들은 보충 수업을 받을 때, 보충 수업을 받지 않는 학생은 적어도 몇 점을 받았는지 구하시오.

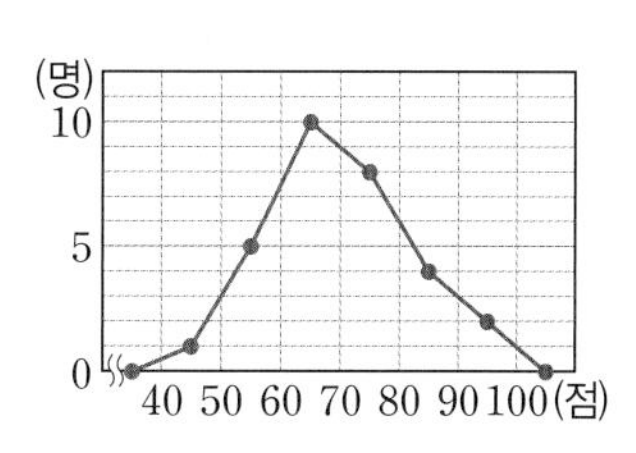

08 자료의 정리와 해석

유형 14 일부가 보이지 않는 도수분포다각형

618 대표 문제

오른쪽은 어느 체조 대회에서 선수들이 받은 점수를 조사하여 나타낸 도수분포다각형인데 일부가 찢어져 보이지 않는다. 점수가 8.5점 이상인 선수가 전체의 60 %일 때, 9점 이상 9.5점 미만인 선수는 몇 명인가?

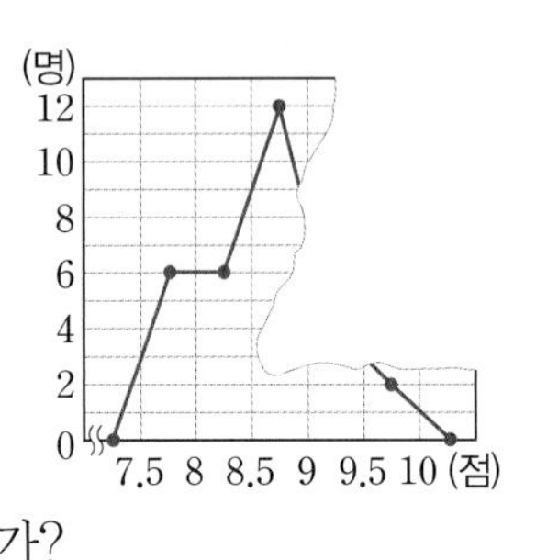

① 3명　② 4명　③ 5명
④ 6명　⑤ 7명

619

오른쪽은 성준이네 반 학생 34명의 방학 동안의 봉사 활동 시간을 조사하여 나타낸 도수분포다각형인데 일부가 찢어져 보이지 않는다. 봉사 활동 시간이 12시간 이상 16시간 미만인 학생이 16시간 이상 20시간 미만인 학생보다 4명 많다고 할 때, 16시간 이상 20시간 미만인 학생은 몇 명인지 구하시오.

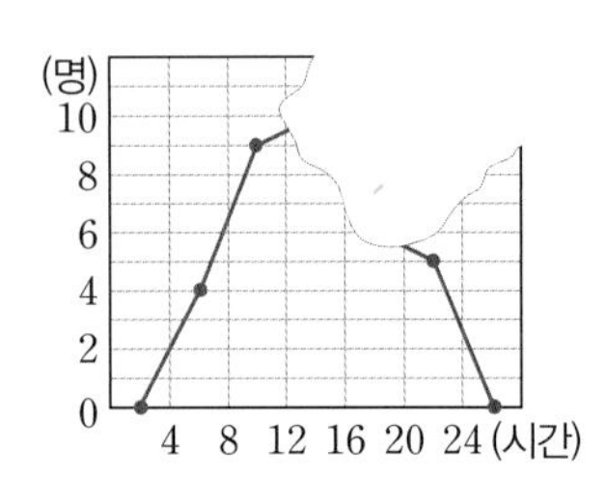

620

오른쪽은 지혜네 반 학생 25명의 체육 성적을 조사하여 나타낸 도수분포다각형인데 일부가 번져 보이지 않는다. 체육 성적이 70점 이상 90점 미만인 학생 수와 90점 이상인 학생 수의 비가 3 : 2일 때, 80점 이상인 학생은 전체의 몇 %인지 구하시오.

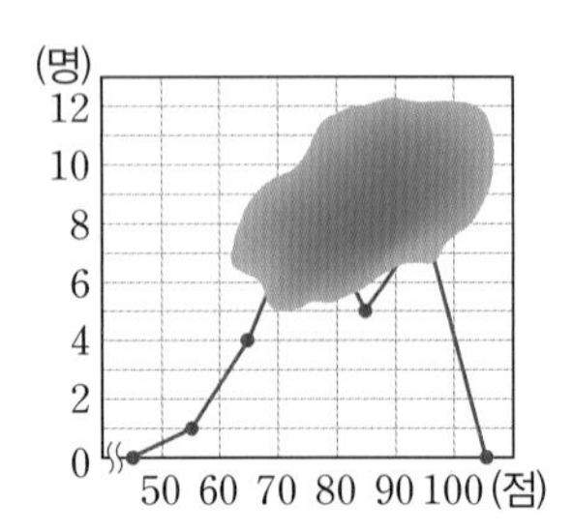

유형 15 두 도수분포다각형의 비교

621 대표 문제

오른쪽은 어느 중학교 1학년 1반과 2반 학생들이 지난 주에 외운 영어 단어의 개수를 조사하여 나타낸 도수분포다각형이다. 다음 보기에서 옳은 것은 모두 몇 개인지 구하시오.

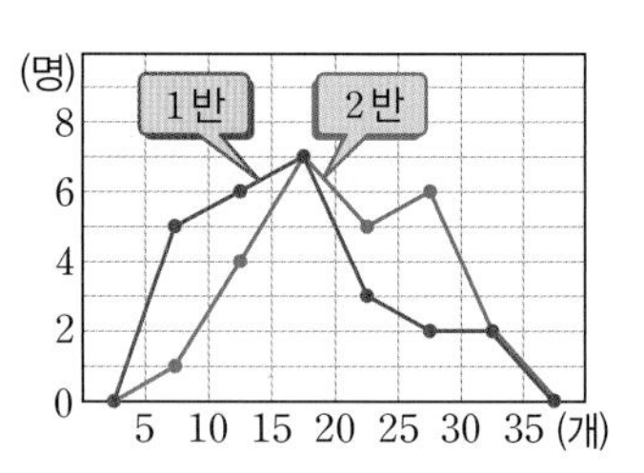

보기

ㄱ. 두 도수분포다각형의 계급의 개수는 같다.
ㄴ. 영어 단어를 10개 이상 15개 미만 외운 학생은 1반보다 2반이 더 많다.
ㄷ. 1반과 2반의 도수의 합이 가장 큰 계급의 계급값은 17.5개이다.
ㄹ. 2반보다 1반 학생들이 영어 단어를 더 많이 외운 편이다.

622

오른쪽은 어느 체육 동아리의 남학생과 여학생의 100 m 달리기 기록을 조사하여 나타낸 도수분포다각형이다. 다음 설명을 읽고 $a+b+c+d+e$의 값을 구하시오.

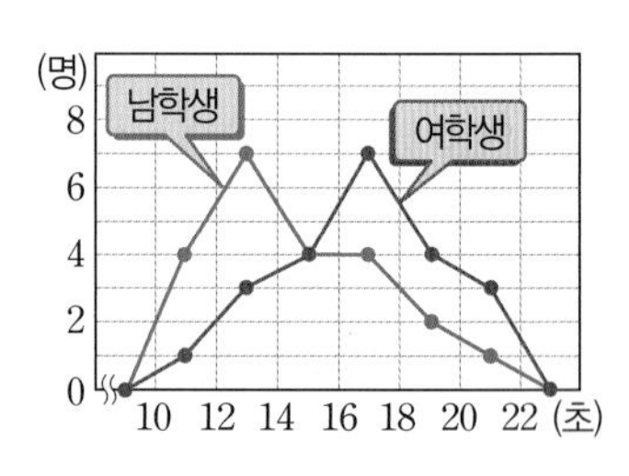

- 두 도수분포다각형 모두 계급의 크기는 a초이다.
- 남학생과 여학생의 도수의 차가 가장 큰 계급은 b초 이상 c초 미만이다.
- 여학생 중 4번째로 기록이 좋은 학생보다 기록이 더 좋은 남학생은 최소 d명, 최대 e명 존재한다.

유형 16 상대도수

623 대표 문제

오른쪽은 윤재네 반 학생들의 앉은키를 조사하여 나타낸 히스토그램이다. 앉은키가 85 cm 이상 90 cm 미만인 계급의 상대도수는?

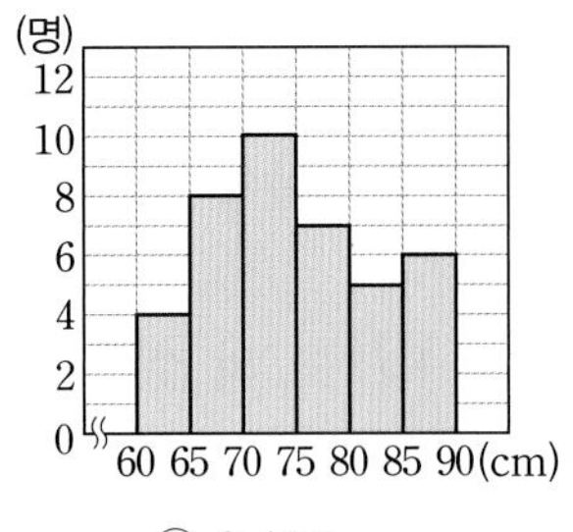

① 0.125 ② 0.15 ③ 0.175
④ 0.2 ⑤ 0.25

624

오른쪽은 어느 동호회 회원들의 혈액형을 조사하여 나타낸 표이다. AB형의 상대도수는?

혈액형	회원 수(명)
A형	42
B형	45
O형	33
AB형	30

① 0.2 ② 0.22
③ 0.24 ④ 0.26
⑤ 0.28

625

오른쪽은 지호네 반 학생들이 종이비행기를 던졌을 때, 날아간 거리를 조사하여 나타낸 도수분포다각형이다. 도수가 가장 큰 계급과 도수가 두 번째로 작은 계급의 상대도수의 차를 구하시오.

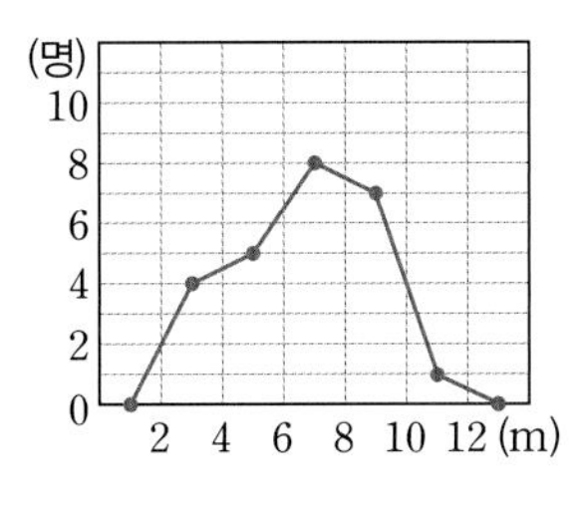

626

오른쪽은 어느 반 학생들의 1분간 맥박 수를 조사하여 나타낸 도수분포표이다. 1분간 맥박 수가 6번째로 낮은 학생이 속하는 계급의 상대도수는?

맥박 수(회)	학생 수(명)
60이상~65미만	2
65 ~70	12
70 ~75	9
75 ~80	3
80 ~85	4
합계	30

① 0.1 ② 0.2 ③ 0.3
④ 0.4 ⑤ 0.5

627

오른쪽은 소이네 반 학생 30명이 갯벌 체험에서 잡은 조개의 수를 조사하여 나타낸 도수분포다각형인데 일부가 찢어져 보이지 않는다. 조개 17마리를 잡은 학생이 속하는 계급의 상대도수를 구하시오.

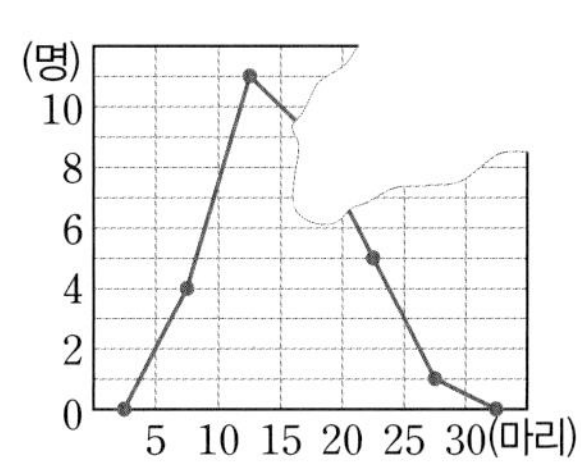

628

오른쪽은 어느 중학교 학생들이 하루 동안 보낸 문자 메시지의 수를 조사하여 나타낸 도수분포표이다. 보낸 문자 메시지가 15개 미만인 학생이 전체의 32 %일 때, 25개 이상 30개 미만인 계급의 상대도수를 구하시오.

문자 메시지(개)	학생 수(명)
5이상~10미만	7
10 ~15	
15 ~20	14
20 ~25	11
25 ~30	
합계	50

08 자료의 정리와 해석

유형 17 상대도수, 도수, 도수의 총합 사이의 관계

629 대표 문제

어느 운동 모임 회원들의 100 m 달리기 기록을 조사하였더니 상대도수가 0.24인 계급의 도수가 18명이었다. 이 운동 모임 전체 회원은 몇 명인지 구하시오.

630

어느 도수분포표에서 도수가 12인 계급의 상대도수가 0.3이다. 도수가 16인 계급의 상대도수를 a, 상대도수가 0.25인 계급의 도수를 b라 할 때, $a+b$의 값을 구하시오.

유형 18 상대도수의 분포표

631 대표 문제

오른쪽은 어느 회사 직장인들의 헌혈 횟수를 조사하여 나타낸 상대도수의 분포표이다. 다음 중 A~E의 값으로 옳지 않은 것은?

헌혈 횟수(회)	사람 수(명)	상대도수
0이상 ~ 4미만	2	A
4 ~ 8	4	0.1
8 ~ 12	B	0.4
12 ~ 16	C	D
16 ~ 20	8	0.2
합계	E	1

① $A=0.05$　② $B=16$　③ $C=9$
④ $D=0.25$　⑤ $E=40$

632

오른쪽은 현지네 반 학생들의 국어 성적을 조사하여 나타낸 상대도수의 분포표이다. 다음 물음에 답하시오.

국어 성적(점)	학생 수(명)	상대도수
50이상 ~ 60미만	4	0.16
60 ~ 70	7	A
70 ~ 80	B	0.2
80 ~ 90	6	0.24
90 ~ 100	3	C
합계		1

(1) $A+B+C$의 값을 구하시오.

(2) 국어 성적이 70점 이상인 학생은 전체의 몇 %인지 구하시오.

633

오른쪽은 진우네 학교 학생 50명이 한 달 동안 학교 홈페이지에 접속한 횟수를 조사하여 나타낸 상대도수의 분포표이다. 접속 횟수가 2회 이상 4회 미만인 학생은 몇 명인지 구하시오.

접속 횟수(회)	상대도수
0이상 ~ 2미만	0.12
2 ~ 4	
4 ~ 6	0.36
6 ~ 8	0.16
8 ~ 10	0.2
합계	

634

오른쪽은 수연이네 반 학생 20명의 하루 동안 TV 시청 시간을 조사하여 나타낸 상대도수의 분포표이다. 시청 시간이 2시간 이상인 학생 수가 1시간 이상 2시간 미만인 학생 수의 1.5배일 때, 2시간 미만인 학생은 몇 명인지 구하시오.

시청 시간(시간)	상대도수
0이상 ~ 1미만	0.25
1 ~ 2	
2 ~ 3	0.2
3 ~ 4	
합계	1

유형 19 찢어진 상대도수의 분포표

635 대표 문제

다음은 현성이네 반 학생들의 키를 조사하여 나타낸 상대도수의 분포표인데 찢어져 일부만 보인다. 키가 155 cm 이상 160 cm 미만인 계급의 상대도수는?

키(cm)	학생 수(명)	상대도수
150이상~155미만	4	0.16
155 ~160	9	
160 ~165		

① 0.3 ② 0.32 ③ 0.34
④ 0.36 ⑤ 0.38

636

다음은 어느 중학교 1학년 학생들의 가방 무게를 조사하여 나타낸 상대도수의 분포표인데 찢어져 일부만 보인다. 가방 무게가 2 kg 이상 3 kg 미만인 학생은 몇 명인지 구하시오.

가방 무게(kg)	학생 수(명)	상대도수
1이상~2미만	9	0.15
2 ~3		0.4
3 ~4		

637

다음은 재영이네 반 학생들의 통학 시간을 조사하여 나타낸 상대도수의 분포표인데 찢어져 일부만 보인다. 통학 시간이 20분 이상인 학생이 전체의 25 %일 때, 통학 시간이 10분 이상 20분 미만인 학생은 몇 명인지 구하시오.

통학 시간(분)	학생 수(명)	상대도수
0이상~10미만	12	0.375
10 ~20		
20 ~30		

유형 20 도수의 총합이 다른 두 집단의 상대도수

638 대표 문제

다음은 영우네 학교 1학년 1반 학생들과 1학년 전체 학생들의 오래 매달리기 기록을 조사하여 나타낸 도수분포표이다. 1학년 전체가 1반보다 상대도수가 더 작은 계급은 모두 몇 개인가?

오래 매달리기 기록(초)	1학년 학생 수(명)	
	1반	전체
0이상~10미만	3	15
10 ~20	5	30
20 ~30	8	42
30 ~40	6	36
40 ~50	3	27
합계	25	150

① 0개 ② 1개 ③ 2개
④ 3개 ⑤ 4개

639

다음은 민영이네 학교 1학년, 2학년 학생들이 하루 동안 푼 수학 문제의 개수를 조사하여 나타낸 도수분포표이다. 1학년과 2학년 중 하루 동안 푼 수학 문제의 개수가 10개 이상 15개 미만인 학생의 비율이 더 높은 쪽을 말하시오.

하루 동안 푼 수학 문제(개)	도수(명)	
	1학년	2학년
0이상~ 5미만	40	15
5 ~10	65	35
10 ~15	55	45
15 ~20	30	25
20 ~25	25	30
25 ~30	35	50
합계	250	200

640

아래는 준호네 학교 1학년 1반과 2반 학생들의 과학 성적을 조사하여 나타낸 상대도수의 분포표이다. 다음 중 옳지 않은 것은?

과학 성적(점)	1반		2반	
	학생 수(명)	상대도수	학생 수(명)	상대도수
50이상 ~ 60미만	4	0.2	3	B
60 ~ 70	5	0.25	5	0.2
70 ~ 80	A		6	0.24
80 ~ 90	7		8	
90 ~ 100	1	0.05	3	
합계		1	25	1

① 1반의 전체 학생은 20명이다.
② A의 값은 3이다.
③ B의 값은 0.12이다.
④ 과학 성적이 80점 이상인 학생이 차지하는 비율은 2반이 1반보다 높다.
⑤ 1반, 2반 전체 학생 중 과학 성적이 70점 이상 80점 미만인 학생은 39 %이다.

641

다음은 손 세정제 A를 구입한 고객 150명과 손 세정제 B를 구입한 고객을 대상으로 소비자 만족도를 조사하여 나타낸 상대도수의 분포표의 일부이다.

만족도 점수(점)	상대도수	
	손 세정제 A	손 세정제 B
90이상~100미만	0.32	0.3

두 세정제의 만족도 점수를 90점 이상 100점 미만 준 고객의 수가 서로 같을 때, 손 세정제 B를 구입한 고객은 몇 명인지 구하시오.

유형 21 도수의 총합이 다른 두 집단의 상대도수의 비

642 대표 문제

두 반 A, B의 도수의 총합의 비가 4 : 5이고 어떤 계급의 도수의 비가 3 : 2일 때, 이 계급의 상대도수의 비는?

① 15 : 8 ② 5 : 3 ③ 15 : 7
④ 5 : 2 ⑤ 3 : 1

643

두 자료 A, B의 도수의 총합의 비가 4 : 5이고 어떤 계급의 상대도수의 비가 3 : 2일 때, 이 계급의 도수의 비는?

① 3 : 4 ② 4 : 3 ③ 5 : 6
④ 6 : 5 ⑤ 8 : 5

644

전체 직원 수가 각각 800명, 600명인 A 회사와 B 회사의 직원들의 근무 기간을 조사하여 각각 도수분포표로 나타내었더니 5년 이상 10년 미만인 계급의 도수가 서로 같았다. A 회사와 B 회사의 5년 이상 10년 미만인 계급의 상대도수의 비를 가장 간단한 자연수의 비로 나타내시오.

유형 22 상대도수의 분포를 나타낸 그래프(1)

645 대표 문제

오른쪽은 연수네 학교 학생 200명의 일주일 동안의 독서 시간에 대한 상대도수의 분포를 나타낸 그래프이다. 다음 중 옳지 않은 것은?

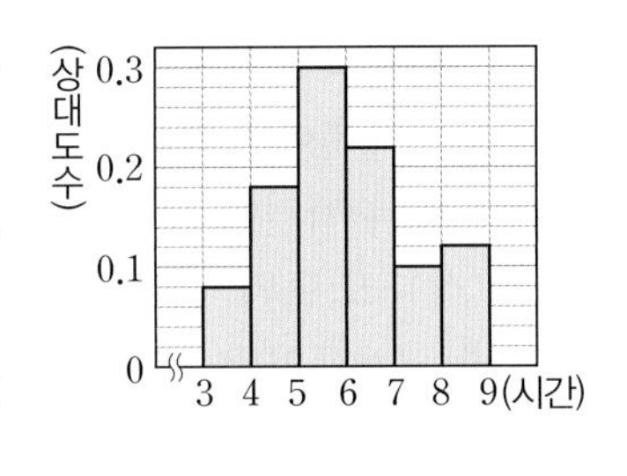

① 계급의 개수는 6이다.
② 도수가 가장 작은 계급은 3시간 이상 4시간 미만이다.
③ 독서 시간이 5시간 미만인 학생은 전체의 26 %이다.
④ 상대도수가 가장 큰 계급의 도수는 60명이다.
⑤ 독서 시간이 6시간 미만인 학생은 독서 시간이 7시간 이상인 학생보다 70명 더 많다.

646

오른쪽은 어느 중학교 축구부 학생 50명의 키에 대한 상대도수의 분포를 나타낸 그래프이다. 키가 10번째로 큰 학생이 속하는 계급의 도수를 구하시오.

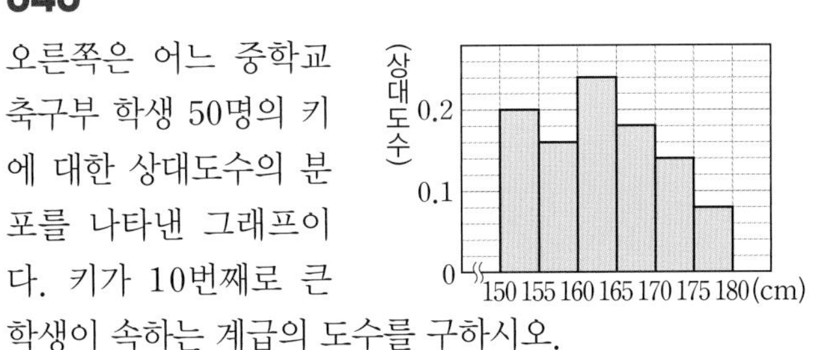

647

오른쪽은 영우네 학교 학생 300명의 1분 동안의 맥박 수에 대한 상대도수의 분포를 나타낸 그래프이다. 다음 물음에 답하시오.

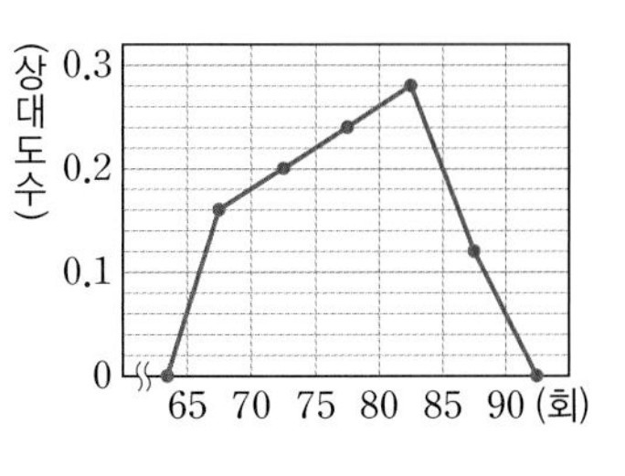

(1) 1분 동안의 맥박 수가 80회 미만인 학생은 전체의 몇 %인지 구하시오.
(2) 1분 동안의 맥박 수가 80회 이상 85회 미만인 학생은 몇 명인지 구하시오.
(3) 도수가 가장 큰 계급을 구하시오.

648

오른쪽은 어느 회사 직원 800명의 출근 시각에 대한 상대도수의 분포를 나타낸 그래프이다. 어느 헬스장에서 이 회사 직원들이 가장 많이 출근하는 시간대를 골라 20분 동안 홍보지를 한 명당 한 장씩 빠짐없이 나누어 주려고 한다. 이때 필요한 홍보지는 모두 몇 장인가?
(단, 홍보지를 나누어 주기 시작하는 시각은 그래프에서 각 계급의 끝 값 중 하나이다.)

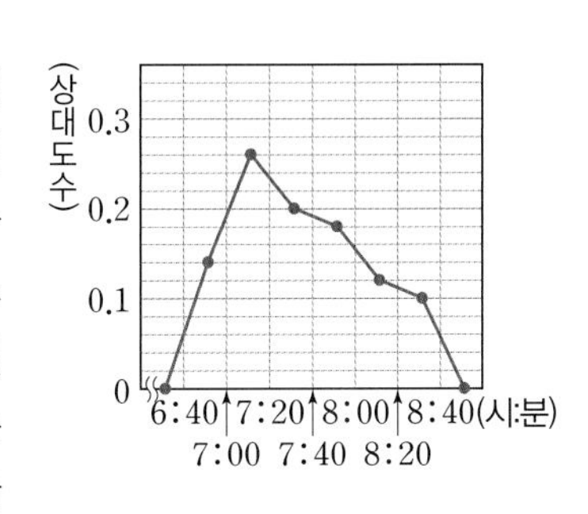

① 192장 ② 200장 ③ 208장
④ 216장 ⑤ 224장

유형 23 상대도수의 분포를 나타낸 그래프(2)

649 대표 문제

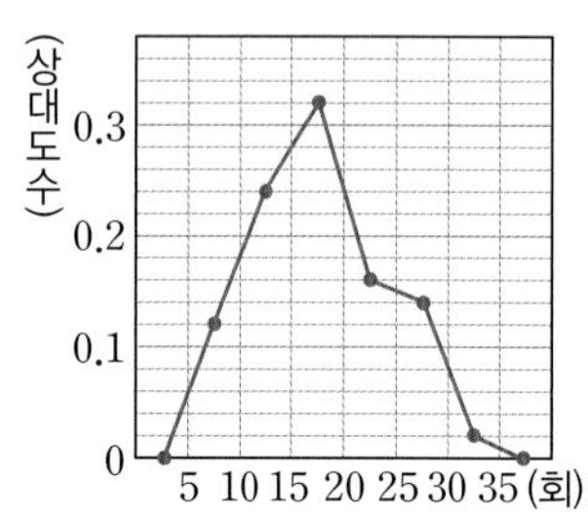

오른쪽은 정현이네 학교 학생들의 한 달 동안의 도서관 이용 횟수에 대한 상대도수의 분포를 나타낸 그래프이다. 도서관 이용 횟수가 25회 이상인 학생이 40명일 때, 15회 미만인 학생은 몇 명인지 구하시오.

650

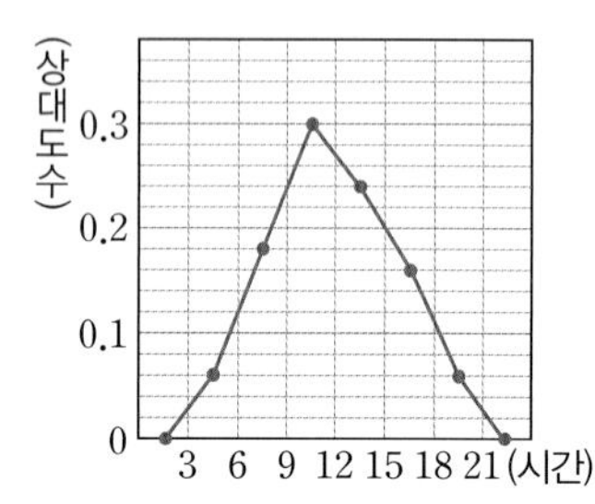

오른쪽은 미연이네 학교 1학년 학생들의 일주일 동안의 컴퓨터 사용 시간에 대한 상대도수의 분포를 나타낸 그래프이다. 컴퓨터 사용 시간이 9시간 이상 12시간 미만인 학생 수와 12시간 이상 15시간 미만인 학생 수의 차가 12명일 때, 1학년 전체 학생은 몇 명인가?

① 200명 ② 210명 ③ 220명
④ 230명 ⑤ 240명

유형 24 일부가 보이지 않는 상대도수의 분포를 나타낸 그래프

651 대표 문제

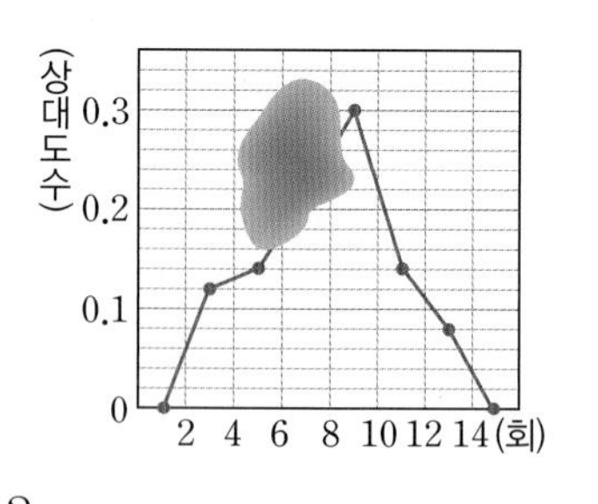

오른쪽은 태훈이네 학교 학생 250명의 턱걸이 횟수에 대한 상대도수의 분포를 나타낸 그래프인데 잉크를 쏟아 일부가 보이지 않는다. 턱걸이 횟수가 6회 이상 8회 미만인 학생은 몇 명인가?

① 53명 ② 54명 ③ 55명
④ 56명 ⑤ 57명

652

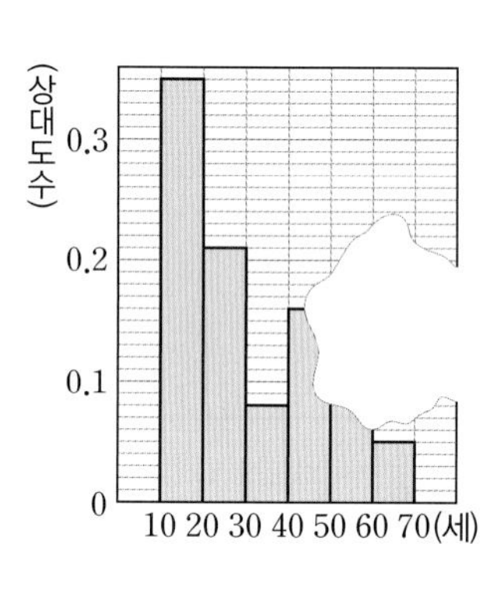

오른쪽은 어느 다이어리를 구매한 사람들의 나이에 대한 상대도수의 분포를 나타낸 그래프인데 일부가 찢어져 보이지 않는다. 30세 미만인 구매자가 112명일 때, 50대 구매자는 몇 명인지 구하시오.

653

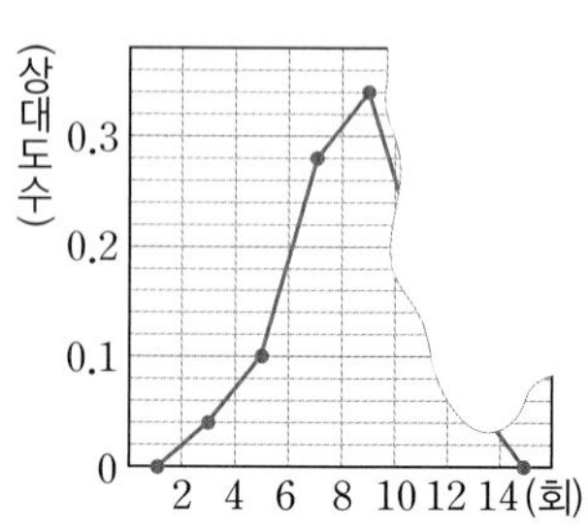

오른쪽은 소연이네 학교 학생들의 한 달 동안의 대중교통 이용 횟수에 대한 상대도수의 분포를 나타낸 그래프인데 일부가 찢어져 보이지 않는다. 대중교통을 8회 이상 이용한 학생이 29명일 때, 10회 이상 이용한 학생은 몇 명인지 구하시오.

발전 유형 25 도수의 총합이 다른 두 집단의 비교

654 대표 문제

오른쪽은 민후네 학교 1학년 남학생과 여학생의 윗몸 일으키기 횟수에 대한 상대도수의 분포를 나타낸 그래프이다. 다음 중 옳은 것은?

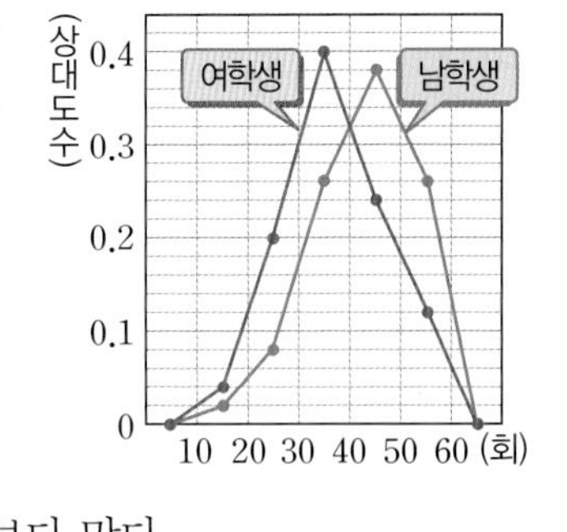

① 윗몸 일으키기 횟수가 40회 이상 50회 미만인 학생은 남학생이 여학생보다 많다.
② 남학생 중 도수가 가장 작은 계급의 계급값은 25회이다.
③ 여학생 중 윗몸 일으키기 횟수가 50회 이상인 학생은 여학생 전체의 16 %이다.
④ 남학생의 기록이 여학생의 기록보다 좋은 편이다.
⑤ 윗몸 일으키기 횟수가 20회 미만인 여학생과 남학생은 1학년 전체의 6 %이다.

655

오른쪽은 윤경이네 학교 남학생과 여학생의 일주일 동안의 평균 수면 시간에 대한 상대도수의 분포를 나타낸 그래프이다. 물음에 답하시오.

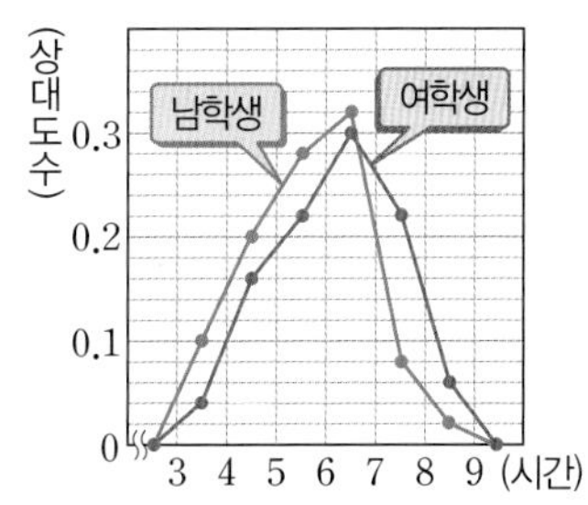

(1) 남학생과 여학생 중 어느 쪽의 수면 시간이 더 많은 편인지 말하시오.
(2) 남학생이 100명, 여학생이 150명일 때, 수면 시간이 6시간 이상 7시간 미만인 학생은 어느 쪽이 몇 명 더 많은지 구하시오.

656

오른쪽은 A 중학교 200명과 B 중학교 150명의 국어 성적에 대한 상대도수의 분포를 나타낸 그래프이다. 다음 보기에서 옳은 것을 모두 고른 것은?

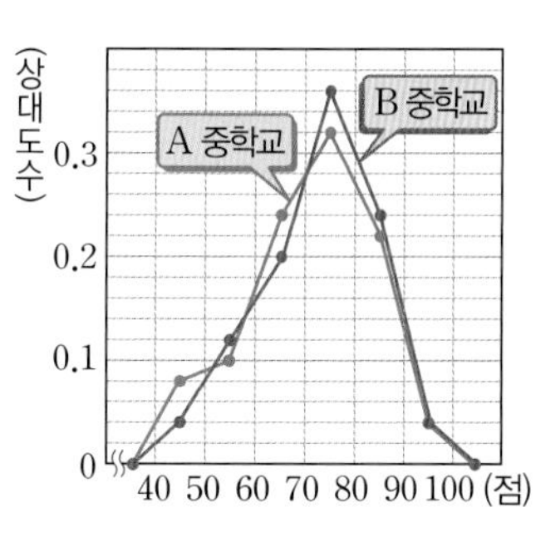

보기

ㄱ. 각각의 그래프와 가로축으로 둘러싸인 부분의 넓이의 차는 50이다.
ㄴ. 국어 성적이 60점 이상 80점 미만인 학생 수는 A 중학교와 B 중학교가 같다.
ㄷ. 국어 성적이 80점 이상인 학생은 A 중학교가 B 중학교보다 10명 더 많다.

① ㄱ　② ㄴ　③ ㄷ
④ ㄱ, ㄷ　⑤ ㄴ, ㄷ

657

오른쪽은 A 도시 시민 300명과 B 도시 시민 200명이 한 달 동안 지출한 도서 구입비에 대한 상대도수의 분포를 나타낸 그래프이다. A, B 두 도시의 도수의 차가 가장 큰 계급을 구하시오.

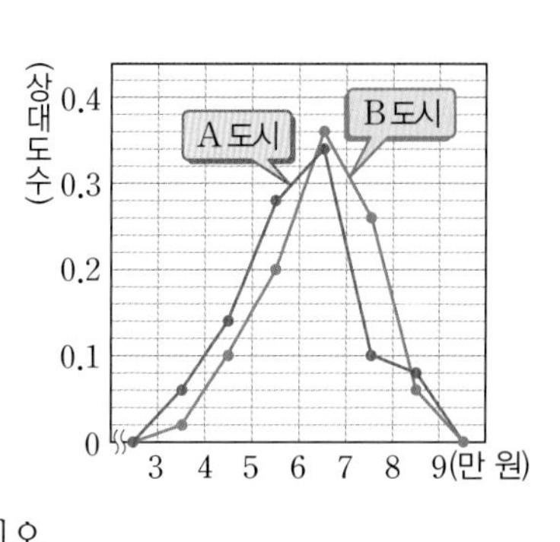

658 유형 04 ◎ 유형 07

다음 줄기와 잎 그림은 지은이네 반 학생 19명의 팔 굽혀 펴기 횟수를 조사하여 나타낸 것이다. 잎은 크기순으로 나열되어 있고 중앙값이 최빈값보다 4회만큼 클 때, $x+y$의 값은?

(2|2는 22회)

줄기	잎
0	1 6 6 7
1	0 1 2 2 x y 6 8 8
2	2 3 6 6 7 7

① 6 ② 7 ③ 8
④ 9 ⑤ 10

| 해결 전략 | 잎의 개수가 변량의 개수이고, 변량의 개수 n이 홀수이면 중앙값은 $\frac{n+1}{2}$번째 변량임을 안다.

659 유형 02

9개의 정수 6, 7, 2, 2, 9, 3, p, q, r의 중앙값이 될 수 있는 가장 큰 수를 구하시오.

| 해결 전략 | 중앙값이 가장 큰 수가 되려면 p, q, r의 값이 9보다 커야 함을 안다.

660 유형 02 ◎ 유형 03

다음 자료는 학생 8명의 1년 동안의 봉사 활동 시간을 조사하여 나타낸 것이다. 이 자료의 중앙값이 8시간, 최빈값이 10시간일 때, $a+b+c$의 값을 구하시오.

(단위 : 시간)

5, 6, 10, 7, 6, a, b, c

| 해결 전략 | 최빈값이 10시간임을 이용하여 a, b, c 중 2개의 값을 구한다.

661 유형 08 ◎ 유형 09

오른쪽은 상호네 반 학생들이 가지고 있는 필기도구의 개수를 조사하여 나타낸 도수분포표이다. 이 도수분포표가 다음 조건을 모두 만족시킬 때, 필기도구가 4개 미만인 학생은 몇 명인지 구하시오.

필기도구의 개수(개)	학생 수(명)
0이상 ~ 2미만	2
2 ~ 4	
4 ~ 6	
6 ~ 8	6
8 ~ 10	2
합계	

(가) 필기도구가 6개 미만인 학생은 전체의 68 %이다.
(나) 계급값이 5개인 계급의 도수는 계급값이 3개인 계급의 도수의 4배이다.

| 해결 전략 | 먼저 (가)를 이용하여 전체 학생 수를 구한다.

662 유형 14

오른쪽은 어느 축구 리그에서 10골 이상 넣은 선수들의 골 수를 조사하여 나타낸 도수분포다각형인데 얼룩져 일부가 보이지 않는다. 골 수가 20골 미만인 선수가 전체의 20 %이고 25골 이상 30골 미만인 선수가 전체의 30 %일 때, 30골 이상 35골 미만인 선수는 몇 명인지 구하시오.

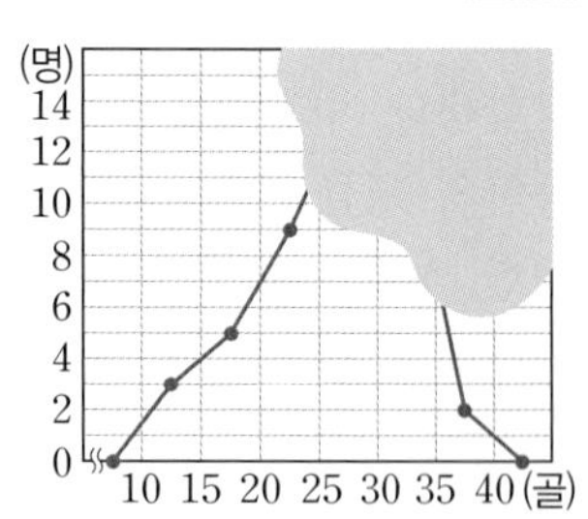

| 해결 전략 | 20골 미만인 선수가 전체의 20 %임을 이용하여 전체 선수 수를 구한다.

663

유형 15

오른쪽은 어느 중학교 A반과 B반 학생들의 미술 성적을 조사하여 나타낸 도수분포다각형이다. A반에서 상위 30 %인 학생의 미술 성적은 B반에서는 적어도 상위 몇 %인지 구하시오.

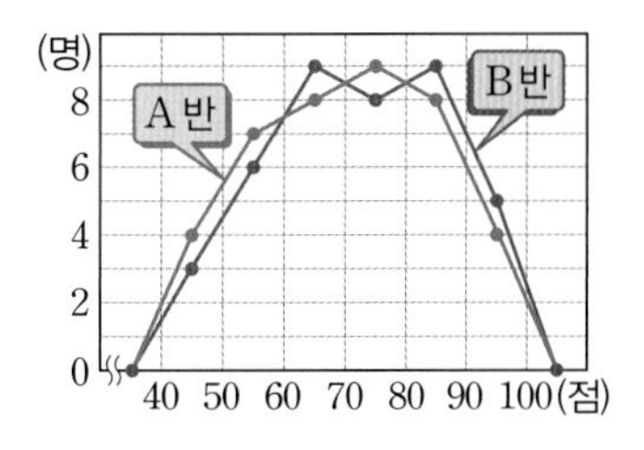

| 해결 전략 | A반에서 상위 30 %인 학생이 속하는 계급을 구하고 B반에서 그 계급의 도수를 구한다.

664

유형 12 ⊕ 유형 17

오른쪽은 어느 무용 동아리 학생 50명의 방학 동안의 연습실 이용 횟수를 조사하여 나타낸 히스토그램인데 일부가 찢어져 보이지 않는다. 이용 횟수가 20회 이상 24회 미만인 계급의 상대도수가 0.24일 때, 16회 이상 20회 미만인 계급의 상대도수를 구하시오.

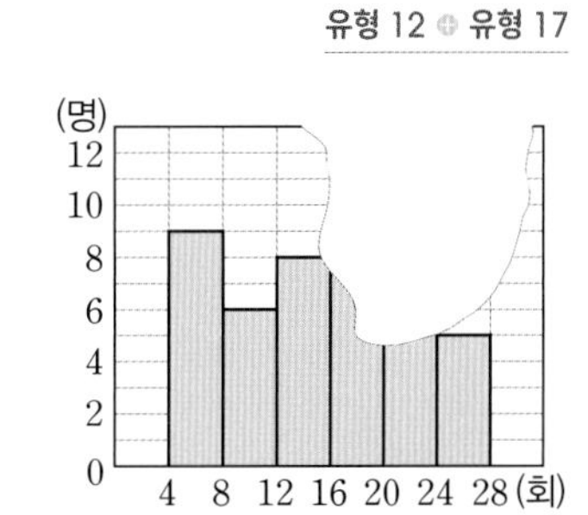

| 해결 전략 | (어떤 계급의 도수)=(도수의 총합)×(그 계급의 상대도수)임을 안다.

665

유형 21

A 동아리 학생 수는 B 동아리 학생 수의 3배이고, A 동아리에서 안경을 쓴 학생 수는 B 동아리에서 안경을 쓴 학생 수의 2배이다. A 동아리와 B 동아리에서 안경을 쓴 학생 수의 상대도수의 비를 가장 간단한 자연수의 비로 나타내시오.

| 해결 전략 | 두 수의 비가 ♥ : ★이면 그 수를 각각 ♥a, ★a로 놓을 수 있다.

666

유형 23

오른쪽은 어느 학교 학생들이 하루 동안 마신 물의 양에 대한 상대도수의 분포를 나타낸 그래프이다. 도수가 가장 큰 계급과 가장 작은 계급의 도수의 차가 64명일 때, 물을 25번째로 많이 마신 학생이 속하는 계급을 구하시오.

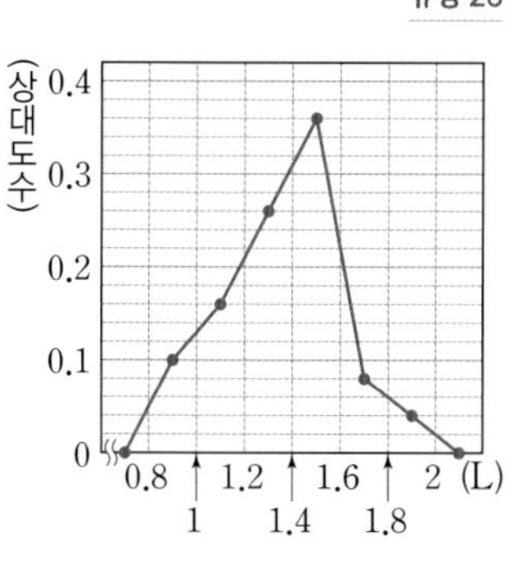

| 해결 전략 | 전체 도수를 미지수로 놓고 주어진 조건을 이용한다.

667

유형 10 ⊕ 유형 11 ⊕ 유형 12

오른쪽은 서현이네 동아리 학생들에게 영어 단어를 30분 동안 보게 한 후 몇 개를 기억하는지를 조사하여 나타낸 히스토그램인데 일부가 찢어져 보이지 않는다. 모든 직사각형의 넓이의 합이 192이고 서현이가 영어 단어를 27개 기억할 때, 서현이보다 영어 단어를 많이 기억한 학생은 적어도 몇 명인지 구하시오.

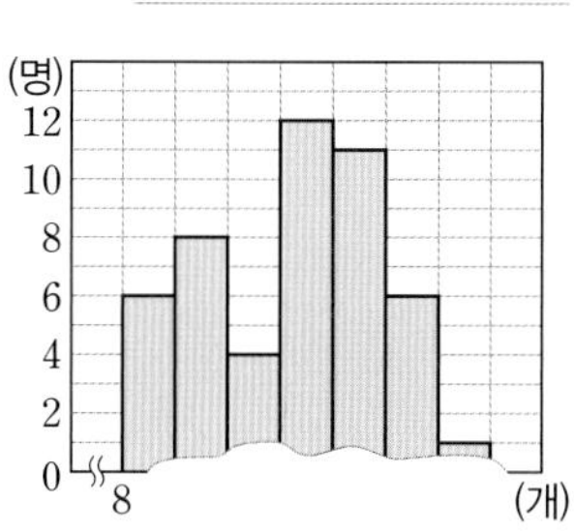

| 해결 전략 | 히스토그램에서 직사각형의 넓이의 합은 (계급의 크기)×(도수의 총합)임을 안다.

668

유형 19

다음은 태우네 반 학생들의 50 m 달리기 기록을 조사하여 나타낸 상대도수의 분포표인데 찢어져 일부만 보인다. 기록이 11.5초 이상인 학생들에게 재도전의 기회를 줄 때, 재도전할 수 있는 학생은 몇 명인지 구하시오.

기록(초)	학생 수(명)	상대도수
7.5이상 ~ 8.5미만	5	
8.5 ~ 9.5		0.15
	7	0.175
		0.25

| 해결 전략 | 도수와 상대도수가 주어진 계급에서 도수의 총합을 구한다.

669

유형 13

다음은 어느 편의점에서 과자의 남은 유통 기한을 조사하여 나타낸 도수분포다각형인데 세로축이 보이지 않는다. 색칠한 두 삼각형의 넓이를 각각 S_1, S_2라 하면 $S_1+S_2=300$일 때, 유통 기한이 60일 미만 남은 과자는 몇 개인지 구하시오.

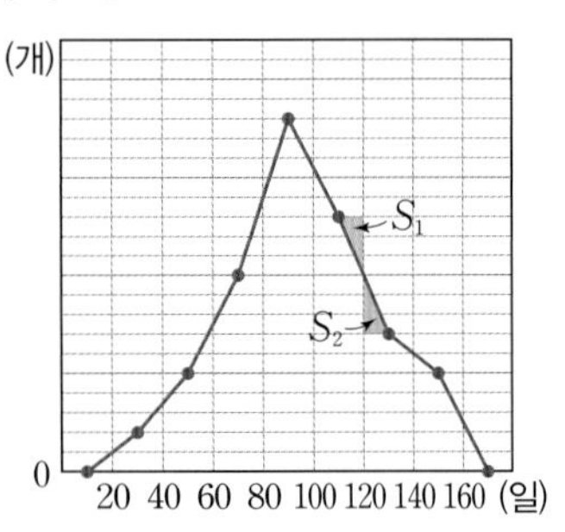

| 해결 전략 | 두 삼각형의 넓이 S_1, S_2가 같음을 안다.

670

유형 18

다음은 어느 중학교 학생들의 일주일 동안의 취미 활동 시간을 조사하여 나타낸 상대도수의 분포표이다. 취미 활동 시간이 7시간 미만인 학생이 전체의 x %일 때, x의 값은?

취미 활동 시간(시간)	학생 수(명)	상대도수
1이상 ~ 3미만		0.33
3 ~ 5		0.15
5 ~ 7	75	
7 ~ 9	45	
9 ~ 11		0.12
합계		1

① 70 ② 73 ③ 75
④ 78 ⑤ 80

| 해결 전략 | 도수와 상대도수가 주어진 계급에서 도수의 총합을 구한다.

[671~672] 다음은 어느 중학교 1학년 남학생 80명과 여학생 100명의 하루 스마트폰 사용 시간에 대한 상대도수의 분포를 나타낸 그래프인데 얼룩져 일부가 보이지 않는다. 물음에 답하시오.

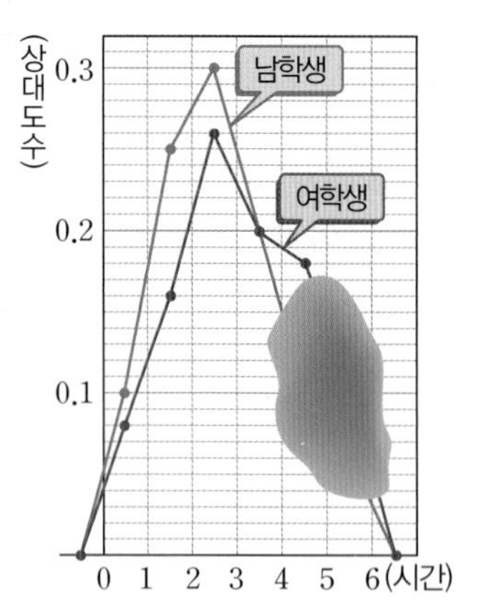

671

유형 24 ◎ 유형 25

스마트폰 사용 시간이 남학생 중에서 12번째로 많은 학생이 있다. 이 학생의 스마트폰 사용 시간은 1학년 전체에서 a번째로 많다고 할 때, 가장 큰 a의 값을 구하시오.

| 해결 전략 | 남학생 중에서 사용 시간이 12번째로 많은 학생이 속하는 계급을 구한다.

672

유형 24 ◎ 유형 25

남학생과 여학생의 스마트폰 사용 시간에 대해 잘못 설명한 학생을 찾고, 그 이유를 쓰시오.

> 진하 : 스마트폰 사용 시간이 4시간 미만인 학생 수의 상대도수는 남학생이 여학생보다 더 커.
> 민주 : 그럼, 스마트폰 사용 시간이 4시간 미만인 학생은 남학생이 여학생보다 많겠네.

| 해결 전략 | 사용 시간이 4시간 미만인 남학생 수와 여학생 수를 각각 구한다.

모바일 빠른 정답

QR 코드를 찍으면 정답 및 풀이를
쉽고 빠르게 확인할 수 있습니다.

내신을 위한 강력한 한 권!

164유형 1714문항

MATHING

수매씽 유형

중학 수학

1·2

정답 및 풀이

동아출판

수매씽 MATHING 유형

중학 수학 1·2

내신과 등업을 위한 강력한 한 권!

수매씽 개념연산

중등 : 1~3학년 1·2학기

수매씽 개념

중등 : 1~3학년 1·2학기

고등(22개정) : 공통수학1, 공통수학2, 대수, 미적분Ⅰ, 확률과 통계, 미적분Ⅱ, 기하

수매씽 유형

중등 : 1~3학년 1·2학기

고등(15개정) : 수학Ⅰ, 수학Ⅱ, 확률과 통계, 미적분

고등(22개정) : 공통수학1, 공통수학2, 대수, 미적분Ⅰ, 확률과 통계, 미적분Ⅱ

Telephone 1644-0600
Homepage www.bookdonga.com
Address 서울시 영등포구 은행로 30 (우 07242)

- 정답 및 풀이는 동아출판 홈페이지 내 학습자료실에서 내려받을 수 있습니다.
- 교재에서 발견된 오류는 동아출판 홈페이지 내 정오표에서 확인 가능하며, 잘못 만들어진 책은 구입처에서 교환해 드립니다.
- 학습 상담, 제안 사항, 오류 신고 등 어떠한 이야기라도 들려주세요.

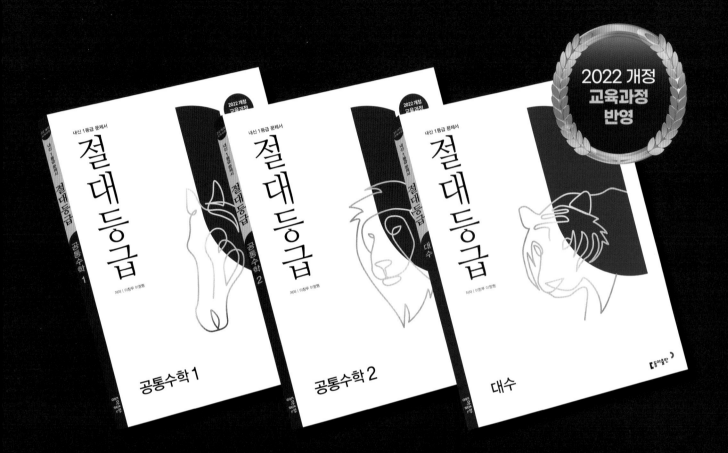

유형북

01 기본 도형

개념 잡기

8~11쪽

0001 답 ○

0002 원은 평면도형이고, 원기둥은 입체도형이다. 답 ×

0003 답 ○

0004 답 ○

0005 답 점 A

0006 답 점 F

0007 답 모서리 CD

0008 답 8

0009 답 12

0010 답 6

0011 답 $\overleftrightarrow{PQ}$ (또는 $\overleftrightarrow{QP}$)

0012 답 $\overrightarrow{PQ}$

0013 답 $\overrightarrow{QP}$

0014 답 $\overline{PQ}$ (또는 $\overline{QP}$)

0015 답 =

0016 답 ≠

0017 답 =

0018 답 ≠

0019 답 5 cm

0020 답 4 cm

0021 답 2, 6

0022 답 $\frac{1}{2}$, 4

0023 답 ∠BAD (또는 ∠DAB)

0024 답 ∠BCE (또는 ∠ECB)

0025 답 예각

0026 답 둔각

0027 답 평각

0028 답 예각

0029 답 둔각

0030 답 직각

0031 $x=180-40=140$ 답 140

0032 $x=180-35-90=55$ 답 55

0033 $3x+x=180$, $4x=180$ $\therefore x=45$ 답 45

0034 답 $\angle e$, $\angle f$, $\angle g$, $\angle h$

0035 답 $\angle a$, $\angle b$, $\angle c$, $\angle d$

0036 답 $\angle d$

0037 $\angle x=180°-45°=135°$
$\angle y=45°$ (맞꼭지각) 답 $\angle x=135°$, $\angle y=45°$

0038 $\angle x=180°-20°-90°=70°$
$\angle y=\angle x=70°$ (맞꼭지각) 답 $\angle x=70°$, $\angle y=70°$

0039 답 $\overline{AD}\perp\overline{CD}$, $\overline{BC}\perp\overline{CD}$

0040 답 점 D

0041 점 B와 $\overline{CD}$ 사이의 거리는 $\overline{BC}$의 길이와 같으므로 6 cm 이다. 답 6 cm

0042 점 A와 $\overline{BC}$ 사이의 거리는 $\overline{CD}$의 길이와 같으므로 4 cm 이다. 답 4 cm

유형 다 잡기

12~20쪽

0043 꼭짓점의 개수가 5이므로 교점의 개수 $x=5$
모서리의 개수가 8이므로 교선의 개수 $y=8$
$\therefore x+y=5+8=13$ 답 13

0044 꼭짓점의 개수가 6이므로 교점의 개수는 6
모서리의 개수가 9이므로 교선의 개수는 9
답 교점의 개수 : 6, 교선의 개수 : 9

0045 꼭짓점의 개수가 8이므로 교점의 개수 $x=8$
모서리의 개수가 12이므로 교선의 개수 $y=12$
면의 개수가 6이므로 $z=6$
$\therefore x+y-z=8+12-6=14$ 답 14

0046 ㄴ. 면과 면이 만나서 생기는 교선은 직선 또는 곡선이다.
ㄷ. 오각뿔에서 교점의 개수와 면의 개수는 6으로 같다.
ㄹ. 오각기둥의 교선의 개수는 15이다.
따라서 옳은 것은 ㄱ, ㄷ이다. 답 ㄱ, ㄷ

0047 ③ 두 반직선의 시작점과 방향이 모두 다르므로
$\overrightarrow{CA}\neq\overrightarrow{AC}$ 답 ③
참고 $\overrightarrow{CA}=\overrightarrow{CB}$, $\overrightarrow{AC}=\overrightarrow{AB}=\overrightarrow{AD}$

0048 $\overrightarrow{PQ}$와 같은 반직선은 ③ $\overrightarrow{PR}$, ⑤ $\overrightarrow{PS}$이다. 답 ③, ⑤

0049 잘못 이야기한 학생은 주호이다. …❶
$\overline{CA}$는 점 C에서 점 A까지의 부분이고, $\overline{CB}$는 점 C에서 점 B까지의 부분이므로 $\overline{CA}$와 $\overline{CB}$는 서로 다른 선분이다. …❷
답 주호, 풀이 참조

채점 기준	비율
❶ 잘못 이야기한 학생 찾기	30 %
❷ 이유 설명하기	70 %

0050 네 점이 한 직선 위에 있으므로 네 점 중 서로 다른 두 점을 이어 만든 직선은 모두 같다. 즉, $\overleftrightarrow{AB}=\overleftrightarrow{CA}$
시작점과 방향이 모두 같은 반직선은 서로 같으므로
$\overrightarrow{CA}=\overrightarrow{CB}$, $\overrightarrow{BC}=\overrightarrow{BD}$
선분 CB와 선분 BC는 같은 선분이므로 $\overline{CB}=\overline{BC}$
따라서 서로 같은 도형은 ㄱ과 ㅁ, ㄴ과 ㅅ, ㄷ과 ㄹ, ㅂ과 ㅇ이다. 답 ㄱ과 ㅁ, ㄴ과 ㅅ, ㄷ과 ㄹ, ㅂ과 ㅇ

0051 $\overrightarrow{CB}$를 포함하는 것은 $\overleftrightarrow{AB}$, $\overrightarrow{DC}$, $\overline{CD}$의 3개이다. 답 ③

0052 ① 세 점 A, B, D는 한 직선 위에 있지 않으므로
$\overleftrightarrow{AB}\neq\overleftrightarrow{AD}$
② 두 반직선의 방향이 다르므로 $\overrightarrow{AC}\neq\overrightarrow{AD}$
③ $\overline{AB}\neq\overline{AC}$
④ 두 반직선의 시작점과 방향이 모두 다르므로 $\overrightarrow{AB}\neq\overrightarrow{BA}$
⑤ 세 점 A, B, C는 한 직선 위에 있으므로 $\overleftrightarrow{AC}=\overleftrightarrow{BC}$
답 ⑤

0053 ㄱ. $\overrightarrow{BA}$와 $\overrightarrow{BC}$는 방향이 다르므로 서로 같은 도형이 아니다.
따라서 옳은 것은 ㄴ, ㄷ, ㄹ이다. 답 ㄴ, ㄷ, ㄹ

0054 만들 수 있는 서로 다른 직선은 $\overleftrightarrow{AB}$, $\overleftrightarrow{AC}$, $\overleftrightarrow{AD}$, $\overleftrightarrow{BC}$, $\overleftrightarrow{BD}$, $\overleftrightarrow{CD}$의 6개이므로 $x=6$
반직선의 개수는 직선의 개수의 2배이므로
$y=6\times2=12$
선분의 개수는 직선의 개수와 같으므로 $z=6$
$\therefore x+y+z=6+12+6=24$ 답 24

다른 풀이 4개의 점으로 만들 수 있는 서로 다른 직선의 개수는 $\frac{4\times3}{2}=6$이므로 $x=6$
반직선의 개수는 직선의 개수의 2배이므로 $y=6\times2=12$
선분의 개수는 직선의 개수와 같으므로 $z=6$
$\therefore x+y+z=6+12+6=24$

참고 어느 세 점도 한 직선 위에 있지 않은 n개의 점 중 두 점을 이어 만들 수 있는 서로 다른 직선, 반직선, 선분의 개수는 다음과 같다.
(1) (직선의 개수) $=\frac{n(n-1)}{2}$
(2) (반직선의 개수) = (직선의 개수) $\times2=n(n-1)$
(3) (선분의 개수) = (직선의 개수) $=\frac{n(n-1)}{2}$

0055 만들 수 있는 서로 다른 직선은 $\overleftrightarrow{AB}$, $\overleftrightarrow{AC}$, $\overleftrightarrow{AD}$, $\overleftrightarrow{AE}$, $\overleftrightarrow{BC}$, $\overleftrightarrow{BD}$, $\overleftrightarrow{BE}$, $\overleftrightarrow{CD}$, $\overleftrightarrow{CE}$, $\overleftrightarrow{DE}$의 10개이다. 답 ④

다른 풀이 5개의 점 A, B, C, D, E는 어느 세 점도 한 직선 위에 있지 않다.
이 중 두 점을 이어 만들 수 있는 서로 다른 직선의 개수는
$\frac{5\times4}{2}=10$

0056 만들 수 있는 서로 다른 직선은 $\overleftrightarrow{AB}$, $\overleftrightarrow{AC}$, $\overleftrightarrow{AD}$, $\overleftrightarrow{AE}$, $\overleftrightarrow{AF}$, $\overleftrightarrow{BC}$, $\overleftrightarrow{BD}$, $\overleftrightarrow{BE}$, $\overleftrightarrow{BF}$, $\overleftrightarrow{CD}$, $\overleftrightarrow{CE}$, $\overleftrightarrow{CF}$, $\overleftrightarrow{DE}$, $\overleftrightarrow{DF}$, $\overleftrightarrow{EF}$의 15개이므로 $x=15$
반직선의 개수는 직선의 개수의 2배이므로
$y=15\times2=30$
$\therefore x+y=15+30=45$ 답 45

다른 풀이 6개의 점 A, B, C, D, E, F는 어느 세 점도 한 직선 위에 있지 않다.
이 중 두 점을 이어 만들 수 있는 서로 다른 직선의 개수는
$\frac{6\times5}{2}=15$이므로 $x=15$
반직선의 개수는 직선의 개수의 2배이므로
$y=15\times2=30$ $\therefore x+y=15+30=45$

0057 네 점 A, B, C, D는 한 직선 l 위에 있으므로 만들 수 있는 서로 다른 직선은 직선 l의 1개이다.
$\therefore x=1$
반직선은 $\overrightarrow{AB}(=\overrightarrow{AC}=\overrightarrow{AD})$, $\overrightarrow{BC}(=\overrightarrow{BD})$, $\overrightarrow{CD}$, $\overrightarrow{DA}(=\overrightarrow{DB}=\overrightarrow{DC})$, $\overrightarrow{CA}(=\overrightarrow{CB})$, $\overrightarrow{BA}$의 6개이므로
$y=6$
선분은 $\overline{AB}$, $\overline{AC}$, $\overline{AD}$, $\overline{BC}$, $\overline{BD}$, $\overline{CD}$의 6개이므로
$z=6$
$\therefore x+y+z=1+6+6=13$ 답 13

다른 풀이 직선은 직선 l의 1개이므로 $x=1$
반직선의 개수는 $2\times3=6$이므로 $y=6$
선분의 개수는 $\frac{4\times3}{2}=6$이므로 $z=6$
$\therefore x+y+z=1+6+6=13$

참고 한 직선 위에 있는 n개의 점 중 두 점을 이어 만들 수 있는 서로 다른 직선, 반직선, 선분의 개수는 다음과 같다.
(1) (직선의 개수) $=1$
(2) (반직선의 개수) $=2(n-1)$
(3) (선분의 개수) $=\frac{n(n-1)}{2}$

0058 만들 수 있는 서로 다른 직선은 $\overleftrightarrow{AB}$, $\overleftrightarrow{AC}$, $\overleftrightarrow{AD}$, $\overleftrightarrow{AE}$, $\overleftrightarrow{BC}$, $\overleftrightarrow{BD}$, $\overleftrightarrow{BE}$, $\overleftrightarrow{CD}$의 8개이다. 답 8

0059 만들 수 있는 서로 다른 직선은 $\overleftrightarrow{AB}$, $\overleftrightarrow{AC}$, $\overleftrightarrow{AD}$, $\overleftrightarrow{BC}$의 4개이므로 $x=4$
반직선은 $\overrightarrow{AB}$, $\overrightarrow{AC}$, $\overrightarrow{AD}$, $\overrightarrow{BA}$, $\overrightarrow{BC}(=\overrightarrow{BD})$, $\overrightarrow{CA}$, $\overrightarrow{CB}$, $\overrightarrow{CD}$, $\overrightarrow{DA}$, $\overrightarrow{DB}(=\overrightarrow{DC})$의 10개이므로 $y=10$
$\therefore x+y=4+10=14$ 답 14

0060 ㄱ. 점 M이 $\overline{AB}$의 중점이므로 $\overline{AM}=\frac{1}{2}\overline{AB}$
ㄴ. $\overline{AN}=\overline{AM}+\overline{MN}=\overline{MB}+\overline{MN}$
$=2\overline{MN}+\overline{MN}=3\overline{MN}$
이므로 $\overline{MN}=\frac{1}{3}\overline{AN}$
ㄷ. $\overline{NB}=\frac{1}{2}\overline{MB}=\frac{1}{2}\times\frac{1}{2}\overline{AB}=\frac{1}{4}\overline{AB}$
ㄹ. $\overline{AB}=2\overline{MB}=2\times2\overline{MN}=4\overline{MN}$
따라서 옳은 것은 ㄱ, ㄷ이다. 답 ②

0061 ② 두 점 M, N은 $\overline{AB}$의 삼등분점이므로
$\overline{AM}=\overline{MN}=\overline{NB}=\frac{1}{3}\overline{AB}$
$\therefore \overline{AM}=\frac{1}{2}\overline{BM}$
③ $\overline{AO}=\frac{1}{2}\overline{AB}$, $\overline{MN}=\frac{1}{3}\overline{AB}$이므로
$\overline{AO}=\frac{1}{2}\overline{AB}=\frac{1}{2}\times3\overline{MN}=\frac{3}{2}\overline{MN}$
④ $\overline{ON}=\overline{OB}-\overline{NB}=\frac{1}{2}\overline{AB}-\frac{1}{3}\overline{AB}=\frac{1}{6}\overline{AB}$
$\therefore \overline{MN}=\frac{1}{3}\overline{AB}=\frac{1}{3}\times6\overline{ON}=2\overline{ON}$ 답 ①, ⑤

0062 $\overline{AM}=\overline{NB}=2\overline{PB}$이므로 $a=2$
$\overline{MP}=\overline{MN}+\overline{NP}=\overline{NB}+\overline{NP}$
$=2\overline{NP}+\overline{NP}=3\overline{NP}$
이므로 $b=3$
$\therefore a+b=2+3=5$ 답 5

0063 $\overline{AM}=\overline{MB}=\frac{1}{2}\overline{AB}=\frac{1}{2}\times20=10(\text{cm})$
$\overline{MN}=\frac{1}{2}\overline{MB}=\frac{1}{2}\times10=5(\text{cm})$
$\therefore \overline{AN}=\overline{AM}+\overline{MN}$
$=10+5=15(\text{cm})$ 답 15 cm

0064 $\overline{AB}=\overline{AC}+\overline{CB}=2\overline{MC}+2\overline{CN}$
$=2(\overline{MC}+\overline{CN})=2\overline{MN}$
$=2\times8=16$(cm) 답 16 cm

0065 $\overline{QB}=\overline{PQ}=\frac{1}{2}\overline{AQ}=\frac{1}{2}\times24=12$(cm)
$\overline{MQ}=\frac{1}{2}\overline{PQ}=\frac{1}{2}\times12=6$(cm)
$\therefore\ \overline{MB}=\overline{MQ}+\overline{QB}=6+12=18$(cm) 답 18 cm

0066 $\overline{PQ}=k$ cm라 하면
$\overline{MB}=3\overline{PQ}=3k$ cm이므로
$\overline{AM}=\overline{MB}=3k$ cm
$\overline{AP}=\overline{AM}+\overline{MP}=\overline{AM}+\overline{PQ}$
$=3k+k=4k$(cm)
이고
$\overline{AP}=2\overline{RP}=2\times4=8$(cm)
즉, $4k=8$이므로 $k=2$
$\therefore\ \overline{AQ}=\overline{AP}+\overline{PQ}=4k+k=5k$
$=5\times2=10$(cm) 답 10 cm

0067 $\overline{AD}=18$ cm이고 $\overline{AC}:\overline{CD}=2:1$이므로
$\overline{AC}=\frac{2}{2+1}\times\overline{AD}=\frac{2}{3}\times18=12$(cm)
이때 $\overline{AB}:\overline{BC}=2:1$이므로
$\overline{BC}=\frac{1}{2+1}\times\overline{AC}=\frac{1}{3}\times12=4$(cm) 답 4 cm

0068 $\overline{AB}=2\overline{AM}=2\times6=12$(cm)이므로
$\overline{BC}=\frac{2}{3}\overline{AB}=\frac{2}{3}\times12=8$(cm)
$\therefore\ \overline{NC}=\frac{1}{2}\overline{BC}=\frac{1}{2}\times8=4$(cm) 답 4 cm

0069 $\overline{AD}=\overline{AC}+\overline{CD}=2\overline{CD}+\overline{CD}$
$=3\overline{CD}=27$(cm)
이므로 $\overline{CD}=9$ cm
$\therefore\ \overline{AC}=\overline{AD}-\overline{CD}=27-9=18$(cm)
$\overline{AC}=\overline{AB}+\overline{BC}=2\overline{BC}+\overline{BC}$
$=3\overline{BC}=18$(cm)
이므로 $\overline{BC}=6$ cm 답 6 cm

0070 $\overline{AP}=k$ cm라 하면 $\overline{PB}=4k$ cm
$\overline{AB}=\overline{AP}+\overline{PB}=k+4k=5k$(cm)이고
$\overline{AQ}:\overline{QB}=5:3$이므로
$\overline{AQ}=\frac{5}{5+3}\times\overline{AB}$
$=\frac{5}{8}\times5k=\frac{25}{8}k$(cm) …❶
$\overline{PQ}=\overline{AQ}-\overline{AP}$
$=\frac{25}{8}k-k=\frac{17}{8}k$(cm) …❷
이므로 $\frac{17}{8}k=34$에서 $k=16$
$\therefore\ \overline{AP}=16$ cm …❸
답 16 cm

채점 기준	비율
❶ $\overline{AQ}$의 길이와 $\overline{AP}$의 길이 사이의 관계 구하기	40 %
❷ $\overline{PQ}$의 길이와 $\overline{AP}$의 길이 사이의 관계 구하기	40 %
❸ $\overline{AP}$의 길이 구하기	20 %

0071 $(2x-10)+80+(3x+15)=180$이므로
$5x=95\quad\therefore\ x=19$ 답 19

0072 $132+(3x-12)=180$이므로
$3x=60\quad\therefore\ x=20$ 답 20

0073 $(2x+4)+4x+(3x-4)=180$이므로
$9x=180\quad\therefore\ x=20$
$\angle AOB=4x^\circ=4\times20^\circ=80^\circ$ 답 ⑤

0074 $(x+z)+(y+30)+x+(z+y)=180$이므로
$2(x+y+z)=150$
$\therefore\ x+y+z=75$ 답 ④

0075 $(x+11)+(4x-21)=90$이므로
$5x=100\quad\therefore\ x=20$ 답 20

0076 $x+(2x-15)=90$이므로
$3x=105\quad\therefore\ x=35$ 답 ③

0077 $\angle AOB=90^\circ$이므로
$32+90+(3x+4)=180$ …❶
$3x=54\quad\therefore\ x=18$ …❷
답 18

채점 기준	비율
❶ x에 대한 방정식 세우기	60 %
❷ x의 값 구하기	40 %

0078 $\angle AOB+\angle BOC=90^\circ$, $\angle BOC+\angle COD=90^\circ$이므로
$\angle AOB=\angle COD$
이때 $\angle AOB+\angle COD=40^\circ$이므로
$\angle AOB=\angle COD=\frac{1}{2}\times40^\circ=20^\circ$
$\therefore\ \angle BOC=90^\circ-20^\circ=70^\circ$ 답 70°

참고 오른쪽 그림에서
$\angle AOC=\angle BOD$이면
$\angle AOB=\angle AOC-\angle BOC$
$=\angle BOD-\angle BOC$
$=\angle COD$

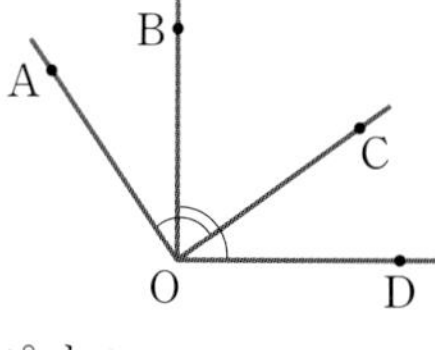

0079 $\angle AOC+\angle COD+\angle DOB=180^\circ$이고
$\angle AOC=2\angle COD$, $\angle DOB=3\angle DOE$이므로
$3(\angle COD+\angle DOE)=180^\circ$
$\angle COD+\angle DOE=60^\circ$
$\therefore\ \angle COE=\angle COD+\angle DOE=60^\circ$ 답 60°

0080 $\angle AOC+\angle COD+\angle DOE+\angle EOB=180^\circ$이므로
$\angle COD+\angle COD+\angle DOE+\angle DOE=180^\circ$
$2(\angle COD+\angle DOE)=180^\circ$
$\angle COD+\angle DOE=90^\circ$
$\therefore\ \angle COE=\angle COD+\angle DOE=90^\circ$ 답 90°

0081 $\angle\text{AOC}+\angle\text{COE}+\angle\text{EOB}=180^\circ$이므로
$40^\circ+3\angle\text{EOB}+\angle\text{EOB}=180^\circ$
$4\angle\text{EOB}=140^\circ$ $\quad\therefore\ \angle\text{EOB}=35^\circ$
$\angle\text{COE}=3\angle\text{EOB}=3\times35^\circ=105^\circ$,
$\angle\text{DOE}=2\angle\text{EOB}=2\times35^\circ=70^\circ$이므로
$\angle\text{COD}=\angle\text{COE}-\angle\text{DOE}$
$=105^\circ-70^\circ=35^\circ$ 답 35°

다른 풀이 $\angle\text{COB}=180^\circ-\angle\text{AOC}=180^\circ-40^\circ=140^\circ$
이므로 $\angle\text{COE}+\angle\text{EOB}=140^\circ$에서
$3\angle\text{EOB}+\angle\text{EOB}=140^\circ$, $4\angle\text{EOB}=140^\circ$
$\therefore\ \angle\text{EOB}=35^\circ$
$\therefore\ \angle\text{COD}=\angle\text{COE}-\angle\text{DOE}$
$=3\angle\text{EOB}-2\angle\text{EOB}$
$=\angle\text{EOB}=35^\circ$

0082 $\angle\text{POQ}=\angle a$라 하면
$\angle\text{POQ}=\frac{1}{4}\angle\text{AOQ}$에서 $\angle\text{AOQ}=4\angle\text{POQ}$이므로
$90^\circ+\angle a=4\angle a$, $3\angle a=90^\circ$ $\quad\therefore\ \angle a=30^\circ$
또, $\angle\text{QOB}=90^\circ-\angle\text{POQ}=90^\circ-30^\circ=60^\circ$이므로
$\angle\text{QOR}=\frac{1}{3}\angle\text{QOB}=\frac{1}{3}\times60^\circ=20^\circ$ 답 20°

0083 $\angle b=\frac{3}{2+3+4}\times180^\circ$
$=\frac{1}{3}\times180^\circ=60^\circ$ 답 60°

0084 $\angle\text{AOC}=90^\circ$이므로
$\angle\text{BOC}=\frac{5}{1+5}\times90^\circ=\frac{5}{6}\times90^\circ=75^\circ$ 답 ⑤

0085 $\angle\text{AOB}+\angle\text{COD}=180^\circ-95^\circ=85^\circ$이므로
$\angle\text{AOB}=\frac{3}{3+2}\times85^\circ=\frac{3}{5}\times85^\circ=51^\circ$ 답 ④

0086 $\angle\text{AOP} : \angle\text{QOR}=3 : 1$이므로
$\angle\text{AOP}=3\angle a$, $\angle\text{QOR}=\angle a$라 하면
$\angle\text{POQ}=\angle\text{AOQ}-\angle\text{AOP}=90^\circ-3\angle a$,
$\angle\text{ROB}=\angle\text{QOB}-\angle\text{QOR}=90^\circ-\angle a$
즉, $\angle\text{POQ} : \angle\text{ROB}=1 : 2$에서
$(90^\circ-3\angle a) : (90^\circ-\angle a)=1 : 2$이므로
$180^\circ-6\angle a=90^\circ-\angle a$
$5\angle a=90^\circ$ $\quad\therefore\ \angle a=18^\circ$
$\therefore\ \angle\text{AOR}=\angle\text{AOQ}+\angle\text{QOR}=90^\circ+\angle a$
$=90^\circ+18^\circ=108^\circ$ 답 108°

0087 맞꼭지각의 크기는 서로 같으므로 $\angle y=36^\circ$
또, $\angle x+\angle y+48^\circ=180^\circ$이므로
$\angle x+36^\circ+48^\circ=180^\circ$ $\quad\therefore\ \angle x=96^\circ$
$\therefore\ \angle x-\angle y=96^\circ-36^\circ=60^\circ$ 답 60°

0088 맞꼭지각의 크기는 서로 같으므로
$5x-10=3x+50$
$2x=60$ $\quad\therefore\ x=30$ 답 ①

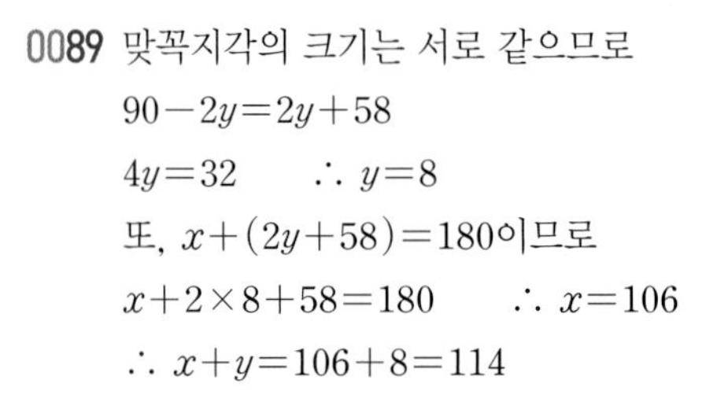

0089 맞꼭지각의 크기는 서로 같으므로
$90-2y=2y+58$
$4y=32$ $\quad\therefore\ y=8$
또, $x+(2y+58)=180$이므로
$x+2\times8+58=180$ $\quad\therefore\ x=106$
$\therefore\ x+y=106+8=114$ 답 114

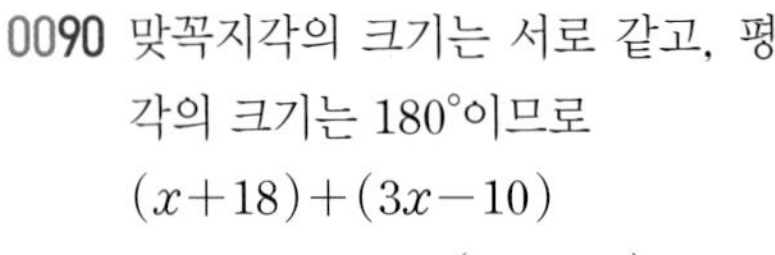

0090 맞꼭지각의 크기는 서로 같고, 평각의 크기는 180°이므로
$(x+18)+(3x-10)$
$+(2x-32)=180$
$6x=204$ $\quad\therefore\ x=34$ 답 34

0091 맞꼭지각의 크기는 서로 같으므로
$\angle x=80^\circ+\angle y$
$\therefore\ \angle x-\angle y=80^\circ$ 답 ④

0092 $\angle x=90^\circ-36^\circ=54^\circ$
맞꼭지각의 크기는 서로 같으므로
$\angle y=\angle x+44^\circ$
$=54^\circ+44^\circ=98^\circ$
$\therefore\ \angle x+\angle y=54^\circ+98^\circ=152^\circ$

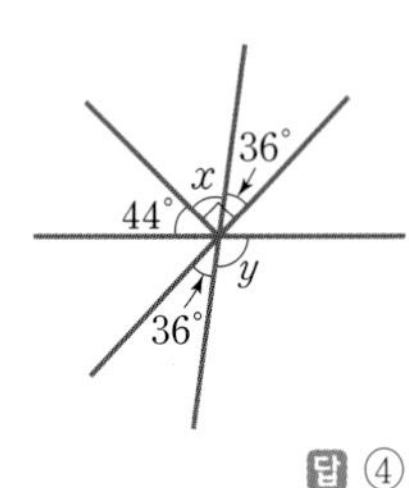

답 ④

0093 $\angle a=\frac{3}{3+2}\times180^\circ=\frac{3}{5}\times180^\circ=108^\circ$
맞꼭지각의 크기는 서로 같으므로 $90^\circ+\angle x=\angle a$
$90^\circ+\angle x=108^\circ$ $\quad\therefore\ \angle x=18^\circ$ 답 18°

0094 $(x+35)+(2x-50)=90$이므로
$3x=105$ $\quad\therefore\ x=35$ …❶
맞꼭지각의 크기는 서로 같으므로
$y=90+(x+35)=90+70=160$ …❷
$\therefore\ x+y=35+160=195$ …❸
답 195

채점 기준	비율
❶ x의 값 구하기	40 %
❷ y의 값 구하기	40 %
❸ $x+y$의 값 구하기	20 %

0095 두 직선 AB와 CD, 두 직선 AB와 EF, 두 직선 CD와 EF로 만들어지는 맞꼭지각이 각각 2쌍이므로
$2\times3=6$(쌍) 답 ③

다른 풀이 서로 다른 3개의 직선이 한 점에서 만날 때 생기는 맞꼭지각의 쌍의 개수는
$3\times(3-1)=6$(쌍)

참고 서로 다른 n개의 직선이 한 점에서 만날 때 생기는 맞꼭지각은 모두 $n(n-1)$쌍이다.

0096 오른쪽 그림과 같이 네 직선을 각각 a, b, c, d라 하면 직선 a와 b, a와 c, a와 d, b와 c, b와 d, c와 d로 만들어지는 맞꼭지각이 각각 2쌍이므로
$2\times6=12$(쌍) 답 ③

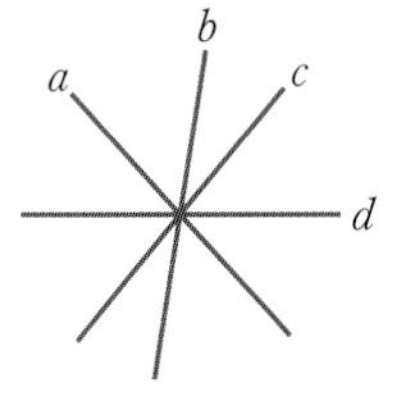

다른풀이 서로 다른 4개의 직선이 한 점에서 만날 때 생기는 맞꼭지각의 쌍의 개수는

$4\times(4-1)=12$(쌍)

0097 ① $\overline{AD}$와 $\overline{CD}$는 수직으로 만나지 않는다.

③ 점 C와 $\overleftrightarrow{AD}$ 사이의 거리는 $\overline{AB}$의 길이와 같다. 그런데 $\overline{AB}$의 길이는 알 수 없다.

⑤ $\overline{BC}$와 $\overline{CD}$는 수직으로 만나지 않으므로 점 D에서 $\overline{BC}$에 내린 수선의 발은 점 C가 아니다. 답 ②, ④

0098 점 P에서 직선 l에 내린 수선의 발은 점 C이므로 점 P와 직선 l 사이의 거리를 나타내는 선분은 $\overline{PC}$이다. 답 $\overline{PC}$

0099 (1) 점 A, B, C, D, E와 x축 사이의 거리는 각각 1, 3, 3, 2, 2이므로 x축과의 거리가 가장 가까운 점은 점 A이며, 그 거리는 1이다.

(2) 점 A, B, C, D, E와 y축 사이의 거리는 각각 2, 1, 3, 4, 2이므로 y축과의 거리가 가장 먼 점은 점 D이며, 그 거리는 4이다. 답 (1) 점 A, 1 (2) 점 D, 4

0100 ㄴ. $\overline{CM}$과 $\overline{MD}$의 길이가 같은지 알 수 없으므로 $\overleftrightarrow{AB}$를 $\overline{CD}$의 수직이등분선이라고 할 수 없다.

ㄷ. 점 D와 $\overline{AB}$ 사이의 거리, 즉 $\overline{DM}$의 길이는 알 수 없다.

따라서 옳은 것은 ㄱ, ㄹ이다. 답 ②

0101 ⑤ 점 B와 $\overline{AD}$ 사이의 거리는 $\overline{BD}$의 길이와 같다. 답 ⑤

0102 오른쪽 그림과 같이 점 C에서 $\overline{AB}$에 내린 수선의 발을 F라 하자.

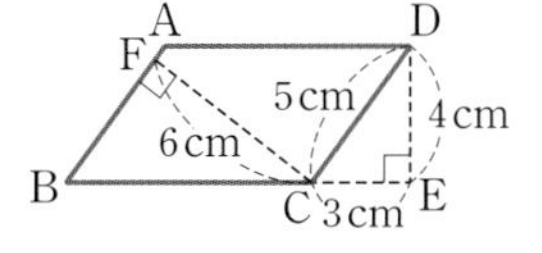

점 A와 $\overline{BC}$ 사이의 거리는 $\overline{DE}$의 길이와 같으므로

$x=4$ …❶

점 A와 $\overline{CD}$ 사이의 거리는 $\overline{CF}$의 길이와 같으므로

$y=6$ …❷

$\therefore x+y=4+6=10$ …❸

답 10

채점 기준	비율
❶ x의 값 구하기	40 %
❷ y의 값 구하기	40 %
❸ $x+y$의 값 구하기	20 %

0103 시침이 시계의 12를 가리킬 때부터 8시간 30분 동안 움직인 각도는

$30^\circ\times8+0.5^\circ\times30=240^\circ+15^\circ=255^\circ$

분침이 시계의 12를 가리킬 때부터 30분 동안 움직인 각도는 $6^\circ\times30=180^\circ$

따라서 시침과 분침이 이루는 각 중 작은 쪽 각의 크기는

$255^\circ-180^\circ=75^\circ$ 답 75°

0104 시침이 시계의 12를 가리킬 때부터 2시간 35분 동안 움직인 각도는

$30^\circ\times2+0.5^\circ\times35=60^\circ+17.5^\circ=77.5^\circ$

분침이 시계의 12를 가리킬 때부터 35분 동안 움직인 각도는 $6^\circ\times35=210^\circ$

따라서 시침과 분침이 이루는 각 중 작은 쪽 각의 크기는

$210^\circ-77.5^\circ=132.5^\circ$ 답 132.5°

0105 3시 x분에 시침과 분침이 서로 반대 방향을 가리키며 평각을 이룬다고 하자. 시침이 12를 가리킬 때부터 3시간 x분 동안 움직인 각도는

$30^\circ\times3+0.5^\circ\times x=90^\circ+0.5^\circ\times x$

분침이 12를 가리킬 때부터 x분 동안 움직인 각도는

$6^\circ\times x$

시침과 분침이 평각을 이루므로

$6\times x-(90+0.5\times x)=180$

$5.5x=270 \qquad \therefore x=\frac{540}{11}$

따라서 시침과 분침이 서로 반대 방향을 가리키며 평각을 이루는 시각은 3시 $\frac{540}{11}$분이다. 답 ④

학교 시험 꼭 잡기

21~23쪽

0106 $5x+3x+x=180$이므로

$9x=180 \qquad \therefore x=20$ 답 20

0107 맞꼭지각의 크기는 서로 같고, 평각의 크기는 180°이므로

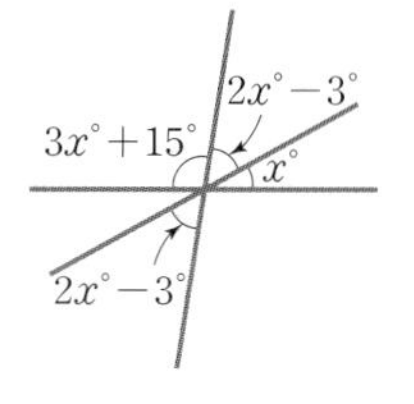

$(3x+15)+(2x-3)+x=180$

$6x=168$

$\therefore x=28$

답 28

0108 ① 직선 AB ⇨ $\overleftrightarrow{AB}$

② 선분 AB ⇨ $\overline{AB}$

③ 반직선 AB ⇨ $\overrightarrow{AB}$

⑤ 두 점 A, B 사이의 거리 ⇨ $\overline{AB}$ 답 ④

0109 꼭짓점의 개수가 6이므로 교점의 개수 $x=6$

모서리의 개수가 12이므로 교선의 개수 $y=12$

$\therefore x+y=6+12=18$ 답 18

0110 ㄱ. 선분과 직선은 서로 다르므로 $\overline{AD}\neq\overleftrightarrow{AD}$

ㄴ. 한 직선 위에 있는 두 점을 지나는 직선은 모두 같으므로 $\overleftrightarrow{BC}=\overleftrightarrow{AD}$

ㄷ. 시작점과 방향이 모두 같은 반직선은 서로 같으므로 $\overrightarrow{DB}=\overrightarrow{DC}$

ㄹ. 두 반직선의 시작점은 같지만 방향이 다르므로 $\overrightarrow{CA}\neq\overrightarrow{CD}$

따라서 옳은 것은 ㄴ, ㄷ이다. 답 ③

0111 만들 수 있는 서로 다른 직선은 $\overleftrightarrow{AB}(=\overleftrightarrow{AC}=\overleftrightarrow{BC})$, $\overleftrightarrow{AD}$, $\overleftrightarrow{AE}$, $\overleftrightarrow{AF}$, $\overleftrightarrow{BD}$, $\overleftrightarrow{BE}$, $\overleftrightarrow{BF}$, $\overleftrightarrow{CD}$, $\overleftrightarrow{CE}$, $\overleftrightarrow{CF}$, $\overleftrightarrow{DE}$, $\overleftrightarrow{DF}$, $\overleftrightarrow{EF}$의 13개이다. 답 13

0112 ① 점 M이 $\overline{AB}$의 중점이므로 $\overline{AM}=\overline{MB}$

$\therefore \overline{AB}=\overline{AM}+\overline{MB}$

$=\overline{MB}+\overline{MB}=2\overline{MB}$

③ $\overline{MN}=\overline{MB}+\overline{BN}=\frac{1}{2}\overline{AB}+\frac{1}{2}\overline{BC}$

$=\frac{1}{2}(\overline{AB}+\overline{BC})=\frac{1}{2}\overline{AC}$ 답 ①, ③

0113 $\overline{AB}=\overline{BC}=\overline{CD}=8$ cm이므로 두 점 B, C는 $\overline{AD}$의 삼등분점이다.

$\therefore \overline{MN}=\overline{MB}+\overline{BC}+\overline{CN}$

$=\frac{1}{2}\overline{AB}+\overline{BC}+\frac{1}{2}\overline{CD}$

$=\frac{1}{2}\times 8+8+\frac{1}{2}\times 8$

$=4+8+4=16(\text{cm})$ 답 16 cm

0114 $(2x-1)+(x+7)=90$이므로

$3x=84 \qquad \therefore x=28$

$\therefore \angle POQ=x^\circ+7^\circ=28^\circ+7^\circ=35^\circ$ 답 35°

0115 맞꼭지각의 크기는 서로 같으므로

$x+92=(2x-12)+90$

$x+92=2x+78 \qquad \therefore x=14$

$(x+92)+y=180$이므로

$14+92+y=180 \qquad \therefore y=74$

$\therefore y-x=74-14=60$ 답 ⑤

0116 방패연은 한가운데에서 4개의 선분이 만난다. 오른쪽 그림과 같이 네 직선을 각각 a, b, c, d라 하면 직선 a와 b, a와 c, a와 d, b와 c, b와 d, c와 d로 만들어지는 맞꼭지각이 각각 2쌍이므로

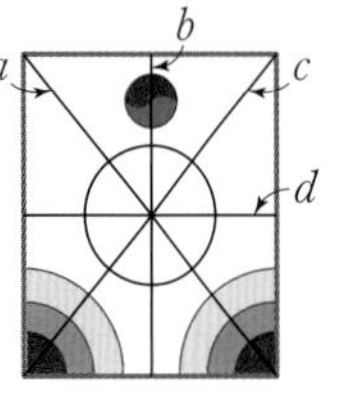

$2\times 6=12$(쌍) $\qquad \therefore x=12$

돌차기 그림은 한가운데에서 2개의 선분이 만나므로 찾을 수 있는 맞꼭지각은 2쌍이다.

$\therefore y=2$

$\therefore x+y=12+2=14$ 답 14

0117 ① 점 A와 $\overline{BC}$ 사이의 거리는 $\overline{AB}$의 길이와 같으므로 4 cm이다.

② 점 B와 $\overline{CD}$ 사이의 거리는 알 수 없다.

③ 점 C와 $\overleftrightarrow{AD}$ 사이의 거리는 $\overline{AB}$의 길이와 같으므로 4 cm이다.

④ 점 D에서 $\overline{BC}$에 내린 수선의 발은 점 E이다.

⑤ $\overline{CD}$는 $\overline{DE}$와 수직으로 만나지 않는다.

따라서 옳은 것은 ③이다. 답 ③

0118 $\angle AOC+\angle COD+\angle DOE+\angle EOB=180^\circ$이므로

$2\angle COD+\angle COD+\angle DOE+2\angle DOE=180^\circ$

$3(\angle COD+\angle DOE)=180^\circ$

$\angle COD+\angle DOE=60^\circ$

$\therefore \angle COE=\angle COD+\angle DOE=60^\circ$ 답 60°

0119 $\angle AOC : \angle COB=2:7$이므로

$\angle COB=\frac{7}{2+7}\times 180^\circ=\frac{7}{9}\times 180^\circ=140^\circ$

따라서 $2x+(x+14)=140$이므로

$3x=126 \qquad \therefore x=42$ 답 ③

0120 시침이 시계의 12를 가리킬 때부터 1시간 15분 동안 움직인 각도는

$30^\circ\times 1+0.5^\circ\times 15=30^\circ+7.5^\circ=37.5^\circ$

분침이 시계의 12를 가리킬 때부터 15분 동안 움직인 각도는 $6^\circ\times 15=90^\circ$

따라서 시침과 분침이 이루는 각 중 작은 쪽 각의 크기는

$90^\circ-37.5^\circ=52.5^\circ$ 답 ⑤

0121 $\angle AOQ : \angle POQ=4:1$이므로

$\angle AOQ=4\angle a$, $\angle POQ=\angle a$라 하면

$\angle AOP=\angle AOQ-\angle POQ$

$=4\angle a-\angle a$

$=3\angle a=90^\circ$

$\therefore \angle a=30^\circ$

$\therefore \angle POQ=30^\circ$,

$\angle BOQ=90^\circ-\angle POQ=90^\circ-30^\circ=60^\circ$

$\angle BOR=4\angle QOR$이므로

$\angle BOQ=\angle BOR+\angle QOR$

$=4\angle QOR+\angle QOR$

$=5\angle QOR=60^\circ$

$\therefore \angle QOR=12^\circ$

$\therefore \angle POR=\angle POQ+\angle QOR$

$=30^\circ+12^\circ=42^\circ$ 답 42°

0122 $\overline{AM}=\overline{MN}=\overline{NB}=\frac{1}{3}\overline{AB}$이므로

$\overline{AM}=\frac{1}{2}\overline{AN}=\frac{1}{2}\times 8=4(\text{cm})$

$\therefore x=4$ …❶

$\overline{AB}=3\overline{AM}=3\times 4=12(\text{cm})$

$\therefore y=12$ …❷

$\therefore xy=4\times 12=48$ …❸

답 48

채점 기준	비율
❶ x의 값 구하기	40 %
❷ y의 값 구하기	40 %
❸ xy의 값 구하기	20 %

0123 맞꼭지각의 크기는 서로 같고, 평각의 크기는 180°이므로

$x+(x+4)+(x+22)+(x+10)=180$ …❶

$4x=144 \qquad \therefore x=36$ …❷

답 36

채점 기준	비율
❶ 식 세우기	70 %
❷ x의 값 구하기	30 %

0124 점 A, B, C, D, M, N의 위치는 다음 그림과 같다.

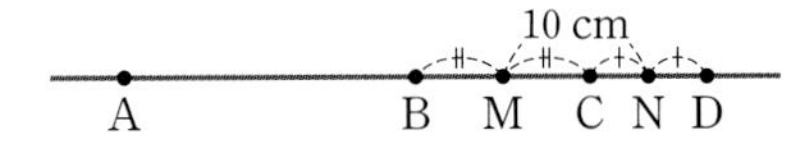

$\overline{BC}=2\overline{MC}$, $\overline{CD}=2\overline{CN}$이므로

$\overline{BD}=\overline{BC}+\overline{CD}$
$=2(\overline{MC}+\overline{CN})$
$=2\overline{MN}$
$=2\times10=20(\text{cm})$ …❶

$\overline{AB}:\overline{BC}:\overline{CD}=5:3:2$이므로

$\overline{AB}=\overline{BD}=20\text{ cm}$ …❷

$\therefore\ \overline{AD}=\overline{AB}+\overline{BD}$
$=20+20$
$=40(\text{cm})$ …❸

답 40 cm

채점 기준	비율
❶ $\overline{BD}$의 길이 구하기	50 %
❷ $\overline{AB}$의 길이 구하기	30 %
❸ $\overline{AD}$의 길이 구하기	20 %

24쪽

0125 직선이 하나씩 증가할 때마다 교점의 개수는 전에 있던 직선의 개수만큼 증가한다.

즉, 직선의 개수에 따른 교점의 최대 개수는 다음과 같다.

직선의 개수	1	2	3	4	5	6	7	8	9	10
교점의 최대 개수	0	1 (+1)	3 (+2)	6 (+3)	10 (+4)	15 (+5)	21 (+6)	28 (+7)	36 (+8)	45 (+9)

따라서 직선의 개수가 10일 때, 교점의 최대 개수는 45이다. 답 45

다른 풀이 서로 다른 2개의 직선이 만날 때, 1개의 교점이 생긴다.

서로 다른 직선이 10개일 때, 교점의 개수가 최대가 되려면 서로 다른 두 직선이 모두 만나게 해서 교점이 생겨야 한다.

즉, 한 직선이 다른 9개의 직선과 각각 1개씩의 교점이 생기게 해야 하므로 한 직선 위에 있는 교점의 개수는 9이고, 직선이 모두 10개이므로 $10\times9=90$(개)의 교점이 생긴다.

이때 직선 l과 직선 m이 만나는 경우와 직선 m과 직선 l이 만나는 경우는 같으므로 교점의 최대 개수는

$\frac{90}{2}=45$

0126 조건 ㈎, ㈏에 의해 $\overline{AB}=\frac{2}{5}\overline{AC}$에서 $\overline{AB}:\overline{AC}=2:5$이므로 $\overline{AB}=2k\text{ cm}$, $\overline{AC}=5k\text{ cm}$라 하면 다음과 같이 두 가지 경우로 나눌 수 있다.

(i) 점 C가 점 A의 왼쪽에 있는 경우

C ——— DA —— B

$\overline{CB}=\overline{CA}+\overline{AB}=5k+2k=7k(\text{cm})$이므로

$\overline{DB}=\frac{1}{3}\overline{CB}=\frac{1}{3}\times7k=\frac{7}{3}k(\text{cm})$

$\overline{AD}=\overline{DB}-\overline{AB}=\frac{7}{3}k-2k=\frac{1}{3}k$이므로

$\frac{1}{3}k=9$에서 $k=27$

$\therefore\ \overline{AB}=2k=2\times27=54(\text{cm})$

(ii) 점 C가 점 B의 오른쪽에 있는 경우

A —— B —— D ——— C

$\overline{BC}=\overline{AC}-\overline{AB}=5k-2k=3k(\text{cm})$이므로

$\overline{BD}=\frac{1}{3}\overline{BC}=\frac{1}{3}\times3k=k(\text{cm})$

$\overline{AD}=\overline{AB}+\overline{BD}=2k+k=3k$이므로

$3k=9$에서 $k=3$

$\therefore\ \overline{AB}=2k=2\times3=6(\text{cm})$

(i), (ii)에서 6 cm, 54 cm 답 6 cm, 54 cm

0127 $\overline{AB}=3\overline{AD}$이므로 $144=3\overline{AD}$ $\therefore\ \overline{AD}=48(\text{cm})$

$\overline{CD}=\frac{1}{2}\overline{AD}=\frac{1}{2}\times48=24(\text{cm})$

$\overline{DB}=\overline{AB}-\overline{AD}=144-48=96(\text{cm})$

$\overline{DE}:\overline{EB}=5:3$이므로

$\overline{DE}=\frac{5}{5+3}\overline{DB}=\frac{5}{8}\times96=60(\text{cm})$

$\therefore\ \overline{CE}=\overline{CD}+\overline{DE}=24+60=84(\text{cm})$

$\overline{PS}=\overline{FG}=50\text{ cm}$, $\overline{PQ}=\overline{CE}=84\text{ cm}$이므로

(사각형 PQRS의 넓이)$=50\times84=4200(\text{cm}^2)$

따라서 스트라이크 존의 넓이는 4200 cm^2이다.

답 4200 cm^2

0128 조건 ㈐에서 $\angle AOD=\frac{7}{2}\angle BOD$이고

$\angle AOD+\angle BOD=180^\circ$

$\frac{7}{2}\angle BOD+\angle BOD=\frac{9}{2}\angle BOD=180^\circ$

$\therefore\ \angle BOD=40^\circ$

$\therefore\ \angle AOC=\angle BOD=40^\circ$ (맞꼭지각)

조건 ㈏에서 $\overleftrightarrow{CD}\perp\overleftrightarrow{OF}$이므로 $\angle COF=90^\circ$

$\therefore\ \angle BOF=180^\circ-\angle AOC-\angle COF$
$=180^\circ-40^\circ-90^\circ$
$=50^\circ$

답 50°

02 위치 관계

개념 잡기 26~29쪽

0129 답 점 A, 점 B

0130 답 점 B, 점 C, 점 F

0131 답 점 A

0132 답 $\overline{BC}$, $\overline{CD}$

0133 답 $\overline{AD}$, $\overline{BC}$

0134 답 $\overline{BC}$

0135 답 $\overline{BC}$, $\overline{CD}$, $\overline{CG}$

0136 답 점 B, 점 F, 점 G, 점 C

0137 답 $\overline{CG}$, $\overline{DH}$, $\overline{FG}$, $\overline{EH}$

0138 답 $\overline{AB}$, $\overline{CD}$, $\overline{EF}$

0139 답 $\overline{AD}$, $\overline{BC}$, $\overline{AE}$, $\overline{BF}$

0140 답 면 ABC, 면 ADFC

0141 답 면 ADFC, 면 BEFC

0142 답 $\overline{AB}$, $\overline{BC}$, $\overline{AC}$

0143 답 면 ABC, 면 DEF

0144 답 점 B

0145 답 3 cm

0146 답 3 cm

0147 답 5 cm

0148 답 면 ABFE, 면 BFGC, 면 CGHD, 면 AEHD

0149 답 면 AEHD

0150 답 $\overline{DH}$

0151 답 $\angle c$

0152 답 $\angle b$

0153 답 $\angle g$

0154 답 $\angle h$

0155 답 $\angle f$

0156 답 $\angle c$

0157 답 $135°$

0158 $\angle b$의 동위각은 $\angle f$이므로
$\angle f=180°-135°=45°$ 답 $45°$

0159 $\angle d$의 엇각은 $\angle b$이므로 $\angle b=65°$(맞꼭지각) 답 $65°$

0160 $\angle e$의 엇각은 $\angle a$이므로
$\angle a=180°-65°=115°$ 답 $115°$

0161 답 $32°$

0162 답 $64°$

0163 $\angle x=180°-128°=52°$(동위각)
$\angle y=180°-52°=128°$ 답 $\angle x=52°$, $\angle y=128°$

0164 $\angle x=80°$(엇각), $\angle y=60°$(동위각)
답 $\angle x=80°$, $\angle y=60°$

0165 크기가 $110°$인 각의 동위각의 크기가 $180°-70°=110°$로 같으므로 두 직선 l, m은 서로 평행하다. 답 ○

0166 크기가 $75°$인 각의 엇각의 크기가 $180°-100°=80°$이므로 두 직선 l, m은 서로 평행하지 않다. 답 ×

0167 크기가 $40°$인 각의 동위각의 크기가 $40°$로 같으므로 두 직선 l, m은 서로 평행하다. 답 ○

0168 크기가 $130°$인 각의 동위각의 크기가 $180°-60°=120°$이므로 두 직선 l, m은 서로 평행하지 않다. 답 ×

유형 다잡기 30~41쪽

0169 ① 점 A는 직선 l 위에 있다.
② 직선 l은 점 C를 지나지 않는다.
③ 두 점 C, D는 직선 l 위에 있지 않다.
⑤ 두 점 A, B는 같은 직선 l 위에 있다. 답 ④

0170 변 BC 위에 있지 않은 꼭짓점은 점 A, 점 D, 점 E이다.
답 점 A, 점 D, 점 E

0171 꼭짓점 B를 포함하는 면은 면 ABC, 면 ABD, 면 BCD의 3개이다. 답 3

0172 모서리 BE 위에 있지 않은 꼭짓점은 점 A, 점 C, 점 D, 점 F의 4개이므로 $a=4$ …❶
면 BEFC 위에 있지 않은 꼭짓점은 점 A, 점 D의 2개이므로 $b=2$ …❷
$\therefore ab=4\times2=8$ …❸
답 8

채점 기준	비율
❶ a의 값 구하기	40 %
❷ b의 값 구하기	40 %
❸ ab의 값 구하기	20 %

0173 ㄱ. 점 C는 직선 n 위에 있지 않다.
따라서 옳은 것은 ㄴ, ㄷ, ㄹ이다. 답 ㄴ, ㄷ, ㄹ

0174 ② 직선 l 위에 있지 않은 점은 점 C, 점 D, 점 E의 3개이다.
③ 직선 m 위에 있지 않은 점은 점 A, 점 B, 점 D, 점 E의 4개이다.
⑤ 점 C는 직선 m 위에 있고, 평면 P 위에 있다.
답 ①, ④

0175 ① $\angle ABC\neq90°$이므로 $\overleftrightarrow{AB}$와 $\overleftrightarrow{BC}$는 서로 수직이 아니다.
③ $\overleftrightarrow{AB}$와 $\overleftrightarrow{CD}$는 한 점에서 만난다.
④ $\overleftrightarrow{AD}$와 $\overleftrightarrow{CD}$는 점 D에서 만난다.
⑤ $\overleftrightarrow{CD}$에 수직인 직선은 $\overleftrightarrow{AD}$와 $\overleftrightarrow{BC}$이다. 답 ②

0176 ㄱ. $\overleftrightarrow{AB}$와 $\overleftrightarrow{AC}$는 한 점에서 만난다.
ㄷ. $\overleftrightarrow{BC}$와 $\overleftrightarrow{BD}$는 한 점에서 만난다.
따라서 옳은 것은 ㄴ, ㄹ이다. 답 ㄴ, ㄹ

0177 ① 두 직선은 서로 평행하다.
②, ③, ④, ⑤ 두 직선은 한 점에서 만난다. 답 ①

0178 $\overleftrightarrow{AB}$와 한 점에서 만나는 직선은
$\overleftrightarrow{BC}$, $\overleftrightarrow{CD}$, $\overleftrightarrow{DE}$, $\overleftrightarrow{FG}$, $\overleftrightarrow{GH}$, $\overleftrightarrow{HA}$의 6개이다. 답 6

0179 ㄱ. $l\perp m$, $m /\!/ n$이면 $l\perp n$이다.
ㄷ. $l\perp m$, $l\perp n$이면 $m /\!/ n$이다.
따라서 옳은 것은 ㄴ, ㄹ이다. 답 ④

0180 (1) $\overleftrightarrow{DE}$와 수직인 직선은 $\overleftrightarrow{AE}$, $\overleftrightarrow{BD}$의 2개이다.

(2) $\overleftrightarrow{AC}$와 한 점에서 만나는 직선은 $\overleftrightarrow{AB}$, $\overleftrightarrow{AD}$, $\overleftrightarrow{AE}$, $\overleftrightarrow{BC}$, $\overleftrightarrow{BD}$, $\overleftrightarrow{BE}$, $\overleftrightarrow{CD}$, $\overleftrightarrow{CE}$의 8개이다.

답 (1) 2 (2) 8

참고 $\overleftrightarrow{CA}$는 $\overleftrightarrow{AC}$와 일치하고, $\overleftrightarrow{DE}$는 $\overleftrightarrow{AC}$와 평행하므로 만나지 않는다.

0181 ⑤ 꼬인 위치에 있는 두 직선은 같은 평면 위에 있지 않으므로 평면이 하나로 정해지지 않는다. 답 ⑤

0182 한 직선과 그 직선 위에 있지 않은 한 점으로 정해지는 평면은 1개이다. 답 1

0183 (i) 평면 P 위에 있는 세 점 A, B, C로 정해지는 평면은 평면 P의 1개이다.

(ii) 세 점 A, B, C 중 2개의 점과 점 D로 정해지는 평면은 면 ABD, 면 ACD, 면 BCD의 3개이다.

(i), (ii)에서 구하는 평면의 개수는

$1+3=4$ 답 4

0184 ①, ②, ④ 한 점에서 만난다.

⑤ 평행하다. 답 ③

0185 ① $\overline{AG}$와 $\overline{AB}$는 점 A에서 만난다.

② $\overline{AG}$와 $\overline{BH}$는 서로 평행하다.

④ $\overline{AG}$와 $\overline{LG}$는 점 G에서 만난다. 답 ③, ⑤

0186 $\overline{BD}$와 꼬인 위치에 있는 모서리는

$\overline{AE}$, $\overline{CG}$, $\overline{EF}$, $\overline{FG}$, $\overline{GH}$, $\overline{EH}$이고,

$\overline{EF}$와 꼬인 위치에 있는 모서리는

$\overline{AD}$, $\overline{BC}$, $\overline{CG}$, $\overline{DH}$이다.

따라서 $\overline{BD}$, $\overline{EF}$와 동시에 꼬인 위치에 있는 모서리는 $\overline{CG}$이다. 답 $\overline{CG}$

0187 ② $\overline{BC}$와 $\overline{DH}$는 꼬인 위치에 있다. 답 ②

0188 $\overline{AG}$와 만나는 모서리는

$\overline{AE}$, $\overline{AB}$, $\overline{AD}$, $\overline{CG}$, $\overline{FG}$, $\overline{GH}$이고,

$\overline{EF}$와 만나는 모서리는 $\overline{AE}$, $\overline{EH}$, $\overline{BF}$, $\overline{FG}$이다.

따라서 구하는 모서리는 $\overline{AE}$, $\overline{FG}$이다. 답 ②, ④

0189 ①, ②, ③, ⑤ 한 점에서 만난다.

④ 꼬인 위치에 있다. 답 ④

0190 ① $\overline{AB}$와 $\overline{CD}$는 꼬인 위치에 있다.

② $\overline{AC}$와 $\overline{AD}$는 한 점에서 만난다.

④ $\overline{BC}$와 $\overline{DE}$는 서로 평행하다. 답 ③, ⑤

0191 $\overline{AD}$와 평행한 모서리는

$\overline{BC}$, $\overline{EH}$, $\overline{FG}$의 3개이므로 $a=3$ …❶

$\overline{CG}$와 수직으로 만나는 모서리는

$\overline{BC}$, $\overline{CD}$, $\overline{FG}$, $\overline{GH}$의 4개이므로 $b=4$ …❷

$\therefore a+b=3+4=7$ …❸

답 7

채점 기준	비율
❶ a의 값 구하기	40 %
❷ b의 값 구하기	40 %
❸ $a+b$의 값 구하기	20 %

0192 ㄱ. 두 직선이 서로 만나지 않으면 평행하거나 꼬인 위치에 있다.

ㄹ. 한 평면 위에 있으면서 서로 만나지 않는 두 직선은 평행하다.

따라서 옳은 것은 ㄴ, ㄷ이다. 답 ㄴ, ㄷ

0193 ① 모서리 BE는 면 ABC와 점 B에서 만난다.

③ 모서리 DF는 면 ABED와 점 D에서 만난다.

④ 면 BEFC에 포함되는 모서리는 $\overline{BC}$, $\overline{BE}$, $\overline{EF}$, $\overline{CF}$의 4개이다.

⑤ 면 ADFC와 한 점에서 만나는 모서리는 $\overline{AB}$, $\overline{BC}$, $\overline{DE}$, $\overline{EF}$의 4개이다. 답 ②

0194 면 ABCDE와 평행한 모서리는

$\overline{FG}$, $\overline{GH}$, $\overline{HI}$, $\overline{IJ}$, $\overline{FJ}$의 5개이므로 $a=5$

$\overline{AF}$와 꼬인 위치에 있는 모서리는

$\overline{BC}$, $\overline{CD}$, $\overline{DE}$, $\overline{GH}$, $\overline{HI}$, $\overline{IJ}$의 6개이므로 $b=6$

$\therefore a+b=5+6=11$ 답 11

0195 조건 (가)에서 $\overline{BC}$와 꼬인 위치에 있는 모서리는

$\overline{AE}$, $\overline{DH}$, $\overline{EF}$, $\overline{GH}$이다.

조건 (나)에서 면 ABCD와 평행한 모서리는

$\overline{EF}$, $\overline{FG}$, $\overline{GH}$, $\overline{EH}$이다.

조건 (다)에서 면 CGHD에 포함되는 모서리는

$\overline{CG}$, $\overline{GH}$, $\overline{DH}$, $\overline{CD}$이다.

따라서 구하는 모서리는 $\overline{GH}$이다. 답 $\overline{GH}$

0196 점 C와 면 ADEB 사이의 거리는 $\overline{BC}$의 길이와 같고, $\overline{BC}$와 길이가 같은 모서리는 $\overline{EF}$이다.

따라서 구하는 모서리는 $\overline{BC}$, $\overline{EF}$이다. 답 $\overline{BC}$, $\overline{EF}$

0197 점 H와 면 ABFE 사이의 거리는 $\overline{EH}$의 길이와 같으므로

$\overline{EH}=\overline{FG}=5\text{ cm}$ 답 5 cm

0198 점 A와 면 CGHD 사이의 거리는 $\overline{AD}$의 길이와 같으므로

$\overline{AD}=\overline{FG}=3\text{ cm}$ $\therefore a=3$

점 F와 면 AEHD 사이의 거리는 $\overline{EF}$의 길이와 같으므로

$\overline{EF}=\overline{HG}=4\text{ cm}$ $\therefore b=4$

$\therefore a+b=3+4=7$ 답 7

0199 면 ABCDEF와 만나는 면은

면 BHGA, 면 BHIC, 면 CIJD, 면 DJKE, 면 EKLF, 면 AGLF의 6개이다. 답 ④

0200 답 (1) 면 ABFE, 면 EFGH

(2) 면 ABCD, 면 BFGC, 면 EFGH, 면 AEHD

(3) 면 ABCD, 면 EFGH

0201 면 CGHD와 수직인 면은 면 ABCD, 면 BFGC, 면 EFGH, 면 AEHD의 4개이므로

$a=4$ …❶

면 BFGC와 평행한 면은 면 AEHD의 1개이므로

$b=1$ …❷

$\therefore a+b=4+1=5$ …❸

답 5

채점 기준	비율
❶ a의 값 구하기	40 %
❷ b의 값 구하기	40 %
❸ $a+b$의 값 구하기	20 %

0202 ① 면 ABCD와 수직인 면은
면 BFEA, 면 CGHD, 면 AEHD의 3개이다.
② $\overline{BC}$와 평행한 모서리는 $\overline{AD}$, $\overline{EH}$, $\overline{FG}$의 3개이다.
③ 면 BFGC와 만나는 면은 면 ABCD, 면 CGHD, 면 EFGH, 면 BFEA의 4개이다.
④ $\overline{CG}$와 꼬인 위치에 있는 모서리는
$\overline{AB}$, $\overline{AD}$, $\overline{AE}$, $\overline{EF}$, $\overline{EH}$의 5개이다.
⑤ 면 BFGC와 면 AEHD는 평행하지 않다.
따라서 옳은 것은 ④이다. 답 ④

0203 ㄱ. 평행한 두 면은 면 ABCD와 면 EFGH, 면 BFGC와 면 AEHD의 2쌍이다.
ㄴ. 면 CGHD와 평행한 모서리는 $\overline{AE}$, $\overline{BF}$의 2개이다.
ㄷ. $\overline{GH}$와 꼬인 위치에 있는 모서리는
$\overline{AB}$, $\overline{BC}$, $\overline{AD}$, $\overline{AE}$, $\overline{BF}$의 5개이다.
따라서 옳은 것은 ㄱ, ㄷ이다. 답 ㄱ, ㄷ

0204 $\overline{AE}$와 꼬인 위치에 있는 모서리는
$\overline{BC}$, $\overline{BF}$, $\overline{CG}$, $\overline{DG}$, $\overline{FG}$의 5개이므로 $a=5$
면 ADGC와 수직인 면은
면 AED, 면 DEFG, 면 BFGC, 면 ABC의 4개이므로 $b=4$
$\therefore a+b=5+4=9$ 답 9

0205 주어진 전개도로 만든 정육면체는 오른쪽 그림과 같다.
④ $\overline{AB}$와 $\overline{IJ}$는 한 점에서 만난다. 답 ④

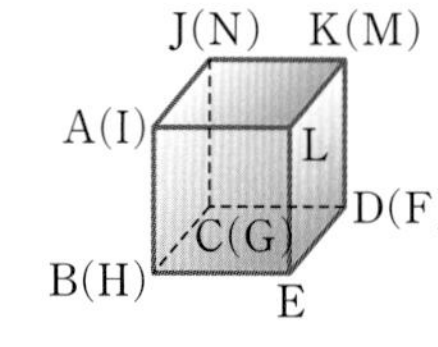

0206 주어진 전개도로 만든 삼각뿔은 오른쪽 그림과 같다.
따라서 모서리 AB와 꼬인 위치에 있는 모서리는 $\overline{DF}$이다. 답 $\overline{DF}$

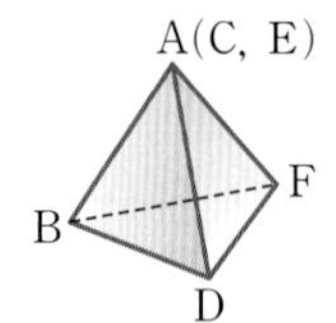

0207 주어진 전개도로 만든 삼각기둥은 오른쪽 그림과 같다.
① $\overline{BC}$와 $\overline{IH}$는 서로 평행하다.
② $\overline{CD}$와 $\overline{BI}$는 꼬인 위치에 있다.
③ $\overline{DE}$와 $\overline{AJ}$는 한 점에서 만난다.
④ 면 IGH와 수직인 면은 면 ABIJ, 면 BDGI, 면 DEFG의 3개이다.
⑤ 면 BCD와 수직인 모서리는 $\overline{BI}$, $\overline{AJ}(\overline{EF})$, $\overline{DG}$의 3개이고, 평행한 모서리는 $\overline{HI}$, $\overline{IG}$, $\overline{GH}$의 3개이므로 그 개수는 같다.
따라서 옳은 것은 ③, ⑤이다. 답 ③, ⑤

0208 ① $l /\!/ P$이고 $l /\!/ Q$이면 두 평면 P와 Q는 한 직선에서 만나거나 평행하다.

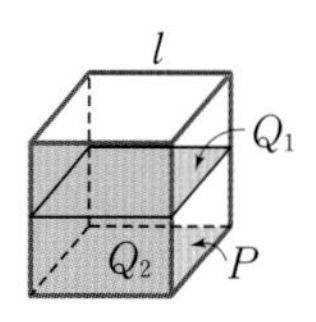

② $l \perp P$이고 $l \perp Q$이면 $P /\!/ Q$이다.

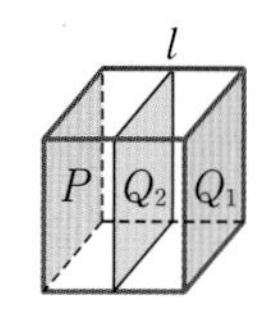

③, ④ $l \perp P$이고 $m \perp P$이면 $l /\!/ m$이다. 또, $l \perp P$이고 $l /\!/ m$이면 $m \perp P$이다.

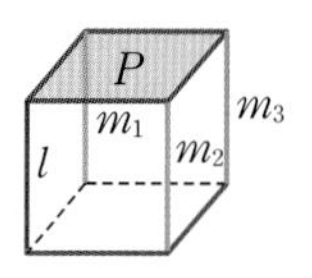

⑤ $l /\!/ P$이고 $m /\!/ P$이면 두 직선 l, m은 한 점에서 만나거나 평행하거나 꼬인 위치에 있다.

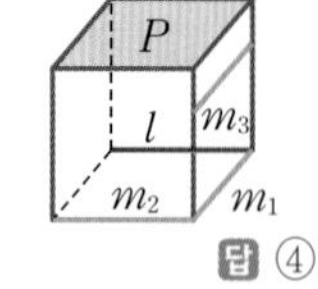

따라서 옳은 것은 ④이다. 답 ④

0209 ㄱ. $l \perp m$, $l \perp n$이면 두 직선 m, n은 한 점에서 만나거나 서로 평행하거나 꼬인 위치에 있다.
따라서 옳은 것은 ㄴ, ㄷ이다.

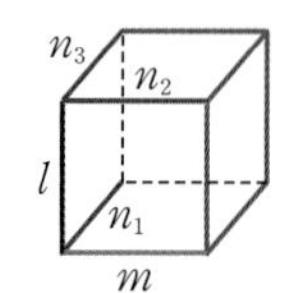

답 ㄴ, ㄷ

0210 오른쪽 그림에서 $P \perp Q$, $P \perp R$이면 두 평면 Q와 R은 평행하거나 한 직선에서 만난다.

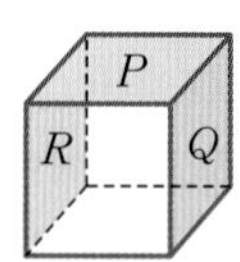

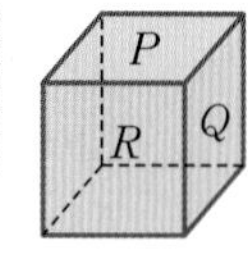

답 유경,
예 한 평면에 수직인 서로 다른 두 평면은 평행하거나 한 직선에서 만난다.

0211 ① $\angle a$의 엇각은 $\angle f$이고 $\angle f=180°-120°=60°$
② $\angle b$의 엇각은 $\angle e$이고 $\angle e=120°$(맞꼭지각)
③ $\angle c$의 동위각은 $\angle f$이고 $\angle f=60°$
④ $\angle d$의 동위각은 $\angle a$이고 $\angle a=180°-95°=85°$
⑤ $\angle e$의 동위각의 크기는 95°이다.
따라서 옳은 것은 ①이다. 답 ①

0212 오른쪽 그림과 같이 세 직선을 l, m, n이라 하자.

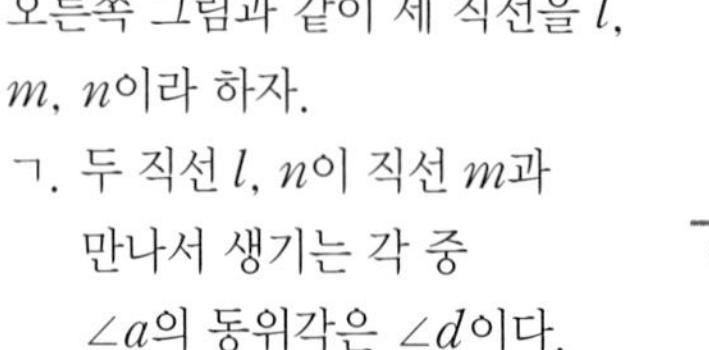

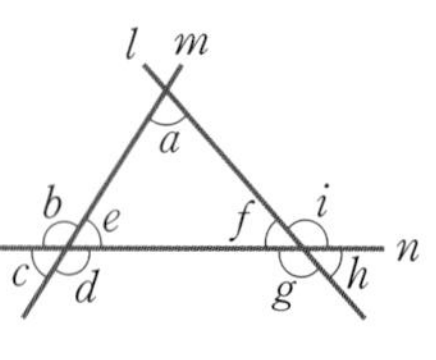

ㄱ. 두 직선 l, n이 직선 m과 만나서 생기는 각 중 $\angle a$의 동위각은 $\angle d$이다.
두 직선 m, n이 직선 l과 만나서 생기는 각 중 $\angle a$의 동위각은 $\angle g$이다.
ㄴ. 두 직선 l, n이 직선 m과 만나서 생기는 각 중 $\angle a$의 엇각은 $\angle b$이다.
두 직선 m, n이 직선 l과 만나서 생기는 각 중 $\angle a$의 엇각은 $\angle i$이다.
따라서 옳은 것은 ㄱ, ㄷ이다. 답 ㄱ, ㄷ

0213 (1) $\angle$HIG의 동위각은 $\angle$CGH와 $\angle$AHG이고 …❶
$\angle$CGH$=145°$(맞꼭지각), $\angle$AHG$=120°$이므로
$\angle$HIG의 모든 동위각의 크기의 합은
$145°+120°=265°$ …❷
(2) $\angle$GHI의 엇각은 $\angle$CGH와 $\angle$DIH이고 …❸
$\angle$CGH$=145°$(맞꼭지각), $\angle$DIH$=95°$이므로
$\angle$GHI의 모든 엇각의 크기의 합은
$145°+95°=240°$ …❹

답 (1) 265° (2) 240°

채점 기준	비율
❶ $\angle$HIG의 동위각 모두 찾기	20 %
❷ $\angle$HIG의 동위각의 크기의 합 구하기	30 %
❸ $\angle$GHI의 엇각 모두 찾기	20 %
❹ $\angle$GHI의 엇각의 크기의 합 구하기	30 %

0214 $l /\!/ m$이므로
$\angle x=180°-130°=50°$(동위각)
$\angle x+\angle y=110°$(엇각)이므로
$\angle y=110°-\angle x$
$=110°-50°=60°$
$\therefore \angle y-\angle x=60°-50°=10°$

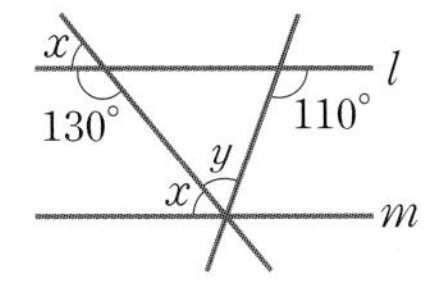

답 10°

0215 $l /\!/ m$이므로
$(2x+25)+(x-10)=180$
$3x+15=180$
$3x=165$
$\therefore x=55$

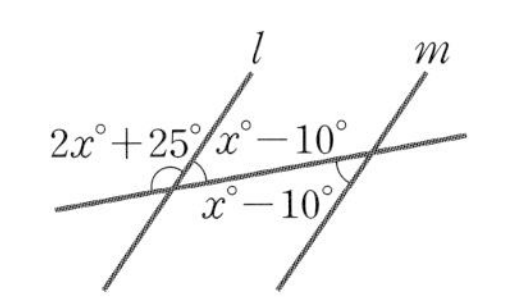

답 ②

0216 $p /\!/ q$이므로
$(x+65)+(2x-5)=180$
$3x=120 \quad \therefore x=40$
$l /\!/ m$이므로
$y=x+65=40+65=105$
$\therefore x+y=40+105=145$

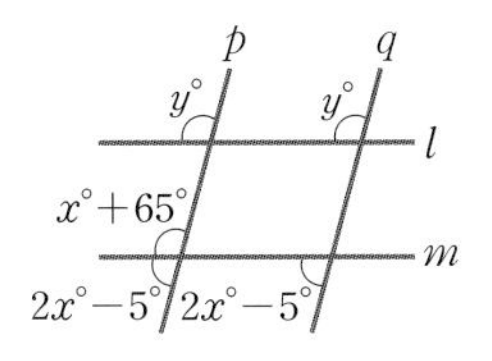

답 145

0217 ⑤ 동위각의 크기가 85°, 95°로 같지 않으므로 두 직선 l, m은 서로 평행하지 않다. 답 ⑤

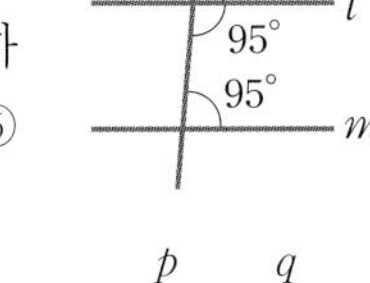

0218 두 직선 l, n이 직선 q와 만날 때 생기는 동위각의 크기가 61°로 같으므로 두 직선 l, n은 서로 평행하다. 즉, $l /\!/ n$이다.
두 직선 p, q가 직선 l과 만날 때 생기는 동위각의 크기가 61°로 같으므로 두 직선 p, q는 서로 평행하다. 즉, $p /\!/ q$이다.

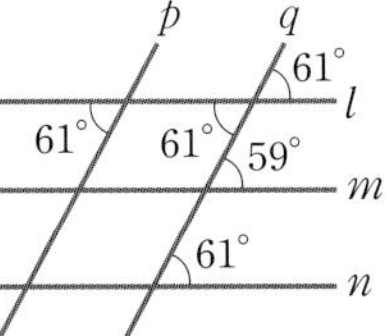

답 $l /\!/ n$, $p /\!/ q$

0219 ① $\angle e=180°-\angle f=180°-132°=48°$
이때 $\angle a=58°$와 $\angle e=48°$는 동위각이고 그 크기가 같지 않으므로 두 직선 l, m은 서로 평행하지 않다.
② $\angle b=115°$와 $\angle f=115°$는 동위각이고 그 크기가 같으므로 $l /\!/ m$
③ $\angle c=56°$와 $\angle e=56°$는 엇각이고 그 크기가 같으므로 $l /\!/ m$
④ $\angle e=180°-\angle h=180°-110°=70°$
이때 $\angle c=70°$와 $\angle e=70°$는 엇각이고 그 크기가 같으므로 $l /\!/ m$
⑤ $\angle h=180°-\angle g=180°-55°=125°$
이때 $\angle b=125°$와 $\angle h=125°$는 엇각이고 그 크기가 같으므로 $l /\!/ m$
따라서 옳지 않은 것은 ①이다. 답 ①

0220 $l /\!/ m$이므로
$\angle y=180°-140°=40°$(동위각)
$\angle x=180°-(80°+40°)=60°$
$\therefore \angle x-\angle y=60°-40°=20°$

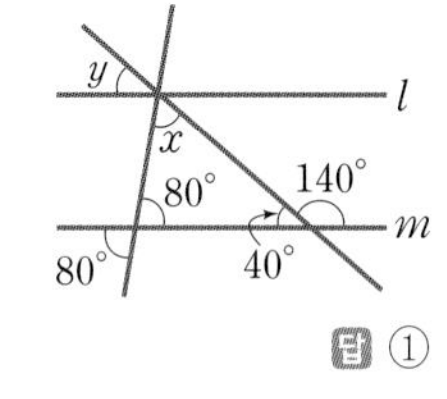

답 ①

0221 $l /\!/ m$이므로
$\angle$ABC$=55°$ (동위각)
삼각형 ABC에서
$\angle x+55°+50°=180°$
$\therefore \angle x=75°$

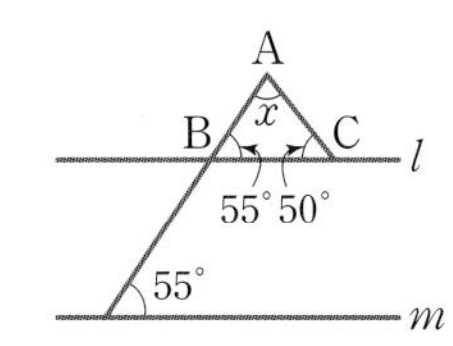

답 75°

0222 $l /\!/ m$이므로
$\angle$CDF$=\angle$ABD$=41°$(동위각)
삼각형 DEF에서
$(180°-41°)+32°+\angle x=180°$
$\therefore \angle x=9°$

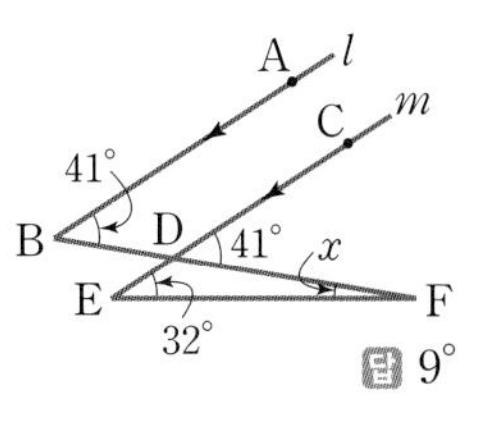

답 9°

0223 오른쪽 그림과 같이 두 직선 l, m과 평행한 직선을 그으면
$\angle x+52°=78°$
$\therefore \angle x=26°$ 답 ②

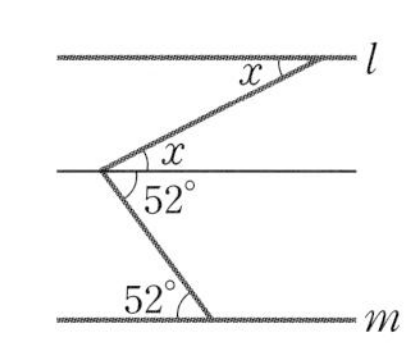

0224 오른쪽 그림과 같이 두 직선 l, m과 평행한 직선을 그으면
$45+(180-3x)=x+25$
$225-3x=x+25$
$4x=200 \quad \therefore x=50$ 답 ④

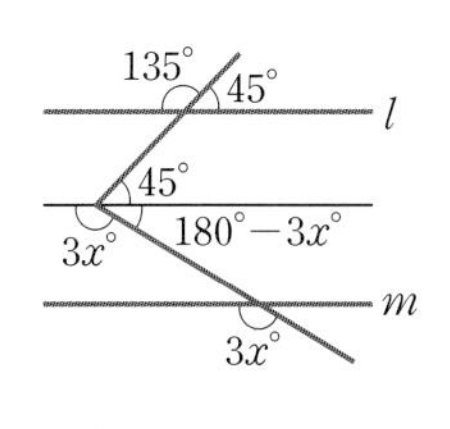

0225 오른쪽 그림과 같이 두 직선 l, m과 평행한 직선을 그으면 …❶
$\angle x+45°+50°=180°$ …❷
$\therefore \angle x=85°$ …❸

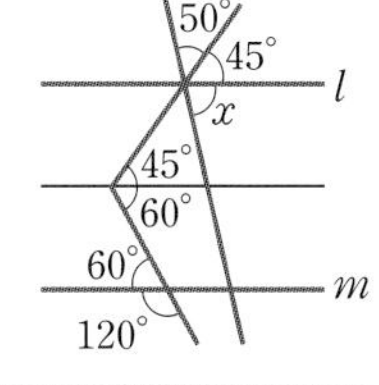

답 85°

채점 기준	비율
❶ 두 직선 l, m과 평행한 직선 긋기	20 %
❷ 식 세우기	60 %
❸ $\angle x$의 크기 구하기	20 %

0226 오른쪽 그림과 같이 두 직선 l, m과 평행한 두 직선을 그으면

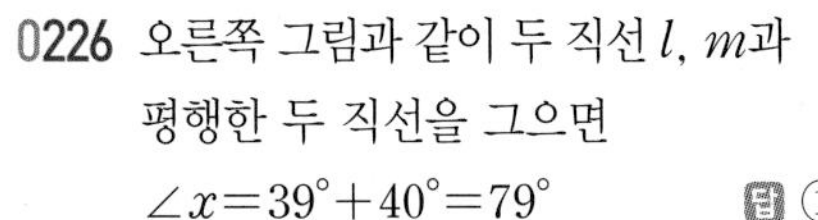

$\angle x=39°+40°=79°$ 답 ①

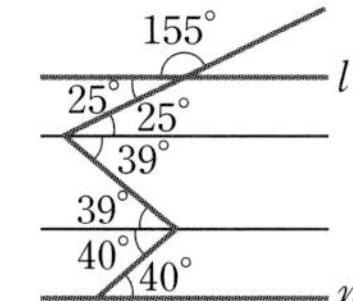

0227 오른쪽 그림과 같이 두 직선 l, m과 평행한 두 직선을 그으면

$\angle x+18°=360°-300°$

$\therefore\ \angle x=42°$ 답 42°

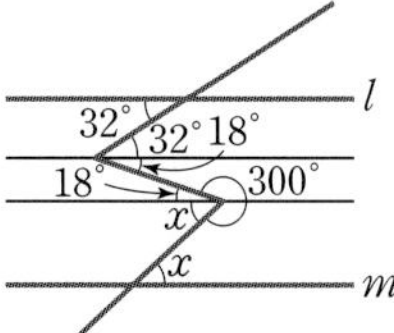
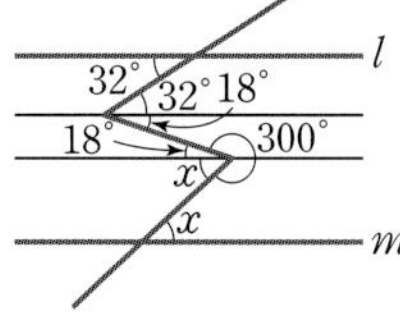

0228 오른쪽 그림과 같이 두 직선 l, m과 평행한 두 직선을 그으면

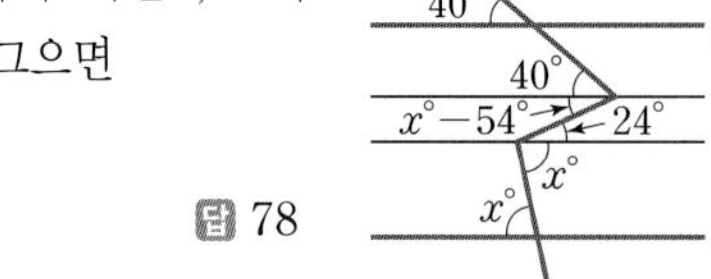

$x-54=24$

$\therefore\ x=78$ 답 78

0229 오른쪽 그림과 같이 두 직선 l, m과 평행한 두 직선을 그으면

$\angle x=30°+70°=100°$ 답 100°

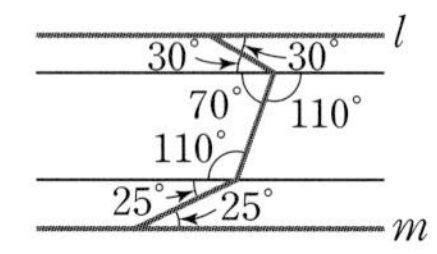

0230 오른쪽 그림과 같이 두 직선 l, m과 평행한 두 직선을 그으면

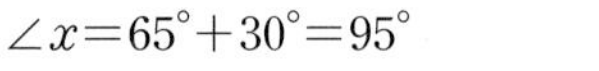

$\angle x=65°+30°=95°$ 답 ②

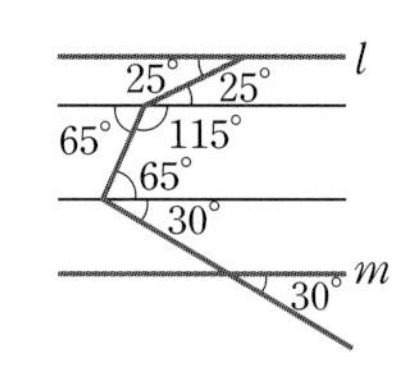

0231 오른쪽 그림과 같이 두 직선 l, m과 평행한 두 직선을 그으면

$(\angle x-40°)+(\angle y-35°)$

$=180°$

$\therefore\ \angle x+\angle y=255°$ 답 255°

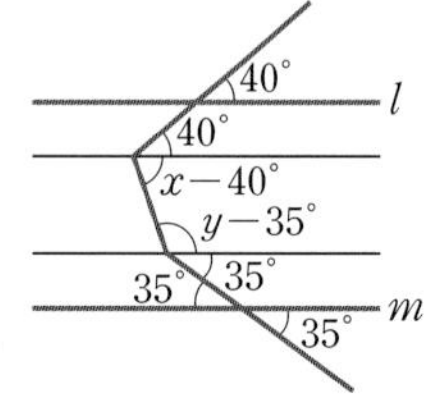

0232 오른쪽 그림과 같이 두 직선 l, m과 평행한 두 직선을 그으면

$65°+\angle x=120°$

$\therefore\ \angle x=55°$ 답 55°

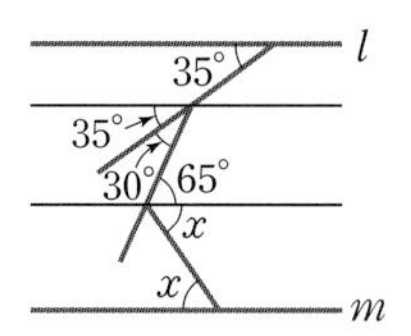

0233 오른쪽 그림과 같이 두 직선 l, m과 평행한 두 직선을 그으면

$(\angle a+30°)+\angle b+\angle c=180°$

$\therefore\ \angle a+\angle b+\angle c=150°$

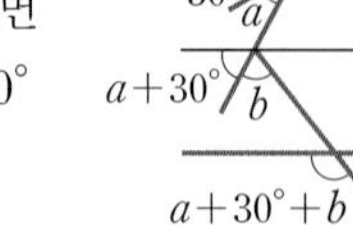

답 ⑤

0234 오른쪽 그림과 같이 두 직선 l, m과 평행한 세 직선을 그으면

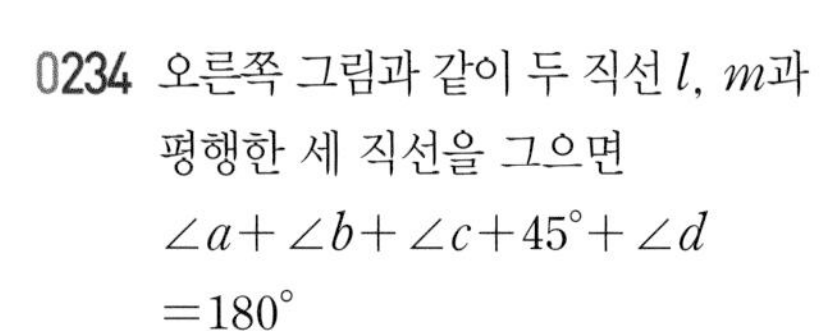

$\angle a+\angle b+\angle c+45°+\angle d$

$=180°$

$\therefore\ \angle a+\angle b+\angle c+\angle d$

$=135°$

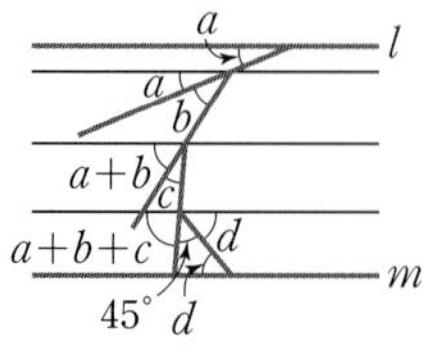
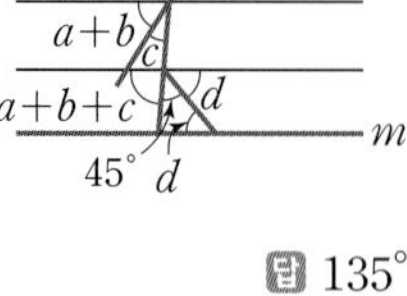

답 135°

0235 $\angle DAC=\angle a$, $\angle CBE=\angle b$라 하면

$\angle CAB=4\angle a$, $\angle ABC=4\angle b$

오른쪽 그림과 같이 두 직선 l, m과 평행한 직선을 그으면

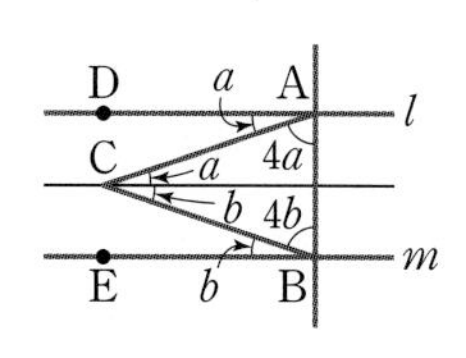

$\angle ACB=\angle a+\angle b$

삼각형 ACB에서

$5\angle a+5\angle b=180°$

$\therefore\ \angle a+\angle b=36°$

$\therefore\ \angle ACB=\angle a+\angle b=36°$ 답 ③

0236 오른쪽 그림과 같이 두 직선 l, m과 평행한 직선을 그으면

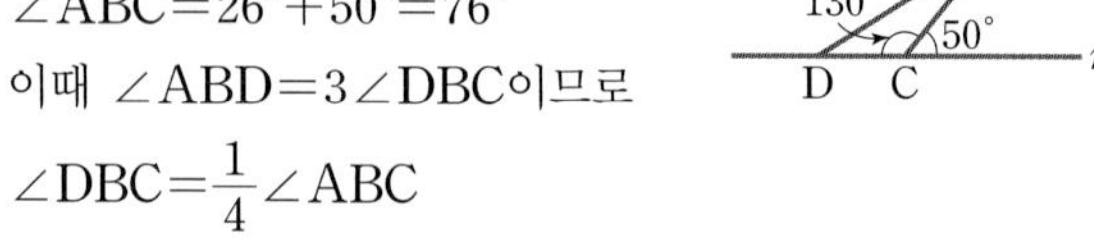

$\angle ABC=26°+50°=76°$

이때 $\angle ABD=3\angle DBC$이므로

$\angle DBC=\frac{1}{4}\angle ABC$

$=\frac{1}{4}\times76°=19°$ 답 19°

0237 $\angle PAC=3\angle PAB$, $\angle ACQ=3\angle BCQ$이므로

$\angle BAC=\angle PAC-\angle PAB$

$=3\angle PAB-\angle PAB$

$=2\angle PAB$

$\angle ACB=\angle ACQ-\angle BCQ$

$=3\angle BCQ-\angle BCQ$

$=2\angle BCQ$

$\angle PAB=\angle a$, $\angle BCQ=\angle b$라 하면

$\angle BAC=2\angle a$, $\angle ACB=2\angle b$

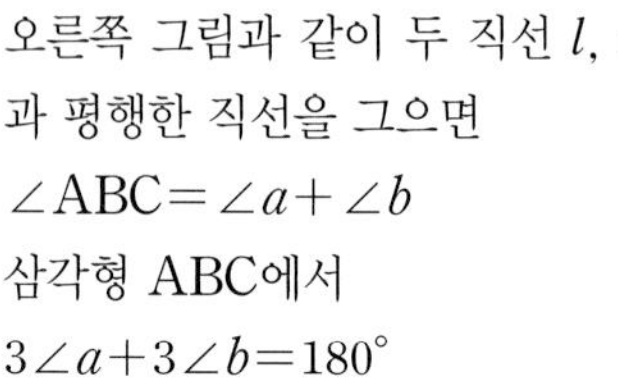

오른쪽 그림과 같이 두 직선 l, m과 평행한 직선을 그으면

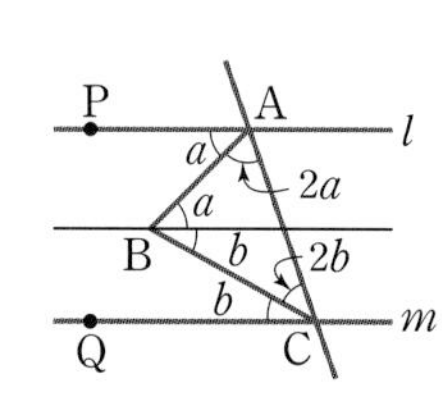

$\angle ABC=\angle a+\angle b$

삼각형 ABC에서

$3\angle a+3\angle b=180°$

$\therefore\ \angle a+\angle b=60°$

$\therefore\ \angle ABC=\angle a+\angle b=60°$ 답 60°

다른 풀이 $l /\!/ m$이므로 $\angle PAC+\angle ACQ=180°$

즉, $3\angle a+3\angle b=180°$이므로

$\angle a+\angle b=60°$

삼각형 ABC에서

$\angle ABC=180°-(2\angle a+2\angle b)$

$=180°-2(\angle a+\angle b)$

$=180°-2\times60°=60°$

0238 오른쪽 그림에서

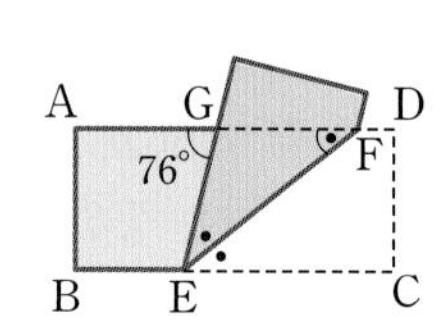

$\angle GEF=\angle FEC$(접은 각)

$\overline{AD} /\!/ \overline{BC}$이므로

$\angle FEC=\angle GFE$(엇각)

$\therefore\ \angle GEC=2\angle GFE$

$\overline{AD} /\!/ \overline{BC}$이므로 $\angle GEC=76°$(엇각)

따라서 $2\angle GFE=\angle GEC=76°$이므로

$\angle GFE=38°$ 답 38°

0239 오른쪽 그림에서

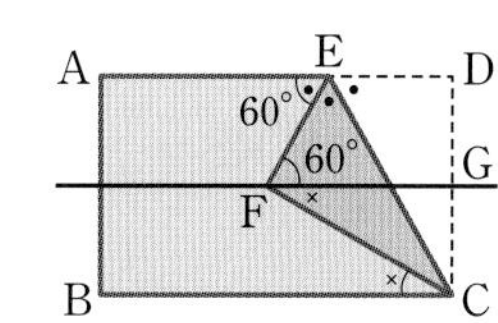

$\angle FEC = \angle CED$(접은 각)
이므로
$\angle AEF = \angle FEC = \angle CED$

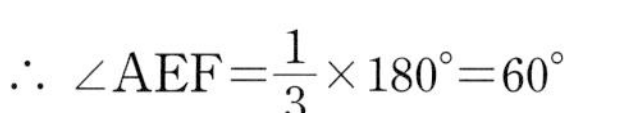

$\therefore \angle AEF = \frac{1}{3} \times 180° = 60°$ …❶

$\overline{AD} /\!/ \overline{BC}$이므로 점 F를 지나면서 $\overline{AD}$, $\overline{BC}$와 평행한 직선을 그으면
$\angle EFG = \angle AEF = 60°$(엇각)
$\angle GFC = \angle BCF$(엇각)
이때 $\angle EFC = 90°$이므로
$\angle EFC = \angle EFG + \angle GFC$
$= 60° + \angle BCF = 90°$ …❷
$\therefore \angle BCF = 30°$ …❸

답 $30°$

채점 기준	비율
❶ $\angle AEF$의 크기 구하기	40 %
❷ $\angle EFC = 90°$임을 이용하여 식 세우기	40 %
❸ $\angle BCF$의 크기 구하기	20 %

0240 ① $\overline{AD} /\!/ \overline{BC}$이므로 $\angle GFE = \angle FEC$(엇각)
② $\angle GEF = \angle FEC$(접은 각)이므로
$\angle GEC = 2\angle GEF$
그런데 $\overline{AD} /\!/ \overline{BC}$이므로
$\angle AGE = \angle GEC = 2\angle GEF$
③ $\angle GFE = \angle FEC$(엇각)
$\angle GEF = \angle FEC$(접은 각)
$\therefore \angle GEF = \angle GFE$
즉, 삼각형 GEF는 이등변삼각형이므로 $\overline{GE} = \overline{GF}$
④ $180° - \angle FGE = \angle AGE = \angle GEC$(엇각)
⑤ $\angle GEF = \angle GFE$이므로 삼각형 GEF에서
$\angle EGF + 2\angle GFE = \angle EGF + \angle GEF + \angle GFE$
$= 180°$
따라서 옳지 않은 것은 ④이다. 답 ④

참고 ④ $\angle FEC = 60°$일 때만 주어진 식이 성립한다.

학교 시험 꼭 잡기

42~44쪽

0241 평행한 직선은 $\overleftrightarrow{AB}$와 $\overleftrightarrow{DE}$, $\overleftrightarrow{BC}$와 $\overleftrightarrow{EF}$, $\overleftrightarrow{AF}$와 $\overleftrightarrow{CD}$의 3쌍이므로 $a=3$
$\overleftrightarrow{AF}$와 한 점에서 만나는 직선은 $\overleftrightarrow{AB}$, $\overleftrightarrow{BC}$, $\overleftrightarrow{DE}$, $\overleftrightarrow{EF}$의 4개이므로 $b=4$
$\therefore b-a=4-3=1$ 답 1

0242 ① $\angle a$의 동위각은 $\angle d$이고
$\angle d = 180° - 100° = 80°$
② $\angle b$의 엇각은 $\angle d$이고 $\angle d = 80°$
③ $\angle c$의 동위각의 크기는 $100°$이다.
④ $\angle e$의 엇각은 $\angle c$이고 $\angle c = 60°$(맞꼭지각)
⑤ $\angle f$의 동위각은 $\angle b$이고
$\angle b = 180° - 60° = 120°$
따라서 옳은 것은 ②이다. 답 ②

0243 ① 동위각의 크기가 $121°$로 같으므로 $l /\!/ m$이다.
② 엇각의 크기가 $116°$로 같으므로 $l /\!/ m$이다.
③ $180° - 117° = 63° \neq 53°$
즉, 동위각의 크기가 같지 않으므로
두 직선 l, m은 서로 평행하지 않다.
④ $180° - 128° = 52°$
즉, 동위각의 크기가 같으므로 $l /\!/ m$이다.
⑤ $180° - 125° = 55°$
즉, 동위각의 크기가 같으므로 $l /\!/ m$이다.
따라서 두 직선 l, m이 서로 평행하지 않은 것은 ③이다.
답 ③

0244 ④ 두 직선 l, m을 포함하는 평면은 평면 P이고,
점 D는 평면 P 위에 있지 않다. 답 ④

0245 $\overline{AE}$와 평행한 모서리는 $\overline{BF}$, $\overline{CG}$, $\overline{DH}$이고,
$\overline{CD}$와 꼬인 위치에 있는 모서리는 $\overline{AE}$, $\overline{BF}$, $\overline{EH}$, $\overline{FG}$이다.
따라서 구하는 모서리는 $\overline{BF}$이다. 답 $\overline{BF}$

0246 면 ABGF와 평행한 모서리는
$\overline{CH}$, $\overline{DI}$, $\overline{EJ}$의 3개이므로 $a=3$
면 FGHIJ와 수직인 면은
면 AFJE, 면 BGFA, 면 BGHC, 면 CHID, 면 DIJE의 5개이므로 $b=5$
$\therefore a+b=3+5=8$ 답 8

0247 ㄴ. 한 평면에 수직인 서로 다른 두 평면은 한 직선에서 만나거나 평행하다.
따라서 서로 다른 두 평면이 평행한 경우는 ㄱ, ㄷ이다.
답 ③

0248 $\overline{GH}$와 꼬인 위치에 있는 모서리는 $\overline{MD}$, $\overline{NC}$, $\overline{EM}$, $\overline{FN}$이다. 답 $\overline{MD}$, $\overline{NC}$, $\overline{EM}$, $\overline{FN}$

참고 $\overline{GH}$와 평행한 모서리는 $\overline{CD}$, $\overline{MN}$, $\overline{EF}$이고,
$\overline{GH}$와 수직인 모서리는 $\overline{CG}$, $\overline{DH}$, $\overline{EH}$, $\overline{FG}$이다.

0249 주어진 전개도로 만든 직육면체는 오른쪽 그림과 같다.

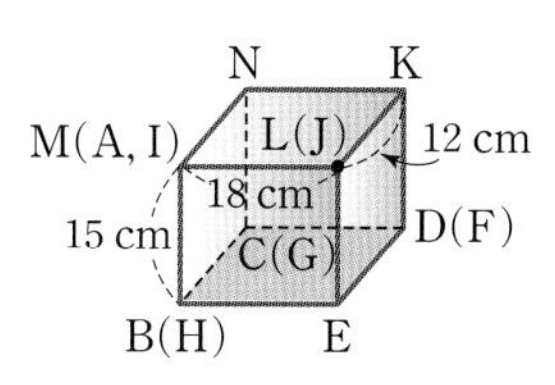

점 L과 면 EFGH 사이의 거리는 $\overline{JE}$의 길이와 같으므로
$\overline{JE} = \overline{IH} = 15$ cm 답 15 cm

0250 주어진 전개도로 만든 삼각기둥은 오른쪽 그림과 같다.

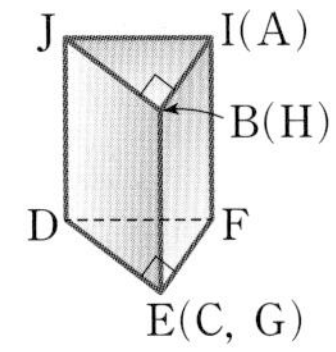

$\overline{AB}\perp\overline{BJ}$이고 $\overline{DE}\perp\overline{EF}$이므로

면 BCDJ와 수직인 면은

면 ABJ, 면 DEF, 면 IFGH의 3개이다. 답 3

0251 ①, ② $l\perp P$이고, 두 직선 m, n은 평면 P 위에 있으므로 $l\perp m$, $l\perp n$

③ $l\perp P$이고, 두 점 A, H는 직선 l 위에 있으므로 $\overline{AH}\perp P$

④ 두 직선 m, n은 한 점에서 만나지만 수직인지는 알 수 없다.

⑤ 점 A와 평면 P 사이의 거리는 $\overline{AH}$의 길이와 같으므로 $\overline{AH}=3\,\text{cm}$

따라서 옳지 않은 것은 ④이다. 답 ④

0252 $l /\!/ m$이므로

$\angle x+108^\circ=142^\circ$(동위각)

$\therefore\ \angle x=34^\circ$ 답 34°

0253 삼각형의 세 각의 크기의 합은 180°이므로

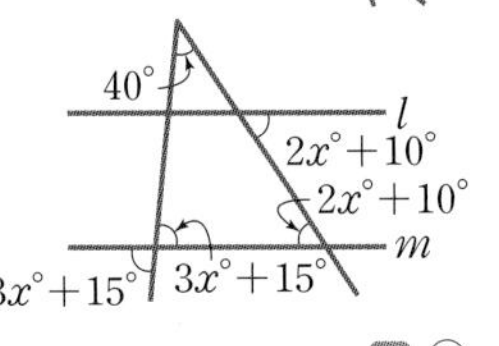

$(3x+15)+(2x+10)+40$

$=180$

$5x=115\qquad\therefore\ x=23$ 답 ③

0254 ① $l /\!/ P$, $m /\!/ P$이면 두 직선 l, m은 서로 평행하거나 한 점에서 만나거나 꼬인 위치에 있다.

③ $l\perp P$, $l\perp Q$이면 $P /\!/ Q$이다.

④ $l\perp m$, $l\perp P$이면 직선 m이 평면 P에 포함되거나 $m /\!/ P$이다.

⑤ $l\perp P$, $m /\!/ P$이면 두 직선 l, m은 수직이거나 꼬인 위치에 있다. 답 ②

0255 오른쪽 그림과 같이 두 직선 l, m과 평행한 직선을 그으면

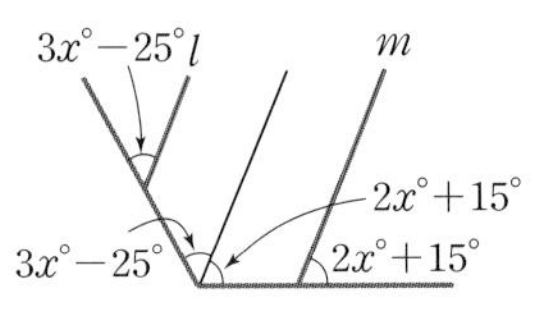

$(3x-25)+(2x+15)=120$

$5x=130\qquad\therefore\ x=26$

답 26

0256 오른쪽 그림과 같이 두 직선 l, m과 평행한 두 직선을 그으면

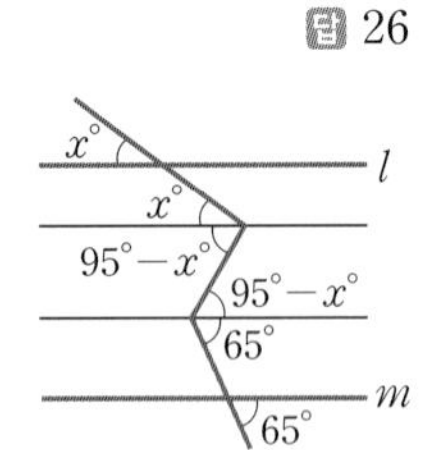

$(95-x)+65=3x+16$

$4x=144\qquad\therefore\ x=36$ 답 ③

0257 $\overline{AD} /\!/ \overline{BC}$이므로

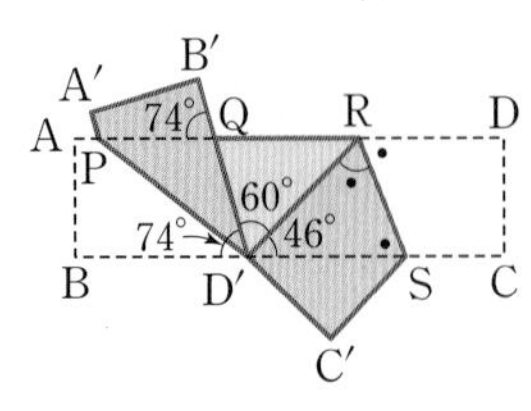

$\angle QD'B=\angle B'QP$

$=74^\circ$(동위각)

$\therefore\ \angle RD'S$

$=180^\circ-(74^\circ+60^\circ)$

$=46^\circ$

$\angle DRS=\angle RSD'$(엇각), $\angle DRS=\angle D'RS$(접은 각)

$\therefore\ \angle RSD'=\angle D'RS$

즉, 삼각형 RD′S는 $\overline{D'R}=\overline{D'S}$인 이등변삼각형이므로

$\angle D'RS=\frac{1}{2}\times(180^\circ-\angle RD'S)$

$=\frac{1}{2}\times(180^\circ-46^\circ)=67^\circ$ 답 67°

다른 풀이 $\angle D'QR=\angle B'QP=74^\circ$(맞꼭지각)이므로

삼각형 QD′R에서

$\angle QRD'=180^\circ-(74^\circ+60^\circ)=46^\circ$

$\angle DRS=\angle D'RS$(접은 각)이므로

$\angle D'RS=\frac{1}{2}\times(180^\circ-\angle QRD')$

$=\frac{1}{2}\times(180^\circ-46^\circ)=67^\circ$

0258 $\overline{CD}$와 꼬인 위치에 있는 모서리는

$\overline{OA}$, $\overline{OB}$, $\overline{AE}$, $\overline{BF}$, $\overline{EH}$, $\overline{FG}$의 6개이므로 $a=6$ …❶

면 EFGH와 평행한 모서리는

$\overline{AB}$, $\overline{BC}$, $\overline{CD}$, $\overline{AD}$의 4개이므로 $b=4$ …❷

$\therefore\ a+b=6+4=10$ …❸

답 10

채점 기준	비율
❶ a의 값 구하기	40 %
❷ b의 값 구하기	40 %
❸ $a+b$의 값 구하기	20 %

0259 오른쪽 그림과 같이 점 B를 지나면서 두 직선 l, m과 평행한 직선을 그으면

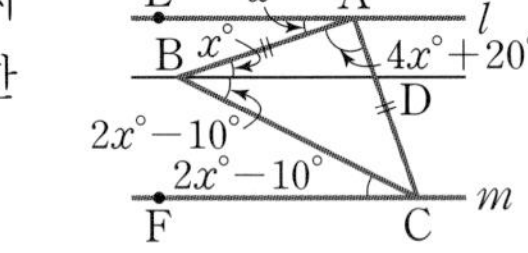

$\angle ABD=\angle EAB$

$=x^\circ$(엇각),

$\angle CBD=\angle BCF=2x^\circ-10^\circ$(엇각) …❶

삼각형 ABC가 $\overline{AB}=\overline{AC}$인 이등변삼각형이므로

$\angle ACB=\angle ABC=x^\circ+(2x^\circ-10^\circ)=3x^\circ-10^\circ$ …❷

삼각형 ABC에서

$(3x-10)+(3x-10)+(4x+20)=180$

$10x=180\qquad\therefore\ x=18$ …❸

답 18

채점 기준	비율
❶ $\angle ABD$와 $\angle CBD$를 x°에 대한 식으로 나타내기	30 %
❷ $\angle ACB$를 x°에 대한 식으로 나타내기	30 %
❸ x의 값 구하기	40 %

45쪽

0260 (1) $\overline{GJ}$와 꼬인 위치에 있는 모서리는 $\overline{AB}$, $\overline{AC}$, $\overline{BC}$, $\overline{BH}$, $\overline{DE}$, $\overline{DF}$, $\overline{EF}$, $\overline{EI}$이다. $\overline{BH}$와 수직으로 만나는 모서리는 $\overline{BC}$, $\overline{BE}$, $\overline{HG}$, $\overline{HI}$이다. 따라서 $\overline{GJ}$와 꼬인 위치에 있는 모서리 중 $\overline{BH}$와 수직으로 만나는 모서리는 $\overline{BC}$이다.

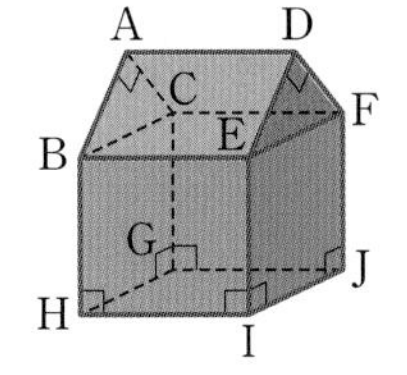

(2) 면 ABED와 수직으로 만나는 모서리는 $\overline{AC}$, $\overline{DF}$이다.
이때 $\overline{FJ}$와 꼬인 위치에 있는 모서리는 $\overline{AC}$이다.
답 (1) $\overline{BC}$ (2) $\overline{AC}$

0261 $\angle a$의 맞꼭지각에 위치한 것은 서점이다.
서점이 있는 각의 동위각은 공사 중인 각과 병원이 있는 각이다.
이때 (나)에 의해 공사 중인 각의 위치로는 이동하지 않으므로 병원으로 이동한다.
또, 병원이 있는 각의 맞꼭지각인 수영장으로 이동한다.
수영장이 있는 각의 엇각은 우체국과 서점이 있는 각이고, (다)에 의해 한 번 지나간 각의 위치로는 다시 이동하지 않으므로 우체국이 있는 각으로 이동한다.
따라서 동규는 $\angle a$ → 서점 → 병원 → 수영장 → 우체국으로 이동하므로 도착하는 곳은 우체국이다. 답 우체국

0262 다음 그림과 같이 테이블을 직사각형 ABCD라 하고 공의 이동 경로를 직선으로 나타낼 수 있다.

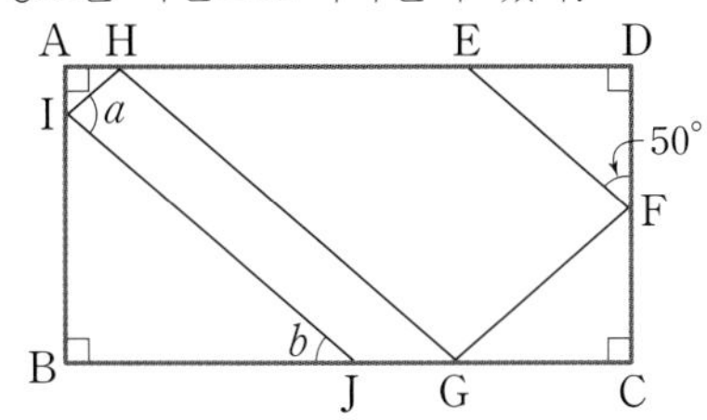

$\angle GFC=\angle EFD=50°$
삼각형 FGC에서
$\angle FGC=180°-(90°+50°)=40°$
$\angle HGJ=\angle FGC=40°$
$\overline{AD}/\!/\overline{BC}$이므로 $\angle EHG=\angle HGJ=40°$ (엇각)
$\angle AHI=\angle EHG=40°$
삼각형 AIH에서
$\angle AIH=180°-(90°+40°)=50°$
$\angle BIJ=\angle AIH=50°$
$\therefore \angle a=180°-(50°+50°)=80°$
삼각형 IBJ에서
$\angle b=180°-(90°+50°)=40°$
$\therefore \angle a-\angle b=80°-40°=40°$ 답 40°

0263 병현이가 방향을 네 번 바꾸었더니 처음과 정반대 방향으로 가게 되었으므로 오른쪽 그림에서 두 직선 l, m은 서로 평행하다.
오른쪽 그림과 같이 두 직선 l, m에 평행한 두 직선을 그으면
$\angle x=80°+35°=115°$(엇각) 답 115°

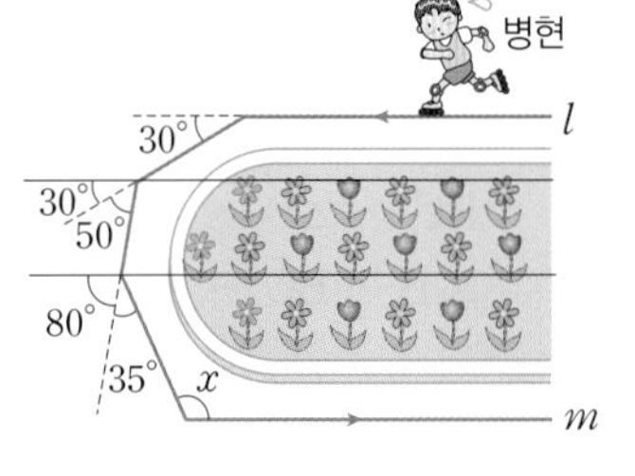

03 작도와 합동

개념 잡기
46~51쪽

0264 눈금 없는 자와 컴퍼스만을 사용하여 도형을 그리는 것을 작도라 한다. 답 ㄴ, ㄷ

0265 답 ○

0266 선분의 길이를 옮길 때는 컴퍼스를 사용한다. 답 ×

0267 답 ○

0268 두 점을 지나는 직선을 그릴 때는 눈금 없는 자를 사용한다. 답 ×

0269 답 눈금 없는 자, 컴퍼스, $\overline{AB}$

0270 답 ㉡ → ㉠ → ㉢ → ㉣

0271 답 $\overrightarrow{OY}$, $\overline{OM}$ (또는 $\overline{ON}$), $\overline{MN}$, $\overline{MN}$, $\angle PAQ$ (또는 $\angle PAB$)

0272 답 $\angle PAQ$ (또는 $\angle PAB$)

0273 답 $\overline{ON}$, $\overline{AQ}$

0274 답 $\overline{PQ}$

0275 작도 순서는 ㉡ → ㉣ → ㉠ → ㉢ → ㉥ → ㉤이다.
답 ㉠, ㉢, ㉥, ㉤

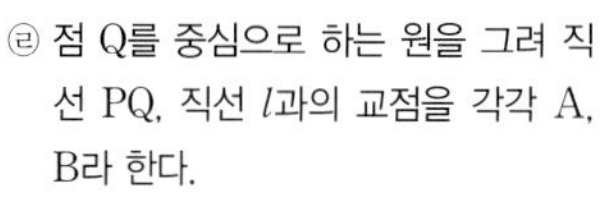

참고 ㉡ 점 P를 지나는 직선을 긋고 직선 l과의 교점을 Q라 한다.
㉣ 점 Q를 중심으로 하는 원을 그려 직선 PQ, 직선 l과의 교점을 각각 A, B라 한다.
㉠ 점 P를 중심으로 하고 반지름의 길이가 $\overline{QA}$인 원을 그려 직선 PQ와의 교점을 C라 한다.
㉢ 컴퍼스로 $\overline{AB}$의 길이를 잰다.
㉥ 점 C를 중심으로 하고 반지름의 길이가 $\overline{AB}$인 원을 그려 ㉠의 원의 교점을 D라 한다.
㉤ 두 점 P, D를 잇는 직선 m을 그으면 직선 l과 평행하다.

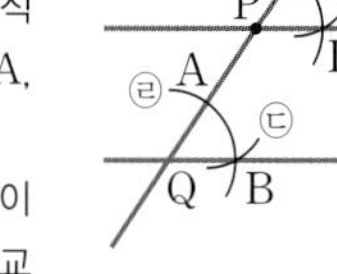

0276 답 $\overline{BC}$

0277 답 $\overline{AC}$

0278 답 $\angle B$

0279 $\angle B$의 대변은 $\overline{AC}$이므로 $\overline{AC}=8$ cm 답 8 cm

0280 $\angle C$의 대변은 $\overline{AB}$이므로 $\overline{AB}=4$ cm 답 4 cm

0281 $\overline{AB}$의 대각은 $\angle C$이므로
$\angle C=180°-(60°+90°)=30°$ 답 30°

0282 $4<2+3$이므로 삼각형을 만들 수 있다. 답 ○

0283 $10=4+6$이므로 삼각형을 만들 수 없다. 답 ×

0284 $13>5+7$이므로 삼각형을 만들 수 없다. 답 ×

0285 $6<6+6$이므로 삼각형을 만들 수 있다. 답 ○

0286 $16<8+9$이므로 삼각형을 만들 수 있다. 답 ○

0287 답 a, $\angle B$, A

0288 답 ○

0289 답 ○

0290 $\angle C$는 주어진 두 변의 끼인각이 아니므로 $\triangle ABC$를 하나로 작도할 수 없다. 답 ×

0291 답 ○

0292 답 점 D

0293 답 점 B

0294 답 $\overline{EF}$

0295 답 $\overline{AC}$

0296 답 $\angle F$

0297 답 $\angle A$

0298 답 $110°$

0299 답 $60°$

0300 답 6

0301 답 5

0302 답 $\overline{DE}$, $\overline{DF}$, $\overline{EF}$, $\triangle DEF$, SSS

0303 답 $\overline{JK}$, $\overline{KL}$, $\angle K$, $\triangle JKL$, SAS

0304 답 $\overline{QR}$, $\angle Q$, $\angle R$, $\triangle PQR$, ASA

0305 SSS 합동 답 ○

0306 세 각의 크기만 주어지면 크기가 다른 삼각형을 무수히 많이 만들 수 있다. 답 ×

0307 SAS 합동 답 ○

0308 $\angle B$와 $\angle E$는 끼인각이 아니므로 합동이 되지 않을 수 있다. 답 ×

0309 ASA 합동 답 ○

유형 다 잡기 52~59쪽

0310 ① 선분을 그릴 때는 눈금 없는 자를 사용한다.
② 두 선분의 길이를 비교할 때는 컴퍼스를 사용한다.
④ 눈금 없는 자와 컴퍼스만을 사용하여 도형을 그리는 것을 작도라 한다.
⑤ 주어진 각과 크기가 같은 각을 작도할 때는 눈금 없는 자와 컴퍼스를 사용한다. 답 ③

0311 답 ③

0312 점 C를 찾으려면 선분 AB의 길이를 재어 옮겨야 하므로 컴퍼스가 필요하다. 답 ④

0313 세 변의 길이가 같은 삼각형을 작도하였으므로 작도된 도형은 정삼각형이다. 답 정삼각형

0314 답 ㉡ → ㉠ → ㉢

0315 ① 점 O를 중심으로 하는 원을 그리므로 $\overline{OA}=\overline{OB}$
③ 점 D를 중심으로 하고 반지름의 길이가 $\overline{AB}$인 원을 그리므로 $\overline{AB}=\overline{CD}$
④ 점 P를 중심으로 하고 반지름의 길이가 $\overline{OA}$인 원을 그리므로 $\overline{PC}=\overline{PD}=\overline{OA}=\overline{OB}$
⑤ 작도 순서는 ㉤ → ㉢ → ㉠ → ㉣ → ㉡이다.
따라서 옳은 것은 ①, ③이다. 답 ①, ③

0316 $\overline{OC}=\overline{OD}=\overline{PE}=\overline{PF}$, $\overline{CD}=\overline{EF}$
따라서 길이가 다른 하나는 ① $\overline{CD}$이다. 답 ①

0317 ④ $\angle AQB=\angle CPD$ 답 ④

0318 작도 순서는 ㉡ → ㉣ → ㉠ → ㉢ → ㉥ → ㉤이므로 네 번째 과정은 ㉢이다. 답 ㉢

0319 답 ㄱ, ㄴ, ㄷ

0320 가장 긴 변의 길이가 나머지 두 변의 길이의 합보다 작아야 한다.
① $3<2+3$ ② $5<3+4$ ③ $7<7+7$
④ $12<12+10$ ⑤ $30=10+20$
따라서 삼각형의 세 변의 길이가 될 수 없는 것은 ⑤이다.
답 ⑤

0321 x의 값을 대입했을 때, 가장 긴 변의 길이가 나머지 두 변의 길이의 합보다 작아야 한다.
① $9>5+3$ ② $9<5+6$ ③ $10<5+9$
④ $14=5+9$ ⑤ $17>5+9$
따라서 x의 값이 될 수 있는 것은 ②, ③이다. 답 ②, ③

0322 (i) 가장 긴 변의 길이가 6일 때, 즉 $a\le6$일 때
$6<4+a$에서 $a>2$이므로
자연수 a는 3, 4, 5, 6이다.
(ii) 가장 긴 변의 길이가 a일 때, 즉 $a\ge6$일 때
$a<4+6$에서 $a<10$이므로
자연수 a는 6, 7, 8, 9이다.
(i), (ii)에서 자연수 a는 3, 4, 5, 6, 7, 8, 9의 7개이다. 답 7

0323 (i) 가장 긴 변의 길이가 5일 때
$5<2+4$, $5<3+4$이므로 만들 수 있는 삼각형의 세 변의 길이의 쌍은 (2, 4, 5), (3, 4, 5) … ❶
(ii) 가장 긴 변의 길이가 4일 때
$4<2+3$이므로 만들 수 있는 삼각형의 세 변의 길이의 쌍은 (2, 3, 4) … ❷
(i), (ii)에서 만들 수 있는 서로 다른 삼각형은 3개이다.
… ❸
답 3개

채점 기준	비율
❶ 가장 긴 변의 길이가 5일 때, 만들 수 있는 삼각형의 세 변의 길이의 쌍 구하기	40 %
❷ 가장 긴 변의 길이가 4일 때, 만들 수 있는 삼각형의 세 변의 길이의 쌍 구하기	40 %
❸ 만들 수 있는 서로 다른 삼각형이 몇 개인지 구하기	20 %

0324 한 변의 길이와 그 양 끝 각의 크기가 주어졌을 때는
(i) 선분을 작도한 후 두 각을 작도하거나
(ii) 한 각을 작도한 후 선분을 작도하고 다른 한 각을 작도하면 된다.
따라서 작도 순서는
$\overline{BC}$ → $\angle B$ → $\angle C$ 또는 $\overline{BC}$ → $\angle C$ → $\angle B$ 또는
$\angle B$ → $\overline{BC}$ → $\angle C$ 또는 $\angle C$ → $\overline{BC}$ → $\angle B$ 답 ⑤

0325 ㉢ 직선 l 위에 한 점 B를 잡고, 점 B를 중심으로 하고 반지름의 길이가 a인 원을 그려 직선 l과의 교점을 C라 한다.
㉠ 두 점 B, C를 중심으로 하고 반지름의 길이가 각각 c, b인 두 원을 그려 두 원의 교점을 A라 한다.
㉡ $\overline{AB}$, $\overline{AC}$를 긋는다.
따라서 작도 순서는 ㉢ → ㉠ → ㉡이다. 답 ㉢ → ㉠ → ㉡

0326 답 $\angle XCY$, a, A

0327 ① 세 변의 길이가 주어졌고, $4<3+2$이므로 △ABC가 하나로 정해진다.
② 두 변의 길이와 그 끼인각의 크기가 주어졌으므로 △ABC가 하나로 정해진다.
③ ∠C는 $\overline{AB}$와 $\overline{BC}$의 끼인각이 아니므로 △ABC가 하나로 정해지지 않는다.
④ 세 각의 크기가 각각 같은 삼각형은 무수히 많으므로 △ABC가 하나로 정해지지 않는다.
⑤ 한 변의 길이와 그 양 끝 각의 크기가 주어졌으므로 △ABC가 하나로 정해진다.
따라서 △ABC가 하나로 정해지지 않는 것은 ③, ④이다.
답 ③, ④

0328 ㄱ. $\angle A+\angle B=180°$이므로 삼각형이 만들어지지 않는다.
ㄴ. $\angle A=180°-(45°+60°)=75°$
즉, 한 변의 길이와 그 양 끝 각의 크기가 주어진 것과 같으므로 △ABC가 하나로 정해진다.
ㄷ. 두 변의 길이와 그 끼인각의 크기가 주어졌으므로 △ABC가 하나로 정해진다.
따라서 △ABC가 하나로 정해지는 것은 ㄴ, ㄷ이다.
답 ㄴ, ㄷ

0329 ① $8>5+2$이므로 삼각형이 만들어지지 않는다.
② $\angle B=180°-(50°+80°)=50°$
즉, 한 변의 길이와 그 양 끝 각의 크기가 주어진 것과 같으므로 △ABC가 하나로 정해진다.
③ ∠C가 $\overline{AB}$와 $\overline{BC}$의 끼인각이 아니므로 △ABC가 하나로 정해지지 않는다.
④ 끼인각의 크기가 180°이므로 삼각형이 만들어지지 않는다.
⑤ 세 각의 크기가 각각 같은 삼각형은 무수히 많으므로 △ABC가 하나로 정해지지 않는다.
따라서 △ABC가 하나로 정해지는 것은 ②이다. 답 ②

0330 ㄱ. 세 변의 길이가 주어졌고, $7<5+4$이므로 △ABC가 하나로 정해진다.
ㄴ. 두 변의 길이와 그 끼인각의 크기가 주어졌으므로 △ABC가 하나로 정해진다.
ㄷ. ∠C는 $\overline{AB}$와 $\overline{BC}$의 끼인각이 아니므로 △ABC가 하나로 정해지지 않는다.
ㄹ. $7=2+5$이므로 삼각형이 만들어지지 않는다.
따라서 △ABC가 하나로 정해지기 위해 필요한 조건은 ㄱ, ㄴ이다. 답 ③

0331 ③ ∠B는 $\overline{AC}$와 $\overline{BC}$의 끼인각이 아니므로 △ABC가 하나로 정해지지 않는다. 답 ③

0332 삼각형의 나머지 한 각의 크기는
$180°-(70°+80°)=30°$
한 변의 길이가 8 cm이고 그 양 끝 각의 크기의 쌍은 (30°, 70°), (30°, 80°), (70°, 80°)일 수 있다.
따라서 구하는 삼각형의 개수는 3이다. 답 3

0333 ② ∠B의 대응각은 ∠E이다. 답 ②

0334 ② 다음 그림과 같은 두 직사각형은 둘레의 길이가 20 cm로 같지만 서로 합동이 아니다.

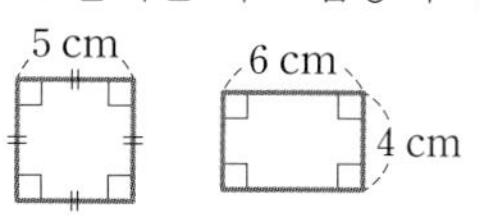

⑤ 다음 그림과 같은 두 도형은 넓이가 6 cm²로 같지만 서로 합동이 아니다.

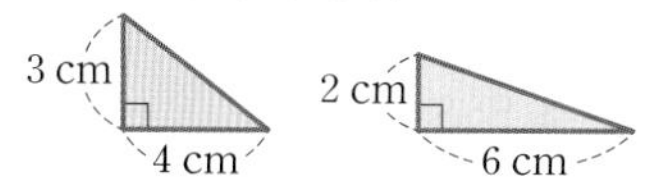

답 ②, ⑤

0335 $\overline{AB}=\overline{EF}=3$ cm이므로 $x=3$ … ❶
$\angle E=\angle A=120°$, $\angle F=\angle B=80°$이므로
사각형 EFGH에서
$\angle G=360°-(120°+80°+75°)=85°$
$\therefore y=85$ … ❷
$\therefore x+y=3+85=88$ … ❸
답 88

채점 기준	비율
❶ x의 값 구하기	40 %
❷ y의 값 구하기	40 %
❸ $x+y$의 값 구하기	20 %

0336 주어진 삼각형에서 나머지 한 각의 크기는
$180°-(45°+80°)=55°$
③ 한 쌍의 대응변의 길이가 b cm로 같고, 그 양 끝 각의 크기가 각각 45°, 55°로 같으므로 합동이다. (ASA 합동) 답 ③

0337 ① SSS 합동
② SAS 합동
③ ∠A와 ∠D는 끼인각이 아니므로 합동이라 할 수 없다.
④ ASA 합동
⑤ $\angle A=\angle D$, $\angle C=\angle F$이면 $\angle B=\angle E$이므로 ASA 합동
따라서 △ABC와 △DEF가 합동이라 할 수 없는 것은 ③이다. 답 ③

0338 ① 삼각형의 나머지 한 각의 크기는
$180°-(48°+32°)=100°$
④ 삼각형의 나머지 한 각의 크기는 100°이다.
⑤ 삼각형의 나머지 한 각의 크기는
$180°-(100°+32°)=48°$
①과 ②는 SAS 합동이고, ①과 ④, ①과 ⑤는 ASA 합동이므로 나머지 넷과 합동이 아닌 삼각형은 ③이다. 답 ③

0339 ㄱ. SAS 합동 ㄴ. ASA 합동
ㄷ. ∠C와 ∠F는 끼인각이 아니므로 합동이라 할 수 없다.
ㄹ. $\angle C=\angle F$, $\angle A=\angle D$이면 $\angle B=\angle E$이므로 ASA 합동
따라서 필요한 나머지 한 조건은 ㄱ, ㄴ, ㄹ이다.
답 ㄱ, ㄴ, ㄹ

0340 $\angle A=\angle D$, $\angle C=\angle F$이므로

$\angle B=\angle E$

즉, 세 쌍의 대응하는 각의 크기가 각각 같으므로 한 쌍의 대응하는 변의 길이만 같으면 ASA 합동이 된다.

따라서 $\triangle ABC\equiv\triangle DEF$가 되기 위하여 필요한 조건은 $\overline{AC}=\overline{DF}$ 또는 $\overline{AB}=\overline{DE}$ 또는 $\overline{BC}=\overline{EF}$이다.

답 $\overline{AC}=\overline{DF}$ 또는 $\overline{AB}=\overline{DE}$ 또는 $\overline{BC}=\overline{EF}$

0341 ② $\angle B=\angle E$이면 SAS 합동 답 ⑤

0342 답 (가) $\overline{PD}$, (나) $\overline{AB}$, (다) SSS

0343 $\triangle ABD$와 $\triangle CBD$에서

$\overline{AB}=\overline{CB}$, $\overline{AD}=\overline{CD}$, $\overline{BD}$는 공통 …❶

$\therefore \triangle ABD\equiv\triangle CBD$ (SSS 합동) …❷

답 $\triangle ABD\equiv\triangle CBD$, SSS 합동

채점 기준	비율
❶ 두 삼각형이 합동임을 설명하기	60 %
❷ 합동인 삼각형을 기호 ≡를 사용하여 나타내고 합동 조건 구하기	40 %

0344 $\triangle ABD$와 $\triangle CDB$에서

$\overline{AB}=\overline{CD}=4$ cm, $\overline{AD}=\overline{CB}=5$ cm, $\overline{BD}$는 공통

즉, $\triangle ABD\equiv\triangle CDB$ (SSS 합동)이므로

$\angle ABD=\angle CDB$, $\angle ADB=\angle CBD$,

$\angle BAD=\angle DCB$

따라서 옳은 것은 ㄱ, ㄴ, ㄷ이다. 답 ㄱ, ㄴ, ㄷ

0345 $\triangle ABE$와 $\triangle ACD$에서

$\overline{AB}=\overline{AC}$, $\overline{AE}=\overline{AD}$, $\angle A$는 공통

$\therefore \triangle ABE\equiv\triangle ACD$ (SAS 합동) 답 ②

0346 답 (가) $\overline{BM}$, (나) $\angle PMB$, (다) $\overline{PM}$, (라) SAS

0347 $\triangle AEB$와 $\triangle CED$에서

$\overline{AE}=\overline{CE}=100$ m, $\overline{BE}=\overline{DE}=120$ m,

$\angle AEB=\angle CED$ (맞꼭지각) …❶

따라서 두 쌍의 대응변의 길이가 각각 같고, 그 끼인각의 크기가 같으므로

$\triangle AEB\equiv\triangle CED$ (SAS 합동) …❷

$\therefore \overline{AB}=\overline{CD}=160$ m …❸

답 160 m, SAS 합동

채점 기준	비율
❶ 두 삼각형이 합동임을 설명하기	40 %
❷ 합동인 삼각형을 기호 ≡를 사용하여 나타내고 합동 조건 구하기	30 %
❸ $\overline{AB}$의 길이 구하기	30 %

0348 ④ 엇각 답 ④

0349 $\triangle ABC$와 $\triangle ADE$에서

$\overline{AB}=\overline{AD}$, $\angle ABC=\angle ADE$, $\angle A$는 공통

즉, $\triangle ABC\equiv\triangle ADE$ (ASA 합동)이므로

$\overline{AC}=\overline{AE}$, $\overline{BC}=\overline{DE}$, $\angle ACB=\angle AED$

따라서 옳지 않은 것은 ②이다. 답 ②

0350 $\triangle ABC$와 $\triangle CDA$에서

$\overline{AD}/\!/\overline{BC}$이므로

$\angle BCA=\angle DAC$ (엇각)

$\overline{AB}/\!/\overline{CD}$이므로

$\angle BAC=\angle DCA$ (엇각)

$\overline{AC}$는 공통

$\therefore \triangle ABC\equiv\triangle CDA$ (ASA 합동)

답 $\triangle ABC\equiv\triangle CDA$, ASA 합동

0351 ⑤ SAS 답 ⑤

0352 $\triangle AED$, $\triangle BFE$, $\triangle CDF$에서

$\overline{AE}=\overline{BF}=\overline{CD}$

$\triangle ABC$는 정삼각형이므로

$\overline{AD}=\overline{BE}=\overline{CF}$

$\angle EAD=\angle FBE=\angle DCF=60^\circ$

$\therefore \triangle AED\equiv\triangle BFE$, $\triangle AED\equiv\triangle CDF$ (SAS 합동)

답 $\triangle AED\equiv\triangle BFE\equiv\triangle CDF$

0353 $\triangle ABD$와 $\triangle ACE$에서

$\triangle ABC$가 정삼각형이므로 $\overline{AB}=\overline{AC}$

$\triangle ADE$가 정삼각형이므로 $\overline{AD}=\overline{AE}$

$\angle BAD=\angle BAC-\angle DAC$

$=60^\circ-\angle DAC$

$=\angle DAE-\angle DAC$

$=\angle CAE$

즉, $\triangle ABD\equiv\triangle ACE$ (SAS 합동)이므로

$\angle BAD=\angle CAE$, $\angle ADB=\angle AEC$

따라서 옳지 않은 것은 ②이다. 답 ②

0354 $\triangle BCE$와 $\triangle DCF$에서

$\overline{BC}=\overline{DC}$, $\overline{CE}=\overline{CF}$, $\angle BCE=\angle DCF=90^\circ$

따라서 $\triangle BCE\equiv\triangle DCF$ (SAS 합동)이므로

$\overline{DF}=\overline{BE}=25$ cm 답 ④

0355 $\triangle ABE$와 $\triangle DCE$에서

$\overline{AB}=\overline{DC}$, $\overline{BE}=\overline{CE}$

$\angle ABE=90^\circ-60^\circ=30^\circ=\angle DCE$

$\therefore \triangle ABE\equiv\triangle DCE$ (SAS 합동)

답 $\triangle DCE$, SAS 합동

0356 ㄱ. $\triangle ABE$와 $\triangle BCF$에서

$\overline{AB}=\overline{BC}$, $\overline{BE}=\overline{CF}$, $\angle ABE=\angle BCF=90^\circ$

즉, $\triangle ABE\equiv\triangle BCF$ (SAS 합동)이므로

$\overline{AE}=\overline{BF}$

ㄷ. ㄱ에 의해 $\triangle ABE\equiv\triangle BCF$이므로

$\angle BAE=\angle CBF$

ㄹ. $\angle PBE+\angle PEB=\angle PBE+\angle BFC=90^\circ$이므로

$\angle BPE=180^\circ-(\angle PBE+\angle PEB)$

$=180^\circ-90^\circ=90^\circ$

$\therefore \angle APF=\angle BPE$ (맞꼭지각)

$=90^\circ$

따라서 옳은 것은 ㄱ, ㄹ이다. 답 ㄱ, ㄹ

학교 시험 꽉 잡기 60~62쪽

0357 $\overline{AB}$의 길이를 옮길 때는 컴퍼스를 사용한다. 답 ①

0358 ① $6=2+4$ ② $8>3+4$ ③ $10<6+6$
④ $13=5+8$ ⑤ $31>10+20$
따라서 삼각형을 작도할 수 있는 것은 ③이다. 답 ③

0359 $\overline{OA}=\overline{OB}=\overline{PC}=\overline{PD}$, $\overline{AB}=\overline{CD}$, $\angle AOB=\angle CPD$
답 ④

0360 $\overline{OA}=\overline{OB}=\overline{PC}=\overline{PD}$, $\overline{AB}=\overline{CD}$, $\angle AOB=\angle CPD$
$l /\!/ m$이므로 $\overleftrightarrow{OB} /\!/ \overleftrightarrow{PD}$
따라서 옳지 않은 것은 ②이다. 답 ②

0361 답 ③

참고 서로 다른 두 직선이 한 직선과 만나서 생기는 각 중에서
① 동위각 : 서로 같은 위치에 있는 두 각
② 엇각 : 서로 엇갈린 위치에 있는 두 각

0362 답 ④

0363 $\angle A$와 $\angle B$의 크기를 알면 $\angle C$의 크기도 알 수 있으므로 $\overline{AB}$ 또는 $\overline{BC}$ 또는 $\overline{CA}$의 길이가 주어지면 $\triangle ABC$가 하나로 정해진다.
따라서 필요한 나머지 한 조건은 ㄴ, ㄷ, ㄹ이다.
답 ㄴ, ㄷ, ㄹ

0364 $\overline{DF}=\overline{AC}=3$ cm이고 $\triangle DEF$의 넓이가 9 cm^2이므로
$\frac{1}{2}\times\overline{FE}\times3=9$ $\therefore \overline{FE}=6$ cm 답 6 cm

0365 주어진 삼각형에서 나머지 한 각의 크기는
$180^\circ-(30^\circ+60^\circ)=90^\circ$
ㄱ. SAS 합동
ㄴ, ㄷ, ㄹ, ㅁ. ASA 합동
따라서 주어진 삼각형과 서로 합동인 삼각형의 개수는 5이다.
답 ⑤

0366 ② SAS 합동 ④ ASA 합동 답 ②, ④

0367 (ⅰ) 가장 긴 변의 길이가 5 cm일 때, $5<3+4$이므로
만들 수 있는 삼각형의 세 변의 길이의 쌍은
(3 cm, 4 cm, 5 cm)
(ⅱ) 가장 긴 변의 길이가 7일 때,
$7<3+5$, $7<4+5$이므로
만들 수 있는 삼각형의 세 변의 길이의 쌍은
(3 cm, 5 cm, 7 cm), (4 cm, 5 cm, 7 cm)
(ⅰ), (ⅱ)에서 만들 수 있는 서로 다른 삼각형은 3개이다.
답 3개

0368 (ⅰ) $\triangle ABO$와 $\triangle DCO$에서
$\overline{AO}=\overline{DO}$, $\overline{BO}=\overline{CO}$, $\angle AOB=\angle DOC$ (맞꼭지각)
$\therefore \triangle ABO\equiv\triangle DCO$ (SAS 합동) ……㉠
(ⅱ) $\triangle ABD$와 $\triangle DCA$에서
$\overline{BD}=\overline{CA}$, $\overline{AD}$는 공통, ㉠에 의해 $\overline{AB}=\overline{DC}$
$\therefore \triangle ABD\equiv\triangle DCA$ (SSS 합동)
(ⅲ) $\triangle ABC$와 $\triangle DCB$에서
$\overline{AC}=\overline{DB}$, $\overline{BC}$는 공통, ㉠에 의해 $\overline{AB}=\overline{DC}$
$\therefore \triangle ABC\equiv\triangle DCB$ (SSS 합동)
(ⅰ), (ⅱ), (ⅲ)에서 합동인 삼각형은 3쌍이다. 답 ③

0369 $\triangle ABD$와 $\triangle ACE$에서
$\overline{AB}=\overline{AC}$, $\overline{AD}=\overline{AE}$
$\angle BAD=\angle BAC-\angle DAC=60^\circ-\angle DAC$
$=\angle DAE-\angle DAC=\angle CAE$
$\therefore \triangle ABD\equiv\triangle ACE$ (SAS 합동)
즉, $\angle AEC=\angle ADB=80^\circ$
$\angle CED=\angle AEC-\angle AED$
$=80^\circ-60^\circ=20^\circ$
답 ④

0370 $\triangle FBC$와 $\triangle GDC$에서
$\overline{FC}=\overline{GC}$, $\overline{BC}=\overline{DC}$,
$\angle FCB=90^\circ-\angle DCF$
$=\angle GCD$
따라서 $\triangle FBC\equiv\triangle GDC$
(SAS 합동)이므로

($\triangle GDC$의 넓이)=($\triangle FBC$의 넓이)
$=\frac{1}{2}\times5\times5=\frac{25}{2}(\text{cm}^2)$ 답 ②

0371 $\overline{BC}=\overline{EF}=3$ cm이므로 $a=3$ …❶
$\angle D=\angle A=48^\circ$이므로 $b=48$ …❷
$\triangle ABC$에서 $\angle C=180^\circ-(50^\circ+48^\circ)=82^\circ$이므로
$c=82$ …❸
$\therefore a-b+c=3-48+82=37$ …❹
답 37

채점 기준	비율
❶ a의 값 구하기	20 %
❷ b의 값 구하기	20 %
❸ c의 값 구하기	40 %
❹ $a-b+c$의 값 구하기	20 %

0372 $\triangle FAE$와 $\triangle CDE$에서
$\overline{AE}=\overline{DE}$, $\angle FEA=\angle CED$ (맞꼭지각),
$\angle FAE=\angle CDE$ (엇각) …❶
따라서 한 쌍의 대응변의 길이가 같고, 그 양 끝 각의 크기가 각각 같으므로
$\triangle FAE\equiv\triangle CDE$ (ASA 합동) …❷
답 $\triangle FAE\equiv\triangle CDE$, ASA 합동

채점 기준	비율
❶ 두 삼각형이 서로 합동임을 설명하기	50 %
❷ 서로 합동인 삼각형을 기호로 나타내고 삼각형의 합동 조건 구하기	50 %

0373 $\triangle ABD$와 $\triangle BCE$에서
$\overline{AB}=\overline{BC}$, $\overline{BD}=\overline{CE}$, $\angle ABD=\angle BCE=60^\circ$
$\therefore \triangle ABD\equiv\triangle BCE$ (SAS 합동) …❶
즉, $\angle ADB=\angle BEC$이므로
$\angle PBD+\angle PDB=\angle PBD+\angle BEC$
$=180^\circ-\angle BCE=180^\circ-60^\circ=120^\circ$

따라서 △BPD에서

$\angle BPD=180^\circ-(\angle PBD+\angle PDB)$

$=180^\circ-120^\circ=60^\circ$ …❷

답 60°

채점 기준	비율
❶ 합동인 두 삼각형 찾기	40 %
❷ ∠BPD의 크기 구하기	60 %

63쪽

0374 답 (1) ㉡ → ㉠ → ㉣ → ㉢

(2) ㉠, ㉢, ㉣

(3) 점 E

0375 조건 ㈎에 의하여 이등변삼각형의 세 변의 길이를 a cm, a cm, b cm(a, b는 자연수)라 하면

조건 ㈏에 의하여 $2a+b=19$ …… ㉠

삼각형의 두 변의 길이의 합은 한 변의 길이보다 커야 하므로 $2a>b$ …… ㉡

㉠, ㉡을 만족시키는 자연수 a, b의 순서쌍 (a, a, b)는 (5, 5, 9), (6, 6, 7), (7, 7, 5), (8, 8, 3), (9, 9, 1)이므로 서로 다른 이등변삼각형은 5개이다. 답 5개

0376 △ABC와 △EDC에서

$\angle ABC=\angle EDC=90^\circ$

점 B에서 점 C까지, 점 C에서 점 D까지 동일한 속력으로 동일한 시간 동안 걸었으므로

$\overline{BC}=\overline{DC}$

$\angle ACB=\angle ECD$ (맞꼭지각)

∴ △ABC≡△EDC (ASA 합동)

즉, $\overline{AB}=\overline{ED}$이므로 $\overline{ED}$의 길이를 구하면 강의 폭인 $\overline{AB}$의 길이를 알 수 있다.

이때 수빈이는 점 D에서 점 E까지 분속 50 m로 1분 30초 동안 걸었으므로

$\overline{AB}=\overline{ED}=50\times1.5=75$(m)

따라서 강의 폭인 $\overline{AB}$의 길이는 75 m이다.

답 풀이 참조, 75 m

0377 △BCE와 △DCF에서

$\overline{BC}=\overline{DC}=20$ cm, $\overline{CE}=\overline{CF}=15$ cm

$\angle BCE=\angle DCF=90^\circ$

즉, △BCE≡△DCF (SAS 합동)이므로

$\overline{BE}=\overline{DF}$

이때 사각형 ABCD의 둘레의 길이는 $4\times20=80$(cm)이므로 △BCE의 둘레의 길이는

$\overline{BC}+\overline{CE}+\overline{BE}=\frac{3}{4}\times80=60$(cm)

$20+15+\overline{BE}=60$ ∴ $\overline{BE}=25$ cm

∴ $\overline{DF}=\overline{BE}=25$ cm 답 25 cm

04 다각형

개념 잡기

66~69쪽

0378 답 정다각형

0379 답 외각

0380 답 ○

0381 다각형의 한 꼭짓점에서의 내각의 크기와 외각의 크기의 합은 180°이다. 답 ×

0382 답 ○

0383 삼각형의 세 내각의 크기가 모두 같으면 세 변의 길이도 모두 같으므로 정삼각형이다. 답 ○

0384 $\angle x+108^\circ=180^\circ$ ∴ $\angle x=72^\circ$ 답 72°

0385 $120^\circ+\angle x=180^\circ$ ∴ $\angle x=60^\circ$ 답 60°

0386 $4-3=1$ 답 1

0387 $8-3=5$ 답 5

0388 $\frac{6\times(6-3)}{2}=9$ 답 9

0389 $\frac{15\times(15-3)}{2}=90$ 답 90

0390 답 ∠ACE, 엇각, ∠ECD, ∠ACE, ∠ECD, 180°

0391 $x+55+40=180$, $x+95=180$

∴ $x=85$ 답 85

0392 $62+90+x=180$, $152+x=180$

∴ $x=28$ 답 28

0393 $x+2x+30=180$, $3x=150$

∴ $x=50$ 답 50

0394 $(2x+30)+x+30=180$

$3x+60=180$, $3x=120$

∴ $x=40$ 답 40

0395 답 ∠A, ∠C, 동위각, ∠A, ∠C

0396 $x+105=156$ ∴ $x=51$ 답 51

0397 $40+2x=130$, $2x=90$

∴ $x=45$ 답 45

0398 $2x+2x=140$, $4x=140$

∴ $x=35$ 답 35

0399 $55+x=90$ ∴ $x=35$ 답 35

0400 팔각형의 내각의 크기의 합은

$180^\circ\times(8-2)=1080^\circ$ 답 1080°, 360°

0401 십이각형의 내각의 크기의 합은

$180^\circ\times(12-2)=1800^\circ$ 답 1800°, 360°

0402 이십각형의 내각의 크기의 합은

$180^\circ\times(20-2)=3240^\circ$ 답 3240°, 360°

0403 오각형의 내각의 크기의 합은 $180° \times (5-2)=540°$이므로
$\angle x+110°+100°+120°+80°=540°$
$\angle x+410°=540°$ $\quad \therefore \angle x=130°$ 답 $130°$

0404 사각형의 내각의 크기의 합은 $360°$이므로
$\angle x+(180°-110°)+80°+130°=360°$
$\angle x+280°=360°$ $\quad \therefore \angle x=80°$ 답 $80°$

0405 구하는 다각형을 n각형이라 하면
$180° \times (n-2)=900°$
$n-2=5$ $\quad \therefore n=7$
따라서 구하는 다각형은 칠각형이다. 답 칠각형

0406 구하는 다각형을 n각형이라 하면
$180° \times (n-2)=2160°$
$n-2=12$ $\quad \therefore n=14$
따라서 구하는 다각형은 십사각형이다. 답 십사각형

0407 구하는 다각형을 n각형이라 하면
$180° \times (n-2)=3600°$
$n-2=20$ $\quad \therefore n=22$
따라서 구하는 다각형은 이십이각형이다. 답 이십이각형

0408 $\angle x+120°+100°+40°=360°$
$\angle x+260°=360°$ $\quad \therefore \angle x=100°$ 답 $100°$

0409 $\angle x+45°+30°+80°+25°+(180°-115°)=360°$
$\angle x+245°=360°$ $\quad \therefore \angle x=115°$ 답 $115°$

0410 (한 내각의 크기)$=\dfrac{180° \times (8-2)}{8}=135°$
(한 외각의 크기)$=\dfrac{360°}{8}=45°$ 답 $135°$, $45°$

0411 (한 내각의 크기)$=\dfrac{180° \times (10-2)}{10}=144°$
(한 외각의 크기)$=\dfrac{360°}{10}=36°$ 답 $144°$, $36°$

0412 (한 내각의 크기)$=\dfrac{180° \times (12-2)}{12}=150°$
(한 외각의 크기)$=\dfrac{360°}{12}=30°$ 답 $150°$, $30°$

0413 (한 내각의 크기)$=\dfrac{180° \times (18-2)}{18}=160°$
(한 외각의 크기)$=\dfrac{360°}{18}=20°$ 답 $160°$, $20°$

0414 구하는 정다각형을 정n각형이라 하면
$\dfrac{180° \times (n-2)}{n}=60°$, $180° \times n-360°=60° \times n$
$120° \times n=360°$ $\quad \therefore n=3$
따라서 구하는 정다각형은 정삼각형이다. 답 정삼각형

0415 구하는 정다각형을 정n각형이라 하면
$\dfrac{180° \times (n-2)}{n}=108°$, $180° \times n-360°=108° \times n$
$72° \times n=360°$ $\quad \therefore n=5$
따라서 구하는 정다각형은 정오각형이다. 답 정오각형

0416 구하는 정다각형을 정n각형이라 하면
$\dfrac{180° \times (n-2)}{n}=140°$, $180° \times n-360°=140° \times n$
$40° \times n=360°$ $\quad \therefore n=9$
따라서 구하는 정다각형은 정구각형이다. 답 정구각형

0417 구하는 정다각형을 정n각형이라 하면
$\dfrac{180° \times (n-2)}{n}=150°$, $180° \times n-360°=150° \times n$
$30° \times n=360°$ $\quad \therefore n=12$
따라서 구하는 정다각형은 정십이각형이다. 답 정십이각형

0418 구하는 정다각형을 정n각형이라 하면
$\dfrac{360°}{n}=18°$ $\quad \therefore n=20$
따라서 구하는 정다각형은 정이십각형이다. 답 정이십각형

0419 구하는 정다각형을 정n각형이라 하면
$\dfrac{360°}{n}=24°$ $\quad \therefore n=15$
따라서 구하는 정다각형은 정십오각형이다. 답 정십오각형

0420 구하는 정다각형을 정n각형이라 하면
$\dfrac{360°}{n}=36°$ $\quad \therefore n=10$
따라서 구하는 정다각형은 정십각형이다. 답 정십각형

0421 구하는 정다각형을 정n각형이라 하면
$\dfrac{360°}{n}=45°$ $\quad \therefore n=8$
따라서 구하는 정다각형은 정팔각형이다. 답 정팔각형

유형 다 잡기 70~82쪽

0422 ② 곡선으로 둘러싸여 있으므로 다각형이 아니다.
⑤ 입체도형이므로 다각형이 아니다. 답 ②, ⑤

0423 다각형은 사각형, 팔각형, 정십각형의 3개이다. 답 ②

0424 ② 다각형을 이루는 각 선분을 변이라 한다. 답 ②

0425 $40°+\angle x=180°$ $\quad \therefore \angle x=140°$
$150°+\angle y=180°$ $\quad \therefore \angle y=30°$
$\therefore \angle x+\angle y=140°+30°=170°$ 답 $170°$

0426 $\angle$B의 외각의 크기는 $180°-110°=70°$ …❶
$\angle$D의 내각의 크기는 $180°-70°=110°$ …❷
따라서 $\angle$B의 외각과 $\angle$D의 내각의 크기의 합은
$70°+110°=180°$ …❸
답 $180°$

채점 기준	비율
❶ $\angle$B의 외각의 크기 구하기	40 %
❷ $\angle$D의 내각의 크기 구하기	40 %
❸ $\angle$B의 외각과 $\angle$D의 내각의 크기의 합 구하기	20 %

0427 $2x+(x+15)=180$
$3x=165$ $\quad \therefore x=55$ 답 55

0428 $x+120=180 \qquad \therefore x=60$
$y+(3x-55)=180$
$y+125=180 \qquad \therefore y=55$
답 $x=60$, $y=55$

0429 ⑤ 변의 길이가 모두 같고 내각의 크기가 모두 같은 다각형을 정다각형이라 한다. 답 ⑤

0430 ② 네 내각의 크기가 같은 다각형은 직사각형이다.
③ 네 변의 길이가 같은 다각형은 마름모이다.
⑤ 한 내각의 크기와 한 외각의 크기가 서로 같은 정다각형은 정사각형이다. 답 ①, ④

0431 조건 ㈎, ㈏에 의해 구하는 다각형은 정다각형이다.
조건 ㈐에서 다각형의 꼭짓점의 개수와 변의 개수는 같으므로 꼭짓점의 개수와 변의 개수는 각각 $\frac{16}{2}=8$
따라서 구하는 다각형은 정팔각형이다. 답 정팔각형

0432 칠각형의 한 꼭짓점에서 그을 수 있는 대각선의 개수는
$7-3=4 \qquad \therefore a=4$
이때 생기는 삼각형의 개수는
$7-2=5 \qquad \therefore b=5$
$\therefore a+b=4+5=9$
답 ③

0433 구하는 다각형을 n각형이라 하면
$n-3=11 \qquad \therefore n=14$
따라서 구하는 다각형은 십사각형이다. 답 ④

0434 내부의 한 점에서 각 꼭짓점에 선분을 그었을 때 생기는 삼각형의 개수가 7인 다각형은 칠각형이다.
따라서 칠각형의 한 꼭짓점에서 그을 수 있는 대각선의 개수는
$7-3=4$
답 4

0435 구하는 다각형을 n각형이라 하면
$a=n-2$, $b=n-3$
이때 $a+b=11$이므로
$(n-2)+(n-3)=11$, $2n-5=11$
$2n=16 \qquad \therefore n=8$
따라서 구하는 다각형은 팔각형이다. 답 팔각형

0436 구하는 다각형을 n각형이라 하면
$n-2=12 \qquad \therefore n=14$
따라서 십사각형이므로 대각선의 개수는
$\frac{14\times(14-3)}{2}=77$
답 ④

0437 $\frac{13\times(13-3)}{2}=65$
답 ③

0438 십일각형의 한 꼭짓점에서 그을 수 있는 대각선의 개수는
$11-3=8 \qquad \therefore a=8$ …❶
십일각형의 대각선의 총 개수는
$\frac{11\times(11-3)}{2}=44 \qquad \therefore b=44$ …❷
$\therefore a+b=8+44=52$ …❸
답 52

채점 기준	비율
❶ a의 값 구하기	30 %
❷ b의 값 구하기	50 %
❸ $a+b$의 값 구하기	20 %

0439 내부의 한 점에서 각 꼭짓점에 선분을 그었을 때 생기는 삼각형의 개수가 10인 다각형은 십각형이다.
따라서 십각형의 대각선의 개수는
$\frac{10\times(10-3)}{2}=35$
답 ①

0440 구하는 다각형을 n각형이라 하면
한 꼭짓점에서 그을 수 있는 대각선의 개수는 $n-3$,
다각형의 변의 개수는 n이므로
$(n-3)+n=15$, $2n=18 \qquad \therefore n=9$
따라서 구각형이므로 대각선의 개수는
$\frac{9\times(9-3)}{2}=27$
답 27

0441 악수하는 사람끼리 연결하면 구하는 악수의 횟수는 오각형의 대각선의 개수와 같으므로
$\frac{5\times(5-3)}{2}=5$(번)
답 5번

0442 길의 개수는 오각형의 변의 개수와 대각선의 개수의 합과 같다.
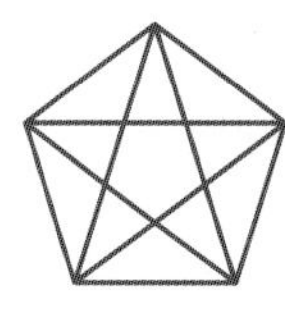
따라서 구하는 길의 개수는
$5+\frac{5\times(5-3)}{2}=5+5=10$ 답 10개

0443 구하는 다각형을 n각형이라 하면
$\frac{n(n-3)}{2}=90$
$n(n-3)=180=15\times12 \qquad \therefore n=15$
따라서 십오각형이므로 한 꼭짓점에서 그을 수 있는 대각선의 개수는
$15-3=12$
답 ④

0444 구하는 다각형을 n각형이라 하면
$\frac{n(n-3)}{2}=27$
$n(n-3)=54=9\times6 \qquad \therefore n=9$
따라서 구하는 다각형은 구각형이다. 답 구각형

0445 구하는 다각형을 n각형이라 하면
$\frac{n(n-3)}{2}=9$
$n(n-3)=18=6\times3 \qquad \therefore n=6$
따라서 육각형이므로 내부의 한 점에서 각 꼭짓점에 선분을 그었을 때 생기는 삼각형의 개수는 6이다. 답 ③

0446 구하는 다각형을 n각형이라 하면
$\frac{n(n-3)}{2}=54$
$n(n-3)=108=12\times9 \qquad \therefore n=12$
즉, 십이각형이므로 한 꼭짓점에서 그을 수 있는 대각선의 개수는 $12-3=9 \qquad \therefore a=9$
이때 생기는 삼각형의 개수는
$12-2=10 \qquad \therefore b=10$ 답 $a=9$, $b=10$

0447 $4x+(x+40)+2x=180$

$7x=140 \quad \therefore x=20$ 답 20

0448 $\angle ACB=\angle DCE$ (맞꼭지각)이므로

$\angle CAB+\angle CBA=\angle CDE+\angle CED$

$2x+30=80+x$

$\therefore x=50$ 답 ④

0449 $\angle C=\angle A-20°$, 즉 $\angle A=\angle C+20°$이고

$\angle B=2\angle C$이므로

$(\angle C+20°)+2\angle C+\angle C=180°$

$4\angle C=160° \quad \therefore \angle C=40°$

$\therefore \angle B=2\angle C=2\times 40°=80°$ 답 80°

0450 가장 작은 내각의 크기는

$180°\times\frac{5}{5+6+7}=180°\times\frac{5}{18}=50°$ 답 50°

다른 풀이 삼각형의 세 내각의 크기를 각각 $5\angle x$, $6\angle x$, $7\angle x$라 하면

$5\angle x+6\angle x+7\angle x=180°$

$18\angle x=180° \quad \therefore \angle x=10°$

따라서 가장 작은 내각의 크기는

$5\angle x=5\times 10°=50°$

0451 $4x+55=(3x+25)+50$

$4x+55=3x+75$

$\therefore x=20$ 답 20

0452 $2x-15=(180-135)+x$

$2x-15=45+x$

$\therefore x=60$ 답 60

0453 $\triangle$ECD에서 $\angle ECB=15°+25°=40°$ …❶

따라서 $\triangle$ABC에서

$\angle x=15°+40°=55°$ …❷

답 55°

채점 기준	비율
❶ $\angle$ECB의 크기 구하기	50 %
❷ $\angle x$의 크기 구하기	50 %

0454 $\triangle$ABC에서 $\angle x=50°+55°=105°$

$\triangle$CDE에서 $\angle y=105°+50°=155°$

$\therefore \angle x+\angle y=105°+155°=260°$ 답 260°

0455 $\triangle$ABC에서 $\angle BAC=125°-35°=90°$이므로

$\angle BAD=\frac{1}{2}\angle BAC=\frac{1}{2}\times 90°=45°$

따라서 $\triangle$ABD에서

$\angle x=35°+45°=80°$ 답 ④

다른 풀이 $\angle BAD=\angle DAC=\angle a$라 하면

$\triangle$ABD에서 $\angle ADC=\angle x=35°+\angle a$

$\triangle$ADC에서 $\angle ACE=\angle x+\angle a=125°$

$(35°+\angle a)+\angle a=125°$

$2\angle a=90° \quad \therefore \angle a=45°$

$\therefore \angle x=35°+\angle a=35°+45°=80°$

0456 $\angle BAC=180°-110°=70°$이므로

$\angle DAC=\frac{1}{2}\angle BAC=\frac{1}{2}\times 70°=35°$

따라서 $\triangle$ADC에서

$\angle x=35°+50°=85°$ 답 ⑤

0457 $\triangle$ABD에서 $\angle ABD=75°-45°=30°$이므로

$\angle DBC=\angle ABD=30°$

따라서 $\triangle$DBC에서

$\angle x=75°+30°=105°$ 답 105°

0458 $\angle B=2\angle IBC$, $\angle C=2\angle ICB$이므로

$\triangle$ABC에서

$2\angle IBC+2\angle ICB=180°-\angle A=180°-56°=124°$

따라서 $\angle IBC+\angle ICB=\frac{1}{2}\times 124°=62°$이므로

$\triangle$IBC에서

$\angle x=180°-(\angle IBC+\angle ICB)$

$=180°-62°=118°$ 답 118°

0459 $\triangle$IBC에서

$\angle IBC+\angle ICB=180°-112°=68°$ …❶

따라서 $\triangle$ABC에서

$\angle x=180°-(\angle ABC+\angle ACB)$

$=180°-2(\angle IBC+\angle ICB)$

$=180°-2\times 68°=44°$ …❷

답 44°

채점 기준	비율
❶ $\angle IBC+\angle ICB$의 크기 구하기	40 %
❷ $\angle x$의 크기 구하기	60 %

0460 $\triangle$IBC에서 $\angle IBC+\angle ICB=41°$

$\triangle$ABC에서

$\angle x=180°-(\angle ABC+\angle ACB)$

$=180°-2(\angle IBC+\angle ICB)$

$=180°-2\times 41°=98°$ 답 98°

0461 $\angle ABD=\angle DBC=\angle a$, $\angle ACD=\angle DCE=\angle b$라 하면

$\triangle$ABC에서 $2\angle b=50°+2\angle a$

$\therefore \angle b=25°+\angle a$ ······ ㉠

$\triangle$DBC에서 $\angle b=\angle x+\angle a$ ······ ㉡

㉠, ㉡에서 $25°+\angle a=\angle x+\angle a$

$\therefore \angle x=25°$ 답 25°

0462 $\angle ABD=\angle DBC=\angle a$, $\angle ACD=\angle DCE=\angle b$라 하면

$\triangle$ABC에서 $2\angle b=2\angle a+\angle x$

$\therefore \angle b=\angle a+\frac{1}{2}\angle x$ ······ ㉠

$\triangle$DBC에서 $\angle b=\angle a+40°$ ······ ㉡

㉠, ㉡에서 $\angle a+\frac{1}{2}\angle x=\angle a+40°$

$\frac{1}{2}\angle x=40° \quad \therefore \angle x=80°$ 답 80°

0463 $\angle ABD=\angle DBC=\angle a$, $\angle ACD=\angle DCE=\angle b$라 하면

$\triangle ABC$에서 $2\angle b=\angle x+2\angle a$

$\therefore \angle b=\frac{1}{2}\angle x+\angle a$ ······ ㉠

$\triangle DBC$에서 $\angle b=\angle y+\angle a$ ······ ㉡

㉠, ㉡에서 $\frac{1}{2}\angle x+\angle a=\angle y+\angle a$

$\angle y=\frac{1}{2}\angle x$ $\quad\therefore k=\frac{1}{2}$

답 $\frac{1}{2}$

0464 $\triangle ABC$는 $\overline{AB}=\overline{AC}$인 이등변삼각형이므로

$\angle ACB=\angle ABC=33^\circ$

$\therefore \angle DAC=33^\circ+33^\circ=66^\circ$

$\triangle CDA$는 $\overline{AC}=\overline{CD}$인 이등변삼각형이므로

$\angle ADC=\angle DAC=66^\circ$

따라서 $\triangle DBC$에서

$\angle x=33^\circ+66^\circ=99^\circ$

답 ③

0465 $\triangle ABC$는 $\overline{AB}=\overline{AC}$인 이등변삼각형이므로

$\angle C=\frac{1}{2}\times(180^\circ-52^\circ)=64^\circ$

$\triangle BCD$는 $\overline{BC}=\overline{BD}$인 이등변삼각형이므로

$\angle BDC=\angle C=64^\circ$

따라서 $\triangle ABD$에서 $\angle x+\angle A=\angle BDC$

$\angle x+52^\circ=64^\circ$ $\quad\therefore \angle x=12^\circ$

답 12°

0466 $\triangle ABC$에서 $\angle BCA=\angle BAC=\angle x$,

$\angle CBD=\angle x+\angle x=2\angle x$

$\triangle BCD$에서 $\angle CDB=\angle CBD=2\angle x$

$\triangle ACD$에서 $\angle DCE=\angle x+2\angle x=3\angle x$

$\triangle CDE$에서 $\angle DEC=\angle DCE=3\angle x$

$\triangle ADE$에서 $\angle EDF=\angle x+3\angle x=4\angle x=84^\circ$

$\therefore \angle x=21^\circ$

답 21°

0467 $\triangle DBC$에서 $\angle DBC+\angle DCB=180^\circ-120^\circ=60^\circ$

따라서 $\triangle ABC$에서

$\angle x=180^\circ-(70^\circ+\angle DBC+\angle DCB+30^\circ)$

$=180^\circ-(70^\circ+60^\circ+30^\circ)=20^\circ$

답 ③

0468 오른쪽 그림과 같이 $\overline{BC}$를 그으면

$\triangle DBC$에서

$\angle DBC+\angle DCB=180^\circ-115^\circ$

$=65^\circ$

따라서 $\triangle ABC$에서

$\angle x+\angle y=180^\circ-(50^\circ+\angle DBC+\angle DCB)$

$=180^\circ-(50^\circ+65^\circ)=65^\circ$

답 65°

0469 오른쪽 그림과 같이 $\overline{BC}$를 그으면

$\triangle ABC$에서

$\angle DBC+\angle DCB$

$=180^\circ-(75^\circ+25^\circ+20^\circ)$

$=60^\circ$

따라서 $\triangle DBC$에서

$\angle x=180^\circ-(\angle DBC+\angle DCB)$

$=180^\circ-60^\circ=120^\circ$

답 ②

다른 풀이 오른쪽 그림과 같이 반직선 AD를 긋고

$\angle BAD=\angle a$,

$\angle CAD=\angle b$라 하면

$\triangle ABD$에서

$\angle BDE=\angle a+25^\circ$

$\triangle ADC$에서

$\angle CDE=\angle b+20^\circ$

이때 $\angle a+\angle b=75^\circ$이므로

$\angle x=\angle BDE+\angle CDE$

$=(\angle a+25^\circ)+(\angle b+20^\circ)$

$=(\angle a+\angle b)+45^\circ$

$=75^\circ+45^\circ$

$=120^\circ$

0470 $\triangle ABE$에서

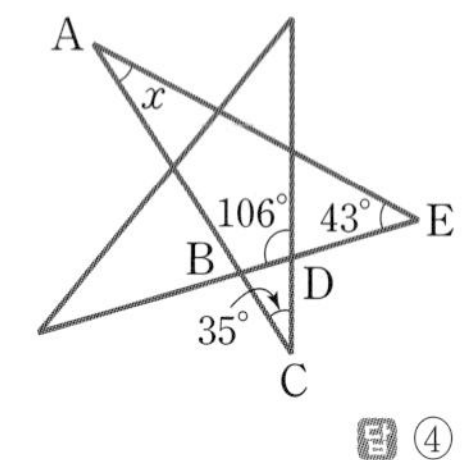

$\angle CBD=\angle x+43^\circ$

따라서 $\triangle BCD$에서

$(\angle x+43^\circ)+35^\circ=106^\circ$

$\angle x+78^\circ=106^\circ$

$\therefore \angle x=28^\circ$

답 ④

0471 $\triangle ABE$에서

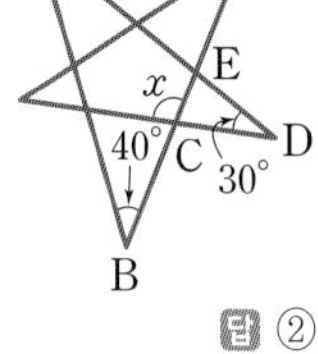

$\angle CED=35^\circ+40^\circ=75^\circ$

따라서 $\triangle CDE$에서

$\angle x=75^\circ+30^\circ$

$=105^\circ$

답 ②

0472 $\triangle BDG$에서

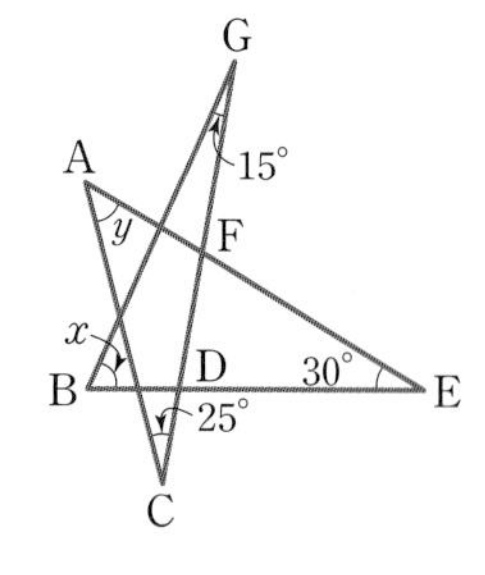

$\angle FDE=\angle x+15^\circ$ ···❶

$\triangle ACF$에서

$\angle DFE=\angle y+25^\circ$ ···❷

따라서 $\triangle FDE$에서

$(\angle x+15^\circ)+(\angle y+25^\circ)+30^\circ$

$=180^\circ$

$\angle x+\angle y+70^\circ=180^\circ$

$\therefore \angle x+\angle y=110^\circ$ ···❸

답 110°

채점 기준	비율
❶ $\angle FDE$의 크기를 $\angle x$로 나타내기	30 %
❷ $\angle DFE$의 크기를 $\angle y$로 나타내기	30 %
❸ $\angle x+\angle y$의 크기 구하기	40 %

0473 구하는 다각형을 n각형이라 하면

$180^\circ\times(n-2)=900^\circ$

$n-2=5$

$\therefore n=7$

따라서 칠각형이므로 대각선의 개수는

$\frac{7\times(7-3)}{2}=14$

답 ②

0474 구하는 다각형을 n각형이라 하면
$180^\circ \times (n-2)=1080^\circ$
$n-2=6 \qquad \therefore n=8$
따라서 팔각형이므로 변의 개수는 8이다. 답 8

0475 구하는 다각형을 n각형이라 하면
$n-3=6 \qquad \therefore n=9$
따라서 구각형이므로 내각의 크기의 합은
$180^\circ \times (9-2)=1260^\circ$ 답 1260°

0476 조건 (가), (나)에 의해 구하는 다각형은 정다각형이므로 정n각형이라 하면 조건 (다)에서
$180^\circ \times (n-2)=1980^\circ$
$n-2=11 \qquad \therefore n=13$
따라서 구하는 다각형은 정십삼각형이다. 답 정십삼각형

0477 구하는 다각형을 n각형이라 하면
$\dfrac{n(n-3)}{2}=65$
$n(n-3)=130=13\times 10 \qquad \therefore n=13$
따라서 십삼각형이므로 내각의 크기의 합은
$180^\circ \times (13-2)=1980^\circ$ 답 ④

0478 구하는 다각형을 n각형이라 하면
n각형의 내각의 크기의 합이 1200°보다 크므로
$180^\circ \times (n-2)>1200^\circ$
이때 $180^\circ \times 6=1080^\circ$, $180^\circ \times 7=1260^\circ$이므로
가장 작은 자연수 n의 값은 $n-2=7$일 때, 즉 $n=9$이다.
따라서 구각형이므로 대각선의 개수는
$\dfrac{9\times(9-3)}{2}=27$ 답 ①

0479 답 (가) 10, (나) 360°, (다) 1440°

0480 오각형의 내각의 크기의 합은
$180^\circ \times (5-2)=540^\circ$이므로
$75^\circ+125^\circ+(180^\circ-62^\circ)+\angle x+110^\circ=540^\circ$
$428^\circ+\angle x=540^\circ \qquad \therefore \angle x=112^\circ$ 답 112°

0481 육각형의 내각의 크기의 합은
$180^\circ \times (6-2)=720^\circ$이므로
$105^\circ+120^\circ+90^\circ+160^\circ+\angle x+100^\circ=720^\circ$
$575^\circ+\angle x=720^\circ \qquad \therefore \angle x=145^\circ$ 답 145°

0482 사각형의 내각의 크기의 합은 360°이므로
$\{180^\circ-(\angle a+\angle b)\}+(180^\circ-\angle c)$
$+(180^\circ-\angle d)+\{180^\circ-(\angle e+\angle f)\}=360^\circ$
$720^\circ-(\angle a+\angle b+\angle c+\angle d+\angle e+\angle f)=360^\circ$
$\therefore \angle a+\angle b+\angle c+\angle d+\angle e+\angle f=360^\circ$ 답 360°

다른 풀이 $\angle a+\angle b+\angle c+\angle d$
$+\angle e+\angle f$
$=(\angle A+\angle a+\angle f)$
$+(\angle B+\angle b+\angle c)$
$+(\angle C+\angle d+\angle e)$
$-(\angle A+\angle B+\angle C)$
$=180^\circ+180^\circ+180^\circ-180^\circ=360^\circ$

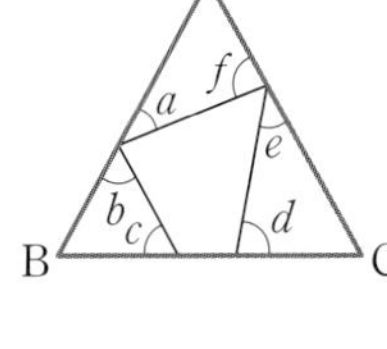

0483 $\angle ABE=\angle EBC=\angle a$, $\angle DCE=\angle ECB=\angle b$라 하면
사각형 ABCD의 내각의 크기의 합은 360°이므로
$120^\circ+2\angle a+2\angle b+80^\circ=360^\circ$
$2(\angle a+\angle b)+200^\circ=360^\circ$
$2(\angle a+\angle b)=160^\circ \qquad \therefore \angle a+\angle b=80^\circ$ …❶
따라서 $\triangle EBC$에서
$\angle x=180^\circ-(\angle a+\angle b)$
$=180^\circ-80^\circ=100^\circ$ …❷
답 100°

채점 기준	비율
❶ $\angle EBC+\angle ECB$의 크기 구하기	60 %
❷ $\angle x$의 크기 구하기	40 %

0484 다각형의 외각의 크기의 합은 360°이므로
$78^\circ+75^\circ+72^\circ+(180^\circ-\angle x)+45^\circ=360^\circ$
$450^\circ-\angle x=360^\circ \qquad \therefore \angle x=90^\circ$ 답 ③

0485 다각형의 외각의 크기의 합은 360°이므로
$50+40+x+70+(x+10)+(2x-110)=360$
$4x+60=360$, $4x=300$
$\therefore x=75$ 답 75

0486 다각형의 외각의 크기의 합은 360°이므로
$(180-126)+(180-4x)+5x+6x=360$
$234+7x=360$, $7x=126$
$\therefore x=18$ 답 ②

0487 강아지가 각 꼭짓점에서 회전한 각의 크기의 합은 칠각형의 외각의 크기의 합과 같으므로 360°이다. 답 360°

0488 (한 외각의 크기)$=180^\circ\times\dfrac{2}{3+2}=72^\circ$
구하는 정다각형을 정n각형이라 하면
$\dfrac{360^\circ}{n}=72^\circ \qquad \therefore n=5$
따라서 정오각형이므로 한 꼭짓점에서 그을 수 있는 대각선의 개수는 $5-3=2$ 답 ①

0489 정십이각형의 한 내각의 크기는
$\dfrac{180^\circ\times(12-2)}{12}=150^\circ \qquad \therefore a=150$ …❶
정구각형의 한 외각의 크기는
$\dfrac{360^\circ}{9}=40^\circ \qquad \therefore b=40$ …❷
$\therefore a+b=150+40=190$ …❸
답 190

채점 기준	비율
❶ a의 값 구하기	40 %
❷ b의 값 구하기	40 %
❸ $a+b$의 값 구하기	20 %

0490 구하는 정다각형을 정n각형이라 하면
$\dfrac{n(n-3)}{2}=20$
$n(n-3)=40=8\times 5 \qquad \therefore n=8$
즉, 대각선의 개수가 20인 정다각형은 정팔각형이다.

① 한 꼭짓점에서 대각선을 그었을 때 생기는 삼각형의 개수는 $8-2=6$
② 한 꼭짓점에서 그을 수 있는 대각선의 개수는 $8-3=5$
③ 내각의 크기의 합은 $180° \times (8-2)=1080°$
④ 한 외각의 크기는 $\frac{360°}{8}=45°$
⑤ 한 내각의 크기는 $\frac{180° \times (8-2)}{8}=135°$
따라서 옳지 않은 것은 ⑤이다. 답 ⑤

0491 ㄱ. 정삼각형의 한 내각의 크기는 $\frac{180°}{3}=60°$,
정육각형의 한 외각의 크기는 $\frac{360°}{6}=60°$
이므로 정삼각형의 한 내각의 크기는 정육각형의 한 외각의 크기와 같다.
ㄴ. 정육각형의 한 외각의 크기는 $\frac{360°}{6}=60°$,
정오각형의 한 외각의 크기는 $\frac{360°}{5}=72°$
이므로 정육각형의 한 외각의 크기와 정오각형의 한 외각의 크기의 차는 $72°-60°=12°$
ㄷ. 정다각형의 변의 개수가 많을수록 한 외각의 크기는 작아진다.
따라서 옳은 것은 ㄱ, ㄷ이다. 답 ④

0492 구하는 정다각형을 정n각형이라 하면
$\frac{360°}{n}=30°$ $\therefore n=12$
따라서 정십이각형이므로 내각의 크기의 합은
$180° \times (12-2)=1800°$ 답 1800°

0493 정다각형의 한 외각의 크기를 $\angle x$라 하면 한 내각의 크기는 $\angle x+120°$이므로
$(\angle x+120°)+\angle x=180°$
$2\angle x=60°$ $\therefore \angle x=30°$
한 외각의 크기가 30°인 정다각형을 정n각형이라 하면
$\frac{360°}{n}=30°$ $\therefore n=12$
따라서 구하는 정다각형은 정십이각형이다. 답 정십이각형

0494 구하는 정다각형을 정n각형이라 하면
정n각형의 한 내각의 크기가 135°이므로
$\frac{180° \times (n-2)}{n}=135°$
$180° \times n-360°=135° \times n$
$45° \times n=360°$ $\therefore n=8$
따라서 구하는 정다각형은 정팔각형이다. 답 정팔각형
다른 풀이 한 외각의 크기는 $180°-135°=45°$이므로
$\frac{360°}{n}=45°$ $\therefore n=8$
따라서 구하는 정다각형은 정팔각형이다.

0495 $\angle BAE=90°-60°=30°$이고
$\triangle ABE$는 $\overline{AB}=\overline{AE}$인 이등변삼각형이므로
$\angle x=\frac{1}{2} \times (180°-30°)=75°$ 답 75°

0496 $\triangle ABE$와 $\triangle CAD$에서
$\overline{AB}=\overline{CA}$, $\overline{AE}=\overline{CD}$, $\angle BAE=\angle ACD=60°$
이므로
$\triangle ABE \equiv \triangle CAD$ (SAS 합동)
$\therefore \angle ABE=\angle CAD$
따라서 $\triangle ABF$에서
$\angle x=\angle ABF+\angle BAF=\angle CAD+\angle BAF=60°$
답 60°

0497 정삼각형의 한 내각의 크기는 60°, 정사각형의 한 내각의 크기는 90°이므로
$\angle EDC=60°+90°=150°$
$\triangle DEC$는 $\overline{DE}=\overline{DC}$인 이등변삼각형이므로
$\angle DCE=\frac{1}{2} \times (180°-150°)=15°$
따라서 $\triangle DFC$에서
$\angle x=90°-15°=75°$ 답 ④

0498 정오각형의 한 내각의 크기는
$\frac{180° \times (5-2)}{5}=108°$
$\triangle ABC$는 $\overline{BA}=\overline{BC}$인 이등변삼각형이므로
$\angle BAC=\frac{1}{2} \times (180°-108°)=36°$
같은 방법으로 $\triangle ABE$에서 $\angle ABE=36°$
따라서 $\triangle ABF$에서
$\angle x=\angle BAF+\angle ABF=36°+36°=72°$ 답 ③

0499 정사각형의 한 내각의 크기는 90°
정오각형의 한 내각의 크기는 $\frac{180° \times (5-2)}{5}=108°$
정육각형의 한 내각의 크기는 $\frac{180° \times (6-2)}{6}=120°$
$\therefore \angle x=360°-(90°+108°+120°)=42°$ 답 42°

0500 정오각형의 한 내각의 크기는 $\frac{180° \times (5-2)}{5}=108°$
$\triangle ABC$, $\triangle ADE$, $\triangle ABE$에서
$\angle BAC=\angle EAD=\angle ABE=\frac{1}{2} \times (180°-108°)=36°$
$\therefore \angle x=108°-(36°+36°)=36°$
$\angle y=\angle BFA=180°-(36°+36°)=108°$
$\therefore \angle x+\angle y=36°+108°=144°$ 답 144°

0501 정오각형의 한 외각의 크기는 $\frac{360°}{5}=72°$
정팔각형의 한 외각의 크기는 $\frac{360°}{8}=45°$
$\therefore \angle x=72°+45°=117°$ 답 ③

0502 $\angle x$는 정오각형의 한 외각이므로
$\angle x=\frac{360°}{5}=72°$ …❶
$\angle DEF$도 정오각형의 한 외각이므로
$\angle DEF=72°$
$\triangle EDF$에서
$\angle y=180°-(72°+72°)=36°$ …❷
$\therefore \angle x-\angle y=72°-36°=36°$ …❸
답 36°

채점 기준	비율
❶ $\angle x$의 크기 구하기	30 %
❷ $\angle y$의 크기 구하기	50 %
❸ $\angle x-\angle y$의 크기 구하기	20 %

0503 정오각형의 한 외각의 크기는 $\frac{360^\circ}{5}=72^\circ$이므로

$\angle \mathrm{DEP}=72^\circ$

정육각형의 한 외각의 크기는 $\frac{360^\circ}{6}=60^\circ$이므로

$\angle \mathrm{DIP}=60^\circ$

또한, $\angle \mathrm{EDI}=72^\circ+60^\circ=132^\circ$이므로 사각형 EDIP에서

$\angle x=360^\circ-(72^\circ+60^\circ+132^\circ)=96^\circ$ 답 96°

0504 오른쪽 그림과 같이 $\overline{\mathrm{BC}}$를 그으면

$\angle \mathrm{EBC}+\angle \mathrm{ECB}=25^\circ+15^\circ$

$=40^\circ$

$\triangle \mathrm{ABC}$에서

$70^\circ+35^\circ+(\angle \mathrm{EBC}+\angle \mathrm{ECB})$

$+\angle x=180^\circ$

$70^\circ+35^\circ+40^\circ+\angle x=180^\circ$

$145^\circ+\angle x=180^\circ$ $\quad\therefore\ \angle x=35^\circ$  답 35°

0505 오른쪽 그림과 같이 $\overline{\mathrm{CD}}$를 그으면

$\angle \mathrm{GCD}+\angle \mathrm{GDC}=\angle x+\angle x$

$=2\angle x$

오각형의 내각의 크기의 합은

$180^\circ\times(5-2)=540^\circ$이므로

$120^\circ+140^\circ+55^\circ$

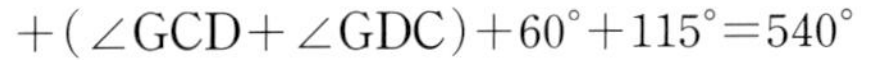

$+(\angle \mathrm{GCD}+\angle \mathrm{GDC})+60^\circ+115^\circ=540^\circ$

$120^\circ+140^\circ+55^\circ+2\angle x+60^\circ+115^\circ=540^\circ$

$490^\circ+2\angle x=540^\circ$

$2\angle x=50^\circ$ $\quad\therefore\ \angle x=25^\circ$  답 25°

0506 오른쪽 그림과 같이 $\overline{\mathrm{AB}}$와 $\overline{\mathrm{CD}}$를 그으면

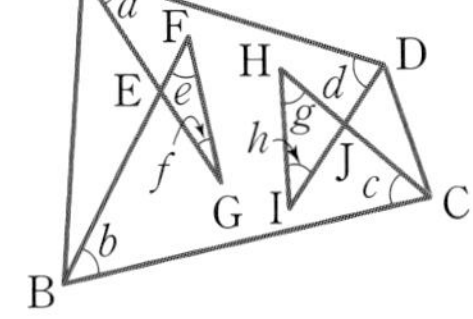

$\angle \mathrm{EAB}+\angle \mathrm{EBA}$

$=\angle e+\angle f$

$\angle \mathrm{JCD}+\angle \mathrm{JDC}=\angle g+\angle h$

$\therefore\ \angle a+\angle b+\angle c+\angle d+\angle e+\angle f+\angle g+\angle h$

$=\angle a+\angle b+\angle c+\angle d+(\angle \mathrm{EAB}+\angle \mathrm{EBA})$

$+(\angle \mathrm{JCD}+\angle \mathrm{JDC})$

$=$(사각형 ABCD의 내각의 크기의 합)

$=360^\circ$ 답 360°

0507 오른쪽 그림에서

$(\angle a+\angle b)+(\angle c+30^\circ)$

$+(\angle d+\angle e)$

$+(\angle f+25^\circ)$

$=$(사각형의 외각의 크기의 합)

$=360^\circ$

$\therefore\ \angle a+\angle b+\angle c+\angle d+\angle e+\angle f=305^\circ$ 답 305°

다른 풀이

$\angle a+\angle b+\angle c+30^\circ+\angle d+\angle e+25^\circ+\angle f$

$=$(4개의 삼각형의 내각의 크기의 합)

$-$(사각형의 내각의 크기의 합)

$=180^\circ\times4-360^\circ=360^\circ$

$\therefore\ \angle a+\angle b+\angle c+\angle d+\angle e+\angle f=305^\circ$

0508 오른쪽 그림에서

$\angle a+\angle b+\angle c+\angle d+\angle e+\angle f$

$=$(사각형의 내각의 크기의 합)

$=360^\circ$ 답 ③

다른 풀이

$\angle a+\angle b+\angle c+\angle d+\angle e+\angle f$

$=$(3개의 삼각형의 내각의 크기의 합)

$-$(삼각형의 내각의 크기의 합)

$=180^\circ\times3-180^\circ=360^\circ$

0509 오른쪽 그림에서

$(\angle a+\angle e)+\angle c+\angle d$

$+(\angle b+30^\circ)$

$=$(사각형의 내각의 크기의 합)

$=360^\circ$

$\therefore\ \angle a+\angle b+\angle c+\angle d+\angle e=330^\circ$ 답 330°

다른 풀이

$\angle a+\angle b+\angle c+\angle d+\angle e+30^\circ$

$=$(4개의 삼각형의 내각의 크기의 합)

$+$(사각형의 내각의 크기의 합)

$-$(오각형의 외각의 크기의 합)$\times2$

$=180^\circ\times4+360^\circ-360^\circ\times2=360^\circ$

$\therefore\ \angle a+\angle b+\angle c+\angle d+\angle e=330^\circ$

학교 시험 꼭 잡기

83~85쪽

0510 ③ 모든 다각형의 외각의 크기의 합은 360°이므로 외각의 크기의 합으로는 변의 개수를 알 수 없다. 답 ③

0511 조건 (가)에 의해 정다각형이므로 구하는 다각형을 정n각형이라 하면 조건 (나)에서

$n-3=9$ $\quad\therefore\ n=12$

따라서 구하는 다각형은 정십이각형이다. 답 ③

0512 구하는 다각형을 n각형이라 하면

$\frac{n(n-3)}{2}=135$

$n(n-3)=270=18\times15$ $\quad\therefore\ n=18$

따라서 십팔각형이므로 꼭짓점의 개수는 18이다. 답 ④

0513 가장 작은 내각의 크기는

$180^\circ\times\frac{3}{3+4+5}=180^\circ\times\frac{1}{4}=45^\circ$ 답 45°

0514 △IAB에서 $\angle HBC=15^\circ+25^\circ=40^\circ$
△HBC에서 $\angle GCD=15^\circ+40^\circ=55^\circ$
△GCD에서 $\angle FDE=15^\circ+55^\circ=70^\circ$
따라서 △FDE에서
$\angle x=180^\circ-(15^\circ+70^\circ)=95^\circ$ 답 95°

0515 $\angle B=2\angle IBC$, $\angle C=2\angle ICB$이므로 △ABC에서
$2\angle IBC+2\angle ICB=180^\circ-\angle A$
$=180^\circ-64^\circ=116^\circ$
따라서 $\angle IBC+\angle ICB=\frac{1}{2}\times116^\circ=58^\circ$이므로
△IBC에서
$\angle x=180^\circ-(\angle IBC+\angle ICB)$
$=180^\circ-58^\circ=122^\circ$ 답 122°

0516 △ABC는 $\overline{AB}=\overline{AC}$인 이등변삼각형이므로
$\angle ACB=\angle ABC=\angle x$
$\therefore \angle CAD=\angle x+\angle x=2\angle x$
△CDA는 $\overline{AC}=\overline{CD}$인 이등변삼각형이므로
$\angle CDA=\angle CAD=2\angle x$
△DBC에서 $\angle DCE=\angle x+2\angle x=3\angle x$
△DCE는 $\overline{CD}=\overline{DE}$인 이등변삼각형이므로
$\angle DCE=\angle DEC=72^\circ$
$3\angle x=72^\circ$ $\therefore \angle x=24^\circ$ 답 24°

0517 △ABC에서
$72^\circ+(22^\circ+\angle DBC)+(\angle DCB+26^\circ)=180^\circ$
$120^\circ+\angle DBC+\angle DCB=180^\circ$
$\therefore \angle DBC+\angle DCB=60^\circ$
따라서 △DBC에서
$\angle x=180^\circ-(\angle DBC+\angle DCB)$
$=180^\circ-60^\circ=120^\circ$ 답 120°

0518 $\angle ADE=\angle EDC=\angle a$, $\angle BCE=\angle ECD=\angle b$라 하면 사각형 ABCD의 내각의 크기의 합은 360°이므로
$80^\circ+66^\circ+2\angle a+2\angle b=360^\circ$
$2(\angle a+\angle b)+146^\circ=360^\circ$
$2(\angle a+\angle b)=214^\circ$
$\therefore \angle a+\angle b=107^\circ$
따라서 △DEC에서
$\angle x=180^\circ-(\angle a+\angle b)$
$=180^\circ-107^\circ=73^\circ$ 답 73°

0519 구하는 다각형을 n각형이라 하면
$180^\circ\times(n-2)+360^\circ=3240^\circ$
$180^\circ\times n=3240^\circ$ $\therefore n=18$
따라서 구하는 다각형은 십팔각형이다. 답 십팔각형
다른 풀이 다각형의 한 꼭짓점에서의 내각의 크기와 외각의 크기의 합은 180°이므로
$3240^\circ\div180^\circ=18$
따라서 구하는 다각형은 십팔각형이다.

0520 오른쪽 그림에서
$\angle a+\angle b+\angle c+\angle d$
$+\angle e+\angle f+\angle g+\angle h$
=(사각형의 외각의 크기의 합)
$=360^\circ$

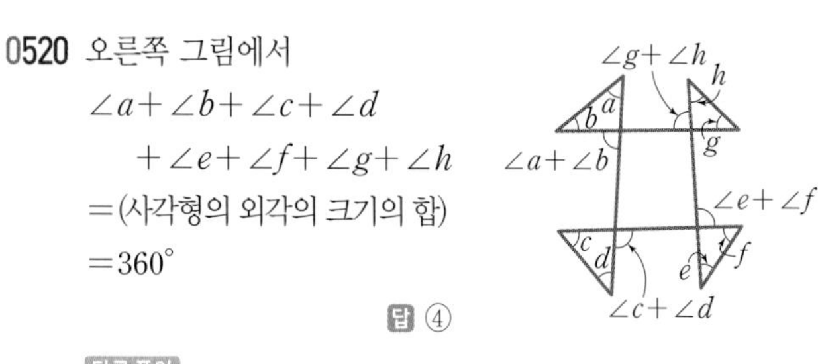

답 ④

다른 풀이
$\angle a+\angle b+\angle c+\angle d+\angle e+\angle f+\angle g+\angle h$
=(4개의 삼각형의 내각의 크기의 합)
−(사각형의 내각의 크기의 합)
$=180^\circ\times4-360^\circ=360^\circ$

0521 정오각형의 한 내각의 크기는
$\frac{180^\circ\times(5-2)}{5}=108^\circ$
△ADE는 $\overline{AE}=\overline{ED}$인 이등변삼각형이므로
$\angle EAD=\angle EDA=\frac{1}{2}\times(180^\circ-108^\circ)=36^\circ$
같은 방법으로 △ABC에서
$\angle BAC=36^\circ$
$\therefore \angle x=108^\circ-36^\circ=72^\circ$
$\angle y=108^\circ-(36^\circ+36^\circ)=36^\circ$
$\therefore \angle x-\angle y=72^\circ-36^\circ=36^\circ$ 답 36°

0522 △ABC에서
$\angle BAC=150^\circ-45^\circ=105^\circ$
$\therefore \angle DAE=\frac{1}{3}\angle BAC=\frac{1}{3}\times105^\circ=35^\circ$
따라서 △ADE에서
$\angle x+35^\circ=\angle y$
$\therefore \angle y-\angle x=35^\circ$ 답 35°

0523 $\angle ABD=\angle DBE=\angle EBC=\angle a$,
$\angle ACD=\angle DCE=\angle ECF=\angle b$라 하면
△DBC에서
$2\angle b=2\angle a+40^\circ$ $\therefore \angle b-\angle a=20^\circ$
△ABC에서
$3\angle b=3\angle a+\angle x$
$\therefore \angle x=3(\angle b-\angle a)=3\times20^\circ=60^\circ$
△EBC에서 $\angle b=\angle a+\angle y$
$\therefore \angle y=\angle b-\angle a=20^\circ$
$\therefore \angle x+\angle y=60^\circ+20^\circ=80^\circ$ 답 80°

0524 정오각형의 한 외각의 크기는 $\frac{360^\circ}{5}=72^\circ$이므로
$\angle DCP=72^\circ$
정팔각형의 한 외각의 크기는 $\frac{360^\circ}{8}=45^\circ$이므로
$\angle DKP=45^\circ$
또한, $\angle y=72^\circ+45^\circ=117^\circ$이므로 사각형 CPKD에서
$\angle x=360^\circ-(72^\circ+117^\circ+45^\circ)=126^\circ$
$\therefore \angle x-\angle y=126^\circ-117^\circ=9^\circ$ 답 9°

0525 오른쪽 그림과 같이 $\overline{BC}$를 그으면
$\angle DBC + \angle DCB = \angle a + \angle d$
$\triangle ABC$에서
$\angle c + \angle b + (\angle DBC + \angle DCB) + 40° = 180°$
$\angle c + \angle b + \angle a + \angle d + 40° = 180°$
$\therefore \angle a + \angle b + \angle c + \angle d = 140°$

답 ②

0526 $\triangle ACE$에서
$\angle x = 35° + 31° = 66°$ …❶
$\triangle ABD$에서
$\angle y = 180° - (35° + 45°) = 100°$ …❷
$\therefore \angle x + \angle y = 66° + 100° = 166°$ …❸

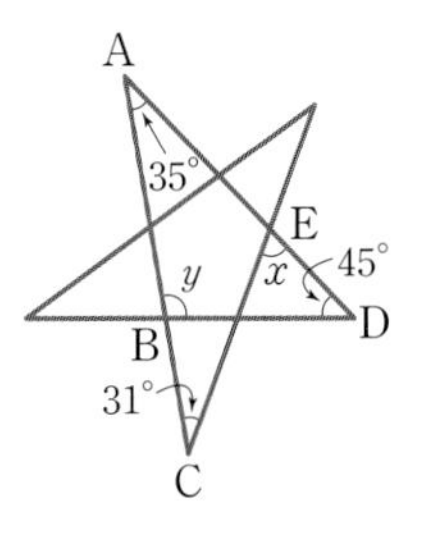

답 166°

채점 기준	비율
❶ $\angle x$의 크기 구하기	40 %
❷ $\angle y$의 크기 구하기	40 %
❸ $\angle x + \angle y$의 크기 구하기	20 %

0527 다각형의 외각의 크기의 합은 360°이므로
$55 + (180 - 110) + 65 + 2x + (x + 14) = 360$ …❶
$3x + 204 = 360$
$3x = 156$
$\therefore x = 52$ …❷

답 52

채점 기준	비율
❶ 외각의 크기의 합을 이용하여 식 세우기	60 %
❷ x의 값 구하기	40 %

0528 구하는 정다각형을 정n각형이라 하면
$n - 3 = 15$
$\therefore n = 18$
즉, 구하는 정다각형은 정십팔각형이다. …❶
정십팔각형의 한 외각의 크기는
$\dfrac{360°}{18} = 20°$ …❷
정십팔각형의 한 내각의 크기는
$180° - 20° = 160°$ …❸

답 한 내각의 크기 : 160°, 한 외각의 크기 : 20°

채점 기준	비율
❶ 정다각형의 이름 알기	40 %
❷ 한 외각의 크기 구하기	30 %
❸ 한 내각의 크기 구하기	30 %

다른 풀이 정십팔각형의 한 내각의 크기는
$\dfrac{180° \times (18 - 2)}{18} = 160°$
정십팔각형의 한 외각의 크기는
$180° - 160° = 20°$

86쪽

0529 (1) 그림과 같이 반 대표를 십이각형의 꼭짓점으로, 악수를 십이각형의 대각선과 변으로 표현할 수 있다.

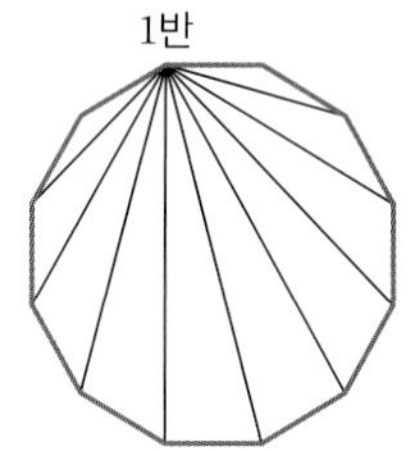

즉, 1반 대표가 자신의 양 옆의 2명과 한 악수의 횟수는 한 꼭짓점에서 그을 수 있는 변의 개수와 같고, 양 옆의 2명을 제외한 모든 사람과 한 악수의 횟수는 한 꼭짓점에서 그을 수 있는 대각선의 개수와 같다.
따라서 1반 대표가 한 악수의 횟수는 11번이다.
(2) 모든 반 대표가 서로 한 번씩 악수를 한 횟수는 십이각형의 변의 개수와 대각선의 개수의 합과 같으므로
$12 + \dfrac{12 \times (12 - 3)}{2} = 12 + 54 = 66$(번)

답 (1) 11번 (2) 66번

다른 풀이 (2) (1)에서 반 대표 한사람이 한 악수의 횟수가 11번이고 2번씩 중복되므로
$\dfrac{12 \times 11}{2} = 66$(번)

0530 오른쪽 그림에서 $\angle p = \angle a + \angle b$
$\angle q = \angle c + \angle d$
$\angle r = \angle e + \angle f$
$\angle s = \angle g + \angle h$
$\angle t = \angle i + \angle j$
$\angle u = \angle k + \angle l$
따라서 색칠한 각의 크기의 합은
$\angle a + \angle b + \angle c + \angle d + \angle e + \angle f + \angle g + \angle h + \angle i + \angle j + \angle k + \angle l$
$= \angle p + \angle q + \angle r + \angle s + \angle t + \angle u$
$=$(육각형의 외각의 크기의 합)$= 360°$

답 360°

0531 정오각형의 한 내각의 크기는
$\dfrac{180° \times (5 - 2)}{5} = 108°$
팔찌 내부에 생기는 정다각형을 정n각형이라 하면 정n각형의 한 내각의 크기는 $360° - 2 \times 108° = 144°$이므로
$\dfrac{180° \times (n - 2)}{n} = 144°$
$180° \times (n - 2) = 144° \times n$
$36° \times n = 360° \quad \therefore n = 10$
따라서 팔찌 내부에 정십각형이 생기므로 필요한 정오각형의 개수는 10이다.

답 10

0532 정팔각형의 한 변의 길이가 5 cm,
한 외각의 크기가 $\dfrac{360°}{8} = 45°$이므로
로봇 거북은 5 cm만큼 전진한 후 왼쪽으로 45°만큼 회전하는 동작을 정팔각형의 변의 개수인 8회만큼 반복해야 한다.
따라서 구하는 명령어는 "반복 8(가자 5, 돌자 45)"이다.

답 반복 8(가자 5, 돌자 45)

05 원과 부채꼴

개념 잡기

88~89쪽

0533 답 $=$

0534 답 $=$

0535 답 $=$

0536 답 $\neq$

0537 같은 크기의 중심각에 대한 현의 길이는 같으므로
$x=7$ 답 7

0538 호의 길이는 중심각의 크기에 정비례하므로
$30:60=6:x$
$1:2=6:x$
$\therefore x=12$ 답 12

0539 부채꼴의 넓이는 중심각의 크기에 정비례하므로
$x:80=4:16$
$x:80=1:4$
$4x=80 \quad \therefore x=20$ 답 20

0540 부채꼴의 넓이는 중심각의 크기에 정비례하므로
$45:135=x:30$
$1:3=x:30$
$3x=30 \quad \therefore x=10$ 답 10

0541 $2\pi\times4=8\pi(\text{cm})$ 답 8π cm

0542 $\pi\times4^2=16\pi(\text{cm}^2)$ 답 $16\pi\text{ cm}^2$

0543 $l=2\pi\times5=10\pi(\text{cm})$
$S=\pi\times5^2=25\pi(\text{cm}^2)$
답 $l=10\pi\text{ cm},\ S=25\pi\text{ cm}^2$

0544 $l=2\pi\times7+2\pi\times3$
$=14\pi+6\pi=20\pi(\text{cm})$
$S=\pi\times7^2-\pi\times3^2$
$=49\pi-9\pi=40\pi(\text{cm}^2)$
답 $l=20\pi\text{ cm},\ S=40\pi\text{ cm}^2$

0545 $l=2\pi\times8\times\frac{90}{360}=4\pi(\text{cm})$
$S=\pi\times8^2\times\frac{90}{360}=16\pi(\text{cm}^2)$
답 $l=4\pi\text{ cm},\ S=16\pi\text{ cm}^2$

0546 $l=2\pi\times9\times\frac{240}{360}=12\pi(\text{cm})$
$S=\pi\times9^2\times\frac{240}{360}=54\pi(\text{cm}^2)$
답 $l=12\pi\text{ cm},\ S=54\pi\text{ cm}^2$

0547 $\frac{1}{2}\times9\times2\pi=9\pi(\text{cm}^2)$ 답 $9\pi\text{ cm}^2$

0548 $\frac{1}{2}\times16\times12\pi=96\pi(\text{cm}^2)$ 답 $96\pi\text{ cm}^2$

유형 다 잡기

90~99쪽

0549 ⑤ $\widehat{AB}$와 $\overline{AB}$로 이루어진 도형은 활꼴이다. 답 ⑤

0550 답 ① • • 중심각
② • • 현 CD
③ • • 부채꼴 AOB
④ • • 활꼴
⑤ • • $\widehat{AB}$

0551 부채꼴과 활꼴이 같아지는 경우는 반원일 때이므로 이때의 중심각의 크기는 180°이다. 답 180°

0552 $30:90=2:x,\ 1:3=2:x$
$\therefore x=6$
$30:y=2:8,\ 30:y=1:4$
$\therefore y=120$
$\therefore x+y=6+120=126$ 답 126

0553 $50:100=(x+3):(5x+3)$
$1:2=(x+3):(5x+3)$
$5x+3=2(x+3),\ 5x+3=2x+6$
$3x=3 \quad \therefore x=1$ 답 1

0554 $(2x+10):(4x-20)=6:8$
$(2x+10):(4x-20)=3:4$
$3(4x-20)=4(2x+10)$
$12x-60=8x+40$
$4x=100 \quad \therefore x=25$ 답 25

0555 △OAB는 정삼각형이므로
$\angle AOB=60°$
따라서 원 O의 중심각의 크기는 360°이므로
원 O의 둘레의 길이는 $\widehat{AB}$의 길이의 6배이다. 답 6배

0556 호의 길이는 중심각의 크기에 정비례하므로
$\angle AOB:\angle BOC:\angle COA=\widehat{AB}:\widehat{BC}:\widehat{CA}$
$=3:4:5$
$\therefore \angle BOC=360°\times\frac{4}{3+4+5}$
$=360°\times\frac{1}{3}=120°$ 답 ③

참고 $\angle AOB=360°\times\frac{3}{3+4+5}=90°$
$\angle COA=360°\times\frac{5}{3+4+5}=150°$

0557 $\angle AOB+\angle COD=180°-84°=96°$이고
$\angle AOB:\angle COD=\widehat{AB}:\widehat{CD}=1:2$이므로
$\angle COD=96°\times\frac{2}{1+2}$
$=96°\times\frac{2}{3}=64°$ 답 64°

0558 $2\widehat{AC}=7\widehat{BC}$에서 $\widehat{AC}:\widehat{BC}=7:2$이므로
$\angle AOC:\angle BOC=\widehat{AC}:\widehat{BC}=7:2$

$\therefore \angle AOC=180^\circ\times\dfrac{7}{7+2}$

$=180^\circ\times\dfrac{7}{9}=140^\circ$ 답 140°

0559 $\angle AOP:\angle BOP=\overset{\frown}{AP}:\overset{\frown}{BP}=2:1$이므로

$\angle BOP=180^\circ\times\dfrac{1}{2+1}$

$=180^\circ\times\dfrac{1}{3}=60^\circ$ …❶

$\triangle POB$는 $\overline{OP}=\overline{OB}$인 이등변삼각형이므로

$\angle OPB=\angle OBP$

$\therefore \angle ABP=\angle OBP=\dfrac{1}{2}\times(180^\circ-60^\circ)$

$=\dfrac{1}{2}\times120^\circ=60^\circ$ …❷

답 60°

채점 기준	비율
❶ $\angle BOP$의 크기 구하기	50 %
❷ $\angle ABP$의 크기 구하기	50 %

0560 $\triangle OAB$는 $\overline{OA}=\overline{OB}$인 이등변삼각형이므로

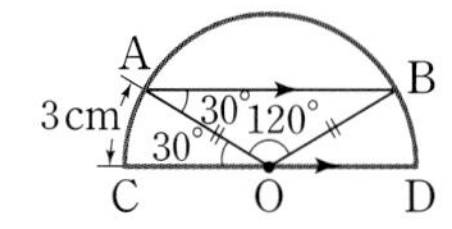

$\angle OAB=\dfrac{1}{2}\times(180^\circ-120^\circ)$

$=30^\circ$

$\overline{AB}/\!/\overline{CD}$이므로

$\angle AOC=\angle OAB=30^\circ$(엇각)

$\angle AOC:\angle AOB=\overset{\frown}{AC}:\overset{\frown}{AB}$에서

$30:120=3:\overset{\frown}{AB}$, $1:4=3:\overset{\frown}{AB}$

$\therefore \overset{\frown}{AB}=12(\text{cm})$ 답 12 cm

0561 $\triangle OBC$는 $\overline{OB}=\overline{OC}$인 이등변삼각형이므로

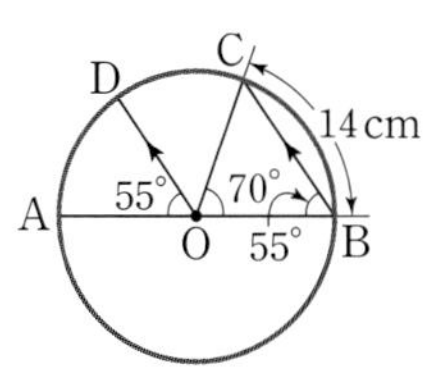

$\angle OBC=\dfrac{1}{2}\times(180^\circ-70^\circ)$

$=55^\circ$

$\overline{BC}/\!/\overline{OD}$이므로

$\angle AOD=\angle OBC=55^\circ$(동위각)

$\angle AOD:\angle BOC=\overset{\frown}{AD}:\overset{\frown}{BC}$에서

$55:70=\overset{\frown}{AD}:14$, $11:14=\overset{\frown}{AD}:14$

$\therefore \overset{\frown}{AD}=11(\text{cm})$ 답 11 cm

0562 $\triangle OAB$는 $\overline{OA}=\overline{OB}$인 이등변삼각형이므로

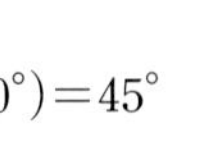

$\angle OAB=\dfrac{1}{2}\times(180^\circ-90^\circ)=45^\circ$

$\overline{AB}/\!/\overline{CD}$이므로

$\angle AOC=\angle OAB=45^\circ$(엇각)

$\angle AOC:\angle AOB=\overset{\frown}{AC}:\overset{\frown}{AB}$에서

$45:90=\overset{\frown}{AC}:\overset{\frown}{AB}$, $1:2=\overset{\frown}{AC}:\overset{\frown}{AB}$

$\therefore \overset{\frown}{AB}=2\overset{\frown}{AC}$

따라서 $\overset{\frown}{AB}$의 길이는 $\overset{\frown}{AC}$의 길이의 2배이다. 답 2배

0563 $\overline{AD}/\!/\overline{OC}$이므로

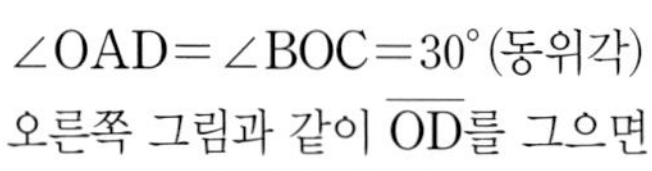

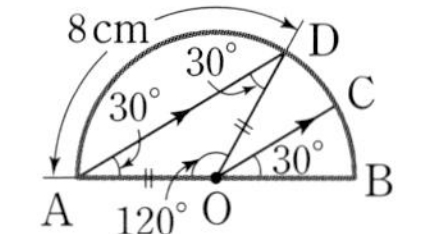

$\angle OAD=\angle BOC=30^\circ$(동위각)

오른쪽 그림과 같이 $\overline{OD}$를 그으면 $\triangle ODA$는 $\overline{OA}=\overline{OD}$인 이등변삼각형이므로

$\angle ODA=\angle OAD=30^\circ$

$\therefore \angle AOD=180^\circ-(30^\circ+30^\circ)=120^\circ$

$\angle AOD:\angle BOC=\overset{\frown}{AD}:\overset{\frown}{BC}$이므로

$120:30=8:\overset{\frown}{BC}$, $4:1=8:\overset{\frown}{BC}$

$4\overset{\frown}{BC}=8$ $\therefore \overset{\frown}{BC}=2(\text{cm})$ 답 2 cm

0564 $\overline{AC}/\!/\overline{OD}$이므로

$\angle OAC=\angle BOD$

$=45^\circ$(동위각)

오른쪽 그림과 같이 $\overline{OC}$를 그으면 $\triangle OCA$는 $\overline{OA}=\overline{OC}$인 이등변삼각형이므로

$\angle OCA=\angle OAC=45^\circ$

$\therefore \angle AOC=180^\circ-(45^\circ+45^\circ)=90^\circ$

$\angle AOC:\angle BOD=\overset{\frown}{AC}:\overset{\frown}{BD}$이므로

$90:45=\overset{\frown}{AC}:10$, $2:1=\overset{\frown}{AC}:10$

$\therefore \overset{\frown}{AC}=20(\text{cm})$ 답 20 cm

0565 오른쪽 그림과 같이 $\overline{OC}$를 그으면

$\overset{\frown}{AC}:\overset{\frown}{BC}=1:4$이므로

$\angle AOC:\angle BOC=1:4$

$\therefore \angle BOC=180^\circ\times\dfrac{4}{1+4}$

$=180^\circ\times\dfrac{4}{5}=144^\circ$ …❶

$\triangle OBC$는 $\overline{OB}=\overline{OC}$인 이등변삼각형이므로

$\angle x=\dfrac{1}{2}\times(180^\circ-144^\circ)=18^\circ$ …❷

답 18°

채점 기준	비율
❶ $\angle BOC$의 크기 구하기	60 %
❷ $\angle x$의 크기 구하기	40 %

0566 $\triangle OPB$는 $\overline{BO}=\overline{BP}$인 이등변삼각형이므로

$\angle BOP=\angle BPO=20^\circ$

$\triangle OPB$에서

$\angle OBC=20^\circ+20^\circ=40^\circ$

또, $\triangle OBC$는 $\overline{OB}=\overline{OC}$인 이등변삼각형이므로

$\angle OCB=\angle OBC=40^\circ$

$\triangle OPC$에서

$\angle DOC=20^\circ+40^\circ=60^\circ$

$\overset{\frown}{AB}:\overset{\frown}{CD}=\angle AOB:\angle COD$이므로

$\overset{\frown}{AB}:6=20:60$, $\overset{\frown}{AB}:6=1:3$

$3\overset{\frown}{AB}=6$ $\therefore \overset{\frown}{AB}=2(\text{cm})$ 답 2 cm

0567 $\angle COP=\angle x$라 하면 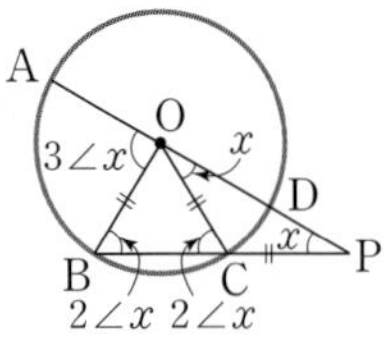
$\triangle OCP$는 $\overline{CO}=\overline{CP}$인 이등변삼각형이므로
$\angle CPO=\angle COP=\angle x$
$\triangle OCP$에서
$\angle OCB=\angle COP+\angle CPO$
$=\angle x+\angle x=2\angle x$
또, $\triangle OBC$는 $\overline{OB}=\overline{OC}$인 이등변삼각형이므로
$\angle OBC=\angle OCB=2\angle x$
$\triangle OBP$에서
$\angle AOB=\angle OBP+\angle OPB$
$=2\angle x+\angle x=3\angle x$
따라서 $\widehat{AB} : \widehat{CD}=\angle AOB : \angle COD=3 : 1$이므로
$\widehat{AB}=3\widehat{CD}$ $\quad\therefore k=3$ 답 3

0568 $\angle BOP=\angle x$라 하면 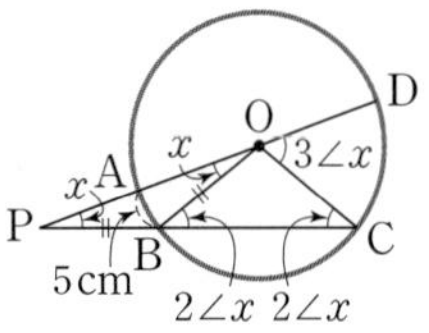
$\triangle OBP$는 $\overline{BO}=\overline{BP}$인 이등변삼각형이므로
$\angle BPO=\angle BOP=\angle x$
$\triangle OBP$에서
$\angle OBC=\angle BOP+\angle BPO=\angle x+\angle x=2\angle x$
또, $\triangle OBC$는 $\overline{OB}=\overline{OC}$인 이등변삼각형이므로
$\angle OCB=\angle OBC=2\angle x$
$\triangle OCP$에서
$\angle COD=\angle OCP+\angle CPO=2\angle x+\angle x=3\angle x$
따라서 $\widehat{AB} : \widehat{CD}=\angle AOB : \angle COD=1 : 3$이므로
$5 : \widehat{CD}=1 : 3$ $\quad\therefore \widehat{CD}=15(\text{cm})$ 답 15 cm

0569 부채꼴 AOD의 넓이를 $x\,\text{cm}^2$라 하면
부채꼴의 넓이는 중심각의 크기에 정비례하므로
$160 : 20=x : 10$, $8 : 1=x : 10$
$\therefore x=80$
따라서 부채꼴 AOD의 넓이는 $80\,\text{cm}^2$이다. 답 ⑤

0570 부채꼴의 넓이는 중심각의 크기에 정비례하므로
부채꼴 AOC의 넓이는
$126\times\frac{5}{3+1+5}=126\times\frac{5}{9}=70(\text{cm}^2)$ 답 ④

0571 $\widehat{AC}$의 길이는 원의 둘레의 길이의 $\frac{1}{8}$이므로
$\angle AOC=360^\circ\times\frac{1}{8}=45^\circ$
$\therefore \angle BOC=180^\circ-45^\circ=135^\circ$
반원 AOB의 넓이가 $16\pi\,\text{cm}^2$이므로 부채꼴 BOC의 넓이를 $x\,\text{cm}^2$라 하면
$135 : 180=x : 16\pi$, $3 : 4=x : 16\pi$
$4x=48\pi$ $\quad\therefore x=12\pi$
따라서 부채꼴 BOC의 넓이는 $12\pi\,\text{cm}^2$이다. 답 $12\pi\,\text{cm}^2$

0572 $\overline{AB}=\overline{CD}=\overline{DE}$이므로
$\angle AOB=\angle COD=\angle DOE$
$=\frac{1}{2}\times 80^\circ=40^\circ$
$\therefore \angle x=40^\circ$ 답 ②

0573 $\triangle OBC$는 $\overline{OB}=\overline{OC}$인 이등변삼각형이므로
$\angle OBC=\angle OCB=50^\circ$
$\therefore \angle BOC=180^\circ-(50^\circ+50^\circ)=80^\circ$
$\overline{AB}=\overline{BC}$이므로 $\angle AOB=\angle BOC=80^\circ$
$\therefore \angle AOC=80^\circ+80^\circ=160^\circ$ 답 ⑤

0574 $\triangle DOB$는 $\overline{OD}=\overline{OB}$인 이등변삼각형이므로 $\angle ODB=\angle OBD$ 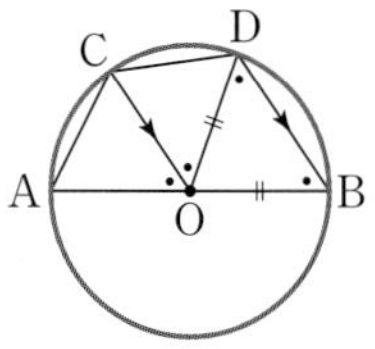
$\overline{CO}\,/\!/\,\overline{DB}$이므로
$\angle AOC=\angle OBD$ (동위각),
$\angle COD=\angle ODB$ (엇각)
따라서 $\angle AOC=\angle COD$이므로
$\overline{CD}=\overline{AC}=6\,\text{cm}$ 답 6 cm

0575 ① $\angle OAB$, $\angle OCD$의 크기는 중심각의 크기에 정비례하지 않는다.
② 호의 길이는 중심각의 크기에 정비례하므로
$\widehat{AB}=\frac{1}{3}\widehat{CD}$
③ 현의 길이는 중심각의 크기에 정비례하지 않으므로
$3\overline{AB}\neq\overline{CD}$
④ 삼각형의 넓이는 중심각의 크기에 정비례하지 않으므로
($\triangle OCD$의 넓이)$\neq 3\times$($\triangle OAB$의 넓이)
⑤ 부채꼴의 넓이는 중심각의 크기에 정비례하므로
(부채꼴 COD의 넓이)$=3\times$(부채꼴 AOB의 넓이)
따라서 옳은 것은 ②이다. 답 ②

0576 ④ 현의 길이는 중심각의 크기에 정비례하지 않는다. 답 ④

0577 $\angle AOB=\angle BOC=\angle COD=\frac{1}{3}\times(180^\circ-90^\circ)=30^\circ$
① $\angle AOB=\angle BOC$이므로 $\overline{AB}=\overline{BC}$
② 현의 길이는 중심각의 크기에 정비례하지 않으므로
$\overline{AC}\neq 2\overline{CD}$
③ $\angle AOC=2\angle AOB$이므로 $\widehat{AC}=2\widehat{AB}$
④ $\angle DOE=3\angle COD$이므로 $\widehat{DE}=3\widehat{CD}$
⑤ $\angle AOC=2\angle COD$이므로
(부채꼴 AOC의 넓이)$=2\times$(부채꼴 COD의 넓이)
따라서 옳지 않은 것은 ②이다. 답 ②

0578 (큰 원의 지름의 길이)$=5+3=8(\text{cm})$이므로
(큰 원의 둘레의 길이)$=2\pi\times 4=8\pi(\text{cm})$
나머지 두 원의 지름의 길이가 각각 5 cm, 3 cm이므로
나머지 두 원의 둘레의 길이는 각각
$2\pi\times\frac{5}{2}=5\pi(\text{cm})$, $2\pi\times\frac{3}{2}=3\pi(\text{cm})$
$\therefore$ (색칠한 부분의 둘레의 길이)$=8\pi+5\pi+3\pi$
$=16\pi(\text{cm})$ 답 ⑤

0579 $\overline{AB}=\overline{BC}=\overline{CD}=18\times\frac{1}{3}=6(\text{cm})$
$\therefore$ (색칠한 부분의 둘레의 길이)
$=(\widehat{AC}+\widehat{BD})+(\widehat{AB}+\widehat{CD})$
$=2\pi\times 6+2\pi\times 3$
$=12\pi+6\pi=18\pi(\text{cm})$ …❶

(색칠한 부분의 넓이)
$=\pi\times6^2-\pi\times3^2$
$=36\pi-9\pi$
$=27\pi(\text{cm}^2)$ ⋯❷

답 둘레의 길이 : 18π cm, 넓이 : 27π cm^2

채점 기준	비율
❶ 색칠한 부분의 둘레의 길이 구하기	50 %
❷ 색칠한 부분의 넓이 구하기	50 %

0580 작은 원의 반지름의 길이를 r cm라 하면
$\pi r^2=16\pi$, $r^2=16$ $\quad\therefore r=4$
따라서 큰 원의 반지름의 길이는 $3\times4=12$(cm)이므로 큰 원의 둘레의 길이는
$2\pi\times12=24\pi$(cm) 답 24π cm

0581 (호의 길이)$=2\pi\times4\times\dfrac{135}{360}=3\pi$(cm)
(넓이)$=\pi\times4^2\times\dfrac{135}{360}=6\pi(\text{cm}^2)$
답 호의 길이 : 3π cm, 넓이 : 6π cm^2

0582 부채꼴의 호의 길이를 l cm라 하면
$\dfrac{1}{2}\times3\times l=6\pi$ $\quad\therefore l=4\pi$
따라서 부채꼴의 호의 길이는 4π cm이다. 답 4π cm
다른 풀이 부채꼴의 중심각의 크기를 $x°$라 하면
$\pi\times3^2\times\dfrac{x}{360}=6\pi$ $\quad\therefore x=240$
따라서 부채꼴의 중심각의 크기는 240°이므로 호의 길이는
$2\pi\times3\times\dfrac{240}{360}=4\pi$(cm)

0583 부채꼴의 중심각의 크기를 $x°$라 하면
$2\pi\times8\times\dfrac{x}{360}=6\pi$ $\quad\therefore x=135$
따라서 중심각의 크기는 135°이다. 답 135°

0584 정육각형의 한 내각의 크기는 $\dfrac{180°\times(6-2)}{6}=120°$
$\therefore$ (색칠한 부분의 넓이)$=\pi\times9^2\times\dfrac{120}{360}$
$=27\pi(\text{cm}^2)$ 답 ③

0585 (색칠한 부분의 둘레의 길이)
$=2\pi\times8\times\dfrac{135}{360}+2\pi\times4\times\dfrac{135}{360}+4\times2$
$=6\pi+3\pi+8$
$=9\pi+8$(cm) 답 $(9\pi+8)$ cm

0586 (색칠한 부분의 둘레의 길이)
$=2\pi\times6\times\dfrac{60}{360}+2\pi\times3\times\dfrac{60}{360}+3\times2$
$=2\pi+\pi+6=3\pi+6$(cm)
(색칠한 부분의 넓이)
$=\pi\times6^2\times\dfrac{60}{360}-\pi\times3^2\times\dfrac{60}{360}$
$=6\pi-\dfrac{3}{2}\pi=\dfrac{9}{2}\pi(\text{cm}^2)$

답 둘레의 길이 : $(3\pi+6)$ cm, 넓이 : $\dfrac{9}{2}\pi$ cm^2

0587 중심각의 크기를 $x°$라 하면
$2\pi\times12\times\dfrac{x}{360}=8\pi$ $\quad\therefore x=120$
즉, 중심각의 크기는 120°이다.
$\therefore$ (색칠한 부분의 넓이)
$=\pi\times12^2\times\dfrac{120}{360}-\pi\times5^2\times\dfrac{120}{360}$
$=48\pi-\dfrac{25}{3}\pi$
$=\dfrac{119}{3}\pi(\text{cm}^2)$ 답 ③

0588 (색칠한 부분의 둘레의 길이)
$=$(반지름의 길이가 3 cm인 원의 둘레의 길이)$+6\times4$
$=2\pi\times3+6\times4=6\pi+24$(cm) 답 ③

0589 (색칠한 부분의 둘레의 길이)
$=\left(2\pi\times9\times\dfrac{90}{360}\right)\times2=9\pi$(cm) 답 9π cm

0590 (색칠한 부분의 둘레의 길이)
$=\left(2\pi\times2\times\dfrac{90}{360}\right)\times4+4$
$=4\pi+4$(cm) 답 $(4\pi+4)$ cm

0591 오른쪽 그림에서 $\widehat{BD}=\widehat{CD}$이므로
색칠한 부분의 둘레의 길이는
$\widehat{AD}+\widehat{BD}+\overline{AB}$
$=\widehat{AD}+\widehat{CD}+\overline{AB}$
$=\widehat{AC}+\overline{AB}$
$=2\pi\times12\times\dfrac{90}{360}+12$
$=6\pi+12$(cm) 답 $(6\pi+12)$ cm
참고 $\triangle$DBC는 $\overline{BC}=\overline{BD}=\overline{CD}$인 정삼각형이므로
$\angle DBC=\angle DCB=60°$ $\quad\therefore \widehat{BD}=\widehat{CD}$

0592 주어진 그림에서 색칠한 부분의 넓이는 다음과 같다.

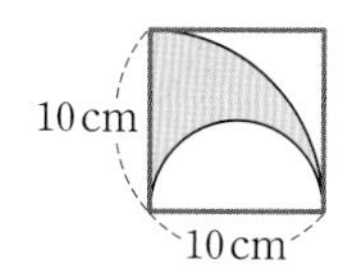

= 10 cm 10 cm −
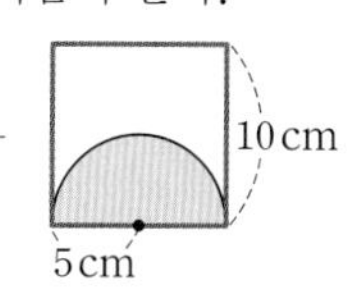

$\therefore$ (색칠한 부분의 넓이)
$=\pi\times10^2\times\dfrac{90}{360}-\pi\times5^2\times\dfrac{1}{2}$
$=25\pi-\dfrac{25}{2}\pi$
$=\dfrac{25}{2}\pi(\text{cm}^2)$ 답 $\dfrac{25}{2}\pi$ cm^2

0593 (㉠의 넓이)$=4\times4-\pi\times2^2$
$=16-4\pi(\text{cm}^2)$
$\therefore$ (색칠한 부분의 넓이)
$=$(㉠의 넓이)$\times4$
$=(16-4\pi)\times4$
$=64-16\pi(\text{cm}^2)$ 답 ④

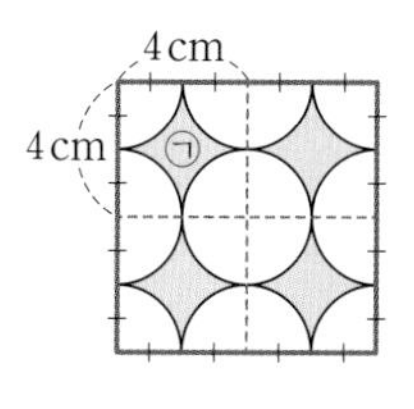

0594 $\triangle$EBC는 $\overline{EB}=\overline{EC}=\overline{BC}=6$ cm 인 정삼각형이므로

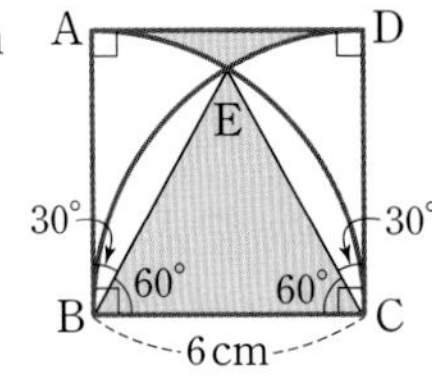

$\angle EBC=\angle ECB=60°$

$\angle ABE=\angle DCE$
$=90°-60°=30°$

$\therefore$ (색칠한 부분의 넓이)
$=$(정사각형 ABCD의 넓이)$-$(부채꼴 ABE의 넓이)$\times 2$
$=6\times 6-\left(\pi\times 6^2\times\dfrac{30}{360}\right)\times 2$
$=36-6\pi(\text{cm}^2)$ 답 $(36-6\pi)\text{ cm}^2$

0595 (색칠한 부분의 넓이)
$=$(지름이 $\overline{AB}$인 반원의 넓이)$+$(지름이 $\overline{AC}$인 반원의 넓이)
$+(\triangle$ABC의 넓이)$-$(지름이 $\overline{BC}$인 반원의 넓이)
$=\pi\times 3^2\times\dfrac{1}{2}+\pi\times 4^2\times\dfrac{1}{2}+\dfrac{1}{2}\times 6\times 8-\pi\times 5^2\times\dfrac{1}{2}$
$=\dfrac{9}{2}\pi+8\pi+24-\dfrac{25}{2}\pi=24(\text{cm}^2)$ 답 24 cm^2

참고 다음 그림과 같이 도형을 나누어서 생각한다.

0596 (색칠한 부분의 넓이)
$=$(지름이 $\overline{AB'}$인 반원의 넓이)$+$(부채꼴 B′AB의 넓이)
$-$(지름이 $\overline{AB}$인 반원의 넓이)
$=$(부채꼴 B′AB의 넓이)
$=\pi\times 12^2\times\dfrac{30}{360}=12\pi(\text{cm}^2)$ 답 ②

참고 다음 그림과 같이 도형을 나누어서 생각한다.
이때 ㉠과 ㉡의 넓이는 같다.

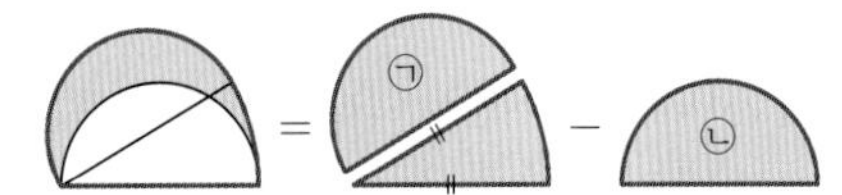

0597 오른쪽 그림과 같이 점 E에서 $\overline{BC}$에 내린 수선의 발을 F라 하면

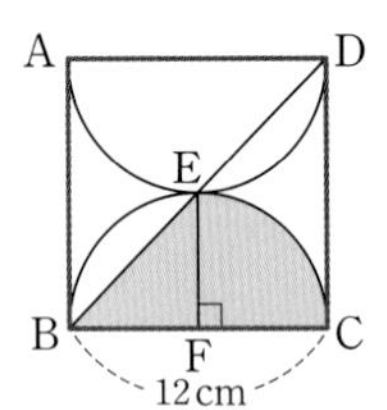

(색칠한 부분의 넓이)
$=$(부채꼴 EFC의 넓이)
$+(\triangle$EBF의 넓이)
$=\pi\times 6^2\times\dfrac{90}{360}+\dfrac{1}{2}\times 6\times 6$
$=9\pi+18(\text{cm}^2)$ 답 $(9\pi+18)\text{ cm}^2$

0598 오른쪽 그림과 같이 이동하면

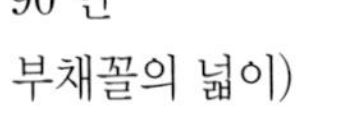

(색칠한 부분의 넓이)
$=$(중심각의 크기가 90°인 부채꼴의 넓이)
$-$(직각을 낀 두 변의 길이가 8 cm인 직각이등변삼각형의 넓이)
$=\pi\times 8^2\times\dfrac{90}{360}-\dfrac{1}{2}\times 8\times 8$
$=16\pi-32(\text{cm}^2)$ 답 ⑤

0599 오른쪽 그림과 같이 이동하면

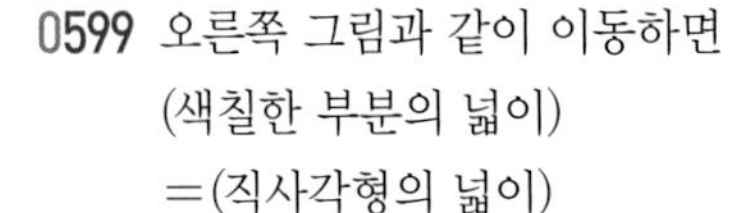

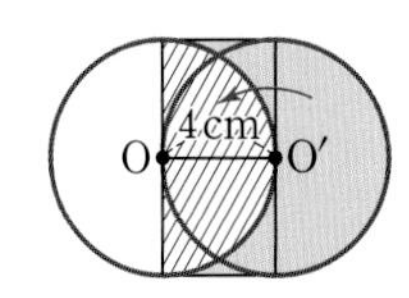

(색칠한 부분의 넓이)
$=$(직사각형의 넓이)
$=4\times 8=32(\text{cm}^2)$

답 32 cm^2

0600 오른쪽 그림과 같이 이동하면 색칠한 부분의 넓이는 한 변의 길이가 5 cm인 정사각형의 넓이의 2배와 같다. …❶

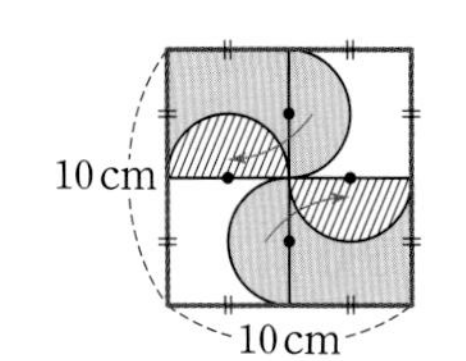

$\therefore$ (색칠한 부분의 넓이)
$=(5\times 5)\times 2=50(\text{cm}^2)$ …❷

답 50 cm^2

채점 기준	비율
❶ 색칠한 부분의 넓이와 같은 넓이의 도형 찾기	60 %
❷ 색칠한 부분의 넓이 구하기	40 %

0601 A, B를 제외한 부분을 C라 하면 $A+C=B+C$, 즉
(직사각형의 넓이)$=$(부채꼴의 넓이)
이므로

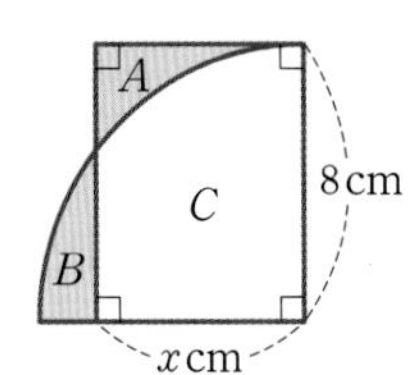

$x\times 8=\pi\times 8^2\times\dfrac{90}{360}$
$\therefore x=2\pi$ 답 2π

0602 색칠한 두 부분의 넓이가 같으므로 반지름의 길이가 6 cm인 반원의 넓이와 반지름의 길이가 12 cm인 부채꼴의 넓이가 같다.
$\pi\times 6^2\times\dfrac{1}{2}=\pi\times 12^2\times\dfrac{x}{360}$
$18=\dfrac{2}{5}x \qquad \therefore x=45$ 답 ③

0603 색칠한 두 부분의 넓이가 같으므로 반원 O′의 넓이와 부채꼴 BOC의 넓이가 같다.
$\angle BOC=x°$라 하면
$\pi\times 4^2\times\dfrac{1}{2}=\pi\times 6^2\times\dfrac{x}{360}$
$8=\dfrac{x}{10} \qquad \therefore x=80$

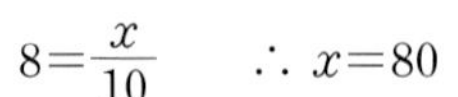

따라서 $\angle AOB=180°-80°=100°$이므로
$\widehat{AB}=2\pi\times 6\times\dfrac{100}{360}=\dfrac{10}{3}\pi(\text{cm})$ 답 $\dfrac{10}{3}\pi\text{ cm}$

0604 오른쪽 그림에서 곡선 부분의 길이는

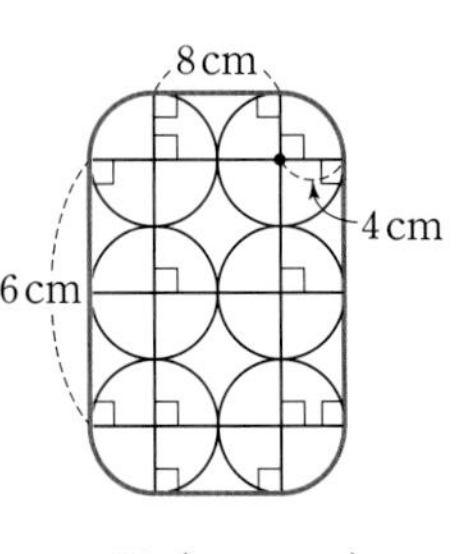

$\left(2\pi\times 4\times\dfrac{90}{360}\right)\times 4=8\pi(\text{cm})$
직선 부분의 길이는
$8\times 2+16\times 2=48(\text{cm})$
따라서 필요한 끈의 최소 길이는
$(8\pi+48)$ cm이다. 답 $(8\pi+48)$ cm

0605 오른쪽 그림에서 곡선 부분의 길이는

$\left(2\pi\times3\times\frac{120}{360}\right)\times3=6\pi(\text{cm})$

직선 부분의 길이는

$6\times3=18(\text{cm})$

따라서 필요한 끈의 최소 길이는

$(6\pi+18)$ cm이다.

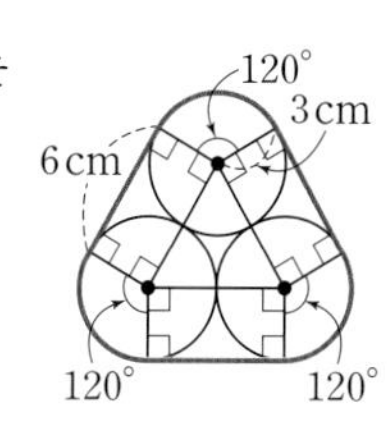

답 ①

0606 오른쪽 그림에서 곡선 부분의 길이는

$\left(2\pi\times6\times\frac{120}{360}\right)\times3=12\pi(\text{cm})$

직선 부분의 길이는

$24\times3=72(\text{cm})$

따라서 필요한 테이프의 최소 길이는 $(12\pi+72)$ cm이다.

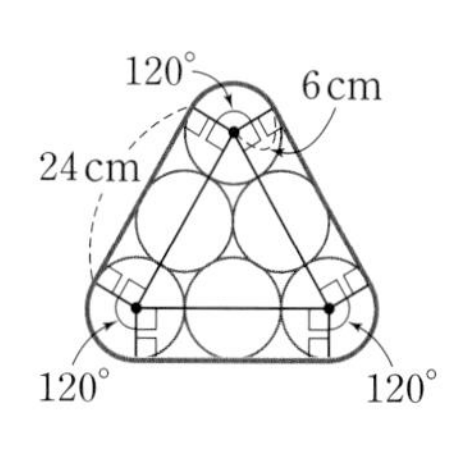

답 $(12\pi+72)$ cm

0607 원이 지나간 자리는 오른쪽 그림과 같이 3개의 부채꼴과 3개의 직사각형으로 이루어져 있다. 이때 3개의 부채꼴을 합하면 반지름의 길이가 6 cm인 하나의 원이 된다.

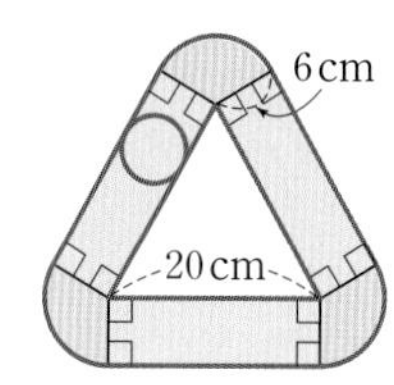

∴ (원이 지나간 자리의 넓이)

$=\pi\times6^2+(20\times6)\times3$

$=36\pi+360(\text{cm}^2)$

답 ②

0608 원 O′이 지나간 자리는 오른쪽 그림의 색칠한 부분과 같으므로 구하는 넓이는

$\pi\times11^2-\pi\times5^2$

$=121\pi-25\pi$

$=96\pi(\text{cm}^2)$

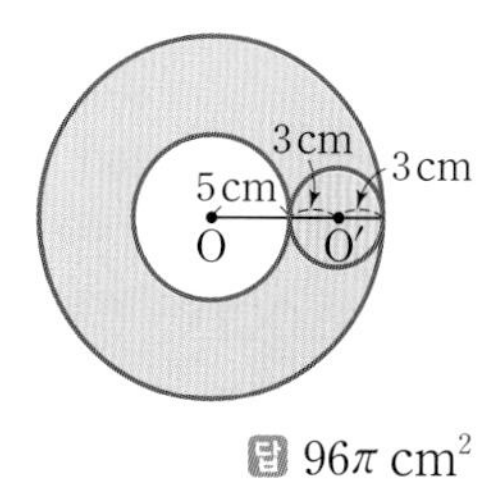

답 96π cm²

0609 원이 지나간 자리는 오른쪽 그림과 같이 4개의 부채꼴과 4개의 직사각형으로 이루어져 있다.

이때 4개의 부채꼴을 합하면 반지름의 길이가 4 cm인 하나의 원이 된다.

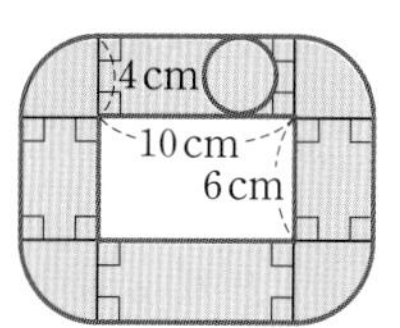

∴ (원이 지나간 자리의 넓이)

$=\pi\times4^2+(10\times4)\times2+(6\times4)\times2$

$=16\pi+80+48$

$=16\pi+128(\text{cm}^2)$

답 $(16\pi+128)$ cm²

0610 점 A가 움직인 거리는 $\overset{\frown}{AA'}$의 길이와 같다.

$\angle ACB=180^\circ-(90^\circ+45^\circ)=45^\circ$이므로

$\angle ACA'=180^\circ-\angle ACB$

$=180^\circ-45^\circ=135^\circ$

따라서 점 A가 움직인 거리는

$2\pi\times8\times\frac{135}{360}=6\pi(\text{cm})$

답 6π cm

0611 오른쪽 그림에서 점 A가 움직인 거리는 $\overset{\frown}{AP}+\overset{\frown}{PA'}$의 길이와 같다.

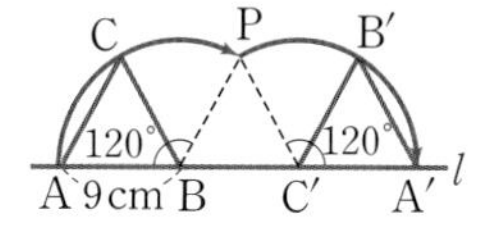

$\angle PBC'=\angle PC'B=60^\circ$이므로

$\angle ABP=\angle PC'A'=180^\circ-60^\circ=120^\circ$

따라서 점 A가 움직인 거리는

$\left(2\pi\times9\times\frac{120}{360}\right)\times2=12\pi(\text{cm})$

답 12π cm

0612 오른쪽 그림에서 점 B가 움직인 거리는 $\overset{\frown}{BP}+\overset{\frown}{PB'}$의 길이와 같다.

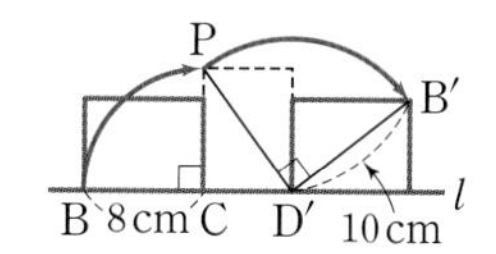

$\angle BCP=90^\circ$이므로

$\overset{\frown}{BP}=2\pi\times8\times\frac{90}{360}=4\pi(\text{cm})$ …❶

$\angle PD'B'=90^\circ$이므로

$\overset{\frown}{PB'}=2\pi\times10\times\frac{90}{360}=5\pi(\text{cm})$ …❷

따라서 점 B가 움직인 거리는

$\overset{\frown}{BP}+\overset{\frown}{PB'}=4\pi+5\pi=9\pi(\text{cm})$ …❸

답 9π cm

채점 기준	비율
❶ $\overset{\frown}{BP}$의 길이 구하기	40 %
❷ $\overset{\frown}{PB'}$의 길이 구하기	40 %
❸ 점 B가 움직인 거리 구하기	20 %

학교 시험 꼭 잡기

100~102쪽

0613 ③ 한 원에서 부채꼴과 활꼴이 같을 때 중심각의 크기는 180°이다.

답 ③

0614 원 O의 중심각의 크기가 360°이므로 원 O의 둘레의 길이를 x cm라 하면

$120:360=8:x$, $1:3=8:x$ ∴ $x=24$

따라서 원 O의 둘레의 길이는 24 cm이다.

답 24 cm

0615 부채꼴의 넓이는 중심각의 크기에 정비례하므로

$20:100=4:x$에서 $1:5=4:x$ ∴ $x=20$

$20:y=4:8$에서 $20:y=1:2$ ∴ $y=40$

∴ $x+y=20+40=60$

답 ⑤

0616 $\overline{OA}=\overline{OB}$이므로 $\angle OBA=\angle OAB=65^\circ$

∴ $\angle AOB=180^\circ-(65^\circ+65^\circ)=50^\circ$

$\overline{AB}=\overline{BC}=\overline{CD}$이므로

$\angle AOB=\angle BOC=\angle COD=50^\circ$

∴ $\angle AOD=3\times50^\circ=150^\circ$

답 150°

0617 ① $\angle COD=\angle EOF$이므로 $\overline{CD}=\overline{EF}$

② 부채꼴의 넓이는 중심각의 크기에 정비례하므로

$\angle AOB:30^\circ=24:6$, $\angle AOB:30^\circ=4:1$

∴ $\angle AOB=120^\circ$

③ 호의 길이는 중심각의 크기에 정비례하므로

$\overset{\frown}{AB}:\overset{\frown}{CD}=120:30$, $\overset{\frown}{AB}:\overset{\frown}{CD}=4:1$

∴ $\overset{\frown}{AB}=4\overset{\frown}{CD}$

④ 현의 길이는 중심각의 크기에 정비례하지 않으므로

$\overline{AB}\neq4\overline{EF}$

⑤ ∠COD=∠EOF이므로
(부채꼴 COD의 넓이)=(부채꼴 EOF의 넓이)
따라서 옳지 않은 것은 ④이다. 답 ④

0618 $\widehat{BC}=4\widehat{AC}$에서 $\widehat{BC}:\widehat{AC}=4:1$이므로
$\angle BOC:\angle AOC=4:1$
$\therefore \angle AOC=180^\circ\times\frac{1}{4+1}=36^\circ$ 답 ④

0619 △OCD는 $\overline{OC}=\overline{OD}$인 이등변삼각형이므로
$\angle ODC=\frac{1}{2}\times(180^\circ-80^\circ)=50^\circ$

$\overline{AB}\,/\!/\,\overline{CD}$이므로
$\angle AOD=\angle ODC=50^\circ$ (엇각)
$\angle AOD:\angle COD=\widehat{AD}:\widehat{CD}$에서
$50:80=\widehat{AD}:16$, $5:8=\widehat{AD}:16$
$8\widehat{AD}=80 \quad \therefore \widehat{AD}=10(\text{cm})$ 답 ①

0620 (색칠한 부분의 둘레의 길이)
$=\left(2\pi\times\frac{7}{2}\right)\times\frac{1}{2}+(2\pi\times2)\times\frac{1}{2}+\left(2\pi\times\frac{3}{2}\right)\times\frac{1}{2}$
$=\frac{7}{2}\pi+2\pi+\frac{3}{2}\pi$
$=7\pi(\text{cm})$ 답 ⑤

0621 색칠한 부분의 넓이는 반지름의 길이가 6 cm이고 중심각의 크기가 30°인 부채꼴 4개의 넓이이다.
$\therefore$ (색칠한 부분의 넓이)$=\left(\pi\times6^2\times\frac{30}{360}\right)\times4$
$=12\pi(\text{cm}^2)$ 답 $12\pi\text{ cm}^2$

0622 중심각의 크기는 호의 길이에 정비례하므로
$\angle AOB:\angle BOC:\angle COA=\widehat{AB}:\widehat{BC}:\widehat{CA}$
$=2:3:4$
$\therefore \angle BOC=360^\circ\times\frac{3}{2+3+4}=360^\circ\times\frac{1}{3}=120^\circ$
$\therefore$ (부채꼴 BOC의 넓이)$=\pi\times4^2\times\frac{120}{360}$
$=\frac{16}{3}\pi(\text{cm}^2)$ 답 $\frac{16}{3}\pi\text{ cm}^2$

0623 $\frac{3}{2}\pi=\left(\pi\times4^2\times\frac{x}{360}\right)-\left(\pi\times2^2\times\frac{x}{360}\right)$
$=(16\pi-4\pi)\times\frac{x}{360}=\frac{x}{30}\pi$
$\therefore x=45$
따라서 $\angle x$의 크기는 45°이다. 답 45°

0624 (색칠한 부분의 둘레의 길이)
$=2\pi\times6\times\frac{120}{360}+2\pi\times3+6\times2$
$=4\pi+6\pi+12$
$=10\pi+12(\text{cm})$ 답 $(10\pi+12)$ cm

0625 굴렁쇠의 둘레의 길이는 $2\pi\times1=2\pi(\text{m})$
따라서 굴렁쇠가 한 바퀴 회전할 때 움직인 거리는 2π m이므로 A 지점에서 B 지점까지의 굴렁쇠의 회전 수는
$20\pi\div2\pi=10$(바퀴) 답 ②

0626 △ABC에서 $\angle BAC=180^\circ-(40^\circ+60^\circ)=80^\circ$
$\therefore \angle DOF=360^\circ-(80^\circ+90^\circ+90^\circ)=100^\circ$
부채꼴의 넓이는 중심각의 크기에 정비례하므로
부채꼴 DOF의 넓이를 $x\text{ cm}^2$라 하면
$360:100=36:x$, $36:10=36:x$
$\therefore x=10$
따라서 부채꼴 DOF의 넓이는 10 cm²이다. 답 10 cm²

0627 오른쪽 그림과 같이 이동하면
(색칠한 부분의 넓이)
=(직사각형의 넓이)
$=8\times4=32(\text{cm}^2)$

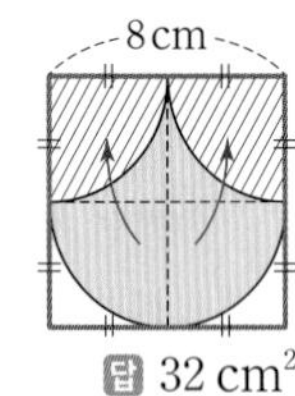

답 32 cm²

0628 (산책길의 넓이)
=(부채꼴 5개의 넓이의 합)
+(직사각형 5개의 넓이의 합)
$=\left(\pi\times5^2\times\frac{72}{360}\right)\times5$
$+48\times5$
$=25\pi+240(\text{m}^2)$ 답 $(25\pi+240)\text{ m}^2$

0629 강아지가 움직일 수 있는 최대 영역은 오른쪽 그림의 색칠한 부분과 같다.
따라서 구하는 최대 넓이는

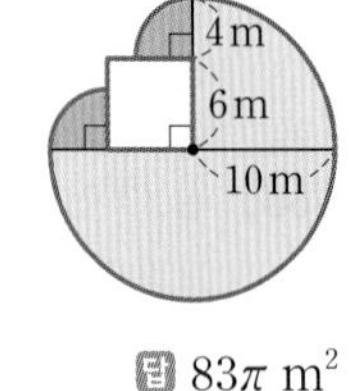

$\pi\times10^2\times\frac{270}{360}+\left(\pi\times4^2\times\frac{90}{360}\right)\times2$
$=75\pi+8\pi=83\pi(\text{m}^2)$ 답 $83\pi\text{ m}^2$

0630 △OCD는 정삼각형이므로
$\angle ODC=60^\circ$ …❶
△ODE에서
$\angle EOD=\angle ODC-\angle OED$
$=60^\circ-30^\circ=30^\circ$
$\therefore \angle AOC=180^\circ-(60^\circ+30^\circ)=90^\circ$ …❷
이때 중심각의 크기는 호의 길이에 정비례하므로
$\angle AOC:\angle BOD=\widehat{AC}:\widehat{BD}$에서
$90:30=\widehat{AC}:6\pi$, $3:1=\widehat{AC}:6\pi$
$\therefore \widehat{AC}=18\pi(\text{cm})$ …❸
답 18π cm

채점 기준	비율
❶ ∠ODC의 크기 구하기	20 %
❷ ∠AOC의 크기 구하기	30 %
❸ $\widehat{AC}$의 길이 구하기	50 %

0631 오른쪽 그림에서 색칠한 부분의 넓이는 사각형 ABCE의 넓이와 부채꼴 CED의 넓이의 합에서 삼각형 ABD의 넓이를 뺀 것이다.
(사각형 ABCE의 넓이)+(부채꼴 CED의 넓이)
$=8\times4+\pi\times4^2\times\frac{90}{360}=32+4\pi(\text{cm}^2)$ …❶
(삼각형 ABD의 넓이)$=\frac{1}{2}\times12\times4=24(\text{cm}^2)$ …❷

따라서 색칠한 부분의 넓이는

$(32+4\pi)-24=4\pi+8(\text{cm}^2)$ …❸

답 $(4\pi+8)\,\text{cm}^2$

채점 기준	비율
❶ 사각형 ABCE의 넓이와 부채꼴 CED의 넓이의 합 구하기	50 %
❷ 삼각형 ABD의 넓이 구하기	20 %
❸ 색칠한 부분의 넓이 구하기	30 %

0632 오른쪽 그림의 (가)에서

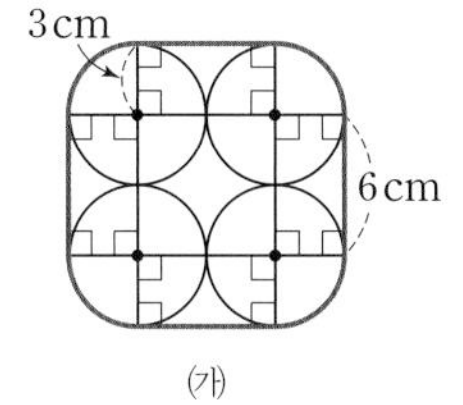

(가)

곡선 부분의 길이는

$\left(2\pi\times3\times\frac{90}{360}\right)\times4=6\pi(\text{cm})$

직선 부분의 길이는

$6\times4=24(\text{cm})$

이므로 사용된 끈의 최소 길이는 $(6\pi+24)$ cm이다. …❶

오른쪽 그림의 (나)에서

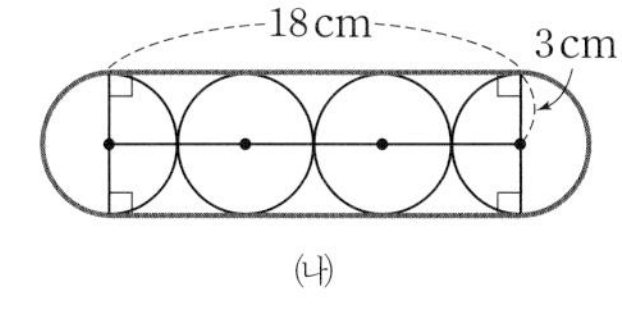

(나)

곡선 부분의 길이는

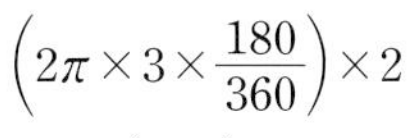

$\left(2\pi\times3\times\frac{180}{360}\right)\times2$

$=6\pi(\text{cm})$

직선 부분의 길이는 $18\times2=36(\text{cm})$이므로 사용된 끈의 최소 길이는 $(6\pi+36)$ cm이다. …❷

따라서 (나)가 (가)보다

$(6\pi+36)-(6\pi+24)=12(\text{cm})$

만큼 끈이 더 필요하다. …❸

답 (나), 12 cm

채점 기준	비율
❶ (가)에서 사용된 끈의 최소 길이 구하기	40 %
❷ (나)에서 사용된 끈의 최소 길이 구하기	40 %
❸ 어느 방법이 얼마만큼 끈이 더 필요한지 구하기	20 %

교과서 쏙 창의력⊕문해력 UP!

103쪽

0633 ㄱ. $\angle AOB=\angle DOE$ (맞꼭지각)이므로 $\widehat{AB}=\widehat{ED}$

ㄴ. $\angle COD+\angle DOE=90°$이므로

$(3a+15)+2a=90,\ 5a=75 \quad \therefore a=15$

따라서 $\angle AOB=30°,\ \angle COD=60°$이므로

$2\angle AOB=\angle COD$

ㄷ. $30° : (360°-60°)=\widehat{AB} : \widehat{CBD}$

$1 : 10=2\pi : \widehat{CBD} \quad \therefore \widehat{CBD}=20\pi(\text{cm})$

ㄹ. $\widehat{AB}$: (원의 둘레의 길이)$=30 : 360$이므로

2π : (원의 둘레의 길이)$=1 : 12$

$\therefore$ (원의 둘레의 길이)$=24\pi(\text{cm})$

원 O의 반지름의 길이를 x cm라 하면

$2\pi x=24\pi \quad \therefore x=12$

따라서 $\angle AOE=180°-30°=150°$이므로

부채꼴 AOE의 넓이는

$\pi\times12^2\times\frac{150}{360}=60\pi(\text{cm}^2)$

따라서 옳은 것은 ㄱ, ㄷ이다. 답 ㄱ, ㄷ

0634 각 레인에서 직선 구간의 길이는 서로 같으므로 길이의 차이는 곡선 구간에서 생긴다.

각 레인의 왼쪽 선을 기준으로 1번 레인과 2번 레인의 곡선 구간의 길이의 차는

$\left(2\pi\times31\times\frac{1}{2}\right)\times2-\left(2\pi\times30\times\frac{1}{2}\right)\times2$

$=62\pi-60\pi=2\pi$

$=2\times3.14=6.28(\text{m})$

따라서 각 레인의 길이는 인접한 왼쪽 레인보다 6.28 m씩 길어지므로 각 레인의 출발선을 인접한 왼쪽 레인보다 6.28 m씩 앞서 출발하도록 조정해야 한다. 답 6.28 m

0635 (1) 정오각형의 한 외각의 크기는 $\frac{360°}{5}=72°$이므로 부채꼴 P, Q, R, S의 중심각의 크기는 모두 72°이다.

정오각형의 한 변의 길이를 x cm라 하면 부채꼴 S의 호의 길이가 2π cm이므로

$2\pi\times x\times\frac{72}{360}=2\pi \qquad \therefore x=5$

따라서 정오각형의 한 변의 길이는 5 cm이다.

(2) 부채꼴 R, Q, P의 반지름의 길이는 각각 10 cm, 15 cm, 20 cm이다.

따라서 부채꼴 Q의 넓이는

$\pi\times15^2\times\frac{72}{360}=45\pi(\text{cm}^2)$

(3) 부채꼴 P의 호의 길이는

$2\pi\times20\times\frac{72}{360}=8\pi(\text{cm})$

부채꼴 Q의 호의 길이는

$2\pi\times15\times\frac{72}{360}=6\pi(\text{cm})$

부채꼴 R의 호의 길이는

$2\pi\times10\times\frac{72}{360}=4\pi(\text{cm})$

따라서 구하는 도형의 둘레의 길이는

$8\pi+6\pi+4\pi+2\pi+5\times4+20=20\pi+40(\text{cm})$

답 (1) 5 cm (2) $45\pi\ \text{cm}^2$ (3) $(20\pi+40)$ cm

0636 다음 그림에서 점 B가 움직인 거리는 $\widehat{BP}+\widehat{PB'}$의 길이와 같다.

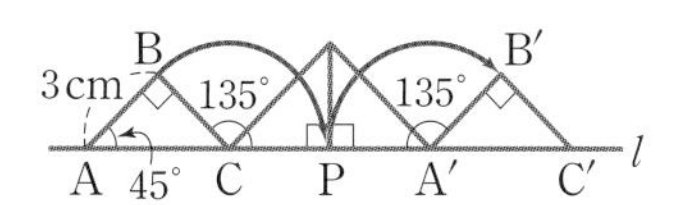

△ABC에서

$\angle ACB=180°-(90°+45°)=45°$

$\therefore \angle BCP=180°-\angle ACB=180°-45°=135°$

같은 방법으로 $\angle PA'B'=135°$

또한, △ABC는 $\angle BAC=\angle BCA$인 직각이등변삼각형이므로 $\overline{BC}=\overline{AB}=3$ cm

따라서 점 B가 움직인 거리는

$\widehat{BP}+\widehat{PB'}=\left(2\pi\times3\times\frac{135}{360}\right)\times2=\frac{9}{2}\pi(\text{cm})$

답 $\frac{9}{2}\pi$ cm

06 다면체와 회전체

개념 잡기

106~109쪽

0637 답 ㄷ, ㄹ, ㅂ

0638 답 칠면체

0639 답 구면체

0640 답 육각뿔

0641 답 삼각뿔대

0642 답

다면체	삼각기둥	오각뿔	사각뿔대
면의 개수	5	6	6
모서리의 개수	9	10	12
꼭짓점의 개수	6	6	8
옆면의 모양	직사각형	삼각형	사다리꼴

0643 답 ○

0644 정다면체의 종류는 5가지이다. 답 ×

0645 정다면체의 한 면이 될 수 있는 정다각형은 정삼각형, 정사각형, 정오각형의 3가지이다. 답 ○

0646 답 정사면체, 정팔면체, 정이십면체

0647 답 정사면체, 정육면체, 정십이면체

0648 주어진 전개도로 만든 정다면체는 오른쪽 그림과 같다.

답 정사면체

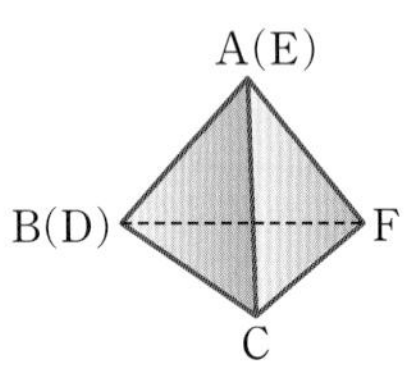

0649 답 6

0650 답 3

0651 답 $\overline{DE}$

0652 답 ㄴ, ㄷ, ㅁ, ㅂ

0653 답 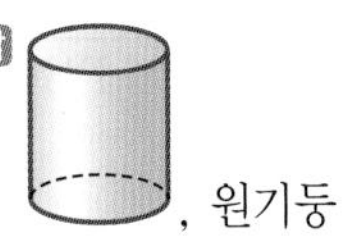 , 원기둥

0654 답 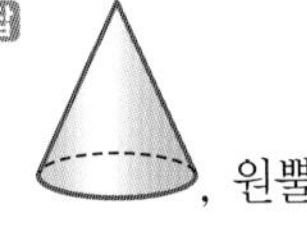 , 원뿔

0655 답  , 원뿔대

0656 답 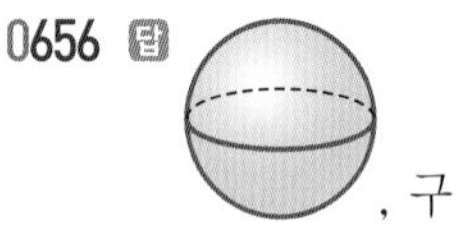 , 구

0657 답 ㄴ

0658 답 ㄷ

0659 구는 회전축이 무수히 많다. 답 ×

0660 답 ○

0661 회전축에 수직인 평면으로 자를 때 생기는 단면은 모두 원이지만 그 모양이 모두 합동인 것은 아니다. 답 ×

0662 답

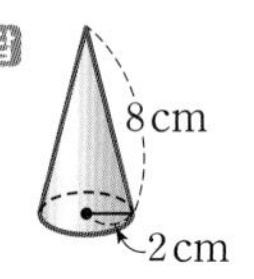

0663 답

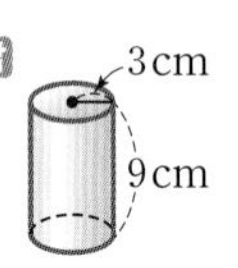

유형 다 잡기

110~119쪽

0664 ③, ⑤ 원 또는 곡면으로 둘러싸여 있으므로 다면체가 아니다.

답 ③, ⑤

0665 다각형인 면으로만 둘러싸인 입체도형은 다면체이고 ㄱ, ㄴ, ㄹ의 3개이다. 답 3개

0666 ㄴ, ㅁ. 원 또는 곡면으로 둘러싸여 있으므로 다면체가 아니다.

따라서 다면체는 ㄱ, ㄷ, ㄹ, ㅂ이다. 답 ㄱ, ㄷ, ㄹ, ㅂ

0667 주어진 다면체는 육각뿔대로 면의 개수는 8이다.

각 다면체의 면의 개수는 다음과 같다.

① 오각뿔 − 6　② 육각뿔 − 7

③ 칠각뿔 − 8　④ 사각기둥 − 6

⑤ 사각뿔대 − 6

따라서 육각뿔대와 면의 개수가 같은 것은 ③이다. 답 ③

0668 각 다면체의 면의 개수는 다음과 같다.

ㄱ. 삼각뿔 − 4　ㄴ. 삼각뿔대 − 5

ㄷ. 사각뿔 − 5　ㄹ. 사각기둥 − 6

ㅁ. 오각뿔 − 6　ㅂ. 오각뿔대 − 7

따라서 오면체는 ㄴ, ㄷ이다. 답 ㄴ, ㄷ

0669 오각기둥의 면의 개수는 $5+2=7$

삼각뿔의 면의 개수는 $3+1=4$

팔각뿔대의 면의 개수는 $8+2=10$

따라서 구하는 합은 $7+4+10=21$ 답 21

0670 구면체인 각기둥을 l각기둥이라 하면

$l+2=9$　$\therefore l=7$

즉, 칠각기둥이므로 밑면의 모양은 칠각형이다. …❶

구면체인 각뿔을 m각뿔이라 하면

$m+1=9$　$\therefore m=8$

즉, 팔각뿔이므로 밑면의 모양은 팔각형이다. …❷

구면체인 각뿔대를 n각뿔대라 하면

$n+2=9$　$\therefore n=7$

즉, 칠각뿔대이므로 밑면의 모양은 칠각형이다. …❸

답 각기둥 : 칠각형, 각뿔 : 팔각형, 각뿔대 : 칠각형

채점 기준	비율
❶ 구면체인 각기둥의 밑면의 모양 구하기	30 %
❷ 구면체인 각뿔의 밑면의 모양 구하기	30 %
❸ 구면체인 각뿔대의 밑면의 모양 구하기	40 %

0671 각 입체도형의 꼭짓점의 개수는 다음과 같다.

① $4\times2=8$　② $4\times2=8$

③ $4\times2=8$　④ $6\times2=12$

⑤ $7+1=8$

따라서 꼭짓점의 개수가 나머지 넷과 다른 하나는 ④이다.

답 ④

0672 각 입체도형의 모서리의 개수와 꼭짓점의 개수의 합은 다음과 같다.

① $9+6=15$　② $12+8=20$

③ $8+5=13$　　④ $10+6=16$
⑤ $15+10=25$
따라서 모서리의 개수와 꼭짓점의 개수의 합이 가장 큰 것은 ⑤이다. 답 ⑤

0673 삼각기둥의 모서리의 개수는 $3\times3=9$ $\therefore a=9$
오각뿔의 면의 개수는 $5+1=6$ $\therefore b=6$
사각뿔대의 꼭짓점의 개수는 $4\times2=8$ $\therefore c=8$
$\therefore a-b+c=9-6+8=11$ 답 11

0674 n각뿔대의 모서리의 개수는 $3n$이고,
n각뿔의 꼭짓점의 개수는 $(n+1)$이므로
$3n+(n+1)=25$
$4n+1=25$, $4n=24$ $\therefore n=6$ 답 6

0675 주어진 각뿔을 n각뿔이라 하면
$n+1=10$ $\therefore n=9$
즉, 구각뿔이므로 면의 개수는 $9+1=10$,
모서리의 개수는 $9\times2=18$
$\therefore x=10$, $y=18$
$\therefore y-x=18-10=8$ 답 8

0676 주어진 각기둥을 n각기둥이라 하면
$n+2=8$ $\therefore n=6$
즉, 육각기둥이므로 모서리의 개수는 $6\times3=18$,
꼭짓점의 개수는 $6\times2=12$
$\therefore x=18$, $y=12$
$\therefore x-y=18-12=6$ 답 6

0677 주어진 각뿔을 n각뿔이라 하면
$2n=20$ $\therefore n=10$
즉, 십각뿔이므로 면의 개수는 $10+1=11$,
꼭짓점의 개수는 $10+1=11$
$\therefore x=11$, $y=11$
$\therefore x+y=11+11=22$ 답 22

0678 주어진 각뿔대를 n각뿔대라 하면
모서리의 개수는 $3n$, 꼭짓점의 개수는 $2n$이므로
$3n+2n=50$, $5n=50$ $\therefore n=10$
즉, 십각뿔대이므로 면의 개수는
$10+2=12$ 답 12

0679 ① 삼각뿔대 – 사다리꼴　② 사각뿔 – 삼각형
③ 육각뿔대 – 사다리꼴　⑤ 칠각뿔 – 삼각형 답 ④

0680 주어진 다면체는 사각뿔대이며 옆면의 모양은 사다리꼴이다. 답 ④

0681 다면체는 ㄱ, ㄷ, ㄹ, ㅂ, ㅅ, ㅇ이고 이들 다면체의 옆면의 모양은 다음과 같다.
ㄱ. 정사각형　ㄷ, ㅂ, ㅇ. 삼각형
ㄹ. 직사각형　ㅅ. 사다리꼴
따라서 옆면의 모양이 삼각형인 다면체는 ㄷ, ㅂ, ㅇ이다.
답 ㄷ, ㅂ, ㅇ

0682 ① 각뿔대의 두 밑면은 평행하지만 합동은 아니다.
② 팔각뿔의 면의 개수는 9, 육각기둥의 면의 개수는 8로 같지 않다.
④ n각뿔대의 면의 개수와 n각기둥의 면의 개수는 $(n+2)$로 서로 같다.
⑤ 각뿔대의 밑면과 옆면은 수직이 아니다.
따라서 옳은 것은 ③, ④이다. 답 ③, ④

0683 ① 옆면의 모양은 사다리꼴이다.
② 두 밑면은 합동이 아니다.
④ 면의 개수는 $(n+2)$이다. 답 ③, ⑤

0684 ① 십면체이다.
③ 모서리의 개수는 $8\times3=24$
④ 옆면의 모양은 직사각형이다.
⑤ 꼭짓점의 개수는 $8\times2=16$,
면의 개수는 $8+2=10$이므로 구하는 합은
$16+10=26$ 답 ②

0685 조건 (나), (다)에 의해 이 입체도형은 각뿔대이다.
구하는 입체도형을 n각뿔대라 하면
조건 (가)에 의해 $n+2=8$ $\therefore n=6$
따라서 구하는 입체도형은 육각뿔대이다. 답 육각뿔대

0686 밑면의 개수가 1이고 옆면의 모양은 삼각형이므로 구하는 입체도형은 각뿔이다.
구하는 입체도형을 n각뿔이라 하면 꼭짓점의 개수가 8이므로 $n+1=8$ $\therefore n=7$
따라서 구하는 입체도형은 칠각뿔이다. 답 칠각뿔

0687 조건 (가), (나)에 의해 주어진 입체도형은 각기둥이다.
이 입체도형을 n각기둥이라 하면
조건 (다)에 의해 $3n=15$ $\therefore n=5$ …❶
즉, 오각기둥이므로 꼭짓점의 개수는 $5\times2=10$,
면의 개수는 $5+2=7$
$\therefore a=10$, $b=7$ …❷
$\therefore a+b=10+7=17$ …❸
답 17

채점 기준	비율
❶ 입체도형 구하기	40 %
❷ a, b의 값 구하기	40 %
❸ $a+b$의 값 구하기	20 %

0688 ① 정다면체는 모든 면이 합동인 정다각형이고, 각 꼭짓점에 모인 면의 개수가 같은 다면체이다.
③ 정사면체는 평행한 면이 없다. 답 ①, ③

주의 정다면체의 두 조건 중 어느 한 가지만을 만족시키는 것은 정다면체가 아니다.

0689 구하는 입체도형은 정다면체이다. 조건 (가)를 만족시키는 정다면체는 정사면체, 정팔면체, 정이십면체이다.
조건 (나)를 만족시키는 정다면체는 정사면체, 정육면체, 정십이면체이다.
따라서 조건을 모두 만족시키는 정다면체는 정사면체이다.
답 정사면체

0690 정다면체는 입체도형이므로
한 꼭짓점에서 3개 이상의 면이 만나야 하고,
한 꼭짓점에 모인 각의 크기의 합이 360°보다 작아야 한다.
따라서 $x=3$, $y=360$이므로 $x+y=363$ 답 363

0691 주어진 입체도형은 정다면체이다. 조건 (가)를 만족시키는 정다면체는 정사면체, 정육면체, 정십이면체이다.
조건 (나)를 만족시키는 정다면체는 정십이면체이다.
따라서 조건을 모두 만족시키는 정다면체는 정십이면체이다.
정십이면체의 꼭짓점의 개수는 20, 모서리의 개수는 30이므로 $x=20$, $y=30$
$\therefore y-x=30-20=10$ 답 10

0692 ㄱ. 4 ㄴ. 12
ㄷ. 6 ㄹ. 30
ㅁ. 12
따라서 그 값이 가장 큰 것은 ㄹ, 가장 작은 것은 ㄱ이다.
답 ㄹ, ㄱ

0693 꼭짓점의 개수가 가장 많은 정다면체는 정십이면체이고, 정십이면체의 면의 개수는 12이므로 $a=12$
모서리의 개수가 가장 적은 정다면체는 정사면체이고, 정사면체의 꼭짓점의 개수는 4이므로 $b=4$
$\therefore a+b=12+4=16$ 답 16

0694 주어진 전개도로 만든 정다면체는 정십이면체이다.
③ 모서리의 개수는 30이다.
⑤ 한 꼭짓점에 모인 면의 개수는 3이다. 답 ③, ⑤

0695 ③ ●표시한 두 면이 겹치므로 정육면체가 만들어지지 않는다.
답 ③

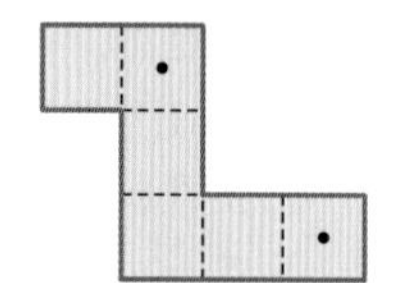

0696 주어진 전개도로 만든 정팔면체는 오른쪽 그림과 같다.
따라서 $\overline{BC}$와 겹치는 모서리는 $\overline{EF}$이다.

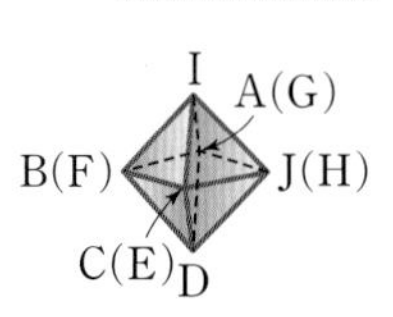

답 ①

0697 ①

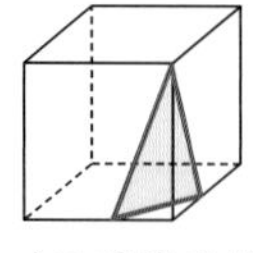

이등변삼각형

③

오각형

④

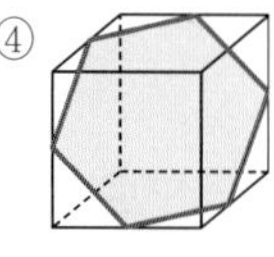

육각형

⑤

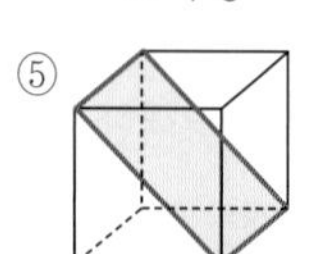

정사각형이 아닌 직사각형

따라서 단면의 모양이 될 수 없는 것은 ②이다. 답 ②

0698 세 꼭짓점 A, F, H를 지나는 평면으로 자를 때 생기는 단면은 오른쪽 그림과 같은 삼각형 AFH이다.
이때 $\overline{AF}=\overline{FH}=\overline{HA}$이므로

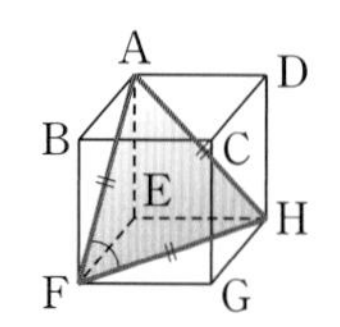

삼각형 AFH는 정삼각형이다. … ❶
$\therefore \angle AFH=60°$ … ❷
답 60°

채점 기준	비율
❶ 단면의 모양이 정삼각형임을 설명하기	60 %
❷ ∠AFH의 크기 구하기	40 %

0699 세 점 D, M, F를 지나는 평면으로 자를 때 생기는 단면은 오른쪽 그림과 같이 $\overline{HG}$의 중점 N을 지나는 사각형 DMFN이다.

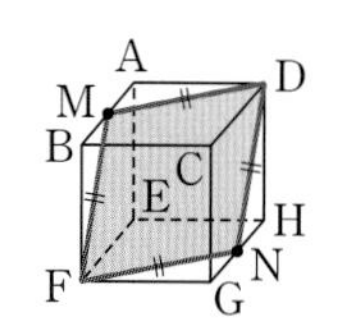

이때 $\overline{DM}=\overline{MF}=\overline{FN}=\overline{DN}$이므로 사각형 DMFN은 마름모이다. 답 ③

0700 회전체는 ㄱ, ㅁ, ㅂ의 3개이다. 답 3개

0701 답 (1) ㄴ, ㄷ, ㄹ, ㅂ (2) ㄱ, ㅁ

0702 ③, ⑤ 다면체 답 ③, ⑤

0703 ④

답 ④

0704 주어진 회전체는 ③을 1회전 시킨 것이다.
답 ③

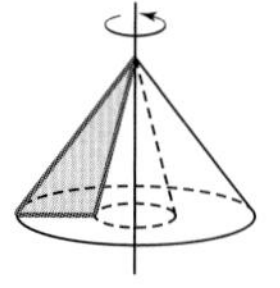

0705 ①

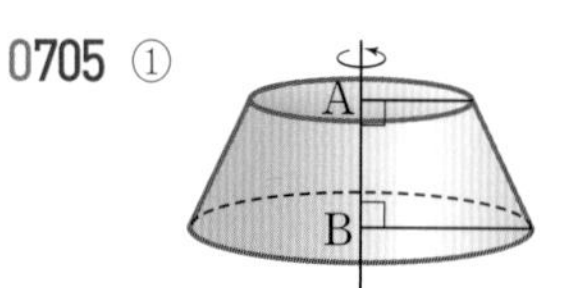

②

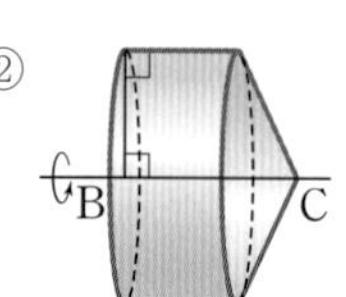

③

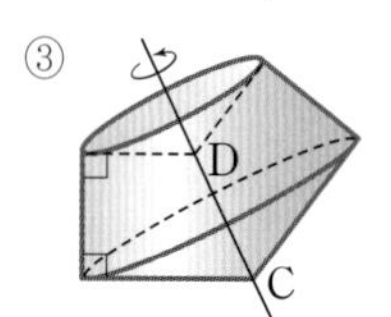

④

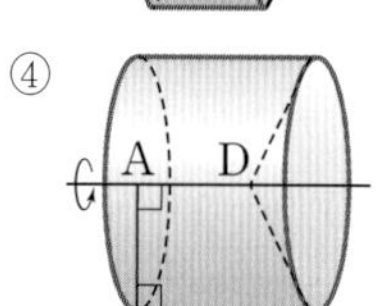

⑤

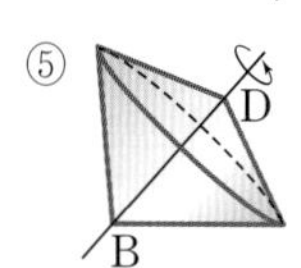

따라서 회전축이 될 수 있는 것은 $\overline{AB}$이다. 답 ①

0706 $\overline{AC}$를 회전축으로 하여 1회전 시킬 때 생기는 회전체는 오른쪽 그림과 같다.
답 ③

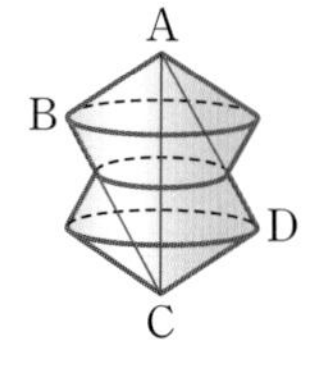

0707 ㄷ. ㄹ.

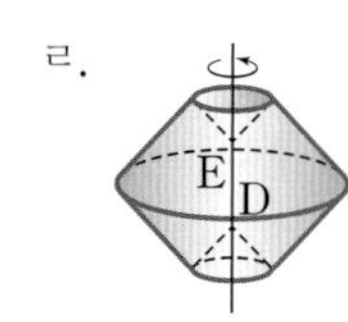

답 ㄱ, ㄴ

0708 ① 반구 — 반원 답 ①

0709 회전축에 수직인 평면으로 자를 때 생기는 단면이 항상 합동인 회전체는 ④ 원기둥이다. 답 ④

0710 원기둥을 한 평면으로 자를 때 생기는 단면의 모양은 다음 그림과 같다.

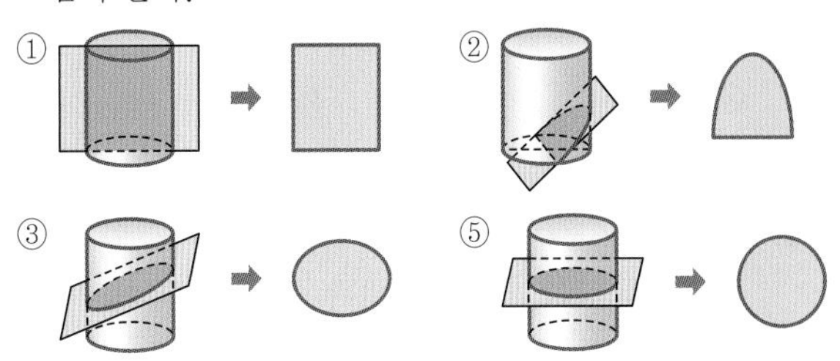

답 ④

0711 회전체를 회전축을 포함하는 평면으로 자를 때 생기는 단면의 모양은 오른쪽 그림과 같은 사다리꼴이다.
따라서 구하는 단면의 넓이는

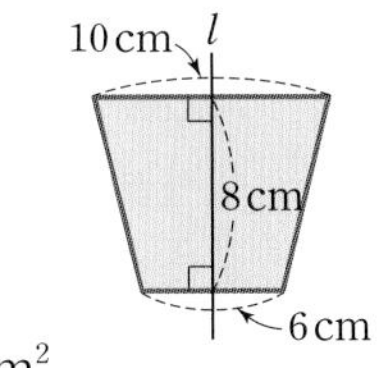

$\frac{1}{2}\times(10+6)\times8=64(\text{cm}^2)$ 답 64 cm^2

참고 회전축을 포함하는 평면으로 자를 때 생기는 단면의 넓이는 회전시키기 전 평면도형의 넓이의 2배와 같다.

0712 오른쪽 그림과 같이 회전축을 포함하는 평면으로 자를 때 생기는 단면의 넓이가 가장 크다.
따라서 구하는 단면의 넓이는

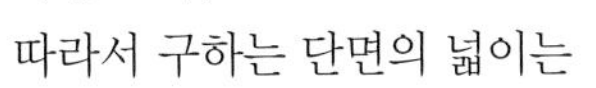

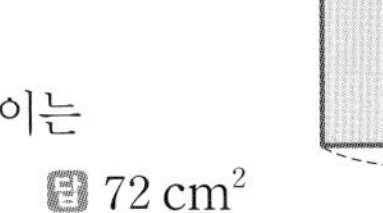

$8\times9=72(\text{cm}^2)$ 답 72 cm^2

0713 회전체를 회전축에 수직인 평면으로 자를 때 생기는 단면은 오른쪽 그림과 같다. … ❶
따라서 구하는 단면의 넓이는

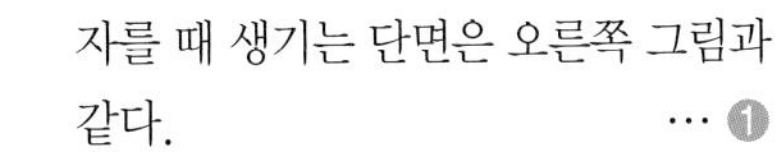

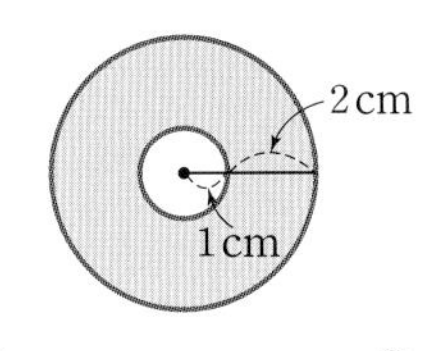

$\pi\times3^2-\pi\times1^2=9\pi-\pi=8\pi(\text{cm}^2)$ … ❷

답 $8\pi\text{ cm}^2$

채점 기준	비율
❶ 단면의 모양 설명하기	50 %
❷ 단면의 넓이 구하기	50 %

0714 회전축에 수직인 평면으로 자를 때 생기는 단면은 반지름의 길이가 8 cm인 원이므로 그 넓이는
$\pi\times8^2=64\pi(\text{cm}^2)$
회전축을 포함하는 평면으로 자를 때 생기는 단면은 가로의 길이가 16 cm인 직사각형이므로
원기둥의 높이를 h cm라 하면 그 넓이는
$16\times h=16h(\text{cm}^2)$
이때 두 단면의 넓이가 같으므로
$64\pi=16h \quad \therefore h=4\pi$
따라서 원기둥의 높이는 4π cm이다. 답 4π cm

0715 회전체의 전개도에서 직사각형의 가로의 길이는 반지름의 길이가 4 cm인 원의 둘레의 길이와 같으므로
$y=2\pi\times4=8\pi$
따라서 $x=4$, $y=8\pi$이므로 $xy=4\times8\pi=32\pi$ 답 32π

0716 원뿔의 전개도에서 부채꼴의 호의 길이는 원의 둘레의 길이와 같으므로
$2\pi\times4=8\pi(\text{cm})$ 답 8π cm

0717 두 밑면 중 큰 원의 둘레의 길이는
반지름의 길이가 $6+6=12(\text{cm})$이고 중심각의 크기가 120°인 부채꼴의 호의 길이와 같으므로
큰 원의 반지름의 길이를 r cm라 하면
$2\pi\times12\times\frac{120}{360}=2\pi r \quad \therefore r=4$
따라서 두 밑면 중 큰 원의 반지름의 길이는 4 cm이다.
답 4 cm

0718 원뿔의 모선의 길이는 전개도에서 부채꼴의 반지름의 길이와 같다.
원뿔의 모선의 길이를 x cm라 하면 전개도에서
부채꼴의 호의 길이는 원의 둘레의 길이와 같으므로
$2\pi\times x\times\frac{135}{360}=2\pi\times9 \quad \therefore x=24$
따라서 모선의 길이는 24 cm이다. 답 24 cm

0719 ② 원뿔의 회전축과 모선은 한 점에서 만난다.
④ 구의 전개도는 그릴 수 없다.
⑤ 구를 어떤 평면으로 잘라도 그 단면은 모두 원이지만 그 크기는 다를 수 있으므로 모두 합동은 아니다.
답 ①, ③

0720 ㄷ. 원뿔대의 전개도에서 옆면의 모양은 큰 부채꼴에서 작은 부채꼴을 잘라 낸 모양이다.
ㄹ. 원뿔대를 밑면에 수직인 평면으로 자를 때 생기는 단면이 항상 사다리꼴인 것은 아니다.

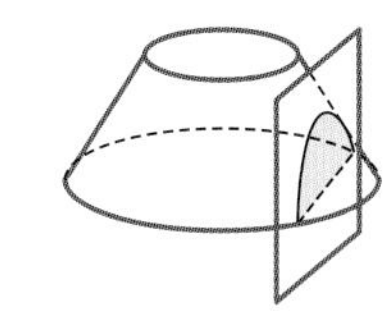

따라서 옳은 것은 ㄱ, ㄴ이다.
답 ㄱ, ㄴ

0721 ④ 회전체를 회전축에 수직인 평면으로 자를 때 생기는 단면이 모두 합동인 것은 아니다. 답 ④

0722 주어진 다면체의 꼭짓점의 개수는 7,
모서리의 개수는 12, 면의 개수는 7이므로
$v=7$, $e=12$, $f=7$
$\therefore v-e+f=7-12+7=2$ 답 2

0723 다면체의 꼭짓점의 개수를 v, 모서리의 개수를 e, 면의 개수를 f라 하면 $v-e+f=2$
$v=8$, $e=14$를 $v-e+f=2$에 대입하면
$8-14+f=2 \quad \therefore f=8$ 답 8

0724 주어진 입체도형의 꼭짓점의 개수는 14,
모서리의 개수는 21, 면의 개수는 9이므로
$a=14$, $b=21$, $c=9$
$\therefore a-b+c=14-21+9=2$ 답 2

0725 다면체의 꼭짓점의 개수를 v, 모서리의 개수를 e, 면의 개수를 f라 하면 $v-e+f=2$
$v=4n$, $e=6n$, $f=3n$을 $v-e+f=2$에 대입하면
$4n-6n+3n=2 \quad \therefore n=2$ 답 2

0726 정육면체의 면의 개수는 6이므로
각 면의 한가운데에 있는 점을 연결하여 만든 정다면체는 꼭짓점의 개수가 6인 정다면체, 즉 정팔면체이다. 답 ③

0727 정이십면체의 면의 개수는 20이므로
각 면의 한가운데에 있는 점을 연결하여 만든 정다면체는 꼭짓점의 개수가 20인 정다면체, 즉 정십이면체이다. ⋯ ❶
따라서 정십이면체의 모서리의 개수는 30이다. ⋯ ❷
답 30

채점 기준	비율
❶ 정다면체 구하기	50 %
❷ 모서리의 개수 구하기	50 %

0728 정팔면체의 면의 개수는 8이므로
각 면의 한가운데에 있는 점을 연결하여 만든 정다면체는 꼭짓점의 개수가 8인 정다면체, 즉 정육면체이다.
③ 정육면체의 각 면의 모양은 합동인 정사각형이다. 답 ③

학교 시험 꽉 잡기

120~122쪽

0729 각 다면체의 옆면의 모양은 다음과 같다.
① 사다리꼴 ② 삼각형 ③ 직사각형
④ 사다리꼴 ⑤ 직사각형 답 ②

0730 정다면체의 모서리의 개수는 다음과 같다.
정사면체 : 6
정육면체, 정팔면체 : 12
정십이면체, 정이십면체 : 30
따라서 모서리의 개수가 같은 정다면체끼리 짝 지어진 것은 ⑤이다. 답 ⑤

0731 답 ②

0732 구각기둥의 모서리의 개수는 $9\times3=27$이므로 $a=27$
십이각뿔의 꼭짓점의 개수는 $12+1=13$이므로 $b=13$
팔각뿔대의 면의 개수는 $8+2=10$이므로 $c=10$
$\therefore \dfrac{a+b}{c}=\dfrac{27+13}{10}=4$ 답 4

0733 조건 ㈏, ㈐를 만족시키는 다면체는 각기둥이다.
구하는 다면체를 n각기둥이라 하면 조건 ㈎에 의해
$n+2=8 \quad \therefore n=6$
따라서 구하는 다면체는 육각기둥이다. 답 육각기둥

0734 오른쪽 그림과 같이 세 꼭짓점 A, B, H를 지나는 평면으로 자를 때 생기는 단면은 직사각형이다.
답 ⑤

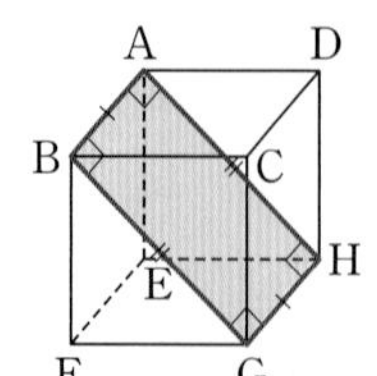

0735 ③ 원뿔을 회전축을 포함하는 평면으로 자를 때 생기는 단면의 모양은 이등변삼각형이고, 오각기둥의 옆면의 모양은 직사각형이다.
④ 삼각뿔과 정육면체는 한 꼭짓점에 모인 면의 개수가 3으로 같다.
따라서 옳지 않은 것은 ③이다. 답 ③

0736 만들어지는 회전체는 오른쪽 그림과 같고, 해당하는 번호를 지나는 평면으로 자를 때 각 단면의 모양이 나온다. 답 ⑤

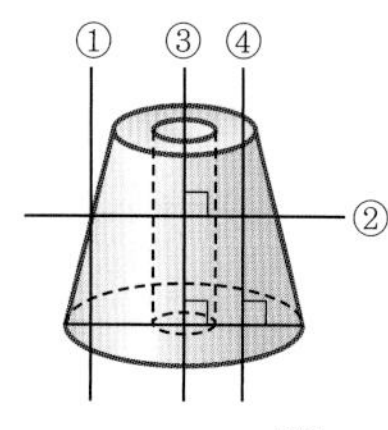

0737 회전축에 수직인 평면으로 자를 때 생기는 단면의 모양은 오른쪽 그림과 같은 원이므로 그 넓이는

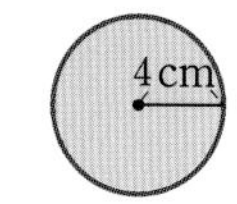

$\pi\times4^2=16\pi(\text{cm}^2)$
$\therefore a=16\pi$
회전축을 포함하는 평면으로 자를 때 생기는 단면의 모양은 오른쪽 그림과 같은 직사각형이므로 그 넓이는
$8\times10=80(\text{cm}^2)$
$\therefore b=80$

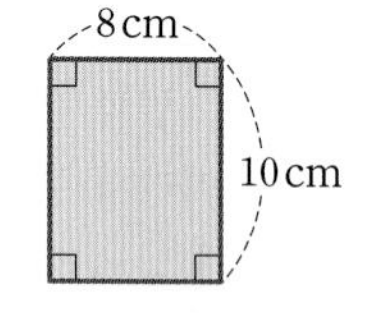

$\therefore \dfrac{a}{b}=\dfrac{16\pi}{80}=\dfrac{\pi}{5}$ 답 $\dfrac{\pi}{5}$

0738 ⑤ 직각삼각형의 빗변이 아닌 변을 회전축으로 하여 1회전 시킬 때 원뿔이 생긴다. 답 ⑤

0739 주어진 전개도로 만든 정다면체는 정팔면체이다.
정팔면체의 꼭짓점의 개수는 6, 모서리의 개수는 12, 면의 개수는 8이므로
$v=6,\ e=12,\ f=8$
$\therefore v-e+f=6-12+8=2$ 답 2

0740 정십이면체의 면의 개수는 12이므로
각 면의 한가운데에 있는 점을 연결하여 만든 입체도형은 꼭짓점의 개수가 12인 정다면체, 즉 정이십면체이다.
④ 정이십면체와 정십이면체의 모서리의 개수는 30으로 같다.
답 ④

0741 주어진 각뿔의 밑면을 정n각형이라 하면
$\dfrac{180^\circ\times(n-2)}{n}=144^\circ$
$180^\circ\times n-360^\circ=144^\circ\times n$
$36^\circ\times n=360^\circ \quad \therefore n=10$
즉, 십각뿔이므로 모서리의 개수는
$10\times2=20$ 답 20

참고 정n각형의 한 내각의 크기 ➡ $\dfrac{180^\circ\times(n-2)}{n}$

0742 ㄱ.

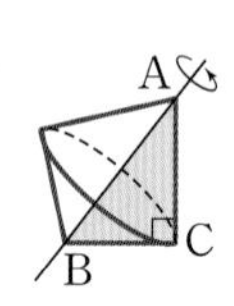

ㄴ.

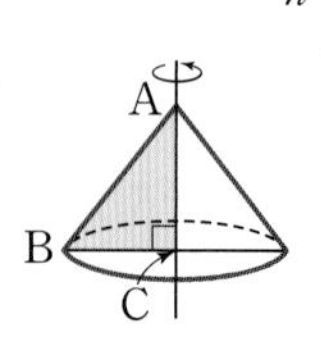

ㄷ.

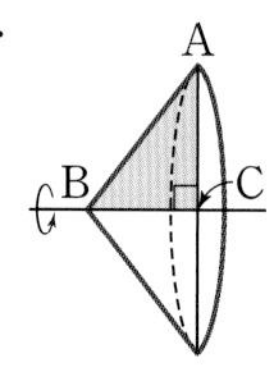

ㄹ.

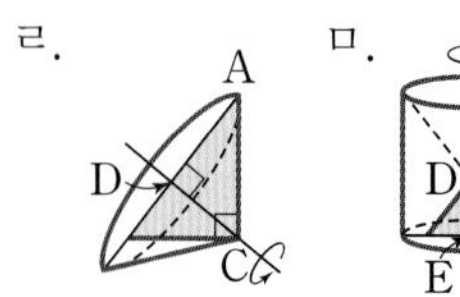

ㅁ.

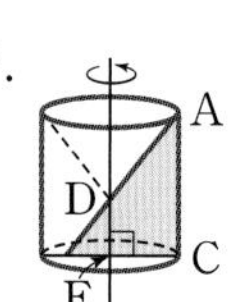

따라서 회전축이 될 수 있는 것은 ㄴ, ㄷ, ㄹ이다.
답 ㄴ, ㄷ, ㄹ

0743 (1) 만들어지는 회전체는 오른쪽 그림과 같다.
구하는 단면의 넓이는 삼각형 ABC의 넓이의 2배이므로

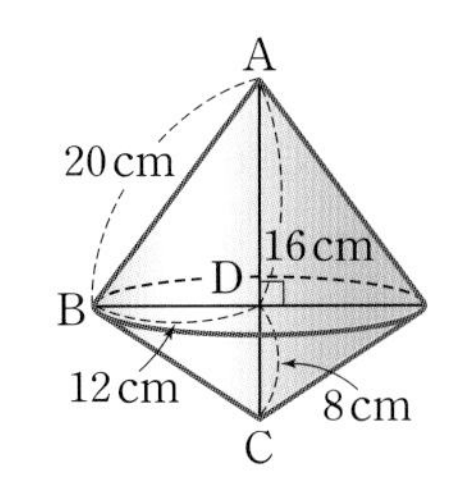

$\left\{\frac{1}{2}\times(16+8)\times12\right\}\times2$
$=288(\text{cm}^2)$

(2) 회전축에 수직인 평면으로 자를 때 생기는 가장 큰 단면은 $\overline{BD}$를 반지름으로 하는 원이므로 그 넓이는
$\pi\times12^2=144\pi(\text{cm}^2)$

답 (1) 288 cm^2 (2) $144\pi\text{ cm}^2$

0744 주어진 각뿔대를 n각뿔대라 하면
$3n=27$
$\therefore n=9$ …❶
즉, 구각뿔대이므로 면의 개수는 $9+2=11$,
꼭짓점의 개수는 $9\times2=18$
$\therefore x=11,\ y=18$ …❷
$\therefore x+y=11+18=29$ …❸

답 29

채점 기준	비율
❶ 각뿔대 구하기	40 %
❷ x, y의 값 각각 구하기	40 %
❸ $x+y$의 값 구하기	20 %

0745 주어진 전개도로 만든 주사위는 오른쪽 그림과 같다. …❶

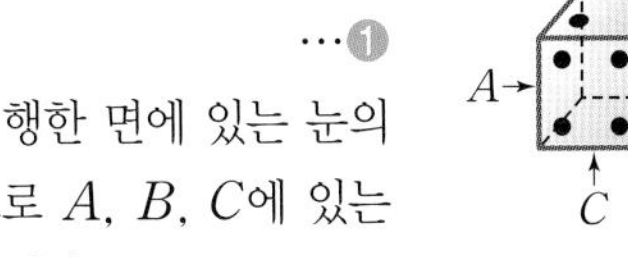

따라서 A, B, C와 평행한 면에 있는 눈의 수는 각각 1, 4, 2이므로 A, B, C에 있는 눈의 수는 각각 6, 3, 5이다. …❷

답 A : 6, B : 3, C : 5

채점 기준	비율
❶ 주사위의 눈 판단하기	30 %
❷ A, B, C에 있는 눈의 수 각각 구하기	70 %

0746 오른쪽 그림과 같이 잘리기 전 처음 원뿔의 모선의 길이를 x cm라 하자.
이 원뿔의 전개도에서 부채꼴의 호의 길이와 원의 둘레의 길이가 같으므로

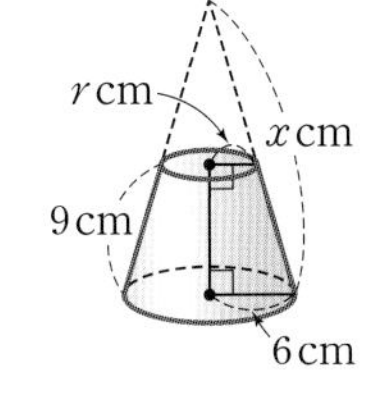

$2\pi\times x\times\frac{120}{360}=2\pi\times6$
$\therefore x=18$ …❶
따라서 잘라 낸 원뿔의 모선의 길이는
$18-9=9(\text{cm})$ …❷
$2\pi\times9\times\frac{120}{360}=2\pi\times r$
$6\pi=2\pi r \qquad \therefore r=3$ …❸

답 3

채점 기준	비율
❶ 잘리기 전 처음 원뿔의 모선의 길이 구하기	40 %
❷ 잘라 낸 원뿔의 모선의 길이 구하기	20 %
❸ r의 값 구하기	40 %

123쪽

0747 [주원]
정사면체의 각 면의 한가운데 있는 점은 이들 점을 연결하여 만든 정다면체의 꼭짓점이 된다.
즉, 정사면체의 면의 개수가 4이므로 꼭짓점의 개수가 4인 정사면체가 정사면체의 쌍대다면체이다.
따라서 (가)는 정사면체이다.
[태민, 우빈]
정이십면체의 면의 개수와 정십이면체의 꼭짓점의 개수가 20으로 같고, 정이십면체의 꼭짓점의 개수와 정십이면체의 면의 개수가 12로 같으므로 정이십면체와 정십이면체는 서로 쌍대이다.
따라서 (나)는 면, (다)는 정십이면체이고, $a=20$, $b=12$

답 (가) : 정사면체, (나) : 면, (다) : 정십이면체, $a=20$, $b=12$

0748 오른쪽 그림과 같이 만들면 면의 개수가 최소이다.
정사각뿔 2개를 나란히 놓고, 정사각뿔 사이에 정사면체를 넣어 맞대면 세 도형의 면이 한 평면 위에 있는 오면체가 된다.

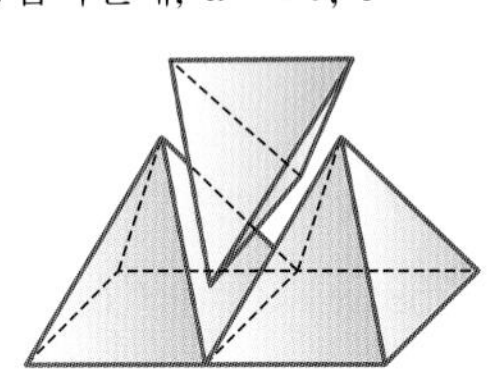

답 오면체

0749 정이십면체의 면은 20개이고,
깎아 낸 꼭짓점 12개에 각각 정오각형이 생기므로
면의 개수는 $20+12=32$
정이십면체의 모서리는 30개이고,
깎아 낸 꼭짓점 12개에 각각 정오각형이 생기므로
모서리의 개수는 $30+12\times5=90$
정이십면체의 꼭짓점은 12개이고,
깎아 낸 꼭짓점 12개에 각각 정오각형이 생기므로
꼭짓점의 개수는 $12\times5=60$

답 면 : 32, 모서리 : 90, 꼭짓점 : 60

0750 (i) 직각삼각형 ABC를 직선 AB를 회전축으로 하여 1회전 시킬 때 생기는 회전체는 오른쪽 그림과 같으므로 단면의 넓이는

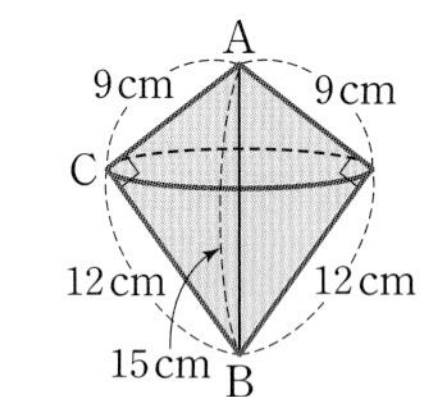

$\left(\frac{1}{2}\times12\times9\right)\times2=108(\text{cm}^2)$

(ii) 직각삼각형 ABC를 직선 BC를 회전축으로 하여 1회전 시킬 때 생기는 회전체는 오른쪽 그림과 같으므로 단면의 넓이는

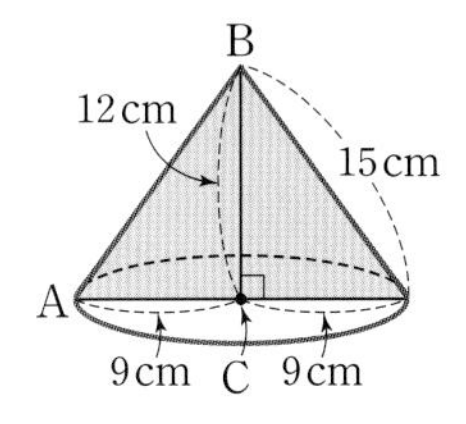

$\frac{1}{2}\times(9+9)\times12=108(\text{cm}^2)$

(i), (ii)에서 두 단면의 넓이의 비는
$108:108=1:1$

답 1 : 1

07 입체도형의 겉넓이와 부피

개념 잡기

124~127쪽

0751 $a=2+3+2+3=10$, $b=5$ 답 $a=10$, $b=5$

0752 $3\times2=6(\text{cm}^2)$ 답 6 cm^2

0753 $(2+3+2+3)\times5=10\times5=50(\text{cm}^2)$ 답 50 cm^2

0754 (겉넓이)=(밑넓이)×2+(옆넓이)
$=6\times2+50=62(\text{cm}^2)$ 답 62 cm^2

0755 (겉넓이)=(밑넓이)×2+(옆넓이)
$=\left(\frac{1}{2}\times3\times4\right)\times2+(3+4+5)\times7$
$=12+84=96(\text{cm}^2)$ 답 96 cm^2

0756 (겉넓이)=(밑넓이)×2+(옆넓이)
$=(4\times3)\times2+(3+4+3+4)\times5$
$=24+70=94(\text{cm}^2)$ 답 94 cm^2

0757 $a=2\pi\times3=6\pi$, $b=9$ 답 $a=6\pi$, $b=9$

0758 $\pi\times3^2=9\pi(\text{cm}^2)$ 답 $9\pi\text{ cm}^2$

0759 $(2\pi\times3)\times9=54\pi(\text{cm}^2)$ 답 $54\pi\text{ cm}^2$

0760 (겉넓이)=(밑넓이)×2+(옆넓이)
$=9\pi\times2+54\pi$
$=72\pi(\text{cm}^2)$ 답 $72\pi\text{ cm}^2$

0761 (겉넓이)=(밑넓이)×2+(옆넓이)
$=(\pi\times6^2)\times2+(2\pi\times6)\times8$
$=72\pi+96\pi$
$=168\pi(\text{cm}^2)$ 답 $168\pi\text{ cm}^2$

0762 (겉넓이)=(밑넓이)×2+(옆넓이)
$=(\pi\times3^2)\times2+(2\pi\times3)\times6$
$=18\pi+36\pi$
$=54\pi(\text{cm}^2)$ 답 $54\pi\text{ cm}^2$

0763 $\frac{1}{2}\times3\times4=6(\text{cm}^2)$ 답 6 cm^2

0764 답 9 cm

0765 (부피)=(밑넓이)×(높이)
$=6\times9$
$=54(\text{cm}^3)$ 답 54 cm^3

0766 (부피)=(밑넓이)×(높이)
$=(7\times6)\times8$
$=336(\text{cm}^3)$ 답 336 cm^3

0767 (부피)=(밑넓이)×(높이)
$=\left(\frac{1}{2}\times5\times4\right)\times6$
$=60(\text{cm}^3)$ 답 60 cm^3

0768 (부피)=(밑넓이)×(높이)
$=\left\{\frac{1}{2}\times(4+6)\times5\right\}\times6$
$=150(\text{cm}^3)$ 답 150 cm^3

0769 $\pi\times3^2=9\pi(\text{cm}^2)$ 답 $9\pi\text{ cm}^2$

0770 답 6 cm

0771 (부피)=(밑넓이)×(높이)
$=9\pi\times6$
$=54\pi(\text{cm}^3)$ 답 54 cm^3

0772 (부피)=(밑넓이)×(높이)
$=(\pi\times5^2)\times7$
$=175\pi(\text{cm}^3)$ 답 $175\pi\text{ cm}^3$

0773 (부피)=(밑넓이)×(높이)
$=(\pi\times5^2)\times12$
$=300\pi(\text{cm}^3)$ 답 $300\pi\text{ cm}^3$

0774 $4\times4=16(\text{cm}^2)$ 답 16 cm^2

0775 $\left(\frac{1}{2}\times4\times5\right)\times4=40(\text{cm}^2)$ 답 40 cm^2

0776 (겉넓이)=(밑넓이)+(옆넓이)
$=16+40$
$=56(\text{cm}^2)$ 답 56 cm^2

0777 $\pi\times5^2=25\pi(\text{cm}^2)$ 답 $25\pi\text{ cm}^2$

0778 $\pi\times5\times13=65\pi(\text{cm}^2)$ 답 $65\pi\text{ cm}^2$

0779 (겉넓이)=(밑넓이)+(옆넓이)
$=25\pi+65\pi$
$=90\pi(\text{cm}^2)$ 답 $90\pi\text{ cm}^2$

0780 (부피)$=\frac{1}{3}\times$(밑넓이)×(높이)
$=\frac{1}{3}\times(5\times5)\times6$
$=50(\text{cm}^3)$ 답 50 cm^3

0781 (부피)$=\frac{1}{3}\times$(밑넓이)×(높이)
$=\frac{1}{3}\times\left(\frac{1}{2}\times4\times7\right)\times6$
$=28(\text{cm}^3)$ 답 28 cm^3

0782 (부피)$=\frac{1}{3}\times$(밑넓이)×(높이)
$=\frac{1}{3}\times(\pi\times3^2)\times4$
$=12\pi(\text{cm}^3)$ 답 $12\pi\text{ cm}^3$

0783 (부피)$=\frac{1}{3}\times$(밑넓이)×(높이)
$=\frac{1}{3}\times(\pi\times6^2)\times9$
$=108\pi(\text{cm}^3)$ 답 $108\pi\text{ cm}^3$

0784 (겉넓이)$=4\pi\times6^2=144\pi(\text{cm}^2)$ 답 $144\pi\text{ cm}^2$

0785 (겉넓이)$=4\pi\times4^2=64\pi(\text{cm}^2)$ 답 $64\pi\text{ cm}^2$

0786 (겉넓이)$=\frac{1}{2}\times4\pi\times4^2+\pi\times4^2$
$=32\pi+16\pi$
$=48\pi(\text{cm}^2)$ 답 $48\pi\text{ cm}^2$

0787 (부피)$=\frac{4}{3}\pi\times5^3=\frac{500}{3}\pi(\text{cm}^3)$ 답 $\frac{500}{3}\pi\text{ cm}^3$

0788 (부피)$=\frac{4}{3}\pi\times6^3=288\pi(\text{cm}^3)$ 답 $288\pi\ \text{cm}^3$

0789 (부피)$=\frac{1}{2}\times\left(\frac{4}{3}\pi\times3^3\right)=18\pi(\text{cm}^3)$ 답 $18\pi\ \text{cm}^3$

유형 다 잡기 128~140쪽

0790 (밑넓이)$=\frac{1}{2}\times(6+3)\times4=18(\text{cm}^2)$
(옆넓이)$=(6+4+3+5)\times8=144(\text{cm}^2)$
$\therefore$ (겉넓이)$=18\times2+144=180(\text{cm}^2)$ 답 ③

0791 (밑넓이)$=\frac{1}{2}\times6\times4=12(\text{cm}^2)$
(옆넓이)$=(5+6+5)\times8=128(\text{cm}^2)$
$\therefore$ (겉넓이)$=12\times2+128=152(\text{cm}^2)$ 답 $152\ \text{cm}^2$

0792 정육면체의 한 모서리의 길이를 x cm라 하면
$6x^2=216$
$x^2=36 \quad \therefore x=6$
따라서 정육면체의 한 모서리의 길이는 6 cm이다.
답 6 cm

0793 사각기둥의 높이를 h cm라 하면
$\left\{\frac{1}{2}\times(5+11)\times4\right\}\times2+(5+5+11+5)\times h=220$
$64+26h=220$
$26h=156 \quad \therefore h=6$
따라서 사각기둥의 높이는 6 cm이다. 답 6 cm

0794 (겉넓이)$=(\pi\times4^2)\times2+(2\pi\times4)\times12$
$=32\pi+96\pi=128\pi(\text{cm}^2)$ 답 ⑤

0795 원기둥의 높이를 h cm라 하면
$(\pi\times4^2)\times2+(2\pi\times4)\times h=88\pi$
$32\pi+8\pi h=88\pi$
$8\pi h=56\pi \quad \therefore h=7$
따라서 원기둥의 높이는 7 cm이다. 답 7 cm

0796 페인트가 칠해지는 부분의 넓이는 원기둥 모양 롤러의 옆넓이의 2배와 같다. 이때
(롤러의 옆넓이)$=(2\pi\times3)\times20=120\pi(\text{cm}^2)$
이므로 페인트가 칠해지는 부분의 넓이는
$2\times120\pi=240\pi(\text{cm}^2)$ 답 $240\pi\ \text{cm}^2$

0797 (밑넓이)$=\frac{1}{2}\times(4+7)\times4=22(\text{cm}^2)$
$\therefore$ (부피)$=22\times7=154(\text{cm}^3)$ 답 $154\ \text{cm}^3$

0798 (밑넓이)$=\frac{1}{2}\times5\times4+\frac{1}{2}\times(5+4)\times2$
$=10+9=19(\text{cm}^2)$ … ❶
$\therefore$ (부피)$=19\times5=95(\text{cm}^3)$ … ❷
답 $95\ \text{cm}^3$

채점 기준	비율
❶ 밑넓이 구하기	60 %
❷ 부피 구하기	40 %

0799 삼각기둥의 높이를 h cm라 하면
$\left(\frac{1}{2}\times8\times6\right)\times h=144$
$24h=144 \quad \therefore h=6$
따라서 삼각기둥의 높이는 6 cm이다. 답 6 cm

0800 두 물통의 밑넓이가 같으므로 물의 부피의 비는 물의 높이의 비와 같다.
$\therefore a:b=30:70=3:7$ 답 3 : 7

0801 원기둥의 높이를 h cm라 하면
$(\pi\times3^2)\times h=54\pi$
$9\pi h=54\pi \quad \therefore h=6$
따라서 원기둥의 높이는 6 cm이다. 답 ③

0802 밑면의 반지름의 길이를 r cm라 하면
$\pi r^2\times12=300\pi$
$r^2=25 \quad \therefore r=5$
따라서 밑면의 반지름의 길이는 5 cm이다. 답 5 cm

0803 (그릇 A의 부피)$=(\pi\times2^2)\times3=12\pi(\text{cm}^3)$
(그릇 B의 부피)$=(\pi\times4^2)\times6=96\pi(\text{cm}^3)$
이때 $\frac{96\pi}{12\pi}=8$이므로 그릇 B에 물을 가득 채우기 위해서는 그릇 A로 8번 옮겨 담아야 한다. 답 8번

0804 주어진 입체도형을 오른쪽 그림과 같이 두 부분으로 나누면 윗부분은 밑면의 반지름의 길이가 4 cm, 높이가 2 cm인 원기둥의 절반이므로

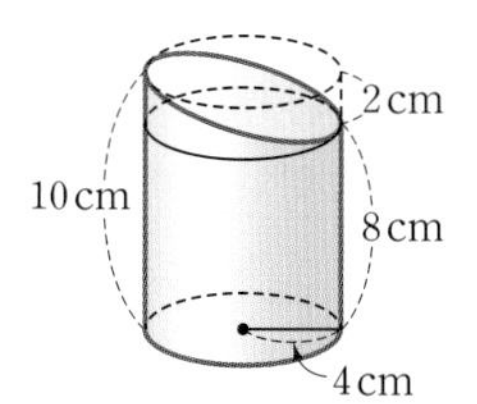

(부피)$=(\pi\times4^2)\times2\times\frac{1}{2}+(\pi\times4^2)\times8$
$=16\pi+128\pi=144\pi(\text{cm}^3)$ 답 $144\pi\ \text{cm}^3$

다른 풀이 주어진 입체도형 2개를 오른쪽 그림과 같이 붙이면 구하는 부피는 밑면의 반지름의 길이가 4 cm, 높이가 18 cm인 원기둥의 절반이므로

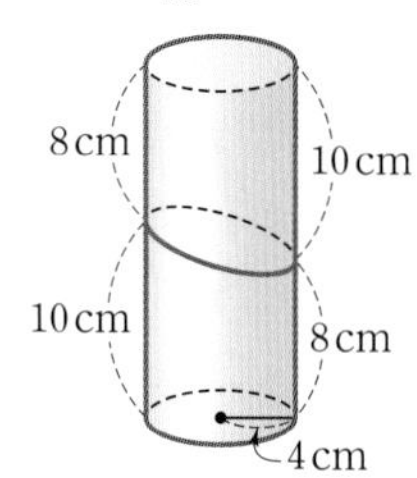

(부피)$=\{(\pi\times4^2)\times18\}\times\frac{1}{2}$
$=144\pi(\text{cm}^3)$

0805 (겉넓이)$=\left(\frac{1}{2}\times3\times4\right)\times2+(3+4+5)\times6$
$=12+72=84(\text{cm}^2)$
(부피)$=\left(\frac{1}{2}\times3\times4\right)\times6=36(\text{cm}^3)$
답 겉넓이 : $84\ \text{cm}^2$, 부피 : $36\ \text{cm}^3$

0806 (부피)$=(3\times3)\times5=45(\text{cm}^3)$ 답 ②

0807 밑면의 반지름의 길이를 r cm라 하면
$2\pi r=8\pi \quad \therefore r=4$

즉, 밑면의 반지름의 길이는 4 cm이므로 ··· ❶

(겉넓이)$=(\pi\times4^2)\times2+8\pi\times10$

$=32\pi+80\pi=112\pi(\text{cm}^2)$ ··· ❷

(부피)$=(\pi\times4^2)\times10=160\pi(\text{cm}^3)$ ··· ❸

답 겉넓이 : 112π cm^2, 부피 : 160π cm^3

채점 기준	비율
❶ 밑면의 반지름의 길이 구하기	40 %
❷ 겉넓이 구하기	30 %
❸ 부피 구하기	30 %

0808 (밑넓이)$=\pi\times4^2\times\frac{90}{360}=4\pi(\text{cm}^2)$

(옆넓이)$=\left(4\times2+2\pi\times4\times\frac{90}{360}\right)\times6=48+12\pi(\text{cm}^2)$

$\therefore$ (겉넓이)$=4\pi\times2+(48+12\pi)=20\pi+48(\text{cm}^2)$

답 ③

0809 기둥의 높이를 h cm라 하면

$\left(\pi\times2^2\times\frac{270}{360}\right)\times h=21\pi$

$3\pi h=21\pi$ $\quad\therefore h=7$

따라서 기둥의 높이는 7 cm이다. 답 ②

0810 두 기둥의 높이가 같으므로 기둥의 부피의 비는 밑넓이의 비와 같다. 이때 부채꼴의 넓이는 중심각의 크기에 정비례하므로 두 기둥의 부피의 비는 밑면인 부채꼴의 중심각의 크기의 비와 같다.

따라서 큰 기둥의 부피와 작은 기둥의 부피의 비는

$300:60=5:1$ 답 ③

다른 풀이 두 기둥의 높이가 같으므로 부피의 비는 밑넓이의 비와 같다.

(큰 기둥의 밑넓이)$=\pi\times3^2\times\frac{300}{360}=\frac{15}{2}\pi(\text{cm}^2)$

(작은 기둥의 밑넓이)$=\pi\times3^2\times\frac{60}{360}=\frac{3}{2}\pi(\text{cm}^2)$

따라서 큰 기둥의 부피와 작은 기둥의 부피의 비는

$\frac{15}{2}\pi:\frac{3}{2}\pi=5:1$

0811 (밑넓이)$=\pi\times5^2-\pi\times2^2$

$=25\pi-4\pi=21\pi(\text{cm}^2)$

(옆넓이)$=(2\pi\times5)\times10+(2\pi\times2)\times10$

$=100\pi+40\pi=140\pi(\text{cm}^2)$

$\therefore$ (겉넓이)$=21\pi\times2+140\pi=182\pi(\text{cm}^2)$

(부피)=(큰 원기둥의 부피)−(작은 원기둥의 부피)

$=(\pi\times5^2)\times10-(\pi\times2^2)\times10$

$=250\pi-40\pi=210\pi(\text{cm}^3)$

답 겉넓이 : 182π cm^2, 부피 : 210π cm^3

다른 풀이 밑넓이가 21π cm^{2}이므로

(부피)$=21\pi\times10=210\pi(\text{cm}^3)$

0812 (밑넓이)$=\pi\times6^2-\pi\times2^2$

$=36\pi-4\pi=32\pi(\text{cm}^2)$

(옆넓이)$=(2\pi\times6)\times10+(2\pi\times2)\times10$

$=120\pi+40\pi=160\pi(\text{cm}^2)$

$\therefore$ (겉넓이)$=32\pi\times2+160\pi=224\pi(\text{cm}^2)$

답 224π cm^2

0813 (밑넓이)$=8\times6-3\times3$

$=48-9=39(\text{cm}^2)$

(옆넓이)$=(8+6+8+6)\times10+(3+3+3+3)\times10$

$=280+120=400(\text{cm}^2)$

$\therefore$ (겉넓이)$=39\times2+400=478(\text{cm}^2)$

(부피)=(큰 사각기둥의 부피)−(작은 사각기둥의 부피)

$=(8\times6)\times10-(3\times3)\times10$

$=480-90=390(\text{cm}^3)$

따라서 $a=478$, $b=390$이므로

$a-b=478-390=88$ 답 88

0814 (밑넓이)$=(6+2)\times(5+3)-2\times5$

$=64-10=54(\text{cm}^2)$

(옆넓이)$=\{6+5+2+3+(6+2)+(5+3)\}\times6$

$=32\times6=192(\text{cm}^2)$

$\therefore$ (겉넓이)$=54\times2+192=300(\text{cm}^2)$ 답 300 cm^2

0815 (부피)=(직육면체의 부피)−(삼각기둥의 부피)

$=8\times4\times5-\left(\frac{1}{2}\times4\times3\right)\times8$

$=160-48=112(\text{cm}^3)$ 답 ①

다른 풀이 밑면이 사다리꼴 모양인 사각기둥이므로

(밑넓이)$=\frac{1}{2}\times(2+5)\times4=14(\text{cm}^2)$

$\therefore$ (부피)$=14\times8=112(\text{cm}^3)$

0816 오른쪽 그림과 같이 잘린 부분의 면을 이동하여 생각하면 주어진 입체도형의 겉넓이는 밑면의 가로, 세로의 길이가 모두 6 cm이고, 높이가 7 cm인 직육면체의 겉넓이와 같으므로

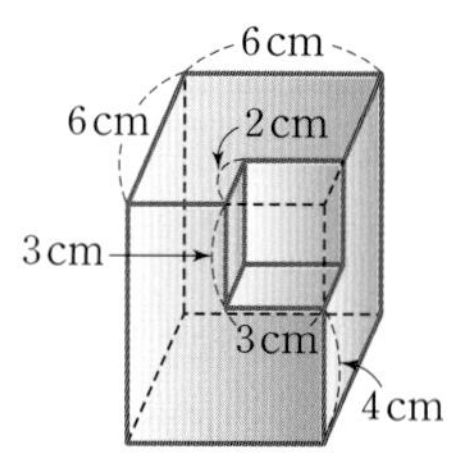

(겉넓이)$=(6\times6)\times2+(6+6+6+6)\times7$

$=72+168=240(\text{cm}^2)$ 답 ⑤

0817 (부피)$=6\times2\times6-(2\times2\times2)\times4$

$=72-32=40(\text{cm}^3)$ 답 40 cm^3

0818 (부피)$=3\times3\times8-\left(\pi\times3^2\times\frac{90}{360}\right)\times8$

$=72-18\pi(\text{cm}^3)$ 답 ④

0819 (밑넓이)$=\left(\pi\times8^2\times\frac{135}{360}\right)-\left(\pi\times4^2\times\frac{135}{360}\right)$

$=24\pi-6\pi=18\pi(\text{cm}^2)$

(옆넓이)$=\left(4\times2+2\pi\times8\times\frac{135}{360}+2\pi\times4\times\frac{135}{360}\right)\times10$

$=(8+9\pi)\times10$

$=80+90\pi(\text{cm}^2)$

$\therefore$ (겉넓이)$=18\pi\times2+(80+90\pi)=126\pi+80(\text{cm}^2)$

답 ⑤

0820 회전체는 오른쪽 그림과 같으므로

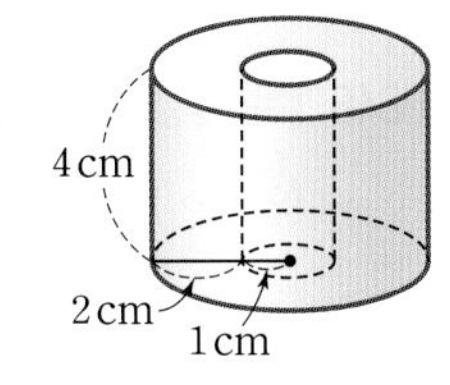

(밑넓이)$=\pi\times3^2=9\pi$(cm^2)

(옆넓이)$=(2\pi\times3)\times5$

$=30\pi$(cm^2)

$\therefore$ (겉넓이)$=9\pi\times2+30\pi$

$=48\pi$(cm^2) 답 48π cm^2

0821 회전체는 오른쪽 그림과 같으므로

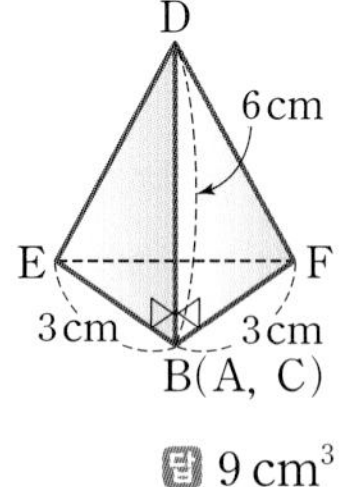

(부피)

=(큰 원기둥의 부피)

−(작은 원기둥의 부피)

$=(\pi\times3^2)\times4-(\pi\times1^2)\times4$

$=36\pi-4\pi=32\pi$(cm^3) 답 32π cm^3

0822 (부피)$=\left(\pi\times4^2\times\frac{90}{360}\right)\times6$

$=24\pi$(cm^3) 답 24π cm^3

0823 (겉넓이)$=5\times5+\left(\frac{1}{2}\times5\times4\right)\times4$

$=25+40=65$(cm^2) 답 65 cm^2

0824 (겉넓이)$=10\times10+\left(\frac{1}{2}\times10\times13\right)\times4$

$=100+260=360$(cm^2) 답 ④

0825 정사각뿔의 겉넓이가 133 cm^{2}이므로

$7\times7+\left(\frac{1}{2}\times7\times x\right)\times4=133$

$49+14x=133$, $14x=84$

$\therefore x=6$ 답 6

0826 (겉넓이)$=\left(\frac{1}{2}\times6\times5\right)\times4+\left(\frac{1}{2}\times6\times7\right)\times4$

$=60+84=144$(cm^2) 답 ⑤

0827 원뿔의 모선의 길이를 l cm라 하면

$\pi\times6^2+\pi\times6\times l=84\pi$

$36\pi+6\pi l=84\pi$, $6\pi l=48\pi$ $\therefore l=8$

따라서 원뿔의 모선의 길이는 8 cm이다. 답 8 cm

0828 (겉넓이)$=\pi\times3^2+\pi\times3\times6$

$=9\pi+18\pi=27\pi$(cm^2) 답 ①

0829 밑면의 반지름의 길이를 r cm라 하면

$\pi\times r\times12=72\pi$ $\therefore r=6$

즉, 밑면의 반지름의 길이는 6 cm이다. …❶

$\therefore$ (겉넓이)$=\pi\times6^2+72\pi=108\pi$(cm^2) …❷

답 108π cm^2

채점 기준	비율
❶ 밑면의 반지름의 길이 구하기	50 %
❷ 원뿔의 겉넓이 구하기	50 %

0830 밑면의 반지름의 길이를 r cm라 하면

모선의 길이는 $4r$ cm이고 옆넓이가 24π cm^{2}이므로

$\pi\times r\times4r=24\pi$

$4\pi r^2=24\pi$ $\therefore r^2=6$

즉, 밑넓이는 $\pi r^2=6\pi$(cm^2)이므로

(겉넓이)$=6\pi+24\pi=30\pi$(cm^2) 답 ③

0831 (부피)$=\frac{1}{3}\times\left(\frac{1}{2}\times6\times8\right)\times9=72$(cm^3) 답 ③

0832 (부피)$=\frac{1}{3}\times(6\times6)\times7=84$(cm^3) 답 84 cm^3

0833 정사각뿔의 높이를 h cm라 하면

$\frac{1}{3}\times(5\times5)\times h=75$

$\frac{25}{3}h=75$ $\therefore h=9$

따라서 정사각뿔의 높이는 9 cm이다. 답 9 cm

0834 주어진 사각형을 접을 때 생기는 입체도형은 오른쪽 그림과 같이 밑면이 △EBF이고 높이가 $\overline{AD}$인 삼각뿔이므로

(부피)$=\frac{1}{3}\times\left(\frac{1}{2}\times3\times3\right)\times6$

$=9$(cm^3) 답 9 cm^3

0835 (부피)$=\frac{1}{3}\times(\pi\times4^2)\times6=32\pi$(cm^3) 답 ③

0836 원뿔의 높이를 h cm라 하면

$\frac{1}{3}\times(\pi\times3^2)\times h=12\pi$, $3\pi h=12\pi$ $\therefore h=4$

따라서 원뿔의 높이는 4 cm이다. 답 ③

0837 (컵 A의 부피)$=\frac{1}{3}\times(\pi\times6^2)\times15=180\pi$(cm^3)

(컵 B의 부피)$=(\pi\times4^2)\times12=192\pi$(cm^3)

(컵 C의 부피)$=(\pi\times5^2)\times4+\frac{1}{3}\times(\pi\times5^2)\times9$

$=100\pi+75\pi=175\pi$(cm^3) …❶

따라서 음료수가 가장 많이 들어가는 컵은 B이다. …❷

답 B

채점 기준	비율
❶ 컵 A, B, C의 부피 각각 구하기	각 30 %
❷ 음료수가 가장 많이 들어가는 컵 구하기	10 %

0838 (부피)$=\frac{1}{3}\times$(△BCD의 넓이)$\times\overline{CG}$

$=\frac{1}{3}\times\left(\frac{1}{2}\times6\times8\right)\times8$

$=64$(cm^3) 답 64 cm^3

0839 (부피)$=\frac{1}{3}\times$(△MNC의 넓이)$\times\overline{CD}$

$=\frac{1}{3}\times\left(\frac{1}{2}\times6\times6\right)\times12$

$=72$(cm^3) 답 72 cm^3

0840 오른쪽 그림과 같이 삼각뿔을 잘라낸 입체도형에서

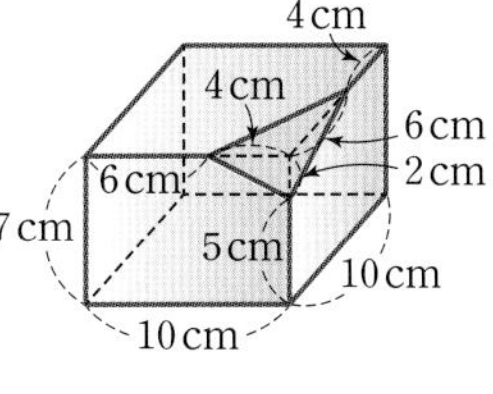

(부피)

=(직육면체의 부피)

−(삼각뿔의 부피)

$=10\times10\times7-\frac{1}{3}\times\left(\frac{1}{2}\times4\times6\right)\times2$

$=700-8=692$(cm^3) 답 ④

0841 (부피)$=\frac{1}{3}\times\left(\frac{1}{2}\times4\times3\right)\times2=4(\text{cm}^3)$ 답 4 cm³

0842 $\left(\frac{1}{2}\times5\times x\right)\times4=40$

$10x=40$

$\therefore x=4$ 답 4

0843 (그릇 A에 담긴 물의 부피)$=\frac{1}{3}\times(\pi\times6^2)\times6$

$=72\pi(\text{cm}^3)$

(그릇 B에 담긴 물의 부피)$=(\pi\times6^2)\times x$

$=36\pi x(\text{cm}^3)$

두 물의 부피가 같으므로

$36\pi x=72\pi$

$\therefore x=2$ 답 2

0844 (1) 밑면의 반지름의 길이를 r cm라 하면

$2\pi\times12\times\frac{150}{360}=2\pi r$

$10\pi=2\pi r$ $\quad\therefore r=5$

따라서 밑면의 반지름의 길이는 5 cm이다.

(2) (겉넓이)$=\pi\times5^2+\pi\times5\times12$

$=25\pi+60\pi=85\pi(\text{cm}^2)$

답 (1) 5 cm (2) 85π cm²

0845 (겉넓이)=(밑넓이)+(옆넓이)

$=\pi\times3^2+\pi\times3\times5$

$=9\pi+15\pi$

$=24\pi(\text{cm}^2)$ ··· ❶

(부피)$=\frac{1}{3}\times(\pi\times3^2)\times4$

$=12\pi(\text{cm}^3)$ ··· ❷

답 겉넓이 : 24π cm², 부피 : 12π cm³

채점 기준	비율
❶ 원뿔의 겉넓이 구하기	50 %
❷ 원뿔의 부피 구하기	50 %

0846 밑면의 반지름의 길이를 r cm라 하면

$2\pi\times10\times\frac{288}{360}=2\pi r$

$16\pi=2\pi r$ $\quad\therefore r=8$

즉, 밑면의 반지름의 길이는 8 cm이다.

원뿔의 높이를 h cm라 하면

$\frac{1}{3}\times(\pi\times8^2)\times h=128\pi$

$\frac{64}{3}\pi h=128\pi$ $\quad\therefore h=6$

따라서 원뿔의 높이는 6 cm이다. 답 ①

0847 (두 밑넓이의 합)$=\pi\times2^2+\pi\times4^2$

$=4\pi+16\pi$

$=20\pi(\text{cm}^2)$

(옆넓이)$=\pi\times4\times6-\pi\times2\times3$

$=24\pi-6\pi$

$=18\pi(\text{cm}^2)$

$\therefore$ (겉넓이)$=20\pi+18\pi=38\pi(\text{cm}^2)$ 답 38π cm²

참고 원뿔대의 옆넓이 구하기

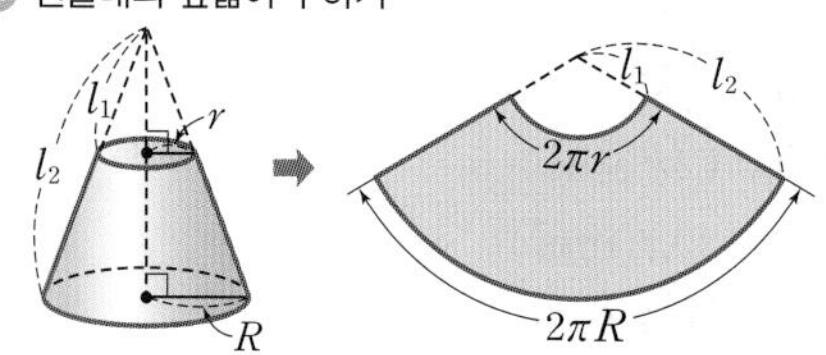

(옆넓이)$=\frac{1}{2}\times2\pi R\times l_2-\frac{1}{2}\times2\pi r\times l_1=\pi Rl_2-\pi rl_1$

0848 (두 밑넓이의 합)$=4\times4+6\times6=52(\text{cm}^2)$

(옆넓이)$=\left\{\frac{1}{2}\times(4+6)\times5\right\}\times4=100(\text{cm}^2)$

$\therefore$ (겉넓이)$=52+100=152(\text{cm}^2)$ 답 ④

0849 (원뿔의 겉넓이)$=\pi\times10^2+\pi\times10\times11$

$=100\pi+110\pi=210\pi(\text{cm}^2)$

(원뿔대의 겉넓이)

$=\pi\times3^2+\pi\times9^2+\pi\times9\times(5+x)-\pi\times3\times5$

$=9\pi+81\pi+45\pi+9\pi x-15\pi$

$=120\pi+9\pi x(\text{cm}^2)$

두 겉넓이가 서로 같으므로

$120\pi+9\pi x=210\pi$

$9\pi x=90\pi$ $\quad\therefore x=10$ 답 10

0850 (부피)=(큰 원뿔의 부피)−(작은 원뿔의 부피)

$=\frac{1}{3}\times(\pi\times9^2)\times9-\frac{1}{3}\times(\pi\times3^2)\times3$

$=243\pi-9\pi=234\pi(\text{cm}^3)$ 답 ④

0851 (부피)=(큰 사각뿔의 부피)−(작은 사각뿔의 부피)

$=\frac{1}{3}\times(6\times6)\times8-\frac{1}{3}\times(3\times3)\times4$

$=96-12=84(\text{cm}^3)$ 답 ⑤

0852 (큰 원뿔의 부피)$=\frac{1}{3}\times(\pi\times8^2)\times12$

$=256\pi(\text{cm}^3)$

(작은 원뿔의 부피)$=\frac{1}{3}\times(\pi\times4^2)\times6$

$=32\pi(\text{cm}^3)$

(원뿔대의 부피)$=256\pi-32\pi=224\pi(\text{cm}^3)$

따라서 위쪽 원뿔과 아래쪽 원뿔대의 부피의 비는

$32\pi : 224\pi=1 : 7$ 답 ④

0853 회전체는 오른쪽 그림과 같으므로

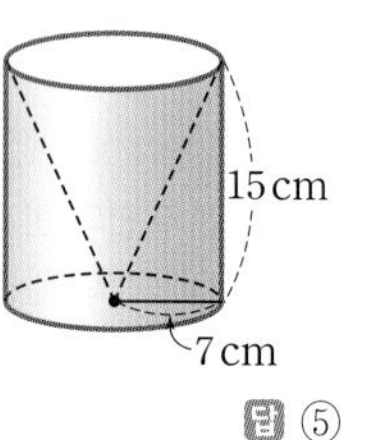

(부피)

=(원기둥의 부피)−(원뿔의 부피)

$=(\pi\times7^2)\times15-\frac{1}{3}\times(\pi\times7^2)\times15$

$=735\pi-245\pi=490\pi(\text{cm}^3)$ 답 ⑤

0854 회전체는 오른쪽 그림과 같으므로

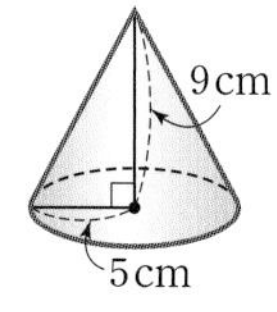

(부피)$=\frac{1}{3}\times(\pi\times5^2)\times9$

$=75\pi(\text{cm}^3)$ 답 75π cm³

0855 회전체는 오른쪽 그림과 같으므로

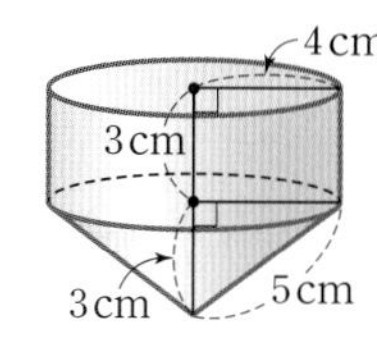

(겉넓이)
=(원기둥의 밑넓이)
+(원기둥의 옆넓이)
+(원뿔의 옆넓이)
$=\pi\times4^2+(2\pi\times4)\times3+\pi\times4\times5$
$=16\pi+24\pi+20\pi=60\pi(\text{cm}^2)$ 답 $60\pi\ \text{cm}^2$

0856 x축을 회전축으로 한 회전체는 오른쪽 그림과 같으므로

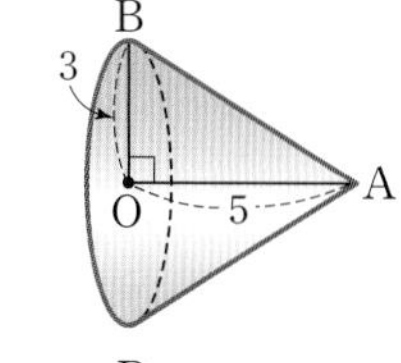

$V_x=\frac{1}{3}\times(\pi\times3^2)\times5$
$=15\pi$ …❶

y축을 회전축으로 한 회전체는 오른쪽 그림과 같으므로

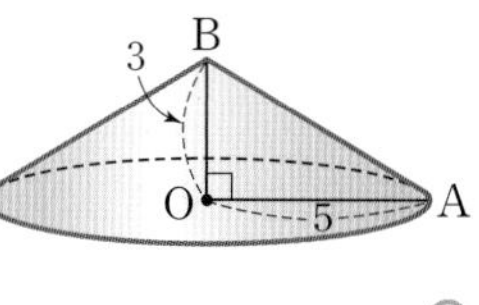

$V_y=\frac{1}{3}\times(\pi\times5^2)\times3$
$=25\pi$ …❷

$\therefore V_x:V_y=15\pi:25\pi=3:5$ …❸

답 $3:5$

채점 기준	비율
❶ V_x 구하기	40 %
❷ V_y 구하기	40 %
❸ $V_x:V_y$를 가장 간단한 자연수의 비로 나타내기	20 %

0857 잘라 낸 단면의 넓이의 합은 반지름의 길이가 4 cm인 원의 넓이와 같으므로
(겉넓이)=(구의 겉넓이)$\times\frac{3}{4}$+(원의 넓이)
$=(4\pi\times4^2)\times\frac{3}{4}+\pi\times4^2$
$=48\pi+16\pi=64\pi(\text{cm}^2)$ 답 $64\pi\ \text{cm}^2$

0858 (한 조각의 넓이)=(구의 겉넓이)$\times\frac{1}{2}$
$=\left\{4\pi\times\left(\frac{7}{2}\right)^2\right\}\times\frac{1}{2}$
$=\frac{49}{2}\pi(\text{cm}^2)$ 답 $\frac{49}{2}\pi\ \text{cm}^2$

0859 구 A의 반지름의 길이를 r이라 하면 구 B의 반지름의 길이는 $3r$이므로
(구 A의 겉넓이)$=4\pi r^2$
(구 B의 겉넓이)$=4\pi\times(3r)^2=9\times4\pi r^2$
따라서 구 B를 칠하는 데 필요한 페인트는 9통이다.
답 9통

0860 (부피)=(원뿔의 부피)+(구의 부피)$\times\frac{1}{2}$
$=\frac{1}{3}\times(\pi\times6^2)\times9+\left(\frac{4}{3}\pi\times6^3\right)\times\frac{1}{2}$
$=108\pi+144\pi=252\pi(\text{cm}^3)$ 답 ②

0861 (부피)=(구의 부피)$\times\frac{7}{8}$
$=\left(\frac{4}{3}\pi\times3^3\right)\times\frac{7}{8}=\frac{63}{2}\pi(\text{cm}^3)$ 답 $\frac{63}{2}\pi\ \text{cm}^3$

0862 구의 반지름의 길이를 r cm라 하면 겉넓이가 $324\pi\ \text{cm}^2$이므로 $4\pi r^2=324\pi$, $r^2=81$ $\therefore r=9$
즉, 구의 반지름의 길이는 9 cm이므로
(부피)$=\frac{4}{3}\pi\times9^3=972\pi(\text{cm}^3)$ 답 ⑤

0863 (구의 부피)$=\frac{4}{3}\pi\times3^3=36\pi(\text{cm}^3)$
(원기둥의 부피)$=\pi\times3^2\times h=9\pi h(\text{cm}^3)$
구와 원기둥의 부피가 서로 같으므로
$36\pi=9\pi h$ $\therefore h=4$ 답 4

0864 지름의 길이가 12 cm인 쇠구슬 1개의 부피는
$\frac{4}{3}\pi\times6^3=288\pi(\text{cm}^3)$ …❶
지름의 길이가 4 cm인 쇠구슬 1개의 부피는
$\frac{4}{3}\pi\times2^3=\frac{32}{3}\pi(\text{cm}^3)$ …❷
따라서 만들 수 있는 쇠구슬은 최대
$288\pi\div\frac{32}{3}\pi=288\pi\times\frac{3}{32\pi}=27$(개)이다. …❸

답 27개

채점 기준	비율
❶ 지름의 길이가 12 cm인 쇠구슬의 부피 구하기	40 %
❷ 지름의 길이가 4 cm인 쇠구슬의 부피 구하기	40 %
❸ 만들 수 있는 쇠구슬의 최대 개수 구하기	20 %

0865 그릇 B의 반지름의 길이를 r이라 하면
그릇 A의 밑면의 반지름의 길이는 r, 높이는 $2r$이므로
(그릇 A의 부피)$=(\pi\times r^2)\times2r=2\pi r^3$
(그릇 B의 부피)$=\frac{4}{3}\pi r^3\times\frac{1}{2}=\frac{2}{3}\pi r^3$
따라서 그릇 A의 부피는 그릇 B의 부피의 3배이므로
그릇 B를 이용하여 그릇 A에 물을 가득 채우려면 물을 최소 3번 부어야 한다. 답 3번

0866 회전체는 오른쪽 그림과 같으므로

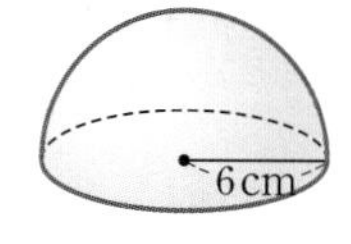

(겉넓이)
=(구의 겉넓이)$\times\frac{1}{2}$+(원의 넓이)
$=(4\pi\times6^2)\times\frac{1}{2}+\pi\times6^2$
$=72\pi+36\pi=108\pi(\text{cm}^2)$ 답 $108\pi\ \text{cm}^2$

0867 회전체는 오른쪽 그림과 같으므로

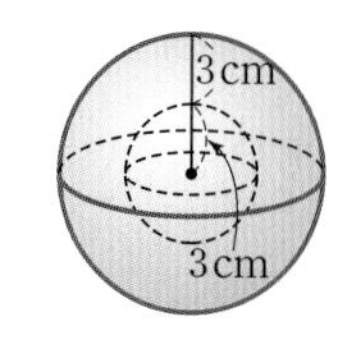

(부피)
=(큰 구의 부피)−(작은 구의 부피)
$=\frac{4}{3}\pi\times6^3-\frac{4}{3}\pi\times3^3$
$=288\pi-36\pi=252\pi(\text{cm}^3)$ 답 ③

0868 회전체는 오른쪽 그림과 같으므로

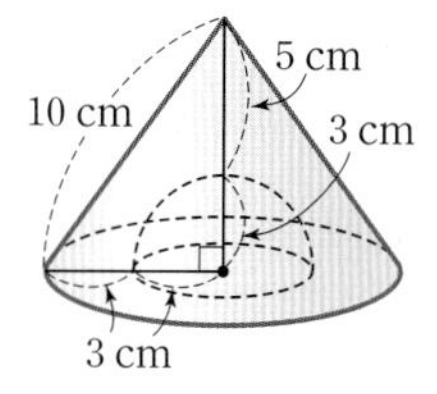

(겉넓이)
=(밑넓이)+(원뿔의 옆넓이)
+(구의 겉넓이)$\times\frac{1}{2}$
$=(\pi\times6^2-\pi\times3^2)+(\pi\times6\times10)$
$+(4\pi\times3^2)\times\frac{1}{2}$
$=27\pi+60\pi+18\pi=105\pi(\text{cm}^2)$ 답 $105\pi\ \text{cm}^2$

0869 구의 반지름의 길이를 r cm라 하면 구의 부피가 288π cm^{3}이므로

$\frac{4}{3}\pi r^3=288\pi$, $r^3=216=6^3$ $\therefore r=6$

원뿔의 밑면의 반지름의 길이는 6 cm, 높이는 12 cm이므로

(원뿔의 부피)$=\frac{1}{3}\times(\pi\times6^2)\times12=144\pi$(cm^3)

원기둥의 밑면의 반지름의 길이는 6 cm, 높이는 12 cm이므로 (원기둥의 부피)$=(\pi\times6^2)\times12=432\pi$(cm^3)

답 원뿔의 부피 : 144π cm^3, 원기둥의 부피 : 432π cm^3

다른 풀이 (원뿔의 부피) : (구의 부피) : (원기둥의 부피) $=1:2:3$

$\therefore$ (원뿔의 부피)$=$(구의 부피)$\times\frac{1}{2}$

$=288\pi\times\frac{1}{2}=144\pi$(cm^3)

(원기둥의 부피)$=$(구의 부피)$\times\frac{3}{2}$

$=288\pi\times\frac{3}{2}=432\pi$(cm^3)

0870 구의 반지름의 길이를 r cm라 하면 구의 부피가 36π cm^{3}이므로

$\frac{4}{3}\pi r^3=36\pi$, $r^3=27=3^3$ $\therefore r=3$

즉, 원기둥의 밑면의 반지름의 길이는 3 cm, 높이는 18 cm이므로

(원기둥의 부피)$=(\pi\times3^2)\times18=162\pi$(cm^3) 답 ④

0871 원기둥의 밑면의 반지름의 길이는 3 cm이고, 높이는 6 cm이므로

(남아 있는 물의 부피)$=$(원기둥의 부피)$-$(구의 부피)

$=(\pi\times3^2\times6)-\left(\frac{4}{3}\pi\times3^3\right)$

$=54\pi-36\pi=18\pi$(cm^3)

답 18π cm^3

다른 풀이 구의 부피는 원기둥의 부피의 $\frac{2}{3}$이므로 남아 있는 물의 부피는 원기둥의 부피의 $\frac{1}{3}$이다.

따라서 남아 있는 물의 부피는

$(\pi\times3^2\times6)\times\frac{1}{3}=18\pi$(cm^3)

0872 정팔면체의 부피는 밑면인 정사각형의 대각선의 길이가 6 cm이고 높이가 3 cm인 정사각뿔의 부피의 2배와 같으므로

$\left\{\frac{1}{3}\times\left(\frac{1}{2}\times6\times6\right)\times3\right\}\times2=36$(cm^3) 답 36 cm^3

다른 풀이 (정팔면체의 부피)$=\frac{4}{3}\times3^3=36$(cm^3)

0873 원뿔의 밑면의 반지름의 길이와 높이가 모두 r cm이고, 원뿔의 부피가 243π cm^{3}이므로

$\frac{1}{3}\times\pi r^2\times r=243\pi$, $r^3=729=9^3$ $\therefore r=9$

즉, 구의 반지름의 길이는 9 cm이므로

(구의 겉넓이)$=4\pi\times9^2=324\pi$(cm^2) 답 324π cm^2

0874 (정육면체의 부피)$=6^3=216$(cm^3)

$\therefore a=216$

(구의 부피)$=\frac{4}{3}\pi\times3^3=36\pi$(cm^3)

$\therefore b=36$

(정사각뿔의 부피)$=\frac{1}{3}\times(6\times6)\times6=72$(cm^3)

$\therefore c=72$

$\therefore a:b:c=216:36:72=6:1:2$ 답 $6:1:2$

학교 시험 꽉 잡기

141~143쪽

0875 밑면의 반지름의 길이를 r cm라 하면

$2\pi r=16\pi$ $\therefore r=8$

즉, 밑면의 반지름의 길이는 8 cm이므로

(겉넓이)$=(\pi\times8^2)\times2+16\pi\times20$

$=128\pi+320\pi=448\pi$(cm^2) 답 ③

0876 (겉넓이)$=2\times2+4\times4+\left\{\frac{1}{2}\times(2+4)\times3\right\}\times4$

$=4+16+36=56$(cm^2) 답 ①

0877 (부피)$=$(큰 원뿔의 부피)$-$(작은 원뿔의 부피)

$=\frac{1}{3}\times(\pi\times6^2)\times9-\frac{1}{3}\times(\pi\times2^2)\times3$

$=108\pi-4\pi=104\pi$(cm^3) 답 ③

0878 (겉넓이)$=(4\pi\times3^2)\times\frac{1}{2}+(2\pi\times3)\times5+\pi\times3^2$

$=18\pi+30\pi+9\pi$

$=57\pi$(cm^2) 답 ①

0879 ① 면이 6개이므로 육면체이다.

② 기둥의 두 밑면은 서로 합동이다.

③ 밑면이 다각형인 기둥은 옆면이 모두 직사각형이다.

④ 사각기둥의 겉넓이가 360 cm^{2}이므로

$\left\{\frac{1}{2}\times(6+14)\times3\right\}\times2+(5+6+5+14)\times x=360$

$60+30x=360$, $30x=300$ $\therefore x=10$

⑤ (부피)$=\left\{\frac{1}{2}\times(6+14)\times3\right\}\times10=300$(cm^3)

따라서 옳지 않은 것은 ⑤이다. 답 ⑤

0880 (롤러의 옆넓이)$=(2\pi\times5)\times30=300\pi$(cm^2)

이므로 페인트가 칠해지는 부분의 넓이는

$300\pi\times2=600\pi$(cm^2) 답 600π cm^2

0881 (부피)$=$(큰 기둥의 부피)$-$(작은 기둥의 부피)

$=\left(\pi\times6^2\times\frac{120}{360}\right)\times12-\left(\pi\times3^2\times\frac{120}{360}\right)\times12$

$=144\pi-36\pi=108\pi$(cm^3) 답 ⑤

다른 풀이 (부피)$=$(밑넓이)$\times$(높이)

$=\left(\pi\times6^2\times\frac{120}{360}-\pi\times3^2\times\frac{120}{360}\right)\times12$

$=9\pi\times12=108\pi$(cm^3)

0882 회전체는 오른쪽 그림과 같으므로

(부피)

$=$(큰 원기둥의 부피)

$-$(작은 원기둥의 부피)

$=(\pi\times4^2\times5)-(\pi\times2^2\times3)$

$=80\pi-12\pi=68\pi(\text{cm}^3)$ 답 68π cm^3

0883 원뿔의 밑면의 반지름의 길이를 $2r$ cm라 하면 높이는 $3r$ cm이고, 부피가 108π cm^{3}이므로

$\frac{1}{3}\times\pi\times(2r)^2\times3r=108\pi$

$4\pi r^3=108\pi$, $r^3=27=3^3$ $\therefore r=3$

따라서 밑면의 반지름의 길이는 6 cm이다. 답 6 cm

0884 (그릇 A의 부피)$=\frac{1}{3}\times(\pi\times3^2)\times8=24\pi(\text{cm}^3)$

(그릇 B의 부피)$=(\pi\times4^2)\times9=144\pi(\text{cm}^3)$

따라서 그릇 B에 물을 가득 채우려면 그릇 A로

$\frac{144\pi}{24\pi}=6$(번) 옮겨 담아야 한다. 답 6번

0885 부채꼴의 중심각의 크기를 $x°$라 하면

$2\pi\times9\times\frac{x}{360}=2\pi\times3$ $\therefore x=120$

따라서 부채꼴의 중심각의 크기는 $120°$이다. 답 ⑤

0886 반원의 반지름의 길이를 r cm라 하면

$\pi r^2\times\frac{1}{2}=72\pi$, $r^2=144$ $\therefore r=12$

즉, 회전체는 오른쪽 그림과 같이 반지름의 길이가 12 cm인 구이므로

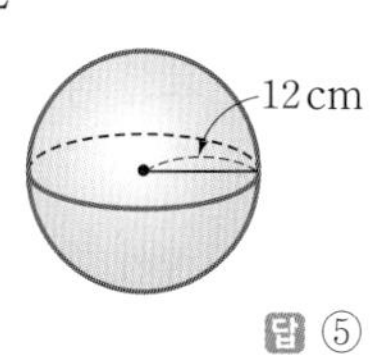

(겉넓이)$=4\pi\times12^2=576\pi(\text{cm}^2)$

답 ⑤

0887 (그릇의 부피)$=$(구의 부피)$\times\frac{1}{2}$

$=\left(\frac{4}{3}\pi\times6^3\right)\times\frac{1}{2}=144\pi(\text{cm}^3)$

1분에 8π cm^{3}씩 물을 넣으므로 물을 가득 채우려면

$\frac{144\pi}{8\pi}=18$(분)이 걸린다. 답 18분

0888 (1) 원뿔 모양의 워터콘의 밑면의 반지름의 길이가 30 cm이므로

(옆넓이)$=\pi\times30\times52=1560\pi(\text{cm}^2)$

(2) 워터콘의 옆넓이는 1560π cm^{2}이므로 이 워터콘으로 하루 동안 얻을 수 있는 물의 양은

$0.2\times\frac{1560\pi}{312\pi}=0.2\times5=1(\text{L})$

답 (1) 1560π cm^2 (2) 1 L

0889 각기둥의 밑넓이를 $2k$ cm^2, 각뿔의 밑넓이를 $3k$ cm^{2}라 하고, 각뿔의 높이를 h cm라 하면

(각기둥의 부피)$=2k\times7=14k(\text{cm}^3)$

(각뿔의 부피)$=\frac{1}{3}\times3k\times h=hk(\text{cm}^3)$

두 부피가 서로 같으므로

$14k=hk$ $\therefore h=14$

따라서 각뿔의 높이는 14 cm이다. 답 14 cm

0890 원뿔의 밑면인 원이 구른 거리는

(원뿔의 밑면의 둘레의 길이)$\times\frac{5}{3}$

$=(2\pi\times12)\times\frac{5}{3}=40\pi(\text{cm})$

원뿔의 모선의 길이를 l cm라 하면

(원 O의 둘레의 길이)$=2\pi l(\text{cm})$

원뿔의 밑면인 원이 구른 거리와 원 O의 둘레의 길이가 같으므로

$2\pi l=40\pi$ $\therefore l=20$

즉, 원뿔의 모선의 길이는 20 cm이므로

(원뿔의 옆넓이)$=\pi\times12\times20=240\pi(\text{cm}^2)$

답 240π cm^2

0891 밑면이 한 변의 길이가 1 cm인 정사각형이고 높이가 3 cm인 두 개의 사각기둥 모양의 구멍이 교차하는 부분은 한 모서리의 길이가 1 cm인 정육면체이므로

(입체도형의 부피)

$=$(정육면체의 부피)$-$(사각기둥 모양의 구멍의 부피)$\times2$

$+$(교차하는 부분의 부피)

$=(3\times3\times3)-(1\times1\times3)\times2+(1\times1\times1)$

$=27-6+1=22(\text{cm}^3)$ 답 22 cm^3

0892 (밑넓이)$=4\times4-\pi\times2^2\times\frac{90}{360}=16-\pi(\text{cm}^2)$ ⋯❶

(옆넓이)$=\left(4+4+2+2+2\pi\times2\times\frac{90}{360}\right)\times4$ ⋯ ❷

$=(12+\pi)\times4=48+4\pi(\text{cm}^2)$

$\therefore$ (겉넓이)$=(16-\pi)\times2+48+4\pi$

$=80+2\pi(\text{cm}^2)$ ⋯❸

답 $(80+2\pi)$ cm^2

채점 기준	비율
❶ 밑넓이 구하기	40 %
❷ 옆넓이 구하기	40 %
❸ 겉넓이 구하기	20 %

0893 회전체는 오른쪽 그림과 같으므로

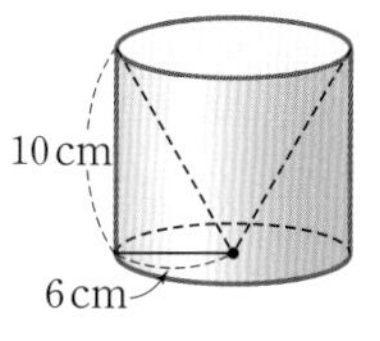

(원기둥의 부피)$=(\pi\times6^2)\times10$

$=360\pi(\text{cm}^3)$ ⋯❶

(원뿔의 부피)$=\frac{1}{3}\times(\pi\times6^2)\times10$

$=120\pi(\text{cm}^3)$ ⋯❷

(회전체의 부피)$=360\pi-120\pi$

$=240\pi(\text{cm}^3)$ ⋯❸

답 240π cm^3

채점 기준	비율
❶ 원기둥의 부피 구하기	40 %
❷ 원뿔의 부피 구하기	40 %
❸ 회전체의 부피 구하기	20 %

0894 (반구 모양의 아이스크림의 부피)

$=\left(\frac{4}{3}\pi\times6^3\right)\times\frac{1}{2}=144\pi(\text{cm}^3)$ ⋯❶

(원뿔 모양의 아이스크림의 부피)

$=\frac{1}{3}\times(\pi\times6^2)\times11=132\pi(\text{cm}^3)$ …❷

따라서 딸기 맛 아이스크림이 $144\pi-132\pi=12\pi(\text{cm}^3)$ 만큼 더 많다. …❸

답 딸기 맛 아이스크림, 12π cm^3

채점 기준	비율
❶ 반구 모양의 아이스크림의 부피 구하기	40 %
❷ 원뿔 모양의 아이스크림의 부피 구하기	40 %
❸ 어떤 맛 아이스크림이 얼마만큼 더 많은지 구하기	20 %

교과서 쏙 창의력◦문해력 UP!

144쪽

0895 (1) 큰 구의 겉넓이는 $4\pi r^2$이고,

작은 구 1개의 겉넓이는 $4\pi\times\left(\frac{r}{2}\right)^2=\pi r^2$이다.

따라서 큰 구 모양의 찰흙과 작은 구 모양의 찰흙의 겉넓이의 비는 $4\pi r^2 : \pi r^2=4:1$

(2) 큰 구의 부피는 $\frac{4}{3}\pi r^3$이고, 작은 구의 반지름의 길이를 x라 하면 작은 구 1개의 부피는 $\frac{4}{3}\pi x^3$

$\frac{4}{3}\pi x^3=\frac{4}{3}\pi r^3\times\frac{1}{27}$이므로

$x^3=\frac{r^3}{27}$ $\quad\therefore x=\frac{r}{3}$

작은 구의 겉넓이는 $4\pi\times\left(\frac{r}{3}\right)^2=\frac{4}{9}\pi r^2$

따라서 큰 구 모양의 찰흙과 작은 구 모양의 찰흙 1개의 겉넓이의 비는

$4\pi r^2 : \frac{4}{9}\pi r^2=9:1$ 답 (1) 4 : 1 (2) 9 : 1

0896 오른쪽 그림의 점 A에서 직선 l에 내린 수선의 발을 H라 하면

$\frac{1}{2}\times50\times\overline{AH}=\frac{1}{2}\times40\times30$

$\therefore \overline{AH}=24$ cm

이때 회전체는 오른쪽 그림과 같으므로

(겉넓이)$=\pi\times24\times40+\pi\times24\times30$

$=960\pi+720\pi$

$=1680\pi(\text{cm}^2)$

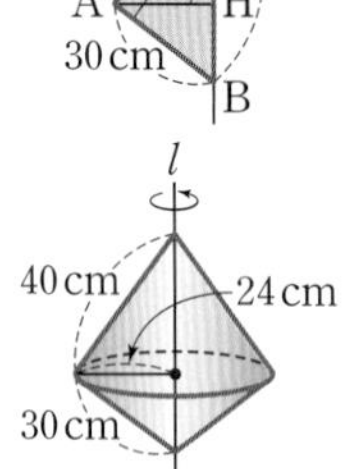

답 1680π cm^2

0897 (그릇 A의 물의 부피)$=\frac{1}{3}\times\left(\frac{1}{2}\times5\times9\right)\times4=30(\text{cm}^3)$

(그릇 B의 물의 부피)$=\left(\frac{1}{2}\times5\times x\right)\times4=10x(\text{cm}^3)$

두 물의 부피가 같으므로

$10x=30$ $\quad\therefore x=3$ 답 3

0898 (병의 부피)=(㈎의 물의 부피)+(㈏의 빈 부분의 부피)

$=(\pi\times14^2\times10)+(\pi\times14^2\times20)$

$=1960\pi+3920\pi=5880\pi(\text{cm}^3)$

답 5880π cm^3

08 자료의 정리와 해석

개념 잡기

146~149쪽

0899 자료를 작은 값부터 크기순으로 나열하면

4, 5, 7, 9, 9, 11

(평균)$=\frac{4+5+7+9+9+11}{6}$

$=\frac{45}{6}=\frac{15}{2}$

(중앙값)$=\frac{7+9}{2}=8$

최빈값은 2번 나타난 9이다.

답 평균 : $\frac{15}{2}$, 중앙값 : 8, 최빈값 : 9

0900 자료를 작은 값부터 크기순으로 나열하면

2, 2, 4, 5, 6, 6, 10

(평균)$=\frac{2+2+4+5+6+6+10}{7}$

$=\frac{35}{7}=5$

중앙값은 4번째 자료의 값인 5이다.

최빈값은 2번씩 나타난 2와 6이다.

답 평균 : 5, 중앙값 : 5, 최빈값 : 2, 6

0901 (평균)$=\frac{5+8+2+9+5+7}{6}=\frac{36}{6}=6$(권)

자료를 작은 값부터 크기순으로 나열하면

2, 5, 5, 7, 8, 9

따라서 중앙값은 $\frac{5+7}{2}=6$(권)

최빈값은 2번 나타난 5권이다.

답 평균 : 6권, 중앙값 : 6권, 최빈값 : 5권

0902 답 (1|1은 11점)

줄기	잎
1	1 2 4 7 8
2	0 2 5 8 9 9
3	2 3 7
4	2 5

0903 답 0, 2, 5, 8, 9, 9

0904 답 5명

0905 답 가장 작은 변량 : 5분, 가장 큰 변량 : 35분

0906 답 계급의 개수 : 4, 계급의 크기 : 10분

0907 답

통학 시간(분)	학생 수(명)
0이상 ~ 10미만	3
10 ~ 20	8
20 ~ 30	6
30 ~ 40	3
합계	20

0908 답 10분 이상 20분 미만

0909 $\frac{30+40}{2}=35(\text{m})$ 답 35 m

0910 $A=30-(2+7+9+2)$
$=10$ 답 10

0911 공 던지기 기록이 40 m인 학생이 속하는 계급은 40 m 이상 50 m 미만이므로 이 계급의 도수는 2명이다. 답 2명

0912 $2+7=9$(명) 답 9명

0913 답

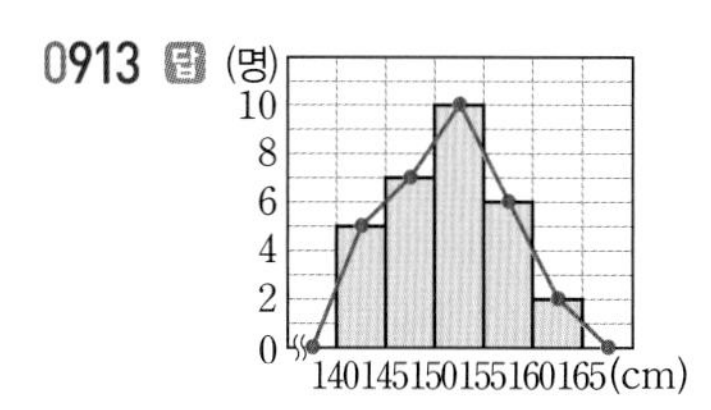

0914 답 계급의 개수 : 6, 계급의 크기 : 10회

0915 $5+8+9+7+5+1=35$ 답 35

0916 도수가 8명인 계급은 10회 이상 20회 미만이고 이 계급의 직사각형의 넓이는
(계급의 크기)×(그 계급의 도수)$=10\times8$
$=80$ 답 80

0917 답 계급의 개수 : 5, 계급의 크기 : 10점

0918 $4+6+8+9+3=30$ 답 30

0919 (도수분포다각형과 가로축으로 둘러싸인 부분의 넓이)
=(히스토그램의 각 직사각형의 넓이의 합)
=(계급의 크기)×(도수의 총합)
$=10\times30$
$=300$ 답 300

0920 답

책가방의 무게(kg)	학생 수(명)	상대도수
$2^{이상}$ ~ $3^{미만}$	4	0.16
3 ~ 4	8	0.32
4 ~ 5	6	0.24
5 ~ 6	5	0.2
6 ~ 7	2	0.08
합계	25	1

0921 답 3 kg 이상 4 kg 미만
참고 도수가 가장 큰 계급이 상대도수도 가장 크다.

0922 답

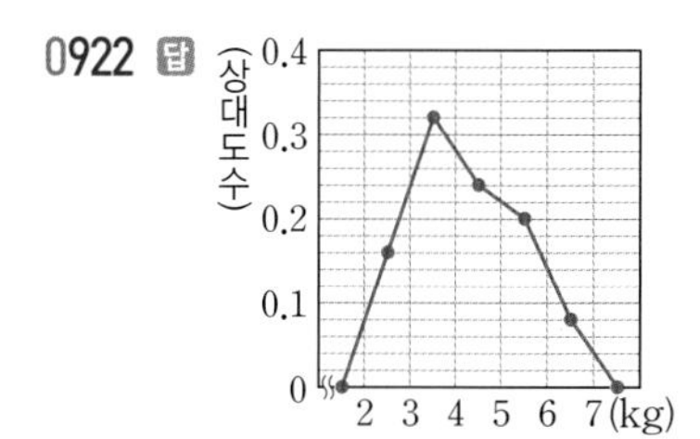

0923 답 12회 이상 15회 미만

0924 영화 관람 횟수가 10회인 회원이 속하는 계급은 9회 이상 12회 미만이고 이 계급의 상대도수는 0.28이다. 답 0.28

0925 영화 관람 횟수가 12회 이상인 계급의 상대도수의 합은 $0.36+0.18=0.54$이므로
$0.54\times100=54(\%)$ 답 54 %

0926 상대도수가 가장 작은 계급의 상대도수는 0.06이므로
$100\times0.06=6$(명) 답 6명

유형 다 잡기 150~166쪽

0927 5회에 걸친 음악 실기 점수의 평균이 73점이므로 3회의 음악 실기 점수를 x점이라 하면
$\frac{72+70+x+78+75}{5}=73$
$\frac{295+x}{5}=73$, $295+x=365$ $\therefore x=70$
따라서 3회의 음악 실기 점수는 70점이다. 답 70점

0928 세 수 a, b, 5의 평균이 7이므로
$\frac{a+b+5}{3}=7$, $a+b+5=21$
$\therefore a+b=16$
세 수 c, d, 9의 평균이 15이므로
$\frac{c+d+9}{3}=15$, $c+d+9=45$
$\therefore c+d=36$
따라서 네 수 a, b, c, d의 평균은
$\frac{a+b+c+d}{4}=\frac{16+36}{4}=\frac{52}{4}=13$ 답 13

0929 세 수 a, b, c의 평균이 10이므로
$\frac{a+b+c}{3}=10$ $\therefore a+b+c=30$
따라서 네 수 $3a-3$, $3b+1$, $3c$, 8의 평균은
$\frac{(3a-3)+(3b+1)+3c+8}{4}$
$=\frac{3(a+b+c)+6}{4}$
$=\frac{3\times30+6}{4}$
$=\frac{96}{4}=24$ 답 24

0930 1반 학생들의 일주일 동안의 스마트폰 사용 시간의 총합은
$20\times19=380$(시간)
2반 학생들의 일주일 동안의 스마트폰 사용 시간의 총합은
$15\times12=180$(시간)
따라서 1반과 2반 전체 학생의 일주일 동안의 스마트폰 사용 시간의 평균은
$\frac{380+180}{20+15}=\frac{560}{35}=16$(시간) 답 16시간

0931 자료를 작은 값부터 크기순으로 나열하면
[A 모둠] 20, 23, 25, 32, 47
[B 모둠] 8, 9, 11, 15, 20, 24
A 모둠 학생들의 중앙값은 3번째 자료의 값인 25시간이다.
$\therefore a=25$
B 모둠 학생들의 중앙값은 3번째 자료와 4번째 자료의 값의 평균인 $\frac{11+15}{2}=13$(시간) $\therefore b=13$
$\therefore a+b=25+13=38$ 답 38

0932 자료를 작은 값부터 크기순으로 나열하면
2, 3, 6, 7, 9, 11, 13, 21

$\therefore a=\frac{2+3+6+7+9+11+13+21}{8}=\frac{72}{8}=9$

$b=\frac{7+9}{2}=8$

$\therefore a+b=9+8=17$ 답 17

0933 학생 5명의 통학 시간의 중앙값이 25분이므로 3번째 학생의 통학 시간은 25분이다.
이때 통학 시간이 10분인 학생을 추가하면 6명의 통학 시간의 중앙값은
$\frac{15+25}{2}=20$(분) 답 ④

0934 지훈이와 윤아네 반의 종례 시간을 각각 작은 값부터 크기순으로 나열하면
지훈 : 5, 8, 8, 10, 15
윤아 : 4, 5, 5, 15, 20
지훈이네 반의 종례 시간의 최빈값은 8분이므로 $a=8$
윤아네 반의 종례 시간의 최빈값은 5분이므로 $b=5$
$\therefore ab=8\times5=40$ 답 40

0935 최빈값이 15가 되기 위해서는 a의 값이 15이어야 한다. 답 ④

0936 ① 중앙값 : 2, 최빈값 : 1, 2
② 중앙값 : 4, 최빈값 : 6
③ 중앙값 : 1, 최빈값 : 1
④ 중앙값 : $\frac{3+3}{2}=3$, 최빈값 : 2
⑤ 중앙값 : $\frac{0+1}{2}=\frac{1}{2}=0.5$, 최빈값 : -1, 2
따라서 중앙값과 최빈값이 서로 같은 것은 ③이다. 답 ③

0937 각 계이름이 나온 횟수를 세어 보면
레 : 3번, 미 : 6번, 파 : 8번, 솔 : 5번이므로 계이름의 최빈값은 파이다. 답 파

0938 자료를 작은 값부터 크기순으로 나열하면
6, 6, 14, 14, 14, 16, 20, 22, 24, 34
(평균)$=\frac{6+6+14+14+14+16+20+22+24+34}{10}$
$=\frac{170}{10}=17$(회)
10개의 자료의 중앙값은 5번째 자료와 6번째 자료의 값의 평균인 $\frac{14+16}{2}=15$(회)
제기차기 횟수가 14회인 학생이 3명으로 가장 많으므로 최빈값은 14회이다.
따라서 그 값이 가장 큰 것은 평균이다. 답 평균

0939 (평균)$=\frac{1\times2+2\times5+3\times3+4\times4+5\times1}{15}$
$=\frac{42}{15}=2.8$(회) …❶
15개 자료의 중앙값은 8번째 자료의 값인 3회이다. …❷
턱걸이 횟수가 2회인 학생이 5명으로 가장 많으므로 최빈값은 2회이다. …❸
따라서 그 값이 가장 작은 것은 최빈값이다. …❹
답 최빈값

채점 기준	비율
❶ 평균 구하기	30 %
❷ 중앙값 구하기	30 %
❸ 최빈값 구하기	30 %
❹ 평균, 중앙값, 최빈값 중 그 값이 가장 작은 것 말하기	10 %

0940 1반 학생들은 모두 $2+3+4+2+1=12$(명)이므로
(평균)$=\frac{1\times2+2\times3+3\times4+4\times2+5\times1}{12}$
$=\frac{33}{12}=\frac{11}{4}=2.75$(점)
1반 학생들의 중앙값은 6번째 자료와 7번째 자료의 값의 평균인
$\frac{3+3}{2}=3$(점)
2반 학생들은 모두 $2+3+4+3=12$(명)이므로
(평균)$=\frac{1\times2+3\times3+4\times4+5\times3}{12}$
$=\frac{42}{12}=\frac{7}{2}=3.5$(점)
2반 학생들의 중앙값은 6번째 자료와 7번째 자료의 값의 평균인
$\frac{4+4}{2}=4$(점)
3반 학생들은 모두 $2+2+1+5+3=13$(명)이므로
(평균)$=\frac{1\times2+2\times2+3\times1+4\times5+5\times3}{13}$
$=\frac{44}{13}$(점)
3반 학생들의 중앙값은 7번째 자료의 값인 4점이다.
ㄱ. 1반 학생들의 중앙값이 3점으로 가장 작다.
ㄴ. 2반 학생들의 평균이 3.5점으로 가장 크다.
ㄷ. 3반 학생들 중 수행평가 점수가 4점인 학생이 5명으로 가장 많으므로 최빈값은 4점이다.
따라서 옳은 것은 ㄱ, ㄷ이다. 답 ㄱ, ㄷ

0941 5명의 발표 횟수의 평균이 8회이므로
$\frac{8+5+9+x+10}{5}=8$
$\frac{x+32}{5}=8$, $x+32=40$
$\therefore x=8$
자료를 작은 값부터 크기순으로 나열하면
5, 8, 8, 9, 10
따라서 5개 자료의 중앙값은 3번째 자료의 값인 8회이다.
답 ③

0942 최빈값이 6시간이므로 운동 시간의 평균도 6시간이다.
$\frac{6+8+1+x+7+6+6}{7}=6$
$\frac{x+34}{7}=6$, $x+34=42$
$\therefore x=8$ 답 ③

0943 ㈎ 중앙값이 15가 되려면 $a\geq15$

㈏ 중앙값이 38이 되기 위해서 변량을 작은 값부터 크기순으로 나열하면 다음과 같다.

(i) 11, 35, a, 41, 48, 52일 때

중앙값은 3번째 자료와 4번째 자료의 값의 평균인

$\frac{a+41}{2}$이므로 $\frac{a+41}{2}=38$, $a+41=76$

$\therefore a=35$

(ii) 11, a, 35, 41, 48, 52일 때

중앙값은 3번째 자료와 4번째 자료의 값의 평균인

$\frac{35+41}{2}=38$

$\therefore a\leq35$

(i), (ii)에서 $a\leq35$

㈎, ㈏에서 $15\leq a\leq35$이므로 조건을 만족시키는 자연수 a는 15, 16, 17, ..., 35의 21개이다. 답 21개

0944 자료의 수가 많고, 자료에 같은 값이 여러 번 나타나므로 대푯값으로 최빈값이 가장 적절하다.

판매한 각 운동복 상의 크기를 세어 보면

80 : 2개, 85 : 4개, 90 : 4개, 95 : 5개, 100 : 3개, 110 : 2개

따라서 최빈값은 95이다. 답 최빈값, 95

0945 자료의 값 중에서 매우 크거나 매우 작은 값이 있는 경우에는 평균을 대푯값으로 하기에 적절하지 않다.

따라서 평균을 대푯값으로 하기에 가장 적절하지 않은 것은 ④이다. 답 ④

0946 ①, ②, ③, ⑤ 자료의 값 중 24분이라는 극단적으로 큰 값이 존재하므로 대푯값으로는 평균, 중앙값, 최빈값 중 중앙값이 가장 적절하다.

④ 자료를 작은 값부터 크기순으로 나열하면

1, 2, 4, 5, 6, 7, 7, 24

$(\text{평균})=\frac{1+2+4+5+6+7+7+24}{8}$

$=\frac{56}{8}=7(\text{분})$

$(\text{중앙값})=\frac{5+6}{2}=\frac{11}{2}=5.5(\text{분})$

즉, 평균이 중앙값보다 크다.

따라서 옳은 것은 ②, ⑤이다. 답 ②, ⑤

0947 ② 수지네 반 전체 학생은 $2+3+6+5+4=20$(명)

④ 80점 미만인 학생은 $2+3+6=11$(명)

⑤ 수학 성적이 8번째로 좋은 학생의 수학 성적은 82점이다.

따라서 옳지 않은 것은 ⑤이다. 답 ⑤

0948 게시글을 15개 이상 30개 미만 올린 학생은

$2+5=7$(명)이므로 $a=7$ …❶

게시글을 40개 이상 올린 학생은

$2+1=3$(명)이므로 $b=3$ …❷

$\therefore a+b=7+3=10$ …❸

답 10

채점 기준	비율
❶ a의 값 구하기	40 %
❷ b의 값 구하기	40 %
❸ $a+b$의 값 구하기	20 %

0949 남학생 중 운동 시간이 7번째로 많은 찬솔이의 운동 시간은 21시간, 여학생 중 운동 시간이 4번째로 많은 희진이의 운동 시간은 23시간이므로 희진이의 운동 시간이 $23-21=2$(시간) 더 많다. 답 ④

0950 4월은 30일이고 미세 먼지 등급이 '보통'인 날, 즉 미세 먼지 농도가 $30\,\mu g/m^3$ 이상 $80\,\mu g/m^3$ 미만인 날은

$3+5+3+4+3=18$(일)이므로

$100\times\frac{18}{30}=60(\%)$ 답 60 %

0951 현진이네 반 전체 학생은 $4+5+6+5=20$(명)

줄넘기 횟수가 상위 30 % 이내인 학생은

$20\times\frac{30}{100}=6$(명)

이때 줄넘기 횟수가 6번째로 많은 학생의 줄넘기 횟수가 99회이므로 현진이의 줄넘기 횟수는 적어도 99회이다.

답 99회

0952 ① 계급의 크기는 $6-4=\cdots=14-12=2(^\circ\text{C})$이다.

③ $A=30-(3+5+11+5)=6$

④ 도수가 가장 큰 계급은 10 ℃ 이상 12 ℃ 미만이다.

⑤ 일교차가 10 ℃ 이상인 날은 $11+5=16$(일)이다.

따라서 옳지 않은 것은 ⑤이다. 답 ⑤

0953 식사 시간이 25분 이상인 학생은 2명, 20분 이상인 학생은 $8+2=10$(명)이므로

식사 시간이 7번째로 긴 학생이 속하는 계급은 20분 이상 25분 미만이다. 답 20분 이상 25분 미만

0954 48분 이상 52분 미만인 계급의 도수는

$40-(6+8+9+7)=10$(명)

도수가 가장 큰 계급은 48분 이상 52분 미만이고 이 계급의 도수는 10명이므로 $a=10$

완주 기록이 44분 이상 52분 미만인 참가자는

$8+10=18$(명)이므로 $b=18$

$\therefore a+b=10+18=28$ 답 28

0955 완주 기록이 48분 미만인 참가자는 $6+8=14$(명),

52분 미만인 참가자는 $6+8+10=24$(명)이므로

완주 기록이 16번째로 빠른 참가자가 속하는 계급은 48분 이상 52분 미만이다.

따라서 구하는 계급값은 $\frac{48+52}{2}=50$(분) 답 50분

0956 ㄱ. 도수의 총합은 $5+7+9+4=25$(명)

ㄴ. 대여한 책의 수가 10권 이상인 학생은

$7+9+4=20$(명)

ㄷ. 책을 가장 많이 대여한 학생이 대여한 책의 수는 알 수 없다.

따라서 옳은 것은 ㄱ, ㄴ이다. 답 ㄱ, ㄴ

0957 $B=2A$이므로

$5+7+A+2A+6=30$, $3A=12$ $\quad\therefore A=4$

$\therefore B=2\times4=8$ 답 $A=4$, $B=8$

0958 40세 이상 50세 미만인 계급의 도수를 A명이라 하면

20세 이상 30세 미만인 계급의 도수는 $(A-2)$명이므로

$2+(A-2)+5+A+3=20$

$2A=12$ $\quad\therefore A=6$

따라서 40세 이상 50세 미만인 계급의 도수는 6명이다.

답 6명

0959 $A=50-(12+9+13+5+2)=9$

생수 판매량이 30병 미만인 편의점은 $12+9+9=30$(곳)이므로

$15+B=30$ $\quad\therefore B=15$

$\therefore C=50-(15+15+6)=14$

$\therefore A+B-C=9+15-14=10$ 답 10

0960 음악 성적이 60점 이상 70점 미만인 학생은

$35\times\frac{20}{100}=7$(명)

따라서 음악 성적이 80점 이상 90점 미만인 학생은

$35-(4+7+8+6)=10$(명) 답 10명

0961 사과의 총합을 x개라 하면 무게가 280 g 이상인 사과는 $8+4=12$(개)이고 전체의 40 %이므로

$x\times\frac{40}{100}=12$ $\quad\therefore x=30$

무게가 270 g 이상 280 g 미만인 사과는

$30-(3+6+8+4)=9$(개)이므로

$100\times\frac{9}{30}=30(\%)$ 답 30 %

0962 전체 회원을 x명이라 하면 대화 시간이 60분 미만인 회원은 $2+7+3=12$(명)이고 전체의 30 %이므로

$x\times\frac{30}{100}=12$ $\quad\therefore x=40$ …❶

대화 시간이 80분 이상인 회원은 전체의 10 %이므로

$40\times\frac{10}{100}=4$(명) …❷

따라서 대화 시간이 60분 이상 70분 미만인 회원은

$40-(2+7+3+10+4)=14$(명) …❸

답 14명

채점 기준	비율
❶ 전체 회원 수 구하기	40 %
❷ 대화 시간이 80분 이상인 회원 수 구하기	30 %
❸ 대화 시간이 60분 이상 70분 미만인 회원 수 구하기	30 %

0963 ② 전체 학생은 $5+7+9+8+4+2=35$(명)

③ 몸무게가 45 kg 미만인 학생은 5명, 50 kg 미만인 학생은 $5+7=12$(명)이므로

몸무게가 12번째로 가벼운 학생이 속하는 계급은

45 kg 이상 50 kg 미만이다.

⑤ 몸무게가 55 kg 이상인 학생은 $8+4+2=14$(명)이므로

$100\times\frac{14}{35}=40(\%)$

따라서 옳지 않은 것은 ③이다. 답 ③

0964 계급의 크기는 $40-30=\cdots=80-70=10$(dB)이므로

$a=10$ …❶

계급의 개수는 5이므로 $b=5$ …❷

도수가 가장 큰 계급은 50 dB 이상 60 dB 미만이므로

$c=50$, $d=60$ …❸

$\therefore a+b+c+d=10+5+50+60=125$ …❹

답 125

채점 기준	비율
❶ a의 값 구하기	30 %
❷ b의 값 구하기	30 %
❸ c, d의 값 구하기	30 %
❹ $a+b+c+d$의 값 구하기	10 %

0965 ⑤ 책을 가장 적게 읽은 학생이 읽은 정확한 책의 수는 알 수 없다. 답 ⑤

0966 전체 학생은 $5+6+10+4+3=28$(명)이고, 1년 동안 읽은 책의 수가 25권 이상인 학생은 $4+3=7$(명)이므로

$100\times\frac{7}{28}=25(\%)$ 답 25 %

0967 모은 재활용품의 양이 6 kg 이상인 가구는

$8+5=13$(가구), 5 kg 이상인 가구는 $12+8+5=25$(가구)이므로 모은 재활용품의 양이 14번째로 많은 가구가 속하는 계급은 5 kg 이상 6 kg 미만이다.

따라서 구하는 계급값은 $\frac{5+6}{2}=5.5$(kg) 답 5.5 kg

0968 10 km 이상 15 km 미만인 계급의 도수는 5명이고,

도수의 총합은 $3+5+8+6+3=25$(명)이다.

히스토그램에서 각 직사각형의 넓이는 그 계급의 도수에 정비례하므로 모든 직사각형의 넓이의 합은 10 km 이상 15 km 미만인 계급의 직사각형의 넓이의 $\frac{25}{5}=5$(배)이다. 답 5배

0969 계급의 크기는 5시간이고,

도수의 총합은 $4+2+6+10+5+1=28$(명)이므로

모든 직사각형의 넓이의 합은

$5\times28=140$ 답 140

0970 도수가 가장 작은 계급은 도수가 3명인 90점 이상 100점 미만이고, 도수가 가장 큰 계급은 도수가 10명인 70점 이상 80점 미만이다.

히스토그램에서 각 직사각형의 넓이는 그 계급의 도수에 정비례하므로 넓이의 비는 3 : 10이다. 답 3 : 10

0971 아랑이네 반 전체 학생을 x명이라 하면

이용 시간이 8시간 미만인 학생은 $7+11=18$(명)이고,

전체의 60 %이므로

$x\times\frac{60}{100}=18$ $\quad\therefore x=30$

따라서 스터디 카페 이용 시간이 8시간 이상 10시간 미만인 학생은

$30-(7+11+4+3)=5$(명) 답 5명

0972 전체 학생은 40명이고 운동 시간이 11시간 미만인 학생은 전체의 40 %이므로 $40\times\frac{40}{100}=16$(명)
3시간 이상 7시간 미만인 학생이 7명이므로
7시간 이상 11시간 미만인 학생은
$16-7=9$(명) $\therefore x=9$
또, 운동 시간이 11시간 이상 15시간 미만인 학생은
$40-(7+9+8+5)=11$(명) $\therefore y=11$
답 $x=9$, $y=11$

0973 ① 전체 학생은 $3+9+5+11+2=30$(명)
② 계급의 개수는 5이다.
⑤ 계급의 크기는 4회이고, 도수의 총합은 30명이므로 도수분포다각형과 가로축으로 둘러싸인 부분의 넓이는
$4\times30=120$
따라서 옳지 않은 것은 ②이다. 답 ②

0974 색칠한 두 삼각형은 밑변의 길이와 높이가 각각 같으므로 넓이도 같다.
$\therefore S_1=S_2$ 답 ②

0975 캠핑 횟수가 4회 미만인 학생은 3명, 6회 미만인 학생은 $3+10=13$(명)이므로 캠핑을 13번째로 적게 간 학생이 속하는 계급은 4회 이상 6회 미만이다.
따라서 구하는 도수는 10명이다. 답 10명

0976 ① 계급의 크기는 $10-6=\cdots=26-22=4$(Brix)
② 조사한 포도는 모두 $7+14+9+6+4=40$(송이)
③ 등급이 '최상', 즉 당도가 18 Brix 이상인 포도는
$6+4=10$(송이)이므로 $100\times\frac{10}{40}=25(\%)$
④ 당도가 가장 낮은 포도의 정확한 당도는 알 수 없다.
⑤ '최상' 등급은 10송이, '상' 등급은 9송이, '중' 등급은 14송이, '하' 등급은 7송이이므로 등급이 '중'인 것이 가장 많다.
따라서 옳은 것은 ③, ⑤이다. 답 ③, ⑤

0977 전체 학생은 $4+6+11+5+4=30$(명) …❶
상위 30 % 이내인 학생은
$30\times\frac{30}{100}=9$(명) …❷
이때 수학 성적이 80점 이상인 학생이 $5+4=9$(명)이므로 상위 30 % 이내에 들려면 적어도 80점이어야 한다. …❸
답 80점

채점 기준	비율
❶ 전체 학생 수 구하기	30 %
❷ 상위 30 % 이내인 학생 수 구하기	30 %
❸ 상위 30 % 이내에 들려면 적어도 몇 점이어야 하는지 구하기	40 %

0978 현서네 반 전체 학생을 x명이라 하면
수면 시간이 35시간 미만인 학생은 $4+6=10$(명)이고, 전체의 25 %이므로
$x\times\frac{25}{100}=10$ $\therefore x=40$
따라서 수면 시간이 45시간 이상 50시간 미만인 학생은
$40-(4+6+12+10)=8$(명) 답 8명

0979 참여 횟수가 8회 이상 10회 미만인 학생을 x명이라 하면 8회 이상인 학생은 $(x+2)$명, 6회 이상 8회 미만인 학생은 $(x+5)$명이므로
$3+8+(x+5)+(x+2)=28$
$2x=10$ $\therefore x=5$
따라서 참여 횟수가 8회 이상 10회 미만인 학생은 5명이다.
답 5명

0980 음악 성적이 60점 이상 70점 미만인 학생을 $2a$명, 80점 이상 90점 미만인 학생을 $3a$명이라 하면
$2+2a+6+3a+4=32$
$5a=20$ $\therefore a=4$
따라서 음악 성적이 80점 이상인 학생은
$3a+4=12+4=16$(명)이므로
$100\times\frac{16}{32}=50(\%)$ 답 50 %

0981 ㄱ. 남학생의 몸무게를 나타내는 그래프가 여학생의 몸무게를 나타내는 그래프보다 오른쪽으로 더 치우쳐 있으므로 남학생이 여학생보다 무거운 편이다.
ㄴ. 주어진 도수분포다각형만으로는 몸무게가 가장 가벼운 학생이 여학생인지 알 수 없다.
ㄷ. 몸무게가 50 kg 이상 55 kg 미만인 남학생은 6명, 여학생은 3명이므로 남학생 수는 여학생 수의 2배이다.
ㄹ. 전체 여학생은 $3+6+5+3+2+1=20$(명)이고, 전체 남학생은 $1+1+2+6+7+3=20$(명)이다.
계급의 크기와 도수의 총합이 같으므로 각각의 도수분포다각형과 가로축으로 둘러싸인 부분의 넓이는 서로 같다.
따라서 옳은 것은 ㄱ, ㄷ, ㄹ의 3개이다. 답 3개

0982 • 1반 전체 학생은 $5+7+6+4+2+1=25$(명)이므로 $a=25$
• 2반에서 도수가 가장 큰 계급은 70점 이상 80점 미만이므로 $b=70$, $c=80$
• 2반에서 점수가 50점 미만인 학생은 1명, 60점 미만인 학생은 $1+4=5$(명)이므로 3번째로 점수가 낮은 학생의 점수는 50점 이상 60점 미만이다.
이때 1반에서 점수가 50점 미만인 학생은 5명이므로 이 학생보다 점수가 낮은 학생은 1반에 적어도 5명 존재한다.
$\therefore d=5$
$\therefore a+b+c+d=25+70+80+5=180$ 답 180

0983 도수의 총합은 $5+9+11+7+5+3=40$(명)이고
60 kg 이상 65 kg 미만인 계급의 도수는 5명이므로
상대도수는 $\frac{5}{40}=0.125$ 답 ②

0984 도수의 총합은 $17+14+13+6=50$(명)이고
O형인 학생은 13명이므로
상대도수는 $\frac{13}{50}=0.26$ 답 0.26

0985 도수의 총합은 $3+7+9+10+1=30$(명)
도수가 가장 큰 계급의 도수는 10명이므로 이 계급의 상대도수는 $\frac{10}{30}$이고, 도수가 가장 작은 계급의 도수는 1명이므로 이 계급의 상대도수는 $\frac{1}{30}$이다.
따라서 두 계급의 상대도수의 차는
$\frac{10}{30}-\frac{1}{30}=\frac{9}{30}=0.3$ 답 0.3

0986 줄넘기 기록이 50회 이상인 학생은 6명, 40회 이상인 학생은 $9+6=15$(명)이므로 줄넘기 기록이 10번째로 높은 학생이 속하는 계급은 40회 이상 50회 미만이다.
따라서 구하는 상대도수는 $\frac{9}{40}=0.225$ 답 ④

0987 귤 26개를 수확한 학생이 속하는 계급은 25개 이상 30개 미만이고, 이 계급의 도수는 $28-(2+5+9+5)=7$(명)이므로 상대도수는 $\frac{7}{28}=0.25$ 답 0.25

0988 책을 20권 이상 읽은 학생은 전체의 40 %이므로
$40\times\frac{40}{100}=16$(명) …❶
따라서 읽은 책이 10권 이상 15권 미만인 계급의 도수는
$40-(4+12+16)=8$(명) …❷
따라서 구하는 상대도수는 $\frac{8}{40}=0.2$ …❸
답 0.2

채점 기준	비율
❶ 책을 20권 이상 읽은 학생 수 구하기	30 %
❷ 읽은 책이 10권 이상 15권 미만인 계급의 도수 구하기	30 %
❸ 상대도수 구하기	40 %

0989 전체 학생은 $\frac{9}{0.3}=30$(명) 답 30명

0990 도수의 총합은 $\frac{10}{0.2}=50$이므로
$a=\frac{18}{50}=0.36$
$b=50\times0.32=16$
$\therefore a+b=0.36+16=16.36$ 답 16.36

0991 $E=\frac{5}{0.1}=50$이므로
$A=\frac{9}{50}=0.18$, $B=50\times0.24=12$
$C=50-(5+9+12+7)=17$이므로
$D=\frac{17}{50}=0.34$
따라서 옳지 않은 것은 ④이다. 답 ④

0992 (1) 도수의 총합은 $\frac{6}{0.12}=50$(명)이므로
$A=50\times0.2=10$, $B=\frac{7}{50}=0.14$
$\therefore AB=10\times0.14=1.4$
(2) 수학 성적이 80점 이상인 계급의 상대도수는
$0.14+0.18=0.32$이므로 $100\times0.32=32(\%)$
답 (1) 1.4 (2) 32 %

0993 사용한 공책 수가 3권 이상 6권 미만인 계급의 상대도수는
$1-(0.2+0.25+0.15+0.05)=0.35$
따라서 사용한 공책 수가 3권 이상 6권 미만인 학생은
$40\times0.35=14$(명) 답 14명

0994 사용 시간이 1시간 이상 2시간 미만인 계급의 상대도수를 a, 2시간 이상 3시간 미만인 계급의 상대도수를 $2a$라 하면
$0.25+a+2a+0.15=1$, $3a=0.6$ $\therefore a=0.2$
따라서 사용 시간이 1시간 이상 2시간 미만인 학생은
$40\times0.2=8$(명) 답 8명

참고 상대도수는 그 계급의 도수에 정비례하므로 도수가 2배이면 상대도수도 2배이다.

0995 도수의 총합은 $\frac{6}{0.24}=25$(명)이므로 읽은 책의 쪽수가 20쪽 이상 30쪽 미만인 계급의 상대도수는
$\frac{12}{25}=0.48$ 답 0.48

0996 도수의 총합은 $\frac{10}{0.25}=40$(명)이므로
한 달 용돈이 2만 원 이상 4만 원 미만인 학생은
$40\times0.35=14$(명) 답 14명

0997 도수의 총합은 $\frac{8}{0.2}=40$(명) …❶
사용 시간이 3시간 미만인 학생은
전체의 $100-55=45(\%)$이므로
3시간 미만인 두 계급의 상대도수의 합은 0.45이다.
즉, 사용 시간이 2시간 이상 3시간 미만인 계급의 상대도수는 $0.45-0.2=0.25$ …❷
따라서 구하는 학생은 $40\times0.25=10$(명) …❸
답 10명

채점 기준	비율
❶ 도수의 총합 구하기	30 %
❷ 사용 시간이 2시간 이상 3시간 미만인 계급의 상대도수 구하기	40 %
❸ 사용 시간이 2시간 이상 3시간 미만인 학생 수 구하기	30 %

0998 각 계급의 상대도수를 구하면 다음과 같다.

줄넘기 기록(회)	1학년 1반		1학년 전체	
	도수(명)	상대도수	도수(명)	상대도수
0이상 ~ 10미만	2	0.08	16	0.08
10 ~ 20	4	0.16	30	0.15
20 ~ 30	6	0.24	62	0.31
30 ~ 40	8	0.32	52	0.26
40 ~ 50	5	0.2	40	0.2
합계	25	1	200	1

따라서 1학년 전체가 1반보다 상대도수가 더 큰 계급은 20회 이상 30회 미만의 1개이다. 답 ②

0999 각 계급의 상대도수를 구하면 다음과 같다.

발 크기(mm)	1학년		2학년	
	도수(명)	상대도수	도수(명)	상대도수
210이상 ~220미만	20	0.1	15	0.06
220 ~230	40	0.2	50	0.2
230 ~240	50	0.25	65	0.26
240 ~250	30	0.15	40	0.16
250 ~260	45	0.225	60	0.24
260 ~270	15	0.075	20	0.08
합계	200	1	250	1

따라서 250 mm 이상 260 mm 미만인 1학년의 상대도수는 0.225, 2학년의 상대도수는 0.24이므로 2학년의 비율이 더 높다. 답 2학년

1000 ① 1반의 전체 학생은 $\frac{6}{0.15}=40$(명)

② $A=40\times0.25=10$

③ $B=\frac{7}{50}=0.14$

④ 영어 성적이 80점 이상 90점 미만인 계급의 상대도수는

(1반)$=\frac{8}{40}=0.2$, (2반)$=\frac{10}{50}=0.2$

이므로 비율은 서로 같다.

⑤ 1반에서 80점 이상인 학생의 상대도수는

$0.2+0.1=0.3$이므로 $100\times0.3=30(\%)$

따라서 옳지 않은 것은 ④이다. 답 ④

1001 천연 비타민 A를 구입한 고객 중에서 점수를 90점 이상 100점 미만 준 고객은 $140\times0.3=42$(명)이므로

천연 비타민 B를 구입한 고객 중에서 점수를 90점 이상 100점 미만 준 고객은 42명이다.

따라서 천연 비타민 B를 구입한 고객은 $\frac{42}{0.2}=210$(명)

답 210명

1002 두 반 A, B의 도수의 총합을 각각 $3a$, $5a$라 하고 어떤 계급의 도수를 각각 $2b$, $3b$라 하면

이 계급의 상대도수의 비는

$\frac{2b}{3a}:\frac{3b}{5a}=\frac{2}{3}:\frac{3}{5}=10:9$ 답 ③

1003 두 자료 A, B의 도수의 총합을 각각 $3a$, $4a$라 하고 어떤 계급의 상대도수를 각각 $2b$, $5b$라 하면

이 계급의 도수의 비는

$(3a\times2b):(4a\times5b)=6:20=3:10$ 답 ⑤

1004 A, B 두 중학교에서 몸무게가 50 kg 이상 55 kg 미만인 계급의 도수를 각각 a명이라 하면

이 계급의 상대도수의 비는

$\frac{a}{300}:\frac{a}{500}=5:3$ 답 5 : 3

1005 ② 도수가 가장 큰 계급은 상대도수가 가장 큰 계급이므로 5시간 이상 6시간 미만이다.

③ 수면 시간이 7시간 이상인 계급의 상대도수는

$0.12+0.1=0.22$이므로

$100\times0.22=22(\%)$

④ 상대도수가 가장 작은 계급은 3시간 이상 4시간 미만이므로 이 계급의 도수는

$50\times0.08=4$(명)

⑤ 수면 시간이 5시간 미만인 계급의 상대도수는

$0.08+0.16=0.24$,

수면 시간이 7시간 이상인 계급의 상대도수는

$0.12+0.1=0.22$이므로

수면 시간이 5시간 미만인 학생이 더 많다.

따라서 옳지 않은 것은 ④이다. 답 ④

1006 키가 175 cm 이상 180 cm 미만인 학생은

$40\times0.05=2$(명)

키가 170 cm 이상 175 cm 미만인 학생은

$40\times0.2=8$(명)

따라서 키가 9번째로 큰 학생이 속하는 계급은 170 cm 이상 175 cm 미만이므로 이 계급의 도수는 8명이다. 답 8명

1007 (1) 봉사 활동 시간이 9시간 미만인 학생의 상대도수는

$0.16+0.24=0.4$이므로

$100\times0.4=40(\%)$

(2) $200\times0.2=40$(명)

(3) 상대도수가 가장 작은 계급의 도수가 가장 작으므로 구하는 계급은 15시간 이상 18시간 미만이다.

답 (1) 40 % (2) 40명 (3) 15시간 이상 18시간 미만

1008 직원들이 가장 많이 출근하는 시간대는 상대도수가 0.32로 가장 큰 7시 20분부터 7시 40분 전까지이고, 전체 직원은 500명이므로 이 시간대에 출근하는 직원은

$500\times0.32=160$(명)이다.

따라서 필요한 홍보지는 160장이다. 답 ②

1009 매점 이용 횟수가 10회 미만인 계급의 상대도수는 0.18이고 도수는 81명이므로 전체 학생은

$\frac{81}{0.18}=450$(명)

매점 이용 횟수가 25회 이상인 계급의 상대도수는

$0.08+0.04=0.12$

따라서 구하는 학생은 $450\times0.12=54$(명) 답 54명

1010 1학년 전체 학생을 x명이라 하면

$0.18x-0.06x=36$, $0.12x=36$

$\therefore x=\frac{36}{0.12}=300$

따라서 1학년 전체 학생은 300명이다. 답 ⑤

1011 달리기 기록이 16초 이상 18초 미만인 계급의 상대도수는

$1-(0.05+0.1+0.35+0.15+0.05)=0.3$

따라서 달리기 기록이 16초 이상 18초 미만인 학생은

$160\times0.3=48$(명) 답 48명

1012 나이가 50세 이상인 계급의 상대도수는

$0.14+0.05=0.19$이고 도수가 57명이므로

전체 자원봉사자는 $\frac{57}{0.19}=300$(명)

10세 이상 20세 미만인 계급의 상대도수는

$1-(0.21+0.09+0.16+0.14+0.05)=0.35$

따라서 10대 자원봉사자는

$300\times0.35=105$(명) 답 105명

1013 도서관 방문 횟수가 6회 미만인 계급의 상대도수는

$0.04+0.1=0.14$이고 도수가 21명이므로 전체 학생은

$\frac{21}{0.14}=150$(명) …❶

도서관 방문 횟수가 10회 이상인 계급의 상대도수는

$1-(0.04+0.1+0.28+0.34)=0.24$ …❷

따라서 도서관을 10회 이상 방문한 학생은

$150\times0.24=36$(명) …❸

답 36명

채점 기준	비율
❶ 전체 학생 수 구하기	40 %
❷ 도서관 방문 횟수가 10회 이상인 계급의 상대도수의 합 구하기	30 %
❸ 도서관을 10회 이상 방문한 학생 수 구하기	30 %

1014 ① 남학생과 여학생 각각의 전체 학생 수를 알 수 없으므로 각 계급에서의 학생 수를 파악할 수 없다.

② 여학생 중 던지기 기록이 30 m 이상인 계급의 상대도수는 $0.12+0.02=0.14$이므로 $100\times0.14=14(\%)$

③ 여학생 중 도수가 가장 큰 계급은 상대도수가 가장 큰 계급인 20 m 이상 25 m 미만이므로 계급값은 22.5 m이다.

④ 남학생의 그래프가 여학생의 그래프보다 오른쪽으로 더 치우쳐 있으므로 남학생의 기록이 여학생의 기록보다 좋은 편이다.

⑤ 전체 남학생이 50명이면 25 m 이상 30 m 미만인 계급의 도수는 $50\times0.2=10$(명)

따라서 옳은 것은 ②이다. 답 ②

1015 (1) 남학생의 그래프가 여학생의 그래프보다 오른쪽으로 더 치우쳐 있으므로 남학생이 컴퓨터를 더 많이 사용하는 편이다.

(2) 컴퓨터 사용 시간이 6시간 이상 8시간 미만인 남학생은 $200\times0.22=44$(명), 여학생은 $250\times0.2=50$(명)이므로 여학생이 남학생보다 $50-44=6$(명) 더 많다.

답 (1) 남학생 (2) 여학생, 6명

1016 ㄱ. B 중학교의 그래프가 A 중학교의 그래프보다 오른쪽으로 더 치우쳐 있으므로 B 중학교 학생들이 A 중학교 학생들보다 성적이 좋은 편이다.

ㄴ. 계급의 크기가 같고, 상대도수의 총합도 1로 같으므로 각각의 그래프와 가로축으로 둘러싸인 부분의 넓이는 서로 같다.

ㄷ. 70점 이상 80점 미만인 계급에서 A 중학교의 도수는 $300\times0.24=72$(명)이고 B 중학교의 도수는 $200\times0.24=48$(명)이므로 차는 $72-48=24$(명)

따라서 옳은 것은 ㄴ, ㄷ이다. 답 ④

1017 A 도시의 시민은 200명, B 도시의 시민은 150명이므로

3만 원 이상 4만 원 미만인 계급의 도수의 합은

$200\times0.16+150\times0.12=32+18=50$(명)

4만 원 이상 5만 원 미만인 계급의 도수의 합은

$200\times0.4+150\times0.16=80+24=104$(명)

5만 원 이상 6만 원 미만인 계급의 도수의 합은

$200\times0.2+150\times0.24=40+36=76$(명)

6만 원 이상 7만 원 미만인 계급의 도수의 합은

$200\times0.18+150\times0.36=36+54=90$(명)

7만 원 이상 8만 원 미만인 계급의 도수의 합은

$200\times0.06+150\times0.12=12+18=30$(명)

따라서 두 도시의 도수의 합이 가장 큰 계급은 4만 원 이상 5만 원 미만이다. 답 4만 원 이상 5만 원 미만

학교 시험 꼭 잡기

167~170쪽

1018 (평균)$=\frac{7+8+3+6+8+4}{6}=\frac{36}{6}=6$

$\therefore a=6$

변량을 작은 값부터 크기순으로 나열하면

3, 4, 6, 7, 8, 8이므로

(중앙값)$=\frac{6+7}{2}=6.5$ $\therefore b=6.5$

(최빈값)$=8$ $\therefore c=8$

$\therefore a+b+c=6+6.5+8=20.5$ 답 ⑤

1019 ⑤ 변량 중에 극단적으로 크거나 작은 값이 있는 자료의 대푯값으로 중앙값이 적절하다.

따라서 옳지 않은 것은 ⑤이다. 답 ⑤

1020 자료를 작은 값부터 크기순으로 나열하면

6, 6, 14, 14, 14, 16, 20, 22, 24, 34

(평균)$=\frac{6+6+14+14+14+16+20+22+24+34}{10}$

$=\frac{170}{10}=17$(회)

10개 자료의 중앙값은 5번째 자료와 6번째 자료의 값의 평균인 $\frac{14+16}{2}=15$(회)

제기차기 횟수가 14회인 학생이 3명으로 가장 많으므로 최빈값은 14회이다.

따라서 그 값이 가장 큰 것은 평균이다. 답 평균

1021 ④ 몸무게가 40 kg 이상 55 kg 미만인 학생은
$8+11+13=32$(명)이므로
$100\times\frac{32}{50}=64(\%)$ 답 ④

1022 기록이 10번째로 좋은 학생이 속하는 계급은 14초 이상 16초 미만이고 이 계급의 도수는 8명이다.
또, 기록이 가장 좋은 학생이 속하는 계급은 10초 이상 12초 미만이고 이 계급의 도수는 4명이다.
따라서 히스토그램의 각 직사각형의 넓이는 그 계급의 도수에 정비례하므로 $\frac{8}{4}=2$(배)이다. 답 2배

1023 자란 키가 6 cm 미만인 계급의 상대도수는
$0.1+0.35=0.45$이므로 키가 6 cm 미만 자란 학생은
$500\times0.45=225$(명) 답 225명

1024 1반 학생들은 모두 $1+2+4+2+1=10$(명)이므로
$(\text{평균})=\frac{1\times1+2\times2+3\times4+4\times2+5\times1}{10}$
$=\frac{30}{10}=3$(회)
1반 학생들의 중앙값은 5번째 자료와 6번째 자료의 값의 평균인 $\frac{3+3}{2}=3$(회)
2반 학생들은 모두 $2+3+4+1=10$(명)이므로
$(\text{평균})=\frac{2\times2+3\times3+4\times4+5\times1}{10}$
$=\frac{34}{10}=3.4$(회)
2반 학생들의 중앙값은 5번째 자료와 6번째 자료의 값의 평균인 $\frac{3+4}{2}=3.5$(회)
3반 학생들은 모두 $2+1+2+3+2=10$(명)이므로
$(\text{평균})=\frac{1\times2+2\times1+3\times2+4\times3+5\times2}{10}$
$=\frac{32}{10}=3.2$(회)
3반 학생들의 중앙값은 5번째 자료와 6번째 자료의 값의 평균인 $\frac{3+4}{2}=3.5$(회)
ㄱ. 1반 학생들의 중앙값이 3회로 가장 작다.
ㄴ. 2반 학생들의 평균이 3.4회로 가장 크다.
ㄷ. 3반 학생들 중 접속한 횟수가 4회인 학생이 3명으로 가장 많으므로 최빈값은 4회이다.
따라서 옳은 것은 ㄷ이다. 답 ②

1025 평균이 0이므로
$\frac{(-2)+(-3)+a+1+5+3+2}{7}=0$
$\frac{a+6}{7}=0$
$\therefore a=-6$
7개의 변량을 작은 값부터 크기순으로 나열하면
$-6, -3, -2, 1, 2, 3, 5$
따라서 주어진 변량의 중앙값은 1이다. 답 1

1026 줄기가 3인 잎은 9개이므로 줄기가 1인 잎은
$9\times\frac{2}{3}=6$(개)
줄기가 4인 잎은 4개이므로 줄기가 2인 잎은
$4\times\frac{1}{4}=1$(개)
따라서 수연이네 반 전체 학생은 $6+1+9+4=20$(명)
답 20명

1027 ① $A=40\times\frac{30}{100}=12$
② $B=40-(4+4+10+12+8)=2$
④ 키가 150 cm 미만인 학생은 $4+4=8$(명)이므로
$100\times\frac{8}{40}=20(\%)$
⑤ 키가 10번째로 큰 학생이 속하는 계급은
160 cm 이상 165 cm 미만이다.
따라서 옳지 않은 것은 ⑤이다. 답 ⑤

1028 기록이 40회 이상 50회 미만인 학생은
$32\times\frac{25}{100}=8$(명)이므로
기록이 40회 이상인 학생은 $8+5+3=16$(명)
따라서 기록이 40회인 학생은 상위 $100\times\frac{16}{32}=50(\%)$ 이내에 든다. 답 50 %

1029 서연 : 남학생은 $2+4+9+6+3+1=25$(명)
여학생은 $1+3+6+9+4+2=25$(명)
이므로 1학년 남학생 수와 여학생 수는 같다.
태민 : 여학생의 그래프가 남학생의 그래프보다 오른쪽으로 더 치우쳐 있으므로 여학생이 남학생보다 TV 시청 시간이 더 많은 편이다.
민아 : 2시간 이상인 모든 계급에서 여학생의 그래프가 더 위쪽에 있으므로 TV 시청 시간이 2시간 이상인 학생은 여학생이 남학생보다 많다.
수호 : 두 그래프에서 계급의 크기와 도수의 합이 같으므로 각각의 도수분포다각형과 가로축으로 둘러싸인 부분의 넓이는 같다.
따라서 바르게 이야기 한 학생은 서연, 태민, 수호의 3명이다. 답 3명

1030 ① 전체 학생은 $\frac{4}{0.1}=40$(명)
② $A=40-(4+12+8+6)=10$
③ 이용 횟수가 30건 이상 40건 미만인 계급의 상대도수는
$\frac{10}{40}=0.25$이므로 40건 미만인 학생은 전체의
$100\times(0.1+0.25)=35(\%)$
⑤ 이용 횟수가 60건 이상 70건 미만인 계급의 상대도수는
$\frac{6}{40}=0.15$이므로 많이 이용한 쪽에서 15 %에 해당하는 학생이 속하는 계급은 60건 이상 70건 미만이다.
따라서 옳지 않은 것은 ③이다. 답 ③

1031 몸무게가 40 kg 이상 50 kg 미만인
남학생은 $30\times0.2=6$(명),
여학생은 $20\times0.6=12$(명)
따라서 전체 학생 50명에 대한 40 kg 이상 50 kg 미만인
계급의 상대도수는 $\frac{6+12}{50}=0.36$ 답 0.36

1032 ㄱ. 여학생의 그래프가 남학생의 그래프보다 오른쪽으로 치우쳐 있으므로 여학생이 남학생보다 과학 성적이 좋은 편이다.
ㄴ. 과학 성적이 80점 이상인
남학생은 $200\times(0.15+0.1)=50$(명)
여학생은 $100\times(0.25+0.15)=40$(명)
즉, 과학 성적이 80점 이상인 학생은 남학생이 여학생보다 많다.
ㄷ. 계급의 크기가 같고, 상대도수의 총합도 1로 같으므로 각각의 그래프와 가로축으로 둘러싸인 부분의 넓이는 서로 같다.
따라서 옳은 것은 ㄱ, ㄷ이다. 답 ④

1033 자료 A의 중앙값이 17이고 $a>b$이므로 $b=17$
또한, a가 17과 22 사이에 있을 때 전체 자료의 중앙값이 19가 될 수 있으므로 전체 자료를 작은 값부터 크기순으로 나열하면
11, 13, 16, 16, 17, a, a, 22, 22, 23
중앙값이 19이므로
$\frac{17+a}{2}=19$, $17+a=38$ $\therefore a=21$
$\therefore a-b=21-17=4$ 답 4

1034 가영이네 반 전체 학생은 $2+3+7+9+4=25$(명)이므로
성적이 상위 16 % 이내인 학생은
$25\times\frac{16}{100}=4$(명)
이때 90점 이상 100점 미만인 학생이 4명이므로 수학 성적이 상위 16 % 이내인 학생은 적어도 90점을 받았다.
답 90점

1035 승부차기 성공률이 75 % 이상인 계급의 상대도수는
70 % 미만인 계급의 상대도수와 같다.
승부차기 성공률이 70 % 미만인 계급의 상대도수는
$0.05+0.15+0.15=0.35$
이므로 승부차기 성공률이 70 % 이상 75 % 미만인 계급의 상대도수는
$1-0.35\times2=0.3$
또한, 승부차기 성공률이 80 % 이상인 계급의 도수는 6명이고 상대도수는 0.15이므로 도수의 총합은
$\frac{6}{0.15}=40$(명)
따라서 승부차기 성공률이 70 % 이상 75 % 미만인 선수는 $40\times0.3=12$(명) 답 12명

1036 4개의 변량 a, b, c, d의 평균이 5이므로
$\frac{a+b+c+d}{4}=5$, $a+b+c+d=20$ …❶
따라서 4개의 변량 $2a-1$, $2b+2$, $2c+5$, $2d+6$의 평균은
$\frac{(2a-1)+(2b+2)+(2c+5)+(2d+6)}{4}$
$=\frac{2(a+b+c+d)+12}{4}$
$=\frac{2\times20+12}{4}$
$=\frac{52}{4}=13$ …❷
답 13

채점 기준	비율
❶ $a+b+c+d$의 값 구하기	50 %
❷ 주어진 변량의 평균 구하기	50 %

1037 몸무게가 50 kg 이상 55 kg 미만인 학생을 a명이라 하면
40 kg 이상 45 kg 미만인 학생은 $3a$명이므로
$1+4+3a+8+a+3=32$ …❶
$4a=16$ $\therefore a=4$ …❷
따라서 몸무게가 50 kg 이상인 학생은
$a+3=4+3=7$(명) …❸
답 7명

채점 기준	비율
❶ 몸무게가 50 kg 이상 55 kg 미만인 학생을 a명이라 하고 식 세우기	40 %
❷ a의 값 구하기	30 %
❸ 몸무게가 50 kg 이상인 학생 수 구하기	30 %

1038 도덕 성적이 60점 이상 70점 미만인 학생은
$40\times\frac{30}{100}=12$(명) …❶
따라서 도덕 성적이 70점 이상 80점 미만인 학생은
$40-(3+8+12+5+2)=10$(명) …❷
답 10명

채점 기준	비율
❶ 60점 이상 70점 미만인 학생 수 구하기	50 %
❷ 70점 이상 80점 미만인 학생 수 구하기	50 %

171쪽

1039 (가)에서 자료 A의 중앙값이 22이므로
$a=22$ 또는 $b=22$
이때 a, b가 모두 22이면 두 자료 A, B를 섞은 전체 자료의 중앙값은 22이므로 (나)를 만족시키지 않는다.
(i) $a=22$일 때, 두 자료 A, B를 섞은 전체 자료의 중앙값이 23이므로
$\frac{22+(b-1)}{2}=23$ $\therefore b=25$

(ⅱ) $b=22$일 때, 두 자료 A, B를 섞은 전체 자료의 중앙값이 23이므로

$\frac{22+a}{2}=23$ $\therefore a=24$

(ⅰ), (ⅱ)에서 $a=22$, $b=25$ 또는 $a=24$, $b=22$

답 $a=22$, $b=25$ 또는 $a=24$, $b=22$

1040 기사의 내용은 적절하지 않다.
그 이유는 주어진 그래프에서 직사각형의 세로의 길이를 보면 나트륨 함량이 1200 mg 이상 1300 mg 미만인 식품 수는 나트륨 함량이 900 mg 이상 1000 mg 미만인 식품 수의 2배 정도 많은 것으로 보인다.
그러나 두 계급의 도수를 비교하면 나트륨 함량이 1200 mg 이상 1300 mg 미만인 식품은 68개이고, 나트륨 함량이 900 mg 이상 1000 mg 미만인 식품은 53개로 $68-53=15$(개) 밖에 차이가 나지 않기 때문이다.

답 적절하지 않다., 풀이 참조

1041 도수분포다각형과 비교하면 $A=9$, $B=2$
전체 학생은 $3+9+10+2+6=30$(명)
자유투 성공 횟수가 상위 20 % 이내인 학생은

$30\times\frac{20}{100}=6$(명)

이때 10회 이상 12회 미만인 학생은 6명이므로 자유투 성공 횟수가 적어도 10회 이상이면 시범을 보일 수 있다.

답 10회

1042 ㉠ 1학년에서 비행시간이 15초 이상인 글라이더는 1학년 전체의 $100\times(0.2+0.04)=24(\%)$

㉡ 2학년에서 비행시간이 15초 이상인 글라이더는 2학년 전체의 $100\times(0.24+0.08)=32(\%)$

㉢ 비행시간이 15초 이상인
1학년의 글라이더는 $50\times0.24=12$(개)이고,
2학년의 글라이더는 $100\times0.32=32$(개)이므로
합은 $12+32=44$(개)이다.

㉣, ㉤ 1학년에서 비행시간이 18초 이상 21초 미만인 계급의 도수는 $50\times0.04=2$(개), 15초 이상 18초 미만인 계급의 도수는 $50\times0.2=10$(개)이므로 1학년에서 5번째로 좋은 기록은 15초 이상 18초 미만인 계급에 속한다.
이 기록이 1학년, 2학년 전체에서 a번째로 기록이 좋았다고 하면 2학년에서 비행시간이 18초 이상 21초 미만인 계급의 도수는 $100\times0.08=8$(개)이므로
a의 값 중 가장 작은 값은 $8+5=13$이고, 2학년에서 비행시간이 15초 이상인 글라이더는 32개이므로
a의 값 중 가장 큰 값은 $32+5=37$이다.
따라서 1학년에서 5번째로 좋은 기록은 1, 2학년 전체 중 기록이 좋은 쪽에서 13번째에서 37번째까지 해당한다고 할 수 있다.

답 ㉠ 24, ㉡ 32, ㉢ 44, ㉣ 13, ㉤ 37

워크북

01 기본 도형

유형 잡기 4~12쪽

001 꼭짓점의 개수가 4이므로 교점의 개수 $x=4$
모서리의 개수가 6이므로 교선의 개수 $y=6$
$\therefore y-x=6-4=2$ 답 2

002 꼭짓점의 개수가 12이므로 교점의 개수는 12
모서리의 개수가 18이므로 교선의 개수는 18
답 교점의 개수 : 12, 교선의 개수 : 18

003 꼭짓점의 개수가 10이므로 교점의 개수 $x=10$
모서리의 개수가 15이므로 교선의 개수 $y=15$
면의 개수가 7이므로 $z=7$
$\therefore x+y+z=10+15+7=32$ 답 32

004 ㄱ. 교점은 선과 선 또는 선과 면이 만나는 경우에 생긴다.
ㄴ. 육각뿔에서 교선의 개수는 12이고, 면의 개수는 7이다.
ㄷ. 직육면체에서 교점의 개수는 8이고, 교선의 개수는 12이므로 교점의 개수와 교선의 개수의 합은 20이다.
따라서 옳은 것은 ㄷ, ㄹ이다. 답 ②

005 ⑤ 두 반직선의 시작점과 방향이 모두 다르므로
$\overrightarrow{DB}\neq\overrightarrow{BD}$ 답 ⑤

006 $\overrightarrow{SR}$과 같은 반직선은 ① $\overrightarrow{SQ}$, ④ $\overrightarrow{SP}$이다. 답 ①, ④

007 잘못 이야기한 학생은 재환이다.
$\overrightarrow{BA}$는 점 B에서 시작하여 점 A의 방향으로 한없이 연장한 선이고, $\overrightarrow{BC}$는 점 B에서 시작하여 점 C의 방향으로 한없이 연장한 선이다.
즉, $\overrightarrow{BA}$와 $\overrightarrow{BC}$는 시작점은 같지만 방향이 다르므로 서로 다른 반직선이다. 답 재환, 풀이 참조

008 네 점이 한 직선 위에 있으므로 네 점 중 서로 다른 두 점을 이어 만든 직선은 모두 같다.
즉, $\overleftrightarrow{AC}=\overleftrightarrow{AD}$
시작점과 방향이 모두 같은 반직선은 서로 같으므로
$\overrightarrow{BC}=\overrightarrow{BD}$, $\overrightarrow{DA}=\overrightarrow{DB}$
선분 CD와 선분 DC는 같은 선분이므로
$\overline{CD}=\overline{DC}$
따라서 서로 같은 도형은 ㄱ과 ㅁ, ㄴ과 ㄷ, ㄹ과 ㅂ, ㅅ과 ㅇ이다. 답 ㄱ과 ㅁ, ㄴ과 ㄷ, ㄹ과 ㅂ, ㅅ과 ㅇ

009 $\overrightarrow{BC}$를 포함하는 것은 $\overrightarrow{AD}$, $\overrightarrow{AB}$의 2개이다. 답 ②

010 ① 세 점 A, B, C는 한 직선 위에 있으므로 $\overleftrightarrow{AB}=\overleftrightarrow{CB}$
② 두 반직선의 방향이 다르므로 $\overrightarrow{AB}\neq\overrightarrow{AD}$
③ 두 반직선의 시작점이 다르므로 $\overrightarrow{BA}\neq\overrightarrow{CA}$
④ 세 점 A, C, D는 한 직선 위에 있지 않으므로 $\overleftrightarrow{AC}\neq\overleftrightarrow{AD}$
⑤ 두 반직선의 시작점은 같지만 방향이 다르므로
$\overrightarrow{DA}\neq\overrightarrow{DC}$ 답 ①

011 ㄱ. $\overrightarrow{AC}$와 $\overrightarrow{AD}$는 방향이 다르므로 서로 다른 도형이다.
ㄹ. $\overrightarrow{BC}$와 $\overrightarrow{CA}$의 공통 부분은 $\overline{BC}$이다.
따라서 옳은 것은 ㄴ, ㄷ이다. 답 ㄴ, ㄷ

012 만들 수 있는 서로 다른 직선은
$\overleftrightarrow{AB}$, $\overleftrightarrow{AC}$, $\overleftrightarrow{AD}$, $\overleftrightarrow{BC}$, $\overleftrightarrow{BD}$, $\overleftrightarrow{CD}$의 6개이다.
반직선의 개수는 직선의 개수의 2배이므로
$6\times2=12$ 답 직선의 개수 : 6, 반직선의 개수 : 12

013 만들 수 있는 서로 다른 선분은 $\overline{AB}$, $\overline{AC}$, $\overline{AD}$, $\overline{AE}$, $\overline{AF}$, $\overline{BC}$, $\overline{BD}$, $\overline{BE}$, $\overline{BF}$, $\overline{CD}$, $\overline{CE}$, $\overline{CF}$, $\overline{DE}$, $\overline{DF}$, $\overline{EF}$의 15개이다. 답 ②
다른 풀이 6개의 점 A, B, C, D, E, F는 어느 세 점도 한 직선 위에 있지 않다.
이 중 두 점을 이어 만들 수 있는 서로 다른 선분의 개수는
$\frac{6\times5}{2}=15$

014 만들 수 있는 서로 다른 직선은 $\overleftrightarrow{AB}$, $\overleftrightarrow{AC}$, $\overleftrightarrow{AD}$, $\overleftrightarrow{AE}$, $\overleftrightarrow{BC}$, $\overleftrightarrow{BD}$, $\overleftrightarrow{BE}$, $\overleftrightarrow{CD}$, $\overleftrightarrow{CE}$, $\overleftrightarrow{DE}$의 10개이므로
$x=10$
반직선의 개수는 직선의 개수의 2배이므로
$y=10\times2=20$
선분의 개수는 직선의 개수와 같으므로 $z=10$
$\therefore x+y+z=10+20+10=40$ 답 40
다른 풀이 5개의 점 A, B, C, D, E는 어느 세 점도 한 직선 위에 있지 않다.
이 중 두 점을 이어 만들 수 있는 서로 다른 직선의 개수는
$\frac{5\times4}{2}=10$이므로 $x=10$
반직선의 개수는 직선의 개수의 2배이므로
$y=10\times2=20$
선분의 개수는 직선의 개수와 같으므로 $z=10$
$\therefore x+y+z=10+20+10=40$

015 5개의 점 A, B, C, D, E는 한 직선 l 위에 있으므로 만들 수 있는 서로 다른 직선은 직선 l의 1개이다.
$\therefore x=1$
반직선은 $\overrightarrow{AB}(=\overrightarrow{AC}=\overrightarrow{AD}=\overrightarrow{AE})$, $\overrightarrow{BC}(=\overrightarrow{BD}=\overrightarrow{BE})$, $\overrightarrow{CD}(=\overrightarrow{CE})$, $\overrightarrow{DE}$, $\overrightarrow{EA}(=\overrightarrow{EB}=\overrightarrow{EC}=\overrightarrow{ED})$, $\overrightarrow{DA}(=\overrightarrow{DB}=\overrightarrow{DC})$, $\overrightarrow{CA}(=\overrightarrow{CB})$, $\overrightarrow{BA}$의 8개이므로 $y=8$
선분은 $\overline{AB}$, $\overline{AC}$, $\overline{AD}$, $\overline{AE}$, $\overline{BC}$, $\overline{BD}$, $\overline{BE}$, $\overline{CD}$, $\overline{CE}$, $\overline{DE}$의 10개이므로 $z=10$
$\therefore x+y+z=1+8+10=19$ 답 19
다른 풀이 직선은 직선 l의 1개이므로 $x=1$
반직선의 개수는 8이므로 $y=8$
선분의 개수는 $\frac{5\times4}{2}=10$이므로 $z=10$
$\therefore x+y+z=1+8+10=19$

016 만들 수 있는 서로 다른 반직선은 $\overrightarrow{AB}(=\overrightarrow{AC})$, $\overrightarrow{AD}$, $\overrightarrow{AE}$, $\overrightarrow{BA}$, $\overrightarrow{BC}$, $\overrightarrow{BD}$, $\overrightarrow{BE}$, $\overrightarrow{CA}(=\overrightarrow{CB})$, $\overrightarrow{CD}$, $\overrightarrow{CE}$, $\overrightarrow{DA}$, $\overrightarrow{DB}$, $\overrightarrow{DC}$, $\overrightarrow{DE}$, $\overrightarrow{EA}$, $\overrightarrow{EB}$, $\overrightarrow{EC}$, $\overrightarrow{ED}$의 18개이다. 답 ④

017 만들 수 있는 서로 다른 직선은 $\overleftrightarrow{AB}$, $\overleftrightarrow{AC}$, $\overleftrightarrow{AD}$, $\overleftrightarrow{AE}$, $\overleftrightarrow{BC}$의 5개이므로 $x=5$
선분은 $\overline{AB}$, $\overline{AC}$, $\overline{AD}$, $\overline{AE}$, $\overline{BC}$, $\overline{BD}$, $\overline{BE}$, $\overline{CD}$, $\overline{CE}$, $\overline{DE}$의 10개이므로 $y=10$
$\therefore x+y=5+10=15$ 답 15

018 ①, ② 점 M은 $\overline{AB}$의 중점이고 점 N은 $\overline{BC}$의 중점이므로
$\overline{AM}=\overline{MB}$, $\overline{BN}=\overline{NC}$
$\overline{AC}=\overline{AB}+\overline{BC}=2\overline{MB}+2\overline{BN}$
$=2(\overline{MB}+\overline{BN})=2\overline{MN}$
③ $\overline{BN}=\overline{NC}$이므로 $\overline{NC}=\frac{1}{2}\overline{BC}$
④ $\overline{AM}=\overline{MB}$이므로 $\overline{AM}=\frac{1}{2}\overline{AB}$ 답 ⑤

019 ㄴ. $\overline{AD}=\overline{AC}+\overline{CD}=\overline{CD}+\overline{DB}=\overline{CB}$
ㄷ. $\overline{AD}=\overline{AC}+\overline{CD}=\frac{1}{3}\overline{AB}+\frac{1}{3}\overline{AB}=\frac{2}{3}\overline{AB}$
$\therefore \overline{AB}=\frac{3}{2}\overline{AD}$
따라서 옳은 것은 ㄱ, ㄴ, ㄹ이다. 답 ㄱ, ㄴ, ㄹ

020 $\overline{AN}=2\overline{NB}=2\times2\overline{PB}=4\overline{PB}$이므로 $a=4$
$\overline{MP}=\overline{MN}+\overline{NP}=\overline{MN}+\frac{1}{2}\overline{MN}=\frac{3}{2}\overline{MN}$이므로
$b=\frac{3}{2}$
$\therefore a+b=4+\frac{3}{2}=\frac{11}{2}$ 답 $\frac{11}{2}$

021 $\overline{AM}=\overline{MB}=\frac{1}{2}\overline{AB}=\frac{1}{2}\times16=8(\text{cm})$
$\overline{MN}=\frac{1}{2}\overline{MB}=\frac{1}{2}\times8=4(\text{cm})$
$\therefore \overline{AN}=\overline{AM}+\overline{MN}=8+4=12(\text{cm})$ 답 12 cm

022 $\overline{AB}=\overline{AC}+\overline{CB}=2\overline{MC}+2\overline{CN}$
$=2(\overline{MC}+\overline{CN})=2\overline{MN}$
$=2\times6=12(\text{cm})$ 답 12cm

023 $\overline{QB}=\overline{PQ}=\frac{1}{2}\overline{AQ}=\frac{1}{2}\times40=20(\text{cm})$
$\overline{MQ}=\frac{1}{2}\overline{PQ}=\frac{1}{2}\times20=10(\text{cm})$
$\therefore \overline{MB}=\overline{MQ}+\overline{QB}$
$=10+20=30(\text{cm})$ 답 30 cm

024 $\overline{PQ}=k$ cm라 하면
$\overline{MB}=3\overline{PQ}=3k$ cm이므로 $\overline{AM}=\overline{MB}=3k$ cm
$\overline{AP}=\overline{AM}+\overline{MP}=\overline{AM}+\overline{PQ}=3k+k=4k(\text{cm})$이고
$\overline{AP}=2\overline{RP}=2\times10=20(\text{cm})$
즉, $4k=20$이므로 $k=5$
$\therefore \overline{AQ}=\overline{AP}+\overline{PQ}=4k+k=5k$
$=5\times5=25(\text{cm})$ 답 25 cm

025 $\overline{AD}=12$ cm이고 $\overline{AC}:\overline{CD}=3:1$이므로
$\overline{AC}=\frac{3}{3+1}\times\overline{AD}=\frac{3}{4}\times12=9(\text{cm})$
이때 $\overline{AB}:\overline{BC}=1:2$이므로
$\overline{BC}=\frac{2}{1+2}\times\overline{AC}=\frac{2}{3}\times9=6(\text{cm})$ 답 6 cm

026 $\overline{AB}=2\overline{AM}=2\times8=16(\text{cm})$이므로
$\overline{BC}=\frac{3}{4}\overline{AB}=\frac{3}{4}\times16=12(\text{cm})$
$\therefore \overline{NC}=\frac{1}{2}\overline{BC}=\frac{1}{2}\times12=6(\text{cm})$ 답 ③

027 $\overline{AD}=\overline{AC}+\overline{CD}=3\overline{CD}+\overline{CD}$
$=4\overline{CD}=16(\text{cm})$
이므로 $\overline{CD}=4$ cm
$\overline{AC}=\overline{AD}-\overline{CD}=16-4=12(\text{cm})$이므로
$\overline{AC}=\overline{AB}+\overline{BC}=3\overline{BC}+\overline{BC}$
$=4\overline{BC}=12(\text{cm})$
$\therefore \overline{BC}=3$ cm 답 3 cm

028 $\overline{AP}=k$ cm라 하면 $\overline{PB}=5k$ cm
$\overline{AB}=\overline{AP}+\overline{PB}=k+5k=6k(\text{cm})$이고
$\overline{AQ}:\overline{QB}=4:3$이므로
$\overline{AQ}=\frac{4}{4+3}\times\overline{AB}=\frac{4}{7}\times6k=\frac{24}{7}k(\text{cm})$
$\overline{PQ}=\overline{AQ}-\overline{AP}=\frac{24}{7}k-k=\frac{17}{7}k(\text{cm})$이므로
$\frac{17}{7}k=17$에서 $k=7$
$\therefore \overline{AP}=7$ cm 답 7 cm

029 $(x-10)+80+(4x+5)=180$이므로
$5x=105$ $\therefore x=21$ 답 21

030 $126+(2x-56)=180$이므로
$2x=110$ $\therefore x=55$ 답 55

031 $(2x-20)+3x+(x+2)=180$이므로
$6x=198$ $\therefore x=33$
$\therefore \angle AOB=3x^\circ=3\times33^\circ=99^\circ$ 답 ③

032 $(x+y)+(y+40)+z+(z+x)=180$이므로
$2(x+y+z)=140$
$\therefore x+y+z=70$ 답 ③

033 $(2x-10)+(3x+15)=90$이므로
$5x=85$ $\therefore x=17$ 답 17

034 $(3x-2)+(x+12)=90$이므로
$4x=80$ $\therefore x=20$ 답 ①

035 $\angle AOB=90^\circ$이므로
$36+90+(2x-8)=180$
$2x=62$ $\therefore x=31$ 답 31

036 $\angle AOB+\angle BOC=90^\circ$, $\angle BOC+\angle COD=90^\circ$이므로
$\angle AOB=\angle COD$
이때 $\angle AOB+\angle COD=70^\circ$이므로
$\angle AOB=\angle COD=\frac{1}{2}\times70^\circ=35^\circ$
$\therefore \angle BOC=90^\circ-35^\circ=55^\circ$ 답 55°

037 $\angle AOC+\angle COD+\angle DOB=180^\circ$이고
$\angle AOC=3\angle COD$, $\angle DOB=4\angle DOE$이므로
$4(\angle COD+\angle DOE)=180^\circ$
$\angle COD+\angle DOE=45^\circ$
$\therefore\ \angle COE=\angle COD+\angle DOE=45^\circ$ 답 45°

038 $\angle AOC+\angle COD+\angle DOE+\angle EOB=180^\circ$이므로
$2\angle COD+\angle COD+\angle DOE+2\angle DOE=180^\circ$
$3(\angle COD+\angle DOE)=180^\circ$
$\angle COD+\angle DOE=60^\circ$
$\therefore\ \angle COE=\angle COD+\angle DOE=60^\circ$ 답 60°

039 $\angle AOC+\angle COE+\angle EOB=180^\circ$이므로
$45^\circ+8\angle EOB+\angle EOB=180^\circ$
$9\angle EOB=135^\circ \quad \therefore\ \angle EOB=15^\circ$
$\angle COE=8\angle EOB=8\times15^\circ=120^\circ$,
$\angle DOE=2\angle EOB=2\times15^\circ=30^\circ$이므로
$\angle COD=\angle COE-\angle DOE$
$=120^\circ-30^\circ=90^\circ$ 답 90°

다른 풀이 $\angle COB=180^\circ-\angle AOC=180^\circ-45^\circ=135^\circ$
이므로 $\angle COE+\angle EOB=135^\circ$에서
$8\angle EOB+\angle EOB=135^\circ$, $9\angle EOB=135^\circ$
$\therefore\ \angle EOB=15^\circ$
$\therefore\ \angle COD=\angle COE-\angle DOE$
$=8\angle EOB-2\angle EOB$
$=6\angle EOB$
$=6\times15^\circ=90^\circ$

040 $\angle POQ=\angle a$라 하면
$\angle POQ=\frac{1}{3}\angle AOQ$에서 $\angle AOQ=3\angle POQ$이므로
$90^\circ+\angle a=3\angle a$, $2\angle a=90^\circ \quad \therefore\ \angle a=45^\circ$
또, $\angle QOB=90^\circ-\angle POQ=90^\circ-45^\circ=45^\circ$이므로
$\angle QOR=\frac{1}{3}\angle QOB=\frac{1}{3}\times45^\circ=15^\circ$ 답 15°

041 $\angle c=\frac{5}{2+3+5}\times180^\circ=\frac{1}{2}\times180^\circ=90^\circ$ 답 90°

042 $\angle AOC=90^\circ$이므로
$\angle AOB=\frac{2}{2+3}\times90^\circ=\frac{2}{5}\times90^\circ=36^\circ$ 답 ①

043 $\angle AOB+\angle COD=180^\circ-96^\circ=84^\circ$이므로
$\angle AOB=\frac{3}{3+1}\times84^\circ=\frac{3}{4}\times84^\circ=63^\circ$ 답 ④

044 $\angle AOP : \angle QOR=3 : 5$이므로
$\angle AOP=3\angle a$, $\angle QOR=5\angle a$라 하면
$\angle POQ=\angle AOQ-\angle AOP=90^\circ-3\angle a$,
$\angle ROB=\angle QOB-\angle QOR=90^\circ-5\angle a$
즉, $(90^\circ-3\angle a) : (90^\circ-5\angle a)=3 : 2$이므로
$180^\circ-6\angle a=270^\circ-15\angle a$
$9\angle a=90^\circ \quad \therefore\ \angle a=10^\circ$
$\therefore\ \angle AOR=\angle AOQ+\angle QOR=90^\circ+5\angle a$
$=90^\circ+5\times10^\circ=140^\circ$ 답 140°

045 맞꼭지각의 크기는 서로 같으므로 $\angle y=35^\circ$
또, $\angle x+\angle y+52^\circ=180^\circ$이므로
$\angle x+35^\circ+52^\circ=180^\circ \quad \therefore\ \angle x=93^\circ$
$\therefore\ \angle x-\angle y=93^\circ-35^\circ=58^\circ$ 답 58°

046 맞꼭지각의 크기는 서로 같으므로
$4x-36=2x+44$
$2x=80 \quad \therefore\ x=40$ 답 ②

047 맞꼭지각의 크기는 서로 같으므로
$100-2y=y+55$
$3y=45 \quad \therefore\ y=15$
$x+(y+55)=180$이므로
$x+15+55=180 \quad \therefore\ x=110$
$\therefore\ x+y=110+15=125$ 답 ④

048 맞꼭지각의 크기는 서로 같고,
평각의 크기는 180°이므로
$(x+16)+(3x-22)+(2x-30)$
$=180$
$6x=216 \quad \therefore\ x=36$

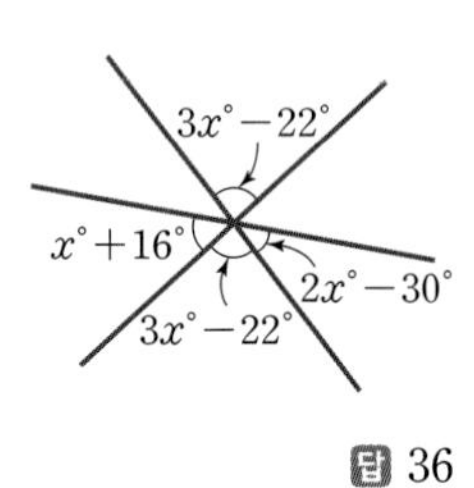

답 36

049 맞꼭지각의 크기는 서로 같으므로
$\angle x=70^\circ+\angle y \quad \therefore\ \angle x-\angle y=70^\circ$ 답 ⑤

050 $\angle x=90^\circ-34^\circ=56^\circ$
$\angle y=\angle x+45^\circ=56^\circ+45^\circ=101^\circ$
$\therefore\ \angle x+\angle y=56^\circ+101^\circ$
$=157^\circ$

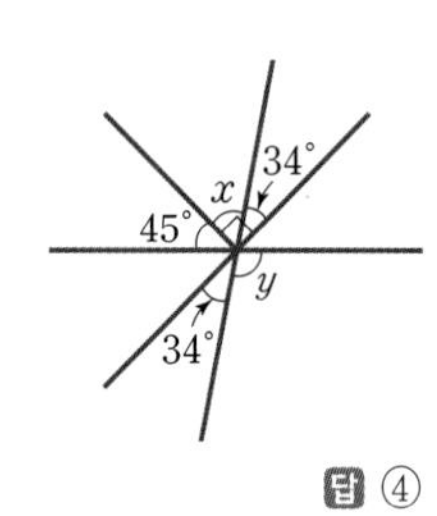

답 ④

051 $\angle a=\frac{4}{4+1}\times180^\circ=\frac{4}{5}\times180^\circ=144^\circ$
맞꼭지각의 크기는 서로 같으므로
$\angle x+90^\circ=\angle a$
$\angle x+90^\circ=144^\circ \quad \therefore\ \angle x=54^\circ$ 답 ④

052 $(x-10)+90=3x-20$이므로
$2x=100 \quad \therefore\ x=50$
$(4y+30)+(3x-20)=180$이므로
$4y+30+3\times50-20=180$
$4y=20 \quad \therefore\ y=5$
$\therefore\ x+y=50+5=55$ 답 55

053 오른쪽 그림과 같이 세 직선을 각각 a, b, c라 하면 직선 a와 b, a와 c, b와 c로 만들어지는 맞꼭지각이 각각 2쌍이므로
$2\times3=6$(쌍)

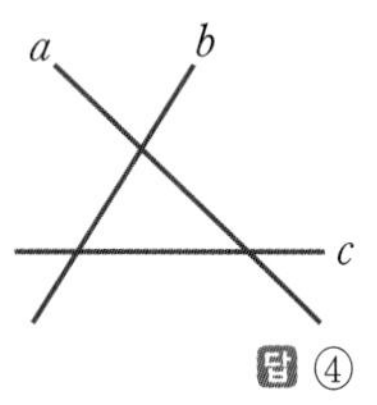

답 ④

054 오른쪽 그림과 같이 5개의 직선을 각각 a, b, c, d, e라 하면 직선 a와 b, a와 c, a와 d, a와 e, b와 c, b와 d, b와 e, c와 d, c와 e, d와 e로 만들어지는 맞꼭지각이 각각 2쌍이므로

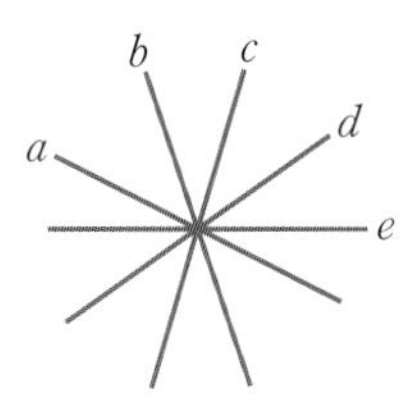

$2\times10=20$(쌍) 답 ③

055 ① 직사각형의 네 각은 모두 직각이므로 $\overline{AB}\perp\overline{BC}$이다.

② 점 D와 $\overline{BC}$ 사이의 거리는 $\overline{CD}$의 길이와 같으므로 5 cm이다.

⑤ 점 D와 $\overleftrightarrow{AB}$ 사이의 거리는 $\overline{AD}$의 길이와 같으므로 12 cm이다.

따라서 옳지 않은 것은 ⑤이다. 답 ⑤

056 점 P에서 직선 l에 내린 수선의 발은 점 D이므로 점 P와 직선 l 사이의 거리를 나타내는 선분은 $\overline{PD}$이다. 답 ④

057 (1) 점 A, B, C, D, E와 x축 사이의 거리는 각각 2, 4, 1, 4, 2이므로 x축과의 거리가 가장 가까운 점은 점 C이며, 그 거리는 1이다.

(2) 점 A, B, C, D, E와 y축 사이의 거리는 각각 2, 1, 3, 4, 3이므로 y축과의 거리가 가장 먼 점은 점 D이며, 그 거리는 4이다. 답 (1) 점 C, 1 (2) 점 D, 4

058 ㄴ. $\overline{AM}=\overline{MB}$, $\overline{AB}\perp\overline{CD}$이므로 $\overleftrightarrow{CD}$는 $\overline{AB}$의 수직이등분선이다.

ㄹ. 점 C와 $\overline{AB}$ 사이의 거리, 즉 $\overline{CM}$의 길이는 알 수 없다.

따라서 옳은 것은 ㄱ, ㄴ, ㄷ이다. 답 ④

059 ① $\overline{AC}$와 $\overline{BD}$는 수직으로 만나지 않는다.

② $\angle AEB=\angle FEC$인지 알 수 없다.

③ 점 C와 $\overline{AB}$ 사이의 거리는 $\overline{BC}$의 길이와 같으므로 $\overline{BC}=\overline{BF}+\overline{FC}=5+4=9$(cm)

④ $\overline{BC}\perp\overline{EF}$이므로 점 E에서 $\overline{BC}$에 내린 수선의 발은 점 F이다.

⑤ $\overline{BC}$와 수직으로 만나는 선분은 $\overline{AB}$, $\overline{EF}$, $\overline{DC}$의 3개이다.

따라서 옳은 것은 ③, ④이다. 답 ③, ④

060 오른쪽 그림과 같이 점 C에서 $\overline{AB}$에 내린 수선의 발을 F라 하자.

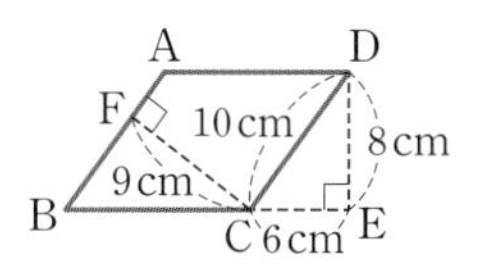

점 D와 $\overline{AB}$ 사이의 거리는 $\overline{CF}$의 길이와 같으므로 $x=9$

점 D와 $\overline{BC}$ 사이의 거리는 $\overline{DE}$의 길이와 같으므로 $y=8$

$\therefore x+y=9+8=17$ 답 17

061 시침이 시계의 12를 가리킬 때부터 7시간 10분 동안 움직인 각도는 $30^\circ\times7+0.5^\circ\times10=210^\circ+5^\circ=215^\circ$

분침이 시계의 12를 가리킬 때부터 10분 동안 움직인 각도는 $6^\circ\times10=60^\circ$

따라서 시침과 분침이 이루는 각 중 작은 쪽 각의 크기는 $215^\circ-60^\circ=155^\circ$ 답 155°

062 시침이 시계의 12를 가리킬 때부터 4시간 30분 동안 움직인 각도는 $30^\circ\times4+0.5^\circ\times30=120^\circ+15^\circ=135^\circ$

분침이 시계의 12를 가리킬 때부터 30분 동안 움직인 각도는 $6^\circ\times30=180^\circ$

따라서 시침과 분침이 이루는 각 중 작은 쪽 각의 크기는 $180^\circ-135^\circ=45^\circ$ 답 45°

063 1시 x분에 시침과 분침이 서로 반대 방향을 가리키며 평각을 이룬다고 하자. 시침이 12를 가리킬 때부터 1시간 x분 동안 움직인 각도는

$30^\circ\times1+0.5^\circ\times x=30^\circ+0.5^\circ\times x$

분침이 12를 가리킬 때부터 x분 동안 움직인 각도는 $6^\circ\times x$

시침과 분침이 평각을 이루므로

$6\times x-(30+0.5\times x)=180$

$5.5x=210$

$\therefore x=\frac{420}{11}$

따라서 시침과 분침이 서로 반대 방향을 가리키며 평각을 이루는 시각은 1시 $\frac{420}{11}$분이다. 답 ②

만점 각 잡기 13~14쪽

064 ① $\overrightarrow{AE}$와 $\overrightarrow{EA}$의 공통 부분은 $\overline{AE}$이므로 $\overline{CD}$를 포함한다.

② $\overrightarrow{AB}$와 $\overrightarrow{BE}$의 공통 부분은 $\overline{BE}$이므로 $\overline{CD}$를 포함한다.

③ $\overrightarrow{AB}$와 $\overrightarrow{BD}$의 공통 부분은 $\overline{BD}$이므로 $\overline{CD}$를 포함한다.

④ $\overrightarrow{AB}$와 $\overrightarrow{ED}$의 공통 부분은 $\overline{AE}$이므로 $\overline{CD}$를 포함한다.

⑤ $\overrightarrow{CA}$와 $\overrightarrow{DA}$의 공통 부분은 $\overrightarrow{CA}$이므로 $\overline{CD}$를 포함하지 않는다. 답 ⑤

065 세 점 A, O, B는 정비례 관계 $y=2x$의 그래프 위의 점이지만 점 C는 정비례 관계 $y=2x$의 그래프 위의 점이 아니다. 즉, 세 점 A, O, B는 한 직선 위에 있지만 점 C는 그 직선 위에 있지 않다.

ㄱ. 세 점 A, O, B는 한 직선 위에 있으므로 $\overleftrightarrow{AO}=\overleftrightarrow{OB}$

ㄴ. 시작점과 방향이 모두 같으므로 $\overrightarrow{BA}=\overrightarrow{BO}$

ㄷ. 시작점은 같지만 방향이 다르므로 $\overrightarrow{OA}\neq\overrightarrow{OB}$

ㄹ. 직선과 반직선은 다르므로 $\overleftrightarrow{AB}\neq\overrightarrow{AB}$

ㅁ. 시작점은 같지만 방향이 다르므로 $\overrightarrow{CO}\neq\overrightarrow{CA}$

ㅂ. 세 점 A, O, C는 한 직선 위에 있지 않으므로 $\overleftrightarrow{OA}\neq\overleftrightarrow{CO}$

따라서 옳은 것은 ㄱ, ㄴ이다. 답 ㄱ, ㄴ

066 점 A, B, C, D, E, F의 위치는 다음 그림과 같다.

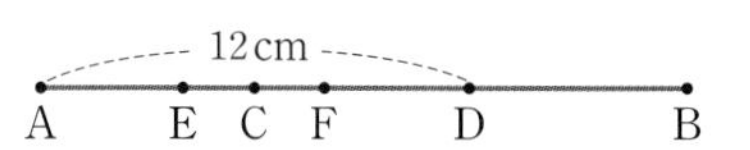

ㄱ. $\overline{EC}=\overline{AC}-\overline{AE}=\overline{CD}-\overline{FD}=\overline{CF}$이므로 점 C는 $\overline{EF}$의 중점이다.

ㄴ. $\overline{AE}=\overline{EF}=\overline{FD}$이므로 $\overline{AF}=\frac{2}{3}\overline{AD}$ ……㉠

$\overline{FD}=\frac{1}{3}\overline{AD}$이고, $\overline{DB}=\frac{1}{2}\overline{AD}$이므로

$\overline{FB}=\overline{FD}+\overline{DB}=\frac{1}{3}\overline{AD}+\frac{1}{2}\overline{AD}=\frac{5}{6}\overline{AD}$ ……㉡

㉠, ㉡에 의해 $\overline{AF}\neq\overline{FB}$

ㄷ. $\overline{AE}=\frac{1}{3}\overline{AD}=\frac{1}{3}\times 12=4(\text{cm})$

ㄹ. $\overline{AE}=\overline{EF}=2\overline{EC}$이므로

$\overline{AC}=\overline{AE}+\overline{EC}=2\overline{EC}+\overline{EC}=3\overline{EC}$

$\therefore \overline{AB}=3\overline{AC}=3\times 3\overline{EC}=9\overline{EC}$

따라서 옳은 것은 ㄱ, ㄷ이다. 답 ㄱ, ㄷ

067 $\overline{AB}=\frac{4}{5}\overline{BD}$에서 $\overline{AB}:\overline{BD}=4:5$이므로

$\overline{AB}=\frac{4}{4+5}\times\overline{AD}=\frac{4}{9}\times 90=40(\text{cm})$

이때 $\overline{BD}=\overline{AD}-\overline{AB}=90-40=50(\text{cm})$이고,

$\overline{CD}=\frac{2}{3}\overline{BC}$에서 $\overline{BC}:\overline{CD}=3:2$이므로

$\overline{BC}=\frac{3}{3+2}\times\overline{BD}=\frac{3}{5}\times 50=30(\text{cm})$

$\therefore \overline{AC}=\overline{AB}+\overline{BC}=40+30=70(\text{cm})$ 답 70 cm

068 $(x+4)+(x-4)+(3x+30)=180$이므로

$5x=150 \quad \therefore x=30$

$\angle DOE=90°-(x°-4°)=90°-26°=64°$

$\angle EOB=\angle DOB-\angle DOE$

$=(3x°+30°)-64°$

$=120°-64°=56°$

$\therefore \angle DOE:\angle EOB=64°:56°=8:7$ 답 ②

069 $(80-2x)+(4x+12)+(x+10)=180$이므로

$3x=78 \quad \therefore x=26$

또, 맞꼭지각의 크기는 서로 같으므로

$4x+12=90+y$에서

$4\times 26+12=90+y \quad \therefore y=26$

$\therefore x+y=26+26=52$ 답 ②

070 반직선 OG에 의해서는 맞꼭지각이 생기지 않으므로 구하는 맞꼭지각의 쌍의 개수는 서로 다른 3개의 직선이 한 점에서 만날 때 생기는 맞꼭지각의 쌍의 개수와 같다.

즉, 직선 AB와 CD, AB와 EF, CD와 EF로 만들어지는 맞꼭지각이 각각 2쌍이므로

$2\times 3=6$(쌍) 답 6쌍

다른 풀이 $3\times(3-1)=6$(쌍)

071 만들 수 있는 서로 다른 직선은 $\overleftrightarrow{AB}$, $\overleftrightarrow{AC}$, $\overleftrightarrow{AD}$, $\overleftrightarrow{AE}$, $\overleftrightarrow{AF}$, $\overleftrightarrow{BC}$, $\overleftrightarrow{BE}$, $\overleftrightarrow{BF}$, $\overleftrightarrow{CE}$, $\overleftrightarrow{CF}$, $\overleftrightarrow{DE}$의 11개이므로

$x=11$

선분은 $\overline{AB}$, $\overline{AC}$, $\overline{AD}$, $\overline{AE}$, $\overline{AF}$, $\overline{BC}$, $\overline{BD}$, $\overline{BE}$, $\overline{BF}$, $\overline{CD}$, $\overline{CE}$, $\overline{CF}$, $\overline{DE}$, $\overline{DF}$, $\overline{EF}$의 15개이므로 $y=15$

$\therefore x+y=11+15=26$ 답 26

072 $\overline{AC}=\overline{CB}=\frac{1}{2}\overline{AB}$이므로

$\overline{CD}=\overline{DB}=\frac{1}{2}\overline{CB}=\frac{1}{2}\times\frac{1}{2}\overline{AB}=\frac{1}{4}\overline{AB}$

$\therefore \overline{AD}=\overline{AC}+\overline{CD}=\frac{1}{2}\overline{AB}+\frac{1}{4}\overline{AB}=\frac{3}{4}\overline{AB}$

따라서 $\overline{AE}=\overline{ED}=\frac{1}{2}\overline{AD}=\frac{1}{2}\times\frac{3}{4}\overline{AB}=\frac{3}{8}\overline{AB}$이므로

$\overline{EC}=\overline{ED}-\overline{CD}=\frac{3}{8}\overline{AB}-\frac{1}{4}\overline{AB}=\frac{1}{8}\overline{AB}$

$\therefore k=\frac{1}{8}$ 답 $\frac{1}{8}$

073 $5\angle AOC=2\angle AOD$에서

$\angle AOC=\frac{2}{5}\angle AOD$이므로

$\angle AOD=\angle AOC+\angle COD$

$=\frac{2}{5}\angle AOD+\angle COD$

$\therefore \angle COD=\frac{3}{5}\angle AOD$

$3\angle EOB=2\angle DOE$에서

$\angle EOB=\frac{2}{3}\angle DOE$이므로

$\angle DOB=\angle DOE+\angle EOB=\angle DOE+\frac{2}{3}\angle DOE$

$=\frac{5}{3}\angle DOE$

$\therefore \angle DOE=\frac{3}{5}\angle DOB$

$\therefore \angle COE=\angle COD+\angle DOE$

$=\frac{3}{5}(\angle AOD+\angle DOB)$

$=\frac{3}{5}\times 180°=108°$ 답 ④

074 $\angle a:\angle b=3:2$에서

$\angle b=\frac{2}{3}\angle a$

$\angle b:\angle c=3:2$에서

$\angle c=\frac{2}{3}\angle b=\frac{2}{3}\times\frac{2}{3}\angle a=\frac{4}{9}\angle a$

이때 $\overrightarrow{OB}\perp\overrightarrow{OD}$이므로 $\angle b+\angle c=90°$에서

$\frac{2}{3}\angle a+\frac{4}{9}\angle a=90°$, $\frac{10}{9}\angle a=90°$

$\therefore \angle a=81°$

$\therefore \angle d=180°-90°-\angle a$

$=90°-81°=9°$ 답 9°

02 위치 관계

유형 잡기 15~26쪽

075 ⑤ 직선 l은 점 A는 지나지만 점 C는 지나지 않는다. 답 ⑤

076 변 AB 위에 있지 않은 꼭짓점은 점 C, 점 D, 점 E, 점 F이다. 답 점 C, 점 D, 점 E, 점 F

077 꼭짓점 C와 꼭짓점 G를 동시에 포함하는 면은 면 BFGC, 면 CGHD의 2개이다. 답 2

078 모서리 AB 위에 있지 않은 꼭짓점은
점 C, 점 D, 점 E, 점 F의 4개이므로 $a=4$
면 ADFC 위에 있는 꼭짓점은
점 A, 점 D, 점 F, 점 C의 4개이므로 $b=4$
$\therefore a+b=4+4=8$ 답 8

079 ㄴ. 점 C는 두 직선 l, m의 교점이다.
ㄹ. 두 직선 l, m의 교점은 점 C이고,
두 직선 l, n의 교점은 점 B이므로
두 점 B, C를 지나는 직선은 l이다.
이때 직선 l은 점 A를 지나지 않는다.
따라서 옳은 것은 ㄱ, ㄷ이다. 답 ㄱ, ㄷ

080 ③ 오른쪽 그림과 같이 점 A와 점 C를 지나는 직선은 점 B를 지나지 않는다. 답 ③

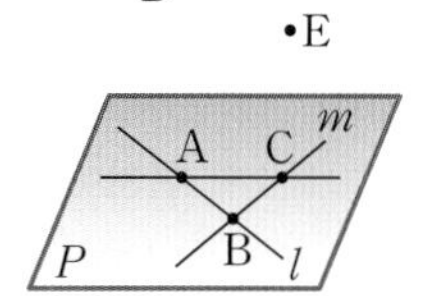

081 ⑤ $\overleftrightarrow{BC}$에 수직인 두 직선 AB, CD는 서로 평행하므로 만나지 않는다. 답 ⑤

082 ⑤ $\overleftrightarrow{BD}$와 $\overleftrightarrow{AD}$는 한 점에서 만난다. 답 ⑤

083 ①, ③, ④, ⑤ 두 직선은 한 점에서 만난다.
② 두 직선은 서로 평행하다. 답 ②

084 서로 평행한 직선은
$\overleftrightarrow{AB}$와 $\overleftrightarrow{EF}$, $\overleftrightarrow{BC}$와 $\overleftrightarrow{FG}$, $\overleftrightarrow{CD}$와 $\overleftrightarrow{GH}$, $\overleftrightarrow{DE}$와 $\overleftrightarrow{AH}$의 4쌍이므로 $a=4$
$\overleftrightarrow{CD}$와 한 점에서 만나는 직선은
$\overleftrightarrow{AB}$, $\overleftrightarrow{BC}$, $\overleftrightarrow{DE}$, $\overleftrightarrow{EF}$, $\overleftrightarrow{GF}$, $\overleftrightarrow{AH}$의 6개이므로 $b=6$
$\therefore a+b=4+6=10$ 답 10

085 ㄹ. $l /\!/ m$, $l \perp n$이면 $m \perp n$이다.
따라서 옳은 것은 ㄱ, ㄴ, ㄷ이다. 답 ④

086 (1) $\overleftrightarrow{CD}$와 수직인 직선은 $\overleftrightarrow{AB}$, $\overleftrightarrow{DE}$의 2개이다.
(2) $\overleftrightarrow{AB}$와 한 점에서 만나는 직선은 $\overleftrightarrow{AC}$, $\overleftrightarrow{AD}$, $\overleftrightarrow{AE}$, $\overleftrightarrow{BC}$, $\overleftrightarrow{BD}$, $\overleftrightarrow{BE}$, $\overleftrightarrow{CD}$, $\overleftrightarrow{CE}$의 8개이다. 답 (1) 2 (2) 8
참고 $\overleftrightarrow{DE}$는 $\overleftrightarrow{AB}$와 평행하므로 만나지 않는다.

087 ① 한 직선 위의 세 점을 포함하는 평면은 여러 개이므로 평면이 하나로 정해지지 않는다.
④ 꼬인 위치에 있는 두 직선은 같은 평면 위에 있지 않으므로 평면이 하나로 정해지지 않는다. 답 ①, ④

088 한 점에서 만나는 두 직선으로 정해지는 평면은 1개이다. 답 1

089 (i) 평면 P 위에 있는 세 점 A, B, C로 정해지는 평면은 평면 P의 1개이다.
(ii) 세 점 A, B, C 중 2개의 점과 점 D로 정해지는 평면은 면 ABD, 면 BCD, 면 ACD의 3개이다.
(i), (ii)에서 구하는 평면의 개수는 $1+3=4$ 답 4

090 모서리 AD와 만나지도 않고 평행하지도 않은 모서리는 $\overline{BF}$, $\overline{CG}$, $\overline{EF}$, $\overline{HG}$이다. 답 $\overline{BF}$, $\overline{CG}$, $\overline{EF}$, $\overline{HG}$

091 ① $\overline{EF}$와 $\overline{BC}$는 서로 평행하다.
④ $\overline{EF}$와 $\overline{HI}$는 서로 평행하다.
⑤ $\overline{EF}$와 $\overline{EK}$는 점 E에서 만난다. 답 ②, ③

092 $\overline{BD}$와 꼬인 위치에 있는 모서리는
$\overline{AE}$, $\overline{CG}$, $\overline{EF}$, $\overline{EH}$, $\overline{FG}$, $\overline{GH}$의 6개이다. 답 ④

093 ① $\overline{AB}$와 $\overline{CD}$는 서로 평행하다.
② $\overline{BF}$와 $\overline{EH}$는 꼬인 위치에 있다.
④ $\overline{AD}$와 $\overline{FG}$는 서로 평행하다.
⑤ $\overline{CG}$와 $\overline{CD}$는 한 점 C에서 만난다. 답 ③

094 $\overleftrightarrow{GE}$와 꼬인 위치에 있는 직선은
$\overleftrightarrow{AB}$, $\overleftrightarrow{BC}$, $\overleftrightarrow{CD}$, $\overleftrightarrow{AF}$, $\overleftrightarrow{CH}$, $\overleftrightarrow{DI}$, $\overleftrightarrow{HI}$, $\overleftrightarrow{IJ}$, $\overleftrightarrow{FJ}$이고,
이 중 $\overleftrightarrow{AB}$와 만나지 않는 직선은
$\overleftrightarrow{CH}$, $\overleftrightarrow{DI}$, $\overleftrightarrow{HI}$, $\overleftrightarrow{IJ}$, $\overleftrightarrow{FJ}$의 5개이다. 답 ②

095 ①, ②, ③, ⑤ 한 점에서 만난다.
④ 꼬인 위치에 있다. 답 ④

096 ⑤ $\overline{BC}$와 $\overline{EF}$는 한 평면 위에 있으므로 꼬인 위치에 있지 않다. 답 ⑤

097 $\overline{DH}$와 수직으로 만나는 모서리는
$\overline{AD}$, $\overline{CD}$, $\overline{EH}$, $\overline{GH}$의 4개이므로 $a=4$
$\overline{BC}$와 꼬인 위치에 있는 모서리는
$\overline{AE}$, $\overline{DH}$, $\overline{EF}$, $\overline{GH}$의 4개이므로 $b=4$
$\therefore a+b=4+4=8$ 답 8

098 ㄱ. 평행한 두 직선으로 평면이 하나로 정해지므로 한 평면 위에 있다.
따라서 옳은 것은 ㄴ, ㄷ, ㄹ이다. 답 ㄴ, ㄷ, ㄹ

099 ② 면 ABC와 수직으로 만나는 모서리는 $\overline{AD}$, $\overline{BE}$, $\overline{CF}$의 3개이다.
③ 면 ABC와 평행한 모서리는 $\overline{DE}$, $\overline{EF}$, $\overline{DF}$의 3개이다.
⑤ 면 ABED에 포함되는 모서리는 $\overline{AB}$, $\overline{BE}$, $\overline{ED}$, $\overline{AD}$의 4개이다.
따라서 옳지 않은 것은 ②이다. 답 ②

100 면 BGHC와 평행한 모서리는
$\overline{AF}$, $\overline{DI}$, $\overline{EJ}$의 3개이므로 $a=3$
면 FGHIJ와 수직으로 만나는 모서리는
$\overline{AF}$, $\overline{BG}$, $\overline{CH}$, $\overline{DI}$, $\overline{EJ}$의 5개이므로 $b=5$
$\therefore a+b=3+5=8$ 답 8

워크북

101 조건 ㈎에서 $\overline{AB}$와 꼬인 위치에 있는 모서리는
$\overline{CG}$, $\overline{DH}$, $\overline{EH}$, $\overline{FG}$이다.
조건 ㈏에서 면 BFGC와 평행한 모서리는
$\overline{AE}$, $\overline{EH}$, $\overline{DH}$, $\overline{AD}$이다.
조건 ㈐에서 면 CGHD에 포함되는 모서리는
$\overline{CG}$, $\overline{GH}$, $\overline{DH}$, $\overline{CD}$이다.
따라서 구하는 모서리는 $\overline{DH}$이다. 답 $\overline{DH}$

102 점 A와 면 BEFC 사이의 거리는 $\overline{AB}$의 길이와 같고,
$\overline{AB}$와 길이가 같은 모서리는 $\overline{DE}$이다.
따라서 구하는 모서리는 $\overline{AB}$, $\overline{DE}$이다. 답 $\overline{AB}$, $\overline{DE}$

103 점 E와 면 BFGC 사이의 거리는 $\overline{EF}$의 길이와 같으므로
$\overline{EF}=\overline{HG}=6\text{ cm}$ 답 ③

104 점 B와 면 CGHD 사이의 거리는 $\overline{BC}$의 길이와 같으므로
$\overline{BC}=\overline{FG}=2\text{ cm}$ $\quad\therefore a=2$
점 C와 면 AEHD 사이의 거리는 $\overline{CD}$의 길이와 같으므로
$\overline{CD}=\overline{GH}=3\text{ cm}$ $\quad\therefore b=3$
$\therefore a+b=2+3=5$ 답 5

105 면 GHIJKL과 수직인 면은
면 BHGA, 면 BHIC, 면 CIJD, 면 DJKE, 면 EKLF,
면 AGLF의 6개이다. 답 ④

106 답 (1) 면 BFEA, 면 AEHD
(2) 면 ABCD, 면 BFEA, 면 EFGH, 면 CGHD
(3) 면 BFEA, 면 CGHD

107 면 ABCD와 수직인 면은 면 BFEA, 면 BFGC,
면 CGHD, 면 AEHD의 4개이므로 $a=4$
면 BFGC와 만나지 않는 면은 면 AEHD의 1개이므로
$b=1$
$\therefore a-b=4-1=3$ 답 3

108 ① $\overline{FG}$와 평행한 모서리는 $\overline{AD}$, $\overline{BC}$, $\overline{EH}$의 3개이다.
② $\overline{AB}$와 수직으로 만나는 모서리는 $\overline{AD}$, $\overline{AE}$, $\overline{BC}$의 3개이다.
④ $\overline{AE}$와 꼬인 위치에 있는 모서리는
$\overline{BC}$, $\overline{CD}$, $\overline{CG}$, $\overline{FG}$, $\overline{GH}$의 5개이다.
⑤ 면 BFEA와 만나는 면은 면 ABCD, 면 BFGC,
면 EFGH, 면 AEHD의 4개이다.
따라서 옳지 않은 것은 ④이다. 답 ④

109 ㄱ. 면 ABFE와 면 CGHD는 평행하지 않다.
ㄴ. $\overline{CG}$에 평행한 모서리는 $\overline{AE}$, $\overline{BF}$, $\overline{DH}$의 3개이다.
ㄷ. $\overline{CD}$와 꼬인 위치에 있는 모서리는
$\overline{AE}$, $\overline{BF}$, $\overline{EF}$, $\overline{EH}$, $\overline{FG}$의 5개이다.
따라서 옳은 것은 ㄴ이다. 답 ㄴ

110 $\overline{BE}$와 꼬인 위치에 있는 모서리는
$\overline{AC}$, $\overline{AD}$, $\overline{CG}$, $\overline{DG}$, $\overline{FG}$의 5개이므로 $a=5$
면 BEF와 수직인 면은
면 DEFG, 면 BFGC, 면 ABC, 면 AED의 4개이므로
$b=4$
$\therefore a+b=5+4=9$ 답 9

111 주어진 전개도로 만든 정육면체는
오른쪽 그림과 같다.
① 한 점에서 만난다.
② 평행하다.
③ 꼬인 위치에 있다.
④ 꼬인 위치에 있다.
⑤ 한 점에서 만난다.
따라서 모서리 IH와 꼬인 위치에 있는 모서리는 ③, ④이다. 답 ③, ④

112 주어진 전개도로 만든 삼각뿔은
오른쪽 그림과 같다.
따라서 모서리 AF와 꼬인 위치에 있는 모서리는 $\overline{BE}$이다. 답 $\overline{BE}$

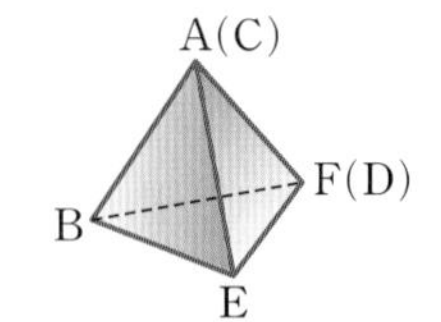

113 주어진 전개도로 만든 삼각기둥은
오른쪽 그림과 같다.
⑤ 면 ABCJ와 면 JCEH는
수직으로 만나지 않는다. 답 ⑤

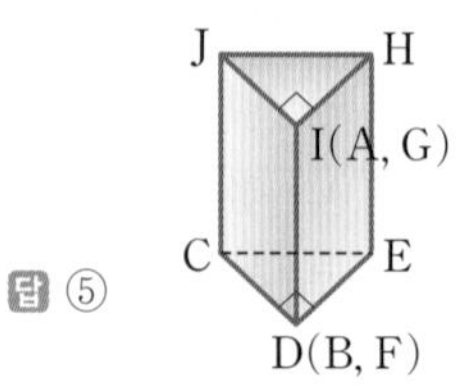

114 ③ $l /\!/ P$, $m \perp P$이면 두 직선 l, m은 수직으로 만나거나 꼬인 위치에 있다.
④ $l \perp m$, $l /\!/ P$이면 직선 m과 평면 P는 평행하거나 한 점에서 만난다. 답 ③, ④

115 ① $l /\!/ m$, $l \perp n$이면 두 직선 m, n은 수직으로 만나거나 꼬인 위치에 있다.
②, ③ $l /\!/ m$, $l /\!/ n$이면 $m /\!/ n$이다.
④, ⑤ $l \perp m$, $l \perp n$이면 두 직선 m, n은 한 점에서 만나거나 서로 평행하거나 꼬인 위치에 있다.
따라서 옳은 것은 ②이다. 답 ②

116 진수 : 한 직선에 수직인 서로 다른 두 직선은 한 점에서 만나거나 평행하거나 꼬인 위치에 있다.
수호 : 한 직선에 평행한 서로 다른 두 평면은 한 직선에서 만나거나 평행하다.
지유 : 한 평면에 수직인 서로 다른 두 평면은 한 직선에서 만나거나 평행하다.
따라서 바르게 설명한 학생은 민수이다. 답 민수

117 ① $\angle a$의 동위각은 $\angle d$이고 $\angle d=180^\circ-85^\circ=95^\circ$
③ $\angle c$의 엇각은 $\angle d$이고 $\angle d=95^\circ$
④ $\angle d$의 엇각은 $\angle c$이고 $\angle c=180^\circ-100^\circ=80^\circ$
따라서 옳지 않은 것은 ①, ④이다. 답 ①, ④

118 ㄴ. $\angle g$의 동위각은 $\angle a$와 $\angle c$이다.
그중 $\angle i$의 엇각은 $\angle a$이다.
따라서 옳은 것은 ㄱ, ㄴ, ㄷ이다. 답 ⑤

119 (1) $\angle$GHI의 동위각은 $\angle$FGI와 $\angle$GIB이고
$\angle\text{FGI}=140^\circ$, $\angle\text{GIB}=180^\circ-80^\circ=100^\circ$이므로
$\angle$GHI의 모든 동위각의 크기의 합은
$140^\circ+100^\circ=240^\circ$

(2) ∠HGI의 엇각은 ∠GHA와 ∠GIB이고
∠GHA$=120^\circ$, ∠GIB$=100^\circ$이므로
∠HGI의 모든 엇각의 크기의 합은
$120^\circ+100^\circ=220^\circ$ 답 (1) 240° (2) 220°

120 $l /\!/ m$이므로 $\angle x=180^\circ-132^\circ=48^\circ$(동위각)
$\angle x+\angle y=120^\circ$(엇각)이므로
$48^\circ+\angle y=120^\circ$, $\angle y=120^\circ-48^\circ=72^\circ$
$\therefore\ \angle y-\angle x=72^\circ-48^\circ=24^\circ$ 답 24°

121 $l /\!/ m$이므로
$(x+35)+(3x-15)=180$
$4x+20=180$
$4x=160$ $\therefore\ x=40$ 답 ③

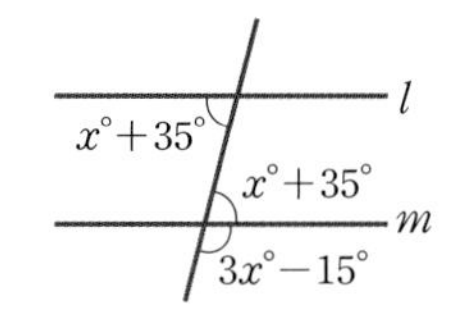

122 $p /\!/ q$이므로
$(x+70)+(3x-10)=180$
$4x=120$ $\therefore\ x=30$
$l /\!/ m$이므로
$y=x+70=30+70=100$
$\therefore\ x+y=30+100=130$ 답 130

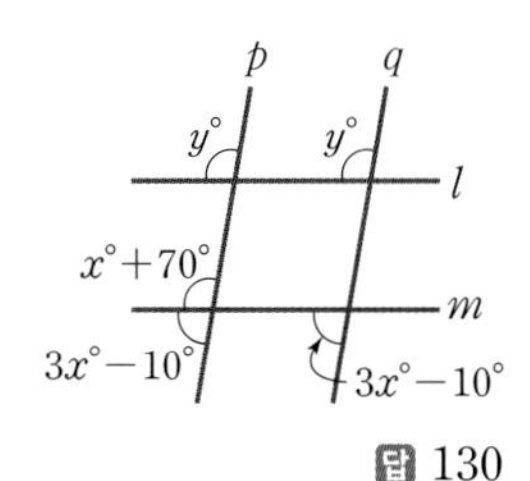

123 ③ 동위각의 크기가 120°, 115°로 같지 않으므로 두 직선 l, m은 서로 평행하지 않다. 답 ③

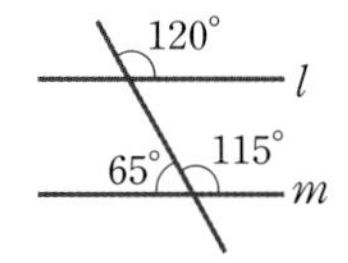

124 ① 두 직선 l, m이 직선 q와 만날 때 생기는 동위각의 크기가 59°로 같으므로 두 직선 l, m은 서로 평행하다.
④ 두 직선 p, q가 직선 m과 만날 때 생기는 엇각의 크기가 59°로 같으므로 두 직선 p, q는 서로 평행하다. 답 ①, ④

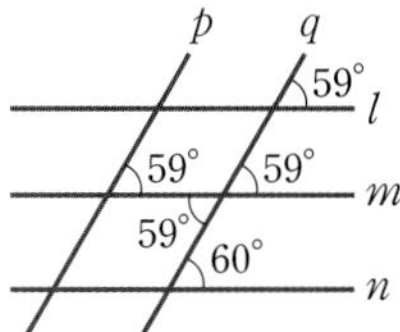

125 ① $\angle b=100^\circ$, $\angle f=100^\circ$는 동위각이고 그 크기가 같으므로 $l /\!/ m$
② $\angle c=180^\circ-\angle b=180^\circ-120^\circ=60^\circ$
$\angle c=60^\circ$와 $\angle e=60^\circ$는 엇각이고 그 크기가 같으므로 $l /\!/ m$
③ $\angle c=85^\circ$와 $\angle e=85^\circ$는 엇각이고 그 크기가 같으므로 $l /\!/ m$
④ $\angle h=\angle f$(맞꼭지각)이므로 $\angle h=120^\circ$
이때 $\angle d=110^\circ$와 $\angle h=120^\circ$는 동위각이고 그 크기가 같지 않으므로 두 직선 l, m은 서로 평행하지 않다.
⑤ $\angle a=180^\circ-\angle d=180^\circ-110^\circ=70^\circ$
이때 $\angle a=70^\circ$와 $\angle e=70^\circ$는 동위각이고 그 크기가 같으므로 $l /\!/ m$
따라서 옳지 않은 것은 ④이다. 답 ④

126 $l /\!/ m$이므로
$\angle y=180^\circ-138^\circ=42^\circ$(동위각)
$\angle x=180^\circ-(82^\circ+42^\circ)=56^\circ$
$\therefore\ \angle x-\angle y=56^\circ-42^\circ=14^\circ$

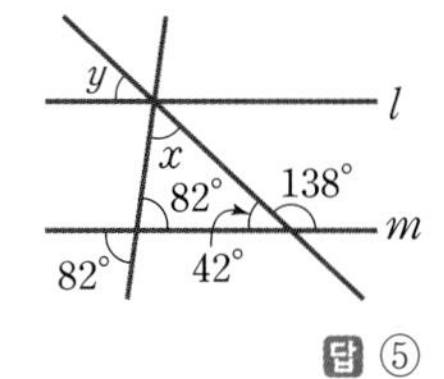

답 ⑤

127 $\angle x+15^\circ+128^\circ=180^\circ$이므로
$\angle x=37^\circ$ 답 37°

128 $l /\!/ m$이므로
∠DAC$=124^\circ$(엇각)
∠ACB$=32^\circ$(동위각)
∠BAC$=180^\circ-$∠DAC
$=180^\circ-124^\circ=56^\circ$
이므로 삼각형 ACB에서
$32^\circ+56^\circ+\angle x=180^\circ$
$\therefore\ \angle x=92^\circ$ 답 ②

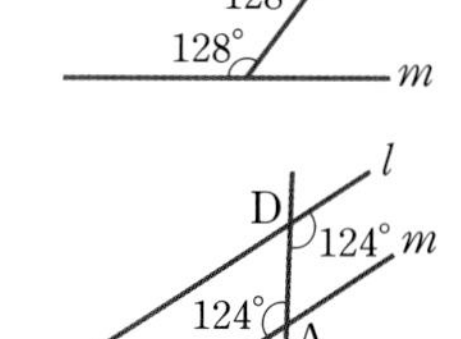

129 오른쪽 그림과 같이 두 직선 l, m과 평행한 직선을 그으면
$\angle x+48^\circ=76^\circ$
$\therefore\ \angle x=28^\circ$ 답 ①

130 오른쪽 그림과 같이 두 직선 l, m과 평행한 직선을 그으면
$(180-4x)+38=3x-6$
$7x=224$ $\therefore\ x=32$ 답 32

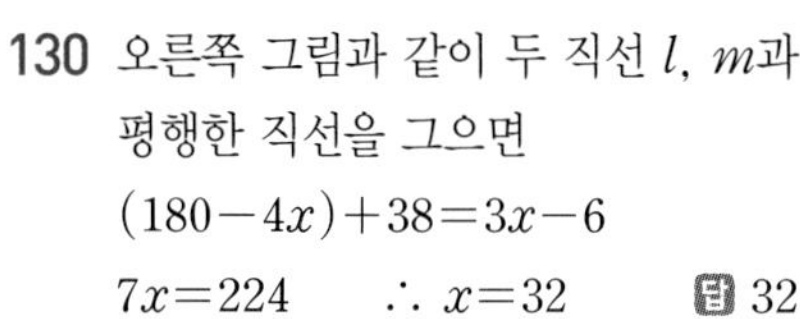

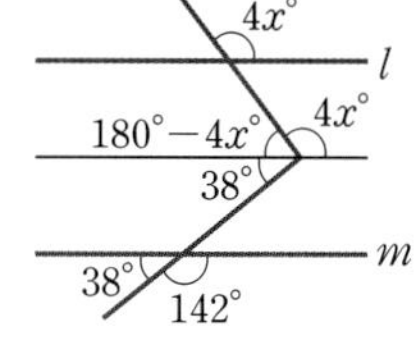

131 오른쪽 그림과 같이 두 직선 l, m과 평행한 직선을 그으면
$\angle x+44^\circ+52^\circ=180^\circ$
$\therefore\ \angle x=84^\circ$ 답 ①

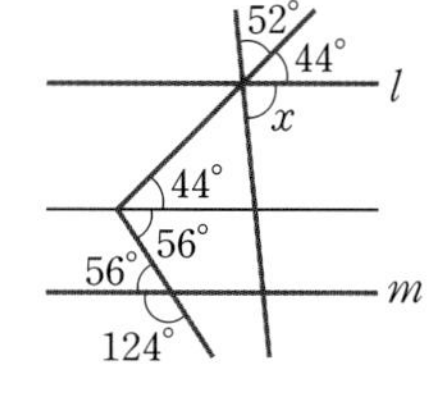

132 오른쪽 그림과 같이 두 직선 l, m과 평행한 두 직선을 그으면
$\angle x=38^\circ+42^\circ=80^\circ$ 답 ④

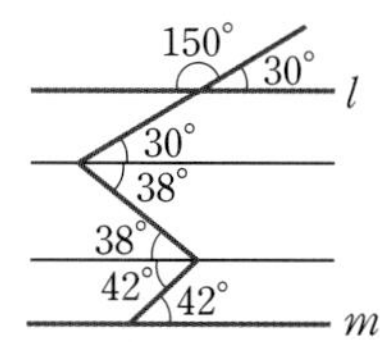

133 오른쪽 그림과 같이 두 직선 l, m과 평행한 두 직선을 그으면
$\angle x+27^\circ=360^\circ-280^\circ$
$\therefore\ \angle x=53^\circ$ 답 53°

134 오른쪽 그림과 같이 두 직선 l, m과 평행한 두 직선을 그으면
$x-55=33$
$\therefore\ x=88$ 답 88

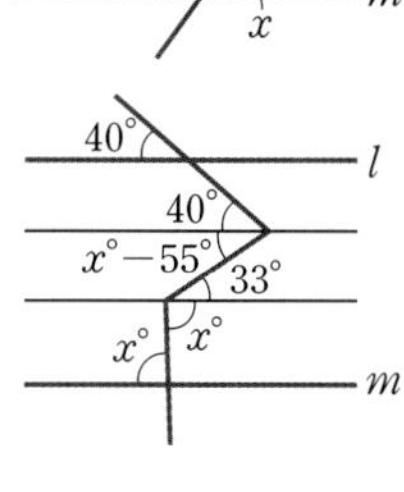

135 오른쪽 그림과 같이 두 직선 l, m과 평행한 두 직선을 그으면
$\angle x=25^\circ+100^\circ=125^\circ$ 답 125°

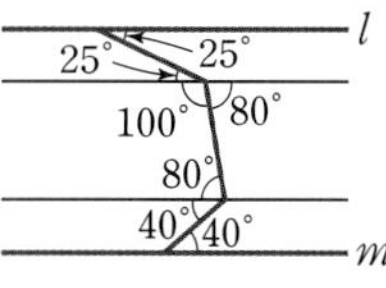

136 오른쪽 그림과 같이 두 직선 l, m과 평행한 두 직선을 그으면
$\angle x=71^\circ+33^\circ=104^\circ$ 답 ⑤

워크북

137 오른쪽 그림과 같이 두 직선 l, m과 평행한 두 직선을 그으면

$(\angle x-45°)+(\angle y-40°)=180°$

$\therefore\ \angle x+\angle y=265°$ 답 265°

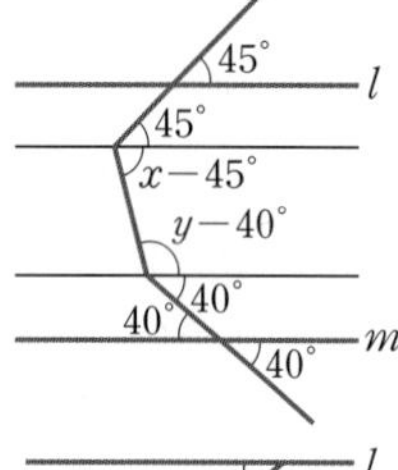

138 오른쪽 그림과 같이 두 직선 l, m과 평행한 두 직선을 그으면

$\angle x+67°=122°$

$\therefore\ \angle x=55°$ 답 ①

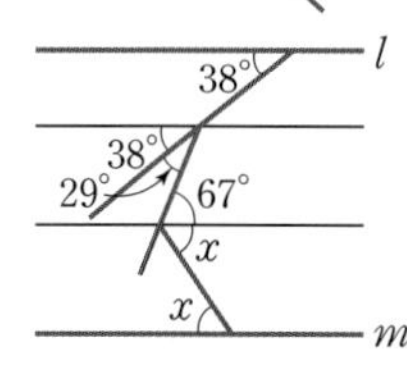

139 오른쪽 그림과 같이 두 직선 l, m과 평행한 두 직선을 그으면

$35°+\angle a+\angle b+\angle c=180°$

$\therefore\ \angle a+\angle b+\angle c=145°$ 답 ②

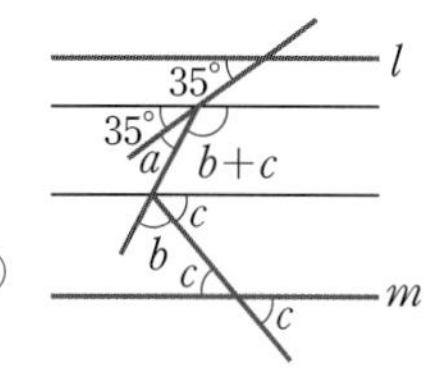

140 오른쪽 그림과 같이 두 직선 l, m과 평행한 세 직선을 그으면

$\angle a+\angle b+\angle c+50°+\angle d$
$=180°$

$\therefore\ \angle a+\angle b+\angle c+\angle d=130°$ 답 130°

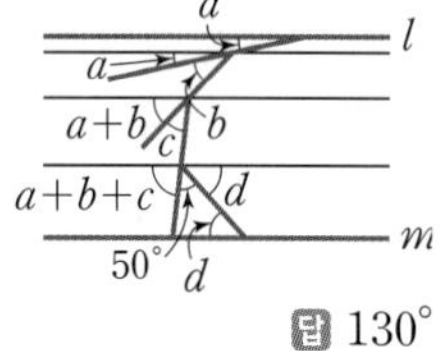

141 $\angle DAC=\angle a$, $\angle EBC=\angle b$라 하면

$\angle CAB=2\angle a$, $\angle CBA=2\angle b$

오른쪽 그림과 같이 두 직선 l, m과 평행한 직선을 그으면

삼각형 ACB에서

$3\angle a+3\angle b=180°$

$\therefore\ \angle a+\angle b=60°$

$\therefore\ \angle ACB=\angle a+\angle b=60°$ 답 60°

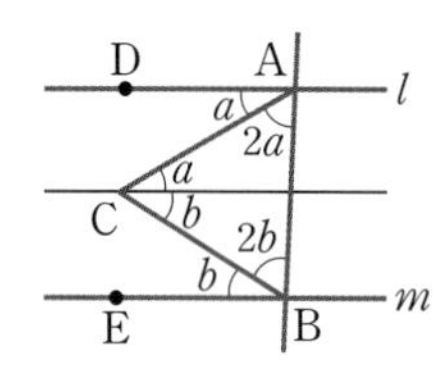

142 오른쪽 그림과 같이 두 직선 l, m과 평행한 직선을 그으면

$\angle ABC=30°+39°=69°$

$\therefore\ \angle DBC=\dfrac{1}{3}\angle ABC$

$=\dfrac{1}{3}\times 69°=23°$ 답 23°

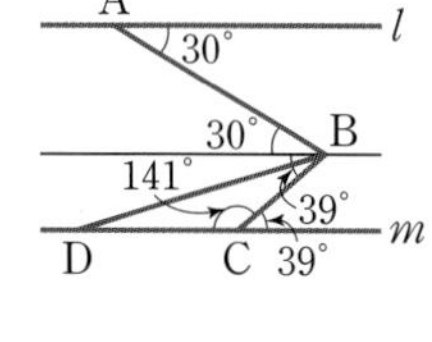

143 $\angle CAD=\angle DAB=\angle a$, $\angle ABC=\angle CBD=\angle b$라 하자.

오른쪽 그림과 같이 두 직선 l, m과 평행한 직선을 그으면

$\angle AEB=\angle a+\angle b$

삼각형 AEB에서

$2\angle a+2\angle b=180°$ $\quad\therefore\ \angle a+\angle b=90°$

$\angle CED=\angle AEB$(맞꼭지각)

$\therefore\ \angle CED=\angle AEB=\angle a+\angle b=90°$ 답 90°

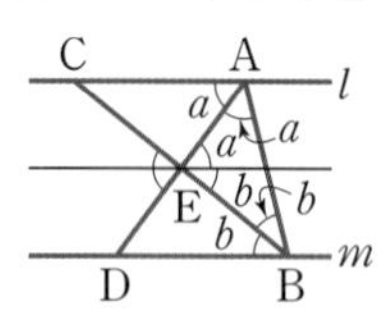

144 오른쪽 그림에서

$\angle GEF=\angle FEC$(접은 각)

$\overline{AD}/\!/\overline{BC}$이므로

$\angle FEC=\angle GFE$(엇각)

$\therefore\ \angle GEC=2\angle GFE$

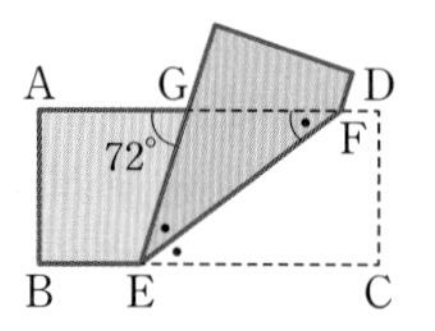

$\overline{AD}/\!/\overline{BC}$이므로 $\angle GEC=72°$(엇각)

따라서 $2\angle GFE=\angle GEC=72°$이므로

$\angle GFE=36°$ 답 36°

145 오른쪽 그림에서

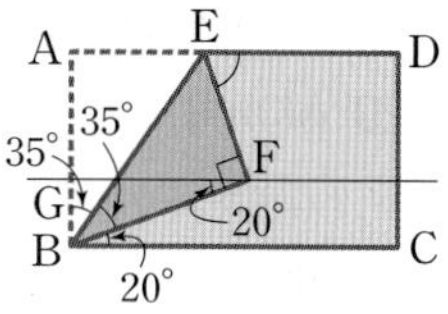

$\angle ABE=\angle EBF=35°$(접은 각)

$\angle FBC=90°-(35°+35°)=20°$

$\overline{AD}/\!/\overline{BC}$이므로 점 F를 지나면서 $\overline{AD}$, $\overline{BC}$와 평행한 직선을 그으면

$\angle GFB=\angle FBC=20°$(엇각), $\angle EFG=\angle DEF$(엇각)

$\angle EFB=\angle EFG+\angle GFB=\angle DEF+20°=90°$

$\therefore\ \angle DEF=70°$ 답 ④

다른 풀이

오른쪽 그림의 삼각형 EBF에서

$\angle BEF=180°-(90°+35°)=55°$

$\angle AEB=\angle BEF=55°$(접은 각)

$55°+55°+\angle DEF=180°$

$\therefore\ \angle DEF=70°$

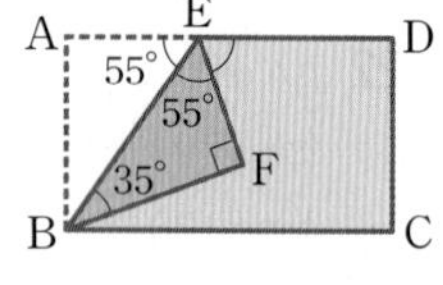

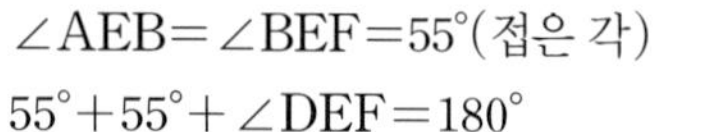

146 ㄱ. $\angle GEF=\angle FEC$(접은 각)이므로

$\angle GEF=\dfrac{1}{2}\angle GEC$

$\overline{AD}/\!/\overline{BC}$이므로 $\angle GFE=\angle FEC$(엇각)

따라서 $\angle GEF=\angle GFE$이므로 $\angle GFE=\dfrac{1}{2}\angle GEC$

ㄴ. 삼각형 GEF에서

$\angle GEF+\angle GFE+\angle FGE=180°$이므로

$2\angle FEC+\angle FGE=180°$

$\therefore\ \angle FGE=180°-2\angle FEC$

ㄷ. 삼각형 GEF에서 $\angle GFE=\angle GEF$이므로

삼각형 GEF는 $\overline{GE}=\overline{GF}$인 이등변삼각형이다.

따라서 옳은 것은 ㄱ, ㄴ, ㄷ이다. 답 ㄱ, ㄴ, ㄷ

만점 각 잡기 27~28쪽

147 ③ 직선 AB와 직선 CE는 점 A에서 만난다. 답 ③

148 다섯 개의 점 A, B, C, D, E 중 세 개의 점으로 결정되는 서로 다른 평면은

(i) 두 직선 AB, CD가 한 평면을 결정하기 때문에 네 점 A, B, C, D 중 세 개의 점으로 결정되는 평면은 평면 P의 1개이다.

(ii) 네 점 A, B, C, D 중 두 개의 점과 점 E로 결정되는 평면은 면 ABE, 면 ACE, 면 ADE, 면 BCE, 면 BDE, 면 CDE의 6개이다.

(i), (ii)에서 구하는 서로 다른 평면의 개수는

$1+6=7$ 답 7

149 평면 PQRS와 평행한 모서리는

$\overline{AE}$, $\overline{BF}$, $\overline{CG}$, $\overline{DH}$의 4개이므로 $a=4$

평면 PQRS와 수직인 면은

면 ABCD, 면 EFGH의 2개이므로 $b=2$

직선 QR과 꼬인 위치에 있는 모서리는 $\overline{AE}$, $\overline{BF}$, $\overline{CG}$, $\overline{DH}$, $\overline{AB}$, $\overline{BC}$, $\overline{CD}$, $\overline{AD}$의 8개이므로 $c=8$

$\therefore a-b+c=4-2+8=10$ 답 10

150 ① 평면 HIJ는 직선 AD와 한 점에서 만난다.

② 면 BEFIH와 평행한 모서리는 $\overline{AC}$, $\overline{AD}$, $\overline{CG}$, $\overline{DG}$의 4개이다.

③ 모서리 HI와 꼬인 위치에 있는 모서리는 $\overline{AB}$, $\overline{AC}$, $\overline{CJ}$, $\overline{AD}$, $\overline{CG}$, $\overline{DE}$, $\overline{DG}$, $\overline{FG}$의 8개이다.

④ 면 ABHJC와 면 HIJ는 한 직선에서 만나지만 수직은 아니다.

⑤ 점 J와 면 ADGC 사이의 거리는 $\overline{CJ}$의 길이와 같고, $\overline{CJ}=\overline{BH}$이므로 점 J와 면 ADGC 사이의 거리는 $\overline{BH}$의 길이와도 같다.

따라서 옳은 것은 ⑤이다. 답 ⑤

151 (1) 주어진 종이로 만든 삼각뿔은 오른쪽 그림과 같다.

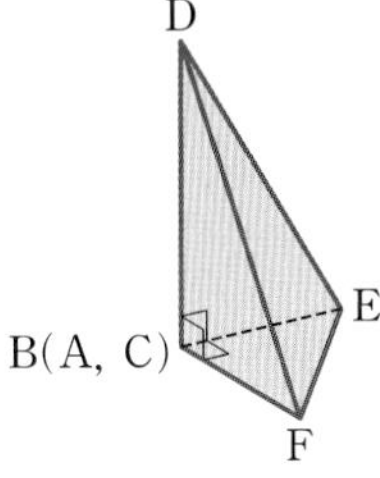

$\overline{CD}\perp\overline{BF}$이므로 면 EBF와 면 DCF는 수직이다.

$\overline{AD}\perp\overline{BE}$이므로 면 EBF와 면 DAE는 수직이다.

(2) 점 E와 면 DCF 사이의 거리는 $\overline{BE}$의 길이와 같으므로 $\overline{BE}=5\text{ cm}$

답 (1) 면 DCF, 면 DAE (2) 5 cm

152 ① $l\perp m$, $m\perp n$이면 두 직선 l, n은 서로 평행하거나 한 점에서 만나거나 꼬인 위치에 있다.

② $l /\!/ P$, $m /\!/ P$이면 두 직선 l, m은 서로 평행하거나 한 점에서 만나거나 꼬인 위치에 있다.

③ $l\perp P$, $m /\!/ P$이면 두 직선 l, m은 수직이거나 꼬인 위치에 있다.

⑤ $l /\!/ m$, $l\perp n$이면 두 직선 m, n은 수직이거나 꼬인 위치에 있다. 답 ④

153 $l /\!/ m$이므로

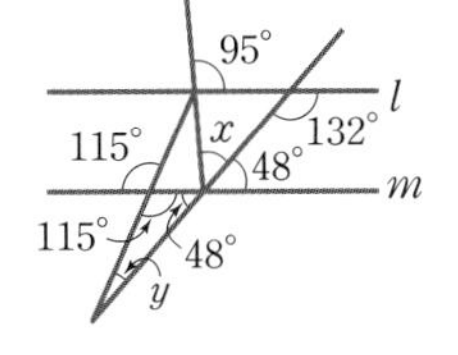

$\angle x+48°=95°$(동위각)

$\therefore \angle x=47°$

$\angle y+115°+48°=180°$이므로

$\angle y=17°$

$\therefore \angle x+\angle y=47°+17°=64°$ 답 64°

154 오른쪽 그림과 같이 두 직선 l, m과 평행한 두 직선을 그으면

$(180-6x)+(4x-50)=90$

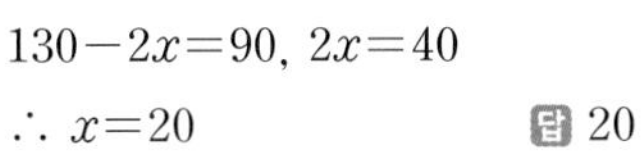

$130-2x=90$, $2x=40$

$\therefore x=20$ 답 20

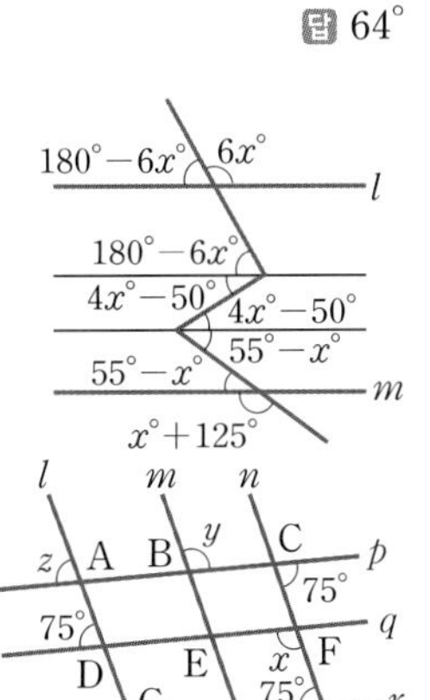

155 $\angle \text{GHE}=180°-105°=75°$

$\therefore \angle \text{GHE}=\angle \text{HIF}$

즉, 두 직선 m, n이 직선 r과 만날 때 생기는 동위각의 크기가 75°로 같으므로 $m /\!/ n$

$m /\!/ n$이므로 $\angle \text{DEH}=\angle x$(동위각)

$\angle \text{EDG}=75°$(맞꼭지각), $\angle \text{DGH}=106°$(맞꼭지각)

이므로 사각형 DGHE에서

$75°+106°+75°+\angle x=360°$

$\therefore \angle x=104°$

또한, 두 직선 p, r이 직선 n과 만날 때 생기는 엇각의 크기가 75°로 같으므로 $p /\!/ r$

$p /\!/ r$이므로

$\angle y=\angle \text{EHI}=105°$(동위각), $\angle z=180°-106°=74°$

$\therefore \angle x+\angle y+\angle z=104°+105°+74°$

$=283°$ 답 283°

156 오른쪽 그림에서 $\angle x$의 동위각은 $\angle a$, $\angle b$, $\angle c$, $\angle y$이다.

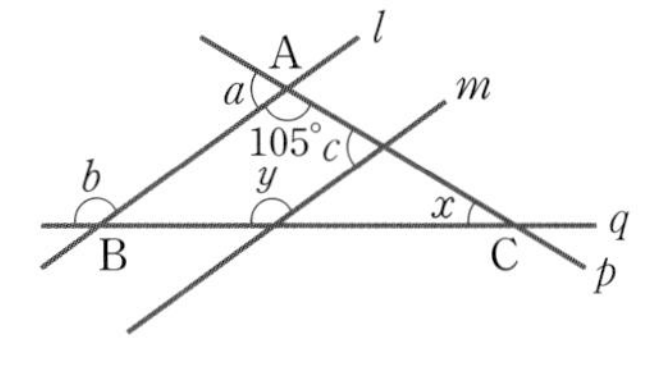

$l /\!/ m$이므로

$\angle b=\angle y$(동위각)

$\angle c=\angle a=180°-105°=75°$(동위각)

$\angle x$의 모든 동위각의 크기의 합이 420°이므로

$\angle a+\angle b+\angle c+\angle y=420°$

$75°+\angle y+75°+\angle y=420°$

$2\angle y+150°=420°$

$2\angle y=270°$ $\therefore \angle y=135°$

삼각형 ABC에서 $\angle x+105°+(180°-\angle b)=180°$

$\angle b=\angle y=135°$이므로

$\angle x+105°+180°-135°=180°$ $\therefore \angle x=30°$

$\therefore \angle x+\angle y=30°+135°=165°$ 답 165°

157 오른쪽 그림에서

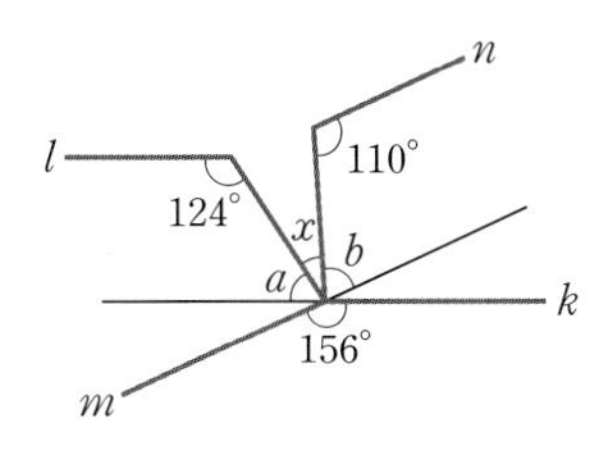

$l /\!/ k$이므로

$\angle a=180°-124°=56°$

$m /\!/ n$이므로

$\angle b=180°-110°=70°$

맞꼭지각의 크기는 같으므로

$\angle a+\angle x+\angle b=156°$

$56°+\angle x+70°=156°$

$\therefore \angle x=30°$ 답 30°

158 $\angle \text{PD'Q}=\angle x$(접은 각)

$\overline{AD} /\!/ \overline{BC}$이므로

$\angle \text{BD'Q}=\angle \text{PQB'}$

$=64°$(동위각)

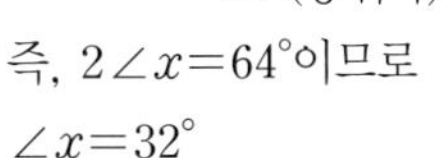

즉, $2\angle x=64°$이므로

$\angle x=32°$

$\angle \text{DRS}=\angle y$(접은 각)이므로

$52°+\angle y+\angle y=180°$

$2\angle y=128°$ $\therefore \angle y=64°$

$\overline{AD} /\!/ \overline{BC}$이므로 $\angle \text{RD'S}=52°$(엇각)

$64°+\angle z+52°=180°$ $\therefore \angle z=64°$

$\therefore \angle x+\angle y+\angle z=32°+64°+64°$

$=160°$ 답 160°

03 작도와 합동

유형 또 잡기 29~36쪽

159 ㄷ. 선분을 연장할 때는 눈금 없는 자를 사용한다.
ㄹ. 작도에서는 눈금 없는 자와 컴퍼스만을 사용한다.
따라서 옳은 것은 ㄱ, ㄴ이다. 답 ①

참고 크기가 60°인 각은 정삼각형의 작도를 이용하여 그릴 수 있다.

160 답 ③, ⑤

161 답 ②

162 답 (가) 컴퍼스, (나) $\overline{AB}$, (다) 정삼각형

163 컴퍼스로 0과 1 사이의 길이를 재고, 이를 이용하여 -2에 대응하는 점은 0으로부터 왼쪽으로 2번, 4에 대응하는 점은 1로부터 오른쪽으로 3번 이동한 곳에 찍는다.

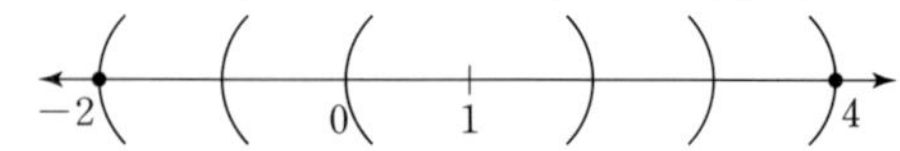

답 풀이 참조

164 ③ 점 D를 중심으로 하고 반지름의 길이가 $\overline{AB}$인 원을 그려 점 C를 잡는다. 답 ③

165 $\overline{OD}=\overline{OC}=\overline{PE}=\overline{PF}$, $\overline{CD}=\overline{EF}$
따라서 옳은 것은 ㄴ, ㄷ이다. 답 ④

166 $\overline{QA}=\overline{QB}=\overline{PC}=\overline{PD}$, $\overline{AB}=\overline{CD}$ 답 ⑤

167 작도 순서는 ㉣ → ㉢ → ㉡ → ㉠ → ㉥ → ㉤이므로 다섯 번째 과정은 ㉥이다. 답 ㉥

참고 ㉣ 점 P를 지나는 직선을 긋고 직선 l과의 교점을 Q라 한다.
㉢ 점 Q를 중심으로 하는 원을 그려 직선 PQ, 직선 l과의 교점을 각각 A, B라 한다.
㉡ 점 P를 중심으로 하고 반지름의 길이가 $\overline{QA}$인 원을 그려 직선 PQ와의 교점을 C라 한다.
㉠ 컴퍼스로 $\overline{AB}$의 길이를 잰다.
㉥ 점 C를 중심으로 하고 반지름의 길이가 $\overline{AB}$인 원을 그려 ㉡의 원과의 교점을 D라 한다.
㉤ 두 점 P, D를 잇는 직선을 그으면 직선 l과 평행하다.

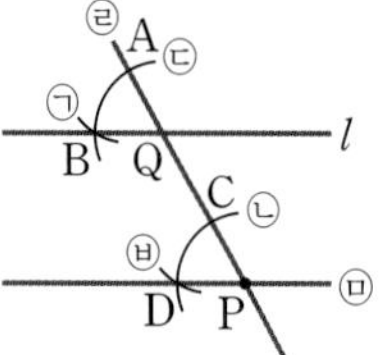

168 $\overline{QA}=\overline{QB}=\overline{PC}=\overline{PD}$, $\overline{AB}=\overline{CD}$
따라서 옳지 않은 것은 ③이다. 답 ③

169 가장 긴 변의 길이가 나머지 두 변의 길이의 합보다 작아야 한다.
① $5=2+3$ ② $13<6+9$ ③ $5<1+5$
④ $16>7+8$ ⑤ $22>8+12$
따라서 삼각형의 세 변의 길이가 될 수 있는 것은 ②, ③이다.
답 ②, ③

170 ① $8=2+6$ ② $8<3+6$ ③ $8<4+6$
④ $8<5+6$ ⑤ $8<6+6$
따라서 x의 값이 될 수 없는 것은 ①이다. 답 ①

171 (i) 가장 긴 변의 길이가 8일 때, 즉 $a\le8$일 때
$8<a+5$에서 $a>3$이므로
자연수 a는 4, 5, 6, 7, 8이다.
(ii) 가장 긴 변의 길이가 a일 때, 즉 $a\ge8$일 때
$a<5+8$에서 $a<13$이므로
자연수 a는 8, 9, 10, 11, 12이다.
(i), (ii)에서 자연수 a는 4, 5, 6, 7, 8, 9, 10, 11, 12의 9개이다. 답 9

172 (i) 가장 긴 변의 길이가 8일 때,
$8<3+7$, $8<5+7$이므로
만들 수 있는 삼각형의 세 변의 길이의 쌍은
(3, 7, 8), (5, 7, 8)
(ii) 가장 긴 변의 길이가 7일 때
$7<3+5$이므로
만들 수 있는 삼각형의 세 변의 길이의 쌍은
(3, 5, 7)
(i), (ii)에서 만들 수 있는 서로 다른 삼각형은 3개이다.
답 3개

173 두 변의 길이와 그 끼인각의 크기가 주어졌을 때는
(i) 각을 작도한 후 두 변을 작도하거나
(ii) 한 변을 작도한 후 각을 작도하고 다른 한 변을 작도하면 된다.
따라서 작도 순서는
$\angle A \to \overline{AB} \to \overline{AC}$ 또는
$\angle A \to \overline{AC} \to \overline{AB}$ 또는
$\overline{AB} \to \angle A \to \overline{AC}$ 또는
$\overline{AC} \to \angle A \to \overline{AB}$ 답 ⑤

174 ㉡ 직선 PQ 위에 한 점 B를 잡고, 점 B를 중심으로 하고 반지름의 길이가 $\overline{BC}$인 원을 그려 직선 PQ와의 교점을 C라 한다.
㉠ → ㉣ → ㉢ $\angle B$를 작도한다.
㉤ → ㉥ → ㉦ $\angle C$를 작도하여 $\angle B$와 $\angle C$의 교점을 A라 한다.
따라서 작도 순서는 ②이다. 답 ②

참고 한 변의 길이와 양 끝 각의 크기가 주어졌을 때는 선분을 작도한 후 두 각을 작도하거나, 한 각을 작도한 후 선분을 작도하고 다른 한 각을 작도하면 된다. 즉
㉡ → ㉤ → ㉥ → ㉦ → ㉠ → ㉣ → ㉢ 또는
㉠ → ㉣ → ㉢ → ㉡ → ㉤ → ㉥ → ㉦ 또는
㉤ → ㉥ → ㉦ → ㉡ → ㉠ → ㉣ → ㉢의 순서도 가능하다.

175 작도 순서는 ④ → ③ → ② → ⑤ → ①
또는 ④ → ② → ③ → ⑤ → ①
따라서 가장 마지막인 것은 ①이다. 답 ①

176 ① $6=2+4$이므로 삼각형이 만들어지지 않는다.
② 두 변의 길이와 그 끼인각의 크기가 주어졌으므로 $\triangle ABC$가 하나로 정해진다.
③ 한 변의 길이와 그 양 끝 각의 크기가 주어졌으므로 $\triangle ABC$가 하나로 정해진다.

④ $\angle C=180°-(50°+30°)=100°$
즉, 한 변의 길이와 그 양 끝 각의 크기가 주어진 것과 같으므로 △ABC가 하나로 정해진다.
⑤ 세 각의 크기가 각각 같은 삼각형은 무수히 많으므로 △ABC가 하나로 정해지지 않는다.
따라서 △ABC가 하나로 정해지지 않는 것은 ①, ⑤이다.
답 ①, ⑤

177 ㄱ. 두 변의 길이와 그 끼인각의 크기가 주어졌으므로 △ABC가 하나로 정해진다.
ㄴ. $\angle A+\angle B=195°>180°$이므로 삼각형이 만들어지지 않는다.
ㄷ. $\angle A=180°-(40°+50°)=90°$
즉, 한 변의 길이와 그 양 끝 각의 크기가 주어진 것과 같으므로 △ABC가 하나로 정해진다.
ㄹ. $8=4+4$이므로 삼각형이 만들어지지 않는다.
따라서 △ABC가 하나로 정해지는 것은 ㄱ, ㄷ이다.
답 ㄱ, ㄷ

178 ① $10>4+5$이므로 삼각형이 만들어지지 않는다.
② 두 변의 길이와 그 끼인각의 크기가 주어졌으므로 △ABC가 하나로 정해진다.
③ $\angle A+\angle B=190°>180°$이므로 삼각형이 만들어지지 않는다.
④ ∠C는 $\overline{AB}$와 $\overline{BC}$의 끼인각이 아니므로 △ABC가 하나로 정해지지 않는다.
⑤ 세 각의 크기가 각각 같은 삼각형은 무수히 많으므로 △ABC가 하나로 정해지지 않는다.
따라서 △ABC가 하나로 정해지는 것은 ②이다. 답 ②

179 ㄱ. 한 변의 길이와 그 양 끝 각의 크기가 주어졌으므로 △ABC가 하나로 정해진다.
ㄴ. $\angle A=180°-(60°+75°)=45°$
즉, 한 변의 길이와 그 양 끝 각의 크기가 주어진 것과 같으므로 △ABC가 하나로 정해진다.
ㄷ. 두 변의 길이와 그 끼인각의 크기가 주어졌으므로 △ABC가 하나로 정해진다.
ㄹ. ∠B는 $\overline{AB}$와 $\overline{AC}$의 끼인각이 아니므로 △ABC가 하나로 정해지지 않는다.
따라서 △ABC가 하나로 정해지기 위해 필요한 나머지 한 조건은 ㄱ, ㄴ, ㄷ이다. 답 ③

180 ② ∠A는 $\overline{AB}$와 $\overline{BC}$의 끼인각이 아니므로 △ABC가 하나로 정해지지 않는다. 답 ②

181 삼각형의 나머지 한 각의 크기는
$180°-(40°+60°)=80°$
한 변의 길이가 5 cm이고 그 양 끝 각의 크기의 쌍은 (40°, 60°), (40°, 80°), (60°, 80°)일 수 있다.
따라서 구하는 삼각형의 개수는 3이다. 답 3

182 ③ $\angle D=\angle A$ 답 ③

183 ③ 다음 그림과 같은 두 마름모는 둘레의 길이가 12 cm로 같지만 서로 합동이 아니다.

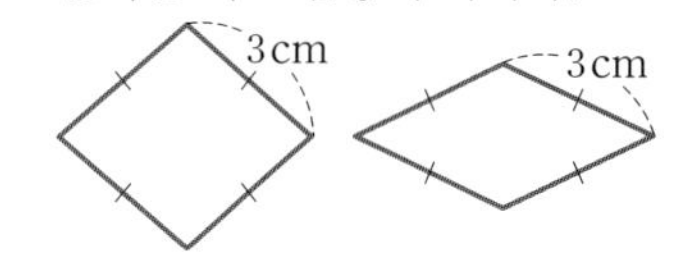

답 ③

184 $\overline{BC}=\overline{FG}=4$ cm이므로 $x=4$
$\angle F=\angle B=70°$이므로 사각형 EFGH에서
$\angle G=360°-(115°+70°+72°)=103°$ $\therefore y=103$
$\therefore x+y=4+103=107$ 답 107

185 주어진 삼각형에서 나머지 한 각의 크기는
$180°-(30°+35°)=115°$
③ 나머지 한 각의 크기는 $180°-(115°+30°)=35°$
한 쌍의 대응변의 길이가 같고, 그 양 끝 각의 크기가 각각 같으므로 합동이다. (ASA 합동) 답 ③

186 ① SSS 합동
② SAS 합동
③ ∠C와 ∠F는 끼인각이 아니므로 합동이라 할 수 없다.
④ $\angle A=\angle D$, $\angle C=\angle F$이면 $\angle B=\angle E$이므로 ASA 합동
⑤ 세 각의 크기가 각각 같은 삼각형은 무수히 많으므로 합동이라 할 수 없다. 답 ③, ⑤

187 ① 삼각형의 나머지 한 각의 크기는
$180°-(83°+62°)=35°$
③ 삼각형의 나머지 한 각의 크기는
$180°-(62°+35°)=83°$
④ 삼각형의 나머지 한 각의 크기는 35°이다.
⑤ 삼각형의 나머지 한 각의 크기는 83°이다.
따라서 ①과 ③, ①과 ④는 ASA 합동이고 ①과 ⑤는 SAS 합동 또는 ASA 합동이므로 나머지 넷과 합동이 아닌 삼각형은 ②이다. 답 ②

188 ① ASA 합동
② $\angle A=\angle D$, $\angle C=\angle F$이면 $\angle B=\angle E$이므로 ASA 합동
③ 대응각이 아니다.
④ ∠A와 ∠D는 끼인각이 아니므로 합동이라 할 수 없다.
⑤ SAS 합동
따라서 필요한 나머지 한 조건이 아닌 것은 ③, ④이다.
답 ③, ④

189 ㄱ. 세 각의 크기가 각각 같은 삼각형은 무수히 많다.
ㄴ. 대응각이 아니다.
ㄷ. $\angle B=\angle E$, $\angle C=\angle F$이면 $\angle A=\angle D$이므로 ASA 합동
ㄹ. ASA 합동
따라서 필요한 나머지 한 조건은 ㄷ, ㄹ이다. 답 ㄷ, ㄹ

워크북

190 (1) $\overline{AB}=\overline{DE}$이면 세 쌍의 대응변의 길이가 각각 같으므로
$\triangle ABC \equiv \triangle DEF$ (SSS 합동)
(2) $\angle C=\angle F$이면 두 쌍의 대응변의 길이가 각각 같고 그 끼인각의 크기가 같으므로
$\triangle ABC \equiv \triangle DEF$ (SAS 합동)
답 (1) $\overline{AB}=\overline{DE}$ (2) $\angle C=\angle F$

191 답 (가) $\overline{OB}$, (나) $\overline{BP}$, (다) SSS

192 $\triangle ABC$와 $\triangle CDA$에서
$\overline{AB}=\overline{CD}$, $\overline{BC}=\overline{DA}$, $\overline{AC}$는 공통
$\therefore \triangle ABC \equiv \triangle CDA$ (SSS 합동)
답 $\triangle ABC \equiv \triangle CDA$, SSS 합동

193 $\triangle ABC$와 $\triangle ADC$에서
$\overline{AB}=\overline{AD}=\overline{BC}=\overline{DC}$, $\overline{AC}$는 공통
즉, $\triangle ABC \equiv \triangle ADC$ (SSS 합동)이므로
$\angle ABC=\angle ADC$, $\angle BAC=\angle DAC$
따라서 옳은 것은 ㄴ, ㄷ이다. 답 ㄴ, ㄷ

194 $\triangle ACD$와 $\triangle AEB$에서
$\overline{AD}=\overline{AB}$, $\overline{AC}=\overline{AE}$, $\angle A$는 공통
$\therefore \triangle ACD \equiv \triangle AEB$ (SAS 합동) 답 ②

195 $\triangle ABM$과 $\triangle DCM$에서
점 M은 $\overline{BC}$의 중점이므로 $\overline{BM}=\overline{CM}$
사각형 ABCD가 직사각형이므로
$\overline{AB}=\overline{DC}$, $\angle ABM=\angle DCM=90°$
$\therefore \triangle ABM \equiv \triangle DCM$ (SAS 합동)
답 $\triangle DCM$, SAS 합동

196 $\triangle AEB$와 $\triangle CED$에서
$\overline{AE}=\overline{CE}$, $\overline{BE}=\overline{DE}$, $\angle AEB=\angle CED$ (맞꼭지각)
따라서 $\triangle AEB \equiv \triangle CED$ (SAS 합동)이므로
$\overline{AB}=\overline{CD}=180$ m 답 180 m, SAS 합동

197 ⑤ ASA 답 ⑤

198 $\triangle AMC$와 $\triangle DMB$에서
점 M이 $\overline{BC}$의 중점이므로 $\overline{MC}=\overline{MB}$
$\angle AMC=\angle DMB$ (맞꼭지각)
$\overline{AC} /\!/ \overline{BD}$이므로
$\angle ACM=\angle DBM$ (엇각)
즉, $\triangle AMC \equiv \triangle DMB$ (ASA 합동)이므로
$\overline{AC}=\overline{BD}$, $\overline{AM}=\overline{DM}$, $\angle MAC=\angle MDB$
따라서 옳지 않은 것은 ④이다. 답 ④

199 $\triangle ABC$와 $\triangle EBD$에서
$\overline{BC}=\overline{BD}$
$\angle B$는 공통
$\angle ACB=\angle EDB=90°$
$\therefore \triangle ABC \equiv \triangle EBD$ (ASA 합동)
답 $\triangle ABC \equiv \triangle EBD$, ASA 합동

200 ④ $\angle BAE$ 답 ④

201 ㄱ. $\overline{AD}=\overline{BE}=\overline{CF}$이고 $\triangle ABC$는 정삼각형이므로
$\overline{AE}=\overline{BF}=\overline{CD}$
ㄷ, ㄹ. $\overline{AE}=\overline{BF}=\overline{CD}$, $\overline{AD}=\overline{BE}=\overline{CF}$,
$\angle A=\angle B=\angle C=60°$
즉, $\triangle AED \equiv \triangle BFE \equiv \triangle CDF$ (SAS 합동)이므로
$\overline{DE}=\overline{EF}=\overline{FD}$
그러므로 삼각형 DEF는 정삼각형이므로
$\angle EFD=60°$
따라서 옳은 것은 ㄱ, ㄷ, ㄹ이다. 답 ㄱ, ㄷ, ㄹ

202 $\triangle ABE$와 $\triangle CBD$에서
$\overline{AB}=\overline{CB}$, $\overline{BE}=\overline{BD}$,
$\angle ABE=\angle ABC-\angle EBC=60°-\angle EBC$
$=\angle EBD-\angle EBC=\angle CBD$
즉, $\triangle ABE \equiv \triangle CBD$ (SAS 합동)이므로
$\overline{AE}=\overline{CD}$, $\angle BAE=\angle BCD$
따라서 옳은 것은 ①, ③이다. 답 ①, ③

203 $\triangle BCE$와 $\triangle DCF$에서
$\overline{BC}=\overline{DC}$, $\overline{CE}=\overline{CF}$, $\angle BCE=\angle DCF=90°$
$\therefore \triangle BCE \equiv \triangle DCF$ (SAS 합동)
$\overline{DF}=\overline{BE}=10$ cm이므로 $a=10$
$\overline{CE}=\overline{CF}=6$ cm이므로 $\overline{DE}=8-6=2$(cm) $\therefore b=2$
$\therefore a+b=10+2=12$ 답 12

204 $\triangle AFD$와 $\triangle DGC$에서
$\overline{AD}=\overline{DC}$
$\angle ADF=90°-\angle CDG=\angle DCG$
$\angle DAF=90°-\angle ADF=\angle CDG$
$\therefore \triangle AFD \equiv \triangle DGC$ (ASA 합동)
답 $\triangle AFD \equiv \triangle DGC$, ASA 합동

205 ㄱ, ㄷ. $\triangle ABE$와 $\triangle ADF$에서
$\overline{AB}=\overline{AD}$, $\overline{BE}=\overline{DF}$, $\angle ABE=\angle ADF=90°$
즉, $\triangle ABE \equiv \triangle ADF$ (SAS 합동)이므로
$\overline{AE}=\overline{AF}$, $\angle BAE=\angle DAF$
ㄹ. ㄱ에 의해 $\overline{AE}=\overline{AF}$
즉, $\triangle AEF$는 $\overline{AE}=\overline{AF}$인 이등변삼각형이므로
$\angle AFE=\angle AEF=75°$
$\therefore \angle EAF=180°-2\times 75°=30°$
따라서 옳은 것은 ㄱ, ㄷ, ㄹ이다. 답 ㄱ, ㄷ, ㄹ
참고 $\triangle CEF$에서 $\overline{CE}=\overline{CF}$, $\angle ECF=90°$이므로 $\angle ECF=45°$
$\angle AFE=\angle AEF=75°$이므로 $\angle AFD=180°-(45°+75°)=60°$

만점 각 잡기 37~38쪽

206 답 (가) $\overline{AC}$, (나) $60°$, (다) $\overline{BD}$, (라) $30°$
참고 90°인 각의 삼등분선은 정삼각형의 세 각의 크기가 모두 60°임을 이용한다.

207 (i) 가장 긴 변의 길이가 8일 때
$8<3+7$, $8<4+5$, $8<4+7$, $8<5+7$이므로
만들 수 있는 삼각형의 세 변의 길이의 쌍은
(3, 7, 8), (4, 5, 8), (4, 7, 8), (5, 7, 8)

(ii) 가장 긴 변의 길이가 7일 때
$7<3+5$, $7<4+5$이므로
만들 수 있는 삼각형의 세 변의 길이의 쌍은
$(3, 5, 7)$, $(4, 5, 7)$
(iii) 가장 긴 변의 길이가 5일 때
$5<3+4$이므로
만들 수 있는 삼각형의 세 변의 길이의 쌍은
$(3, 4, 5)$
(i)~(iii)에서 만들 수 있는 서로 다른 삼각형은 7개이다.
답 7개

208 삼각형의 나머지 한 각의 크기는
$180°-(30°+80°)=70°$
한 변의 길이가 5 cm이고 그 양 끝 각의 크기의 쌍이 $(30°, 80°)$, $(80°, 70°)$, $(30°, 70°)$일 수 있다.
따라서 만들 수 있는 삼각형은 3개이므로
$a=3$
세 변의 길이가 주어지고 $6<3+4$이므로 만들 수 있는 삼각형은 1개이다.
즉, $b=1$
$\therefore a-b=2$
답 2

209 $\triangle ACB$와 $\triangle DEB$에서
$\overline{BC}=\overline{BE}$, $\overline{AB}=\overline{DB}$, $\angle B$는 공통
$\therefore \triangle ACB \equiv \triangle DEB$ (SAS 합동)
이때 $\angle BAC=\angle BDE=17°$이므로
$\triangle ACB$에서
$\angle ACB=180°-(17°+42°)=121°$
$\therefore \angle x=180°-\angle ACB=180°-121°=59°$
답 59°

210 $\triangle ABC$와 $\triangle EFD$에서
$\overline{BC}=\overline{BD}+\overline{DC}=\overline{FC}+\overline{DC}=\overline{FD}$
$\overline{AB}/\!/\overline{EF}$이므로 $\angle ABC=\angle EFD$ (엇각)
$\overline{AC}/\!/\overline{ED}$이므로 $\angle ACB=\angle EDF$ (엇각)
$\therefore \triangle ABC \equiv \triangle EFD$ (ASA 합동)
답 ASA 합동

211 $\triangle ABD$와 $\triangle CAE$에서
$\overline{AB}=\overline{CA}$
$\angle ABD=90°-\angle BAD=\angle CAE$
$\angle D=\angle E=90°$이므로
$\angle BAD=\angle ACE$
$\therefore \triangle ABD \equiv \triangle CAE$ (ASA 합동)
따라서 $\overline{DA}=\overline{EC}=3$ cm, $\overline{AE}=\overline{BD}=4$ cm이므로
$\overline{DE}=\overline{DA}+\overline{AE}=3+4=7$(cm)
답 ③

212 $\triangle ABD$와 $\triangle CAE$에서
$\overline{AB}=\overline{CA}$
$\angle ABD=90°-\angle BAD=\angle CAE$
$\angle BAD=90°-\angle CAE=\angle ACE$
$\therefore \triangle ABD \equiv \triangle CAE$ (ASA 합동)
따라서 $\overline{AE}=\overline{BD}=12$ cm, $\overline{AD}=\overline{CE}=5$ cm이므로
$\overline{DE}=\overline{AE}-\overline{AD}=12-5=7$(cm)
답 7 cm

213 $\triangle ABP$와 $\triangle ACQ$에서
$\overline{AB}=\overline{AC}$, $\overline{AP}=\overline{AQ}$
$\angle BAP=60°+\angle CAP=\angle CAQ$
따라서 $\triangle ABP \equiv \triangle ACQ$ (SAS 합동)이므로
$\overline{CQ}=\overline{BP}=\overline{BC}+\overline{CP}=5+6=11$(cm)
답 ②

214 조건 (나)에 의해
$\triangle ABC$는 $\overline{AB}=\overline{BC}$인 이등변삼각형이므로
$\angle A=\angle C$
이때 조건 (다)에 의해 $\angle A=65°$이므로
$\angle A=\angle C=65°$
따라서 조건 (가)에 의해 $\triangle ABC \equiv \triangle DEF$이므로
$\angle E=\angle B$
$=180°-2\times 65°=50°$
답 50°

215 $\triangle ACE$와 $\triangle DCB$에서
$\overline{AC}=\overline{DC}$, $\overline{CE}=\overline{CB}$
$\angle ACE=\angle ACD+\angle DCE$
$=60°+\angle DCE$
$=\angle BCE+\angle DCE$
$=\angle DCB=120°$
따라서 $\triangle ACE \equiv \triangle DCB$ (SAS 합동)이므로
$\angle AEC+\angle BDC=\angle AEC+\angle EAC$
$=180°-\angle ACE$
$=180°-120°=60°$
답 60°

216 ㄱ. $\triangle ABP$와 $\triangle AER$에서
$\overline{AB}=\overline{AE}$, $\angle ABP=\angle AER=60°$,
$\angle BAP=60°-\angle DAR=\angle EAR$
즉, $\triangle ABP \equiv \triangle AER$ (ASA 합동)이므로
$\overline{AP}=\overline{AR}$
ㄴ. $\overline{BP}=\overline{ER}$이므로
$\overline{CP}=\overline{BC}-\overline{BP}=\overline{DE}-\overline{ER}=\overline{DR}$
ㄷ. $\triangle PQD$와 $\triangle RQC$에서
$\overline{DP}=\overline{AD}-\overline{AP}=\overline{AC}-\overline{AR}=\overline{CR}$
$\angle PDQ=\angle RCQ=60°$ ······ ㉠
$\angle PQD=\angle RQC$ (맞꼭지각) ······ ㉡
㉠, ㉡에 의해 $\angle DPQ=\angle CRQ$
$\therefore \triangle PQD \equiv \triangle RQC$ (ASA 합동)
따라서 옳은 것은 ㄱ, ㄴ, ㄷ이다.
답 ㄱ, ㄴ, ㄷ

217 $\triangle BFC$와 $\triangle DFC$에서
$\overline{BC}=\overline{DC}$, $\overline{FC}$는 공통, $\angle BCF=\angle DCF=45°$
$\therefore \triangle BFC \equiv \triangle DFC$ (SAS 합동)
따라서 $\angle FBC=\angle FDC=90°-38°=52°$이므로
$\triangle EBC$에서
$\angle BEC=180°-(90°+52°)$
$=38°$
답 38°

04 다각형

유형 ⓔ 잡기

39~51쪽

218 ① 곡선으로 둘러싸여 있으므로 다각형이 아니다.
③, ④ 입체도형이므로 다각형이 아니다. 답 ②, ⑤

219 ②, ④ 선분과 곡선으로 둘러싸여 있으므로 다각형이 아니다. 답 ②, ④

220 ③ 변의 개수가 가장 적은 다각형은 삼각형이다. 답 ③

221 $125° + \angle x = 180°$ $\therefore \angle x = 55°$
$40° + \angle y = 180°$ $\therefore \angle y = 140°$
$\therefore \angle x + \angle y = 55° + 140° = 195°$ 답 195°

222 $\angle$B의 외각의 크기는 $180° - 105° = 75°$
$\angle$C의 내각의 크기는 $180° - 120° = 60°$
따라서 $\angle$B의 외각과 $\angle$C의 내각의 크기의 합은
$75° + 60° = 135°$ 답 135°

223 $(2x+50)+2y=180$, $2(x+y)=130$
$\therefore x+y=65$ 답 65

224 $x=180-105$ $\therefore x=75$
$y+(2x-85)=180$
$y+65=180$ $\therefore y=115$
$\therefore x+y=75+115=190$ 답 190

225 ④ 변의 길이가 모두 같고 내각의 크기가 모두 같은 다각형을 정다각형이라 한다. 답 ④

226 ① 변이 6개인 다각형은 육각형이다.
② 꼭짓점이 9개인 다각형은 구각형이다.
⑤ 정육각형에서 모든 대각선의 길이가 같은 것은 아니다.
답 ③, ④

227 조건 (가), (나)에 의해 구하는 다각형은 정다각형이다.
조건 (다)에서 다각형의 변이 10개이므로 구하는 다각형은 정십각형이다. 답 정십각형

228 구각형의 한 꼭짓점에서 그을 수 있는 대각선의 개수는
$9-3=6$ $\therefore a=6$
이때 생기는 삼각형의 개수는
$9-2=7$ $\therefore b=7$
$\therefore a+b=6+7=13$ 답 ⑤

229 구하는 다각형을 n각형이라 하면
$n-3=10$ $\therefore n=13$
따라서 구하는 다각형은 십삼각형이다. 답 ③

230 내부의 한 점에서 각 꼭짓점에 선분을 그었을 때 생기는 삼각형의 개수가 11인 다각형은 십일각형이다.
따라서 십일각형의 한 꼭짓점에서 그을 수 있는 대각선의 개수는
$11-3=8$ 답 8

231 구하는 다각형을 n각형이라 하면
$a=n-2$, $b=n-3$
이때 $2a-b=9$이므로
$2(n-2)-(n-3)=9$, $2n-4-n+3=9$
$n-1=9$ $\therefore n=10$
따라서 구하는 다각형은 십각형이다. 답 십각형

232 구하는 다각형을 n각형이라 하면
$n-2=5$ $\therefore n=7$
따라서 칠각형이므로 대각선의 개수는
$\frac{7\times(7-3)}{2}=14$ 답 ①

233 $\frac{17\times(17-3)}{2}=119$ 답 ②

234 이십각형의 한 꼭짓점에서 그을 수 있는 대각선의 개수는
$20-3=17$ $\therefore a=17$
이십각형의 대각선의 총 개수는
$\frac{20\times(20-3)}{2}=170$ $\therefore b=170$
$\therefore b-a=170-17=153$ 답 153

235 내부의 한 점에서 각 꼭짓점에 선분을 그었을 때 생기는 삼각형의 개수가 19인 다각형은 십구각형이다.
따라서 십구각형의 대각선의 개수는
$\frac{19\times(19-3)}{2}=152$ 답 ④

236 구하는 다각형을 n각형이라 하면
한 꼭짓점에서 그을 수 있는 대각선의 개수는 $n-3$,
다각형의 변의 개수는 n이므로
$(n-3)+n=21$, $2n=24$ $\therefore n=12$
따라서 십이각형이므로 대각선의 개수는
$\frac{12\times(12-3)}{2}=54$ 답 54

237 악수하는 사람끼리 연결하면 구하는 악수의 횟수는 팔각형의 대각선의 개수와 같으므로
$\frac{8\times(8-3)}{2}=20$(번) 답 20번

238 도로의 개수는 칠각형의 변의 개수와 대각선의 개수의 합과 같다.
따라서 만들어지는 도로의 개수는
$7+\frac{7\times(7-3)}{2}=7+14=21$

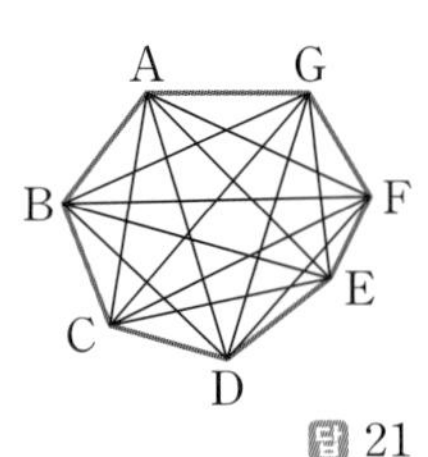

답 21

239 구하는 다각형을 n각형이라 하면
$\frac{n(n-3)}{2}=77$
$n(n-3)=154=14\times11$ $\therefore n=14$
따라서 십사각형이므로 한 꼭짓점에서 그을 수 있는 대각선의 개수는
$14-3=11$ 답 ⑤

240 구하는 다각형을 n각형이라 하면
$\frac{n(n-3)}{2}=90$
$n(n-3)=180=15\times12$ $\therefore n=15$
따라서 십오각형이므로 꼭짓점의 개수는 15이다. 답 15

241 구하는 다각형을 n각형이라 하면
$\frac{n(n-3)}{2}=44$
$n(n-3)=88=11\times8 \quad \therefore n=11$
따라서 십일각형이므로 내부의 한 점에서 각 꼭짓점에 선분을 그었을 때 생기는 삼각형의 개수는 11이다. 답 ①

242 구하는 다각형을 n각형이라 하면
$\frac{n(n-3)}{2}=35$
$n(n-3)=70=10\times7 \quad \therefore n=10$
즉, 십각형이므로 한 꼭짓점에서 그을 수 있는 대각선의 개수는
$10-3=7 \quad \therefore a=7$
이때 생기는 삼각형의 개수는
$10-2=8 \quad \therefore b=8$
$\therefore a+b=7+8=15$ 답 15

243 $3x+(x+30)+2x=180$
$6x=150 \quad \therefore x=25$ 답 25

244 $\angle ACB=\angle DCE$ (맞꼭지각)이므로
$\angle CAB+\angle CBA=\angle CDE+\angle CED$
$\angle x+50°=60°+70°$
$\therefore \angle x=80°$ 답 ③

참고 삼각형의 세 내각의 크기의 합은 180°이므로
$\angle a+\angle b=180°-\angle e$
$\angle c+\angle d=180°-\angle e$
$\therefore \angle a+\angle b=\angle c+\angle d$

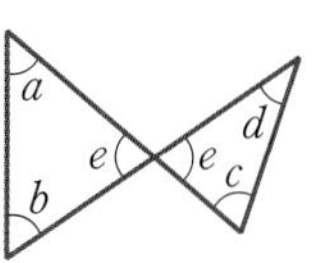

245 $\angle A=2\angle C$, $\angle B=\angle C+40°$이므로
$2\angle C+(\angle C+40°)+\angle C=180°$
$4\angle C=140° \quad \therefore \angle C=35°$
$\therefore \angle A=2\angle C=2\times35°=70°$ 답 70°

246 가장 큰 내각의 크기는
$180°\times\frac{7}{3+5+7}=180°\times\frac{7}{15}=84°$ 답 84°

247 $4x+60=(3x+20)+50$
$4x+60=3x+70$
$\therefore x=10$ 답 10

248 $3x-10=(180-130)+x$
$3x-10=50+x$
$2x=60 \quad \therefore x=30$ 답 30

249 $\triangle ECD$에서 $\angle ECB=20°+25°=45°$
따라서 $\triangle ABC$에서
$\angle x=20°+45°=65°$ 답 65°

250 $\triangle CDE$에서 $\angle BCA=45°+\angle x$
따라서 $\triangle ABC$에서
$44°+80°+(45°+\angle x)=180°$
$169°+\angle x=180° \quad \therefore \angle x=11°$ 답 ②

251 $\triangle ABC$에서 $\angle BAC=135°-25°=110°$이므로
$\angle BAD=\frac{1}{2}\angle BAC=\frac{1}{2}\times110°=55°$
따라서 $\triangle ABD$에서
$\angle x=25°+55°=80°$ 답 ③

252 $\angle BAC=180°-120°=60°$이므로
$\angle DAC=\frac{1}{2}\angle BAC=\frac{1}{2}\times60°=30°$
따라서 $\triangle ADC$에서
$\angle x=30°+50°=80°$ 답 80°

253 $\triangle ABD$에서 $\angle ABD=70°-30°=40°$이므로
$\angle DBC=\angle ABD=40°$
따라서 $\triangle DBC$에서
$\angle x=70°+40°=110°$ 답 ④

254 $\angle B=2\angle IBC$, $\angle C=2\angle ICB$이므로 $\triangle ABC$에서
$2\angle IBC+2\angle ICB=180°-\angle A$
$=180°-62°=118°$
따라서 $\angle IBC+\angle ICB=\frac{1}{2}\times118°=59°$이므로
$\triangle IBC$에서
$\angle x=180°-(\angle IBC+\angle ICB)$
$=180°-59°=121°$ 답 121°

255 $\triangle IBC$에서
$\angle IBC+\angle ICB=180°-116°=64°$
따라서 $\triangle ABC$에서
$\angle x=180°-(\angle ABC+\angle ACB)$
$=180°-2(\angle IBC+\angle ICB)$
$=180°-2\times64°=52°$ 답 52°

256 $\triangle ABC$에서 $\angle ABC+\angle ACB=2x°-60°$이므로
$\triangle IBC$에서
$2x°=180°-(\angle IBC+\angle ICB)$
$=180°-\frac{1}{2}(\angle ABC+\angle ACB)$
$=180°-\frac{1}{2}(2x°-60°)=210°-x°$
$3x°=210° \quad \therefore x=70$ 답 ①

257 $\angle ABD=\angle DBC=\angle a$, $\angle ACD=\angle DCE=\angle b$라 하면
$\triangle ABC$에서 $2\angle b=56°+2\angle a$
$\therefore \angle b=28°+\angle a$ ...... ㉠
$\triangle DBC$에서 $\angle b=\angle x+\angle a$ ...... ㉡
㉠, ㉡에서 $28°+\angle a=\angle x+\angle a$
$\therefore \angle x=28°$ 답 28°

258 $\angle ABD=\angle DBC=\angle a$, $\angle ACD=\angle DCE=\angle b$라 하면
$\triangle ABC$에서 $2\angle b=2\angle a+\angle x$
$\therefore \angle b=\angle a+\frac{1}{2}\angle x$ ...... ㉠
$\triangle DBC$에서 $\angle b=\angle a+50°$ ...... ㉡
㉠, ㉡에서 $\angle a+\frac{1}{2}\angle x=\angle a+50°$
$\frac{1}{2}\angle x=50° \quad \therefore \angle x=100°$ 답 100°

259 $\angle ABD=\angle DBC=\angle a$, $\angle ACD=\angle DCE=\angle b$라 하면
$\triangle ABC$에서 $2\angle b=\angle x+2\angle a$

워크북

$\therefore\ \angle b=\frac{1}{2}\angle x+\angle a$ …… ㉠

$\triangle$DBC에서 $\angle b=\angle y+\angle a$ …… ㉡

㉠, ㉡에서 $\frac{1}{2}\angle x+\angle a=\angle y+\angle a$

$\angle x=2\angle y \quad \therefore\ k=2$ 답 2

260 $\angle \mathrm{CDA}=180^\circ-140^\circ=40^\circ$

$\triangle$ACD는 $\overline{\mathrm{CA}}=\overline{\mathrm{CD}}$인 이등변삼각형이므로

$\angle \mathrm{CAD}=\angle \mathrm{CDA}=40^\circ$

$\therefore\ \angle \mathrm{ACB}=\angle \mathrm{CAD}+\angle \mathrm{CDA}=40^\circ+40^\circ=80^\circ$

$\triangle$ABC는 $\overline{\mathrm{AB}}=\overline{\mathrm{AC}}$인 이등변삼각형이므로

$\angle \mathrm{ABC}=\angle \mathrm{ACB}=80^\circ$

$\therefore\ \angle x=180^\circ-(80^\circ+80^\circ)=20^\circ$ 답 ③

261 $\triangle$ABC는 $\overline{\mathrm{AB}}=\overline{\mathrm{AC}}$인 이등변삼각형이므로

$\angle \mathrm{C}=\frac{1}{2}\times(180^\circ-48^\circ)=66^\circ$

$\triangle$BCD는 $\overline{\mathrm{BC}}=\overline{\mathrm{BD}}$인 이등변삼각형이므로

$\angle \mathrm{BDC}=\angle \mathrm{C}=66^\circ$

$\therefore\ \angle x=180^\circ-2\angle \mathrm{BDC}$

$=180^\circ-2\times66^\circ=48^\circ$ 답 48°

262 $\triangle$BAC는 $\overline{\mathrm{AB}}=\overline{\mathrm{BC}}$인 이등변삼각형이므로

$\angle \mathrm{BCA}=\angle \mathrm{BAC}=15^\circ$

$\therefore\ \angle \mathrm{CBD}=15^\circ+15^\circ=30^\circ$

$\triangle$CBD는 $\overline{\mathrm{BC}}=\overline{\mathrm{CD}}$인 이등변삼각형이므로

$\angle \mathrm{CDB}=\angle \mathrm{CBD}=30^\circ$

$\triangle$ACD에서

$\angle \mathrm{DCE}=15^\circ+30^\circ=45^\circ$

$\triangle$DCE는 $\overline{\mathrm{CD}}=\overline{\mathrm{DE}}$인 이등변삼각형이므로

$\angle \mathrm{DEC}=\angle \mathrm{DCE}=45^\circ$

$\therefore\ \angle x=180^\circ-45^\circ=135^\circ$ 답 135°

263 $\triangle$DBC에서

$\angle \mathrm{DBC}+\angle \mathrm{DCB}=180^\circ-110^\circ=70^\circ$

따라서 $\triangle$ABC에서

$\angle x=180^\circ-(65^\circ+\angle \mathrm{DBC}+\angle \mathrm{DCB}+25^\circ)$

$=180^\circ-(65^\circ+70^\circ+25^\circ)=20^\circ$ 답 ②

264 오른쪽 그림과 같이 $\overline{\mathrm{BC}}$를 그으면

$\triangle$DBC에서

$\angle \mathrm{DBC}+\angle \mathrm{DCB}=180^\circ-110^\circ$

$=70^\circ$

따라서 $\triangle$ABC에서

$\angle x+\angle y=180^\circ-(55^\circ+\angle \mathrm{DBC}+\angle \mathrm{DCB})$

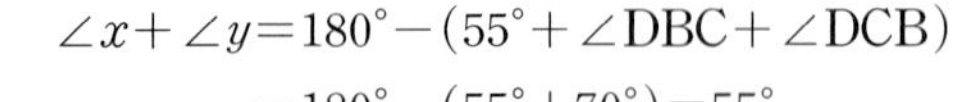

$=180^\circ-(55^\circ+70^\circ)=55^\circ$ 답 55°

265 오른쪽 그림과 같이 $\overline{\mathrm{BD}}$를 그으면

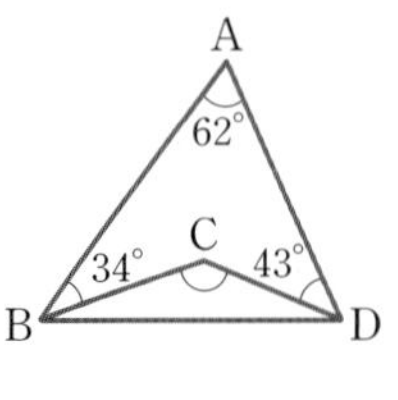

$\triangle$ABD에서

$\angle \mathrm{CBD}+\angle \mathrm{CDB}$

$=180^\circ-(62^\circ+34^\circ+43^\circ)$

$=180^\circ-139^\circ=41^\circ$

따라서 $\triangle$CBD에서

$\angle \mathrm{BCD}=180^\circ-(\angle \mathrm{CBD}+\angle \mathrm{CDB})$

$=180^\circ-41^\circ=139^\circ$ 답 ④

266 $\triangle$ACF에서

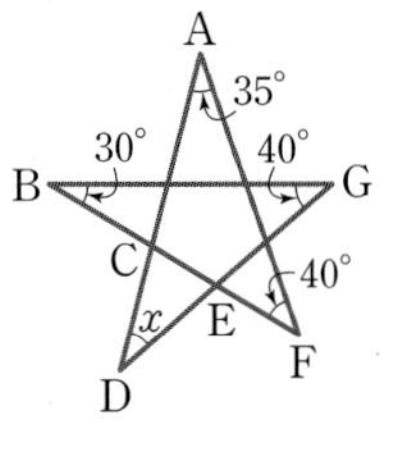

$\angle \mathrm{DCE}=35^\circ+40^\circ=75^\circ$

$\triangle$BEG에서

$\angle \mathrm{CED}=30^\circ+40^\circ=70^\circ$

따라서 $\triangle$CDE에서

$\angle x=180^\circ-(75^\circ+70^\circ)=35^\circ$

답 ④

267 $\triangle$ADE에서

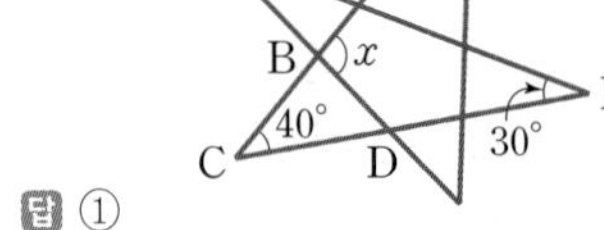

$\angle \mathrm{BDC}=25^\circ+30^\circ=55^\circ$

따라서 $\triangle$BCD에서

$\angle x=40^\circ+55^\circ=95^\circ$

답 ①

268 $\triangle$GBE에서

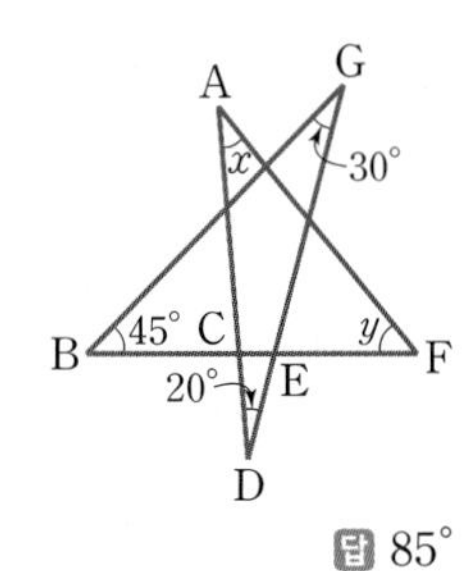

$\angle \mathrm{CED}=45^\circ+30^\circ=75^\circ$

$\triangle$CDE에서

$\angle \mathrm{ECD}=180^\circ-(20^\circ+75^\circ)$

$=85^\circ$

따라서 $\triangle$ACF에서

$\angle x+\angle y=\angle \mathrm{ECD}=85^\circ$ 답 85°

269 구하는 다각형을 n각형이라 하면

$180^\circ\times(n-2)=720^\circ$

$n-2=4 \quad \therefore\ n=6$

따라서 육각형이므로 대각선의 개수는

$\frac{6\times(6-3)}{2}=9$ 답 ②

270 구하는 다각형을 n각형이라 하면

$180^\circ\times(n-2)=1440^\circ$

$n-2=8 \quad \therefore\ n=10$

따라서 십각형이므로 꼭짓점의 개수는 10이다. 답 10

271 구하는 다각형을 n각형이라 하면

$n-3=8 \quad \therefore\ n=11$

따라서 십일각형이므로 내각의 크기의 합은

$180^\circ\times(11-2)=1620^\circ$ 답 1620°

272 조건 ㈎, ㈏에 의해 구하는 다각형은 정다각형이므로

정n각형이라 하면 조건 ㈐에서

$180^\circ\times(n-2)=1800^\circ$

$n-2=10 \quad \therefore\ n=12$

따라서 구하는 다각형은 정십이각형이다. 답 정십이각형

273 구하는 다각형을 n각형이라 하면

$\frac{n(n-3)}{2}=20$

$n(n-3)=40=8\times5 \quad \therefore\ n=8$

따라서 팔각형이므로 내각의 크기의 합은

$180^\circ\times(8-2)=1080^\circ$ 답 ②

274 구하는 다각형을 n각형이라 하면

n각형의 내각의 크기의 합이 1500°보다 작으므로

$180° \times (n-2) < 1500°$

이때 $180° \times 8 = 1440°$, $180° \times 9 = 1620°$이므로

가장 큰 자연수 n의 값은 $n-2=8$일 때, 즉 $n=10$이다.

따라서 십각형이므로 대각선의 개수는

$\frac{10 \times (10-3)}{2} = 35$ 답 ④

275 ④ n각형의 내각의 크기의 합은 $180° \times n - 360°$, 즉 $180° \times (n-2)$이다. 답 ④

276 사각형의 내각의 크기의 합은 360°이므로

$70° + 135° + \angle x + (180° - 105°) = 360°$

$\angle x + 280° = 360°$ $\quad \therefore \angle x = 80°$ 답 80°

277 육각형의 내각의 크기의 합은

$180° \times (6-2) = 720°$이므로

$\angle x + 145° + 135° + \angle y + 122° + 118° = 720°$

$\angle x + \angle y + 520° = 720°$

$\therefore \angle x + \angle y = 200°$ 답 ⑤

278 사각형의 내각의 크기의 합은 360°이므로

$\angle x + 55° + \angle a + 60° = 360°$

$\therefore \angle a = 245° - \angle x$ ······ ㉠

오각형의 내각의 크기의 합은

$180° \times (5-2) = 540°$이므로

$\angle a + 70° + \angle y + 80° + 130° = 540°$

$\therefore \angle a = 260° - \angle y$ ······ ㉡

㉠, ㉡에 의해 $245° - \angle x = 260° - \angle y$

$\therefore \angle y - \angle x = 15°$ 답 15°

279 $\angle ABC = 2\angle a$, $\angle CBF = \angle a$, $\angle EDC = 2\angle b$, $\angle CDF = \angle b$라 하면

오각형의 내각의 크기의 합은 $180° \times (5-2) = 540°$이므로

오각형 ABFDE에서

$115° + 3\angle a + 45° + 3\angle b + 125° = 540°$

$285° + 3(\angle a + \angle b) = 540°$

$3(\angle a + \angle b) = 255°$ $\quad \therefore \angle a + \angle b = 85°$

오각형 ABCDE에서

$115° + 2\angle a + \angle x + 2\angle b + 125° = 540°$

$240° + 2(\angle a + \angle b) + \angle x = 540°$

$240° + 2 \times 85° + \angle x = 540°$

$\therefore \angle x = 130°$ 답 130°

280 다각형의 외각의 크기의 합은 360°이므로

$48° + (180° - 95°) + (180° - \angle x) + 60° + 100° = 360°$

$473° - \angle x = 360°$ $\quad \therefore \angle x = 113°$ 답 ③

281 다각형의 외각의 크기의 합은 360°이므로

$(x+10) + 62 + 40 + 5x + 4x + (180-112) = 360$

$10x + 180 = 360$, $10x = 180$

$\therefore x = 18$ 답 18

282 다각형의 외각의 크기의 합은 360°이므로

$2x + x + 90 + x + 2x + 90 = 360$

$6x = 180$ $\quad \therefore x = 30$ 답 ⑤

283 거북이가 각 꼭짓점에서 회전한 각의 크기의 합은 팔각형의 외각의 크기의 합과 같으므로 360°이다. 답 360°

284 (한 외각의 크기)$= 180° \times \frac{1}{3+1} = 45°$

구하는 정다각형을 정n각형이라 하면

$\frac{360°}{n} = 45°$ $\quad \therefore n = 8$

따라서 정팔각형이므로 한 꼭짓점에서 그을 수 있는 대각선의 개수는 $8-3=5$ 답 ③

285 정구각형의 한 내각의 크기는

$\frac{180° \times (9-2)}{9} = 140°$ $\quad \therefore a = 140$

정십오각형의 한 외각의 크기는

$\frac{360°}{15} = 24°$ $\quad \therefore b = 24$

$\therefore a + b = 140 + 24 = 164$ 답 164

286 ① 한 꼭짓점에서 대각선을 그었을 때 생기는 삼각형의 개수는 $10-2=8$

② 대각선의 개수는 $\frac{10 \times (10-3)}{2} = 35$

③ 내각의 크기의 합은 $180° \times (10-2) = 1440°$

④ 한 외각의 크기는 $\frac{360°}{10} = 36°$

⑤ 한 내각의 크기는 $\frac{180° \times (10-2)}{10} = 144°$

따라서 옳지 않은 것은 ③이다. 답 ③

287 ㄱ. 정사각형의 한 내각의 크기는 $\frac{360°}{4} = 90°$,

정팔각형의 한 외각의 크기는 $\frac{360°}{8} = 45°$

이므로 정사각형의 한 내각의 크기는 정팔각형의 한 외각의 크기와 같지 않다.

ㄴ. 정오각형의 한 외각의 크기는 $\frac{360°}{5} = 72°$,

정육각형의 한 외각의 크기는 $\frac{360°}{6} = 60°$

이므로 정오각형의 한 외각의 크기는 정육각형의 한 외각의 크기보다 크다.

ㄷ. 정사각형의 한 내각의 크기는 90°, 한 외각의 크기도 90°이다.

따라서 옳은 것은 ㄴ, ㄷ이다. 답 ④

288 구하는 정다각형을 정n각형이라 하면

$\frac{360°}{n} = 36°$ $\quad \therefore n = 10$

따라서 정십각형이므로 내각의 크기의 합은

$180° \times (10-2) = 1440°$ 답 1440°

289 정다각형의 한 외각의 크기를 $\angle x$라 하면 한 내각의 크기는 $\angle x + 90°$이므로

$(\angle x + 90°) + \angle x = 180°$

$2\angle x=90°$ $\quad\therefore \angle x=45°$

한 외각의 크기가 45°인 정다각형을 정n각형이라 하면

$\frac{360°}{n}=45°$ $\quad\therefore n=8$

따라서 구하는 정다각형은 정팔각형이다. 답 ③

290 방패 3개를 한 꼭짓점에서 만나도록 이어 붙였으므로 정다각형 3개의 내각의 크기의 합은 360°이다.

즉, 한 내각의 크기는 $\frac{360°}{3}=120°$

구하는 정다각형을 정n각형이라 하면

$\frac{180°\times(n-2)}{n}=120°$

$180°\times n-360°=120°\times n$, $60°\times n=360°$ $\quad\therefore n=6$

따라서 구하는 정다각형은 정육각형이다. 답 정육각형

291 $\angle ABP=90°-60°=30°$이고

$\triangle ABP$는 $\overline{BA}=\overline{BP}$인 이등변삼각형이므로

$\angle APB=\frac{1}{2}\times(180°-30°)=75°$

같은 방법으로 하면 $\triangle DPC$에서 $\angle DPC=75°$

$\therefore \angle x=360°-(75°+60°+75°)=150°$ 답 150°

292 ㄱ. $\triangle AEC$와 $\triangle CDB$에서 $\overline{CE}=\overline{BD}$, $\overline{AC}=\overline{CB}$,

$\angle ACE=\angle CBD=60°$이므로

$\triangle AEC\equiv\triangle CDB$ (SAS 합동)

ㄴ. $\triangle AEC\equiv\triangle CDB$ (SAS 합동)이므로

$\angle CAE=\angle BCD$

따라서 $\triangle ACF$에서

$\angle CFE=\angle FAC+\angle FCA=\angle BCD+\angle FCA$

$=\angle ACB=60°$

$\therefore \angle BAE\neq\angle CFE$

ㄷ. $\angle CFE=\angle AFD$ (맞꼭지각)

$\therefore \angle AFD=\angle ABE=60°$ 답 ⑤

293 정삼각형의 한 내각의 크기는 60°,

정사각형의 한 내각의 크기는 90°이므로

$\angle AEB=60°$, $\angle DAC=45°$

$\triangle AED$는 $\overline{AE}=\overline{AD}$인 이등변삼각형이므로

$\angle ADE=\angle AED=60°-\angle x$

$\triangle AFD$에서

$\angle y=\angle DAC+\angle ADE=45°+(60°-\angle x)$

$\therefore \angle x+\angle y=105°$ 답 ④

294 정오각형의 한 내각의 크기는

$\frac{180°\times(5-2)}{5}=108°$

$\triangle ABC$는 $\overline{BA}=\overline{BC}$인 이등변삼각형이므로

$\angle BAC=\frac{1}{2}\times(180°-108°)=36°$

$\triangle ADE$는 $\overline{EA}=\overline{ED}$인 이등변삼각형이므로

$\angle EAD=\frac{1}{2}\times(180°-108°)=36°$

$\therefore \angle x=108°-(36°+36°)=36°$ 답 36°

295 정삼각형의 한 내각의 크기는 60°

정오각형의 한 내각의 크기는 $\frac{180°\times(5-2)}{5}=108°$

정육각형의 한 내각의 크기는 $\frac{180°\times(6-2)}{6}=120°$

$\therefore \angle x=360°-(60°+108°+120°)=72°$ 답 72°

296 정오각형의 한 내각의 크기는 $\frac{180°\times(5-2)}{5}=108°$

$\triangle ABE$는 $\overline{AB}=\overline{AE}$인 이등변삼각형이므로

$\angle ABE=\angle AEB=\frac{1}{2}\times(180°-108°)=36°$

같은 방법으로 $\triangle EAD$에서 $\angle EAD=36°$이므로

$\triangle AFE$에서 $\angle x=180°-(36°+36°)=108°$

$\angle y=\angle AED-\angle AEB=108°-36°=72°$

$\therefore \angle x+\angle y=108°+72°=180°$ 답 ④

297 정사각형의 한 외각의 크기는 $\frac{360°}{4}=90°$

정팔각형의 한 외각의 크기는 $\frac{360°}{8}=45°$

$\therefore \angle x=90°+45°=135°$ 답 ④

298 $\angle x$는 정육각형의 한 외각이므로 $\angle x=\frac{360°}{6}=60°$

$\angle DEG$도 정육각형의 한 외각이므로 $\angle DEG=60°$

$\triangle EDG$에서 $\angle y=180°-(60°+60°)=60°$

$\therefore \angle x+\angle y=60°+60°=120°$ 답 120°

299 정육각형의 한 외각의 크기는 $\frac{360°}{6}=60°$이므로

$\angle PAF=60°$

정사각형의 한 외각의 크기는 $\frac{360°}{4}=90°$이므로

$\angle PGF=90°$

또한, $\angle AFG=90°+60°=150°$이므로 사각형 AFGP에서

$\angle x=360°-(60°+90°+150°)=60°$ 답 60°

300 오른쪽 그림과 같이 $\overline{CD}$를 그으면

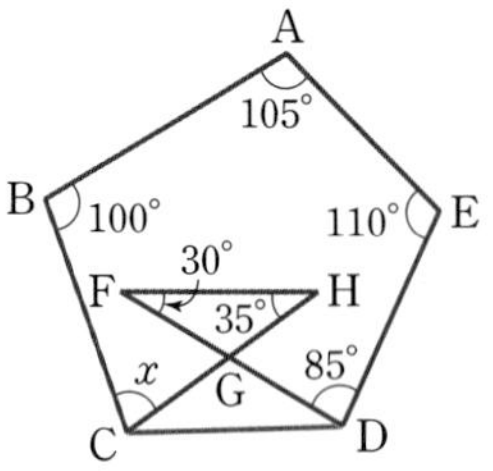

$\angle GCD+\angle GDC=30°+35°$

$=65°$

오각형의 내각의 크기의 합은

$180°\times(5-2)=540°$이므로

$105°+100°+\angle x+(\angle GCD+\angle GDC)+85°+110°=540°$

$105°+100°+\angle x+65°+85°+110°=540°$

$465°+\angle x=540°$ $\quad\therefore \angle x=75°$ 답 75°

301 오른쪽 그림과 같이 $\overline{CD}$를 그으면

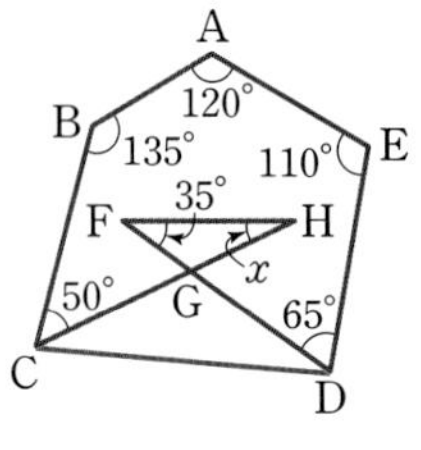

$\angle GCD+\angle GDC=35°+\angle x$

오각형의 내각의 크기의 합은

$180°\times(5-2)=540°$이므로

$120°+135°+50°$

$+(\angle GCD+\angle GDC)+65°+110°$

$=540°$

$120°+135°+50°+(35°+\angle x)+65°+110°=540°$

$515°+\angle x=540°$ $\quad\therefore \angle x=25°$ 답 ④

302 오른쪽 그림과 같이 $\overline{AF}$, $\overline{GI}$를 그으면

$\angle JGI+\angle JIG=\angle JAF+\angle JFA$

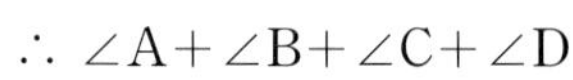

$\therefore\ \angle A+\angle B+\angle C+\angle D+\angle E+\angle F+\angle G+\angle H+\angle I$

$=\angle A+\angle B+\angle C+\angle D+\angle E+\angle F+(\angle HGI+\angle JGI)+\angle H+(\angle HIG+\angle JIG)$

$=(\angle A+\angle B+\angle C+\angle D+\angle E+\angle F+\angle JAF+\angle JFA)+(\angle HGI+\angle H+\angle HIG)$

$=$(육각형 ABCDEF의 내각의 크기의 합)+(삼각형 GHI의 내각의 크기의 합)

$=180^\circ\times(6-2)+180^\circ$

$=720^\circ+180^\circ=900^\circ$ 답 900°

303 오른쪽 그림에서

$(\angle a+\angle b)+(\angle c+25^\circ)+(\angle d+40^\circ)+(\angle e+\angle f)$

$=$(사각형의 외각의 크기의 합)

$=360^\circ$

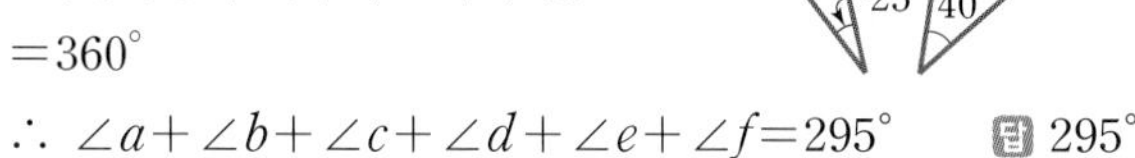

$\therefore\ \angle a+\angle b+\angle c+\angle d+\angle e+\angle f=295^\circ$ 답 295°

304 오른쪽 그림에서

$\angle A+\angle B+\angle C+\angle D+\angle E+\angle F+\angle G+\angle H$

$=$(사각형의 외각의 크기의 합)

$=360^\circ$ 답 360°

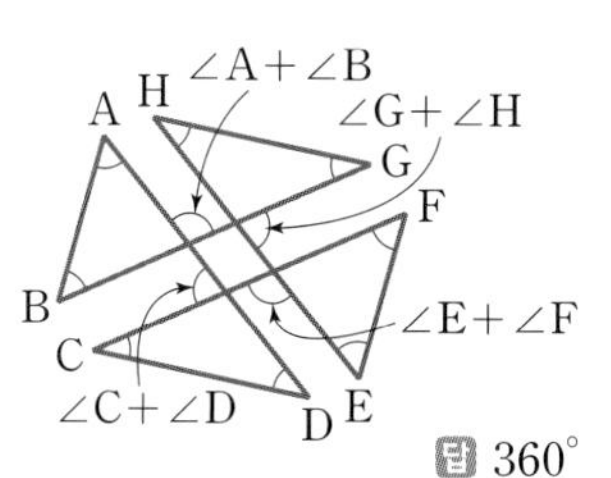

305 오른쪽 그림에서

$\angle a+\angle b+\angle c+\angle d+\angle e+\angle f$

$=$(사각형의 내각의 크기의 합)

$=360^\circ$ 답 360°

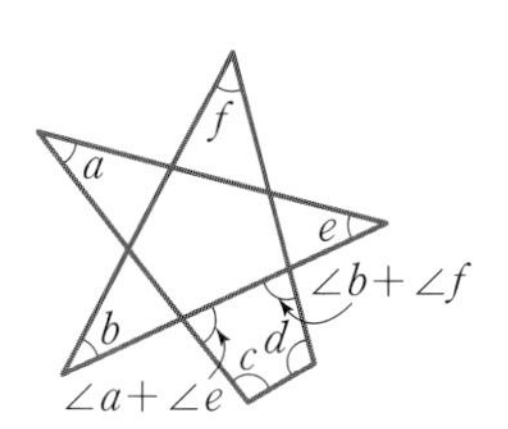

만점 각 잡기 52~53쪽

306 구하는 다각형을 n각형이라 하면

$a=n-2$, $b=n-3$

이때 $a+b=19$이므로

$(n-2)+(n-3)=19$, $2n-5=19$

$2n=24\quad\therefore\ n=12$

따라서 십이각형이므로 대각선의 개수는

$\dfrac{12\times(12-3)}{2}=54$ 답 ③

307 $\angle CAD=\angle a$, $\angle ACD=\angle b$라 하면

$\triangle ABC$에서

$40^\circ+(180^\circ-2\angle a)+(180^\circ-2\angle b)=180^\circ$

$\therefore\ \angle a+\angle b=110^\circ$

$\triangle ACD$에서

$\angle x+\angle a+\angle b=180^\circ$

$\angle x+110^\circ=180^\circ\quad\therefore\ \angle x=70^\circ$ 답 70°

308 $\triangle FCE$에서

$\angle BFG=\angle FCE+\angle FEC$

$=30^\circ+25^\circ=55^\circ$

$\triangle FBG$에서

$45^\circ+\angle x+55^\circ=180^\circ$

$\therefore\ \angle x=80^\circ$ ⋯⋯ ㉠

$\triangle AGD$에서

$\angle x=\angle GAD+\angle GDA$

$=\angle y+\angle y=2\angle y$ ⋯⋯ ㉡

㉠, ㉡에서 $80^\circ=2\angle y$

$\therefore\ \angle y=40^\circ$ 답 $\angle x=80^\circ$, $\angle y=40^\circ$

309 $\triangle BAC$는 $\overline{BA}=\overline{BC}$인 이등변삼각형이므로

$\angle BCA=\angle BAC=18^\circ$

$\therefore\ \angle ABC=180^\circ-(18^\circ+18^\circ)=144^\circ$

구하는 정다각형을 정n각형이라 하면

$\dfrac{180^\circ\times(n-2)}{n}=144^\circ$

$180^\circ\times n-360^\circ=144^\circ\times n$

$36^\circ\times n=360^\circ\quad\therefore\ n=10$

따라서 정십각형이므로 대각선의 개수는

$\dfrac{10\times(10-3)}{2}=35$ 답 35

310 구하는 정다각형을 정n각형이라 하면

$180^\circ\times(n-2)+360^\circ=2160^\circ$

$180^\circ\times n=2160^\circ\quad\therefore\ n=12$

따라서 정십이각형이므로 한 외각의 크기는

$\dfrac{360^\circ}{12}=30^\circ$ 답 30°

311 $\angle ABC+\angle DCB=360^\circ-(120^\circ+108^\circ)=132^\circ$

$\angle EBC+\angle FCB=360^\circ-(\angle ABC+\angle DCB)$

$=360^\circ-132^\circ=228^\circ$

$\therefore\ \angle PBC+\angle PCB=\dfrac{1}{2}(\angle EBC+\angle FCB)$

$=\dfrac{1}{2}\times228^\circ=114^\circ$

따라서 $\triangle PCB$에서

$\angle x=180^\circ-114^\circ=66^\circ$ 답 66°

312 $\overline{DE}\,/\!/\,\overline{AC}$이므로

$\angle DEB=\angle ACE=\angle x$(동위각)

$\triangle DBE$는 $\overline{DB}=\overline{DE}$인 이등변삼각형이므로

$\angle DBE=\angle DEB=\angle x$

$\angle ADE=\angle DBE+\angle DEB=\angle x+\angle x=2\angle x$

$\triangle EAD$는 $\overline{DE}=\overline{AE}$인 이등변삼각형이므로

$\angle DAE=\angle ADE=2\angle x$

따라서 $\triangle ABC$에서

$(2\angle x+40^\circ)+\angle x+\angle x=180^\circ$

$4\angle x=140^\circ\quad\therefore\ \angle x=35^\circ$ 답 ②

313 정n각형의 한 외각의 크기는 $\frac{360°}{n}$이므로

$x=\frac{360}{n}$

x가 자연수가 되려면 n은 360의 약수이어야 한다.

$360=2^3\times3^2\times5$이므로 360의 약수의 개수는

$(3+1)\times(2+1)\times(1+1)=24$

이때 $n\geq3$이므로 조건을 만족시키는 자연수의 개수는

$24-2=22$

따라서 구하는 정다각형의 개수는 22이다. 답 ③

주의 $n=1$, 2이면 정다각형이 아니므로 360의 약수의 개수에서 2를 뺀다.

314 △BCE에서 $\angle x=\frac{1}{2}\times\{180°-(90°+60°)\}=15°$

마찬가지로 △ADE에서 ∠DAE=15°

△DAF에서 $\angle y=90°+15°=105°$

$\angle z=\angle DEC-\angle DEA-\angle CEB=60°-2\times15°=30°$

$\therefore \angle x+\angle y+\angle z=15°+105°+30°=150°$

답 150°

315 $\angle ABP=\frac{180°\times(5-2)}{5}=108°$

△ABP와 △BCQ에서

$\overline{AB}=\overline{BC}$, $\overline{BP}=\overline{CQ}$, ∠ABP=∠BCQ이므로

△ABP≡△BCQ (SAS 합동)

즉, ∠PAB=∠QBC

△ABP≡△BCQ (SAS 합동)이므로

∠QBC=∠PAB

$\therefore \angle x=\angle APB+\angle QBC$

$=\angle APB+\angle PAB$

$=180°-\angle ABP$

$=180°-108°=72°$ 답 72°

316 $\angle a+\angle b+\angle c+\angle d+\angle e+\angle f+\angle g$

=(7개의 삼각형의 내각의 크기의 합)

−(칠각형의 외각의 크기의 합)×2

$=180°\times7-360°\times2=540°$

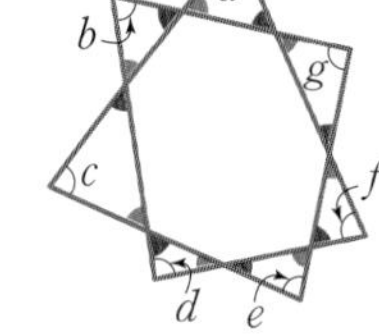

답 540°

다른 풀이 오른쪽 그림과 같이

$\overline{CF}$와 $\overline{DE}$를 그으면

∠HCF+∠HFC

=∠HDE+∠HED

이므로

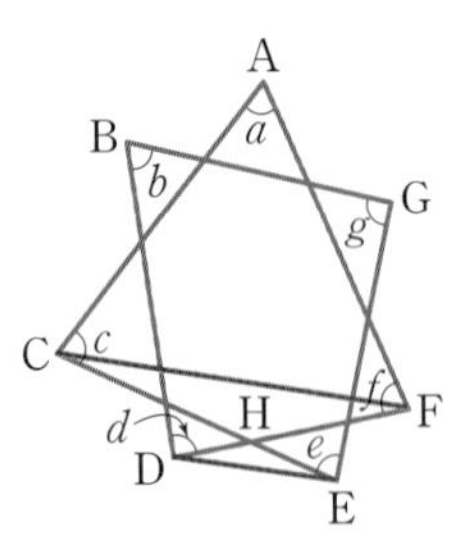

$\angle a+\angle b+\angle c+\angle d+\angle e+\angle f+\angle g$

=(삼각형 ACF의 내각의 크기의 합)

+(사각형 BDEG의 내각의 크기의 합)

$=180°+360°=540°$

05 원과 부채꼴

유형 잡기 54~63쪽

317 ④ 길이가 가장 긴 현은 $\overline{AC}$이다. 답 ④

318 답 ① 활꼴 ② 현 AB ③ 중심각

④ 부채꼴 COD ⑤ $\widehat{CD}$

319 부채꼴과 활꼴이 같아지는 경우는 반원일 때이므로 이때의 중심각의 크기는 180°이다. 답 180°

320 $30:150=4:x$, $1:5=4:x$

$\therefore x=20$

$30:y=4:16$, $30:y=1:4$

$\therefore y=120$

$\therefore x+y=20+120=140$ 답 140

321 $100:40=(2x+10):(x-10)$

$5:2=(2x+10):(x-10)$

$5(x-10)=2(2x+10)$, $5x-50=4x+20$

$\therefore x=70$ 답 70

322 $x:(2x-10)=8:14$, $x:(2x-10)=4:7$

$4(2x-10)=7x$, $8x-40=7x$

$\therefore x=40$ 답 40

323 원 O의 둘레의 길이를 $x$cm라 하면

$45:360=5:x$, $1:8=5:x$

$\therefore x=40$

따라서 원 O의 둘레의 길이는 40 cm이다. 답 40 cm

324 호의 길이는 중심각의 크기에 정비례하므로

$\angle AOB:\angle BOC:\angle COA=\widehat{AB}:\widehat{BC}:\widehat{CA}$

$=2:3:4$

$\therefore \angle AOB=360°\times\frac{2}{2+3+4}$

$=360°\times\frac{2}{9}=80°$ 답 80°

325 $\angle AOB+\angle COD=180°-76°=104°$이고

$\angle AOB:\angle COD=\widehat{AB}:\widehat{CD}=1:3$이므로

$\angle COD=104°\times\frac{3}{1+3}$

$=104°\times\frac{3}{4}=78°$ 답 78°

326 $2\widehat{AC}=3\widehat{BC}$에서 $\widehat{AC}:\widehat{BC}=3:2$이므로

$\angle AOC:\angle BOC=\widehat{AC}:\widehat{BC}=3:2$

$\therefore \angle BOC=180°\times\frac{2}{3+2}$

$=180°\times\frac{2}{5}=72°$ 답 72°

327 $\angle AOP:\angle BOP=\widehat{AP}:\widehat{BP}=5:1$이므로

$\angle BOP=180°\times\frac{1}{5+1}$

$=180°\times\frac{1}{6}=30°$

△POB는 $\overline{OP}=\overline{OB}$인 이등변삼각형이므로

$\angle OPB=\angle OBP$

$\therefore\ \angle OPB=\frac{1}{2}\times(180^\circ-30^\circ)=75^\circ$ 답 75°

328 △OAB는 $\overline{OA}=\overline{OB}$인 이등변삼각형이므로

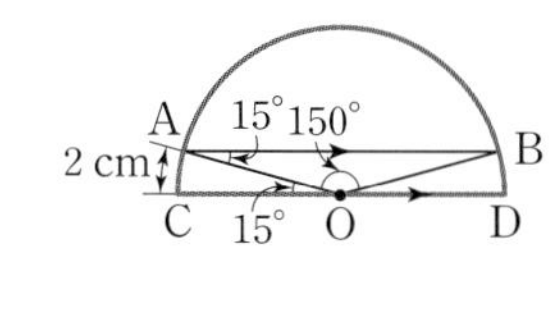

$\angle OAB=\frac{1}{2}\times(180^\circ-150^\circ)$
$=15^\circ$

$\overline{AB}\,/\!/\,\overline{CD}$이므로

$\angle AOC=\angle OAB=15^\circ$(엇각)

$\angle AOC:\angle AOB=\widehat{AC}:\widehat{AB}$에서

$15:150=2:\widehat{AB}$, $1:10=2:\widehat{AB}$

$\therefore\ \widehat{AB}=20(\text{cm})$ 답 ③

329 △OBC는 $\overline{OB}=\overline{OC}$인 이등변삼각형이므로

$\angle OBC=\frac{1}{2}\times(180^\circ-80^\circ)=50^\circ$

$\overline{BC}\,/\!/\,\overline{OD}$이므로

$\angle AOD=\angle OBC=50^\circ$(동위각)

$\angle AOD:\angle BOC=\widehat{AD}:\widehat{BC}$에서

$50:80=\widehat{AD}:16$, $5:8=\widehat{AD}:16$

$8\widehat{AD}=80$ $\therefore\ \widehat{AD}=10(\text{cm})$ 답 10 cm

330 △OAB는 $\overline{OA}=\overline{OB}$인 이등변삼각형이므로

$\angle OAB=\frac{1}{2}\times(180^\circ-108^\circ)=36^\circ$

$\overline{AB}\,/\!/\,\overline{CD}$이므로

$\angle AOC=\angle OAB=36^\circ$(엇각)

$\angle AOC:\angle AOB=\widehat{AC}:\widehat{AB}$에서

$36:108=\widehat{AC}:\widehat{AB}$, $1:3=\widehat{AC}:\widehat{AB}$

$\widehat{AB}=3\widehat{AC}$ $\therefore\ k=3$ 답 3

331 $\overline{AD}\,/\!/\,\overline{OC}$이므로

$\angle BOC=\angle OAD=20^\circ$(동위각)

오른쪽 그림과 같이 $\overline{OD}$를 그으면

△ODA는 $\overline{OA}=\overline{OD}$인 이등변삼각형이므로

$\angle ODA=\angle OAD=20^\circ$

$\therefore\ \angle AOD=180^\circ-(20^\circ+20^\circ)=140^\circ$

$\angle AOD:\angle BOC=\widehat{AD}:\widehat{BC}$이므로

$140:20=14:\widehat{BC}$, $7:1=14:\widehat{BC}$

$7\widehat{BC}=14$ $\therefore\ \widehat{BC}=2(\text{cm})$ 답 ③

332 $\overline{AC}\,/\!/\,\overline{OD}$이므로

$\angle OAC=\angle BOD=40^\circ$(동위각)

오른쪽 그림과 같이 $\overline{OC}$를 그으면

△OCA는 $\overline{OA}=\overline{OC}$인 이등변삼각형이므로

$\angle OCA=\angle OAC=40^\circ$

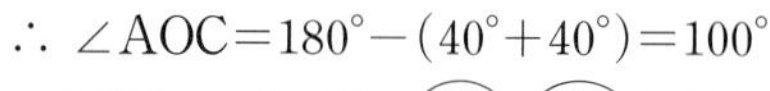

$\therefore\ \angle AOC=180^\circ-(40^\circ+40^\circ)=100^\circ$

$\angle AOC:\angle BOD=\widehat{AC}:\widehat{BD}$이므로

$100:40=\widehat{AC}:8$, $5:2=\widehat{AC}:8$

$2\widehat{AC}=40$ $\therefore\ \widehat{AC}=20(\text{cm})$ 답 20 cm

333 오른쪽 그림과 같이 $\overline{OC}$를 그으면

$\widehat{AC}:\widehat{BC}=1:3$이므로

$\angle AOC:\angle BOC=1:3$

$\therefore\ \angle BOC=180^\circ\times\frac{3}{1+3}$
$=180^\circ\times\frac{3}{4}=135^\circ$

△OBC는 $\overline{OB}=\overline{OC}$인 이등변삼각형이므로

$\angle x=\frac{1}{2}\times(180^\circ-135^\circ)=\frac{45^\circ}{2}$

$\therefore\ 2\angle x=45^\circ$ 답 45°

334 △OCP는 $\overline{CO}=\overline{CP}$인 이등변삼각형이므로

$\angle COP=\angle CPO=22^\circ$

△OCP에서

$\angle OCB=22^\circ+22^\circ=44^\circ$

또, △OBC는 $\overline{OB}=\overline{OC}$인 이등변삼각형이므로

$\angle OBC=\angle OCB=44^\circ$

△OBP에서 $\angle AOB=44^\circ+22^\circ=66^\circ$

$\widehat{AB}:\widehat{CD}=\angle AOB:\angle COD$이므로

$18:\widehat{CD}=66:22$, $18:\widehat{CD}=3:1$

$3\widehat{CD}=18$ $\therefore\ \widehat{CD}=6(\text{cm})$ 답 6 cm

335 △DOE는 $\overline{DO}=\overline{DE}$인 이등변삼각형이므로

$\angle DOE=\angle DEO=25^\circ$

△DOE에서

$\angle ODC=25^\circ+25^\circ=50^\circ$

△OCD는 $\overline{OC}=\overline{OD}$인 이등변삼각형이므로

$\angle OCD=\angle ODC=50^\circ$

△COE에서

$\angle AOC=25^\circ+50^\circ=75^\circ$

$\widehat{AC}:\widehat{BD}=\angle AOC:\angle BOD$이므로

$\widehat{AC}:\widehat{BD}=75:25$, $\widehat{AC}:\widehat{BD}=3:1$

$\therefore\ \widehat{AC}=3\widehat{BD}$

따라서 $\widehat{AC}$의 길이는 $\widehat{BD}$의 길이의 3배이다. 답 3배

336 $\angle APO=\angle x$라 하면

△APO는 $\overline{AO}=\overline{AP}$인 이등변삼각형이므로

$\angle AOP=\angle APO=\angle x$

△APO에서

$\angle DAO=\angle x+\angle x=2\angle x$

또, △AOD는 $\overline{OA}=\overline{OD}$인 이등변삼각형이므로

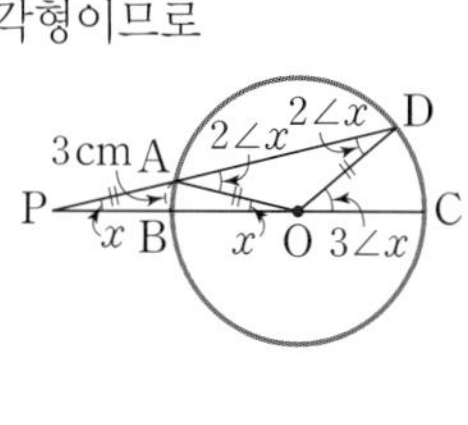

$\angle ODA=\angle DAO=2\angle x$

△POD에서

$\angle COD = \angle x + 2\angle x = 3\angle x$
따라서 $\widehat{AB} : \widehat{CD} = \angle AOP : \angle COD = 1 : 3$이므로
$3 : \widehat{CD} = 1 : 3 \quad \therefore \widehat{CD} = 9(\text{cm})$ 답 9 cm

337 부채꼴의 넓이는 중심각의 크기에 정비례하므로
$2x : (x+10) = 15 : 9$, $2x : (x+10) = 5 : 3$
$5(x+10) = 6x$, $5x + 50 = 6x$
$\therefore x = 50$ 답 ②

338 부채꼴의 넓이는 중심각의 크기에 정비례하므로
부채꼴 BOC의 넓이는
$198 \times \frac{7}{3+7+8} = 198 \times \frac{7}{18} = 77(\text{cm}^2)$ 답 ②

339 부채꼴 BOC의 넓이를 $x\,\text{cm}^2$라 하면
부채꼴의 넓이는 중심각의 크기에 정비례하므로
$180° : \angle BOC = 60 : x$
호의 길이도 중심각의 크기에 정비례하므로
$180° : \angle BOC = 30 : 6$
즉, $60 : x = 30 : 6$이므로
$60 : x = 5 : 1$, $5x = 60$
$\therefore x = 12$
따라서 부채꼴 BOC의 넓이는 $12\,\text{cm}^2$이다. 답 $12\,\text{cm}^2$

340 $\overline{AB} = \overline{CD} = \overline{DE}$이므로
$\angle AOB = \angle COD = \angle DOE = \frac{1}{2} \times 100° = 50°$ 답 ④

341 $\triangle OAB$는 $\overline{OA} = \overline{OB}$인 이등변삼각형이므로
$\angle OBA = \angle OAB = 55°$
$\therefore \angle AOB = 180° - (55° + 55°) = 70°$
$\overline{AB} = \overline{CD} = \overline{DE}$이므로
$\angle AOB = \angle COD = \angle DOE = 70°$
$\therefore \angle EOC = 70° + 70° = 140°$ 답 ②

342 $\triangle DOB$는 $\overline{OD} = \overline{OB}$인 이등변삼각형이므로
$\angle ODB = \angle OBD$
$\overline{CO} \mathbin{/\!/} \overline{DB}$이므로
$\angle AOC = \angle OBD$ (동위각)
$\angle COD = \angle ODB$ (엇각)
따라서 $\angle AOC = \angle COD$이므로
$\overline{AC} = \overline{CD} = 5\,\text{cm}$ 답 5 cm

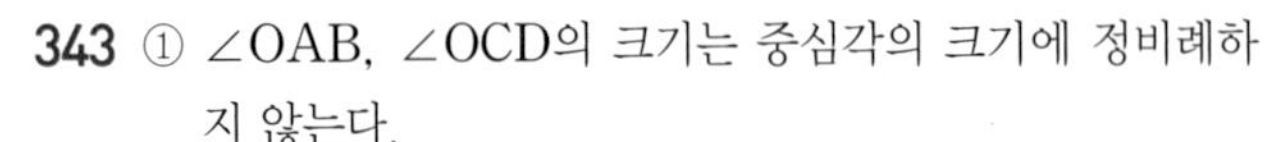

343 ① $\angle OAB$, $\angle OCD$의 크기는 중심각의 크기에 정비례하지 않는다.
② 호의 길이는 중심각의 크기에 정비례하므로
$\widehat{CD} = 4\widehat{AB}$
③ 현의 길이는 중심각의 크기에 정비례하지 않으므로
$\overline{CD} \neq 4\overline{AB}$
④ 삼각형의 넓이는 중심각의 크기에 정비례하지 않으므로
($\triangle OCD$의 넓이)$\neq 4 \times$($\triangle OAB$의 넓이)
⑤ 부채꼴의 넓이는 중심각의 크기에 정비례하므로
(부채꼴 COD의 넓이)$= 4 \times$(부채꼴 AOB의 넓이)
따라서 옳은 것은 ②이다. 답 ②

344 중심각의 크기에 정비례하는 것은 호의 길이, 부채꼴의 넓이이다. 답 ㄱ, ㄷ

345 $\angle AOB = \angle BOC = \angle COD = \angle DOE$
$= \frac{1}{4} \times (180° - 90°) = 22.5°$
① $\angle AOB = \angle DOE$이므로 $\overline{AB} = \overline{DE}$
② 현의 길이는 중심각의 크기에 정비례하지 않으므로
$\overline{AC} \neq \frac{1}{2}\overline{EF}$
③ $\angle AOB = \frac{1}{3}\angle BOE$이므로 $\widehat{AB} = \frac{1}{3}\widehat{BE}$
④ $\angle AOD = \frac{3}{4}\angle EOF$이므로 $\widehat{AD} = \frac{3}{4}\widehat{EF}$
⑤ $\angle BOD = \frac{2}{5}\angle DOF$이므로
(부채꼴 BOD의 넓이)$= \frac{2}{5} \times$(부채꼴 DOF의 넓이)
따라서 옳지 않은 것은 ②, ⑤이다. 답 ②, ⑤

346 (색칠한 부분의 둘레의 길이)
=(큰 원의 둘레의 길이)+(작은 원의 둘레의 길이)
$= 2\pi \times 6 + 2\pi \times 3 = 12\pi + 6\pi = 18\pi(\text{cm})$ 답 ③

347 가장 큰 원의 지름의 길이가 16 cm이므로
(색칠한 부분의 둘레의 길이)$= 2\pi \times 8 + 2\pi \times 6 + 2\pi \times 2$
$= 16\pi + 12\pi + 4\pi = 32\pi(\text{cm})$
(색칠한 부분의 넓이)$= \pi \times 8^2 - \pi \times 6^2 + \pi \times 2^2$
$= 64\pi - 36\pi + 4\pi = 32\pi(\text{cm}^2)$
답 둘레의 길이 : 32π cm, 넓이 : $32\pi\,\text{cm}^2$

348 작은 원의 반지름의 길이를 r cm라 하면
$\pi r^2 = 9\pi$, $r^2 = 9 \quad \therefore r = 3$
따라서 큰 원의 반지름의 길이는 $3 \times 4 = 12(\text{cm})$이므로
큰 원의 둘레의 길이는
$2\pi \times 12 = 24\pi(\text{cm})$ 답 ⑤

349 (호의 길이)$= 2\pi \times 12 \times \frac{240}{360} = 16\pi(\text{cm})$
(넓이)$= \pi \times 12^2 \times \frac{240}{360} = 96\pi(\text{cm}^2)$
답 호의 길이 : 16π cm, 넓이 : $96\pi\,\text{cm}^2$

350 부채꼴의 반지름의 길이를 r cm라 하면
$\frac{1}{2} \times r \times 5\pi = 15\pi \quad \therefore r = 6$
따라서 부채꼴의 반지름의 길이는 6 cm이다. 답 6 cm

351 부채꼴의 중심각의 크기를 $x°$라 하면
$2\pi \times 8 \times \frac{x}{360} = 12\pi \quad \therefore x = 270$
따라서 중심각의 크기는 270°이다. 답 270°

352 정팔각형의 한 내각의 크기는
$\frac{180° \times (8-2)}{8} = 135°$
$\therefore$ (색칠한 부분의 넓이)$= \pi \times 8^2 \times \frac{135}{360} = 24\pi(\text{cm}^2)$
답 ②

353 (색칠한 부분의 둘레의 길이)

$=2\pi\times9\times\frac{120}{360}+2\pi\times5\times\frac{120}{360}+4\times2$

$=6\pi+\frac{10}{3}\pi+8$

$=\frac{28}{3}\pi+8(\text{cm})$ 답 ④

354 (색칠한 부분의 둘레의 길이)

$=2\pi\times8\times\frac{45}{360}+2\pi\times4\times\frac{45}{360}+4\times2$

$=2\pi+\pi+8=3\pi+8(\text{cm})$

(색칠한 부분의 넓이)

$=\pi\times8^2\times\frac{45}{360}-\pi\times4^2\times\frac{45}{360}$

$=8\pi-2\pi=6\pi(\text{cm}^2)$

답 둘레의 길이 : $(3\pi+8)$ cm, 넓이 : 6π cm^2

355 중심각의 크기를 $x°$라 하면

$2\pi\times9\times\frac{x}{360}=5\pi$

$\therefore x=100$

즉, 중심각의 크기는 100°이다.

$\therefore$ (색칠한 부분의 넓이)

$=\pi\times9^2\times\frac{100}{360}-\pi\times6^2\times\frac{100}{360}$

$=\frac{45}{2}\pi-10\pi$

$=\frac{25}{2}\pi(\text{cm}^2)$ 답 $\frac{25}{2}\pi$ cm^2

356 (색칠한 부분의 둘레의 길이)

=(반지름의 길이가 8 cm인 원의 둘레의 길이)×2

$=(2\pi\times8)\times2=32\pi(\text{cm})$ 답 32π cm

357 (색칠한 부분의 둘레의 길이)

$=\left(2\pi\times6\times\frac{90}{360}\right)\times2+6\times4=6\pi+24(\text{cm})$

답 $(6\pi+24)$ cm

358 (색칠한 부분의 둘레의 길이)

$=\left(2\pi\times2\times\frac{1}{2}\right)\times4+4\times4$

$=8\pi+16(\text{cm})$ 답 $(8\pi+16)$ cm

359 (색칠한 부분의 둘레의 길이)

$=\widehat{AB}+\widehat{CB}+\overline{AC}$

$=2\pi\times3\times\frac{1}{2}+2\pi\times6\times\frac{30}{360}+6$

$=4\pi+6(\text{cm})$ 답 $(4\pi+6)$ cm

360 오른쪽 그림에서

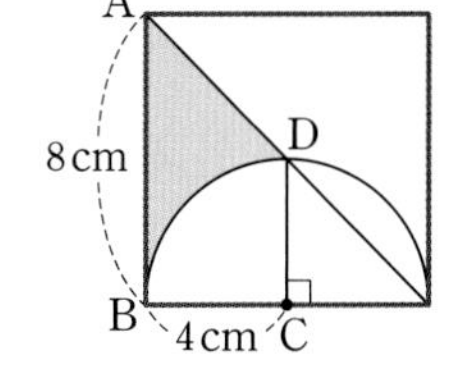

(색칠한 부분의 넓이)

=(사다리꼴 ABCD의 넓이)

−(부채꼴 BCD의 넓이)

$=\frac{1}{2}\times(4+8)\times4-\pi\times4^2\times\frac{90}{360}$

$=24-4\pi(\text{cm}^2)$ 답 $(24-4\pi)$ cm^2

361 오른쪽 그림에서

(㉠의 넓이)

=(부채꼴 BCD의 넓이)

−(△BCD의 넓이)

$=\pi\times10^2\times\frac{90}{360}-\frac{1}{2}\times10\times10$

$=25\pi-50(\text{cm}^2)$

∴ (색칠한 부분의 넓이)=(㉠의 넓이)×2

$=(25\pi-50)\times2$

$=50\pi-100(\text{cm}^2)$

답 $(50\pi-100)$ cm^2

362 △EBC는 정삼각형이므로 $\angle EBC=\angle ECB=60°$

$\angle ABE=\angle DCE=90°-60°=30°$

(색칠한 부분의 넓이)

=(정사각형 ABCD의 넓이)−(부채꼴 ABE의 넓이)×2

$=12\times12-\left(\pi\times12^2\times\frac{30}{360}\right)\times2$

$=144-24\pi(\text{cm}^2)$ 답 $(144-24\pi)$ cm^2

363 (색칠한 부분의 넓이)

=(지름이 $\overline{AB}$인 반원의 넓이)+(지름이 $\overline{AC}$인 반원의 넓이)

+(△ABC의 넓이)−(지름이 $\overline{BC}$인 반원의 넓이)

$=\pi\times\left(\frac{3}{2}\right)^2\times\frac{1}{2}+\pi\times2^2\times\frac{1}{2}+\frac{1}{2}\times3\times4-\pi\times\left(\frac{5}{2}\right)^2\times\frac{1}{2}$

$=\frac{9}{8}\pi+2\pi+6-\frac{25}{8}\pi=6(\text{cm}^2)$ 답 ④

364 (색칠한 부분의 넓이)

=(지름이 $\overline{AB'}$인 반원의 넓이)+(부채꼴 B′AB의 넓이)

−(지름이 $\overline{AB}$인 반원의 넓이)

=(부채꼴 B′AB의 넓이)

$=\pi\times18^2\times\frac{60}{360}=54\pi(\text{cm}^2)$ 답 54π cm^2

365 오른쪽 그림과 같이 점 E에서 $\overline{BC}$에 내린 수선의 발을 F라 하면

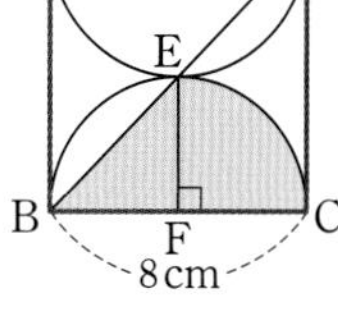

(색칠한 부분의 넓이)

=(부채꼴 EFC의 넓이)

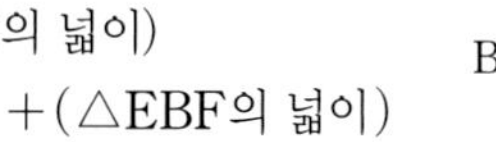

+(△EBF의 넓이)

$=\pi\times4^2\times\frac{90}{360}+\frac{1}{2}\times4\times4$

$=4\pi+8(\text{cm}^2)$ 답 $(4\pi+8)$ cm^2

366 오른쪽 그림과 같이 이동하면

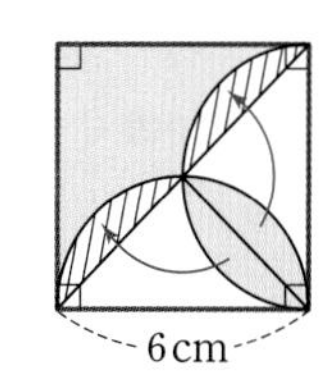

(색칠한 부분의 넓이)

=(직각이등변삼각형의 넓이)

$=\frac{1}{2}\times6\times6=18(\text{cm}^2)$ 답 18 cm^2

367 오른쪽 그림과 같이 이동하면

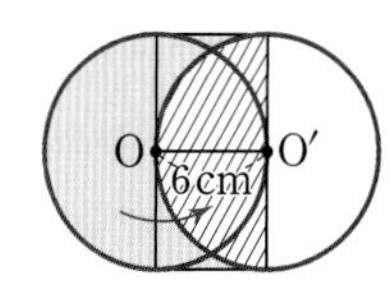

(색칠한 부분의 넓이)

=(직사각형의 넓이)

$=6\times12=72(\text{cm}^2)$

답 ③

368 오른쪽 그림과 같이 이동하면
(색칠한 부분의 넓이)
=(중심각의 크기가 90°인 부채꼴의 넓이)×2

$=\left(\pi\times6^2\times\frac{90}{360}\right)\times2=18\pi(\text{cm}^2)$ 　답 $18\pi\ \text{cm}^2$

369 색칠한 두 부분의 넓이가 같으므로
(직사각형 ABCD의 넓이)=(부채꼴 ABE의 넓이)
$\overline{BC}\times12=\pi\times12^2\times\frac{90}{360}$
$\therefore\ \overline{BC}=3\pi(\text{cm})$ 　답 3π cm

370 (1) $\angle AOB=x°$라 하면
반원의 넓이와 부채꼴의 넓이가 같으므로
$\pi\times4^2\times\frac{1}{2}=\pi\times8^2\times\frac{x}{360}$, $8=\frac{8}{45}x$
$\therefore\ x=45$ 　　$\therefore\ \angle AOB=45°$

(2) 오른쪽 그림에서 $\triangle COO'$은
$\overline{O'O}=\overline{O'C}$인 이등변삼각형이므로
$\angle OCO'=45°$, $\angle OO'C=90°$
따라서 그림과 같이 이동하면

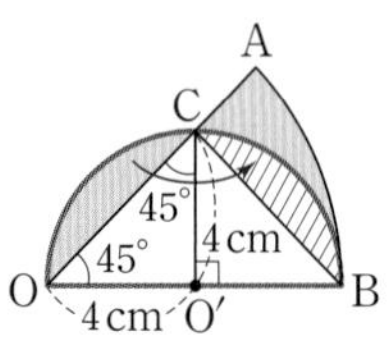

(색칠한 부분의 넓이)
=(부채꼴 OAB의 넓이)−(△COB의 넓이)
$=\pi\times8^2\times\frac{45}{360}-\frac{1}{2}\times8\times4$
$=8\pi-16(\text{cm}^2)$ 　답 (1) 45° 　(2) $(8\pi-16)\ \text{cm}^2$

371 색칠한 두 부분의 넓이가 같으므로 부채꼴 AOB의 넓이와 반원 O′의 넓이가 같다.
$\angle AOB=x°$라 하면

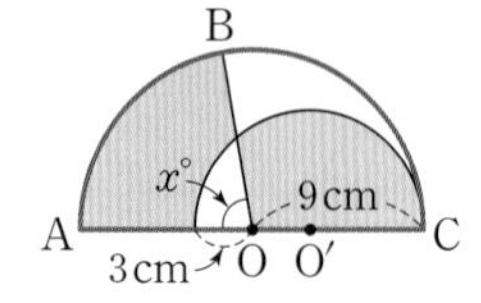

$\pi\times9^2\times\frac{x}{360}=\pi\times6^2\times\frac{1}{2}$
$\frac{9}{40}x=18$ 　　$\therefore\ x=80$
$\therefore\ \widehat{AB}=2\pi\times9\times\frac{80}{360}=4\pi(\text{cm})$ 　답 4π cm

372 오른쪽 그림에서 곡선 부분의 길이는

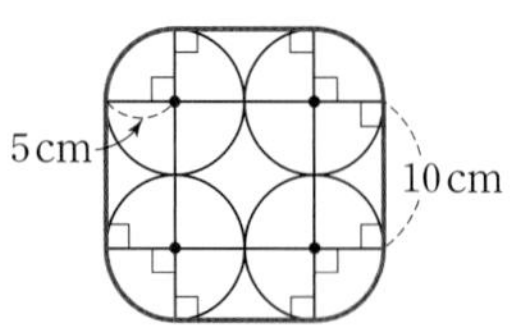

$\left(2\pi\times5\times\frac{90}{360}\right)\times4$
$=10\pi(\text{cm})$
직선 부분의 길이는 $10\times4=40(\text{cm})$
따라서 필요한 끈의 최소 길이는 $(10\pi+40)$ cm이다.
답 $(10\pi+40)$ cm

373 오른쪽 그림에서 곡선 부분의 길이는

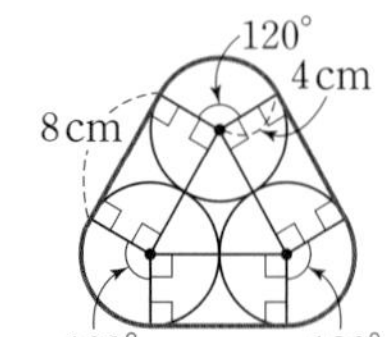

$\left(2\pi\times4\times\frac{120}{360}\right)\times3=8\pi(\text{cm})$
직선 부분의 길이는
$8\times3=24(\text{cm})$
따라서 필요한 끈의 최소 길이는
$(8\pi+24)$ cm이다. 　답 $(8\pi+24)$ cm

374 오른쪽 그림에서 곡선 부분의 길이는

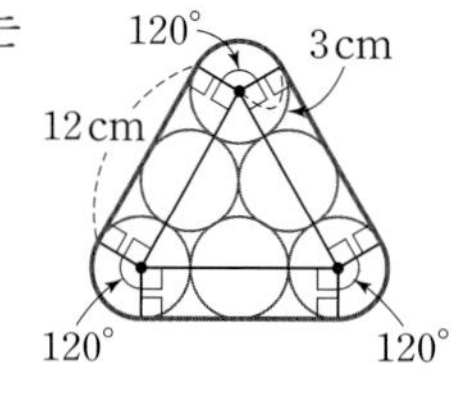

$\left(2\pi\times3\times\frac{120}{360}\right)\times3=6\pi(\text{cm})$
직선 부분의 길이는
$12\times3=36(\text{cm})$
따라서 필요한 테이프의 최소 길이는 $(6\pi+36)$ cm이다. 　답 $(6\pi+36)$ cm

375 원이 지나간 자리는 오른쪽 그림과 같이 3개의 부채꼴과 3개의 직사각형으로 이루어져 있다. 이때 3개의 부채꼴을 합하면 반지름의 길이가 8 cm인 하나의 원이 된다.

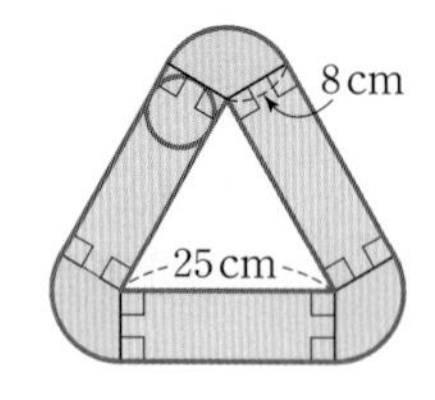

∴ (원이 지나간 자리의 넓이)
$=\pi\times8^2+(25\times8)\times3$
$=64\pi+600(\text{cm}^2)$ 　답 $(64\pi+600)\ \text{cm}^2$

376 원 O′이 지나간 자리는 오른쪽 그림의 색칠한 부분과 같으므로 구하는 넓이는

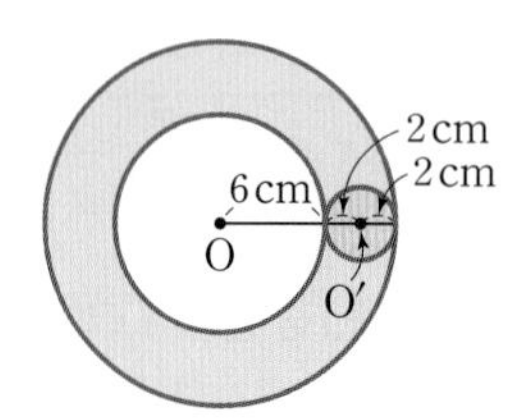

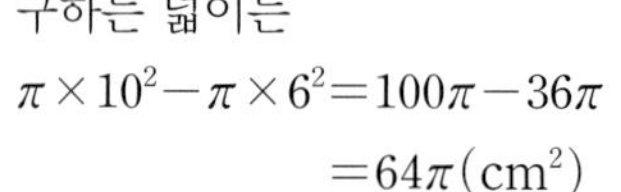
$\pi\times10^2-\pi\times6^2=100\pi-36\pi$
$=64\pi(\text{cm}^2)$
답 $64\pi\ \text{cm}^2$

377 원이 지나간 자리는 오른쪽 그림과 같이 4개의 부채꼴과 4개의 직사각형으로 이루어져 있다. 이때 4개의 부채꼴을 합하면 반지름의 길이가 2 cm인 하나의 원이 된다.

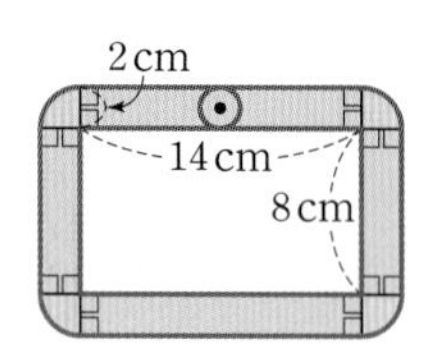

∴ (원이 지나간 자리의 넓이)
$=\pi\times2^2+(14\times2)\times2+(8\times2)\times2$
$=4\pi+88(\text{cm}^2)$ 　답 ⑤

378 점 A가 움직인 거리는 $\widehat{AA'}$의 길이와 같다.
$\angle ACB=180°-(90°+60°)=30°$이므로
$\angle ACA'=180°-\angle ACB=180°-30°=150°$
따라서 점 A가 움직인 거리는
$2\pi\times6\times\frac{150}{360}=5\pi(\text{cm})$ 　답 ③

379 오른쪽 그림에서 점 A가 움직인 거리는 $\widehat{AP}+\widehat{PA'}$의 길이와 같다.

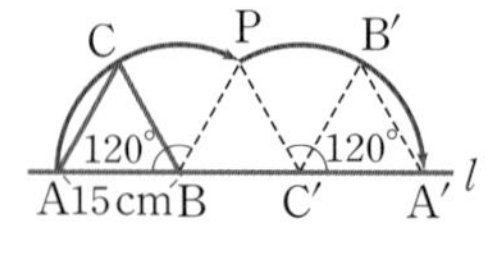

$\angle PBC'=\angle PC'B=60°$이므로
$\angle ABP=\angle PC'A'=180°-60°=120°$
따라서 점 A가 움직인 거리는
$\left(2\pi\times15\times\frac{120}{360}\right)\times2=20\pi(\text{cm})$ 　답 20π cm

380 오른쪽 그림에서 점 B가 움직인 거리는 $\widehat{BP}+\widehat{PB'}$의 길이와 같다.

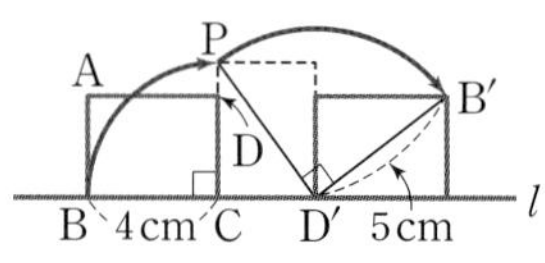

$\angle BCP=90°$이므로
$\widehat{BP}=2\pi\times4\times\frac{90}{360}=2\pi(\text{cm})$

$\angle PD'B'=90^\circ$이므로

$\widehat{PB'}=2\pi\times5\times\frac{90}{360}=\frac{5}{2}\pi(cm)$

따라서 점 B가 움직인 거리는

$\widehat{BP}+\widehat{PB'}=2\pi+\frac{5}{2}\pi=\frac{9}{2}\pi(cm)$ 답 $\frac{9}{2}\pi$ cm

만점 각 잡기 64~65쪽

381 $\angle AOC:\angle BOC=\widehat{AC}:\widehat{BC}$

$=20\pi:5\pi$

$=4:1$

$\therefore\ \angle BOC=180^\circ\times\frac{1}{4+1}$

$=180^\circ\times\frac{1}{5}=36^\circ$

$\triangle OBC$는 $\overline{OB}=\overline{OC}$인 이등변삼각형이므로

$\angle OBC=\frac{1}{2}\times(180^\circ-36^\circ)=72^\circ$ 답 72°

382 $\overline{AB}/\!/\overline{CD}$이므로

$\angle AOC=\angle OCD$ (엇각)

$\angle BOD=\angle ODC$ (엇각)

$\overline{OC}=\overline{OD}$이므로 $\angle OCD=\angle ODC$

$\angle AOC=x^\circ$라 하면

$\angle COD=180^\circ-2x^\circ$

$x:(180-2x)=2:5$

$5x=360-4x\quad\therefore\ x=40$

$\therefore\ \angle AOC=40^\circ$ 답 40°

383 부채꼴의 넓이는 중심각의 크기에 정비례하므로

$360^\circ:\angle AOB=40:13$

$40\angle AOB=360^\circ\times13$

$\therefore\ \angle AOB=117^\circ$

따라서 $\triangle OPB$에서

$\angle x+\angle y=180^\circ-117^\circ=63^\circ$ 답 ②

384 오른쪽 그림과 같이 $\overline{OD}$를 그으면

$\triangle AOD$는 $\overline{OA}=\overline{OD}$인 이등변삼각형이므로

$\angle OAD=\angle ODA$

$\overline{AD}/\!/\overline{OC}$이므로

$\angle COD=\angle ODA$ (엇각)

$\angle BOC=\angle OAD$ (동위각)

따라서 $\angle BOC=\angle COD$이므로

$\overline{BC}=\overline{CD}=9$ cm 답 9 cm

385 $\angle COP=\angle x$라 하면

$\triangle OCP$는 $\overline{CO}=\overline{CP}$인 이등변삼각형이므로

$\angle CPO=\angle COP=\angle x$

$\triangle OCP$에서

$\angle OCB=\angle COP+\angle CPO=\angle x+\angle x=2\angle x$

또, $\triangle OBC$는 $\overline{OB}=\overline{OC}$인 이등변삼각형이므로

$\angle OBC=\angle OCB=2\angle x$

$\triangle OBP$에서

$\angle AOB=2\angle x+\angle x=3\angle x=45^\circ$

$\therefore\ \angle x=15^\circ$

따라서 $\angle BOC=180^\circ-(45^\circ+15^\circ)=120^\circ$이므로

$\widehat{AB}:\widehat{BC}=\angle AOB:\angle BOC$에서

$6:\widehat{BC}=45:120,\ 6:\widehat{BC}=3:8$

$\therefore\ \widehat{BC}=16(cm)$ 답 16 cm

386 부채꼴 AOB의 반지름의 길이를 r cm, 중심각의 크기를 x°라 하면 부채꼴 AOB의 넓이가 15 cm²이므로

$\pi r^2\times\frac{x}{360}=15(cm^2)$

부채꼴 EOF의 반지름의 길이는 $3r$ cm이므로

부채꼴 EOF의 넓이는

$\pi\times(3r)^2\times\frac{x}{360}=9\times\left(\pi r^2\times\frac{x}{360}\right)$

$=9\times15=135(cm^2)$

부채꼴 COD의 반지름의 길이는 $2r$ cm이므로

부채꼴 COD의 넓이는

$\pi\times(2r)^2\times\frac{x}{360}=4\times\left(\pi r^2\times\frac{x}{360}\right)$

$=4\times15=60(cm^2)$

따라서 색칠한 부분의 넓이는

(부채꼴 EOF의 넓이)$-$(부채꼴 COD의 넓이)

$=135-60=75(cm^2)$ 답 75 cm²

참고 부채꼴의 COD와 부채꼴 EOF의 반지름의 길이가 각각 부채꼴 AOB의 반지름의 길이의 2배, 3배이므로 부채꼴 COD와 부채꼴 EOF의 넓이가 각각 부채꼴 AOB의 넓이의 4배, 9배임을 이용하여 구할 수도 있다.

387 오른쪽 그림과 같이 이동하면

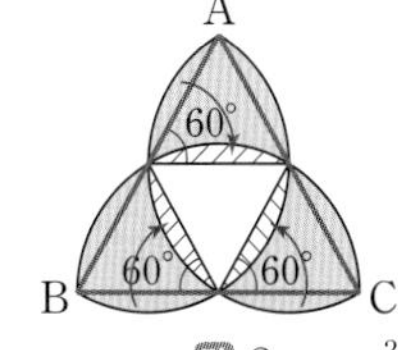

(색칠한 부분의 넓이)

$=$(부채꼴의 넓이)$\times3$

$=\left(\pi\times2^2\times\frac{60}{360}\right)\times3$

$=2\pi(cm^2)$ 답 2π cm²

388 오른쪽 그림에서 $\triangle ABH$, $\triangle EBC$는 정삼각형이다.

$\angle ABH=60^\circ$에서

$\angle HBC=90^\circ-60^\circ=30^\circ$,

$\angle EBC=60^\circ$에서

$\angle ABE=90^\circ-60^\circ=30^\circ$이므로

$\angle EBH=90^\circ-(30^\circ+30^\circ)=30^\circ$

$\therefore\ \widehat{EH}=2\pi\times9\times\frac{30}{360}=\frac{3}{2}\pi(cm)$

같은 방법으로 $\widehat{EH}=\widehat{HG}=\widehat{GF}=\widehat{FE}=\frac{3}{2}\pi$ cm

$\therefore$ (색칠한 부분의 둘레의 길이)$=\frac{3}{2}\pi\times4$

$=6\pi(cm)$ 답 ③

389 (색칠한 부분의 넓이)

$=$(부채꼴 ABE의 넓이)$+$($\triangle$BDE의 넓이)

$-$($\triangle$ABC의 넓이)$-$(부채꼴 CBD의 넓이)

$=$(부채꼴 ABE의 넓이)$-$(부채꼴 CBD의 넓이)

$=\pi\times8^2\times\frac{120}{360}-\pi\times4^2\times\frac{120}{360}$

$=\frac{64}{3}\pi-\frac{16}{3}\pi=16\pi(\text{cm}^2)$ 답 $16\pi\text{ cm}^2$

390 ㈎에 사용된 끈의 최소 길이는

오른쪽 그림에서

$\left(2\pi\times2\times\frac{120}{360}\right)\times3+4\times3$

$=4\pi+12(\text{cm})$

㈏에 사용된 끈의 최소 길이는

오른쪽 그림에서

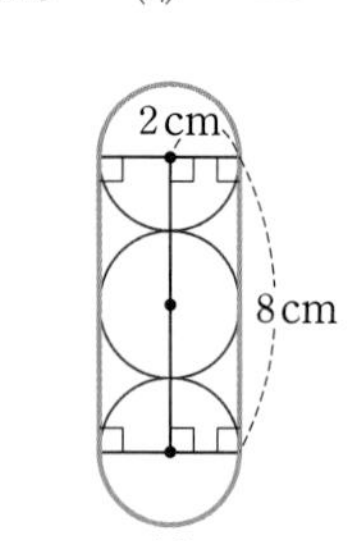

$\left(2\pi\times2\times\frac{1}{2}\right)\times2+8\times2$

$=4\pi+16(\text{cm})$

따라서 ㈎가 ㈏보다

$(4\pi+16)-(4\pi+12)=4(\text{cm})$

만큼의 끈이 더 절약된다. 답 ㈎, 4 cm

391 원이 지나간 자리는 오른쪽 그림과 같이 4개의 부채꼴, 4개의 직사각형, 구멍이 뚫린 정사각형으로 이루어져 있다. 이때 4개의 부채꼴을 합하면 반지름의 길이가 2 cm인 하나의 원이 된다.

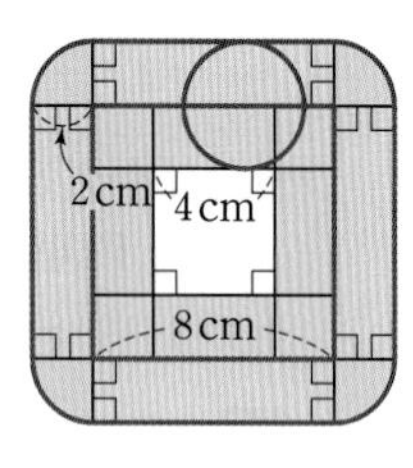

∴ (원이 지나간 자리의 넓이)

$=\pi\times2^2+(8\times2)\times4+(8\times8-4\times4)$

$=4\pi+64+48=4\pi+112(\text{cm}^2)$

답 $(4\pi+112)\text{ cm}^2$

392 양이 움직일 수 있는 최대 영역은 오른쪽 그림의 색칠한 부분과 같다.

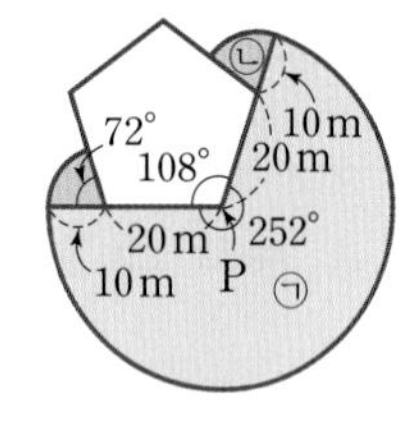

이때 정오각형의 한 내각의 크기는

$\frac{180^\circ\times(5-2)}{5}=108^\circ$

정오각형의 한 외각의 크기는

$\frac{360^\circ}{5}=72^\circ$

즉, ㉠은 중심각의 크기가 $360^\circ-108^\circ=252^\circ$이고 반지름의 길이가 30 m인 부채꼴, ㉡은 중심각의 크기가 72°이고 반지름의 길이가 10 m인 부채꼴이다.

따라서 구하는 최대 넓이는

(㉠의 넓이)$+$(㉡의 넓이)$\times2$

$=\pi\times30^2\times\frac{252}{360}+\left(\pi\times10^2\times\frac{72}{360}\right)\times2$

$=630\pi+40\pi=670\pi(\text{m}^2)$ 답 $670\pi\text{ m}^2$

06 다면체와 회전체

유형 잡기

66~75쪽

393 ②, ④, ⑤ 원 또는 곡면으로 둘러싸여 있으므로 다면체가 아니다. 답 ①, ③

394 다각형인 면으로만 둘러싸인 입체도형은 다면체이고 ㄱ, ㄹ의 2개이다. 답 2개

395 ㄷ, ㄹ. 원 또는 곡면으로 둘러싸여 있으므로 다면체가 아니다. 답 ㄱ, ㄴ, ㅁ, ㅂ

396 각 다면체의 면의 개수는 다음과 같다.

① 칠면체 $-$ 7 ② 정육각뿔 $-$ 7

③ 오각뿔대 $-$ 7 ④ 정육면체 $-$ 6

⑤ 오각기둥 $-$ 7

따라서 면의 개수가 나머지 넷과 다른 하나는 ④이다.

답 ④

397 ⑤ 십각뿔은 십일면체이다. 답 ⑤

398 칠각뿔의 면의 개수는 $7+1=8$

오각뿔대의 면의 개수는 $5+2=7$

육각뿔의 면의 개수는 $6+1=7$

육각기둥의 면의 개수는 $6+2=8$

따라서 구하는 합은 $8+7+7+8=30$ 답 30

399 십면체인 각기둥을 l각기둥이라 하면

$l+2=10$ $\therefore l=8$

즉, 팔각기둥이므로 밑면의 모양은 팔각형이다.

십면체인 각뿔을 m각뿔이라 하면

$m+1=10$ $\therefore m=9$

즉, 구각뿔이므로 밑면의 모양은 구각형이다.

십면체인 각뿔대를 n각뿔대라 하면

$n+2=10$ $\therefore n=8$

즉, 팔각뿔대이므로 밑면의 모양은 팔각형이다.

답 각기둥 : 팔각형, 각뿔 : 구각형, 각뿔대 : 팔각형

400 ⑤ 팔각기둥의 모서리의 개수는 $8\times3=24$ 답 ⑤

401 각 입체도형의 모서리의 개수와 꼭짓점의 개수의 합은 다음과 같다.

① $12+8=20$ ② $15+10=25$

③ $12+7=19$ ④ $18+12=30$

⑤ $16+9=25$

따라서 모서리의 개수와 꼭짓점의 개수의 합이 가장 작은 것은 ③이다. 답 ③

402 오각뿔의 모서리의 개수는 $5\times2=10$ $\therefore a=10$

육각뿔대의 모서리의 개수는 $6\times3=18$ $\therefore b=18$

팔각기둥의 꼭짓점의 개수는 $8\times2=16$ $\therefore c=16$

$\therefore a+b+c=10+18+16=44$ 답 44

403 n각뿔의 모서리의 개수는 $2n$이고,
n각기둥의 모서리의 개수는 $3n$이므로
$2n+3n=40$, $5n=40$ $\therefore n=8$ 답 8

404 주어진 각기둥을 n각기둥이라 하면
$2n=16$ $\therefore n=8$
즉, 팔각기둥이므로 면의 개수는 $8+2=10$,
모서리의 개수는 $8\times3=24$
$\therefore x=10$, $y=24$
$\therefore x+y=10+24=34$ 답 34

405 주어진 각뿔을 n각뿔이라 하면
$n+1=10$ $\therefore n=9$
즉, 구각뿔이므로 꼭짓점의 개수는 $9+1=10$,
모서리의 개수는 $9\times2=18$
$\therefore x=10$, $y=18$
$\therefore y-x=18-10=8$ 답 8

406 주어진 각뿔대를 n각뿔대라 하면
$3n=24$ $\therefore n=8$
즉, 팔각뿔대이므로 면의 개수는 $8+2=10$,
꼭짓점의 개수는 $8\times2=16$
$\therefore x=10$, $y=16$
$\therefore x+y=10+16=26$ 답 26

407 주어진 각뿔대를 n각뿔대라 하면
모서리의 개수는 $3n$, 면의 개수는 $n+2$이므로
$3n-(n+2)=12$, $2n-2=12$
$2n=14$ $\therefore n=7$
즉, 칠각뿔대이므로 꼭짓점의 개수는 $2\times7=14$ 답 ③

408 ⑤ 팔각뿔대 — 사다리꼴 답 ⑤

409 주어진 다면체는 사각뿔이며 옆면의 모양은 삼각형이다.
답 ③

410 ① 정사각형 ② 삼각형 ③ 사다리꼴
④ 직사각형 ⑤ 사다리꼴
따라서 옆면의 모양이 사각형이 아닌 것은 ②이다. 답 ②

411 ② 육각뿔의 면의 개수는 7, 팔각기둥의 면의 개수는 10으로 같지 않다.
④ n각뿔의 모서리의 개수와 n각기둥의 꼭짓점의 개수는 $2n$으로 서로 같다.
따라서 옳지 않은 것은 ②이다. 답 ②

412 ② n각뿔의 모서리의 개수는 $2n$이다. 답 ②

413 ② 칠각뿔대의 두 밑면은 평행하지만 합동은 아니다.
④ 칠각뿔대의 모서리의 개수는 21이고, 면의 개수는 9이므로 구하는 합은 $21+9=30$ 답 ②, ④
참고 n각기둥과 n각뿔대는 면, 모서리, 꼭짓점의 개수가 각각 같다.

414 조건 (나), (다)에 의해 구하는 입체도형은 각기둥이다.
이 입체도형을 n각기둥이라 하면
조건 (가)에서 십일면체이므로
$n+2=11$ $\therefore n=9$
따라서 구하는 입체도형은 구각기둥이다. 답 ①

415 밑면의 개수가 2이고 옆면의 모양은 직사각형이 아닌 사다리꼴이므로 구하는 입체도형은 각뿔대이다.
이 입체도형을 n각뿔대라 하면 모서리의 개수가 12이므로
$3n=12$ $\therefore n=4$
따라서 구하는 입체도형은 사각뿔대이다. 답 사각뿔대

416 조건 (나)에 의해 주어진 입체도형은 각뿔이다.
이 입체도형을 n각뿔이라 하면
조건 (가)에 의해 $n+1=9$ $\therefore n=8$
즉, 팔각뿔이므로 꼭짓점의 개수는 $8+1=9$, 모서리의 개수는 $2\times8=16$ $\therefore a=9$, $b=16$
$\therefore a+b=9+16=25$ 답 25

417 ③ 정팔면체의 꼭짓점의 개수는 6이다.
④ 한 꼭짓점에 모인 면의 개수가 5인 정다면체는 정이십면체이다.
⑤ 정다면체의 면의 모양은 정삼각형, 정사각형, 정오각형 중 하나이다. 답 ①, ②

418 구하는 입체도형은 정다면체이다.
조건 (가)를 만족시키는 정다면체는 정사면체, 정팔면체, 정이십면체이다.
조건 (나)를 만족시키는 정다면체는 정팔면체이다.
따라서 조건을 모두 만족시키는 정다면체는 정팔면체이다.
답 정팔면체

419 오른쪽 그림과 같이 주어진 입체도형은 각 면이 정삼각형으로 모두 합동이지만 한 꼭짓점에 모인 면의 개수가 꼭짓점 A에서는 3, 꼭짓점 B에서는 4로 서로 같지 않기 때문에 정다면체가 아니다.

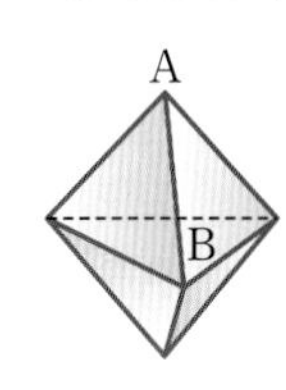

답 정다면체가 아니다., 풀이 참조

420 주어진 입체도형은 정다면체이다.
조건 (가)를 만족시키는 정다면체는 정사면체, 정육면체, 정십이면체이다.
조건 (나)를 만족시키는 정다면체는 정십이면체, 정이십면체이다.
따라서 조건을 모두 만족시키는 정다면체는 정십이면체이므로 꼭짓점의 개수는 20이다. 답 20

421 ⑤ 정이십면체의 면의 개수는 20, 정육면체의 꼭짓점의 개수는 8이므로 정이십면체의 면의 개수는 정육면체의 꼭짓점의 개수의 2배가 아니다. 답 ⑤

422 한 꼭짓점에 모인 면의 개수가 가장 많은 정다면체는 정이십면체이고, 정이십면체의 면의 개수는 20이므로 $a=20$
면의 모양이 정사각형인 정다면체는 정육면체이고,
정육면체의 모서리의 개수는 12이므로 $b=12$
$\therefore a+b=20+12=32$ 답 32

423 주어진 전개도로 만든 정다면체는 정이십면체이다.
① 면의 개수는 20이다.
② 꼭짓점의 개수는 12이다.
④ 면의 모양은 정삼각형이다.
⑤ 한 꼭짓점에 모인 면의 개수는 5이다. 답 ③

424 ④ ●표시한 두 면이 겹치므로 정육면체가 만들어지지 않는다.
답 ④

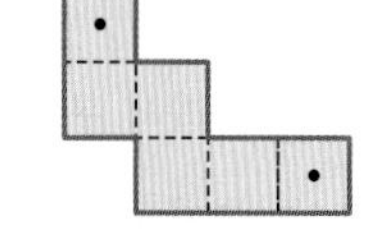

425 주어진 전개도로 만든 정사면체는 오른쪽 그림과 같다.
따라서 $\overline{CD}$와 겹치는 모서리는 $\overline{BC}$이다.
답 ②

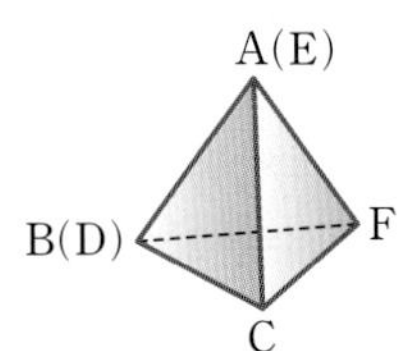

426 ①

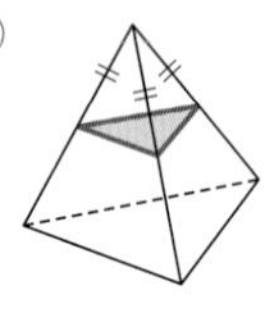

정삼각형

②

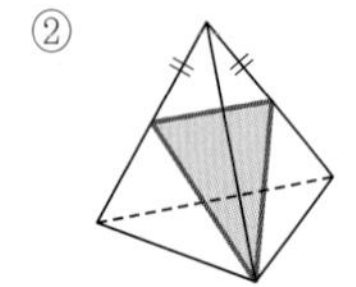

이등변삼각형

④

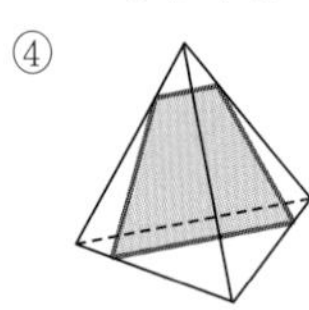

사다리꼴

⑤

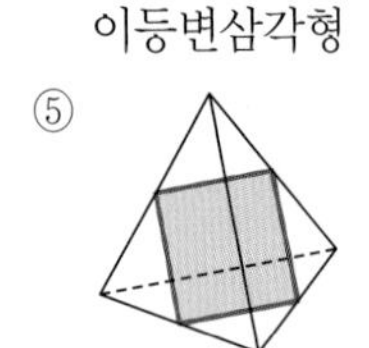

직사각형

따라서 단면의 모양이 될 수 없는 것은 ③이다. 답 ③

427 세 꼭짓점 A, C, E를 지나는 평면으로 자를 때 생기는 단면은 사각형 AEGC이다.
이때 사각형 AEGC는 네 각의 크기가 모두 90°이므로 직사각형이다. 답 ④

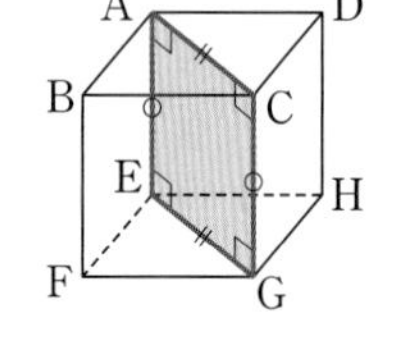

428 합동인 정삼각형의 각 변의 중점을 이은 선분의 길이는 같으므로
$\overline{PQ}=\overline{QR}=\overline{PR}$
따라서 △PQR은 세 변의 길이가 같으므로 정삼각형이다. 답 ③

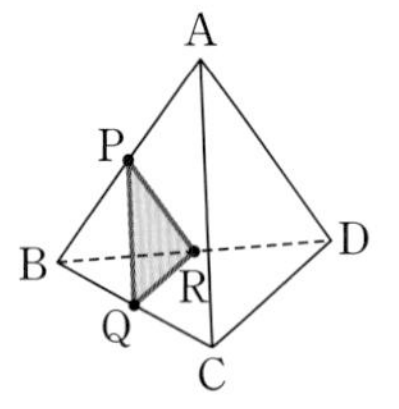

429 회전체는 ㄱ, ㄴ, ㅁ, ㅂ의 4개이다. 답 4개

430 답 (1) ㄱ, ㄹ (2) ㄴ, ㄷ, ㅁ, ㅂ

431 답 ④

432 ③

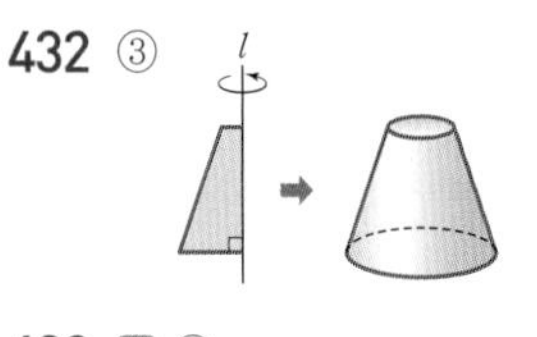

답 ③

433 답 ③

434 ㄷ. $\overleftrightarrow{BC}$를 회전축으로 하여 1회전 시킬 때 생기는 입체도형은 오른쪽 그림과 같으므로 원뿔이 아니다.

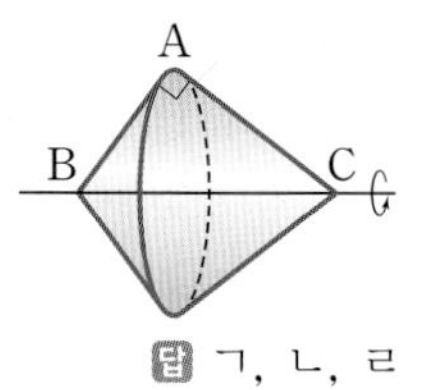

답 ㄱ, ㄴ, ㄹ

435 ①

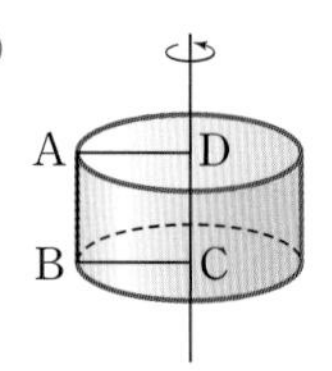

⑤

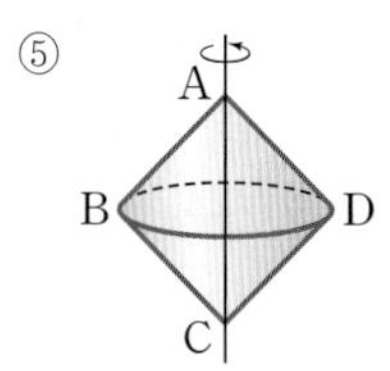

답 ①, ⑤

436 ①, ③

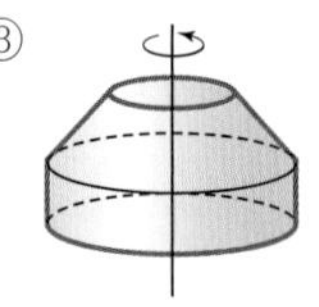

⑤

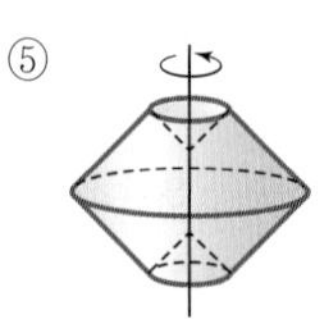

답 ②, ④

437 ⑤

답 ⑤

438 회전체를 회전축에 수직인 평면으로 자를 때 생기는 단면의 모양은 원이다. 답 ①

439 각 단면의 모양이 나오게 자를 수 있는 방법은 오른쪽 그림과 같다.
답 ⑤

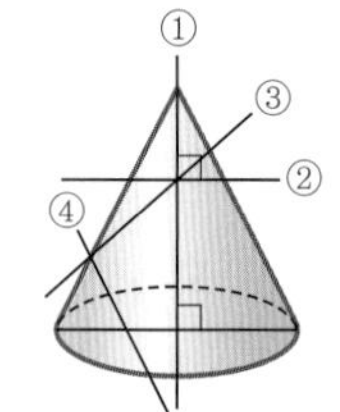

440 단면의 모양은 오른쪽 그림과 같은 사다리꼴이다.
따라서 구하는 단면의 넓이는
$\frac{1}{2}\times(10+18)\times7=98(\text{cm}^2)$
답 98 cm^2

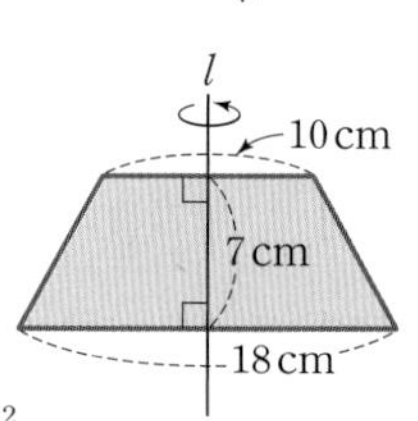

441 오른쪽 그림과 같이 회전체를 회전축을 포함하는 평면으로 자를 때 생기는 단면의 넓이가 가장 크다.
따라서 구하는 단면의 넓이는
$\frac{1}{2}\times18\times16=144(\text{cm}^2)$

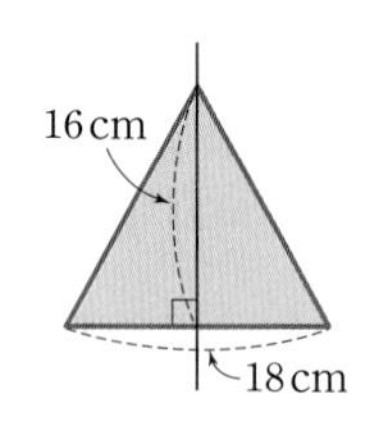

답 144 cm^2

442 단면은 오른쪽 그림과 같다.
따라서 구하는 단면의 넓이는
$\pi\times4^2-\pi\times2^2=16\pi-4\pi$
$=12\pi(\text{cm}^2)$

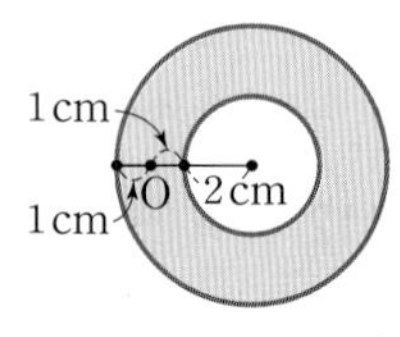

답 12π cm^2

443 단면은 오른쪽 그림과 같다.
이 단면의 넓이가 20 cm^2이므로
$(2\times x)\times2=20,\ 4x=20$
$\therefore\ x=5$

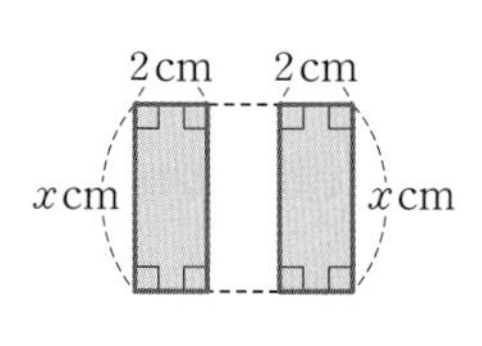

답 5

444 회전체는 원기둥이고, 원기둥의 전개도에서 직사각형의 가로의 길이는 반지름의 길이가 x cm인 원의 둘레의 길이와 같으므로

$2\pi\times x=10\pi \quad \therefore x=5$

따라서 $y=8$이므로 $x+y=5+8=13$ 답 13

445 원뿔의 전개도에서 부채꼴의 호의 길이를 l cm라 하면

$\frac{1}{2}\times9\times l=45\pi \quad \therefore l=10\pi$

이때 부채꼴의 호의 길이는 원의 둘레의 길이와 같으므로

$10\pi=2\pi\times x \quad \therefore x=5$ 답 5

참고 부채꼴의 반지름의 길이를 r, 호의 길이를 l이라 할 때, 부채꼴의 넓이는 $\frac{1}{2}rl$이다.

446 오른쪽 그림과 같이 잘라 낸 원뿔의 모선의 길이를 x cm라 하면 이 원뿔의 전개도에서 부채꼴의 호의 길이는 원의 둘레의 길이와 같으므로

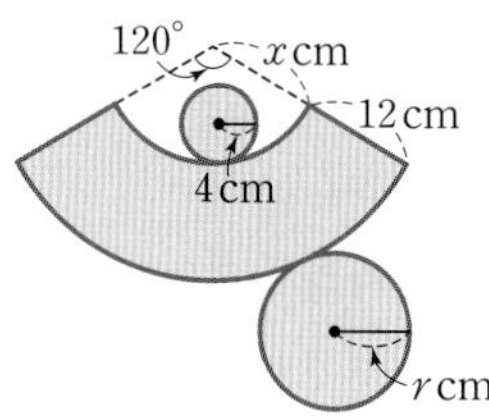

$2\pi\times x\times\frac{120}{360}=2\pi\times4 \quad \therefore x=12$

잘리기 전 처음 원뿔의 모선의 길이는

$12+12=24$(cm)이므로

$2\pi\times24\times\frac{120}{360}=2\pi\times r \quad \therefore r=8$ 답 8

참고 원뿔대의 전개도에서 (큰 부채꼴의 호의 길이)=(큰 원의 둘레의 길이), (작은 부채꼴의 호의 길이)=(작은 원의 둘레의 길이)

447 원뿔의 전개도에서 부채꼴의 호의 길이는 원의 둘레의 길이와 같으므로

$2\pi\times9\times\frac{x}{360}=2\pi\times6 \quad \therefore x=240$ 답 240

448 ② 직각삼각형의 빗변이 아닌 한 변을 회전축으로 하여 1회전 시킬 때 원뿔이 생긴다. 답 ②

449 ② 회전축은 1개이다. 답 ②

450 ㄴ. 회전축을 포함하는 평면으로 자를 때 생기는 단면의 경계가 원인 회전체는 구뿐이다.

ㄷ. 회전체를 회전축에 수직인 평면으로 자를 때 생기는 단면은 모선을 포함하지 않는다.

따라서 옳은 것은 ㄱ, ㄹ이다. 답 ㄱ, ㄹ

451 주어진 다면체의 꼭짓점의 개수는 10, 모서리의 개수는 15, 면의 개수는 7이므로

$v=10,\ e=15,\ f=7$

$\therefore v-e+f=10-15+7=2$ 답 2

452 다면체의 꼭짓점의 개수를 v, 모서리의 개수를 e, 면의 개수를 f라 하면 $v-e+f=2$

$e=21,\ f=9$를 $v-e+f=2$에 대입하면

$v-21+9=2 \quad \therefore v=14$ 답 14

453 주어진 입체도형의 꼭짓점의 개수는 9, 모서리의 개수는 16, 면의 개수는 9이므로

$a=9,\ b=16,\ c=9$

$\therefore a-b+c=9-16+9=2$ 답 2

454 다면체의 꼭짓점의 개수를 v, 모서리의 개수를 e, 면의 개수를 f라 하면 $v-e+f=2$

$v=6n,\ e=9n,\ f=4n$을 $v-e+f=2$에 대입하면

$6n-9n+4n=2 \quad \therefore n=2$ 답 2

455 정십이면체의 면의 개수는 12이므로 각 면의 한가운데에 있는 점을 연결하여 만든 정다면체는 꼭짓점의 개수가 12인 정다면체, 즉 정이십면체이다. 답 ⑤

456 구하는 정다면체는 면의 개수와 꼭짓점의 개수가 같으므로 정사면체이다. 답 정사면체

457 정육면체의 면의 개수는 6이므로

각 면의 한가운데에 있는 점을 연결하여 만든 정다면체는 꼭짓점의 개수가 6인 정다면체, 즉 정팔면체이다.

① 꼭짓점의 개수는 6이다.

② 모서리의 개수는 12이다.

④ 한 꼭짓점에 모인 면의 개수는 4이다. 답 ③, ⑤

만점 각 잡기

76~77쪽

458 주어진 다면체의 면의 개수는 11, 꼭짓점의 개수는 11이므로 그 합은 $11+11=22$

n각뿔대의 면의 개수는 $n+2$, 모서리의 개수는 $3n$이므로

$(n+2)+3n=22,\ 4n+2=22$

$4n=20 \quad \therefore n=5$ 답 5

459 주어진 각기둥을 n각기둥이라 하면 밑면은 정n각형이므로

$\frac{180°\times(n-2)}{n}=140°$

$180°\times n-360°=140°\times n,\ 40°\times n=360° \quad \therefore n=9$

즉, 구각기둥이므로 면의 개수는 $9+2=11$,

모서리의 개수는 $9\times3=27$

따라서 구하는 합은 $11+27=38$ 답 38

460 ①, ②, ③, ⑤

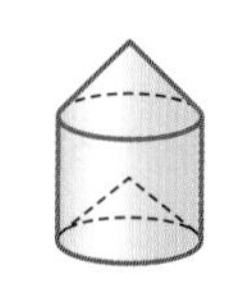

답 ④

461 만들어지는 회전체는 원뿔대이다.

오른쪽 그림과 같이 자르면 ③과 같은 단면의 모양이 생긴다.

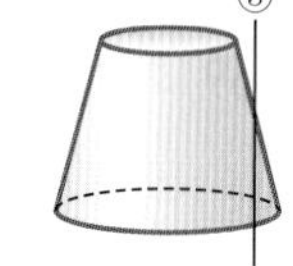

답 ③

462 점 A에서 원뿔을 한 바퀴 팽팽하게 감은 실의 경로는 전개도에서 선분으로 나타내어진다. 답 ③

463 원뿔대의 전개도는 오른쪽 그림과 같고 옆면에 해당하는 도형은 색칠한 부분이다.

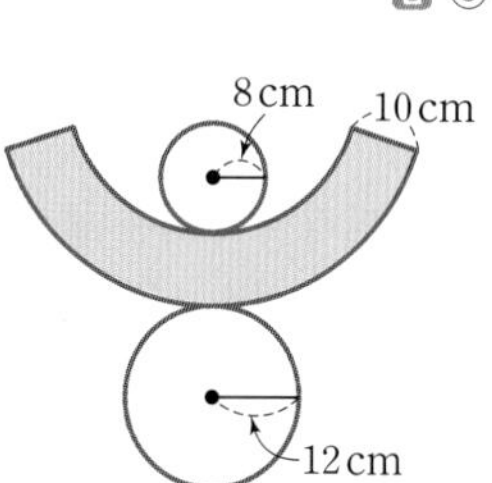

이 도형의 둘레의 길이는

$2\pi\times8+2\pi\times12+10\times2$

$=40\pi+20$(cm)

따라서 $a=40$, $b=20$이므로

$a-b=40-20=20$ 답 20

464 ①, ③, ④, ⑤ 원

②

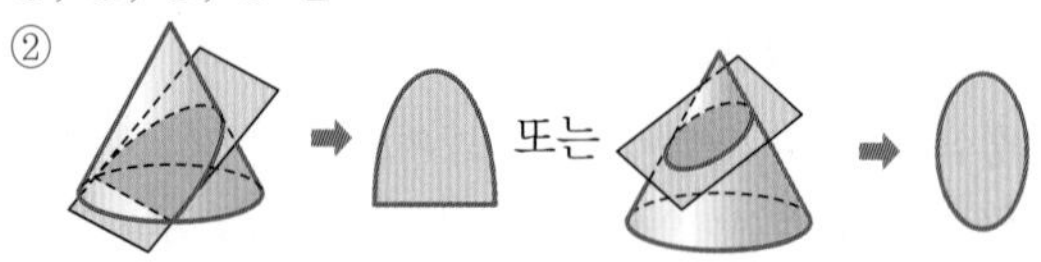

따라서 단면의 모양이 나머지 넷과 다른 하나는 ②이다. 답 ②

465 꼭짓점의 개수를 v, 모서리의 개수를 e, 면의 개수를 f라 하면 $e=v+8$이므로 $v-e+f=2$에 대입하면

$v-(v+8)+f=2$

$\therefore f=10$

따라서 이 다면체의 면의 개수는 10이다. 답 10

466 조건 (가), (나)에 의해 구하는 다면체는 각기둥이다.

구하는 다면체를 n각기둥이라 하면

모서리의 개수는 $3n$, 면의 개수는 $(n+2)$이므로

$3n=(n+2)+18$

$2n=20 \quad \therefore n=10$

따라서 조건을 모두 만족시키는 다면체는 십각기둥이므로 밑면인 십각형의 대각선의 개수는

$\dfrac{10\times(10-3)}{2}=35$ 답 ③

참고 n각형의 대각선의 개수 ⇨ $\dfrac{n(n-3)}{2}$

467 정육면체의 꼭짓점의 개수는 8이고 모서리의 개수는 12이다. 정육면체의 꼭짓점의 개수만큼 정삼각형이 생기므로

꼭짓점의 개수는

$8\times3=24 \quad \therefore a=24$

모서리의 개수는

$12+8\times3=36 \quad \therefore b=36$

$\therefore a+b=24+36=60$ 답 60

468 주어진 전개도로 만든 정육면체는 오른쪽 그림과 같다.

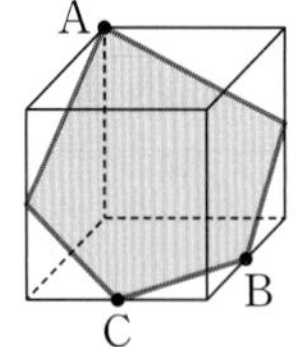

이 정육면체를 세 점 A, B, C를 지나는 평면으로 자를 때 생기는 단면의 모양은 오각형이다.

답 오각형

469 회전체는 오른쪽 그림과 같고, 넓이가 가장 큰 단면의 반지름의 길이를 r cm라 하면

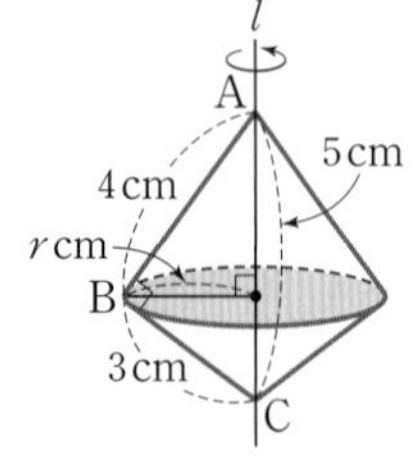

삼각형 ABC에서

$\dfrac{1}{2}\times4\times3=\dfrac{1}{2}\times5\times r$

$\therefore r=\dfrac{12}{5}$

따라서 구하는 둘레의 길이는

$2\pi\times\dfrac{12}{5}=\dfrac{24}{5}\pi(\text{cm})$ 답 $\dfrac{24}{5}\pi$ cm

07 입체도형의 겉넓이와 부피

유형 또 잡기

78~90쪽

470 (밑넓이)$=\dfrac{1}{2}\times(4+7)\times4=22(\text{cm}^2)$

(옆넓이)$=(4+5+7+4)\times7=140(\text{cm}^2)$

$\therefore$ (겉넓이)$=22\times2+140=184(\text{cm}^2)$ 답 184 cm^2

471 (밑넓이)$=\dfrac{1}{2}\times3\times4=6(\text{cm}^2)$

(옆넓이)$=(3+5+4)\times6=72(\text{cm}^2)$

$\therefore$ (겉넓이)$=6\times2+72=84(\text{cm}^2)$ 답 ①

472 정육면체의 한 모서리의 길이를 x cm라 하면

$6x^2=486$

$x^2=81 \quad \therefore x=9$

따라서 정육면체의 한 모서리의 길이는 9 cm이다. 답 9 cm

473 사각기둥의 높이를 h cm라 하면

$\left\{\dfrac{1}{2}\times(4+8)\times3\right\}\times2+(4+3+8+5)\times h=176$

$36+20h=176$

$20h=140 \quad \therefore h=7$

따라서 사각기둥의 높이는 7 cm이다. 답 7 cm

474 (겉넓이)$=(\pi\times5^2)\times2+(2\pi\times5)\times12$

$=50\pi+120\pi$

$=170\pi(\text{cm}^2)$ 답 ③

475 원기둥의 높이를 h cm라 하면

$(\pi\times4^2)\times2+(2\pi\times4)\times h=96\pi$

$32\pi+8\pi h=96\pi$

$8\pi h=64\pi \quad \therefore h=8$

따라서 원기둥의 높이는 8 cm이다. 답 8 cm

476 페인트가 칠해지는 부분의 넓이는 원기둥 모양 롤러의 옆넓이의 3배와 같다. 이때

(롤러의 옆넓이)$=(2\pi\times4)\times15$

$=120\pi(\text{cm}^2)$

이므로 페인트가 칠해지는 부분의 넓이는

$3\times120\pi=360\pi(\text{cm}^2)$ 답 360π cm^2

477 (밑넓이)$=\dfrac{1}{2}\times(4+7)\times2$

$=11(\text{cm}^2)$

$\therefore$ (부피)$=11\times8=88(\text{cm}^3)$ 답 88 cm^3

478 (밑넓이)$=\dfrac{1}{2}\times8\times2+\dfrac{1}{2}\times8\times5$

$=8+20=28(\text{cm}^2)$

$\therefore$ (부피)$=28\times9=252(\text{cm}^3)$ 답 ④

479 삼각기둥의 높이를 h cm라 하면

$\left(\dfrac{1}{2}\times3\times4\right)\times h=90$

$6h=90 \quad \therefore h=15$

따라서 삼각기둥의 높이는 15 cm이다. 답 15 cm

480 두 물통의 밑넓이가 같으므로 물의 부피의 비는 물의 높이의 비와 같다.
$a:b=a:3a=1:3$
이므로 두 물통 A, B에 들어 있는 물의 부피의 비는 1 : 3이다. 답 1 : 3

481 원기둥의 높이를 h cm라 하면
$(\pi\times4^2)\times h=128\pi$
$16\pi h=128\pi$ $\therefore h=8$
따라서 원기둥의 높이는 8 cm이다. 답 8 cm

482 $\pi\times x^2\times8=200\pi$, $x^2=25$
$\therefore x=5$ 답 5

483 (원기둥 A의 부피)$=(\pi\times2^2)\times8$
$=32\pi(\text{cm}^3)$
(원기둥 B의 부피)$=(\pi\times4^2)\times h$
$=16\pi h(\text{cm}^3)$
두 원기둥의 부피가 서로 같으므로
$32\pi=16\pi h$ $\therefore h=2$ 답 2

484 (부피)$=(\pi\times4^2)\times5+(\pi\times10^2)\times5$
$=80\pi+500\pi=580\pi(\text{cm}^3)$ 답 ④

485 (겉넓이)$=\left(\frac{1}{2}\times6\times8\right)\times2+(6+10+8)\times8$
$=48+192=240(\text{cm}^2)$
$\therefore a=240$
(부피)$=\left(\frac{1}{2}\times6\times8\right)\times8=192(\text{cm}^3)$
$\therefore b=192$
$\therefore a-b=240-192=48$ 답 ②

486 밑면인 정사각형의 한 변의 길이는 $\frac{16}{4}=4(\text{cm})$
$\therefore$ (부피)$=(4\times4)\times6=96(\text{cm}^3)$ 답 96 cm³

487 밑면의 반지름의 길이를 r cm라 하면
$2\pi r=10\pi$ $\therefore r=5$
즉, 밑면의 반지름의 길이는 5 cm이므로
(겉넓이)$=(\pi\times5^2)\times2+10\pi\times9$
$=50\pi+90\pi=140\pi(\text{cm}^2)$
(부피)$=(\pi\times5^2)\times9=225\pi(\text{cm}^3)$
답 겉넓이 : 140π cm², 부피 : 225π cm³

488 (밑넓이)$=\pi\times4^2\times\frac{90}{360}=4\pi(\text{cm}^2)$
(옆넓이)$=\left(4\times2+2\pi\times4\times\frac{90}{360}\right)\times12$
$=96+24\pi(\text{cm}^2)$
$\therefore$ (겉넓이)$=4\pi\times2+(96+24\pi)$
$=32\pi+96(\text{cm}^2)$ 답 ⑤

489 기둥의 높이를 h cm라 하면
$\left(\pi\times4^2\times\frac{240}{360}\right)\times h=32\pi$
$\frac{32}{3}\pi h=32\pi$ $\therefore h=3$
따라서 기둥의 높이는 3 cm이다. 답 3 cm

490 두 기둥의 높이가 같으므로 기둥의 부피의 비는 밑넓이의 비와 같다. 이때 부채꼴의 넓이는 중심각의 크기에 정비례하므로 두 기둥의 부피의 비는 밑면인 부채꼴의 중심각의 크기의 비와 같다.
따라서 큰 기둥의 부피와 작은 기둥의 부피의 비는
$270:90=3:1$ 답 3 : 1

491 (부피)=(큰 원기둥의 부피)−(작은 원기둥의 부피)
$=(\pi\times7^2)\times6-(\pi\times3^2)\times6$
$=294\pi-54\pi=240\pi(\text{cm}^3)$ 답 240π cm³
다른 풀이 (부피)=(밑넓이)×(높이)
$=(\pi\times7^2-\pi\times3^2)\times6$
$=40\pi\times6=240\pi(\text{cm}^3)$

492 (밑넓이)$=5\times5-2\times2=25-4=21(\text{cm}^2)$
(옆넓이)$=(5+5+5+5)\times5+(2+2+2+2)\times5$
$=100+40=140(\text{cm}^2)$
$\therefore$ (겉넓이)$=21\times2+140$
$=42+140=182(\text{cm}^2)$ 답 ③

493 (밑넓이)$=8\times6-\pi\times2^2=48-4\pi(\text{cm}^2)$
(옆넓이)$=(8+6+8+6)\times8+(2\pi\times2)\times8$
$=224+32\pi(\text{cm}^2)$
$\therefore$ (겉넓이)$=(48-4\pi)\times2+(224+32\pi)$
$=96-8\pi+224+32\pi$
$=320+24\pi(\text{cm}^2)$
(부피)=(사각기둥의 부피)−(원기둥의 부피)
$=(8\times6)\times8-(\pi\times2^2)\times8$
$=384-32\pi(\text{cm}^3)$
답 겉넓이 : $(320+24\pi)$ cm², 부피 : $(384-32\pi)$ cm³

494 (밑넓이)$=(6+1)\times(4+3)-1\times4$
$=49-4=45(\text{cm}^2)$
(옆넓이)$=\{6+4+1+3+(6+1)+(4+3)\}\times8$
$=28\times8=224(\text{cm}^2)$
$\therefore$ (겉넓이)$=45\times2+224=314(\text{cm}^2)$ 답 ②

495 (부피)=(직육면체의 부피)−(삼각기둥의 부피)
$=7\times4\times6-\left(\frac{1}{2}\times4\times3\right)\times7$
$=168-42=126(\text{cm}^3)$ 답 ③
다른 풀이 밑면이 사다리꼴 모양인 사각기둥이므로
(밑넓이)$=\frac{1}{2}\times(3+6)\times4=18(\text{cm}^2)$
$\therefore$ (부피)$=18\times7=126(\text{cm}^3)$

496 오른쪽 그림과 같이 잘린 부분의 면을 이동하여 생각하면 주어진 입체도형의 겉넓이는 밑면의 가로, 세로의 길이가 모두 6 cm이고, 높이가 8 cm인 직육면체의 겉넓이와 같으므로

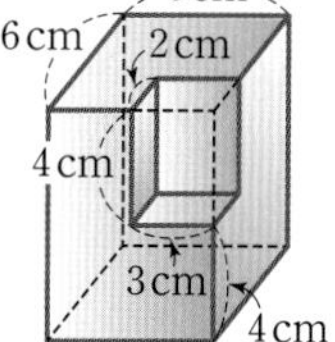

(겉넓이)$=(6\times6)\times2+(6+6+6+6)\times8$
$=72+192=264(\text{cm}^2)$ 답 264 cm²

497 (부피)$=12\times4\times12-(4\times4\times4)\times4$
$=576-256$
$=320(\text{cm}^3)$ 답 ①

498 (부피)$=2\times2\times5-\left(\pi\times2^2\times\frac{90}{360}\right)\times5$
$=20-5\pi(\text{cm}^3)$ 답 $(20-5\pi)$ cm^3

499 (밑넓이)$=\left(\pi\times12^2\times\frac{150}{360}\right)-\left(\pi\times6^2\times\frac{150}{360}\right)$
$=60\pi-15\pi=45\pi(\text{cm}^2)$
(옆넓이)$=\left(6\times2+2\pi\times12\times\frac{150}{360}+2\pi\times6\times\frac{150}{360}\right)\times15$
$=(12+10\pi+5\pi)\times15$
$=180+225\pi(\text{cm}^2)$
(겉넓이)$=45\pi\times2+(180+225\pi)$
$=315\pi+180(\text{cm}^2)$ 답 $(315\pi+180)$ cm^2

500 회전체는 오른쪽 그림과 같으므로

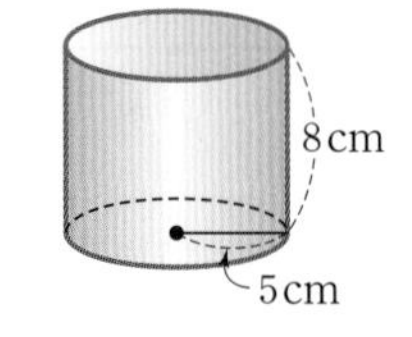

(밑넓이)$=\pi\times5^2=25\pi(\text{cm}^2)$
(옆넓이)$=(2\pi\times5)\times8$
$=80\pi(\text{cm}^2)$
$\therefore$ (겉넓이)$=25\pi\times2+80\pi$
$=130\pi(\text{cm}^2)$ 답 130π cm^2

501 회전체는 오른쪽 그림과 같으므로

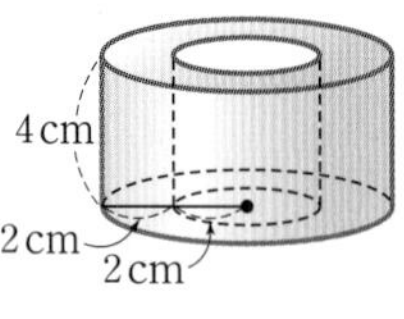

(부피)=(큰 원기둥의 부피)
−(작은 원기둥의 부피)
$=(\pi\times4^2)\times4-(\pi\times2^2)\times4$
$=64\pi-16\pi$
$=48\pi(\text{cm}^3)$ 답 ④

502 (부피)$=\left(\pi\times2^2\times\frac{150}{360}\right)\times7$
$=\frac{35}{3}\pi(\text{cm}^3)$ 답 $\frac{35}{3}\pi$ cm^3

503 (겉넓이)$=6\times6+\left(\frac{1}{2}\times6\times8\right)\times4$
$=36+96=132(\text{cm}^2)$ 답 ②

504 (겉넓이)$=3\times3+\left(\frac{1}{2}\times3\times5\right)\times4$
$=9+30=39(\text{cm}^2)$ 답 39 cm^2

505 정사각뿔의 겉넓이가 360 cm^{2}이므로
$10\times10+\left(\frac{1}{2}\times10\times x\right)\times4=360$
$100+20x=360$, $20x=260$
$\therefore x=13$ 답 13

506 (겉넓이)$=\left(\frac{1}{2}\times8\times10\right)\times4+(8+8+8+8)\times8+8\times8$
$=160+256+64$
$=480(\text{cm}^2)$ 답 480 cm^2
다른 풀이 (겉넓이)$=\left(\frac{1}{2}\times8\times10\right)\times4+(8\times8)\times5$
$=160+320=480(\text{cm}^2)$

507 원뿔의 모선의 길이를 l cm라 하면
$\pi\times10^2+\pi\times10\times l=220\pi$
$100\pi+10\pi l=220\pi$
$10\pi l=120\pi$ $\therefore l=12$
따라서 원뿔의 모선의 길이는 12 cm이다. 답 12 cm

508 (겉넓이)$=\pi\times6^2+\pi\times6\times15$
$=36\pi+90\pi=126\pi(\text{cm}^2)$ 답 ④

509 밑면의 반지름의 길이를 r cm라 하면
$\pi\times r\times10=50\pi$ $\therefore r=5$
즉, 밑면의 반지름의 길이는 5 cm이다.
$\therefore$ (밑넓이)$=\pi\times5^2=25\pi(\text{cm}^2)$ 답 25π cm^2

510 밑면의 반지름의 길이를 r cm라 하면 지름의 길이는 $2r$ cm이므로
(모선의 길이)$=2r\times4=8r$(cm)
이때 옆넓이가 64π cm^{2}이므로
$\pi\times r\times8r=64\pi$
$8\pi r^2=64\pi$ $\therefore r^2=8$
따라서 원뿔의 밑넓이는 $\pi r^2=8\pi(\text{cm}^2)$ 답 8π cm^2

511 (부피)$=\frac{1}{3}\times\left(\frac{1}{2}\times4\times7\right)\times6=28(\text{cm}^3)$ 답 28 cm^3

512 (부피)$=\frac{1}{3}\times(4\times4)\times9=48(\text{cm}^3)$ 답 ④

513 정사각뿔의 높이를 h cm라 하면
$\frac{1}{3}\times(3\times3)\times h=18$
$3h=18$ $\therefore h=6$
따라서 정사각뿔의 높이는 6 cm이다. 답 6 cm

514 주어진 전개도로 만들어지는 입체도형은 오른쪽 그림과 같은 사각뿔이므로

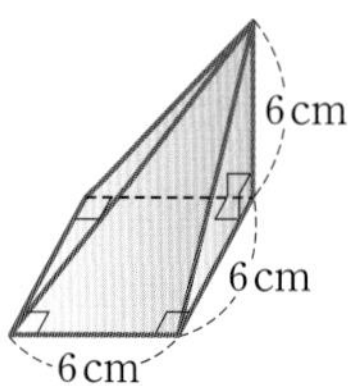

(부피)$=\frac{1}{3}\times(6\times6)\times6$
$=72(\text{cm}^3)$ 답 72 cm^3

515 (부피)$=\frac{1}{3}\times(\pi\times6^2)\times7=84\pi(\text{cm}^3)$ 답 ③

516 원뿔의 높이를 h cm라 하면
$\frac{1}{3}\times(\pi\times3^2)\times h=27\pi$
$3\pi h=27\pi$ $\therefore h=9$
따라서 원뿔의 높이는 9 cm이다. 답 ④

517 (그릇의 부피)$=\frac{1}{3}\times(\pi\times4^2)\times6=32\pi(\text{cm}^3)$
따라서 1분에 4π cm^{3}씩 물을 넣으므로 빈 그릇에 물을 가득 채우는 데 걸리는 시간은
$32\pi\div4\pi=8$(분) 답 ⑤

518 (부피)$=\frac{1}{3}\times(\triangle\text{BCD의 넓이})\times\overline{\text{CG}}$
$=\frac{1}{3}\times\left(\frac{1}{2}\times9\times3\right)\times4$
$=18(\text{cm}^3)$ 답 18 cm^3

519 $\overline{PC}$의 길이를 x cm라 하면
삼각뿔 C$-$PGD의 부피가 81 cm^3이므로
$\frac{1}{3}\times\left(\frac{1}{2}\times x\times 9\right)\times 9=81$
$\frac{27}{2}x=81$ $\quad\therefore x=6$
따라서 $\overline{PC}$의 길이는 6 cm이다. 답 6 cm

520 오른쪽 그림과 같이 정육면체에서 삼각뿔을 잘라 낸 입체도형이므로
(부피)
=(직육면체의 부피)
$-$(삼각뿔의 부피)
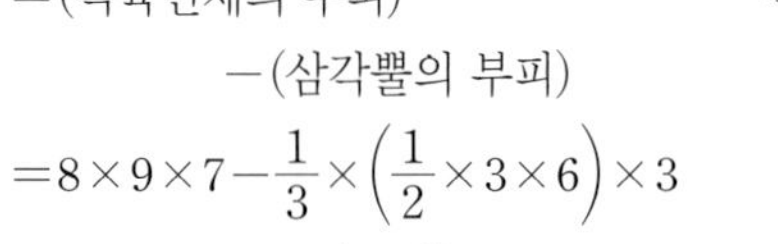
$=8\times 9\times 7-\frac{1}{3}\times\left(\frac{1}{2}\times 3\times 6\right)\times 3$
$=504-9=495(cm^3)$ 답 ④

521 (부피)$=\frac{1}{3}\times\left(\frac{1}{2}\times 9\times 10\right)\times 5$
$=75(cm^3)$ 답 ①

522 $\left(\frac{1}{2}\times 8\times x\right)\times 6=144$
$24x=144$ $\quad\therefore x=6$ 답 6

523 (그릇 A에 담긴 물의 부피)$=\frac{1}{3}\times\left(\frac{1}{2}\times 6\times 8\right)\times 9$
$=72(cm^3)$
(그릇 B에 담긴 물의 부피)$=\left(\frac{1}{2}\times 3\times 4\right)\times x$
$=6x(cm^3)$
두 물의 부피가 같으므로
$6x=72$ $\quad\therefore x=12$ 답 12

524 밑면의 반지름의 길이를 r cm라 하면
$2\pi\times 9\times\frac{160}{360}=2\pi r$
$8\pi=2\pi r$ $\quad\therefore r=4$
즉, 밑면의 반지름의 길이는 4 cm이므로
(겉넓이)$=\pi\times 4^2+\pi\times 4\times 9$
$=16\pi+36\pi=52\pi(cm^2)$ 답 ③

525 (겉넓이)$=\pi\times 6^2+\pi\times 6\times 10$
$=36\pi+60\pi=96\pi(cm^2)$
(부피)$=\frac{1}{3}\times(\pi\times 6^2)\times 8=96\pi(cm^3)$
답 겉넓이 : 96π cm^2, 부피 : 96π cm^3

526 밑면의 반지름의 길이를 r cm라 하면
$2\pi\times 5\times\frac{216}{360}=2\pi r$, $6\pi=2\pi r$ $\quad\therefore r=3$
즉, 밑면의 반지름의 길이는 3 cm이다.
원뿔의 높이를 h cm라 하면
$\frac{1}{3}\times(\pi\times 3^2)\times h=12\pi$
$3\pi h=12\pi$ $\quad\therefore h=4$
따라서 원뿔의 높이는 4 cm이다. 답 4 cm

527 (두 밑넓이의 합)$=\pi\times 2^2+\pi\times 6^2$
$=4\pi+36\pi=40\pi(cm^2)$
(옆넓이)$=\pi\times 6\times 9-\pi\times 2\times 3$
$=54\pi-6\pi=48\pi(cm^2)$
$\therefore$ (겉넓이)$=40\pi+48\pi=88\pi(cm^2)$ 답 ⑤

528 (두 밑넓이의 합)$=3\times 3+8\times 8=73(cm^2)$
(옆넓이)$=\left\{\frac{1}{2}\times(3+8)\times 6\right\}\times 4=132(cm^2)$
$\therefore$ (겉넓이)$=73+132=205(cm^2)$ 답 ④

529 (원뿔의 겉넓이)$=\pi\times 6^2+\pi\times 6\times 9$
$=36\pi+54\pi=90\pi(cm^2)$
(원뿔대의 겉넓이)
$=\pi\times 3^2+\pi\times 6^2+\pi\times 6\times(5+x)-\pi\times 3\times 5$
$=60\pi+6\pi x(cm^2)$
두 겉넓이가 서로 같으므로
$60\pi+6\pi x=90\pi$
$6\pi x=30\pi$ $\quad\therefore x=5$ 답 5

530 (부피)=(큰 원뿔의 부피)$-$(작은 원뿔의 부피)
$=\frac{1}{3}\times(\pi\times 4^2)\times 12-\frac{1}{3}\times(\pi\times 2^2)\times 6$
$=64\pi-8\pi$
$=56\pi(cm^3)$ 답 ①

531 (부피)=(큰 정사각뿔의 부피)$-$(작은 정사각뿔의 부피)
$=\frac{1}{3}\times(15\times 15)\times 18-\frac{1}{3}\times(10\times 10)\times 12$
$=1350-400$
$=950(cm^3)$ 답 ⑤

532 (큰 사각뿔의 부피)$=\frac{1}{3}\times(7\times 7)\times 7$
$=\frac{343}{3}(cm^3)$
(작은 사각뿔의 부피)$=\frac{1}{3}\times(3\times 3)\times 3$
$=9(cm^3)$
(사각뿔대의 부피)$=\frac{343}{3}-9$
$=\frac{316}{3}(cm^3)$
따라서 위쪽 사각뿔과 아래쪽 사각뿔대의 부피의 비는
$9:\frac{316}{3}=27:316$ 답 ④

533 회전체는 오른쪽 그림과 같으므로
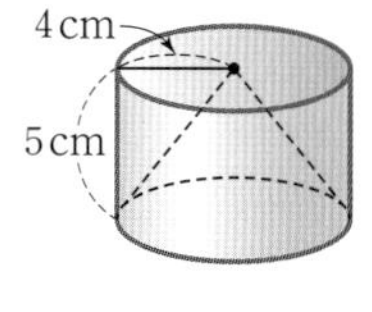

(부피)
=(원기둥의 부피)$-$(원뿔의 부피)
$=(\pi\times 4^2)\times 5-\frac{1}{3}\times(\pi\times 4^2)\times 5$
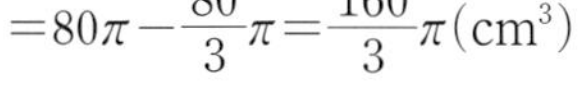
$=80\pi-\frac{80}{3}\pi=\frac{160}{3}\pi(cm^3)$ 답 ③

534 회전체는 오른쪽 그림과 같으므로
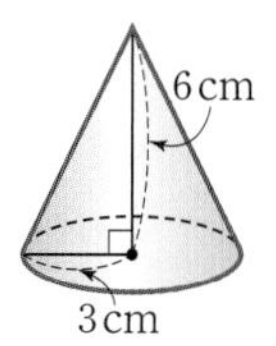

(부피)$=\frac{1}{3}\times(\pi\times 3^2)\times 6$
$=18\pi(cm^3)$ 답 18π cm^3

워크북

535 회전체는 오른쪽 그림과 같으므로

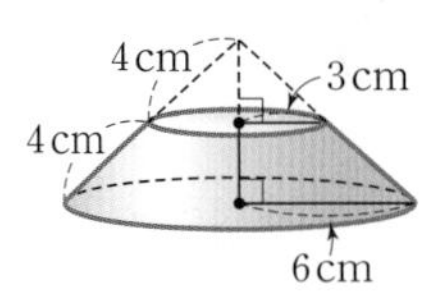

(두 밑넓이의 합)$=\pi\times3^2+\pi\times6^2$

$=9\pi+36\pi$

$=45\pi(\text{cm}^2)$

(옆넓이)$=\pi\times6\times8-\pi\times3\times4$

$=48\pi-12\pi=36\pi(\text{cm}^2)$

$\therefore$ (겉넓이)$=45\pi+36\pi=81\pi(\text{cm}^2)$ 답 81π cm^2

536 직선 AC를 회전축으로 한 회전체는 오른쪽 그림과 같으므로

$V_1=\frac{1}{3}\times(\pi\times12^2)\times9$

$=432\pi(\text{cm}^3)$

직선 BC를 회전축으로 한 회전체는 오른쪽 그림과 같으므로

$V_2=\frac{1}{3}\times(\pi\times9^2)\times12$

$=324\pi(\text{cm}^3)$

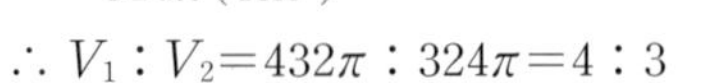

$\therefore V_1:V_2=432\pi:324\pi=4:3$ 답 4 : 3

537 (겉넓이)$=$(구의 겉넓이)$\times\frac{7}{8}+$(원의 넓이)$\times\frac{3}{4}$

$=(4\pi\times6^2)\times\frac{7}{8}+(\pi\times6^2)\times\frac{3}{4}$

$=126\pi+27\pi$

$=153\pi(\text{cm}^2)$ 답 ④

538 테니스공의 반지름의 길이를 r cm라 하면

테니스공의 겉넓이는 $2\times32\pi=64\pi(\text{cm}^2)$이므로

$4\pi r^2=64\pi$

$r^2=16$ $\therefore r=4$

따라서 테니스공의 반지름의 길이는 4 cm이다. 답 4 cm

539 구 A를 칠하는 데 필요한 페인트의 가격은

$6000\times\frac{1}{3}=2000$(원)

구 A의 반지름의 길이를 r이라 하면 구 B의 반지름의 길이는 $3r$이므로

(구 A의 겉넓이)$=4\pi r^2$

(구 B의 겉넓이)$=4\pi\times(3r)^2=9\times4\pi r^2$

따라서 구 B를 칠하는 데 필요한 페인트의 가격은

$9\times2000=18000$(원) 답 18000원

540 (부피)$=$(구의 부피)$\times\frac{1}{2}+$(원뿔의 부피)

$=\left(\frac{4}{3}\pi\times3^3\right)\times\frac{1}{2}+\frac{1}{3}\times(\pi\times3^2)\times4$

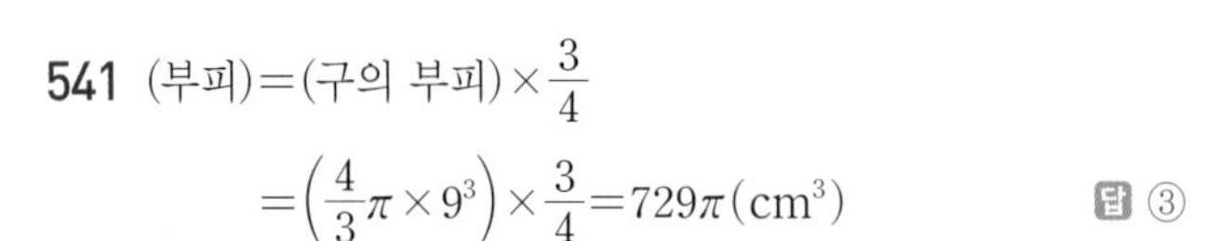

$=18\pi+12\pi=30\pi(\text{cm}^3)$ 답 30π cm^3

541 (부피)$=$(구의 부피)$\times\frac{3}{4}$

$=\left(\frac{4}{3}\pi\times9^3\right)\times\frac{3}{4}=729\pi(\text{cm}^3)$ 답 ③

542 구의 반지름의 길이를 r cm라 하면 겉넓이가 144π cm^{2}이므로

$4\pi r^2=144\pi$

$r^2=36$ $\therefore r=6$

즉, 구의 반지름의 길이는 6 cm이므로

(부피)$=\frac{4}{3}\pi\times6^3=288\pi(\text{cm}^3)$ 답 ①

543 원뿔의 높이를 h cm라 하면

(구의 부피)$=\frac{4}{3}\pi\times6^3=288\pi(\text{cm}^3)$

(원뿔의 부피)$=\frac{1}{3}\times\pi\times6^2\times h=12\pi h(\text{cm}^3)$

구의 부피가 원뿔의 부피의 $\frac{3}{2}$배이므로

$288\pi=12\pi h\times\frac{3}{2}$ $\therefore h=16$

따라서 원뿔의 높이는 16 cm이다. 답 16 cm

544 반지름의 길이가 6 cm인 쇠구슬 3개의 부피는

$\left(\frac{4}{3}\pi\times6^3\right)\times3=864\pi(\text{cm}^3)$

반지름의 길이가 3 cm인 쇠구슬 1개의 부피는

$\frac{4}{3}\pi\times3^3=36\pi(\text{cm}^3)$

따라서 만들 수 있는 쇠구슬은 최대

$864\pi\div36\pi=24$(개)이다. 답 ④

545 그릇 B의 반지름의 길이를 r이라 하면

그릇 A의 밑면의 반지름의 길이는 $2r$, 높이는 $3r$이므로

(그릇 A의 부피)$=\frac{1}{3}\times\pi\times(2r)^2\times3r$

$=4\pi r^3$

(그릇 B의 부피)$=\frac{4}{3}\pi r^3\times\frac{1}{2}$

$=\frac{2}{3}\pi r^3$

따라서 그릇 A의 부피는 그릇 B의 부피의 6배이므로 그릇 B를 이용하여 그릇 A에 물을 가득 채우려면 물을 최소 6번 부어야 한다. 답 6번

546 회전체는 오른쪽 그림과 같으므로

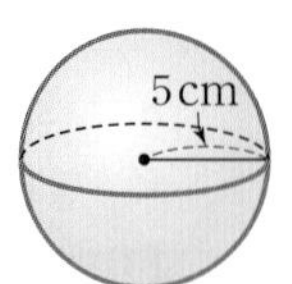

(겉넓이)$=4\pi\times5^2=100\pi(\text{cm}^2)$

답 ④

547 회전체는 오른쪽 그림과 같으므로

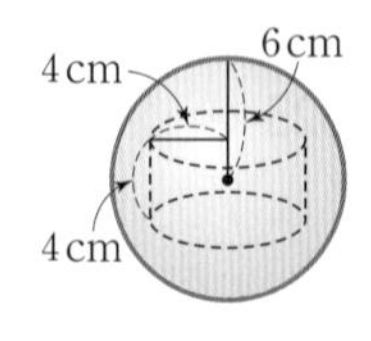

(부피)$=$(구의 부피)$-$(원기둥의 부피)

$=\frac{4}{3}\pi\times6^3-\pi\times4^2\times4$

$=288\pi-64\pi$

$=224\pi(\text{cm}^3)$ 답 224π cm^3

548 회전체는 오른쪽 그림과 같으므로

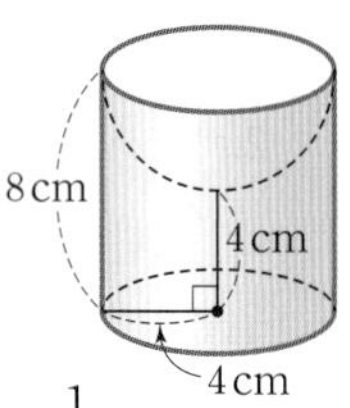

(겉넓이)

$=$(밑넓이)$+$(원기둥의 옆넓이)

$+$(구의 겉넓이)$\times\frac{1}{2}$

$=(\pi\times4^2)+(2\pi\times4\times8)+(4\pi\times4^2)\times\frac{1}{2}$

$=16\pi+64\pi+32\pi$

$=112\pi(\text{cm}^2)$ 답 ②

549 구의 반지름의 길이를 r cm라 하면 구의 부피가 24π cm^{3}이므로

$\frac{4}{3}\pi r^3=24\pi \qquad \therefore r^3=18$

원뿔의 밑면의 반지름의 길이는 r cm, 높이는 $2r$ cm이므로

(원뿔의 부피)$=\frac{1}{3}\pi r^2\times 2r=\frac{2}{3}\pi r^3$

$=\frac{2}{3}\pi\times 18=12\pi(\text{cm}^3)$

원기둥의 밑면의 반지름의 길이는 r cm, 높이는 $2r$ cm이므로

(원기둥의 부피)$=\pi r^2\times 2r=2\pi r^3$

$=2\pi\times 18=36\pi(\text{cm}^3)$

답 원뿔의 부피 : 12π cm^3, 원기둥의 부피 : 36π cm^3

다른 풀이 (원뿔의 부피) : (구의 부피) : (원기둥의 부피)

$=1:2:3$

$\therefore$ (원뿔의 부피)=(구의 부피)$\times\frac{1}{2}$

$=24\pi\times\frac{1}{2}=12\pi(\text{cm}^3)$

(원기둥의 부피)=(구의 부피)$\times\frac{3}{2}$

$=24\pi\times\frac{3}{2}=36\pi(\text{cm}^3)$

550 구의 반지름의 길이를 r cm라 하면 원기둥의 높이는 $4r$ cm이고, 원기둥의 부피가 500π cm^{3}이므로

$\pi r^2\times 4r=500\pi$

$r^3=125=5^3 \qquad \therefore r=5$

즉, 구의 반지름의 길이는 5 cm이므로

(구 1개의 부피)$=\frac{4}{3}\pi\times 5^3$

$=\frac{500}{3}\pi(\text{cm}^3)$ 답 ③

551 구의 반지름의 길이를 r cm라 하면 원기둥의 높이는 $2r$ cm이므로

(남아 있는 물의 부피)=(원기둥의 부피)−(구의 부피)

$=\pi r^2\times 2r-\frac{4}{3}\pi r^3$

$=\frac{2}{3}\pi r^3(\text{cm}^3)$

이때 남아 있는 물의 부피는 밑면의 반지름의 길이가 r cm, 높이가 4 cm인 원기둥의 부피와 같으므로

$\pi r^2\times 4=4\pi r^2(\text{cm}^3)$

즉, $\frac{2}{3}\pi r^3=4\pi r^2$이므로 $r=6$

따라서 구의 반지름의 길이는 6 cm이다. 답 6 cm

552 정팔면체의 부피는 밑면인 정사각형의 대각선의 길이가 12 cm이고 높이가 6 cm인 정사각뿔의 부피의 2배와 같으므로

$\left\{\frac{1}{3}\times\left(\frac{1}{2}\times 12\times 12\right)\times 6\right\}\times 2=288(\text{cm}^3)$ 답 288 cm^3

553 원뿔의 밑면의 반지름의 길이와 높이가 모두 r cm이고, 원뿔의 부피가 64π cm^{3}이므로

$\frac{1}{3}\times\pi r^2\times r=64\pi \qquad \therefore r^3=192$

$\therefore$ (반구의 부피)$=\frac{4}{3}\pi r^3\times\frac{1}{2}$

$=\frac{4}{3}\pi\times 192\times\frac{1}{2}$

$=128\pi(\text{cm}^3)$ 답 ④

554 정육면체의 한 모서리의 길이를 a라 하면

(구의 부피)$=\frac{4}{3}\pi\times\left(\frac{a}{2}\right)^3=\frac{1}{6}\pi a^3$

(정사각뿔의 부피)$=\frac{1}{3}\times(a\times a)\times a=\frac{1}{3}a^3$

(정육면체의 부피)$=a\times a\times a=a^3$

따라서 구, 정사각뿔, 정육면체의 부피의 비는

$\frac{1}{6}\pi a^3:\frac{1}{3}a^3:a^3=\pi:2:6$ 답 ③

만점 각 잡기

91~92쪽

555 밑면의 반지름의 길이는

$5+5+5=15(\text{cm})$

(밑넓이)$=\pi\times 15^2$

$=225\pi(\text{cm}^2)$

(옆넓이)$=(2\pi\times 5)\times 6+(2\pi\times 10)\times 8+(2\pi\times 15)\times 10$

$=60\pi+160\pi+300\pi$

$=520\pi(\text{cm}^2)$

$\therefore$ (겉넓이)$=225\pi\times 2+520\pi$

$=970\pi(\text{cm}^2)$ 답 ④

556 직사각형 모양 종이의 세로의 길이를 x cm라 하면

상자의 밑면의 가로의 길이는 $14-4=10(\text{cm})$,

밑면의 세로의 길이는 $(x-4)$ cm이고, 높이는 2 cm이다.

상자의 부피가 120 cm^{3}이므로

$10\times(x-4)\times 2=120$

$x-4=6 \qquad \therefore x=10$

따라서 직사각형 모양 종이의 세로의 길이는 10 cm이다.

답 10 cm

557 변 AD를 회전축으로 한 회전체는 오른쪽 그림과 같으므로

10cm
6cm

$S_1=(\pi\times 10^2)\times 2+(2\pi\times 10)\times 6$

$=200\pi+120\pi$

$=320\pi(\text{cm}^2)$

변 CD를 회전축으로 한 회전체는 오른쪽 그림과 같으므로

6cm
10cm

$S_2=(\pi\times 6^2)\times 2+(2\pi\times 6)\times 10$

$=72\pi+120\pi$

$=192\pi(\text{cm}^2)$

$\therefore S_1:S_2=320\pi:192\pi$

$=5:3$ 답 ④

558 정육면체의 한 모서리의 길이를 a라 하면

(삼각뿔 C$-$FGH의 부피)$=\frac{1}{3}\times\left(\frac{1}{2}\times a\times a\right)\times a$

$=\frac{1}{6}a^3$

(나머지 입체도형의 부피)$=a^3-\frac{1}{6}a^3=\frac{5}{6}a^3$

따라서 구하는 부피의 비는

$\frac{1}{6}a^3:\frac{5}{6}a^3=1:5$ 답 ③

559 부채꼴의 중심각의 크기를 $a°$라 하면

$2\pi\times12\times\frac{a}{360}=2\pi\times4$

$\frac{a}{15}\pi=8\pi$ $\therefore a=120$

즉, 부채꼴의 중심각의 크기는 120°이므로

$2\pi\times6\times\frac{120}{360}=2\pi x$

$4\pi=2\pi x$ $\therefore x=2$

즉, 작은 밑면인 원의 반지름의 길이는 2 cm이므로

(원뿔대의 겉넓이)

$=\pi\times2^2+\pi\times4^2+(\pi\times4\times12-\pi\times2\times6)$

$=4\pi+16\pi+(48\pi-12\pi)$

$=56\pi(\text{cm}^2)$

$\therefore y=56$

$\therefore x+y=2+56=58$ 답 58

560 회전체는 오른쪽 그림과 같으므로

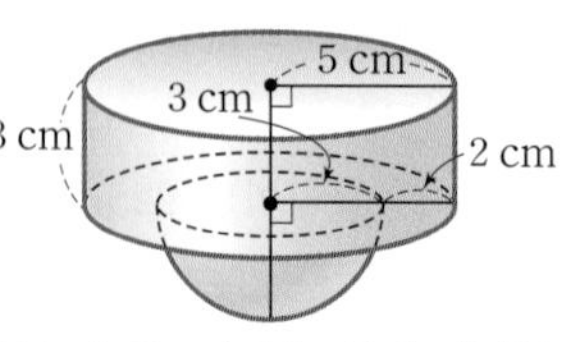

(겉넓이)

=(큰 원의 넓이)

+{(큰 원의 넓이)−(작은 원의 넓이)}

+(원기둥의 옆넓이)+(구의 겉넓이)$\times\frac{1}{2}$

$=(\pi\times5^2)+(\pi\times5^2-\pi\times3^2)+(2\pi\times5\times3)$

$+(4\pi\times3^2)\times\frac{1}{2}$

$=25\pi+(25\pi-9\pi)+30\pi+18\pi$

$=89\pi(\text{cm}^2)$

(부피)=(원기둥의 부피)+(구의 부피)$\times\frac{1}{2}$

$=(\pi\times5^2\times3)+\left(\frac{4}{3}\pi\times3^3\right)\times\frac{1}{2}$

$=75\pi+18\pi=93\pi(\text{cm}^3)$

답 겉넓이 : 89π cm², 부피 : 93π cm³

561 주사위를 꺼냈을 때 수면이 x cm만큼 내려간다고 하면

(주사위 10개의 부피)=(수조에서 빈 부분의 부피)

이므로

$(4\times4\times4)\times10=20\times20\times x$

$640=400x$

$\therefore x=\frac{640}{400}=1.6$

따라서 수면이 1.6 cm 내려간다. 답 1.6 cm

562 (그릇 전체의 부피)$=\frac{1}{3}\times(\pi\times10^2)\times24$

$=800\pi(\text{cm}^3)$

(들어 있는 물의 부피)$=\frac{1}{3}\times(\pi\times5^2)\times12$

$=100\pi(\text{cm}^3)$

$\therefore$ (비어 있는 부분의 부피)$=800\pi-100\pi$

$=700\pi(\text{cm}^3)$

따라서 그릇을 가득 채우는 데 걸리는 시간은

$\frac{700\pi}{10\pi}=70$(초)이므로 1분 10초이다. 답 ④

563 (밑넓이)$=\pi\times6^2=36\pi(\text{cm}^2)$

원뿔의 모선의 길이를 l cm라 하면

(옆넓이)$=\pi\times6\times l=6\pi l(\text{cm}^2)$

밑넓이와 옆넓이의 비가 3 : 5이므로

$36\pi:6\pi l=3:5$, $6:l=3:5$ $\therefore l=10$

즉, 원뿔의 모선의 길이는 10 cm이다.

부채꼴의 중심각의 크기를 $x°$라 하면

$2\pi\times10\times\frac{x}{360}=2\pi\times6$

$\frac{\pi}{18}x=12\pi$ $\therefore x=216$

따라서 부채꼴의 중심각의 크기는 216°이다. 답 216°

564 (구의 부피) : (원기둥의 부피)=2 : 3이므로

(구의 부피)=(원기둥의 부피)$\times\frac{2}{3}$

따라서 (처음에 있던 물의 부피)=(원기둥의 부피)$\times\frac{1}{3}$

이므로

(처음에 있던 물의 높이)=(원기둥의 높이)$\times\frac{1}{3}$

$=24\times\frac{1}{3}=8(\text{cm})$ 답 8 cm

565 원뿔의 밑면인 원이 구른 거리는

(원뿔의 밑면의 둘레의 길이)$\times3=(2\pi\times4)\times3=24\pi(\text{cm})$

원뿔의 모선의 길이를 l cm라 하면

(원 O의 둘레의 길이)$=2\pi l(\text{cm})$

원뿔의 밑면인 원이 구른 거리와 원 O의 둘레의 길이가 같으므로

$2\pi l=24\pi$ $\therefore l=12$

즉, 원뿔의 모선의 길이는 12 cm이므로

(원뿔의 겉넓이)$=\pi\times4^2+\pi\times4\times12$

$=16\pi+48\pi$

$=64\pi(\text{cm}^2)$ 답 64π cm²

566 정육면체의 각 면의 한가운데에 있는 점을 꼭짓점으로 하는 입체도형은 정팔면체이다.

이 정팔면체의 부피는 밑면인 정사각형의 대각선의 길이가 4 cm이고 높이가 2 cm인 정사각뿔의 부피의 2배와 같으므로

$\left\{\frac{1}{3}\times\left(\frac{1}{2}\times4\times4\right)\times2\right\}\times2=\frac{32}{3}(\text{cm}^3)$ 답 ②

08 자료의 정리와 해석

93~109쪽

567 5회에 걸친 제자리멀리뛰기 기록의 평균이 178 cm이므로 5회의 제자리멀리뛰기 기록을 x cm라 하면

$\frac{172+180+170+185+x}{5}=178$

$707+x=890$ $\therefore x=183$

따라서 5회의 제자리멀리뛰기 기록은 183 cm이다.

답 183 cm

568 세 수 a, b, 2의 평균이 8이므로

$\frac{a+b+2}{3}=8$, $a+b+2=24$ $\therefore a+b=22$

세 수 c, d, 10의 평균이 12이므로

$\frac{c+d+10}{3}=12$, $c+d+10=36$ $\therefore c+d=26$

따라서 네 수 a, b, c, d의 평균은

$\frac{a+b+c+d}{4}=\frac{22+26}{4}=\frac{48}{4}=12$ 답 12

569 세 수 a, b, c의 평균이 20이므로

$\frac{a+b+c}{3}=20$ $\therefore a+b+c=60$

따라서 네 수 $4a+2$, $4b+6$, $4c-4$, 12의 평균은

$\frac{(4a+2)+(4b+6)+(4c-4)+12}{4}$

$=\frac{4(a+b+c)+16}{4}$

$=\frac{4\times60+16}{4}=\frac{256}{4}=64$ 답 ⑤

570 1반 학생들의 성적의 총합은

$20\times70=1400$(점)

2반 학생들의 성적의 총합은

$30\times60=1800$(점)

따라서 1반과 2반 전체 학생의 성적의 평균은

$\frac{1400+1800}{20+30}=\frac{3200}{50}=64$(점) 답 64점

571 자료를 작은 값부터 크기순으로 나열하면

[A 동아리] 15, 18, 22, 23, 26, 32, 45

[B 동아리] 17, 19, 20, 24, 34, 35, 42, 52

A 동아리 학생들의 중앙값은 4번째 자료의 값인 23시간이다. $\therefore a=23$

B 동아리 학생들의 중앙값은 4번째 자료와 5번째 자료의 값의 평균인 $\frac{24+34}{2}=29$(시간) $\therefore b=29$

$\therefore a+b=23+29=52$ 답 52

572 (평균)$=\frac{6+8+9+10+12+16+16+18+25+30}{10}$

$=\frac{150}{10}=15$(회)

(중앙값)$=\frac{12+16}{2}=14$(회)

따라서 $a=15$, $b=14$이므로

$a+b=15+14=29$ 답 29

573 학생 5명의 앉은 키의 중앙값이 92 cm이므로 3번째 학생의 앉은 키는 92 cm이다.

이때 앉은 키가 96 cm인 학생을 추가하면 6명의 앉은 키의 중앙값은

$\frac{92+94}{2}=93$(cm) 답 ③

574 태리와 민성이의 점수를 각각 작은 값부터 크기순으로 나열하면

태리 : 6, 7, 8, 8, 8, 10, 10

민성 : 6, 6, 6, 7, 7, 8, 10

태리의 점수의 최빈값은 8점이므로 $a=8$

민성이의 점수의 최빈값은 6점이므로 $b=6$

$\therefore a+b=8+6=14$ 답 14

575 최빈값이 13이 되기 위해서는 a의 값이 13이어야 한다.

답 13

576 ① 중앙값 : 3, 최빈값 : 2, 4

② 중앙값 : 3, 최빈값 : 1

③ 중앙값 : $\frac{2+4}{2}=3$, 최빈값 : 2, 4

④ 중앙값 : $\frac{4+5}{2}=4.5$, 최빈값 : 3, 4, 5

⑤ 중앙값 : -1, 최빈값 : -1

따라서 중앙값과 최빈값이 서로 같은 것은 ⑤이다. 답 ⑤

577 자료를 작은 값부터 크기순으로 나열하면

4, 5, 5, 5, 6, 7, 7, 8, 8

따라서 최빈값은 5편이므로 지난해 관람한 영화의 편수가 최빈값인 학생은 영일, 지민, 해주이다.

답 영일, 지민, 해주

578 자료를 작은 값부터 크기순으로 나열하면

26, 27, 30, 30, 30, 33, 37, 37, 40, 45

(평균)$=\frac{26+27+30+30+30+33+37+37+40+45}{10}$

$=\frac{335}{10}=33.5$(회)

10개 자료의 중앙값은 5번째 자료와 6번째 자료의 값의 평균인 $\frac{30+33}{2}=31.5$(회)

훌라후프를 한 횟수가 30회인 경우가 3번으로 가장 많으므로 최빈값은 30회이다.

따라서 그 값이 가장 작은 것은 최빈값이다. 답 최빈값

579 (평균)$=\frac{1\times2+2\times4+3\times3+4\times2+7\times1+8\times1}{13}$

$=\frac{42}{13}$(회)

13개 자료의 중앙값은 7번째 자료의 값인 3회이다.

매점 이용 횟수가 2회인 학생이 4명으로 가장 많으므로 최빈값은 2회이다.

따라서 그 값이 가장 큰 것은 평균이다. 답 평균

580 1반 학생들은 모두 $4+3+3+2+3=15$(명)이므로

$(\text{평균})=\dfrac{1\times4+2\times3+3\times3+4\times2+5\times3}{15}$

$=\dfrac{42}{15}=\dfrac{14}{5}=2.8$(점)

1반 학생들의 중앙값은 8번째 자료의 값인 3점이다.

2반 학생들은 모두 $5+2+3+2=12$(명)이므로

$(\text{평균})=\dfrac{2\times5+3\times2+4\times3+5\times2}{12}$

$=\dfrac{38}{12}=\dfrac{19}{6}$ (점)

2반 학생들의 중앙값은 6번째 자료와 7번째 자료의 값의 평균인

$\dfrac{3+3}{2}=3$(점)

3반 학생들은 모두 $1+2+5+4=12$(명)이므로

$(\text{평균})=\dfrac{2\times1+3\times2+4\times5+5\times4}{12}$

$=\dfrac{48}{12}=4$(점)

3반 학생들의 중앙값은 6번째 자료와 7번째 자료의 값의 평균인

$\dfrac{4+4}{2}=4$(점)

ㄱ. 1반 학생들의 평균이 2.8점으로 가장 작다.

ㄴ. 3반 학생들의 중앙값이 4점으로 가장 크다.

ㄷ. 2반 학생들 중 수행평가 점수가 2점인 학생이 5명으로 가장 많으므로 최빈값은 2점이다.

따라서 옳은 것은 ㄱ, ㄴ이다. 답 ㄱ, ㄴ

581 일주일 동안의 운동 시간의 평균이 6시간이므로

$\dfrac{4+1+12+4+3+7+8+10+2+x}{10}=6$

$\dfrac{51+x}{10}=6,\ 51+x=60 \qquad \therefore x=9$

자료를 작은 값부터 크기순으로 나열하면

1, 2, 3, 4, 4, 7, 8, 9, 10, 12

따라서 10개 자료의 중앙값은 5번째 자료와 6번째 자료의 값의 평균인 $\dfrac{4+7}{2}=5.5$(시간) 답 ②

582 최빈값이 9회이므로 턱걸이 횟수의 평균도 9회이다.

$\dfrac{12+9+x+9+7+9+8}{7}=9$

$\dfrac{54+x}{7}=9,\ 54+x=63 \qquad \therefore x=9$ 답 9

583 (가) $\dfrac{46+52}{2}=49$이므로 변량을 작은 값부터 크기순으로 나열할 때 46과 52가 한가운데에 있어야 한다.

$\therefore a\le46$

(나) 중앙값이 40이 되려면 $a\ge40$

(가), (나)에서 $40\le a\le46$이므로 조건을 만족시키는 자연수 a는 40, 41, 42, …, 46의 7개이다. 답 7개

584 ⑤ 최빈값은 자료의 값 중에서 가장 많이 나타나는 값이므로 극단적인 값의 영향을 받지 않는다. 답 ⑤

585 자료의 값 중에서 매우 크거나 매우 작은 값이 있는 경우에는 평균을 대푯값으로 하기에 적절하지 않다.

따라서 평균을 대푯값으로 하기에 가장 적절하지 않은 것은 ⑤이다. 답 ⑤

586 ①, ②, ③ 가장 많이 판매된 크기의 운동화를 가장 많이 주문해야 하므로 대푯값으로는 최빈값이 가장 적절하다.

④ 자료를 작은 값부터 크기순으로 나열하면

235, 235, 240, 240, 240, 240, 245, 245, 245, 250, 250, 260(mm)

$(\text{중앙값})=\dfrac{240+245}{2}=242.5$(mm)

(최빈값)$=240$(mm)

즉, 중앙값이 최빈값보다 크다.

따라서 옳은 것은 ③이다. 답 ③

587 ② 예서네 반 전체 학생은

$2+3+5+6+4=20$(명) 답 ②

참고 줄기와 잎 그림에서 자료의 개수는 잎의 개수와 같다.

588 게시글을 30개 이상 올린 학생은 $4+1+1=6$(명)이므로

$a=6$

게시글을 25개 미만 올린 학생은 $4+4=8$(명)이므로

$b=8$

$\therefore ab=6\times8=48$ 답 48

589 남학생 중 취미 활동 시간이 6번째로 많은 지훈이의 취미 활동 시간은 23시간, 여학생 중 취미 활동 시간이 6번째로 많은 은채의 취미 활동 시간은 25시간이므로 은채의 취미 활동 시간이 $25-23=2$(시간) 더 많다. 답 은채, 2시간

590 9월 한 달 동안 미세 먼지 등급이 '나쁨'인 날, 즉 미세 먼지 농도가 $80\,\mu g/m^3$ 이상 $150\,\mu g/m^3$ 미만인 날은 30일 중 6일이므로 $\dfrac{6}{30}\times100=20$ (%) 답 20 %

591 규민이네 반 전체 학생은 $6+4+7+8=25$(명)

제자리멀리뛰기 기록이 상위 20 % 이내인 학생은

$25\times\dfrac{20}{100}=5$(명)

이때 기록이 5번째로 좋은 학생의 기록이 204 cm이므로 규민이의 기록은 적어도 204 cm이다. 답 204 cm

592 ② 계급의 크기는 $3-0=\cdots=21-18=3$(mm)이다.

③ 9 mm 이상 12 mm 미만인 계급의 도수는

$32-(8+5+6+4+2+1)=6$(곳)

④ 도수가 가장 큰 계급은 0 mm 이상 3 mm 미만이므로 계급값은 $\dfrac{0+3}{2}=1.5$(mm)이다.

⑤ 강수량이 15 mm 이상인 지역은 $2+1=3$(곳)이다.

따라서 옳지 않은 것은 ④이다. 답 ④

593 통학 시간이 10분 미만인 학생은 2명, 15분 미만인 학생은 $2+4=6$(명)이므로 통학 시간이 4번째로 짧은 학생이 속하는 계급은 10분 이상 15분 미만이다.

답 10분 이상 15분 미만

594 48분 이상 52분 미만인 계급의 도수는

$30-(2+5+6+8)=9$(명)

도수가 가장 큰 계급은 48분 이상 52분 미만이고, 이 계급의 도수는 9명이므로 $a=9$

완주 기록이 48분 이상 56분 미만인 참가자는
$9+6=15$(명)이므로 $b=15$
$\therefore a+b=9+15=24$ 답 ①

595 완주 기록이 48분 미만인 참가자는 $2+5=7$(명),
52분 미만인 참가자는 $2+5+9=16$(명)이므로 완주 기록이 10번째로 빠른 참가자가 속하는 계급은 48분 이상 52분 미만이다.
따라서 구하는 계급값은 $\frac{48+52}{2}=50$(분)이다. 답 50분

596 ㄱ. 신발 크기가 230 mm 이상 240 mm 미만인 학생은
$30-(2+6+11+7)=4$(명)
ㄴ. 신발 크기가 250 mm 이상인 학생은 $11+7=18$(명)이다.
ㄷ. 신발 크기가 가장 큰 학생의 신발 크기는 알 수 없다.
따라서 옳은 것은 ㄱ이다. 답 ㄱ

597 나이가 20세 이상 30세 미만인 계급의 도수를 A명이라 하면 40세 이상 50세 미만인 계급의 도수는 $(A-3)$명이므로
$5+A+8+(A-3)+4=32$, $2A=18$ $\therefore A=9$
따라서 20세 이상 30세 미만인 계급의 도수는 9명이다.
답 9명

598 $B=3A$이므로
$2+A+3A+9+5=24$, $4A=8$ $\therefore A=2$
따라서 $A=2$, $B=6$이므로 $AB=2\times6=12$ 답 12

599 $A=40-(6+10+8+7+3)=6$
아이스크림 판매량이 60개 미만인 편의점은
$6+10+6=22$(곳)이므로
$B+7=22$ $\therefore B=15$
$\therefore C=40-(15+7+4)=14$
$\therefore A-B+C=6-15+14=5$ 답 5

600 체육 성적이 70점 이상 80점 미만인 학생은
$25\times\frac{24}{100}=6$(명)
체육 성적이 80점 이상 90점 미만인 학생은
$25-(1+2+6+8)=8$(명)
따라서 체육 성적이 80점 이상인 학생은
$8+8=16$(명) 답 16명

601 감의 총합을 x개라 하면 무게가 230 g 미만인 감은
$4+2=6$(개)이고 전체의 30 %이므로
$x\times\frac{30}{100}=6$ $\therefore x=20$
무게가 250 g 이상 260 g 미만인 감은
$20-(4+2+6+3)=5$(개)이므로
$\frac{5}{20}\times100=25(\%)$ 답 25 %

602 전체 회원을 x명이라 하면 연습 시간이 60분 이상인 회원은
$11+6+1=18$(명)이고 전체의 36 %이므로
$x\times\frac{36}{100}=18$ $\therefore x=50$
연습 시간이 40분 미만인 회원은 전체의 20 %이므로
$50\times\frac{20}{100}=10$(명)
따라서 연습 시간이 40분 이상 60분 미만인 회원은
$50-(10+11+6+1)=22$(명) 답 22명

603 ② 전체 학생은 $1+8+9+6+4+2=30$(명)
③ 허리 둘레가 75 cm 이상인 학생은 $4+2=6$(명), 70 cm 이상인 학생은 $6+4+2=12$(명)이므로 허리 둘레가 7번째로 큰 학생이 속하는 계급은 70 cm 이상 75 cm 미만이다.
⑤ 허리 둘레가 65 cm 미만인 학생은 $1+8=9$(명)이므로
$\frac{9}{30}\times100=30(\%)$
따라서 옳지 않은 것은 ⑤이다. 답 ⑤

604 계급의 크기는 $24-12=\cdots=60-48=12$(개월)이므로
$a=12$
계급의 개수는 4이므로 $b=4$
도수가 가장 작은 계급은 12개월 이상 24개월 미만이고,
이 계급의 도수는 5명이므로
$c=12$, $d=24$, $e=5$
$\therefore a+b+c+d+e=12+4+12+24+5=57$ 답 57

605 ③ 4번째로 칭찬 스티커를 많이 받은 학생의 정확한 칭찬 스티커 개수는 알 수 없다. 답 ③

606 전체 학생은 $4+7+11+2+1=25$(명)이고, 한 학기 동안 받은 칭찬 스티커 개수가 40개 미만인 학생은 $4+7=11$(명)이므로
$\frac{11}{25}\times100=44(\%)$ 답 44 %

607 수면 시간이 6시간 미만인 학생은 $2+6=8$(명), 7시간 미만인 학생은 $2+6+10=18$(명)이므로 수면 시간이 9번째로 적은 학생이 속하는 계급은 6시간 이상 7시간 미만이다.
따라서 구하는 계급값은 $\frac{6+7}{2}=6.5$(시간) 답 6.5시간

608 16회 이상 20회 미만인 계급의 도수는 6명이고,
도수의 총합은 $2+5+8+6+3=24$(명)이다.
히스토그램에서 각 직사각형의 넓이는 그 계급의 도수에 정비례하므로 모든 직사각형의 넓이의 합은 16회 이상 20회 미만인 계급의 직사각형의 넓이의 $\frac{24}{6}=4$(배)이다.
답 4배

609 계급의 크기는 2시간이고,
도수의 총합은 $5+8+6+11+7+3=40$(명)이므로
모든 직사각형의 넓이의 합은
$2\times40=80$ 답 80

610 도수가 가장 작은 계급은 도수가 3명인 50점 이상 60점 미만이고, 도수가 가장 큰 계급은 도수가 8명인 70점 이상 80점 미만이다.
히스토그램에서 각 직사각형의 넓이는 그 계급의 도수에 정비례하므로 넓이의 비는 3 : 8이다. 답 3 : 8

611 주한이네 반 전체 학생을 x명이라 하면
이용 시간이 10시간 미만인 학생은
$6+8+10=24$(명)이고, 전체의 80 %이므로
$x\times\frac{80}{100}=24 \quad \therefore x=30$
따라서 이용 시간이 10시간 이상 12시간 미만인 학생은
$30-(6+8+10+2)=4$(명) 답 ①

612 전체 학생은 30명이고 자기 주도 학습 시간이 6시간 미만인 학생은 전체의 30 %이므로
$30\times\frac{30}{100}=9$(명)
2시간 이상 4시간 미만인 학생이 4명이므로
4시간 이상 6시간 미만인 학생은
$9-4=5$(명) $\quad \therefore x=5$
또, 자기 주도 학습 시간이 6시간 이상 8시간 미만인 학생은
$30-(4+5+7+3+1)=10$(명) $\quad \therefore y=10$
답 $x=5$, $y=10$

613 ① 전체 학생은 $4+10+11+5+2=32$(명)
④ 던지기 기록이 30 m인 학생이 속하는 계급은 30 m 이상 35 m 미만이고, 이 계급의 도수는 5명이다.
⑤ 던지기 기록이 20 m 미만인 학생은 4명이므로
$\frac{4}{32}\times100=12.5(\%)$
따라서 옳지 않은 것은 ⑤이다. 답 ⑤

614 세 쌍의 삼각형 A와 B, C와 D, E와 F는 각각 밑변의 길이와 높이가 같으므로 넓이가 같다. 답 ④

615 여행 횟수가 10회 이상인 학생은 3명, 8회 이상인 학생은 $6+3=9$(명)이므로 여행을 5번째로 많이 간 학생이 속하는 계급은 8회 이상 10회 미만이다.
따라서 구하는 도수는 6명이다. 답 6명

616 ① 조사한 사과는 모두 $6+15+10+5+4=40$(개)
② 당도가 16 Brix 이상인 사과는 $5+4=9$(개)이므로
$\frac{9}{40}\times100=22.5(\%)$
③ 당도가 12 Brix 이상 16 Brix 미만인 사과는 10개, 당도가 8 Brix 미만인 사과는 6개이므로 등급이 '상'인 사과가 등급이 '하'인 사과보다 4개 더 많다.
④ 당도가 가장 높은 사과의 정확한 당도는 알 수 없다.
⑤ '최상' 등급은 9개, '상' 등급은 10개, '중' 등급은 15개, '하' 등급은 6개이므로 등급이 '하'인 것이 가장 적다.
따라서 옳지 않은 것은 ②, ④이다. 답 ②, ④

617 전체 학생은 $1+5+10+8+4+2=30$(명)
하위 20 % 이내인 학생은 $30\times\frac{20}{100}=6$(명)
이때 영어 성적이 60점 미만인 학생이 $1+5=6$(명)이므로 보충 수업을 받지 않는 학생은 적어도 60점을 받았다.
답 60점

618 대회에 참가한 전체 선수를 x명이라 하면
점수가 8.5점 미만인 선수는 $6+6=12$(명)이고 전체의 $100-60=40(\%)$이므로
$x\times\frac{40}{100}=12 \quad \therefore x=30$
따라서 점수가 9점 이상 9.5점 미만인 선수는
$30-(6+6+12+2)=4$(명) 답 ②

619 봉사 활동 시간이 16시간 이상 20시간 미만인 학생을 x명이라 하면 12시간 이상 16시간 미만인 학생은 $(x+4)$명이므로
$4+9+(x+4)+x+5=34$, $2x=12 \quad \therefore x=6$
따라서 봉사 활동 시간이 16시간 이상 20시간 미만인 학생은 6명이다. 답 6명

620 체육 성적이 70점 이상 90점 미만인 학생을 $3a$명, 90점 이상인 학생을 $2a$명이라 하면
$1+4+3a+2a=25$, $5a=20 \quad \therefore a=4$
따라서 체육 성적이 80점 이상인 학생은
$5+2a=5+8=13$(명)이므로
$\frac{13}{25}\times100=52(\%)$ 답 52 %

621 ㄴ. 영어 단어를 10개 이상 15개 미만 외운 학생은 1반이 6명, 2반이 4명이므로 2반보다 1반이 더 많다.
ㄷ. 1반과 2반의 도수의 합이 가장 큰 계급은 15개 이상 20개 미만이므로 계급값은 $\frac{15+20}{2}=17.5$(개)이다.
ㄹ. 2반의 그래프가 1반의 그래프보다 오른쪽으로 더 치우쳐 있으므로 1반보다 2반 학생들이 영어 단어를 더 많이 외운 편이다.
따라서 옳은 것은 ㄱ, ㄷ의 2개이다. 답 2개

622 • 두 도수분포다각형 모두 계급의 크기는 2초이므로 $a=2$
• 남학생과 여학생의 도수의 차가 가장 큰 계급은 12초 이상 14초 미만이므로 $b=12$, $c=14$
• 여학생 중 14초 미만인 학생이 $1+3=4$(명)이므로 여학생 중 4번째로 기록이 좋은 학생의 기록은 12초 이상 14초 미만이다.
이때 남학생 중 10초 이상 12초 미만인 학생은 4명, 12초 이상 14초 미만인 학생은 7명이므로 이 여학생보다 기록이 좋은 남학생은 최소 4명, 최대 11명 존재한다고 할 수 있다.
$\therefore d=4$, $e=11$
$\therefore a+b+c+d+e=2+12+14+4+11=43$ 답 43

623 도수의 총합은 $4+8+10+7+5+6=40$(명)이고
85 cm 이상 90 cm 미만인 계급의 도수는 6명이므로
상대도수는 $\frac{6}{40}=0.15$ 답 ②

624 도수의 총합은 $42+45+33+30=150$(명)이고 AB형인 회원은 30명이므로 상대도수는 $\frac{30}{150}=0.2$ 답 ①

625 도수의 총합은 $4+5+8+7+1=25$(명)
도수가 가장 큰 계급의 도수는 8명이므로 이 계급의 상대도수는 $\frac{8}{25}$이고, 도수가 두 번째로 작은 계급의 도수는 4명이므로 이 계급의 상대도수는 $\frac{4}{25}$이다.

따라서 두 계급의 상대도수의 차는

$\frac{8}{25}-\frac{4}{25}=\frac{4}{25}=0.16$ 답 0.16

626 1분간 맥박 수가 65회 미만인 학생은 2명, 70회 미만인 학생은 $2+12=14$(명)이므로 1분간 맥박 수가 6번째로 낮은 학생이 속하는 계급은 65회 이상 70회 미만이다.

따라서 구하는 상대도수는 $\frac{12}{30}=0.4$ 답 ④

627 조개 17마리를 잡은 학생이 속하는 계급은 15마리 이상 20마리 미만이고, 이 계급의 도수는

$30-(4+11+5+1)=9$(명)이므로

상대도수는 $\frac{9}{30}=0.3$ 답 0.3

628 보낸 문자 메시지가 15개 이상인 학생은 전체의

$100-32=68(\%)$이므로

$50\times\frac{68}{100}=34$(명)

따라서 보낸 문자 메시지가 25개 이상 30개 미만인 계급의 도수는 $34-(14+11)=9$(명)이므로

상대도수는 $\frac{9}{50}=0.18$ 답 0.18

629 전체 회원은 $\frac{18}{0.24}=75$(명) 답 75명

630 도수의 총합은 $\frac{12}{0.3}=40$이므로

$a=\frac{16}{40}=0.4$

$b=40\times0.25=10$

$\therefore a+b=0.4+10=10.4$ 답 10.4

631 $E=\frac{4}{0.1}=40$이므로

$A=\frac{2}{40}=0.05$, $B=40\times0.4=16$

$C=40-(2+4+16+8)=10$이므로

$D=\frac{10}{40}=0.25$

따라서 옳지 않은 것은 ③이다. 답 ③

632 (1) 도수의 총합은 $\frac{4}{0.16}=25$(명)이므로

$A=\frac{7}{25}=0.28$, $B=25\times0.2=5$, $C=\frac{3}{25}=0.12$

$\therefore A+B+C=0.28+5+0.12=5.4$

(2) 국어 성적이 70점 이상인 계급의 상대도수는

$0.2+0.24+0.12=0.56$이므로 $100\times0.56=56(\%)$

답 (1) 5.4 (2) 56 %

633 접속 횟수가 2회 이상 4회 미만인 계급의 상대도수는

$1-(0.12+0.36+0.16+0.2)=0.16$

따라서 접속 횟수가 2회 이상 4회 미만인 학생은

$50\times0.16=8$(명) 답 8명

634 시청 시간이 1시간 이상 2시간 미만인 계급의 상대도수를 a라 하면 2시간 이상인 계급의 상대도수는 $1.5a$이므로

$0.25+a+1.5a=1$, $2.5a=0.75$ $\therefore a=0.3$

따라서 시청 시간이 2시간 미만인 계급의 상대도수는

$0.25+0.3=0.55$이므로 학생은

$20\times0.55=11$(명) 답 11명

635 도수의 총합은 $\frac{4}{0.16}=25$(명)이므로

키가 155 cm 이상 160 cm 미만인 계급의 상대도수는

$\frac{9}{25}=0.36$ 답 ④

636 도수의 총합은 $\frac{9}{0.15}=60$(명)이므로

가방 무게가 2 kg 이상 3 kg 미만인 학생은

$60\times0.4=24$(명) 답 24명

637 도수의 총합은 $\frac{12}{0.375}=32$(명)

통학 시간이 20분 미만인 학생은 전체의 $100-25=75(\%)$이므로 20분 미만인 계급의 상대도수는 0.75이다.

즉, 10분 이상 20분 미만인 계급의 상대도수는

$0.75-0.375=0.375$

따라서 구하는 학생은 $32\times0.375=12$(명) 답 12명

638 각 계급의 상대도수를 구하면 다음과 같다.

오래 매달리기 기록(초)	1반		전체	
	도수(명)	상대도수	도수(명)	상대도수
0이상~10미만	3	0.12	15	0.1
10 ~20	5	0.2	30	0.2
20 ~30	8	0.32	42	0.28
30 ~40	6	0.24	36	0.24
40 ~50	3	0.12	27	0.18
합계	25	1	150	1

따라서 1학년 전체가 1반보다 상대도수가 더 작은 계급은 0초 이상 10초 미만, 20초 이상 30초 미만의 2개이다. 답 ③

639 각 계급의 상대도수를 구하면 다음과 같다.

하루 동안 푼 수학 문제(개)	1학년		2학년	
	도수(명)	상대도수	도수(명)	상대도수
0이상~ 5미만	40	0.16	15	0.075
5 ~10	65	0.26	35	0.175
10 ~15	55	0.22	45	0.225
15 ~20	30	0.12	25	0.125
20 ~25	25	0.1	30	0.15
25 ~30	35	0.14	50	0.25
합계	250	1	200	1

따라서 10개 이상 15개 미만인 1학년의 상대도수는 0.22, 2학년의 상대도수는 0.225이므로 2학년의 비율이 더 높다.

답 2학년

640 ① 1반의 전체 학생은 $\frac{4}{0.2}=20$(명)

② $A=20-(4+5+7+1)=3$

③ $B=\frac{3}{25}=0.12$

④ 과학 성적이 80점 이상인 계급의 상대도수는

(1반)$=\frac{7+1}{20}=0.4$, (2반)$=\frac{8+3}{25}=0.44$

이므로 비율은 2반이 1반보다 높다.

⑤ 1반, 2반 전체 학생 중 과학 성적이 70점 이상 80점 미만인 학생은 $3+6=9$(명)이고, 1반, 2반 전체 학생은 $20+25=45$(명)이므로 $\frac{9}{45}\times100=20(\%)$

따라서 옳지 않은 것은 ⑤이다. 답 ⑤

641 손 세정제 A를 구입한 고객 중에서 점수를 90점 이상 100점 미만 준 고객은 $150\times0.32=48$(명)이므로

손 세정제 B를 구입한 고객 중에서 점수를 90점 이상 100점 미만 준 고객은 48명이다.

따라서 손 세정제 B를 구입한 고객은 $\frac{48}{0.3}=160$(명)

답 160명

642 두 반 A, B의 도수의 총합을 각각 $4a$, $5a$라 하고 어떤 계급의 도수를 각각 $3b$, $2b$라 하면 이 계급의 상대도수의 비는

$\frac{3b}{4a}:\frac{2b}{5a}=\frac{3}{4}:\frac{2}{5}=15:8$ 답 ①

643 두 자료 A, B의 도수의 총합을 $4a$, $5a$라 하고 어떤 계급의 상대도수를 각각 $3b$, $2b$라 하면 이 계급의 도수의 비는

$(4a\times3b):(5a\times2b)=12:10=6:5$ 답 ④

644 A, B 두 회사에서 5년 이상 10년 미만인 계급의 도수를 각각 a명이라 하면 이 계급의 상대도수의 비는

$\frac{a}{800}:\frac{a}{600}=6:8=3:4$ 답 3 : 4

645 ② 도수가 가장 작은 계급은 상대도수가 가장 작은 계급이므로 3시간 이상 4시간 미만이다.

③ 독서 시간이 5시간 미만인 계급의 상대도수는 $0.08+0.18=0.26$이므로 $100\times0.26=26(\%)$

④ 상대도수가 가장 큰 계급은 5시간 이상 6시간 미만이므로 이 계급의 도수는 $200\times0.3=60$(명)

⑤ 독서 시간이 6시간 미만인 계급의 상대도수는 $0.08+0.18+0.3=0.56$이므로 학생은

$200\times0.56=112$(명)

독서 시간이 7시간 이상인 계급의 상대도수는 $0.1+0.12=0.22$이므로 학생은

$200\times0.22=44$(명)

즉, 독서 시간이 6시간 미만인 학생은 7시간 이상인 학생보다 $112-44=68$(명) 더 많다.

따라서 옳지 않은 것은 ⑤이다. 답 ⑤

646 키가 175 cm 이상 180 cm 미만인 학생은 $50\times0.08=4$(명)

키가 170 cm 이상 175 cm 미만인 학생은 $50\times0.14=7$(명)

따라서 키가 10번째로 큰 학생이 속하는 계급은 170 cm 이상 175 cm 미만이므로 이 계급의 도수는 7명이다.

답 7명

647 (1) 1분 동안의 맥박 수가 80회 미만인 학생의 상대도수는

$0.16+0.2+0.24=0.6$

이므로 $100\times0.6=60(\%)$

(2) $300\times0.28=84$(명)

(3) 상대도수가 가장 큰 계급의 도수가 가장 크므로 도수가 가장 큰 계급은 80회 이상 85회 미만이다.

답 (1) 60 % (2) 84명 (3) 80회 이상 85회 미만

648 직원들이 가장 많이 출근하는 시간대는 상대도수가 0.26으로 가장 큰 7시부터 7시 20분 전까지이고, 전체 직원은 800명이므로 이 시간대에 출근하는 직원은 $800\times0.26=208$(명)이다.

따라서 필요한 홍보지는 208장이다. 답 ③

649 도서관 이용 횟수가 25회 이상인 계급의 상대도수는

$0.14+0.02=0.16$이고 도수는 40명이므로

전체 학생은 $\frac{40}{0.16}=250$(명)

도서관 이용 횟수가 15회 미만인 계급의 상대도수는

$0.12+0.24=0.36$

따라서 구하는 학생은 $250\times0.36=90$(명) 답 90명

650 1학년 전체 학생을 x명이라 하면

$0.3x-0.24x=12$, $0.06x=12$ $\therefore x=\frac{12}{0.06}=200$

따라서 1학년 전체 학생은 200명이다. 답 ①

651 턱걸이 횟수가 6회 이상 8회 미만인 계급의 상대도수는

$1-(0.12+0.14+0.3+0.14+0.08)=0.22$

따라서 턱걸이 횟수가 6회 이상 8회 미만인 학생은

$250\times0.22=55$(명) 답 ③

652 나이가 30세 미만인 계급의 상대도수는

$0.35+0.21=0.56$이고 도수가 112명이므로 전체 구매자는

$\frac{112}{0.56}=200$(명)

50세 이상 60세 미만인 계급의 상대도수는

$1-(0.35+0.21+0.08+0.16+0.05)=0.15$

따라서 50대 구매자는

$200\times0.15=30$(명) 답 30명

653 대중교통 이용 횟수가 8회 이상인 계급의 상대도수는

$1-(0.04+0.1+0.28)=0.58$이고 도수가 29명이므로

전체 학생은 $\frac{29}{0.58}=50$(명)

대중교통 이용 횟수가 10회 이상인 계급의 상대도수는

$1-(0.04+0.1+0.28+0.34)=0.24$

따라서 대중교통 이용 횟수가 10회 이상인 학생은

$50\times0.24=12$(명) 답 12명

654 ① 여학생과 남학생 각각의 전체 학생 수를 알 수 없으므로 각 계급에서의 학생 수를 파악할 수 없다.

② 남학생 중 도수가 가장 작은 계급은 상대도수가 가장 작은 계급인 10회 이상 20회 미만이므로 계급값은 15회이다.

③ 여학생 중 윗몸 일으키기 횟수가 50회 이상인 계급의 상대도수는 0.12이므로 $100\times0.12=12(\%)$

④ 남학생의 그래프가 여학생의 그래프보다 오른쪽으로 더 치우쳐 있으므로 남학생의 기록이 여학생의 기록보다 좋은 편이다.

⑤ 여학생과 남학생 각각의 전체 학생 수를 알 수 없으므로 전체에서의 비율을 파악할 수 없다.

따라서 옳은 것은 ④이다. 답 ④

655 (1) 여학생의 그래프가 남학생의 그래프보다 오른쪽으로 더 치우쳐 있으므로 여학생의 수면 시간이 더 많은 편이다.

(2) 수면 시간이 6시간 이상 7시간 미만인
남학생은 $100\times0.32=32$(명)이고,
여학생은 $150\times0.3=45$(명)이다.
따라서 여학생이 남학생보다 $45-32=13$(명) 더 많다.

답 (1) 여학생 (2) 여학생, 13명

656 ㄱ. 계급의 크기가 같고, 상대도수의 총합도 1로 같으므로 각각의 그래프와 가로축으로 둘러싸인 부분의 넓이는 서로 같다.

ㄴ. 국어 성적이 60점 이상 80점 미만인 계급의 A, B 두 중학교에서의 상대도수는 각각 0.56으로 같지만 전체 학생 수가 다르므로 국어 성적이 60점 이상 80점 미만인 학생 수는 두 중학교가 같지 않다.

ㄷ. A 중학교에서 국어 성적이 80점 이상인 학생은
$200\times(0.22+0.04)=52$(명)이고,
B 중학교에서 국어 성적이 80점 이상인 학생은
$150\times(0.24+0.04)=42$(명)이므로 A 중학교가 B 중학교보다 $52-42=10$(명) 더 많다.

따라서 옳은 것은 ㄷ이다. 답 ③

657 3만 원 이상 4만 원 미만인 계급의 도수의 차는
$|300\times0.06-200\times0.02|=14$(명)
4만 원 이상 5만 원 미만인 계급의 도수의 차는
$|300\times0.14-200\times0.1|=22$(명)
5만 원 이상 6만 원 미만인 계급의 도수의 차는
$|300\times0.28-200\times0.2|=44$(명)
6만 원 이상 7만 원 미만인 계급의 도수의 차는
$|300\times0.34-200\times0.36|=30$(명)
7만 원 이상 8만 원 미만인 계급의 도수의 차는
$|300\times0.1-200\times0.26|=22$(명)
8만 원 이상 9만 원 미만인 계급의 도수의 차는
$|300\times0.08-200\times0.06|=12$(명)
따라서 두 도시의 도수의 차가 가장 큰 계급은 5만 원 이상 6만 원 미만이다. 답 5만 원 이상 6만 원 미만

만점 각 잡기

110~112쪽

658 중앙값은 10번째 자료의 값인 $(10+y)$회이고
중앙값이 최빈값보다 4회만큼 크므로 최빈값은
$10+y-4=y+6$(회)
이때 최빈값이 될 수 있는 것은 12회 또는 16회이다.

(i) 최빈값이 12회일 때
$10+x=12$, $y+6=12$
$\therefore x=2$, $y=6$

(ii) 최빈값이 16회일 때
$10+x=16$, $y+6=16$
$\therefore x=6$, $y=10$

(i), (ii)에 의하여 $x=2$, $y=6$이므로
$x+y=2+6=8$ 답 ③

참고 x, y의 값은 한 자리의 자연수이어야 한다.

659 $p\le q\le r$이라 할 때 중앙값이 가장 큰 경우 9개의 정수를 작은 값부터 크기순으로 나열하면 2, 2, 3, 6, 7, 9, p, q, r
따라서 중앙값이 될 수 있는 가장 큰 수는 5번째 자료의 값인 7이다. 답 7

660 최빈값이 10시간이 되려면 a, b, c 중 적어도 2개는 10이어야 하므로 $a=10$, $b=10$이라 하면
5, 6, 6, 7, 10, 10, 10
이때 중앙값이 8시간이므로 $7<c<10$
$\dfrac{7+c}{2}=8$이므로 $c=9$
$\therefore a+b+c=10+10+9=29$ 답 29

661 조건 (가)에 의해 필기도구가 6개 이상인 학생은 전체의 $100-68=32(\%)$이고, 도수는 $6+2=8$(명)이므로
전체 학생을 x명이라 하면
$x\times\dfrac{32}{100}=8$ $\quad\therefore x=25$
조건 (나)에 의해 필기도구가 2개 이상 4개 미만인 계급의 도수를 a명이라 하면 4개 이상 6개 미만인 계급의 도수는 $4a$명이므로
$2+a+4a+6+2=25$, $5a=15$ $\quad\therefore a=3$
따라서 필기도구가 4개 미만인 학생은
$2+a=2+3=5$(명) 답 5명

662 조사한 전체 선수를 x명이라 하면 골 수가 20골 미만인 선수가 전체의 20 %이고, 도수는 $3+5=8$(명)이므로
$x\times\dfrac{20}{100}=8$ $\quad\therefore x=40$
이때 골 수가 25골 이상 30골 미만인 선수는
$40\times\dfrac{30}{100}=12$(명)
따라서 골 수가 30골 이상 35골 미만인 선수는
$40-(3+5+9+12+2)=9$(명) 답 9명

663 A반의 전체 학생은 $4+7+8+9+8+4=40$(명)이므로
상위 30 %는 $40\times\dfrac{30}{100}=12$(명)이고, 80점 이상 100점 미만인 계급에 속한다.
이때 B반의 전체 학생은 $3+6+9+8+9+5=40$(명)이고 성적이 80점 이상인 학생은 $9+5=14$(명)이다.
따라서 A반에서 상위 30 %인 학생의 미술 성적은 B반에서는 적어도 상위 $\dfrac{14}{40}\times100=35(\%)$이다. 답 35 %

664 20회 이상 24회 미만인 계급의 도수는 $50\times0.24=12$(명)
16회 이상 20회 미만인 계급의 도수는
$50-(9+6+8+12+5)=10$(명)
따라서 16회 이상 20회 미만인 계급의 상대도수는
$\frac{10}{50}=0.2$ 답 0.2

665 A 동아리와 B 동아리의 학생 수를 각각 $3a$, a라 하고
A 동아리와 B 동아리에서 안경을 쓴 학생 수를 각각 $2b$, b라 하면 상대도수의 비는
$\frac{2b}{3a}:\frac{b}{a}=\frac{2}{3}:1=2:3$ 답 2 : 3

666 전체 학생을 x명이라 하면 도수가 가장 큰 계급의 상대도수는 0.36, 도수가 가장 작은 계급의 상대도수는 0.04이므로
$0.36x-0.04x=64$, $0.32x=64$ $\therefore x=200$
마신 물의 양이 1.8 L 이상 2 L 미만인 학생은
$200\times0.04=8$(명)
1.6 L 이상 1.8 L 미만인 학생은 $200\times0.08=16$(명)
1.4 L 이상 1.6 L 미만인 학생은 $200\times0.36=72$(명)
따라서 물을 25번째로 많이 마신 학생이 속한 계급은 1.4 L 이상 1.6 L 미만이다. 답 1.4 L 이상 1.6 L 미만

667 도수의 총합은 $6+8+4+12+11+6+1=48$(명)이고
(직사각형의 넓이의 합)=(계급의 크기)×(도수의 총합)
이므로 192=(계급의 크기)×48
즉, 계급의 크기는 4개이므로 첫 번째 계급은 8개 이상 12개 미만이고, 마지막 계급은 32개 이상 36개 미만이다.
서현이는 영어 단어를 27개 기억했으므로 24개 이상 28개 미만인 계급에 속하고, 28개 이상 영어 단어를 기억한 학생은 $6+1=7$(명)이므로 서현이보다 영어 단어를 많이 기억한 학생은 적어도 7명이다. 답 7명

668 도수가 7명인 계급의 상대도수가 0.175이므로
도수의 총합은 $\frac{7}{0.175}=40$(명)
계급의 크기는 1초이므로 찢어진 부분을 완성하여 11.5초 미만의 계급까지 나타내면 다음과 같다.

기록(초)	학생 수(명)	상대도수
7.5^이상^~ 8.5^미만^	5	0.125
8.5 ~ 9.5	6	0.15
9.5 ~10.5	7	0.175
10.5 ~11.5	10	0.25

따라서 기록이 11.5초 이상인 학생은
$40-(5+6+7+10)=12$(명)
이므로 재도전할 수 있는 학생은 12명이다. 답 12명

참고 상대도수의 합이 1임을 이용하여 보이지 않는 계급의 상대도수를 구하여 도수를 구할 수 있다.

669 모눈 한 칸의 세로의 길이를 x개라 하면
$S_1=S_2$, $S_1+S_2=300$ $\therefore S_1=150$
$\frac{1}{2}\times10\times3x=150$이므로 $x=10$
즉, 모눈 한 칸의 세로의 길이는 10개이다.
따라서 유통 기한이 60일 미만 남은 과자는
$20+50=70$(개)이다. 답 70개

670 5시간 이상 7시간 미만인 계급과 7시간 이상 9시간 미만인 계급의 상대도수의 합은
$1-(0.33+0.15+0.12)=0.4$이므로 전체 학생은
$\frac{75+45}{0.4}=300$(명)
이때 5시간 이상 7시간 미만인 계급의 상대도수는
$\frac{75}{300}=0.25$
따라서 취미 활동 시간이 7시간 미만인 학생의 상대도수는
$0.33+0.15+0.25=0.73$이므로 전체의
$0.73\times100=73(\%)$ $\therefore x=73$ 답 ②

671 하루 스마트폰 사용 시간에 대한 도수분포표는 다음과 같다.

사용 시간(시간)	1학년 학생 수(명)	
	남학생	여학생
0^이상^~1^미만^	$80\times0.1=8$	$100\times0.08=8$
1 ~2	$80\times0.25=20$	$100\times0.16=16$
2 ~3	$80\times0.3=24$	$100\times0.26=26$
3 ~4	$80\times0.2=16$	$100\times0.2=20$
4 ~5		$100\times0.18=18$
5 ~6		
합계	80	100

사용 시간이 4시간 이상인 남학생은
$80-(8+20+24+16)=12$(명)이고 남학생의 그래프에서 4시간 이상 5시간 미만인 계급의 상대도수가 0이 아니므로 사용 시간이 남학생 중에서 12번째로 많은 학생이 속하는 계급은 4시간 이상 5시간 미만이다.
이때 사용 시간이 4시간 이상인 여학생은
$100-(8+16+26+20)=30$(명)이므로 사용 시간이 4시간 이상인 1학년 전체 학생은 $12+30=42$(명)이다.
따라서 가장 큰 a의 값은 42이다. 답 42

672 민주의 설명이 잘못되었다.
상대도수가 크다고 해서 도수가 큰 것은 아니다. 하루 평균 스마트폰 사용 시간이 4시간 미만인 남학생은
$8+20+24+16=68$(명)이고, 여학생은
$8+16+26+20=70$(명)이므로 여학생이 남학생보다 2명 더 많다. 답 민주, 풀이 참조